EUROPA-FACHBUCHREIHE
für Kraftfahrzeugtechnik

Fachkunde Fahrradtechnik

6. Auflage

Bearbeitet von Gewerbelehrern, Ingenieuren, Sachverständigen und Zweiradmechanikermeistern

Lektorat: Dipl. Ing. Michael Gressmann, Borken (He)

VERLAG EUROPA-LEHRMITTEL · Nourney, Vollmer GmbH & Co. KG
Düsselberger Straße 23 · 42781 Haan-Gruiten

Europa-Nr.: 22917

Autoren der Fachkunde Fahrradtechnik

Artmann, Ulrich	Köln
Bellersheim, Rüdiger	Ibbenbüren
Brust, Ernst	Schweinfurt
Gressmann, Michael	Borken (He)
Hertel, Dietmar	Erftstadt
Herkendell, Franz	Bonn
Leiner, Jens	Bremen

Leitung des Arbeitskreises und Lektorat

Michael Gressmann

Bildbearbeitung

Zeichenbüro des Verlags Europa-Lehrmittel, 73760 Ostfildern
Grafische Produktionen Jürgen Neumann, 97222 Rimpar

Der Verlag und die Autoren bedanken sich beim Bundesinnungsverband für das Deutsche Zweiradmechaniker-Handwerk für die Hilfe zur Erstellung des Fachbuches.

Weiterer Dank gebührt Herrn Rainer Perske (Münster), Herrn Jürgen Worch (Freiburg) und Herrn Thomas Veidt (Hettenhain) für Text- und Bildbeiträge sowie hilfreiche Korrekturhinweise.

Das vorliegende Buch richtet sich selbstverständlich an Mechanikerinnen und Mechaniker – allerdings haben die Autoren aus Gründen der besseren Lesbarkeit die männliche Form gewählt.

6. Auflage 2016

Druck 5 4 3 2 1

Alle Drucke derselben Auflage sind parallel einsetzbar, da sie bis auf die Behebung von Druckfehlern untereinander unverändert sind.

ISBN 978-3-8085-2298-1

Satz: Grafische Produktionen Jürgen Neumann, 97222 Rimpar
Umschlag: braunwerbeagentur, 42477 Radevormwald
Umschlagfotos: Scott Sports AG, 85748 Garching und Pinion GmbH, 73770 Denkendorf
Druck: B.O.S.S Medien GmbH, 47574 Goch

Das Fachkundebuch „Fahrradtechnik“, das inzwischen in der **6. Auflage** vorliegt, vermittelt die notwendigen Fachkenntnisse, die im Ausbildungsrahmenplan für die betriebliche Ausbildung und im Rahmenlehrplan für die Ausbildung in der Grund- und Fachstufe der Berufsschule aufgeführt sind. Daneben dient das Tabellenbuch „Fahrradtechnik“ aus dem gleichen Verlag als Nachschlagewerk von Daten und Fakten rund um alle Fahrrad-Sachgebiete. Zur Vertiefung von Kenntnissen rund um Elektrozweiräder ist im gleichen Verlag das Buch „Fachwissen E-Bike“ erschienen.

Die Inhalte des Fachkundebuchs entsprechen den für diesen Fachbereich geltenden technischen Regeln und den gesetzlichen Verordnungen sowie fachbezogenen Vorschriften, insbesondere den DIN-Normen. Fragen des Umweltschutzes und der Arbeitssicherheit sind in den jeweiligen Kapiteln angemessen berücksichtigt.

Die bisherige Bezeichnung für den Ausbildungsberuf „Zweiradmechaniker(in)“ ist geändert worden in „Zweiradmechatroniker(in) der Fachrichtung Fahrradtechnik“. Damit wird dem Umstand Rechnung getragen, dass die technische Weiterentwicklung des Fahrrades hohe fachspezifische Anforderungen an die Auszubildenden stellt. Neue Fahrradbauarten, insbesondere die Vielfalt an Elektrofahrrädern, die Verwendung neuer Werkstoffe, neue Leichtbaukonstruktionen, der Einzug der Elektronik in Komponenten der Kraftübertragung (Beispiel: Di2-Schaltung von Shimano) und Bremssysteme, gestiegene Anforderungen an Produktsicherheit, Service und Kundenwünsche prägen das Berufsbild des Zweiradmechatronikers(in) der Fachrichtung Fahrradtechnik.

Das vorliegende Fachbuch begleitet die Auszubildenden im Betrieb, in der überbetrieblichen Ausbildung und in der Berufsschule und leistet wertvolle Hilfe bei der Vorbereitung auf die Zwischen- und Abschlussprüfungen. Es ist auch für den zukünftigen Meister und Servicetechniker ein wichtiger Begleiter in Theorie und Praxis. Es sollte als Nachschlagewerk in keiner Werkstattbibliothek des Zweiradhandwerks fehlen. Aber auch Lehrkräfte an allgemeinbildenden Schulen, an denen das Fahrrad oft Gegenstand von Unterrichtsinhalten ist und als Projekt in vielfältiger Form auftaucht, können von diesem Buch profitieren.

Die weite Verbreitung und Nutzung aller Arten von Pedelecs und E-Bikes machte eine umfangreiche Überarbeitung und Aktualisierung des Kapitels „Elektrofahrräder“ erforderlich. Hier bilden die Fachgebiete „Gleichstrommotoren“ und „Akkumulatoren“ inhaltliche Schwerpunkte.

Eine Überarbeitung und Aktualisierung erfuhren aufgrund neuer Produkte und geänderter gesetzlicher Bestimmungen die Kapitel „Laufräder“ und „Elektrische Ausrüstung“.

Das Kapitel „Fachrechnen“ ist um Musteraufgaben und Projektaufgaben rund um das Elektrofahrrad erweitert worden.

Im Jahr 2015 ist die DIN EN ISO 4210 „Sicherheitstechnische Anforderungen für Fahrräder“ in Kraft getreten. An vielen Stellen im Fachbuch sind daraus wichtige Beschlüsse und Prüfverfahren aufgenommen. Sie machen den Zweiradmechatronikern deutlich, welche Bedeutung Sicherheitsanforderungen im Gebrauch von Fahrrädern haben.

Weitere Schwerpunkte sind Inhalte mit rechtlichen und betriebswirtschaftlichen Anteilen:
Präsentation und Kundenberatung
Verkauf und Kalkulation
Produktsicherheit
Haftung und Gewährleistung.

Noch ein Hinweis: Wenn im vorliegenden Fachbuch die Rede vom Radfahrer, Benutzer, Techniker und Auszubildender ist, ist auch immer die weibliche Form gemeint.

Autoren und Verlag sind allen Benutzern der Fachkunde Fahrradtechnik für kritische Hinweise und Verbesserungsvorschläge unter lektorat@europa-lehrmittel.de dankbar.

Sommer 2016 Autoren und Verlag

Die nachfolgend aufgeführten Firmen haben die Autoren durch fachliche Beratung, durch Informations- und Bildmaterial unterstützt. Es wird ihnen hierfür herzlich gedankt.

Abus AG, Wetter

ADFC, Bremen

Airwings Hillreiner, Hirtlbach

Alex Moulton Bicycles, Bradford o.A., GB

Alligator Ventilfabrik GmbH, Giengen

AT-Zweirad, Altenberge

AVK Industrievereinigung, verstärkte Kunststoffe e.V. Frankfurt

Baringo Barometerfabrik, Villingen-Schwenningen

Basta, Schwerte

Bionicon-Inwall AG, Rottach-Weissach

Birkhold GmbH, Steinheim/Albuch

Britax Römer

Busch und Müller, Meinerzhagen

by.schulz GmbH, Saarbrücken

Campagnolo, Leverkusen

Cannondale B.V., Allschwil (Schweiz)

Continental AG, Korbach

Cycle Union, Oldenburg

Dipl.-Ing. Robert Bastian, Aachen

Dipl.-Ing. Thomas Mertin (THM), Alt Duvenstedt

Derby Cycle, Cloppenburg

DT Swiss, Schönaich

edevis GmbH, Stuttgart

Freudenberg Simrit GmbH & Co. KG, Weinheim

Gates Carbon Drive, Lübbrechtsen

GfT Gesellschaft für Tribologie e.V., Aachen

GMA-Werkstoffprüfung GmbH, CFK-Prüfzentrum Stade

Grofa GmbH, Bad Camberg

Hartje GmbH & Co.KG, Hoya

Hebie GmbH, Bielefeld

Heinzmann, Schönau

Hercules, Neuhof a.d. Zenn

HP Velotechnik OHG, Kriftel

Kindersicherheit GmbH, Ulm

Klüber Lubrication KG, München

KTM Fahrrad GmbH, Mattighofen (Österreich)

Lienergy GmbH, Olching

Magura (G. Magenwirth GmbH), Bad Urach

Michelin, Karlsruhe

Modolo, San Vendemiano (Italien)

NC-17 Europe GmbH, Frechen

P&K Lie GmbH, Hamburg

Pantherwerke AG, Löhne

Paul engineering, Coventry (GB)

Philip Douglas, Maschwanden (Schweiz)

Pletscher, Marthalen (Schweiz)

Polar, Büttelborn

Prophete, Rheda-Wiedendrück

RA-CO GmbH, Kerspleben

Riese und Müller, Darmstadt

Rohloff AG, Fuldatal

Sachs Fahrzeuge und Motorentechnik, Nürnberg

SAPIM (Sandmann), Hagen

schaeffler technologies GmbH & Co KG, Herzogenaurach

Schindelhauer, Magdeburg

Schmidt Maschinenbau, Tübingen

Schwalbe (R. Bohle), Reichshof

Scott Robertson, Culver City (USA)

Selle Royal, Pozzoleone (Italien)

Shimano (Paul Lange), Stuttgart

Sigma-Elektro GmbH, Neustadt/Weinstraße

SQLab GmbH, Taufkirchen

SRAM Deutschland GmbH, Schweinfurt

SRAM Europe, Nijkerk (Niederlande)

Stahlwille, Wuppertal

Stolz Rahmenbau, Zürich (Schweiz)

Sturmey-Archer Europa N.V., Amsterdam

Toho Tenax Europe GmbH, Wuppertal

TPW ROWO Material Testing GmbH, Neuss

UVEX-Sports GmbH, Fürth

Veidt Rahmenbau, Marburg

Velocity Stahlroß GmbH, Bonn

velotech.de, Schweinfurt

Weber Technik Werkzeugbau GmbH, Breitbrunn

Wulfhorst, Gütersloh

Zedler Institut für Fahrradtechnik und -Sicherheit GmbH, Ludwigsburg

Zefal, Winnenden

ZEG Zweirad-Einkaufs-Genossenschaft eG, Köln

ZF Sachs AG, Schweinfurt

Zopf Biegemaschinen GmbH, Haldenwang

Zweirad Röckle, Leonberg

Verlag und Autoren bedanken sich für besondere Unterstützung bei der Herstellung des Fachkundebuchs Fahrradtechnik.

Stahlwille, Wuppertal

Focus-bikes (Derby Cycle), Cloppenburg

Busch + Müller, Meinerzhagen

ADFC, Bremen

Shimano (Paul Lange), Stuttgart

Velotech.de, Schweinfurt

SRAM, Schweinfurt

Schwalbe (R. Bohle), Reichshof

GROFA (Park Tool), Bad Camberg

Rohloff, Fuldatal

Handwerkskammer Rhein-Main, Frankfurt

Bundesinnungsverband Zweiradmechaniker-Handwerk, Bonn

Verlag Delius Klasing, Bielefeld

VSF-Akademie, Aurich

1 Grundstufe

1.1 Prüfen und Messen

1.1.1 Grundbegriffe und Definitionen

Im Rahmen der Fahrradfertigung sowie im Laufe einer Fahrradinspektion nehmen Prüftätigkeiten einen großen Umfang ein. Durch die Qualitätssicherung nimmt die Prüfung von Bauteilen und Baugruppen im Rahmen der Qualitätskontrolle eine besondere Bedeutung an.

Unter **Prüfen** versteht man einen Vergleich zwischen einem Istzustand und einem Sollzustand. Der Istzustand ist der tatsächliche (momentane) Zustand wie z. B. ein Längenmaß oder eine Oberflächenqualität. Der Sollzustand kann vom Hersteller vorgeschrieben werden, wie z. B. der maximale Reifenluftdruck.

info

In Anlehnung an DIN 1319 Teil 1:
Prüfen heißt feststellen, ob der Prüfgegenstand erwartete Eigenschaften oder geforderte Maße einhält.

Einteilung des Prüfens

Das Prüfen wird in das subjektive und das objektive Prüfen eingeteilt.

Unter **subjektivem Prüfen** versteht man das Prüfen ohne Hilfsmittel nur mit den menschlichen Sinnen Sehen, Hören und Fühlen.

Unter **objektivem Prüfen** versteht man das Prüfen mit Hilfsmitteln, wie z. B. mit Lehren oder mit Messgeräten.

Die subjektive Prüfung ist ungenauer, da die menschlichen Sinne verschiedener Personen unterschiedlich ausgeprägt sind. Daher sind die Prüfergebnisse einer subjektiven Prüfung nur schlecht miteinander vergleichbar

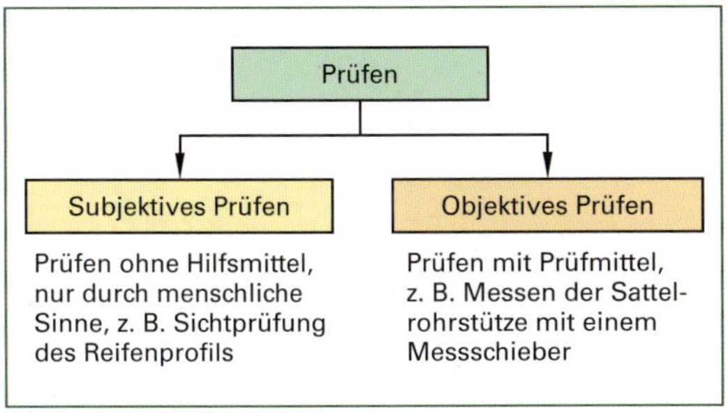

Als Prüfergebnis erhält man bei der subjektiven Prüfung nur eine Gut/Schlecht-Aussage.

Das objektive Prüfen wird in Messen und Lehren unterteilt.

Beim **Lehren** wird mithilfe einer Lehre ermittelt, ob das zu prüfende Bauteil innerhalb vorgegebener Grenzen liegt. Man erhält als Prüfergebnis keinen Zahlenwert mit Einheit, sondern nur eine Gut/Schlecht- bzw. Passt/Passtnicht- Aussage. Der Betrag einer Abweichung vom Sollwert wird nicht festgestellt.

Beispiel einer objektiven Prüfung:
Verschleißprüfung der Fahrradkette mit einer Kettenverschleißlehre **(Bild 1)**. Man kann mit dieser Prüfung nur ermitteln, ob die Kette verschlissen ist oder nicht.

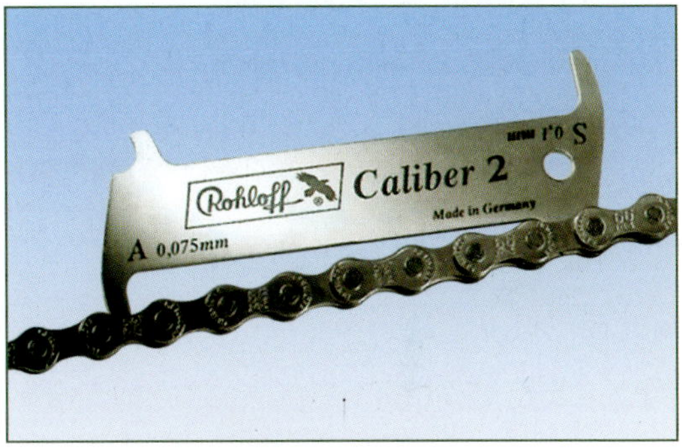

Bild 1: Kettenverschleißlehre Rohloff

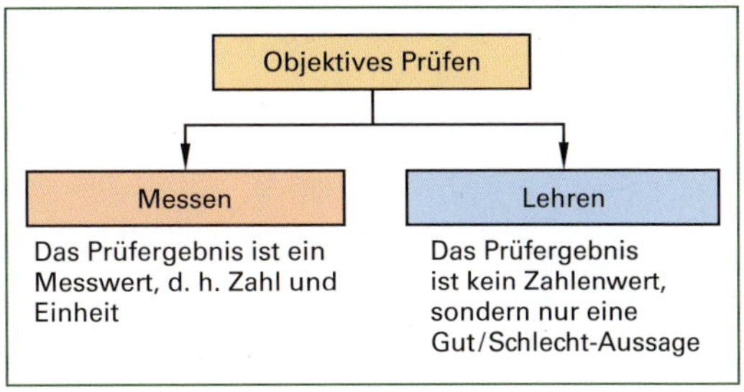

Beim **Messen** wird mithilfe eines Messgerätes ein Messwert ermittelt.

Der Messwert ist eine physikalische Größe. Beispiele sind Länge, Druck, Temperatur. Ein Messwert besteht immer aus einem Zahlenwert und einer Einheit, z. B. eine Länge $l = 2$ m.

Um Messergebnisse miteinander vergleichen zu können, sind die Einheiten genormt.

1.1.2 Messen

Seit ca. 6000 Jahren spielen Maße und Messgeräte in vielen Lebensbereichen des Menschen eine große Rolle. Die Einteilung der Zeit war einer der ersten Messvorgänge.

Jeder technische Vorgang ist mit Messvorgängen verknüpft. Dabei ist das Messen ein Vergleichen mit bekannten Größen. Früher hat der Mensch seine Körpermaße als Vergleichsgröße genommen, z. B. die Fußlänge zur Längenmessung.

Heute gibt es internationale Basisgrößen – das sind Größen, die sich nicht durch andere Basisgrößen ausdrücken lassen. Alle anderen Größen sind von den Basisgrößen abgeleitet. Beispiel: Die *Geschwindigkeit* ist von den Basisgrößen Länge und Zeit abgeleitet.

Jede Basisgröße hat eine Basiseinheit **(Tabelle 1)**. Die Bezeichnung des genormten Einheitensystems ist „Système International d'Unites", abgekürzt SI-Einheitensystem.

Tabelle 1: Basisgröße und Einheit

Internationales Einheitensystem		
Grundgröße/ Basisgröße	**Einheit**	**Einheitenkurzzeichen**
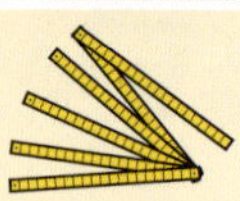 Länge	Meter	m
 Masse	Kilogramm	kg
 Zeit	Sekunde	s
 Stromstärke	Ampere	A
 Temperatur	Kelvin	K
 Lichtstärke	Candela	cd

Maßeinheiten können nach DIN 1301 vervielfacht oder geteilt werden und man erhält Zahlenwerte mit übersichtlichen Stellen. So kann man für eine Entfernung besser 40 km angeben als 40 000 m.

Vorsatzzeichen	Bedeutung	Vielfaches der Einheit
da	Deka	zehnfach $10^1 = 10$
h	Hekto	hundertfach $10^2 = 100$
k	Kilo	tausendfach $10^3 = 1000$
M	Mega	millionenfach $10^6 = 1000000$
d	Dezi	zehntel $10^{-1} = 0{,}1$
c	Zenti	hundertstel $10^{-2} = 0{,}01$
m	Milli	tausendstel $10^{-3} = 0{,}001$
µ	Mikro	millionstel $10^{-6} = 0{,}000001$

1.1.3 Messabweichungen

Messergebnisse sind nur dann miteinander vergleichbar, wenn sie wiederholbar sind. Darum ist die Bezugstemperatur von 20 °C beim Messgerät und dem Werkstück vereinbart worden.

Abweichungen vom Messwert können verursacht sein durch:

- das Messgerät
- das Werkstück
- den Menschen
- Umwelteinflüsse

Man unterscheidet zufällige und systematische Messabweichungen.

Zufällige Abweichungen sind nicht wiederholbar. Ursachen können Temperaturschwankungen, Schmutz oder Ablesefehler sein. Beispiel:

Messabweichung durch Parallaxe entstehen, wenn unter schrägem Blickwinkel abgelesen wird **(Bild 1)**.

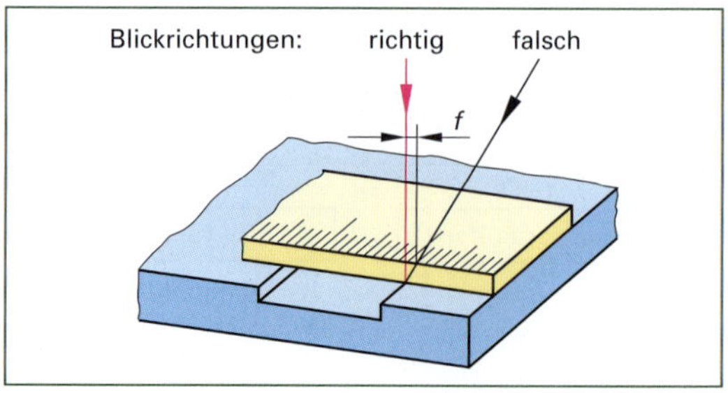

Bild 1: Messabweichung durch Parallaxe

Systematische Messfehler sind konstante Abweichungen, die man bei der Messung berücksichtigen muss. Sie basieren meist auf Fehler des Messgerätes (Gerätefehler). Diese Messfehler sind regelmäßig und kommen in gleicher Größe bei jeder Messung vor. Ursachen können sein:

- Betriebsstörung des Messgerätes
- Abnutzung wichtiger Teile am Messgerät
- Spiel, Verzug oder Schmutz am Messgerät

Auch die richtige Auswahl des Messgerätes stellt eine mögliche Fehlerquelle dar. Beispiel: Durchmesserermittlung einer Sattelstütze. Hier ist der Gliedermaßstab als Messgerät ungeeignet, da aufgrund zu großer Messabweichungen die Messgenauigkeit nicht ausreicht.

1.1.4 Prüfmittel

Prüfmittel **(Tabelle 1)** sind Messgeräte (Messzeuge), Lehren und Hilfsmittel.

Tabelle 1: Auswahl Prüfmittel

Messgeräte		Lehren	Hilfsmittel
Maßverkörperungen	Anzeigende Messgeräte		
Längen und Winkel können direkt abgelesen werden	Längen und Winkel werden über bewegliche Teile auf einer Skala oder digital angezeigt	Lehren verkörpern ein Maß oder eine Form	Hilfsmittel haben stützende oder übertragende Funktionen
 Massstab	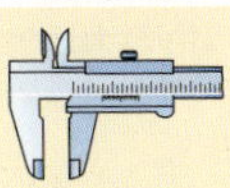 Messschieber	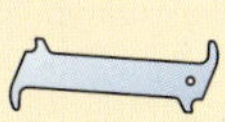 Kettenverschleißlehre	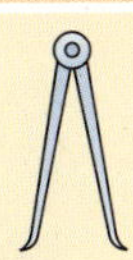 Taster
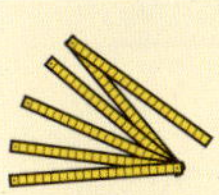 Gliedermaßstab	 Messuhr	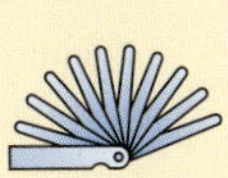 Fühlerlehre	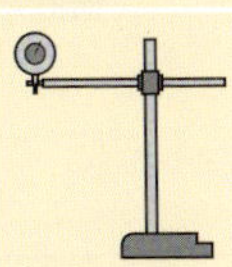 Messständer
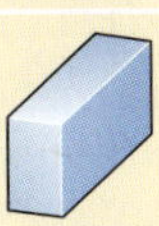 Parallelendmaß	 Bügelmessschraube	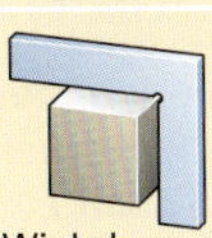 Winkel (Formlehre)	

Anzeigende Messgeräte

Der **Messschieber** ist das am häufigsten eingesetzte Messwerkzeug. Der Begriff „Schieblehre" sollte nicht verwendet werden, da mit dem Messschieber gemessen und nicht gelehrt wird.

Der Messschieber nach DIN 862 wird umgangssprachlich auch als Taschenmessschieber bezeichnet. Damit können Innen-, Außen- und Tiefenmaße gemessen werden. Der Messbereich beträgt meist 160 mm.

Der Messschieber **(Bild 1)** besteht aus einer Schiene mit Millimeterskala und zusätzlich meist einer Zollskala. An der Schiene befindet sich der feste Messschenkel. Am Schieber befinden sich die Noniusskala und der bewegliche Messschenkel.

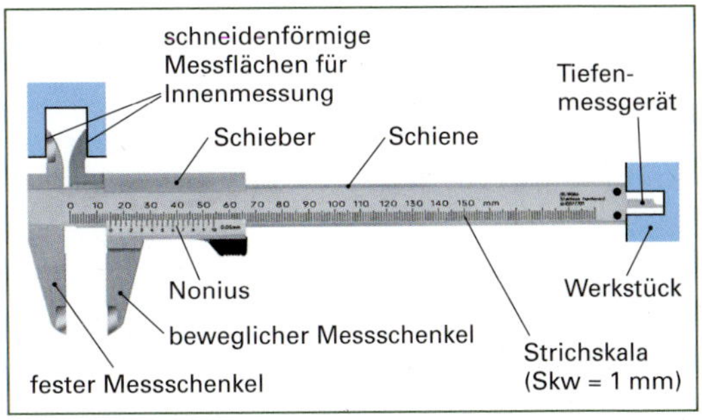

Bild 1: Messschieber

Die am Schieber befestigte Messstange wird zur Tiefenmessung genutzt. Eine Klemmvorrichtung ermöglicht das Feststellen des Schiebers, damit sich der Messschieber nicht beim Ablesen verstellt.

Neben der klassischen Anzeige mit Nonius und Millimeterskala gibt es auch Ausführungen mit Rundskala **(Bild 2)** oder elektronischer Ziffernanzeige **(Bild 1, Seite 12)**.

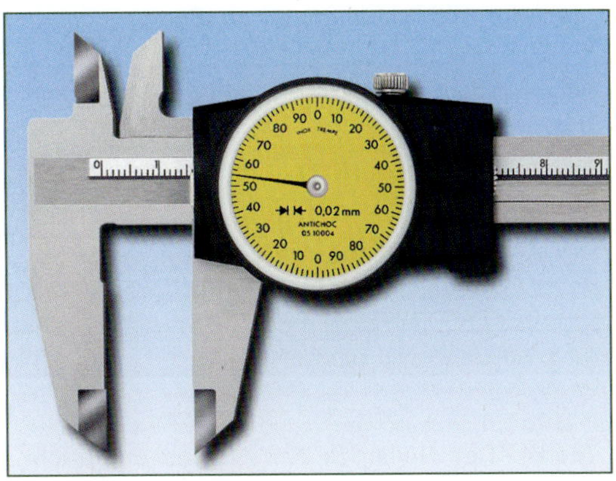

Bild 2: Messschieber mit Rundskala

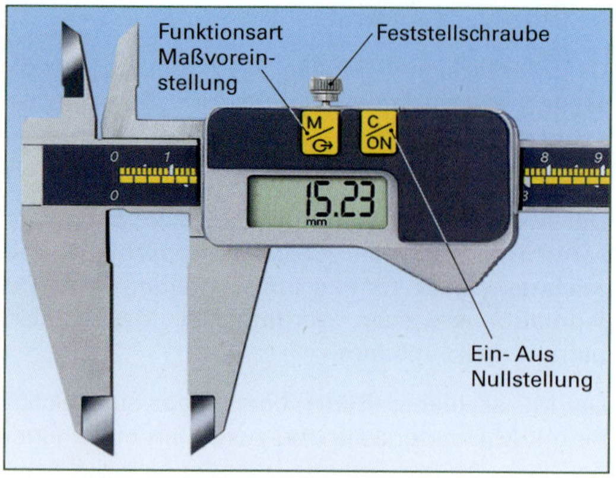

Bild 1: Elektronischer Messschieber

Funktionsweise des Messschiebers

Die Ablesegenauigkeit beträgt meist 1/10 mm (0,1 mm) oder 1/20 mm (0,05 mm). Beim Zehner-Nonius **(Bild 2)** mit seiner 0,1 mm-Ablesegenauigkeit sind 9 mm in 10 Teile unterteilt, sodass der Strichabstand auf dem Nonius 0,9 mm beträgt.

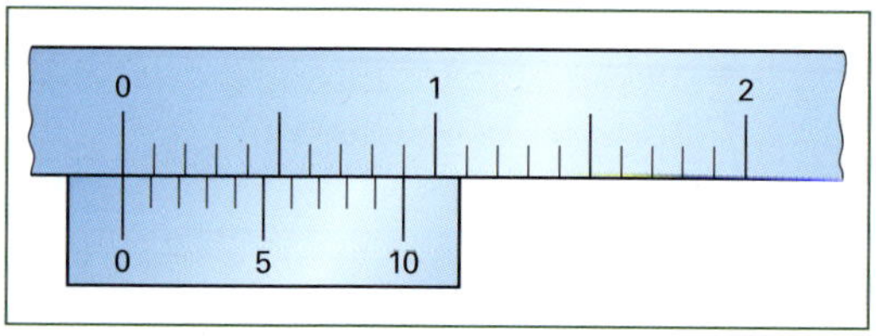

Bild 2: Zehner-Nonius

Ableseregeln:

- Ganze Millimeter werden auf dem Strichmaßstab links vom Nullstrich des Nonius abgelesen.
- Die zehntel Millimeter werden rechts vom Nullstrich des Nonius an dem Teilstrich des Nonius abgelesen, der mit einem Strich des Strichmaßstabs übereinstimmt. Die Anzahl der Teilstrichabstände auf dem Nonius gibt die Anzahl der zehntel Millimeter an **(Bild 3)**.

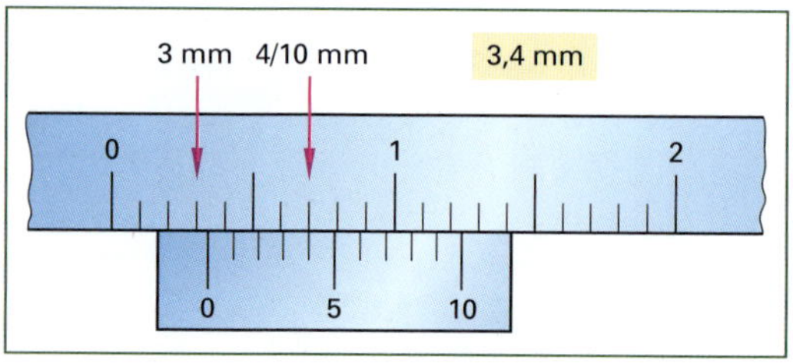

Bild 3: Ablesebeispiel Zehner-Nonius

Info

Merke: Der Nullstrich des Nonius entspricht dem Komma im Messwert.

Die **Bügelmessschraube** ist ein Längenmessgerät mit einer Ablesegenauigkeit von 1/100 mm = 0,01 mm **(Bild 4)**. Die bewegliche Messspindel hat ein Feingewinde mit einer Steigung von 0,5 mm.

Wird die Skalentrommel um einen der 50 Teilstriche gedreht, verschiebt sich die Messspindel um 0,5 mm : 50 = 0,01 mm in Längsrichtung (der Skalenteilungswert beträgt 0,01 mm).

Die vollen Millimeter werden auf der Skalentrommel oben, die hunderstel Millimeter unten abgelesen **(Bild 5)**.

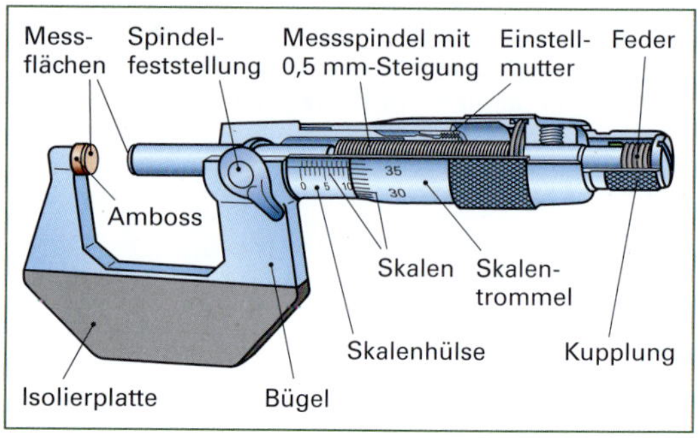

Bild 4: Bügelmessschraube

Bedienen und Ablesen

- Bügel der Messschraube mit einer Hand festhalten. Mit der anderen Hand die Messspindel durch Drehen der Skalentrommel bis kurz vor das Werkstück bewegen.
- Das endgültige Maß mit der Ratsche „gefühlvoll" einstellen. Bei einer bestimmten Anpresskraft dreht die Gefühlsratsche durch und verhindert eine Beschädigung der Messspindel.

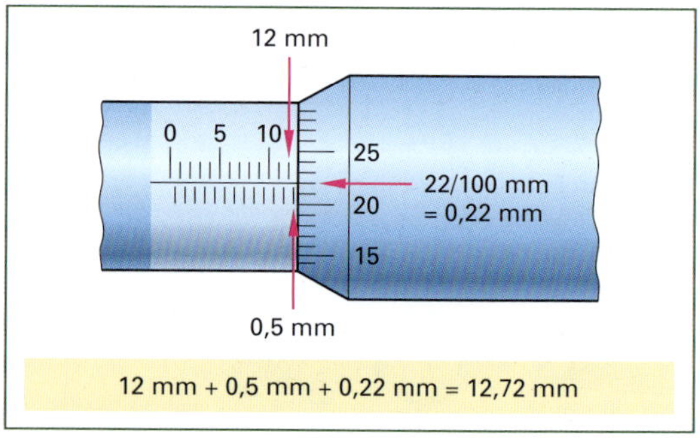

Bild 5: Ablesen der Bügelmessschraube

Elektronische Bügelmessschrauben haben neben der normalen Rundskala mit dem Skalenteilungswert 0,01 mm noch eine Ziffernanzeige, die eine Ablesegenauigkeit von 1/1000 mm = 0,001 mm ermöglicht.

Mechanische **Messuhren (Bild 1)** dienen zum Prüfen von Bauteilen auf Rundlauf **(Bild 2)**, Parallelität oder von Flächen auf Ebenheit. Man misst nicht das Istmaß, sondern die Abweichung von einem eingestellten Istwert.

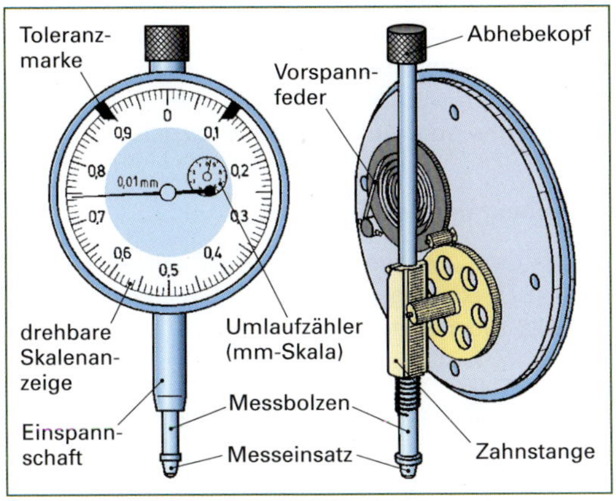

Bild 1: Mechanische Messuhr

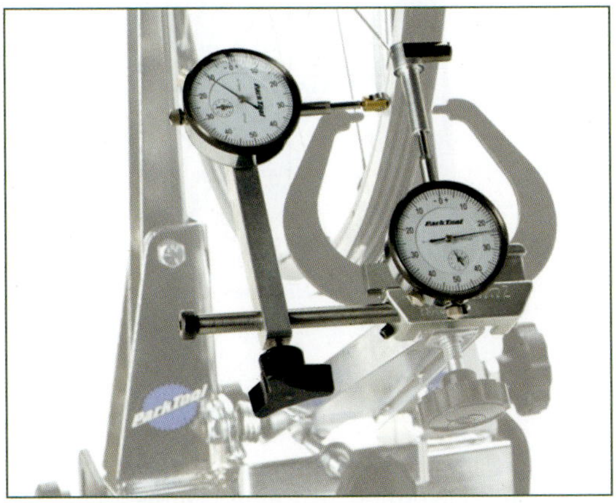

Bild 2: Zentrieren mit Messuhr. Prüfen des Rundlaufs eines Laufrades

Bei Messuhren mit analoger Anzeige (Rundskala) wird die Längsbewegung des Messtasters durch eine Zahnstange und ein Zahnrad auf den Zeiger übertragen. Da sich dadurch der Zeiger der Messuhr mehrmals drehen kann, wird ein zweiter Zeiger benötigt, der die Zahl der Umdrehungen anzeigt.

Die beliebige Nullstellung der Skala kann durch Drehen der Skalenanzeige an der gewünschten Stelle positioniert werden.

Die Genauigkeit von mechanischen Messuhren beträgt 1/100 mm. Elektronische Messuhren **(Bild 3)** mit einer Genauigkeit von 1/1000 mm haben eine Digitalanzeige, die das Ablesen erleichtert.

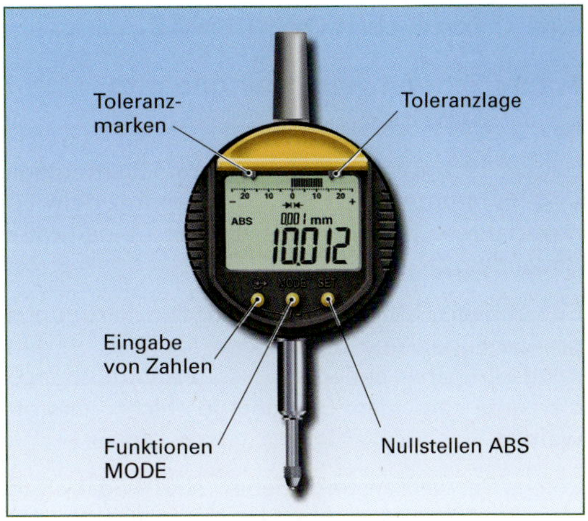

Bild 3: Elektronische Messuhr

Der **Winkelmesser** erlaubt eine Messung von Winkeln nach Graden **(Bild 3)**. Er besteht meist aus einer halbkreisförmigen Skala mit Gradeinteilung von 0° bis 180° (fester Messschenkel) und einer drehbaren Messschiene mit Zeiger (beweglicher Messschenkel).

Ein Anwendungsbereich im Fahrradbau ist die Ermittlung der Rahmenwinkel **(Bild 4)**.

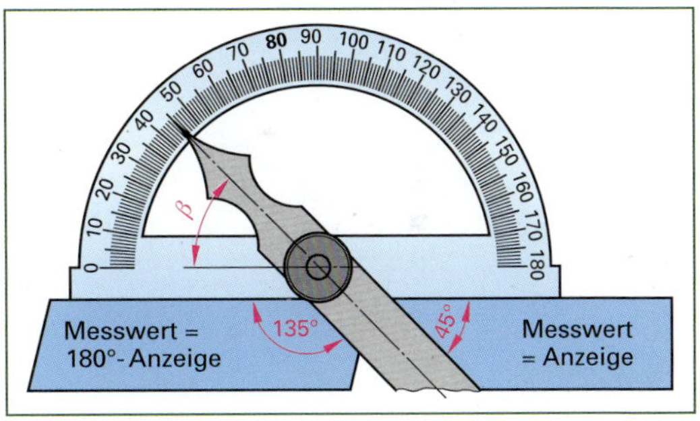

Bild 4: Winkelmesser

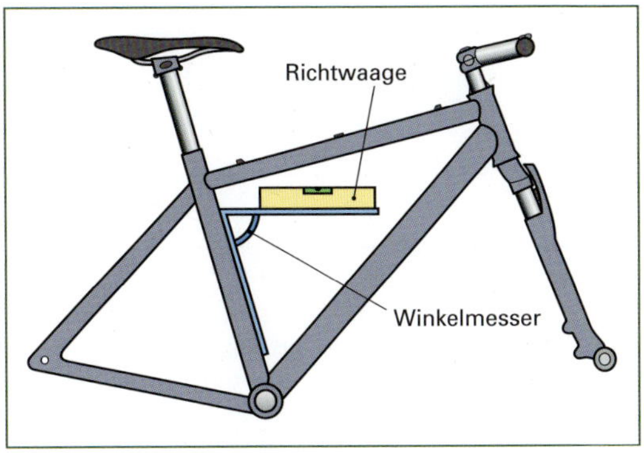

Bild 5: Ermittlung des Sitzrohrwinkels mit Winkelmesser und Richtwaage

1.2 Maschinenelemente

1.2.1 Schraubverbindungen und Gewinde

Bei der Fertigung, der Montage und Demontage von Baugruppen und Bauteilen kommt dem Fügeverfahren „Schraubverbindungen" eine große Bedeutung zu.

Schraubverbindungen gehören zur Fertigungsgruppe Fügen und hier zu den lösbaren Verbindungen. Lösbar bedeutet, dass die Verbindungselemente bei der Demontage nicht zerstört werden.

Löten, Schweißen und Kleben sind Fügeverfahren, die nicht lösbar sind. Sie sind stoffschlüssig.

Schraubverbindungen gehören außerdem zu den kraftschlüssigen Verbindungen: Beim Anziehen der Schraube oder der Mutter werden die Verbindungselemente mit einer Spannkraft F_S gegeneinander gepresst **(Bild 1)**. Ein Verschieben der Verbindungselemente gegeneinander durch die Kraft F wird durch die Reibungskraft F_R verhindert.

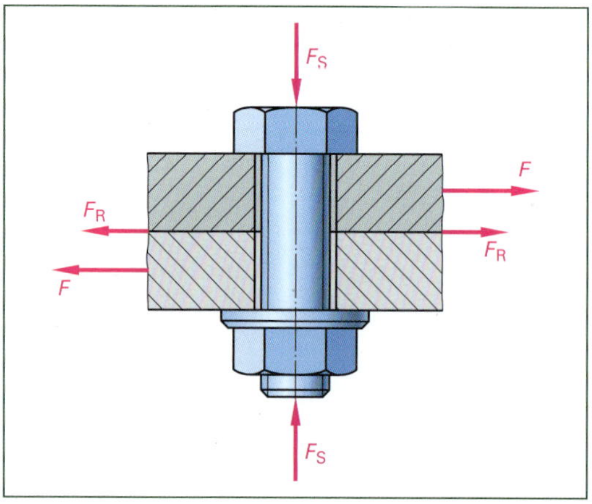

Bild 1: Kräfte an einer Schraubverbindung

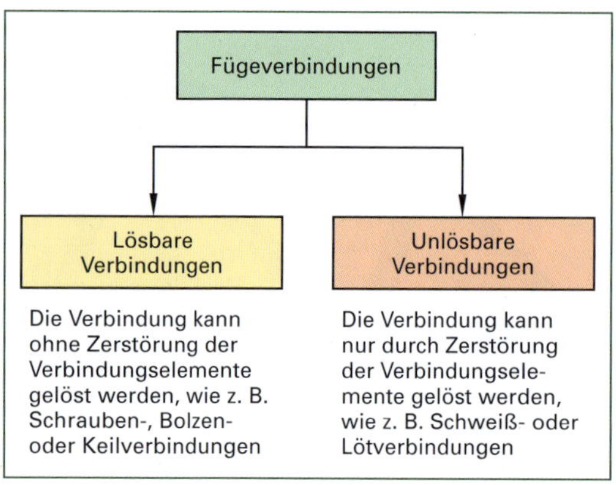

Neben den kraftschlüssigen und den stoffschlüssigen Verbindungen unterscheidet man noch formschlüssige Verbindungen. Zu ihnen gehören die Stiftverbindungen und die Keilverbindungen.

> Schraubverbindungen sind lösbare, kraftschlüssige Verbindungen. Die Bauteile werden entweder mit einer Schraube und einer passenden Mutter verbunden oder ein Gewinde wird in oder auf das Bauteil geschnitten.

Einteilung der Schrauben

Nach dem **Verwendungszweck** unterscheidet man Befestigungsschrauben, Einstellschrauben **(Bild 2)** und Bewegungsschrauben.

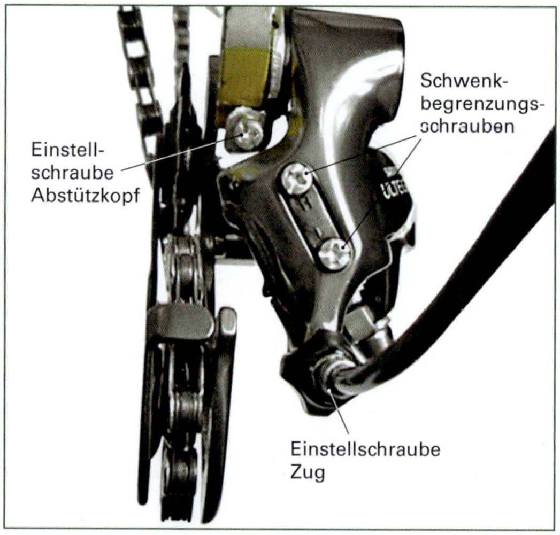

Bild 2: Einstellschrauben am Schaltwerk

Bewegungsschrauben wandeln leichtgängig eine Drehbewegung in eine Längsbewegung um. Beispiele: das Bewegungsgewinde an einem Schraubstock oder das Steilgewinde am Planetenradträger, der den Bremskonus in den Bremsmantel drückt **(Bild 3)**.

Bild 3: Steilgewinde am Planetenradträger

Weiterhin kann man Schrauben nach der **Kopfform (Bild 1)** oder der **Gewindeart** (Normal-, Fein- oder Grobgewinde, **Bild 2**) einteilen.

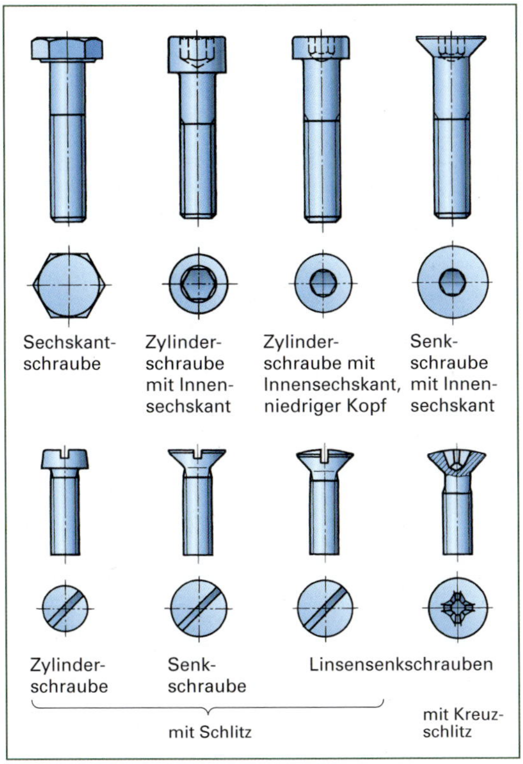

Bild 1: Kopfformen von Schrauben

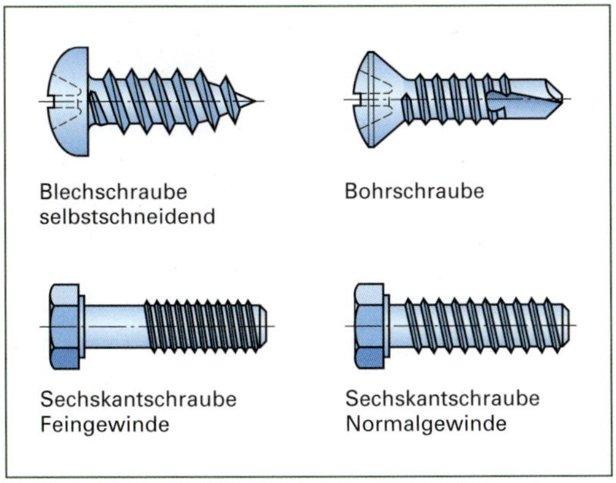

Bild 2: Gewindearten

Da es Schrauben in unterschiedlichen Längen und Durchmessern gibt, ergeben sich einige hundert verschiedene Schraubenarten.

Eine Übersicht der wichtigsten Schrauben und Muttern befindet sich im Tabellenbuch Fahrradtechnik.

Nach dem **Drehsinn** unterscheidet man Links- und Rechtsgewinde.

Wenn sich Schrauben mit Rechtsgewinde durch äußere Kräfte lösen können, verwendet man Linksgewinde, die entgegen dem Uhrzeigersinn eingeschraubt werden, z. B. die Lagerschalen eines Innenlagers **(Bild 3)**.

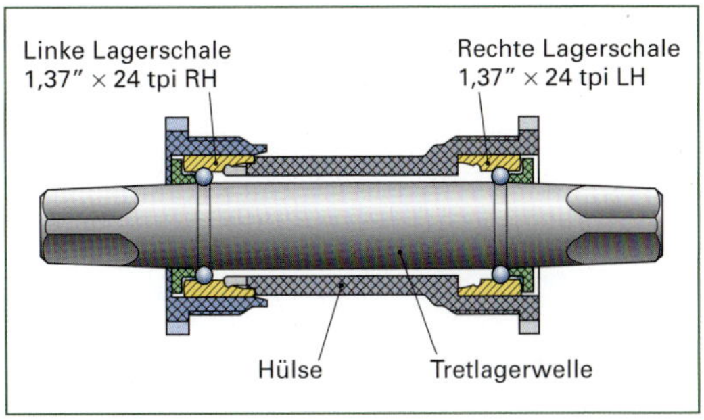

Bild 3: Gewinde der Innenlagerschalen

Warum das linke Pedal ein Linksgewinde und das rechte Pedal ein Rechtsgewinde hat, ist in Kapitel 6.3.1 beschrieben **(Bild 4)**.

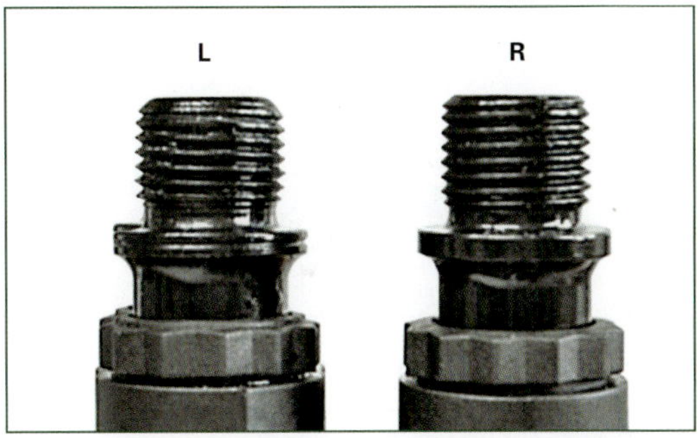

Bild 4: Pedalgewinde. Beim Linksgewinde (L) steigen die Gewindeflanken nach links an, beim Rechtsgewinde (R) nach rechts

In der Geschichte des Fahrradbaus sind viele unterschiedliche Gewindeabmessungen entstanden. Beispiele:

- Englische Gewinde (Zoll-Gewinde)
- Französische Gewinde
- Italienische Gewinde
- Deutsche Gewinde

Darüber hinaus sind in Deutschland Fahrradgewinde (FG) eingeführt, die im übrigen Maschinenbau keine Anwendung finden.

Aufgrund der Vielzahl von Gewindearten muss bei der Schraubenauswahl mit größter Sorgfalt vorgegangen werden. Die gilt besonders für Achsmuttern – Unfallgefahr!

Gewinde

Ein Gewinde ist eine Einkerbung, die längs einer Schraubenlinie **(Bild 1)** um einen Zylinder läuft. Diese „Kerbe“ wird auch als Gewindegang bezeichnet.

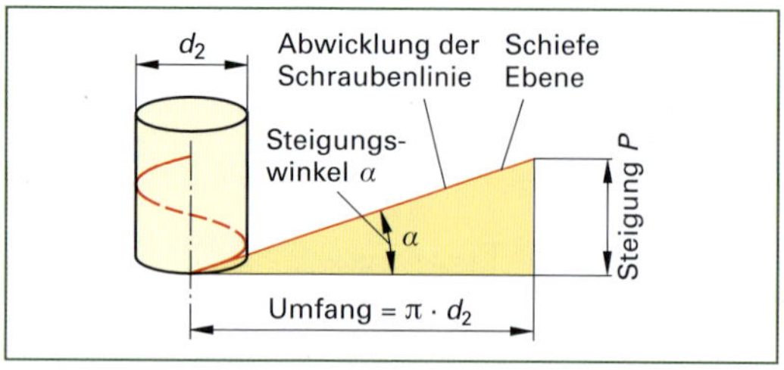

Bild 1: Schraubenlinie

Eine Schraubenlinie entsteht, wenn ein Punkt auf einem sich gleichmäßig drehenden Zylinder in Richtung der Drehachse mit gleichbleibender Geschwindigkeit bewegt wird. Die Abwicklung der Schraubenlinie ergibt eine schiefe Ebene. Die Gewindesteigung ist die Höhe der abgewickelten Schraubenlinie **(Bild 2)**.

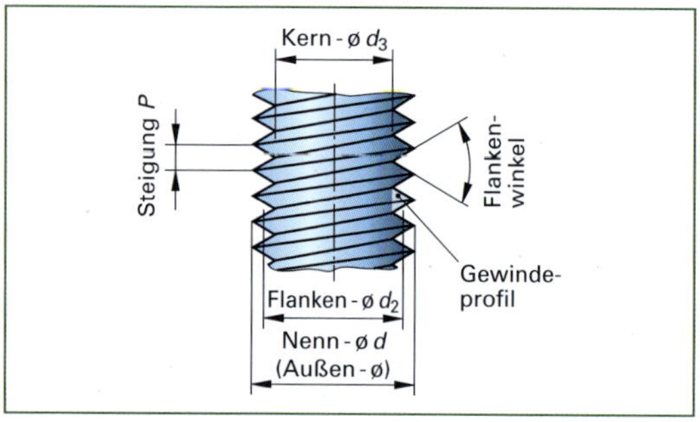

Bild 2: Bezeichnungen am Gewinde

Befestigungsschrauben (und hier besonders Schrauben mit Feingewinden, Beispiel: Tretlagergewinde) haben kleine Steigungswinkel, die durch Selbsthemmung das unbeabsichtigte Losdrehen verhindern sollen.

Bei Bewegungsgewinden werden teilweise große Steigungen gewünscht, um einen großen axialen Vorschub bei geringer Reibung zu erhalten.

Gewindeherstellung

Gewinde lassen sich spanend oder spanlos herstellen (siehe auch Kapitel 1.3.5).

Spanabhebende Gewindeherstellung. Das Gewindeprofil wird mithilfe von Werkzeugschneiden aus dem Werkstoff herausgearbeitet, entweder von Hand mit Schneideisen und Schneidkluppen oder mit Gewindeschneidmaschinen, die mit Schneidköpfen arbeiten.

Spanlose Gewindeherstellung. Gegenüber dem spanabhebenden Verfahren fallen bei der Gewindeherstellung mit Gewindeformern keine Späne an. Gewindeformung erfolgt ausschließlich auf Werkzeugmaschinen.

Beim Außengewindewalzen (Gewinderollen) wird durch Kaltumformung das Profil des Werkzeugs in die Oberfläche des Rohteils gewalzt.

Nach DIN 8580 gehört das Gewindewalzen zum Druckumformen. Dieses Verfahren ist wesentlich schneller und bei großen Stückzahlen kostengünstiger als andere Methoden zur Herstellung von Gewinden. Möglich sind auch Rändelungen und Kerbverzahnungen an Schrauben und Bolzen.

Vorteile der spanlosen Gewindeherstellung sind:

- Die Werkstofffaser wird nicht unterbrochen
- Durch Kaltverformung wird die Oberfläche verfestigt
- Die Kerbempfindlichkeit wird reduziert
- Keine Späne
- Geringerer Materialbedarf

> *Beispiel:*
> Gewinderollen oder Gewindewalzen von Fahrradspeichengewinden **(Bild 3)**.

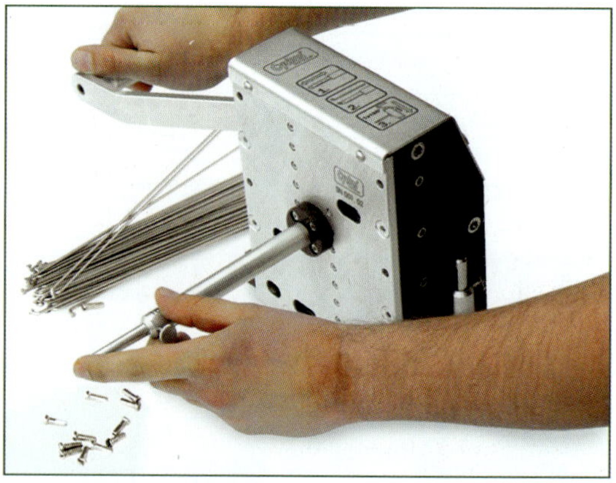

Bild 3: Speichengewinde-Walzmaschine (Cyclus)

Gewindearten

Im Fahrradbereich kommen verschiedene Gewindearten zum Einsatz.

Fahrradgewinde (FG). Es sind Gewinde für Fahrräder und motorisierte Zweiräder nach DIN 79012[1] mit einem Flankenwinkel von 60°.

> *Beispiel:*
> Speichengewinde FG 2,3 mit einem Nenndurchmesser von 2,3 mm.

[1] siehe auch ISO 6696 und ISO 8488

Metrische ISO-Gewinde. Es ist nach DIN 13 in Regel- und Feingewinde unterteilt. Der Flankenwinkel beträgt 60°. Beispiele:

- **M 10** kennzeichnet ein Regelgewinde, welches z. B. bei der Befestigungsschraube für den Seitenständer verwendet wird. In der Kurzbezeichnung steht **M** für metrisch und **10** für einen Nenndurchmesser von 10 mm. Die Gewindesteigung beträgt 1,5 mm.
- **M 10 x 1** kennzeichnet ein metrisches Feingewinde mit 10 mm Nenndurchmesser und einer Gewindesteigung von 1 mm, welches z. B. bei der Hinterradachse Anwendung findet.

  In der Kurzbezeichnung von Feingewinden wird zusätzlich die Gewindesteigung angegeben. Feingewinde haben bei gleichem Nenndurchmesser kleinere Steigungen als Regelgewinde.

Englisches Zoll-Gewinde.

- BSC (British Standard Cycle) mit einem Flankenwinkel von 60°, die bei gleichem Durchmesser kompatibel mit ISO-Gewinden sind.
- Britische Gewinde mit einem Flankenwinkel von 55°, die in der heutigen Fahrradtechnik nicht mehr verwendet werden.

Beispiel:
Das Tretlagergewinde BC 1,37″ x 24 tpi[1] kennzeichnet ein englisches Fahrradgewinde mit einem Flankenwinkel von 60°, mit 1,37″ (34,9 mm) Gewindedurchmesser und 24 Gewindegängen pro Zoll (Bild 3, Seite 15).

Die Steigung bei Zoll-Gewinden wird als Anzahl der Windungen je Zoll Gewindelänge angegeben – im Gegensatz zur Steigung je Umdrehung beim metrischen Gewinde.

Beispiel:
Eine Zoll-Schraube mit der Gangzahl 20 (tpi 20) benötigt 20 Umdrehungen, um sich ein Zoll in Achsrichtung zu verschieben.

Amerikanisches Zoll-Gewinde. In Amerika findet man im Fahrradbereich gelegentlich das Zollmaß. Die Bestimmung der Gangzahl ist mit dem britischen System identisch. Der Flankenwinkel beträgt bei amerikanischen Zoll-Gewinden immer 60°, während bei englischen Gewinden der Flankenwinkel auch 55° betragen kann.

Englische und amerikanische Zoll-Gewinde sind untereinander nicht austauschbar (nicht kompatibel).

Französische Gewinde. Die Abmessungen der französischen Gewinde sind an die metrischen Abmessungen angelehnt und in mm angegeben.

Bei älteren Fahrrädern aus französischer Produktion können spezielle Gewindeabmessungen vorkommen.

Beispiele:
Steuersatz 25 x 1, Tretlager 35 x 1, Pedale 14 x 1

Neuere Fahrräder werden mit ISO-Gewinden gefertigt.

Italienische Gewinde. Sie sind eine Sonderform von Fahrradgewinden. Der Gewindedurchmesser ist in Millimeter angegeben, die Gewindesteigung in Zoll. So hat das italienische Tretlagergewinde 36 x 24 einen Gewindedurchmesser von 36 mm und eine Gewindesteigung von 24 Gängen auf ein Zoll.

Schraubensicherungen

Schraubensicherungen sind Maschinenelemente, die das **ungewollte, selbstständige** Lockern oder Lösen einer Schraubverbindung durch äußere Einflüsse wie Schwingungen (Vibrationen), Setzen der Verbindung usw. verhindern sollen.

Man unterscheidet stoffschlüssige, formschlüssige und kraftschlüssige Schraubensicherungen.

Die beste Schraubensicherung ist eine ausreichend hohe Vorspannkraft (Klemmkraft) und eine ausreichende Klemmlänge (> 5d).

Stoffschlüssige Sicherungen

Bei einer **flüssigen Klebstoffsicherung (Bild 1)** wird zwischen dem Innen- und Außengewinde Klebstoff eingebracht.

Nach der Aushärtung verhindert der Klebstoff durch Adhäsionskräfte auf den Oberflächen der Fügeteile und durch Kohäsionskräfte innerhalb des Klebstoffs Relativbewegungen zwischen den Verbindungselementen.

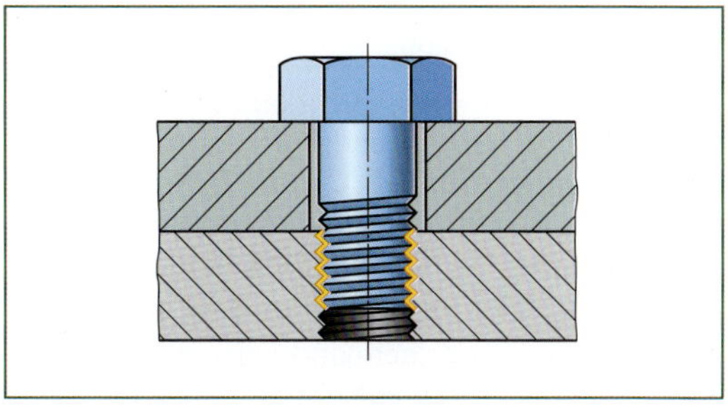

Bild 1: Flüssige Klebstoffsicherung

[1] tpi = engl. threads per inch = Gewindegänge pro Zoll

[2] Weitere Informationen können dem Tabellenbuch Fahrradtechnik entnommen werden.

Eine weitere Sicherung ist die Beschichtung einer Schraube **(Bild 1)** mit **mikroverkapseltem Klebstoff**. Bei der Montage werden die dünnwandigen Mikrokugeln zerstört. Dabei wird der in den Kapseln enthaltene Klebstoff und Härter freigesetzt und gemischt, sodass es zu einer chemischen Reaktion kommt.

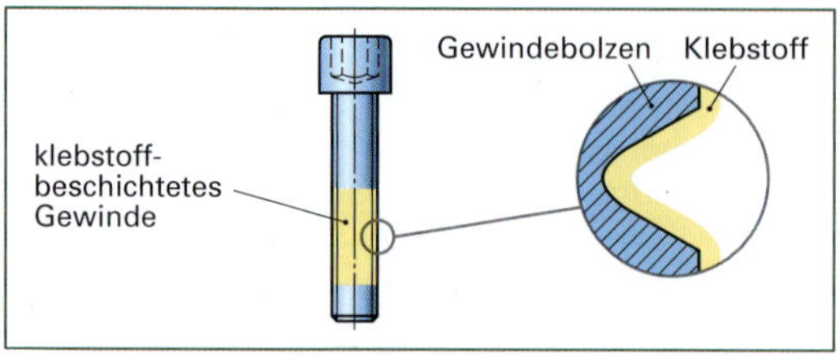

Bild 1: Beschichtete Schraube

Klebstoff- und mikroverkapselte Gewindesicherungen sind nur einmal anwendbar; die Sicherungsfunktion geht beim Nachziehen einer Verschraubung verloren.

Stoffschlüssige Klebstoffsicherungen gehören zu den Losdrehsicherungen, d. h. sie verhindern das selbsttätige Lösen der Verbindung. Mindestens 80 % der Vorspannkraft muss erhalten bleiben.

Formschlüssige Sicherungen

Bei einer **Sperrzahnschraube** ist der Schraubenkopf an der Unterseite mit einer Verzahnung versehen, die sich bei der Montage in das Material eindrückt **(Bild 2)**. Es wird ein Formschluss erzeugt, der ein selbsttätiges Losdrehen erschwert.

Diese Sicherungsart ist nicht für gehärtete Werkstoffe geeignet.

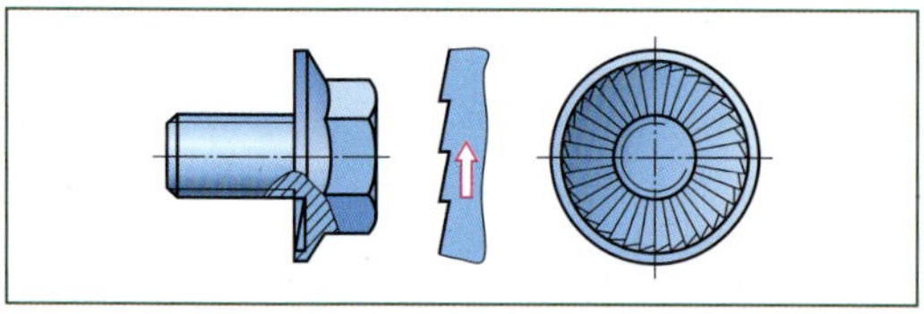

Bild 2: Sperrzahnschraube

Neben den sogenannten **Losdrehsicherungen** werden einige Schraubensicherungen als **Setzsicherungen** verwendet. Der Grund liegt darin, dass die Vorspannkraft durch ein Nachgeben des Werkstoffs (Kriechen) abnehmen kann.

Sicherungselemente als Setzsicherungen **(Bild 3)** kompensieren die Kriech- und Setzbeträge, sowie die Elastizität der Bauteile.

Info
Viele weitere Sicherungselemente sind als Setzsicherung unwirksam; z. B. Federringe.

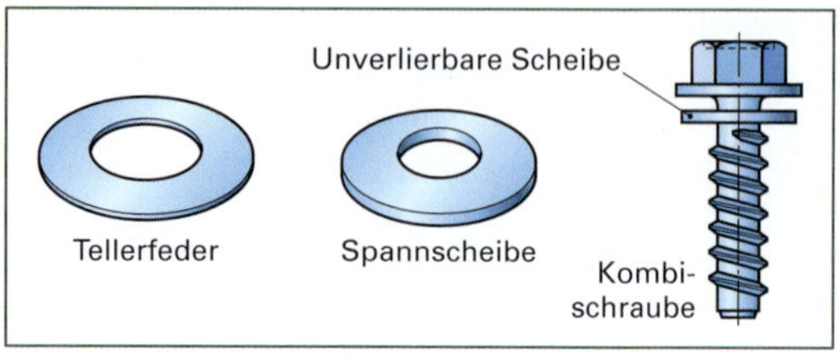

Bild 3 Setzsicherungen

Tellerfedern (bzw. Spannscheiben) sind kraftschlüssige mitverspannte Federelemente. Sie wirken durch Ihre Federkraft dem Absinken der Vorspannung durch Setzen entgegen und sind deshalb besonders für axial belastete kurze Schrauben geeignet. Gegen Losdrehvorgänge unter wechselnder Querbelastung bieten sie keine wirksame Sicherung.

Kombischrauben sind Schrauben, bei der eine oder mehrere Unterlegteile vor der Gewindeherstellung unverlierbar, lose aufmontiert werden.

Beispiel: Kombiblechschraube DIN 6901

Die dritte Gruppe der Schraubensicherungen sind **Verliersicherungen**. Diese Sicherungselemente verhindern das vollständige Auseinanderfallen der Verbindung. Das Prinzip beruht meist auf einer Erhöhung der Reibung bzw. Klemmung im Gewinde. Weniger als 80 % der Vorspannkraft bleibt erhalten.

Weitere Verliersicherungen sind Kronenmuttern mit Splint und Drahtsicherungen.

In einer **selbstsichernden Mutter** befindet sich ein Kunststoffring, der sich bei der Montage im Gewinde kraftschlüssig verformt **(Bild 4)**.

Bild 4: Selbstsichernde Mutter

Kontermutter. Das Kontern mit einer weiteren Mutter ist nur dann sinnvoll, wenn die Kraft zwischen den Muttern deutlich größer ist als die Spannkraft der Fügeteile untereinander.

Die früheren Normen von Sicherungselementen

- Federringe DIN 127, DIN 128 und DIN 6905
- Federscheiben DIN 137 und DIN 6904
- Zahnscheiben DIN 6797
- Fächerscheiben DIN 6798 und DIN 6908

- Sicherungsbleche DIN 93, DIN 432 und 463
- Sicherungsnäpfe DIN 526
- Sicherungsmuttern DIN 7967
- Kronenmuttern mit Splint (niedrige Form alte Ausführung) DIN 937

haben ab der Schraubenfestigkeitsklasse 8.8 keine Sicherungswirkung mehr und sind als Schraubensicherung (Setzsicherung) nicht geeignet[1].

Herstellung einer Schraubverbindung

Werkzeugauswahl. Aufgrund der Vielzahl von Schraubenköpfen und Mutterformen muss die Auswahl des richtigen Werkzeugs sorgfältig erfolgen. Ungeeignete Werkzeuge sind Kombizange oder Wasserpumpenzange.

Folgende Handwerkzeuge **(Bild 1** und **2)** kommen zum Einsatz:

Bild 1: Maul- und Ringschlüssel TCS (Stahlwille)

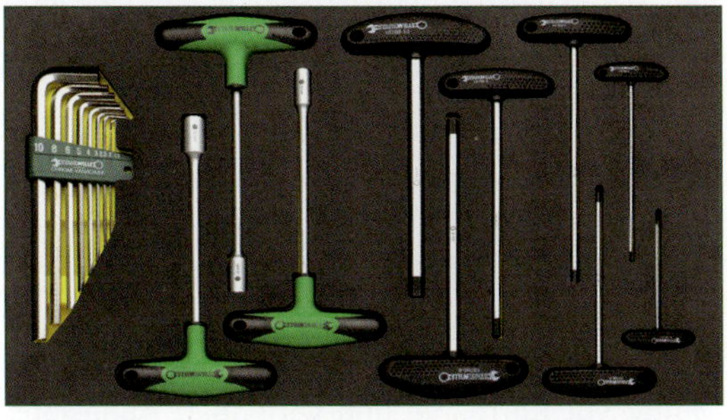

Bild 2: Stift- und Steckschlüsselsatz TCS (Stahlwille)

Ein Steckschlüssel-Satz **(Bild 3)** ist flexibel anzuwenden. Das eigentliche Werkzeug (der Steckschlüsseleinsatz, umgangssprachlich auch als Nuss bezeichnet) kann wechselbar auf die Knarre oder Ratsche gesteckt werden.

Die Kombination mit Drehmomentschlüsseln und auch mit Fahrradspezialwerkzeugen erweitert den Einsatzbereich.

[1] Das Deutsche Institut für Normung hat die o. g. Normen zurückgezogen

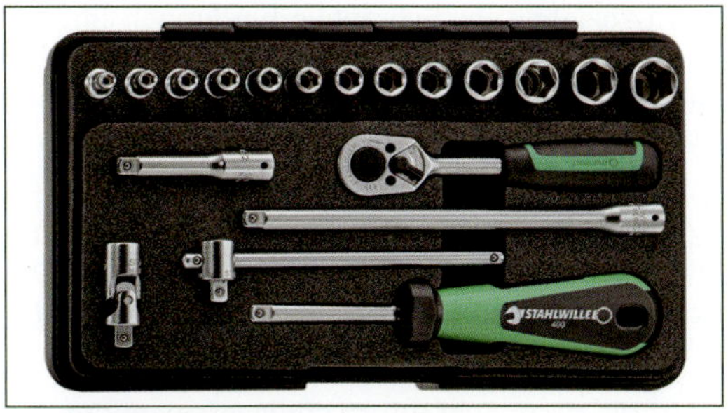

Bild 3: Steckschlüsselsatz (Stahlwille)

Für einfache Schraubverbindungen verwendet man Schlitz-, Kreuzschlitz-, oder Torx- Schrauben, die mit den richtigen Schraubendrehern **(Bild 4)** montiert werden müssen.

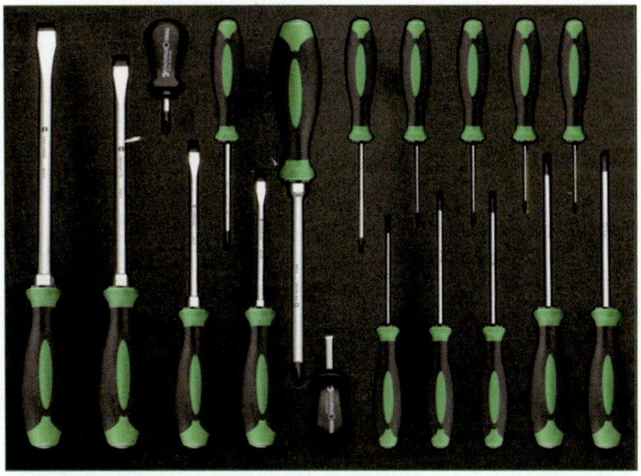

Bild 4: Schraubendreher (Stahlwille)

Schraubendreher gibt es mit vielen Griffformen und Qualitäten. Kreuzschlitz- und Schlitzschraubendreher der Größe 2 und 3, bzw. 4 bis 6 mm Klinge, sowie Innensechskantschlüssel der Größe 3 bis 6 sind die am häufigsten verwendeten Werkzeuge des Fahrradmechanikers. In der Regel sind diese nach vier bis acht Monaten verschlissen und müssen ersetzt werden, um Beschädigungen der Schraubenköpfe durch Abrutschen oder Runddrehen zu vermeiden.

Verschlissene Werkzeuge können das Arbeiten erheblich erschweren; ihre Weiternutzung ist in vielen Werkstätten (leider) weit verbreitet.

Mechanikerwerkzeuge und Messgeräte dürfen keinesfalls magnetisiert werden. Überflüssige Magnetschalen sind zu meiden. Anhaftende Stahlspäne und Verschleißpartikel an den magnetisierten Werkzeugen erhöhen den abrasiven Verschleiß, verschmutzen Schmierstoffe, führen zu Messfehlern und schädigen die Mechanik.

1

Beim **Anziehen von Schraubverbindungen** sind die vorgeschriebenen Anziehmomente der Hersteller zu beachten. Besonders bei der Montage von Carbonteilen ist mit äußerster Vorsicht vorzugehen.

Die Funktionsfähigkeit der Schraubverbindung ist abhängig von der Kraft, mit der die Schraube angezogen bzw. vorgespannt (gedehnt) wird. Die notwendige Vorspannkraft wird durch ein bestimmtes Drehmoment erreicht.

Das mit dem Schraubenschlüssel erzeugte Anziehmoment M_A ist das Produkt aus der Handkraft F_1 und der wirksamen Länge l des Schraubenschlüssels **(Bild 1)**:

$$M_A = F_1 \cdot l$$

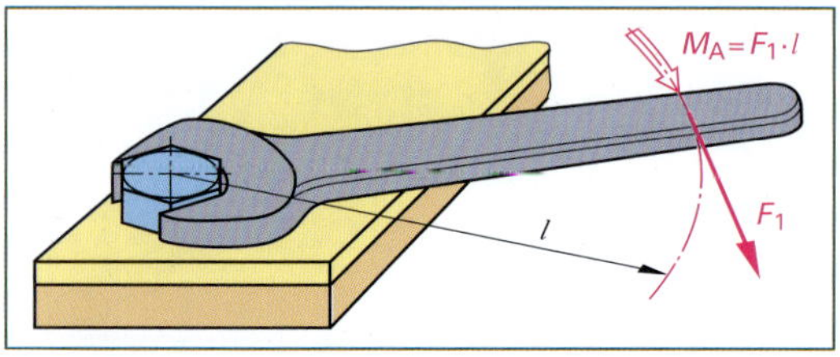

Bild 1: Anziehmoment

Das Drehmoment M_A erzeugt in der Schraube eine Zugkraft – die Vorspannkraft F_V. Die Schraube wird dadurch elastisch gedehnt. Als Reaktionskraft werden die Bauteile durch die Spannkraft F_S gestaucht und aufeinander gedrückt (**Bild 2** und Bild 1, Seite 14).

Ist das Drehmoment und damit die Vorspannkraft zu groß, wird die Schraube plastisch verformt und kann brechen oder das Gewinde ausreißen.

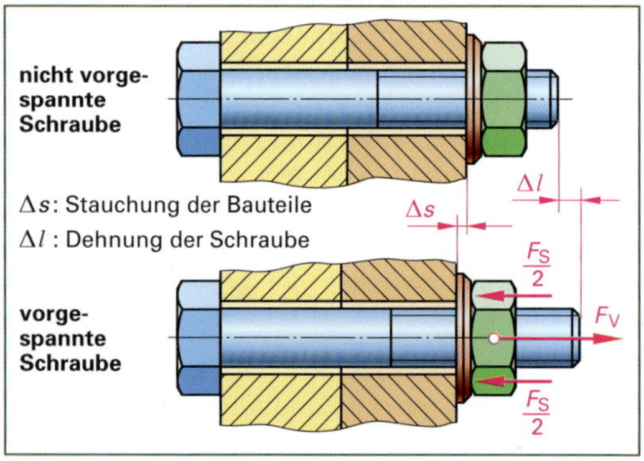

Bild 2: Auswirkung der Vorspannkraft

Info

Wird der Hebelarm eines Schraubenschlüssels mit einem Rohr verlängert, kann die Schraube beim Festziehen zerstört werden.

Beim Anziehen einer Schraube entsteht durch das Aufeinandergleiten der Oberflächen von Gewindeflanken und Schraubenkopf Reibung. Je nach Werkstoff, Oberflächenbeschaffenheit und Anziehmoment kann diese Reibung sehr groß sein. Sie wirkt dem Anziehen der Schraube entgegen, sodass vom Montagedrehmoment nur noch 10 % – 20 % in Vorspannkraft umgesetzt wird **(Bild 3)**.

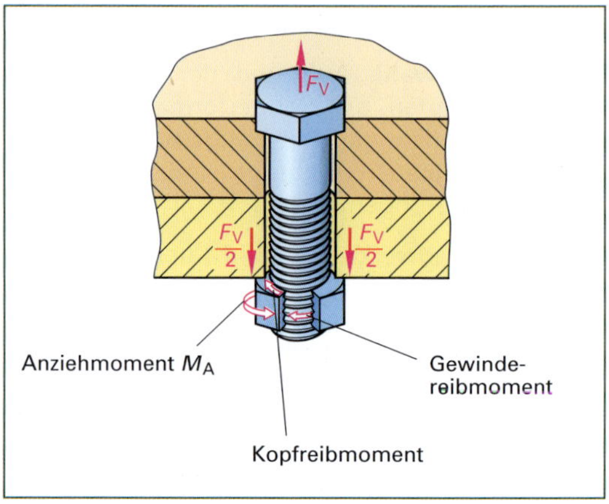

Bild 3: Reibmomente einer Schraubenverbindung

Dieser Zusammenhang wird vom Konstrukteur eines Bauteils bei der Berechnung des notwendigen Anziehmoments berücksichtigt.

Den Drehmomentangaben für Normschrauben werden darüber hinaus Reibungszahlen beigefügt, die sich in der Regel auf ein geöltes Gewinde beziehen. Für sichere Schraubverbindungen sollen nach der VDI Richtlinie 2230 Reibungszahlen $\mu = 0{,}08$ bis 0,16 angestrebt werden.

Um diese Reibungszahlen bei unterschiedlichen Oberflächen und Werkstoffen zu erreichen, gibt es metallfreie Montagepasten. Die dünn aufgetragene Paste ähnelt Schmierfett. Sie sorgt für einheitliche Reibungszahlen, schützt das Gewinde und die Auflagefläche von Schraubenkopf und Mutter vor Korrosion und verhindert Adhäsionsverschleiß (Fressen).

Info

Knackende oder knarzende Schrauben und Muttern beim Festziehen sind immer ein sicheres Zeichen für große Reibung und Adhäsionsverschleiß. Eine sichere Vorspannkraft wird trotz richtig eingestelltem Drehmomentschlüssel nicht erreicht.

Rostfreie Stahlschrauben, Titan und verchromte Schrauben neigen ungeschmiert besonders stark zum Fressen.

Ein Drehmomentschlüssel dient dem Festziehen einer Schraubverbindung mit der vorgeschriebenen Kraft. Drehmomentschlüssel gibt es in verschiedenen Größen und Ausführungen, die jeweils einen bestimmten Drehmomentbereich abdecken **(Bild 1)**.

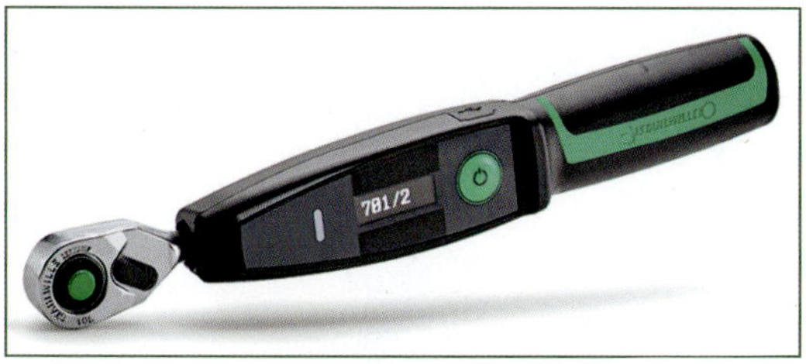

Bild 1: Drehmomentschlüssel (Stahlwille)

Der Drehmomentschlüssel ist auch ein Messwerkzeug und sollte sorgfältig gehandhabt und getrennt gelagert werden. Viele Mechaniker nutzen ihn missbräuchlich als Knarre und überdehnen damit den Messbereich.

Anwendung: Sicherheitsrelevante Schrauben sollten in zwei Schritten angezogen werden. Im ersten Schritt wird circa 80 %, im zweiten Schritt 100 % des Nenndrehmoments eingestellt. Dabei ist der Drehmomentschlüssel langsam zu bewegen und mit beiden Händen zu halten.

Info

Drehmomentschlüssel müssen stets entlastet gelagert und in regelmäßigen Abständen kalibriert werden. Dazu verwendet man spezielle Prüf- und Kalibriergeräte **(Bild 2)**.

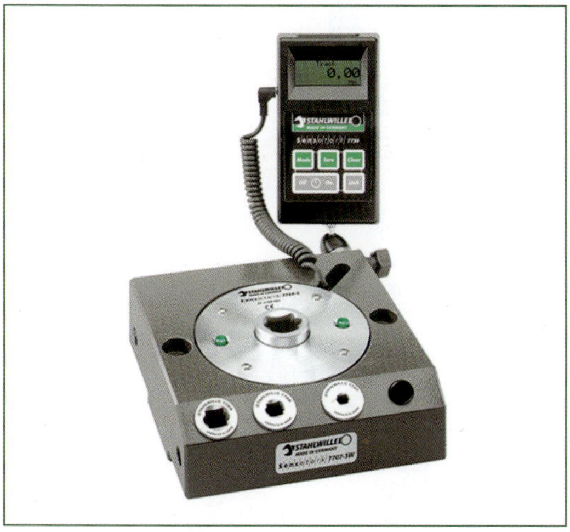

Bild 2: Prüfgerät Sensotork für Drehmomentschlüssel (Stahlwille)

Gewindereparatur. Abgerissene Schrauben oder defekte Innengewinde können mithilfe von Gewindeeinsätzen wieder hergestellt werden.

Es gibt verschiedene Hersteller, die zur Reparatur Gewindeeinsätze anbieten – auch für Linkszollgewinde (z. B. für eine Pedale oder ein beschädigtes Innenlagergewinde). Die Reparatur erfolgt bei allen Systemen in ähnlicher Weise **(Bild 3)**: Zuerst muss die abgerissene Schraube oder das zerstörte Gewinde mit einem speziellen Bohrer ausgebohrt werden. Dann wird ein größeres Gewinde für den Gewindeeinsatz geschnitten.

Im nächsten Schritt wird mit einem Einsetzwerkzeug der Gewindeeinsatz in das neue (größere) Gewinde eingedreht.

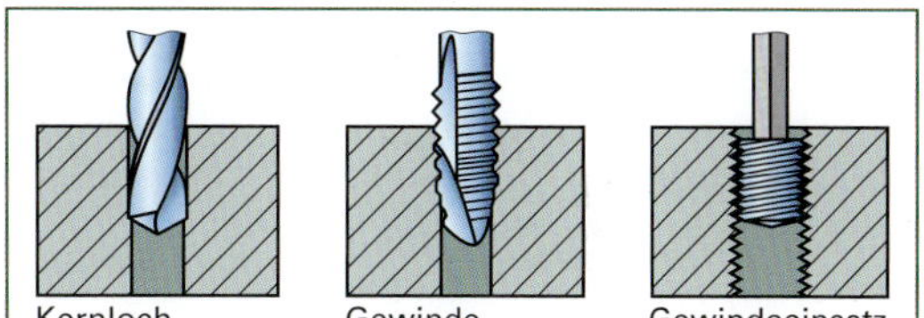

Bild 3: Gewindereparatur mit Gewindeeinsätzen

Zur Reparatur eines defekten Tretlagergewindes erhält man im Handel einen Tretlagergewindeschneider **(Bild 4)**, mit dem man das Gewinde nachschneiden kann.

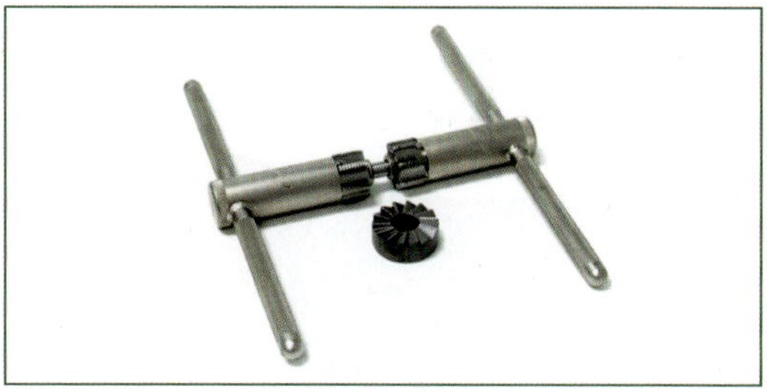

Bild 4: Tretlager-Gewindeschneider. Rechts Linksgewinde, links Rechtsgewinde

Defekte Schrauben und Niete ausbohren

Immer wieder kommt es in der Werkstattpraxis vor, dass Schrauben wegen beschädigter Schraubenköpfe, Werkzeugaufnahmen oder defekten Gewinden nicht mehr zu lösen sind.

Eine bewährte und schnelle Lösung ist das Abbohren eines unter Spannung stehenden Schraubenkopfes. Zunächst wird mit einem 2 bis 3 mm Bohrer mittig vorgebohrt. Die Tiefe der Vorbohrung sollte 5 mm mehr betragen als die Schraubenkopfhöhe. Im zweiten Schritt bohrt man den Schraubenkopf ab. Dabei ist ein Bohrer zu wählen, der 0,5 mm größer ist als der Gewindeaußendurchmesser.

1.2.2 Nietverbindungen

Nieten ist ein unlösbares, formschlüssiges Fügeverfahren durch Umformen. Der Niet ist ein plastisch verformbares zylindrisches Verbindungselement. Bei beidseitigem Zugang der Verbindungsstelle kommen Vollniete zur Anwendung.

Nieten hat gegenüber Schrauben den Vorteil, dass man in keines der Bauteile ein Gewinde schneiden muss. Von Nachteil ist, dass die Verbindung nicht zerstörungsfrei zu lösen ist.

Nieten fand man in der Vergangenheit oft im Stahlbrückenbau. Das berühmteste genietete Bauwerk ist der Pariser Eiffelturm. Weiterhin ist Nieten im Flugzeugbau ein wichtiges Fügeverfahren.

Halbrundniete (Bild 1) und **Senkniete** sind formbare Nieten, bei denen der Schließkopf durch das Stauchen des Nietschaftes gebildet wird. Der gestauchte Nietschaft füllt die Nietbohrung aus und sorgt für eine formschlüssige Verbindung[1].

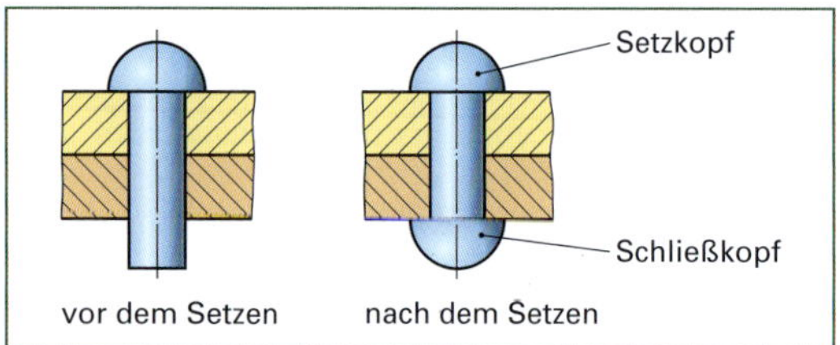

Bild 1: Halbrundvollnieten

Bilder 2 und **3** zeigen Beispiele für das Kaltnieten.

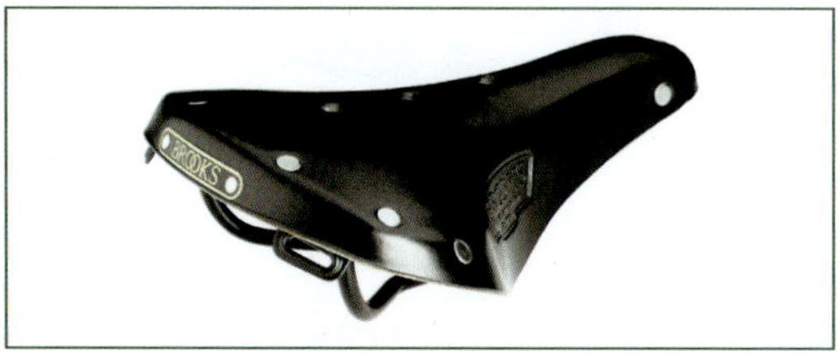

Bild 2: Genieteter Ledersattel

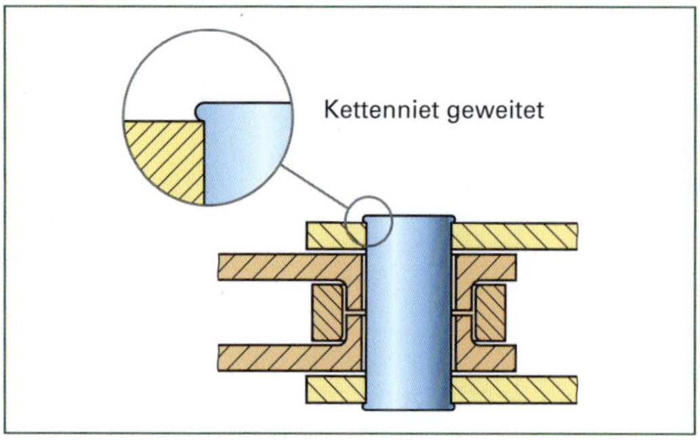

Bild 3: Genietete Kette

Blindniete benötigen zum Fügen nur den Zugang einer Seite der zu verbindenden Bauteile. Sie werden mit einer Blindnietzange geschlossen.

Blindnieten bestehen aus der Niethülse und dem Nietdorn mit Sollbruchstelle **(Bild 4)**.

Mit der Blindnietzange wird der Nietdornkopf in das überstehende Schaftende gezogen. Der Schaft wird dabei plastisch verformt und bildet den Schließkopf. Wird der maximale Anpressdruck erreicht, reißt der Nietdorn an der Sollbruchstelle.

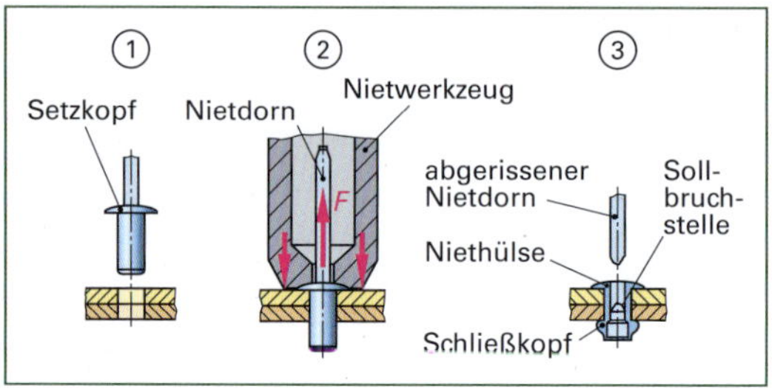

Bild 4: Blindnieten

Blindniete dienen zum Befestigen von Brems- und Schaltzuggegenhaltern oder Umwerfersockeln an Alu- und Carbonrahmen und zur Reparatur von Schutzblechen.

Blindnietmuttern sind einteilige Gewindehohlnieten mit Innengewinde **(Bild 5)**.

Während ein Blindniet die Werkstücke dauerhaft verbindet, lässt sich bei einer Blindnietmutter aufgrund des innenliegenden Gewindes ein Bauteil anschrauben.

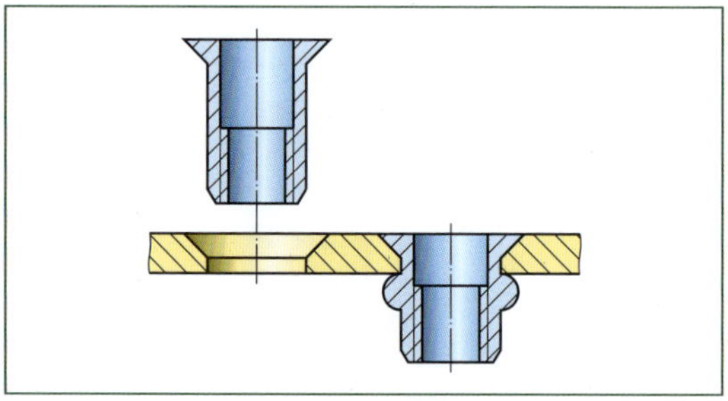

Bild 5: Blindnietmutter formen

Der Vorteil von Blindnietmuttern ist, dass sie besonders an dünnen Bauteilen und Hohlprofilen ein belastbares Gewinde erzeugen. Bei Aluminium- und Carbonrahmen bietet sich der Einsatz für die Befestigung von Anbauteilen an **(Bild 1, Seite 23)**.

[1] Beim Warmnieten handelt es sich um eine kraftschlüssige Verbindung: Die Schließköpfe erzeugen beim Erkalten die nötige Schließkraft.

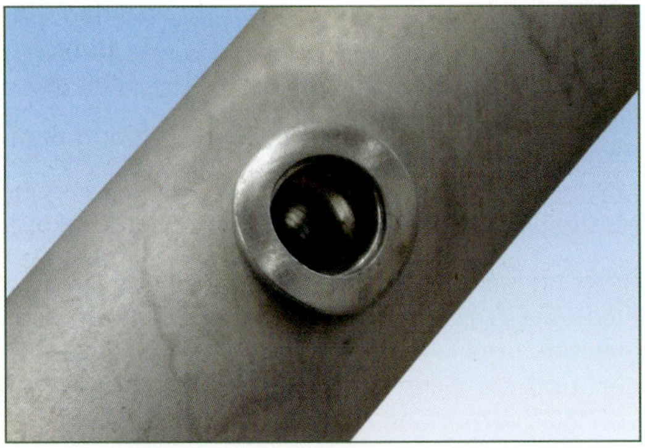

Bild 1: Blindnietmutter für Schutzblechbefestigung

Damit die Blindnietmutter nach dem Setzvorgang und der damit verbundenen Schaftaufweitung einen festen Halt gegen Verdrehung bietet, darf die Bohrung eine bestimmte Lochgröße nicht überschreiten.

info
Faustformel: Bohrlochdurchmesser = Schaftdurchmesser + 0,1 mm

Weiterhin ist der richtige Klemmbereich der Mutter auszuwählen. Klemmdicke und Klemmbereich müssen zueinander passen, ansonsten wird die Verbindung nicht dauerhaft fest sein.

Geschmierte Schrauben stets lang genug wählen und in Blindnietmuttern nur mit niedrigen Anziehmomenten befestigen (siehe Tabellenbuch Fahrradtechnik).

Meist bestehen Blindnietmuttern aus Aluminium, um elektrochemische Korrosion zu vermeiden. Flaschenhalterbefestigungen aus Stahlnietmuttern neigen dagegen beim Kontakt mit elektrolytischen Sportgetränken zu Rost. Bei Alurahmen löst sich der Lack um die Nietung (sogenannte Filiformkorrosion), bei Carbonrahmen verrostet die Nietmutter **(Bild 2)**.

Bild 2: Verrostete Blindnietmutter im Carbonrahmen

1.2.3 Bolzen und Stifte

Ein **Bolzen** ist ein kurzes zylindrisches Verbindungselement. Bolzenverbindungen sind lösbare, formschlüssige Verbindungen, die meist bei Querbeanspruchungen (Abscherung) Anwendung finden **(Bild 3)**.

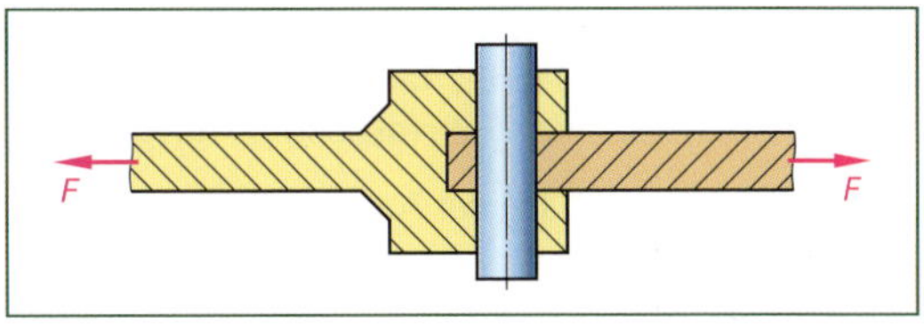

Bild 3: Bolzenverbindung auf Scherung beansprucht

Bei losen Verbindungen oder bei der Aufnahme von Axialkräften müssen die Bolzen durch Sicherungselemente wie Splinte, Sicherungsringe oder Querstifte gegen Verschieben gesichert werden.

Bolzen kommen hauptsächlich bei Gelenkverbindungen von Gestängen, Laschen, Kettengliedern, Schubstangen, aber auch als Achsen für die Lagerung von Laufrädern, Rollen und Hebeln zum Einsatz. Bei einer Bolzenverbindung ist mindestens ein Teil beweglich.

Bei gefederten Hinterbauten dienen Bolzen zur Schwingenlagerung und zur Lagerung von Feder-Dämpfer-Elementen **(Bild 4)**.

Bild 4: Gelenkverbindung am Dämpfer

Stifte verbinden die Fügeteile lösbar miteinander. Der Zusammenhalt erfolgt wie beim Bolzen durch Formschluss.

Im Fahrradbau dienen Stifte als Pass-, Befestigungs- oder Abscherstifte **(Bild 5)**.

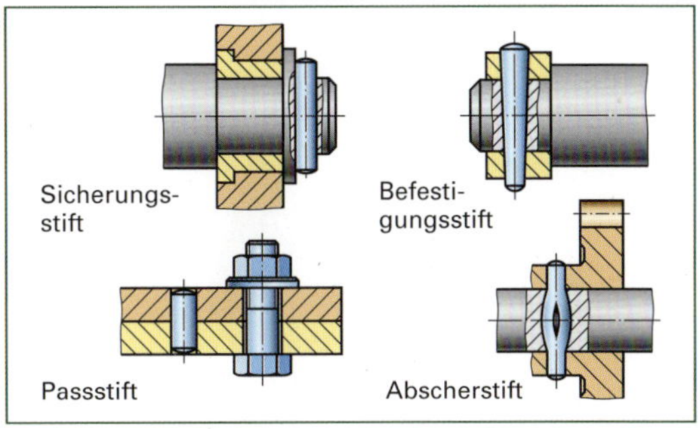

Bild 5: Stiftverbindungen

1.2.4 Lager

Lager dienen zum Führen und Stützen von Wellen und Achsen. Sie übertragen Bewegungen und leiten Kräfte weiter. Dabei sollen Lager die Reibung und damit den Verschleiß so gering wie möglich halten.

Überträgt ein Lager Drehbewegungen, so spricht man von einem Rotationslager, bei Längsbewegungen von einem Linearlager. In der **Tabelle 1** sind Beispiele aus der Fahrradtechnik aufgeführt.

Man unterscheidet nach der Art der Reibung **(Bild 1)**:

- Wälzlager und Konuslager (die auftretenden Kräfte werden durch Roll- bzw. Wälzreibung übertragen)
- Gleitlager (die auftretenden Kräfte werden durch Gleitreibung übertragen)

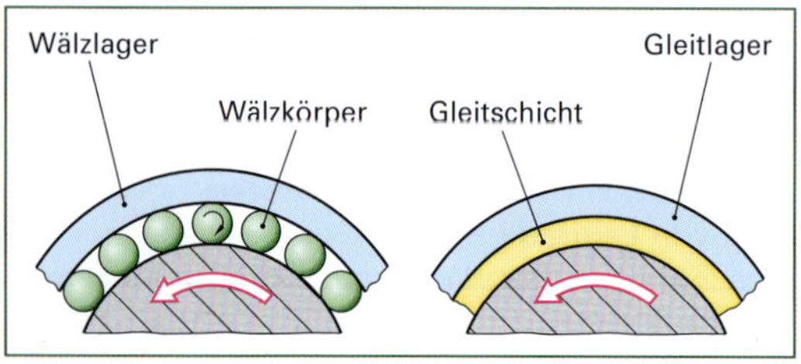

Bild 1: Wälzlager und Gleitlager

Tabelle 1: Lagerarten

Lagerart	Beispiele
Rotationslager	Nabenkugellager Innenlager (Tretlager) Steuerlager Kettengelenke Kettenspannrollen Rahmen Schwingenlager
Linearlager **(Bild 2)**	Führungslager von Stoßdämpfern Federsattelstützen (Airwings) Headshock und Lefty Federgabeln (Cannondale)

Bild 2: Linearlager einer Federsattelstütze

Wälzlager bestehen aus zwei Lagerflächen mit den Wälzkörper-Laufbahnen aus gehärtetem Stahl, zwischen denen die Wälzkörper abrollen. Die Lagerflächen sind bei Rotationslagern ringförmig und bei Linearlager eben. Die bei einer Relativbewegung auftretende Rollreibung ist kleiner als die Gleitreibung in einem Gleitlager.

Reibung und Verschleiß verringern sich weiter, wenn die Wälzkörper durch einen Käfig in einem gleichmäßigen Abstand zueinander gehalten werden und ein Schmierstoff den direkten Kontakt von Wälzkörper und Lagerfläche verhindert.

Als Wälzkörper dienen die Grundformen **Kugel** und **Rolle (Bild 3** und **4)**. Die Form der Wälzkörper bestimmt den Namen des Lagers: z. B. „Rillenkugellager" oder „Nadellager".

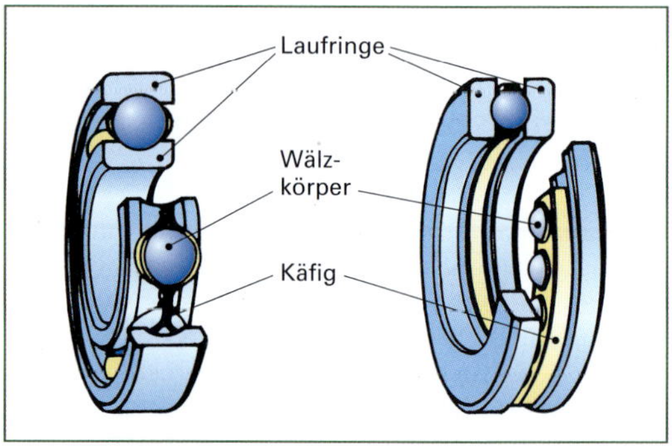

Bild 3: Bezeichnungen am Wälzlager

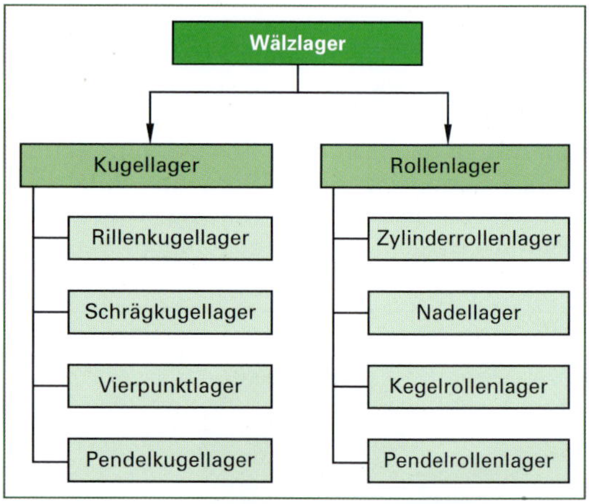

Bild 4: Wälzlagereinteilung nach Wälzkörperform

Kugellager eignen sich durch ihre punktförmige Berührungsfläche für höhere Drehzahlen und haben besonders niedrige Rollwiderstände.

Beispiel: Nabenkugellager

Die Walzkörper von Rollenlager berühren sich auf einer Linie. Sie sind widerstandsfähiger gegenüber hohen Kräften und Stößen.

Beispiel: Nadelgelagerter Steuersatz

Je nach Richtung der vom Lager aufgenommenen Kräfte unterscheidet man Radial- und Axiallager **(Bild 1)**.

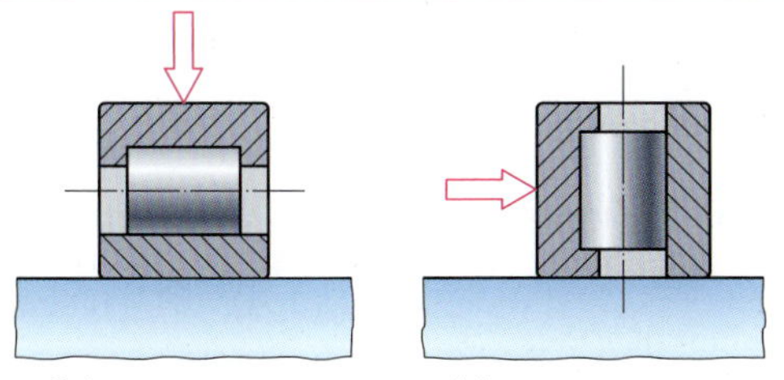

Bild 1: Prinzip Radial- und Axiallager

- **Radiallager** nehmen radiale Belastungen auf. Die Lagerkräfte wirken senkrecht zur Welle oder Achse.
- **Axiallager** nehmen axiale Belastungen auf. Die Lagerkräfte wirken in Längsrichtung der Welle oder Achse.

Das **Konuslager** hat sich als meistverwendeter Lagertyp am Fahrrad bis heute erhalten **(Bild 2)**. Es ist eine Sonderform des Schrägkugellagers und besteht aus:

- Achse mit Gewinde
- Konus
- Lose eingelegte oder mittels Käfig gehaltene Kugeln
- Lagerschale
- Wälzlagerfett
- Staubdeckel und/oder Dichtung

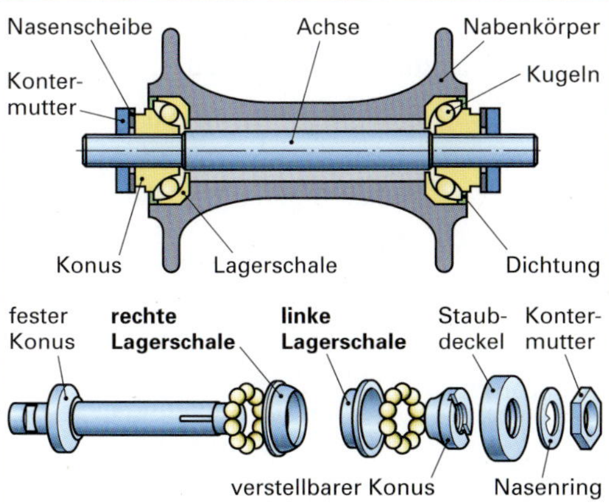

Bild 2: Naben-Konuslagerung

Konuslager findet man am Fahrrad im Steuersatz, in den meisten Vorder- und Hinterradnabe, Pedalen und gelegentlich in preisgünstigen Tretlagern.

Bei Pedalen und Naben sind die Lagerschalen Teil des Lagerkörpers und die Konen werden von außen aufgesetzt.

Im Unterschied zum Industrie-Rillenkugellager, das aus Innenring, Außenring, Wälzkörper, Käfig, Wälzlagerfett und beidseitiger Abdichtung besteht, ist ein Konuslager preiswerter herzustellen und einstellbar. Es kann radiale Kräfte aufnehmen, benötigt weniger Platz und kein extra Gehäuse, sodass größere Kugeln Platz haben. Konen und Kugeln kann man austauschen.

Von Nachteil ist, dass Konuslager zum Gehäuseinneren hin nicht abgedichtet sind. Beim Konustretlager kann Wasser, das in den Rahmen gelangt ist, Korrosion verursachen oder im Laufe der Zeit das Lagerfett verdrängen. Die Folge ist „ein knackendes Tretlager".

Das Lagerspiel an Naben muss sorgfältig eingestellt werden, denn durch das Schließen des Nabenschnellspanners wird zusätzlich axialer Druck auf das Lager ausgeübt.

Die meisten Nabenhersteller empfehlen bei regelmäßiger Radnutzung eine jährliche Erneuerung des Schmierfetts, denn das Fett kann durch eindringenden Staub, Regen-, Kondens- und Waschwasser verschmutzen.

Bei **Gleitlagern** bewegen sich die Bauelemente auf einer Gleitfläche gegeneinander. Die Gleitfläche kann eine feste Schicht aus Kunststoff, Bronze oder ein Sinterwerkstoff sein, die auf das Lager aufgebracht wird. Meist sind die zueinander bewegten Oberflächen durch einen festen oder flüssigen Schmierfilm getrennt.

Ist der Schmierfilm nicht mehr vorhanden, berühren sich die Bauteile, an den Kontaktflächen entsteht Verschleiß und die Lebensdauer sinkt.

Man unterscheidet nach der Art der Schmierung hydrodynamische und hydrostatische Gleitlager.

Hydrodynamische Gleitlager sind zylindrische Radiallager, die überwiegend durch einen flüssigen Schmierfilm im Bereich der Flüssigkeitsreibung laufen.

Bei geringen Drehzahlen und beim Anfahren oder Anhalten überwiegt der Reibungszustand „Mischreibung" (siehe Seite 64) – deshalb müssen die Lagerwerkstoffe eine bestimmte Verschleißfestigkeit aufweisen.

1

Der Ölfilmdruck entsteht durch die Pumpwirkung der gegeneinander bewegten Teile **(Bild 1)**. Bei ausreichend hoher Drehzahl bildet sich zwischen den Lagerflächen ein Keil, in den das Öl hineingezogen wird und den Öldruck ansteigen lässt.

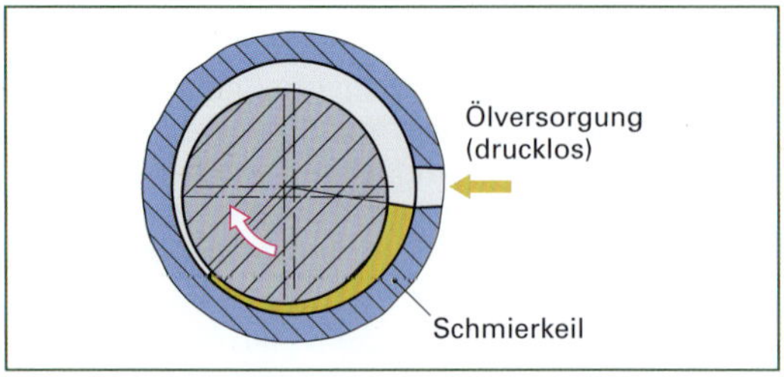

Bild 1: Hydrodynamisches Gleitlager

Beim **Hydrostatischen Gleitlager (Bild 2)** wird der Ölfilm mit einer externen Ölpumpe unter Druck gesetzt. Dadurch können sich die gegeneinander bewegten Lagerflächen nicht direkt berühren.

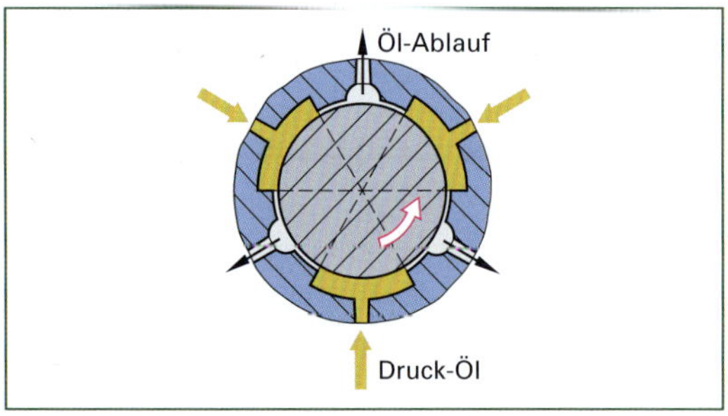

Bild 2: Hydrostatisches Gleitlager

Der Vorteil des Hydrostatischen Lagers ist, dass beim Anfahren, Anhalten und bei niedrigen Drehzahlen stets Flüssigkeitsreibung vorliegt und damit der Verschleiß minimiert wird.

Eine weitere Ausführung sind **Trockenlauf-Gleitlager**, die im Bereich der Festkörperreibung (d. h. ohne flüssigen Schmierfilm) laufen, aber trotzdem eine ausreichende Lebensdauer erreichen.

Gleitlager mit Festkörperreibung werden als reibungsarme Werkstoffpaarungen ausgebildet, bei dem der mit Zinn oder Blei legierte Lagerwerkstoff für Selbstschmierung sorgt.

Häufig verwendet man für Trockenlauf-Gleitlager auch spezielle selbstschmierende Kunststoffe wie PTFE (Polytetrafluorethylen, Teflon®), Polyamid, Zedex® oder Iglidur®, die einen besonders kleinen Reibungskoeffizienten gegenüber Stahl und anderen Metallen aufweisen. Diese Lager sind nur für kleine Lagerkräfte und niedrige Drehzahlen geeignet.

Bild 3 zeigt die Neuentwicklung eines Gleitlagers, das als oberes Steuerlager eingesetzt wird.

Bild 3: Lagerschalen eines Gleitlagers

Gleitlager am Fahrrad sind Kettengelenke, Stoßdämpferlagerung, Federgabel Führungslager, Bremsarme der V-Brake und Kettenrädchen der Schaltschwinge.

Tabelle 1: Zusammenfassung

Wälzlager	Gleitlager
Reibungsarmes Anlaufen	Geräuscharm
Geringer Schmiermittelbedarf	Verschleißarm im Dauerbetrieb
Einfache Ersatzteilbeschaffung	Problemlose Teilbarkeit
Genormte Bauteile	Einfache, günstige Herstellung
Durch Rollreibung Leichtlauf	Geringer Einbauraum, geringes Gewicht
Konuslager einstellbar	Hohes Losbrechmoment Belastbar gegen Stöße

1.2.5 Dichtungen

Dichtungen sollen Bauteile vor dem Eindringen oder Austreten von festen, flüssigen oder gasförmigen Stoffen schützen. Man unterscheidet:

- **Statische Dichtungen.** Sie dichten zwischen ruhenden Bauteilen.
- **Dynamische Dichtungen** (Bewegungsdichtungen). Sie dichten zwischen sich gegeneinander bewegenden Bauteilen.

Tabelle 2: Dichtungen am Fahrrad

Dichtungsart	Beispiele
Statische Dichtungen	Fahrradventil-Dichtungen Dichtungen unter Öleinfüllschrauben Luftdämpfergehäuse O-Ringe
Dynamische Dichtungen (Bewegungsdichtung)	Wälzlagerdichtungen Staubschutzdeckel Bremskolbendichtungen Radial-Wellendichtringe Stoßdämpfer-Kolbendichtungen Stoßdämpfer-Abstreifer Seilhüllen-Dichtungen

Als Dichtungswerkstoffe dienen feste Metallbleche, Filz, elastische Kunststoffe (Elastomere) und flüssige, später aushärtende Dichtungskunstharze. Den elastischen Kunststoffen sind für dynamische Dichtzwecke meistens reibungs- und verschleißreduzierende Zusätze beigefügt.

Dynamische Dichtungen gibt es mit berührender oder schleifender Funktion.

Berührungsfreie Dichtungen schützen die Mechanik vor festen Verschmutzungen durch einen schmalen Spalt, der labyrinthförmig ausgebildet ist.

Schleifende Dichtungen werden aus Filz und aus elastischen Kunststoffen hergestellt. Mit Filz- und Schaumdichtungen können Bauteile gegen das Eindringen von festen Verschmutzungen geschützt werden. Elastische Kunststoffdichtungen dichten gegen das Eindringen oder Austreten von festen, flüssigen oder gasförmigen Stoffen ab. **Bild 1** zeigt eine O-Ring- Luftkolbendichtung, wie sie in Luftfeder-Dämpferelementen und Gabeln zu finden sind.

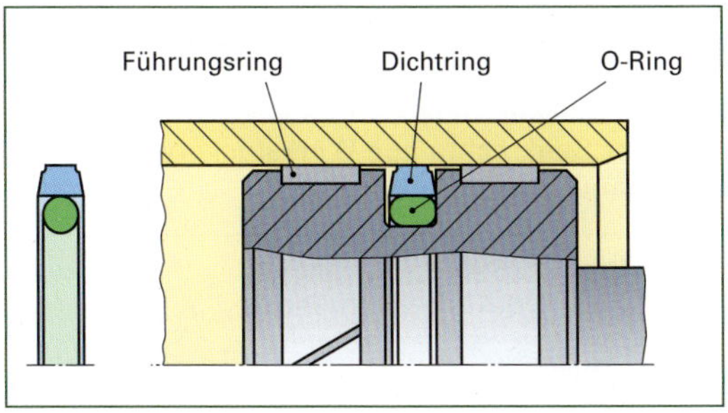

Bild 1: Luftkolbendichtung

Nabenkugellager von Shimano und Campagnolo sind mit einer Kombination von berührungsfreien und schleifenden Dichtungen geschützt.

Ein Schmutzabstreifer und eine doppellippige Kolbenstangendichtung befindet sich zwischen dem Luftzylinder und der großen Kolbenstange von Luftdämpfern. Der Abstreifer hat die Aufgabe, die Kolbenstangendichtung vor festem Schmutz von außen zu schützen. **(Bild 2)**. Die Kolbenstangendichtung dichtet gegen Luft- und Ölverluste bei Axialbewegungen ab und arbeitet mit höherem Anpressdruck.

Für das Abdichten von Wälzlagern werden meist Radial-Wellendichtringe verwendet, die es in unterschiedlichen Formen und Funktionen gibt **(Bild 3)**.

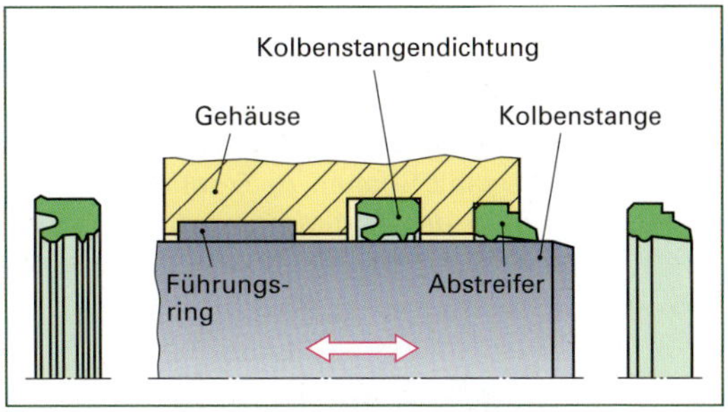

Bild 2: Abstreifer und Stangendichtung

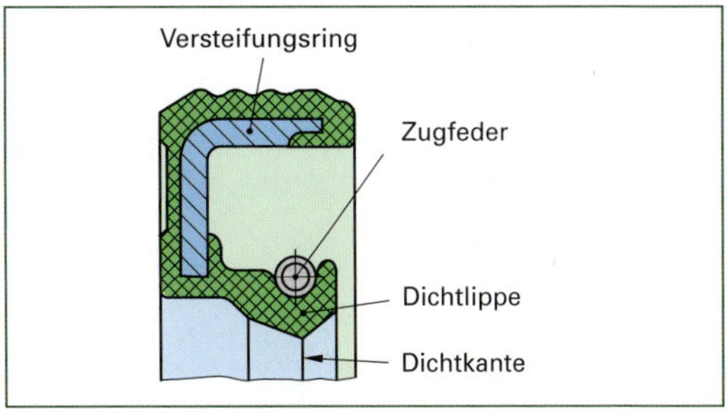

Bild 3: Radial-Wellendichtring

Dynamische Dichtungen aus elastischen Kunststoffen dürfen bei der Montage und Wartung nicht durch scharfkantige Werkzeuge beschädigt werden. Die Lebensdauer wird von mehreren Faktoren beeinflusst:

- Zurückgelegte Wegstrecke auf der Dichtungslauffläche
- Oberflächenrauheit
- Schmierstoffversorgung
- Anpressdruck
- Verschmutzung

Tabelle 1: Schmierung der dynamischen Dichtungen von Luftfeder-Elementen*

Dichtung	Schmierstoff
O-Ring	Öl oder Fett
Radial Wellendichtring	Öl oder Fett
Axial Kolbenstangendichtung	Fett (gelegentlich Öl)
Abstreifer	Schmierung wird nicht empfohlen
Führungsring	Fett (gelegentlich Öl)
Schaumring	Öltränkung

* Anhaltswerte für Fahrradbauteile. Schmierstoffe auf Silikonölbasis sind besonders kunststoffverträglich

1.3 Fertigungsverfahren

Das vom Zweiradmechaniker am häufigsten angewandte Fertigungsverfahren ist das Spanen. Nach DIN 8589 zählt Spanen zu Trennen, der dritten Hauptgruppe der Fertigungsverfahren. Weitere häufige Fertigungsverfahren sind das spanlose Scherschneiden und das Umformen durch Biegen.

1.3.1 Grundlagen des Spanens

Der Keil ist die Grundform jeder Werkzeugschneide. Beim Spanen werden Werkstoffteilchen mit einer keilförmigen Schneide von der Werkstückoberfläche abgetragen.

Bei Spanwerkzeugen mit einer geometrisch bestimmten Schneidenform ist der Abtragvorgang exakt bestimmbar **(Bild 1)**.

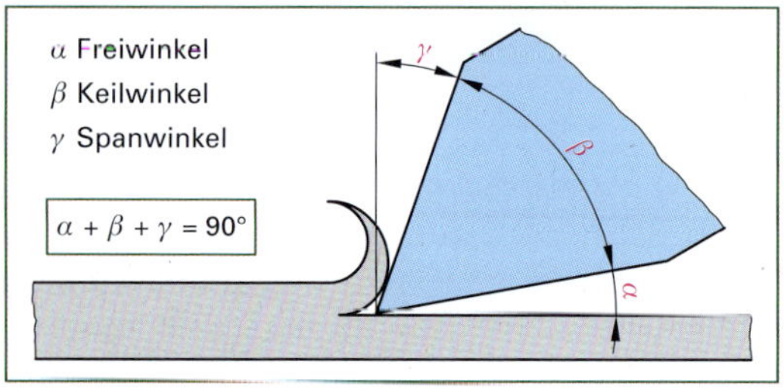

Bild 1: Geometrisch bestimmte Winkel an einem Schneidkeil

Bei den Spanwerkzeugen mit geometrisch unbestimmten Schneiden kann sich die Schneidenform während des Abtragens verändern **(Bild 2)**.

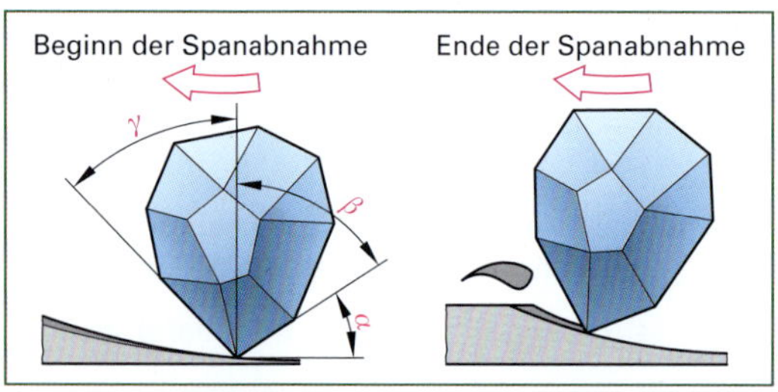

Bild 2: Geometrisch unbestimmte Schneiden eines Schleifkorns

Winkel und Flächen an der Werkzeugschneide

Der **Keilwinkel** β bestimmt das Eindringverhalten in die Werkstoffoberfläche und die Stabilität der Schneide. Ein Werkzeug mit einem kleinen Keilwinkel dringt gut in das Werkstück ein. Anwendung: Zerspanen weicher Werkstoffe.

Ein Werkzeug mit großem Keilwinkel dringt schlecht in das Werkstück ein, besitzt jedoch eine größere Standzeit.

Die Standzeit ist die Zeit, in der das Werkzeug den Werkstoff bearbeitet, bis die Schneide durch Verschleiß stumpf geworden ist.

Werkzeuge mit großem Keilwinkel eignen sich zum Zerspanen harter Werkstoffe.

Durch die Stellung der keilförmigen Schneide zum Werkstück ergeben sich noch weitere Winkel. Der Winkel zwischen der Keilfläche und der entstandenen Schnittfläche ist der **Freiwinkel** α. Er reduziert die Reibung zwischen Werkzeug und Werkstück.

Die Fläche am Schneidkeil, die den Freiwinkel begrenzt, ist die **Freifläche (Bild 3)**.

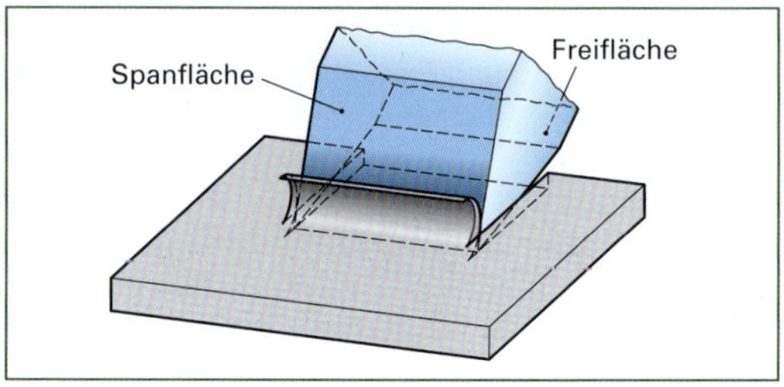

Bild 3: Flächen an der Werkzeugschneide

Die Fläche am Schneidkeil, an der der Span abgleitet, ist die **Spanfläche**. Der Winkel zwischen der Spanfläche am Schneidkeil und einer gedachten Senkrechte zur Werkstückoberfläche ist der **Spanwinkel** γ **(Bild 4)**.

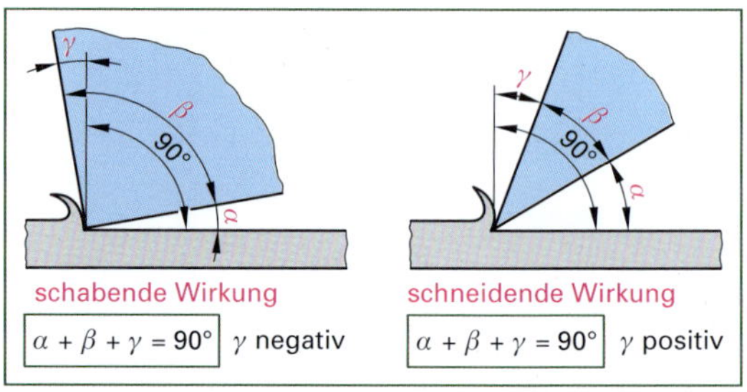

Bild 4: Winkel und Wirkungen am Schneidkeil

Wirkung des Schneidkeils

Durch die Größe des Spanwinkels wird die Wirkung des Schneidkeils festgelegt. Addiert man den Freiwinkel und den Keilwinkel und ergänzt ihn zu einem rechten Winkel, erhält man den Spanwinkel:

$$\alpha + \beta + \gamma = 90°$$

Ist die Summe aus Freiwinkel und Keilwinkel kleiner als 90°, so ergibt sich ein positiver Spanwinkel. Die Schneide dringt leicht in die Werkstückoberfläche ein, der Span schert nach oben ab. Das Werkzeug hat eine **schneidende Wirkung**.

Ist die Summe aus Freiwinkel und Keilwinkel größer als 90°, ergibt sich ein negativer Spanwinkel. In diesem Fall hat das Werkzeug eine **schabende Wirkung**.

Schneidende Werkzeuge tragen viel Werkstoff ab, schabende Werkzeuge dagegen eignen sich besonders für harte Werkstoffe und die Feinbearbeitung mit geringer Werkstoffabtragung.

Spanbildung

Beim Spanen staucht der Schneidkeil den Werkstoff zunächst an, sodass es zu einer plastischen Verformung kommt. Dringt das Werkzeug weiter in den Werkstoff ein, entsteht vor der Schneide ein voreilender Riss. Der sich nun bildende Span wird vom Schneidenkeil abgeschert und an der Spanfläche hochgeschoben **(Bild 1)**.

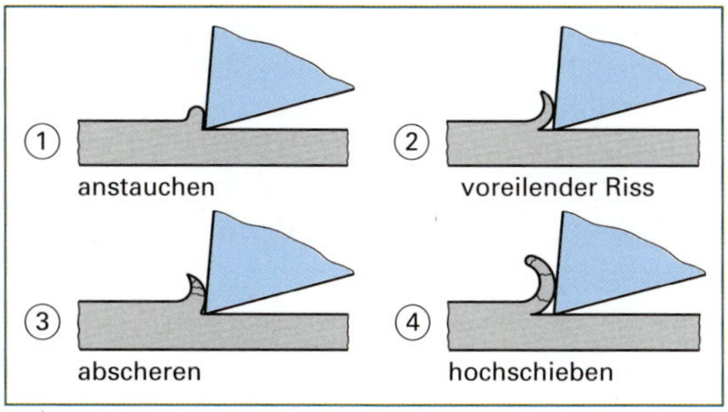

Bild 1: Spanbildung

Beanspruchung von Werkzeugschneiden

Schneidwerkzeuge werden auf vielfältige Weise beansprucht **(Bild 2)**. Einen großen Einfluss auf den Vorgang des Spanens und Schneidens hat die Oberflächenglätte des Werkzeugs.

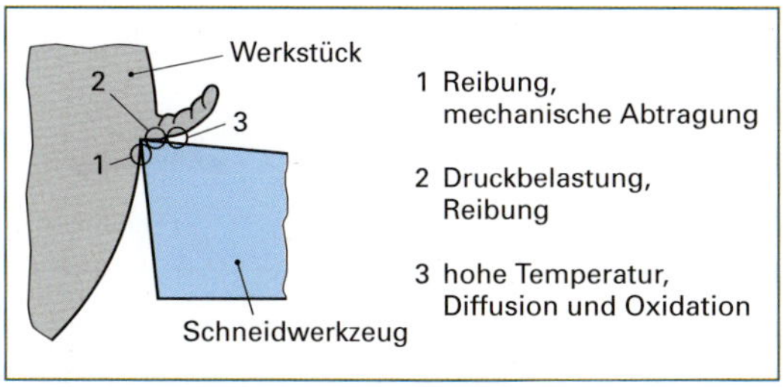

Bild 2: Beanspruchung von Werkzeugschneiden

1.3.2 Sägen

Das Sägeblatt ist ein Werkzeug mit vielen hintereinander angeordneten Schneidkeilen. Mit diesen Sägezähnen wird der Werkstoff in einer schmalen Schnittfuge in mehreren Schichten als kleine Späne abgetragen. Weil die anfallenden Späne während des Sägens nicht abgeführt werden können, muss ein entsprechend großer Spanraum vorhanden sein **(Bilder 3 und 4)**.

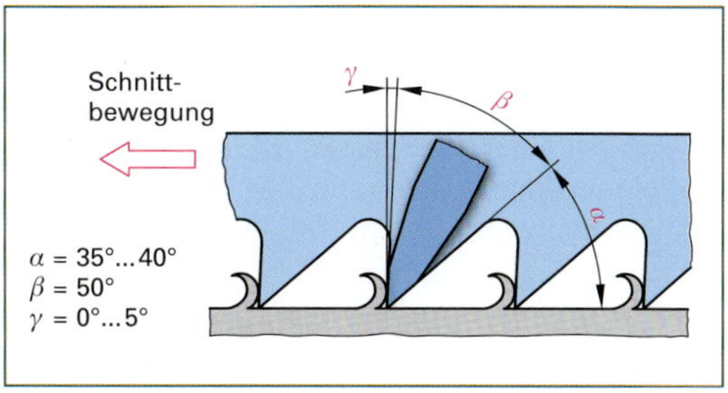

Bild 3: Winkel am Sägezahn

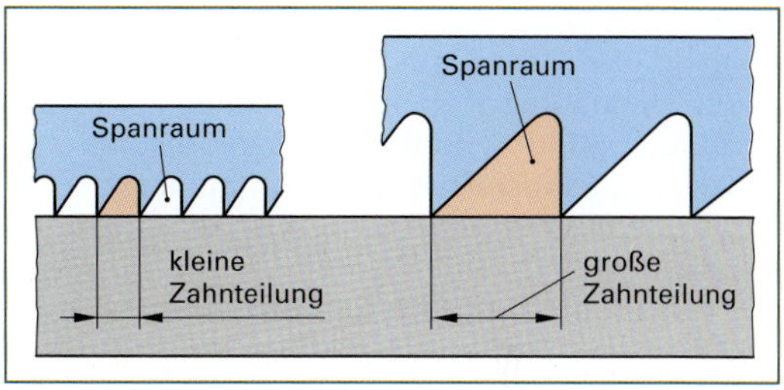

Bild 4: Zahnteilung

Freischneiden

Beim Sägen erwärmen sich das Sägeblatt und das Werkstück durch Reibung. Wäre der Sägespalt genau so breit wie das Sägeblatt, würde das Blatt nach kurzer Zeit durch die Wärmeausdehnung und durch die angefallenen Späne festklemmen.

Deshalb muss die Säge freischneiden: Der Sägespalt muss breiter sein als das Sägeblatt **(Bild 5)**.

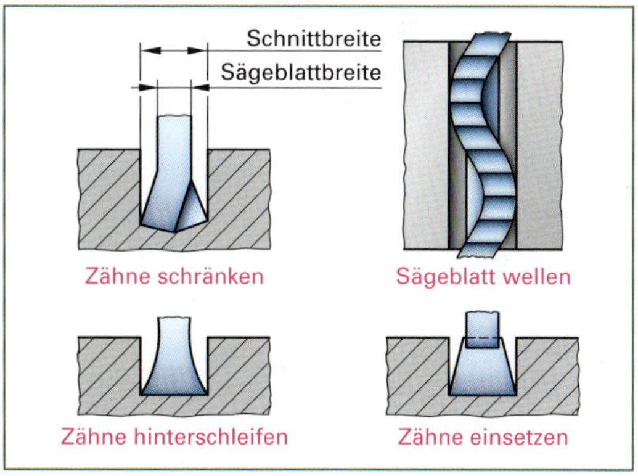

Bild 5: Freischneiden des Sägeblattes

Handsägeblätter für harte Werkstoffe sind meist gewellt: Das Sägeblatt wird auf der Zahnseite wellenlinienförmig gebogen. Bei Bandsägeblättern werden die Zähne geschränkt: Ein Zahn wird vom Sägeblatt aus nach links gebogen, der nächste nach rechts. Kreissägeblätter werden häufig hinterschliffen oder es werden Zähne aus Hartmetall eingesetzt, die breiter sind als das Sägeblatt.

1

Zahnform und Zahnteilung

Die Winkel der Schneiden sind abhängig vom Werkstoff, der bearbeitet werden soll. Harte Werkstoffe benötigen einen großen Keilwinkel und einen kleinen Spanraum, weiche Werkstoffe kleinere Keilwinkel und große Spanräume.

Bei Handsägeblättern besteht durch die ständig wechselnden Schnittkräfte die Gefahr des Einhakens mit Zahnbruch. Daher wird für das Trennen von Metallen ein Spanwinkel von 0° gewählt.

Die Größe des Spanraumes ist abhängig von der Zahnform, den Winkeln an der Schneide und vom Abstand der Zähne zueinander. Je dichter die Zähne zueinander stehen, desto kleiner wird der Spanraum **(Bild 4, Seite 29)**. Den Abstand zwischen zwei Zahnspitzen ist die Zahnteilung.

info

Zahnteilung = Zähnezahl pro Bezugslänge

Als Bezugslänge dient meist 1 inch = 25,4 mm.

Die Auswahl eines geeigneten Sägeblattes erfolgt nach der Einteilung grob, mittel und fein **(Tabelle 1)**.

Tabelle 1: Einteilung der Sägen

Einteilung	Zähnezahl	Anwendung
grob	16	Aluminium, Kupfer, Zink, Messing, Hartkunststoffe
mittel	22/24	Stahl, Aluminium, Hartkunststoffe, Carbon
fein	32	Dünnwandige Stahlbauteile, Hartguss, Carbon

Neben den konventionellen Handsägeblättern mit fester Zähnezahl gibt es progressive Sägeblätter mit variabler Zähnezahl. Eine große Zähnezahl vorn erleichtert das Ansägen, eine kleinere Zähnezahl weiter hinten mit größeren Spanräumen erhöht den Werkstoffabtrag.

Für Faserverbundkunststoffe wie Carbon gibt es neben den konventionellen Handsägen auch Spezialsägeblätter mit einer aufgelöteten Zahnschicht aus Wolframcarbidkörnern. Da die Körner eine geometrisch unbestimmte Schneidenform haben, arbeiten diese Werkzeuge in beide Richtungen schleifend, nicht sägend.

Handsägen

In der Werkstatt kommen vorwiegend Bügelsägen zum Einsatz. Sie bestehen aus dem Spannbügel, dem zwischen Heftkloben und Spannkloben eingespannten Sägeblatt und dem Heft **(Bild 1)**.

info

Die Sägeblätter lassen sich einfach auswechseln. Die Zähne der Blätter müssen nach vorn zeigen.

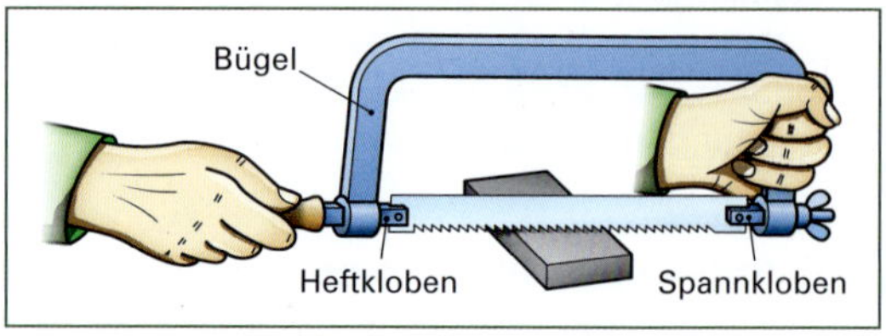

Bild 1: Bügelsäge

info

Beim Sägen von Hand wird die Säge ohne viel Kraft vom Körper wegbewegt. Das Zurückziehen der Säge erfolgt ohne Druck, da das Blatt in dieser Richtung nicht schneidet. In der Praxis werden häufig dünnwandige Stahlrohre und Edelstahlbleche gesägt, sodass die Sägeblätter durch Zahnbruch vorzeitig verschleißen.

Für das Sägen von Carbon sollte daher eine eigene Säge vorhanden sein, mit der Metall nicht gesägt wird.

1.3.3 Feilen

Feilen ist das spanende Umformen eines Werkstücks mit einer geradlinigen Schnittbewegung. Das Werkzeug besitzt eine Vielzahl dicht hinter- und nebeneinander liegender Zähne mit geometrisch bestimmten Schneiden.

Die Feile besteht aus dem Feilenheft, der Angel und dem Feilenblatt **(Bild 2)**.

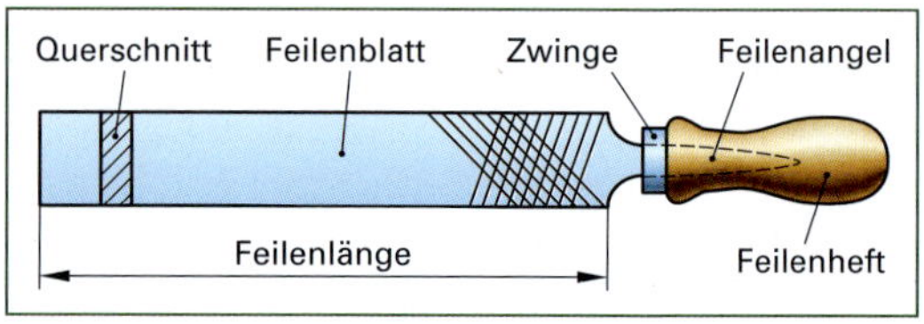

Bild 2: Flachfeile

Die Zähne im Feilenblatt werden durch Fräsen oder Hauen hergestellt. **Gefräste Feilen** haben einen positiven Spanwinkel und arbeiten schneidend **(Bild 1, Seite 31)**. Sie werden für weiche Werkstoffe verwendet, weil ein großer Spanraum und ein kleiner Keilwinkel benötigt wird.

Gehauene Feilen haben einen negativen Spanwinkel und einen großen Keilwinkel. Sie arbeiten schabend und eignen sich zum Spanen harter Werkstoffe. Gehauene Feilen mit besonders großer Schneidenhärte eignen sich sogar zum Feilen von hochfesten Stählen.

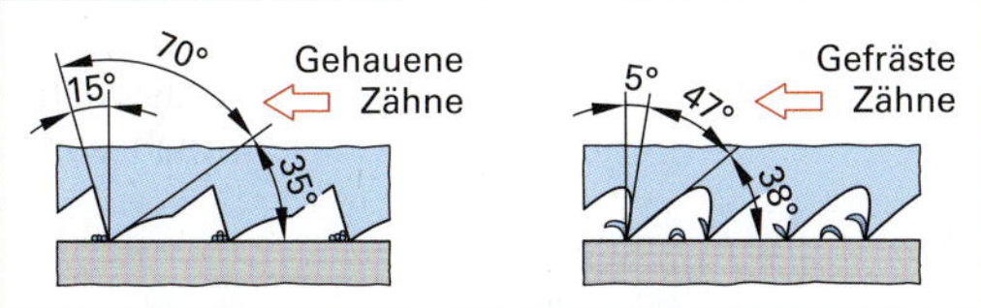

Bild 1: Gehauene und gefräste Zähne

Hiebanordnung und Hiebarten

Bei gefrästen einhiebigen Feilen **(Bild 2 a)** stehen die Zahnreihen (Hiebe) schräg zur Feilenlängsachse. Durch den schrägen Hieb verringert sich die Schnittkraft, aber die Feile neigt dazu, seitlich zu verlaufen.

Gehauene Feilen haben einen Kreuz- oder Doppelhieb **(Bild 2 b)**. Der Oberhieb hat eine kleinere oder größere Hiebteilung als der Unterhieb und verläuft unter einem anderen Winkel, damit keine Riefen entstehen.

Die Kreuzhiebfeilen greifen leichter als einhiebige Feilen und neigen weniger zum Rattern.

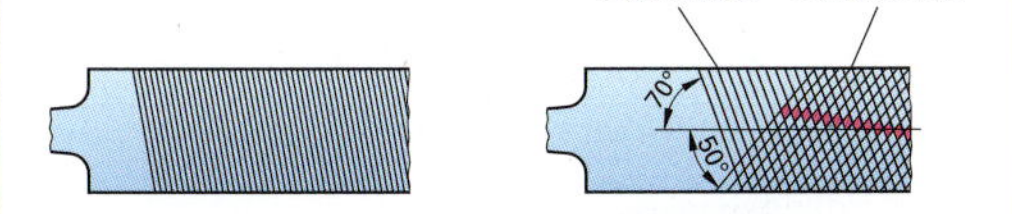

Bild 2: Hiebanordnung a) Einhieb b) Kreuzhieb

Je nach Werkstückform und Arbeitsaufgabe gibt es verschiedene Feilenquerschnittsformen **(Bild 3)**.

Feilenbezeichnung	Kurzbezeichnung	Querschnittsform	Werkstück
Flachstumpfe Werkstattfeile	A		
Flachspitze Werkstattfeile	B		
Dreikant-Werkstattfeile	C		
Vierkant-Werkstattfeile	D		
Halbrunde Werkstattfeile	E		
Runde Werkstattfeile	F	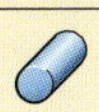	

Bild 3: Feilenformen

Hiebnummer und Hiebzahl

Die Hiebnummer vereinheitlicht die Einteilung der Feilen bei unterschiedlichen Feilenblattlängen **(Tabelle 1)**. Beispiel: Eine Schrupp- oder Bastardfeile für hohen Materialabtrag hat die Hiebnummer 1.

Unter der **Hiebzahl** versteht man die Anzahl der Hiebe des Oberhiebs auf 1 cm Feilenblattlänge.

Tabelle 1: Hiebnummer und Hiebzahl von gehauenen Werkstattfeilen

Bezeichnung der Feile	Hieb-Nummer	Hiebzahl	Anwendung
Schruppfeile (Bastardfeile)	1	7 bis 17	Hoher Materialabtrag Vorfeilen
Halbschlichtfeile	2	10 bis 22	Materialabtrag gering Entgraten von größer-ern Werkstücken
Schlichtfeile	3	13 bis 28	Feine Arbeiten an glatten Oberflächen Entgraten kleiner Werkstücke

Gefräste Feilen werden in Zahnung 1 (grob), 2 (mittel) und 3 (fein) eingeteilt.

Das Feilenheft besteht aus Holz oder aus Kunststoff. Um Verletzungen durch sich lösende Feilenblätter zu vermeiden, müssen Heft und Angel fest verbunden sein. Holzhefte werden entsprechend der Breite der Feilenangel abgestuft gebohrt **(Bild 4)**. Anschließend wird die Angel in das Heft getrieben.

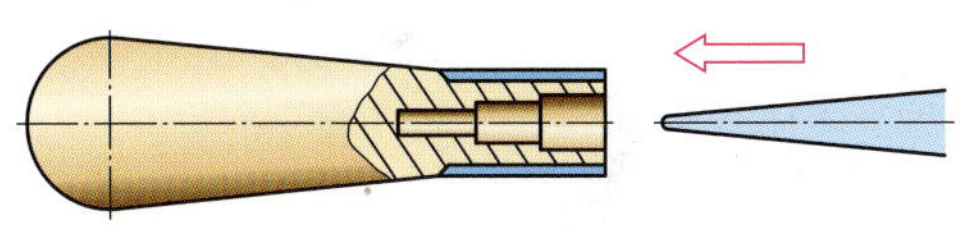

Bild 4: Abgestuft gebohrtes Feilenheft

Verschmutzungen durch Späne lassen sich mit einem Stück Alublech seitlich aus den Hieben schieben oder mit einer Feilenbürste entfernen.

1.3.4 Bohren, Senken und Reiben

Durch Bohren werden zylindrische Löcher (Bohrungen) hergestellt oder erweitert. Bohren ist ein spanendes Umformen mit kreisförmiger Schnittbewegung. Die Vorschubbewegung verläuft geradlinig in Richtung der Bohrungslängsachse.

Man unterscheidet zwei Arbeitsweisen:

- **Vollbohren** ist das Herstellen einer Bohrung.
- **Aufbohren** ist das Erweitern einer bereits vorhandenen Bohrung.

Senken und Reiben zählen ebenfalls zu den Bohrverfahren. Auch hier verläuft die Vorschubbewegung geradlinig in Richtung der Bohrungslängsachse.

Bohrvorgang

Zwei Bewegungen bewirken beim Bohren die Spanabnahme **(Bild 1)**:

- Das Bohrwerkzeug wird über den Motor, das Getriebe und die Bohrspindel in Drehung versetzt und führt eine kreisförmige Drehbewegung, die Hauptbewegung, aus.
- Um die Schneiden des Bohrwerkzeugs in die Werkstückoberfläche eindringen zu lassen, wird die Bohrspindel über Handhebel, Zahnrad und Zahnstange in Richtung der Bohrerachse gedrückt. Diese Bewegung ist die geradlinige Vorschubbewegung.

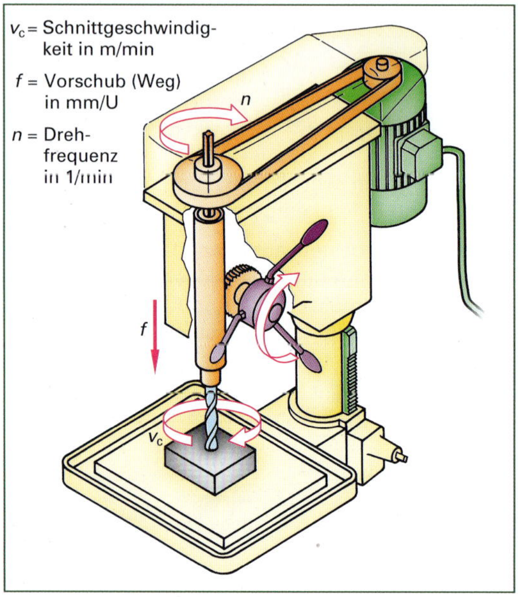

Bild 1: Bohrvorgang

Bohrwerkzeug

Der **Spiralbohrer** (auch als Wendelbohrer bezeichnet) ist das am häufigsten verwendete Bohrwerkzeug. Zu seiner Herstellung werden in einen zylindrischen Rohling aus Schnellarbeitsstahl zwei wendelförmige Nuten gefräst.

Die Steigung der Nut legt den Drallsteigungswinkel und damit den wirksamen Spanwinkel fest **(Bild 2)**.

Der genutete Zylinder würde sich beim Zerspanvorgang durch große Reibung stark erhitzen. Deshalb reduziert man die Reibungsfläche durch Hinterfräsen längs der Spannuten. Dadurch entstehen zwei relativ schmale **Führungsfasen** mit den sogenannten **Nebenschneiden**. Die Führungsfasen führen den Bohrer in der Bohrung; die Nebenschneiden glätten die Innenseite der Bohrung.

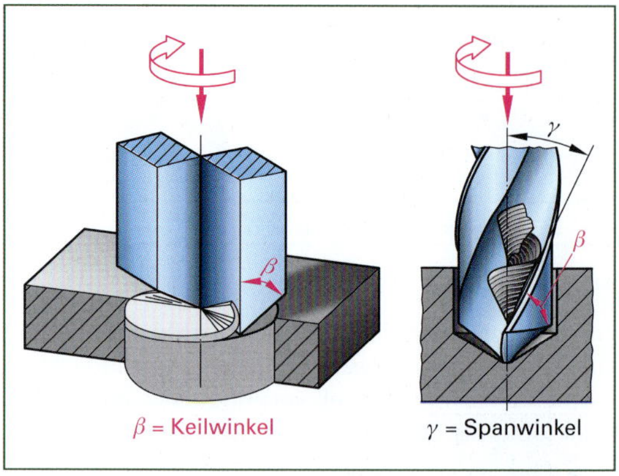

Bild 2: Entstehung der Schneidenkeile am Spiralbohrer

Die **Hauptschneiden** am Bohrer entstehen durch kegelförmiges Anschleifen des genuteten Rohlings. Der dadurch gebildete **Spitzenwinkel** σ bestimmt die Länge l der Schneiden.

Die Hauptschneiden werden hinterschliffen, damit sie in den Werkstoff eindringen können. Es entstehen die **Freiflächen (Bild 3)**.

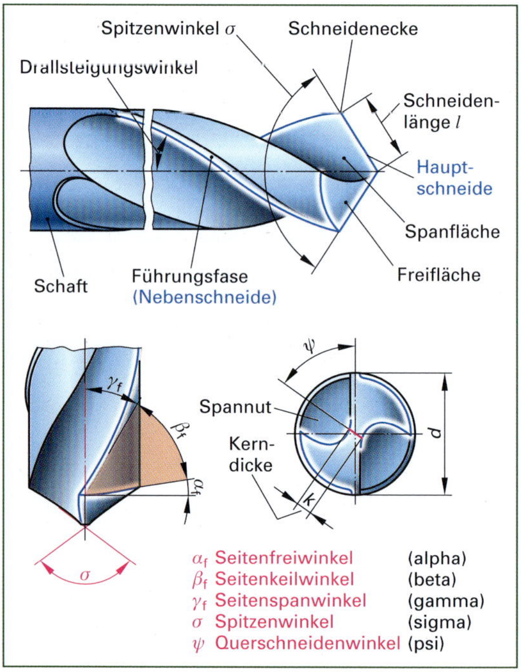

Bild 3: Aufbau und Winkel eines Spiralbohrers

Bei einem großen Spitzenwinkel sind die Schneiden stabiler, da die Hauptschneiden kürzer werden. Die Bruchgefahr verringert sich. Bei einem kleinen Spitzenwinkel sind die Hauptschneiden länger. Sie leiten die Wärme besser ab, der Bohrer wird jedoch höher belastet.

Der Spitzenwinkel und der Drallnutenwinkel des Bohrers sind aufeinander abgestimmt. Die Größe des Spitzenwinkels hängt von den Zerspanungseigenschaften, wie z. B. der Härte und der Wärmeleitfähigkeit des zu bearbeitenden Werkstoffs ab.

Die bei der Zerspanung entstehende Reibungswärme wird mit den Spänen und dem Kühlschmiermittel, aber auch über das Werkstück und die Hauptschneiden abgeführt **(Bild 1)**.

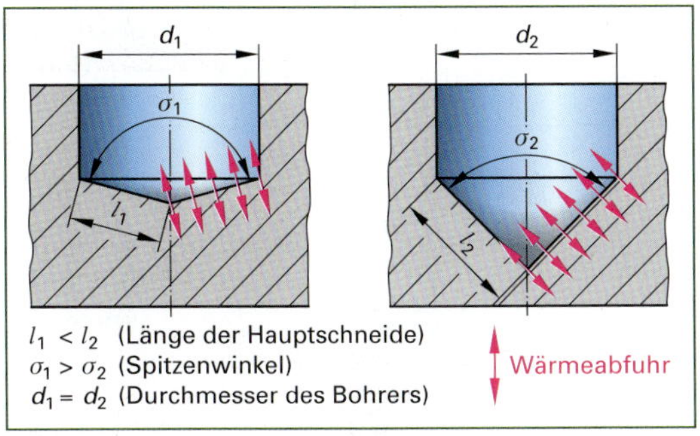

Bild 1: Wärmeabfuhr bei verschiedenen Spitzenwinkeln

Spiralbohrertypen

Durch Veränderung des Drallnutenwinkels und damit des Spanwinkels ändert sich auch der Keilwinkel der Hauptschneiden. Zum Bohren weicher Werkstoffe wird ein kleiner Keilwinkel (Typ W) und harter Werkstoffe ein großer Keilwinkel mit kleinem Spanwinkel gewählt (Typ H). Für Bohrarbeiten in der Zweiradwerkstatt ist ein Bohrer des Typs N in der Regel ausreichend **(Bild 2)**.

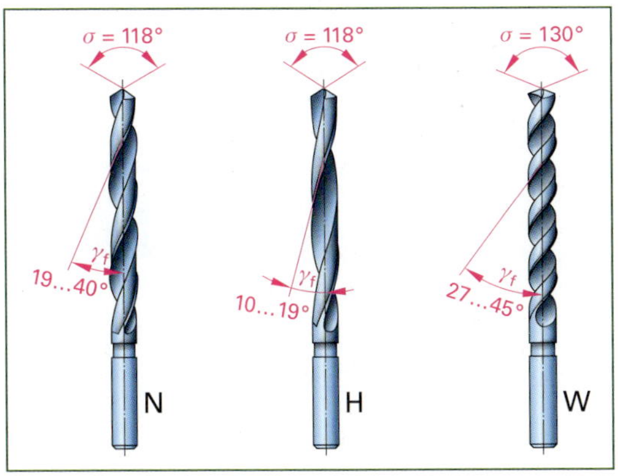

Bild 2: Spiralbohrertypen. Spitzen- und Drallwinkel

Daneben gibt es viele weitere Spiralbohrertypen. Beispiele:

- Bohrer für computergesteuerte Werkzeugmaschinen mit innerem Kühlschmiermittelkanal
- Bohrer für Faserverbundkunststoffe (Composites) mit besonders kleinem Spitzenwinkel

Querschneide und Vorschubkraft

Die Freiflächen bilden mit den Hauptschneiden eine Querschneide, deren Länge von der Kerndicke und der Länge der beiden Hauptschneiden abhängig ist (*k* in Bild 3, Seite 32). Je größer der Bohrerdurchmesser, desto größer ist die Länge der Querschneide.

Der negative Querschneiden-Spanwinkel hat lediglich schabende Wirkung mit einem geringen Werkstoffabtrag.

Die niedrige Umfangsgeschwindigkeit der Querschneide im Drehzentrum des Bohrers und die schabende Wirkung sind die Ursache für die hohen Vorschubkräfte beim Bohren.

Zur **Verringerung der Vorschubkraft** beim Vollbohren in Metall über 4 mm Durchmesser sollte daher immer vorgebohrt werden. Die Querschneide ist dadurch nicht mehr im Eingriff. Zum Vorbohren wählt man einen Spiralbohrer, dessen Durchmesser mindestens der Querschneidenlänge *k* entspricht.

Einspannen des Bohrwerkzeugs

Der Einspannschaft eines Spiralbohrers bis zu einem Bohrerdurchmesser von ca. 12 mm ist ein Zylinder. Bei größeren Durchmessern werden die Werkzeuge mit einem kegeligen Einspannschaft versehen.

Die Kraftübertragung erfolgt bei zylindrischem Schaft kraftschlüssig über ein Dreibacken- oder ein Schnellspannfutter. Präzise Bohrungen werden nur dann erreicht, wenn der Bohrer maximal tief und zentrisch im Bohrfutters eingespannt ist **(Bild 3)**.

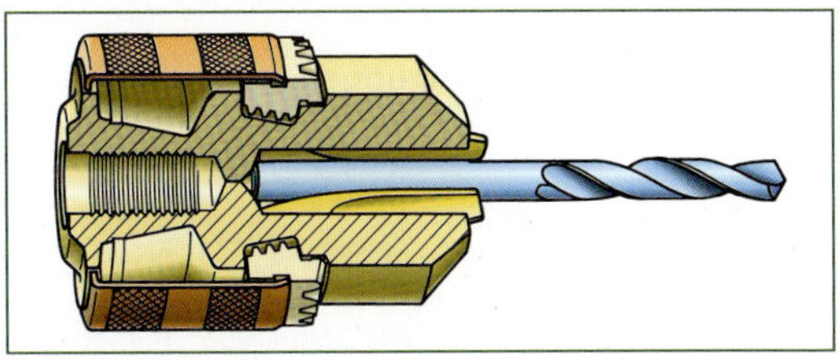

Bild 3: Dreibackenbohrfutter

Auch Bohrer mit kegeligem Schaft übertragen das Drehmoment kraftschlüssig. Reduzierhülsen mit Morseschäften 2 - 6 (d. h. mit genormten Kegelwinkeln) passen den Bohrer an die jeweilige Bohrspindel an.

Beim Spannen von Spiralbohrern mit Kegelschäften ist darauf zu achten, dass der Austreiblappen nicht verkantet und sich keine Späne zwischen Hülse und Bohrer befinden (**Bild 1, Seite 34**).

Bohrer mit Morsekegelschäften können auf unterschiedlichen Werkzeugmaschinen gespannt werden.

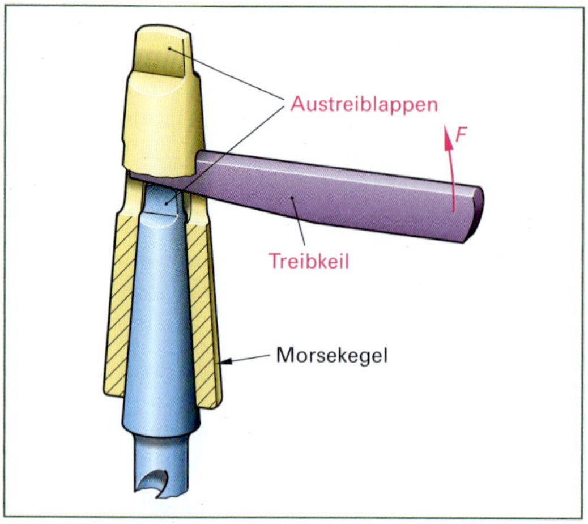

Bild 1: Bohrer mit Morsekegelschaft und Kegelreduzierhülse. Lösen mit Treibkeil

Drehfrequenz beim Bohren

Für normale Bohrbedingungen sind die Richtwerte der Werkzeughersteller anwendbar. Bei abweichenden Bedingungen müssen die Schnittwerte und Drehfrequenzen korrigiert werden.

Tabelle: Unterschiedliche Bohrbedingungen

normale Bohrbedingungen

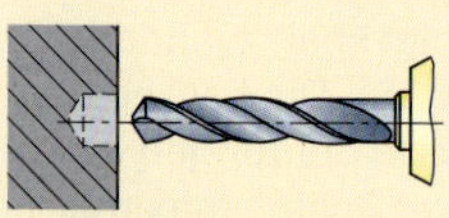

gerade Oberfläche

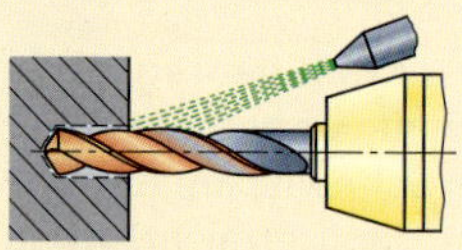

ausreichende Kühlung

Die Richtwerte sind anzuwenden.

angepasste Bohrbedingungen

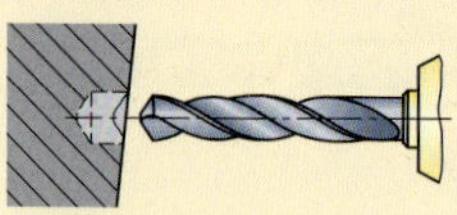

schräger Bohrein- bzw. -austritt

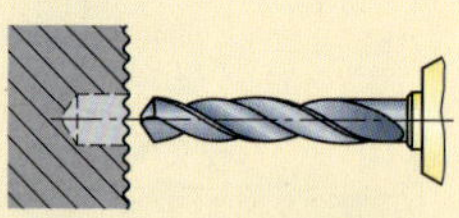

unregelmäßige Oberfläche

Wenn Ein- oder Austrittsfläche bis zu 20° von der Senkrechten zur Bohrerachse abweichen, muss der Vorschub verringert werden, bis der Bohrer mit vollem Durchmesser schneidet, oder die Flächen vorher eben gefräst werden.

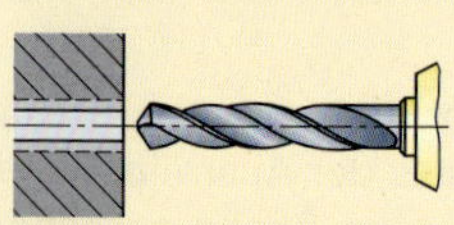

Bohrer in Vorbohrung

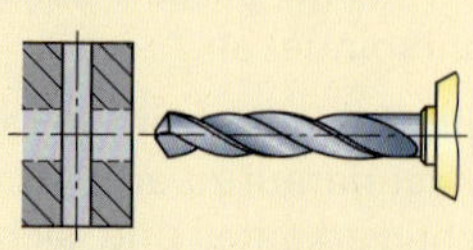

Bohrer in Querbohrung

Vorschub und Schnittgeschwindigkeit müssen reduziert werden.

Spannen der Werkstücke

Ab einem Bohrungsdurchmesser von 7 mm sind Werkstücke gegen Herumreißen zu sichern. Dies geschieht bei kleineren Werkstücken mit einem Maschinenschraubstock. Er wird, wenn nötig, auf dem Bohrmaschinentisch festgeschraubt.

Große Werkstücke sind mit Spanneisen, Spannschrauben und Spannunterlagen direkt auf dem Bohrmaschinentisch zu spannen.

Runde Werkstücke werden in ein Bohrprisma gelegt und mit einem Bügelspanneisen fixiert **(Bild 2)**.

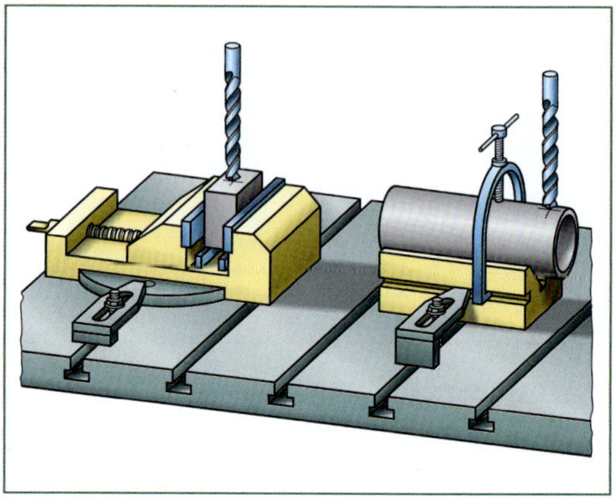

Bild 2: Maschinenschraubstock für planparallele und Bohrprisma für runde Werkstücke

Nach dem Ankörnen kann ein biegesteifer Zentrierbohrer das Vorbohren von runden Werkstücken oder auf schrägen Flächen erleichtern **(Bild 3)**.

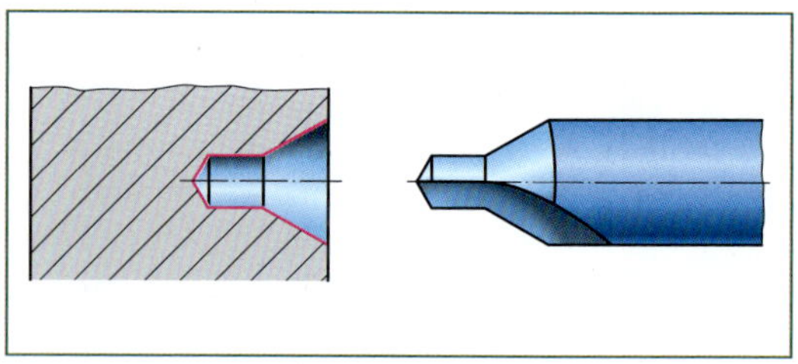

Bild 3: Zentrierbohrer nach DIN 333

Folgen von Spannfehlern

- Die Durchgangsbohrung hat keinen Auslauf, sodass Bohrtisch und Bohrer beschädigt werden.
- Das Werkstück biegt sich beim Bohren durch, die Bohrung wird unrund **(Bild 1, Seite 35)**.
- Die Winkligkeit wird nicht beachtet. Die Bohrungsachse befindet sich nicht im rechten Winkel zur Oberfläche (Lagetoleranzfehler, **Bild 2, Seite 35**).

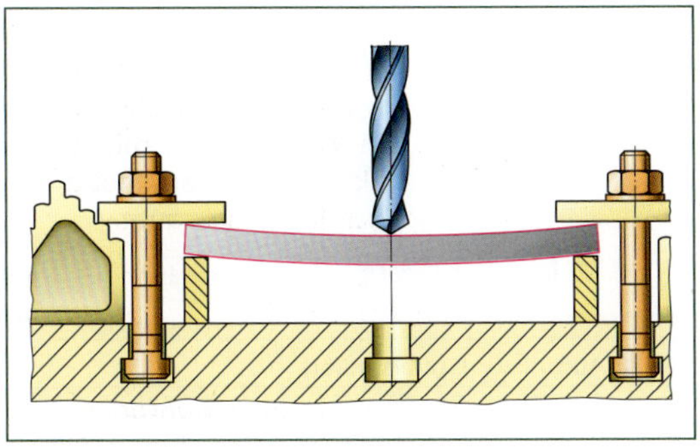

Bild 1: Spannfehler Durchbiegung

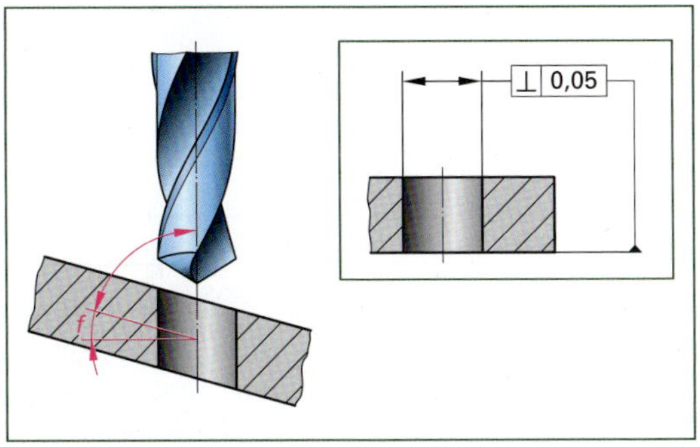

Bild 2: Lagefehler Bohrungswinkel

Arbeitsregeln beim Bohren

- Sorgfältiges Anreißen und Körnen
- Richtige Auswahl des Bohrers (N, H, W)
- Sicheres Einspannen und genaues Ausrichten des Werkzeugs und Werkstücks
- Bohrerauslauf beachten
- Einstellen der notwendigen Drehfrequenz und des Vorschubs
- Das richtige Schneidöl oder Kühlschmiermittel verwenden
- Bei einem kleinen Bohrerdurchmesser eine große Drehfrequenz einstellen
- Bei einem großen Bohrerdurchmesser eine kleine Drehfrequenz einstellen
- Vorbohren ab einem Bohrerdurchmesser von ca. 4 mm
- Beim Durchbohren von Metallen mit der Handbohrmaschine sollte die Drehfrequenz beim Wiederaustritt erhöht und der Vorschub verringert werden, um einen Bohrerbruch zu vermeiden
- Bohrungen mit einem Kegelsenker entgraten **(Bild 3)**
- Rostfreie Stähle lassen sich mit HSS-C-Bohrern leichter bohren

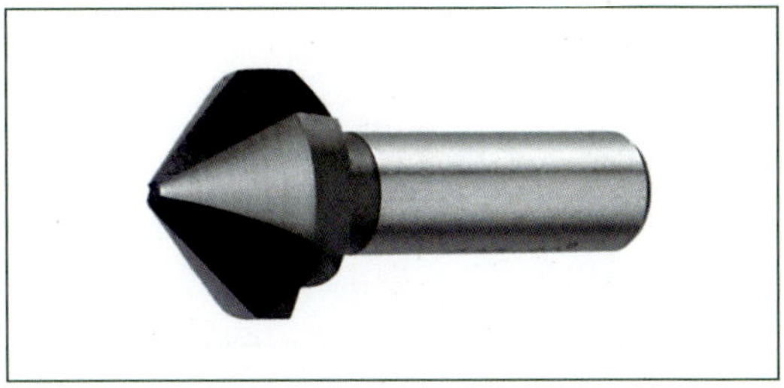

Bild 3: Kegelsenker

Regeln zur Unfallverhütung

- Kleidung mit engen Ärmeln tragen. Bei langen Haaren immer Kopfbedeckung aufsetzen
- Keiltreiber aus der Bohrspindel und Schlüssel auf dem Bohrfutter nach Gebrauch sofort herausnehmen
- Flache und kurze Werkstücke gegen Herumreißen sichern
- Ab 7 mm Bohrerdurchmesser Werkstücke immer festspannen **(Bild 4)**
- Schutzvorrichtungen müssen während des Arbeitens angebracht sein
- Antriebsriemen an Säulenbohrmaschinen nur bei Stillstand umlegen
- Bohrspäne mit dem Pinsel entfernen
- Beim Bohren immer Schutzbrille tragen
- Fehler an Teilen der elektrischen Ausrüstung sofort melden und keinesfalls selbst reparieren

Bild 4: Unfallverhütung beim Bohren

Für das Entgraten, Planen (Ein- und Ansenken) und das Profilsenken (kegelig und zylindrisch) sind eigene Bohrverfahren entwickelt worden.

Durch **Senken** werden Zylinder- oder Kegelflächen in Richtung der Bohrungsachse erzeugt **(Bild 1, Seite 36)**. Auch zur Bohrungsachse rechtwinklige Planflächen können mit geeigneten Senkern hergestellt werden **(Bilder 2** und **3, Seite 36)**.

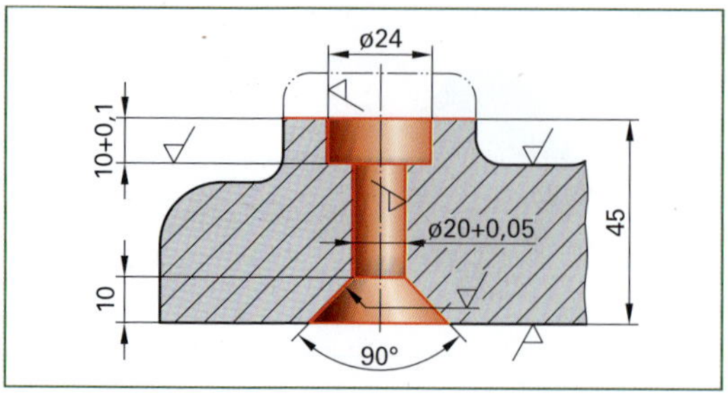

Bild 1: Durch Bohren und Senken bearbeitetes Werkstück

Senkerarten und deren Verwendung

Die Werkstücke werden nach dem Vorbohren mit verschiedenen Senkern bearbeitet. Die Werkzeuge bestehen aus Schnellarbeitsstahl (HSS), Systemen mit wechselbaren Hartmetall-Schneidplatten oder aus Voll-Hartmetall (VHM).

Mit einem **Plansenker** (Flachsenker) wird am Werkstück eine Planfläche an- oder eingesenkt **(Bild 2** und **3)**. Die Fläche dient häufig als Auflage für Schrauben und Muttern oder Lager. Es gibt Plansenker mit und ohne Führungszapfen.

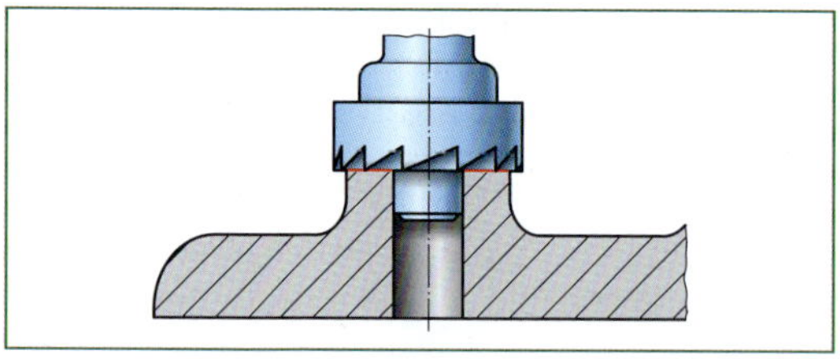

Bild 2: Planansenken. Plansenker mit Führungszapfen

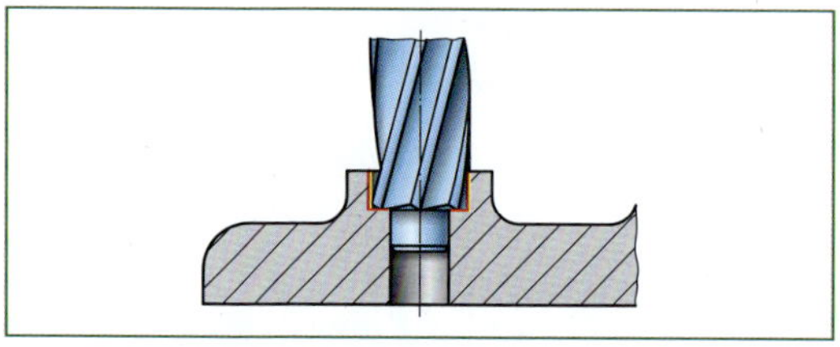

Bild 3: Planeinsenken. Plansenker mit Führungszapfen

Ein **Aufbohrer** (Spiralsenker) hat drei und mehr Schneiden und dient zum Aufbohren einer vorhandenen Bohrung. Dabei wird die Maß- und Formgenauigkeit, sowie die Oberflächengüte der Bohrung erhöht **(Bild 4)**.

Mit dem **Kegelsenker** fertigt man kegelige Profilsenkungen **(Bild 5)**.

Zum Entgraten von Bohrungen verwendet man einen Kegelsenker zwischen 60° und 90° Kegelwinkel. Je nach Ausführung hat der Kegelsenker eine, drei oder viele Schneiden (Bild 3, Seite 35).

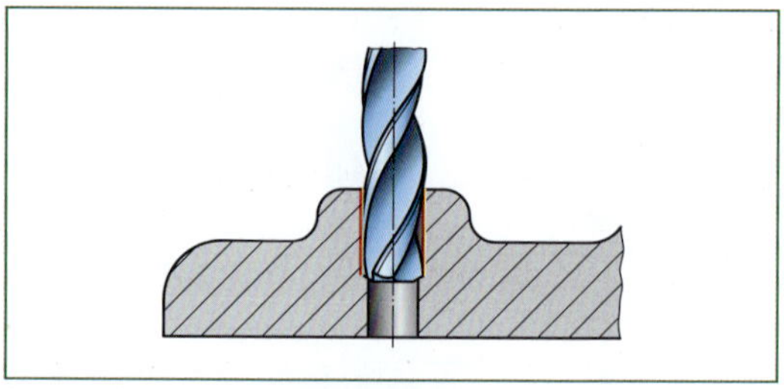

Bild 4: Aufbohrer (Spiralsenker)

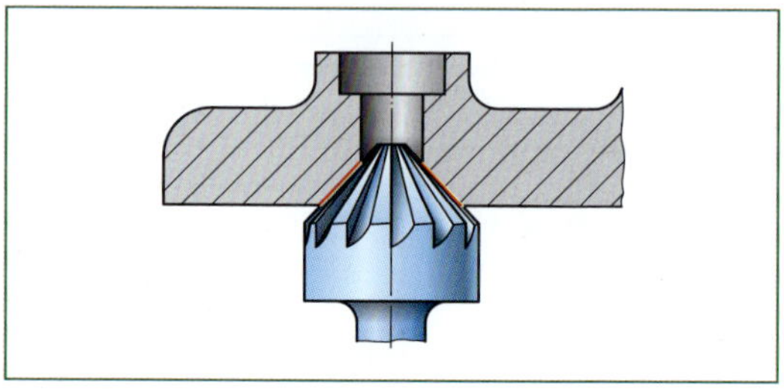

Bild 5: Profilsenken. Kegelsenker

info

In Zweiradwerkstätten wird häufig vom „Planfräsen" oder „Lagersitzfräsen" gesprochen. Diese Arbeiten zählen zum Fertigungsverfahren Bohren. Die Vorschubbewegung des sich drehenden Bohrwerkzeugs erfolgt ausschließlich in Werkzeuglängsrichtung.

Planangesenkt werden die Stirnflächen von Tretlagergehäusen, von konventionellen Steuerkopfrohren und von Bremssattelaufnahmen.

Profilgesenkt werden die konischen Lagersitze von vollintegrierten Steuersätzen im Rahmen.

Meist kommen Mehrfach-Profilsenker zum Einsatz, die das Steuerkopfrohr in einem Arbeitsgang aufbohren und planansenken oder kegeleinsenken **(Bild 6)**.

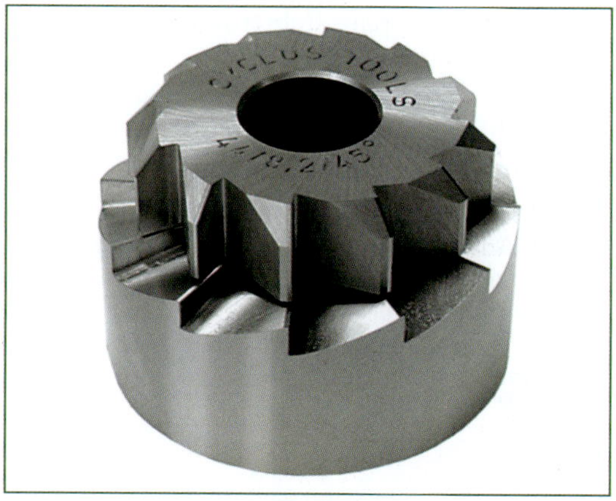

Bild 6: Profilsenker für integrierte Steuersätze (Cyclus)

Arbeitsregeln für das Senken

- Senker mit zylindrischem Schaft bis auf den Grund des Spannfutters einspannen
- Kleine Drehfrequenzen einstellen
- Schneidöle wie beim Bohren verwenden (außer beim Entgraten)
- Um das Entstehen von Rattermarken zu vermeiden, beim Plansenken von Lagerstirnflächen die Vorschubbewegung von Hand so klein wie möglich halten

Reiben

Werden von Bohrungen hohe Maß- und Formtoleranzen und eine hohe Oberflächengüte gefordert, so ist dies durch Bohren allein nicht möglich. Die Bohrung muss durch Reiben feinbearbeitet werden **(Bild 1)**. Reiben entspricht einem Aufbohrvorgang mit geringer Spanabnahme.

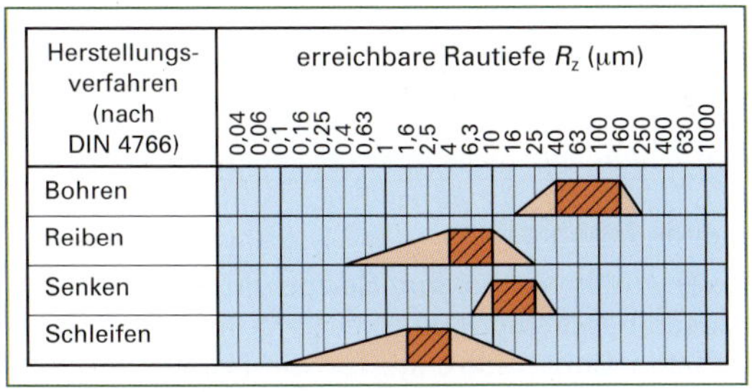

Bild 1: Vergleich von erreichbaren Rautiefen

Die **Spanabnahme** beim Reiben geschieht wie beim Bohren und Senken durch die Rotation der **Reibahle** und die gleichzeitige Vorschubbewegung in Richtung der Werkzeuglängsachse.

Die 0,05 mm bis 0,2 mm kleinere Bohrung wird auf den gewünschten Durchmesser gerieben. Die Bearbeitungszugabe ist abhängig vom Durchmesser der Bohrung. Um eine hohe Oberflächengüte zu erzielen, müssen der Vorschub und die Drehfrequenz niedrig gewählt werden.

Der spanende Teil der Reibahle ist der Schneidenteil. Er besteht aus dem Anschnitt und dem Führungsteil. Die Spanabnahme erfolgt nur am Anschnitt, während der Führungsteil glättet und führt **(Bild 2)**. Maschinenreibahlen haben einen kleinen Anschnitt.

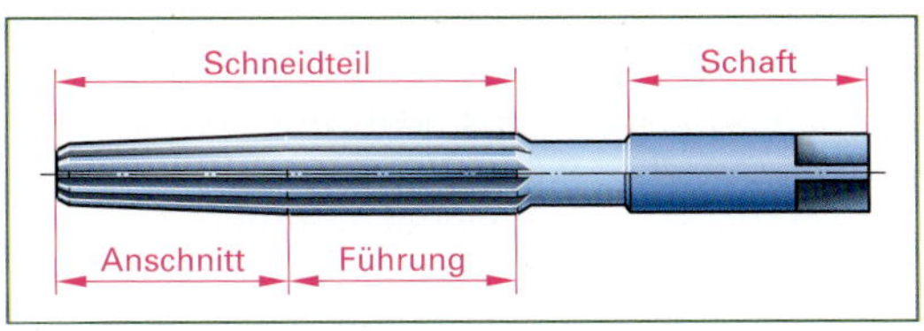

Bild 2: Aufbau einer Handreibahle

Die hohe Oberflächengüte beim Reiben erfolgt durch die schabende Wirkung der Schneiden. Der Spanwinkel beträgt 0° oder ist negativ **(Bild 3)**.

Bezogen auf den Umfang ist die Anordnung der Schneiden (Zahnteilung) ungleich, wodurch Rattermarken vermieden werden. Je mehr Schneiden an einer Reibahle vorhanden sind, desto besser wird die Formgenauigkeit.

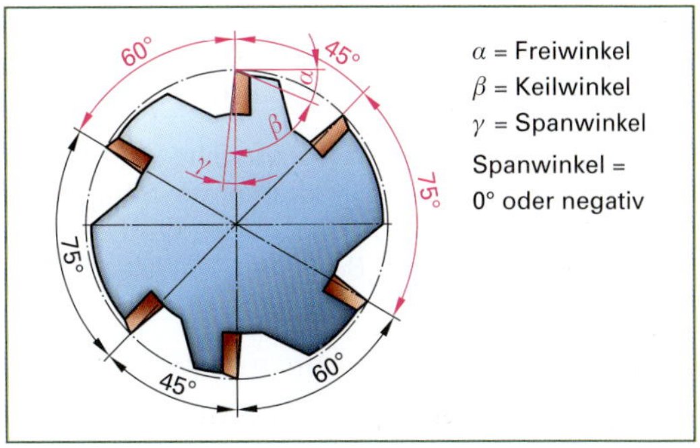

Bild 3: Winkel und Teilung der Schneiden einer Reibahle

Die Schneiden können gerade oder mit Linksdrall angeordnet sein **(Bild 4)**. Der Linksdrall verhindert, dass die Reibahle in die Bohrung gezogen wird und die Schneiden an einer vorhandenen Längsnut einhaken. Späne werden gleichzeitig aus der Bohrung abgeführt.

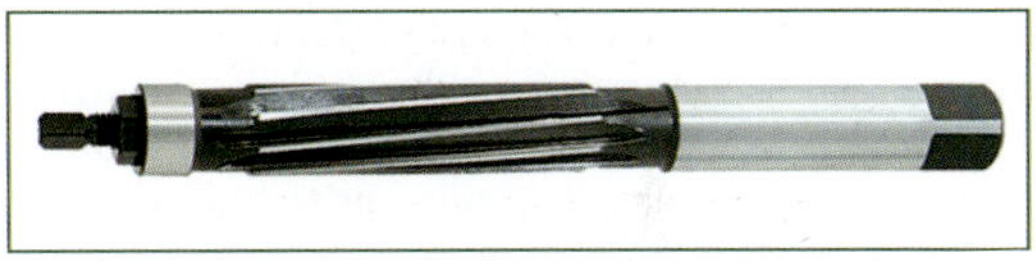

Bild 4: Drallverzahnte Reibahle (Linksdrall)

Verstellbare Handreibahlen

Geschlitzte Reibahlen können durch einen Konus gespreizt und dadurch in engen Grenzen verstellt werden **(Bild 5)**.

Reibahlen mit eingesetzten Schneiden haben einen größeren Verstellbereich. Beim Verstellen werden die Schneiden durch zwei Gewinderinge auf einer schrägen Fläche verschoben. Reibahlen dieser Bauart werden in Fahrradwerkstätten am häufigsten verwendet. Mit ihnen werden Sitzrohrinnenseiten feinbearbeitet und geglättet.

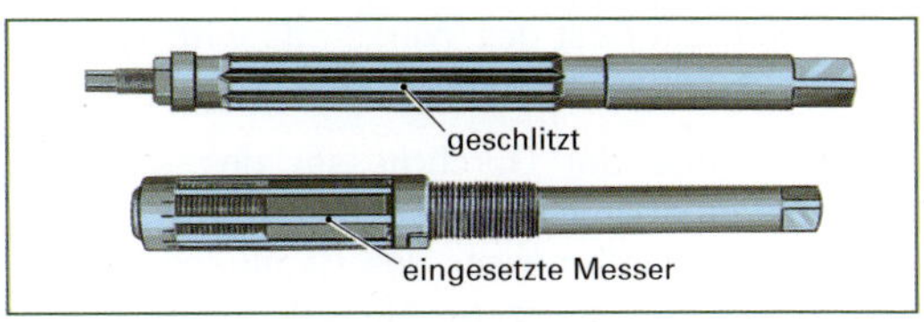

Bild 5: Verstellbare Handreibahlen

Arbeitsregeln für das Reiben

- Reibahle rechtwinklig zum Werkstück einführen und anschneiden
- Genügend Schneidöl verwenden
- Reibahle mit gleichmäßigem Druck im Uhrzeigersinn eindrehen
- Reibahle nie entgegen dem Uhrzeigersinn drehen

1.3.5 Gewinde und Gewindeschneiden

Gewinde werden für unterschiedliche Funktionen benötigt und gefertigt. Sie dienen bei Schrauben und Muttern zur Verbindung von Werkstücken oder bei Spindeln zum Bewegen von Maschinenteilen gegeneinander.

Folgende Größen kennzeichnen ein Gewinde:

- Gewindeprofil (Spitzgewinde, Trapezgewinde)
- Steigung (Feingewinde, Normalgewinde)
- Innen- oder Außengewinde
- Gangzahl (ein- oder mehrgängig)
- Gangrichtung (Rechts- oder Linksgewinde)
- Aufgabe des Gewindes (Befestigungs- oder Bewegungsgewinde)

In der Gewindefertigung gibt es viele spanende und auch spanlose Herstellverfahren. Bei der spanenden Gewindeherstellung, dem Gewindeschneiden, werden Gewindegänge auf Bolzen oder in Bohrungen mit ein- oder mehrschneidigen Werkzeugen geschnitten.

Innengewindeschneiden von Hand

Es überlagern sich zwei Bewegungen des Gewindebohrers:

- Drehbewegung (Hauptbewegung)
- Axialbewegung in die Bohrung hinein (Vorschubbewegung)

Der kegelige Anschnitt des Werkzeugs und die Steigung der Gewindegänge bewirken eine allmähliche Vertiefung bis zur endgültigen Profilform **(Bilder 1** und **2)**. Dabei wird der Werkstoff durch den Gewindebohrer überwiegend spanend bearbeitet. Ein Rest des Werkstoffs wird spanlos verdrängt, er wird gestaucht.

Deshalb muss der Durchmesser des Kernlochbohrers immer etwas größer sein (0,2 bis 0,4 mm) als der Kerndurchmesser des Gewindes. Je weicher der Werkstoff (z. B. Al, Cu), desto größer muss das Kernloch gebohrt werden.

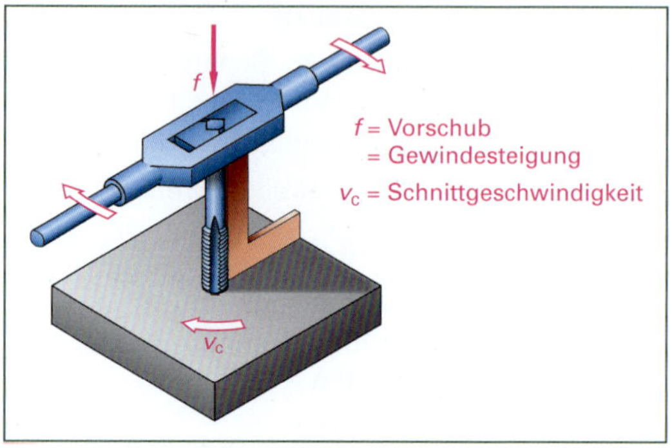

Bild 1: Innengewindeschneiden von Hand

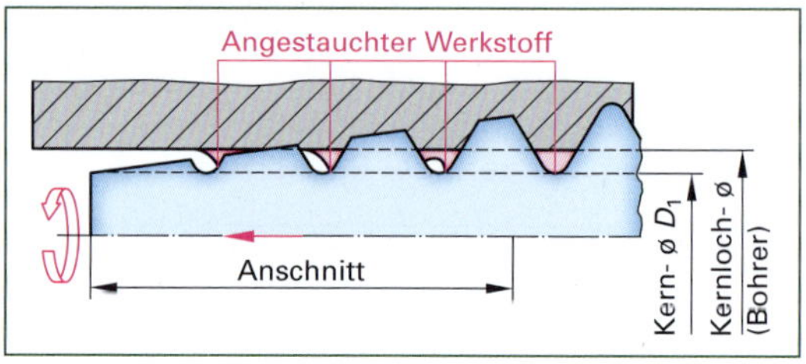

Bild 2: Vorgänge beim Innengewindeschneiden

Gewindebohrer

Zwei- oder dreiteilige Satzgewindebohrer und Maschinengewindebohrer sind die gebräuchlichsten Bohrwerkzeuge für die Herstellung von Gewinden. Sie bestehen aus unbeschichtetem oder beschichtetem HSS-Stahl oder Hartmetall. Beim Satzgewindebohrer erfolgt die Schnittbewegung von Hand in zwei bzw. drei Arbeitsgängen **(Bild 3)**.

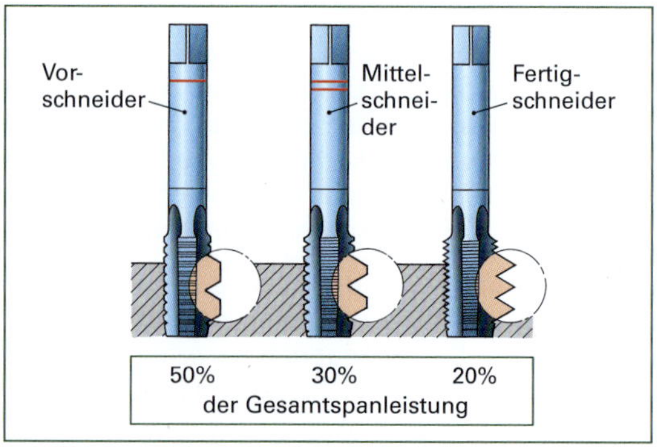

Bild 3: Satzgewindebohrer

Winkel an der Schneide

Die Schneidengeometrie wird vom zu bearbeitenden Werkstoff bestimmt. Weiche, langspanende Werkstoffe (Al, Cu) benötigen größere Spanbrechernuten als harte, kurzspanende Werkstoffe. Dadurch ändert sich gleichzeitig der Spanwinkel **(Bild 1, Seite 39)**.

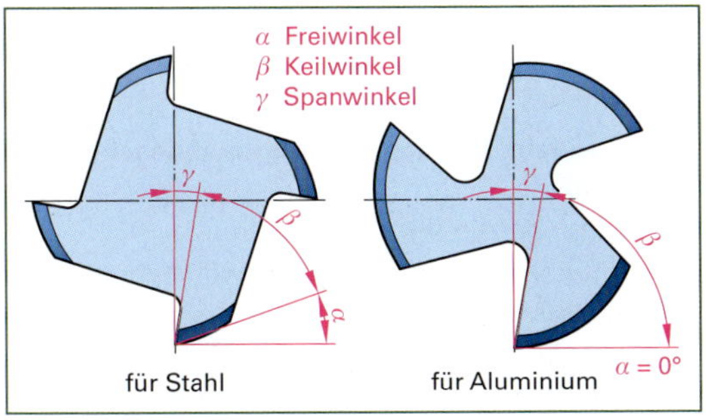

Bild 1: Winkel am Gewindebohrer

Arbeitsregeln für das Innengewindeschneiden von Hand

- Bohrloch mit Kegelsenker 90° ansenken
- Gewindebohrer (Vorschneider) ins Bohrloch einsetzen und anschneiden
- Rechtwinkligkeit zum Werkstück prüfen
- Gewindebohrer unter gleichmäßigem Druck beider Hände mit dem Windeisen drehen
- Ausreichend Schneidöl verwenden
- Bei Schwergängigkeit kurzes Zurückdrehen des Gewindebohrers, damit die Späne brechen
- Reihenfolge der Satzgewindebohrer beachten
- Bei Grundlöchern Spänestau vermeiden und vorsichtig bis zum Bohrungsgrund drehen

Der **Maschinengewindebohrer** schneidet auf Werkzeugmaschinen das Gewinde in einem Arbeitsgang. Hier sind gleichbleibende Schnittbedingungen gewährleistet, die beim Schneiden von Hand nicht eingehalten werden können. Der Anschnitt des Gewindebohrers ist kürzer, die Torsionskräfte durch die größere Eingriffsfläche der Schneiden beim Spanen höher.

Es gibt Maschinengewindebohrer mit rechts- oder linksgedrallten Spannuten.

Rechtsgedrallte Bohrer ziehen die Späne aus der Bohrung heraus und sind besonders für Innengewinde in Grundlöchern geeignet **(Bild 2)**.

Linksgedrallte Bohrer führen die Späne nach unten ab und sind für Innengewinde in Durchgangsbohrungen geeignet **(Bild 3)**.

Info

Rechtsgedrallte Maschinengewindebohrer in den Größen M5 und M6 sind ideale Werkzeuge für jeden Mechanikerarbeitsplatz. Selten müssen Gewinde neu geschnitten werden.

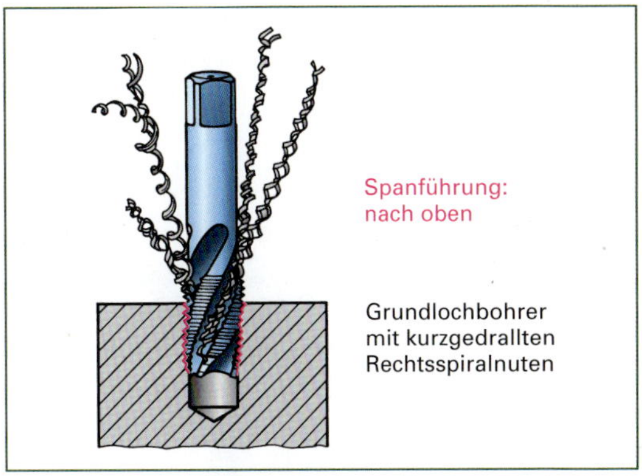

Bild 2: Maschinengewindebohrer mit Rechtsdrall

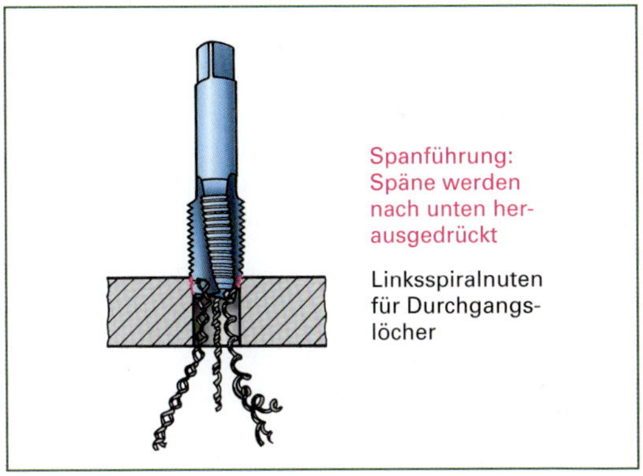

Bild 3: Maschinengewindebohrer mit Linksdrall

Beim regelmäßig notwendigen Nachschneiden von Rahmen- und Gabelgewinden werden Farbreste und Späne aus der Bohrung gezogen.

Zum Schneiden von Gewinden müssen die Kernlöcher und die Bolzenaußendurchmesser maßhaltig sein. Für metrische ISO-Gewinde (Regel- und Feingewinde) entspricht der Kernlochdurchmesser d_k dem Gewindedurchmesser d minus der Gewindesteigung P **(Tabelle 1)**.

Tabelle 1: Abmessungen für metrische ISO-Gewinde in mm

Gewinde *d*	M4	M5	M6	M8
Kernloch d_k	3,3	4,2	5,0	6,8
Steigung *P*	0,7	0,8	1,0	1,25
Bolzen-Ø Außengewinde	3,9	4,9	5,9	7,9

1

Außengewindeschneiden von Hand

Zum Schneiden der Außengewinde von Hand, verwendet man Schneideisen **(Bild 1)** und Gewindeschneidkluppen.

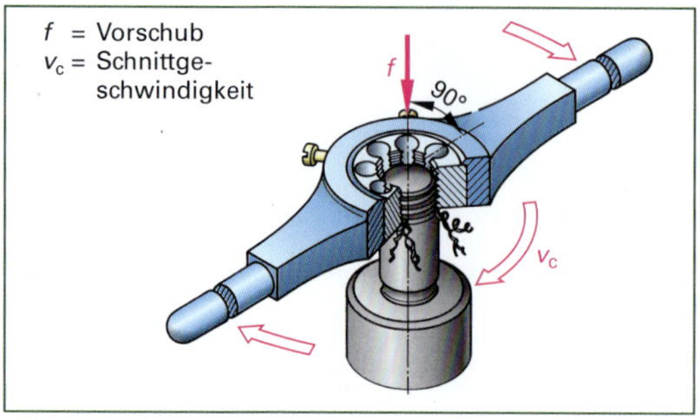

Bild 1: Außengewindeschneiden von Hand

Wie beim Innengewindeschneiden tritt auch beim Spanen mit dem Schneideisen ein Stauchen des Werkstoffs auf. Der Bolzendurchmesser muss deshalb einen 0,1 mm bis 0,3 mm kleineren Durchmesser haben als der zu schneidende Gewindedurchmesser (siehe Tabelle 1 Seite 39).

Zum ersten Ansetzen des Schneideisens muss der Bolzen angefast sein. Die Fase schützt gleichzeitig den Gewindeanfang.

Zum Schneiden von Außengewinden verwendet man:

- Geschlossene Schneideisen, die das Gewinde in einem Arbeitsgang fertigschneiden **(Bild 2)**.
- Geschlitzte oder offene Schneideisen, die durch eine Spreizschraube geringfügige Durchmesseränderungen zulassen.
- Sechskant-Schneideisen, mit denen auch an schwer zugänglichen Stellen noch gearbeitet werden kann **(Bild 3)**

Bild 2: Schneideisen a) geschlossen b) offen

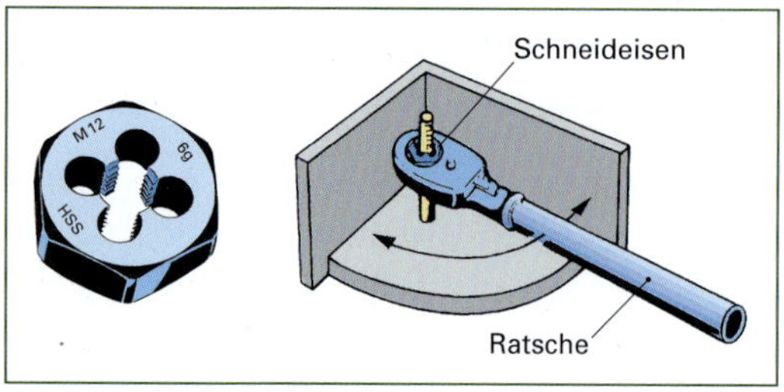

Bild 3: Sechskant-Schneideisen

Die Schälanschnitte beider Schneideisenformen erleichtern das Anschneiden. Spannuten führen die Späne ab.

Arbeitsregeln für das Außengewindeschneiden von Hand

- Gewindebolzen immer anfasen
- Rechtwinkligkeit der Schneidwerkzeuge beim Anschneiden prüfen
- Ausreichend Schneidöl verwenden
- Schneideisen während des Schneidens gelegentlich zurückdrehen, um Späne zu brechen
- Schneideisen während des Schneidens von zähen, hochfesten Stählen nicht zurückdrehen, um Späne zu brechen

Gewinde können alternativ auch spanlos durch Gewindeformer oder Gewinderollen bzw. Gewindewalzen hergestellt werden (siehe Seite 16).

Schneidöle und Kühlschmierstoffe in der Zweiradwerkstatt

Um eine hohe Oberflächengüte zu erreichen, müssen geeignete Schneidöle oder Kühlschmiermittel verwendet werden. Sie schützen vor Festfressen und vor einer zu starken Erhitzung durch hohe Reibung.

Durch die Wärmeausdehnung der Werkstoffe wird die Reibung weiter erhöht, sodass Werkzeuge überlastet und brechen können. Dies betrifft besonders Bohrer und Gewindeschneidwerkzeuge.

Wassermischbare Kühlschmierstoffe (Emulsionen) setzt man vor allem beim maschinellen Spanen mit Werkzeugmaschinen ein. Für die Instandhaltung sind sie wenig geeignet, da hier nur kleine Mengen benötigt werden. Die wasserhaltigen Kühlschmier-Emulsionen können durch Bakterien besiedelt und vorzeitig abgebaut werden.

info

Im Werkstattalltag des Zweiradmechanikers müssen regelmäßig unterschiedliche Metalle in kleinen Mengen spanend nachbearbeitet werden. Besonders rostfreie und hochfeste Stähle sowie Titanlegierungen sind schwierig zu bearbeiten. Hier haben sich Hochleistungs-Schneidöle mit Extreme Pressure Additiven (EP) bewährt.

Zum Nachschneiden von kleineren Gewinden sind Kriechöle gut geeignet.

Seifenlauge eignet sich als Schmiermittel zur spanenden Bearbeitung von Hartgummi und vielen Kunststoffen.

Um Rostbildung zu vermeiden, müssen die Metallwerkzeuge und Maschinenteile anschließend getrocknet werden.

Aufbauschneidenbildung

Besonders beim Spanen von Aluminiumlegierungen kann es zur Bildung einer Aufbauschneide kommen (**Bild 1**).

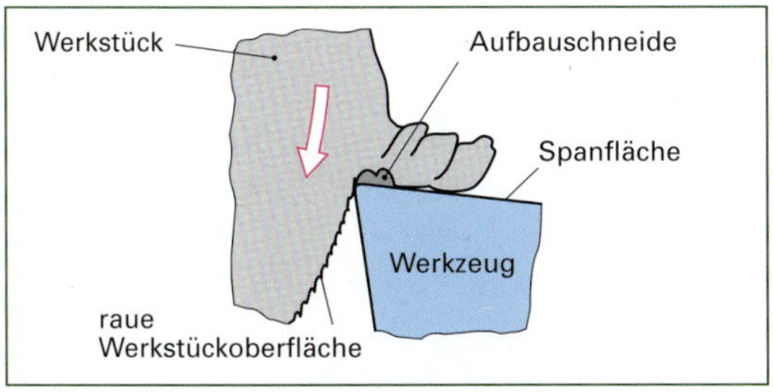

Bild 1: Aufbauschneide

Ursache sind ungünstige Schnittwerte, abgenutzte Spanwerkzeuge und eine mangelhafte Kühlschmierung, sodass es auf der Spanfläche am Schneidkeil zu einer Pressschweißung von Spanpartikeln kommt. Der Keilwinkel verändert sich, die Oberflächengüte der bearbeiteten Oberfläche nimmt ab und das Werkzeug verschleißt früher.

Durch geringfügige Erhöhung der Schnittgeschwindigkeit, beschichtete oder geglättete Werkzeugschneiden und bessere Kühlschmierung beugt man der Aufbauschneidenbildung vor.

1.3.6 Spanende Fertigung mit Werkzeugmaschinen

Nahezu alle Werkstücke werden heute auf Maschinen hergestellt. Dadurch werden gegenüber dem Spanen von Hand die Herstellungsgenauigkeit und Arbeitssicherheit erhöht und die Kosten durch Verkürzung der Bearbeitungszeit erheblich reduziert.

Die Vielzahl der Werkstückformen und Werkstoffarten erfordert unterschiedliche Fertigungsverfahren mit unterschiedlichsten Maschinen (**Tabelle 1**).

Tabelle 1: Maschinelle Zerspanungsverfahren

Mit geometrisch bestimmten Schneiden		
Sägen Bohren Senken	Reiben Drehen Fräsen	Gewindeschneiden Stoßen Räumen
Mit geometrisch unbestimmten Schneiden		
Schleifen	Honen	Läppen

Bewegungen an Werkzeugmaschinen

Wie beim Spanen von Hand sind auch bei den maschinellen spanenden Fertigungsverfahren verschiedene Bewegungen notwendig (**Bild 2**).

Die unterschiedlichen Bewegungen an Werkzeugmaschinen sind:

- Schnitt- oder Hauptbewegung
- Vorschubbewegung
- Zustellbewegung

Alle Bewegungen können sowohl vom Werkzeug, als auch vom Werkstück ausgeführt werden. Beim Bohren bewegt sich das Werkzeug, beim Drehen das Werkstück (**Bild 1, Seite 42**).

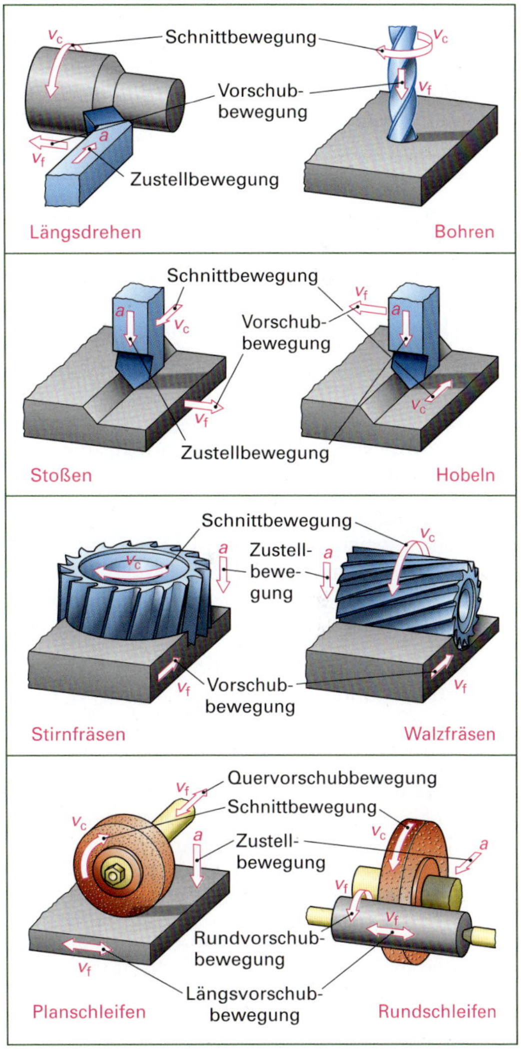

Bild 2: Bewegungen an Werkzeugmaschinen

Schnittbewegung (Hauptbewegung)

Die Spanabnahme erfolgt durch eine kreisförmige oder geradlinige Schnittbewegung. Die Größe der Schnittbewegung wird durch die Schnittgeschwindigkeit v_c angegeben.

Info

Die Geschwindigkeit *v* gibt an, welcher Weg *s* in einer bestimmten Zeitdauer *t* zurückgelegt wurde. Die Formel für die geradlinige Bewegung lautet:

$$v = \frac{s}{t}$$

Bei einer Drehbewegung bedeutet dies:
Geschwindigkeit = Umfang · Drehfrequenz bzw.
$v = d \cdot \pi \cdot n$

Die Drehfrequenz gibt die Anzahl der Umdrehungen in 1/min an. Die Schnittgeschwindigkeit ist die Geschwindigkeit, mit der der Span vom Werkstück abgetrennt wird. Sie wird bei den meisten Zerspanverfahren in m/min angegeben, beim Schleifen in m/s, da hier sehr große Schnittgeschwindigkeiten erreicht werden.

Die Größe der Schnittgeschwindigkeit ist abhängig vom Werkzeug, dem zu spanenden Werkstoff, dem Kühlmittel und der Leistung und dem Aufbau der Werkzeugmaschine. Die geeigneten Werte können aus Tabellen abgelesen werden.

Durch die Schnittbewegung allein würde nur eine einmalige Spanabnahme pro Umdrehung erfolgen. Für die fortwährende Zerspanung ist eine zweite Arbeitsbewegung erforderlich, die Vorschubbewegung.

Die **Vorschubbewegung** sorgt für eine stetige oder schrittweise Spanabnahme. Sie kann kontinuierlich erfolgen wie beim Drehen, Fräsen, Sägen, Bohren oder in Schritten wie beim Hobeln und Stoßen (Bild 2, Seite 41).

Die Vorschubbewegung wird senkrecht zur Schnittbewegung durch das Werkzeug (z. B. beim Drehen) oder durch das Werkstück (z. B. beim Fräsen) ausgeführt. Sie bestimmt die Spanbreite.

Die Größe des Vorschubs ist von der geforderten Oberflächenqualität, der Zerspanungsmenge und der Leistung der Maschine abhängig. Sie wird in mm pro Umdrehung oder als Vorschubgeschwindigkeit in mm/min angegeben.

Mit steigender Maschinenleistung wächst auch die Zerspanungskraft an der Werkzeugschneide, mit der der Span abgenommen wird. Dann kann unter sonst gleichen Bedingungen auch der Vorschub vergrößert werden, was wiederum zu einer größeren Zerspanungsmenge und verkürzten Bearbeitungszeiten führt.

Als **Zustellbewegung** bezeichnet man das Heranfahren von Werkzeug und/oder Werkstück zueinander vor dem Zerspanvorgang. Die Zustellung bestimmt die Schnitttiefe *a*, das heißt, wie tief das Werkzeug in das Werkstück eindringt.

Der **Spanungsquerschnitt *A* (Bild 1)** ist das Produkt aus dem Vorschub *f* und der Schnitttiefe *a*. Bei großen Spanabnahmen muss in mehreren Durchgängen zugestellt werden, z. B. beim Drehen erst Schruppen, dann Schlichten.

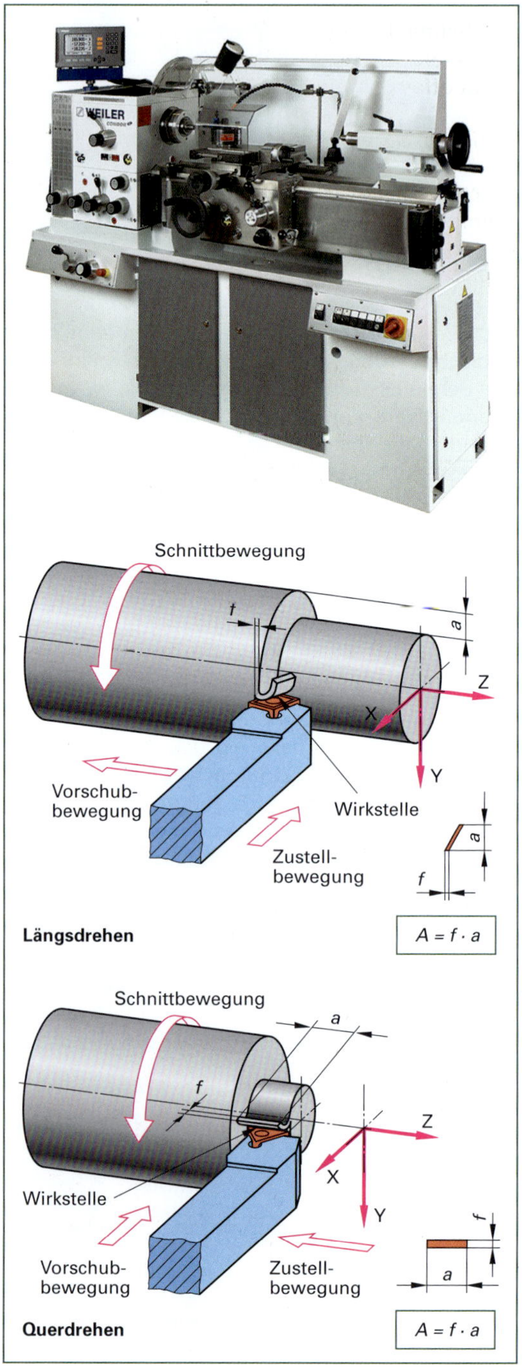

Bild 1: Drehmaschine (Fa. Weiler). Bewegungen beim Drehen

1.3.7 Scherschneiden

Scherschneiden nennt man das spanlose Zerteilen zwischen zwei Schneiden, die sich aneinander vorbei bewegen. Der Werkstoff wird dabei abgeschert **(Bild 1)**.

Das Schneiden wird in Offen-Schneiden und Geschlossen-Schneiden unterteilt. Offen-Schneiden ergibt offene Schnittlinien.

Beispiel: Schere

Geschlossen-Schneiden ergibt eine geschlossene Schnittlinie.

Beispiel: Stanzen

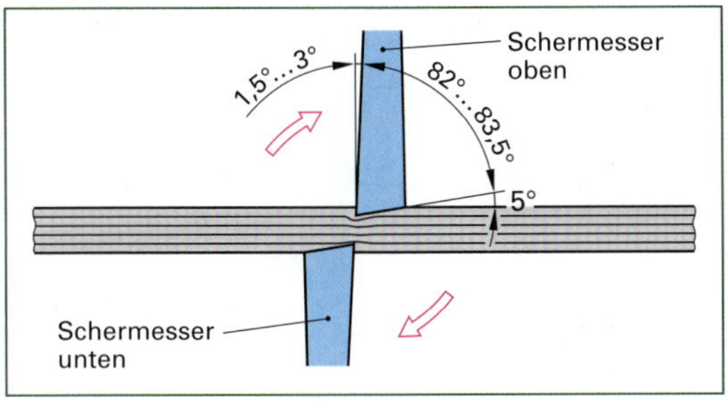

Bild 1: Winkel an einem Schermesser

1.3.8 Biegen von Blechen

Beim Biegen wird ein Bereich des Werkstücks auf Zug, der andere auf Druck beansprucht. Dazwischen liegt eine unveränderte Zone, die auch „Neutrale Faser" genannt wird.

Der größte Teil der verarbeiteten Bleche wird gebogen. Als vorgeformtes Halbfertigprodukt erhält Blech durch den Walzvorgang besondere Eigenschaften.

Beim Kaltwalzen erlangt das Blech ein nach der **Walzrichtung** ausgerichtetes Werkstoffgefüge.

Handversuch: Aus einer Blechtafel werden drei Rechtecke herausgeschnitten **(Bild 2)**.

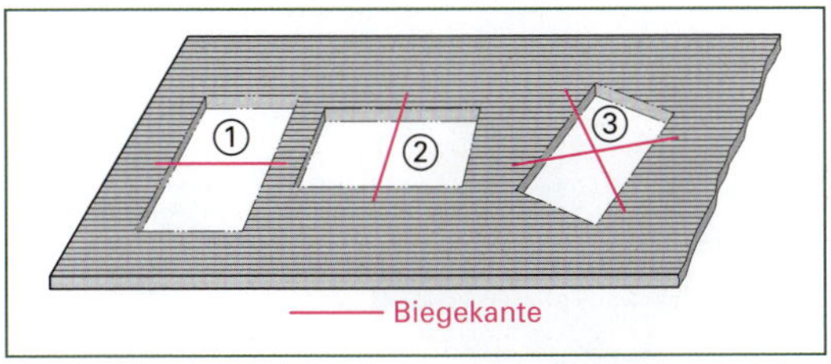

Bild 2: Unterschiedliche Walzrichtung von Blech

Man biegt die Blechstücke in einem Schraubstock hin und her, bis sie Risse zeigen **(Bild 3 a)**.

Der Blechstreifen 1 zeigt zuerst kleine Risse **(b)**. Am längsten widersteht der Blechstreifen 2 der Belastung.

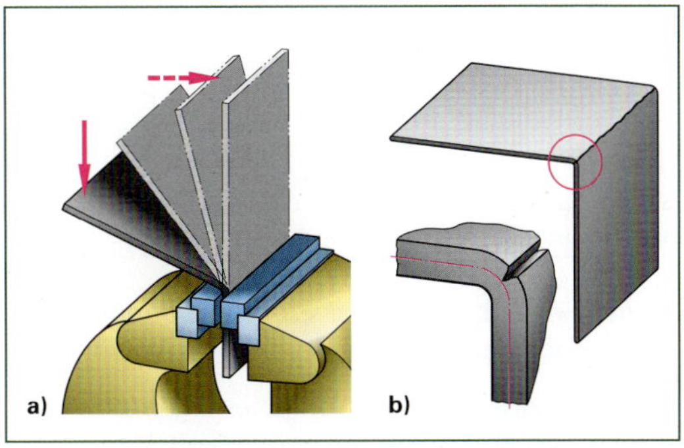

Bild 3: a) Biegeversuch
b) Riss in der Biegekante durch zu kleinen Biegeradius oder falscher Biegerichtung

Beim Biegen von Blech sollte möglichst senkrecht zur Walzrichtung gebogen werden. Muss ein Werkstück in mehreren Richtungen gebogen werden, legt man die Biegekante schräg zur Walzrichtung.

Werden beim Biegen von Blech genaue Biegewinkel verlangt, muss die Rückfederung durch ein Überbiegen ausgeglichen werden **(Bild 4)**.

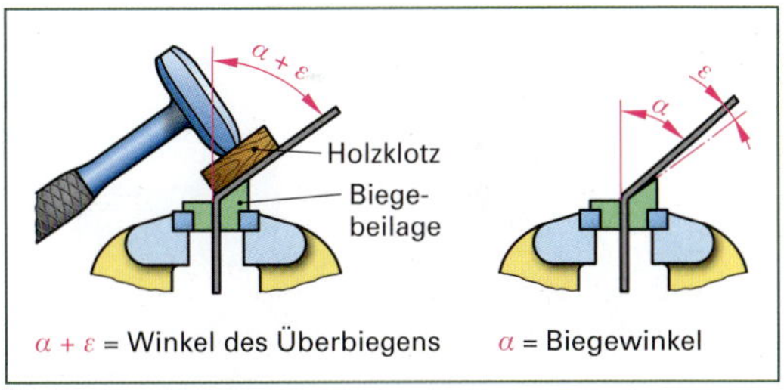

Bild 4: Elastische Rückfederung

Der **Rückfederungswinkel** beträgt 1 % bis 3 % des Biegewinkels. Seine Größe hängt ab von der Blechdicke, dem Biegewinkel, dem Biegeradius und der Elastizität des Werkstoffs.

Wenn Bleche zu scharfkantig gebogen werden, besteht die Gefahr, dass sie an der Biegekante durch zu starkes Strecken reißen (**Bild 1, Seite 44**). Daher ist beim Biegen von Blechen ein Mindestbiegeradius einzuhalten. Seine Größe ist von der Werkstofffestigkeit und Dehnbarkeit sowie von der Walzrichtung und der Blechdicke abhängig.

Die Mindestbiegeradien der wichtigsten Blechsorten sind dem Tabellenbuch Fahrradtechnik zu entnehmen.

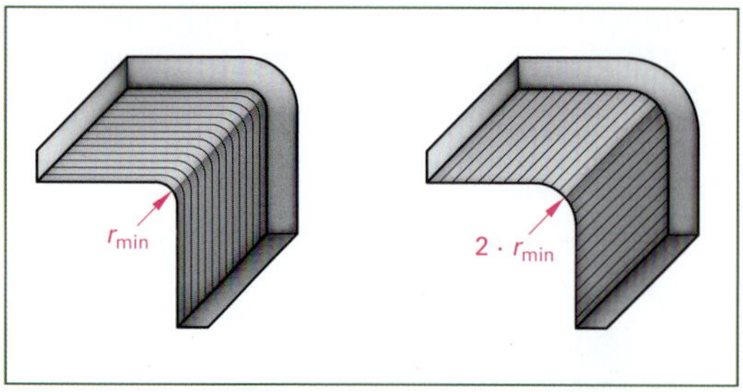

Bild 1: Mindestbiegeradius und Walzrichtung

Biegen von Hand ist bei Einzelfertigungen und Reparaturarbeiten eine regelmäßige Arbeit.

Dünne Bleche und empfindliche Werkstoffe (z. B. Bleche aus Aluminium) werden von Hand oder mit Holz- oder Kunststoffhämmern bearbeitet **(Bilder 2 und 3)**

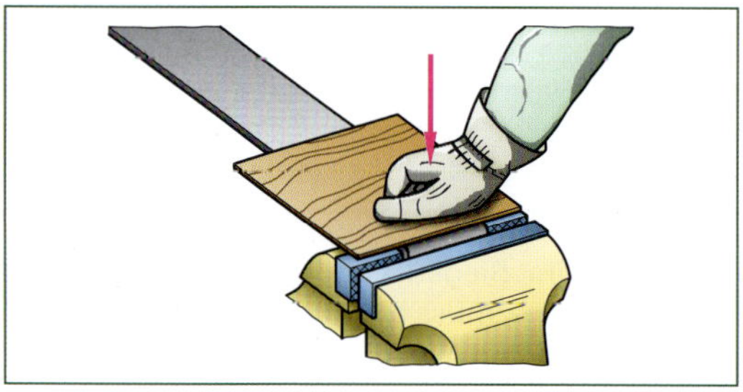

Bild 2: Biegen mit Handkraft

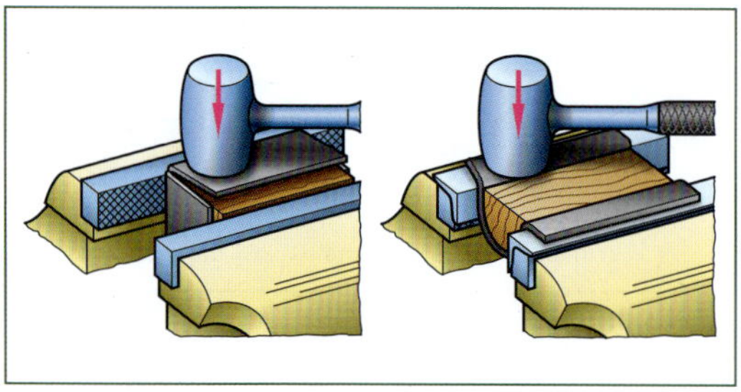

Bild 3: Biegen mit Beilagen und Hammer

1.3.9 Biegen von Rohren

Beim Biegen von Rohren ohne Hilfsmittel („freies Biegen") entstehen am Außen- und Innenbogen große Querschnittsveränderungen:

- Am Außenbogen bilden sich durch die Zugbelastung Einschnürungen und Risse
- Am Innenbogen entstehen durch die Druckbelastungen Einknickungen und Falten.

Das Rohr wird im Biegebereich oval verformt **(Bild 4)**. Möglichkeiten, die Querschnittsveränderungen an der Biegestelle beim freien Biegen zu vermeiden sind:

- Rohr mit trockenem Sand füllen
- Rohr mit schmelzbarem Stoff (Paraffin oder Kunstharz) füllen.
- Eine eng gewickelte Zugfeder einlegen **(Bild 5)**

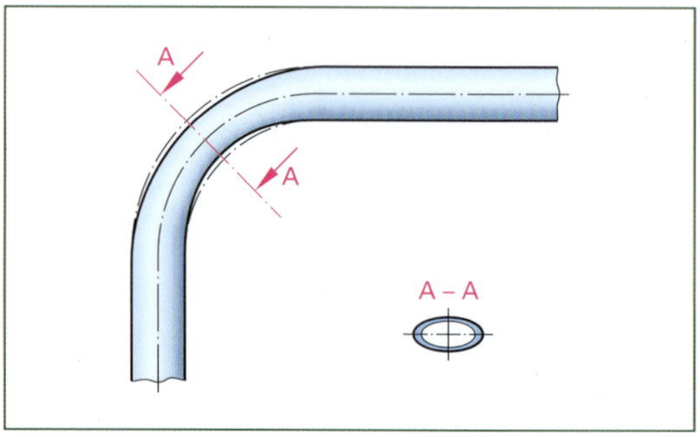

Bild 4: Verformung des Rohres beim Biegen

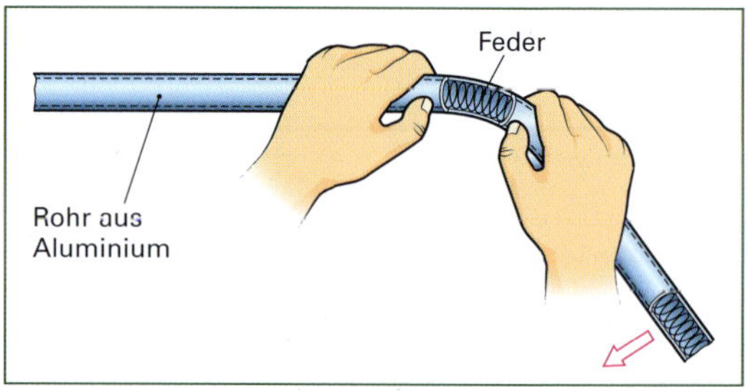

Bild 5: Aussteifung eines dünnwandigen Rohres mit einer Feder

Beim Biegen geschweißter Rohre muss die Schweißnaht in der Ebene der neutralen Faser liegen.

Bessere Arbeitsergebnisse erzielt man mit mechanischen, hydraulischen oder elektrisch angetriebenen Rohrbiegemaschinen **(Bild 6)**. Diese haben auswechselbare Biegesegmente und Rollen, die dem Durchmesser des zu biegenden Rohres angepasst werden.

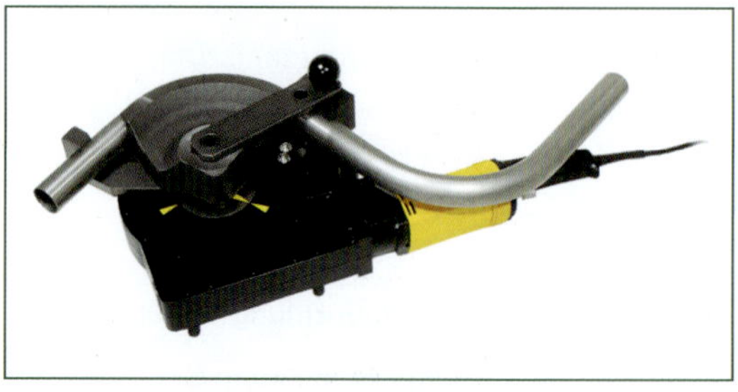

Bild 6: Elektrische Rohrbiegemaschine

1.4 Werkstofftechnik

Im Fahrradbau kommen die unterschiedlichsten Werkstoffe zum Einsatz. Das Beispiel **Bild 1** zeigt einen Tretlagersatz, bei dem die Kurbelarme aus Kohlefaser-Verbundwerkstoff, die Tretlagerwelle und die Lager aus Vergütungsstahl und die Kettenblätter aus einer Aluminiumlegierung bestehen.

Bild 1: Werkstoffe eines Tretlagersatzes

Die Werkstofftechnik beschreibt die Stoffe hinsichtlich ihrer Eigenschaften und ihres inneren Aufbaus. Darüber hinaus werden die Herstellungs- und Prüfverfahren beschrieben.

1.4.1 Eigenschaften von Werkstoffen

Um die Eigenschaften von Werkstoffen miteinander vergleichen zu können, führt man Kenngrößen (oder Kennwerte) ein, die durch Versuche ermittelt werden.

Beispiel:
- Welche Masse hat das Volumen eines bestimmten Werkstoffes? Kennwert: Dichte
- Ab welcher Belastung verformt sich ein Werkstoff bei einer definierten Querschnittsfläche? Kennwert: Zugfestigkeit

Physikalische Eigenschaften der Werkstoffe sind:
- Dichte und Schmelztemperatur
- Thermische Längenausdehnung
- Elektrische Leitfähigkeit

Mechanisch-technologische Eigenschaften sind:
- Zugfestigkeit und Bruchdehnung
- Elastizitätsmodul (Materialsteifigkeit)
- Dauerfestigkeit
- Zähigkeit, Härte und Sprödigkeit

Die **Dichte** gibt die Masse pro Volumeneinheit an. Damit lässt sich bei bekannter Bauteilform die Bauteilmasse berechnen (siehe Kapitel 20.6). Einheiten der Dichte sind (u. a.) kg/dm^3 und g/cm^3.

Die **Schmelztemperatur** muss man zur Auswahl der Verbindungsverfahren Löten und Schweißen und für eine mögliche Wärmebehandlung kennen. Die Einheiten sind °C oder K (0 °C = 273 K).

Als Kenngröße für die Belastbarkeit eines Werkstoffes gibt man die **Zugfestigkeit** an. Zur Bestimmung der Zugfestigkeit wird ein Probestab in einer Universal-Prüfmaschine **(Bild 2)** unter Zugspannung gesetzt.

Bild 2: Universal-Prüfmaschine

Wird der Probestab mit einer kleinen Zugkraft belastet, so dehnt er sich zunächst nur elastisch. Das gilt, solange die Zugkraft unterhalb einer bestimmten Grenzkraft – der elastischen Verformungskraft – bleibt.

Steigert man die Zugkraft über diese Grenzkraft, dann beginnt sich der Probestab erheblich zu verlängern. Der Werkstoff wird gestreckt. Die Verformung ist überwiegend plastisch, d. h. nach einer Entlastung nimmt der Probestab nicht mehr seine ursprüngliche Länge ein.

Die Zugspannung, die unmittelbar vor Beginn des Streckens im Werkstoff herrscht, bezeichnet man als die Streckgrenze R_e.

$$\text{Streckgrenze} = \frac{\text{Grenzkraft vor der plastischen Verformung}}{\text{Anfangs-Querschnitt des Probestabes}}$$

$$R_e = \frac{F_e}{S_o}$$

Die Streckgrenze ist die wichtigste Kenngröße (Grenzwert!) für die Belastbarkeit eines Werkstoffes ohne wesentliche plastische Verformung.

Wird die Zugkraft über die Streckgrenze hinaus gesteigert, so beginnt der Probestab sich einzuschnüren und zerreißt schließlich **(Bild 1)**.

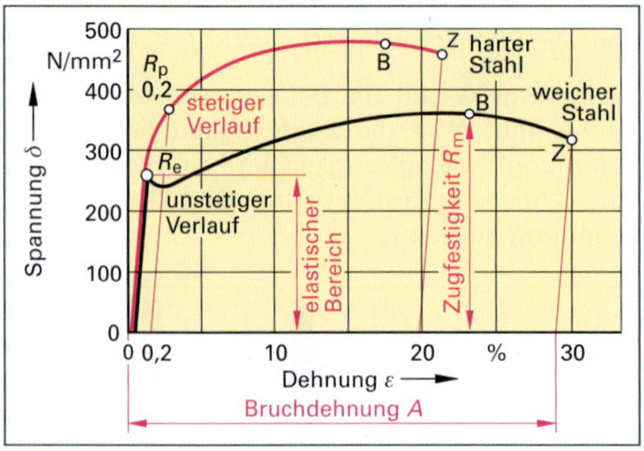

Bild 1: Spannungs-Dehnungsdiagramm

Die bei der größten Zugkraft herrschende Zugspannung ist die Zugfestigkeit R_m.

Die Streckgrenze und die Zugfestigkeit haben die Einheit N/mm². Der Baustahl S235JR (alte Bezeichnung St 37) hat z. B. eine Streckgrenze von R_e = 225 N/mm² und eine Zugfestigkeit je nach Erzeugnisdicke von R_m = 340 bis 470 N/mm².

Der Wert der **Bruchdehnung** gibt an, um wie viel Prozent seiner Länge sich der Werkstoff unter Last dehnt, bis er bricht. Je höher die Bruchdehnung eines Werkstoffes, um so besser ist er plastisch verformbar. Die Bruchdehnung von Baustahl S235JR beträgt A = 26 %.

Spröde Werkstoffe haben einen geringen Bruchdehnungswert – sie dehnen sich fast gar nicht bis zum Bruch („Sprödbruch"). Der Bruch erfolgt ohne erkennbare Warnzeichen.

Zäh ist ein Werkstoff, der sich weit dehnen lässt und damit gut plastisch verformbar (gut umformbar) ist. Beispiele: Aluminium-Knetlegierungen und Schmiedestähle sind zäh **(Bild 2)**, gehärteter Stahl ist nicht zäh, sondern spröde.

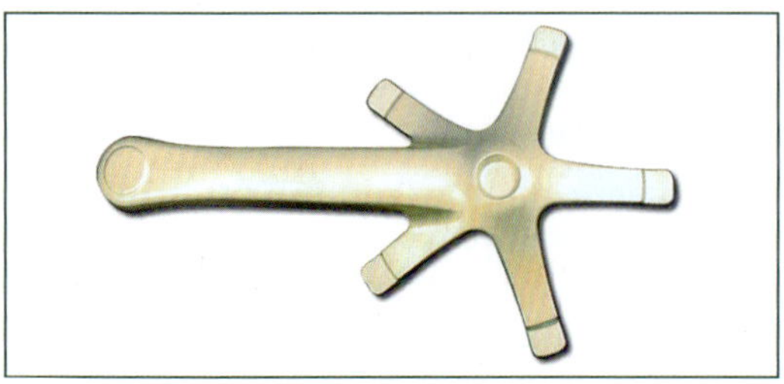

Bild 2: Gesenkgeschmiedete Tretkurbel aus $AlCu_4SiMg$ (Werkstoffnummer 2014)

Die Zähigkeit wird mit dem Kerbschlagbiegeversuch ermittelt (s. Tabellenbuch Fahrradtechnik).

Der **Elastizitätsmodul**, auch E-Modul E genannt, ist ein Kennwert für die elastische Nachgiebigkeit bzw. die Steifigkeit eines Werkstoffes. Er wird durch Zugversuche an Werkstoffproben ermittelt **(Bild 3)**.

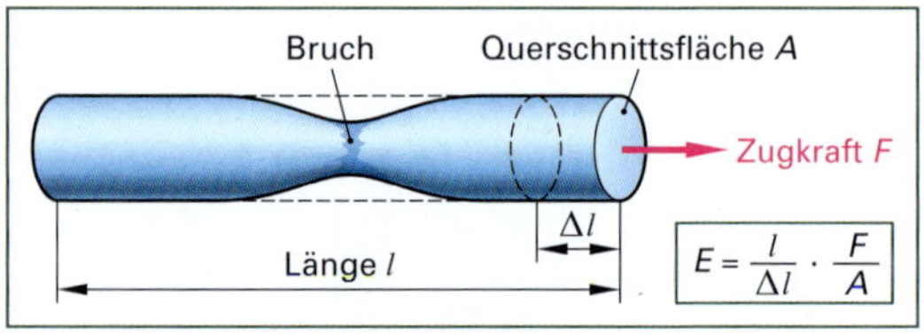

Bild 3: Ermittlung des E-Moduls

Für Aluminium beträgt der E-Modul E = 70 000 N/mm², für Stähle E = 210 000 N/mm², für Carbon E = 50 000 bis 210 000 N/mm².

Eine andere Definition lautet: Der Elastizitätsmodul ist die Spannung, die in einem Zugstab herrschen würde, wenn sich seine Länge unter dem Einfluss einer Zugkraft verdoppeln würde.

Je größer der Wert des Elastizitätsmodul,

- desto weniger dehnt sich der Werkstoff.
- desto steifer ist er.
- desto größer ist sein Widerstand gegen Verformung.

Steifigkeit ist nicht mit Festigkeit zu verwechseln. Die Festigkeit ist ein Maß für die ertragbaren Belastungen eines Werkstoffes. Als Grenzwert wird meist die Streckgrenze R_e angegeben. Die Steifigkeit eines Bauteils hängt von dem E-Modul des Materials und von der Größe und Form der Querschnittsfläche ab.

Elastisch ist ein Werkstoff, der nach einer Verformung seine Ausgangsform wieder einnimmt, wenn die Belastung aufgehoben ist.

Beispiel: Fahrradspeiche aus dem nichtrostenden Stahl X10CrNi18-8.

Plastisch ist ein Werkstoff, wenn er unter einer Belastung seine Form bleibend verändert. Beispiel: Kupferdraht.

Viele Werkstoffe verhalten sich bis zu einer Belastungsgrenze elastisch und gehen bei Überschreitung dieser Grenze in den plastischen Bereich über. Z. B. darf ein Fahrradlenker nicht bis zu diesem Wert belastet werden. Dagegen muss ein Formblech bis zu diesem Wert belastet werden, um z. B. einen Radschützer (alte Bezeichnung „Schutzblech") aus weichgeglühtem Stahl daraus zu formen.

Spröde Werkstoffe weisen keinen elastischen und plastischen Bereich auf.

Unter **Härte** versteht man den Widerstand, den ein Werkstoff dem Eindringen eines Prüfkörpers entgegensetzt **(Bild 1)**.

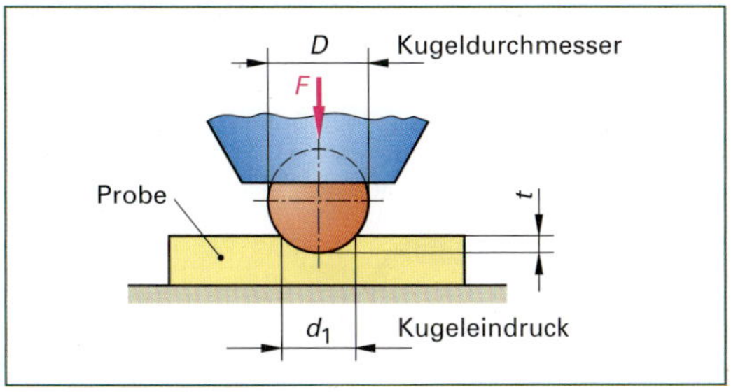

Bild 1: Bestimmung der Härte

Je nachdem, in welcher Richtung Kräfte auf ein Bauteil wirken, herrschen im Werkstoff unterschiedliche **Beanspruchungsarten**.

Beispiel: Wirken zwei Kräfte in entgegengesetzter Richtung vom Bauteil weg auf einer Wirkungslinie, so liegt Zugbeanspruchung vor.

Tabelle 1: Beanspruchungsarten im Fahrradbau

Beanspruchungsart	Beispiele
Zugbeanspruchung	Speiche, Bowdenzug, Unterrohr
Druck-beanspruchung	Oberrohr, Sitzrohr, Sattelstreben[1], Sattelstütze (Sattelrohr)
Biegung	Pedalachse, Gabel, Tretlagerwelle
Scherung	Kettenbolzen
Verdrehung (Torsion)	Rahmen im Wiegetritt
Knickung	Gabel

Je nach Art der mechanischen Belastung unterscheidet man die Belastungsgrenzen

- Zugfestigkeit
- Druckfestigkeit
- Biegefestigkeit
- Scherfestigkeit
- Verdrehfestigkeit
- Knickfestigkeit
- Dauerfestigkeit

Die **Dauerfestigkeit** ist der Kennwert für den Widerstand von Bauteilen gegen wechselnde Belastungen. Diese Bauteile können zu Bruch gehen, auch wenn die wechselnde Belastung weit unterhalb der Zugfestigkeit des Werkstoffes liegt. Man bezeichnet die Bruchart als Dauerbruch oder Ermüdungsbruch **(Bild 2)**.

[1] Neue Bezeichnung nach DIN EN 15532: Hinterbau Oberstreben

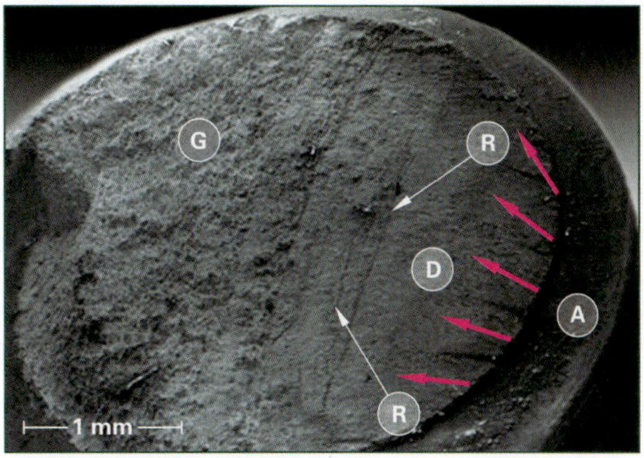

Bild 2: Dauerbruchfläche

Die Bruchfläche zeigt den Anriss A, die Dauerbruchfläche D mit den charakteristischen Rastlinien R und die Restbruchfläche G.

Mit dem Dauerschwingversuch nach Wöhler wird die Dauerfestigkeit geprüft. Werkstoffe, deren Proben im Versuch $2 \cdot 10^6$ bis 10^9 Schwingspiele (Lastwechsel) ohne Bruch ertragen, gelten als dauerfest.

Die im Dauerschwingversuch ermittelten Werkstoffkennwerte gelten für glatte Probestäbe. Fahrradbauteile besitzen eine ihrer Funktion angepasste Form. Um eine Aussage über die Belastbarkeit eines konkreten Bauteils zu erhalten, muss man das fertige Bauteil im Dauerschwingversuch prüfen. Die dabei ermittelte Dauerfestigkeit bezeichnet man als **Gestaltsfestigkeit**.

Fahrradbauteile sind im Betrieb einer Vielzahl von gleichzeitigen Belastungen ausgesetzt. Ein Lenker z. B. ist gleichzeitig auf Zug, Druck, Verdrehung und Biegung belastet. Die sich überschneidenden Belastungen und ihre Wirkung können nicht an einem Probestab des Werkstoffes, sondern nur am fertigen Bauteil geprüft werden. Dazu wird das zu prüfende Bauteil auf einem Prüfstand simulierten Betriebsbelastungen ausgesetzt **(Bild 3)**.

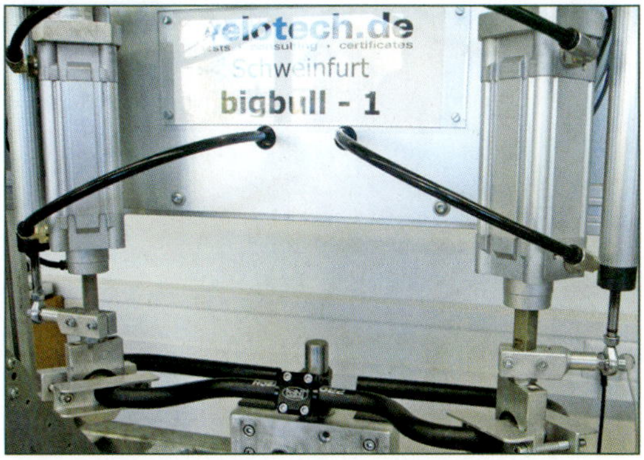

Bild 3: Betriebslastenprüfung Fahrradlenker

1

Weitere Eigenschaften von Werkstoffen, die im Fahrradbau wesentlich sind:

- Fertigungstechnische Eigenschaften wie Zerspanbarkeit, Schweißbarkeit, Umformbarkeit, Härtbarkeit und Verschleißfestigkeit
- Chemisch-technologische Eigenschaften wie Korrosionsbeständigkeit und Giftigkeit

1.4.2 Stahl

Alle schmiedbaren (neu: knetbaren) Eisenerzeugnisse werden als Stahl bezeichnet. Sie sind für die Warmformgebung geeignet und enthalten nicht mehr als 2 % Kohlenstoff.

Die physikalischen Eigenschaften von Stahl richten sich nach den jeweiligen Anteilen der Legierungspartner.

Dichte:	7,85 kg/dm³
Schmelzbereich:	~ 1460 °C
Zugfestigkeit:	340 – 3000 N/mm²
Bruchdehnung:	2 % – 60 %
Elastizitätsmodul:	~ 210 000 N/mm²

Herstellung von Stahl

Eisenerz wird unter Beimengungen von Zuschlagsstoffen im Hochofen zu Roheisen geschmolzen.

Durch die hohen Anteile an den Eisenbegleitern Kohlenstoff, Phosphor und Schwefel ist es in dieser Form technisch noch nicht verwendbar.

Es erfolgt eine Weiterverarbeitung nach dem Sauerstoff-Aufblasverfahren, wobei der Kohlenstoffgehalt des Roheisens gesenkt und die unerwünschten Eisenbegleiter zum größten Teil oxydiert (verbrannt) werden.

Hochwertige Stähle werden im Elektro-Lichtbogenofen **(Bild 1)** erschmolzen, wobei vermehrt Schrott zum Einsatz kommt.

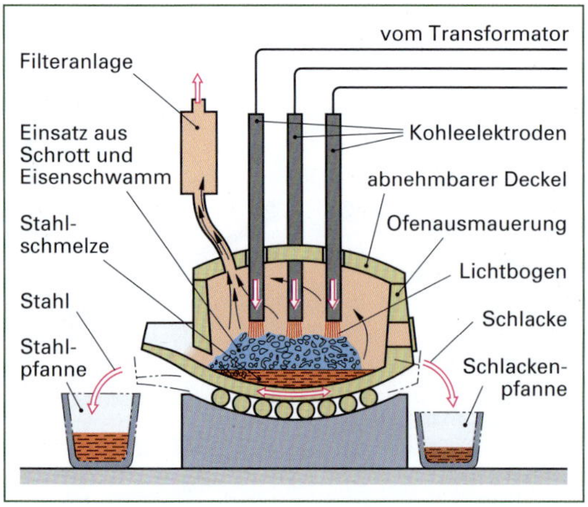

Bild 1: Stahlschmelze im Elektro-Lichtbogenofen

Nach dem Abgießen in große Blöcke (Kokillen) wird der Stahl durch Walzen zu Halbzeugen (Bleche, Rohre, Profilstahl) geformt.

Aus **Stahlguss** werden unmittelbar die gewünschten Bauteile – z. B. Mikrofusions-Muffen **(Bild 2)** für das Fügen von Stahlrohrrahmen – in Formen gegossen.

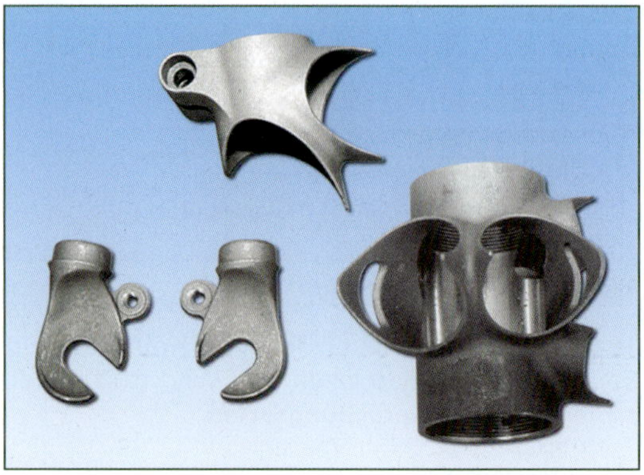

Bild 2: Mikrofusions-Muffen für Stahlrahmen

Stahl-Legierungspartner

Zum Abstimmen der Stahleigenschaften werden dem Stahl andere Metalle/Elemente zulegiert.

Die einzelnen Stahlsorten unterteilt man nach der chemischen Zusammensetzung in drei Gruppen:

- Unlegierte Stähle, zu denen auch der Vergütungsstahl C45 gehört
- Niedrig legierte Stähle mit weniger als 5 % zugesetzter Legierungselemente (Beispiel: der Federstahl 50CrV4)
- Hochlegierte Stähle mit mehr als 5% zugesetzter Legierungselemente (Beispiel: der nichtrostende Stahl X5CrNi18-10)

Im Fahrrad-Rahmenbau finden meist niedrig legierte Stähle Anwendung. Bei den nichtrostenden Rahmenrohren handelt es sich um hochlegierten Stahl.

info

Eine Legierung ist ein Metallgemisch, das aus mehreren in flüssigem Zustand gemischten Elementen besteht.

Einfluss der Legierungspartner

Kohlenstoff (C) hat den größten Einfluss auf die Zugfestigkeit von Stahl[1]. Bereits geringe Beigaben verbessern die Zugfestigkeit, die je nach Kohlenstoffanteil bis zu 1000 N/mm² betragen kann. Der Schmelzpunkt sinkt mit steigendem Kohlenstoffgehalt von 1530 °C (reines Eisen) auf 1145 °C (Eisen mit 4,3 % Kohlenstoff).

[1] Stahl: C < 2,06 %, Gusseisen: C > 2,06 %

Mit steigendem Kohlenstoffgehalt verringert sich die Bruchdehnung und es verschlechtert sich die Schweißbarkeit.

Kohlenstoff tritt im Stahl in zwei Gefügearten auf:

- Als Mischkristall verteilen sich Kohlenstoffatome im Kristallgitter des Eisens. Dieses Gefüge wird Ferrit genannt.
- Als Kristallgemisch, einer Legierung aus Eisen und Kohlenstoff. Man nennt diesen Gefügebestandteil Eisenkarbid (Fe_3C) oder Zementit.

Diese nebeneinander auftretenden Gefügearten im Stahl lassen sich durch eine spezielle Wärmebehandlung verändern. Man erhält so unterschiedliche physikalische Eigenschaften.

Andere metallische Legierungspartner mit Auswirkungen auf die Stahleigenschaften sind Aluminium, Chrom, Molybdän, Nickel, Mangan und Vanadium.

Aluminium (Al) macht zusammen mit Chrom und Silizium den Stahl zunderbeständig und verhindert die Gasbildung beim Abkühlen der Schmelze (Beruhigung des Stahls).

Info

Zunder (Eisenoxid) als dünne, lockere Schicht bildet sich, wenn Stahl Temperaturen über 600 °C ausgesetzt wird.

Chrom (Cr) erhöht die Zugfestigkeit, Härte, Verschleißfestigkeit und Korrosionsbeständigkeit, verringert aber geringfügig die Bruchdehnung. Chrom schützt vor Wasserstoffversprödung, die beim Hartverchromen auftreten kann.

Molybdän (Mo) erhöht die Zugfestigkeit, Schmiedbarkeit und Dauerschwingfestigkeit. Es erniedrigt die beim Anlassen auftretende Sprödigkeit.

Nickel (Ni) erhöht die Zugfestigkeit, verbessert die Zähigkeit und Korrosionsbeständigkeit. Nickelzusätze vermeiden starkes Kornwachstum bei Erwärmung.

Mangan (Mn) erhöht die Zugfestigkeit (pro % um ca. 100 N/mm²) und verbessert die Zähigkeit. Mangan macht Stahl empfindlich gegen Überhitzung.

Vanadium (V) verbessert die Härte und die Dauerfestigkeit, macht aber den Stahl empfindlich gegen Überhitzung.

Nichtmetallische Begleitelemente sind neben Kohlenstoff noch Silizium, Schwefel und Phosphor.

Silizium (Si) erhöht die Zugfestigkeit und Korrosionsbeständigkeit, verringert aber die Bruchdehnung, Zähigkeit und Schweißbarkeit.

Schwefel (S) und **Phosphor** (P) gelten als Verunreinigungen. Sie verschlechtern die Schweißbarkeit und machen den Stahl kerbempfindlich. Ihr Anteil ist möglichst gering zu halten.

Legierungs-Code

Das DIN-Kurzzeichen gibt die Zusammensetzung der Stahlsorte an.

Beispiel: Der im Fahrradbau häufig verwendete Vergütungsstahl hat die Bezeichnung 25CrMo4.

Die erste Zahl gibt den um den Faktor 100 vervielfachten Kohlenstoffgehalt an. Im Beispiel bedeutet die vorangestellte 25 einen Kohlenstoffanteil von 0,25 %. Die folgende Buchstabengruppe gibt den Anteil jener Legierungselemente an, welche die Stahlsorte am meisten prägen – hier sind es Chrom und Molybdän. Die abschließende Zahl gibt den Prozentgehalt des am meisten vertretenen Legierungspartners an, multipliziert mit dem Faktor 4. In dem Beispiel beträgt der Chromanteil 1 %. Der Anteil an Molybdän ist gering.

Normen

Stahlhersteller müssen einen gewissen Toleranzbereich für die einzelnen Legierungsbestandteile einhalten.

Die DIN 17 200 für Vergütungsstähle schreibt z. B. für die 25CrMo4-Stahlsorte vor:

Kohlenstoffgehalt	0,23 – 0,29 %
Chrom	0,90 – 1,20 %
Molybdän	0,15 – 0,30 %
Mangan	0,60 – 0,90 %

Nach DIN EN 10 027 sind die Stahlsorten mit einer Werkstoffnummer belegt. 25CrMo4 hat die Werkstoffnummer 1.7218. Aus ihr ist die Zusammensetzung des Werkstoffes im einzelnen nicht ersichtlich.

Daneben gibt es noch die ANSI- oder SAE-Bezeichnungen, bei der Vergütungsstahl 25CrMo4 als „4130" klassifiziert und auf einigen Rahmenaufklebern vermerkt ist.

Eine Umstellung der einzelnen Stahlsorten von DIN auf DIN EN erfolgt laufend.

Edelstahl ist eine Bezeichnung für legierte oder unlegierte Stähle mit besonderem Reinheitsgrad, z. B. Stähle, deren Schwefel- und Phosphorgehalt (sogenannte Eisenbegleiter) 0,025 % nicht überschreitet.

1

Die umgangssprachliche Definition, ein Edelstahl sei ein **chemisch besonders reiner**, **rostfreier** oder **nicht-rostender** Stahl, ist ungenau. Ein Edelstahl muss nicht zwangsläufig den Anforderungen eines nicht-rostenden Stahls entsprechen. Trotzdem werden im Alltag häufig nur rostfreie Stähle als Edelstähle bezeichnet. Ebenso muss ein rostfreier Stahl nicht unbedingt auch ein Edelstahl sein.

Der Legierungsbestandteil-Anteil der verschiedenen Sorten Edelstahl (niedrig- oder hochlegiert) ist jedoch genau definiert.

Im Fahrradbereich findet der nichtrostende Chrom-Nickelstahl Verwendung, der auch als V2A bekannt ist. Die Werkstoffnummer ist 1.4301, die Bezeichnung nach den Legierungsbestandteilen X5CrNi18-10.

X → hochlegierter Stahl (über 5 % Legierungsbestandteile)
5 → Kohlenstoffgehalt 5/100 = 0,05 %
Cr18 → 18 % Chromanteil
Ni10 → 10 % Nickel

Diese Stahlsorte zeichnet sich durch gute Verformbarkeit durch Tiefziehen, Abkanten und Rollformen aus. Bei der Zerspanung muss mit Werkzeugen aus hochlegiertem Schnellarbeitsstahl oder Hartmetall gearbeitet werden.

Die Kaltverfestigung lässt sich durch Ziehen und Walzen erheblich steigern.

Beispiel:
Sapim-Speichen CX-RAY aus 18/8AISi302, Streckgrenze im Mittelteil, 1600 N/mm^2.

Weitere Einsatzgebiete für nichtrostende Stähle als Werkstoff sind Schutzbleche, Gepäckträger, Rahmenrohre, Schrauben, Muttern, Unterlegscheiben, Halterungen und Schellen. Hochfeste Edelstähle für Achsen und Wälzlager kommen nur selten zur Anwendung.

Härten

Der Stahl wird je nach den Legierungsanteilen und dem Kohlenstoffgehalt über 723 °C (die sogennante Gitterumwandlungs-Temperatur) bis 911 °C hinaus erwärmt und anschließend schlagartig abgekühlt (**Bild 1**). Für eine deutliche Härtezunahme ist ein Kohlenstoffgehalt von mindestens 0,25 % erforderlich.

Bei diesem Prozess wandelt sich das bei Raumtemperatur kubisch-raumzentrierte Kristallgitter des Eisens in das dichter gepackte kubischflächenzentrierte Gitter um. Dabei verringert sich das Volumen. Sinkt die Temperatur, wandelt sich das Gitter in seine Ausgangslage zurück und das Volumen vergrößert sich wieder.

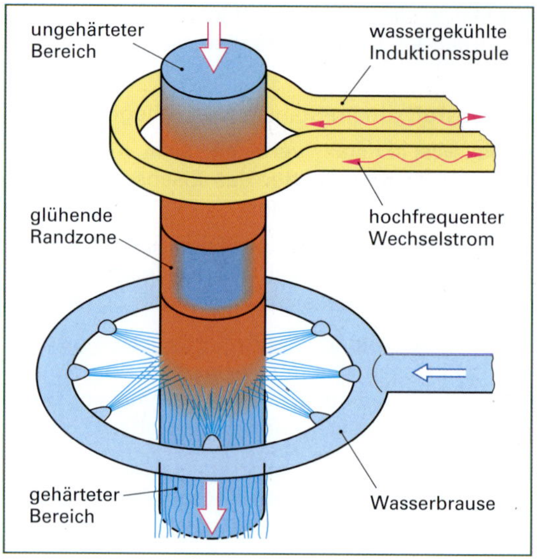

Bild 1: Randschichthärten von Stahl durch Induktion

Abschrecken

Wird die Temperatur schnell abgesenkt (abgeschreckt), haben die Kohlenstoffatome keine Gelegenheit mehr, ihre alten Gitterplätze einzunehmen. Es entsteht eine verspannte, verzerrte Gitterstruktur – der Stahl ist „gehärtet". Gehärtete Stähle sind hochfest und sehr spröde.

Anlassen

Der Stahl wird nach dem Härten wieder erwärmt. Durch Diffusionsprozesse wandelt sich ein Teil der verspannten Gitterstruktur wieder in ein kubisch-raumzentriertes Gitter um.

Info
Diffusion: Die Wärmebewegung bewirkt, dass kleine Teilchen (Atome, Moleküle u. a.) in andere Bereiche eindringen.

Bei Anlasstemperaturen von 150 °C bis 200 °C verliert der Werkstoff nur minimal an Härte und Zugfestigkeit, während die Zähigkeit deutlich ansteigt. Bei Anlasstemperaturen von 300 °C bis 400 °C findet ein deutlicher Abfall an Härte und Festigkeit statt; dafür nimmt die Zähigkeit weiter zu.

Vergüten

Bei Anlasstemperaturen von 500 °C bis 700 °C fallen die Härte und die Festigkeit zwar weiter ab, gegenüber nicht wärmebehandeltem Stahl verbessern sich aber die Festigkeit und Zähigkeit erheblich. Die Bruchdehnung verringert sich nur unwesentlich.

Beispiel: 24CrMo4-Rohre mit einer Anfangs-Zugfestigkeit von 500 N/mm^2 erhalten durch Vergüten eine Zugfestigkeit von bis zu 1200 N/mm^2.

1.4.3 Aluminium

Einige Aluminiumlegierungen haben die gleiche Festigkeit wie einfache Stahlsorten, aber immer nur ein Drittel der Steifigkeit. Bei richtiger Dimensionierung können aus Aluminiumrohren gute Fahrradrahmen gebaut werden.

Die physikalischen Eigenschaften von Aluminium richten sich nach den jeweiligen Anteilen der Legierungspartner, der Wärmebehandlung und möglicher Kaltumformung.

Dichte:	2,7 – 2,8 kg/dm³
Schmelzpunkt:	um 660 °C
Zugfestigkeit:	bis 650 N/mm²
Bruchdehnung:	4 % – 80 %
Elastizitätsmodul:	~ 70000 N/mm²

Weitere Eigenschaften von Aluminium:

- Weitgehende Beständigkeit gegen atmosphärische und chemische Einflüsse
- Gut umformbar und spanbar
- Gut gießbar mit Silizium, Magnesium oder Kupfer als Legierungselement
- Nach allen Verfahren fügbar (Schweißen, Löten, Kleben, Nieten, Druckfügen...)
- Hohe Leitfähigkeit für Wärme und Elektrizität

Herstellung

Aus Bauxit, einem Erz mit ca. 60 % Aluminiumoxid, wird mittels Natronlauge das Metalloxid gelöst. Bei Temperaturen um 900 °C wird das Metalloxid im schmelzflüssigen Zustand per Elektrolyse in reines Aluminium überführt **(Bild 1)**. Je nach den gewünschten Eigenschaften erfolgt noch die Zugabe der entsprechenden Legierungspartner.

Die Weiterverarbeitung zu Rahmenrohren findet durch Strangpressen statt. Bei hochwertigen Rohren schließen sich noch Walz- und Ziehprozesse an.

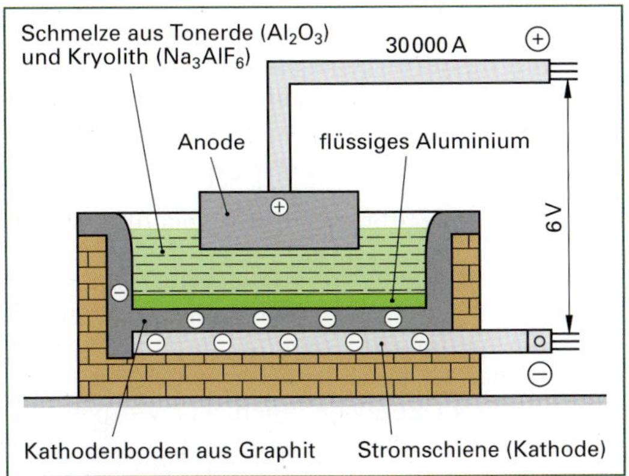

Bild 1: Herstellung von Aluminium

info
Elektrolyse: Zersetzung von flüssigen Stoffen (Elektrolyte) durch Gleichstrom.

Zur Herstellung einer Tonne Aluminium ist ein Energiebedarf von ca. 18000 kWh erforderlich. Im Vergleich: Zur Stahlerzeugung benötigt man eine Energiemenge von ca. 1.800 kWh/t. Da das Einschmelzen des Leichtmetalls nur rund 6 % der Ersterzeugungsenergie ausmacht, kommt der Wiederverwertung von Aluminiumschrott (Recycling) ein hoher Stellenwert zu.

Knetlegierungen

Beim Abkühlen des geschmolzenen Aluminiums bilden sich kleine Kristalle, die sich gleichmäßig in der Schmelze verteilen. Mit zunehmender Erstarrung des Werkstoffes wachsen sie weiter, bis sie auf ihre jeweiligen Nachbarkristalle stoßen. An den Stoßstellen scheiden sich bevorzugt die zulegierten Metalle sowie Verunreinigungen ab. Auf diese Weise entsteht ein hartes und sprödes Metallgitter.

Eine anschließende Kaltverformung würde zu Rissen im Metallgefüge führen. Daher ist der nächste Schritt ein „Aufbrechen“ der spröden Bereiche bei Lösungstemperaturen von 490 °C bis 510 °C durch Schmieden **(Bild 2)**, Walzen oder Strangpressen. Beim „Kneten“ des Werkstoffes verteilen sich die Bruchstücke der alten Korngrenzen gleichmäßig im Metallgefüge. Der Werkstoff wird zäher und gestattet erst jetzt eine weitere Verarbeitung durch Kaltverformung.

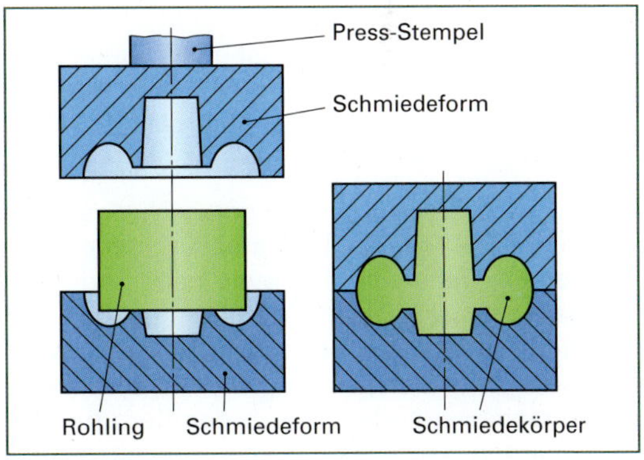

Bild 2: Schmieden von Aluminium bei Lösungstemperatur

Aushärtung

Voraussetzung für das Aushärten ist, dass Aluminium bei hoher Temperatur viel und bei niedriger Temperatur wenig Legierungsanteile lösen kann. Das Aushärten läuft in drei Schritten ab (**Bild 1, Seite 52**):

- Lösungsglühen bei rund 500 °C
- Abschrecken in Wasser oder Öl
- Kalt- oder Warmauslagern

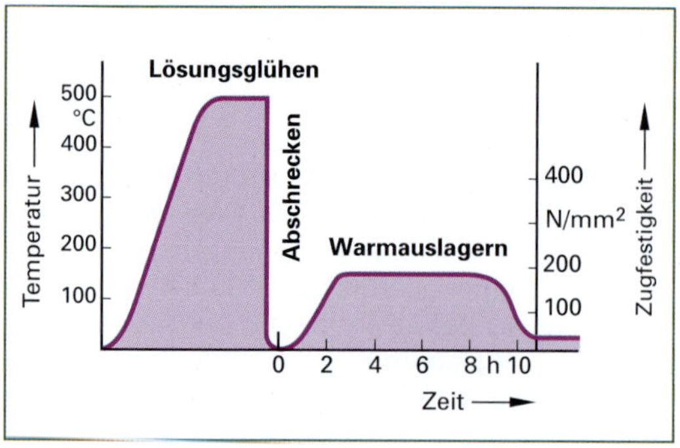

Bild 1: Aushärten von Aluminium

Das Atomgitter der Legierung erweitert sich beim Lösungsglühen, sodass die Fremdatome „in Lösung gehen" und sich gleichmäßig im Grundmetall verteilen **(Bild 2)**.

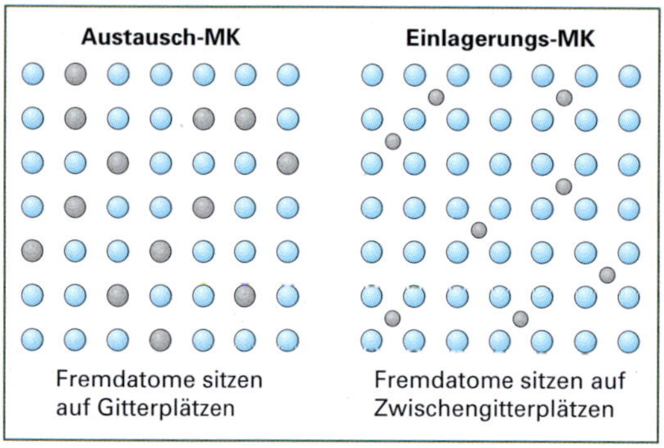

Bild 2: Mischkristalle im Aluminium

Die Fremdatome nehmen dabei entweder den Platz eines Aluminiumatoms (Austausch-Mischkristall) oder einen Zwischengitterplatz (Einlagerungs-Mischkristall) ein.

Bei der Abschreckung verringert sich das Volumen und die Fremdatome geraten unter Diffusionsdruck. Dadurch werden sie nach und nach an die Fehlstellen im Kristallgitter und an die Korngrenzen des Gefüges gedrängt. Das bewirkt einerseits eine Verspannung der Metallstruktur, andererseits verhindern die an den Korngrenzen abgelagerten Fremdatome das Abgleiten und Verschieben der einzelnen Kristalle. Die Festigkeit steigt, die Bruchdehnung nimmt ab.

Diese Diffusionsprozesse laufen beim Kaltauslagern bereits bei Raumtemperatur selbstständig ab. Der Vorgang dauert etwa 4 bis 14 Tage. Beim Warmauslagern wird mit einer Auslagerungstemperatur von 150 °C bis 200 °C „nachgeholfen" und der Vorgang ist nach einigen Stunden bis 2 Tagen abgeschlossen. Durch Warmauslagern lassen sich höhere Endfestigkeitswerte erzielen.

Ausgehärtete Aluminium-Bauteile dürfen nicht stark erwärmt werden, da sie sonst ihre Aushärte-Festigkeit verlieren. Deshalb können die meisten aushärtbaren Aluminiumlegierungen nicht ohne Festigkeitsverlust gelötet oder geschweißt werden.

Aluminium-Legierungen

Geringfügige Zusätze anderer Metalle erhöhen die Zugfestigkeit von Aluminium. Neben intermetallischen Verbindungen, die Aluminium mit Kupfer, Magnesium oder Mangan eingeht, bewirkt vor allem die Aushärtung eine erhebliche Festigkeitssteigerung.

Einfluss der Legierungspartner

Die wirksamsten Legierungspartner von Aluminium sind Silizium, Kupfer, Magnesium, Mangan, Zink, Titan, Zirkon und Scandium.

Silizium (Si) macht die Aluminiumschmelze dünnflüssiger, senkt die Schmelztemperatur und ermöglicht die Aushärtbarkeit von AlMg-Legierungen.

Kupfer (Cu) geht mit Aluminium die intermetallische Verbindung Al_2Cu ein, die eine Aushärtbarkeit von Aluminiumlegierungen ermöglicht. Kupfer macht Aluminiumlegierungen korrosionsanfälliger.

Magnesium (Mg) beschleunigt die Aushärtprozesse durch Aufweiten des Aluminiumgitters, unterdrückt den schädlichen Einfluss von Eisenverunreinigungen und erhöht die Korrosionsbeständigkeit.

Mangan (Mn) erhöht bei nicht aushärtbaren Aluminiumlegierungen die Zugfestigkeit.

Zink (Zn) macht die AlMg-Legierung aushärtbar und geht mit Magnesium eine intermetallische Verbindung ein.

Titan (Ti), **Zirkon** (Zr) und **Scandium** (Sc) bewirken bereits in geringen Mengen eine deutliche Kornverfeinerung und damit eine höhere Bruchdehnung der Aluminium-Legierungen.

Legierungscode

Verschiedene Hersteller lassen sich Aluminium-Legierungen durch einen Markennamen schützen. Beispiele hierfür sind *Duraluminium (Dural)*, *Ergal* und *Titanal*. Für einige Legierungen existieren daher mehrere Bezeichnungen. Zur Vermeidung von Missverständnissen empfiehlt es sich, die Legierungen entweder durch DIN- bzw. DIN-EN-Kurzzeichen oder Werkstoffnummern anzugeben.

DIN- und DIN EN-Kurzzeichen

Nichteisen-Metalllegierungen werden als DIN-Kurzzeichen angegeben. Dabei ist das chemische Symbol des Grundmetalls vorangestellt. Ohne Zwischenraum folgen die Legierungspartner, z. T. gleich mit ihren in Gewichtsprozent angegebenen Anteilen.

Beispiele:
- AlMg3Si mit 3 % Mg und wenig Si
- AlZnMgCu1,5 mit Zn, Mg und 1,5 % Cu

Die (alten) DIN-Bezeichnungen machen zusätzliche Angaben zu besonderen Eigenschaften.

Beispiel:
- AlMgSi1kaF 32
  ka steht für kaltausgelagert,
  F 32 für eine Zugfestigkeit von $R_m = 320$ N/mm².

Nach der neuen DIN EN kann der Kurzname von Aluminium-Werkstoffen unterschiedlich angegeben sein:

- Durch die chemische Bezeichnung.

Beispiel: EN AW-AlMgSi1

- Durch die numerische Bezeichnung.

Beispiel: EN AW-6060

- Durch eine gemischte Bezeichnung.

Beispiel: EN AW-6060 [AlMgSi1]

Die Werkstoffnummern verschlüsseln die Eigenschaften und Zusammensetzung der Legierung und sind von Land zu Land unterschiedlich. Durch werbende Maßnamen der Hersteller sind die in den USA, Großbritannien und Frankreich üblichen Werkstoffnummern für Knetlegierungen z. T. bekannter als die DIN-Kurzbezeichnungen.

Beispiele:
- 5005 A für AlMg1
- 6061 für AlMg1SiCu
- 7075 für AlZn5,5MgCu (**Bild 1**)

Bild 1: Rahmen aus Aluminium AlZn5,5MgCu

Vergleich Aluminium – Stahl:

Der gegenüber Stahl um 2/3 geringere Elastizitätsmodul kann durch voluminöse Auslegung der Bauteile ausgeglichen werden.

1. Soll ein Stahlrohr mit 28,6 mm Durchmesser und 0,6 mm Wandstärke durch ein Aluminiumrohr ersetzt werden, so müsste es bei gleichem Durchmesser eine Wandstärke von 2,1 mm aufweisen, um auf die gleiche Steifigkeit zu kommen. Das Aluminiumrohr ist dann etwa 13 % schwerer als das Stahlrohr.
2. Wird der Rohrdurchmesser des Aluminiumrohres auf 40 mm erhöht, so hätte es bei einer Wandstärke von 0,65 mm die gleiche Steifigkeit wie das 28,6er Stahlrohr und wäre 48 % leichter (**Bild 2**).

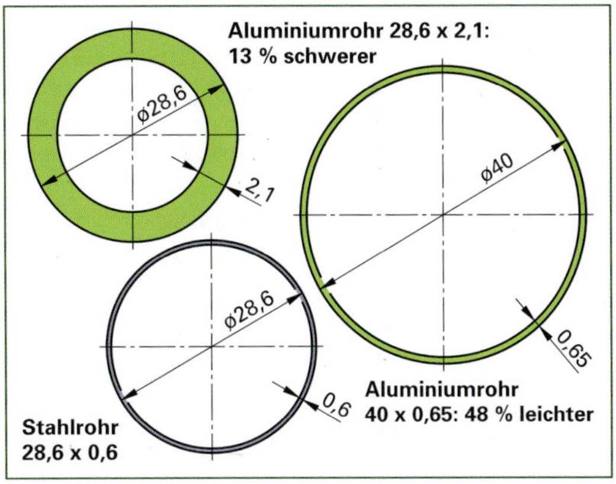

Bild 2: Vergleich von Aluminium- und Stahlrohren gleicher Steifigkeit

Rechnung zu 2:

Steifigkeit B = Elastizitätsmodul E · Flächenträgheitsmoment I (s. Tabellenbuch Fahrradtechnik)

$$B = E \cdot I$$

Formel für das Flächenträgheitsmoment eines Rohres:

$$I = \pi \cdot \frac{(D^4 - d^4)}{64}$$

Steifigkeit Stahlrohr:

$$B = \frac{210\,000\ \mathrm{N} \cdot \pi \cdot (28{,}6^4 - 27{,}4^4)\mathrm{mm}^4}{\mathrm{mm}^2 \cdot 64} \approx 9\,900\ \mathrm{kN/cm}^2$$

Steifigkeit Aluminiumrohr:

$$B = \frac{70\,000\ \mathrm{N} \cdot \pi \cdot (40^4 - 38{,}7^4)\mathrm{mm}^4}{\mathrm{mm}^2 \cdot 64} \approx 10\,000\ \mathrm{kN/cm}^2$$

Masse 1 m Stahlrohr

$$m = V \cdot \varrho = 2{,}86\ \mathrm{cm} \cdot \pi \cdot 0{,}06\ \mathrm{cm} \cdot 100\ \mathrm{cm} \cdot 7{,}85\ \frac{\mathrm{g}}{\mathrm{cm}^3} = 427\ \mathrm{g}$$

Masse 1 m Aluminiumrohr

$$m = 4\ \mathrm{cm} \cdot \pi \cdot 0{,}065\ \mathrm{cm} \cdot 100\ \mathrm{cm} \cdot 2{,}7\ \frac{\mathrm{g}}{\mathrm{cm}^3} = 220\ \mathrm{g}$$

Der Rohrdurchmesser hat einen größeren Einfluss auf die Rahmensteifigkeit als die Rohrwandstärke. Das verwendete Material spielt keine entscheidende Rolle, denn weder gibt es große Steifigkeitsunterschiede bei Stahl, Aluminium, Titan und Magnesium bei gleichem Gewicht, noch kann man mit besonderen Legierungen die Steifigkeit erhöhen.

Korrosion

Auf der Oberfläche von reinem Aluminium bildet sich an der Luft eine Oxidschicht, die das Metall vor weiteren Korrosionseinflüssen schützt. Gleiches gilt für Aluminiumlegierungen mit Magnesium- und Manganzusätzen.

Bei Aluminiumlegierungen mit Kupfer- und Zinkanteilen kommt es durch elektrochemische Reaktionen zu tiefer reichenden Korrosionserscheinungen, die sogar zum Bruch von Bauteilen führen können. In **Bild 1** gehen positiv geladene Aluminiumionen in Lösung. Zurück bleiben negative Ladungen. Zwischen Kupfer und Aluminium herrscht eine geringe Spannung und es fließt ein Strom. Das unedlere Metall – in diesem Fall Aluminium – löst sich allmählich auf.

info

Elektrochemische Korrosion (Kontaktkorrosion): Kommen unterschiedliche Metalle mit elektrisch leitenden Flüssigkeiten (Wasser, Säuren, Laugen) in Verbindung, zersetzt sich das unedlere Metall.

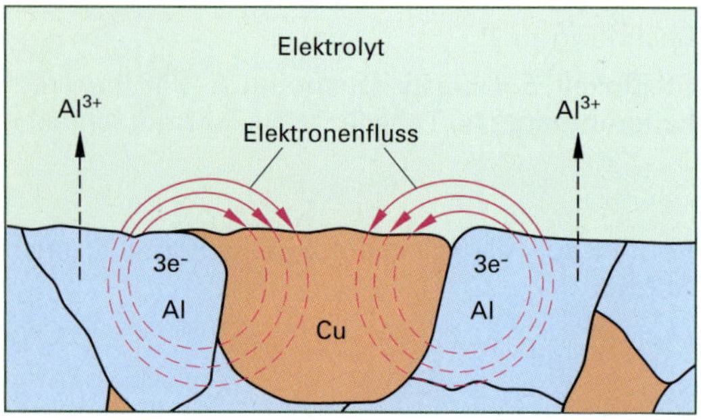

Bild 1: Elektrochemische Korrosion von Aluminium und Kupfer

Als wirksamen Korrosionsschutz haben sich bei Bauteilen aus Aluminium das Eloxieren und Lackieren bewährt. Bereits eine Hochglanzpolitur mit regelmäßiger Wachspflege schützt gegen zerstörerische Einflüsse.

info

Eloxieren: Zusätzliche Verstärkung der schützenden Oxidschicht auf elektrochemischem Wege.

1.4.4 Titan

Das leichte und teure Metall wurde früher in einer sauerstoffverfestigten Version für Rahmenrohre verwendet. Aus Gründen besserer Dauerhaltbarkeit findet heute die Titanlegierung TiAl2,5V4 Anwendung.

Die physikalischen Eigenschaften von Titan richten sich nach den jeweiligen Anteilen der Legierungspartner:

Dichte:	4,5 kg/dm³
Schmelzpunkt von Reintitan:	1668 °C
Zugfestigkeit von Reintitan:	280 N/mm²
Zugfestigkeit von sauerstoffverfestigtem Titan:	400 bis 800 N/mm²
Zugfestigkeit von Titan-Aluminium-Vanadium-Legierungen:	800 bis 1100 N/mm²
Bruchdehnung: (je nach Sauerstoffanteil und Legierung)	7 bis 30%
Elastizitätsmodul:	105 000 N/mm²

Herstellung

Die Titanerze Rutil (TiO_2) und Ilmenit ($FeTiO_3$) werden mit Magnesium zu porigem Titanschwamm reduziert.

Durch Aufschmelzen des Schwammes bei gleichzeitiger Zugabe der Legierungselemente werden im Gießverfahren **(Bild 2)** Titanblöcke produziert. Vor Lufteinfluss geschützt schließen sich Walz- und Rohrziehprozesse an.

Titan überzieht sich wie Aluminium an der Luft mit einer dünnen, aber sehr dichten Oxidschicht, die das Metall vor weiterer korrosiver Lufteinwirkung schützt.

Fahrradrahmen und Teile aus Titan haben eine silbrige Oberfläche mit einem kleinen Farbstich ins Braungelbliche. Eine spezielle Lackierung ist nicht erforderlich.

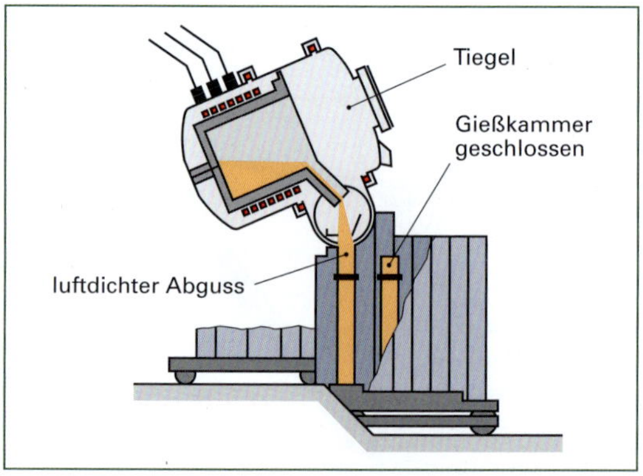

Bild 2: Titangießen unter Luftabschluss

Bei höherer Temperatur diffundieren Sauerstoff und Stickstoff ins Metall. Um beim Schweißen eine Versprödung zu vermeiden, müssen Werkstücke aus Titan mit dem Schutzgas Argon vor Lufteinfluss geschützt, besser noch in mit Argon gefüllten Kabinen geschweißt werden.

Eigenschaften

Da der Elastizitätsmodul von Titan nur etwa die Hälfte von Stahl erreicht, müssen Titanrohre für den Rahmenbau überdimensioniert werden. Damit sind sie in ihrer Bruchbelastung den Stahlrohren überlegen. Weil andererseits die Dauerschwingfestigkeit geringer als die von Stahl ist, erreichen nur überdimensionierte Titanrohre eine ausreichende Dauerschwingfestigkeit.

1.4.5 Magnesium

Als leichtester metallischer Konstruktionswerkstoff kommt Magnesium als Knetlegierung und Gusslegierung **(Bild 1 und 2)** für hochwertige Fahrradteile zur Anwendung.

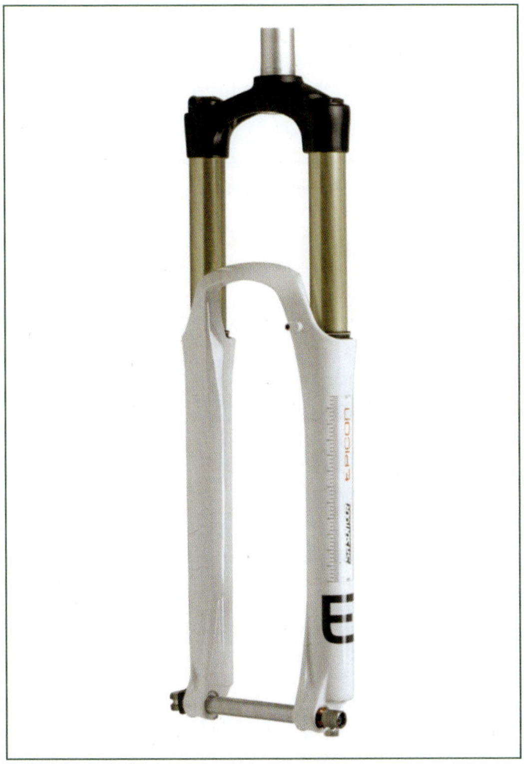

Bild 1: Federgabel-Tauchrohr aus Magnesium

Die physikalischen Eigenschaften von Magnesium richten sich nach den jeweiligen Anteilen der Legierungspartner:

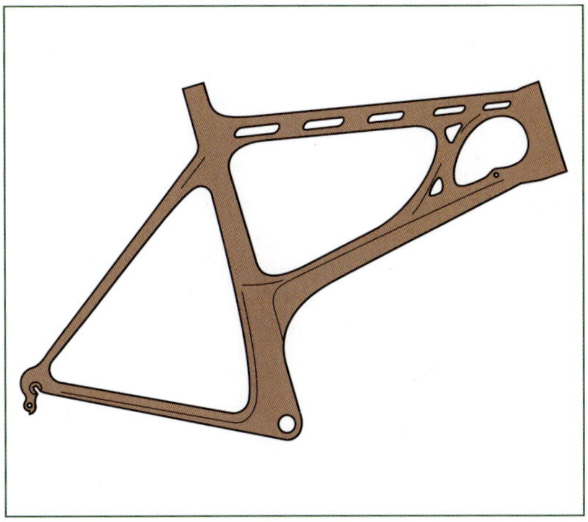

Bild 2: Gegossener Magnesiumrahmen (Kirk, um 1992)

Dichte:	1,74 kg/dm³
Schmelzpunkt:	650 °C
Zugfestigkeit: (je nach Legierung)	100 bis 350 N/mm²
Bruchdehnung: (je nach Legierung)	3 bis 12%
Elastizitätsmodul:	47 500 N/mm²

Herstellung

Neben der Gewinnung aus Meerwasser erfolgt die klassische Gewinnung von Magnesium aus den Magnesiumerzen Magnesit ($MgCO_2$) und Dolomit (CaO_2MgC_3). Die Erze werden chemisch in Magnesiumchlorid umgewandelt und mittels Schmelzflusselektrolyse als reines Magnesium schwimmend auf dem Elektrolyten abgeschieden.

Magnesium ist im Reinzustand silberweiß, weich, sehr korrosionsanfällig und in feinen Spänen brennbar. Es bildet beim Erstarren große Kristalle und ist dadurch relativ spröde.

Durch schnelle Abkühlung und Legierungszusätze verringert sich die Sprödigkeit und die Dehnbarkeit verbessert sich.

Legierungen

Die Autoindustrie hat Magnesium-Gusslegierungen entwickelt, die in ihrer Festigkeit an Aluminium-Knetlegierungen heranreichen. Bei den Magnesium-Knetlegierungen stagniert die Entwicklung.

Für konstruktive Zwecke steht nur die seit längerem bekannte Legierung MgAl3Zn und MgAl7Zn mit Zugfestigkeiten bis 330 N/mm² zur Verfügung.

1

1.4.6 Faserverstärkte Werkstoffe

Faserverstärkte Werkstoffe sind eine der ältesten und gleichzeitig modernsten Werkstoffe.

In der Natur gibt es zahllose Beispiele, wo tragende Faserverbünde und ein belastungsgerechter Verlauf der Fasern für ein geringes Gewicht und eine hohe Festigkeit und Steifigkeit sorgen. Hohle Pflanzenstängel, Holzfasern und Lignin, Panzerungen von Tieren, aber auch der Knochen- und Muskelaufbau des Menschen sind anschauliche Beispiele.

Bionik ist die Wissenschaft zur Erforschung dieser Werkstoffe, Formen und Strukturen.

Bei den verstärkten Werkstoffen (engl. **Composites**) verbindet man die vorteilhaften Eigenschaften von zwei oder mehr Materialien zu einem neuen Werkstoff.

Die Verstärkungsstoffe können teilchen-, schicht- oder faserförmig vorliegen und werden mit einem Formstoff (Matrix) umschlossen. Strenggenommen sind die schicht- und faserverstärkten Werkstoffe bereits Konstruktionen, denn durch das Gestalten der Faserrichtung wird ein Werkstoff konstruiert. Die mechanischen Eigenschaften liegen nicht mehr gleichmäßig verteilt im Werkstoff vor.

Für den Bau leichter, verwindungssteifer und ermüdungsfester Fahrräder und Fahrradbauteile sind die langfaserverstärkten Kunststoffe bedeutsam.

- Kurzfaserverstärkte Werkstoffe
  → Faserlänge < 20 mm
- Langfaserverstärkte Werkstoffe
  → Faserlänge > 20 mm

info

Definitionen:

- Aus kohlenstoff- bzw. carbonfaserverstärkten Kunststoffen hergestellte Fahrradbauteile kürzt man mit *CFK* oder *Carbon* ab.
- Im Sprachgebrauch bezeichnet man nur die langfaserverstärkten Werkstoffe als Faserverbundwerkstoffe (FVK).
- Faser-Kunststoff-Verbunde (FKV), Faser-Matrix-Verbunde und Kohlenstofffaser-Epoxidharz-Verbunde sind die präziseren Fachausdrücke.
- Carbon/Karbon = Kohlenstoff. Symbol im chemischen Periodensystem C
- Graphit = Kristallstruktur aus Kohlenstoffatomen. Graphit schmilzt bei etwa 3800 °C

Matrixformstoffe – Einbettungsmassen

Matrixformstoffe haben die Aufgabe die Verstärkungsfasern einzubetten, sie zu stützen und zu schützen. Durch die große Klebeoberfläche, die die Fasern den einbettenden Matrixharzen bieten und durch die großen Scherflächen wird die geringere Festigkeit der Matrixharze gegenüber den Fasern ausgeglichen. Zum Einsatz kommen Epoxid- und Polyamidharze. Epoxidharze sind Duroplaste.

Epoxidharz (EP) und Härter bestehen aus den chemischen Elementen Kohlenstoff, Sauerstoff, Chlor und Wasserstoff. Sie gehören zur Gruppe der Reaktionsharze.

Durch das Vermischen des Harzes mit dem Härter wird eine Polyaddition eingeleitet, die die Kunstharzmoleküle vernetzt und aushärten lässt **(Bild 1)**. Wärme beschleunigt die Reaktion.

info

Duroplaste sind nicht umformbar und schweißbar. Die Polyaddition kann durch Wärme nicht rückgängig gemacht werden.

info

Thermoplaste sind warm umformbar und schweißbar. Durch Abkühlung erhalten sie ihre neue Form.

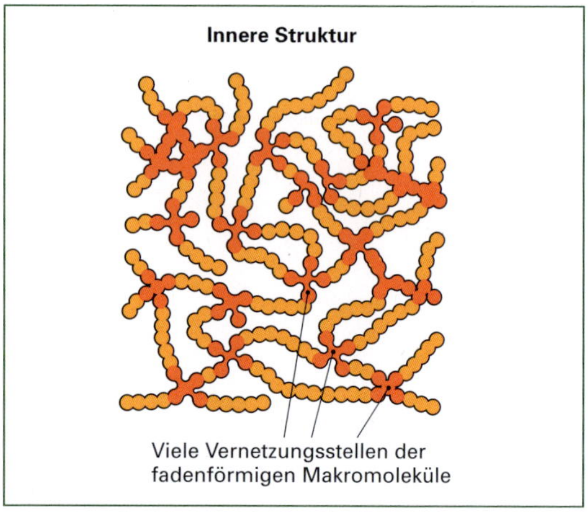

Bild 1: Innere Struktur von Duroplasten (schematisch)

Die Einhaltung der vom Harzhersteller vorgeschriebenen Harz/Härtermenge ist von entscheidender Bedeutung. Zu viel Härter führt zu einer Überhärtung, zu wenig zu einer Unterhärtung. Beides macht ein Bauteil unbrauchbar.

info

Epoxidharz wird als Matrix für alle tragenden Carbon Fahrradbauteile verwendet.

Polyamidharze (PA) bestehen aus den chemischen Elementen Wasserstoff, Stickstoff, Kohlenstoff und Sauerstoff. Die Formung und Aushärtung von Polyamidharz erfolgt mittels Wärme bei Temperaturen um 210 °C. Die Molekülketten vernetzen sich nicht **(Bild 1)**.

info

Anders als die Duroplaste sind Polyamidharze durch Wärme schmelzbar. Sie gehören zu den Thermoplasten.

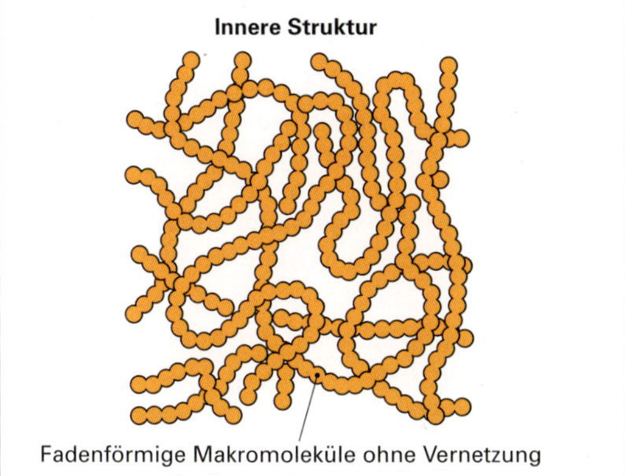

Bild 1: Innere Struktur von Thermoplasten (schematisch)

Mit Polyamidharzen als Matrix werden Organobleche hergestellt und mittels Infrarotwärmequellen nichttragende Carbon-Fahrradteile geformt **(Bild 2)**.

Bild 2: Schaltwerk aus thermoplastischem CFK (SRAM)

Fasern und Textiltechnik

Kohlenstofffasern werden zum Großteil aus vorgestreckten Polyacrylnitril-Kunststofffasern (PAN) oder aus Mesophasen-Pech hergestellt **(Bild 3)**.

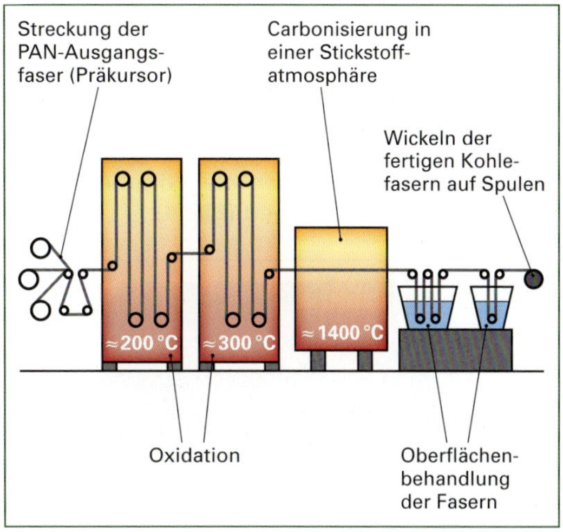

Bild 3: Herstellung von Kohlenstofffasern (Toho Tenax)

Nach der Faserstreckung erfolgen die Faseroxidation und Verfestigung. Hier wird das Faservorprodukt (auch als *Präkursor* bezeichnet) von einem thermisch schmelzbaren in einen unschmelzbaren Zustand überführt.

Im nächsten Schritt, der Carbonisierung, werden die Nicht-Kohlenstoffatome des Faservorproduktes in einer Schutzgasatmosphäre thermisch abgebaut. Es bleibt eine geschrumpfte Faser mit geordneten Kohlenstoffmolekülen zurück.

Je nachdem, welche Festigkeitseigenschaften der spätere Kohlenstofffasertyp erhalten soll, erfolgt die „pyrolytische Verkohlung" des Faservorproduktes bei Temperaturen zwischen 1200 °C und 1.500 °C und einer Aufheizgeschwindigkeit von ca. 600 °C/min.

info

Pyrolyse: Zersetzung von Stoffen durch Wärme.

Nach der Carbonisierung kann sich eine Graphitisierung anschließen, um die Kohlenstoffmoleküle weiter zu modifizieren.

Produkte sind:

- High Tenacity[1] (HT) Fasern mit hoher Zugfestigkeit
- High Modulus (HM) Fasern mit hohem E-Modul.

Aus beiden Produkten werden die meisten CFK-Fahrradteile hergestellt.

Daneben gibt es Intermediate-Modulus-Fasern (IM) mit hoher Zugfestigkeit und hohem E-Modul, sowie zahlreiche andere Fasersorten.

[1] Häufig auch High Tensile (HT) genannt

Nach den thermischen Prozessen wird die Rohfaser-Oberfläche mechanisch und chemisch nachbehandelt und beschichtet. Dadurch verbessern sich die späteren Verarbeitungsschritte und die Haftung der Matrixharze.

Auf Spulen gerollt werden die Vorprodukte zur Weiterverarbeitung gelagert **(Bild 1)**.

Bild 1: Kohlefaserspule

Kohlefasern haben einen Durchmesser von 5 bis 10 µm. Mehrere Einzelfasern (auch als Faserfilamente bezeichnet) bilden ein Filamentgarn oder einen Faden.

Physikalische Eigenschaften (HT Fasern)	
Dichte:	1,7 bis 2 kg/dm³
Zugfestigkeit (längs):	2.500 bis 4.200 N/mm²
Bruchdehnung:	1,2 bis 2,2 %
Elastizitätsmodul:	238 bis 450 GPa (1 GPa =1000 N/mm²)

Höhere Festigkeit durch Faserform

In einem Faserverbundbauteil müssen die Fasern die anliegenden Kräfte aufnehmen. Starke chemische Atombindungen zwischen den Kohlenstoffatomen verleihen den Carbonfasern in Faserlängsrichtung eine hohe Zugfestigkeit bei gleichzeitig niedriger Dichte.

Untersuchungen haben schon früh gezeigt, dass Werkstoffe in Faserform eine höhere Festigkeit aufweisen als der gleiche Werkstoff in kompakter Form.

Diese Beobachtung wird als *Größeneffekt* beschrieben. Als Erklärungsmodell für spröde Werkstoffe dient die Festigkeit einer Kette. Nach der *Weakest-Link-Theorie* von Weibull[1] ist eine Kette nur so stark, wie ihr schwächstes Glied.

Statistisch betrachtet, befinden sich in einem großen Werkstoffvolumen wesentlich mehr Werkstofffehler, die die Festigkeit reduzieren, als in einem kleinen Werkstoffvolumen.

[1] *Waloddi Weibull*, schwed. Ingenieur (1887 – 1979)

Filamentanzahl: Sie gibt die Anzahl der Filamente je Faden an. Beispiel: 6k = 6000 Filamente je Faden. Handelsüblich sind 1k, 3k, 6k, 12k, 24k

Fadengewicht/Längengewicht: Beschreibt das Gewicht eines Fadens von 1 Kilometer Länge.

Beispiel: 800 tex = 800 g/km

Der Faden kann zu unterschiedlichen textilen Gebilden verarbeitet werden

Als **Roving** bezeichnet man einen Faden aus glatten, ungeflochtenen Fasern, der ein Fadengewicht größer als 68 tex (68 g/km) besitzt.

Gelege sind textile Flächengebilde, die nicht durch Weben hergestellt werden und bei denen die Fasern planparallel (UD = unidirektional) angeordnet sind. UD-Gelege bestehen aus einer Faserschicht, Multiaxialgelege aus mehr als zwei Faserschichten. Sie sind mit Einzelfäden aneinander fixiert.

Die Faserrichtung kann bei den Multiaxialgelegen unterschiedlich sein.

Beispiel: 0°/+45°/-45°/90°

Gewebe werden mit den Webarten **Leinen, Köper** und **Atlas** hergestellt. Die sogenannten Kette- und Schussfäden sind immer im Winkel von 0°/90° zueinander angeordnet **(Bild 2)**.

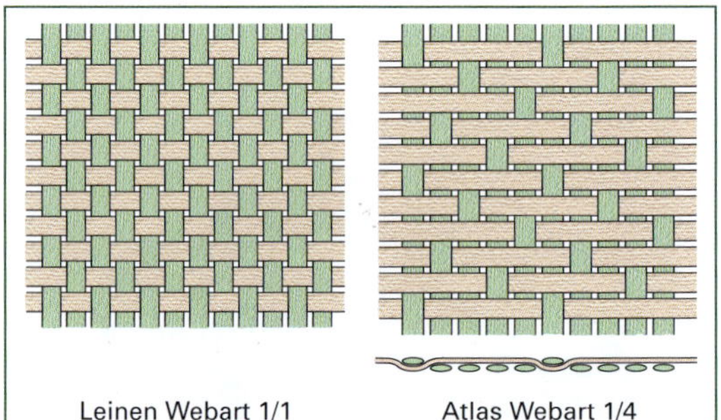

Bild 2: Gewebe

Gewebe unterscheiden sich durch ihre Drapierbarkeit je nach Bauteilform, ihrem Gewicht und dem Mengenverhältnis zwischen Kette- und Schussfaden. Gewebe benötigen zur Imprägnierung mehr Harz, sodass das Gewicht gegenüber den Gelegen steigt.

Info

Drapieren: Ummanteln

Aus Geweben werden viele kleinere Fahrradbauteile und Verstärkungen oder die dekorativen Deckschichten von Rahmen, Gabeln und Felgen hergestellt.

Den gewellten Faserverlauf der gewebten Fäden bezeichnet man als *Ondulation*. Ondulation und Faserbeschädigungen durch das Weben reduzieren die theoretische Laminatfestigkeit. Die Abnahme der Bauteilfestigkeit ist jedoch so gering, dass die anderen Inhomogenitäten, die herstellungsbedingt in ein Laminat eingebracht werden, deutlich darüber liegen.

Carbonteile aus Geweben sind keineswegs schwächer, wie es Bauteile aus der Luftfahrtindustrie beweisen[1].

Gestricke oder **Geflechte** sind meist dreidimensionale Textilgebilde, deren Kette- und Schussfäden nur selten im Winkel 0°/90° Winkel zueinander verlaufen. Sie eignen sich für die Herstellung von Rohrformen und gestatten automatisierte robotergestützte Fertigungsprozesse.

Matten und **Vliese** sind Textilien, deren Fasern keiner vorgegebenen Richtung folgen. In der Fahrradindustrie werden sie vereinzelt als dekorative Deckschichten verwendet.

Hybridgewebe sind Gewebe, die aus mehr als einem Fasermaterial bestehen.

Mehrschichten-Verbunde (MSV)[2]: CFK-Bauteile bestehen aus mehreren Gewebe- oder unidirektionalen Gelege-Einzelschichten. Umgangssprachlich wird ein Mehrschichten-Verbund **Laminat** genannt (lat. *Lamina* = Schicht).

Mögliche Bezeichnungen der Einzelschichten:

- *Single layer*
- *Ply*
- *Unidirectional layer*

Als **Kernverbunde** bezeichnet man Werkstoffe, bei denen zwei Schichten einen Kernwerkstoff bedecken.

Beispiel: CFK-Hartschaumkern, GFK-Wabenkern

Durch Kernverbunde (engl. *Sandwich*-Bauweise) kann die Bauteilsteifigkeit erheblich gesteigert werden. Die Gewichtzunahme ist gering, die Steifigkeitserhöhung hoch.

Faserausrichtung

Der Konstrukteur muss bei Faserverbundbauteilen den Faserverlauf ermitteln, damit die gewünschten Bauteileigenschaften eintreten. Dazu zählen u. a. die Betriebsfestigkeit, die Biegesteifigkeit und das Gewicht. **Bild 1** zeigt schematisch verschiedene Faserrichtungen in einer CFK-Platte und deren Auswirkungen.

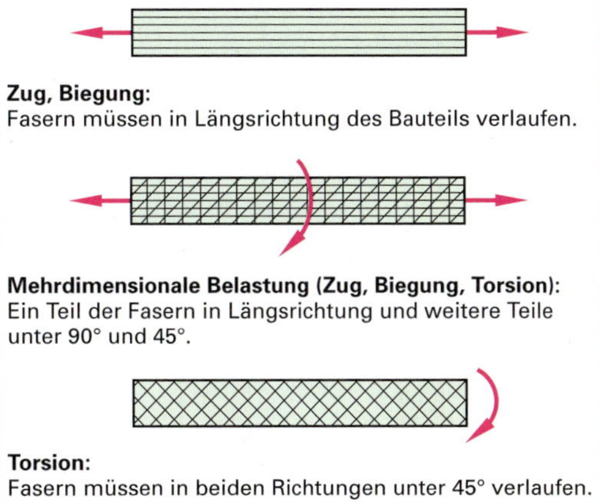

Bild 1: Faserausrichtung in Laminaten

Einfache **Imprägnierverfahren** für Verstärkungsfasern sind das **Tauchen** und das **Handlaminieren**.

Beim **Handlaminieren** werden die Einzelschichten nacheinander in ein Negativ- oder Positiv-Formwerkzeug gelegt und mit einem Pinsel, Rolle und Entlüftungsroller mit Harz getränkt **(Bild 2)**.

Ebenso kann das Fasermaterial auf einer ebenen Fläche und einer Folie getränkt und anschließend in die Form gelegt werden.

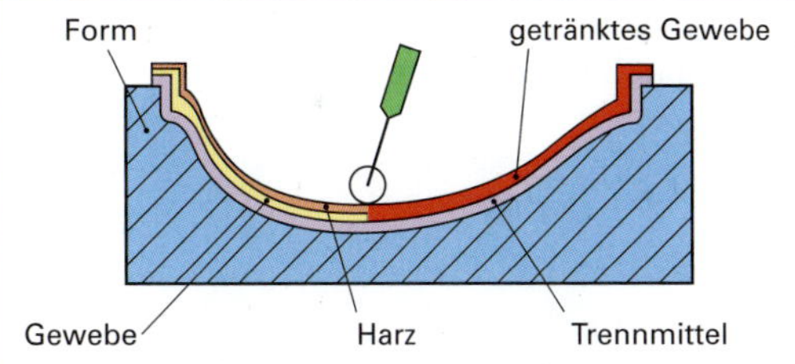

Bild 2: Handlaminieren

Technisch bedeutsamer in der Fahrradindustrie ist das Faserimprägnieren nach dem RTM-Verfahren (engl. *Resin Transfer Molding*). Hier werden trockene Fasern in ein Formwerkzeug eingelegt. Nach dem Schließen der Form wird mit leichtem Überdruck ein RTM-Epoxidharz in die Form gespritzt, bis dieses an den Entlüftungsbohrungen austritt. Nach einer durchschnittlichen Injektionsdauer von etwa 10 Minuten erfolgt die Aushärtung.

Am häufigsten verarbeiten Carbonhersteller **Prepregs**. Dabei handelt es sich um Fasermaterial, das mit speziellen Epoxidharzen vorimprägniert ist (von engl. *Pre-impregnated-fibers*, siehe Seite 169).

[1] Weitere Informationen zu Inhomogenitäten finden sich im Kap. 5.5.5 CFK-Schäden

[2] Auch Sperrholz, Elektroplatinen oder kaschierte Folien sind Mehrschichten-Verbunde

Zur Herstellung werden die Fasern über Walzen durch ein A-Stage Harzbad geführt. Danach folgen das Vorvernetzen und Verdampfen von Lösungsmittel mithilfe von IR-Wärmequellen. Das Aufbringen von speziellem Trennpapier oder einer Trennfolie und das Aufwickeln auf eine Rolle, beenden den Herstellprozess **(Bild 1)**.

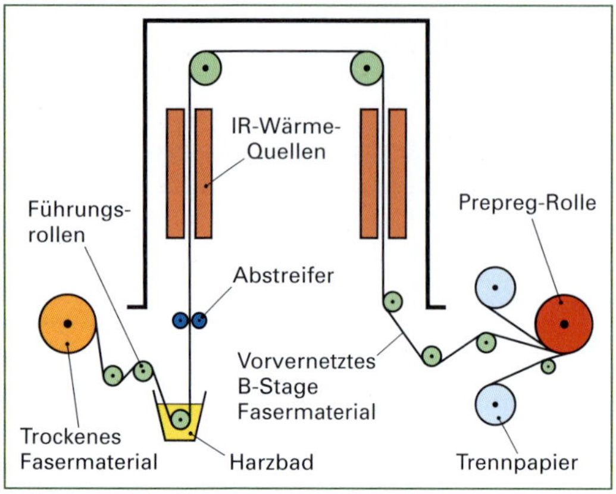

Bild 1: Prepreg Imprägnierschema

Die Prepregs mit dem vorvernetzten **B-Stage Harz** werden bei –18 °C tiefgekühlt und können bis zu 16 Monate gelagert werden. Vor der Verarbeitung bei Raumtemperatur müssen sie einen Tag auftauen. Das Epoxidharz wird anschließend im Formwerkzeug und einem Ofen bei Temperaturen über 80 °C ausgehärtet.

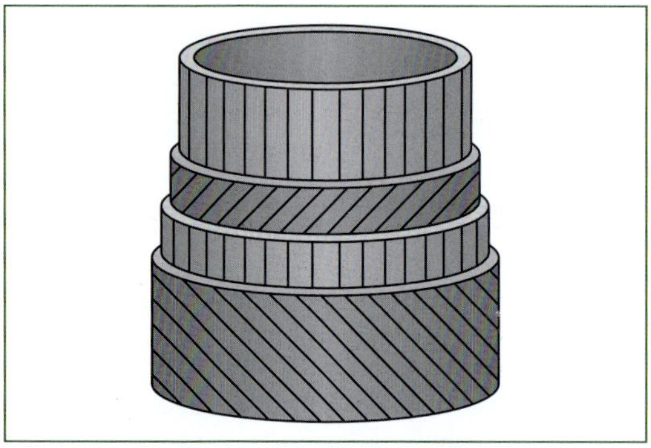

Bild 2: Auf Biegung und Torsion ausgelegtes Carbonrohr

Um hochwertige Bauteile ohne Lufteinschlüsse herzustellen, kann die Aushärtung in einem **Autoklav** erfolgen **(Bild 3)**.

Durch ein angelegtes Vakuum wird Luft aus dem Bauteillaminat gesaugt. Der im Autoklav herrschende Druck zwischen 2,5 bis 10 bar und die präzise einstellbare Temperatur sorgen für eine optimale Pressung und Härtung. Neuere Entwicklungen nutzen Mikrowellen, um die mehrstündigen, teuren Aushärtungszeiten zu verkürzen.

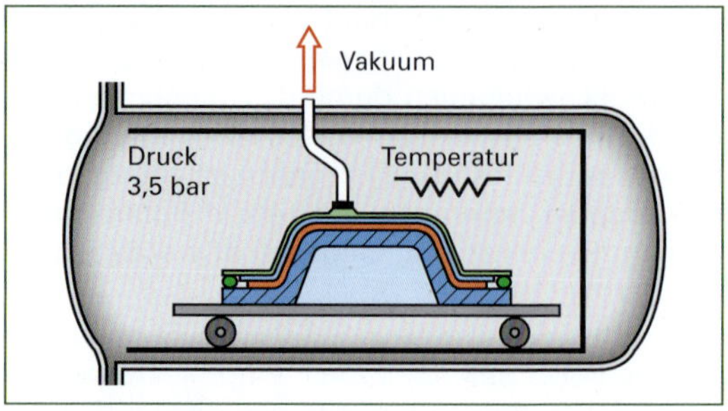

Bild 3: Autoklav

Kurzfaserverstärkte Thermoplaste zählen im Sprachgebrauch nicht zu den Faserverbundkunststoffen. Es sind technische Kunststoffe, die sich für das Spitzgießverfahren eignen und sich durch das Zumischen von Fasern verstärken lassen:

- Polyamid (PA)
- Polypropylen (PP)
- Polyurethan (PU)
- Polyetheretherketon (PEEK)

Zur Verstärkung dienen Glas- und Kohlenstofffasern mit einer Faserlänge bis maximal 10 mm. Der Fasergehalt beträgt zwischen 10 und 50 %. Die Zugfestigkeit kann um den Faktor 3, der E-Modul um den Faktor 4 erhöht werden.

Nachteilig wirkt sich aus, dass die Faserrichtung innerhalb des Bauteils beim Spritzgießen kaum vorhersehbar ist, sodass zur Festigkeitsoptimierung inzwischen Simulationsprogramme entwickelt wurden. Mit den gewonnenen Daten kann der Spritzgießprozess verbessert werden.

Aus kurzfaserverstärktem Kunststoff (meist Polyamid) werden viele Fahrradteile hergestellt:

- Schaltungsteile **(Bild 4)**
- Befestigungsadapter (z. B. Klickfix)
- Sohlen von Radschuhen
- Lenkerhörnchen (z. B. Ergon)
- Flaschenhalter

Als Werkstoffangabe verwenden die Hersteller häufig den Begriff *Composite,* die englische Bezeichnung für Verbundwerkstoff.

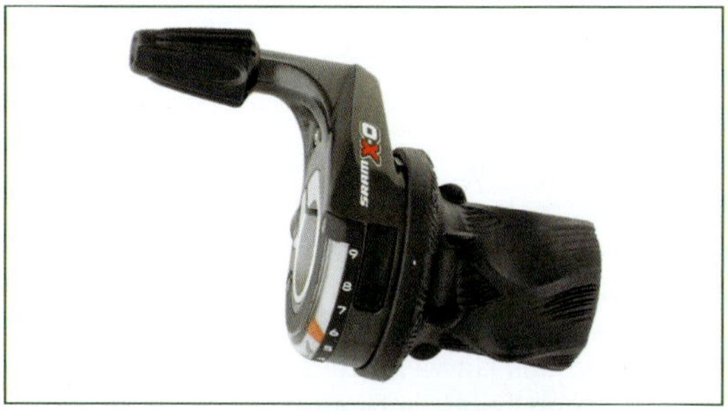

Bild 4: Kurzfaserverstärktes Schaltgriff-Gehäuse (SRAM)

1.5 Tribologie und Verschleiß

Die Tribologie ist ein wichtiges Fachgebiet für die Instandhaltung mechanischer Systeme. Das Wort Tribologie leitet sich vom griechischen *tribos* = reiben ab.

info

Tribologie ist die Wissenschaft und Technik von aufeinander einwirkenden Oberflächen in Relativbewegung und umfasst das Gesamtgebiet von Reibung und Verschleiß, einschließlich der Schmierung. Dazu gehören Wechselwirkungen sowohl zwischen den Grenzflächen von Festkörpern, als auch zwischen Festkörpern und Flüssigkeiten oder Gasen[1].

Nach neueren Untersuchungen werden allein in den Industrieländern 10 % der technisch erzeugten Energie durch Reibung und 5 % des Bruttosozialproduktes durch Werkstoffverschleiß vernichtet. Tribologische Erkenntnisse sind daher von volkswirtschaftlichem Interesse.

1.5.1 Tribologisches System

Die Aufgabe eines **Tribologischen Systems** (kurz Tribosystem) ist die Umsetzung der Eingangsgröße [x] in eine technisch nutzbare Ausgangsgröße [y] unter Berücksichtigung der Systemstruktur.

Tribosysteme **(Bild 1, Seite 62)** bestehen aus einem festen Grundkörper (1) und einem festen, flüssigen oder gasförmigen Gegenkörper (2)

Der Aggregatzustand des Zwischenstoffes (3) kann ebenfalls fest, flüssig (Schmierstoffe), gasförmig sein oder kann fehlen. Das Umgebungsmedium (4) ist ausschließlich flüssig, gasförmig oder fehlt im Vakuum. Zur Systemstruktur gehören bis zu vier Elemente.

Es gibt offene und geschlossene Tribosysteme.

In der Fahrradtechnik zählt der Kontakt zwischen Reifen und Straße zu den offenen Tribosystemen, da der Grundkörper Reifen von fortlaufend neuen Stoffbereichen des Gegenkörpers Straßenbelag berührt wird.

Beispiele für geschlossene Tribosysteme:

- Bremsbelag/Bremsfläche
- Kugellagerschale/Wälzkörper
- Dichtring/Welle
- Schraube/Mutter

Hier sind Grund- und Gegenkörper in wiederholtem oder dauerhaftem Kontakt.

Um die tribologische Beanspruchung innerhalb des Systems besser verstehen zu können, ist es wichtig, alle beteiligten Größen und Vorgänge zu kennen. Wegen ihrer Vielzahl fasst man sie als sogennantes Beanspruchungskollektiv zusammen. In ihm vereint sich:

- die wirkende Normalkraft F_N
- die Geschwindigkeit v
- Art und Ablauf der Relativbewegung
- die Beanspruchungsdauer und die Temperatur

Diese Größen und Vorgänge sind nur selten konstant.

Die Beispiele aus der Fahrradtechnik zeigen, dass offene und geschlossene Tribosysteme unterschiedliche Funktionen erfüllen können. Sie werden unterteilt in **(Tabelle 1)**

- Energiedeterminierte Systeme
- Stoffdeterminierte Systeme
- Informationsdeterminierte Systeme

[1] Definition nach der zurückgezogenen DIN 50 323

[2] lat. determinare: begrenzen, abgrenzen, bestimmen

Tabelle 1: Tribosysteme

Tribosysteme	Funktionen	Beispiele
Energiedeterminiert	Kraftübertragung Bewegungsübertragung Bewegungshemmung Energieübertragung	Kupplungen, Lager, Führungen, Stoßdämpfer, Bremsen, Getriebe
Stoffdeterminiert	Umformen Urformen Trennen Fügen Abdichten Beschichten Stofftransport	Walzen, Schmieden, Biegen, Extrudieren, Drehen, Fräsen, Bohren, Reibschweißen, Sägen, Wasserstrahlschneiden, Passungen, Dichtungen, Ventile, Spritzbeschichten, Spritzdüsen, Förderbänder, Rohrleitungen
Informationsdeterminiert[2]	Signalübertragung Signalausgabe Signalspeicherung	Elektrische Schalter, Stößel, Nocken, Datenleseköpfe, Plattenspeichermedien

1

Tribologisches System und Systemstruktur

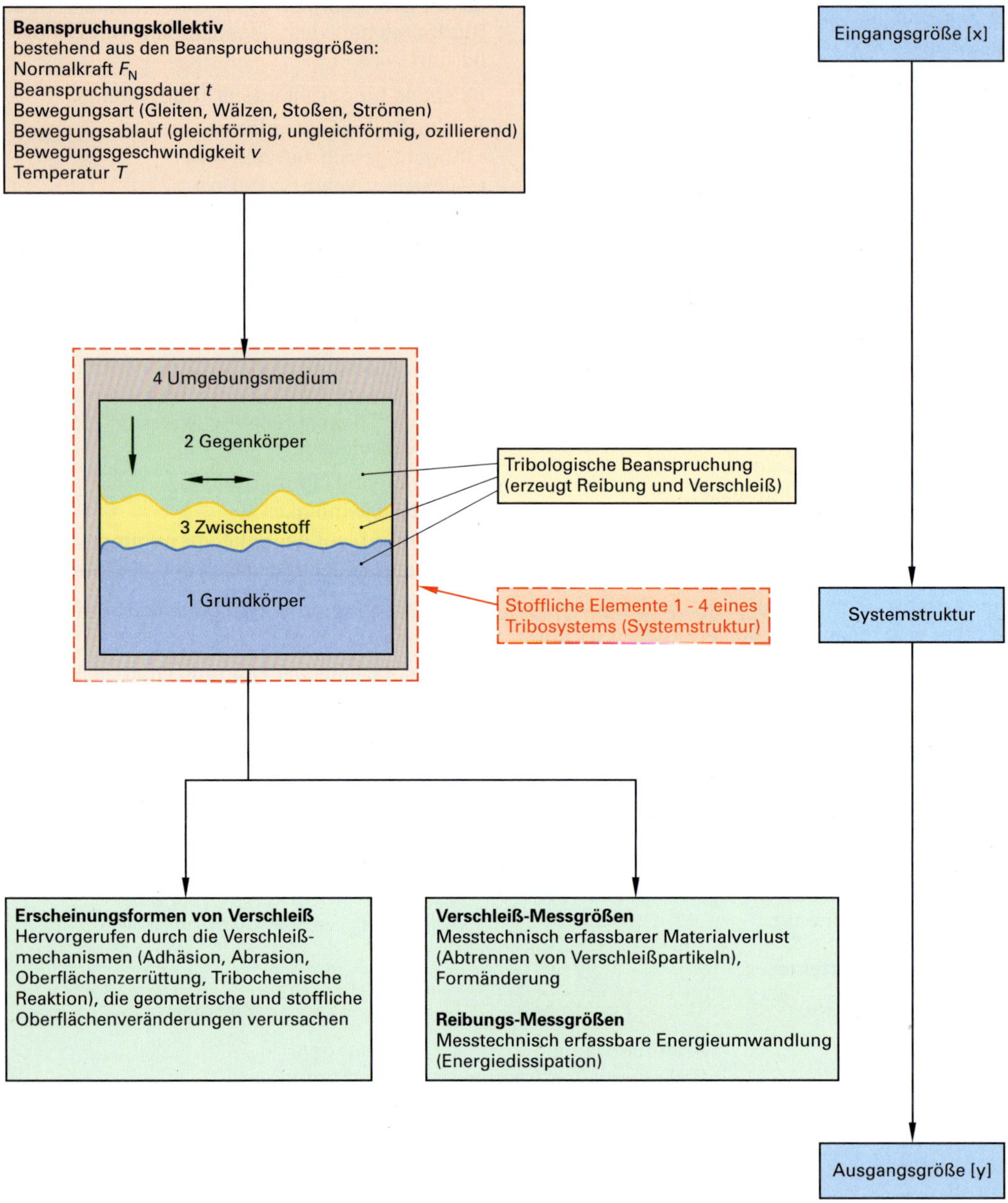

Hinweis:
Der Begriff Verschleiß wird im Sprachgebrauch sowohl für den Vorgang des Verschleißens, als auch für das Ergebnis verwendet.
Zur Unterscheidung ist die Nutzung der Begriffe Verschleißvorgang, Verschleißerscheinungsformen und Verschleiß-Messgrößen sinnvoll.

Bild 1: Tribologisches System und Systemstruktur

1.5.2 Reibung

Wenn sich die Oberflächenbereiche von Grund- und Gegenkörper berühren und relativ zueinander bewegen oder Flüssigkeiten bewegt werden, entsteht Reibung. Die Reibung wirkt der Relativbewegung entgegen und verrichtet Arbeit (Reibungsarbeit W = Reibungskraft $F_R \cdot$ Weg s). Die Reibungsarbeit wird in die Energieform Wärme umgewandelt.

Die Reibungszahl μ beschreibt das Verhältnis zwischen der Reibungskraft F_R, die parallel zur Berührungsfläche von Grund- und Gegenkörper wirkt und der Normalkraft F_N, die senkrecht zur Berührungsfläche wirkt **(Bild 1)**.

$$\mu = \frac{F_R}{F_N}$$

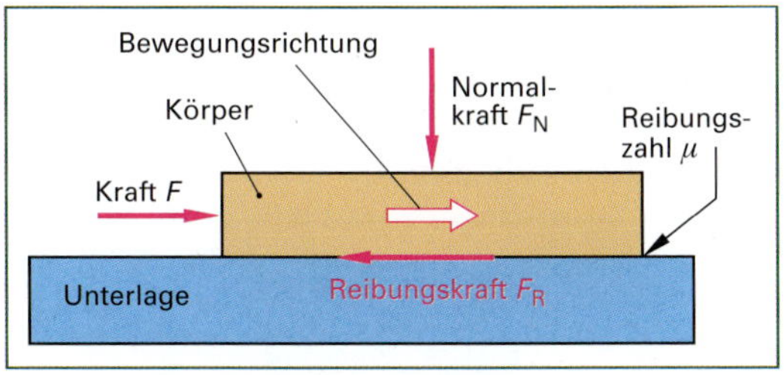

Bild 1: Wirksame Kräfte bei der Reibung

Man unterscheidet:

- Äußere Reibung: Die Stoffbereiche von verschiedenen Körpern berühren sich.
- Innere Reibung: Reibung in ein und demselben Stoff, z. B. in Schmieröl oder in Dämpferöl.

Tabelle 1: Gleitreibungszahlen

Werkstoffpaarung*	Reibungszahl μ
Stahl auf Stahl	0,4 bis 0,7
Stahl auf Stahl (geschmiert)	0,1
Bremsbelag auf Stahl	0,5 bis 0,6
Stahl auf Eis	0,015
Gummi auf Metall	0,50
Holz auf Holz	0,2 bis 0,4

* ungeschmiert

Die Reibungsphasen bei festen Grund- und Gegenkörpern sind:

- Energieeinleitung: Berührung der Oberflächenhügel
- Energieumsetzung: elastische oder plastische Verformung der sich berührenden Oberflächen-Rauheitshügel (Entstehung der Reibungskraft an der realen Kontaktfläche)
- Energieumwandlung (Dissipation): Wärmeerzeugung und Abstrahlung, Schallwellenabstrahlung durch Geräusche

Mit der Rasterkraftmikroskopie (AFM) können Wissenschaftler seit einigen Jahren Elementarprozesse der Reibung untersuchen und atomare Kräfte messen.

In vielen Konstruktionen ist Reibung erwünscht.

Beispiel:
- Bremsbelag/Bremsscheibe
- Dynamoreibrad/Reifen
- Lenker/Vorbauklemmung
- Stoßdämpferventil/Ölviskosität

In anderen Fällen versucht man durch Schmierung oder andere konstruktive Maßnahmen, die Reibung so gering wie möglich zu halten.

Reibungszustände. Je nach Aggregatzustand der beteiligten Stoffbereiche und der Geschwindigkeit der Relativbewegung werden fünf Reibungszustände unterschieden. Die Stribeck-Kurve stellt diese grafisch dar **(Bild 2)**.

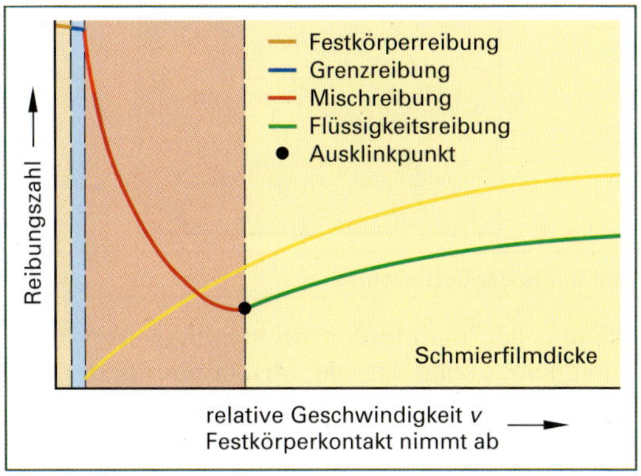

Bild 2: Stribeck-Kurve

Unter **Festkörperreibung** versteht man den unmittelbaren Kontakt von unbehandelten, unveränderten, nicht oxidierten Reiboberflächen, bei dem es zu atomar-molekularen Wechselwirkungen kommt.

Die **Grenzreibung** stellt eine Sonderform der Festkörperreibung dar. Hier ist der chemische Aufbau der sich berührenden Oberflächen durch eine Oxidschicht oder einen dünnen molekularen Film, z. B. von Schmierstoffzusätzen, gegenüber dem Grundwerkstoff verändert **(Bild 1, Seite 64)**.

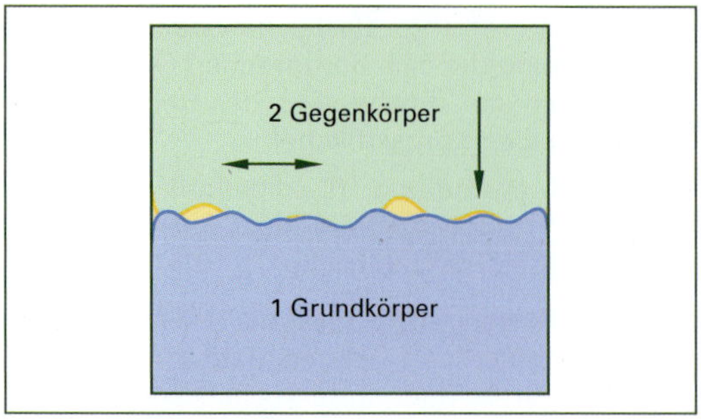

Bild 1: Festkörperreibung

Bei einer ausreichend hohen Geschwindigkeit der Relativbewegung findet die Reibung innerhalb eines den Grund- und Gegenkörper vollständig trennenden Zwischenstoffes statt. Dieser kann flüssig oder gasförmig sein. Ebenso kann es sich um einen flüssigen oder gasförmigen Gegenkörper handeln.

Dieser Zustand wird als **Flüssigkeitsreibung** bzw. **Gasreibung** bezeichnet.

Bei hydrodynamischer oder elastohydrodynamischer Schmierung **(Bild 2)** führt die niedrige Flüssigkeitsreibung zu geringem Verschleiß.

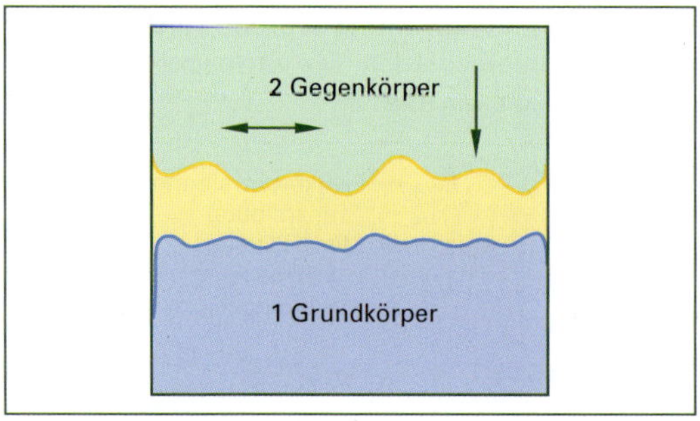

Bild 2: Flüssigkeitsreibung

Wegen der niedrigen Geschwindigkeit der Relativbewegungen ist die **Mischreibung** der am häufigsten vorkommende Reibungszustand in der Fahrradtechnik.

Mischreibung wird definiert als eine Mischung aus Festkörper- und Flüssigkeitsreibung. An einigen Stellen berühren sich die Oberflächen direkt, andere Flächenanteile werden durch einen Zwischenstoff getrennt **(Bild 3)**.

Beispiele für Mischreibung:
- Fahrradkette
- Ritzel
- Kettenblatt
- Dichtungslaufflächen
- Schaltungs- und Bremsenmechanik
- Langsamlaufende und/oder stoßbelastete Wälzlager
- Gleitlager von Federelementen
- Mehrgangnaben und Seilzüge aller Art

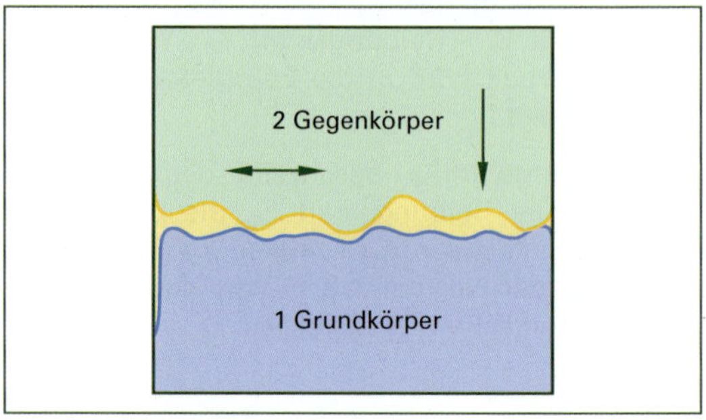

Bild 3: Mischreibung

Reibungsarten

Voraussetzung für das Auftreten von **Haftreibung** ist, dass sich Körper und Gegenkörper berühren und dass die Berührungsfläche unter einem gewissen Druck steht **(Bild 4)**.

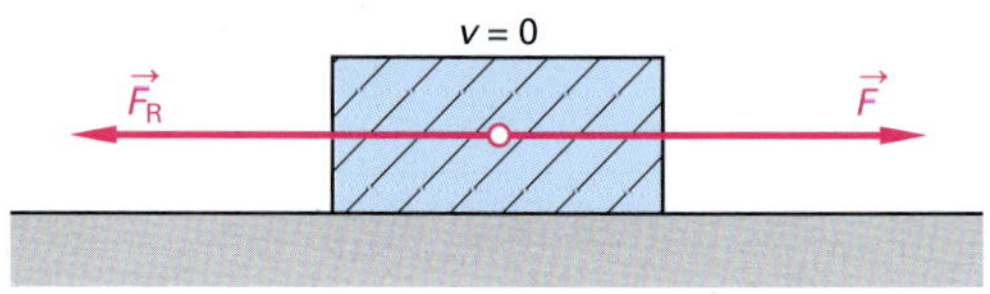

Bedingung für Haftreibung: $\vec{F}_R = \vec{F}$

Bild 4: Haftreibung

Wenn eine äußere Kraft *F* einen der beiden Körper entlang der Berührungsfläche gegenüber dem anderen zu verschieben sucht, dann baut sich eine entgegengesetzte, betragsgleiche Kraft F_R auf, die eine Relativbewegung der beiden Körper verhindert.

Der genaue Sprachgebrauch ist uneinheitlich:
- Haftreibung bezeichnet entweder die in einer konkreten Situation tatsächlich wirkende Haftkraft (auch als *Ruhereibung* bezeichnet),
- oder den maximalen Betrag, den diese Haftkraft für ein bestimmtes Körperpaar annehmen kann (auch als *Losbrechkraft* bezeichnet).

Haftreibung unterscheidet sich von jeder anderen Form von Reibung dadurch, dass keine Energie umgewandelt und keine Wärme erzeugt wird.

Gleitreibung ist die Reibung zwischen Grund- und Gegenkörper, deren Geschwindigkeiten in der Berührungsfläche nach Betrag und Richtung verschieden sind (**Bild 1, Seite 65**).

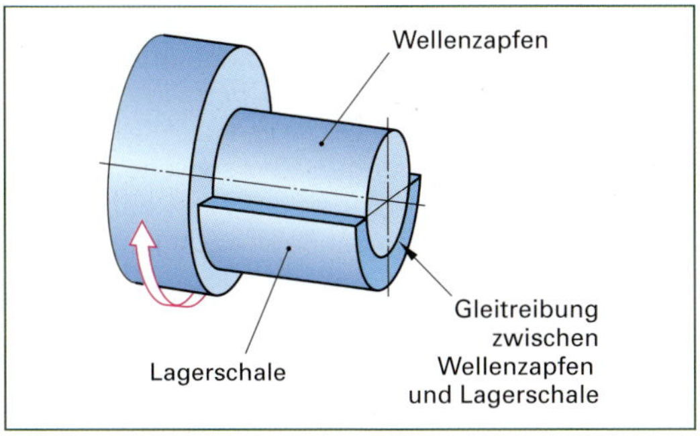

Bild 1: Gleitreibung

Rollreibung nennt man die Reibung zwischen sich punkt- oder linienförmig berührenden Körpern, deren Geschwindigkeiten in der Berührungsfläche nach Betrag und Richtung gleich sind und bei der mindestens ein Körper eine Drehbewegung um eine momentane, in der Berührungsfläche liegende Drehachse ausführt **(Bild 2)**.

info
Rollen: Bei rollenden Körpern (z. B. ein Rad) ist die Umfangsgeschwindigkeit eines Punktes auf dem Radumfang gleich der Forstbewegungsgeschwindigkeit. Dabei entsteht kein Schlupf – das Rad gleitet **nicht**.

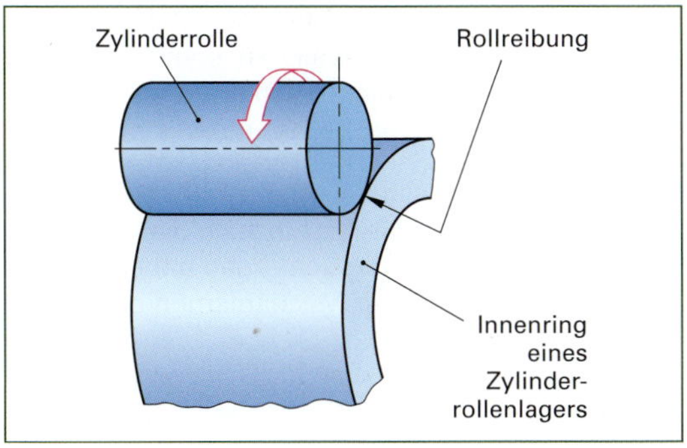

Bild 2: Rollreibung

Wälzreibung ist eine Überlagerung von Roll- und Gleitreibung (Schlupf), die in Wälzlagern und an Zahnradflanken beobachtet werden kann **(Bild 3 und 4)**.

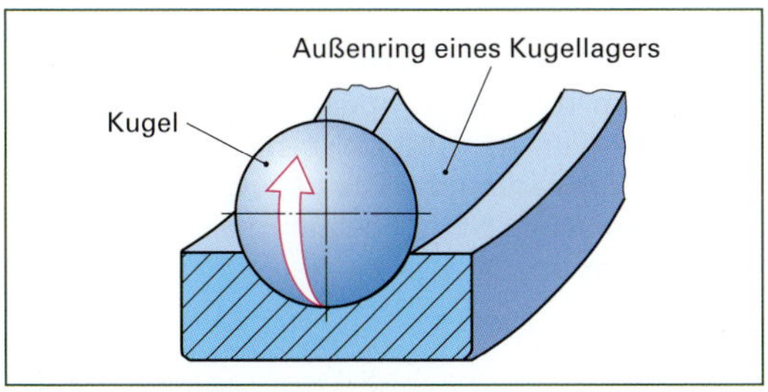

Bild 3: Wälzreibung Kugellager

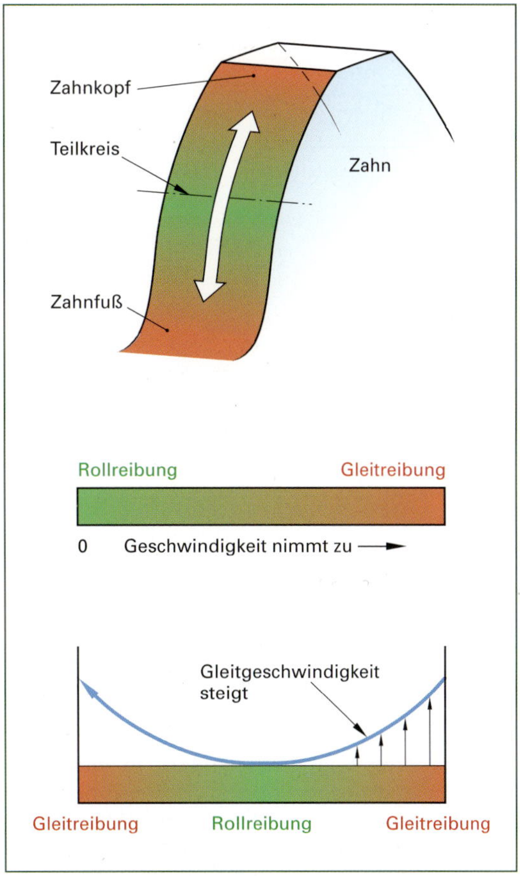

Bild 4: Wälzreibung und Gleitgeschwindigkeiten an einer Zahnradflanke

Unter **Bohrreibung** versteht man die Reibung zwischen sich punktförmig berührenden Körpern, deren Geschwindigkeiten in der Berührungsfläche verschieden sind und bei der mindestens ein Körper eine Drehbewegung um eine senkrecht im Zentrum der Berührungsfläche stehende Achse ausführt.

Stick-Slip oder Haftgleiteffekt ist eine Überlagerung von Grenz- und Mischreibung eines schwingungsfähigen Tribosystems. Diese Reibungsart ist in der Technik selten erwünscht. Sie ist die Ursache für Knack- und Quietschgeräusche von mechanischen Bauteilen.

Durch steifere Konstruktionen und/oder verbesserte Schmierung kann Stick-Slip behoben werden. Stick-Slip nutzt dagegen das Musikinstrument Geige zur Klangerzeugung (**Bild 1, Seite 66**).

info
Der Stick-Slip-Effekt beschreibt das Rückgleiten von gegeneinander bewegten Festkörpern.

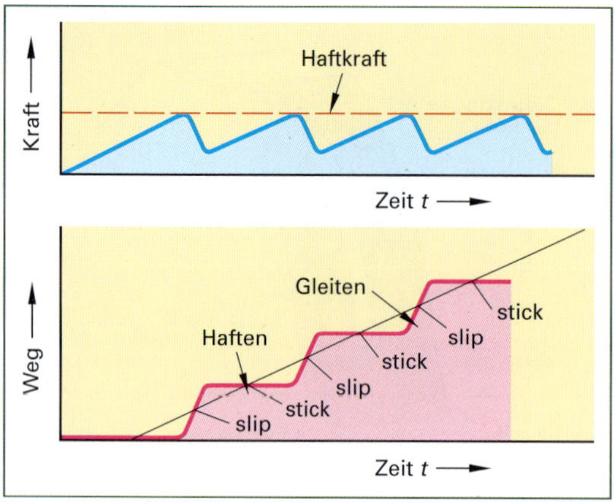

Bild 1: Stick-Slip-Effekt

1.5.3 Oberflächen metallischer Bauteile

Festigkeit oder Härte sind Werkstoffkennwerte, die sich auf den Werkstoff als Ganzes beziehen. Die technischen Oberflächen grenzen ein Bauteil und seinen Werkstoff nach außen hin ab.

Vereinfacht lassen sich metallische Oberflächen als Abbruch eines mehr oder weniger regelmäßigen Kristallgitters beschreiben. Während sich die Atome im Bauteilinnern in einem gesättigten und ausgeglichenen Zustand befinden, bewirken die freien Elektronen der Oberflächenatome Wechselwirkungen mit den Molekülen aus dem Zwischenstoff und dem Umgebungsmedium.

Bei metallischen Grundwerkstoffen bildet sich durch atmosphärischen Sauerstoff eine **Oxidschicht**, die meist härter ist als der Grundwerkstoff selbst.

Es lagern sich Bestandteile aus dem Zwischenstoff und dem Umgebungsmedium an der Oxidschicht an und bilden eine Adsorptionsschicht[1]. Diese Bestandteile können zum Beispiel aus Schmierstoffen oder aus Grundierungen von Lacksystemen stammen. Oxidschicht und **Adsorptionsschicht** bilden gemeinsam mit Verunreinigungen die äußere Grenzschicht einer Metalloberfläche.

Im Gegensatz zur äußeren Grenzfläche liegt die **innere Grenzschicht** unterhalb der Bauteiloberfläche. Je nach tribologischer Beanspruchung durch das verwendete Fertigungsverfahren und die spätere Bauteilnutzung besteht sie aus einer Verformungs- und Verfestigungszone des Metallgefüges und geht fließend in den unveränderten Grundwerkstoff über.

Schmierstoffe und Schmierstoffadditive wirken in der äußeren, selten in der inneren Grenzschicht **(Bild 1, Seite 67)**.

Neben der chemischen Zusammensetzung der Oberfläche ist die Oberflächengeometrie von großer Bedeutung. Mikroskopisch betrachtet gleicht die Oberfläche einem Gebirge aus Hügeln und Tälern. Über die Höhendifferenz zwischen den Erhebungen und Vertiefungen auf einer definierten Bezugslänge lässt sich die Rauheit bestimmen.

1.5.4 Verschleiß

Gemäß der (zurückgezogenen) DIN 50 323 ist Verschleiß definiert als ein fortschreitender Materialverlust aus der Oberfläche eines festen Körpers, hervorgerufen durch mechanische Ursachen. Neuere Definitionen schließen auch den Verschleiß der Schmierstoffe mit ein.

Im Allgemeinen ist Verschleiß in der Technik unerwünscht. Lediglich bei Einlaufvorgängen (z. B. von Getrieben oder Antriebsketten) macht man sich die Nachteile von Verschleiß zunutze, da die beschriebenen Verformungen der Rauheitshügel die Oberflächen glätten. Diese Glättung vergrößert den tatsächlichen Traganteil in kraftübertragenden Tribosystemen und verbessert die Schmierverhältnisse.

Der Begriff Verschleiß umfasst sowohl den Vorgang des Verschleißens, als auch das Ergebnis. Es ist daher sinnvoll, zwischen dem Verschleißvorgang, der Verschleißerscheinungsform und der Verschleiß-Messgröße zu unterscheiden.

Die Verschleiß-Messgröße beschreibt sowohl die Änderung der Bauteilform, als auch die Änderung der Bauteilmasse. Untersuchungen haben gezeigt, dass Verschleiß auf vier Mechanismen beruht:

- **Adhäsion**
- **Abrasion**
- **Oberflächenzerrüttung**
- **Tribochemische Reaktion**

In der Werkstattpraxis lassen sich täglich viele Erscheinungsformen von Verschleiß beobachten, die eine Zuordnung zu den einzelnen Verschleißmechanismen gestatten. Riefen, Schürfungen, Ausbrüche, Metallpartikel und Korrosion zählen zu den häufigsten optischen Erscheinungen. Akustisch verraten oft Knirsch- und Knackgeräusche oder dumpfe Wälzlagergeräusche das Vorhandensein eines bestimmten Verschleißmechanismus.

[1] Adsorption: Anreicherung von Stoffen oder Gasen an der Grenzschicht von zwei Phasen, Absorption: Aufnahme eines Stoffes in einen anderen

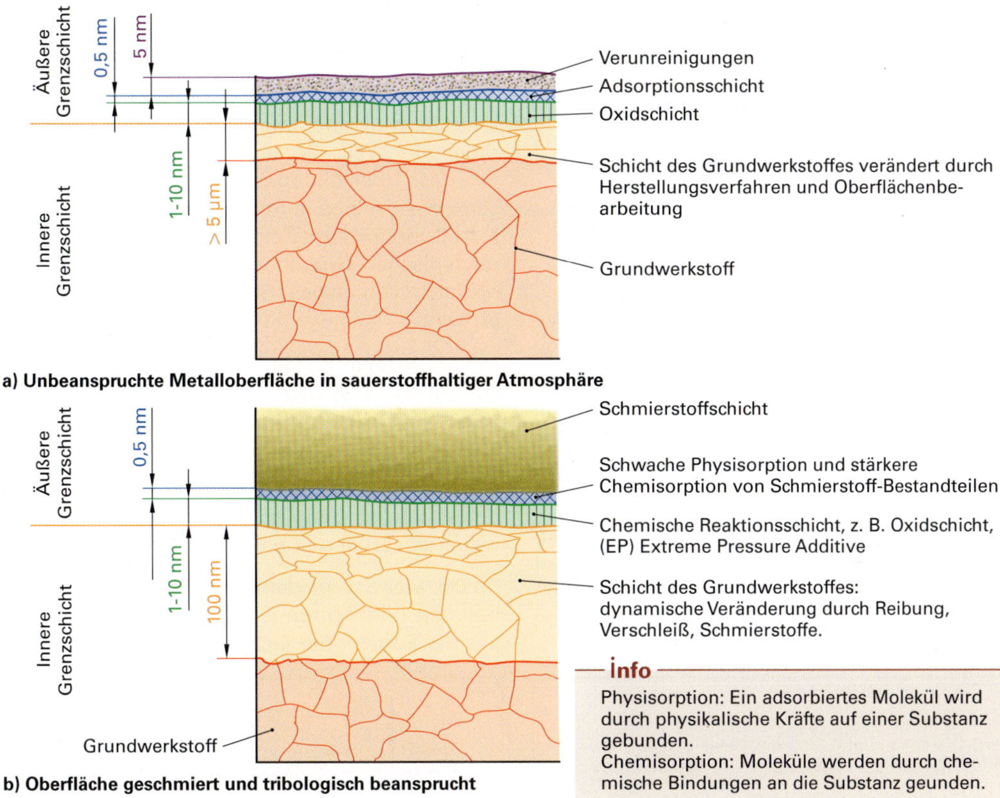

Info

Physisorption: Ein adsorbiertes Molekül wird durch physikalische Kräfte auf einer Substanz gebunden.
Chemisorption: Moleküle werden durch chemische Bindungen an die Substanz geunden.

Bild 1: Schichtaufbau einer tribologisch beanspruchten Metalloberfläche

Verschleiß durch **Adhäsion** wird ausgelöst, wenn hohe lokale Pressungen die Oxidschichten der Kontaktflächen durchbrechen und es zu Grenzflächen-Haftverbindungen (Kaltverschweißungen) kommt. Der Verschleiß selbst tritt erst durch das Ausreißen dieser Haftverbindungen aus der Oberfläche des weicheren Kontaktpartners bei einer Relativbewegung auf (sogenannter Materialübertrag).

Die Anrauung der Oberfläche, das Abtrennen kleiner Verschleißpartikel und die guten Bindungsmöglichkeiten an den Stellen, wo die Oxidschicht ausgerissen ist, lassen Reibung und Verschleiß rasch ansteigen. Materialübertrag wird häufig als „Fressen" oder „Fresser" bezeichnet und führt zur Zerstörung der Reibflächen **(Bild 2)**.

In der Fahrradwerkstatt findet man Adhäsionsverschleiß häufig an Schraubverbindungen aus verchromtem-, ungeschmierten- und/oder rostfreiem Stahl oder aus Titanlegierungen. Auch eine oft betätigte ungeschmierte Schnellspann-Hebelmechanik von Faltfahrrädern zeigt Adhäsionsverschleiß.

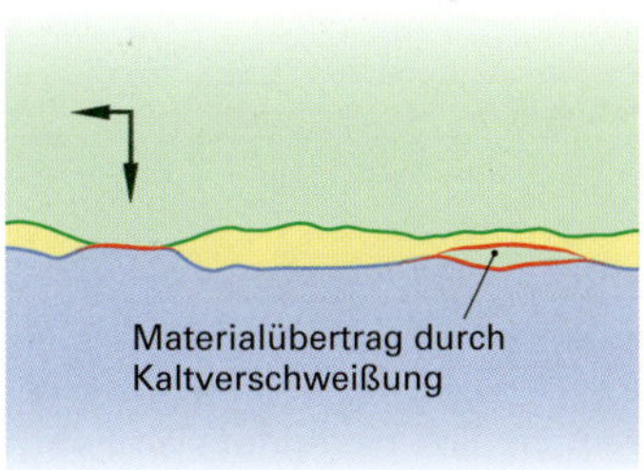

Bild 2: Adhäsion

Verschleiß durch Adhäsion kann konstruktiv vermieden werden.

Beispiele:

- Wenige Kontakte „Metall zu Metall"
- Nichtmetallische Beschichtungen
- Verringerung der Flächenpressung
- Schmierstoffe mit EP-Additiven (EP: Extreme Pressure)

Abrasion entsteht, wenn in einem Tribosystem beträchtlich härtere Rauheitshügel des einen Reibkörpers und/oder harte Partikel wie Schmutz oder Verschleißpartikel die Oberfläche des anderen Reibkörpers bei einer Relativbewegung durchdringen und neue Oberflächen bilden. Je nach Härte des weicheren Reibkörpers unterscheidet man:

- Mikrospanen
- Mikrofurchen
- Mikrobrechen

Beim **Mikrospanen** schneidet der härtere Körper oder abrasive Partikel einen Span aus der weicheren Oberfläche (**Bild 1a**).

Das **Mikrofurchen** (oder Mikropflügen) ähnelt dem Mikrospanen. Hier bildet sich anstelle eines Spans eine Furche mit Materialaufwurf (**1b**).

Mikrobrechen ist an sprödharten Reibkörpern zu beobachten, an denen ein noch härterer Reibkörper oder Partikel für Rissbildung und Materialausbrüche längs zur Furchung sorgt. Abrasion durch Partikel wird auch als Dreikörper-Abrasion bezeichnet **(Bild 1c)**.

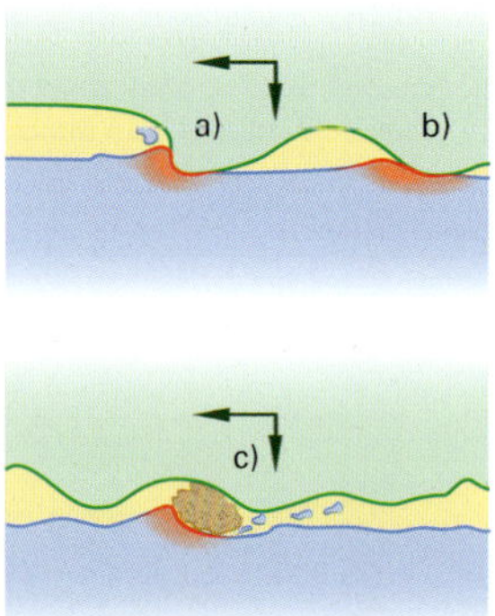

Bild 1: Abrasion

Abrasion findet sich besonders an Fahrradbauteilen mit Mischreibung, wie Kette, Ritzel, Kettenblätter, Gabeltauchrohre, Reifen und Bremsflächen.

Konstruktiv kann Abrasion durch geeignete Werkstoffauswahl, durch schützende Dichtungen und Abstreifer und durch Hartbeschichtungen reduziert werden. Hartschichten finden sich z. B. auf den Standrohren und Kolbenstangen von Federelementen, oxidkeramische Schichten auf den Campagnolo Super Record Kettenblättern.

Unter Verschleiß durch **Oberflächenzerrüttung** (Oberflächenermüdung) versteht man die Rissbildung und das Ausbrechen von Werkstoffpartikeln aus der inneren Grenzschicht von Grund- oder Gegenkörper, hervorgerufen durch zyklische und mehrachsige Zug-Druckspannungen. Sie sind Teil der tribologischen Beanspruchung.

Von einer **Oberflächenzerrüttung** sind besonders kraftübertragende Bauteiloberflächen wie Zahnräder oder Wälzlager betroffen. Dabei ist zu beachten, dass Überrollungen von harten Partikeln oder stark wechselnde Temperaturen die Oberflächenzerrüttung fördern. Zeigt sie sich äußerlich mit ihrer typischen Grübchenbildung (engl. Pitting) ist die letzte von insgesamt **vier Entstehungsphasen** erreicht.

In der **ersten Phase** oder der Inkubationszeit kommt es zu einer Anhäufung von Kristallgitterfehlern und Verzerrungen in den tribologisch beanspruchten Bereichen.

In der **zweiten Phase** entstehen erste Mikrorisse unterhalb der Oberfläche, die sich in **Phase drei** weiter ausbreiten und vereinigen.

Phase vier ist gekennzeichnet durch das Ausbrechen und Abtrennen von Verschleißpartikeln aus der Bauteiloberfläche **(Bild 2)**.

a)
b)
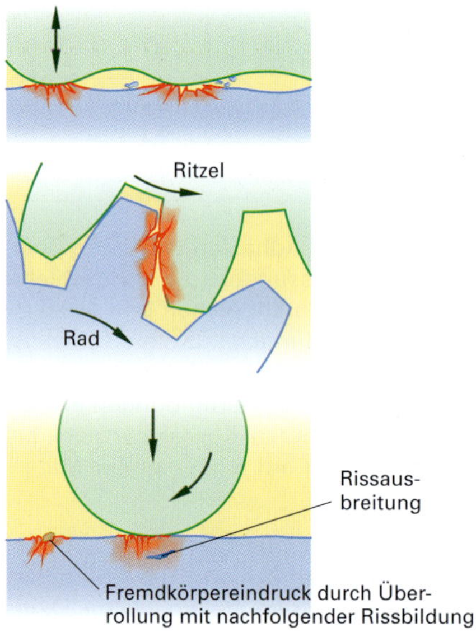

c)

Bild 2: Oberflächenzerrüttung

Von Oberflächenzerrüttung betroffene Fahrradbauteile sind die Konen von Naben- und Antreiberkugellagern und Zahnflanken in Getriebenaben. Für die Werkstattpraxis bedeutet die Lokalisierung von Oberflächenermüdung mit Verschleißpartikeln, dass Endphase vier erreicht ist und das betroffene Bauteil ausgetauscht werden muss. Dabei ist darauf zu achten, dass Schmierfettreste mit gebundenen Verschleißpartikeln sorgfältig entfernt werden.

Die Oberfläche von preiswerten konusgelagerten Fahrradnaben versagt häufig vorzeitig, weil die verwendeten Kugellagerstähle oft ein unregelmäßiges fehlerreiches Kristallgitter aufweisen. Hier zeigt sich, dass die Regelmäßigkeit des Gefüges und die Sauberkeit des Schmierstoffs über eine hohe Lagerlebensdauer entscheiden.

Das Lagerspiel eines Konuslagers darf keinesfalls zu niedrig eingestellt werden, was einige handwerkliche Übung erfordert.

Hochwertige Komponenten sind aus besonders homogenen und zerrüttungsfesten Werkstoffen hergestellt. So kombiniert Campagnolo in den CULT® Hybridlagern Keramikkugeln mit dem rostfreien Highend Wälzlagerstahl Schaeffler Cronitect®.

Hochwertige Schmierstoffe dagegen verzögern nur in geringem Umfang die Oberflächenzerrüttung von Wälzlagern oder Zahnradflanken. Zahnbruch durch Werkstoffermüdung ist durch Schmierung nicht zu beeinflussen.

1.5.5 Tribochemische Reaktionen

In sauerstoffhaltiger Atmosphäre ist die Tribochemische Reaktion die zahlenmäßig häufigste Verschleißform. Sie entsteht, wenn die Oxidschichten der äußeren Grenzschicht durch tribologische Beanspruchung beschädigt und durch den Einfluss von Luftfeuchtigkeit chemische Reaktionen zwischen Grund- und Gegenkörper gefördert werden. Die so entstehenden Reaktionsschichten und -partikel werden als Passungsrost, Reibrost oder Tribokorrosion bezeichnet. Ihre Stärke kann eine gewöhnliche Oxidschicht um mehr als das 300fache übersteigen.

Diese Volumenzunahme erklärt die schlechte Demontierbarkeit von Bauteilen mit Passungsrost, wie Sattelstützen oder Vorbauschäften. Eisen- oder Aluminiumoxidpartikel sind sehr hart. Sie wirken abrasiv und steigern die Bildung von weiteren Oxidpartikeln. Aus diesem Grund verschleißt eine rostige, ungeschmierte Fahrradkette sehr schnell **(Bild 1)**.

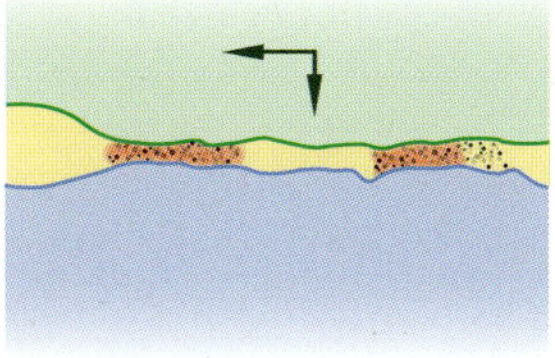

Bild 1: Tribochemische Reaktion

Konstruktiv kann die Tribochemische Reaktion durch geeignete Beschichtungen und Werkstoffpaarungen vermieden werden. In der Werkstattpraxis haben sich hochwertige Schmierstoffe bewährt.

Bei der Montage einer (elektrochemisch betrachtet) „edlen" Carbonsattelstütze in einen „unedlen" Alurahmen sollte eine schützende Carbonmontagepaste Anwendung finden.

Alle Verschleißmechanismen sind im Verbund zu beobachten. Eine Ausnahme bildet das so genannte Fressen durch Adhäsion, da Adhäsion in der Regel schlagartig beim Durchbrechen von Oxidschichten auftritt. Mit etwas Übung lassen sich die Verschleißmechanismen gut voneinander unterscheiden.

Zur Untersuchung und auch zur Auffindung von Rissen haben sich handliche, 10 bis 15fach vergrößernde Lupen und eine helle LED-Leuchte bewährt. Sie sollten in keiner Werkstatt fehlen.

Tabelle 1: Einteilung der Verschleißarten

Einteilung	Bezeichnung
Nach der Bewegungsform oder der tribologischen Beanspruchung	Gleitverschleiß Wälzverschleiß Prallverschleiß Schwingungsverschleiß
Nach den beteiligten Stoffen	Festkörperverschleiß Verschleiß durch Partikelbeschuss Strahlverschleiß Mahlverschleiß Flüssigkeitserosion
Nach dem Verschleißmechanismus	Adhäsionsverschleiß („Fressen") Ermüdungsverschleiß Abrasivverschleiß Furchungsverschleiß Tribokorrosionsverschleiß

Die **Verschleißrate** beschreibt die Änderung der Verschleißmessgröße während des Bauteilbetriebs. Neben der Verschleißmessgröße und der Verschleißrate kann der Grad des Verschleißes auch im Verhältnis zur vorgesehenen Lebensdauer des Bauteils dargestellt werden. Allgemein werden drei **Verschleißgrade** definiert:

- **Leicht**. Die Funktion des Bauteils wird in der vorgesehenen Lebensdauer nicht beeinträchtigt.
- **Mittel**. Aufgrund der Verschleißrate ist für das Bauteil mehr als die Hälfte der vorgesehenen Lebensdauer zu erwarten.
- **Destruktiv**. Verschleißrate lässt erkennen, dass mit einem kurzfristigen Ausfall des Bauteils zu rechnen ist.

Tabelle 1: Verschleißerscheinungsformen im Werkstattalltag

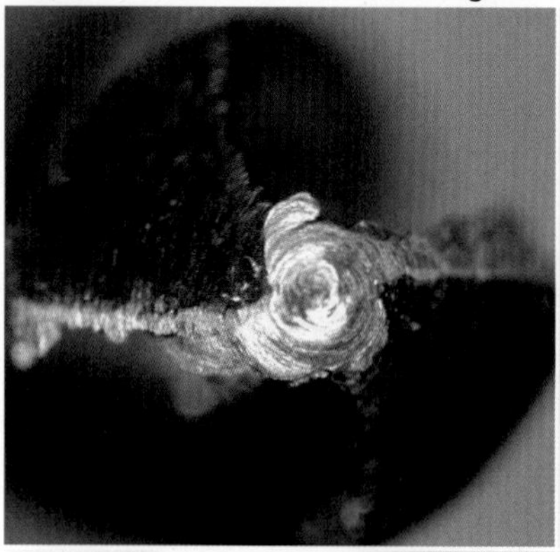

Adhäsion

Grundkörper: HSS Spiralbohrer

Gegenkörper: Aluminiumlegierung

Bildung von Aufbauschneiden an Zerspanungswerkzeugen Materialübertrag an Hauptschneide, Querschneide und Spanfläche.

Abhilfe: Schnittwerte verändern, Kühlschmierung verbessern, beschichtete Werkzeugschneiden.

Adhäsion

Grundkörper: Mutter A2, rostfrei

Gegenkörper: Unterlegscheibe A2, rostfrei

Fressneigung von Schrauben und Muttern aus rostfreiem Stahl oder Titanlegierungen, Materialübertrag, korrekte Vorspannkraft trotz Drehmomentwerkzeug nicht erreichbar.

Abhilfe: Montagepaste, Öl, Fett, Gleitlack

Abrasion

Grundkörper: Kettenniet

Gegenkörper: Kragen des inneren Kettenlaschenpaares

Normaler Kettenverschleiß, partielle Mikrofurchung

Rechts im Bild: beim Öffnen der Kette abgescherter Verstärkungsbund, daher keinesfalls Kettenniet wiederverwenden.

Abrasion

Grundkörper: Aluminiumfelge

Gegenkörper: Bremsklotz

Bremsfläche durchgebremst

Rissbildung des Felgenhorns

Unfallgefahr durch platzende Schläuche und sich lösende Reifen.

Abrasion

Bei montiertem Reifen hebt sich der Riss farblich deutlich sichtbar von der silbernen Bremsfläche ab.
Hier zeigt sich, dass Vielfahrer die Felgenflanke regelmäßig mit Seifenlauge reinigen sollten. Die Reinigung entfernt oxidierten und abrasiven Aluminiumabrieb besonders nach Regenfahrten.
Rissbildung kann auch von Laien bei der Reinigung gut erkannt werden.

Abrasion

Grundkörper: Äußere Abstreifer- und Dichtungslauffläche der großen Dämpferkolbenstange

Gegenkörper: Führungsring, Dichtung, Abstreifer. Mikrofurchung, Negativluftkammer undicht

Hinterbauschwinge fluchtet nicht mit Rahmen, dadurch ungünstige Belastung der Dämpfermechanik mit Beschädigung der großen Kolbenstange.

Abhilfe: Rahmen-Hinterbauflucht prüfen und korrigieren, Dämpfer instandsetzen oder austauschen.

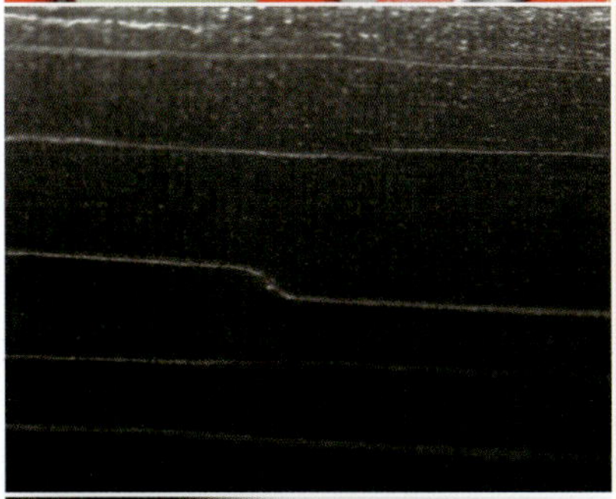

Abrasion

Grundkörper: Äußere Abstreifer- und Dichtungslauffläche der großen Dämpferkolbenstange

Gegenkörper: Führungsring, Dichtung, Abstreifer.

Eingedrungene mineralische Schmutzpartikel

Mikroskopische Aufnahme: Mikrofurchung-Mikrospanung durch harte Schmutzpartikel (horizontale Linien).

Führt längerfristig zu Luftdruckverlust der Negativluftkammer.

Abhilfe: Sorgfältige Reinigung außen und innen.
Dichtungen, Führungsringe, Abstreifer, Schmierstoff erneuern.

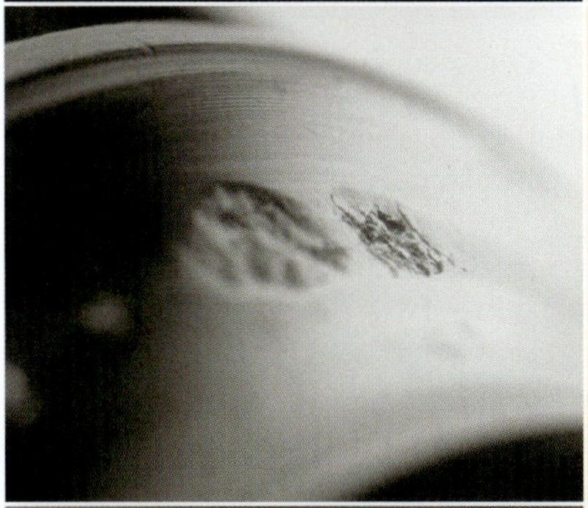

Oberflächenzerrüttung

Grundkörper: geschliffener Nabenlagerkonus

Gegenkörper: Wälzkörper (Kugel)

Beginnende Grübchenbildung oder Phase 4 (siehe Seite 68) der Oberflächenzerrüttung mit Ausbrechen von Verschleißpartikeln aus der Oberfläche des Grundkörpers. Risse und Bruchkanten können mit einer hochwertigen Lupe ab zehnfacher Vergrößerung betrachtet werden.

Abhilfe: Austausch aller betroffenen Bauteile.

Bei Wiederverwendung des Nabenkörpers gründlichste Reinigung notwendig.

Oberflächenzerrüttung

Detailvergrößerung der Gegenkörper-Oberfläche:
Lagerkugel zerstört durch Überrollung der im Schmierfett gebundenen harten Verschleißpartikel.

1

Oberflächenzerrüttung

Grundkörper: geschliffener Nabenlagerkonus

Gegenkörper: Wälzkörper (Kugel)

Grundkörper durch Grübchenbildung zerstört. Phase 4 der Oberflächenzerrüttung mit Ausbrechen und Abtrennen von Verschleißpartikeln aus der Oberfläche.

Kein Verschleiß

Grundkörper: geschliffener Nabenlagerkonus

Gegenkörper: Wälzkörper (Kugel)

Delle auf der Kugellauffläche durch Überrollung eines weichen Fremdkörperpartikels.

Oberflächenzerrüttung

Grundkörper: Tretlagerschale (Konuslager)

Gegenkörper: Wälzkörper (Kugel)

Sogenannter Außenringbruch meist durch Oberflächenzerrüttung

Seltener Bruch

Sehr hohe Fahrleistung

Oberflächenzerrüttung

Grundkörper: Planetenrad

Gegenkörper: Sonnenrad

Beginnende Grübchenbildung und erste Abtrennung von Verschleißpartikeln aus der Oberfläche der Zahnflanken, hohe Fahrleistung.

Kann durch Überrollung von Bruchstücken oder Verschleißpartikeln gefördert worden sein.

Normaler Verschleiß

Arbeitsweise: Sorgfältige Reinigung mit Entfettung, Sichtkontrolle mit Lupe, Austausch von Grund- und Gegenkörper, Neuschmierung nach Herstelleranweisung.

Oberflächenzerrüttung

Grundkörper: Lenkungslagerschale

Gegenkörper: Wälzkörper (Nadel)

Oberflächenermüdung, Prallverschleiß (false brinelling)

Tiefe Wälzkörpereindrücke als Folge von ozillierender Stoßbeanspruchung, statische Überlastung und zu großes Lagerspiel über einen längeren Zeitraum.

Detailvergrößerung

Korrosionsschäden mit Rostnarben durch eingedrungenes Wasser (dunkle Flecken im Bild).

Tribokorrosion

Grundkörper: Aluminium Sattelstütz-Adapterhülse

Gegenkörper: Stahl Sitzrohr

Tribokorrosion durch oszillierende Mikrobewegungen der ungeschützten Werkstoffoberflächen und Feuchtigkeit.

Abhilfe: Nach gründlicher Säuberung, feststoffhaltige, metallfreie Montagepasten auf Grund- und Gegenkörper auftragen.

Je nach Einsatz und Fahrleistung alle 6 bis 12 Monate Paste erneuern.

Tribokorrosion

Grundkörper: Lagerring eines Tretlagers

Gegenkörper: Wälzkörper (Kugel)

Korrosionsschäden durch eingedrungene Feuchtigkeit, Kondenswasser und unzureichenden Rostschutz durch verschlissenes Schmierfett.

Wasser sammelt sich durch Kapillarwirkung bevorzugt an den Kugeln.

Rostnarben begünstigen Oberflächenzerrüttung im weiteren Betrieb.

Tribokorrosion, Abrasion

Grundkörper: Innenring eines Hinterbau Schwingenlagers

Gegenkörper: Wälzkörper (Kugel)

Zerstörtes Rillenkugellager durch Tribokorrosion, Oberflächenzerrüttung als Folge der ozillierenden Stoßbeanspruchung und dem geringen Schwenkbereich des Lagers und der Hinterbauschwinge. Eindringende Feuchtigkeit führt zu Korrosion und zu hoher Abrasion.

Tribokorrosion, Oberflächenzerrüttung, Abrasion

Außenring des Schwingenlagers, Abrasion. Diese Verschleißerscheinung bezeichnet man auch als Schwingungsverschleiß (engl. fretting). Die geringe Bewegung des Lagers führt zu schlechter Schmierfilmbildung, sodass Rost und Abrasion schnell voranschreiten.

1

1.6 Grundlagen der Elektrotechnik und Elektronik

Die elektrische Anlage am Fahrrad beschränkt sich heutzutage nicht nur auf die Beleuchtung. Die Funktion des Dynamos dient neben der Stromerzeugung für die Lichtanlage auch zum Laden von Mobiltelefonen oder Navigationsgeräten. Kettenschaltungen werden elektrisch unterstützt und leistungsstarke Elektromotoren werden von Akkumulatoren mit Energie versorgt, um ein E-Bike anzutreiben.

1.6.1 Elektrische Größen

Spannung, Stromstärke und Widerstand sind die wichtigsten elektrischen Größen. Träger des elektrischen Stroms sind Elektronen und Ionen. Im Halbleitermaterial sind die *Elektronen* die negativen, die *Löcher* die positiven Ladungsträger. *Ionen* als Ladungsträger können entweder positiv oder negativ geladen sein.

Spannung

An den Polen einer Spannungsquelle (in **Bild 1 a** eine geladene Batterie) befinden sich unterschiedliche Ladungsmengen. Am Minuspol herrscht ein Überschuss, am Pluspol ein Mangel an Elektronen. Elektronenmangel ist gleichbedeutend mit positiver Ladung.

Elektrische Spannung entsteht durch Ladungstrennung. Um Ladungen zu trennen, ist Arbeit (Arbeit = Kraft · Weg) erforderlich. In **Bild 1 b** wird mittels einer Kraft eine Spule in einem Magnetfeld in Drehung versetzt. Die Spule legt einen bestimmten Weg zurück. Die verrichtete Arbeit ist als elektrische oder chemische Energie in der Spannungsquelle gespeichert.

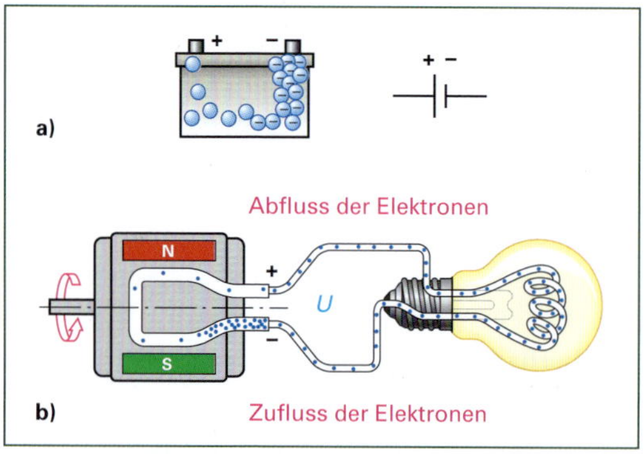

Bild 1: a) Spannungsquelle geladene Batterie
b) Ladungstrennung in drehender Generatorwicklung

Verschiedene Möglichkeiten der Spannungserzeugung sind **(Bild 2)**:

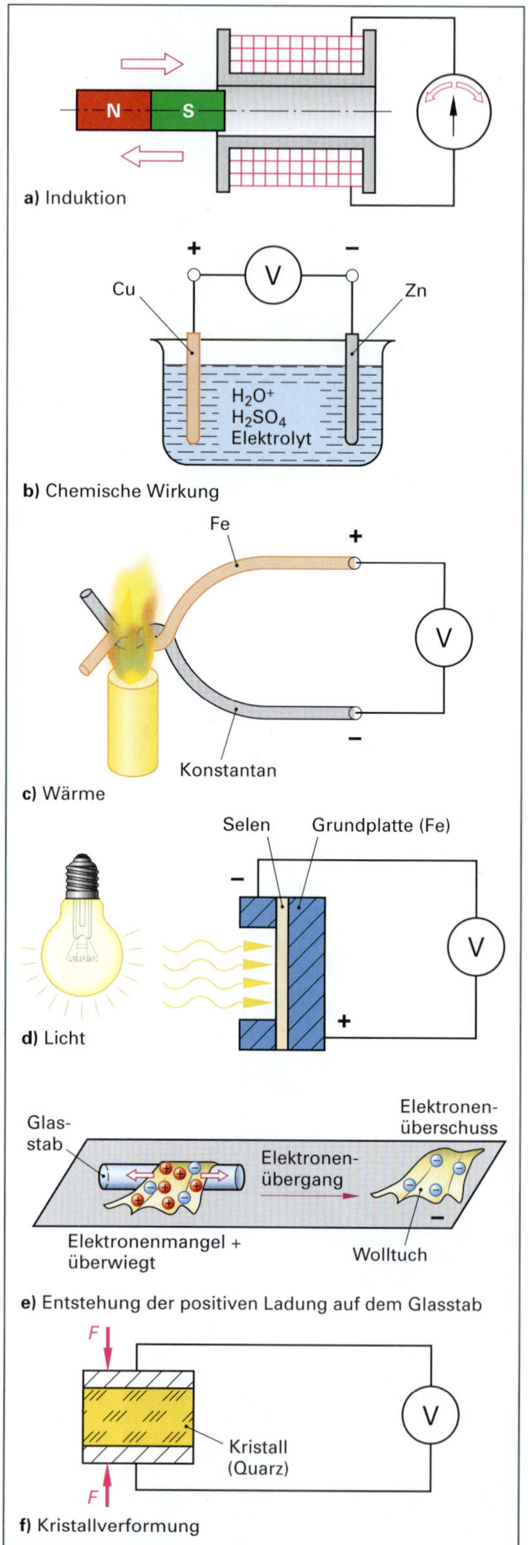

Bild 2: Möglichkeiten der Spannungserzeugung

a) Die Änderung eines magnetischen Feldes erzeugt in einem umschließenden Leiter eine Induktionsspannung. Beispiele: Dynamo, Induktivgeber.

b) Taucht man in einen Elektrolyten zwei verschiedene Metalle, entsteht durch chemische Umsetzung eine Spannung. *Beispiel*: Batterie.

info

Elektrolyte sind elektrisch leitende Flüssigkeiten.

Beispiel: Wird dem chemisch reinen Wasser eine Säure oder ein Salz zugegeben, wird das Wasser leitend.

c) Erwärmt man die Verbindungsstelle zweier verschiedener Metalle, entsteht eine Thermospannung. Beispiel: Temperaturfühler.

d) Fällt Licht auf eine Fotozelle, entsteht eine Fotospannung. Beispiele: Taschenrechner, Solarzelle.

e) Werden Isolierstoffe mit einem Tuch gerieben, entsteht eine elektrostatische Aufladung. Beispiele: Funkenbildung beim Verlassen des Autos, Aneinanderhaften von Folien.

f) Verschiedene Kristalle erzeugen bei Änderungen durch Druck- oder Zugkräfte eine elektrische Spannung, die Piezospannung. Beispiel: Klopfsensor.

Die unterschiedlichen Ladungen haben das Bestreben, sich auszugleichen, denn negative und positive Ladungen ziehen sich an.

Elektrische Spannung ist das Ausgleichsbestreben der unterschiedlichen Ladungen. Ein Ladungsausgleich zwischen den Polen einer Spannungsquelle ist nur bei geschlossenem Stromkreis möglich.

Die Einheit der Spannung ist Volt (V), das Kurzzeichen ist das U, z. B. $U = 6$ V.

In Schaltzeichen kennzeichnet die lange Linie den positiven Pol **(Bild 1)**.

Strom

Wird über einen Leiter der Stromkreis geschlossen, (Bild 1) bewegen sich die Elektronen aufgrund der elektrischen Spannung vom Minuspol zum Pluspol (Elektronenstromrichtung oder physikalische Stromrichtung).

In der Praxis gebräuchlich und Grundlage aller Schaltungssymbole ist die technische Stromrichtung: vom Pluspol zum Minuspol.

Unter der Stromstärke versteht man die Anzahl der Ladungen (= Elektronen, Ionen), die je Sekunde durch eine Leitung fließen.

Die Einheit der Stromstärke ist Ampere (A), das Kurzeichen I, z. B. $I = 0{,}5$ A. 1 A → $6{,}2 \cdot 10^{18}$ Elektronen/Sekunde.

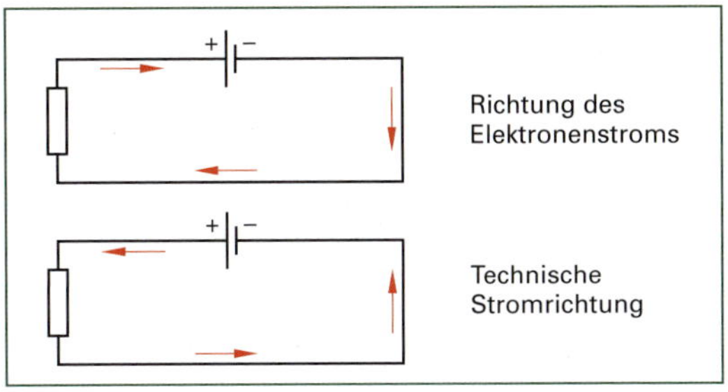

Bild 1: Stromfluss über geschlossenen Stromkreis

Stromarten

Bei einem Elektrorad versorgt die Batterie bzw. der Akkumulator den Elektromotor mit Gleichspannung. Gleichspannung bewirkt **Gleichstrom**, bei dem die Elektronen stets mit **gleicher Stärke** in die **gleiche Richtung** fließen **(Bild 2)**. Die Polarität ändert sich nicht. Nur Gleichstrom lässt sich in Akkumulatoren und Kondensatoren speichern.

Die Bezeichnung auf einem Messgerät ist:

- DC (Direct Current) oder –

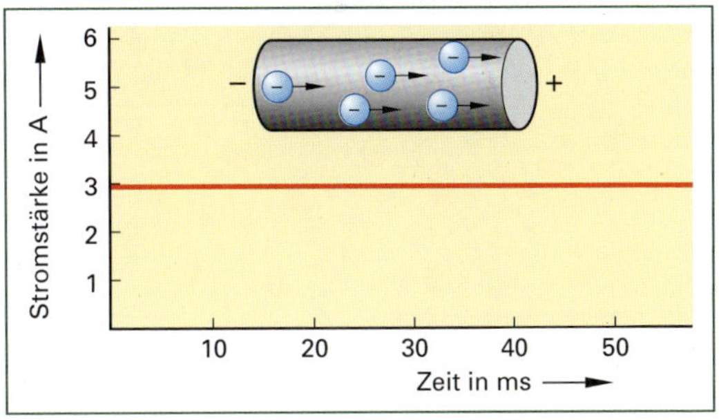

Bild 2: Zeitlicher Verlauf von Gleichstrom

Ändern die Elektronen in der betrachteten Zeit mehrfach ihre Richtung **und** ihre Stromstärke, handelt es sich um **Wechselstrom (Bild 1, Seite 76)**. Die Polarität an den Polen ändert sich fortlaufend (periodisch). Während einer Periode durchläuft der Strom eine positive und eine negative Halbwelle.

Die Anzahl der Perioden pro Sekunde wird als Frequenz bezeichnet.

Die Einheit der Frequenz ist das Hertz (Hz). 1 Hz = 1 Schwingung pro Sekunde. Das Kurzzeichen ist f, z. B. $f = 50$ Hz.

Die Bezeichnung auf einem Messgerät ist:

- AC (Alternating Current) oder ~

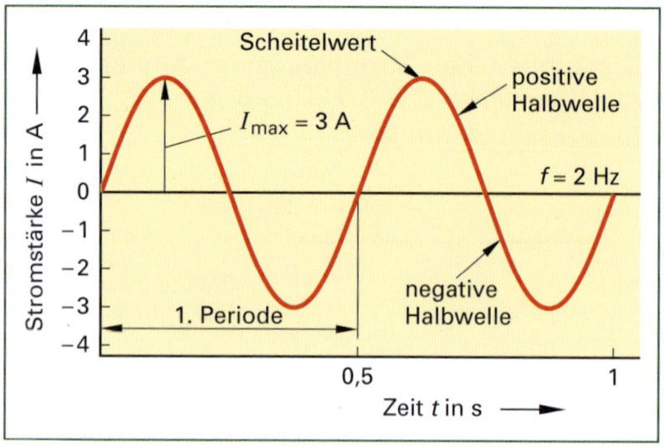

Bild 1: Zeitlicher Verlauf von Wechselstrom

Beim Fahrrad erzeugt der Dynamo (Lichtmaschine) Wechselstrom.

Elektrischer Widerstand

Werkstoffe mit vielen freien Elektronen sind gute Leiter. Sie setzen der Elektronenbewegung nur wenig Widerstand entgegen **(Bild 2 a)**. Werkstoffe mit wenigen freien Elektronen sind schlechte Leiter. Sie setzen der Elektronenbewegung einen großen Widerstand entgegen **(Bild 2 b)**.

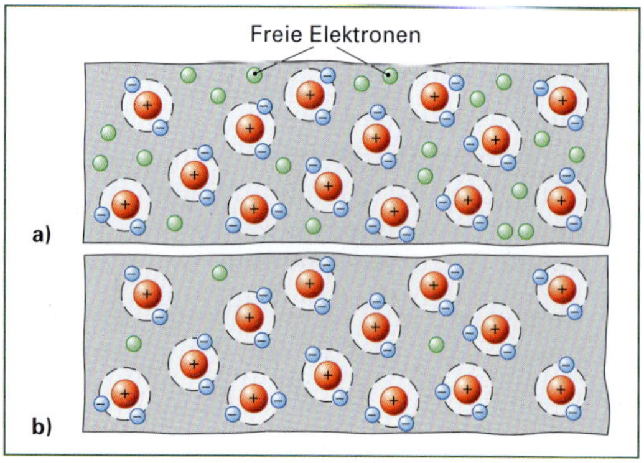

Bild 2: a) Kleiner Widerstand b) Großer Widerstand

In Formeln hat der Widerstand den Buchstaben *R*. Die Einheit ist Ohm (Ω). 1 Ω = 1V/1A

Der Widerstand *R* einer Zuleitung berechnet sich nach der Formel:

$$R = \frac{\varrho \cdot l}{A} \quad \text{in } \Omega$$

ϱ Spezifischer elektrischer Widerstand des Leitungsmaterials in $\Omega mm^2/m$ (siehe Tabellenbuch)

l Länge der Leitung in m

A Querschnittsfläche des elektrischen Leiters

Um übersichtliche Werte des spezifischen Widerstandes zu erhalten, rechnet man mit der elektrischen Leitfähigkeit κ mit der Einheit $m/\Omega mm^2$:

$$\kappa = \frac{1}{\varrho} \qquad R = \frac{l}{\kappa \cdot A} \qquad R = \frac{\varrho \cdot l}{A}$$

Die Werkstoffe werden nach ihrem elektrischen Widerstand in Leiter, Nichtleiter und Halbleiter eingeteilt.

1.6.2 Berechnung elektrischer Größen

Das **Ohmsche Gesetz** stellt den Zusammenhang zwischen der Spannung *U*, der Stromstärke *I* und dem Widerstand *R* im Stromkreis dar:

Je höher die Spannung bei konstantem Widerstand ist, desto höher ist die Stromstärke. Je höher der Widerstand bei gleichbleibender Spannung ist, desto geringer ist die Stromstärke:

$$\frac{\text{Spannung}}{\text{Widerstand}} = \text{konstant}$$

Daraus folgt, dass sich die Stromstärke in demselben Verhältnis wie die Spannung ändert. Wird die Spannung verdoppelt, so verdoppelt sich auch die Stromstärke.

$$\text{Stromstärke} = \frac{\text{Spannung}}{\text{Widerstand}} \qquad I = \frac{U}{R}$$

Der elektrische Widerstand von metallischen Leitern ist nur bei gleich bleibender Temperatur konstant, d. h. unabhängig von der Stromstärke im Leiter:

$$R = \frac{U}{I}$$

Elektrische Arbeit

Die elektrische Arbeit ist das Produkt aus Spannung, Stromstärke und Zeit. In Formeln hat die elektrische Arbeit den Buchstaben W. Die Einheit ist Wattsekunde (Ws) bzw. (kWh) bei größeren Arbeitsbeträgen.

$$W = U \cdot I \cdot t$$

Elektrische Leistung

Die elektrische Leistung *P* ist das Produkt aus der Spannung *U* und der Stromstärke *I*. Für die elektrische Leistung bei Gleichstrom gilt:

$$P = U \cdot I$$

In Formeln hat die Leistung den Buchstaben *P*.

Die Einheit ist das Watt (W). 1 W ist die Leistung eines Stromes von 1 A bei einer Spannung von 1 V. 1000 W = 1 kW, 1 kW ≈ 1,36 PS, 1 PS = 0,736 kW

Verknüpft man die Formeln für die elektrische Arbeit und Leistung ergeben sich die Beziehungen:

$$\text{Leistung} = \frac{\text{Arbeit}}{\text{Zeit}} \qquad P = \frac{W}{t}$$

$$\text{Arbeit} = \text{Leistung} \cdot \text{Zeit} \qquad W = P \cdot t$$

1.6.3 Messen elektrischer Größen

Spannungsmessung

Die Spannungsmessung erfolgt zwischen zwei Punkten:

- Zwischen Plus- und Minuspol der Spannungsquelle
- Oder: zwischen Ein- und Ausgang des Verbrauchers

Das Messgerät (z. B. ein Multimeter) wird auf Spannungsmessung eingestellt und **parallel** zum Verbraucher (in **Bild 1** eine Glühlampe) geschaltet.

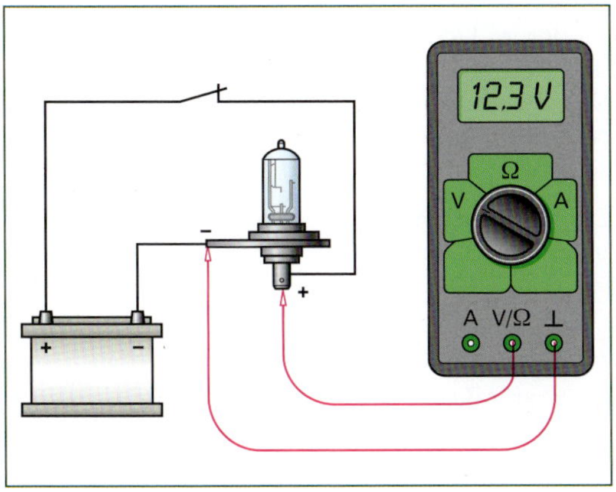

Bild 1: Spannungsmessung

info

Das Spannungsmessgerät sollte die Spannungsquelle nicht zusätzlich belasten. Der Innenwiderstand des Messgerätes, muss daher groß sein. Durch den hohen Innenwiderstand fließt nur ein kleiner Messstrom.

Beispiele für die Spannungsmessung am Fahrrad

- Batteriespannung
- Spannungsabfall an Schaltern, Steckern und Leitungen
- Spannung am Dynamo (nach DIN EN) bei verschiedenen Geschwindigkeiten

Strommessung

Zur Messung der Stromstärke wird der Stromkreis unterbrochen (aufgetrennt) und das Messgerät **in Reihe** zum Verbraucher geschaltet **(Bild 2)**.

Vor dem Anschließen ist ein geeigneter Messbereich und die zu messenden Stromart (AC für Wechselstrom, DC für Gleichstrom) einzustellen.

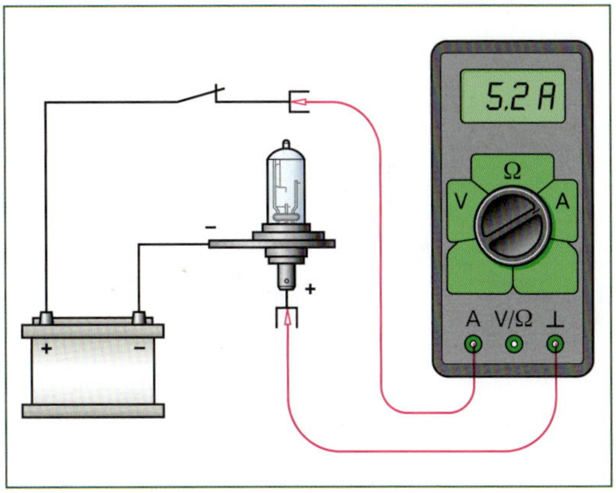

Bild 2: Messung der Stromstärke

info

Achtung: Wird das Messgerät zur Strommessung parallel angeschlossen, treten Kurzschlussströme auf, die Schäden an der Messschaltung oder am Messgerät verursachen können.

Das Abschmelzen der Gerätesicherung bewirkt nicht immer eine sichere Schadensverhütung.

Zum Messen großer Ströme ist das Multimeter (**Bild 1, Seite 78**) nicht vorgesehen. Man führt dann eine indirekte Messung mit einer Strommesszange (**Bild 2, Seite 78**) durch.

Das Magnetfeld des fließenden Stromes erzeugt eine Messspannung, die als Messwert an ein digitales Anzeigegerät weitergegeben wird.

Von Vorteil ist, dass man den Stromkreis nicht auftrennen muss.

Beispiel für die Strommessung am Elektrorad:

- Lade- und Entladestrom der Batterie

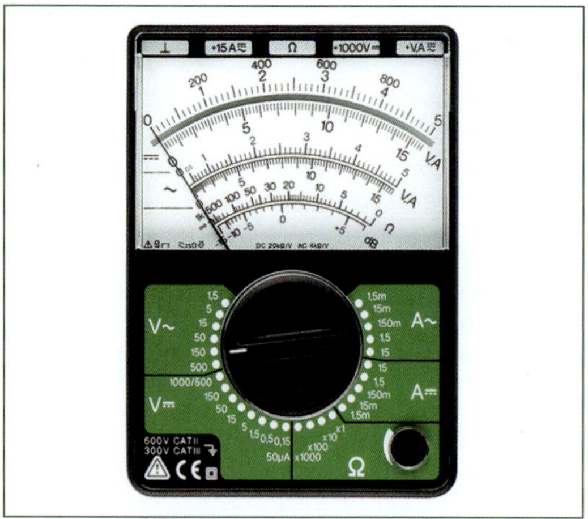

Bild 1: Analog-Multimeter

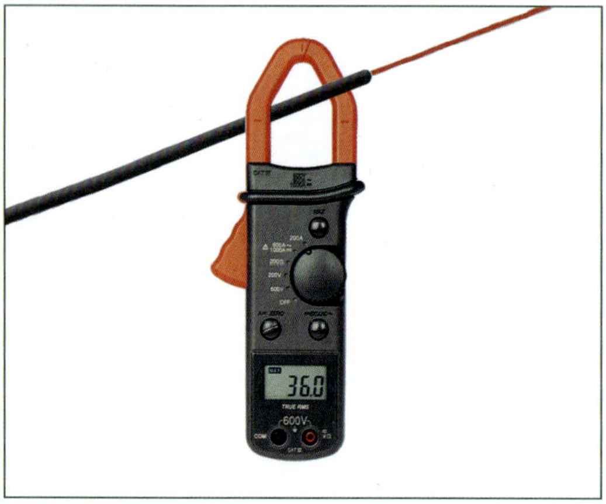

Bild 2: Messung mit der Strommesszange

Widerstandsmessung

Zur Messung des Widerstandes wird das Messgerät **parallel** zum Messobjekt geschaltet. Dabei muss das Objekt (z. B. die Glühlampe in **Bild 3**) aus dem Stromkreis gelöst werden. Das zu messende Bauteil muss **spannungsfrei** sein.

info

Achtung:

- Wird das Messobjekt nicht freigelegt, misst man den Widerstand aller Bauteile des gesamten Stromkreises.
- Steht das Objekt bei der Messung noch unter Spannung, kann das Messgerät Schaden nehmen.
- Widerstände mit Gehäuse-Masse müssen ausgebaut werden.

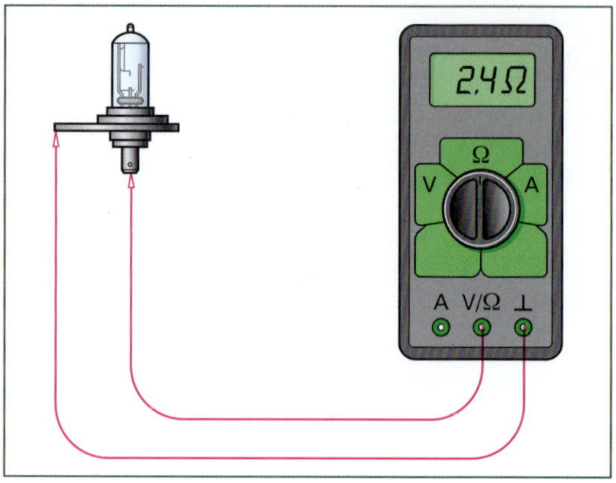

Bild 3: Messung des elektrischen Widerstandes

Beispiele für die Widerstandsmessung am Fahrrad/Elektrorad:

- Glühlampe
- Lichtkabel
- Masseschluss
- Durchgangsprüfungen bei Elektromotoren und Dynamos

1.6.4 Schaltungen

Leitersysteme

Bei Beleuchtungsanlagen mit Einleitersystem erfolgt die Stromzufuhr zu den Verbrauchern durch ein einpoliges Kabel und der Stromrücklauf durch die metallischen Teile des Fahrzeuges, der Masse.

Moderne Lichtanlagen besitzen zur Erhöhung der Betriebssicherheit eine Doppelverkabelung. Das Strom führende Kabel ist schwarz und das rückführende Massekabel schwarz-weiß gekennzeichnet.

Die Bauelemente und Verbraucher können auf unterschiedliche Weise mit Spannung versorgt werden (**Bild 1, Seite 79**).

1.6.5 Bauelemente

Widerstände

Ohmsche Widerstände begrenzen in einer elektronischen Schaltung den Stromfluss (die Stromstärke) oder bewirken einen Spannungsfall (früher: Spannungsabfall). Sie sind so eingestellt, dass ihr elektrischer Widerstand nur gering von der Spannung, der Stromstärke und der Temperatur abhängt.

In einer Schaltung (und in einer Formel) wird der Ohmsche Widerstand mit R bezeichnet. Die Einheit ist Ω.

Übersicht: Reihen- und Parallelschaltung

Reihenschaltung

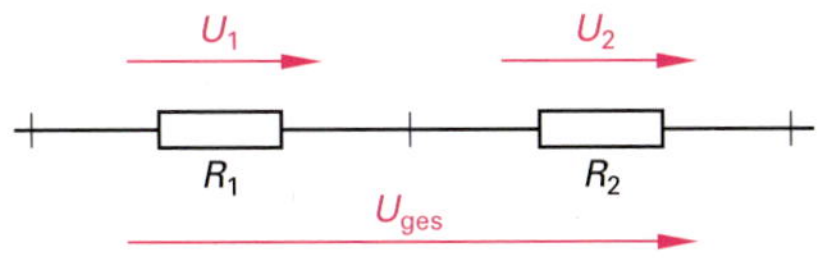

Parallelschaltung

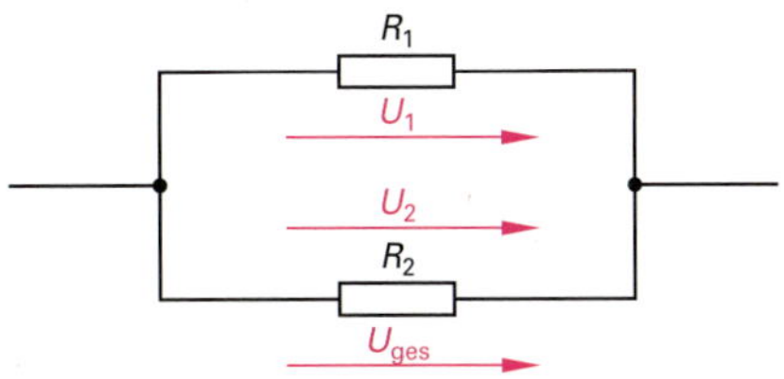

Reihenschaltung	Parallelschaltung
Spannung	
Die Summe der Teilspannungen ergibt die Gesamtspannung.	An jedem Widerstand liegt die gleiche Spannung an.
$U_{ges} = U_1 + U_2$	$U_{ges} = U_1 = U_2$
Strom	
Der Strom ist an jeder Stelle im Stromkreis gleich groß.	Die Summe der Teilströme ergibt den Gesamtstrom.
$I_{ges} = I_1 = I_2$	$I_{ges} = I_1 + I_2$
Widerstand	
Die Summe der Teilwiderstände ergibt den Gesamtwiderstand.	Der Ersatzwiderstand R_e ist stets kleiner als der kleinste Einzelwiderstand.
$R_{ges} = R_1 + R_2$	$\frac{1}{R_e} = \frac{1}{R_1} + \frac{1}{R_2} \qquad R_e = \frac{R_1 \cdot R_2}{R_1 + R_2}$

Gemischte Schaltungen

Erweiterte Reihenschaltung

Die Schaltung wird zu einer Reihenschaltung vereinfacht.

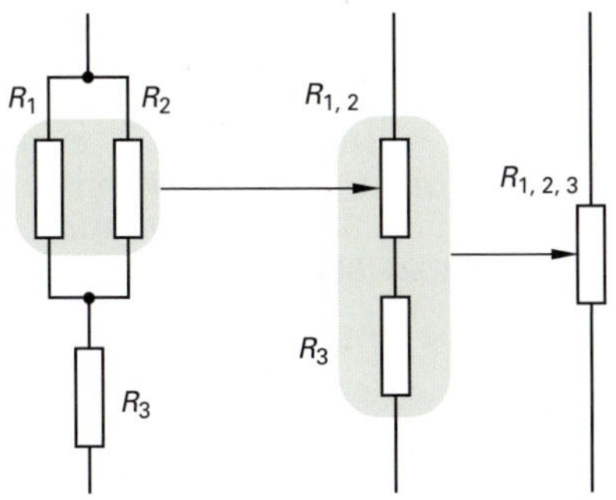

Widerstände mit gleicher Spannung (R_1 und R_2) sind parallel geschaltet.

Widerstände mit gleichem Strom (R_1, R_2 und R_3) sind in Reihe geschaltet.

Erweiterte Parallelschaltung

Die Schaltung wird zu einer Parallelschaltung vereinfacht.

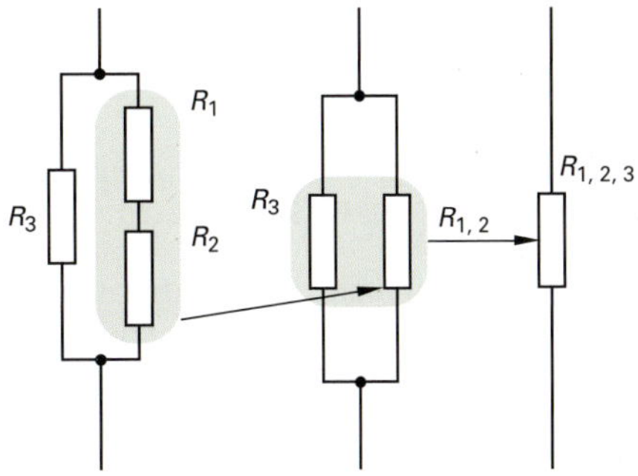

Widerstände mit gleichem Strom (R_1 und R_2) sind in Reihe geschaltet.

Widerstände mit gleicher Spannung (R_3 und R_1, R_2) sind parallel geschaltet.

Bild 1: Reihen-, Parallel- und gemischte Schaltung

Kondensatoren

Ein Kondensator besteht aus zwei Metallplatten (meist Folien), die durch einen Isolierstoff (Dielektrikum) getrennt sind **(Bild 1 a)**.

Legt man eine Gleichspannung an die Pole der beiden Platten, so fließt ein Ladestrom. Haben die Spannungen am Kondensator und an der Spannungsquelle den gleichen Betrag, ist der Kondensator geladen und sperrt den weiteren Stromzufluss. Für eine kurze Zeit ist elektrische Energie im Kondensator gespeichert **(Bild 1 b)**.

Trennt man den aufgeladenen Kondensator von der Spannungsquelle, bleibt die elektrische Ladung auf den Kondensatorplatten erhalten. Verbindet man die beiden Kondensatoranschlüsse elektrisch leitend miteinander, wird der Kondensator entladen **(Bild 1 c)**.

info

Achtung: Beim schlagartigen Entladen fließt ein hoher Entladestrom. Auch ausgebaute Kondensatoren können noch erhebliche Ladungsmengen enthalten.

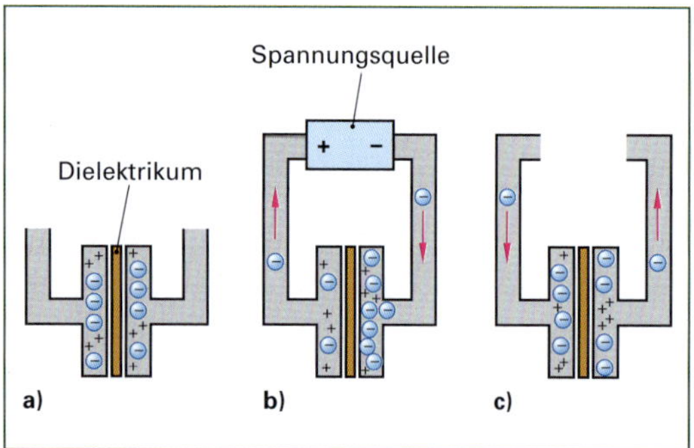

Bild 1: Kondensator a) ungeladen b) Aufladevorgang c) entladen

Das Speichervermögen eines Kondensators wird als Kapazität bezeichnet:

$$\text{Kapazität } C = \frac{\text{Ladung } Q}{\text{Spannung } U} \qquad \text{in } 1\,\text{F} = 1\,\frac{\text{As}}{\text{V}}$$

Ein Kondensator braucht zum Laden und Entladen Zeit **(Bild 2)**. Ein Maß für die Lade- und Entladezeit ist die Zeitkonstante τ (gesprochen tau). Nach einer bestimmten Ladezeit hat ein Kondensator 63 % der Endspannung erreicht. Nach der Zeitdauer $5 \cdot \tau$ ist er vollständig geladen. Dadurch lassen sich Kondensatoren als Zeitglieder verwenden.

Beispiel: Blinkanlage

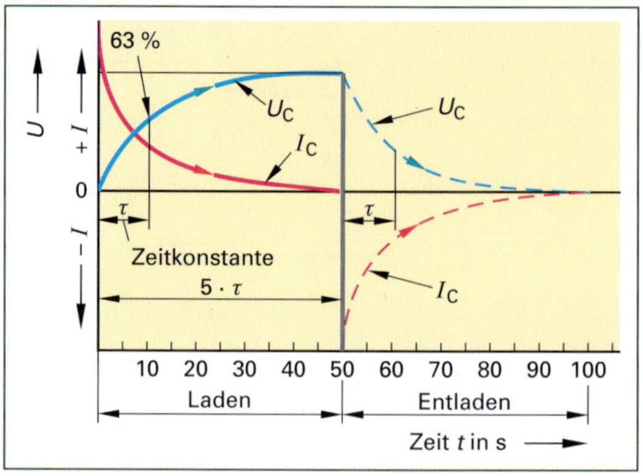

Bild 2: Lade- und Entladekurve eines Kondensators

Anwendungen:

- Spannungsquelle für das Standlicht
- Glätten einer pulsierenden Gleichspannung

Spulen (Induktivitäten)

Jeder stromdurchflossene Leiter wird von einem Magnetfeld umgeben. Wickelt man einen Leiter in mehreren Windungen auf, erhält man eine Spule. Die Stärke des Magnetfeldes **(Bild 3)** erhöht sich mit steigender Stromstärke und steigender Windungszahl. Ein Eisenkern im Inneren der Spule verstärkt das Magnetfeld.

Eine Spule speichert elektrische Energie in ihrem Magnetfeld.

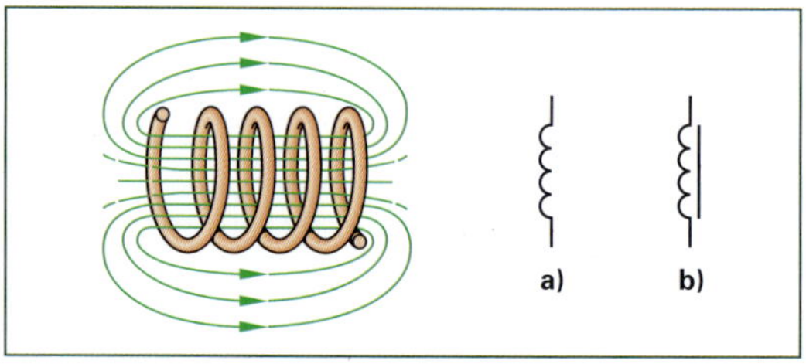

Bild 3: Magnetfeld einer Spule. Schaltzeichen a) Spule allgemein b) Spule mit Eisenkern

Die Bewegung eines Magneten in einer Spule erzeugt (= induziert) eine **Induktionsspannung**. Dabei bestimmt die Bewegungsrichtung die Polarität der Spannung (**Bild 1, Seite 81**).

Die erzeugte Spannung ist umso höher,

- je schneller die Bewegung ist (oder: je größer die zeitliche Veränderung der Magnetfeldstärke ist).
- je mehr Windungen die Spule hat.
- je stärker das Kraftfeld des Magneten ist.

Es spielt keine Rolle, ob sich der Magnet oder die Spule bewegt – es muss nur eine Bewegungsänderung stattfinden.

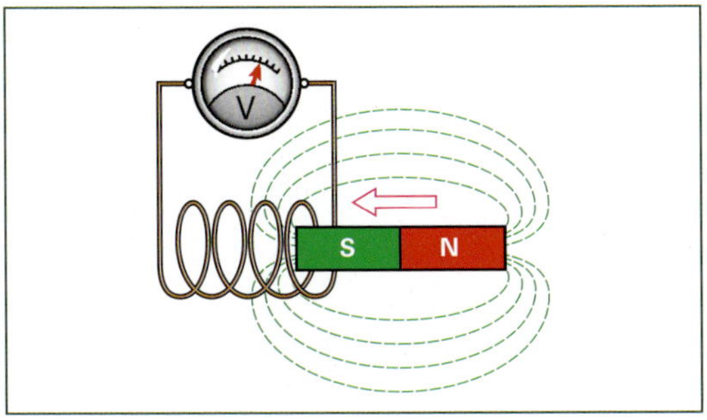

Bild 1: Induktionsspannung durch Bewegung eines Permanentmagneten in einer Spule

Ein sich drehender Magnet in der Nähe einer Spule erzeugt eine Wechselspannung, die umso höher ist, je schneller die Drehung ist. Nach jeder halben Umdrehung ändert sich die Richtung der Spannung. Ein Eisenkern in der Spule verstärkt den magnetischen Fluss und erhöht damit die Spannung weiter.

Beispiele:
- Fahrraddynamo
- Induktiver Impulsgeber für Fahrradcomputer

Die Spannungserzeugung kann nicht nur durch die Bewegung eines Permanentmagneten, sondern auch durch einen Elektromagneten erfolgen **(Bild 2)**.

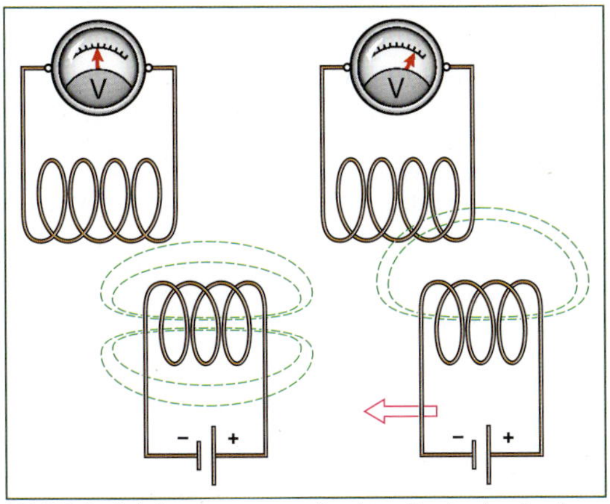

Bild 2: Induktionsspannung in einer Spule durch eine bewegte stromdurchflossene Spule

Selbstinduktion, Lenzsche Regel

An eine Spule wird eine Gleichspannung gelegt (Versuchsaufbau **Bild 3a**). Sobald Strom fließt, baut sich in der Spule ein Magnetfeld auf. Das zunehmende Magnetfeld induziert wiederum eine Spannung, die Selbstinduktionsspannung. Diese wirkt der angelegten Spannung entgegen und lässt nur einen verzögerten Anstieg des Stromflusses zu **(Bild 3b) und Kapitel 4.4.2**.

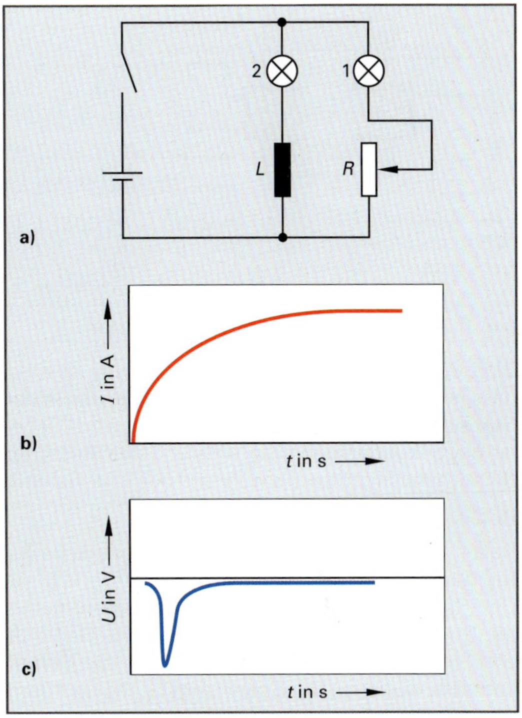

Bild 3: a) Prinzip Selbstinduktion b) Stromverlauf beim Einschalten c) Induktionsspannung beim Abschalten der Spule

Die Glühlampen haben beide gleiche Leistung[1]. Beobachtung: Beim **Einschalten** leuchtet die Glühlampe 2 etwas später auf als die Lampe 1. Die Spule verzögert den Stromfluss zur Lampe 2.

Der durch das sich ändernde Magnetfeld der Spule erzeugte Widerstand wird als induktiver Widerstand bezeichnet. Ist das Magnetfeld der vom Gleichstrom durchflossenen Spule vollständig aufgebaut, wirkt die Spule wie ein ohmscher Widerstand.

Transformator

Ein Transformator besteht aus zwei getrennten Spulen, die um einen Eisenkern gewickelt sind (**Bild 1, Seite 82**). Eine Wechselspannung U_1 erzeugt in der Eingangswicklung (Primärwicklung N_1) ein Magnetfeld. Der Eisenkern verstärkt das Magnetfeld und leitet es durch die Ausgangswicklung (Sekundärwicklung N_2), wo es je nach Übersetzungsverhältnis eine höhere Wechselspannung U_2 induziert.

Das Übersetzungsverhältnis *ü* lautet:

$$ü = \frac{U_1}{U_2} = \frac{N_1}{N_2}$$

[1] Das Potentiometer R sorgt dafür, dass beide Lampen dieselbe Helligkeit haben, denn auch die Spule L hat einen ohmschen Widerstand.

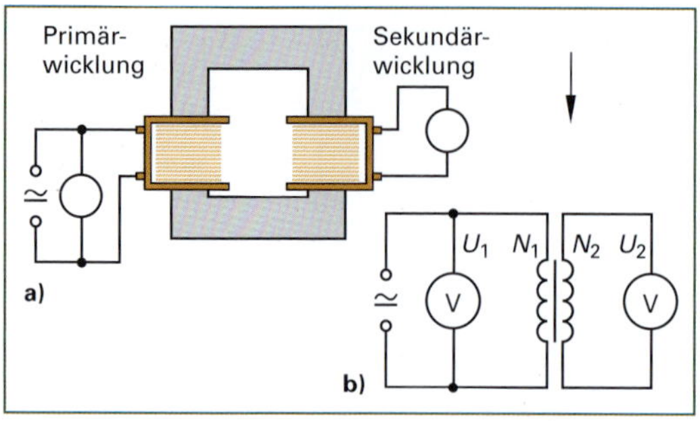

Bild 1: Transformator a) Prinzip b) Schaltplan

Eine Gleichspannung an der Primärspule bewirkt, dass nur während des Ein- und Ausschaltens in der Sekundärspule eine Spannung erzeugt wird. Dabei ist die Sekundärspannung während des Ausschaltens erheblich größer als während des Einschaltens.

Relais

Relais sind elektromagnetisch betätigte Schalter, für deren Funktion Gleichstrom erforderlich ist. Der Strom des Steuerstromkreises fließt durch die Spule und erzeugt ein Magnetfeld. Dadurch wird der Schaltanker angezogen, der die Schaltkontakte zwischen der Spannungsquelle und dem Verbraucher (Arbeitsstromkreis = Laststromkreis) schließt (**Bild 2**).

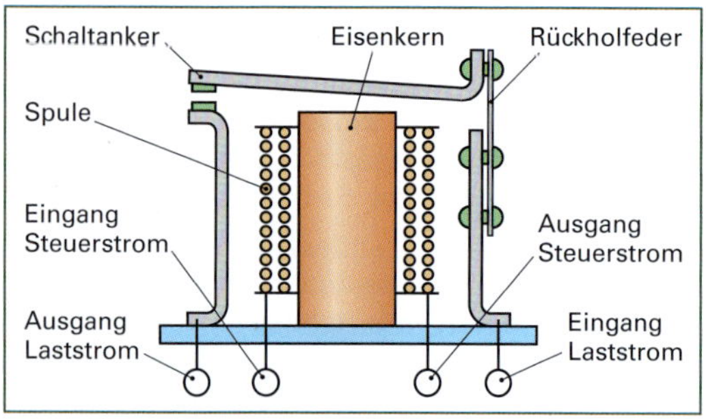

Bild 2: Schaltschema Startrelais

Ein kleiner Steuerstrom schaltet einen großen Arbeitsstrom (Laststrom).

Beispiel: Mit einer Steuerstromstärke von 1 A lässt sich eine Arbeitsstromstärke von 130 A schalten; das Übersetzungsverhältnis beträgt hier 1 : 130.

- Schalter werden nicht durch hohe Arbeitsströme überlastet.
- Bei großen Arbeitsströmen reichen kürzere Leitungen aus.
- Mehrere Stromkreise können gleichzeitig geschaltet werden.

Aktive Bauelemente

Zu den aktiven elektronischen Bauelementen gehören:

- Dioden
- Transistoren
- Thyristoren
- Halbleiterwiderstände
- Optoelektronische Bauelemente
- Integrierte Schaltungen (IC)

Sie sind aus Halbleiter-Werkstoffen aufgebaut.

Die elektrische Leitfähigkeit liegt zwischen den Metallen (Leiter) und den Isolatoren (Nichtleiter). Häufig verwendetes Halbleitermaterial ist Silizium.

Silizium hat keine freien Ladungsträger, denn es benötigt seine vier Außenelektronen zur eigenen Bindung des Kristallgitters **(Bild 3a)**.

Um das Material leitfähig zu machen, wird Silizium dotiert, d. h. mit Elementen versetzt („dotiert"), die mehr oder weniger Elektronen als Silizium besitzen.

Bei der Dotierung mit Indium (Indium hat 3 Außenelektronen) entstehen Fehlstellen, die auch als „Löcher" oder „Defektelektronen" bezeichnet werden. Diese Löcher sind beweglich; sie verhalten sich wie freie (positive) Ladungsträger **Bild 3b)**. Das Siliziumkristall wird zum **P-Leiter**.

Arsen mit seinen 5 Außenelektronen gibt bei der Dotierung ein Elektron als Ladungsträger (**Bild 3c)** ab – das Siliziumkristall wird negativ leitend, es wird zu einem **N-Leiter**.

Dioden

Bei einer **Diode** sind N- und P-dotierte Kristallschichten zusammengeführt. Es bildet sich eine neutrale Sperrschicht mit einem Gleichgewicht von Löchern und Elektronen (**Bild 1, Seite 83**).

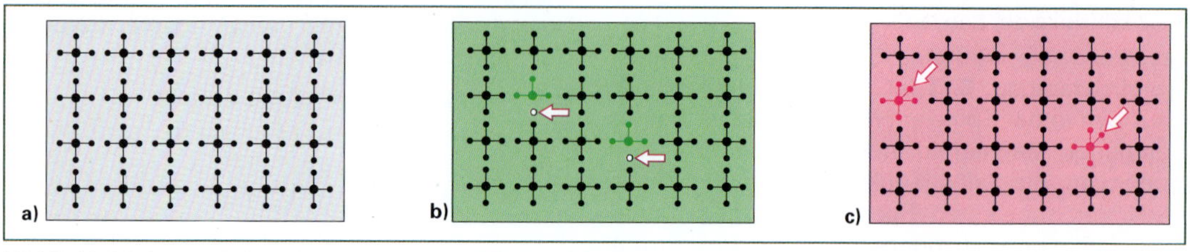

Bild 3: Halbleiter a) Reines Silizium b) P-Dotierung mit Indium c) N-Dotierung mit Arsen

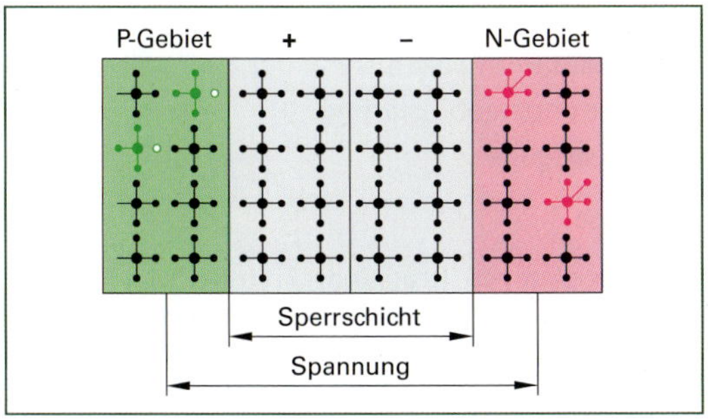

Bild 1: Spannung zwischen dem N- und dem P-Teil einer Diode

Verbindet man den Pluspol einer Gleichspannungsquelle mit dem N-Pol der Diode und den Minuspol mit dem P-Pol, wird die Sperrschicht breiter. Damit wächst der Widerstand in der Sperrschicht und es fließt kein Strom. Die Diode ist in Sperrrichtung geschaltet **(Bild 2a)**.

Bei einer Spannung von ca. 0,7 V verhindert die Siliziumdiode eine weitere Wanderung der Ladungsträger[1].

Ist die angelegte Spannung zu groß, wird die Sperrschicht durchschlagen und der hohe Durchlassstrom zerstört die Diode.

Bei umgekehrter Polung werden die freien Elektronen der N-Schicht vom Minuspol der Spannungsquelle in die Sperrschicht hineingedrückt.

Gleichzeitig wandern die Löcher der P-Schicht in die Sperrschicht und verringern den Widerstand.

Bei einer Schwellspannung von ca. 0,7 V wird die Siliziumdiode stromleitend **(Bild 2b)**. Die Pfeilrichtung im Schaltbild einer Diode gibt die Durchlassrichtung des Stromes an.

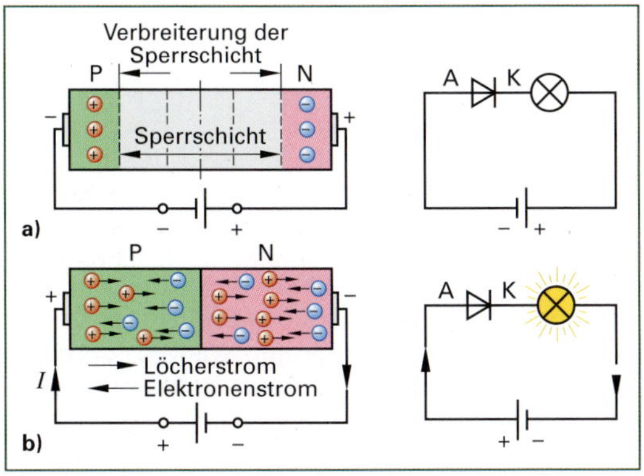

Bild 2: Diode a) in Sperrrichtung b) in Durchlassrichtung. A = Anode K = Kathode

[1] Schwellspannung ist vom Halbleitermaterial abhängig: Germanium 0,3 V, Selen 0,6 V, Kupferoxydal ~ 0,2 V

Bei einer Diode kann der Strom nur von der Anode (+) zur Kathode (–) fließen. Das Dreieck im Schaltzeichen stellt die p-Schicht, der Balken die n-Schicht dar. Die Dreieckspitze zeigt die technische Stromrichtung in Durchlassrichtung an.

info

Achtung:

- Der Strom in Durchlassrichtung darf den zulässigen Höchststrom nicht überschreiten.
- In Sperrrichtung darf die Spannung nicht unzulässig groß werden.
- Zu hohe Temperaturen führen zur Zerstörung der Diode

Anwendungen von Dioden:

- Gleichrichtung von Wechselspannungen
- Unterdrücken von Induktionsspannungen
- Entkoppeln von Stromkreisen

Gleichrichtung von Wechselspannungen

Bei der **Einweg-Gleichrichtung** mit **einer** Diode fließt im Stromkreis ein unterbrochener stark pulsierender Gleichstrom. Es wird nur die elektrische Energie **einer** Halbwelle genutzt **(Bild 3)**.

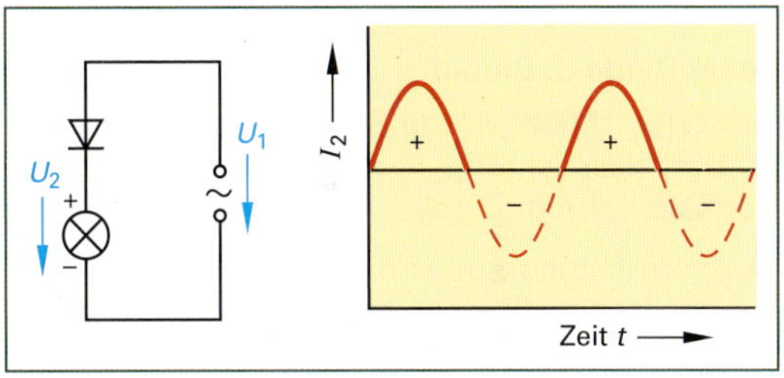

Bild 3: Einweg-Gleichrichtung

Bei der **Zweiweg-Gleichrichtung** (= Vollweg-Gleichrichtung) mit **vier** Dioden wird auch die elektrische Energie der unterdrückten Halbwelle genutzt. Im Stromkreis fließt ein **nicht** unterbrochener pulsierender Gleichstrom (**Bild 4**). Anwendung:

- Regler-/Gleichrichtereinheit bei einem Wechselstrom-Generator.

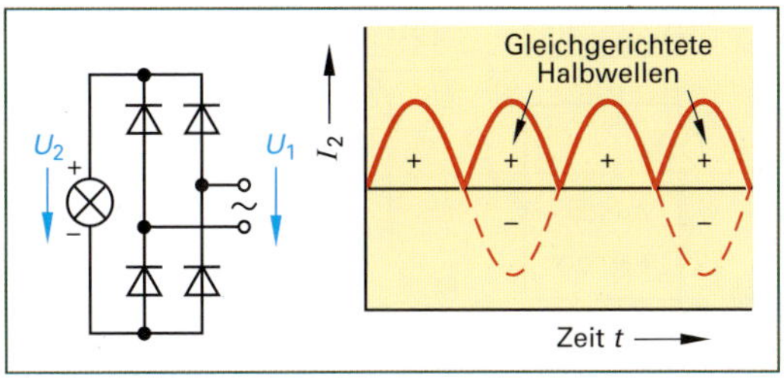

Bild 4: Zweiweg-Gleichrichtung

Bei Drehstromgeneratoren dient eine **Brückenschaltung** mit **sechs** Dioden zur Gleichrichtung der Wechselströme **(Bild 1)**. Die positiven Halbwellen werden von den Plusdioden, die negativen von den Minusdioden gleichgerichtet.

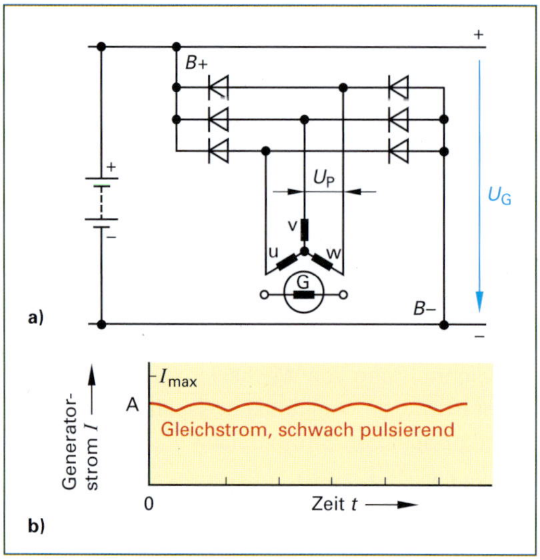

Bild 1: a) Brückenschaltung beim Drehstromgenerator
b) Vom Drehstromgenerator abgegebener Gleichstrom

Zener-Diode (Z-Diode)

Die Zener-Diode wird in Sperrrichtung betrieben. In Durchlassrichtung verhält sie sich wie eine normale Silizium-Diode.

In Sperrrichtung sperrt sie den Strom bis zu einer bestimmten Spannung, der Durchbruch- oder Zenerspannung U_Z (**Bild 2**). Bei dieser Spannung wird die Z-Diode schlagartig leitend. Unterschreitet die Spannung die Zenerspannung, sperrt die Diode wieder.

Der fließende Durchbruchstrom I_Z muss durch einen Vorwiderstand begrenzt werden.

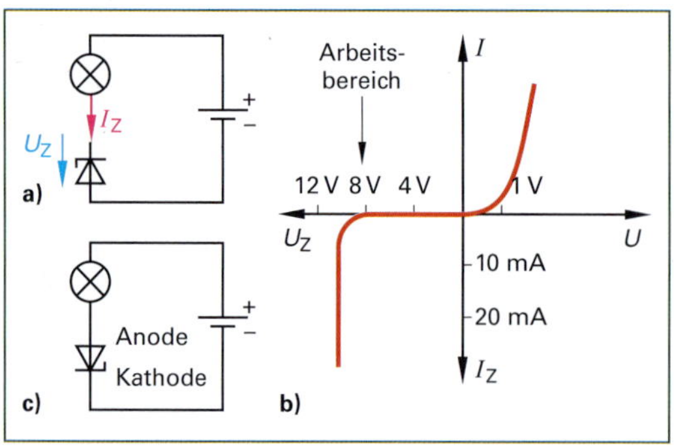

Bild 2: a) Z-Diode in Sperrrichtung b) Kennlinie
c) Z-Diode in Durchlassrichtung

Anwendungen:

- Überspannungsschutz bei der Lichtanlage
- Spannungsstabilisierung
- Sollwertgeber

Transistor

Mit Transistoren (transient = steuerbar, Resistor = Widerstand) kann ein großer Strom mit einem kleinen Steuerstrom beeinflusst werden. Deshalb dienen Transistoren als Leistungsverstärker oder Schalter. Nach der Art der Ansteuerung unterscheidet man bipolare und unipolare Transistoren.

Bipolare Transistoren (= Sperrschicht-Transistoren) werden über den Basisstrom gesteuert. Die drei Anschlüsse sind:

- Basis (B) → Grundmaterial bei der Herstellung
- Emitter (E) → Sendet Ladungsträger aus
- Kollektor (C) → Sammelt Ladungsträger ein

Diese Transistoren heißen bipolar, weil Ladungsträger **beider Polaritäten** (positive Löcher und negative Elektronen) beteiligt sind. Je nach Schichtenfolge der P- und N-Schichten unterscheidet man NPN- und PNP-Transistoren **(Bild 3)**. Die NPN-Transistoren werden am häufigsten verwendet.

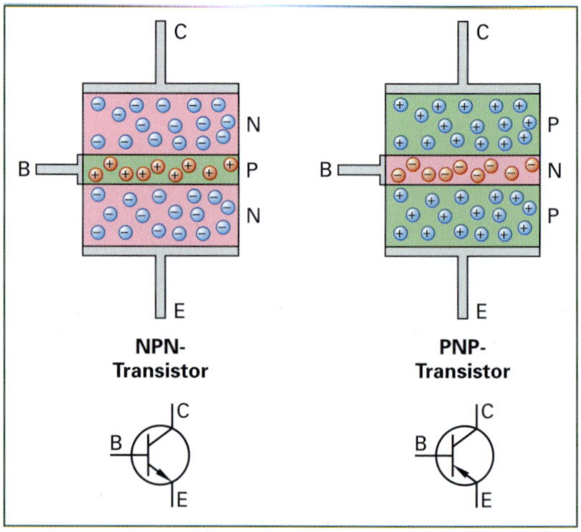

Bild 3: NPN-Transistor und PNP-Transistor

Beim NPN-Transistor liegt die Basis an P, der positiven Schicht. Hier steuern positive Ladungsträger etwa die 100fache Menge an negativen Ladungsträgern, die vom Emitter zum Kollektor fließen. Das entspricht einer Stromverstärkung von 100.

Beim PNP-Transistor liegt die Basis an N, der negativen Schicht.

Bei beiden Transistortypen haben die Strecken BC und BE die Eigenschaften einer Diode, die in einer Richtung leitet und in der anderen Richtung sperrt.

Der Transistor leitet, wenn der Pluspol der Spannungsquelle an der P-Schicht und der Minuspol an der N-Schicht liegt.

Der Transistor sperrt, wenn der Pluspol der Spannungsquelle an der N-Schicht und der Minuspol an der P-Schicht angeschlossen ist.

Man kann den Transistor als zwei hintereinander geschaltete Dioden auffassen, von denen die eine in Flussrichtung, die andere in Sperrrichtung gepolt ist (**Bild 1**).

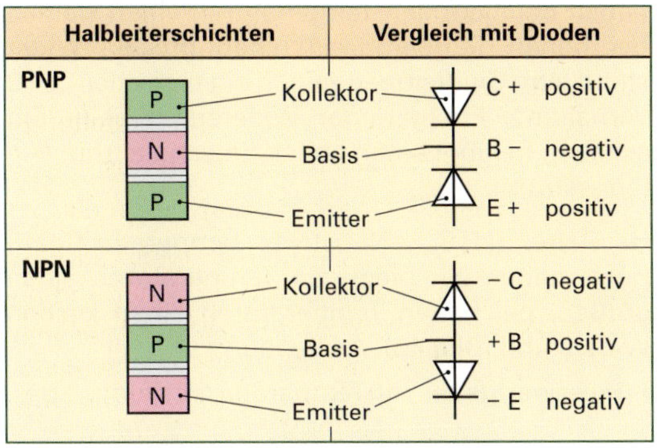

Bild 1: Vergleich von Transistor und Diode

Erklärung: Wird eine Spannung an die Emitter (E)-Kollektor(C)-Strecke angelegt **(Bild 2a)**, sperrt immer eine Diode den Stromfluss. Wenn man zusätzlich zwischen der Basis und dem Emitter eine Spannung anlegt, hebt sich die Sperrwirkung auf und die Strecke EC wird leitend **(Bild 2b)**.

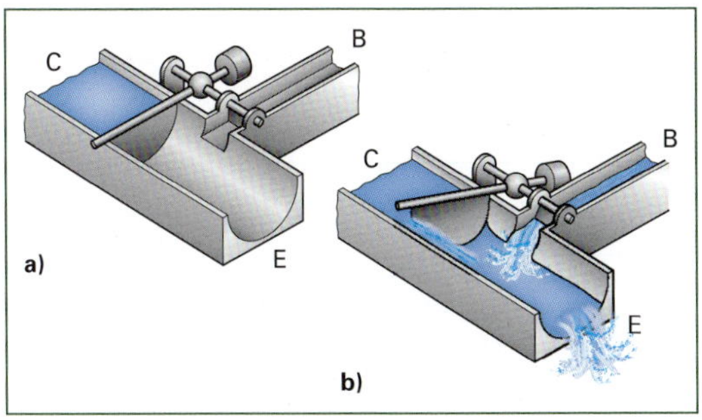

Bild 2: Modell eines Transistors als Schalter
a) geschlossen b) geöffnet

Transistor als Schalter

Wie bei der Siliziumdiode ist beim Transistor eine Basis-Emitter-Spannung von + 0,7 V nötig, damit der Transistor durchschaltet, d. h. die Kollektor-Emitter-Strecke leitend wird. Bild 2 zeigt als Modell, wie man sich die Wirkungsweise eines Transistors als Schalter vorstellen kann.

Der Basisstrom verringert den Innenwiderstand des Transistors und verstärkt so den Kollektor-Emitter-Strom. Mit dem An- und Abschalten und der Größe des Basisstromes lässt sich der Kollektorstrom steuern.

Der Pfeil im Transistor-Schaltbild gibt die technische Stromrichtung über die Basis an. Nur wenn ein Strom über die Basis fließt, fließt auch Strom über die Kollektor-Emitterstrecke.

Transistor als Stromverstärker

Über einen regelbaren Vorwiderstand R_V wird die Spannung U_{BE} zwischen Basis und Emitter geringfügig erhöht. Damit verringert sich der Widerstand des Transistors **(Bild 3)**.

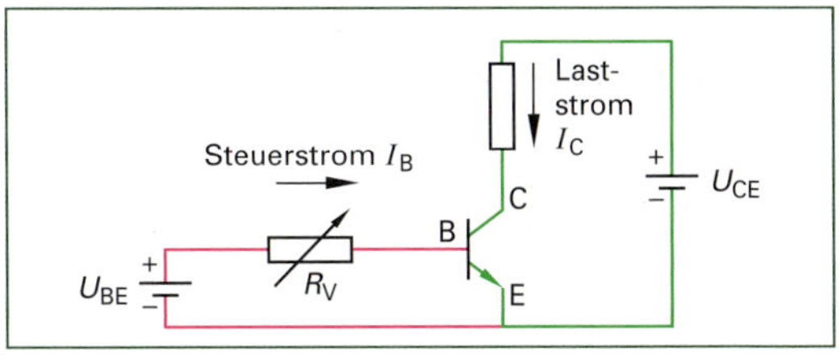

Bild 3: Stromverstärkung durch NPN-Transistor

Gleichzeitig erhöht sich auch der Basisstrom I_B, was wiederum eine weitere Verringerung des Widerstandes zur Folge hat. Es stellt sich ein starker Kollektorstrom (= Laststrom) I_C ein. Der Lastwiderstand R_L bestimmt die Größe des Kollektorstromes.

Das Verhältnis von Kollektorstrom I_C zu Basisstrom I_B ist die Gleichstromverstärkung B:

$$B = \frac{I_C}{I_B}$$

Eine kleine Änderung des Basisstroms (Steuerstrom) bewirkt eine große Änderung des Kollektorstroms (Laststrom).

Zwei hintereinander geschaltete Transistoren können die Stromverstärkung erheblich steigern **(Bild 4)**.

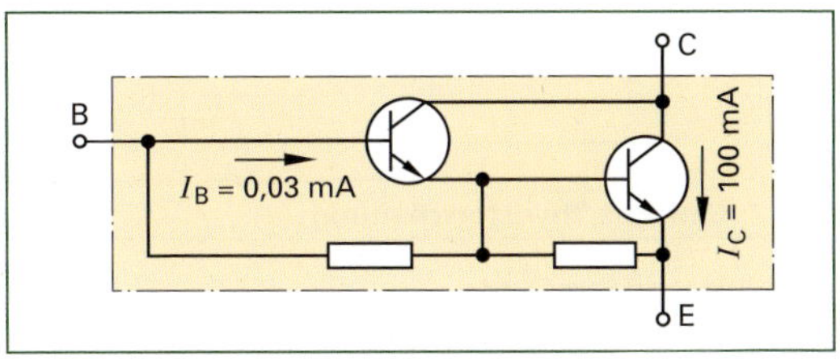

Bild 4: Stromverstärkung durch zwei Transistoren (Darlington-Transistor)

Transistoren können als Verstärker, als Schalter mit Relaisfunktion und als steuerbare Widerstände eingesetzt werden.

Thyristor

Ein Thyristor (Thyratron = Impulssteuerung, Resistor = Widerstand) ist ein steuerbarer elektronischer Schalter für hohe Leistungen. Die vier hintereinander liegenden unterschiedlich dotierten Halbleiterschichten bilden drei Sperrschichten (**Bild 1**). Die beiden äußeren Schichten tragen die Anschlüsse für die Anode A (an P), die Kathode K (an N) und eine innere Schicht für den Steueranschluss G (Gate).

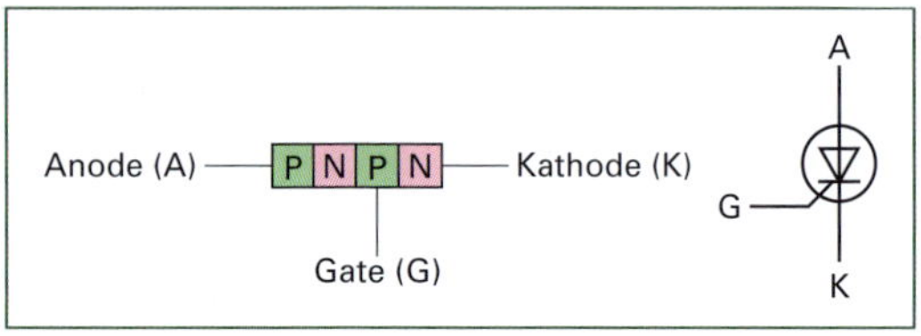

Bild 1: Aufbau und Schaltzeichen eines Thyristors

Wie bei einer Diode kann der Strom nur von der Anode zur Kathode fließen. Dies ist aber erst der Fall, wenn der Thyristor „gezündet" wird. Dazu muss ein kurzer Spannungsimpuls von ca. 0,7 V an das Gate gelegt werden.

Der Thyristor bleibt so lange leitend, wie ein Strom von der Anode zur Kathode fließt. Erst wenn dieser Strom auf einen bestimmten Wert absinkt (den Haltestrom), sperrt der Thyristor wieder. Ein erneuter Zündimpuls am Gate macht ihn wieder leitend.

Bild 2 zeigt die Anwendung eines Thyristors. Durch Betätigen des Tasters S1 wird der Thyristor gezündet und die Strecke AK leitend. Die Lampe leuchtet. Drückt man den Taster S2, sperrt der Thyristor und die Lampe erlischt.

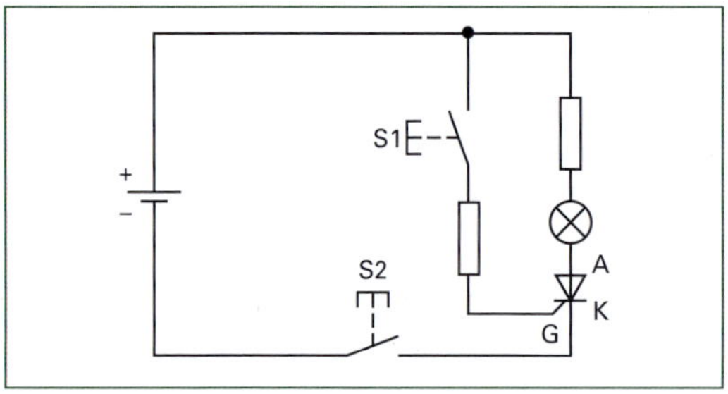

Bild 2: Einfache Thyristorschaltung

Halbleiterwiderstände

Halbleiterwiderstände sind im Gegensatz zu ohmschen Widerständen von Spannung, Stromstärke und Temperatur abhängig **(Bild 3)**.

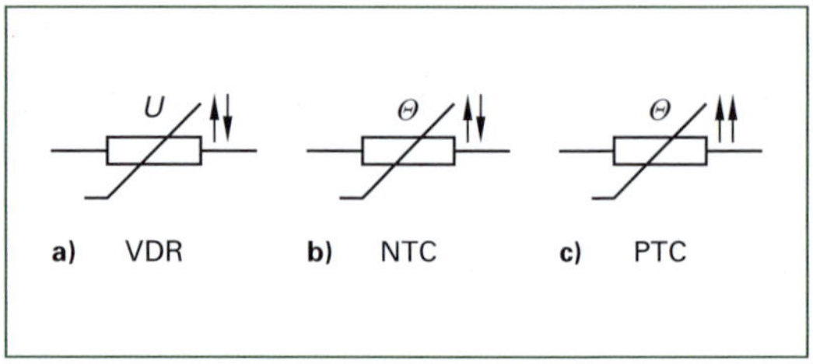

Bild 3: Schaltsymbole a) Varistor (VDR) b) Heißleiter NTC c) Kaltleiter PTC

Kaltleiter (PTC = Positiver Temperatur-Coeffizient) haben bei niedrigen Temperaturen einen kleinen, bei hohen Temperaturen einen großen Widerstand **(4a)**. Glühlampen zeigen ein typisches „PTC-Verhalten": Ein geringer Widerstand beim Einschalten bedingt einen hohen Einschaltstrom (Anfangsstrom).

Heißleiter (NTC = Negativer Temperatur-Coeffizient) haben bei niedrigen Temperaturen einen großen, bei hohen Temperaturen einen kleinen Widerstand **(Bild 4b)**. Anwendung:

- Messwertgeber zur Temperaturmessung

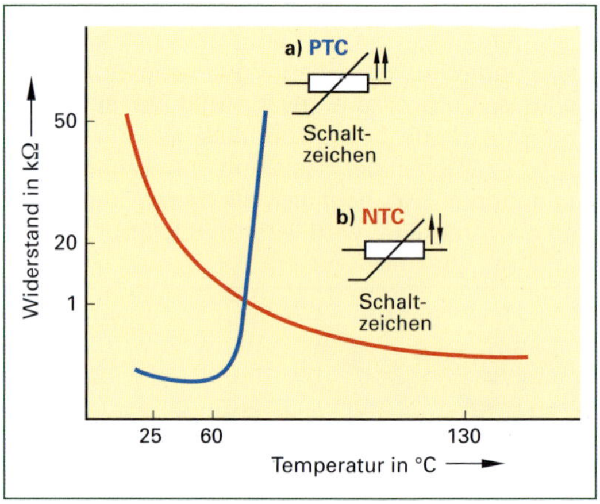

Bild 4: Kennlinien a) Kaltleiter b) Heißleiter

Optoelektronische Bauelemente

Zu den opto- oder lichtelektronischen Bauelementen gehören unter anderem:

- Fotowiderstand (LDR)
- Fotoelement
- Fotodiode
- Leuchtdiode (LED)
- Laserdiode
- Fototransistor

Der **Fotowiderstand** (LDR = Light Depending Resistor) ist ein lichtabhängiger Halbleiter-Widerstand, der mit zunehmender Beleuchtungsstärke seinen Widerstandswert verringert **(Bild 1)**. Licht (Photonen) erzeugt im Halbleiter freie Ladungsträger, die beim Anlegen einer Spannung die Stromstärke erhöhen. Anwendungen:

- Messung der Beleuchtungsstärke
- Dämmerungsschalter
- Lichtschrankensensor

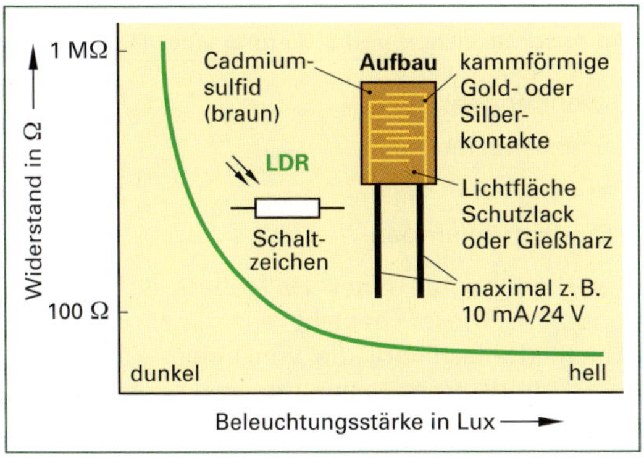

Bild 1: Schaltzeichen und Kennlinie eines LDR

Das **Fotoelement** wandelt bei Lichteinwirkung die aufgenommene Strahlungsenergie in elektrische Energie um. Die beim Lichteinfall in der Sperrschicht gebildeten negativen und positiven Ladungsträger trennen sich und erzeugen so eine Spannung. Wird ein Verbraucher angeschlossen, fließt „Fotostrom". Anwendungen:

- Solarzelle **(Bild 2)**
- Belichtungsmesser

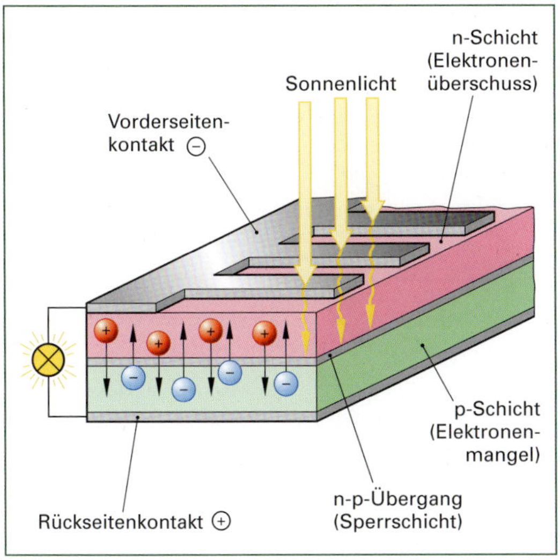

Bild 2: Solarzelle

Fotodioden wandeln wie das Fotoelement Lichtenergie in elektrische Energie um. Nur wird bei einer Fotodiode von außen eine Spannung angelegt, die den Fotostrom mit zunehmender Beleuchtungsstärke erhöht.

Fotodioden werden in Sperrrichtung mit einem Widerstand geschaltet. Steigt der Strom durch die Fotodiode aufgrund höherer Lichteinstrahlung, erhöht sich der Spannungsabfall am Widerstand **(Bild 3)**. Ein Lichtsignal wird so in ein Spannungssignal umgesetzt.

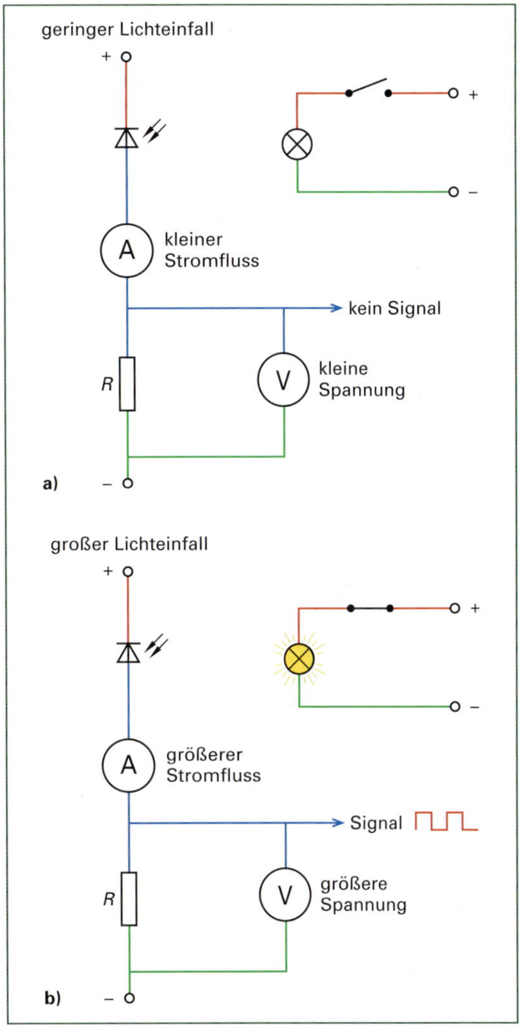

Bild 3: Fotodiode a) bei geringem Lichteinfall
b) bei großem Lichteinfall

Anwendungen von Fotodioden:
- Lichtmessung
- Lichtschranken (**Bild 1, Seite 88**)
- Fernsteuerung mit Infrarotstrahlung

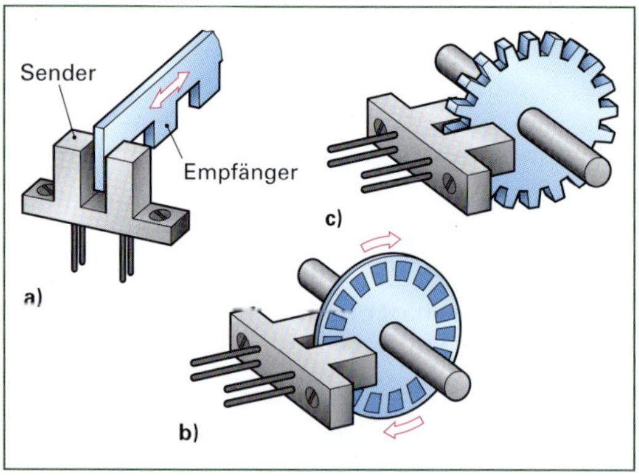

Bild 1: Mögliche Anwendungen von Lichtschranken
a) Erfassen von Längsbewegungen
b) Erfassen von Drehbewegungen
c) Abtasten eines Zahnrades

Eine **Leuchtdiode** (LED = Light Emitting Diode) sendet Licht aus, wenn durch sie in Durchlassrichtung ein Strom bestimmter Stärke fließt (**Bild 2**). In der Grenzschicht des Halbleiters vereinigen sich (rekombinieren) freie Elektronen und „Löcher". Die dabei freiwerdende Energie wird als Licht abgestrahlt.

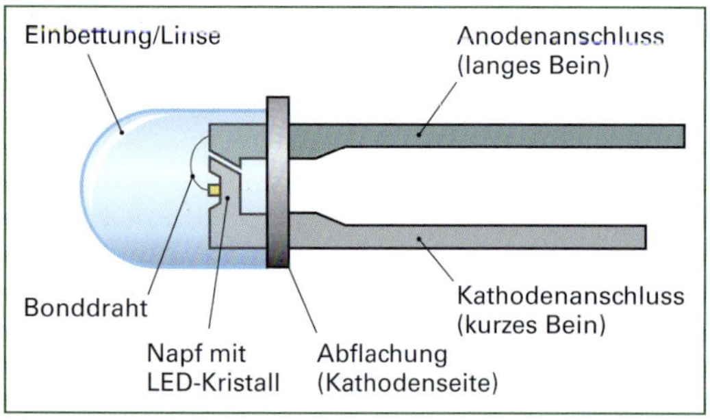

Bild 2: Aufbau Leuchtdiode

Je nach Halbleiterwerkstoff leuchten LEDs in unterschiedlichen Farben (**Bild 3**).

Farbe von Standard-Leucht-dioden	Chem. Zeichen	Halbleitermaterial	Spannung
infrarot	GaAs	Gallium-Arsenid	1,3 V ... 1,5 V
rot	GaAsP	Gallium-Arsenid-Phosphid	1,6 V ... 1,8 V
hellrot	GaAsP		2,0 V ... 2,1 V
gelb	GaAsP		2,1 V ... 2,2 V
grün	GaP	Gallium-Phosphid	2,2 V ... 2,4 V
blau	GaN	Gallium-Nitrid	3 V ... 5 V
blau	SiC	Siliziumkarbid	2,8 V ... 3,0 V

Bild 3: Standard Leuchtdioden

Da die Durchlassspannung je nach Lichtfarbe zwischen 1,6 V und 4 V liegt, müssen sie mit einem Vorwiderstand betrieben werden.

Der Widerstand begrenzt den Strom auf max. 20 mA **(Bild 4)**.

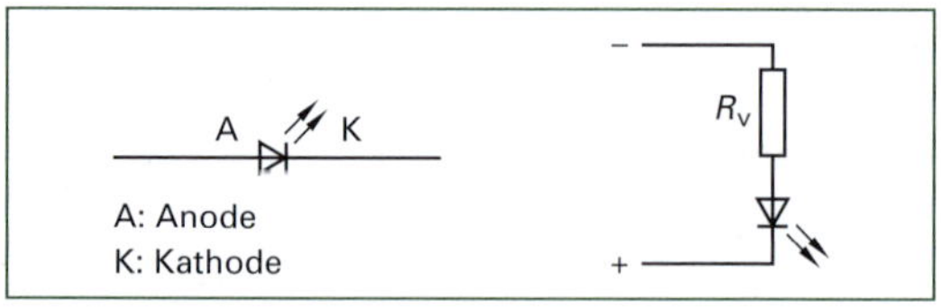

Bild 4: Schaltzeichen und Schaltung einer LED

Anwendungen:

- Scheinwerfer
- Rückleuchten
- Diodenprüflampen

Das Hauptbauteil eines **Hallgebers** ist der Hallgenerator. Dieser besteht aus einer Halbleiterschicht (Hallschicht), die von einem konstanten Versorgungsstrom I_V durchflossen wird **(Bild 5)**.

Ein Magnetfeld wirkt senkrecht durch die Halbleiterschicht und lenkt den Versorgungsstrom ab. Dadurch bildet sich in der Halbleiterschicht eine Zone mit Elektronenüberschuss und eine mit Elektronenmangel.

Zwischen beiden Zonen entsteht die Hallspannung U_H. Da diese sehr gering ist, muss sie noch durch einen IC-Baustein verstärkt werden.

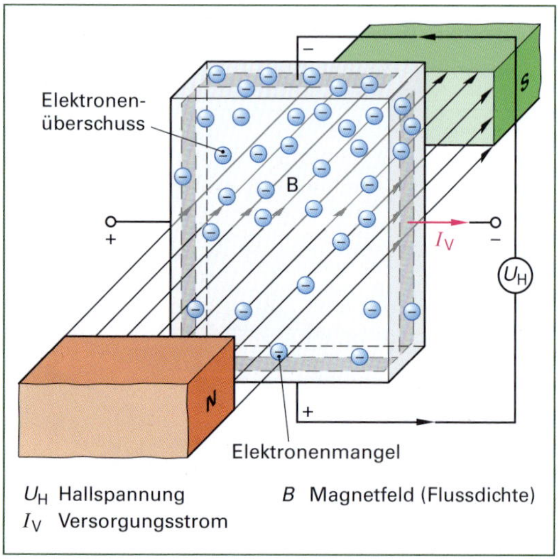

Bild 5: Hallgenerator

Das Hallprinzip wird beim Elektrofahrrad unter anderem zur Erfassung der Trittdrehzahl eingesetzt (siehe Bild 4. Seite 92).

1.7 Steuerungs- und Regelungstechnik

Die Steuerungs- und Regelungstechnik soll den Menschen bei allgemeinen Arbeitsabläufen unterstützen, entlasten oder sogar die Ausführung völlig übernehmen.

1.7.1 Steuern

Steuern ist ein Vorgang, bei dem eine oder auch mehrere **Eingangsgrößen** eine **Ausgangsgröße** beeinflusst.

Beispiel: Bremsanlage eines Fahrrades **(Bild 1).**

Die Handkraft am Bremshebel ist die Eingangsgröße, die Fahrzeugverzögerung die Ausgangsgröße. Die beteiligten Bauteile, der Bremshebel mit der mechanischen Kraftübersetzung, der Bremszug, die Bremse und die Bremsbeläge, die auf die Felge wirken, bilden die **Steuerkette**.

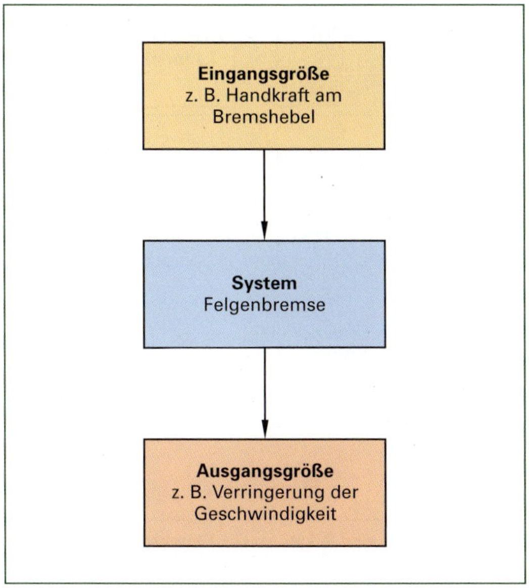

Bild 1: Steuerungssystem Fahrradbremse

Die gewünschte Bremsverzögerung kann jedoch von **Störgrößen** wie nasser Bremsbeläge/Felgen oder Fahrbahnglätte beeinflusst werden.

Weil diese Störgrößen von der Eingangsgröße nicht berücksichtigt oder korrigiert werden, liegt bei einer Steuerung ein **offener Wirkungsablauf** vor.

Beispiel: Steuerung der Motorkraft eines Pedelec

Beim Treten wird über den gezogenen Kettenteil (Zugtrum) eine Kraft auf die Hinterradachse ausgeübt. Diese Kraft verursacht eine elastische Verformung der Achse, die von einem Dehnmessstreifen (DMS) gemessen und an das Steuergerät des Motors weitergegeben wird **(Bild 2)**.

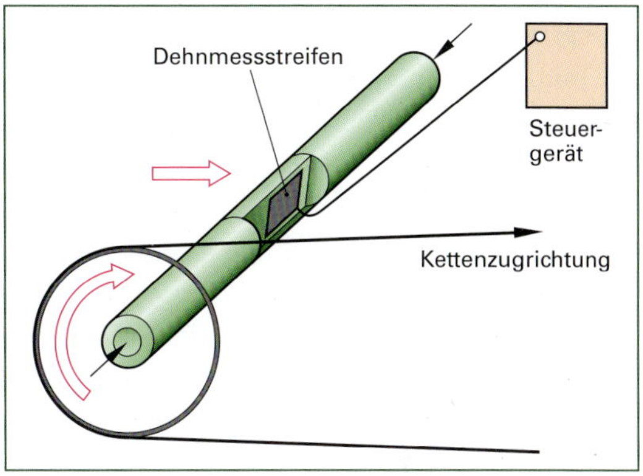

Bild 2: Messung der Trittkraft an der Hinterradachse

Anhand dieser Daten errechnet die Steuereinheit unter Berücksichtigung weiterer Nebenmessgrößen (Geschwindigkeit, Drehzahl, Trittfrequenz und weitere) den optimalen Unterstützungsgrad des Elektromotors für die jeweilige Fahrsituation.

Bei einer Steuerung ist nicht sichergestellt, dass der **Sollwert** der Eingangsgröße mit **dem Istwert** der Ausgangsgröße übereinstimmt. Es findet keine Kontrolle der Ausgangsgröße statt.

Weitere Beispiele für Steuerungsvorgänge:

- Ein Radfahrer erkennt ein Hindernis. Er beabsichtigt, seine Fahrgeschwindigkeit zu verringern und betätigt die Vorderradbremse.
- Ein Autofahrer steuert sein Auto in die Garage.
- Der Monteur stellt bei einer Schlagbohrmaschine den Drehzahl-Wahlschalter auf 600 U/min, einen weiteren Schalter auf „Schlagen" ein und startet die Maschine über Tastendruck.
- Ein Bewegungsmelder erfasst eine Person und schaltet das Licht ein.

1.7.2 Regeln

Beim **Regeln** erfolgt eine stetige Kontrolle darüber, ob der **Sollwert** der Eingangsgröße mit dem **Istwert** der Ausgangsgröße übereinstimmt. Bei Abweichungen erfolgt eine ständige Angleichung an den Sollwert. Man spricht von einem geschlossenen Wirkungsablauf im Regelkreis.

1

Beispiele für technische Regelvorgänge:
- Die Klimaanlage eines Pkw hält eine eingestellte Temperatur konstant.
- Der Schweißer stellt das Druckminderventil für den Sauerstoffdruck auf 2,5 bar.
- Bremskraftregelung durch Antiblockiersystem
- Tretunterstützung durch einen Elektromotor bei einem Pedelec

Beispiele für natürliche Regelvorgänge:
- Der menschliche Körper hält die Körpertemperatur auf 37 °C.
- Pupillenöffnung des Auges passt sich der Helligkeit an.
- Bei körperlicher Belastung schlägt das Herz schneller.

Regelung Klimaanlage

Der Fahrer stellt die gewünschte Temperatur ein. Diese Temperatur ist der **Sollwert** (die Temperatur im Fahrzeug **soll** diesen Wert haben). Ein **Stellglied** prüft nun fortlaufend, ob die gewünschte Temperatur erreicht **ist**.

Die tatsächliche Temperatur im Fahrzeug ist der **Istwert**. Sollte die Temperatur im Fahrzeug zu warm sein, sorgt das Stellglied dafür, dass das Fahrzeuginnere gekühlt wird.

Regelung des Gasdrucks (Bild 1):

Der Schweißer stellt über Einstellschraube und -feder als Sollwert den gewünschten Arbeitsdruck ein (hier 2,5 bar), den er am Arbeitsmanometer abliest. Hierdurch wirkt eine entsprechende Kraft auf die Membran.

Sinkt beim Schweißen der Druck am Schweißbrenner auf den Istwert, ist die Kraft der Einstellfeder größer als die Gegenkraft, die auf die Membran wirkt. Das Hauptventil öffnet, Sauerstoff strömt in die Zwischenkammer und stellt den Arbeitsdruck wieder her.

Steigt der Druck in der Zwischenkammer, wird über die Membran das Ventil geschlossen.

Die Funktionsglieder sind **(Bild 2)**
- Einstellschraube → Eingabeglied
- Membran → Messeinrichtung
- Einstellfeder → Vergleichsglied
- Hauptventil → Ausgabeglied, Stellglied
- Sicherheitsventil → Wächter

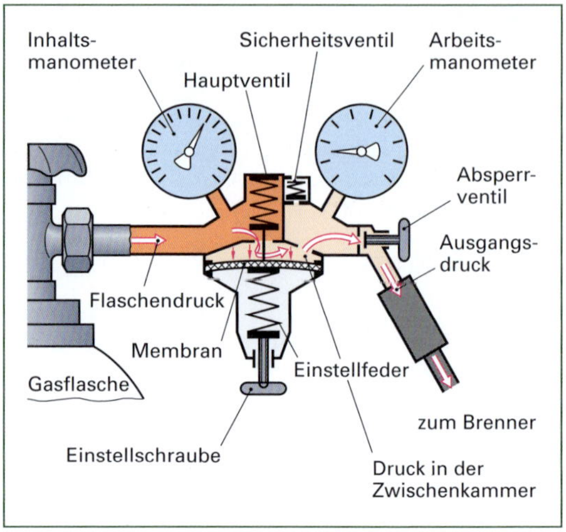

Bild 1: Sauerstoff-Druckminderventil

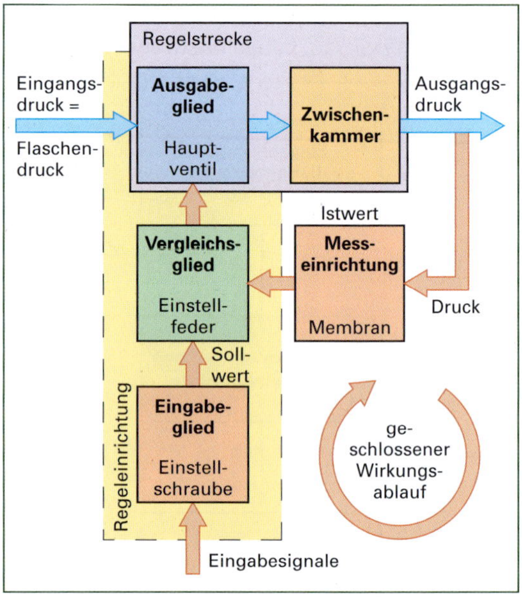

Bild 2: Struktur des Regelkreises Druckminderventil

Die **Regelgröße** ist der Sauerstoffdruck. Der Sollwert als Führungsgröße ist als Eingangsgröße der eingestellte Arbeitsdruck in der Zwischenkammer. Um den Arbeitsdruck konstant zu halten, wird das Ventil in einer bestimmten Stellung gehalten. Die Ventilstellung ist die Stellgröße, die für den notwendigen Druck sorgt.

Die Ausganggröße ist der Sauerstoffdruck im Brenner. Die Regeldifferenz ist der Vergleich des Sollwertes mit dem Istwert.

Durch die Regelung wird die Ausgangsgröße zur neuen Eingangsgröße.

1.7.3 EVA - Prinzip

Der Ablauf des Signalflusses bei Steuerungen und Regelungen funktioniert nach dem EVA-Prinzip. Die Signale werden über die Eingabeeinheit (E) eingegeben, in der Verarbeitungseinheit (V) verarbeitet und über die Ausgabeeinheit (A) wieder ausgegeben.

Beispiel: Scheibenbremsanlage am Fahrrad

Die **Signaleingabe** erfolgt durch die Betätigung des Handbremshebels.

Die **Signalverarbeitung** findet im Hauptbremszylinder statt, in dem über die eingeleitete Handkraft jetzt der Arbeitsdruck für die geplante Bremsung aufgebaut wird.

Die **Signalausgabe** erfolgt im Radbremszylinder. Der aufgebaute Arbeitsdruck wird in eine Spannkraft umgewandelt, die auf die Bremsbeläge wirkt und das Fahrzeug verzögert.

1.7.4 Signalarten

Innerhalb der Steuerung werden Informationen (= **Signale**) verarbeitet. Diese können analog, digital oder binär sein **(Bild 1)**.

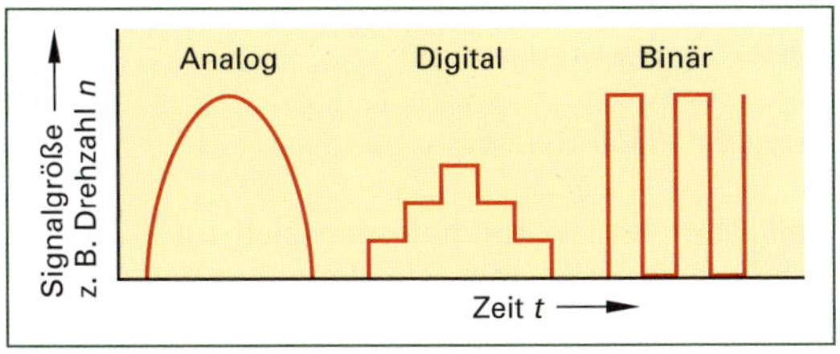

Bild 1: Informationen durch Signale

Analoge Signale liegen vor, wenn zwischen zwei Schaltzuständen unendlich viele Zwischenwerte erfasst werden können.

Beispiel: Die Schaltstellung einer stufenlos verstellbaren NuVincy-Nabenschaltung. Zwischen der größten und der kleinsten Übersetzungsstufe können beliebig viele Zwischenstufen gewählt werden.

Digitale Signale werden schrittweise meist als festgelegte Ziffern ohne Zwischenwerte angegeben.

Beispiel: Geschwindigkeitsanzeige eines Fahrradcomputers. Die Veränderung der Fahrgeschwindigkeit erfolgt in ganzen Zahlen.

Weitere Beispiele für digitale Signale:

- Zeitanzeige einer Quarzuhr
- Bohrmaschine, bei der nur ganz bestimmte Drehzahlen einstellbar sind
- Schrittweiser Schaltseilweg einer Kettenschaltung

Binär ist ein **Signal**, das nur zwei Werte anzeigt und weitergibt.

Beispiele:

- Lichteinschaltautomatik über einen Hell-Dunkel-Sensor
- An/Aus-Schalter einer Bohrmaschine. Beim Drücken des Ein-Schalters läuft die Bohrmaschine: Signal 1. Ist der Schalter nicht gedrückt, steht die Bohrmaschine still: Signal 0.
- Der Tisch einer Hobelmaschine **(Bild 2)** bewegt sich bei geschlossenem Schalter nach rechts, weil am Motor eine positive Spannung anliegt. Erreicht der Tisch mit dem Nockenschalter 2 einen Schaltabgriff, wird das Signal „negative Spannung" ausgelöst.

  Der Motor läuft rückwärts und der Tisch bewegt sich nach links, bis der Nocken 1 wieder auf Rechtsbewegung umschaltet.

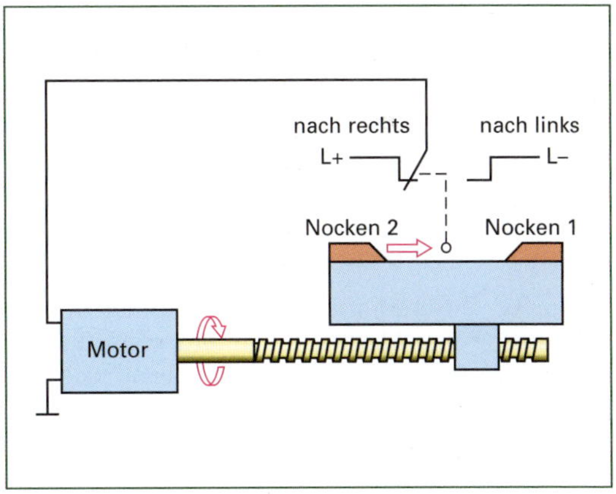

Bild 2: Binäre Steuerung einer Hobelmaschine

Ein Rechner im elektronischen Steuergerät wandelt ein Analogsignal in ein Digitalsignal um. Dabei wird der gesamte analoge Wertebereich in eine endliche Anzahl von Einzelwerten unterteilt. Jedem Wert ist dann eine Information zugeordnet.

Bei den meisten pneumatischen, hydraulischen, elektrischen und speicherprogrammierbaren Steuerungen steuert man mit binären Signalen, da sie sich gut verarbeiten und übertragen lassen.

1.7.5 Signalweg

Die Signale werden über die Eingabeeinheit (E) in die Steuerung eingegeben, in der Verarbeitungseinheit (V) verarbeitet und über die Ausgabeeinheit (A) wieder ausgegeben **(Bild 1)**.

- Signale werden in der Eingabeeinheit über **Sensoren** eingegeben. Sensoren sind Messfühler, die eine physikalische Größe erfassen und diese (meist) in eine elektrische Spannung umsetzen.
- In der Verarbeitungseinheit erfolgt die logische Verknüpfung und meist auch eine Zwischenspeicherung der Signale.
- In der Ausgabeeinheit befinden sich Bauelemente, die die Signale in eine Bewegung oder ein Bild umsetzen. Man bezeichnet diese Bauelemente als **Aktoren**.

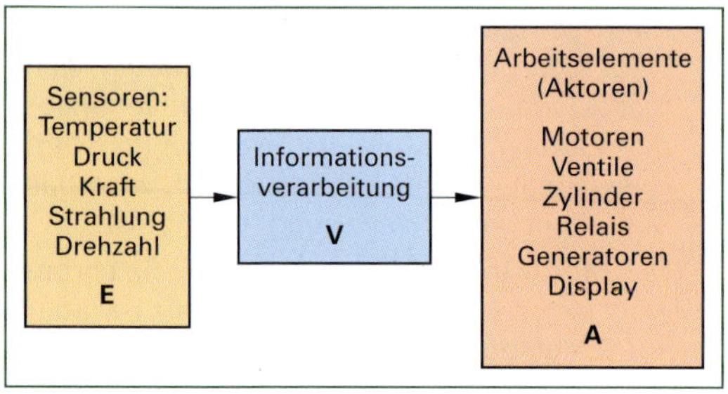

Bild 1: Signalweg EVA

Sensoren

Ein Fahrradcomputer zeigt u. a. die Fahrgeschwindigkeit an. Als Sensor dient ein an der Speiche befestigter Magnet, der zusammen mit einem an der Gabel befestigten zweiten Magneten die Drehzahl des Vorderrades erfasst **(Bild 2)**.

Bei jeder Umdrehung des Vorderrades meldet der Sensor eine Magnetfeldänderung an die Verarbeitungsebene, die sich im Gehäuse des am Lenker befestigten Computers befindet.

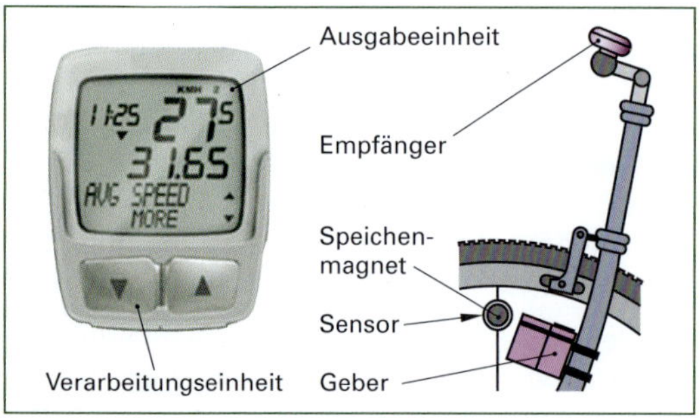

Bild 2: Steuerungsaufgabe Fahrradcomputer

> *Beispiel:* **Dehnmessstreifen** (DMS)

Das Grundmaterial eines Dehnmessstreifens ist meist Konstantan (60 % Cu, 40 % Ni). Es wird mittels einer Zwischenträgerschicht auf die Messstelle aufgeklebt **(Bild 3)**.

Wird der Dehnmessstreifen gedehnt, steigt der elektrische Widerstand. Umgekehrt verringert sich bei einer Stauchung der Widerstand. Wegen des direkten Zusammenhangs von Verformungsgrad und Änderung des elektrischen Widerstands, werden DMS als Sensoren eingesetzt, um einwirkende Kräfte zu messen (siehe Bild 2, Seite 89).

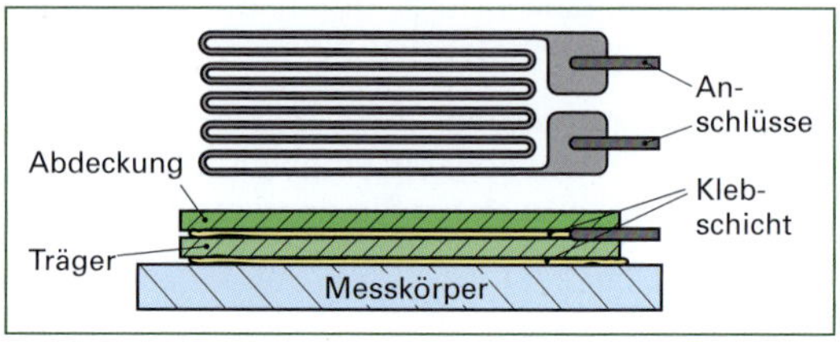

Bild 3: Sensor DMS

1.7.6 Steuerungsarten

Nach der Art der Energieübertragung werden folgende Steuerungen unterschieden:

- Mechanische Steuerungen
- Pneumatische Steuerungen
- Hydraulische Steuerungen
- Elektrische Steuerungen

> *Beispiel:* **Hall-Sensor**

Hallgeber und Rotor befinden sich im Tretlagergehäuse. Der feststehende Hallgeber besteht aus dem Dauermagneten und der Halbleiterschicht. Der auf der Tretlagerwelle sitzende Rotor dient als Geberrad.

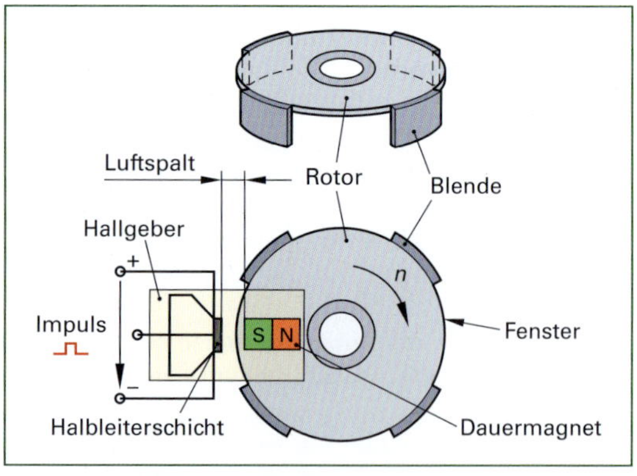

Bild 4: Erfassung der Tretkurbel-Drehzahl mit Hallgeber und Rotor

Mechanische Steuerungen

Bei mechanischen Steuerungen übertragen mechanische Bauteile die Energie und die Steuersignale.

Die Bauteile der mechanischen Steuerung „Fahrrad-Nabengetriebe" können zu einer **Steuerkette** zusammengefasst werden. Es sind:

- (Gang)Schalthebel
- Schaltzug
- Nabenschaltung
- Ritzel
- Hinterrad

Beispiel: **Fahrradschaltung**

Eine Radfahrerin fährt in der Ebene mit dem Drehmoment (Pedalkraft x Kurbellänge) von z. B. 80 Nm und der Drehzahl 60 U/min **(Bild 1)**.

Der **Istwert** ist in diesem Fall die Gangstufe „Normal". Als **Störgröße** muss die Radfahrerin eine Steigung überwinden. Sie gibt einen Impuls an den Schalthebel, dem **Stellglied** und stellt als **Sollwert** die Gangstufe „Berggang" ein.

Das Nabengetriebe ist die **Steuerstrecke**. Sie ist der Teil der Anlage, die für die Umsetzung der geforderten Ausgabengröße verantwortlich ist, also durch eine Veränderung der Drehzahl den Istwert in den Sollwert überführt:

Aus 60 U/min werden 30 U/min und das Drehmoment steigt von 80 Nm auf 160 Nm.

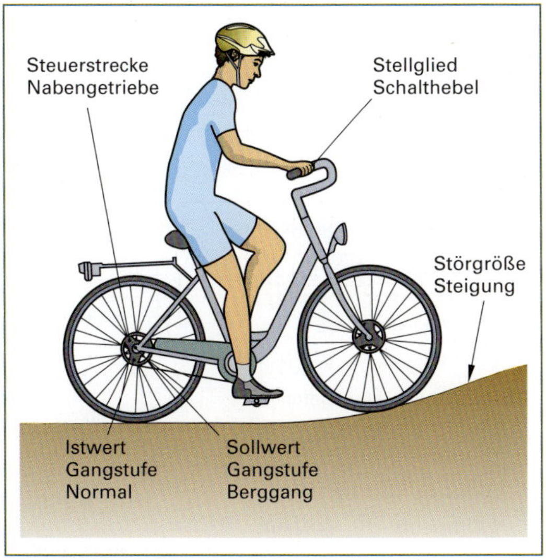

Bild 1: Steuerkette Fahrradschaltung

Beispiel: **Ventilsteuerung**

Die Motorsteuerung eines Ottomotors hat die Aufgabe, den Gaswechsel (Einlass des Kraftstoff-Luftgemisches in den Zylinder und den Auslass der Abgase) zu ganz bestimmten Zeiten für eine bestimmte Zeitdauer zu ermöglichen.

Dazu dient eine Nockenwelle, deren Nocken über Stößel oder Kipphebel die Ein- und Auslassventile gegen eine Federkraft öffnen **(Bild 2)**.

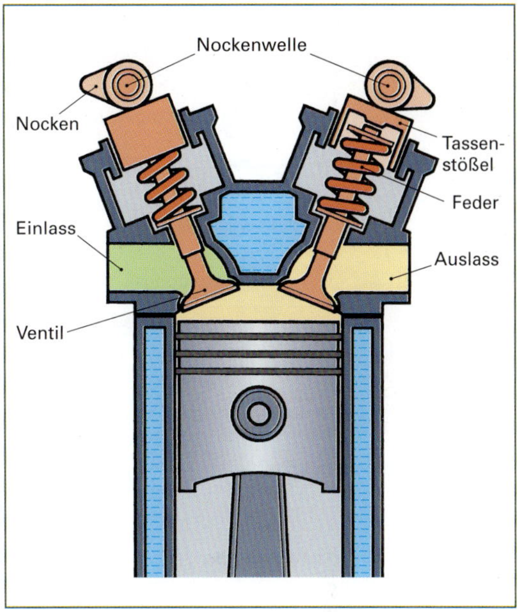

Bild 2: Ventilsteuerung

Der Antrieb der Nockenwelle erfolgt über Zahnräder, Zahnriemen oder Kettenräder von der Kurbelwelle aus.

Der Gaswechsel ist die **Ausgangsgröße** bzw. **Steuergröße**.

Nockenwelle, Nocken, Stößel oder Kipphebel und Ventilfedern bilden die **Steuereinrichtung**.

Die Ventile sind die **Steuerstrecke**, da über den Querschnitt der Ventilöffnung der Gaswechsel gesteuert wird.

Die Drehung der Nockenwelle ist die **Führungsgröße**.

Die **Stellgröße** ist der über den Stößel oder den Kipphebel bewirkte Ventilhub und das über die Ventilfeder ausgelöste Schließen des Ventils.

Störgrößen können bei dieser Steuerung die Wärmedehnung und das mechanische Spiel zwischen den Bauteilen sein.

1

Pneumatische Steuerungen

Bei einer **pneumatischen Steuerung** ist der Energieträger Gas (meist Druckluft). Eine Anlage besteht aus den Teilsystemen **(Bild 1)** Drucklufterzeugung, Druckluftaufbereitung, Steuerung mit Steuerteil und Arbeitsteil.

Die **Aktoren** pneumatischer Steuerungen sind druckluftbetätigte Zylinder oder Motoren. Druckluftzylinder **(Bild 2)** spannen oder zentrieren Werkstücke auf Maschinentischen, Druckluftmotoren treiben mit hohem Drehmoment-Schrauber oder mit hoher Drehzahl Bohrmaschinen und Druckluftschleifer an.

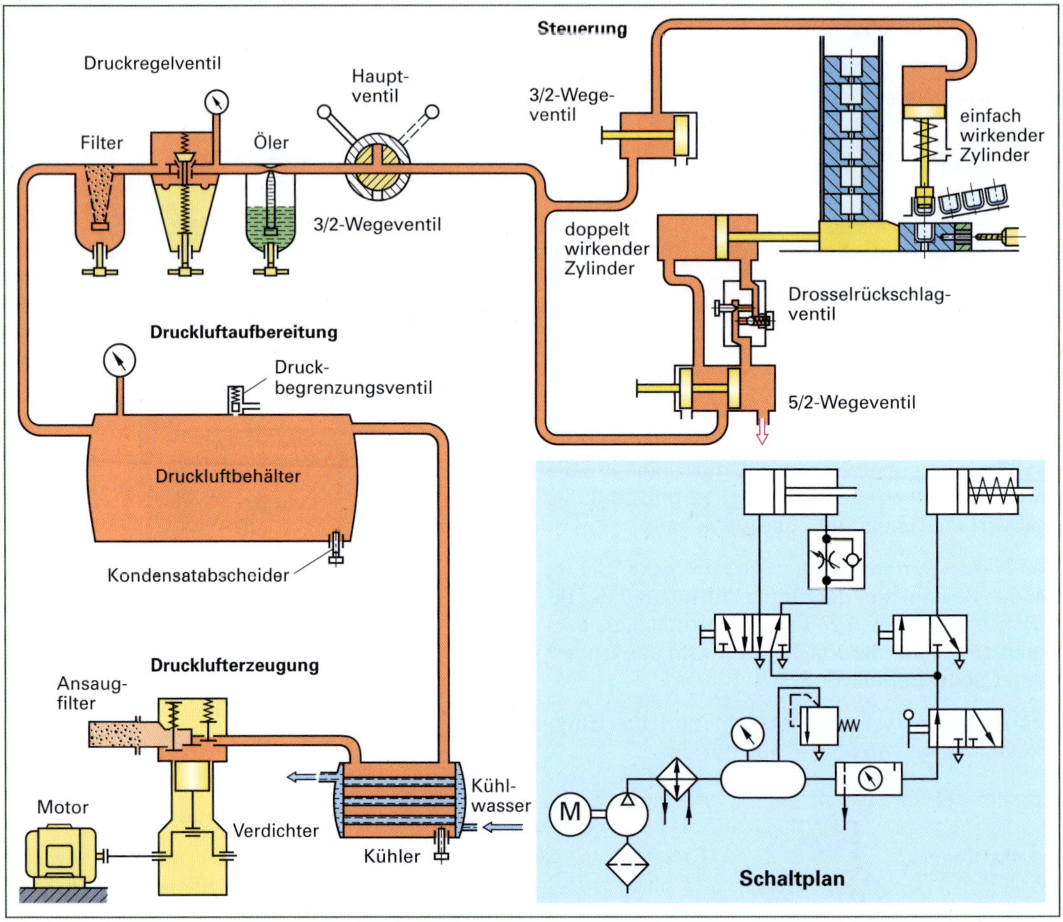

Bild 1: Bauelemente einer pneumatischen Schaltung

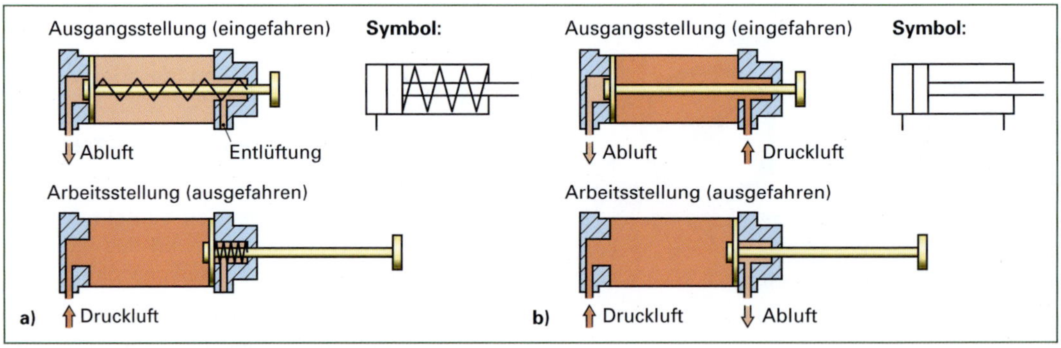

Bild 2: Zylinder a) einfachwirkend b) doppeltwirkend

Hydraulische Steuerungen

Bei einer **hydraulische Steuerung** dient Hydraulikflüssigkeit zur Energieübertragung. Sie kommt zum Einsatz, wenn große Kräfte erforderlich sind, z. B. in Baggern, Kränen und Pressen. Aktoren sind Hydraulikzylinder **(Bild 1)** und Hydromotoren.

Bremsanlagen in Kraftfahrzeugen und Motorrädern und bei einigen Fahrrädern sind hydraulisch betrieben.

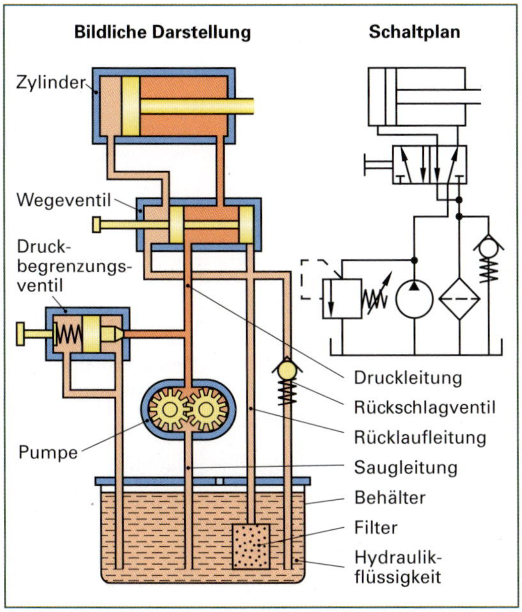

Bild 1: Bauelemente einer hydraulischen Steuerung

Elektrische Steuerungen

Beispiele für elektrische Steuerungen in der Fahrradtechnologie sind:

- Lichtanlage mit Sensorschaltung
- Elektrische Schaltunterstützung bei Kettenschaltungen
- Antriebssteuerung bei Elektromotoren für E-Bikes

Zur Energieübertragung dienen Spannungen und Ströme. Bei der elektrischen Schaltunterstützung ist der Aktor ein Stellmotor.

Weitere elektrische Betriebsmittel sind Schalter, Taster, Schütze und Relais. Schalter können Schließer, Öffner oder Wechsler **(Bild 2)** sein – je nachdem, wie sich ihre Kontakte bei Betätigung verhalten.

Taster gehen nach dem Ende der Betätigung wieder in ihre Ausgangslage.

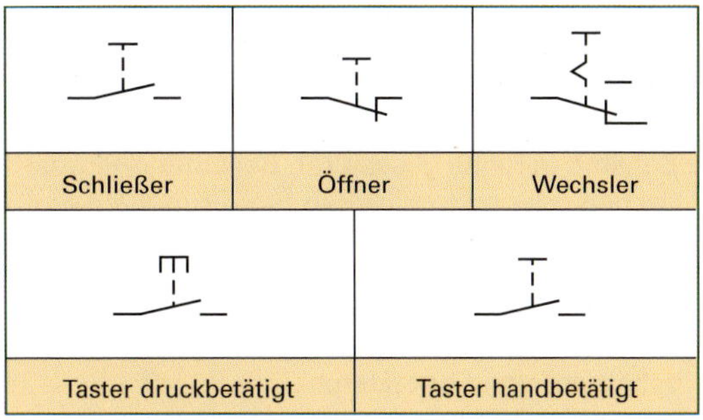

Bild 2: Schaltzeichen für Schalter und Taster

Relais **(Bild 3)** dienen als Schalter für viele technische Anwendungen, z. B. für das Ein- und Ausschalten von Beleuchtungen und das Öffnen und Schließen von Ventilen. Sie werden elektromagnetisch betätigt und können mehrere Stromkreise gleichzeitig schalten.

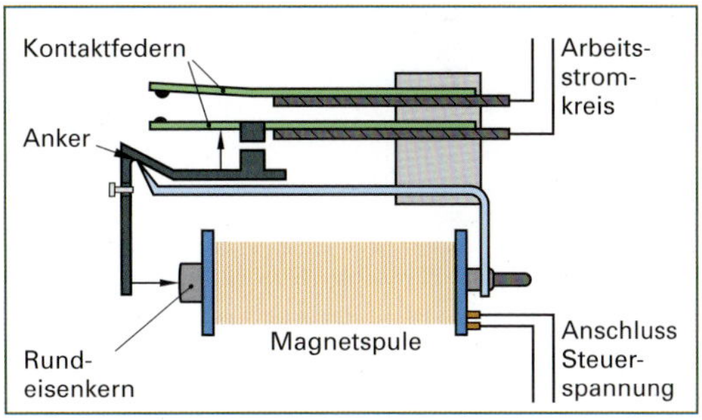

Bild 3: Prinzip eines Relais

Bei einem Reed-Relais erfolgt die Kontaktbetätigung durch ein von außen wirkendes Magnetfeld. Durch das Magnetfeld ziehen sich die beiden Kontaktzungen an und schließen den Arbeitskreis **(Bild 4)**.

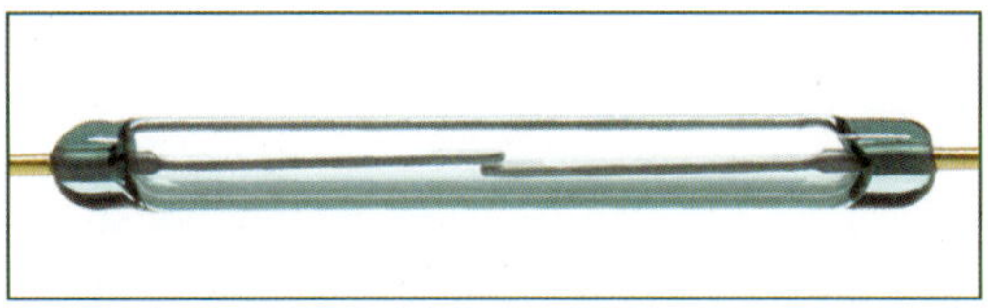

Bild 4: Reed-Relais

1.7.7 Verknüpfungen

Steuerungssysteme sind nach der Art der Signalverarbeitung

- Verknüpfungssteuerungen
- Ablaufsteuerungen

Bei einer **Verknüpfungssteuerung** werden die Eingangssignale über die drei logischen Möglichkeiten UND, ODER, NICHT zu einem Ausgangssignal verknüpft. Dabei können die drei Verknüpfungsarten auch miteinander kombiniert werden.

Beispiel für eine UND-Verknüpfung **(Bild 1):**
Die Lampe leuchtet nur dann, wenn die beiden Schließer a und b betätigt werden. Die Schließer sind in Reihe geschaltet. Bei einer pneumatischen oder hydraulischen Steuerung verwendet man als UND-Glied ein Zweidruckventil.

Die UND-Verknüpfung entspricht einer Reihenschaltung von Kontakten.

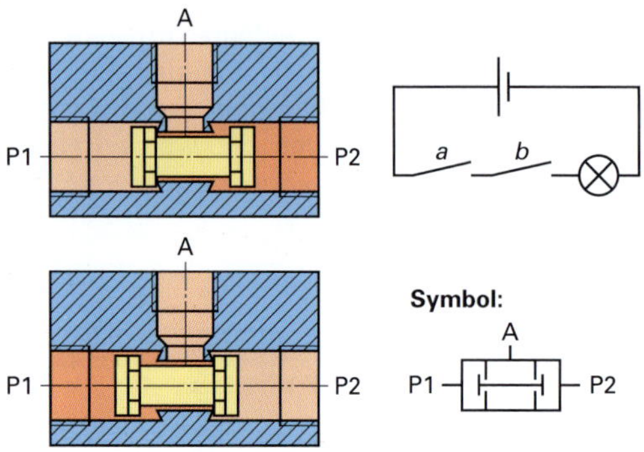

Als Gleichung schreibt man A = E1 ∧ E2

Logiksymbol:

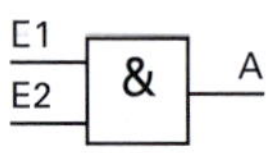

Funktionstabelle:

E1	E2	A
0	0	0
1	0	0
0	1	0
1	1	1

Bild 1: UND-Verknüpfung. Zweidruckventil, Symbol, Funktionsgleichung und Wertetafel (Funktionstabelle)

Beispiel für eine **ODER-Verknüpfung (Bild 2):**
Die Lampe leuchtet auf, wenn man den Schließer a, ODER den Schließer b, ODER beide Schließer betätigt. Die beiden Schließer sind parallel geschaltet.

Die ODER-Verknüpfung entspricht einer Parallelschaltung von Kontakten.

Bei einer pneumatischen Steuerung verwendet man als ODER-Glied ein Wechselventil. Es leitet die Druckluft zum Ausgang A weiter, wenn an einem oder an beiden Eingängen E1 oder E2 Druckluft ansteht.

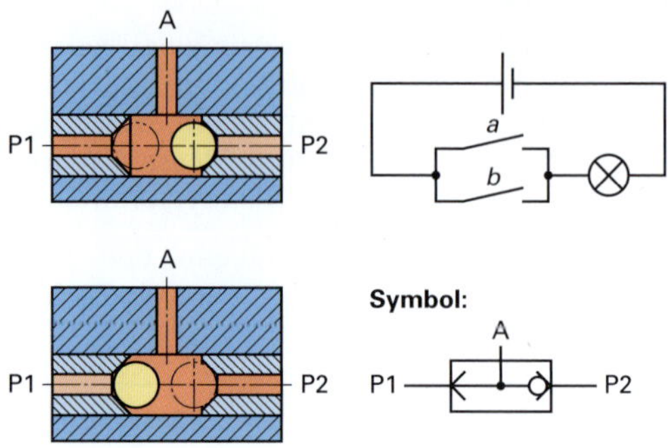

Als Gleichung schreibt man A = E1 ∨ E2

Logiksymbol:

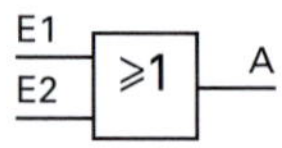

Funktionstabelle:

E1	E2	A
0	0	0
1	0	1
0	1	1
1	1	1

Bild 2: ODER-Verknüpfung durch Parallelschaltung. Symbol und Wertetafel (Funktionstabelle). Wechselventil

Pneumatisch oder hydraulisch erzielt man die NICHT- Verknüpfung mit einem Umschaltventil **(Bild 3)** oder einem 3/2-Wegeventil mit Durchfluss-Ruhestellung (**Bild 4**).

Umschaltventil:

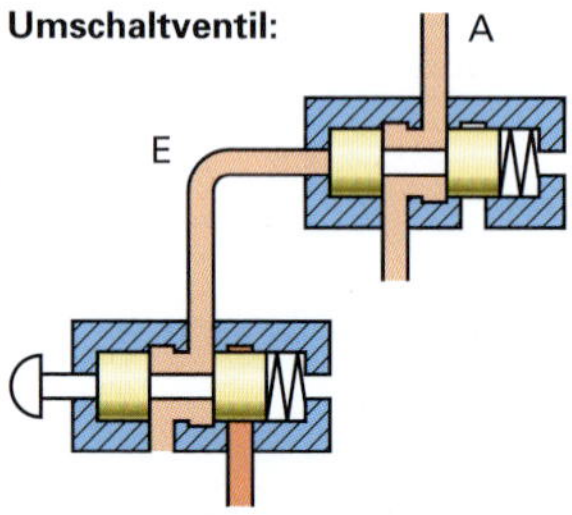

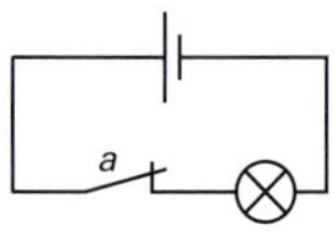

Als Gleichung schreibt man $A = \overline{E}$
(Sprechweise A gleich E nicht)

Logiksymbol:

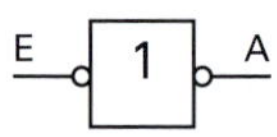

Funktionstabelle:

E	A
0	1
1	0

Bild 3: NICHT- Verknüpfung mit einem Umschaltventil. Symbol und Wertetafel (Funktionstabelle).

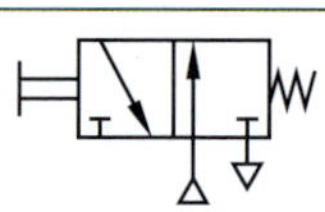

Bild 4: Symbol eines 3/2-Wegeventils mit Durchfluss-Ruhestellung a) Ventil nicht betätigt b) Ventil betätigt

Wenn das Ventil nicht betätigt ist, liegt bei E kein Signal vor. Druckluft gelangt von der Druckluftquelle (Verdichter) direkt zum Ausgang A. Die Druckfeder hält das Ventil in dieser Lage. Ein Druck auf die Taste E schaltet das Ventil gegen die Kraft der Druckfeder nach rechts. Der Weg der Druckluft ist jetzt versperrt. Am Ausgang A liegt kein Signal vor

Beispiel einer UND- mit einer NICHT-Verknüpfung (NAND-Verknüpfung)

Erst wenn die Schleifscheibe läuft (E1), UND das Werkstück gespannt (E2), UND das Schutzgitter geschlossen ist (E3), bewegt sich der Maschinentisch **(Bild 1)**.

Als weitere Bedingung kommt hinzu, dass der Schalter für den Einrichtbetrieb NICHT betätigt ist.

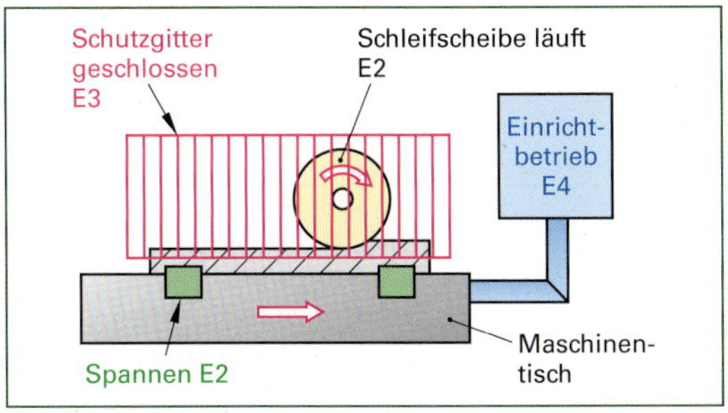

Bild 1: UND-NICHT-Verknüpfung an einer Schleifmaschine

Das Ausgangssignal hat nur dann den Zustand A1, wenn die Schleifscheibe läuft (Signal E1), und das Werkstück gespannt ist (Signal E2), und das Schutzgitter geschlossen ist (Signal E3) **(Bild 2)**.

E1	E2	E3	A1
0	0	0	0
0	0	1	0
0	1	0	0
0	1	1	0
1	0	0	0
1	0	1	0
1	1	0	0
1	1	1	1

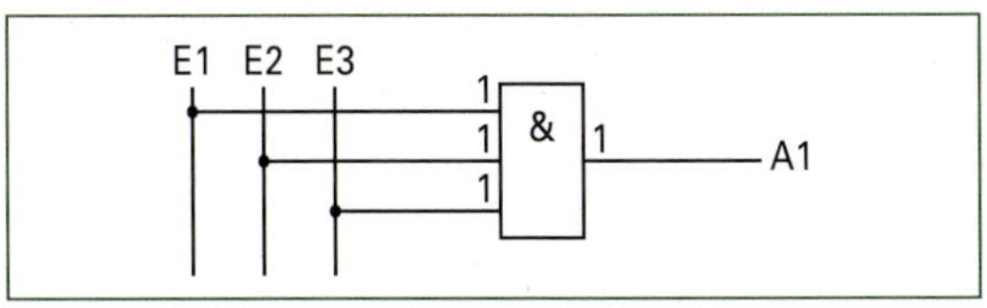

Bild 2: Verknüpfung aus dreimal UND

Weiterhin wird gefordert, dass der Schalter (Signal E4) für den Einrichtbetrieb nicht betätigt sein darf. Es darf bei einer versehentlichen Betätigung kein Ausgangssignal A2 am Maschinentisch ankommen. Mit einer Nichtverknüpfung erfüllt man diese Forderung:

E4	A2
1	0
0	1

Hat das Schaltersignal für den Einrichtbetrieb den Zustand 1 („eingeschaltet, stromführend"), muss das Ausgangssignal A2 den Zustand 0 einnehmen („stromlos"), damit sich der Maschinentisch nicht bewegt **(Bild 3)**.

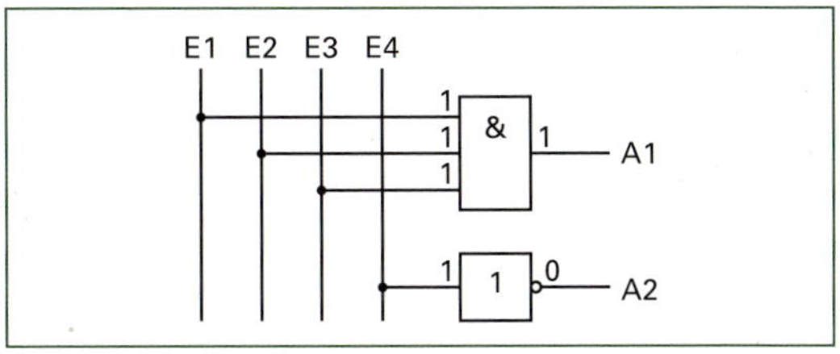

Bild 3: Erweiterung durch NICHT

A1	A2	A3
0	0	0
0	1	0
1	0	0
1	1	1

Als nächstes folgt die Verknüpfung der Ausgangssignale A1 mit A2: Eine UND-Verknüpfung von A1 und A2 ergibt das neue Ausgangssignal A3 **(Bild 4)**.

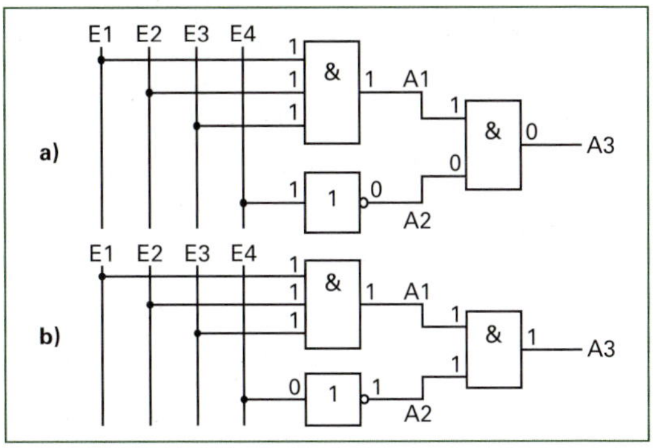

Bild 4: Ausgangssignale A1 und A2 (aus Bild 3) durch UND verknüpft

Bild 4a): Wird der Schalter für den Einrichtbetrieb E4 betätigt, obwohl die Bedingungen für E1, E2 und E3 erfüllt sind (1), wird durch die Nichtverknüpfung (0) das Ausgangssignal A3 ebenfalls 0. Der Maschinentisch steht still.

Bild 4b): Nur wenn der Schalter für E4 *nicht* betätigt ist – also 0 ist – hat das Ausgangssignal A2 den Zustand 1. Über die UND-Verknüpfung stellt sich der Zustand 1 ein: Der Maschinentisch bewegt sich.

Die Gleichung für diese Verknüpfung ist:

$A3 = E1 \wedge E2 \wedge E3 \wedge \overline{E4}$

2 Geschichte des Fahrrades

2

Schon immer haben die Menschen über die Möglichkeit nachgedacht, sich aus eigener Kraft schneller und müheloser als zu Fuß fortzubewegen. Viele Entwürfe erwiesen sich als unpraktisch und dienten allenfalls als Schauobjekte oder Spielzeug für Wohlhabende.

Im Jahr 1817 stellte Baron Karl Friedrich von Drais erstmals sein Laufrad, die nach ihm benannte *Draisine* vor. Bei diesem Vorläufer des heutigen Fahrrads handelte es sich um ein Zweirad mit festem Hinterrad und lenkbarem Vorderrad. Beim Fahren stieß man sich mit den Füßen vom Boden ab und erreichte so Geschwindigkeiten von über 15 km/h **(Bild 1)**.

Bild 1: Laufmaschine von Drais

Die Lenkbarkeit des Fahrzeugs ermöglichte ein Fahren durch Ausbalancierung, also ohne Bodenkontakt der Füße.

Wegen der schlechten Straßenverhältnisse benutzten die Fahrer von Laufrädern oft die besseren Gehwege. Viele Fußgänger beschwerten sich und ein Gesetz verbannte schließlich das neue Gefährt zurück auf die schlechtere Fahrbahn.

So verlor die Draisine schnell das Interesse als Fortbewegungsmittel und Karl Friedrich von Drais fand zur damaligen Zeit nur wenig Anerkennung für seine Erfindung.

Die technische Weiterentwicklung vom Laufrad zum Fahrrad hin war die Erfindung des Pedalantriebs. Doch es sollte fast 50 Jahre dauern, bis Pierre Lallement eine Draisine mit Tretkurbeln versah und dann Ernest und Pierre Michaux an eine Laufmaschine Tretkurbeln montierten **(Bild 2)**.

Bild 2: Tretkurbelrad von Michaux

Die beiden Tretkurbeln waren starr mit dem vorderen größeren Laufrad verbunden. Dieses Veloziped (lat. für „Schnellfuß") fand im Gegensatz zur Draisine mehr Beachtung und wurde in beachtlichen Stückzahlen produziert.

Zum Erreichen höherer Fahrgeschwindigkeiten war es bei der direkten Übersetzung notwendig, den Durchmesser des Vorderrads zu vergrößern. Da die Pedale direkt an der Achse des Vorderrades angebracht sind, bestimmt der Umfang des angetriebenen Laufrades die zurückgelegte Distanz pro Kurbelumdrehung. Die Entwicklung führte um 1870 zur Konstruktion des Hochrades mit über 1,5 m großen Vorderrädern **(Bild 3)**.

Bild 3: Hochrad

Doch das Hochradfahren erforderte viel Mut und Geschicklichkeit, nicht nur beim Auf- oder Absteigen. Der hohe Schwerpunkt machte dieses Vehikel zu einem abenteuerlichen Gefährt und gefährliche Stürze waren die Folge.

Rahmenrohre, Gabeln und Felgen wurden optimiert. Zugspeichen aus Stahl konnten das Gewicht deutlich verringern und vollgummibereifte Laufräder sorgten für mehr Komfort.

Zur Erleichterung des Auf- und Abstiegs wurde das Hinterrad entsprechend verkleinert. Mit diesen Hochrädern ließen sich Geschwindigkeiten von mehr als 40 Kilometer pro Stunde erreichen.

Durch den deutsch-französischen Krieg brach 1870 die französische Fahrradindustrie zusammen und der Schwerpunkt der europäischen Fahrradproduktion verlagerte sich nach England.

Um das Fahrrad weiteren Bevölkerungsgruppen zugänglich zu machen, musste die Benutzung sicherer werden, aber ohne dabei an Geschwindigkeit zu verlieren.

Die Lösung dazu lag in der Verwendung eines übersetzten Antriebs. Es erschienen die ersten Räder mit beidseitigem starrem Kettenantrieb auf das Vorderrad. Laufraddurchmesser und Sitzhöhe konnten deutlich verringert werden. Mit dem Modell Kangaroo wurde 1894 eine gemäßigte Version des Hochrads vorgestellt **(Bild 1)**.

Nun kam es zu einer rasanten Entwicklung in der Fahrradtechnologie. 1878 wurde der einseitige Kettenantrieb zum Hinterrad erfunden, was den Vorteil brachte, dass sich die Tretkräfte nicht mehr auf die Lenkung auswirkten. Das Fahrrad nahm seine traditionelle klassische Form an.

Durch die Verkleinerung der Laufräder, Verlagerung der Sitzposition zur Fahrzeugmitte und der Entkoppelung von Lenkung und Antrieb wurde das Fahrrad endlich zu einem sicheren Fortbewegungsmittel und von jedermann beherrschbar.

Ein klassischer Vertreter dieser neuen Bauform war das von der englischen Firma Rover produzierte Rover-Safety-Bicycle, das Sicherheitsrad **(Bild 2)**.

Doch das Fahrradfahren war wegen der schlechten Wegstrecken und der eisenberingten Laufräder eine äußerst harte Angelegenheit. So wurden damals schon Fahrräder mit aufwändigen Federungssystemen versehen.

Zwar meldete schon 1845 R. W. Thomson den Luftreifen zum Patent an, aber erst 1888 baute J. B. Dunlop Luftreifen für Fahrräder.

Bild 1: Übergang vom Hochrad zum Sicherheitsrad „Kangaroo"

Bild 2: Niederrad mit Kreuzrahmen (Rover)

Andere Erfinder, wie der Franzose E. Michelin, verbesserten den Fahrkomfort, den Rollwiderstand und sie erleichterten die Montage.

1887 meldeten die Gebrüder Mannesmann nahtlos gezogene Stahlrohre zum Patent an. Mit dünnen nahtlosen Rohren ließ sich das Gewicht des Fahrrades weiter verringern. Bei den Niederrädern ersetzten Trapezrahmen (Diamantrahmen, **Bild 1, Seite 100**) die bisherigen Kreuzrahmen. Trotz einiger Experimente mit alternativen Rahmenbauarten hat sich das Konzept des Trapezrahmens bewährt und durchgesetzt.

Bild 1: Diamantrahmen (Humber 1890)

In früheren Zeiten war das Fahrrad mehr ein Sport- und Spaßgerät und technische Verbesserungen hatten oft ihren Ursprung im Fahrradrennsport.

Zu Beginn des 20. Jahrhunderts erlangte das Fahrrad als preiswertes Verkehrsmittel eine große Verbreitung. Durch den Einsatz moderner Werkzeugmaschinen und Serienfertigung konnten die Produktionskosten deutlich gesenkt werden. Zudem hatte sich die Freilaufnabe, die 1889 vom Amerikaner A. P. Morrow patentiert wurde, in der Fahrradtechnologie durchgesetzt.

Im Jahr 1907 präsentierte die deutsche Firma Fichtel & Sachs die erste Zweigang-Nabenschaltung. Das Herzstück war ein platzsparendes Planetengetriebe. In den folgenden Jahren wurden Nachfolgemodelle mit drei und vier Gängen entwickelt, die mit Freilauf, Rücktritt- oder Trommelbremse kombiniert waren. Endgültig hatte sich das Fahrrad als Sportgerät und praktisches Verkehrsmittel etabliert.

Die weitere Entwicklung des Fahrrads orientierte sich in den folgenden Jahrzehnten im Wesentlichen an der Verbesserung von Bremsen und Schaltungen.

Nach dem 2. Weltkrieg wurde das Fahrrad von den aufkommenden motorisierten Fahrzeugen zurückgedrängt und verlor an Bedeutung.

Anfang der siebziger Jahre erlebte das Fahrrad mit dem wachsenden Gesundheits- und Umweltbewusstsein eine Renaissance. Aufgrund zunehmender Umweltverschmutzung und Klimaveränderung durch den motorisierten Straßenverkehr wurde das Fahrrad als alltagstaugliches Verkehrsmittel für den Nahbereich wieder entdeckt und weiter entwickelt.

Der in den USA entstandene BMX-, Mountainbike- und Triathlonsport fand auch in Europa viele Anhänger. Weitere neue Sportarten, basierend auf dem Fahrrad, ließen neue Bauarten und Varianten entstehen. Aluminium und Titan als alternative Rahmenwerkstoffe und superleichte, hochfeste Rahmen aus Carbon, ausgeklügelte Hinterbauumlenkungen oder die Verwendung elektronischer Bauteile im Schaltungs- und Dämpfungssystem kennzeichnen den heutigen Stand der modernen Fahrradtechnik.

Das Experimentieren in der Fahrradtechnologie, z. B. mit alternativen Bauformen, zeigt deutlich die Faszination, die vom Fahrrad ausgeht **(Bild 2)**. Denn kein anderes Fortbewegungsmittel setzt die Muskelkraft mit einem höheren Wirkungsgrad um wie das Fahrrad.

„Demjenigen, welcher das Fahrrad erfunden hat, gebührt Dank der ganzen Menschheit."

(Lord Charles Beresford)

Bild 2: Fahrrad Designstudien

Viele interessante Fahrradkonstruktionen aus den Jahren 1860 bis 1950 sind im Nationalen Fahrradmuseum Nimwegen zu besichtigen (siehe auch www.velorama.nl).

3 Fahrradbauarten

Sinn einer Fahrradtypisierung ist es, die Vielfalt der Modelle zu unterscheiden. Mit den Typen wechseln auch die Bezeichnungen. Man geht bei der Bezeichnung eines Fahrrades vom Haupteinsatzzweck aus: Mit einem **Rennrad** kann auch im Wald gefahren werden; mit einem **Mountainbike** auch auf glatten Straßen. Beides geht, ist aber nicht vorteilhaft.

Eine passende Beschreibung für ein sportliches Rad mit bequemer Sitzposition ist die modische Bezeichnung **Fitnessbike**. Hier erfüllt der Begriff Fitnessbike seine Aufgabe, unterschiedliche Einsatzmöglichkeit eines Fahrrades zu verbinden.

Äußerlich sind die Fahrradtypen nach Rahmenform und nach Ausstattung zu unterscheiden. Aktuelle Fahrradbauarten sind:

- Standardbauarten
- Sporträder
- Kinderfahrräder
- Sonderkonstruktionen
- Fahrräder mit Hilfsantrieb

Weitere Unterscheidungsmerkmale sind Laufradgröße, Gangschaltungsart, Lenkerform, Bremsenart, Federung und Sitzposition.

Fahrradanhänger siehe Kapitel 3.5.

3.1 Standardbauarten

Standardtypen sind Fahrräder für den normalen Gebrauch wie das **Cityrad** und das **Trekkingrad**. Eine Variante des Trekkingrades ist das komplett ausgestattete **Reiserad**.

Ein **Cityrad** ist das bequeme Rad für den täglichen Gebrauch. Es eignet sich für kurze Strecken, die man mit aufrechter Sitzposition fährt. Cityräder für Damen haben meist einen tiefen Einstieg. Der geschwungene Einrohr-Unisex-Rahmen mit dickem Hauptrohr (sog. Waverahmen[1] **Bilder 1** und **2**), aber auch Diamantrahmen für Herrenmodelle **(Bild 3)** sind nach wie vor üblich.

Rahmenwerkstoffe sind Chrom-Molybdän-Stahl oder Aluminium. Die Laufradgrößen sind in der Regel 26″ und 28″. Federgabeln und eine gefederte Sattelstütze sind am Cityrad Standard. Gefederte Rahmen (**Bilder 1** und **2, Seite 102**) findet man bei einigen Modellen. Vollgefederte City- und Trekkingräder sind seit ca. 2005 vom Markt verschwunden.

[1] Wave = Welle (engl.)

Der Antrieb erfolgt in den meisten Fällen über wartungsfreie Nabenschaltungen mit Rücktrittbremse. Cityräder sind nach der Straßenverkehrszulassungsordnung (StVZO) mit Beleuchtung, Schutzblechen, Kettenschutz und Gepäckträger ausgestattet.

Bild 1: Aluminium-Cityrad 28″ mit Waverahmen

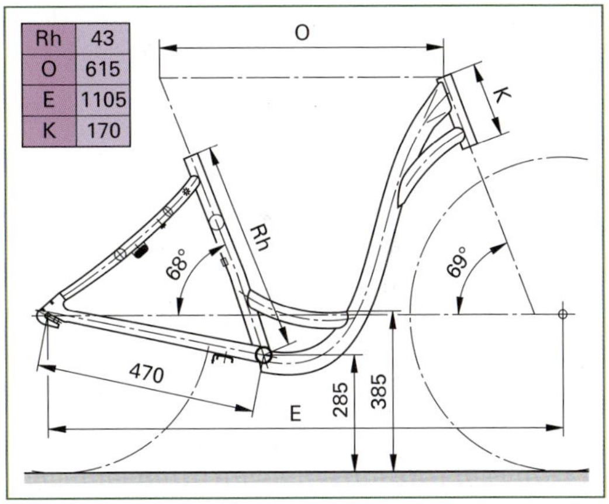

Bild 2: Starrer Waverahmen 26″ aus Aluminium

Bild 3: Herren-City-Rad 28″ mit Diamantrahmen

Bild 1: Gefedertes Aluminium-Cityrad mit tiefem Einstieg

Bild 3: Klassiker eines Cityrades 26″ und 28″

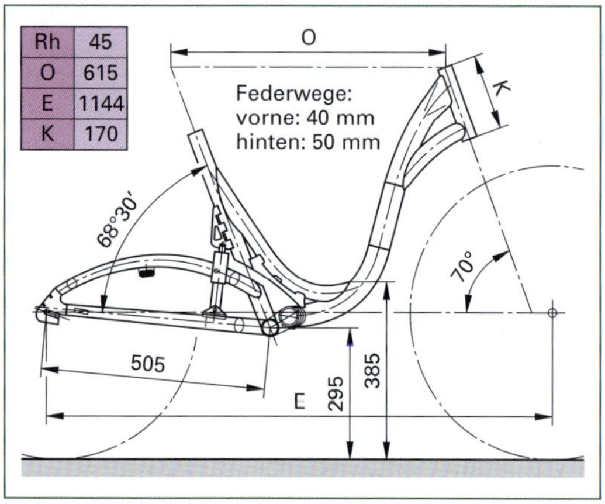

Rh	45
O	615
E	1144
K	170

Bild 2: Geometrie eines gefederten Cityrahmens

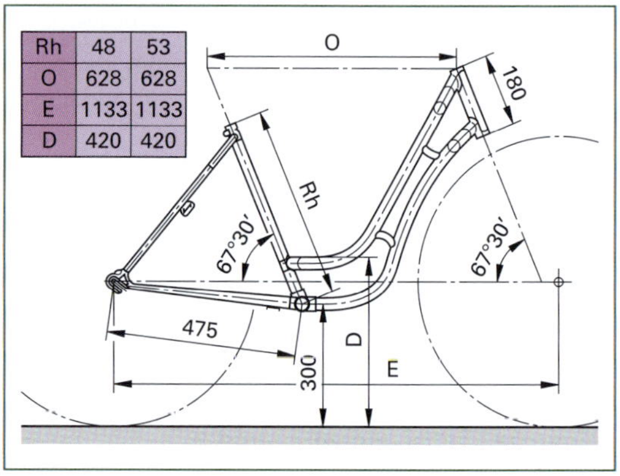

Rh	48	53
O	628	628
E	1133	1133
D	420	420

Bild 4: Rahmengeometrie zu Bild 3

Tourenräder und **Hollandräder** (**Bilder 3** und **4**) sind Klassiker mit konservativen Rahmenformen. Besondere Merkmale sind ruhiges Lenkverhalten, mittelbreite Bereifung und Mantelschutz. Der Antrieb erfolgt mit einer 3-Gang-Nabenschaltung oder ohne Schaltung.

Ein **Trekkingrad** ist für Fahrten auf befestigten und unbefestigten Wegen und für einen Fahrradurlaub geeignet. Die Sitzposition ist leicht nach vorne geneigt. Die Sitz- und Steuerkopfwinkel sind etwas steiler als beim Cityrad. Die Lenkgeometrie bietet mehr Wendigkeit. Der Radstand ist so ausgelegt, dass die Fußfreiheit nach vorn zum Schutzblech und nach hinten zu den Packtaschen am Gepäckträger ausreichend ist.

Bei den Rahmenformen unterscheidet man Diamantrahmen für Herrenmodelle **(Bild 5)** und verschiedene Rahmen für Damenmodelle (**Bild 1**, **Seite 103**). Rahmenmaterial ist meist Aluminium. Die mittelbreite Bereifung ist auf 28″ Laufrädern montiert.

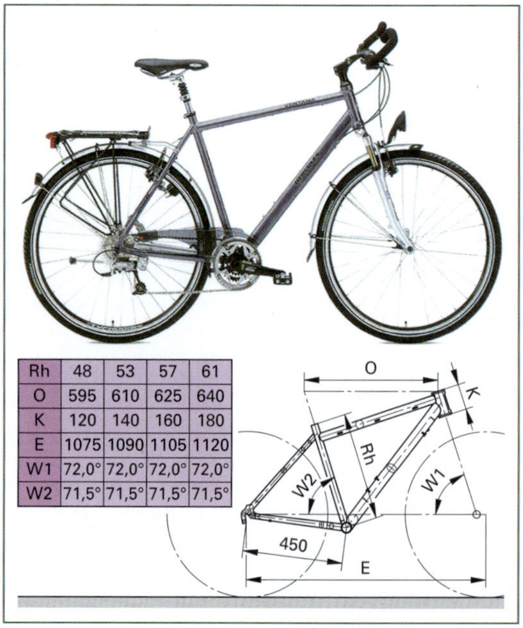

Rh	48	53	57	61
O	595	610	625	640
K	120	140	160	180
E	1075	1090	1105	1120
W1	72,0°	72,0°	72,0°	72,0°
W2	71,5°	71,5°	71,5°	71,5°

Bild 5: Herren-Trekkingrad 28″, Rahmengeometrie

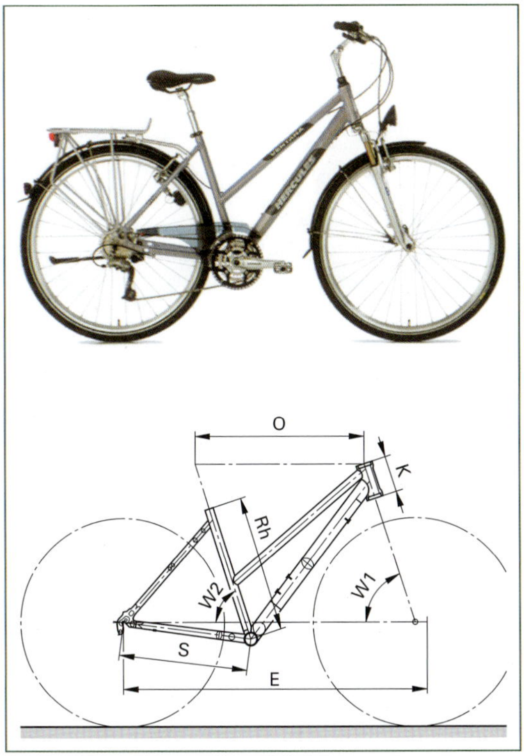

Bild 1: Damen-Trekkingrad, Sportrahmen[1]

Viele Trekkingräder sind mit einer Federgabel und einer gefederten Sattelstütze ausgerüstet. Vollgefederte Rahmen (**Bild 2**) werden in den oberen Preisklassen angeboten.

Bild 2: Vollgefedertes Herren-Trekkingrad, Viergelenker

Kettenschaltungen mit 21 bis 30 Gängen sind wegen des großen Übersetzungsbereiches für Vielfahrer besonders geeignet. Auch Nabenschaltungen bis hin zur 14-Gangschaltung von Rohloff und Kombinationen aus Dreigangnabe und 8- bis 9fache Kettenschaltung werden angeboten. Bei dieser Variante entfällt das Dreifach-Kettenblatt. Ein Kettenschutz lässt sich daher leichter anbringen.

Wie bei den Cityrädern ist die Ausstattung nach StVZO Standard. Ein Seitenständer ist meist am Hinterbau befestigt. Als Lenkerformen kommen neben einem geraden Lenker oder einem geschwungenen Trekkinglenker auch Multipositionslenker zur Anwendung. Verschiedene Griffpositionen sind der Vorteil dieser Lenkerform.

Neben V-Bremsen und hydraulischen Felgenbremsen werden an höherwertigen Trekkingrädern auch Scheibenbremsen eingebaut.

Der Begriff **Urbanbike (Bild 3)** ist eine Schöpfung der Fahrradindustrie für die neue Fahrradgattung „**Lifestyle-Bike**“. Urbanbikes verkörpern umweltfreundliche, zugleich modische, städtische Fortbewegung.

Im Vergleich zum Citybike ist das Fahrrad sportlicher ausgelegt. Es wird deshalb vermehrt für Freizeitaktivitäten genutzt. Schalt- und Bremszüge sind oft innerhalb des Rahmens verlegt, Federgabeln sind eher selten.

Bild 3: Urbanbike (Norco bicycles)

Das **Reiserad** als eigener Fahrradtyp ähnelt dem Trekkingrad. Ein längerer Hinterbau ermöglicht es, den Gesamtschwerpunkt auch bei hinterer Gepäckzuladung vor die Hinterradachse zu legen. Außerdem ermöglicht der lange Hinterbau eine freikreisende Fußbewegung. Besonderer Wert wird auf einen stabilen Rahmen und Gepäckträger sowie hochwertige Ausstattung gelegt (**Bild 1, Seite 104**).

Auffällig beim Reiserad ist der Lowrider, ein niedriger seitlicher Träger für Vorderradtaschen. Typisch sind außerdem noch angelötete Gewindebuchsen am Unterrohr für eine dritte Trinkflasche. Die übliche 21- bis 30-Gang-Kettenschaltung bietet einen großen Übersetzungsbereich. Meist sind Reiseräder ungefedert, da sie dadurch robuster sind.

---

[1] Auch von einigen Herstellern als Trapezrahmen bezeichnet.

Bild 1: Klassisches Reiserad mit Lowrider

3.2 Sporträder

Am meisten bekannt sind bei den Sporträdern das **Mountainbike,** das **Rennrad** und das Crossrad (oder Hybridrad).

Für spezielle Sportarten oder Artistik gibt es das BMX-Rad, Einrad und das Kunstrad.

Für Radball und Radpolo gibt es eigene Radtypen.

Das **Mountainbike (MTB)** ist ein Geländefahrrad mit relativ kleinem Sitzrohr. Breite, grobstollige 26", 27,5" oder 29"-Reifen sorgen für den nötigen Grip. Um im Gelände die erforderliche Bodenfreiheit zu haben, liegt das Tretlager höher. Sitz- und Steuerkopfwinkel sind steiler als beim Trekkingrad. Die Lenkgeometrie sorgt für mehr Wendigkeit. Mit dem geraden Lenker kann man bei schwierigen Bodenverhältnissen besser steuern.

Man unterscheidet zwei Grundtypen:

- **Hardtail** ist ein MTB ohne Hinterradfederung, oft aber mit Federgabel und teilweise mit gefederter Sattelstütze ausgestattet **(Bild 2)**.
- Full Suspension (**Fully**) ist ein MTB mit gefedertem Rahmen und Federgabel (**Bild 1, Seite 105**).

Die Rahmen bestehen zum größten Teil aus Aluminiumlegierungen. Kettenschaltungen mit weitem Übersetzungsbereich oder 14-Gang-Nabenschaltungen sind die Regel.

Bei den Bremsen sind V-Bremsen, hydraulische Felgenbremsen oder Scheibenbremsen üblich.

MTBs gibt es in vielen Bauformen und Federwegen, da Einsatzzwecke und Fahrstile variieren.

Neben den Grundtypen Hardtail und Fully können MTBs in weitere Kategorien eingeteilt werden:

- Cross Country MTB
- All Mountain MTB
- Enduro Bikes
- Freerider
- Downhill Bikes

Rh	44	48	52	60
O	560	575	590	605
HT	120	135	150	165

E	1047	1063	1078	1093
W1	71,0°	71,0°	71,0°	71,0°
W2	74,0°	74,0°	74,0°	74,0°

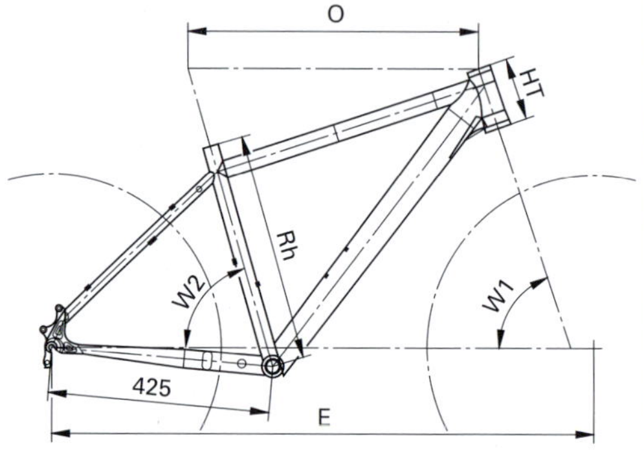

Bild 2: Mountainbike-Hardtail als Cross Country

Das klassische Sportrad ist das **Rennrad** oder **Rennmaschine** (**Bild 2, Seite 105**). Es ist von der Rahmenkonstruktion auf hohe Geschwindigkeit ausgelegt.

Die flache Sitzhaltung verringert den Luftwiderstand und ermöglicht eine höhere Geschwindigkeit in den Kurven. Ein Rennrad hat aus diesem Grund immer einen Rennlenker, der zusätzlich viele Griffpositionen bietet.

Geringes Gewicht und ein steifer Rahmen sorgen für optimales Fahrverhalten. Das Rahmenmaterial ist Stahl, Aluminium, Titan oder Carbon.

Die Übersetzung ist auf 18 oder 22 Gänge ausgelegt mit zwei Kettenblättern und einem 9- bzw. 11-fach Zahnkranz.

Möglich ist auch ein 3-fach Kettenblatt, was die Gangzahl auf 27 bis 30 Gänge erhöht. Zweifach gelagerte Seitenzugbremsen mit kurzen Bremsschenkeln sorgen für gute Bremsleistungen (Dual Pivot).

Rennräder, deren Gewicht nicht mehr als 11 kg beträgt, dürfen im Straßenverkehr nach der StVZO mit Batteriebeleuchtung gefahren werden. Diese muss nicht fest am Rennrad angebracht sein, aber vom Fahrer mitgeführt werden.

A	B	C	D	E	F	G	H	I	J
384	545	66°	63°	431	1115	368	691	118	543
414	576	66°	63°	431	1141	369	703	118	543
432	611	66°	63°	431	1175	369	717	118	543

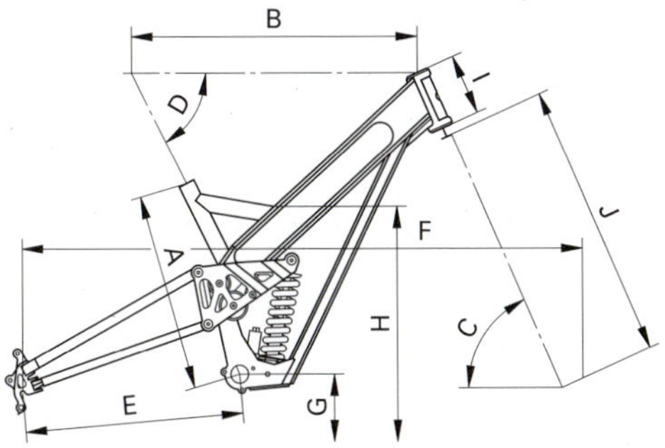

Bild 1: Mountain-Fully als Downhill-Maschine

	A	B	C	E	F	G	H
51	510	530	100	405	38,1	74°	73,5°
53	530	540	100	405	38,1	74°	73,5°
55	550	550	125	405	38,1	73,5°	73,5°
57	570	562	145	405	38,1	73,5°	73,5°
59	590	574	165	405	38,1	73,5°	73,5°
61	610	585	185	405	38,1	73,5°	73,5°
63	630	595	205	405	38,1	73,5°	73,5°

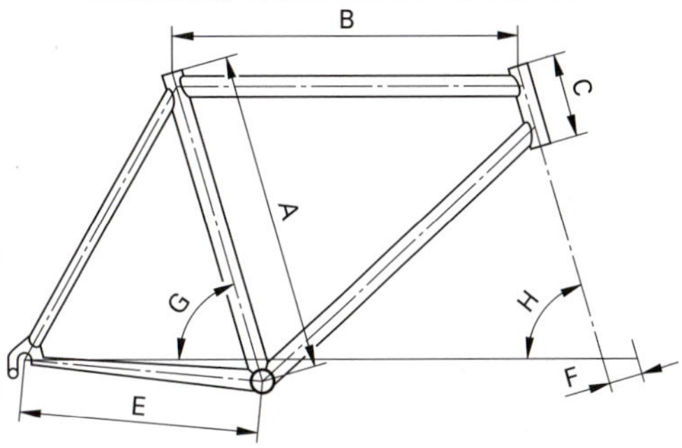

Bild 2: Rennrad

Laut UCI-Reglement (Union Cyclist International) ist bei Wettbewerbs-Rennrädern ein Mindestgewicht von 6,8 kg zu beachten. Vorgeschrieben ist als Rahmenform der klassische Diamantrahmen.

Rennrad-Sonderformen sind:

- **Zeitfahrmaschine.** Sie ist aerodynamisch optimiert und bietet eine flachere Sitzposition als das Rennrad. Standard ist ein Lenkeraufsatz. Eine Zeitfahrmaschine unterliegt den UCI-Bestimmungen.
- **Triathlonrad** ist ähnlich wie eine Zeitfahrmaschine aufgebaut. Typisch ist ein Lenkaufsatz für die Auflage der Unterarme. Durch den steileren Sitzrohrwinkel kann der Fahrer weiter vorn sitzen (american position). Der Hinterbau ist sehr kurz. Anders als bei der Zeitfahrmaschine ist hier die Sitzposition und die Rahmenform nicht vorgeschrieben.
- **Cyclocross-Rad** für Querfeldeinrennen. Etwas breitere Reifen mit Stollenprofil erfordern beim Rahmen und bei der Gabel einen größeren Durchlauf. Cross- oder Scheibenbremsen bieten ausreichenden Durchlaufraum für Matsch an den Stollenreifen. Wegen ihrer leichten Bauweise werden sie zur Überwindung von Geländestufen nach Bedarf auf die Schulter genommen.
- **Bahnräder** (Bahnrennräder) sind aus Gründen der Gewichtsoptimierung nicht mit Bremsen, Schaltung und Freilauf ausgerüstet. Sie haben einen kurzen Radstand, 2,5 mm bis 5 mm kürzere Kurbeln, ein höheres Tretlager und eine starre Hinterradnabe.

Anstatt zu bremsen regulieren die Bahnfahrer ihre Geschwindigkeit durch Spurwahl auf der Bahn.

Ein **Fitnessbike** entspricht einem Straßenrennrad, bei dem der Rennlenker durch einen geraden Lenker ersetzt wurde. Damit ist es möglich, sportliches Fahren mit bequemer Sitzposition zu verbinden (**Bild 1, Seite 106**).

Vom Rennrad abgeleitet gibt es die Variante **Street-Fitnessbike**.

Der Rahmen ist kürzer, der Radstand dagegen etwas länger. Die Ausstattung entspricht dem Rennrad mit Dreifachkettenblatt. Neben Seitenzugbremsen kommen V-Brakes zum Einsatz.

Eine weitere Variante ist das **Crossrad**. Basis ist ein Trekkingrad ohne Schutzbleche, Gepäckträger und Beleuchtung, jedoch mit etwas grobstolligeren Reifen.

Rh	O	K	E	W1	W2
48	618	120	1012	72°30′	73°30′
53	633	140	1027	72°30′	73°30′
57	648	160	1042	72°30′	73°30′
61	663	180	1057	72°30′	73°30′

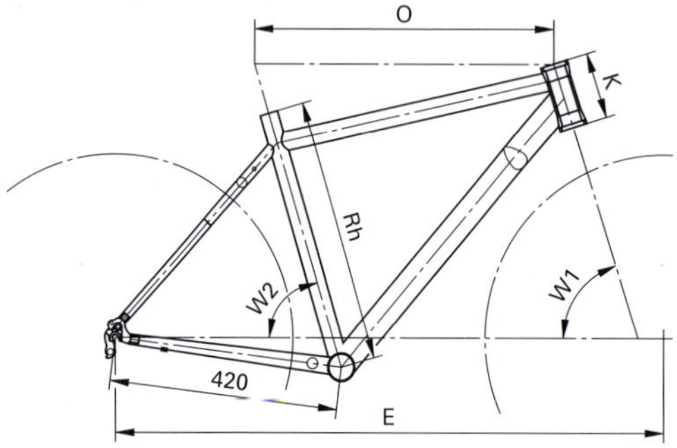

Bild 1: Fitnessbike – Speedbike

Weitere Sporträder:

- **BMX-Räder** sind für Geländerennen auf speziellen Cross-Strecken und für unterschiedliche Fahrstile konstruiert **(Bild 2)**. Sie haben keine Gangschaltung, aber einen Freilauf.

  Besondere Merkmale sind der niedrige Rahmen, ein hoher V-förmiger Lenker mit Querstrebe und die Sattelstellung.

Bild 2: BMX-Rad

Funmodelle sind mit Achsverlängerungen zum Aufstellen der Füße und einem rundum drehbaren Lenker ausgerüstet. Die Laufradgröße ist meist 20″, Ausnahmen sind 24″-Räder.

- **Einrad** zur Schulung des Gleichgewichtssinns und für Artisten. Freilauf, Gangschaltung und Bremse fehlen.
- **Kunstrad** für artistische Übungen, z. B. bei Wettkämpfen. Der Rahmen ist verstärkt und die Geometrie für langsames Fahren ausgelegt. Die Übersetzung ist 1:1. Freilauf und Bremse fehlen. Ein spezieller Lenker, der optisch wie ein umgedrehter Rennlenker aussieht, ist obligatorisch. Da Kunsträder keinen Freilauf haben und der Lenkkopfwinkel 90° beträgt, kann mit ihnen auch gut rückwärts gefahren werden.
- Ein dem Kunstrad ähnliches Sportrad ist das **Radballrad**.

3.3 Kinder- und Jugendfahrräder

Im allgemeinen Sprachgebrauch unterscheidet man zwischen Laufrädern und Fahrrädern (**siehe auch Seite 321**). Laufräder werden nur durch Laufen angetrieben und besitzen kein eigenes Antriebssystem.

Man unterscheidet Kinderspielfahrräder für Kinder zwischen 3 und 5 Jahren (Radgrößen 12″ bis 18″), Kinderfahrräder für Kinder von 6 bis 8 Jahren (Radgröße 20″ bis 24″) und Jugendfahrräder für Kinder im Alter von 9 bis 14 Jahren (Radgröße ab 24″). Kinder- und Jugendfahrräder sind nach StVZO-Richtlinien ausgestattet.

Das Kinderspielfahrrad darf nur abseits des Straßenverkehrs[1] benutzt werden, da eine Lichtanlage nicht vorgeschrieben ist. Dennoch empfiehlt es sich, ein Kinderspielfahrrad mit einer Lichtanlage, einer Rücktrittbremse und einem geschlossenen Kettenkasten auszurüsten (**Bild 1, Seite 107**). Eine Nachrüstung sicherheitsrelevanter Komponenten vom Kinderspielrad zum Kinderfahrrad ist möglich.

Viele Experten raten vom Gebrauch der Stützräder ab, da diese nur trügerische Sicherheit bieten und später das Erlernen des freien Fahrens erschweren.

Vorschläge zum Kauf und zur Benutzung von Kinderfahrrädern:

- Auf dem Sattel sitzend sollte das Kind mit beiden Füßen den Boden berühren können.

[1] Auf Gehwegen bzw. Bürgersteigen erlaubt

- Sicherheitsgriffe am Lenker und Prallschutz am Lenkervorbau
- Nabenschaltung mit drei Gängen und Rücktrittbremse sind eher geeignet als Kettenschaltung und zwei „scharfe" V-Bremsen.
- Optimal ist LED-Beleuchtung mit Standlichtfunktion.
- Stabiler Gepäckträger und Kettenschutz

Bild 1: Kinderspielfahrrad mit Stützrädern (Bellini Feuerwehr 12")

In DIN EN 14765 sind die sicherheitstechnischen und Prüfverfahren für Kinderfahrräder aufgeführt, in DIN EN ISO 4210 für **Jugendfahrräder**[1] (**Bild 2**).

Bild 2: 24"-Jugendrad mit Kettenschaltung und Komplettausstattung

3.4 Weitere Bauarten

Fahrräder für besondere Einsatzzwecke sind **Falträder, Lasten- und Nutzfahrräder, Liegeräder, Tandems, Reha-Fahrräder** und Fahrräder für besonders große bzw. kleine Menschen.

Bild 3: 26"-Jugend-Mountainbike

Zu den Sonderkonstruktionen zählt man auch Fahrradanhänger (**siehe Kapitel 3.5**) und mehrspurige Fahrräder. Der Fantasie beim Fahrradbau und beim Entwickeln neuer Fahrradtypen sind kaum Grenzen gesetzt.

Das **Faltrad (Bild 4)**, oder in den Siebziger Jahren als **Klapprad** bezeichnet, wurde in erster Linie als Fahrrad zum Mitnehmen entwickelt[2]. Ein Faltrad muss gute Fahreigenschaften haben und sich leicht falten lassen. Geringes Gewicht, kleine Laufräder und die häufig vorzufindende Federung sind neben speziellen Übersetzungen die auffälligsten Merkmale. Eine Ausstattung nach StVZO ist Standard. Reiseräder, Rennräder und Mountainbikes sind ebenfalls als Falträder erhältlich.

Bild 4: Faltrad (Brompton)

[1] Als eigenständiger Fahrradtyp in DIN EN ISO 4210 (2015) aufgenommen.

[2] Ein Faltrad kann bis zu einer Größe von 20" kostenlos im Zug, S- und U-Bahn mitgenommen werden.

Auf einem **Tandem (Bild 1)** sitzen zwei Personen hintereinander. Der lange Radstand von 160 cm bis 175 cm (Solorad 98 cm bis 110 cm) erfordert eine verwindungssteife Rahmenkonstruktion. Die Rahmen müssen für höhere Gewichte ausgelegt sein. Gleiches gilt auch für die Komponenten Gabel, Laufräder und Bremsen. Ausführungen gibt es als City-, Trekking-, Renn-, MTB- und Liegeradtandem.

Bild 1: Tandem mit stabilem Alurahmen und Scheibenbremsen

Vorderer und hinterer Antrieb sind durch eine Transmissionskette verbunden. Der Transmissionstrieb befindet sich auf der linken Seite.

Beim **Tandem Pino** (**Bild 2**) *liegt* der vorn Fahrende, sodass die Sicht für beide Passagiere nicht eingeschränkt ist. Ein Freilauf verhindert, dass beide Fahrenden immer gleichzeitig treten müssen.

Spezialzubehör gestattet die Mitnahme von Kindern, Menschen mit körperlichen Einschränkungen und von Nutzlasten.

Bild 2: Tandem mit Liegesitz (Hase Bikes Pino)

Bei **Liegerädern** ist die Sitzposition rückwärts geneigt **(Bild 3)**. Unterschieden wird nach Bauweise in Langlieger mit dem Tretlager hinter dem Vorderrad und in Kurzlieger mit dem Tretlager vor dem Vorderrad. Wendiger ist der Kurzlieger und deshalb beliebter. Unterschieden werden die Lenkerpositionen.

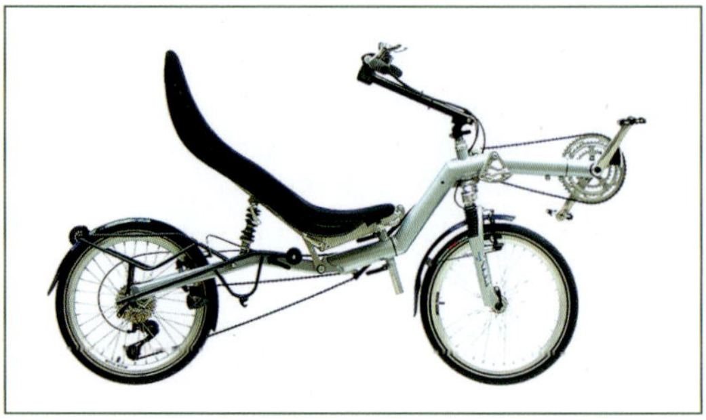

Bild 3: Hochwertiges Liegerad als Kurzlieger

Es gibt Obenlenker mit dem Lenker vorne in Brusthöhe und Untenlenker mit dem Lenker unter dem Sitz. Obenlenker sind direkter in der Lenkung, Untenlenker werden von Liegeradfahrern häufig als bequemer empfunden. Liegeräder sind meistens gefedert.

Dreiräder werden entweder über ein vorderes Einzelrad **(Bild 4)** oder als „Front-Dreirad" über ein Doppelrad (**Bild 1, Seite 109**) gelenkt.

Bild 4: Dreirad mit vorderem Einzelrad (Wulfhorst)

Beim Dreiradtyp „vorngelenktes Einzelrad" ergeben sich zwei Varianten des Antriebes.

- Nur ein Hinterrad wird angetrieben, das andere läuft frei mit.
- Beide Hinterräder werden angetrieben; ein Ausgleichsgetriebe (Differential) ermöglicht es, dass sich in einer Kurve das Außenrad schneller dreht als das Innenrad (Beispiel Hase Kettwiesel).

Bei einer einfacheren **Drehschemel-Lenkung** (**Bild 1, Seite 109**) sind beide Vorderräder auf je einer eigenen Achse gelagert und durch ein Lenkhebelsystem verbunden. Die Fahrwerke der meisten Dreiräder mit gelenkten Doppelrädern vorn und einzelne Lastenfahrräder sind nach dem Prinzip der **Achsschenkel-Lenkung** konstruiert, so wie diese im Automobilbau verwendet wird (**Bild 2, Seite 109**). Weitere Bauformen sind die Kurvenneiger und die Knicklenkung.

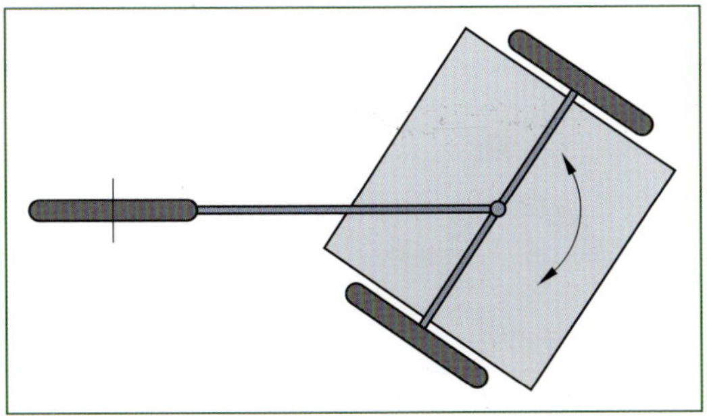

Bild 1: Schema einer Drehschemel-Lenkung

Bild 2: Achsschenkel-Lenkung mit Lenkgestänge in Fahrtrichtung geradeaus (HP Velotechnik)

Den Abstand der beiden Vorderräder nennt man *Spurbreite*, den Winkel der Vorderräder zum Boden *Sturz* (**Bild 3**). Zur Erhöhung der Fahrstabilität und zur Vermeidung von einseitigem Reifenabrieb sollte der Sturz der Vorderräder stets neutral oder leicht negativ sein

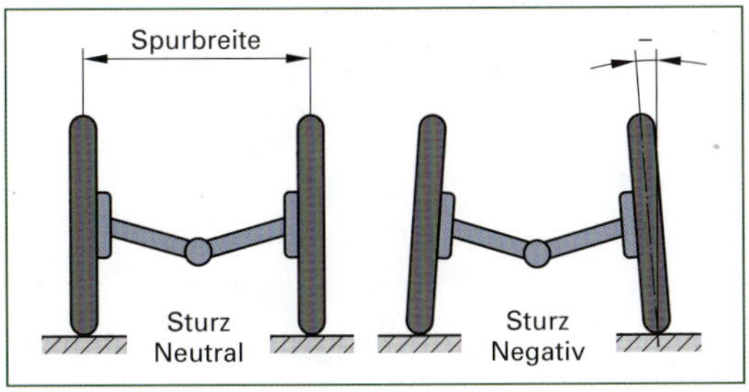

Bild 3: Spurbreite und Sturz

Bei einer Kurvenfahrt bewegen sich das kurveninnere und das kurvenäußere Vorderrad auf unterschiedlich großen Kurvenradien. Der Unterschied der Radien ergibt sich aus der Spurbreite.

Die Hebel des Achsschenkel-Lenkgestänges sorgen dafür, dass beide Räder im richtigen Lenkwinkel dem jeweiligen Kurvenradius folgen. Dabei muss das kurveninnere Rad stets stärker einlenken als das kurvenäußere (Ackermann-Kompensation).

Die beiden Achsschenkel mit den Rädern sind durch die Spurstange verbunden. Dämpfungselemente für mehr Fahrstabilität können zusätzlich vorhanden sein. **Bild 4** zeigt die Achsschenkel-Lenkung in Kurvenfahrt.

Bild 4: Achsschenkel-Lenkung eingelenkt (HP Velotechnik))

Für ein angenehmes, neutrales Steuern sollte der Lenkradius im Bereich der Reifenaufstandsfläche einer Achsschenkel-Lenkung möglichst klein sein. Dies erreicht man am einfachsten durch eine Schrägstellung der Lenkachse. Den Winkel zwischen Lenkachse und Rad bezeichnet man als Spreizungswinkel (**Bild 5**).

Bild 5: Spreizungswinkel

Neben dem Spreizungswinkel wird zur Verbesserung des Fahrkomforts und der Laufruhe die Lenkachse um den Nachlaufwinkel zusätzlich nach hinten geneigt (**Bild 1, Seite 110**). Der auf diese Weise erzeugte Nachlauf übt wie bei einer normalen Fahrradgabel eine schleppende Wirkung auf die Vorderräder aus.

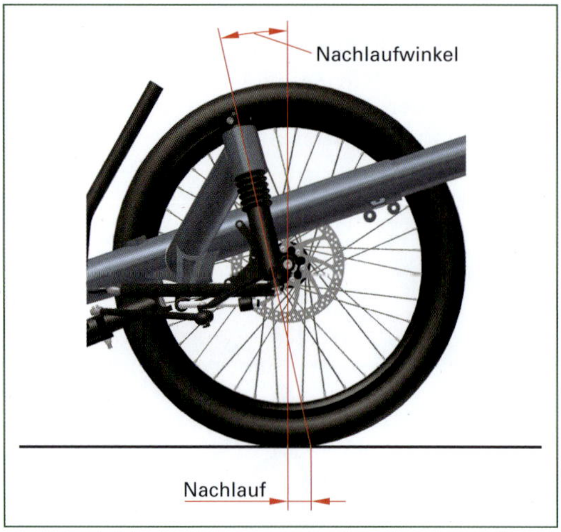

Bild 1: Nachlaufwinkel und Nachlauf

Bei einigen Dreiradbauarten ist die Einstellung des Nachlaufs möglich. Bei Arbeiten am Lenkgestänge muss sorgfältig auf die Parallelität der gelenkten Vorderräder geachtet werden. Die Toleranzmaße bewegen sich im Bereich von 1 mm bis 4 mm. Fehler sind besonders an hohem Reifenverschleiß und an mangelhaftem Geradeauslauf zu erkennen.

Lasten- und Nutzfahrräder. In verkehrsreichen Ballungsgebieten nimmt die gewerbliche und private Nutzung von Lastenfahrrädern (engl. *Cargobikes*) stark zu. Die Gründe sind:

- Preiswertes Transportmittel
- Parkplatzsuche entfällt
- Fahrzeuggröße sichert schnelles Vorankommen
- Kein Ausstoß umweltschädlicher Abgase

Es gibt einspurige und mehrspurige Lastenräder. Je nach Konstruktion kann das Transportgut vor oder hinter dem Fahrer platziert sein und über oder neben den Laufrädern. Je höher die Zuladekapazität, umso tiefer sollte die Ladefläche sein. Mehrspurige Lastenräder sind besonders standsicher und können schwerere und breitere Lasten transportieren als einspurige. Viele mit E-Motor unterstützte Lastenfahrräder sind als Pedelec eingestuft.

Beim Long-John-Prinzip ist die Last tief zwischen Vorderrad und Fahrer des einspurigen Fahrrades angebracht, sodass das Rad beim Be- und Entladen sicher steht (**Bild 2**).

Durch den niedrigen Rollwiderstand und die gute Aerodynamik eignen sich diese Fahrräder auch für größere Entfernungen und werden besonders von Kurierdiensten genutzt.

Bild 2: Urban Arrow Cargo mit Mittelmotor (Long-John-Prinzip)

Das Cargobike von Felt Brühaul trägt die Nutzlast hinter dem Fahrenden und über der Laufradachse. Der Schwerpunkt liegt höher, die Zuladekapazität ist kleiner. Anders als beim Long-John-Prinzip ähneln die Fahreigenschaften einem normalen Citybike (**Bild 3**).

Bild 3: Cargobike mit Nutzlastaufnahme hinten (Felt Brühaul)

Bild 4 zeigt ein mehrspuriges Lastenrad mit einer Drehschemel-Lenkung. Diese Radkonstruktion wird bereits seit hundert Jahren genutzt und gewinnt durch leichtere Werkstoffe an Popularität.

Bild 4: Lastenrad mehrspurig mit Drehschemel-Lenkung (Christiania)

Gegenüber der Achsschenkel-Lenkung verschiebt sich der Schwerpunkt bei der Drehschemel-Lenkung stärker. Dadurch ist die Fahrstabilität in Kurven schlechter. Dieser Nachteil wird hingenommen, weil beladene Lastenräder nur langsam gefahren werden und die Fahrzeuge ausreichend beherrschbar bleiben. Die Drehschemel-Lenkung ist einfach aufgebaut und besteht aus wenigen Bauteilen, sodass der Wartungsaufwand klein bleibt.

3.5 Anhänger

Je nach Verwendungszweck unterteilt man Fahrradanhänger in Kinderanhänger und Lastenanhänger. Eine andere Einteilung ist die Unterscheidung nach Verwendung und Konstruktion.

Verwendung	Konstruktion
Kinderanhänger	Einspurig
Lastenanhänger	Zweispurig
Einkaufsanhänger	Hochdeichsel
Reiseanhänger	Tiefdeichsel
Hundeanhänger	Trailerbike

Gegenüber Kindersitzen haben **Kinderanhänger** den Vorteil, dass das Lenk- und Fahrverhalten des Fahrrades nicht so stark beeinträchtigt wird. Angekoppelt werden sie auf der Höhe der Hinterradachse. Das Fahrrad wird weder heck- noch kopflastig und der Fahrer kann seine gewohnte Sitzposition einnehmen.

Fahrradanhänger für Kinder weisen eine hohe Kippsicherheit auf. Zum Schutz dienen ein stabiles Gestell mit Überrollbügel und Sicherheitsgurte **(Bild 1)**. Die Bewegungsfreiheit ist ausreichend und die Kinder sitzen bei Regen im Trockenen.

Bild 1: Anhänger für den Transport von zwei Kindern

Die Anhängerkupplung befindet sich meist am linken Ausfallende **(Bild 2)**.

Auf abschüssigen Straßen besteht die Gefahr, dass beim Bremsen das Fahrrad aus der Spur geschoben wird, denn die meisten Anhänger sind ungebremst.

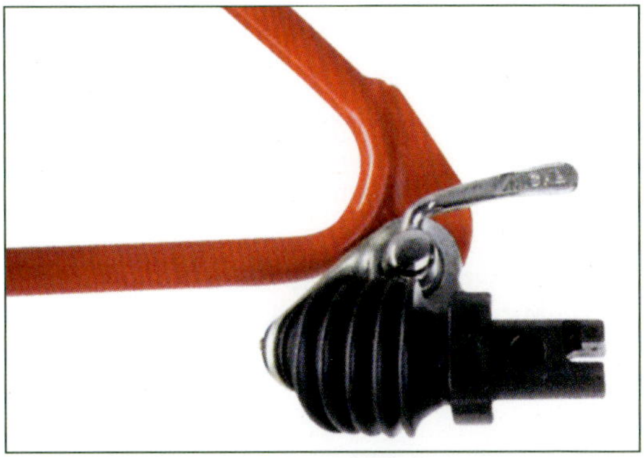

Bild 2: Anhängerkupplung am Ausfallende (Weber Technik)

Nach Inkrafttreten der geänderten StVZO sind maximale Abmessungen von Fahrradanhängern vorgeschrieben: Länge 2 m, Breite 1 m und Höhe 1,4 m. Die zulässige Gesamtmasse darf 80 kg nicht überschreiten. Bei mehr als 40 kg wird eine Bremse empfohlen.

Die DIN EN 15198 „Fahrradanhänger – Sicherheitstechnische Anforderungen und Prüfverfahren" liegt als Entwurf vor. Sie gibt bei einer Beladung mit zwei Personen von je 22 kg ein zulässiges Systemgewicht von 60 kg an. Die Stützlast darf nicht weniger als 30 N und nicht mehr als 80 N betragen.

Besonders wichtig ist, dass die Kupplung zum Fahrrad nur wenig Spiel hat und so für eine sichere Spurhaltung sorgt. Je mehr Spiel die Kupplung aufweist, desto schräger hängt der Anhänger hinter dem Erwachsenenrad. In dem Moment, da der Anhänger auf die Seite kippt, entsteht ein starker Seitenimpuls, der den Fahrer zu einer gefährlichen Lenkkorrektur zwingten kann.

Fahrradtrailer (Nachläufer) sind einspurige Anhänger für Kinder, die bereits ein gewisses Fahrgefühl haben und auf dem Trailer selbstständig treten können **(Bild 3)**.

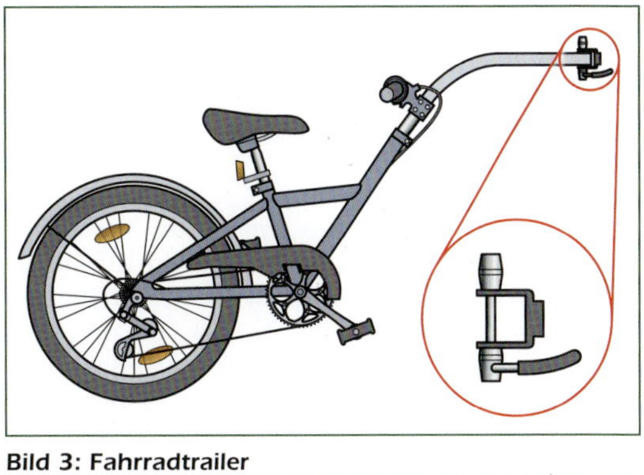

Bild 3: Fahrradtrailer

3.6 Fahrräder mit Hilfsantrieb

Ein Fahrrad mit Hilfsantrieb lässt sich auch ohne Motorunterstützung per Pedalantrieb fahren. Man unterscheidet Fahrräder mit Verbrennungsmotor und Fahrräder mit Elektromotor (**siehe Kapitel 4**).

Bei Fahrrädern mit **Verbrennungsmotor** ist der Motor über dem Vorderrad (**Bild 1**) oder seitlich am Hinterrad angebracht (**Bild 3**). Der Inhalt des Kraftstoffbehälters reicht für eine Fahrstrecke von etwa 100 km.

Motor u. Getriebe:	Ein-Gang Automatik-Kupplung
Bohrung:	39,5 mm
Hub:	40 mm
Hubraum:	49 ccm
Verdichtungsverhältnis:	8,2:1
Leistung:	0,58 kW
Maximale Drehzahl:	4000 U/min
Maximales Drehmoment:	bei 2000 U/min
Maximale Leistung:	bei 2500 U/min
Kupplung:	Fliehkraft
Antrieb:	Reibrolle 42 mm auf Vorderrad
Vergaser:	Cyclon 6,5 l
Fahrgeräusch:	72 dB (A)
Treibstoff:	Mischung: bleifreies Benzin plus 2 % Öl, entspricht Mischungsverhältnis 50:1
Tank:	Inhalt: 1,4 l für ca. 100 km
Zündung:	
Typ:	Schwunglicht-Magnetzündung
Zündzeitpunkt:	23° v.o.T
Unterbrecherkontakte:	0,40 mm
Zündkerzentyp:	Clyclon 43 oder Bosch ER 7 AC entstört oder ähnliche Bauart
Elektrodenabstand:	0,40 mm

Bild 1: Velo Solex (Fa. AT-Zweirad)

Beim klassischen Modell wird das Vorderrad über eine Reibrolle angetrieben (**Bild 2**). Durch die automatische Fliehkraftkupplung entfällt das Ein- und Auskuppeln. Der Motor wird bei heruntergelassener Reibrolle durch Treten der Pedale oder Anschieben des Fahrzeugs gestartet. Dabei muss ein Dekompressionshebel am Lenker kurz betätigt werden, um den Anfahrwiderstand zu überwinden.

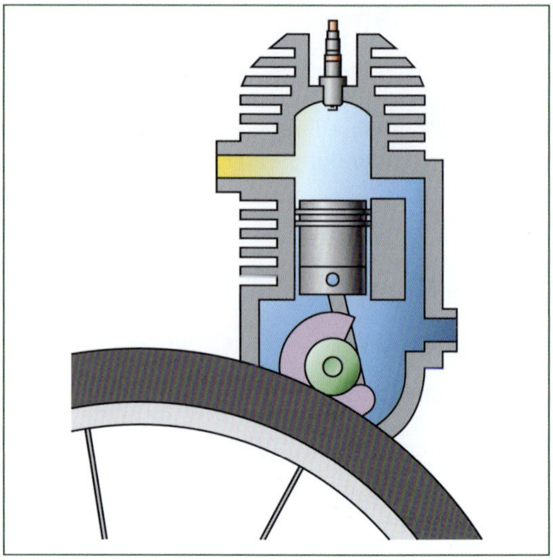

Bild 2: Reibrollenantrieb mittels Zweitaktmotor

Motor:	luftgekühlter 1-Zylinder-2-Takt-Ottomotor
Hubraum:	30 ccm
Nennleistung:	0,5 kW (0,7 PS) bei 3750 1/min
Getriebe:	Ein-Gang Automatik-Kupplung
Max. Drehmoment:	1,49 Nm bei 3000 1/min
Elektrische Ausrüstung:	elektronischer, kontaktloser Magnetzünder
Starter/Startsysteme:	Reversierstarter
Kraftstoff:	Zweitaktmischung Öl-Ottokraftstoff im Verhältnis 1:50
Rahmen:	Komfortrahmen, Rahmenhöhe 48 cm
Bremse vorne:	Trommelbremse
Bremse hinten:	Alu-Gussrad mit Trommelbremse (ø 90 mm)
Bereifung vorne:	42-590 (26" × 1 3/8)
Bereifung hinten:	42-590 (26" × 1 3/8)
Gewicht:	ca. 30 kg
Zul. Gesamtgewicht:	130 kg
Maße:	1780 mm × 610 mm × 1140 mm
Sitzhöhe/Lenkerbreite:	min. 915 mm / max. 1045 mm
Tankinhalt:	1,7 Liter (davon 0,1 Liter Reserve)
Verbrauch:	1,1 bis 1,7 Liter / 100 km, je nach Fahrweise

Bild 3: Saxonette „Salux" (Sachs Fahrzeug- und Motorentechnik)

4 Elektrofahrräder

Dank verbesserter Kapazität der Akkus und leistungsfähiger Motoren sind moderne Elektrofahrräder in der Lage, je nach Unterstützungsgrad Reichweiten über 100 km mit einer Batterieladung zu erzielen.

Der Nutzerkreis dieses neuen Fahrradtyps erweitert sich ständig – sei es, um sich von der innerstädtischen Parkplatzknappheit unabhängig zu machen oder nicht verschwitzt ans Ziel zu gelangen. Aber auch wer häufiger viel Gepäck transportieren muss oder Treterleichterung am Berg oder bei Gegenwind benötigt, setzt auf die elektrische Unterstützung. Elektrofahrräder sind leicht zu bedienen, nahezu lautlos und im Unterhalt preiswert (**Bild 1**).

Beispiel: Bei Stromkosten von 0,25 € pro kWh lässt sich der Akku eines Elektrofahrrades für 9 Cent aufladen. Ein Radler kann mit seinem Pedelec (Akku mit 360 Wattstunden) eine bergige Strecke von ca. 50 km bewältigen. 18 Cent pro 100 Kilometer Fahrstrecke stehen bei einem benzinbetriebenen Mofa mit 1,7 Liter Benzinverbrauch 2,72 € entgegen.

Hinzu kommen günstige Regelungen, die es erlauben, ein Pedelec (Pedelec 25) ohne Führerschein zu fahren.

Bild 1: Elektrofahrräder: Leise, leicht bedienbar und preiswert im Unterhalt

4.1 Typen von Elektro-Zweirädern

Der Oberbegriff für Elektro-Zweiräder aller Art ist die Bezeichnung „Light Electric Vehicle" = Leicht-Elektro-Fahrzeug, Abkürzung LEV. Je nach Bauart oder Klasse unterscheidet man, ob es sich um ein Fahrrad oder ein Kraftfahrzeug handelt (**Bild 2**).

Ein **Pedelec 25** ist in den EU-Ländern als Fahrrad mit begrenzter Tretunterstützung eingestuft. Es muss der europäischen Norm EN DIN 15194 entsprechen[1].

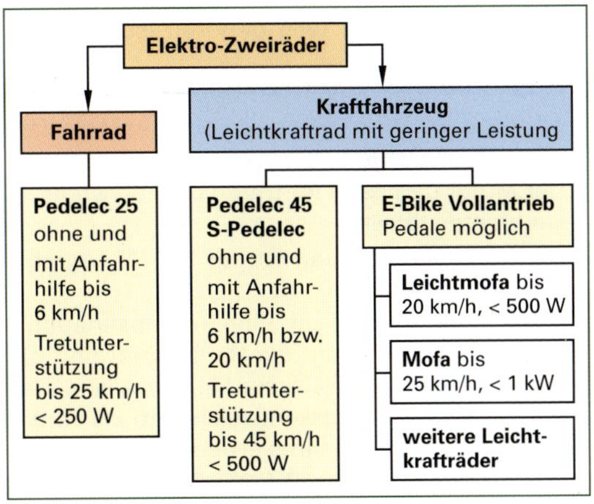

Bild 2: Gliederung Elektro-Zweiräder

Merkmale Pedelec 25

- Der Elektromotor arbeitet nur, wenn in die Pedale getreten wird.
- Der Motor unterstützt den Radfahrer bis zu einer Geschwindigkeit von 25 km/h (+10 %).
- Die Nenndauerleistung des Motors ist auf 250 Watt begrenzt, die Spitzenleistung ist nicht begrenzt. Die Motorleistung muss mit steigender Geschwindigkeit progressiv abnehmen.
- Das Fahrzeug benötigt innerhalb der EU keine Zulassung. Eine Versicherungspflicht und Helmpflicht besteht nicht. Führerschein ist nicht erforderlich.
- Viele Modelle verfügen über eine Anfahrhilfe (Schiebehilfe) bis 6 km/h, die unabhängig von der Tretleistung aktiviert werden kann. Auch für diese Modelle gelten die Vorschriften für Fahrräder.
- Für die Nutzung gibt es keine Altersbeschränkung.
- Das Fahrzeugleergewicht (mit einem Akku und ohne Gepäck) darf 30 kg nicht überschreiten.

[1] In Deutschland, Österreich und der Schweiz sind unterschiedliche gesetzliche Bestimmungen (Merkmale Pedelec und E-Bike, Zulassung, maximale Leistung und Geschwindigkeit usw.) zu beachten.

- Eine Dynamopflicht entfällt (**siehe Seite 117**)
- Ein Transport von Kindern (bis 7 Jahren) im Kindersitz oder Anhänger ist gestattet.
- Es gilt die Benutzungspflicht für mit einem blauen Radwegschild gekennzeichneten Radweg.
- Waldwege, Einbahnstraßen, die in Gegenrichtung für Fahrräder freigegeben sind und für Radfahrer freigegebene Fußgängerzonen sind für Pedelecs 25 erlaubt[1].

4

S-Pedelecs (Schnelle Klasse, Pedelec 45) sind keine Fahrräder, sondern als Kraftfahrzeuge (Kleinkrafträder mit geringer Leistung) der Klasse L1e eingestuft (Stand Januar 2013).

- Wer ein S-Pedelec führen will, benötigt mindestens eine Mofa-Prüfbescheinigung, wenn er (sie) **nach** dem 1.4.1965 geboren ist. Mindestalter 15 Jahre.
- Reine Motorfahrt (Vollantrieb) ist per „E-Gasgriff" bis 20 km/h als „erweiterte Anfahrhilfe" möglich (in Österreich bis 25 km/h).
- Der Motor darf beim Mittreten bis höchstens 45 km/h unterstützen.
- Die Nenndauerleistung ist auf 500 W begrenzt (in Österreich bis 600 W).
- Keine Zulassungspflicht. Eine Betriebserlaubnis (bzw. Einzelzulassung des Herstellers) und ein Versicherungsnachweis sind erforderlich. Das (grüne) Versicherungskennzeichen muss immer zum 1. März jeden Jahres erneuert werden.
- Helmtragepflicht gemäß § 21a StVO
- Ein Transport von Kindern (bis 7 Jahren) im Kindersitz ist gestattet, aber in einem Anhänger nicht erlaubt.
- Lastenanhänger benötigen eine bauartgeprüfte Fahrrad-Anhängerkupplung.
- Das Leergewicht (mit Akku) ist auf 30 kg begrenzt.
- Die Reifenprofilstärke muss mindestens 1 mm betragen.
- Alkoholgrenze wie beim Führen eines Kraftfahrzeuges.
- Verbot der Benutzung von Radwegen innerorts (Ausnahme Zusatzschild „Mofa frei" oder ausgeschalteter Motor).

E-Bikes sind Kraftfahrzeuge der Klasse Le1 mit einer begrenzten Höchstgeschwindigkeit und einer maximalen Motorleistung von 500 W. Die Motorsteuerung erfolgt über einen „E-Gasgriff". Eine Tretunterstützung ist nicht vorgesehen – Pedale sind aber möglich.

Für das Führen eines Leichtmofas oder Mofas reicht eine Mofa-Prüfbescheinigung. Leichtmofas und Mofas sind zulassungsfrei, benötigen aber eine Betriebserlaubnis und (wie das Pedelec 45) ein Versicherungskennzeichen.

Der Fahrer eines Kleinkraftrades benötigt mindestens einen Klasse-M-Führerschein (neu ab 19.1.2013: AM-Klasse) und es besteht die Pflicht, einen Helm zu tragen.

E-Roller gibt es in vielen Varianten. Es sind reine Elektrofahrzeuge ohne Pedale. Man unterscheidet drei Kategorien:

- Kickboards und Stehroller (Segway, **Bild 1**)
- Kleine Sitzroller
- Große Elektroroller

Ein **Segway** ist ein mechanisch stabilisierter Roller, bei dem der Fahrer aufrecht auf einer Plattform zwischen den beiden angetriebenen Rädern steht. Gyroskope, Sensoren für den Neigungswinkel und leistungsstarke Elektromotoren arbeiten zusammen, um ständig das Gleichgewicht zu stabilisieren.

Bild 1: Segway

Kickboards sind Roller, auf denen man steht und, anstatt sich mit einem Bein abzustoßen, den Gasgriff am Lenker bedient. Ihre Benutzung ist nur auf Privatgrund erlaubt.

Zwei- oder dreirädrige **Elektroroller** sind Kleinkrafträder, deren bauartbedingte Höchstgeschwindigkeit auf 45 km/h und die Motorleistung auf 4 kW begrenzt ist. Diese Fahrzeuge benötigen u. a. Kleinkraftradbeleuchtung, typgeprüfte Reifen und Rückspiegel.

Für den Betrieb sind ein geeigneter Helm, ein Versicherungskennzeichen, eine Betriebserlaubnis und mindestens ein Führerschein der Klasse M (AM ab Jan. 2013) vorgeschrieben.

[1] Ein Pedelec 25 unterliegt neben der DIN EN 15194 der Prüf- und Sicherheitsnorm DIN EN ISO 4210. Achtung: Die zulässige Gesamtmasse ist von 100 kg auf 150 kg angehoben. Damit erhöhen sich die Prüflasten um den Faktor 1,5. Darüber hinaus haben die Bestimmungen der Maschinenrichtlinie, der elektromagnetischen Verträglichkeit und der Niederspannungsrichtlinie Gesetzeskraft.

4.2 Komponenten von Elektrofahrrädern

Elektrofahrräder sind schwerer, schneller und erfahren eine höhere dynamische Belastung als herkömmlichen Fahrräder. Sie benötigen eine entsprechend ausgelegte Bremse, um die Vorgaben der jeweiligen Fahrzeugklasse zu erfüllen. Daraus resultiert eine höhere Belastung von Rahmenvorderbau und Gabel. Bei diamantähnlichen Rahmenformen und starren Stahlgabeln oder Federgabeln mit einem $1^1/_8$ Zoll Gabelschaftrohr aus Stahl ist die Betriebssicherheit in der Regel gegeben.

Grundsätzlich gilt: Je höher der Schwerpunkt, desto wichtiger ist eine hohe Seitensteifigkeit von Rahmen und Gabel. Ein Mittel- bzw. Tretlagermotor und tief angebrachter Akku senkt zwar den Schwerpunkt des Pedelec, erfordert aber einen speziellen Rahmen.

Pedelecs mit Wave-Rahmen (**Bild 1**) sind aufgrund des tiefen Durchstiegs besonders komfortabel, sind aber von allen möglichen Rahmenformen die instabilsten.

Bild 1: Pedelec mit Wave-Rahmen

Testergebnisse von Einrohrkonstruktionen belegen ungenügende Seitensteifigkeit, Spurstabilität und mangelnde Bruchsicherheit (**Bild 2**).

Bild 2: Brüche an einem Elektrorad-Einrohrrahmen

In Verbindung mit dem Werkstoff Aluminium können diese Mängel auftreten, wenn das wellenförmig gebogene Unterrohr zu schlank (< 55 mm) ausgeführt ist.

Günstiger sind Rahmenformen, wie sie in Bild 1, Seite 113 realisiert sind. Hier ist die Anbindung des Steuerkopfrohres deutlich voluminöser (und damit steifer und betriebssicherer) ausgelegt. Noch günstiger sind die klassischen Diamantrahmenformen, wenn Unter- und Oberrohr getrennt an das Steuerkopfrohr angelegt werden.

Bremsen. Da Pedelecs schneller und schwerer sind als herkömmliche Fahrräder, benötigen sie kräftige und gut dosierbare Bremsen. Systemgewicht und Bremse müssen übereinstimmen. Geeignet sind V-Brakes, noch besser sind nässefeste hydraulische Felgenbremsen oder Scheibenbremsen – insbesondere, wenn oft die zusätzlich mögliche Fahrgeschwindigkeit ausgenutzt wird. Ein Pedelec 45 sollte immer über hydraulische Felgenbremsen oder Scheibenbremsen verfügen (**Bild 3**).

Bild 3: Scheibenbremse am angetriebenen Hinterrad (smart)

Bei manchen Modellen sind die Hinterräder mit einer Rücktrittbremse ausgerüstet – zusätzlich sind noch mindestens V-Bremsen an Vorder- und Hinterrad erforderlich. Handbremsen sind im Allgemeinen besser dosierbar, effektiver und damit sicherer als die Rücktrittbremse.

Zu beachten ist, dass bei manchen Pedelecs mit Frontmotor der Antrieb noch leicht nachschiebt, nachdem man aufhört zu treten und die Bremse benutzt.

Bei Elektrofahrrädern mit Vorderradantrieb wirkt außer der Bremskraft und dem Motorantrieb noch eine Zusatzbelastung auf Gabel und Rahmenvorderbau. Ein Zahlenbeispiel veranschaulicht die Auswirkung von Motor- und Bremsleistung:

Ein System mit 100 kg Gesamtgewicht (Fahrer/Fahrrad/Gepäck) wird aus einer Geschwindigkeit von 18 km/h (= 5 m/s) mit einer Bremsverzögerung von 2,5 m/s^2 zum Stillstand gebracht. Die Vorderradbremse verzögert dabei auf einem Bremsweg von 5 m innerhalb von 2 s auf 0 km/h.

Die dazu nötige Bremsleistung beträgt anfangs 1250 Watt – die 5fache Leistung eines 250 Watt-Nabenmotors. Da beide Belastungsrichtungen entgegengesetzt sind und die Wechselbelastungen einen erheblich intensiveren Lastfall darstellen, empfiehlt die Firma *Velotech.de* GmbH generell bei Elektrofahrrädern die dynamische Gabelprüfung auf MTB-Niveau anzuheben (**Bild 1**).

Der Rahmen wird gemäß EN ISO 4210-6 in der vertikalen Ebene eingespannt, wobei die Gabel jedoch vorwärts und rückwärts frei beweglich bleibt.

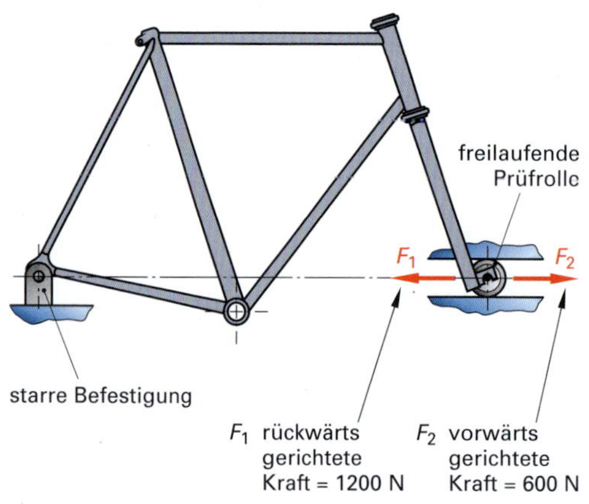

Bild 1: Dynamische Gabelprüfung mit horizontalen Kräften

Federung. Kritische Betriebslasten am Fahrrad werden etwa zu 70 % durch Fahrbahnstöße, 20 % durch Bremsbelastungen und nur etwa 10 % durch Wiegetritt verursacht. An Elektrofahrrädern kommt eine höhere Belastung durch eine höhere Grundgeschwindigkeit hinzu. Dadurch gewinnt die Federung an der Gabel und außerdem eine gefederte Sattelstütze eine größere Bedeutung als beim normalen Fahrrad.

Vom Konzept her sind Pedelecs nicht nur auf höhere Geschwindigkeit, sondern auch auf Komfort ausgelegt – auch deshalb sollten Gabel (ggf. der Rahmen) und Sattelstütze gefedert sein.

Reifen. Die im Vergleich zu „normalen" Fahrrädern schnelleren und schwereren Pedelecs „rumpeln" härter über Hindernisse. Daher sollten Reifen mindestens eine Breite von 37 mm aufweisen. Spezielle Pedelecreifen haben eine bessere Haftung, sind komfortabler und weniger pannenanfällig.

Ein guter Pannenschutz ist wichtig, da ein Reifenwechsel bei Elektrofahrrädern bauartbedingt Schwierigkeiten macht.

Der Luftdruck in den Reifen hat wesentlichen Einfluss auf Leichtlauf, Fahrkomfort und Reichweite des Pedelecs. Fahren mit zu geringem Luftdruck bedeutet größeren Rollwiderstand, da sich die Auflagefläche und damit die Reibung vergrößert. Der Reifen wird stärker gewalkt, was die Lebensdauer verkürzt. Daneben verringert sich die Stabilität in Schräglagen.

Reifen für die schnellen Pedelecs (Pedelec 45) und E-Bikes müssen den ECE-R75-Prüfzyklus bestehen. Diese Reifen sind bis zu 50 km/h zugelassen (**Bild 2**). Die Freigabe ist an einem Kreissymbol mit einem „E" und einer Zahl zu erkennen.

Bild 2: E-Bike-Reifen EnergizerPro (Schwalbe)

Faustregel: Weicht der Luftdruck vom angegebenen optimalen Druck um 1 bar ab, verringert sich die Reichweite mit einer Akkuladung um ca. 30 %. Daher sollte man den Luftdruck alle 14 Tage überprüfen.

Weitere Komponenten. Ein spezieller *Zweibeinständer* hat sich in der Alltagspraxis bewährt, er kann bis zu 40 kg belastet werden. Durch ein Doppelgelenk bieten die verstellbaren Füße einen sicheren Stand. Beim schnellen Pedelec muss der Ständer von selbst einklappbar sein (**Bild 1, Seite 117**).

Bild 1: Zweibeinständer am Transport-E-Bike (elosic)

Um den hohen Belastungen gerecht zu werden, besitzen die meisten Pedelecs Oversize-Lenker (ø 31,8 mm), Vorbauten mit sicheren Vier-Schrauben-Klemmungen und größer dimensionierte Sattelstützen mit Zwei-Schrauben-Klemmung.

Eine starke *Klingel*, die schon von weitem unüberhörbar ist, führt bei erhöhter Geschwindigkeit zu mehr Sicherheit.

Bei schnellen Pedelecs (Pedelec 45) ist ein *Rückspiegel* gesetzlich vorgeschrieben. Aber auch Pedelec-25-Fahrer sollten darauf nicht verzichten, denn ein Spiegel erleichtert das Linksabbiegen und die Suche nach langsamer fahrenden Begleitpersonen.

Nach § 67 StVZO (neu) darf die *Lichtanlage* mit dem Strom aus dem Antriebsakku betrieben werden, auch wenn der Akku (wie üblich) eine höhere Nennspannung als 6 V aufweist. Weiterhin möglich ist auch ein Betrieb mit einem Naben- oder Raddynamo.

4.3 Antriebsarten und Einbauort von Motoren

Klassische Gleichstrommotoren mit Kollektor sind als Antriebsmotor für Elektrofahrräder abgelöst von bürstenlosen Gleichstrommotoren. Je nach Einbauort unterscheidet man Mittelmotoren und in der Nabe des Laufrades befindliche Nabenmotoren. Nabenmotoren können das Hinterrad oder das Vorderrad antreiben. Nabenmotoren sind meist als Außenläufer aufgebaut, Mittelmotoren als Innenläufer (**siehe Seite 122 und 126**). Reibradantriebe gehören zu den Sonderkonstruktionen.

Ein **Mittelmotor** befindet sich am Rahmen zwischen den Rädern. Man unterscheidet an das Tretlager angeflanschte Motoren (Flanschmotor, **Bild 2**) und Tretlagermotoren.

Bild 2: Angeflanschter Motor (Flanschmotor) mit Kettenblattantrieb (Beispiel Boosty)

Beim Tretlagermotor unterscheidet man zwei Bauarten:

- Der Motor treibt über ein Getriebe direkt die Tretlagerwelle an (**Bild 3**).
- Ein Ritzel greift in die Fahrradkette und unterstützt mit Motorkraft die Tretkraft des Fahrers (**Bild 4**).

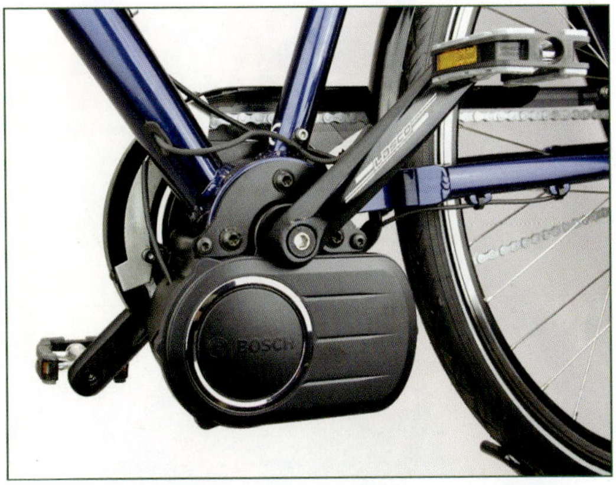

Bild 3: Mittelmotor mit Direktantrieb der Tretlagerwelle (Beispiel Bosch-Antrieb, siehe auch Bild 1, Seite 118)

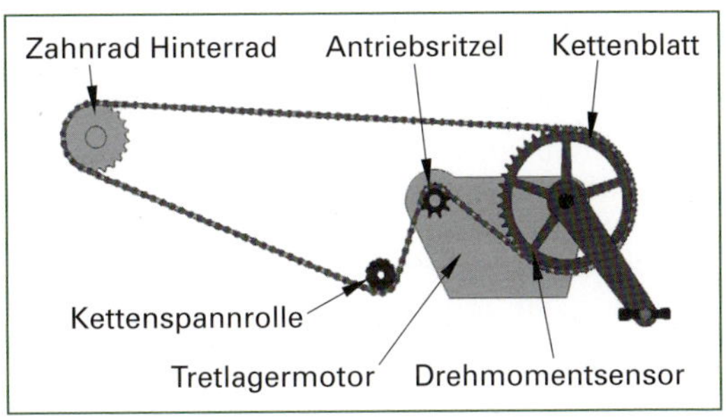

Bild 4: Mittelmotor mit Ritzelantrieb (Beispiel Panasonic)

4

Merkmale Mittelmotor

- Da der Motor direkt in die Kette eingreift, wird das Motordrehmoment ebenfalls durch die Schaltung übersetzt. Vorteil: Der Motor arbeitet beim Befahren von Steigungen in einem günstigen Wirkungsgradbereich.
- Ein Antrieb im Zentrum wirkt sich günstig auf den Fahrzeugschwerpunkt aus – kann aber bei Elektro-MTBs die Bodenfreiheit einschränken.
- Alle Bauarten von Schaltungen sind möglich.
- Nur Einfach-Kettenblätter vorn.
- Die Laufräder lassen sich leicht ein- und ausbauen.
- Kurze und unauffällige Verkabelung zum Akku.
- Keine Rekuperation möglich.
- Bei Ritzelantrieb: Höherer Ketten-, Ritzel- und Kettenblattverschleiß.
- Spezieller Rahmen ist notwendig.

Bild 1: Schnittbild Tretlagerantrieb mit Direktantrieb der Tretlagerwelle (Bosch-Antrieb)

Ein Antrieb über die Fahrradkette hat den Vorteil, dass der Motor mit der für seine Leistung optimalen Drehzahl betrieben werden kann, genauso wie der Fahrer eine bestimmte Trittfrequenz hat, um seine Leistung optimal einzubringen. Mithilfe des Schaltgetriebes bleiben Trittfrequenz und Motordrehzahl bei veränderlichen Fahrgeschwindigkeiten annähernd konstant.

Nabenmotoren sind im Vorderrad oder Hinterrad eingebaut. Zur Anwendung kommen Nabenmotoren mit Direktantrieb (Direktläufer) und Getriebemotoren mit und ohne Freilauf (**Bild 2**).

Bild 2: Größenvergleich Direktläufer *a) ohne Getriebe* b) mit Getriebe.

Nabenmotoren mit Getriebe haben gegenüber Direktläufern den Vorteil, dass sie ein größeres Drehmoment liefern und so das Elektrofahrrad aus dem Stand heraus besser beschleunigen.

Ein integrierter Freilauf ermöglicht ein Fahren auch ohne Motorunterstützung, ohne dass das Treten vom Motor behindert wird (**Bild 3**).

Bild 3: Nabenmotor mit angeflanschtem Getriebe (Bafang)

Der Hinterradnabenmotor (**Bild 1, Seite 119**) mit dem zweistufigen Planetengetriebe erzielt eine hohe Übersetzung. Der fehlende Freilauf ermöglicht eine Energierückgewinnung (Rekuperation).

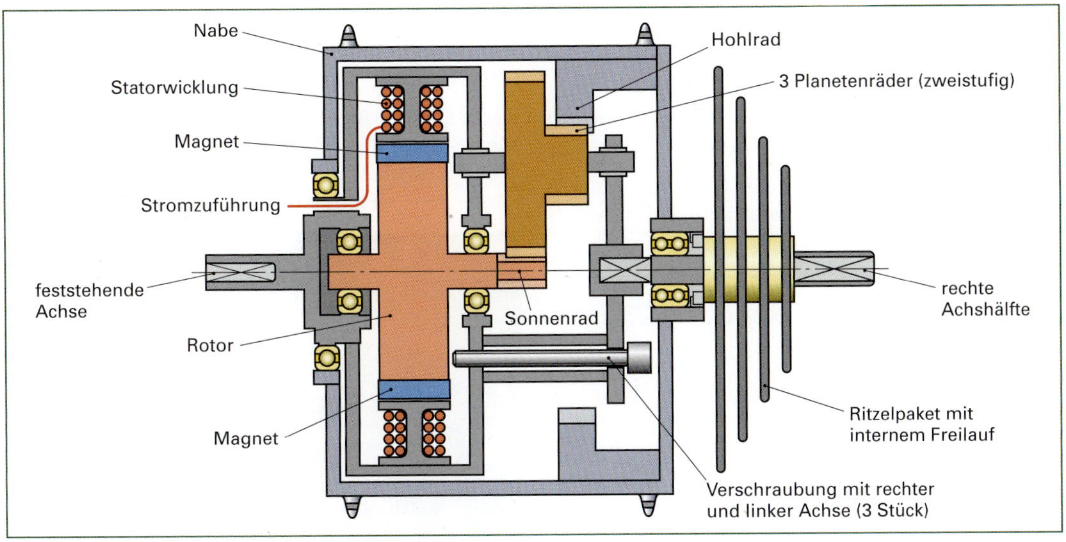

Bild 1: Schnittbild HR-Nabenmotor (Panasonic)

Nabenmotoren mit Direktantrieb kommen ohne Getriebe aus, indem sie mit einer hohen Magnetpolzahl von bis zu 40 Permanentmagneten in der Nabenhülse und über gleich vielen achsfest stehenden Magnetspulen ihr Drehmoment abgeben Die Bauweise führt zu einem größeren Nabendurchmesser und mehr Gewicht.

Vorteile des Direktantriebes:

- Kein Getriebe. Dadurch höherer Wirkungsgrad bei höheren Geschwindigkeiten
- Weniger Verschleiß
- Weniger Geräusche
- Höhere Steifigkeit des Laufrades
- Überlastfest
- Möglichkeit der Rekuperation

Frontantrieb

Die meisten Vorderrad-Nabenmotoren sind Getriebemotoren. Die Motordrehzahl ist immer – unabhängig vom eingelegten Gang – direkt proportional zur Fahrgeschwindigkeit.

Die Standard-Einbaubreite von Vorderrad-Nabenmotoren beträgt 100 mm **(Bild 2)**. Die meist 12 mm dicken Nabenachsen sind für höhere Betriebslasten ausgelegt. Felgen-, Scheiben- und (vor allen in den Niederlanden) Rollenbremsen sind marktüblich.

- Der Allradantrieb aus Vorder- und Hinterrad stabilisiert das Fahrverhalten.
- Das höhere Vorderradgewicht erzeugt einen intensiveren Bodenkontakt und verbessert die Spurtreue in Kurven.
- Bei einfachen Pedelec-Versionen können Steuerprobleme auftreten, wenn mit Tretbeginn sofort der volle Motorschub einsetzt.
- Eine lange, möglichst verdeckt verlegte Verkabelung zur Batterie wird notwendig.
- Alle üblichen Komponenten (Kettenschaltung, Nabenschaltung, Rücktrittbremse) können eingesetzt werden. Nachteil: Kein Nabendynamo möglich.
- Die Gabel und der Rahmenvorderbau müssen für höhere Belastungen ausgelegt sein.
- Größere ungefederte Masse bei der Gabelfederung.

Bild 2: Nabenmotor im Vorderrad

Heckantrieb

- Das Motorgewicht verbessert die Traktion des Hinterrades (ideal für schnelle Pedelecs und E-Bikes).
- Eine Anhängerbefestigung an der Achse ist nicht möglich.
- Rücktrittbremse und Nabenschaltung sind kaum möglich (Stand 2013), werden aber entwickelt.
- Kurze, verdeckte Verkabelung zur Batterie.
- Je nach Fahrradtyp kann sich der Hinterradausbau schwierig gestalten.
- Einbau eines Nabendynamos ist möglich.
- Größere ungefederte Masse bei Vollfederung.
- Der Kraftsensor in der Achse lässt den Einbau einfacher Schraubzahnkränze und Kassetten zu.

Neben den traditionellen Antriebsarten „Mittel-Motor und Nabenmotor" haben Tüftler den **Reibradantrieb** wiederentdeckt (**Bild 1**). Mit wenigen Handgriffen sind das *gobike-powerrack-kit* (a), das *Rubbee Drice* (b) oder das *Pedalix El Primo* (c) an der Sattelstütze montiert. Einen anderen Ansatz verfolgt der *„velogical-velospeeder"* (d). Hier sorgen zwei Reibrollen, die beiderseits an die Felge drücken, für Vortrieb.

Beim **Gruber-Assist** steckt eine zylinderförmige Motor-Getriebeeinheit im Sattelrohr und treibt die Tretlagerwelle direkt an (**Bild 2**).

Bild 2: Tretlagerantrieb Gruber Assist

a) b) c) d)

Bild 1: Reibrollenantrieb auf den Reifen (a, b, c) und beiderseits der Felge (d)

4.4 Gleichstrommotoren

Seit 1879 gibt es elektromotorisch betriebene Fahrzeuge (damals stellte Siemens die erste elektrisch betriebene Bahn vor). Für Schienenfahrzeuge hat sich dieser Antrieb durchgesetzt, weil die Fahrzeuge die Antriebsenergie über Schleifkontakte aus dem Versorgungsnetz beziehen konnten.

Dagegen müssen die elektrisch angetriebenen Straßenfahrzeuge die in Akkumulatoren gespeicherte Energie mit sich führen. Aufgrund des hohen Gewichtes der Akkumulatoren konnten sie sich gegen den Verbrennungsmotor mit der großen Energiedichte im Treibstoff nicht durchsetzen. Für Fahrräder wurde der Elektroantrieb erst nach Erhöhung der Akkukapazität bei gleichzeitiger Senkung des Gewichts von Motor und Akku aktuell.

Wegen der Gleichstromquelle, dem Akku, bieten sich Gleichstrommotoren als Fahrradantrieb an. In herkömmlicher Bauart wird der Ankerstrom über Schleifringe und Kohlebürsten auf mechanischem Wege zugeführt. Bei einer anderen Bauart wird der Ankerstrom bürstenlos (brushless) elektronisch gesteuert den Ankerspulen zugeführt (**Bild 1**).

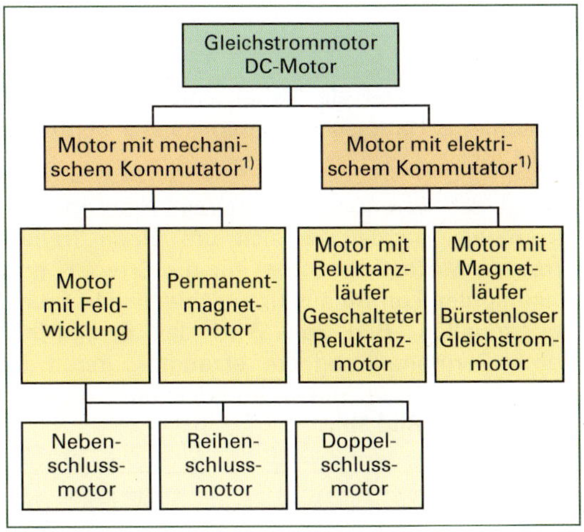

Bild 1: Bauarten von Gleichstrommotoren

4.4.1 Funktion und Aufbau von Kollektormotoren

Der Motor besteht aus dem feststehenden Ständer (Stator) und dem sich drehenden Rotor (Läufer). Im Prinzipbild (**Bild 2**) besteht der Rotor (vereinfacht) aus einer einzelnen Leiterschleife. Der Ständer bildet das permanente Magnetfeld mit Nord- und Südpol.

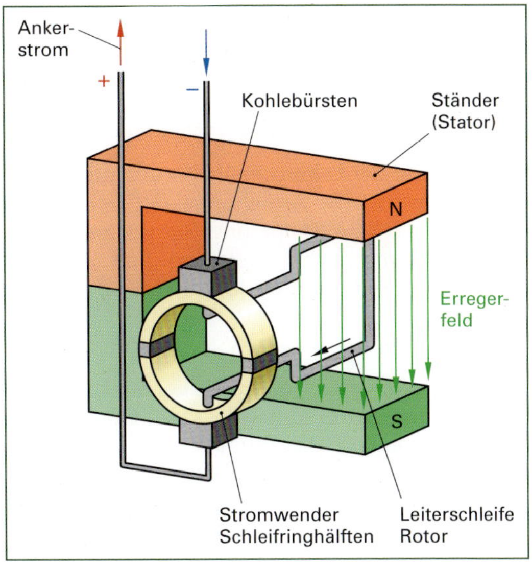

Bild 2: Prinzip eines permanenterregten Kollektor-Gleichstrommotors

Lorentzkraft. Ein stromdurchflossener Leiter erzeugt ein kreisförmiges Magnetfeld um sich selbst. Bringt man in dieses ein weiteres Magnetfeld ein, überlagern sich beide Magnetfelder (**Bild 3**).

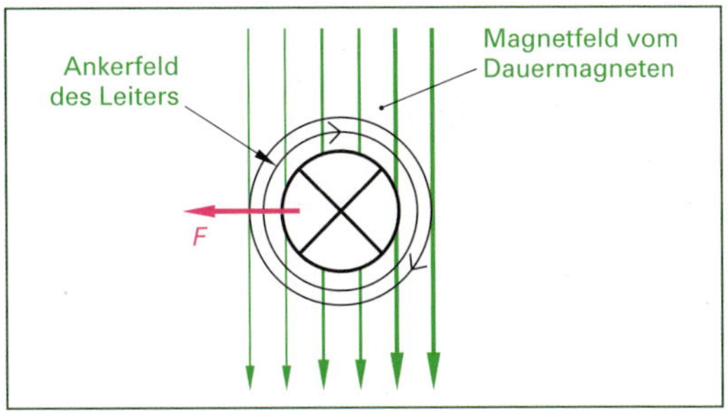

Bild 3: Kraftwirkung eines stromdurchflossenen Leiters in einem Magnetfeld

Weisen beide Felder in dieselbe Richtung (rechte Bildhälfte), addieren sich beide Kräfte. Weisen beide Felder in entgegengesetzte Richtungen, subtrahieren sie sich entsprechend (linke Bildhälfte). Dies hat zur Folge, dass sich der stromdurchflossene Leiter in die Richtung bewegen wird, in der die größeren Kräfte wirken – er wird also (wie in Bild 3 dargestellt) mit der Kraft *F* nach links zum schwächeren Feld hin abgelenkt.

[1] Die Begriffe Kollektor oder Kommutator bezeichnen die Einrichtung zur Stromwendung.

Der Ankerstrom gelangt über feststehende Kohlebürsten und dem drehenden geteilten Stromwender in die Leiterschleife. Der durch die Schleife fließende Strom erzeugt mit seinen Feldlinien ebenfalls Magnetfelder mit Nord- und Südpol.

Die Drehung der Leiterschleife beruht auf der Abstoßungskraft bzw. Anziehungskraft der beiden Magnetfelder aus Stator und Rotor. Der Stromwender (Kommutator, Kollektor) polt den Ankerstrom so um, dass die Drehrichtung erhalten bleibt.

Durch die Ablenkungskraft (die Lorentzkraft) bewegt sich ein stromdurchflossener Leiter in einem Magnetfeld. Das Produkt aus der Ablenkkraft und dem Radius der Leiterschleife (des Rotors) ergibt das Drehmoment des Motors.

Die meisten Gleichstrommaschinen sind als Innenläufer ausgelegt (**Bild 1**). Der Rotor (Anker) ist der innere Teil, der Stator der äußere. Bei Außenläufern ist es umgekehrt. Die Hauptpole tragen die vom Erregerstrom I_e durchflossenen Erregerwicklungen, die das magnetische Hauptfeld erzeugen. Zwischen den Polen dreht sich der trommelförmige Rotor, der die Ankerwicklungen trägt (**Bild 2**).

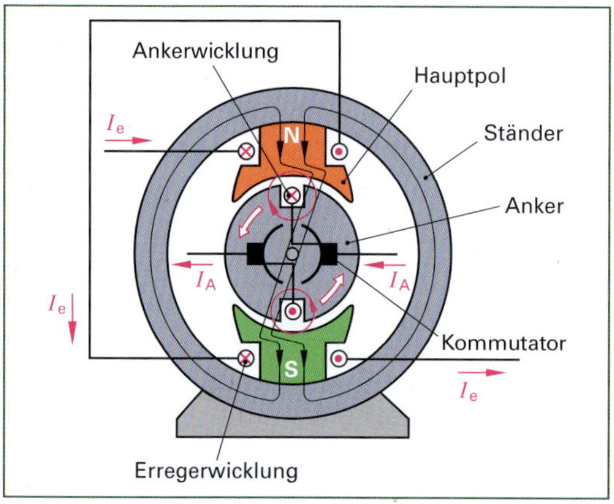

Bild 1: Prinzipieller Aufbau eines zweipoligen Gleichstrommotors als Innenläufer

In den Ankerwicklungen wird durch die Relativbewegung von Rotor und Stator eine Wechselspannung induziert.

Die Ankerwicklungen sind mit den Lamellen des Kommutators verbunden. Ihnen wird der Ankerstrom I_A durch die auf dem Kommutator schleifenden Kohlebürsten zugeführt.

Die Magnetfelder von Anker- und Erregerspulen überlagern sich so, dass durch die Lorentzkraft der Anker ein Drehmoment erfährt.

Bei einem Gleichstrommotor mit Trommelanker ist jede Wicklung mit Anfang und Ende an je eine Stromwenderlamelle angeschlossen (**Bild 2**).

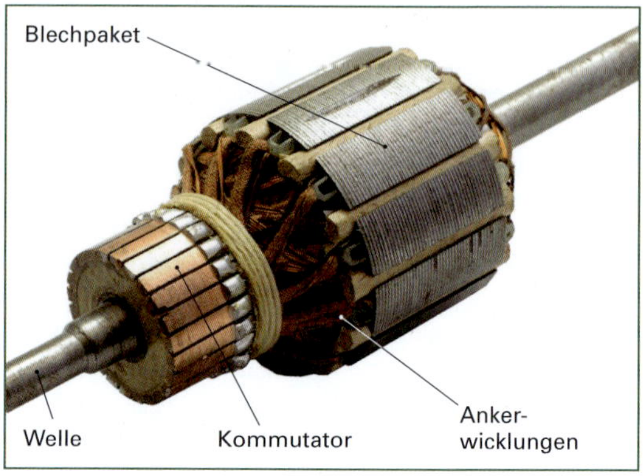

Bild 2: Trommelanker einer Gleichstrommaschine

4.4.2 Fachbegriffe, Definitionen und Kennlinien

Bei **selbsterregten Motoren** wird das erregende Feld vom Ankerstrom erzeugt. Ankerstrom und Erregerstrom werden an dieselbe Spannungsquelle angeschlossen. Der Anschluss erfolgt entweder parallel als Nebenschlussmotor oder in Reihe als Hauptschlussmotor (siehe Seite 125 und 126).

Erfolgt die Erregung **unabhängig** vom Ankerstromkreis, handelt es sich um einen **fremderregten Motor** (der Strom für die Erreger- und Ankerspulen kommt aus unterschiedlichen Spannungsquellen, **Bild 3a**). Wird das Erregerfeld durch Permanentmagnete erzeugt, handelt es sich ebenfalls um einen fremderregten Gleichstrommotor (**Bild 3b**).

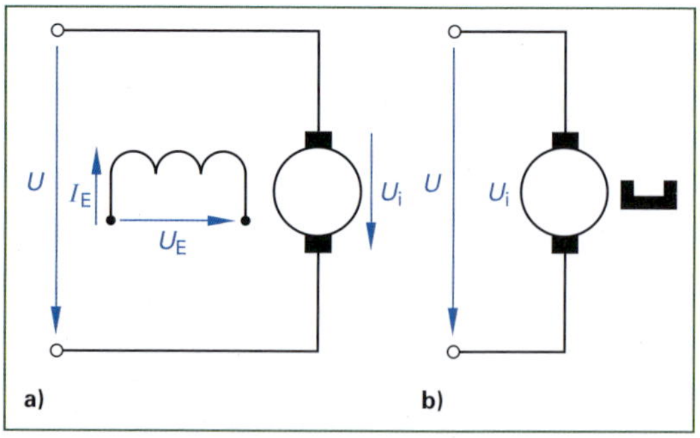

Bild 3: Schaltbilder fremderregter Gleichstrommotoren a) mit Erregerspule b) mit Dauermagnet

Die **Nenndauerleistung** ist die vom Hersteller festgelegte dauerhafte (bzw. konstante) Ausgangsleistung, bei der der Motor unter den vorgegebenen Umgebungsbedingungen sein thermisches Gleichgewicht erreicht (EN 15194: 2009 (D)). Der Motor ist im thermischen Gleichgewicht, wenn die Temperaturänderungen seiner Motorteile pro Stunde nicht größer sind als 2 °C.

Die **Spitzenleistung** liegt wesentlich höher.

Das **Nenndrehmoment M_n** begrenzt die maximal zulässige Belastung, bei der die entstehende Verlustwärme den Motor nicht überhitzt.

Beim Nenndrehmoment stellt sich die Nenndrehzahl ω_n (Beispiel: 1500 U/min sind 157 rad/s) und die Nennspannung U_n ein. Es fließt der Nennstrom I_N. Bei diesem Betriebspunkt gibt der Motor seine Nenndauerleistung P_n ab:

$$P_N = M_n \cdot \omega_n$$

Die Motoren haben ihren besten **Wirkungsgrad η** (und damit auch den geringsten Stromverbrauch) kurz vor der maximal zulässigen Geschwindigkeit (**Bild 1, Seite 124**).

$$\text{Wirkungsgrad } \eta = \frac{\text{Abgegebene Leistung } P_{ab}}{\text{Zugeführte Leistung } P_{zu}}$$

Aus der für Pedelecs maximalen Unterstützungsgeschwindigkeit von 25 km/h lässt sich nach der Formel[1]

$$n = \frac{v}{d \cdot \pi}$$

die **Motordrehzahl** berechnen:

- ≈ 187 U/min bei 28"-Laufrädern
- ≈ 310 U/min bei 16"-Laufrädern

Beispiel 28"-Laufrad:

d = 711 mm,
v = 25 km/h = 417 m/min

$$n = \frac{417 \text{ m/min}}{0{,}711 \text{ m} \cdot 3{,}14} \approx 187 \text{ U/min}$$

Gegenspannung. Sobald der Anker rotiert und sich der Stromfluss in den Ankerwicklungen ändert, wird eine Gegenspannung U_i induziert. Diese induzierte Spannung, die auch als elektromotorische Kraft EMK bezeichnet wird, hat einen Induktionsstrom zur Folge, der dem Ankerstrom I_A entgegen wirkt (**Lenzsche Regel**).

[1] Nur bei Nabenmotoren ohne Getriebe

Der Ankerstrom führt zu einem ohmschen Spannungsabfall am Ankerwiderstand (Kupfer). Der Spannungsabfall steigt mit der Belastung des Motors. Die Drehzahl des Motors erhöht sich solange, bis die Gegenspannung annähernd so groß ist wie die angelegte Spannung (**Bild 1**).

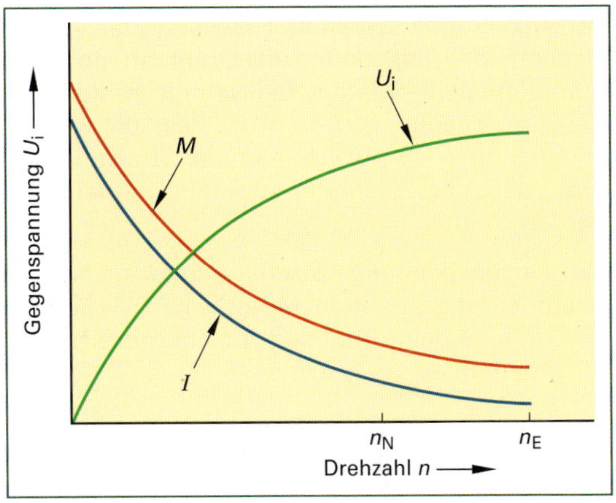

Bild 1: Kennlinien eines Gleichstrommotors

Die Gegenspannung hängt von der Drehzahl des Ankers und der Stärke des Erregerfeldes ab. Bei Motorstillstand gibt es keine Gegenspannung und deshalb nimmt der Motor im Einschaltmoment einen großen Strom auf. Damit ist im Einschaltmoment das Magnetfeld des Ankers am stärksten und das Drehmoment am größten.

Im Motorbetrieb unterscheidet man drei Arten von Spannungen (**Bild 2**):

- Die angelegte Spannung (Betriebsspannung) U
- Die Gegenspannung U_i
- Die am Anker wirksame Spannung U_w

$$U_w = U - U_i$$

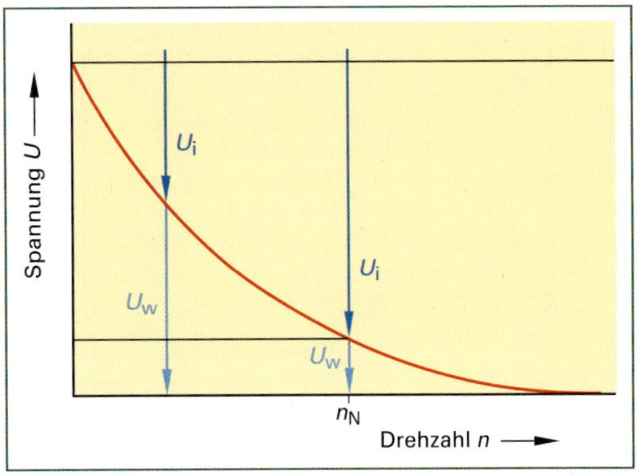

Bild 2: Spannungen am Anker

Die wirksame Spannung U_w und der ohmsche Widerstand R_A der Ankerwicklungen bestimmen die Höhe des Ankerstromes I_A.

$$I_A = \frac{U_w}{R_A}$$

Der Ankerstrom bestimmt die Stärke des Anker-Magnetfeldes und damit die Drehkraft und das Drehmoment des Motors. Bei Nenndrehzahl n_N ist die Gegenspannung U_i so groß, dass die wirksame Spannung U_w nur noch so viel Strom fließen lässt, dass das Nenndrehmoment aufgebracht werden kann.

4

Die Gegenspannung macht bei Umkehr der Stromrichtung aus dem Motor einen Generator und kann so beim Bremsen zur Energierückspeisung dienen.

Motorkennlinien

Motorkennlinien veranschaulichen den Zusammenhang zwischen den elektrischen und mechanischen Größen.

Beispiel (**Bild 1**):

Drehzahl/Drehmoment-Kennlinie **a)** mit unterschiedlichen Motorspannungen und **b)** mit der dazugehörigen Stromstärke.

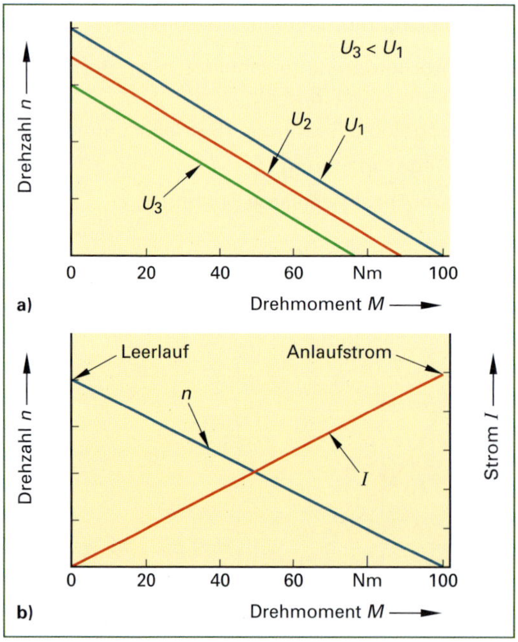

Bild 1: Drehmoment/Drehzahlkennlinie eines Nebenschlussmotors a) mit den Kennlinien unterschiedlicher Spannung b) mit Kennlinie der Stromstärke

Folgerungen aus den Kennlinien:

- Die Drehzahl des Motors wird von der angelegten Spannung bestimmt.
- Beim Anlauf bestimmen die angelegte Spannung und der Ankerwiderstand den Anlaufstrom. Da der Ankerwiderstand sehr klein ist, wird der Anlaufstrom groß.
- Bei Belastung sinkt die Drehzahl ab. Die induziertere Spannung nimmt ebenfalls ab und der Ankerstrom steigt an.
- Der Motor „holt" sich den Strom, den er für ein bestimmtes Drehmoment braucht.
- Die Änderung der Drehzahl erfolgt über die Änderung der Motorspannung.

Beispiel (**Bild 2**):

Drehzahl/Drehmoment/Stromstärke-Kennlinie mit Verlauf der mechanisch abgegebenen Leistung P_{ab} und des Wirkungsgrades η eines Nebenschlussmotors. Die Kennlinien haben immer diesen prinzipiellen Verlauf.

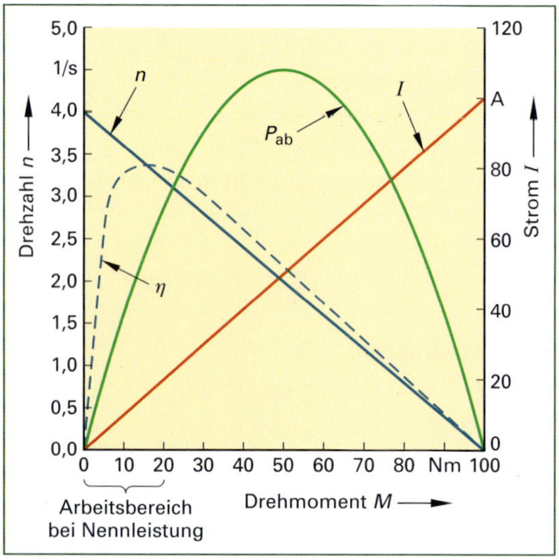

Bild 2: Kennlinien eines Nebenschlussmotors

Folgerungen aus den Kennlinien:

- Die abgegebene (mechanische) Leistung ergibt sich als Fläche unter der P_{ab}-Kurve. Die Kurvenform ist eine Parabel.
- Beim halben Drehmoment – hier bei 50 Nm – wird die maximale Leistung abgegeben. Es ist aber nicht die Nennleistung und auch der Wirkungsgrad ist hier nicht maximal. Die maximale Leistung hängt quadratisch von der Motorspannung ab.

Im Leerlauf – hier bei n_0 = 4/s – ist der Wirkungsgrad = 0, da keine Leistung abgegeben wird. Auch beim Anlauf (n = 0) ist der Wirkungsgrad 0, weil der Motor hier steht.

Der maximale Wirkungsgrad wird bei ca. $^1/_7$ des maximalen Drehmomentes erreicht

4.4.3 Bauarten von Gleichstrommotoren

Permanenterregte Gleichstrommotoren

Bei dem Motormodell (**Bild 1** und **Bild 2, Seite 121**) erzeugt ein Dauermagnet ein gleichbleibendes Erregerfeld.

Mit einer Verbesserung der Magnetwerkstoffe sind diese Gleichstrommotoren immer leistungsfähiger geworden und können mit elektrisch erregten Motoren mithalten. Bei größeren Motoren sind die Kosten für die Magnete oft höher als die einer Erregerwicklung.

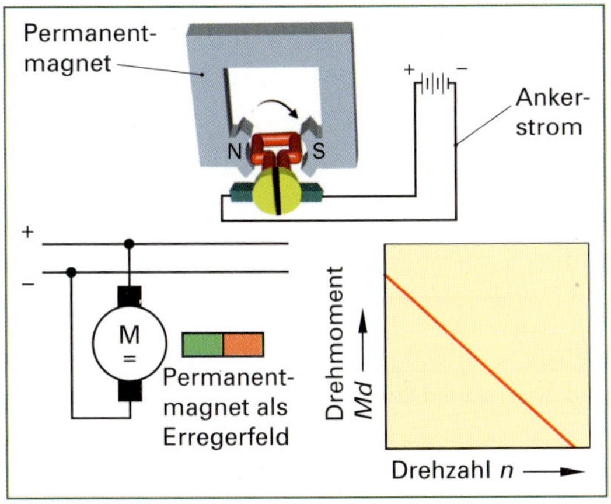

Bild 1: Aufbau, Schaltbild und Kennlinie eines permanenterregten Gleichstrommotors

Permanenterregte Maschinen haben den Vorteil, dass zur Erzeugung des Magnetfeldes keine Energie benötigt wird. Das verbessert besonders bei kleiner Gesamtleistung den Wirkungsgrad.

Elektrisch erregte Gleichstrommotoren

Ersetzt man den Dauermagneten durch einen Elektromagneten, lässt sich dessen Erreger-Feldstärke ändern. Das wirkt sich entscheidend auf das Motordrehmoment aus. Nimmt man für den Rotor und den Elektromagneten eine einzige Spannungsquelle, so sind drei Schaltungsarten möglich:

- Nebenschlussmotor
- Reihenschlussmotor (Hauptschlussmotor)
- Doppelschlussmotor

Nebenschlussmotor

Beim Nebenschlussmotor sind der Anker (Rotor) und die Erregerwicklung (Stator) parallel geschaltet, d. h. sie sind jeweils durch einen separaten Stromkreis mit der Spannungsquelle verbunden (**Bild 2**). Wie beim permanenterregten Motor ist das Erregerfeld immer gleich stark.

Die Stärke des Stromes, der durch den Anker fließt, ist abhängig von der Belastung des Motors: Mit höherer Belastung steigt das Drehmoment – aber die Drehzahl sinkt und der Motor kann stehen bleiben, weil das Erregerfeld nicht stärker wird.

Nebenschlussmotoren eignen sich für Antriebe, die eine regelbare, aber von der Belastung möglichst unabhängige Drehzahl benötigen. Das maximal erreichbare Drehmoment wird durch den zulässigen Ankerstrom begrenzt, der hauptsächlich von der Kühlung abhängig ist.

Der Zusammenhang zwischen Drehmoment und Ankerstrom lautet:

$$M = f(I)$$

Verdoppelt sich der Motorstrom, verdoppelt sich auch das Drehmoment.

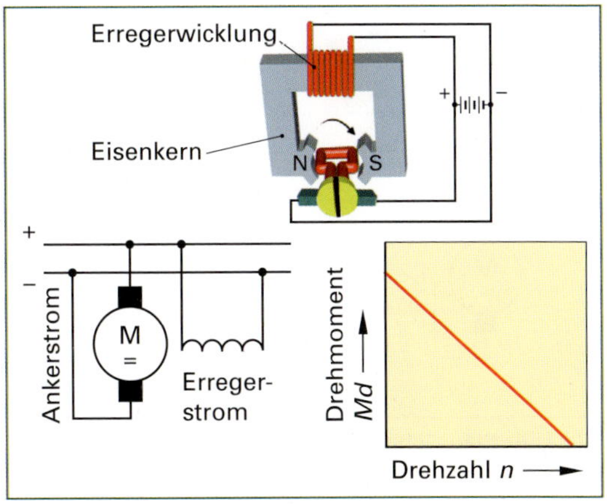

Bild 2: Elektrisch erregter Gleichstrom-Nebenschlussmotor

Nebenschlussmotoren fanden als Nachrüstsatz für die ersten Elektrofahrräder Verwendung. In der einfachsten Form wurde das Erregerfeld über Vorwiderstände gesteuert.

Später kamen die besseren Doppelschlussmotoren (**siehe Seite 126**) mit regelbaren Vorwiderständen zum Einsatz. Von Nachteil waren das große Gewicht und der schlechte Wirkungsgrad.

Reihenschlussmotor

Beim Reihenschlussmotor sind Anker (Rotor) und Stator in einem „Hauptstromkreis" hintereinander (in Reihe) geschaltet (**Bild 1**). Erregerstrom und Ankerstrom sind immer gleich groß. Mit steigender Belastung fließt ein größerer Strom durch den Anker und die Erregerwicklung. Der Reihenschlussmotor entwickelt beim Anlaufen ein großes Drehmoment.

Von Nachteil ist, dass der Motor ohne Last „durchgehen" kann: Mit steigender Drehzahl werden Anker- und Erregerstrom immer geringer und damit auch das Erregerfeld und die Gegeninduktionsspannung. Ein Reihenschlussmotor muss immer unter Last laufen.

Der Zusammenhang zwischen Drehmoment und Stromfluss lautet:

$$M = f(I^2)$$

Erhöht sich der Motorstrom um das Doppelte, vervierfacht sich das abgegebene Motordrehmoment.

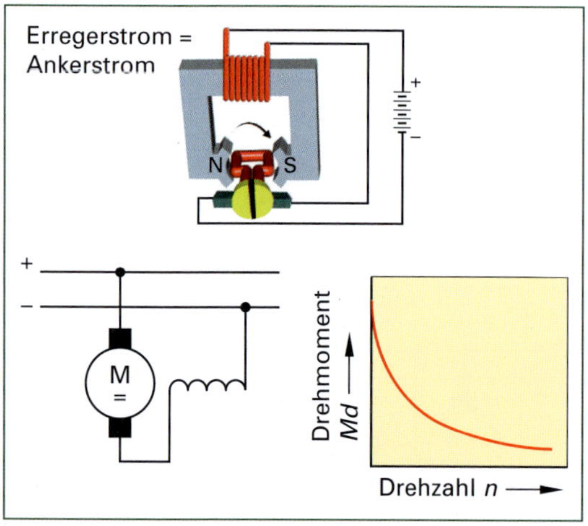

Bild 1: Aufbau, Schaltbild und Kennlinie eines Gleichstrom-Reihenschlussmotors

Man verwendet Reihenschlussmotoren dort, wo ein großes Antriebsmoment benötigt wird, z. B. beim Anlasser für Kraftfahrzeuge, bei Aufzügen, Krananlagen und Elektrofahrzeugen wie Elektrokarren, Straßen- und Eisenbahnen.

Auch die ersten Motoren im Fahrrad waren Reihenschlussmotoren, die sich aber trotz ihres idealen Fahrverhaltens nicht durchgesetzt haben: Sie sind zu schwer, zu teuer und es sind wartungsintensive Schleifkontakte erforderlich.

Doppelschlussmotor

Der Doppelschlussmotor (Kompoundmotor) vereinigt die Vorteile des Nebenschluss- und des Reihenschlussmotors. Zwei Erregerwicklungen erzeugen das Erregerfeld: Die eine parallel, die andere in Reihe zum Anker (**Bild 2**).

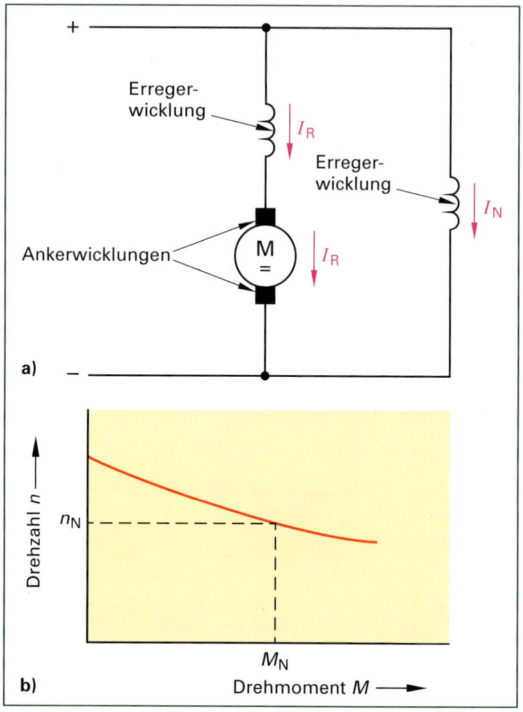

Bild 2: Schaltbild Doppelschlussmotor, Kennlinie

Bürstenloser Gleichstrommotor (BLDC)[1]

Beim bürstenlosen Gleichstrommotor erfolgt die Umkehr der Stromrichtung in den einzelnen Ankerwicklungen nicht mehr durch einen mechanischen Stromwender (Kommutator), sondern mit einer elektronischen Schaltung. Die verschleißbehaftete Kommutierung entfällt. Bürstenlose Gleichstrommotoren sind praktisch wartungsfrei. Auch kann ein BLDC-Motor bei gleicher Leistung kleiner und leichter ausfallen als ein Motor mit Bürsten.

Gegenüber dem bürstenbehafteten Gleichstrommotor wird die Anordnung von Ständer und Rotor vertauscht: Die Permanentmagnete sind auf dem Rotor, die Ankerwicklungen auf dem Ständer angeordnet. Bei einem Außenläufer befinden sich die Magnete außen auf dem Rotor, die Ankerwicklungen bilden innen den Stator. Beim Innenläufer ist es umgekehrt: Rotor innen, Stator außen.

[1] BLDC = brushless direct current

Bei den Elektrofahrrädern kommen sowohl Innen- als auch Außenläufer zum Einsatz. Die Entscheidung darüber hängt vom Einbauort des Antriebs ab. Für Mittelantriebe (Tretlagerantrieb) werden meist Innenläufer eingesetzt (**Bild 1**), Radnabenantriebe mit und ohne Getriebe sind Außenläufer.

Vereinfachtes Prinzip: Als Rotor dienen Permanentmagnete, während der feststehende Stator aus mehreren Elektromagneten besteht.

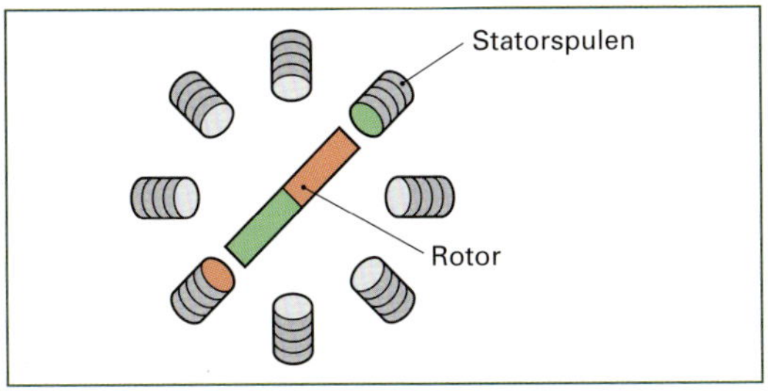

Bild 1: Grundprinzip eines bürstenlosen Gleichstrommotors, Stabmagnet als Innenläufer

Der elektronische Kommutator steuert die Statorspulen zeitlich versetzt an, so dass ein rotierendes äußeres Magnetfeld (Drehfeld) entsteht, dem der Rotor folgt. Dazu muss der Drehwinkel des Rotors exakt erfasst werden, damit die Spulen im richtigen Zeitpunkt einen Stromimpuls erhalten.

Meist sind es *Hallsensoren* (siehe Seite 88), die ständig die Rotorlage erfassen und an das Steuergerät weiterleiten.

Unter Kommutierung versteht man das Umschalten der Ansteuerung des Ankerstromes. Sensoren erfassen die Lage des Rotors und veranlassen die Ansteuerung.

Bei *sensorlosen Motoren* wird die rückwirkende Induktionsspannung (EMK, siehe Seite 123) erfasst und als Lagegeber benutzt.

Im Grunde genommen handelt es sich bei einem BLDC-Motor um einen dreiphasigen **Synchronmotor**, da die Magnetfelder des Stators und des Rotors mit der gleichen Frequenz rotieren. Jeder Strang wird mit sinusförmiger (**Bild 2a**) oder blockförmiger Spannung (**b**) angesteuert.

Die *Sinuskommutierung* erfolgt gleichmäßiger als die Blockkommutierung. Je nach Rotorposition werden die Ströme sinusförmig den Wicklungen zugeführt.

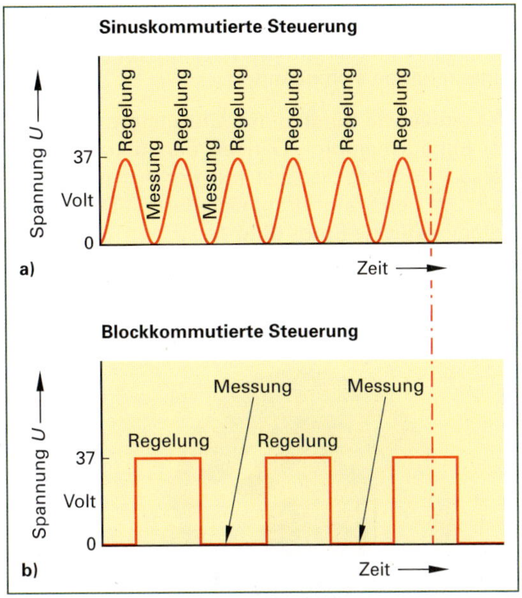

Bild 2: Ansteuerung der Wicklungen a) mit sinusförmiger b) mit blockförmiger Spannung

Bei der *Blockkommutierung* werden den drei Motorwicklungen Ströme aufgezwungen, die nach jeweils 60° umschalten. Beispiel **Bild 3**: Ein Innenläufer mit einem zweipoligen Dauermagnetrotor und mit drei um 120° gegeneinander versetzten Ankerspulen als Ständer.

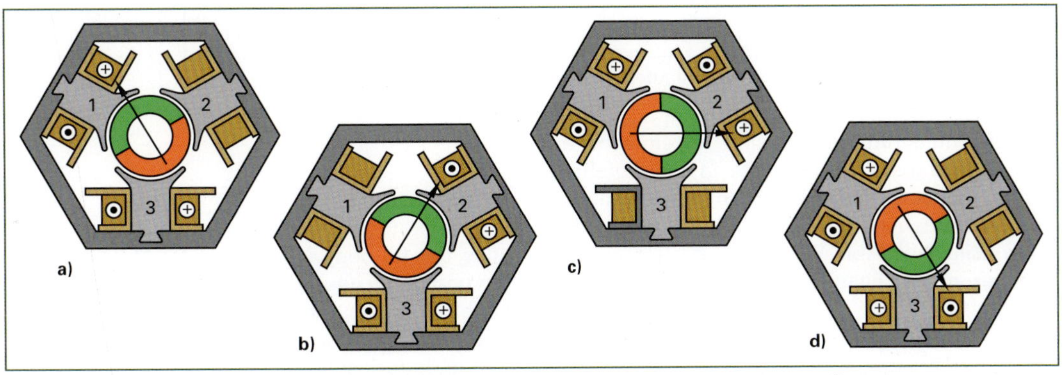

Bild 3: Veränderung der Rotorposition bei Blockeinspeisung (Modellvorstellung, Quelle Ösinghausen)

Mit der dreisträngigen Ankerwicklung wird ein Drehfeld aufgebaut, das relativ zum Anker rotiert. Das Drehfeld überlagert sich mit dem Erregerfeld des Dauermagneten und erzeugt ein Drehmoment, das den Rotor in Bewegung versetzt. Die drei Ankerspulen werden in einer bestimmten Reihenfolge an eine Gleichspannung gelegt, sodass in den Spulen ein blockförmiger Strom fließt.

Der Zeiger im Rotor soll die Drehbewegung um 180° in den Schaltzuständen a, b, c und d Bild 3, Seite 127) anzeigen: Eine Spule ist immer stromlos. In der Stellung d sind die gleichen Spulen wie in a von Strom durchflossen – aber die Stromrichtungen haben sich geändert.

Der einfachste bürstenlose Gleichstrommotor ist der Einphasenmotor. Der mit der Ankerwicklung versehene Stator ist fest mit der Achse verbunden. Um den Stator dreht sich der mit Dauermagneten bestückte Rotor (**Bild 1**).

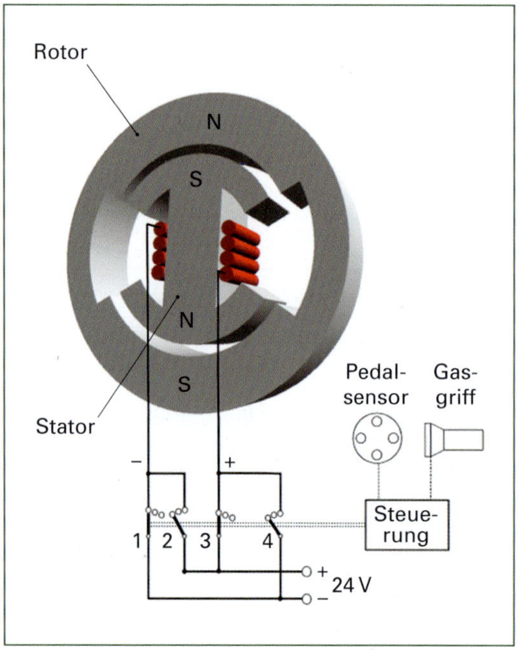

Bild 1: Einphasenschaltung eines Außenläufers

Die Leistungstransistoren sind vereinfacht als Schalter dargestellt. Die heute in Elektrofahrrädern eingebauten BLDC-Motoren werden mit drei Phasen betrieben – ähnlich den Drehstrommotoren (**Bild 2**). V1 bis V6 sind hier elektronische Schalter, meist Leistungstransistoren oder MOSFETs[1].

[1] Mosfets sind Leistungstransistoren, die ein schnelles, verlustfreies elektronisches Schalten ermöglichen.

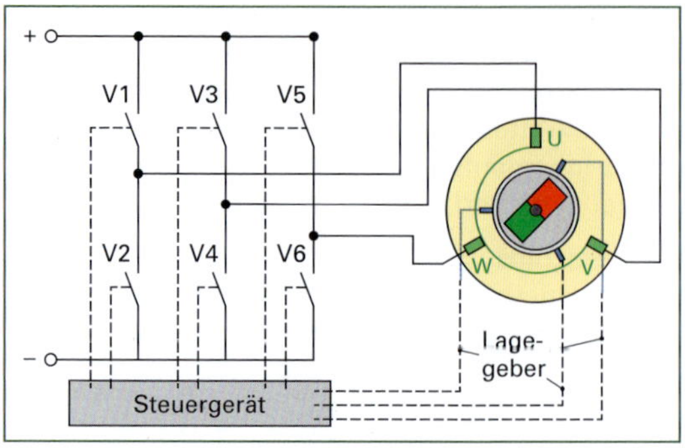

Bild 2: Prinzip eines Dreiphasen-BLCD-Motors

4.5 Antriebssteuerung

Nach den Vorgaben der DIN EN 15194 („Fahrräder – Elektromotorisch unterstützte Räder") darf der Elektromotor nur aktive Trethilfe leisten, wenn der Radler selbst in die Pedale tritt. Das Steuergerät berechnet aufgrund der Sensordaten

- Trittkraft
- Tretkurbeldrehzahl (Trittfrequenz, Kadenz)
- Fahrgeschwindigkeit
- Evtl. Temperatur

in Abhängigkeit von der gewählten Motorunterstützung (dem Unterstützungsgrad) die vom Motor zu liefernde Leistung. Für das Einschalten und die Steuerung der Motorunterstützung gibt es verschiedene technische Konzepte (**Bild 3**).

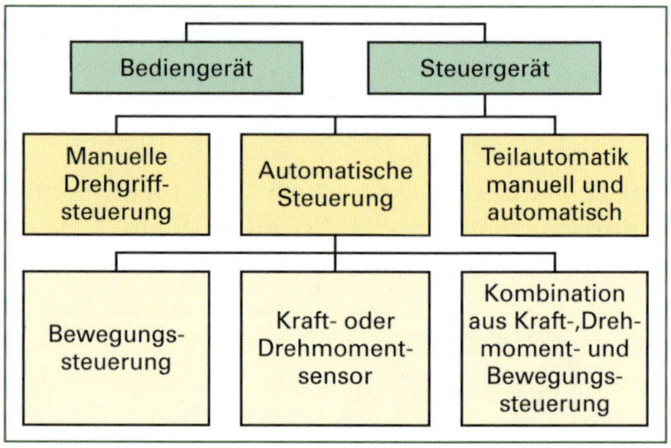

Bild 3: Steuerungskonzepte

Steuergerät

Die Hauptaufgabe des Steuergerätes (Controller) ist es, das für den Motor nötige Drehfeld zu erzeugen und dabei das Drehmoment und die Drehzahl steuern. Ist der Antrieb ein Gleichstrommotor, arbeitet das Steuergerät als Gleichstromsteller, der die Batteriespannung stufenlos verändert und damit die Drehzahl steuert. Beim bürstenlosen

Motor erzeugt das Steuergerät Drehstrom, der den Motor als Synchronmotor arbeiten lässt. Die Ansteuerung des Drehfeldes geschieht dabei meist über Hallsensoren.

Bild 1 zeigt die Anschlüsse eines einfachen Steuergerätes. Bei den namhaften Antriebsherstellern dagegen sind mehrere Kabel zu einem Strang zusammengefasst und mit einem speziellen Stecker versehen. Bei Mittelmotoren ist das Steuergerät meist in das Getriebegehäuse als Platine integriert.

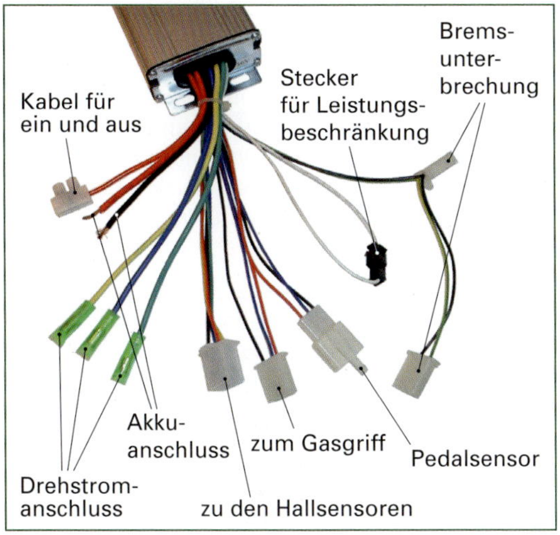

Bild 1: Anschlüsse eines Steuergerätes chinesischer Fabrikation

Beispiel für ein einfaches Steckschema (**Bild 2**): Die Kabelfarbe „rot“ steht grundsätzlich für die Spannungsversorgung, das schwarze Kabel für den Masseanschluss (Minuspol). Abgesehen von der Akkuspannung beträgt die Versorgungsspannung der Komponenten (Motorsensoren, Display, Pedalsensor, Drehgriff) 5 Volt. Die übrigen Kabelfarben können je nach Fabrikat abweichen.

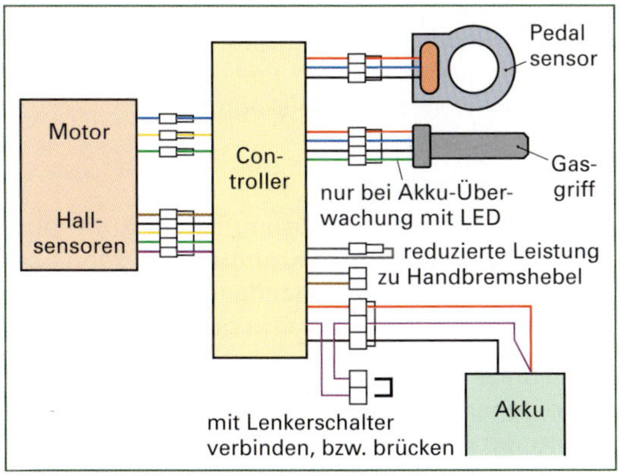

Bild 2: Beispiel: Steckschema eines Steuergerätes

Der Motor ist mittels drei Phasenkabel mit dem Controller verbunden. Werden zwei Phasen miteinander vertauscht, läuft der Motor in die entgegengesetzte Richtung. Weitere fünf dünnere Kabel führen zum Motor. Das rote und schwarze Kabel versorgen die Hallsensoren mit Strom. Die übrigen drei Litzen geben mit ihrer Signalspannung dem Steuergerät die Lage des Motorankers an. Sie tragen (meist) die gleichen Farben wie die drei Phasenkabel zur Stromversorgung des Motors.

Zum Pedalsensor und Drehgriff führen jeweils drei Litzen. Die rote und schwarze Litze dienen der Spannungsversorgung. Die dritte Leitung signalisiert dem Steuergerät die Leistungsvorgabe von Drehgriff oder Pedal. Hat der Drehgriff eine Akku-Überwachung durch drei oder mehr Leuchtdioden, kommt eine vierte Leitung hinzu. Sind zusätzlich noch Schalter zum Ein- oder Ausschalten der Elektrik und/oder ein Tempomat vorhanden, werden entsprechend mehr Litzen zum Drehgriff geführt.

Zwei Kabel gehören nicht zu einer „Außen-Einrichtung“ des Steuergerätes (Mitte Bild 1). Im zusammengesteckten Zustand wird die Leistung des Motors reduziert. Sind die Stecker getrennt, wird die volle Leistung abgegeben. Der Stecker kann durch einen Schalter am Lenker ersetzt werden. Dies ist sinnvoll, wenn nur mit den Pedalen gesteuert wird und ein Drehgriff fehlt (oft bei niederpreisigen Rädern). Dann kann man nur zwischen zwei Leistungsstufen wählen.

Ein weiteres zweipoliges Kabel dient zum Anschluss von einem oder zwei Handbremshebeln. Werden die zwei Kabel durch einen Schalter in der Handbremse miteinander verbunden, schaltet das Steuergerät den Motor sofort ab.

Neben der Steuerung des Elektromotors kann der Controller weitere Funktionen erfüllen:

- Schutz vor Überstrom, Kurzschluss und Übertemperatur
- Leistungsbegrenzung zum Schutz von Akku und Elektronik
- Schutz vor Überspannung und Tiefentladung des Akkus
- Verpolungsschutz und Einschaltimpulsunterdrückung
- Ausgleich von Spannungsschwankungen
- Elektrisches Bremsen (Rekuperation)
- Stromunterbrechung beim Betätigen der Bremsen
- Umschalten zwischen den Unterstützungsstufen
- Drehzahlregelung (Tempomat)
- Schiebe/Anfahrhilfe bis 6 km/h
- Geschwindigkeitssignal für den Tacho

Drehgriffsteuerung

Bei der manuellen Drehgriffsteuerung wird der Motor entweder über einen Stufenschalter voreingestellt oder stufenlos über eine Art Gasdrehgriff angesteuert. Wie beim Motorrad beschleunigt der Motor nach Betätigung des Drehgriffs.

Je nach Hersteller und Steuerung kann mit dem Drehgriff ein bestimmter Anteil an elektrischer Zusatzleistung gewählt werden.

Bei einer Drehgriffsteuerung entscheidet der Fahrer, wann die volle Unterstützung einsetzen soll – unabhängig von seiner eingebrachten Trittkraft. Die Steuerung erfolgt ohne Sensor.

Von Vorteil der Drehgriff- bzw. Gasgriff-Steuerung ist, dass sich beim Losfahren aus dem Stand das Antriebsmoment dosieren lässt. Damit vermeidet man, dass der Motor mit Beginn der Tretbewegung gleich die volle oder halbe Leistung abgibt. Fahrverunsichernde Schlenker oder Spurversetzungen lassen sich so vermeiden. Von Nachteil ist, dass der Drehgriff zum Dosieren ständig gehalten werden muss. Nimmt man z. B. beim Abbiegen die Hand vom Lenker, entfällt der Antrieb.

Automatische Steuerung

Je nach Hersteller orientiert sich der Antrieb an Werten, die das Steuergerät mittels eingebauter Sensoren erkennt und passt die Hilfe je nach Fahr- oder Tretverhalten des Fahrers an.

Bewegungssteuerung

Sensoren für eine Bewegungssteuerung sind:

- Drehsensor (Umdrehungszähler)
- Schwellenwertschalter an der Kurbel
- Geschwindigkeitsmesser (Tachometer)

4.6 Sensoren

Ein **Drehsensor**[1] erkennt über eine Lochscheibe mit Lichtschranke oder eine Magnetscheibe mit Hallsensor, ob sich die Pedale drehen und leitet das Signal an das Steuergerät. Dabei kann der Sensor nicht erkennen, ob der Radfahrer viel, wenig oder keine Kraft einsetzt. Hört die Tretbewegung auf oder es ist bei einem Pedelec 25 eine Geschwindigkeit von 25 km/h erreicht (bei einem S-Pedelec 45 km/h), schaltet das Steuergerät kurze Zeit später den Motor aus.

In der Praxis liegt die Geschwindigkeit, bei der abgeschaltet wird, bei einem Pedelec 25 bei 24 bis 28 km/h – je nach Auslegung, Reifengröße und Reifendruck.

Die Antriebskraft des Motors ist unabhängig von der eingesetzten Kraft des Radfahrers – er oder sie muss nur die Pedale bewegen (**Bild 1**).

Bild 1: Drehsensor, Pedalsensor, PAS-Sensor

Diese Art der Steuerung ist insbesondere für Radfahrer geeignet, die nur geringe Tretkraft aufbringen wollen oder können. Wird nur wenig eigene Trittkraft eingesetzt, verringert sich die Reichweite des Fahrrades, denn der Motor muss die meiste Arbeit verrichten.

Beim Anfahren aus dem Stand ist von Vorteil, dass schon bei geringer Pedalbewegung das volle (je nach Unterstützungsgrad gewählte) Motordrehmoment zur Verfügung steht.

Bei manchen Pedelecs mit Drehbewegungssteuerung wird die Höhe der Zusatzleistung mit der vom Tachometer gemessenen Geschwindigkeit automatisch angepasst.

Wenn gebremst wird, pedaliert der Fahrer nicht weiter. Das Abschalten des Motors verzögert sich jedoch bei Tretstillstand etwa um 1 bis 2 Sekunden und verlängert dadurch den Bremsweg.

Variante: Mit Betätigung eines Unterbrecherschalters, der im Bremshebel integriert ist, schaltet der Motor sofort ab und stellt damit eine zusätzliche Sicherheit dar.

Pedelecs, die nur mit einem Drehsensor ausgerüstet sind, verzichten auf die Messung der Eigenleistung des Benutzers. Diese einfache Bauform findet man an Pedelecs mit Nabenmotoren im unteren Preissegment.

Drehmomentsensor

Eine anspruchsvollere Lösung ist ein Kraft- oder Drehmomentsensor. Die Kraftmessung kann über den Kettenzug am Ausfallende (**Bild 1, Seite 131**), am Pedal oder Tretkurbel erfolgen.

Das anfallende Drehmoment messen Sensoren im Tretlagergehäuse (**Bild 2, Seite 131**) oder in der Hinterradnabe.

[1] Auch als Trittfrequenzsensor bezeichnet

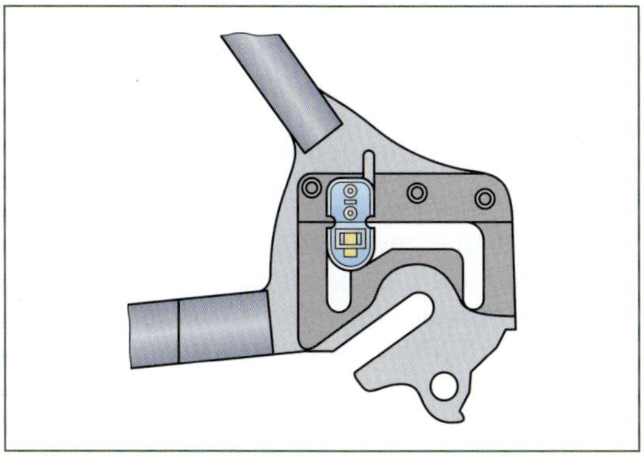

Bild 1: Ein Sensor für die Trittkraft misst die Verbiegung am Ausfallende

Funktionsweise: Bringt der Benutzer beim Pedalieren Kräfte über die Kette auf das Ritzel ein, bewirkt dies eine elastische Durchbiegung der Hinterradachse. Die vom Fahrer eingebrachten Kräfte werden als Signale kontinuierlich von Sensoren in der Hinterradachse gemessen und an das Steuergerät weitergeleitet. Das Steuergerät regelt dann das abgebende Motormoment je nach eingestellter Unterstützungsstufe.

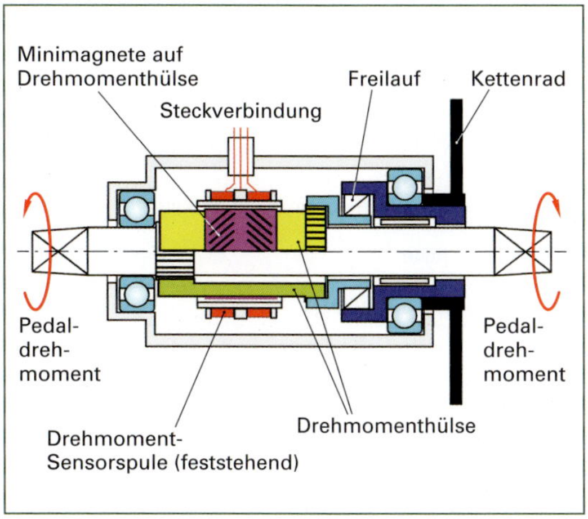

Bild 2: Berührungsloser Drehmomentsensor im Tretlagergehäuse

Funktion des Drehmomentsensors im Tretlagergehäuse: Wird rechts oder links in die Pedale getreten, überträgt die Drehmomenthülse das eingeleitete Drehmoment auf den Freilauf, der die Tretlagerwelle mit dem Kettenblatt kuppelt.

Auf die Drehmomenthülse ist eine Folie mit Minimagneten geklebt. Darüber befinden sich zwei Spulen, die gegenläufig von Strom durchflossen werden. Die Spulen sind fest mit dem Tretlagergehäuse verbunden, so dass keine Kabelzuführung über Schleifringe erforderlich ist.

Je nach Pedaldruck verdrehen sich die Drehmomenthülse und damit auch die Magnetstreifen. Die dabei entstehende Induktionsspannung wird als Maß dem Steuergerät übermittelt.

Moderne Drehmomentsensoren (**Bild 3**) registrieren bis zu 72 Drehzahlimpulse pro Kurbelumdrehung. Durch die kurzen Reaktionszeiten braucht der Fahrer nur wenige cm zurückzulegen, bis die gewünschte Unterstützung einsetzt.

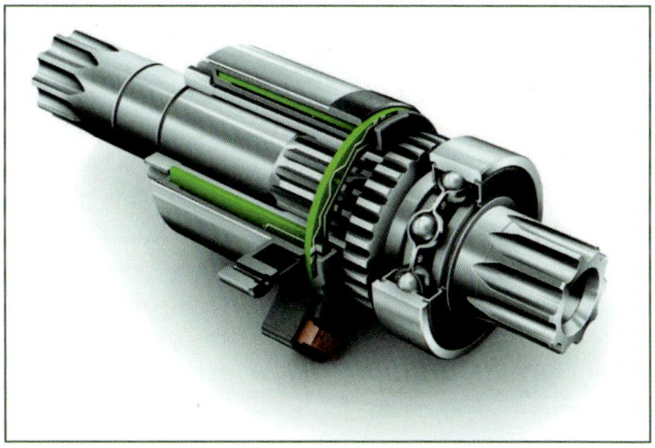

Bild 3: FAG-Drehmomentsensor-Innenlager (Schaeffler)

Wenn der Radfahrer in der Ebene fährt, tritt er nur mit leichter Kraft – der Drehmomentsensor und die Steuerung sorgen dafür, dass der Elektromotor nur wenig unterstützt. Muss der Radfahrer bei Gegenwind oder am Berg kräftiger treten, signalisiert der Drehmomentsensor dem Steuergerät, dass der Motor mehr Leistung abgeben muss. Dadurch schaffen diese Fahrräder den Spagat zwischen guter Unterstützung am Berg und hoher Reichweite.

Dieses Steuerungskonzept bietet gegenüber der reinen Bewegungssteuerung folgende Vorteile:

- Besseres Fahrgefühl, denn der Fahrer merkt direkt, wie die eigene Kraft vom Antrieb verstärkt wird.
- Höhere Reichweite, da die Energie proportional zur Tretkraft des Radfahrers eingesetzt wird.
- Einfachere Bedienung, da der Radfahrer wie gewohnt in die Pedale treten muss – die Anfahrhilfe durch den Motor kommt von alleine.

Bei dem Steuerungskonzept „Kraft- oder Drehmomentsensor" ist eine Anfahrhilfe nicht erforderlich, da das Steuergerät bei Pedalberührung sofort erfährt, dass der Radfahrer anfahren möchte.

Weitere Möglichkeiten der Antriebssteuerung sind:

- Messung der Deichselkraft bei Betrieb mit einem Schubanhänger
- Messung der elektrischen Werte über einen Pedalgenerator (meist beim Pedelec 45).

Geschwindigkeitssensor

Geschwindigkeitssensoren messen die Fahrzeuggeschwindigkeit und sorgen in erster Linie für das Abriegeln des Motors bei 25 km/h (Pedelec 25) oder 45 km/h (Pedelec 45, S-Pedelec). Sie können auch in komplexere Motorsteuerungen eingebunden werden und regeln dann stufenweise ab, bevor die maximale Geschwindigkeit erreicht wird.

Teilautomatik

Viele Hersteller bieten die Möglichkeit, mehrere Fahrprogramme zu wählen, die sich optimal auf den Akku abstimmen lassen. Bei Elektrofahrrädern mit festgelegten Fahrprogrammen werden ab Werk die Antriebseigenschaften des Rades festgelegt. Anders als bei der herkömmlichen Steuerung ändert sich die Hilfe nicht, wenn der Fahrer sein Tret- oder Fahrverhalten ändert.

4.7 Bedienung und Display

Die Steuerung der Elektrofahrräder erfolgt in einfacher Ausführung ohne Display direkt vom Pedal-Assist-System (PAS) oder dem mit ihm gekoppelten Gasgriff. Notwendiges Zubehör ist ein Akku mit Ladestandanzeige.

Besonders wichtig ist das Vorhandensein einer Anzeige über die Akku-Restkapazität – möglichst als Prozentangabe.

Standard ist eine Anzeigeeinheit LCD (Liquid Crystal Display), die alle wichtigen Daten des Elektrofahrrades übersichtlich und informativ anzeigt (**Bild 1**).

Bild 1: Pedelec-Display (Panasonic)

Am Bediengerät kann ausgewählt werden, wie stark der Antrieb unterstützen soll: Bei den meisten Fahrrädern gibt es drei oder mehr Stufen. Meist ist eine Anzeige für den Ladezustand des Akkus enthalten – ähnlich wie die Tankanzeige im Auto.

Einige Hersteller integrieren noch Funktionen wie Pulsmessung oder GPS zur Navigation. Praktisch erweist sich ein Diebstahlschutz: Durch Abnehmen von Display oder über Einstelltasten lässt sich der Motor nicht mehr zuschalten.

Elektronisch immer weiter aufgerüstet sind die Elektrofahrräder der holländischen Acellgruppe oder die vom Komponentenhersteller BionX (**Bild 2**). Im Display integriert meldet ein Diagnosesystem dem Fahrer eventuelle Fehlfunktionen. Die Information ermöglicht eine schnellere Wartung oder Reparatur durch den Händler. Nach dem Ablesen des Fehlercodes mit präziser Fehleranalyse können die Fachwerkstätten die meisten Fehler selbst beheben.

① Geschwindigkeit
② Fahrstrecke/Fahrzeit/Gesamtfahrstrecke/Durchschnittsgeschwindigkeit
③ Antriebs- (A) bzw. Generatorstufe (G)
④ „Mode"-Taste
⑤ „+"-Taste
⑥ „–"-Taste
⑦ Einstell-Taste
⑧ Ladeanzeige
⑨ „Fahrrad"-Modus

Bild 2: G2-Konsole (BionX)

Beim Bediengerät der Firma Bosch (**Bild 3**) ist neben einem USB-Steckanschluss im Hauptdisplay getrennt eine Anfahrhilfe als Taste vorgesehen.

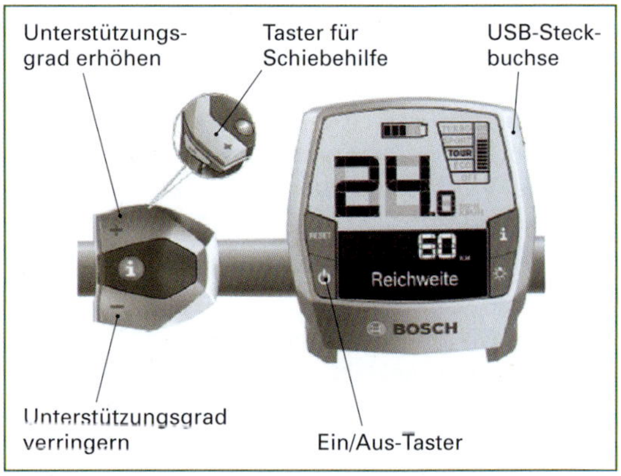

Bild 3: Bedieneinheit (Bosch)

Anfahrhilfe

Die Anfahrhilfe (Schiebehilfe) erlaubt eine Motorunterstützung auf Knopfdruck oder am Drehgriff auch ohne Pedalieren. Sie kann vor allem bei den wiederholten Starts im innerstädtischen Verkehr Kraft sparen und ermöglicht, am Berg mühelos anzufahren. Ein weiterer Vorteil ist, dass man das Pedelec neben sich mit Motorunterstützung rollen lassen kann, ohne dass man es selbst schieben muss.

Diese Art der Motorunterstützung ist beim Pedelec 25 auf eine Maximalgeschwindigkeit von 6 km/h begrenzt. Eine Zulassung als Kleinkraftrad ist nicht erforderlich.

4.8 Energierückgewinnung

Grundsätzlich kann jeder Elektromotor auch als Generator laufen, Strom erzeugen und ggf. einen Akku aufladen (Rekuperation). Beim Elektrofahrrad erfolgt der Antrieb des Generators dann im Schiebe- bzw. Bremsbetrieb. Dazu muss das Fahrzeug *ohne* Freilauf ausgerüstet sein. Dem steht aber entgegen, dass bei den meisten Konstruktionen der Motor im reinen Pedalantrieb *nicht* mitlaufen soll – das Fahrrad soll ja leicht rollen. Zur Stromrückgewinnung müsste der Freilauf überbrückt werden, was den Antrieb kompliziert macht.

Pedelecs mit Mittelmotoren eignen sich nicht für Rekuperation, da der Freilauf im Hinterrad bei einer Bergabfahrt ein Mitschieben verhindert.

Angeboten werden nur wenige Modelle mit Nutzbremsung. In der Regel sind es getriebelose Nabenmotoren ohne Freilauf. In der Erprobung sind Systeme, die beim leichten Bergabfahren im Energierückgewinnungs-Modus den Akku auch beim Mittreten laden.

Der Drehstromsteller im Controller steuert die Stromzuführung vom Akku zum Motor. Erzeugt der Motor im Generatorbetrieb eine größere Spannung als die Akkuspannung, kehrt sich die Stromrichtung um. Über Freilaufdioden wird der Drehstrom gleichgerichtet und fließt in den Akku (**Bild 1**).

Soll eine Stromrückführung auch bei geringer Geschwindigkeit erfolgen, ist ein erhöhter Schaltungsaufwand erforderlich. Bei kleiner Motordrehzahl (besser: Generatordrehzahl) ist die Spannung kleiner als die Akkuspannung. Sie muss daher mittels eines DC/DC-Hochsetzstellers (Boost-Converter) auf das Akkuniveau transformiert werden.

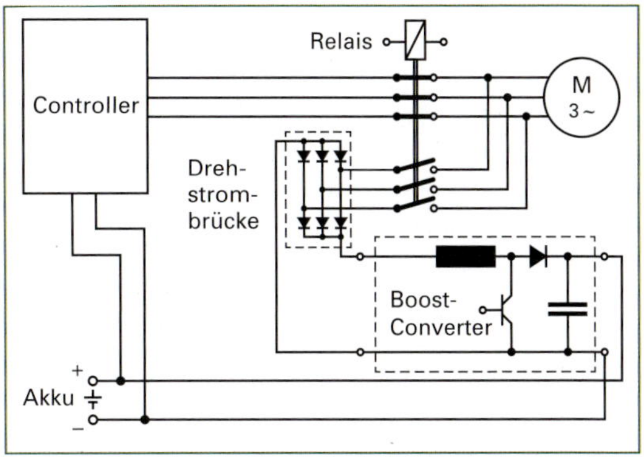

Bild 1: Vereinfachter Stromlaufplan eines E-Motors, Rekuperation

In der Praxis kann sich durch Rekuperation eine Kapazitätserweiterung von ca. 7 % bei längeren Bergabfahrten ergeben. Ein anderer nützlicher Effekt ist die Bremswirkung, die den Bremsen- und Felgenverschleiß mindert.

Ein Hersteller ermöglicht über wiederholte Betätigung der Plus/Minustaste auf der Displaytastatur das Einschalten von bis zu vier Bremsstufen (**Bild 2**).

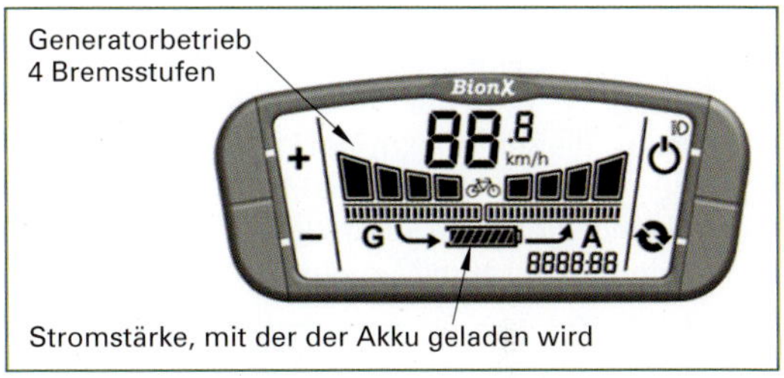

Bild 2: Display mit Rekuperation – Funktionstasten (BionX)

info

Durch Rekuperation erfolgt eine Energierückgewinnung durch Umwandlung kinetischer Energie in elektrische Energie. Dabei wird die Massenträgheit des bewegten Fahrzeuges ausgenutzt. Beim verzögerten Bergabfahren, Abbremsen und nicht motorunterstützten eigenen Treten wird die erzeugte elektrische Energie über eine elektronische Steuerung in den Akku eingespeist.

Die **Polfühligkeit** (auch als Rastmoment bezeichnet) einer permanenterregten Gleichstrommaschine dient als Information für die Rekuperation – dem Umschalten des Motors auf Generatorbetrieb. Es ist der kleine Widerstand, den man beim Weiterdrehen des Rotors spürt. Durch die Änderung des Abstandes zwischen den Permanentmagneten und der Ankerwicklung variiert der magnetische Widerstand und damit die Kraft auf den Anker.

4.9 Akkus

Der Akku speichert und liefert die für den Vortrieb zusätzliche elektrische Antriebsenergie. Dabei soll der Akku bei möglichst geringem Gewicht eine große Ladungsmenge speichern, um große Reichweiten zu erzielen. Er soll sich schnell aufladen lassen, eine geringe Selbstentladungsrate aufweisen und möglichst viele Ladezyklen durchhalten.

4.9.1 Elektrochemische Spannungserzeugung

Ein elektrochemisches Element besteht aus zwei unterschiedlich elektrisch leitenden Werkstoffen, den Elektroden (meist sind es Metalle) und einer elektrisch leitenden Flüssigkeit, dem Elektrolyten. Einer der beiden Elektroden löst sich im Elektrolyt auf und gibt positiv geladene Ionen an den Elektrolyt ab. Elektronen bleiben zurück und laden die Elektrode negativ auf. Sie bildet den Minuspol, die Anode.

Die andere Elektrode nimmt die positiv geladenen Ionen aus dem Elektrolyt auf. Sie lädt sich positiv auf und bildet den Pluspol, die Kathode.

Zwischen den beiden Polen entsteht eine Spannung (**Bild 1**). Wird der äußere Stromkreis geschlossen, fließen Elektronen über einen Verbraucher (Lampe, Motor) vom Minuspol zum Pluspol und die Ionen über den inneren Stromkreis vom Pluspol zum Minuspol.

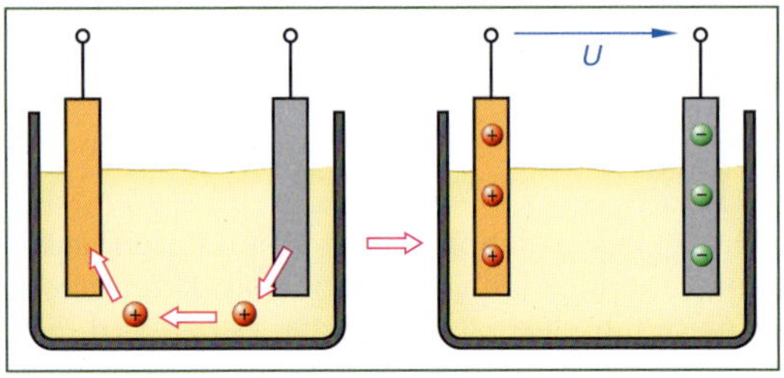

Bild 1: Ladungstransport eines elektrochemischen Elements

Typisch unedle Metall, die sich im Elektrolyten unter Abgabe von positiven Ionen auflösen, sind Blei, Nickel, Cadmium, Zink, Mangan und Lithium. Edle Metalle mit kleinem Lösungsbestreben sind u. a. Gold, Platin, Silber und Kupfer. Kohlenstoff ist das einzige elektrisch leitende Nichtmetall. Es löst sich nicht auf.

Die einzelnen Metalle sind in einer Tabelle zusammengefasst und ihr Potenzial auf eine Wasserstoffelektrode bezogen (**Bild 2**). Dabei wird der Wasserstoffelektrode Elektrode das Potenzial 0 V zugeordnet.

Edle Metalle		Unedle Metalle	
Werkstoff	**Potenzial**	**Werkstoff**	**Potenzial**
Gold	–1,50 V	Blei	– 0,13 V
Platin	–1,20 V	Nickel	– 0,25 V
Silber	– 0,80 V	Cadmium	– 0,40 V
Graphit	– 0,74 V	Zink	– 0,76 V
Kupfer	– 0,34 V	Mangan	– 1,10 V
		Lithium	– 3,04 V

Bild 2: Elektrochemische Spannungsreihe

Beispiel:
Die Potenzialdifferenz (= Spannung) zwischen einem Pluspol aus Graphit (Kohlenstoff) und dem Minuspol Zink beträgt: Kohlenstoff gegen Wasserstoff = 0,74 V und Wasserstoff gegen Zink = – 0,76 V.

0,74 V – (– 0,76 V) = 1,5 V.

Die Spannung zwischen zwei Elektroden ist umso höher, je weiter sie in der Spannungsreihe auseinander liegen.

Primärzellen sind Kombinationen aus edlen und unedlen Metallen. Sie erzeugen ohne vorherige Aufladung eine Spannung. Bei Stromentnahme löst sich die unedlere Elektrode auf.

Primärzellen lassen sich nicht aufladen und können nur einmal verwendet werden. Umgangssprachlich werden sie als „Batterien" (**Bild 3**) bezeichnet.

Das Mangandioxid (Braunstein) in Bild 3 bindet den bei der Entladung entstehenden Wasserstoff.

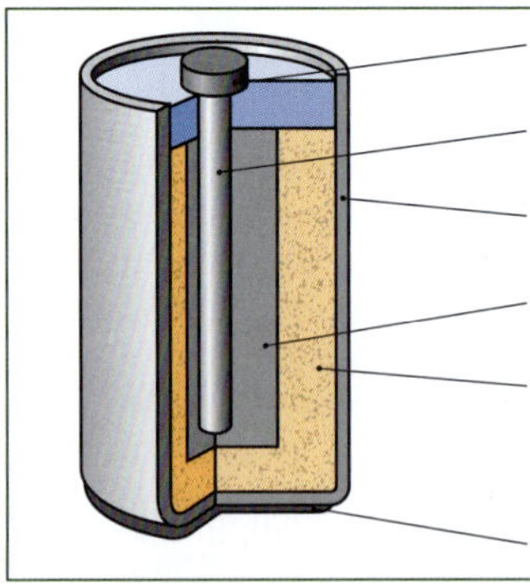

Bild 3: Zink-Kohle-Zelle, die klassische Taschenlampenbatterie

Knopfzellen gibt es als Silber-Zinkzelle mit 1,55 V oder als Lithiumzelle mit 3 V Zellenspannung (**Bild 1, Seite 135**).

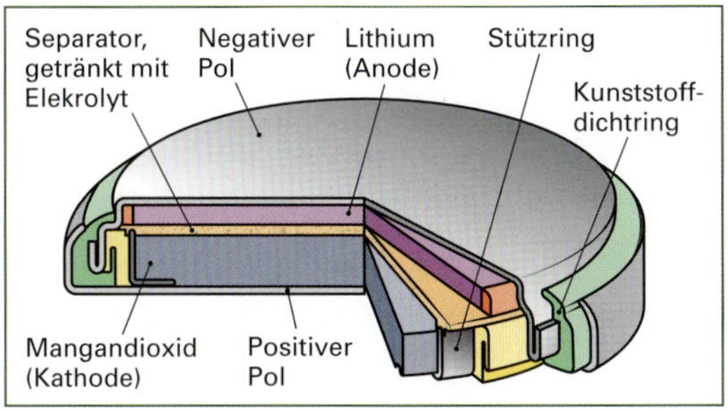

Bild 1: Aufbau einer Lithium-Knopfzelle

Sekundärzellen (Akkumulatoren, Akkus) können nach der Entladung durch Zufuhr elektrischer Energie wieder aufgeladen werden. Dabei erfolgt eine chemische Veränderung sowohl der beiden Elektroden, als auch des Elektrolyten. Bevor die Sekundärzelle eine Spannung liefert, muss sie zuerst geladen werden (**Bild 2**).

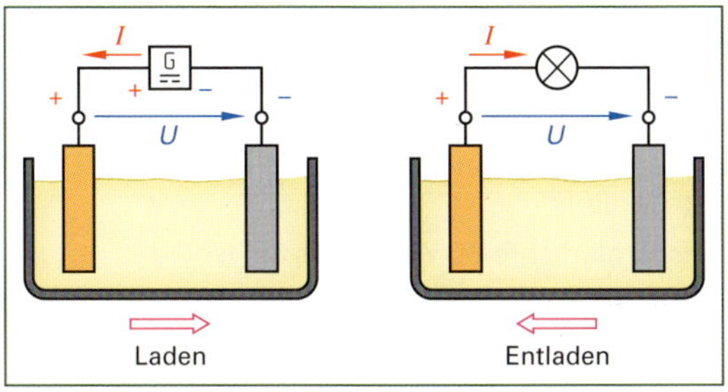

Bild 2: Chemische Vorgänge in der Sekundärzelle

4.9.2 Bauarten von Akkus

Blei-Akku

Blei-Säure-Akkus (Pb-PbO_2) finden in modernen Elektrofahrrädern als Energiespeicher kaum noch Verwendung. Als Starterbatterie in Kraftfahrzeugen und in fast allen Hybridfahrzeugen zur Versorgung der Steuergeräte, der Beleuchtung und anderer Verbraucher sind sie aber weiterhin in Gebrauch. Sie sind preiswert, zuverlässig und langlebig. Von Nachteil ist die niedrige Energiedichte von 30 Wh/kg.

Im geladenen Zustand (**Bild 3a**) besteht die Plusplatte aus Bleidioxid PbO_2, die Minusplatte aus Blei Pb. Die verdünnte Schwefelsäure als Elektrolyt ist zum Teil in Wasserstoff H_2 und einem Säurerest SO_4 zerfallen und damit leitfähig.

Wird ein Verbraucher angeschlossen (**b**), fließt ein Strom vom Minuspol über den Verbraucher zum Pluspol. Die Plusplatten geben Sauerstoff ab (O_2), der sich mit dem Wasserstoff zu Wasser (H_2O) verbindet. Der Säurerest verbindet sich mit dem Blei beider Platten zu Bleisulfat $PbSO_4$.

Im entladenen Zustand (**c**) bestehen beide Platten aus Bleisulfat. Die Schwefelsäure des Elektrolyten hat sich mit Wasser verdünnt.

Beim Laden fließt der Strom vom Pluspol zum Minuspol (**d**). Das Bleisulfid beider Platten wird durch die angelegte Spannung in Blei Pb und den Säurerest SO_4 gespalten. Der Säurerest verbindet sich mit dem Wasserstoff des Elektrolyten wieder zu Schwefelsäure. An der Minusplatte entsteht graues Blei, an der Plusplatte verbindet sich das Blei mit dem freiwerdenden Sauerstoff zu dem rotbraunen Bleioxid.

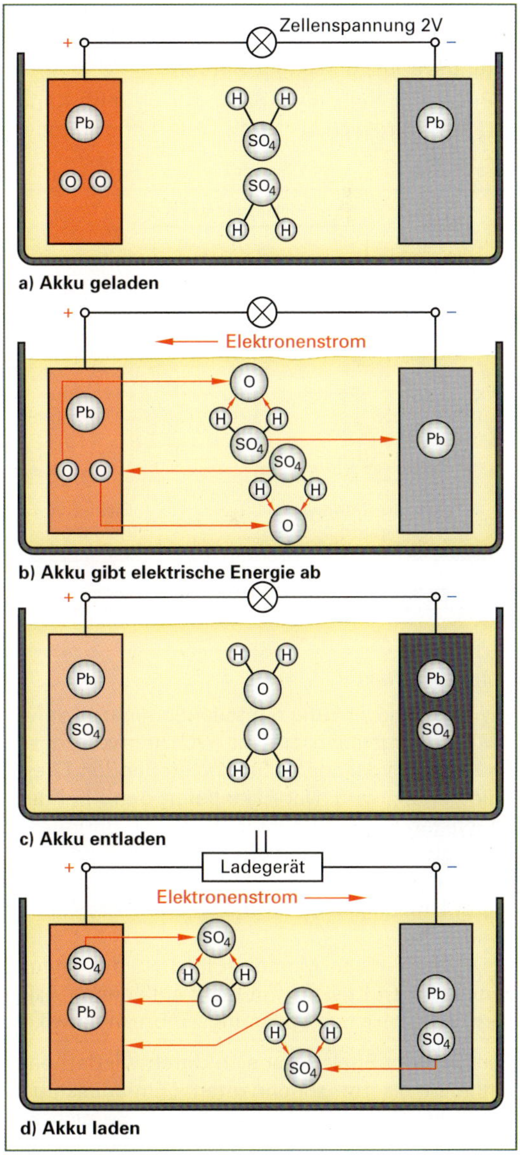

Bild 3: Vorgänge beim Laden und Entladen eines Bleiakkus

Nickel-Cadmium-Akku

Ein Nickel-Cadmium-Akku (NiCd) ist aufgrund der Giftigkeit und Umweltbelastung (EU-Verordnung von 2008) nicht mehr für Neuprodukte zugelassen. Eigenschaften:

- Die Kathode besteht aus Nickel, die Anode aus Cadmium, der Elektrolyt ist Kalilauge (**Bild 1**)
- Zellenspannung 1,2 Volt
- Energiedichte 40 Wh/kg bis 60 Wh/kg
- Memory-Effekt
- Lebensdauer bis zu 1000 Ladezyklen oder 5 Jahre
- Durch den geringen Innenwiderstand können NiCd-Akkus hohe Stromstärken abgeben. Bei niedrigen Temperaturen muss mit großem Leistungsverlust gerechnet werden.
- Bei hoher Selbstentladung nur geringe Kapazi tät im Vergleich zu NiMH- und Lithium-Ionen-Akkus

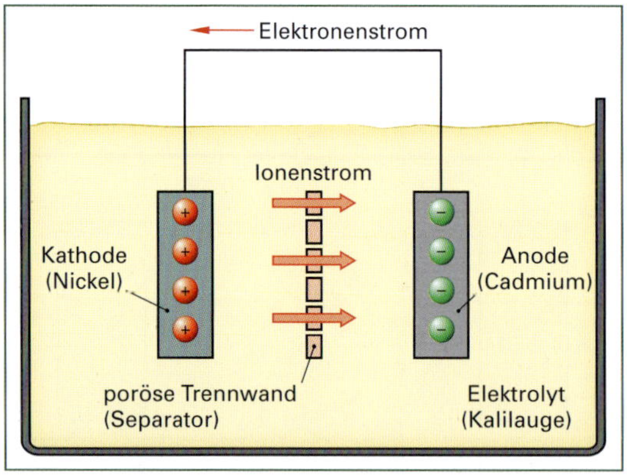

Bild 1: Entladevorgang eines NiCd-Akkus

> **info**
> **Memoryeffekt**
> Wird ein Akku häufig nur teilentladen und dann wieder aufgeladen, „merkt" sich der Akku, dass nur ein Teil der zur Verfügung stehenden Energie genutzt wird. Der Akku liefert dann bei der nächsten Stromentnahme nur diese geringere Energiemenge anstatt der ursprünglichen. Das bedeutet einen Kapazitätsverlust, der mit weiterer Nutzungsdauer immer größer wird.

Ursache für einen Memory-Effekt ist die Bildung von größeren Kristallen in nicht entladenen Akkubereichen, die einen Spannungseinbruch bewirken.

Der Memory-Effekt lässt sich durch wiederholtes Entladen bis zur sogenannten „Entladeschlussspannung" (liegt bei NiCd-Zellen im Bereich von 0,9 V bis 1 V) und anschließender Voll Ladung rückgängig machen. Der Akku erhält dadurch seine Ausgangskapazität weitgehend zurück.

> **info**
> **Selbstentladung**
> Durch Selbstentladung verlieren Akkus bei Nichtverwendung mehr oder weniger schnell ihre Kapazität, auch wenn kein Verbraucher angeschlossen ist. Der Kapazitätsverlust beträgt bei Bleiakkus 10 % bis 30 %, NiCd-Akkus bis zu 20 % und bei Lithium-Ionen-Akkus weniger als 2 % pro Monat.

Nickel-Metallhydrid-Akku

Die Energiedichte eines Nickel-Metallhydrid-Akkus (NiMH) liegt mit 80 Wh/kg ca. 40 % höher als ein NiCd-Akku. Die Cadmium-Anode wird durch umweltfreundliches Metallhydrid ersetzt, die während des Entladens Wasserstoff speichert. Die negative Platte setzt beim Ladevorgang Wasserstoff frei (**Bild 2**). Eigenschaften:

- Zellenspannung 1,2 V
- Ladezyklen neuerer NiMH-Akkus 600 bis 1000
- Tiefentladung und hohe Lastströme senken die Lebensdauer
- Teure Ladegeräte aufgrund komplizierter Ladetechnik
- Energiedichte 50 Wh/kg bis 80 Wh/kg
- Hohe Selbstentladung und Batterieträgheit durch „Lazy-Battery-Effekt"
- Temperaturempfindlich
- Kapazitätsverlust bei Temperaturen um die 0 °C

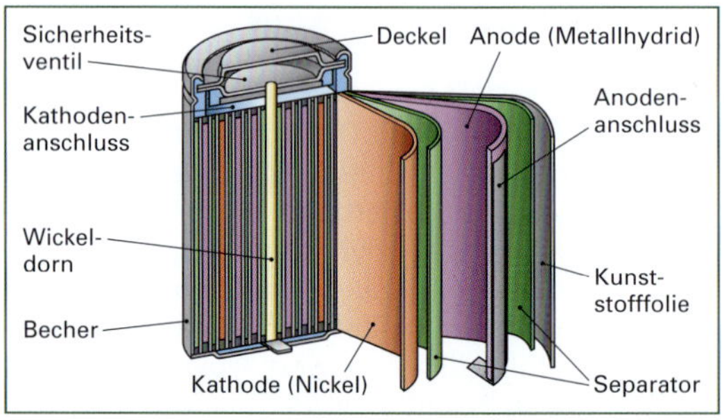

Bild 2: NiMH-Akku mit gewickelten Elektroden

> **info**
> Der Lazy-Battery-Effekt entsteht (wie der Memory-Effekt) durch mehrfaches unvollständiges Entladen. Dadurch verringern sich während des Entladevorgangs die Akkuspannung und damit die abgegebene Leistung.
>
> Die Auswirkung dieses Effektes liegt bei etwa einem Zehntel des Memory-Effektes und lässt sich durch 4 bis 6 vollständige Lade- und Entladezyklen beseitigen.

Lithium-Ionen-Akku

Metallisches Lithium ist als Elektrodenmaterial für Anwendungen in Elektrofahrzeugen ungeeignet, da es stark mit Wasser reagiert und brennbar ist. Erst die Lithium-Ionentechnik vermeidet diese Einschränkungen. Aufbau: Man nimmt Elektroden aus Kupfer oder Aluminium und überzieht diese mit Schichten von Metalloxiden und Graphit. In diesen Schichten beider Elektroden wird Lithium in Ionenform (Li^+) eingelagert.

Eine Lithium-Ionen-Zelle besteht aus der negativen Graphitelektrode (Anode), der positiven Lithium-Metalloxid-Elektrode (Kathode), dem Elektrolyten und dem Separator, der die beiden Elektroden trennt (**Bild 1**).

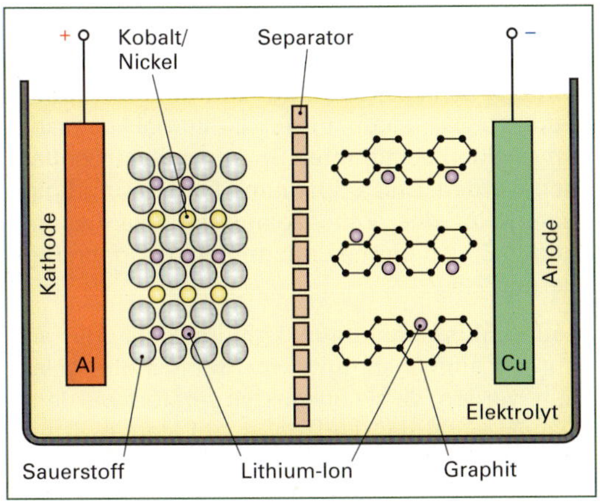

Bild 1: Aufbau einer Lithium-Ionen-Zelle mit Kobalt-Nickeloxiden

Die Kathode aus Aluminium kann mit unterschiedlichen Oxiden der Grundmetalle Mangan, Nickel, Kobalt und andere beschichtet sein.

Der Separator aus Polymeren oder aus Keramik ist nur für die Lithiumionen durchlässig.

Der wasserfreie Elektrolyt besteht aus organischen Lösungsmitteln (Achtung: Kontaktgift und brennbar!)[1]. Beim Lithium-Polymer-Akku ist der Elektrolyt nicht flüssig, sondern gelartig und bildet gleichzeitig den Separator.

Die Nennspannung einer Akkuzelle ist abhängig vom Elektrodenmaterial und liegt zwischen 3,6 und 4 Volt.

Aufladen des Akkus

Zum Aufladen werden mit dem Ladegerät Elektronen von der Pluselektrode (Kathode) „abgesaugt" und zur Minuselektrode (Anode) „gepumpt" (**Bild 2**).

[1] Elektrolyt aus Lithiumhexafluorphosphat

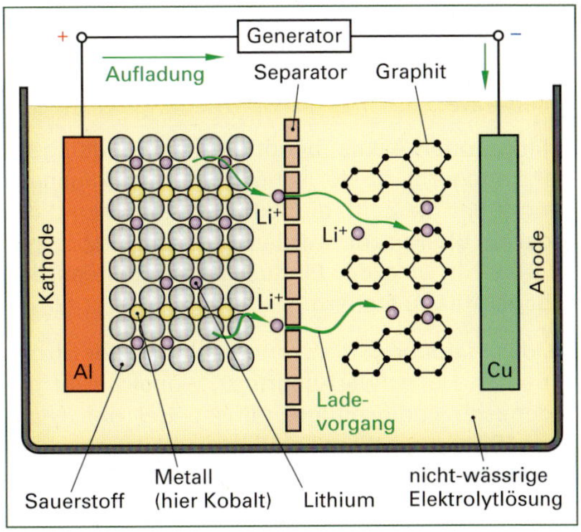

Bild 2: Aufladen einer Lithium-Ionen-Zelle

An der Pluselektrode lösen sich die eingelagerten Lithiumionen aus den Metalloxidschichten und wandern durch den Elektrolyten und dem Separator zur negativen Graphitelektrode. Dort verbinden sie sich mit den Elektronen, die das Ladegerät liefert. Die nun neutralen Lithiumatome lagern sich in die Graphitschichten ein. Dieser Vorgang wird fortgeführt, bis alle Lithium-Ionen eingelagert sind. Das Ladegerät wird entfernt und der Akku ist aufgeladen.

Entladen des Akkus

Beim Entladen gibt das atomare (neutrale) Lithium Elektronen an den äußeren Stromkreis ab, die sich in der Kathode ansammeln (**Bild 3**). Zurück bleiben positiv geladene Lithiumionen. Diese wandern im inneren Stromkreis zur Kathode und lagern sich dort in den Metalloxidschichten ab.

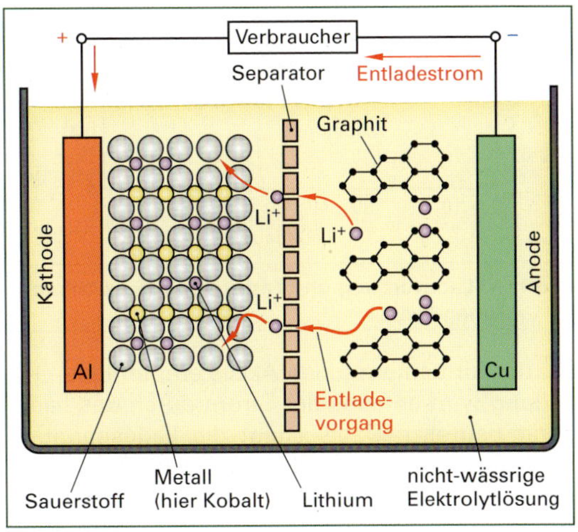

Bild 3: Entladen einer Lithium-Ionen-Zelle

4

4.9.3 Ladegeräte, Akkupack und Kennwerte

Ladegeräte

Lithium-Ionen-Akkus benötigen ein „intelligentes" Ladegerät, da der Ladestrom, die Akkuspannung (über die Zeit), die Akkutemperatur und die Ladezeit überwacht werden müssen. Dabei genügt es oft, eine der Einflussgrößen seitens des Ladegerätes zu steuern.

Bei der *I-Ladung* (Stromkennlinie) wird der Strom auf einen Höchstwert begrenzt, wobei dieser die Ladegeschwindigkeit beeinflusst. Bei der *U-Ladung* (Spannungskennlinie) ist die Ladespannung limitiert. International sind hierfür die Begriffspaare *CC-charge* (**C**onstant **C**urrent) und *CV-charge* (**C**onstant **V**oltage) üblich.

Oftmals werden die beiden Ladekennlinien zu einer Strom/Spannungs-Kennlinie kombiniert: IU-Kennlinie oder CCCV-Ladung (**Bild 1**).

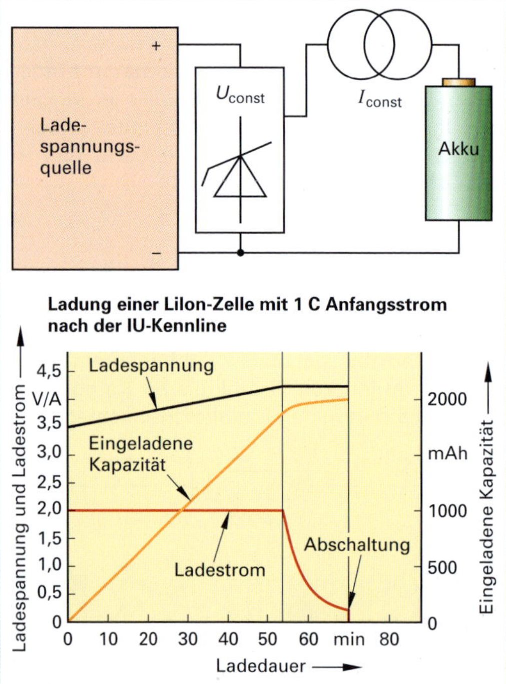

Bild 1: **IU-Ladevorgang und Ladekurve einer Lithium-Ionen-Zelle**

Bei der für Lithium-Ionen-Akkus empfohlenen IU-Ladung wird anfangs der Strom durch das Ladegerät begrenzt. Dabei steigt die Ladespannung bis zum eingestellten Höchstwert an. Zu diesem Zeitpunkt tritt die Spannungsbegrenzung in Kraft. Ab hier sinkt dann der Strom bis zu einem Minimalwert, an dem die Ladung beendet wird.

Zunächst liegt die Spannung (= Zellenspannung, Nominalspannung oder auch Nennspannung) einer fast entladenen Akkuzelle bei 3,6 V. Beim Anschließen des Ladegeräts steigt sie langsam auf knapp 4,2 V und bleibt konstant. Beim Erreichen der Maximalspannung (= Ladeschlussspannung) verringert das Ladegerät den Strom umgekehrt proportional zur weiter steigenden Spannung, bis der Ladestrom einen minimalen Wert unterschreitet. Zu diesem Zeitpunkt sind die Zellen vollständig geladen. Ein Timer unterbricht den Ladevorgang im richtigen Moment.

Nach einer definierten Ladezeit muss eine funktionsfähige Zelle geladen sein. Daher wird die Ladung abgebrochen, wenn nach dieser Zeit nicht der Zustand „Zelle voll" erreicht wird.

Info

Entlade-Schlussspannung: Um eine Tiefentladung zu vermeiden, dürfen Lithiumakkus nicht unter einen bestimmten Spannungswert entladen werden. Diese Spannung liegt geringfügig unterhalb der Zellenspannung (Nennspannung). Eine typische Entlade-Schlussspannung beträgt 2,5 V.

Ladeschlussspannung: Lithiumakkus dürfen nur auf eine bestimmte Spannungshöhe geladen werden, da sie ansonsten zerstört werden. Daher muss das Ladegerät auf den exakten Spannungswert eingestellt werden. Die typische Ladeschlussspannung einer Li-Ionen-Zelle liegt bei 4,2 V.

Bei einer Überladung oder einer Tiefentladung kann es zu irreversiblen Schädigungen und zu Kapazitätsverlusten kommen. Für die Verhinderung dieser sicherheitskritischen Ereignisse ist das Batterie-Management-System (BMS) zuständig.

C-Rate, C-Wert

Mit der C-Rate wird der maximale Ladestrom angegeben. Man multipliziert den C-Wert mit der Kapazität und erhält als Ergebnis den maximalen Ladestrom.

Beispiel:

Bei einem Akku mit 2 Ah-Zellenkapazität und einer C-Rate von 2 C soll der Ladestrom 2 · 2 = 4 A nicht überschreiten.

Zu beachten ist, dass die auf dem Akku angegebene C-Rate häufig (werbewirksam) zu hoch angegeben ist.

Kapazitätsmessung

Zur Bestimmung der im Akku enthaltenen Kapazität gibt es mehrere Methoden. Wichtig: Man muss die Randbedingungen wie Temperatur und Entladestrom berücksichtigen.

1. Verlauf der Spannung über der Zeit am Akkupack messen.
2. Die eingespeiste Ladung „mitzählen" und die entnommene Ladung davon subtrahieren (Coulomb Counting" oder „Gas Gauge").
3. Das „Impedance Tracking", das im laufenden Betrieb die Impedanz der Zelle bestimmt. Damit wird eine relativ genaue Kapazitätsbestimmung möglich, die aber Kenntnis der Zellenchemie voraussetzt.

Akkupack

Ein Akkupack (Modul) besteht aus einer Vielzahl einzelner Zellen, die mithilfe von Nickelstreifen durch Punktschweißung in Serien- und Parallelschaltung verbunden sind. Da die einzelne Zelle als kleinste Einheit eines Akkupacks für die meisten Anwendungen eine zu geringe Spannung und/oder Kapazität besitzt, wird sie mit weiteren Zellen verbunden.

Um die Spannung zu erhöhen, werden Zellen *seriell* (in Reihe) verschaltet (**Bild 1**). Wichtig: Es muss darauf geachtet werden, dass die einzelnen Zellen bei Ladeende dieselbe Spannung aufweisen. Achtung: Bei Ausfall einer Zelle wird der komplette Stromkreislauf unterbrochen.

Die Zellenspannung (Nominalspannung) des Akkupacks ergibt sich aus der Nominalspannung der Einzelzelle multipliziert mit der Anzahl der seriell verschalteten Einzelzellen.

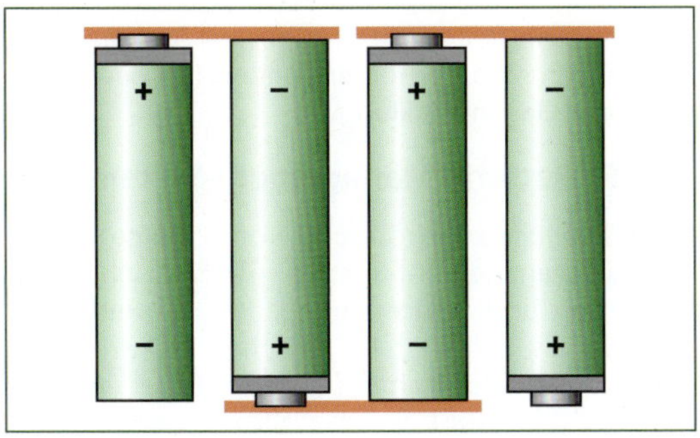

Bild 1: Vier Einzelzellen in Serie geschaltet

Eine *parallele* Verschaltung ergibt mehr Kapazität (**Bild 2**). Alle Zellen haben stets die gleiche Spannung, da sie sich durch die Parallelschaltung angleichen.

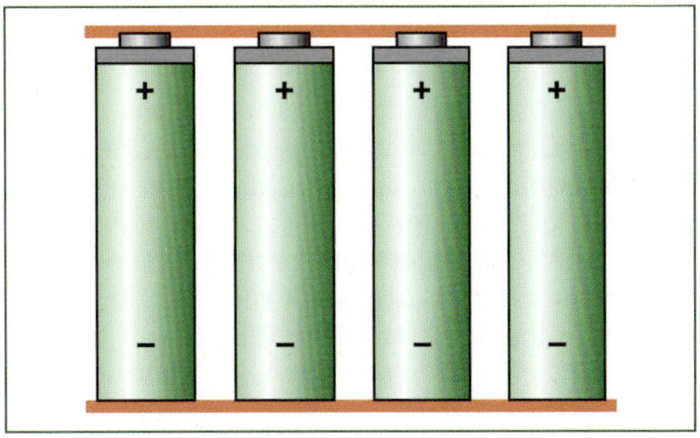

Bild 2: Vier Einzelzellen parallel geschaltet

Die Nennkapazität (Nominalkapazität) eines Akkus ergibt sich aus der Kapazität der Einzelzelle multipliziert mit der Anzahl der parallel verschalteten Zellen.

Bilden sowohl seriell als auch parallel verschaltete Zellen einen Akkupack, so ergeben sich veränderte Spannungen und Kapazitäten.

Der Aufbau eines Akkupacks wird in Kürzeln angegeben. Beispiel: 10S4P. 10S steht für 10 in Serie (Reihe) geschaltete Zellen, 4P für 4 parallel geschaltete Zellenreihen.

Beispiel (**Bild 3**):
Ein Akku soll eine Spannung von 18 V bei einer Kapazität von 4 Ah aufweisen. Die Einzelzellen haben eine Spannung von 3,6 V und eine Kapazität von jeweils 2 Ah. Man muss 5 Blöcke aus je 2 parallelgeschalteter Zellen in Serie schalten. Die Kurzschreibweise des Akkupacks lautet: 5s2p.

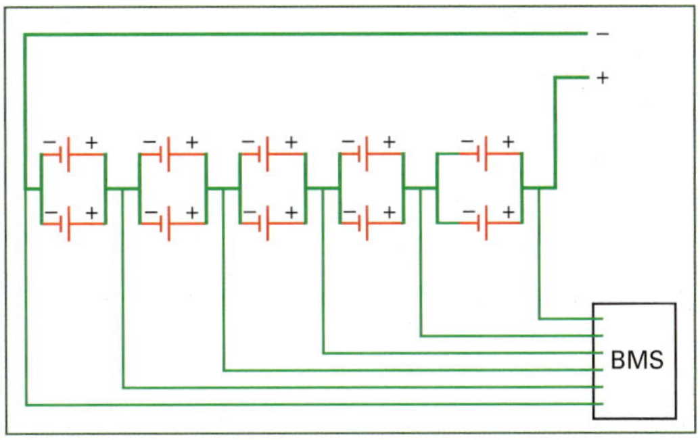

Bild 3: Akkupack 5s2p

Ein 10s5p-Akkupack mit 10 · 5 = 50 Zellen der Zellenspannung 3,6 V und der Kapazität 2 Ah ergibt eine Gesamtspannung von 10 · 3,6 = 36 V und einer Gesamtkapazität von 5 · 2 = 10 Ah. Die gespeicherte Energie beträgt 10 Ah · 36 V = 360 Wh.

1 Impedanz = Wechselstromwiderstand

Vergleich der Speichermengen

info

Wichtig: Man darf die Kapazitäten des Akkus nicht einzeln vergleichen, sondern es müssen die Spannungen mit einbezogen werden. So hat ein 36 V-Akku mit einer Kapazität von „nur" 10 Ah mit 360 Wh deutlich mehr Energie gespeichert als ein 24 V-Akkupack mit dem (lt. Werbung) „höheren 12 Ah (= 288 Wh). Dieser Unterschied macht sich in der Reichweite bemerkbar.

4.9.4 Bauformen von Lithium-Ionen-Akkus

Für Lithium-Ionen-Zellen konzentrieren sich die Hersteller auf drei Bauformen.

Die zylindrische Zelle (**Bild 1**) ist die am weitesten verbreitete Ausführungsform. Das Format ist standardisiert und wird in einer fünfziffrigen Zahl angegeben. Die ersten zwei Ziffern geben den Durchmesser in mm, die dritte, vierte und fünfte Stelle ergeben die Länge in 1/10 mm.

Beispiel Standardzelle 18650:
Durchmesser 18 mm, Länge 65 mm

Die zylindrische Zelle ist einfach zu produzieren, mechanisch stabil und erreicht im Vergleich zu anderen Formen die größten Energiedichten. Aufgrund ihrer Form hat sie jedoch eine schlechte Wärmeabfuhr. Die Zellchemie ist bei dieser Batterie in ein stabiles Rundgehäuse integriert. Die Zelle ist innen hohl, damit die Batterie bei Belastung (Erwärmung) nach innen „atmen" kann und sich nicht nach außen ausdehnt.

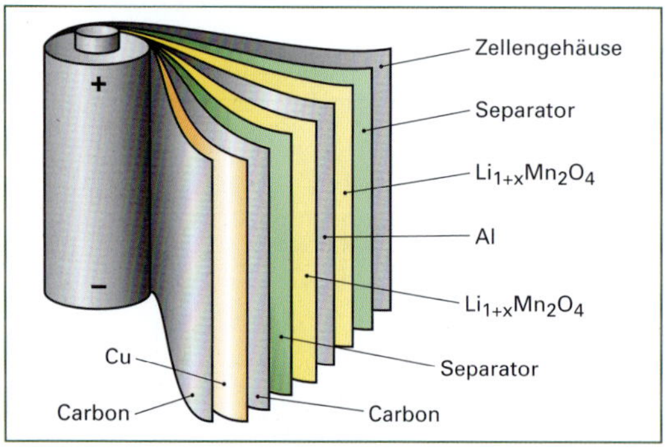

Bild 1: Zylindrische Li-Ion-Zelle

Ähnlich wie die zylindrische Zelle ist die prismatische Zelle aufgebaut (**Bild 2**). Die Komponenten werden in der Abfolge Anode – Separator – Kathode – Separator zu einem Flachwickel aufgewickelt und ein prismatisches festes Gehäuse verpackt. Die rechteckige, flache Form ermöglicht im Vergleich zur Zylinderform eine bessere Wärmeabfuhr. Nachteilig ist die aufwändigere Fertigung.

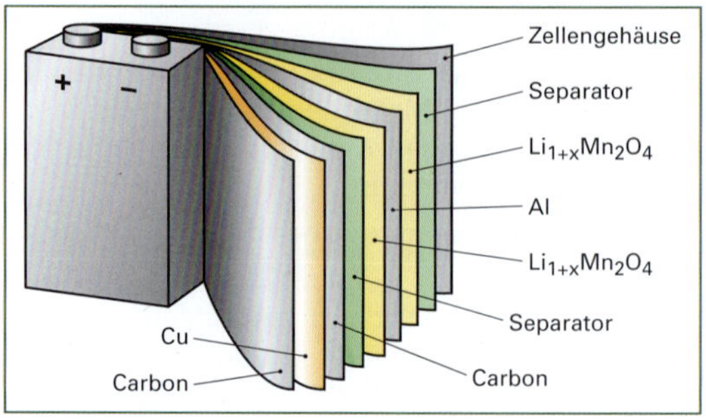

Bild 2: Prismatische Li-Ion-Zelle

Bei der Pouch-Zelle wird anstelle des festen Gehäuses ein flexibles verwendet, das aus beidseitig kunststoffbeschichteter Aluminiumfolie besteht (**Bild 3**). Die Komponenten werden in der Abfolge Anode – Separator – Kathode aufgestapelt.

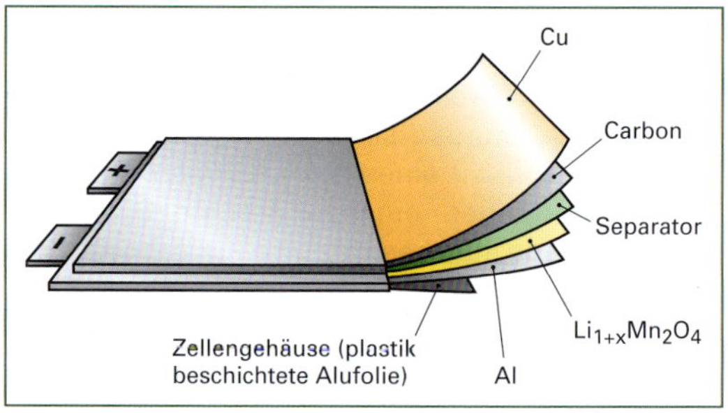

Bild 3: Pouch-Li-Ion-Zelle (Coffebag-Zelle))

Diese Stapel werden entweder aus bereits zugeschnittenen Komponenten gefertigt oder von der Rolle aus laminiert und gestanzt. Vorteile dieser Bauform sind ihre guten Kühleigenschaften, formbedingt ein gutes Raum-Masse-Verhältnis (Packaging), das niedrige Gewicht und eine gute Wärmeableitung. Hohe Energiedichten bei vergleichsweiser günstiger Fertigung sind möglich. Nachteilig sind die geringere mechanische Stabilität, die Dichtheit und ein mögliches Aufblasen der Zelle durch einen erhöhten Innendruck bei unkontrollierter Gasentwicklung.

4.9.5 Batterie-Management-System

Die wichtigste elektronische Komponente ist das Batterie-Management-System (BMS). Neben der Steuerung und Überwachung des Ladezustandes dient es als Schnittstelle zwischen Elektrofahrrad und Akkumulator-Kommunikation. Unter Verwendung von Sensorik werden Strom, Spannungen, Temperaturen der Einzelzellen und des Gesamtsystems gemessen und geregelt. Damit trägt das BMS als ein zentraler Bestandteil zur Sicherheit bei. Darüber hinaus ermöglicht es die Fehlerprotokollierung und das Zu- und Abschalten des Systems (**Bild 1, Seite 141**).

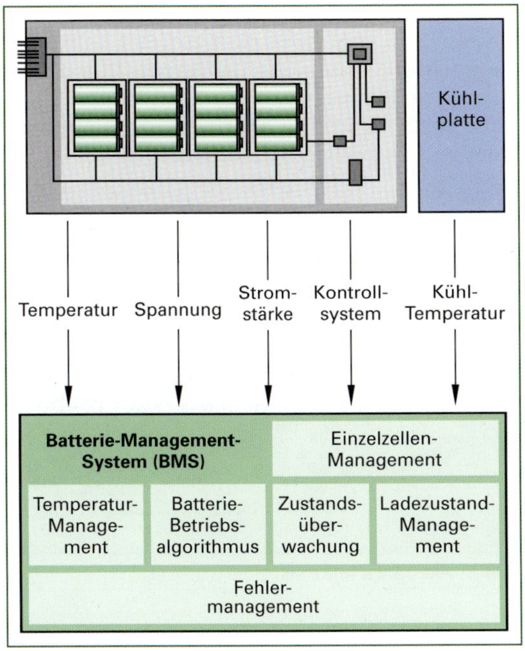

Bild 1: Schema Batterie-Management-System

Ein BMS vereint eine Vielzahl von Funktionen:

- Einzelzellen-Überladeschutz
- Einzelzellen-Tiefentladeschutz
- Balancing-Funktion
- Temperaturkontrolle

Einzelzellen-Überladeschutz

Das BMS schützt jede einzelne parallele Zellengruppe vor Überladung. Lithiumakkus vertragen keine Überladung, da sie ab einer bestimmten Spannung irreparabel beschädigt werden. Sollte ein falsches Ladegerät an den Akku angeschlossen sein, schützt das BMS vor einer schädlichen Überladung.

Einzelzellen-Tiefentladeschutz

Eine Tiefentladung eines Lithiumakkus muss unter allen Umständen vermieden werden. Sie schädigt die Zellen und verkürzt die Lebensdauer. Das BMS überwacht jede einzelne parallele Zellengruppe und schaltet bei Unterschreitung einer kritischen Spannung ab.

Balancing

Lithiumakkus reagieren empfindlich auf Überladung und Tiefentladung. Die meisten Lithiumakkus sollten nicht über 4,2 V pro Zelle geladen und nicht unter 2,5 V entladen werden, da sonst Aufblähung und Zerstörung drohen. Da die einzel-nen Zellenspannungen eines Akkupacks mit der Zeit auseinanderdriften, droht ohne Balancer eine Überladung.

Beispiel:
Ein Akku, bestehend aus zwei Zellen mit je 3,7 V Zellenspannung, ist seriell verschaltet. Die Nominalspannung beträgt 7,4 V, die Ladeschlussspannung 8,4 V (4,2 V pro Zelle). Wird beim Vollladen auf 4,2 V pro Zelle eine Zelle etwas voller als eine andere geladen, z. B. 4,4 V die eine und 4,0 V die andere, ergeben sich auch 8,4 V.

Das Ladegerät wird „annehmen“, der Akku sei voll, da er die 8,4 V-Ladeschlussspannung erreicht hat. In Wirklichkeit ist er irreparabel beschädigt, da die eine Zelle mit 4,4 V überladen wurde. Um diesem Effekt vorzubeugen, reicht es nicht aus, ein Ladegerät mit einer angepassten Ladeschlussspannung zu verwenden. Man benötigt ein Gerät, das die einzelnen Zellen überwacht. Dieses elektronische Bauteil ist ein Balancer[1].

Beim **passiven Ladungsausgleich** werden beim Ladevorgang die stärksten Zellen gezielt über ohmsche Widerstände leicht entladen, um die schwächeren Zellen vollständig aufladen zu können (**Bild 2**). Von Nachteil ist, dass ein Teil der Energie in Verlustwärme umgewandelt wird und für den Fahrbetrieb nicht zur Verfügung steht.

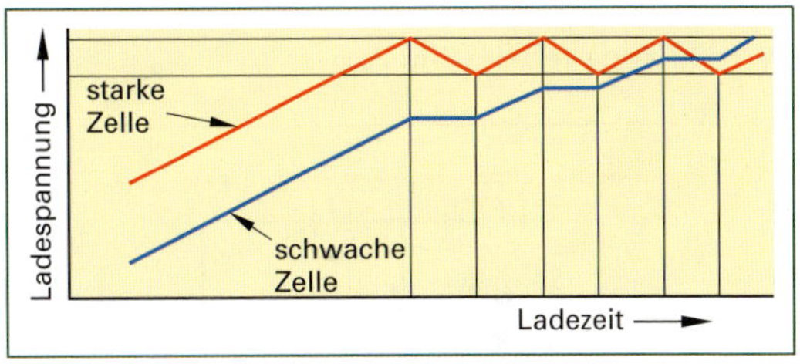

Bild 2: Prinzip passiver Ladungsausgleich

Die schwächeren Zellen mit der niedrigen Kapazität erreichen beim Laden schneller die obere zulässige Spannungsschwelle. Der Ladevorgang wird abgebrochen, obwohl die stärkeren Zellen mit der höheren Kapazität noch nicht vollständig geladen sind. Dem Benutzer steht nach dem Ladevorgang nicht die volle Energiemenge zur Verfügung.

Beim **aktiven Ladungsausgleich** wird elektrische Ladung von einer Zelle zu einer anderen Zelle transportiert. Man unterscheidet das kapazitive und induktive Verfahren.

Beim **kapazitiven Verfahren** wird ein Kondensator parallel zur Zelle mit der höheren Spannung geschaltet. Nachdem dieser aufgeladen ist, wird er parallel zur Zelle mit der niedrigen Spannung geschaltet und kann diese aufladen. Dieser Vorgang wird so lange wiederholt, bis an beiden Zellen die gleiche Spannung anliegt (**Bild 1, Seite 142**).

[1] Quelle: www.linergy.de

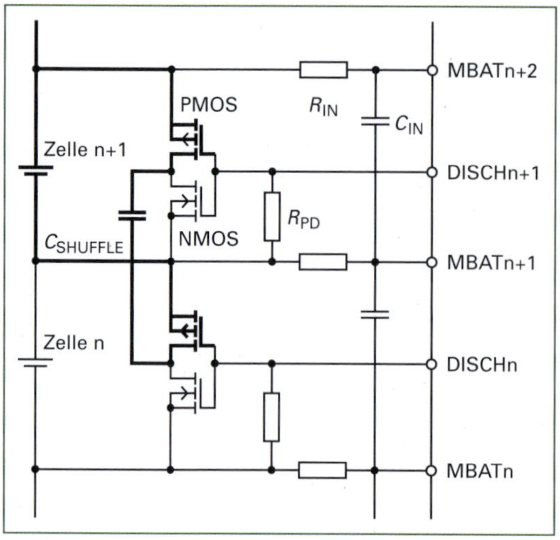

Bild 1: Aufbau Ladungsausgleich mittels Kapazitäten (Atmel)

Beim **induktiven Verfahren** wird parallel zur Zelle, der die Ladung entnommen werden soll, eine Induktivität geschaltet. Nachdem der Stromfluss in der Spule angestiegen ist, koppelt ein Transistor die entladene Zelle ab. Über eine Diode wird die in der Spule gespeicherte Energie an die Nachbarzelle abgegeben (**Bild 2**).

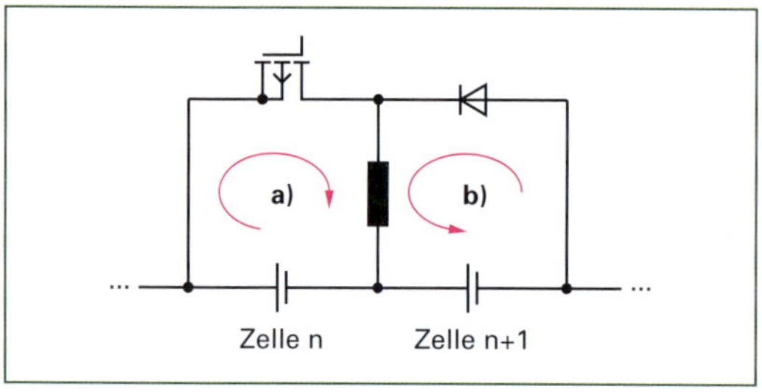

Bild 2: Aktiver Ladungsausgleich mittels Induktivitäten a) Entladen b) Laden der Nachbarzelle (Atmel)

Temperaturkontrolle

Eine weitere wichtige Funktion des BMS ist die Steuerung des Thermomanagements, da die Leistungsfähigkeit und die Alterung der Zellen stark von der Temperatur abhängig sind. Erhöhte Temperaturen führen zu einer schnelleren Degradation[1] der Materialien und einer schnelleren Alterung der Batterie. Tiefe Temperaturen können zu einer Behinderung des Stromflusses führen, da die Leitfähigkeit im Elektrolyt geringer wird.

Das Batterie-Management-System ist meist in das Batteriegehäuse integriert (**Bild 3**). Dies stellt eine fortlaufende Überwachung sicher, birgt aber den Nachteil mit sich, dass die Elektronik selbst ein wenig Strom verbraucht. Der Stromverbrauch ist zwar so gering, dass er in der Energiebilanz keine Rolle spielt. Er verhilft aber dem Batteriepack zu einer leicht erhöhten Selbstentladung.

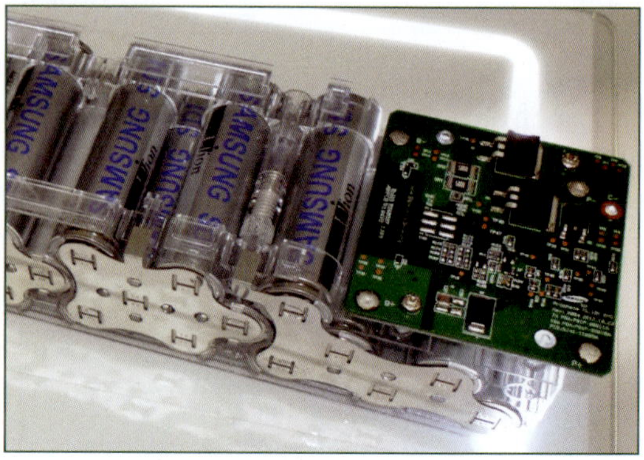

Bild 3: Akkupack mit BMS

Aus diesem Grund ist davon abzuraten, leere Batterien lange zu lagern. Es empfiehlt sich, bei einer Winterlagerung die Ladezustände alle vier Wochen zu kontrollieren und den Akku evtl. nachladen.

4.9.6 Umgang mit Lithium-Ionen-Akkus

- Nachladung des Akkus bei Nichtverwendung alle drei Monate.
- Vor einer Winterpause Akku halbvoll laden und monatlich kontrollieren.
- Beste Lagerbedingungen: kühl und trocken zwischen 5 °C und 25° C.
- Temperaturen über 45° C und unter – 20° C vermeiden.
- Den Akku unbedingt von Feuchtigkeit fernhalten.
- Schutz vor mechanischen Beschädigungen und Fallenlassen. Ist äußerlich ein Sturzschaden sichtbar, Akku in einer Fachwerkstatt überprüfen lassen.
- Nach starker Beanspruchung Akku nicht sofort nachladen.
- Akku nur mit einem vom Hersteller benannten Ladegerät aufladen.
- Das Ladegerät zuerst an den Akku und danach an die Steckdose anschließen. Bei Beendigung der Aufladung erst den Stecker ziehen und dann den Akku vom Ladegerät trennen.

[1] Degradation: Langsame Verringerrung der Akku-Kapazität

- Wird das Pedelec außen am Auto transportiert, den Akku innerhalb des Autos mitnehmen.
- Nach § 9 BattG ist der Vertreiber von Fahrrädern mit Elektroantrieb verpflichtet, vom Endnutzer Altbatterien anzunehmen.

4.9.7 Montageorte des Akkus

Akku auf dem Gepäckträger

- Einfache Lösung beim Nachrüsten
- Schränkt die Gepäckträgernutzung ein
- Bei hohen Akkugewichten hecklastig durch hohen, weit nach hinten verschobenen Schwerpunkt
- Offene, bei Vorderradantrieb auch lange Verkabelung
- Allgemein gute Zugänglichkeit beim Ladevorgang
- Akku kann in der Regel abgenommen werden

Akku unter dem Gepäckträger

- Gute Zugänglichkeit beim Ein- und Ausbau und beim Aufladen (**Bild 1**)
- Optisch unauffällig
- Weitere Nutzung des Gepäckträgers
- Bei hohen Akkugewichten hecklastig durch hohen, weit nach hinten verschobenen Schwerpunkt
- Offene und bei Vorderradantrieb auch lange Verkabelung
- Akkus lassen sich an einer Gepäckträgerseite in einer Tasche unterbringen

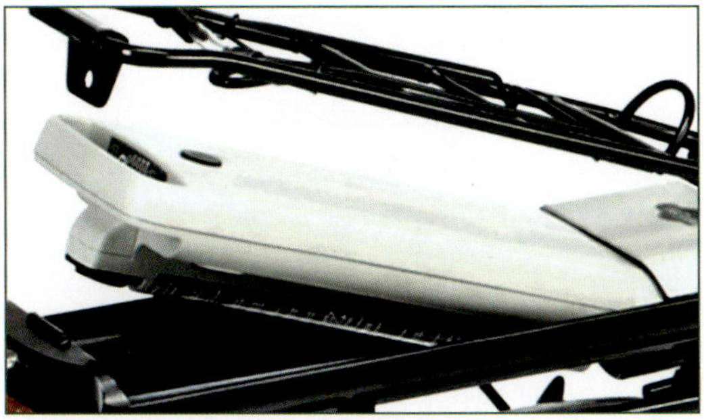

Bild 1: Zwischendeck-Akku ermöglicht normale Gepäckträgernutzung

Akku im Sattelrohrbereich

- Gut zugänglich, leicht zu wechseln
- Gute Gewichtsverteilung auf Vorder- und Hinterrad
- Bei Tretlagermotor und Akku hinter dem Sattelrohr kurze integrierte Verkabelung. Aber Sonderrahmen erforderlich und eingeschränkte Akku-Auswahl

Akku an der Sattelstütze

- An Halter befestigt oder in einer Tasche untergebracht
- Ideal für Nachrüstungen, unauffällig, gut zugänglich
- Lange, auffällige Verkabelung

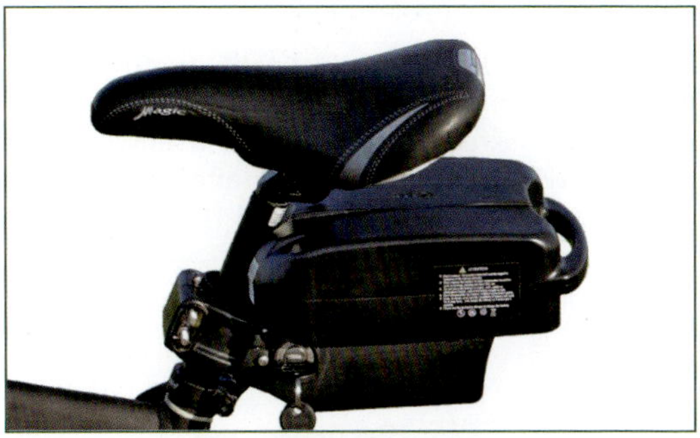

Bild 2: Akku mit Controller an der Sattelstütze

Akku an Flaschenhalterösen

- Passt in die gewohnte Fahrradoptik (**Bild 1, Seite 113**)
- Ideale Schwerpunktlage
- Gut zugänglich, leicht zu wechseln
- Ideal für Nachrüstungen oder für Zusatzakkus
- Teilweise eingeschränkte Akku-Kapazität

Akku im oder vor dem Rahmenrohr

- Optisch unauffällig durch integrierte Verkabelung
- Gute Gewichtsverteilung
- Spezieller Rahmen nötig
- Bis auf einige Klappversionen schwieriger Akkuwechsel
- Pedelec muss zum Laden an die Steckdose geführt werden. Es sollte daher eine gut zugängliche Außenladebuchse besitzen.

5 Rahmen, Lenkung, Federung

Der Fahrradrahmen nimmt Kräfte auf, die durch das Fahrergewicht, den Tretvorgang und durch Fahrbahnstöße auf das Fahrrad einwirken. Weiterhin dient der Rahmen zur Halterung der Komponenten. Der Rahmen bestimmt durch seine geometrische Auslegung das Fahrverhalten des Fahrrades.

5.1 Kräfte und Momente am Fahrradrahmen

Man unterscheidet statische und dynamische Kräfte. Im Ruhezustand wirkende Kräfte sind statische Kräfte, im Bewegungszustand wechselnde Kräfte bezeichnet man als dynamische Kräfte. Periodisch einwirkende dynamische Kräfte erzeugen im Bauteil Schwingungen.

Die **statische Belastung** entsteht durch die Gewichtskraft von Fahrer, Fahrrad und Gepäck. Dieser Gewichtskraft, die im Massenschwerpunkt angreift, wirken die Aufstandskräfte an den Radaufstandspunkten entgegen **(Bild 1)**.

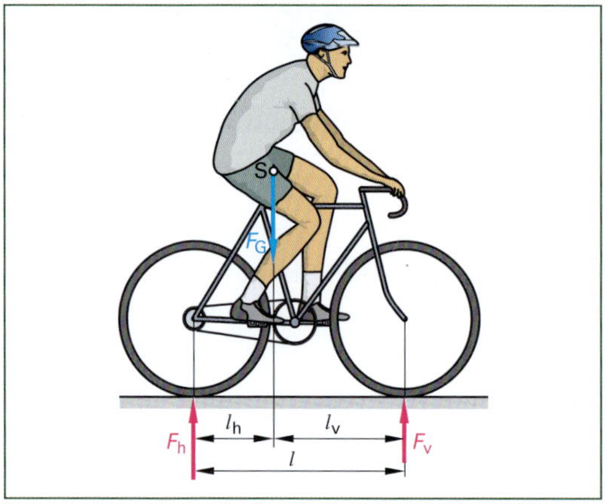

Bild 1: Verteilung der Gewichtskraft auf Vorder- und Hinterrad

In den meisten Fällen muss das Hinterrad eine höhere Belastung aufnehmen als das Vorderrad – je nach Sitzposition des Fahrers und der Gepäckverteilung:

$$F_v = \frac{F_G \cdot l_h}{l} \text{ für die vordere Radlast und}$$

$$F_h = \frac{F_G \cdot l_v}{l} \text{ für die hintere Radlast}$$

Die **dynamische Belastung** im Fahrbetrieb entsteht durch Stoßkräfte, Antriebskräfte und Bremskräfte. Dabei stellen die Stoßkräfte die größte dynamische Belastung dar **(Bild 2)**. Sie werden durch Fahrbahnunebenheiten oder Hindernisse ausgelöst und dann über die Laufräder und die Ausfallenden in den Rahmen eingeleitet.

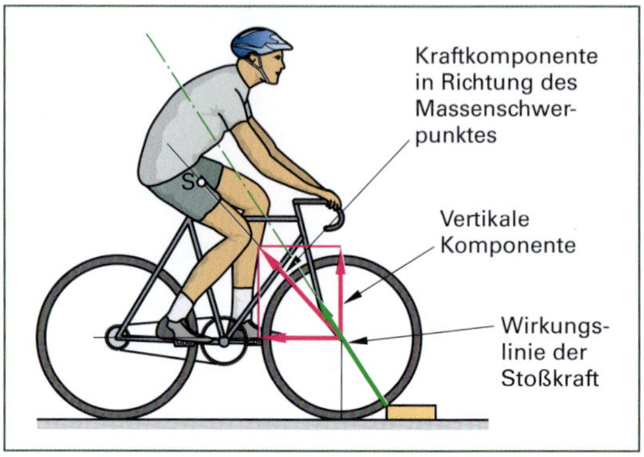

Bild 2: Stoßkraft über das Vorderrad auf den Rahmen

Auch die Tretkräfte beim Pedalieren und die Bremskräfte belasten den Fahrradrahmen dynamisch durch wechselnd hohe Kräfte. Entscheidend für die Belastung ist außer deren Größe auch die Kraftrichtung.

5.1.1 Vertikalkräfte

Auf den Fahrradrahmen wirken vor allem vertikale Kräfte. Seitliche und horizontale Kräfte sind vergleichsweise gering. Vertikalkräfte sind:

- Systemgewicht aus Rad, Fahrer und Gepäck
- Radlastverlagerungen aus Antriebs- oder Bremskräften
- Vertikale Komponenten von Fahrbahnstößen

Im Diamantrahmen **(Bild 3)** wirken die vertikalen Kräfte als Druck- und Zugkräfte auf die Rahmenrohre.

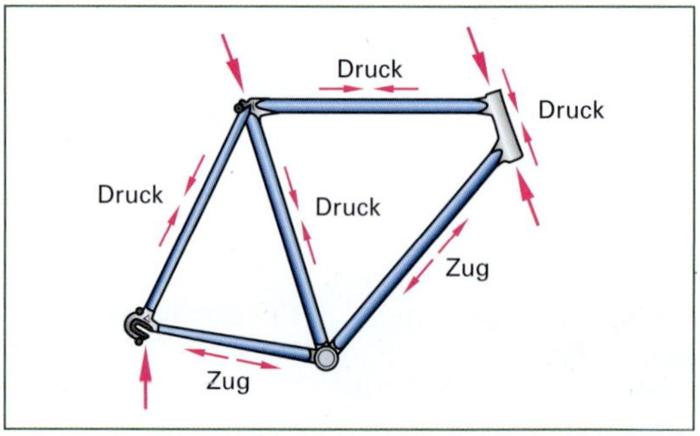

Bild 3: Kräfte im Diamantrahmen

Dabei können beim Rennrad Vertikalkräfte bis 7500 N und beim ungefederten Mountainbike bis 9000 N über das Hinterrad in den Rahmenhinterbau eingeleitet werden. Auf die weniger belastete Gabel entfallen dabei beim Rennrad bis 3000 N und beim Mountainbike bis 3500 N.

info

Kraft: Kräfte können einen Körper beschleunigen, verzögern oder die Form des Körpers verändern. Die Einheit der Kraft ist Newton [N]. 1 N beschleunigt einen Körper der Masse 1 kg mit 1 m/s^2.

Die angeführten Werte sind Maximalwerte. Sie resultieren aus Messwerten, die man an statisch nachgestellten Belastungen und Versuchen mit Radsportlern ermittelt hat und die zu Achsverbiegungen oder Rahmenschäden geführt haben.

Hohe Belastungen treten beim Radfahren auf, wenn man in ein tiefes Schlagloch fährt oder ein höheres Hindernis überrollt. Die Häufigkeit hoher Stoßbelastungen ist gering und erreicht in einem Fahrradleben selbst bei einem Mountainbiker selten mehr als 1000 Wiederholungen.

info

Stoß: Ein Körper erfährt einen Stoß (Wucht, Kraftstoß, Impuls), wenn auf ihn eine Kraft über eine ganz bestimmte Zeit einwirkt. Die Einheit des Impulses ist Newtonsekunde [Ns].

5.1.2 Horizontalkräfte

Auch die horizontalen Kräfte werden von den Ausfallenden ausgehend in den Rahmen übertragen. Diese entstehen durch Fahrbahnstöße, Antriebs- und Bremskräfte sowie bei Auffahrunfällen, die in der Regel zu plastischen Verformungen von Laufrad, Gabel und Rahmen führen.

Antriebskräfte

Die Pedalkräfte erzeugen während der Tretbewegung am Kettenblatt ein ständig schwankendes Drehmoment, das über die Kette das Hinterrad antreibt. Über die Haftung des Reifens auf der Fahrbahn entsteht die Antriebskraft, die gegen die Fahrtrichtung gerichtet ist. Deren Gegenkraft – in **Bild 1** in die Hinterradachse verlegt – wird in den Rahmen eingeleitet und sorgt für die Vorwärtsfahrt.

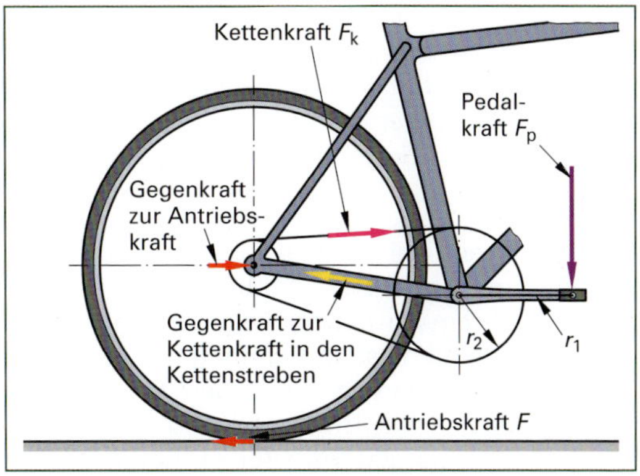

Bild 1: Von der Pedalkraft zur Antriebskraft

Beispiel:

Die bis zu 2500 N großen Pedalkräfte beim Wiegetritt führen zu doppelter Kettenkraft, wenn die Kette auf einem 42er-Kettenblatt aufliegt, da dessen Radius etwa die halbe Kurbellänge aufweist[1]. In diesem Fall tritt ein Kettenzug von 5000 N auf. Schaltet man auf ein Ritzel mit mehr als 24 Zähnen, rutscht das Hinterrad bei dieser Antriebskraft durch.

Liegt die Kette auf einem Kettenblatt mit 24 Zähnen, steigt die Kettenkraft auf über 8500 N an; das Hinterrad würde aber bereits beim Aufliegen eines 14er-Ritzels durchrutschen.

Neben der Kettenkraft wirkt noch die Antriebskraft auf den Rahmen. Während die Antriebskraft die Kettenstreben zu gleichen Teilen auf Druck belastet[2], wirkt die Kettenkraft als Zugkraft insbesondere auf die rechte Kettenstrebe **(Bild 2)**. Je kleiner der Abstand l_2 des Ritzels vom rechten Ausfallende ist, desto größer ist der Zugkraftanteil in der rechten Kettenstrebe.

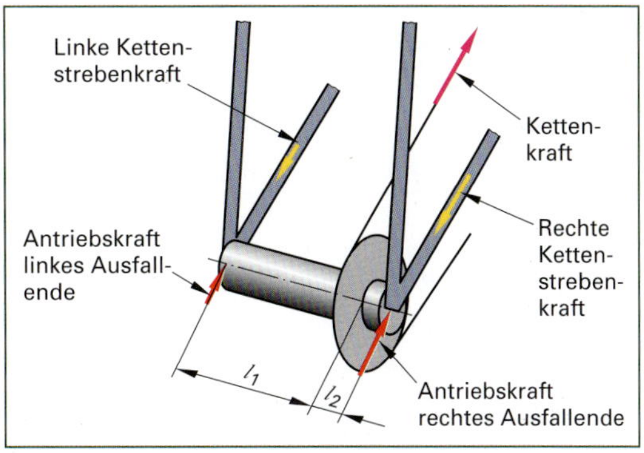

Bild 2: Gegenkräfte zur Kettenkraft: Kettenstrebenkräfte rechts und links

[1] Teilkreisdurchmesser d_0 = 170 mm

[2] Gilt nur für symmetrisch aufgebaute Hinterräder

Wenn die Kette einen Schräglaufwinkel zwischen Kettenblatt und Ritzel aufweist, kommt noch eine geringe Seitenkraft auf die Ausfallenden hinzu. Da die Kettenstreben seitlich ausgestellt sind, entsteht zusätzlich eine geringfügige Biegebelastung.

Bremskraft

Die Bremskraft bei einer seitlich angeordneten Nabenbremse (die Scheibenbremse gehört zu den Nabenbremsen!) bringt keine Seitenkräfte in den Rahmen, da diese in Richtung der Radflucht wirken. Sie bringen im Hinterbau ein Drehmoment auf das linke Unterrohr und Oberstrebe (Sattelstrebe) bis 300 Nm. Bei größeren Bremsmomenten rutscht das Hinterrad durch.

Beim Vorderrad wirkt das Bremsmoment einer Scheibenbremse nur auf ein Gabelbein und führt durch die elastische Verformung zu einem leichten Lenkeinschlag, den der Fahrer aber unbewusst korrigiert (siehe Seite 196).

Stoßkräfte

Die höchste horizontale Belastung tritt beim Fahren gegen ein Hindernis auf **(Bild 1)**.

Wie im Automobilbereich ist es für den Fahrer günstig, wenn durch plastische Verformungen der Aufprallwucht Energie entzogen wird. Eine Aufnahme der Horizontalkomponenten von Stoßkräften durch Unebenheiten der Fahrbahn muss der Rahmen ohne Verformungen standhalten.

Bild 1: Stoßkraft durch ein horizontales Hindernis

info

Plastizität: Ein Körper wird plastisch verformt, wenn er nach der Belastung seine neue Form beibehält.

info

Energie: Energie ist gespeicherte Arbeit. Einheiten der Energie sind Joule [J], Newtonmeter [Nm] oder Wattsekunde [Ws]. Eine Energieart ist die Verformungsenergie.

Horizontalkräfte von 2000 N auf das Hinterrad und maximal 1100 N auf die Gabel sind möglich. Dabei werden beim Hinterbau die Kettenstreben (Hintergabelstreben)[1] vorwiegend auf Zug beansprucht, die aber diesen Kräften ohne Probleme standhalten.

Die Gabel wird bei horizontaler Belastung wie ein einseitig eingespannter Träger auf Biegung beansprucht. Die hierbei auftretenden Biegemomente reichen am unteren Lenkkopflager (Steuerlager) bis 750 Nm **(Bild 2)**.

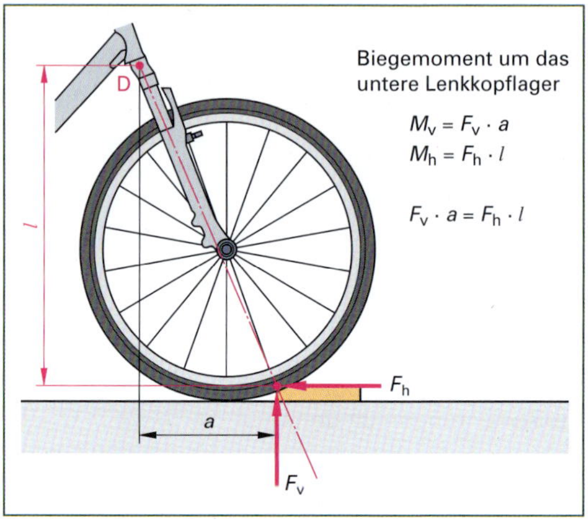

Bild 2: Biegemoment auf die Gabeleinspannung

5.1.3 Seitenkräfte

Seitenkräfte können einen Fahrradrahmen nicht nur verbiegen, sondern auch verwinden (tordieren).

info

Die Torsion beschreibt die Verdrehung eines Bauteils unter der Wirkung eines Torsionsmoments. Versucht man einen Stab mit einem Hebel zu verdrehen, so wirkt auf den Stab ein Torsionsmoment $T = F \times l$ **(Bild 3)**.

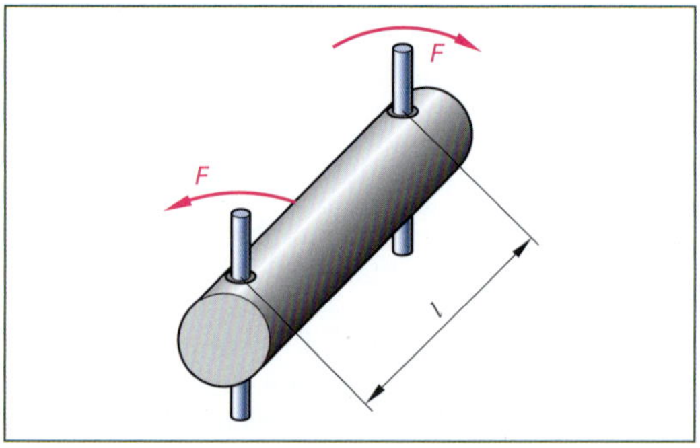

Bild 3: Veranschaulichung der Torsion

[1] Neue Bezeichnung nach DIN 15532: Hinterbau-Unterrohr

Seitenkräfte treten auf, wenn man im Wiegetritt fährt **(Bild 1)**.

Dabei überträgt der Fahrer stehend seine Antriebskraft auf das Pedal und setzt am Lenker ziehend seine Rückenmuskulatur ein. Sportliche Radler erreichen auf diese Weise Pedalkräfte bis 1500 N, Weltklassesprinter bis 2500 N.

Das Fahrrad wird dabei bis zu 20 Grad schräg geneigt, sodass über das Tretlager Seitenkräfte bis 450 N in den Rahmen eingeleitet werden.

Bild 1: Pedal- und Seitenkräfte beim Wiegetritt

Wenn ein Fahrrad außer Kontrolle gerät und schlingert, treten Seitenkräfte in gleicher Größenordnung auf.

Ein Fahrrad muss eine gewisse Seitensteifigkeit aufweisen, um

- die Spurstabilität zu gewährleisten,
- das Rahmenflattern bergab bei höheren Geschwindigkeiten zu vermeiden und
- ein schlingerfreies stabiles Fahrverhalten mit Gepäck zu ermöglichen.

Die Spursteifigkeit (auch Torsionssteifigkeit genannt) ist ein verbreitetes Maß für die Spurstabilität des Fahrrads. Bei fest eingespannter Hinterradachse und mittiger Auflage des Steuerkopfrohres wird die seitliche Auslenkung der Steuerkopfachse im Bereich des vorderen Radaufstandspunktes unter einer definierten Querkraft gemessen.

Der Quotient aus Querkraft und Verschiebung wird als Spursteifigkeit bezeichnet.

5.1.4 Biegemomente

Auf die Gabel wirkt beim Überrollen von höheren Hindernissen außer dem Biegemoment aus der Teilgewichtskraft und der Horizontalkomponente noch das Bremsmoment.

Geht man von Bremskräften am Vorderrad aus, bei denen das Hinterrad kurz vor dem Abheben ist, so wirken Bremsmomente am Steuerkopfrohr bis zu einem Betrag von 543 Nm (**siehe Seite 526**).

Diese Momente können sich verdoppeln, wenn ein Mountainbiker beim Aufsetzen nach einem Sprung die Bremse betätigt oder wenn Resonanzen beim Bremsen auf welligem Untergrund auftreten.

Auf den Rahmen wirken Biegemomente, die durch elastische Ausweichbewegungen kompensiert werden und den Fahrkomfort verbessern. Die schräg nach hinten verlaufende Sattelstütze erfährt am Sattelknoten Biegemomente in einer Größenordnung von maximal 1000 Nm. Ober- und Sitzrohr sowie die beiden Sattelstreben nehmen dieses Moment gemeinsam auf und biegen sich elastisch im Bereich von einigen Millimetern **(Bild 2)**.

info

Biegemoment: Ein eingespannter Körper wird auf Biegung beansprucht, wenn eine Kraft in einem bestimmten Abstand von der Einspannung wirkt. Das Biegemoment hat die Einheit [Nm].

info

Elastizität: Ein Körper ist elastisch, wenn er nach einer Verformung seine Ausgangsform wieder einnimmt.

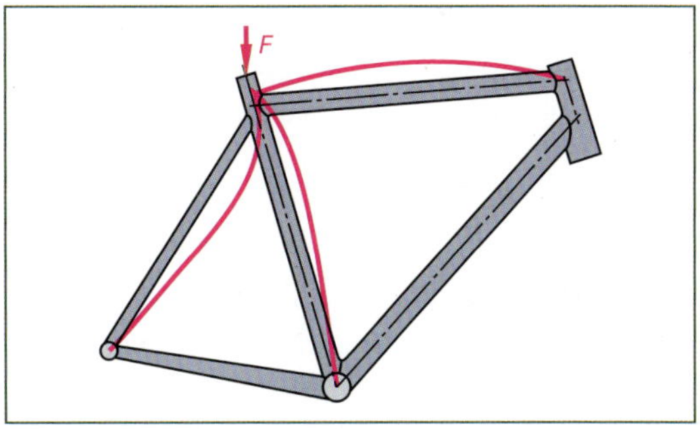

Bild 2: Biegelinien durch ein Biegemoment auf den Sattelknoten

Der Rahmenvorderbau bildet ein ungleichmäßiges Viereck. Treten Vertikalkräfte auf **(Bild 1, Seite 148)**, bewirken leichte Winkelverschiebungen elastische Biegungen der Rohre in der Nähe der Rohrknoten.

Diese Verformungen wirken sich um so mehr aus, je weiter Ober- und Unterrohr am Steuerkopfrohr auseinander stehen und um so geringer deren Biegesteifigkeit ist.

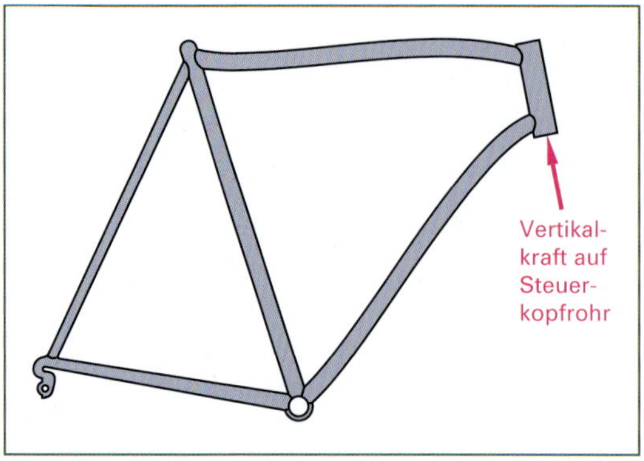

Bild 1: Biegungen beim Vorderbau-Viereck

Info

Biegesteifigkeit, Steifigkeit: Ein Körper ist (biege)steif, wenn er sich unter Belastung nur wenig durchbiegt. Die Biegesteifigkeit ist das Produkt aus dem E-Modul und dem Flächenmoment. Die Einheit der Steifigkeit ist [Nmm^2]. Nach einer anderen Definition ist die Einheit der Steifigkeit [Nm/Grad].

STW-Wert: Stiffness to Weight. Verhältnis von Rahmensteifigkeit zu Rahmengewicht. Je höher der Wert, desto steifer der Rahmen in Bezug auf sein Gewicht.

E-Modul: Der Elastizitätsmodul (E-Modul) ist die Spannung, die in einem Zugstab herrschen würde, wenn sich seine Länge unter dem Einfluss einer Zugkraft verdoppeln würde. Die Einheit des E-Moduls ist [N/mm^2].

Flächenmoment: Das Flächenmoment ist der Widerstand, den der Querschnitt eines Trägers (Rahmen, Gabel...) dem Biegemoment entgegenbringt. Die Einheit des Flächenmomentes ist [mm^4].

Auch bei normaler Belastung gibt ein Bauteil ein wenig nach, federt jedoch danach sofort wieder zurück. Ein Bauteil, das unter einer definierten Belastung vergleichsweise wenig nachgibt, hat einen hohen Steifigkeitswert. Steifigkeitsmessungen zeigen auf, wie sehr sich ein Bauteil unter Belastung elastisch verformt. Je nach Bauteil und Belastung können hohe oder niedrige Steifigkeitswerte („Komfort“) erwünscht sein.

Bei allen vom Diamant-Rahmen abweichenden „offenen Rahmen“ wirken sich die Biegemomente stärker aus. Die Rahmenrohre unterliegen in diesen Fällen in Knotennähe ihrer höchsten Belastung.

Um offene Rahmen betriebssicher zu gestalten, werden freistehende Rohre mit steifen Knotenanbindungen versehen.

5.2 Rahmentest

Rahmenschäden sind auch möglich, wenn die Belastungen weitaus niedriger, aber beständig auftreten.

Der **dynamische Rollentest** des fertig montierten Fahrrades nach EN ISO 4210-3 beruht auf Erfahrungswerten von Alltagsbelastungen **(Bild 2)**.

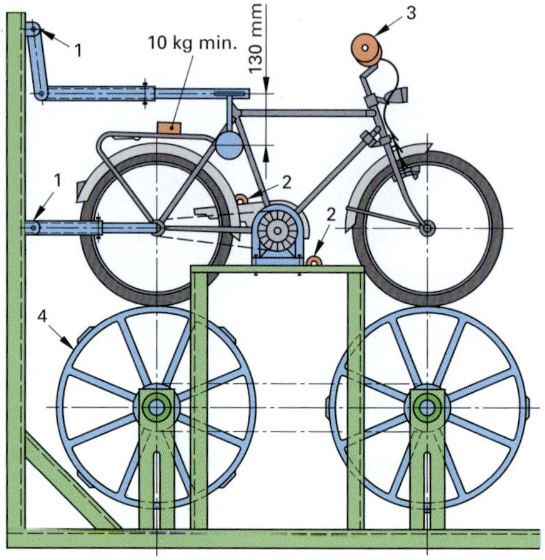

1 Höheneinstellung
2 Gewicht: 18 kg
3 Gewicht: 6,75 kg
4 Trommel-ø: 760
5 Gewicht: 18 kg

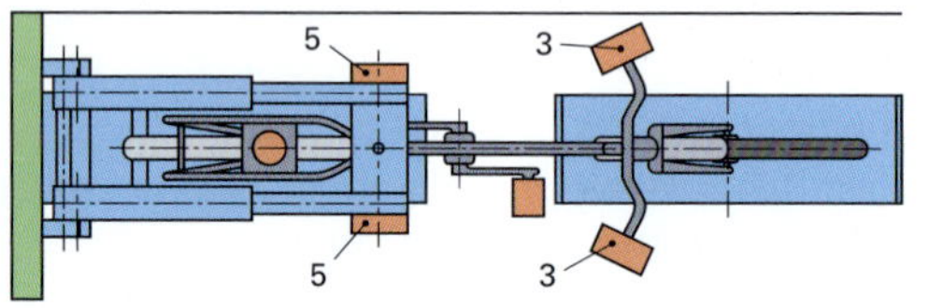

Bild 2: Rollentest nach EN ISO 4210-3

Das Fahrrad wird in einer Halterung auf einer sich drehenden Prüftrommel an drei Stellen fixiert. Auf der Trommel sind unterschiedlich dicke Leisten angebracht. Das Fahrrad wird mit vorgegebenen Gewichten belastet, die auf Sattel, Lenker, Pedale und bei Alltagsrädern auf dem Gepäckträger befestigt werden.

Dieser Test ist realitätsnah, weil sich die Elastizitäten von Reifen, Laufrädern und Rahmen auch in der Fahrpraxis stoßmildernd auswirken. Bei anderen Prüfständen werden die Belastungen mit hydraulischen Druckzylindern auf den nackten Rahmen aufgebracht – die stoßmildernden Elastizitäten bleiben unberücksichtigt.

Weitere auf Rahmen und Gabel bezogene Tests der DIN plus: Bei der Prüfung der **Wiegetrittbelastung** (Einheit N/N von Rahmen und Gabel) wird der Rahmen in beiden Ausfallenden fixiert und mit einer winkelförmigen, sich an der Hinterradachse abstützenden Kurbelnachbildung versehen **(Bild 1 und 2)**.

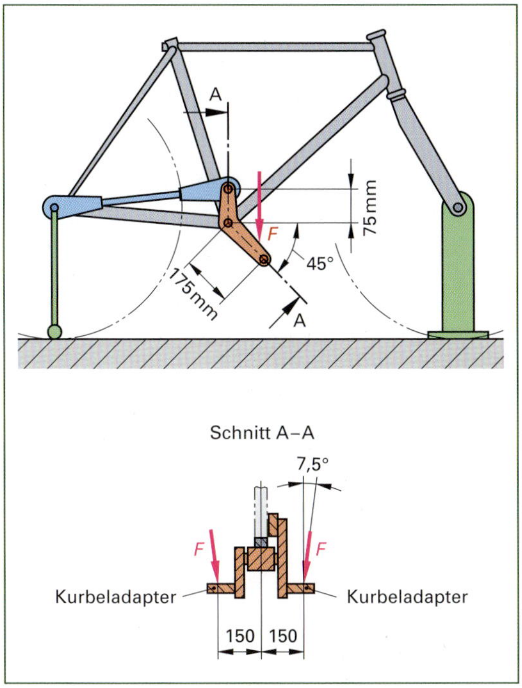

Bild 1: Prüfstand für Wiegetrittbelastung nach DIN plus

An die auf beiden Seiten der nach vorn stehenden und um 45 Grad geneigten „Kurbeln" wird unter 7,5 Grad wechselseitig im Abstand von je 150 mm die Trittkraft des Radlers mit 1000 N (City- und Trekkingbike) und 1250 N (MTB) bei mehr als 100 000 Lastspielen simuliert.

Die Sicherheit gegen **Stoßbelastungen** wird nach EN ISO 4210-6 geprüft. Dabei fällt auf die eingespannte Rahmen-Gabel-Einheit aus einer bestimmten Höhe ein Prüfgewicht auf eine zwischen die Ausfallenden der Gabel eingespannte Rolle.

Eine bleibende Verformung (*t* in **Bild 3**) von 30 mm darf nicht überschritten werden. Falls eine Ersatzprüfgabel eingebaut ist, gelten andere Grenzwerte (siehe EN ISO 4210-2).

Ist eine gefederte Gabel montiert, ist sie in ausgefederter Länge zu prüfen. Ist ein Federelement Bestandteil des Rahmens, ist dieses so zu blockieren, als würde ein 80 kg schwerer Fahrer (Jugendfahrräder 40 kg) das Fahrrad belasten.

Bild 2: Prüfstand Wiegetrittbelastung

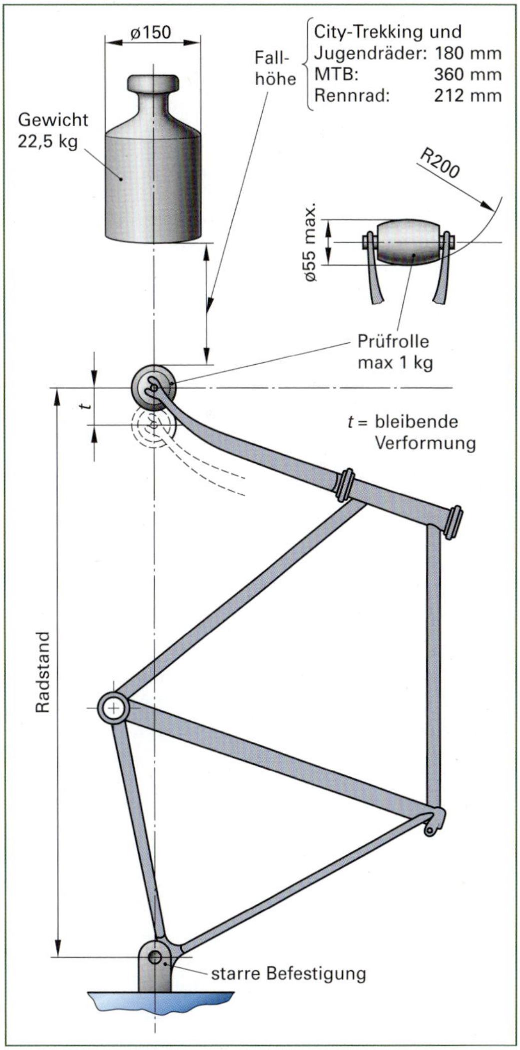

Bild 3: Stoßprüfung einer Rahmen-Gabeleinheit nach EN ISO 4210-6

5.3 Rahmenbauarten

Durch die Spezialisierung der Fahrräder auf bestimmte Nutzungsbereiche haben sich im Laufe der Jahre viele Fahrradtypen mit unterschiedlichen Rahmenformen entwickelt.

Diamantrahmen

Seit über hundert Jahren hat sich der klassische Diamantrahmen als bestmögliche Rahmenform erwiesen. Mit geringstem Materialaufwand lassen sich Rahmen mit optimaler Stabilität und guten Federeigenschaften fertigen **(Bild 1)**.

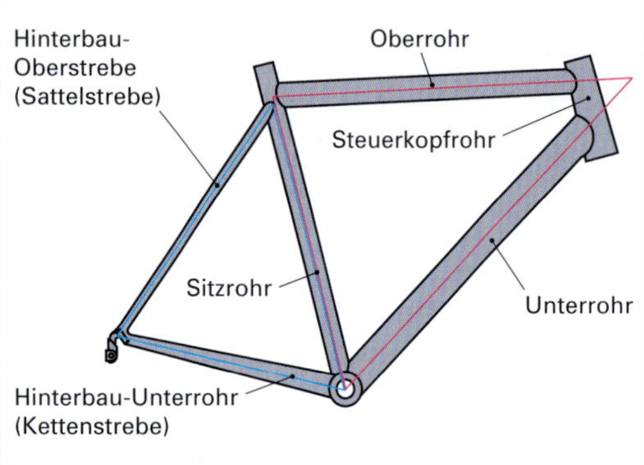

Bild 1: Diamantrahmen. Alte und neue Bezeichnungen nach DIN 15532

Seine Stabilität erhält der Rahmen, weil er annähernd aus zwei Dreiecken zusammengesetzt ist: dem Vorderbau aus Ober-, Unter-, Sitz- und Steuerkopfrohr und dem Hinterbau aus Oberstreben (Sattelstreben), Unterrohren (Kettenstreben) und wieder dem Sitzrohr.

Dreiecke sind biege- und verwindungssteif. Mit wachsender Rahmenhöhe wird jedoch das Steuerkopfrohr länger und der Vorderbau entfernt sich immer weiter von der idealen Dreiecksform. Dadurch verbessert sich zwar der Fahrkomfort, aber es verringert sich die Seitensteifigkeit, da gleichzeitig auch die Rahmenrohre länger werden[1].

Deshalb müssen große Rahmen zusätzlich versteift werden. Das kann durch zusätzliche diagonale Verstärkungsrohre erfolgen oder durch Rahmenrohre mit größerem Durchmesser.

Statische Belastung. Die Gewichtskraft F_G des Fahrers stützt sich bei aufrechter Sitzposition auf die beiden Gegenkräfte F_h an der Hinterradachse und F_v **(Bild 2 und Bild 1, Seite 144)** am unteren Steuerlager (= Stützkraft an der Vorderradachse).

[1] Die Rohrlänge geht in der dritten Potenz in die Seitensteifigkeit ein.

Die beiden Sattelstreben AB und das Sitzrohr AC werden auf Druck beansprucht. Je steiler das Sitzrohr, desto größer ist der Druckkraftanteil, der von F_G abgeleitet wird. Die Teilkräfte in den Sattelstreben und im Sitzrohr können bei größeren Fahrbahnschlägen Beträge annehmen, die weit über dem Fahrergewicht liegen.

Die Kettenstreben werden auf Zug belastet. Gedankenprobe: Man könnte die Kettenstreben durch Seile ersetzen; sie verlängern sich bei einer Krafteinwirkung – wenn auch kaum messbar. Die Sattelstreben und das Sitzrohr lassen sich dagegen nicht durch Seile ersetzen – es sind „Druckstäbe" **(siehe auch Bild 3, Seite 144)**.

Das abgestumpfte Dreieck des Vorderrahmens soll zunächst ohne das Steuerkopfrohr DE die Kräfte aufnehmen. Der Kraftanteil des Sitzrohres „wandert" am Tretlager (Punkt C) nach oben in Richtung D, dem Steuerlager. Das Hinterbau-Unterrohr CB wird auf Zug belastet (Gedankenprobe!).

Vom Punkt D aus fließt die Kraft in Richtung A; das Oberrohr wird auf Druck belastet.

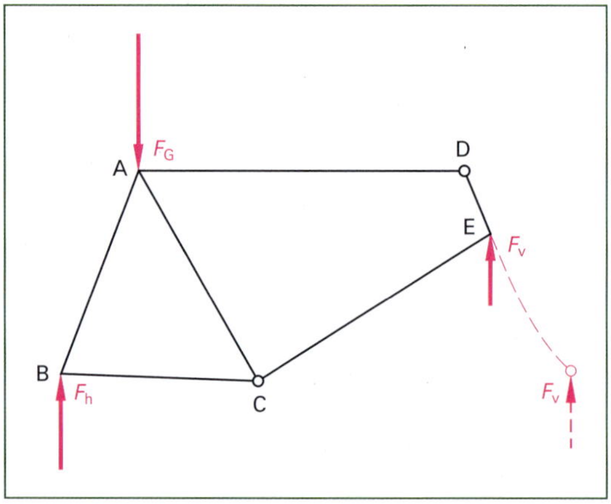

Bild 2: Statische Belastung des Diamantrahmens

Bei einem realen Vorderrahmen mit dem druckbelasteten Steuerkopfrohr DE ändert sich im Kraftverlauf grundsätzlich nichts, nur die Stabilität des „Vierpunktrahmens" ist etwas geringer als die des statisch stabilen „Dreieckrahmens".

Rahmen zur sportlichen Nutzung haben ein zum Sitzrohr hin abfallendes Oberrohr. Der Rahmen wird geringfügig seitensteifer und die Schrittfreiheit des Fahrers vergrößert sich.

Ein weiterer Grund für abfallende Oberrohre sind die oft eingebauten Federsattelstützen, die mehr Platz zwischen Sattel und Rahmen benötigen.

Trapezrahmen

Der Trapezrahmen **(Bild 1)** ist ein abgewandelter Diamantrahmen, bei dem das Oberrohr abgesenkt ist. Es erleichtert Frauen den Durchstieg und das Fahren in Rock oder Kleid.

Üblich ist ein gerades, in Richtung auf die Nabe des Hinterrades verlaufendes Oberrohr, das vom Steuerkopfrohr zur etwa halben Höhe des Sitzrohres geführt ist.

Trapezrahmen findet man aufgrund der hohen Verwindungssteifigkeit häufig auch an Trekkingrädern.

Bild 1: Trapezrahmen

Mixte-Rahmen

Der Mixte-Rahmen **(Bild 2)** hat zwei mehr oder weniger gerade dünne Oberrohre, die seitlich am Sitzrohr vorbeigeführt werden und in Nabennähe am Hinterbau enden.

Bild 2: Mixte-Rahmen

Schwanenhals-Rahmen

Früher wurde bei Rahmen mit tiefem Durchstieg das gerade Oberrohr parallel zum geraden Unterrohr geführt. Sind das Ober- und Unterrohr s-förmig geschwungen, handelt es sich um einen Schwanenhals-Rahmen **(Bild 3)**.

Bild 3: Schwanenhals-Rahmen

Beim **Meral-Rahmen (Bild 4)** verläuft das Unterrohr gerade und das Oberrohr hat eine leicht geschwungene Form.

Bild 4: Klassischer Damenrahmen (Meral-Rahmen)

Wave-Rahmen

Heute hat ein Rahmen mit tiefem Durchstieg in der Regel kein Oberrohr mehr, sondern nur noch ein deutlich dicker dimensioniertes Unterrohr – das Haupt- oder Zentralrohr. Der hoch belastete Knotenpunkt am Tretlager ist meist noch durch ein kurzes Stützrohr an der Ober- oder Unterseite des Zentralrohres verstärkt.

Diese Rahmenform wird allgemein als Wave **(Bild 5)** (wave engl. Welle) bezeichnet und ist wesentlich steifer als die herkömmlichen Rahmen mit Schwanenhals- oder Meral-Bauform.

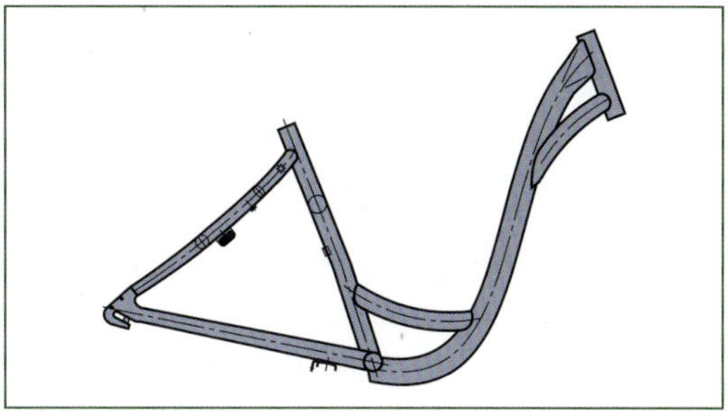

Bild 5: Wave-Rahmen

Tiefeinsteiger (Bild 1) sind Fahrräder mit einem besonders tief geschwungenen Zentralrohr. Dabei wird das Zentralrohr erst vom Tretlager aus gerade nach vorne und danach hoch geführt. Wave-Rahmen und Tiefeinsteiger (eine korrektere Bezeichnung ist Tiefdurchsteiger) findet man vor allem bei Cityrädern.

Bild 1: Tiefeinsteiger

Kreuzrahmen als Rohrrahmen

Ein Kreuzrahmen besteht im wesentlichen aus einer oder zwei Streben vom Steuerkopfrohr zum Hinterbau und dem sich kreuzenden Sitzrohr. Viele Abwandlungen davon **(Bild 2)** sind heute auf dem Markt – auch die Mixte-Rahmenform ist ein Kreuzrahmen.

Bild 2: Auswahl von Kreuzrahmen

Die Vorteile des Kreuzrahmens sind:

- Es lassen sich lange Rahmen aus dünnwandigen Rohren bauen.
- Viele kleine Dreiecke erhöhen die Stabilität.

Durch die hohe Seitensteifigkeit und den ruhigen Geradeauslauf sind Kreuzrahmen besonders für Reise- und Trekkingräder geeignet. Ein langer Diamantrahmen würde instabil. Räder mit tiefem Durchstieg und gekreuzten Rohren **(Bild 3)** sind aufgrund höherer Stabilität besonders für große und schwere Fahrer/Fahrerinnen geeignet.

Bild 3: Kreuzrahmen Utopia Kranich

Offene Rahmen

Zu den offenen Rahmenformen zählen der Kreuzrahmen, der Y-Rahmen und der Z-Rahmen **(Bild 2)**.

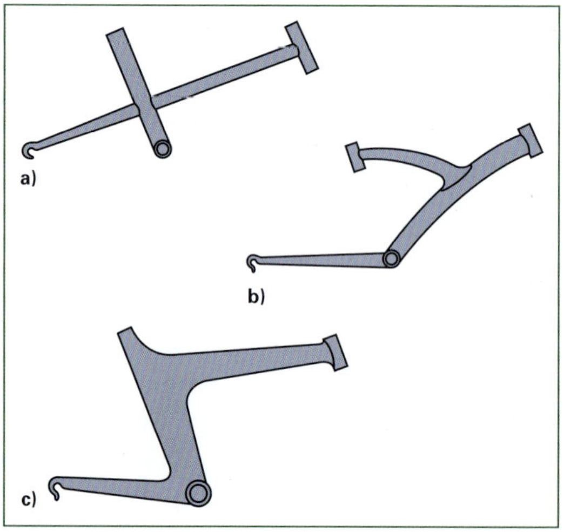

Bild 4: Offene Rahmen a) Kreuzrahmen b) Y-Rahmen c) Z-Rahmen

Allen gemeinsam ist, dass die Knotenpunkte hoch belastet sind. Deshalb eignen sich diese Rahmenformen besonders für Rahmen aus Carbon, weil man mit diesem Verbundwerkstoff Bauteile entsprechend ihrer Belastung konstruieren kann.

Offene Rahmen aus Blechpressschalen oder Alu-Guss findet man noch vereinzelt bei Mountainbikes, öfter bei Falt- und Liegerädern.

Im Rennradsport sind offene Rahmen vom Welt-Radsportverband (UCI) zur Zeit nicht zugelassen.

Gitterrohrrahmen

Gitterrohrrahmen bieten zwar hohe Steifigkeit, benötigen aber einen erheblichen Fertigungsaufwand. Da sich hohe Steifigkeitswerte mit entsprechend voluminösen Rohren erzielen lassen, ist diese Bauweise bislang einigen exotischen Fahrradmodellen wie dem Moulton **(Bild 1)** oder Pedersen-Rad **(Bild 2)** vorbehalten geblieben.

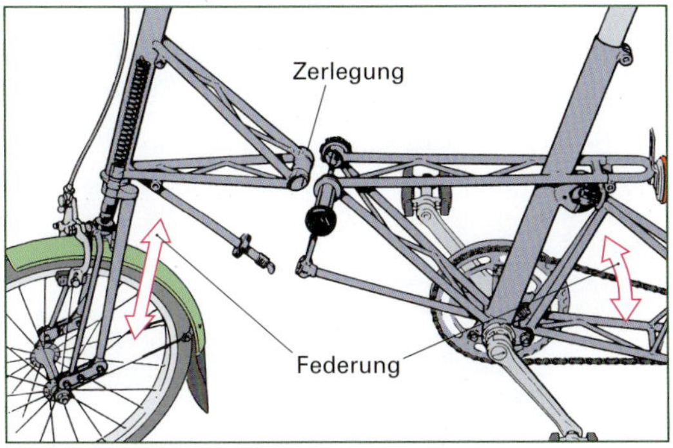

Bild 1: Moulton mit Zerlegemöglichkeit

Bild 2: Pedersen-Fahrrad

Full Suspension (Bild 3)

Einen MTB-Rahmen mit Federgabel und gefedertem Hinterbau bezeichnet man als *Full Suspension* oder *Fully*. Beim Hinterbau unterscheidet man je nach Konstruktionsprinzip sowie Anzahl und Platzierung der Gelenke **(siehe Seite 233)**:

- **Antriebsschwinge (a)**. Tretlager und Schwingenlager bilden eine Einheit. Das Tretlager ist in der Schwinge untergebracht.
- **Eingelenker (b)**. Tretlager und Schwingenlager sind getrennt am Hauptrahmen angeordnet.
- **Mehrgelenker (c)** oder abgestützter Eingelenker (offizielle Bezeichnung ist „Eingelenker mit mehrgelenkiger Abstützung"). Tretlager und Schwingenlager sind getrennt am Hauptrahmen angeordnet. Zusätzliche Abstützung der Schwinge erfolgt über das Federbein und einer Wippe mit zwei Gelenken am Hauptrahmen. Meist befindet sich noch ein Gelenk an der Sattelstrebe (Hinterbau-Oberstrebe).
- **Viergelenker (d)**. Tretlager und Schwingenlager sind wie beim Mehrgelenker angeordnet. Zusätzlich befindet sich ein viertes Gelenk (Horstlink) an der Kettenstrebe (Hinterbau-Unterrohr).

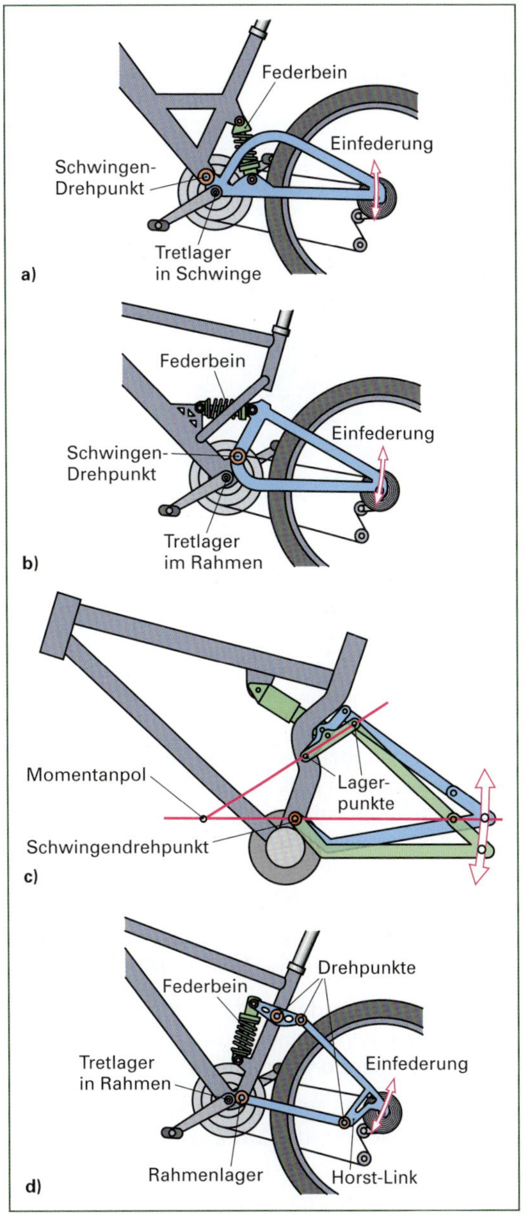

Bild 3: Gefederter Hinterbau a) Antriebsschwinge b) Eingelenker c) Mehrgelenker d) Viergelenker

5.4 Rohrherstellung

Rohre aus Metall werden entweder geschweißt, stranggepresst oder nahtlos gezogen. Carbonrohre werden „gewickelt“.

5.4.1 Stahlrohre

Preiswerte Stahlrohre werden aus Bandstahl oder Blechstreifen gebogen und an der Nahtstelle geschweißt **(Bild 1)**. Durch zuverlässige Schweißverfahren und nachfolgendem Kaltziehen wird eine so hohe Qualität erreicht, dass diese Rohre auch für höherwertige Rahmen verwendet werden können.

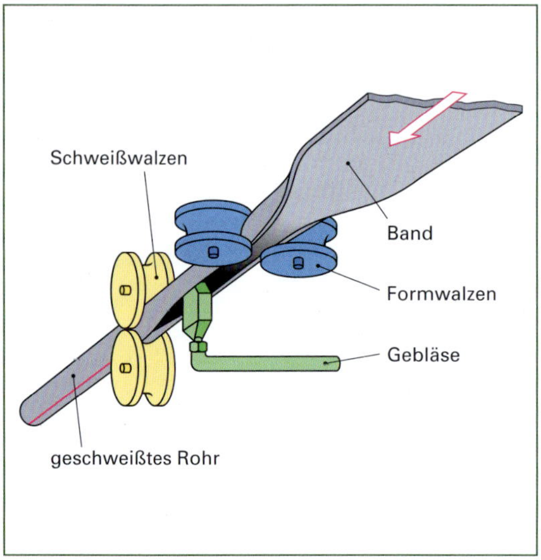

Bild 1: Rohr aus geschweißtem Blechstreifen

Im 19. Jahrhundert befanden sich die Schweißverfahren noch im Entwicklungsstadium und erst die Herstellung von nahtlos gezogenen Rohren schuf die Voraussetzung dafür, dass das Fahrrad gegen Ende des Jahrhunderts zum Massenkonsumgut werden konnte.

Die Gebrüder Mannesmann wendeten 1884 als Erste das „Schrägwalzverfahren“ **(Bild 2)** an.

Ein glühender runder Stahlblock wird zwischen zwei schräg angeordnete und sich in gleicher Richtung drehende Walzen gefahren.

Bei der für den Block gegenläufigen Drehrichtung wird dadurch die Mitte des Blockes weich gewalkt.

In diesen Bereich wird im ersten Schritt ein Lochdorn gedrückt, der aus dem Block ein dickwandiges Rohr formt.

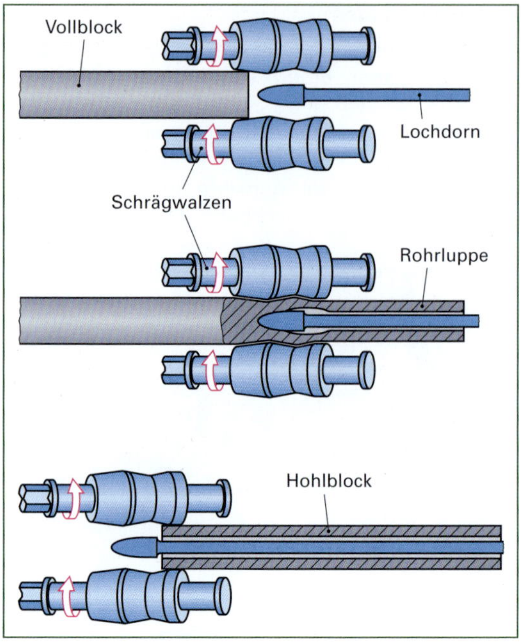

Bild 2: Rohrherstellung 1. Schritt „Schrägwalzen“

Im daran anschließenden „Pilgerschrittwalzen“ **(Bild 3)** wird das Rohr in seiner Wandstärke reduziert. Dabei erfassen nierenförmige Pilgerwalzen ein Stück des Rohres, drücken es auf einen Innendorn und walzen es dünn aus. Dann laufen die Walzen zurück, erfassen das nächste Stück Rohr und walzen es ebenfalls aus usw.

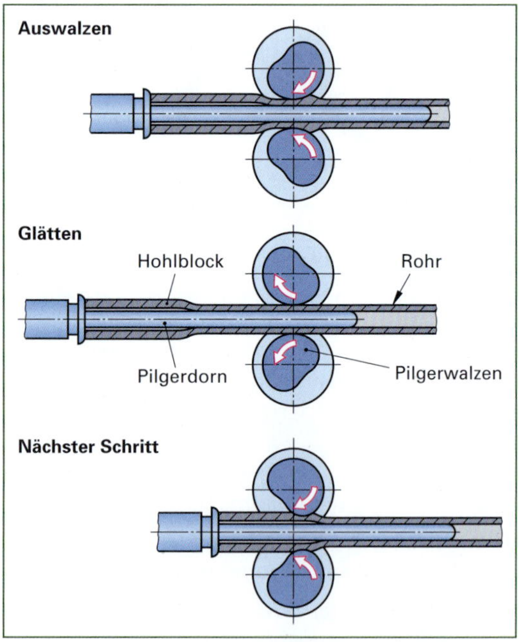

Bild 3: Rohrherstellung 2. Schritt „Pilgerwalzen“

Nachdem das Rohr auf diese Weise einen großen Teil seiner Wandstärke eingebüßt hat, wird es in mehreren Zügen länger und dünner gezogen. In einem dritten Schritt folgen noch einige „Kaltzüge" – das sind weitere Verjüngungen des Rohres, die im ungeglühten Zustand vorgenommen werden **(Bild 1)** und die mechanischen Werte des Rohres weiter verbessern. Im Anschluss daran wird das Rohr vergütet – also gehärtet und wieder angelassen.

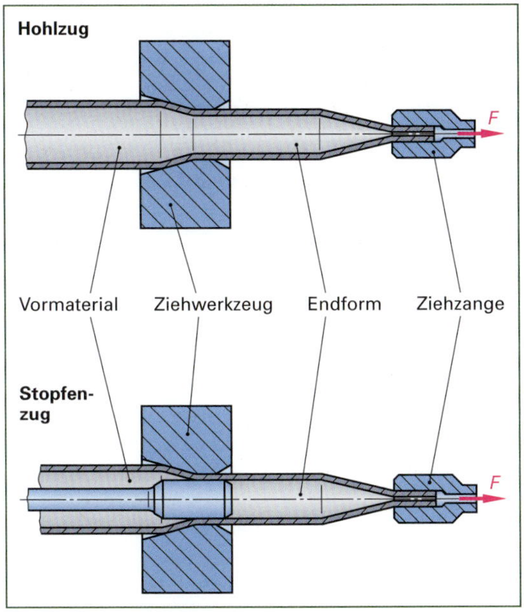

Bild 1: Rohrherstellung 3. Schritt „Kaltziehen"

5.4.2 Aluminiumrohre

Aluminiumrohre werden heute vorwiegend durch Strangpressen hergestellt. Dabei wird ein Aluminiumzylinder auf Lösungstemperatur gebracht und mit hohen Presskräften durch ein Formwerkzeug gedrückt, in dessen Mitte das erwünschte Rohrprofil herausgearbeitet ist **(Bild 2)**.

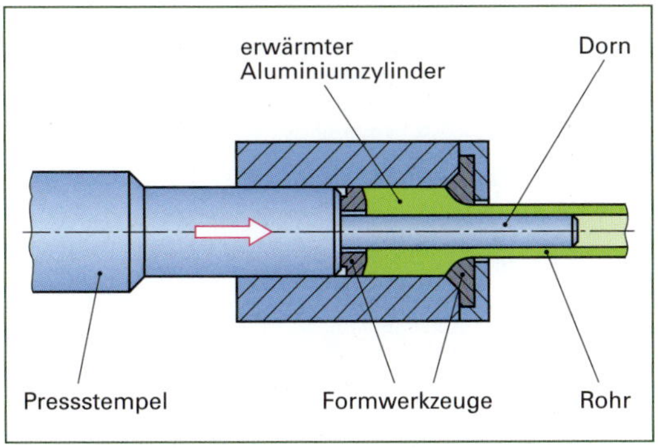

Bild 2: Strangpressen von Aluminium-Rohren

Wird das Rohr nach dem Durchtritt durch das Formwerkzeug mit flüssigem Stickstoff abgeschreckt, beginnt die zweite Stufe der Aushärtung (siehe Seite 51). Ohne Aushärtung lässt sich das Rohr durch Kaltwalzen und Ziehen in der Wandstärke weiter reduzieren und durch Kaltverfestigung seine mechanischen Eigenschaften nochmals verbessern.

Die bei modernen Aluminiumrahmen häufig anzutreffende Aufweitung am Rohrende wird mittels *Hydroforming* vorgenommen.

Die Rohlinge der späteren Rohrstücke werden in eine Form gelegt, die Rohrenden abgedichtet und das Rohrinnere mit bis zu 4500 bar Wasser- oder Öldruck beaufschlagt **(Bild 3)**.

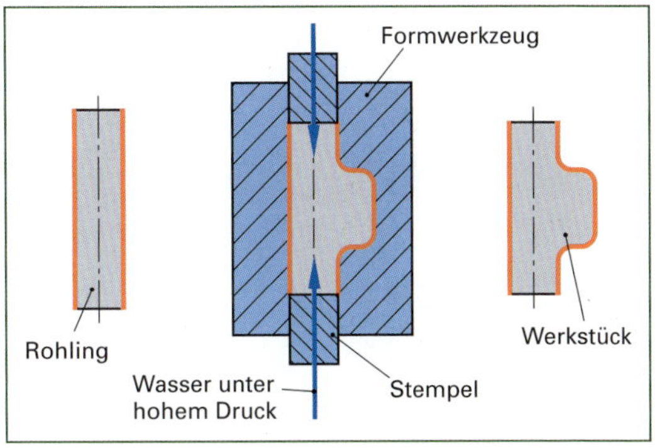

Bild 3: Formänderung durch Hydroforming

Dabei werden die Rohre schonend in ihre zukünftige Form „aufgeblasen". So ist die präzise Fertigung von doppelt oder dreifach konifizierten Rohren in Wandstärken bis hinunter auf 0,7 mm kombiniert mit komplexen Außenkonturen (**Bild 4**) möglich.

Bild 4: Formenvielfalt durch Hydroforming von Aluminiumrohren

5

5.4.3 Carbonrohre

Prepregs oder in Harz getränkte Kohlefasergelege oder -gewebe (Seite 60) werden von Hand um einen Kern oder Schlauch herumgewickelt und in einer Form ausgehärtet. Nach dem Aushärten des Harzes wird der Kern abgezogen oder der Schlauch entfernt. Man erhält ein homogenes, leichtes und belastbares Rohr.

Bei maschineller Fertigung wird ein Kohlefaserbündel nach dem Durchlaufen eines Harz-Bades um einen sich drehenden Kern gewickelt (**Bild 1**). Die Richtungen, in der der Roving um den Kern gewickelt wird, lassen sich dabei je nach den Belastungen für das spätere Rohr von 90° bis etwa 2° variieren. Auf ähnliche Weise lässt sich die Wandstärke verändern.

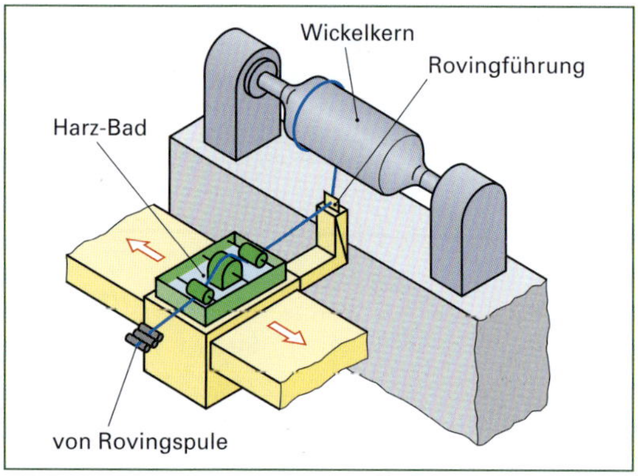

Bild 1: Wickeln von Carbonrohren

Info

Gewickelte Carbonrohre sind seit dem Jahr 2000 nicht mehr üblich.

5.4.4 Rohrverfeinerungen

Bei hochwertigen Rahmen folgen weitere Verfeinerungen der Metallrohre.

Dickend-Rohre, endverstärkte Rohre

Durch Löten und Schweißen verlieren die Endbereiche der Stahlrohre einen Teil ihrer Festigkeit. Daher werden die Endbereiche besonders leichter Rahmenrohre dicker und das weniger belastete Rohrmittelteil dünner ausgeführt. Diese Veredelung erfolgt als Kaltzug über einen Innendorn **(Bild 2)**.

Konifizierte Rohre

Um einerseits Gewicht zu sparen und andererseits einen optimalen Kraftfluss zu erreichen, werden Unter- und Sattelstreben sowie Gabelbeine mit unterschiedlichem Außendurchmesser versehen (konifiziert, **Bild 3**).

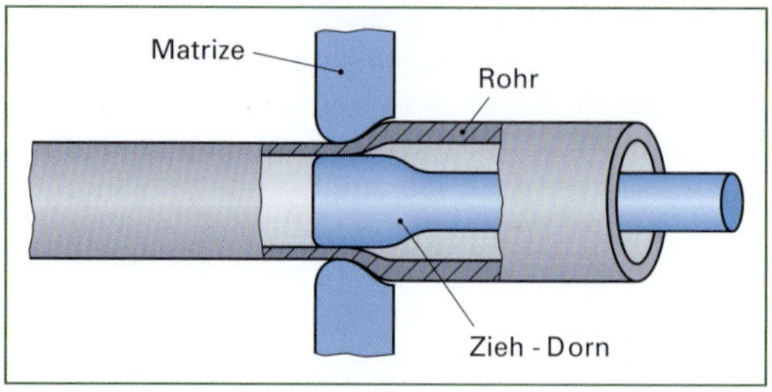

Bild 2: Ziehen von Dickend-Rohren

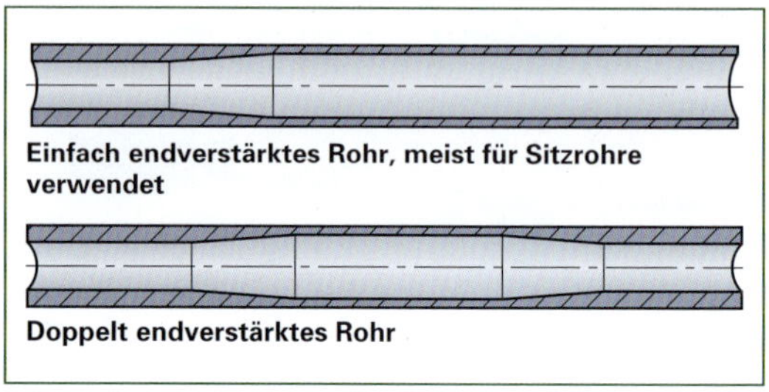

Bild 3: Endverstärkte Rohre

Im Bereich der Ausfallenden, wo die Kräfte eingeleitet werden, genügt ein kleinerer Rohrdurchmesser. Die größten Biegemomente wirken im Bereich von Tretlagergehäuse, Sattelrohrmuffe und Gabelkopf.

Hier muss der Rohrdurchmesser entsprechend größer dimensioniert sein.

Als Konifizier-Verfahren hat sich für preiswerte Rohre das „Rundhämmern" über einen Kern durchgesetzt, bei dem die Wandstärke zum dünnen Ende hin zunimmt.

Beim Kaltpilger-Verfahren für hochwertige Rohre **(Bild 4)** bleibt die Wandstärke auch zum dünneren Rohrende hin konstant.

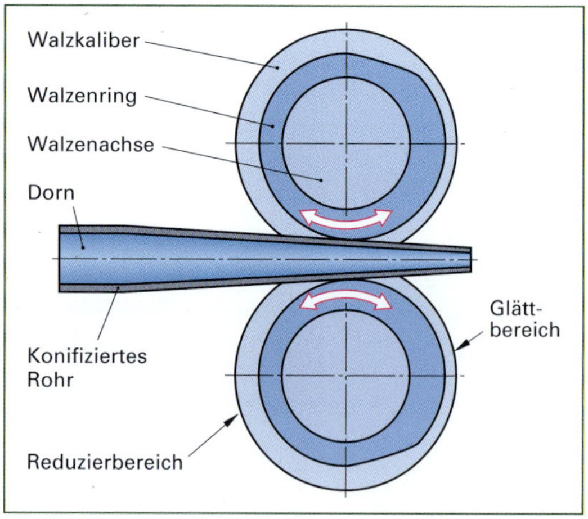

Bild 4: Kaltpilgern zur Herstellung konifizierter Rohre

5.4.5 Zuschneiden der Rohre

Das Zuschneiden der Rohre erfolgt durch Sägen **(Bild 1** und **2)**, Laserschmelzschneiden **(Bild 3)** oder Plasmaschneiden **(Bild 4)**. Mit modernen computergesteuerten Trennverfahren lassen sich die Rohre gleichzeitig auf Kontur zuschneiden.

Bild 1: Gehrungssäge

Bild 2: Rohre zugeschnitten

Die Rohre werden dabei an ihren Enden so präzise ausgearbeitet, dass sie sich passgenau im richtigen Winkel aneinander schmiegen.

In vielen Betriebe werden die Gehrungen durch Fräsen hergestellt oder von Hand mit Säge und Feile ausgearbeitet. Preiswerte Rahmen können bei Muffenbauweise ganz auf die Gehrung verzichten, da ihre Muffen dicker sind und den Rohrfreiraum sicher überbrücken.

Die Rohre lassen sich innerhalb der Muffe in ihrer Winkelstellung nur unwesentlich korrigieren. Für die unterschiedlichen Winkelstellungen der Rohre zueinander benötigt man daher eine breite Palette von Muffen und damit eine aufwändige Bevorratung.

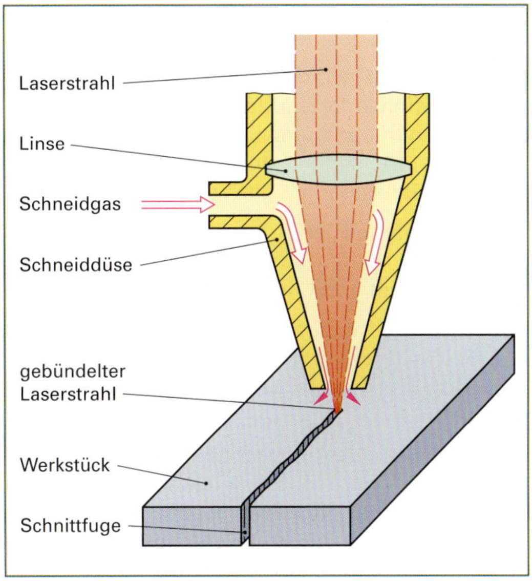

Bild 3: Laserschmelzschneiden

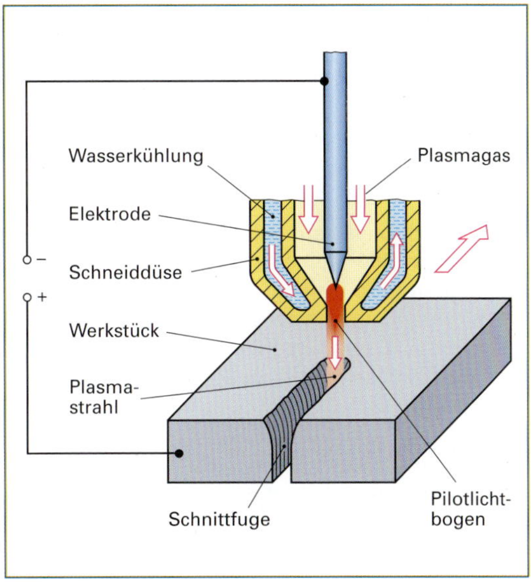

Bild 4: Plasmaschneiden

Um die Lagerhaltung von zahlreichen unterschiedlichen Muffen zu vermeiden, werden Fahrradrahmen meist ohne Muffen gefertigt. Die an ihren Enden passgenau zugeschnittenen Rohre stoßen dabei stumpf aneinander oder werden nach vorheriger Ausfräsung des Gegenrohres durchgesteckt. Anschließend werden sie verschweißt oder mit einem hochfesten Messing- oder Silberlot verlötet.

5

5.5 Rahmenfügen

Fahrradrahmen werden aus einzelnen Rohren durch Muffen oder muffenlos gefügt. Die Muffen sorgen für die gewünschte Winkelstellung der Rohre zueinander und gleichzeitig für ausreichende Belastbarkeit der Verbindungsknoten.

Bei Stahlrahmen erfolgt die Verbindung von Rohren und Muffen durch Löten, beim Rahmen aus Aluminium und Carbon durch Kleben.

In neuerer Zeit werden muffenlose Rahmen mit den Schweißverfahren WIG oder MIG/MAG gefügt. Möglich ist auch das Löten von muffenlosen Rahmen.

Eine Sonderstellung nimmt eine Fügetechnik ein, bei der die Rohre durch Induktionswärme aufgeweitet und auf die kalten Muffen geschrumpft werden. Nach der Abkühlung entsteht eine feste Stoffschluss-/Kraftschluss-Verbindung.

5.5.1 Löten

Beim Lötvorgang werden feste metallische Bauteile mit einem flüssigen Zusatzwerkstoff, dem Lot, stoffschlüssig verbunden. Ein Flussmittel verhindert den Luftzugang zum Lötbereich und damit eine Oxidbildung der erwärmten Metalle. Durch seine aggressive Wirkung auf die Rahmenrohre muss das Flussmittel nach dem Löten durch Sandstrahlen oder Beizen wieder entfernt werden.

Beim Weichlöten liegt die Arbeitstemperatur unterhalb von 450 °C, beim Hartlöten über 450 °C. Weichlöten fand bislang noch keinen Eingang in den Rahmenbau, obwohl es höherfeste Weichlote mit Silber-, Cadmium-, Zinn- und Zinkanteilen gibt, die Festigkeiten bis zu 300 N/mm² erreichen.

info

Arbeitstemperatur: Löten erfolgt in einem bestimmten Temperaturbereich. Seine unterste Grenze ist die Arbeitstemperatur, die obere Grenze die „maximale Löttemperatur".

Üblich ist das Hartlöten mit der Flamme **(Bild 1)** oder durch Erwärmung im Ofen. Eine Erwärmung durch elektromagnetische Induktion (Induktionslöten) oder durch elektrische Widerstandswärme (Widerstandslöten) sind nicht so häufig.

Diese Verfahren haben sich durch kurze und genau definierbare Erwärmung als rationell und materialschonend erwiesen.

Die früher übliche Tauchlötung, bei der man die zu verbindenden Bauteile in flüssiges Lot taucht, wird nicht mehr durchgeführt.

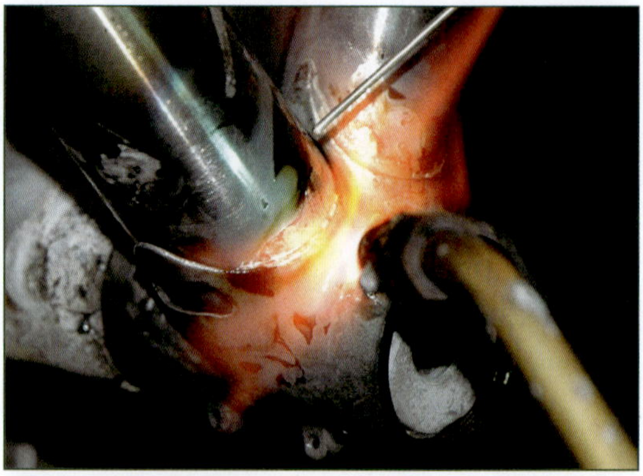

Bild 1: Rahmenlöten mit der Flamme

Hartlote sind Legierungen auf Kupferbasis, die zwecks Absenkung der Arbeitstemperatur Silber enthalten. Cadmium wird infolge seiner Giftigkeit nicht mehr verwendet.

Zusätze von Nickel erhöhen die Lotfestigkeit, aber auch die Arbeitstemperatur, sofern diese durch einen Silberanteil nicht wieder absenkt wird.

Als Flussmittel für Messinglote dient eine Mischung aus Borax oder Borsäure, für Silberlote Fluorid-Verbindungen.

Die Arbeitstemperatur liegt etwas oberhalb der Lot-Schmelztemperatur, damit sich das Lot in die zu verbindenden Grundwerkstoffe „einlegieren" kann.

Die Festigkeit in den dargestellten Regionen einer Muffenverbindung **(Bild 2)** übertrifft in der Regel die Festigkeit des Lotes und der Grundwerkstoffe.

Wird die Arbeitstemperatur nicht erreicht oder beim niedrig schmelzenden Silberlot nicht lang genug gehalten, legiert sich das Lot nicht in die Metalloberflächen ein.

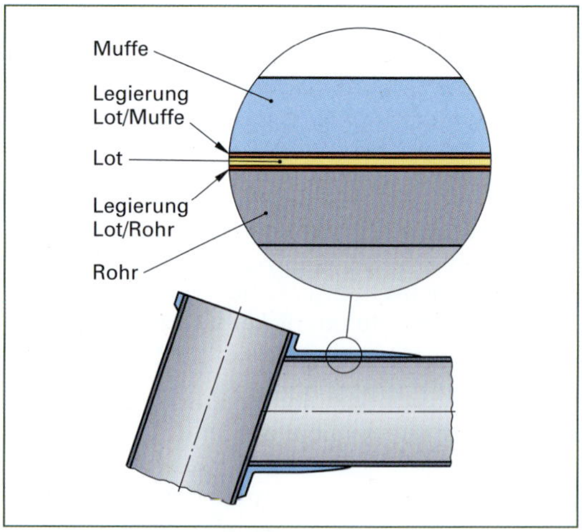

Bild 2: Einlegierte Lotbereiche

Statt einer hochfesten intermetallischen Verbindung wird der Zusammenschluss dann lediglich durch Oberflächenkräfte hergestellt. Man spricht dann von einer „geklebten Lötung".

Lötvorbereitungen

Die zu verlötenden Oberflächen der Fügeteile müssen metallisch blank sein. Reinigungsverfahren sind Schmirgeln, Sandstrahlen oder Beizen im Säurebad.

Eine weitere Bedingung für eine gute Muffenlötung ist die richtige Größe des Lötspalts – die Luft zwischen Muffe und Rohr.

Sie sollte zwischen ein bis zwei Zehntel Millimeter betragen, damit der Lötspalt durch die Kapillarwirkung schnell und spannungsfrei mit Lot gefüllt wird **(Bild 1)**. Während das Lot erstarrt, sind Erschütterungen unbedingt zu vermeiden.

info

Kapillarwirkung: Ansaugfähigkeit von Flüssigkeiten in engen Spalten und Rohren.

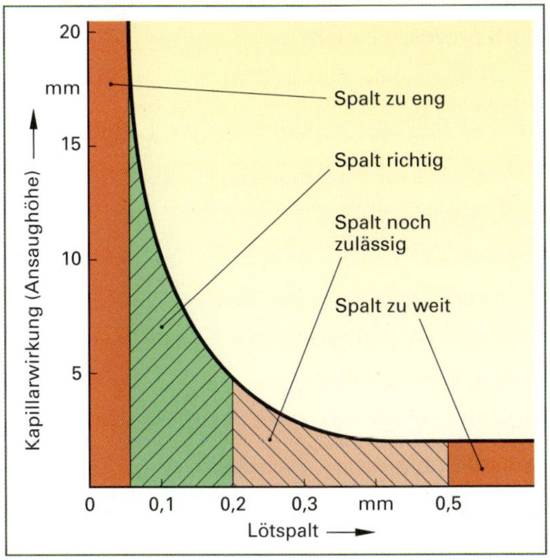

Bild 1: Lötspalt und Kapillarwirkung

Lötvorgang

Das Verlöten der Rohre zu einem Rahmen geschieht in der Lötlehre. Ob mit oder ohne Muffe, ob beim Rahmenbauer oder in der Großserie.

Die Rahmenrohre werden zusammen mit den Ausfallenden in der Lötlehre auf die geometrisch erwünschte Stellung gebracht **(Bild 2)**.

Damit kann beim Lötprozess kein Rohr aus seiner vorgegebenen Winkelstellung ausbrechen.

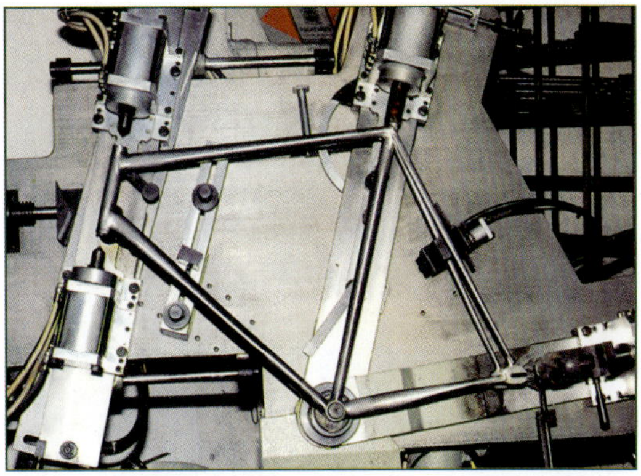

Bild 2: Der Rahmen in der Lötlehre

Problematisch bei Verwendung einer Lötlehre ist, dass die Rahmenteile nach der Abkühlung unter starken inneren Spannungen stehen und sich verziehen können **(siehe Lötfehler, Seite 161)**. Viele Hersteller löten darum das letzte Rahmenrohr bei geöffneter Lötlehre. Damit geht man einen sinnvollen Kompromiss zur Vermeidung nachträglicher Richtarbeiten ein.

In Großserien werden die Lötbereiche mit mehreren Brennern großflächig erwärmt **(Bild 3)**. Dickwandige Bauteile wie Muffen, Ausfallenden und Tretlagergehäuse erfordern eine längere Zeit zum Erwärmen als dünnwandige Rahmenrohre.

Um die dünnwandigen Rohre nicht zu überhitzen, liegt die Brennertemperatur nur unwesentlich über der Arbeitstemperatur des Lotes. Vor allem beim Messinglöten mit Temperaturen um 900 °C kommt es zu einer deutlichen Minderung der Rohrfestigkeit.

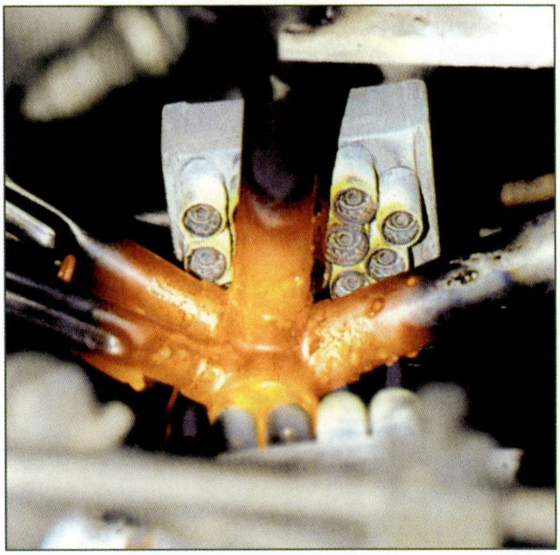

Bild 3: Rahmenlöten im Durchlauf-Ofen

Lötungen mit Silberlot sind unbedenklich, da die Temperatur im Bereich von 610 °C bis 650 °C die Vergütungstemperatur nicht übersteigt und der Festigkeitsrückgang geringer ausfällt.

Die Zugabe des Lotes erfolgt beim Ofenlöten in genau definierten Portionen. Dazu werden kleine Lotstücke innerhalb der Rohr/Muffenverbindung platziert (**Bild 1**).

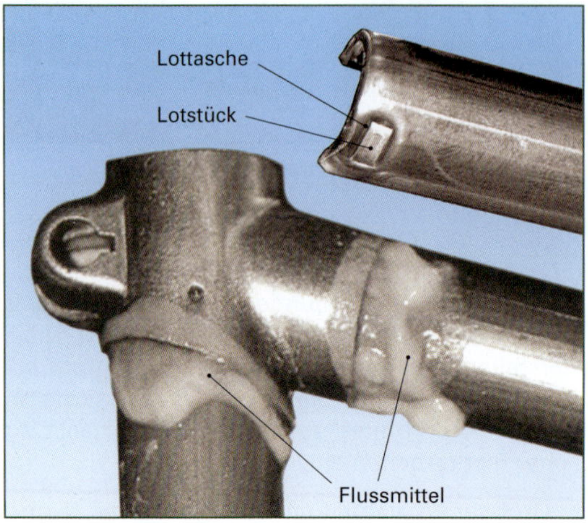

Bild 1: Rahmenlötung mit proportionierter Lotzugabe

Die Lotstücke liegen in kleinen „Taschen", die vorher in das Rohr an zwei gegenüber liegenden Stellen eingedrückt werden.

Eine andere Möglichkeit sind Lotringe, die vorher am Rohrende in die Muffen eingelegt werden. In beiden Fällen schmilzt das Lot auf, sobald die Arbeitstemperatur erreicht wird.

Wenn sich im Spalt zwischen Muffe und Rohr ein sogenannter „Lötmeniskus"[1] ausbildet, ist genug Lot zwischen Muffe und Rohr eingebracht.

Wird der Lotstab nun nicht rechtzeitig zurückgezogen, bleibt überschüssiges Lot auf dem Rohr oder in der Muffe zurück und müsste hinterher mühevoll mit Feile und Schmirgel entfernt werden.

Beim Handlöten mit dem Lötbrenner wird die erforderliche Temperatur schneller erreicht. Da die Flamme aber Temperaturen über 2000 °C erzeugt, muss die Wärme stets vom dickwandigen Bauteil aus aufgebracht werden.

Ein unbedachter Schwenk auf das dünne Rahmenrohr könnte sofort zum Ausglühen des Rohrbereiches führen.

Oder: Mangels ausreichender Wärmekapazität kann das dünne Rohrstück schnell abkühlen und Härteprozesse einleiten.

[1] Lötmeniskus: Hohlkehle in der Lötnaht

Arbeitsfolge: Muffenlötung eines Fahrradrahmens

Allgemeine Hinweise: Hartlöten von Hand, Rahmenmaterial 25CrMo4, Silberlot L-Ag44, Lötlehre

Nr.	Arbeitsfolge	Hinweise
1	Rohre zuschneiden	Schneidroller
2	Ausklinkungen fräsen	Stirnfräser
3	Kanten entgraten	Feile, Schmirgel, Dreikantschaber
4	Rohrenden blank machen	Schmirgel, Drahtbürste, Stahlwolle, evtl. Sandstrahlen
5	Rahmenteile und Muffen aufstecken und einspannen	Schwenkbare Lötlehre
6	Auf Lötstelle Flussmittel auftragen	Typ: FH 12 (F-SH 1 nach alter Norm), Fluoride oder Borverbindung, Pinsel Vorsicht: Rohr nicht von innen benetzen!
7	Rohre justieren, evtl. körnen	Körner, Hammer, Längen- und Winkelmessgeräte. Auf richtigen Lötspalt (0,1 mm bis 0,2 mm) achten
8	Lötstelle mit weicher, reduzierender Flamme erwärmen	Hartlötbrenner, Lötstelle von der Muffe her erwärmen (nicht direkt am dünnen Rohr)
9	Wenn Arbeitstemperatur erreicht ist, Lot von der Rohrseite zugeben	Draht-Lot L-Ag44, Schmelzbereich 675 °C bis 735 °C. Arbeitstemperatur ist erreicht, wenn das Flussmittel verdampft, Glühfarbe dunkelrot
10	Abkühlung	erschütterungsfrei
11	Lehre schwenken	
12	Arbeitsgänge 7 bis 10 wiederholen	
13	Letztes Rahmenrohr bei geöffneter Lehre löten	Spannungen durch Zwängung vermeiden
14	Evtl. Lotreste und Flussmittelreste entfernen	Feile, Schmirgel, Wasserbad
15	Rahmen prüfen, evtl. richten	Gummihammer, Messwerkzeuge

Muffenlos gelötete Rahmen (filled brazed)

Um auch mit einer relativ kleinen Kontaktfläche zwischen zwei aneinander stoßenden Rohren eine ausreichend feste Verbindung zu erzielen, benötigt man hochfeste Lote. Außerdem muss der Kontaktbereich durch eine Kehlung vergrößert werden **(Bild 1)**.

Silber- und Messinglote erzielen an muffenlosen Rahmen nicht die erforderliche Festigkeit und es muss auf das Neusilberlot L-Ni1 zurückgegriffen werden.

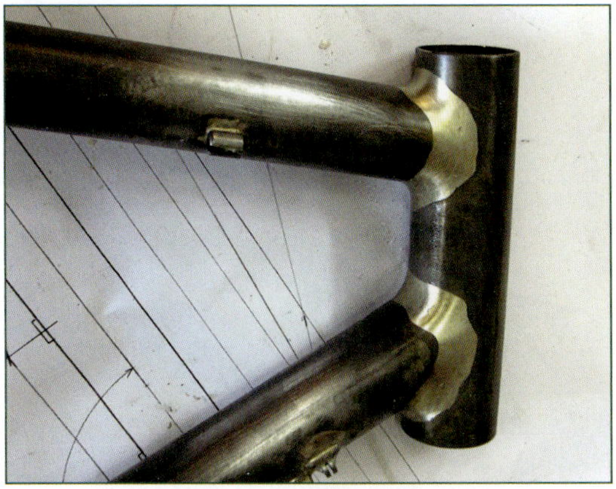

Bild 1: Gelöteter Rahmen in durchgesteckter muffenloser Bauweise

Dieses Lot erreicht die Festigkeit des Rohrmaterials, benötigt allerdings eine noch höhere Arbeitstemperatur. Die Auswirkungen auf die Festigkeitsminderung hält sich in Grenzen, da sich nur die Bereiche, in denen das Lot einschmilzt, für wenige Sekunden auf Temperaturen von 980 °C bis 1040 °C erwärmen.

Bei Muffenlötungen mit Messinglot muss hingegen eine Muffe etwa zwei Minuten auf rund 900 °C gehalten werden, bis das Lot in den Muffenspalt eingebracht ist.

Mit dem Silber-Nickellot L-Ag56InNi ist eine Absenkung der Arbeitstemperatur auf 730 °C möglich. Grobkornbildung, Lötfehler und ein Rückgang der Rohrfestigkeit lassen sich so weiter verringern.

Probleme treten bei muffenlos gelöteten Rahmen insbesondere durch unsauberes Nacharbeiten auf. Kerbt ein unbedachter Feilstrich beim Glätten der Lötnaht das Rohr ein, so entsteht eine Schwachstelle im Bereich hoher Rahmenbelastung.

Aus diesem Grund sollten muffenlose Rahmen aus endverstärkten Rohren gefertigt werden oder eine Knotenversteifung durch aufgelötete Bleche erhalten **(Bild 2)**.

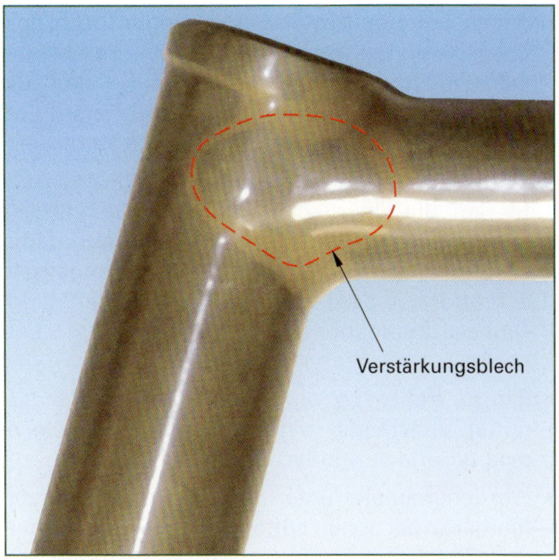

Bild 2: Knotenversteifung durch aufgelötetes Formblech

Lötfehler beim Gaslöten (Flammlöten)

Obwohl Löten im Vergleich zum Schweißen die materialschonendere Fügemethode ist, können beim Löten viele Fehler auftreten:

- Durch eine zu hohe Flammentemperatur kann das Material im Lötbereich überhitzt werden. Das führt zu Festigkeitseinbußen, kann Härterisse erzeugen und niedrigschmelzende Legierungsanteile des Lotes können verdampfen.
- Eine zu lange Erwärmzeit führt zu Versprödung durch Grobkornbildung und Aufkohlung. Festigkeitseinbußen und Rissbildungen an hochbelasteten Rahmenbereichen sind die Folge **(Bild 3)**.

info
Aufkohlung: Eindiffundieren von Kohlenstoffanteilen aus der Lötflamme in Muffe und Rohr.

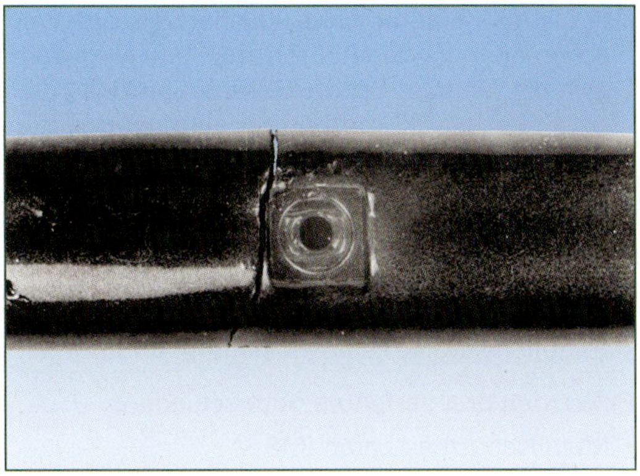

Bild 3: Lötfehler durch zu hohe Löttemperatur und lange Erwärmzeit

- Bei zu geringer Löttemperatur legiert sich das Lot nicht in das Grundmaterial ein. Erhebliche Festigkeitsmängel der Lötverbindung sind die Folge. Außerdem kann es zur lückenhaften Lotbenetzung der Verbindungsbereiche kommen.
- Eine mangelhafte Benetzung des flüssigen Lotes auf die Oberfläche der Fügeteile führt zu ungenügender Durchlötung. Die Gründe dafür sind zu niedrige Löttemperatur, mangelhaft aufgetragene oder ungeeignete Flussmittel, unsaubere Bauteiloberflächen und zu große Lötspalte.
- Bei zu hoher Löttemperatur kann das Flussmittel vollständig verdampfen. Die Lötstelle oxidiert und verhindert die Benetzung.
- Werden Bauteile unter Spannung verlötet, diffundieren bei hohen Löttemperaturen die Kupfer- und Zinkanteile des Lotes in die Korngrenzen des Grundwerkstoffes der Fügeteile. Das Rahmenrohr hat an solchen Stellen dann nur noch die geringe Festigkeit des reinen Lotes **(Bild 1)**.

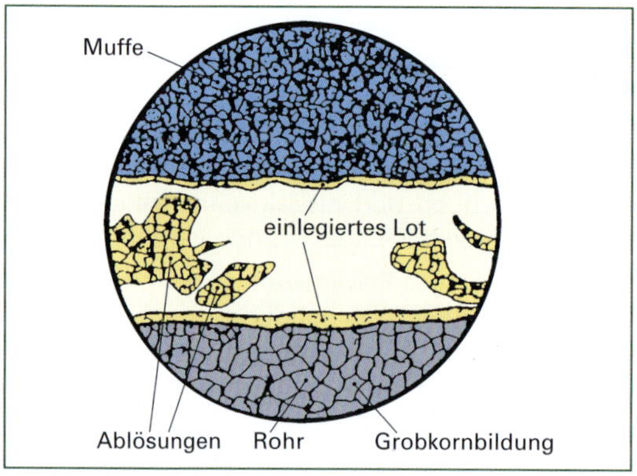

Bild 1: Lötfehler durch zu hohe Löttemperatur und Löten auf Druckspannung

Lichtbogenlöten

Das Lichtbogenlöten wird üblicherweise an Feinblechen oder dünnen Rohren aus Stahl eingesetzt. Durch die niedrige Schmelztemperatur des Lotes (910 °C bis 1040 °C) erfolgt nur eine geringe thermische Belastung der Bauteile.

Die verwendeten Zusatzwerkstoffe sind weitgehend unempfindlich gegen Korrosion. Beim Lichtbogenlöten kommt es zu keiner wesentlichen Aufschmelzung des Grundwerkstoffes und es sind üblicherweise keine Flussmittel erforderlich.

Es werden drei Verfahren unterschieden:

- Metallschutzgas-Löten (MSG)
- Wolfram-Inertgas-Löten (WIG)
- Plasma-Löten

Das MSG-Löten unterscheidet sich vom MIG- oder MAG-Schweißen durch den Einsatz von Drahtelektroden auf Kupferbasis als Zusatz. Es kann in der Kurz- und Impulslichtbogentechnik in allen Positionen eingesetzt werden.

Beim WIG-Löten wird stabförmiges (manuell) oder drahtförmiges (mechanisiert) Lot **(Bild 2)** in den Lichtbogen geführt. Wannenlage und Fallnaht sind vorzuziehen.

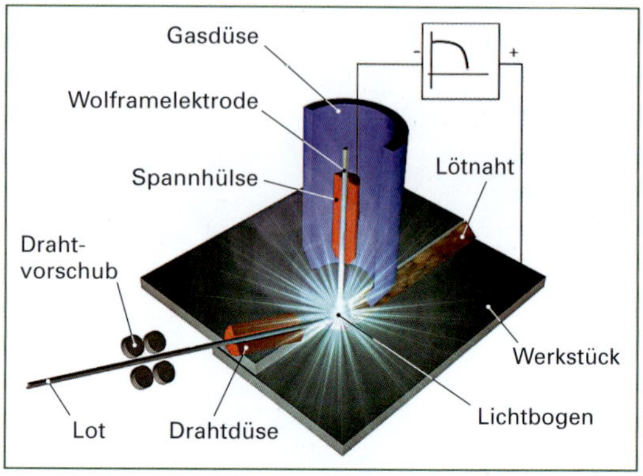

Bild 2: Mechanisiertes WIG-Löten

Bild 3 zeigt das manuelle WIG-Löten eines Fahrradrahmens aus dünnwandigem CrMo-Stahl. Der Rahmenbauer verwendet ein Silberlot, das schon bei einer geringeren Wärmeeinbringung als Messinglot aufschmilzt (siehe Tabellenbuch Fahrradtechnik).

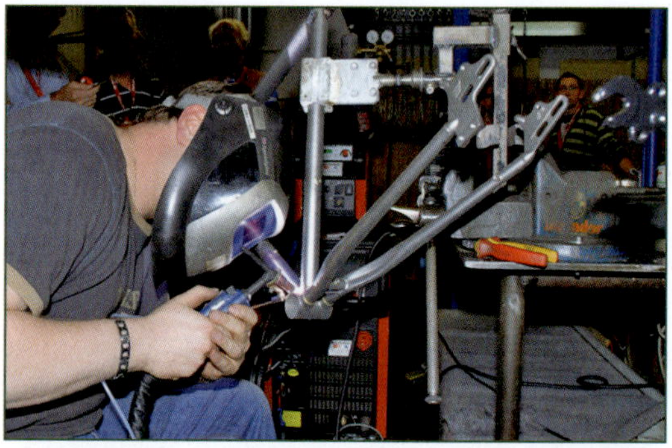

Bild 3: Muffenloses WIG-Löten eines Fahrradrahmens

Zum Unterschied zwischen WIG-Schweißen und WIG-Löten:

- Beim WIG-Schweißen wird das Schweißgut **und** das Bauteil unter Schutzgas in einem Lichtbogen aufgeschmolzen.
- Beim WIG-Löten wird **nur** das Lot unter Schutzgas im Lichtbogen aufgeschmolzen und legiert sich mit dem Grundwerkstoff des Bauteils.

5.5.2 Schweißen

Als Schweißen wird das metallische Verbinden von Bauteilen durch Aufschmelzen der Schweißzone bezeichnet. Fügeteile und Schweißgut bestehen aus artgleichem Werkstoff.

Für den Fahrradrahmenbau hat das Schweißen gegenüber dem Flammlöten den Vorteil, dass keine Muffen benötigt werden und damit Zwänge vorgegebener Winkelstellung der Rohre zueinander entfallen. Ein weiterer Vorteil ist der geringe Zeitbedarf für die Vorbereitung des Fügens und für die Nachbearbeitung.

Geschweißte Rahmen weisen eine geringere Bruchrate auf als mit Messing gelötete Rahmen.

Ursache:
Es werden beim Schweißen weniger Fehler gemacht. Außerdem haben Spannungen innerhalb der Fügestellen nicht so gravierende Auswirkungen wie beim Hartlöten mit Messinglot.

Zum Verschweißen der dünnwandigen Rahmenrohre aus Stahl, Titan und Aluminium hat sich für hochwertige Rahmen das WIG-Schweißen (**W**olfram-**I**nertgas-**S**chweißen), für preiswertere Rahmen das MIG/MAG-Schweißen (**M**etall-**I**nert-**G**as- und **M**etall-**A**ktiv-**G**asschweißen) bewährt.

WIG-Schweißen

Zwischen einer nicht abschmelzenden Wolframelektrode und dem Werkstück wird ein Lichtbogen gezündet **(Bild 1)**. Damit der Luftsauerstoff die Schweißnaht nicht versprödet, wird die Schweißzone vom Edelgas Argon umspült.

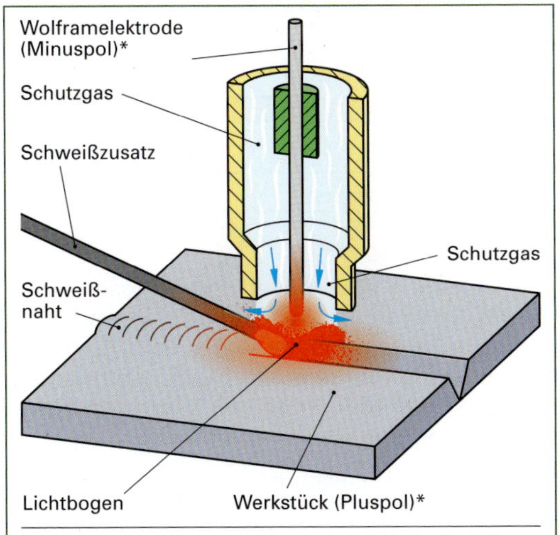

Bild 1: Prinzip WIG-Schweißen

Wie beim Gasschmelzschweißen wird das Schweißmaterial per Hand zugegeben. Weil Wolfram im Englischen *tungsten* heißt, nennt man diese Verfahren auch *TIG-Welding*.

Ein Kennzeichen von WIG-Schweißnähten sind die sauberen und gleichmäßigen Nahtoberflächen, die kaum Nacharbeit erfordern.

Metall-Schutzgasschweißen (MSG)

Zwischen einer kontinuierlich zugeführten Drahtelektrode (Schweißdraht) und dem Werkstück wird ein Lichtbogen gezündet **(Bild 2)**. Da die Wärme vorwiegend vom Schweißdraht ausgeht, eignet sich dieses Verfahren für dünne Wandstärken.

Der Schweißdraht tropft ab und das flüssige Schweißgut verbindet sich mit dem erwärmten (teigigen) Rohrmaterial.

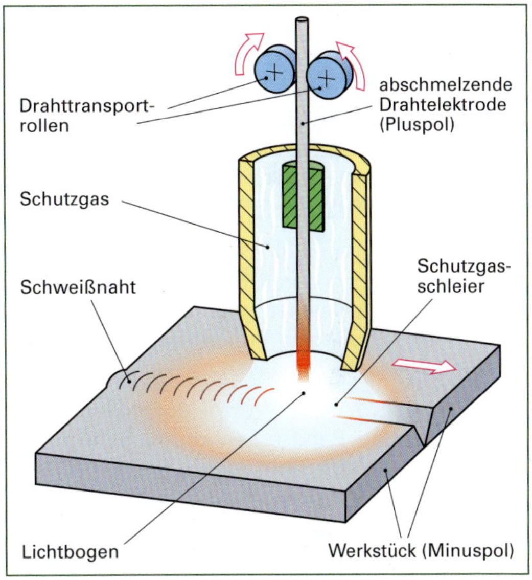

Bild 2: Prinzip MIG/MAG-Schweißen

Beim **MIG-Schweißen** (Metall-Inert-Gas-Schweißen) schützt eine Mischung aus den Edelgasen Argon und Helium die Schweißzone vor dem Zutritt von Luftsauerstoff.

Beim **MAG-Schweißen** (Metall-Aktiv-Gas-Schweißen) wird die Schweißzone mit einer Mischung aus Kohlendioxid, Sauerstoff und teilweise Argon (MAG-M) abgedeckt. Die Gase reagieren dabei mit dem Schmelzbad und verhindern Porenbildungen.

Zugaben von Silizium und Mangan im Schweißdraht verringern schädliche Oxidationsprozesse.

Schweißvorgang

Durch die Schweißwärme geht die erhöhte Festigkeit, die bei Stahlrohren durch das Vergüten und bei Aluminiumrohren durch die Aushärtung erzielt wird, verloren. Außerdem wandelt sich das vom Walzen und Ziehen erzeugte kaltverfestigte Gefüge in ein Gussgefüge um **(Bild 1)**.

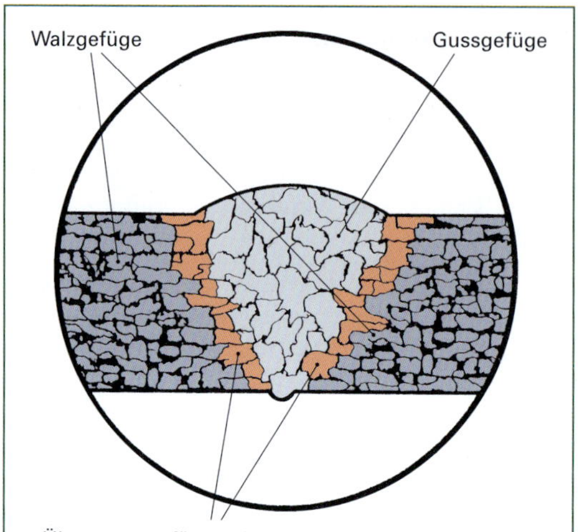

Bild 1: Gussgefüge und kaltverfestigtes Walzgefüge im Bereich der Schweißnaht

Die sich dadurch ergebenden Festigkeitsverluste lassen sich jedoch durch bestimmte Zusätze im Schweißgut ausgleichen. Der aufgeschmolzene Bereich wird „auflegiert" und dadurch die Festigkeit der Fügestelle verbessert.

Es muss stets bis zur Wurzel durchgeschweißt sein. Auch sind Randkerben durch Schweißeinbrand zu vermeiden (**Bild 2**).

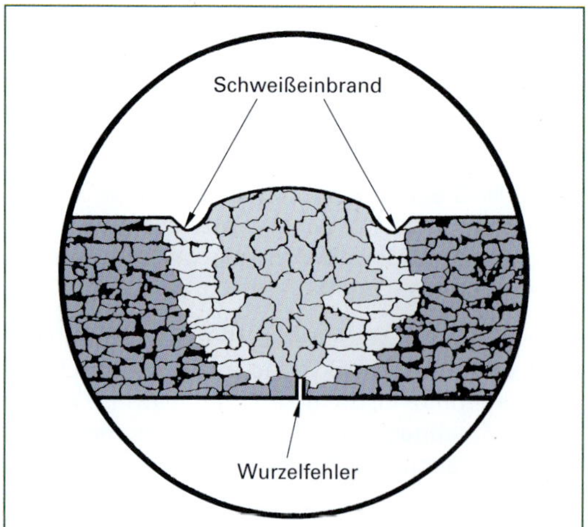

Bild 2: Kerbwirkung durch Schweißeinbrand

Beim Einsatz von Schweißrobotern kann dieser Schweißfehler durch eine entsprechende Einstellung der Schweißstromhöhe und Schweißgeschwindigkeit zuverlässig vermieden werden. Bei Handschweißungen ist das problematischer, weshalb sich beim WIG-Schweißen das Impuls-Verfahren durchgesetzt hat.

Impulsschweißen

Beim Impulsschweißen wird der Grundstrom, der das Schweißbad aufrecht erhält, von Stromimpulsen überlagert. Der volle Schweißstrom dauert bei Stromimpulsen von 25 Hertz (einstellbar sind auch 33 $^1/_2$, 50 oder 100 Hertz) nur Bruchteile von Sekunden und ermöglicht das Durchschweißen bis zur Wurzel.

Info

Hertz: Maßeinheit der Frequenz.
1 Hertz = 1 Schwingung pro Sekunde.
1 Hz = 1 s^{-1}

Es folgt eine kurze Zeitspanne, bei der der Schweißstrom fast auf Null zurückgeht. Damit wird verhindert, dass der aufgeschmolzene Bereich abtropft und ein Loch in das Rohr reißt. In dieser Pause visiert der Schweißer seinen nächsten Schweißpunkt an.

Der volle Schweißstrom setzt wieder ein und die Durchschweißung des nächsten Schweißpunktes kann erfolgen (**Bild 3**).

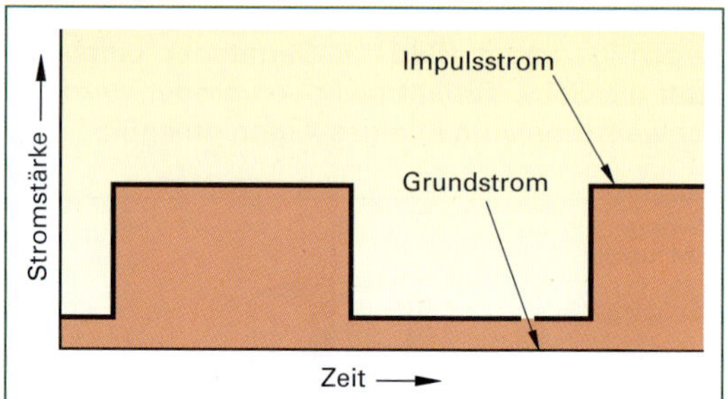

Bild 3: Impulsschweißen

Smooth Welding

Bezeichnet ein Schweißverfahren, dessen Nähte im Gegensatz zur Raupenstruktur konventioneller Schweißnähte eine glatte (= smooth) Oberfläche aufweisen. Diese entsteht durch Aufbringung einer zweiten Naht nach der eigentlichen Verbindung der Rohre.

Die besondere Zusammensetzung des für die zweite Naht verwendeten Schweißzusatzwerkstoffes in Verbindung mit einer erhöhten Schweißstromstärke verbessert den Kraftfluss an den Schweißnähten und das Aussehen.

Aluminiumschweißen

Während die Werkstoffe Stahl und Titan mit Gleichstrom geschweißt werden, erfolgt das Aluminiumschweißen mit Wechselstrom. Wechselstrom ist erforderlich, um die auf der Oberfläche vorhandene dünne Oxidschicht immer wieder zu durchbrechen.

Weil Aluminium eine gute Wärmeleitfähigkeit aufweist, wird mit höherer Stromstärke und geringerer Geschwindigkeit geschweißt. Die Fügeteile werden häufig mit einer weichen Schweißflamme vorerwärmt.

Alle Bauteile müssen metallisch blank sein und dürfen vor dem Schweißen nicht durch Fremdmetalle mechanisch verunreinigt werden.

Die Dauerschwingfestigkeit von Aluminium ist im Vergleich zu Stahl geringer. Großvolumig dimensionierte, fachgerechte Alurahmenkonstruktionen (**Bild 1**) bieten gegenüber Stahlrahmen eine ähnliche Dauerschwingfestigkeit.

Um Schwingbrüche auszuschließen, muss konstruktiv vermieden werden, dass die Bereiche der Schweißnähte elastischen Verformungen durch Biegung und Torsion unterliegen. Die **Bilder 2** und **3** zeigen Brüche durch solche Verformungen.

Bild 4 zeigt eine moderne computergesteuerte Roboterschweißung von Alurahmen in der Großserienfertigung.

Bild 1: Für den Werkstoff Aluminium ausgelegte Rahmenkonzeption

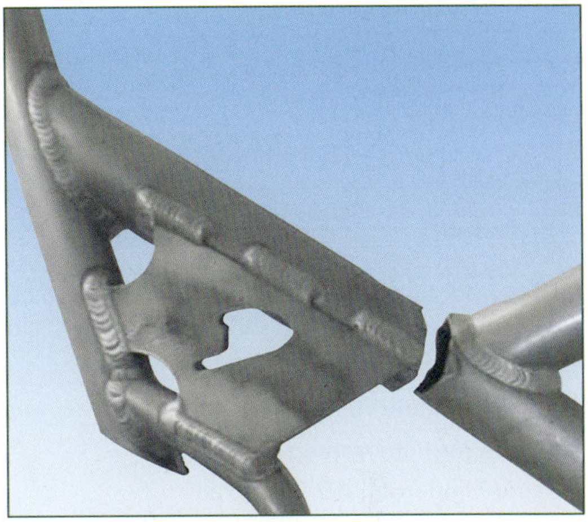

Bild 3: Bruch durch fehlerhafte Dimensionierung eines geschweißten MTB-Rahmens aus Aluminium

Bild 2: Bruch durch unspezifische Konzeption eines geschweißten Damenrahmens aus Aluminium

Bild 4: Roboterschweißung eines Rahmens aus Aluminium (Merida)

5.5.3 Kleben

DIN 16 920 definiert Klebstoffe als nichtmetallische Stoffe, die Fügeteile durch Adhäsion und Kohäsion verbinden können. Dabei versteht man unter Adhäsion die Bindungskräfte zwischen der Kleberschicht und den Fügeteilen und unter Kohäsion die Bindungskräfte innerhalb des Klebers **(Bild 1)**.

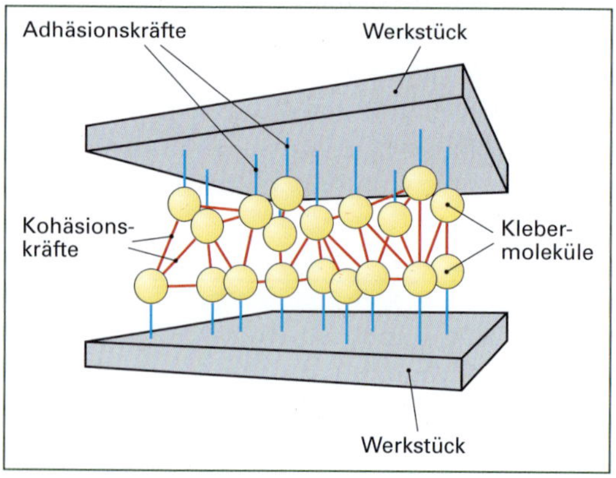

Bild 1: Kräfte in der Klebeverbindung

Im Fahrradrahmenbau setzt man ausschließlich Zweikomponenten-Kleber auf Epoxid-Basis ein und verklebt die Rahmenrohre durch Muffen.

Vorteile geklebter Rahmen sind:

- Keine Wärmebelastung der Rohre
- Keine Minderung der Festigkeit
- Keine Nachbehandlung nötig

Voraussetzungen für sichere Klebungen sind:

- Saubere, fettfreie Oberflächen
- Völlige Benetzung der zu verbindenden Oberflächen mit dem Kleber
- Klebung mittels leichter konischer Presspassung (**Bild 2**)
- Ein möglichst dünner Kleberfilm, um nicht nur die Adhäsionskraft zwischen Rohr und Kleber, sondern auch die Oberflächenkräfte zwischen Muffe und Rohr zu nutzen
- Tempern des Klebers zur Erhöhung der Kohäsions- und damit der Verbindungsfestigkeit
- Der Klebstoff muss in einer bestimmten Zeit (Topfzeit) verarbeitet sein, weil er sonst zu schnell aushärtet und dann die Fügeflächen nicht mehr ausreichend benetzen kann.

Zum Kleben eignen sich alle gängigen Rohrtypen und Rohrwerkstoffe. Bevorzugt wird das Klebeverfahren bei Rohren aus Aluminium und Carbon.

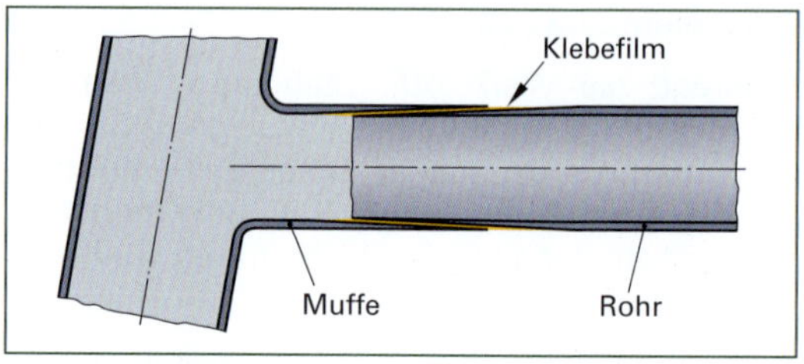

Bild 2: Klebeverbindung mit konischer Muffe

Wichtig: Der Wärmeausdehnungskoeffizient zwischen Muffe und Rahmenrohre sollte möglichst übereinstimmen oder es muss ein ausreichend elastischer Kleber eingesetzt werden.

Die Muffen geklebter Rahmen sind in der Regel aus Aluminium. Heute sind diese aber auch aus Carbon.

Die Verbindungsfestigkeit ist abhängig von:

- der Kleberfestigkeit. Die Festigkeit kann durch Zugabe von feinkörnigem Füllmaterial gesteigert werden (ähnlich der Zugabe von Sand und Kies zum Beton).
- den Adhäsionsbedingungen. Beim Verkleben von Rahmenrohren können glatte Klebeflächen mit Presspassung oder konisch ausgebildete Klebestutzen und Muffen die Verbindungsfestigkeit erhöhen.
- der Größe der Kontaktfläche. Die Muffenlänge wählt man nach der Faustformel: Rohrdurchmesser mal 1,5.

Beispiel 1: Bei einem Rohrdurchmesser von 40 mm und einer Muffenlänge von 60 mm ergibt sich eine Kontaktfläche von $40 \cdot 3{,}14 \cdot 60 = 7540\ mm^2$. Multipliziert mit der Festigkeit des Klebers von 20 N/mm^2 ergibt sich eine übertragbare Zugkraft von rund 150 000 N, was einer Gewichtsbelastung von mehr als 15 Tonnen entspricht.

Beispiel 2: Ein Aluminiumrohr mit 40 mm Durchmesser, 0,8 mm Wandstärke und einer Festigkeit von 450 N/mm^2 hat eine Querschnittsfläche von $40 \cdot 0{,}8 \cdot 3{,}14 = 100{,}5\ mm^2$ und hält damit lediglich einer Zugbelastung von 45 225 N stand ($100{,}5\ mm^2 \cdot 450\ N/mm^2$). Das ist weniger als ein Drittel der Festigkeit, die eine perfekte Klebenaht mit genügend großer Kontaktfläche aufweist.

Wichtig: Der Abstrahltemperatur von Fahrradbremsscheiben auf den Rahmen kann bis zu 120 °C betragen. Geklebte Fügeflächen sollten hier vermieden werden.

5.5.4 Herstellen von Carbonrahmen

Man unterscheidet drei verschiedene Methoden zur Rahmenherstellung aus Kohlenstofffaser-Verstärkten-Kunststoffen (CFK, Composites):

- Muffenbauweise
- Tube-to-Tube
- Monocoque

Muffenbauweise

Mitte der 1980er Jahre beginnt die Fertigung von Carbonrahmen aus Aluminiummuffen und eingeklebten Carbonrohren nach dem Schlauchblasverfahren.

Als Form dienen zweiteilige Formwerkzeuge. Ein innen eingelegter Folienschlauch wird während der Aushärtung aufgeblasen und presst die Epoxidharz getränkten Verstärkungsfasern fest gegen die Negativform. Der Schlauch dient als *expandierender Formkern*, der nach der Aushärtung weitgehend entfernt wird.

Zur Vereinfachung des Faserlegens und zur Verbesserung der Laminatqualität dienen sogenannte Prepregs, harzgetränkte, vorvernetzte Fasergewebe oder Unidirektionalgelege.

Mitte der 1990er ersetzen Carbonaußenmuffen die Aluminiummuffen. Hier werden zunächst alle Muffen, Rohre und Streben nach dem Schlauchblasverfahren angefertigt und die Rohre auf Gehrung gefräst. Anschließend werden alle Einzelteile in einer verstellbaren Vorrichtung durch sogenanntes *Strukturelles Kleben* gefügt.

In das Tretlagergehäuse und das Steuerkopfrohr aus Carbon werden Aluminiumbuchsen für die Aufnahme der Lager eingesetzt **(Bild 1)**.

Bild 1: CFK-Rahmenrohre und Muffe. Gewindehülse aus Aluminium

[1] Neue Fachbegriff nach DIN EN 15532: Hinterbau-Oberstrebe und Hinterbau-Unterrohr

Die Carbonmuffen-Bauweise erfolgt heute zum Fügen von Hinterbau- und Kettenstreben[1], die in Monocoque oder Tube-to-Tube Bauweise hergestellt werden. Das Verfahren erlaubt die wirtschaftliche Fertigung vieler Rahmenhöhen und -geometrien und Rahmenbau nach Maß.

Anders als Rahmen aus Metall ist die Herstellung von Carbonrahmen und -gabeln geprägt von viel Handarbeit und erfordert (wie auch beim Löten) großes manuelles Geschick.

Zwangsläufig liegt die Fehlerrate höher, gepaart mit zusätzlichen Fehlerquellen, die der Herstellprozess mit sich bringt. Verbesserte Prozessabläufe und die Qualitätskontrollen verringern die Fehlerquote.

Alternative Fertigungsverfahren (Beispiel: *BMC Impec Rahmen*) sind computergesteuerte Automation und besonders sichere Imprägniertechniken. Eine Textilmaschine **(Bild 2)** flechtet einen nahtlosen Carbonfaserschlauch **(Bild 3)** um einen Schlauchblas-Formkern.

Bild 2: Rohrflechten mit computergesteuerter Textilmaschine (BMC Racing)

Bild 3: Nahtlose Kohlefaser-Preform (BMC Racing)

5

Ein Roboter legt die geflochtene Preform in ein Formwerkzeug und imprägniert die Fasern vollautomatisch durch eine RTM-Epoxidharzinjektion[1].

Nach dem Aushärten, Gehrungsfräsen der Rohre und Einlegen in eine Klebevorrichtung benetzt ein zweiter Roboter die beiden Hälften der Spritzguss-Carbonmuffen (Shells) mit Klebstoff.

Anschließend werden die Rohre und Muffenhälften in der Vorrichtung gefügt und im Ofen ausgehärtet. Die weiteren Arbeitsschritte erfolgen von Hand.

5

Qualitätskontrollen zwischen jedem Fertigungsschritt und das abschließende Finish beenden die Herstellung **(Bild 1)**.

Bild 1: Fertiger Rahmen (BMC Racing)

Internetvideos die Details von CFK-Rahmenfertigungen zeigen:
- GIANT-Make of Composite
- SCOTT-Sports Carbon Experts English

Tube-to-Tube-Bauweise

Hier werden belastungsoptimiert konstruierte Carbonrahmenrohre mit Diamantwerkzeugen auf Gehrung gefräst und in einer verstellbaren Klebevorrichtung gefügt.

Mit leichten Füllmassen, Fasergeweben und -gelegen werden die einzelnen Rohrverbindungsstellen verstärkt und in zwei Negativformhälften je Verbindungsstelle ausgehärtet **(Bild 2)**.

Dieses Verfahren bevorzugen zahlreiche Radhersteller. Auch eine Kombination der Tube-to-Tube und der nachfolgend beschriebenen *Monocoque-Bauweise* ist möglich.

Bild 2: Tube-to-Tube Rohrverbindung

Wie bei der Muffentechnik können mit dem Tube-to-Tube-Verfahren viele Rahmengeometrien leicht hergestellt werden. Die Anfertigung hochwertiger, langlebigen Rahmen mit extrem niedrigem Gewicht ist möglich.

Durch die Einzelfertigung der Rohre ist die Laminatgüte bei der CFK-Muffen- und Tube-to-Tube-Bauweise häufig qualitativ besser als beim Monocoque-Verfahren.

Tube-to-Tube Rahmen sind u. a. an den deckend lackierten Rohrverbindungen zu erkennen. Außerdem ist vom Steuerkopfrohr in der Regel kein Zugang zum Ober- und Unterrohr möglich.

Monocoque-Bauweise

Der Großteil aller Carbonrahmen kommt aus Taiwan und China. Hier hat man sich besonders auf die Herstellung von Carbonrahmen in mehrteiligen geschlossenen Formwerkzeugen (Negativform) spezialisiert **(Bild 3)**.

Bild 3: Negativ-Formwerkzeug für das Schlauchblasverfahren

[1] Abk. RTM: engl. Resin Transfer Molding

Bei der Monocoque-Bauweise wird der Rahmen aus zwei oder mehr Bausegmenten hergestellt. Jedes Segment wird in einer eigenen Metallform gefertigt und die Segmente anschließend sichtbar oder unsichtbar miteinander verklebt.

Monocoque bietet eine große Vielfalt an Rahmenformen, sodass die Wünsche von Konstrukteuren und Produktdesignern umgesetzt werden können **(Bild 1)**.

Bild 1: Monoqoque-Rohrverbindung

Jede Rahmenhöhe benötigt eine eigene teure Form. Auch zusätzliche Formen für die Herstellung von Formkernen können notwendig sein.

Als *Open-Mold* bezeichnet man eine Form, die der CFK-Produzent dem Auftraggeber zur Verfügung stellt. Solche Rahmen unterscheiden sich durch die Lackierung und unterschiedliche Gewichte und Steifigkeitswerte.

Eine *Closed-Mold* dagegen befindet sich im Besitz des Auftraggebers. Das hergestellte Rahmendesign ist einmalig, manchmal auch patentrechtlich geschützt.

Monocoque Rahmen, Gabeln und einige Lenker werden aus tiefgefrorenen Kohlefaser-Prepregs hergestellt.

Nach dem Grobzuschnitt der aufgetauten Endlos-Prepregs werden bis zu 550 Faserzuschnitte je Rahmen angefertigt **(Bild 2)**. Der Zuschnitt dieser sogenannten *B-Stage Prepregs* erfolgt von Hand oder mit computergesteuerten Cuttern und Nesting-Software **(Bild 3)**.

Die Bereitstellung der großen Zuschnittmengen je Rahmen und Rahmenhöhe und das Einhalten der vorgegebenen Fasermaterialien und Faserorientierung stellt eine große logistische Herausforderung dar.

Bild 2: Prepregs-Einzelzuschnitte

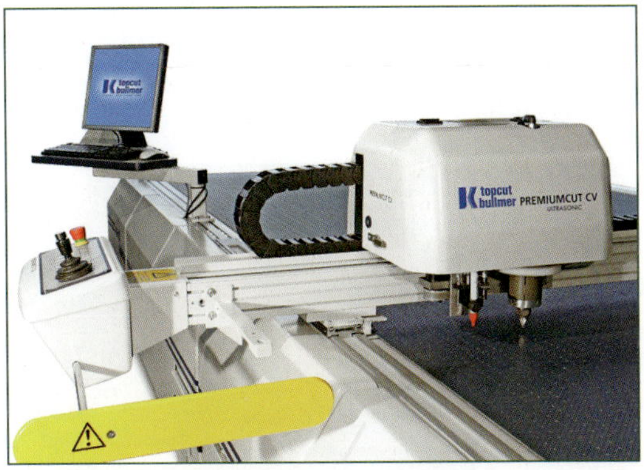

Bild 3: CNC Ultraschall-Cutter für Prepregs (Topcut-Bullmer)

Nach dem Zuschneiden werden Preformen von Bausegmenten eines Rahmens hergestellt. Dabei werden die Zuschnitte über Positivformwerkzeugen aus Holz, Silikon oder Hartschaum drapiert und geschichtet. Für Rohranbindungen benutzt man Winkelschablonen.

Das Aufschichten der Einzellagen des Laminats (engl. Ply lay-up) erfolgt nach dem Faserlegeplan, dem Ply-Book. In ihm ist die Ausrichtung und Reihenfolge des durchnummerierten Fasermaterials genau vorgegeben.

Mit Wärme können die leicht klebrigen Prepreg Zuschnitte beim Faserlegen fixiert werden (**Bild 1, Seite 170**) Dabei muss die Faserorientierung und Materialart genau eingehalten werden, denn schon wenige Grad Abweichung können die Rahmensteifigkeit deutlich senken.

Auch Faserknickungen durch Fehler beim Drapieren und jede Form der Verschmutzung des Laminats müssen vermieden werden (siehe auch Kapitel 5.5.5 CFK-Schäden).

Bild 1: Preform des Steuerkopfrohres

Zuerst wird der Rohrknoten des Tretlagergehäuses, Sitzrohr, Unter- und Oberrohr und das Steuerkopfrohr angefertigt. Im nächsten Schritt werden die Formstücke entfernt, die zum Drapieren und Aufschichten der Faserzuschnitte dienen. Zuletzt werden die Segmente miteinander verbunden **(Bild 2)**.

Bild 2: Preformsegmente zusammengefügt

In die Preformrohre werden Folienschläuche eingeschoben und außen eine dekorative Faserdeckschicht angebracht **(Bild 3)**.

Bild 3: Einsetzen der Folienschläuche

Manche Hersteller legen diese Deckschicht alternativ in die Negativ-Rahmenform, bevor sie die Preform einlegen. Bei besonders leichten Rahmen verzichtet man auf diese Dekorationsschicht. Eine besonders gleichmäßige Dekorschicht macht keine Aussage über die Fertigungsqualität.

Im nächsten Arbeitsgang wird die Preform in eine mit Trennmittel behandelte Form gelegt und verschlossen. Die Folienschläuche werden aufgeblasen und die Aushärtung durch Wärme beschleunigt. In **Bild 4** sind die vielen Faserschichten und Reste von Folienschläuche in einem ausgehärteten CFK-Gabelkopf gut zu erkennen.

Die Schlauchblas-Folienschläuche drücken beim Aushärten das Fasermaterial gegen die Negativform. Nach der Aushärtung werden sie soweit wie möglich entfernt.

Bild 4: CFK-Gabelkopf

In **Bild 5** ist der ausgehärtete Rahmen zu sehen. Überschüssiges Epoxidharz wurde zwischen die Berührungsflächen der Formhälften gedrückt.

Bild 4: : Entformter Rohrrahmen nach dem Aushärten

Bei der Qualitätskontrolle werden die Maße kontrolliert und das Gewicht und die Verwindungssteifigkeit des Rohrahmens (oder der Gabel) gemessen.

Nach dem Einkleben von Aluminiumeinsätzen in das Tretlager und Steuerkopfrohr folgen die Bohrungen für die Zuggegenhalter und Flaschenhalter-Nietmuttern. Eine mehrstufige, sehr zeitintensive Nachbehandlung mit Füller und Schleifpapier schließt sich an. Die Lackierung beendet die Herstellung.

Die Monocoque-Bauweise eignet sich gut, um die Vorteile von Faserverbundwerkstoffen auszuschöpfen. Optimierter Faserverlauf, gewünschte Rahmensteifigkeit, freies Rahmendesign und niedriges Gewicht können konstruktiv gut realisiert werden.

Von Nachteil ist, dass jede Rahmenform und Rahmengröße eine eigene teure Negativform benötigt und der Anteil an Handarbeit besonders hoch ist. Deshalb werden die Verfahrensabläufe fortlaufend verbessert, vereinfacht und verfeinert.

5.5.5 CFK-Schäden und Prüfverfahren

Carbonrahmen und die meisten Bauteile aus Carbon bestehen aus sogenannten *endlosfaserverstärkten* Kunststoffen, Spritzgussteile wie Pedalkörper aus *kurzfaserverstärkten* Kunststoffen.

Durch das Einbetten von hochfesten Kohlenstofffasern (Carbon) in einen homogenen Kunstharz-Formstoff (auch als Matrix oder Matrixharz bezeichnet) werden die Eigenschaften beider Materialien vorteilhaft ausgenutzt.

Die Matrix bildet mit den Kunststofffasern den Faser-Verbund-Kunststoff (FVK). Das Matrixharz hat dabei die Aufgabe, die Verstärkungsfasern zusammenzufügen, sie zu stützen und vor Umwelteinflüssen zu schützen **(Bild 1)**. Als Formstoff kommt meist das Duroplast Epoxidharz (EP) zur Anwendung.

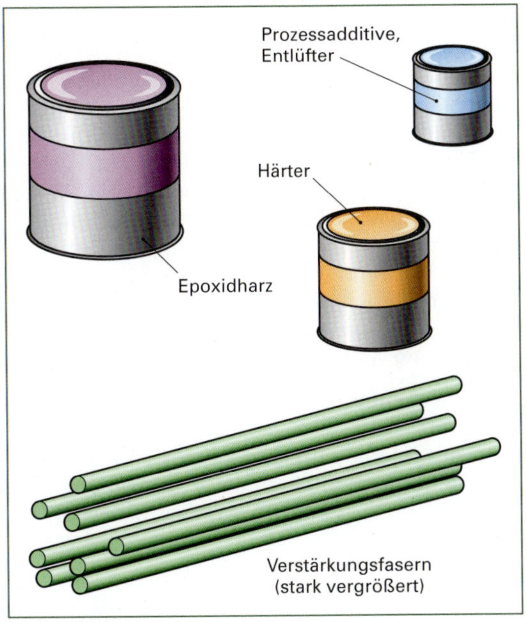

Bild 1: Verbundelemente

Für kleine Bauteile, wie Brems- und Schalthebel, die vor allem aus optischen Gründen aus kohlenstofffaserverstärkten Kunststoffen (CFK) gefertigt werden, kommen als Formstoff häufig thermoplastisches Polyamidharz (PA), Polyimid (PI) oder Polyethersulfon (PES) zum Einsatz.

Die folgenden Beschreibungen beziehen sich ausschließlich auf Faser-Matrix-Verbunde auf Epoxidharzbasis, die mit Endlosfasergeweben und -gelegen sogenannte Laminate bilden.

Besonderheiten faserverstärkter Werkstoffe

Die mechanischen Eigenschaften wie Zugfestigkeit oder Elastizitätsmodul von Metallen oder Matrixharzen sind stets gleich und damit *unabhängig* von der Richtung der wirkenden oder eingeleiteten Kräfte. Diese Eigenschaft bezeichnet man als *Isotropie*.

Bei den Faserverbundwerkstoffen dagegen sind die mechanischen Eigenschaften *abhängig* von der Faserrichtung. Diese als *Anisotropie* bezeichnete Eigenschaft ist der Schlüssel zum Verständnis der Faserverbundwerkstoffe.

Bei Faserverbundwerkstoffen erfolgt die Kraftübertragung über Schubkräfte von der Matrix auf die Faser. Daher ist eine gute Haftung an der Grenzfläche von Faser und Matrix von entscheidender Bedeutung. Die Haftungs- oder Anbindungsqualität wird unter anderem von der Faserbeschichtung und Oberflächengestalt sowie vom optimalen Volumenverhältnis zwischen Fasern und Matrixharz beeinflusst. Ideal ist ein Verhältnis von 55 % bis 60 % Fasern zu 45 % bis 40 % Harz.

Einzelne Hersteller versuchen, die Leistungsfähigkeit von CFK-Bauteilen durch das Beimischen geringer Mengen mikroskopisch kleiner Kohlenstoffteilchen in die Matrix (Epoxidharz) zu steigern. Die Bezeichnung dieser röhrenförmigen Partikel ist *Carbon Nano Tubes* (CNT.) Sie sollen die Übertragung der Kräfte von der Matrix auf die Fasern verbessern.

Zukünftige Forschungsarbeiten werden klären, ob sich dadurch die Ermüdungsfestigkeit erhöht.

Konstruktionswerkstoff Faser-Matrix-Verbund

Durch Verknüpfen der einzelnen Eigenschaften von Faser und Matrixharz kann der Konstrukteur einen neuen maßgeschneiderten Werkstoff schaffen und nahezu beliebig formen. Anders als bei den isotropen Metallen konstruiert er nicht nur das Bauteil selbst, sondern auch den Werkstoff. Er kann dabei das Fasermaterial, die Fasermenge und die Faserorientierung jeder Einzelschicht wählen.

Die Fasern können als *unidirektionale* Gelege (UD) oder gewebt mit unterschiedlichen Webarten ausgewählt werden **(Bild 1)**.

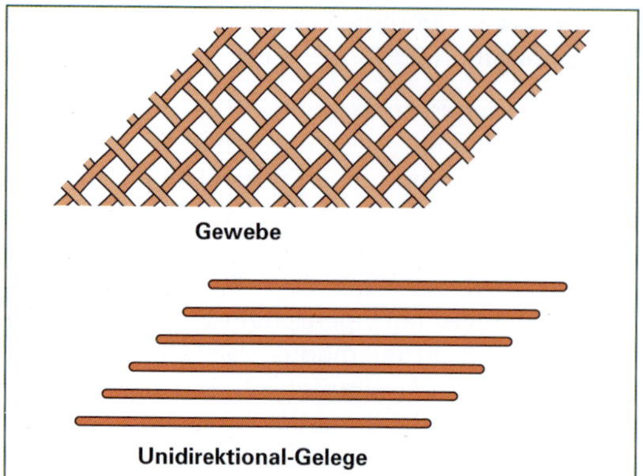

Bild 1: Gewebe und Gelege

Durch sogenanntes fasergerechtes Konstruieren können extrem leichte und gleichzeitig hochfeste, biegesteife Teile produziert werden. Wegen der Anisotropie müssen Konstrukteure, die sich auf Faserverbundkunststoffe spezialisiert haben, nach der klassischen Laminat-Theorie (CLT) in Schichten denken und eine Vielzahl von Einzelaspekten beachten, die es bei isotropen Werkstoffen nicht gibt. Zum Beispiel müssen Wege gefunden werden, Betriebskräfte in eine Faserverbundstruktur einzuleiten und notwendige Anbauteile fasergerecht zu befestigen.

Der sich anschließende Herstellungsprozess erfordert viel Handarbeit und von den Laminierern großes Geschick. Hier können wesentlich mehr Fehler gemacht werden, als man dies von isotropen Werkstoffen kennt. Sorgfalt in Konstruktion und Herstellung und Musterprüfungen sind daher Pflicht für seriöse Anbieter.

Bruchverhalten von CFK

Während schwache Van-der-Waalsche Kräfte die Kohlenstoffatome *quer* zur Faserrichtung binden, verleihen starke Atombindungen den Kohlenstofffasern in *Längsrichtung* eine hohe Zugfestigkeit und einen hohen Elastizitätsmodul.

Physikalische Eigenschaften von CFK je nach Faserorientierung, Matrix und Faseranteil:

Dichte	1,3 kg/dm³ bis 1,6 kg/dm³
Zugfestigkeit	150 N/mm² bis 1300 N/mm²
Bruchdehnung	1 % bis 3 %
Elastizitätsmodul	50 000 N/mm² bis 210 000 N/mm²

Der E-Modul ist die Kraft, die ein Werkstoff einer elastischen (federnden) Verformung entgegensetzt (siehe auch Seite 46). Werden Metalle auf Zug belastet, dehnen sie sich bis zur Streckgrenze elastisch aus. Nach dem Überschreiten der Streckgrenze beginnen sie sich plastisch zu verformen. Bei steigender Zugbelastung brechen oder reißen sie. Werkstoffe mit der Eigenschaft, durch plastische Verformung (Einschnürung) einen Bruch vorzeitig anzuzeigen, bezeichnet man als duktil. Spröde Werkstoffe wie Kohlenstofffasern oder Keramik dehnen und verformen sich kaum, bevor sie brechen. Ihr Bruchverhalten ist nichtduktil. Ein bevorstehender Sprödbruch kann daher äußerlich nicht erkannt werden. **Bild 2** vergleicht duktile und nichtduktile Werkstoffe.

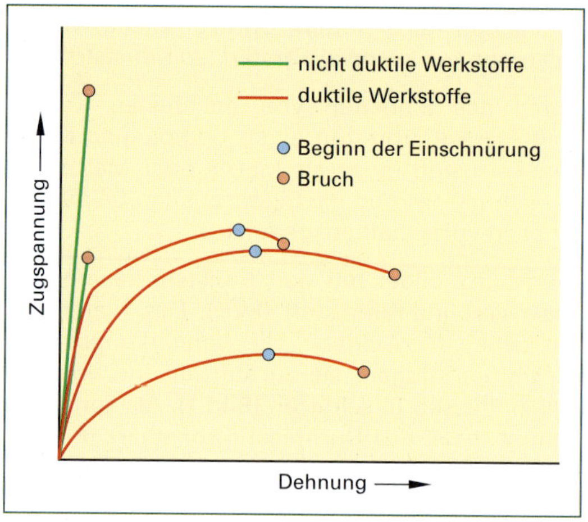

Bild 2: Duktile und nichtduktile Werkstoffe

Die *Bruchkriterien nach Puck*[1] beschreiben zwei Hauptversagensarten, die je nach Richtung der wirkenden Kräfte innerhalb einer unidirektionalen Einzelschicht (UD-Schicht siehe Bild 1) eines mehrlagigen Laminats auftreten können. Diese Betrachtungsweise hat den Vorteil, dass sowohl ihr Auftreten, als auch ihr Schädigungspotenzial bereits während der Konstruktion rechnerisch ermittelt werden kann. Weil ihre Auswirkungen grundverschiedenen sind, ist ihre Kenntnis und Abgrenzung wichtig.

Als **Zwischenfaserbruch** (Zfb) bezeichnet man einen Bruch oder Riss, der durch das Matrixharz verläuft und die Einzelschicht teilweise oder vollständig durchtrennt. Er verläuft in Faserlängsrichtung entlang der Grenzfläche Faser-Matrix (**Bild 1, Seite 173**)[2].

[1] Prof. Alfred Puck, geb. 1927, dt. Ingenieur, Grundlagenforschung Faserverbundkonstruktion

[2] Quelle: GMA-Werkstoffprüfung GmbH CFK-Prüfzentrum Stade

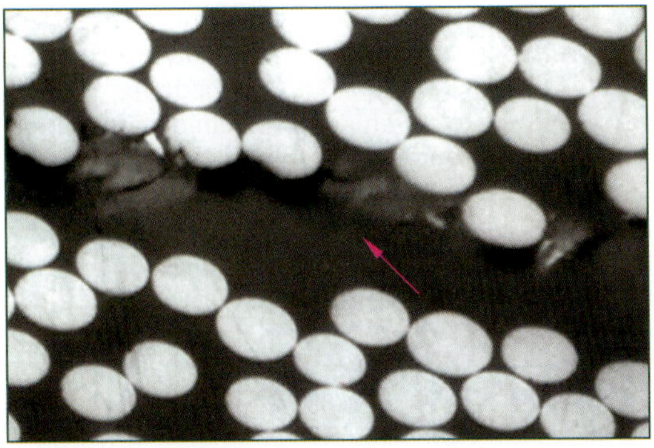

Bild 1: Zwischenfaserbruch (Mikroschliff)

Ein Zfb führt zu einer Last- oder Kräfteumverteilung in einer Einzelschicht und übt im weiteren Verlauf eine Kerbwirkung auf die Fasern aus. Zwischen Zfb und Faserschäden durch Kerbwirkung liegt erfahrungsgemäß eine längere Betriebszeit und viele Lastwechsel.

Ein Zwischenfaserbruch kann durch folgende Belastungen einer UD-Einzelschicht (**Bild 2**) ausgelöst werden:

- Zfb Modus A – Zugbelastung quer zur Faserrichtung
- Zfb Modus B – Schubbelastung in Faserlängsrichtung

Zfb A und B sind unkritische Bruchkriterien, die selten zu einem Bauteilversagen führen. In einigen Konstruktionen wird ihr Auftreten in begrenztem Umfang toleriert.

- Zfb Modus C – Druckbelastung quer zur Faserrichtung

Zfb Modus C dagegen ist gefährlich und kann eine Einzelschicht durch Keilwirkung sprengen. Ein Bauteil würde augenblicklich versagen. Durch intelligentes fasergerechtes Konstruieren und Dimensionieren kann ein Zfb C verhindert werden.

Bild 2 zeigt die wirkenden Kräfte in einer UD-Schicht (die Modi beziehen sich auf eine isoliert betrachtete UD-Faserschicht). Laminate sind jedoch multidirektional und mehrlagig aufgebaut und werden durch einen Belastungsmix beansprucht.

Trifft ein Zwischenfaserbruch auf eine Laminatschicht mit einer anderen Faserorientierung, wird die Ausbreitung vorläufig gestoppt (siehe auch Interlaminatschäden).

Ein Zwischenfaserbruch führt stets zu einer messbaren schrittweisen Abnahme (Degradation) der Bauteilsteifigkeit.

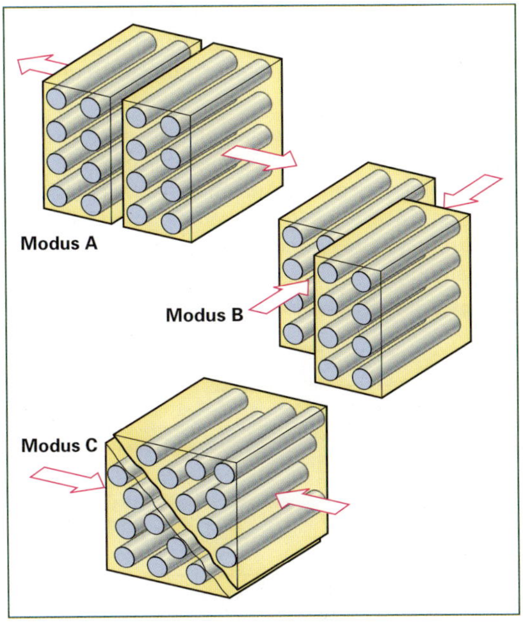

Bild 2: Zwischenfaserbruch Modus A, B und C

Unter einem **Faserbruch** (Fb) versteht man das zeitgleiche Brechen größerer Mengen von Einzelfasern, den Tragelementen innerhalb einer UD-Schicht (**Bild 3**). Faserbrüche können in benachbarten Laminatschichten Zwischenfaserbrüche und Delamination auslösen.

Führt ein Faserbruch nicht zu einem sofortigen Versagen, nimmt trotzdem die Bauteilsteifigkeit so stark ab, dass das Bauteil unbrauchbar wird. Man unterscheidet zwei Arten von Faserbruch:

- Fb-Zug → Fasern reißen durch zu hohe Zugbelastung in Faserlängsrichtung
- Fb-Druck → Fasern brechen (Mikroknickung) durch zu hohe Druckbelastung in Faserlängsrichtung

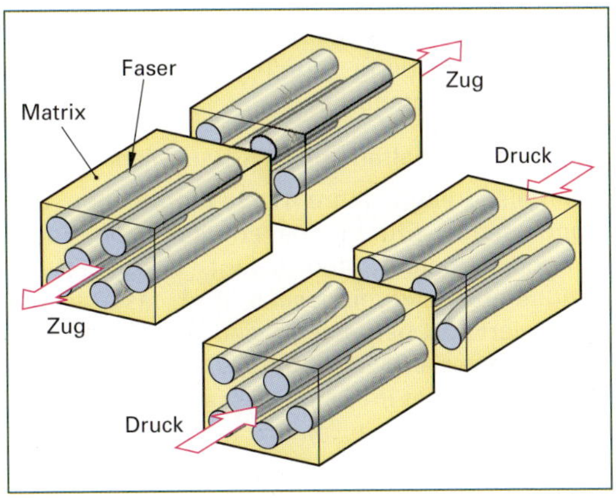

Bild 3: Faserbruch durch Zug und Druck

Intralaminatschäden sind Schäden, die über eine Einzelschicht in einem Laminat nicht hinausgehen. Hierzu zählt der Zwischenfaserbruch (Zfb) und der Faserbruch (Fb).

Interlaminatschäden breiten sich zwischen Einzelschichten oder über mehrere Einzelschichten aus. **Bild 1** zeigt eine große Anzahl von Zwischenfaserbrüchen, Faserbruch (oben rechts) und Delamination (oben rechts, unten links) in einem zerstörten Prüflaminat.

Bild 1: Zwischenfaserbruch, Faserbruch und Delamination (Mikroschliff). Die Kohlenstofffasern sind weiß dargestellt[1]

Delamination bezeichnet das Ablösen von Schichten in Werkstoffverbunden, z. B. in Faserverbundwerkstoffen oder das Ablösen einer Korrosionsschutzschicht auf einem Stahlbauteil. Delamination bei CFK-Bauteilen zählt zu den Interlaminatschäden.

Lösen sich Einzelschichten vollständig voneinander, führt dies zum Bauteilversagen. Ursache sind meist Zwischenfaserbrüche, deren Rissspitzen auf eine benachbarte Einzelschicht mit anderer Faserorientierung treffen und Klebefehler (Bild 1, oben Mitte).

Bei steigender Belastung und/oder zyklischen Lastwechseln breitet sich die Delamination wegen der Kräfteumverteilung an der Grenzfläche zur Nachbarschicht allmählich aus. Schlechte Schichtenverklebung durch Herstellungsfehler fördert die Ausbreitung.

Ermüdungsverhalten von CFK-Bauteilen

Mehr als dreißig Jahre Forschung haben das grundlegende Ermüdungsverhalten von Faserverbundlaminaten offen gelegt. Wird CFK an geeigneter Stelle eingesetzt und fasergerecht konstruiert und hergestellt, sind CFK-Teile dauerschwingfester als Metallbauteile. Die Anisotropie von CFK entfaltet im Bauteil rissstoppende Eigenschaften und trägt zu einem nur schwachen Ermüdungsverhalten bei.

Fehler in Konstruktion, Herstellung, Montage und Schäden während der Nutzung durch Missbrauchslasten können die Lebensdauer reduzieren. Weil solche Fehler und Schäden in einem anisotropen und dreidimensional geformten Werkstoff sehr unterschiedlich wirken, lassen sie sich mit Computerprogrammen nicht simulieren.

Die Abnahme der Steifigkeit durch Werkstoffermüdung von endlosfaserverstärkten Kunststoffen erfolgt in drei Stufen (siehe Tabelle Steifigkeits-Degradation).

Degradation bezeichnet die allmähliche Verringerung eines Wertes oder einer Eigenschaft, z. B. den Stoffabbau bzw. die Zerlegung von Verbindungen.

Tabelle: Steifigkeits-Degradation (Verringerung der Steifigkeit)

Degradationsstadium	Beschreibung
1	Bei den ersten Lastwechseln bilden sich an vorhandenen mikroskopisch kleinen Inhomogenitäten im Laminat kleinste Zwischenfaserbrüche (Primärbrüche), deren Entstehung mit der Schallemissions-Analyse gemessen werden kann.
2	Über einen langen Betriebszeitraum wachsen die intralaminaren zu interlaminaren Zwischenfaserbrüchen heran: Die Bauteilsteifigkeit nimmt ab. Im weiteren Verlauf erfolgt das Heranwachsen von großflächigen Delaminationen mit weiterer Steifigkeits-Degradation.
3	Endstadium. Auftreten von Faserbrüchen und schlagartige Abnahme der Steifigkeit mit Bauteilversagen.

Impactschäden (FODs = Foreign object damages) sind Interlaminatschäden, die durch Kollision mit Fremdkörpern entstanden sind. Stein- und Kettenschläge, fallendes oder abrutschendes Werkzeug (*tool drop*), Stürze und Umfallen mit Kollisionen können Impactschäden verursachen.

Während sich bei isotropen Metallblechen Dellen und Beulen bilden, sind es bei anisotropen Glasfaserlaminaten gut sichtbare, helle Verfärbungen des Matrixharzes, die man auch als *Weißbruch* bezeichnet.

Bei den lichtundurchlässigen CFK-Laminaten werden *keine* tieferliegenden Matrixverfärbungen optisch sichtbar. Hinzu kommt, dass bei ausreichender Schlagkraft und/oder bei schlechter Schichtenverklebung Impacts in CFK-Bauteilen Delaminationen auslösen können. Diese breiten sich auf der dem Impact abgewandten Seite kegelförmig aus (**Bild 1, Seite 175**).

[1] Quelle: GMA-Werkstoffprüfung GmbH CFK-Prüfzentrum, Stade

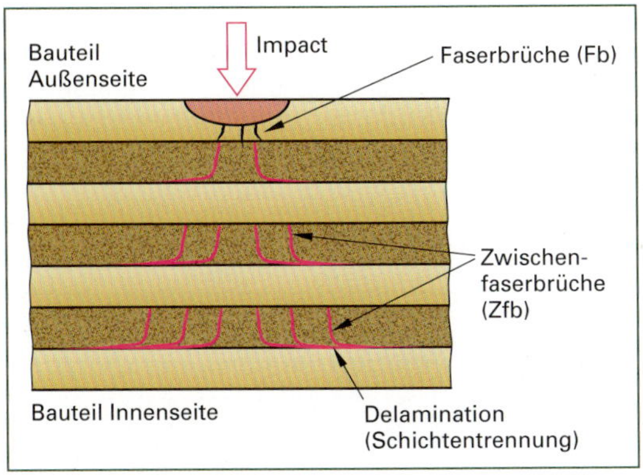

Bild 1: Kegelförmige Ausbreitung

Bild 2 zeigt einen 25 mm breiten Impactschaden auf der Außenseite einer Hinterbaustrebe.

Bild 2: Impactschaden Rahmen-Hinterbaustrebe

Bild 3 zeigt die 40 mm breite Delamination auf der Rückseite der Strebe aus Bild 2.

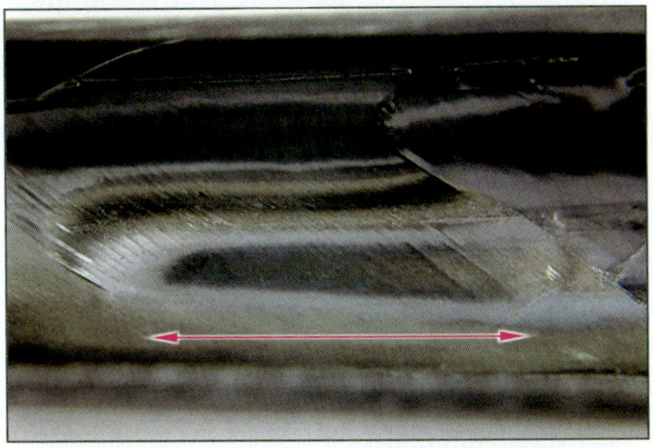

Bild 3: 40 mm weite Delamination durch Impact

Es ist deutlich zu erkennen, dass Form, Lage und Größe der Delamination auf der Bauteilrückseite stark von der Form und Größe des Impacts auf der Außenseite abweicht. Der Laminataufbau und die Bauteilgestalt bestimmen die Art der kegelförmigen Ausbreitung. **Bild 4** zeigt unterschiedliche Formen der Ausbreitung.

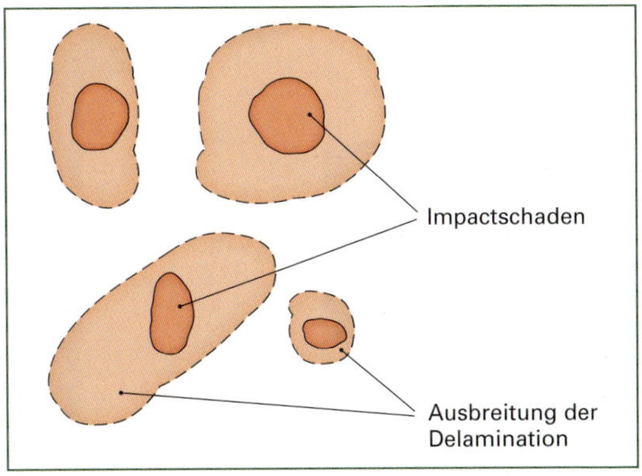

Bild 4: Delaminationen durch Impact

Bei Bauteilen aus CFK darf das Schädigungspotenzial von Impactschäden keinesfalls unterschätzt werden.

Die Größe und Richtung der Ausbreitung von Delamination und Zwischenfaserbrüchen durch Impacts ist nicht vorhersehbar und wird durch zyklische Lastwechsel gefördert.

Besonders kritisch wirken sich solche Schäden auf Carbongabeln aus.

Mittels Werkstoffprüfverfahren kann die Ausbreitung von Delamination untersucht werden. Die Untersuchung sagt aus, ob ein Impactschaden von einem Faserverbund-Fachbetrieb repariert werden kann.

Herstellungsfehler

Je nach Fertigungsverfahren und fachlichem Können des Herstellers weisen CFK-Bauteile in unterschiedlichem Maße Fehler und Inhomogenitäten aufweisen. Die wichtigsten sind:

- Faserorientierung fehlerhaft
- Einzelschichten vergessen
- Luftblasen
- Verschmutzung des Laminats beim Faserablegen
- Klebefehler
- Harzaushärtung fehlerhaft
- Laminat durch nachträgliche Arbeitsschritte beschädigt. Beispiele: Bohren, Schleifen, Sägen

In der Luftfahrtindustrie sorgen strenge CFK-Prüfvorschriften von Behörden für Sicherheit in Produktion, Montage und Instandhaltung, die es in der Zweiradbranche nicht gibt.

Bild 1 Seite 176 zeigt Fehler von Klebeverbindungen zwischen CFK-Rahmenmuffe und -Rahmenrohr. Diese Fehler führen nicht zwangsläufig zu einem Bauteilversagen, werden jedoch die Lebensdauer des Rahmens begrenzen.

5

Bild 1: links: Fehlerhafte Sitzrohrverklebung
rechts: Ober/Unterrohrverklebung

Bild 2 zeigt einen Fremdkörpereinschluss in einem Laminat.

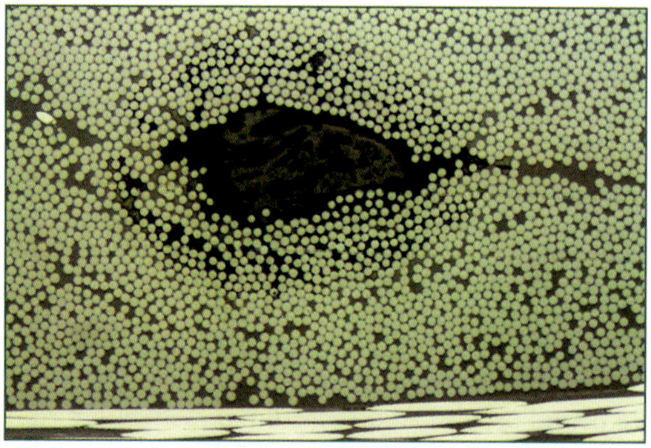

Bild 2: Fremdkörpereinschluss (Mikroschliff)[1]

CFK Werkstoffprüfverfahren

Die Werkstoffprüfung von Fahrradteilen aus CFK wird unterteilt in zerstörungsfreie (ZfP) und zerstörende Prüfung (ZP). Zerstörungsfreie Verfahren werden zur systematischen oder stichprobenhaften Qualitätskontrolle von Neuteilen angewandt oder um Schäden in bereits beanspruchten Bauteilen zu suchen.

Zerstörende Prüfverfahren geben auf makroskopischer, mikroskopischer und chemischer Ebene Auskunft darüber, wie ein Bauteil hergestellt wurde und in welcher Weise der Hersteller die aufwändigen CFK-Fertigungsprozesse im Detail beherrscht. Solche Verfahren können Herstellern und Einkäufern Informationen über die Bauteilgüte liefern. Sachverständige können diese Verfahren zur Untersuchung von Schadensfällen heranziehen, wenn zerstörungsfreie Prüfverfahren allein nicht ausreichen sollten. Eine Kombination aus zerstörungsfreien und zerstörenden Verfahren ist notwendig, da jedes Verfahren eigene begrenzte Prüfbereiche umfasst.

Bild 3 gibt einen Überblick über gebräuchliche Prüfverfahren für CFK-Fahrradbauteile.

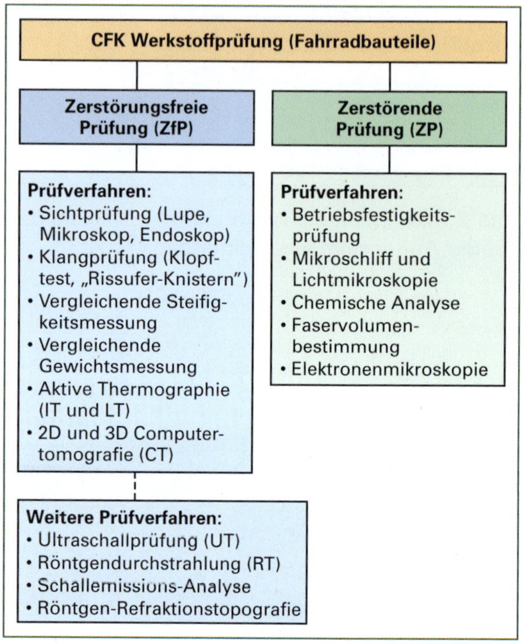

Bild 3: CFK Werkstoffprüfverfahren

Zerstörungsfreie Prüfung (ZFP)

Die ältesten zerstörungsfreien Werkstoffprüfverfahren in der Geschichte der Menschheit sind die Sicht- und die Klangprüfung.

Die **Sichtprüfung** ist eines der wichtigsten Prüfverfahren für CFK-Fahrradbauteile. Dabei werden Bauteiloberflächen mit bloßem Auge oder mit optischen Geräten wie Lupe, Mikroskop und Endoskop untersucht (mit einem Endoskop kann man innere Hohlräume betrachten). Je nach Bauweise eines Rahmens werden die Rohrinnenseiten nach einem Sturz auf Delaminationen abgesucht, wobei Reste von Folienschläuchen die Sichtprüfung erschweren können.

Eine **Klangprüfung** kann akustische Veränderungen eines Bauteils erfassen. Weit verbreitet ist bei Faserverbundbauteilen der **Klopftest** (engl. tap test). Kommt es durch Delamination zu einer Verkleinerung der Wandstärke gegenüber den intakten Laminatbereichen, vergrößert sich die Nachgiebigkeit der Oberfläche. Das akustische Verhalten verändert sich.

[1] Quelle: GMA-Werkstoffprüfung GmbH, Stade

Beim Klopftest wird das Laminat in einem lärmgeschützten Raum mit einem geeigneten Impulsgeber vorsichtig abgeklopft (**Bild 1**). Unbeschädigte Bereiche erkennt man an ihrem klaren Klang, Defekte verursachen ein dumpfes Geräusch. Nach einiger Übung kann mittels Klopftest die Ausdehnung eines Schadens ermittelt werden. Für Rohrprofile mit kleinem Durchmesser, wie Fahrradrahmenrohre und Gabelscheiden, ist der Klopftest nur eingeschränkt nutzbar.

Bild 1: Klopftest eines Impactschadens

Bei einem Riss liegt eine Materialtrennung vor. Die Grenzflächen von Rissen, die man auch als *Rissufer* bezeichnet, sind bei Carbonteilen durch Zwischenfaser- und/oder Faserbrüche sehr rau. Wird das Bauteil biegebelastet, kommt es zu kleinsten Relativbewegungen der Rissufer. Diese gleiten aufeinander und verursachen durch Schallwellen Knister- und Knackgeräusche.

Das Provozieren von *Rissufer-Knistern* durch gezielte Biegebelastung von Bauteilen in einem lärmgeschützen Raum ist ein wichtiger Bestandteil der zerstörungsfreien Prüfung von tragenden Fahrradteilen aus Carbon. Ergänzend dazu können Sensoren bei einer **Schallemissions-Analyse** (AET) bereits kleinste Schallwellen im Bauteil aufzeichnen, die für das menschliche Ohr nicht hörbar sind.

Vergleichende Messung der Verwindungssteifigkeit ist ein weiteres in der Fahrradindustrie bewährtes CFK-Prüfverfahren. Im Rahmen der Qualitätssicherung durch den Hersteller oder durch Prüfinstitute werden heute Referenzmuster vermessen und die Werte in einer Datenbank nach Modellserie, Größe, Hersteller und Baujahr gespeichert. Abweichungen von ± 5 % vom Sollwert sind übliche Grenzwerte. Ein großer Vorteil besteht darin, dass durch die für die Messungen notwendige Biegebelastung an gebrauchten Bauteilen Rissufer-Knistern auslöst und verborgene Schäden akustisch anzeigt.

Vergleichende Gewichtsmessungen innerhalb einer Bauserie geben Auskunft über die Qualität der Herstellung. Übliche Maßtoleranzen bei Rahmengewichten von 1000 g: ± 50 g, bei Rahmen um 1500 g: ± 100 g.

Die **aktive Thermographie mit optischer Anregung** (**Bild 2**) ist ein mobiles Prüfverfahren, das in der Luftfahrt, der Automobilindustrie, für Windkraft-Rotorblätter und auch für Fahrradbauteile zur Anwendung kommt.

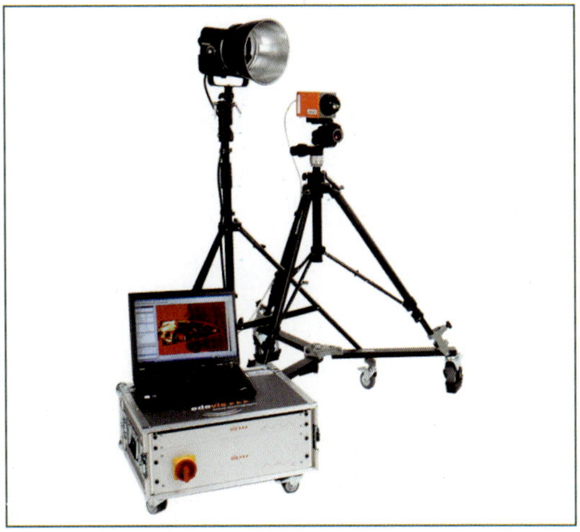

Bild 2: Thermographiesystem Edevis OTvis

Prüfverfahren sind die Lock-in-Thermographie (LT) und die Impuls-Thermographie (IT).

Bei der **Lock-in-Thermographie** wird die zu prüfende Struktur durch computergesteuerte Lichtimpulse mit der „Lock-in-Frequenz" der Halogenleuchten schonend erwärmt. Treffen die Lichtwellen auf die Bauteiloberfläche, werden sie dort absorbiert (optische Anregung) und breiten sich als Wärmewelle im Bauteilinneren aus. Thermische Grenzflächen wie Risse, Luftblasen, Delaminationen, Klebefehler oder Bauteilinnenseiten reflektieren diese Wärmewellen.

Eine gekoppelte Hochgeschwindigkeitsinfrarotkamera zeichnet den Fluss der Wärmewellen auf. Die Systemsoftware wertet die Temperaturverteilung (Amplitude) und zeitliche Verschiebung (Phasenwinkel) zwischen der Wärmeeinbringung und der thermischen Antwort (Reflektionen) aus.

Der Computer berechnet ein störungsarmes sogenanntes Phasenbild, das die thermische Struktur des Bauteils zeigt. Je nach Anzahl der Anregungsperioden und Phasenwinkel können Inhomogenitäten bis zu einer Bauteiltiefe von etwa 8 mm erfasst werden.

Die **Impulsthermographie** ähnelt der Lock-in-Thermographie; die optische Anregung erfolgt durch Blitzlampen. Zur Untersuchung eines einzelnen Bauteils sind stets mehrere Einzelaufnahmen mit unterschiedlichen Aufnahmewinkeln notwendig.

Wurde ein Bauteil längere Zeit genutzt und liegt kein Impact vor, kann eine Thermographie nur begrenzt Auskunft darüber geben, ob ein Fertigungsfehler Delamination verursacht hat oder ein Nutzungsschaden vorliegt.

Die **Röntgen-Computertomographie** (CT) ist ein stationäres Werkstoffprüfverfahren, bei dem das Prüfteil zwischen einer Röntgenstrahlenquelle und einem Detektor platziert wird (**Bild 1**).

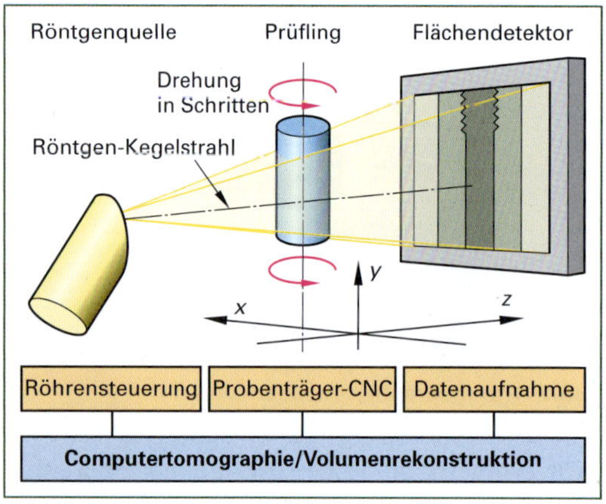

Bild 1: 3D CT Funktionsschema[1]

Die 2D-Computertomografie arbeitet mit einem fächerförmigen Röntgenstrahl und einem Zeilendetektor, die 3D-Computertomografie dagegen mit einem kegelförmigen Strahl und einem Flächendetektor. Während der Durchstrahlung wird das Prüfteil in bis zu 2800 Einzelschritten computergesteuert in Achsrichtung oder um 360° gedreht.

Die von den Detektoren erfassten Projektionen werden von leistungsfähigen Grafikcomputern in ein 2D- oder 3D-Bild umgewandelt[2].

Mit dem Computertomografie-Verfahren können Details mit einer Größe von weniger als 1/100 Millimeter hochauflösend untersucht werden.

Strukturen können sowohl im Schnitt, als auch dreidimensional aus jedem Betrachtungs- und Schnittwinkel und in jeder Materialtiefe sichtbar gemacht werden (**Bild 2**).

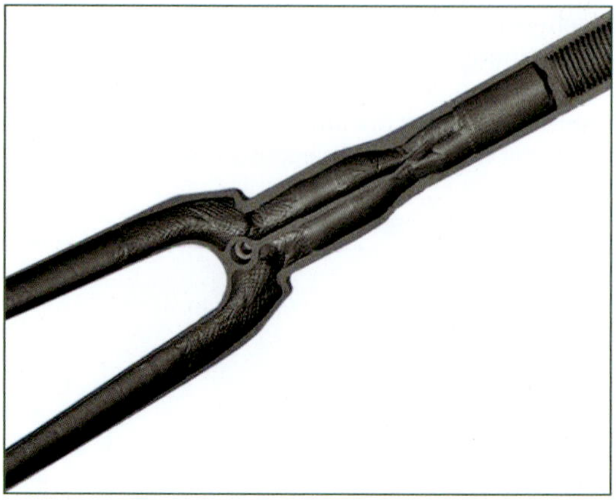

Bild 2: CT einer Vollcarbongabel[3]

Für die zerstörungsfreie Prüfung von CFK-Bauteilen gibt es weitere Verfahren, von denen sich jedoch nicht alle für die Untersuchung von Rohrprofilen, wie sie im Fahrradbau üblich sind, eignen. *Beispiel:* Ultraschall-Mikroskopie.

Zerstörende Werkstoffprüfung

Bei einer **Mikroschliff- und Lichtmikroskopie** werden aus dem zu untersuchenden Bauteil Werkstoffproben entnommen. **Bild 3** zeigt zwei Proben eines CFK-Gabelschafts in Einbettmasse gegossen, geschliffen und poliert.

Bild 3: Mikroschliff Werkstoffprobe

1 Quelle: GE Sensing & Inspection Technologies GmbH, Wunstorf

2 Die kleinste 2D-Bildeinheit ist das Pixel, die kleinste 3D-Bildeinheit das Voxel (Volumenpixel)

3 Quelle: TPW Prüfzentrum GmbH, Neuss

Mikroschliffe eignen sich zur Qualitätskontrolle und liefern detaillierte Informationen über den Herstellungsprozess und die Entwicklungsgeschichte eines Defekts.

Faservolumenbestimmung

Nach Verglühen des Matrixharzes kann durch Umrechnung (Gewicht/Dichte) das Verhältnis Harz/Fasermenge ermittelt werden. Zuwenig Harz zeigt an, dass die Fasern nicht ausreichend in Harz eingebettet waren.

Chemische Analysen geben Auskunft über die Zusammensetzung von Matrixharz, Härter und Prozessadditiven, über Abweichungen im Mischungsverhältnis und ob ein Bauteil aus verschiedenen Matrixsystemen und in mehreren Aushärtungsschritten gefertigt wurde.

Durch **Betriebsfestigkeitsprüfungen** kann die Bauteilfestigkeit bei unterschiedlichen statischen und dynamischen Belastungsarten ermittelt und Schadensmechanismen aufgedeckt werden.

CFK-Prüfmethoden im Werkstattalltag

Vor Beginn einer Wartung oder Reparatur sollte der Radbesitzer über besondere Ereignisse in der Fahrzeuggeschichte Auskunft geben:

- Zurückliegende Extrembelastungen während der Nutzung
- Gewaltsame Entfernung festsitzender, festkorrodierter Teile. Beispiel: Tretlagerschalen
- Wahrgenommene Knack- und Knistergeräusche während der Nutzung

Diese Kundeninformationen sollten notiert und sorgfältig aufbewahrt werden. Anschließend ist es wichtig, alle vorhandenen CFK-Bauteile zu säubern und auf Unregelmäßigkeiten zu untersuchen. Tragende Teile wie Rahmen, Gabelschäfte, Sattelstützen, Lenker, Vorbauten und Felgen sind mit großer Gewissenhaftigkeit zu prüfen.

Tabelle: Sinnvolle Prüfintervalle

MTB, Cross- und Trekkingrad	Rennrad
Alle 1500 bis 2500 km	Alle 2500 bis 3500 km
Herstelleranweisungen mit kürzeren Intervallen, hohe Fahrergewichte, Einsatzzweck und Fahrstil müssen beachtet werden!	

Regelmäßige Prüfintervalle schützen vor unbemerkter Schadensausbreitung.

Für die Sichtprüfung von Carbonteilen, Metall- und Lackoberflächen eignen sich verzerrungsarme 10- bis 15fach vergrößernde Lupen mit einem großen Sichtfelddurchmesser.

Die Sichtprüfung muss zeilenweise erfolgen. Bereits untersuchte Bereiche werden mit einem Farbstift markiert. Mit einer hellen LED-Leuchte ist die Bauteiloberfläche aus verschiedenen Richtungen und Winkeln anzustrahlen (**Bild 1**). Schäden können so besser erkannt werden, denn Rissufer werfen bei einer seitlichen Beleuchtung Schatten. Eine zusätzliche Biegebelastung lässt Rissfugen klaffen – dies kann zur Unterscheidung von Kratzer und Riss helfen.

5

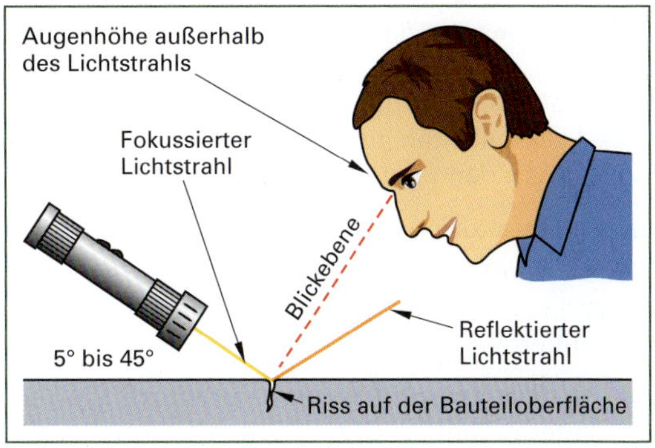

Bild 1: Gabeluntersuchung mit Lupe und Leuchte

Bild 2 zeigt den Vorbauklemmbereich auf einem CFK-Gabelschaft. Mit einer Lupe konnte festgestellt werden, dass lediglich eine Abschürfung der oberen Deckschicht vorliegt. Fasern und Laminat sind noch nicht geschädigt. Solche Stellen sollten mit Epoxidkleber abgedeckt, dokumentiert und nachgeprüft werden.

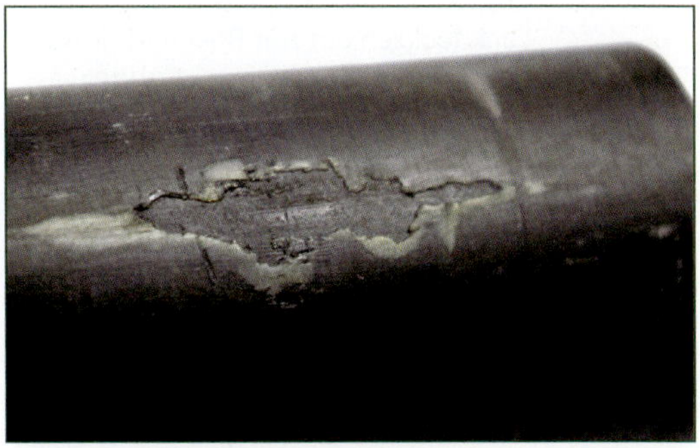

Bild 2: Klemmbereich Gabelschaft

Lose, beschädigte und gerissene Lackschichten oder unlackierte, lose Harzdeckschichten sind vor der Sichtprüfung mit dem Fingernagel oder einem stumpfen Werkzeug vorsichtig zu entfernen.

Besonders an Klebeverbindungen finden sich regelmäßig Risse im Decklack, der meist weniger elastisch ist als der Verbindungsklebstoff. Mancher Lackriss wird dadurch fälschlicherweise als „Rahmenbruch" identifiziert. Hier muss die Untersuchung durch eine gezielte Zug-, Druck- und Torsionsbelastung der Klebestelle ergänzt werden.

Kleine Oberflächenschäden können mit Reparaturlack, Sekundenkleber oder 5-Min-Epoxidkleber ausgebessert werden.

5

Sichtprüfungen sollten immer durch Klangprüfungen ergänzt werden. In einem lärmgeschützten Raum belastet man das tragende Bauteil auf Biegung und Torsion in mehrere Richtungen und achtet auf Knister- und Knackgeräusche. Bei größeren Impactschäden und bei Verdacht auf Delamination kann der Klopftest eingesetzt werden. Für die Klangprüfung sind aufliegende Kabel, lose Lackschichten und Aufkleber zu entfernen. Sie können den Bauteilklang verfälschen.

Dokumentation

Neben Kundeninformationen sollte die Art, Größe und Lage von festgestellten Schäden stets dokumentiert werden.

Um die Dokumentation und Kommunikation zu erleichtern, können CFK-Schäden nach ihren Erscheinungsformen klassifiziert werden.

Tabelle: Schadensklassen für CFK-Fahrradbauteile

CFK-Schadensklasse	Definition
1	Kratzer, Riefen, Abplatzer, Risse der Lackdeckschicht ohne Beschädigung der äußeren Faserschicht
2	Kratzer, Riefen, Abplatzer, Risse der Lackdeckschicht mit Beschädigung der äußeren Einzelschicht ohne Durchdringung der äußeren Laminatschicht
3	Kratzer, Riefen, Abplatzer, Risse der Lackdeckschicht mit Durchdringung der äußeren Laminatschicht
4	Kratzer, Riefen, Abplatzer, Risse der Lackdeckschicht mit Laminatdurchbruch
5	Delamination zwischen Einzelschichten
6	Vollständiges Laminatversagen
7	Defekt einer Klebeverbindung
8	Schaden durch chemische, thermische oder fotooxidative Einflüsse

Jede Möglichkeit zur Übung und Vertiefung der Sicht- und Klangprüfung von CFK-Bauteilen sollte genutzt werden. Schrottteile können durch Zersägen weiter untersucht und/oder Schäden simuliert werden.

Leitlinien für Werkstattaufträge

Tragende Teile wie Rahmen, Gabeln, Lenker, Sattelstützen und andere sicherheitsrelevante Bauteile aus Carbon mit äußeren Laminatschäden der Schadensklassen 3 und 4, Impacts mit positivem Klopftest, Rissufer-Knistern und/oder Verdacht auf nicht sichtbare Bauteilüberlastung müssen immer ausgetauscht werden.

Bauteile müssen immer ausgetauscht werden, wenn

- das Versagen durch einen nicht erkannten Schaden erhebliche oder gar tödliche Verletzungen verursachen könnte.
- die Kosten für die Prüfung eines Bauteils mehr als 50 % des Neupreises betragen würde.

Reparatur von Carbonrahmen

- Carbongabeln dürfen nicht repariert werden.
- Impactschäden mit geringer Ausdehnung und Klebeverbindungen können von CFK Fachwerkstätten repariert werden.
- Ein Kostenvoranschlag klärt, ob eine Reparatur wirtschaftlich sinnvoll ist.

Konsequenzen für Fahrradmechaniker und Einzelhändler

Die rissstoppenden Eigenschaften durch den Schichtaufbau der Laminate und eine fasergerechte Konstruktion mit sorgfältiger Fertigung führen zu sicheren CFK-Bauteilen.

Baugleiche Fahrradteile aus CFK können unterschiedlich dimensioniert und von unterschiedlicher Güte sein. Von außen ist dies selbst für Fachpersonal kaum zu erkennen. Auch eine qualitative Bewertung über den Anbieternamen ist kaum möglich, denn mancher Anbieter wechselt mehrfach seinen Zulieferer. Qualitätsüberwachung, Qualitätsparameter und Faserlegeplan des Auftraggebers unterliegen der betrieblichen Geheimhaltung oder sind diesem nicht bekannt.

Fehlen aussagekräftige Bedienungsanleitungen oder lassen die Angaben in der Montageanleitung Zweifel an der fachlichen Glaubwürdigkeit des Anbieters aufkommen, sollte auf den Verkauf und die Montage solcher Produkte verzichtet werden.

Montage

Um Unfälle mit erheblichem Verletzungsrisiko zu vermeiden, müssen die vom Hersteller oder Anbieter beschriebenen Nutzungsbeschränkungen, Montage- und Wartungsanleitungen sowie die angegebenen Anziehmomente sorgfältig eingehalten werden.

Vorsicht ist geboten bei allen Arten kraftschlüssig-klemmender Verbindungen von CFK-Laminaten. Hierzu zählen:

- Lenker/Schaltbremshebel
- Lenker/Vorbau
- Vorbau/Gabelschaft
- Expander/Gabelschaft
- Sattelstütze/Sitzrohr/Klemmschelle
- Umwerferschelle/Sitzrohr

Diese Klemmverbindungen sollten als „nicht ideal" und nur „bedingt fasergerecht" betrachtet werden. Ein ungünstiger Laminataufbau, Inhomogenitäten und zu hohe Anziehmomente können Zwischenfaserbruch, Faserbruch und Delamination auslösen und zu einem Versagen eines Bauteils führen.

Zur Vermeidung von zusätzlich schädigenden Kerben müssen die auf CFK-Bauteilen zu montierenden Metallbauteile sorgfältig auf scharfe Kanten und Grate untersucht werden. Diese sollte der Mechaniker mit Feile, Dreikantschaber und/oder Schleifleinen entgraten und abrunden.

Für kraftschlüssige Verbindungen gibt es spezielle Carbon-Montagepasten und Sprays, in deren Gelphase mikroskopisch kleine Kunststoffpartikel gelöst sind (**Bild 1**). Die Partikel erhöhen die Reibung zwischen den zu klemmenden Teilen, sodass eine sichere Befestigung bereits bei niedrigeren Anziehmomenten der Verschraubung hergestellt wird. Die ungünstige Belastung des CFK-Laminats nimmt dadurch ab.

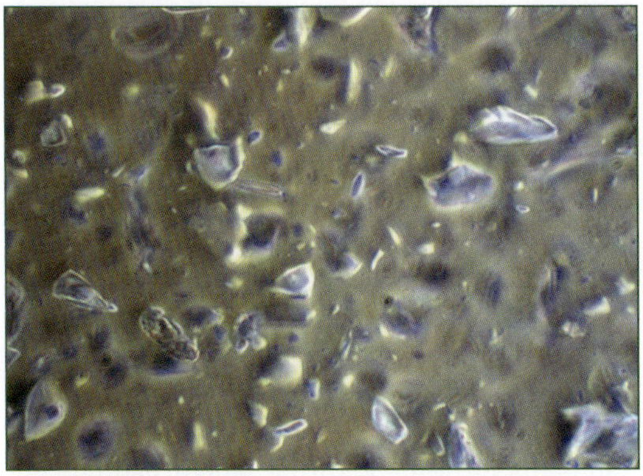

Bild 1: Carbon-Montagepaste (Bild vergrößert)

Jedes angegebene Anziehmoment bezieht sich auf die Festigkeit der Klemmschelle und deren Schrauben. Nur in seltenen Fällen wird die höchstzulässige Flächenpressung für ein Laminat ermittelt und daraus ein geeignetes Anziehmoment abgeleitet. Auch Umrechnungs- und Druckfehler tauchen immer wieder auf, sodass die Werte besonders bei Carbonbauteilen kritisch hinterfragt werden sollten.

Sägen von Carbon

Um eine Beschädigung des Laminats beim Kürzen von CFK-Bauteilen zu vermeiden, umwickelt man den Schnittbereiche mit Klebeband und sägt in der Führung durch das Band (**Bild 2**).

Bild 2: Gabelschaft kürzen

In der Werkstatt sollte eine farbig gekennzeichnete Bügelsäge vorhanden sein, die ausschließlich für das Sägen von Bauteilen aus Carbon verwendet wird. Sie kann mit einem hartmetallbeschichteten Spezialsägeblatt für CFK oder auch mit einem HSS-Metallsägeblatt (Zähnezahl $\geq$ 22) bestückt sein. Die HSS-Sägeblätter verschleißen schnell und müssen regelmäßig erneuert werden, um Beschädigungen des Laminats mit Faser-Pull-outs zu vermeiden. Carbon wird immer mit minimalem Krafteinsatz von Hand gesägt. In Großserien kommen Diamanttrennscheiben und üppige Wasserkühlung zum Einsatz.

Nach dem Sägen wird die Schnittfläche und alle Kanten mit feinem Schleifpapier der Körnung 280 bis 400 geglättet. Die Faserenden sollten abschließend mit einigen Tropfen Lack oder Kleber geschützt werden.

Sägestäube, Schleifstäube und Faserreste aus CFK sind elektrisch leitend und schädlich für Haut und Atemwege. Mit einem feuchten Putzlappen oder Pinsel sind diese vorsichtig zu entfernen. Haushalt-Staubsauger dürfen nicht verwendet werden.

5.6 Rahmengeometrie

Die Geometrie des Fahrradrahmens bestimmt den Verwendungszweck des Fahrrades und die Sitzposition des Fahrers. Die Geometrie sollte zu den Körpermaßen und Sitzgewohnheiten des Fahrers passen, den Ansprüchen an das Fahrverhalten und den Fahrkomfort genügen und den jeweiligen Verwendungszweck entsprechen.

Die neuen Fahrradtypen haben sich in den letzten Jahrzehnten stark verändert und neue Geometrien mit sich gebracht.

5

Die Parameter der Rahmengeometrie **(Bild 1)** sind:

- Rahmenhöhe
- Rahmenlänge
- Sitzrohrwinkel
- Tretlagerposition
- Radstand
- Hinterbaulänge
- Vorderbaulänge
- Steuerkopfwinkel (alt: Steuerrohrwinkel)

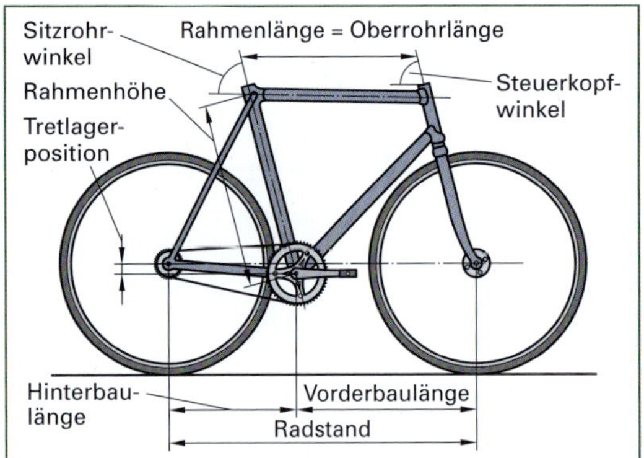

Bild 1: Parameter der Rahmengeometrie, hier Diamantrahmen mit waagerechtem Oberrohr

Die konstruktiven Randbedingungen **(Bild 2)** sind u. a.:

- Laufradgröße
- Rücksprung (s. S. 186)
- Kurbellänge
- Nachlauf
- Tretlagerhöhe
- Fußfreiheit
- Federwege vorn und hinten

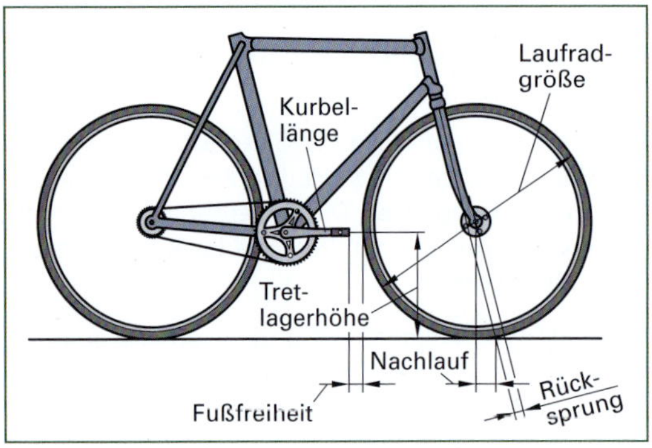

Bild 2: Konstruktive Randbedingungen

Weitere Rahmenmaße (**Bild 3**):

- Sitzrohrlänge
- Oberrohrlänge
- Länge Steuerkopfrohr
- Vorbaulänge
- Gabellänge
- Länge Hinterbaurohr (Kettenstrebenlänge)

1 Vorbaulänge (Ausladung, siehe Seite 202)
2 Länge Steuerkopfrohr
3 Gabellänge
4 Länge Hinterbaurohr (Kettenstrebe)

Bild 3: Weitere Rahmenmaße

5.6.1 Rahmenhöhe und -länge

Die **Rahmenhöhe** ist das Maß, das zur Bestimmung des passenden Fahrrades für einen Kunden in erster Linie herangezogen wird. Anhand einer Tabelle oder einer Faustformel (siehe Seite 398) kann der Schrittlänge des Kunden eine bestimmten Rahmenhöhe zugeordnet werden.

Diese Methode ist bei modernen Fahrrädern unzureichend, denn viele weiteren Faktoren haben Einfluss auf die richtige Rahmenhöhe:

- Hat das Fahrrad eine Federung?
- Hat das Fahrrad ein hoch- oder tiefliegendes Tretlagergehäuse?
- Hat das Fahrrad ein waagerechtes, abfallendes oder gar kein Oberrohr (jeder gefederte Rahmen hat ein abfallendes Oberrohr)?
- Welche Sitzposition bevorzugt der Fahrer?

info

Allgemeine Definition der Rahmenhöhe:

Die Rahmenhöhe ist der Abstand von der Tretlagermitte zum Schnittpunkt der Mittellinie des Sitzrohres mit einer Waagerechten, die vom Schnittpunkt der Mittellinien von Steuerkopf- und Oberrohr ausgeht.

Diese Definition wird auch als „Rahmenhöhe Mitte/Mitte" oder „virtuelle Rahmenhöhe" bezeichnet.

Bild 1, Seite 183 verdeutlicht die Definition der Rahmenhöhe Mitte/Mitte an einem Fahrrad mit nach hinten abfallendem Oberrohr (Slopingform).

Bild 1: Definition der Rahmenhöhe, hier Diamantrahmen mit abfallendem Oberrohr

Die Rahmenhöhe Mitte/Mitte ist wichtiger als das Maß der Sitzrohrlänge, denn die Höhenverstellbarkeit des Lenkers ist – gerade beim Ahead-System – nur in engen Grenzen möglich. Dagegen kann man die Sitzhöhe problemlos mit den modernen langen Sattelstützen in einem weiten Bereich einstellen.

Frühere Messverfahren und Bezeichnungen der Rahmenhöhe sind unübersichtlich und uneinheitlich. Hersteller und Händler, die eine Angabe der Rahmenhöhe mit der Sitzrohrlänge gleichsetzen, berücksichtigen nicht die unterschiedlichen Rahmenformen.

Viele Hersteller von Trekkingrädern, Citybikes, Crossbikes und MTBs geben die Rahmenhöhe gemessen von der Mitte des Tretlagers bis zur Oberkante des Sitzrohres an. Sie begründen ihre Messweise mit dem Vorteil, dass Fehler bei der Messung von Rahmen mit abfallendem Oberrohr verhindert werden.

Diese Messweise ist in der Fahrradindustrie so weit verbreitet, dass sie als Standard angesehen werden kann. Nur wenige Hersteller weichen davon ab.

info

Die Rahmenhöhe ist in erster Linie für die Einstellung der Sitzhöhe (siehe Kapitel 11: Ergonomie) wichtig. Viel wichtiger ist die daraus resultierende Rahmenlänge.

Drei Kriterien, mit denen überprüft werden kann, ob ein Fahrrad die passende Rahmenhöhe hat:

- Man muss beim Absteigen vom Sattel bequem über dem Fahrrad stehen können und darf nicht auf dem Oberrohr aufsitzen (Verletzungsgefahr)
- Die Sitzrohrlänge muss es ermöglichen, dass man die richtige Sitzhöhe[1] bzw. Sattelhöhe (siehe Seite 400) mit der vorgesehenen Sattelstütze einstellen kann. Die Bauhöhe von handelsüblichen gefederten Sattelstützen beträgt etwa 11 cm bis 20 cm
- Der gewünschte Höhenunterschied: Sattelhöhe – Lenkerhöhe **(Bild 2)** zwischen Sattel und Lenker muss mit dem vorgesehenen Vorbau einstellbar sein.

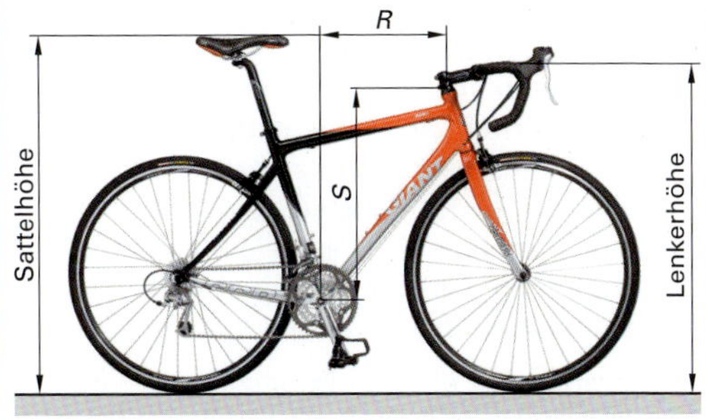

Bild 2: Höhenunterschied = Sattelhöhe – Lenkerhöhe und Definition Stack (S) und Reach (R)

Auch die **Rahmenlänge** wird von den Herstellern unterschiedlich definiert. Bei Fahrrädern mit Diamantrahmen und waagerechtem Oberrohr ist die Rahmenlänge oft gleich der Sitzrohrlänge.

Die Rahmenlänge beeinflusst wesentlich die Sitzposition „sportlich, moderat, aufrecht" (**siehe Kapitel 11.3.2**) und auch die Auswahl der montierbaren Lenker, wenn eine bestimmte Sitzlänge/Reichweite eingestellt werden muss.

Neu eingeführt sind für jede Rahmengröße die Begriffe „Stack" und „Reach" (siehe Bild 2 und Tabellenbuch Fahrradtechnik). Die Rahmenhöhe („Stack") wird ins Verhältnis zur Rahmenlänge („Reach") gesetzt. Der STR-Wert gibt dann unabhängig von Rahmengröße, Sitzrohrlänge und Sitzwinkel an, ob ein Rahmen eher kurz und komfortabel (STR > 1,55), sportlich (STR 1,45 bis 1,55) oder rennmäßig (STR < 1,45) ausfällt.

In zunehmendem Maße geben Radhersteller die sogenannte Überstandshöhe an (**siehe Bild 2, Seite 400**). Sie beschreibt die Höhe des Oberrohres über dem Boden, dort, wo man gewöhnlich über dem Rahmen steht.

Hilfreich ist die Bestimmung der Überstandshöhe zur richtigen Auswahl von Fahrrädern mit größeren Federwegen und stark abfallenden Oberrohren.

5.6.2 Radstand und Fußfreiheit

Der **Radstand** bestimmt die Laufruhe bzw. die Wendigkeit eines Fahrrades. Je länger der Radstand ist, desto laufruhiger ist das Fahrrad. Dafür verschlechtert sich die Wendigkeit. Ein Fahrrad mit einem Radstand von 110 cm ist träge und laufruhig, eines mit einem Radstand von 100 cm ist wendig.

[1] Die Sitzhöhe ist nicht mit der Sattelhöhe zu verwechseln. Die Sitzhöhe ist der Abstand von der Tretlagermitte zur Oberkante des Sattels, während die Sattelhöhe die senkrechte Entfernung der Satteloberkante zum Untergrund ist.

Der Radstand setzt sich zusammen aus der Hinterbaulänge (Abstand Hinterradachse zur Tretlagermitte) und der Vorderbaulänge (Abstand Tretlagermitte zur Vorderachse).

Das Fahrverhalten wird durch die Länge von Hinter- und Vorderbau beeinflusst. Bei einem kurzen Hinterbau verteilt sich das Systemgewicht mehr auf das Hinterrad (siehe Rechenbeispiel auf Seite 509). Zwar verbessert sich dann die Traktion beim Bergauffahren – das Fahrrad neigt aber zum Flattern und Übersteuern. Diese Neigung wird noch verstärkt, wenn das Fahrrad mit einem Gepäckträger ausgestattet und beladen ist.

Außerdem bricht ein gering belastetes Vorderrad in engen Kurven früher aus und rutscht leichter zur Seite weg.

Tabelle: Radlastverteilung bei verschiedenen Sitzpositionen

	Sportlich Gestreckt	Geneigt 45°	Aufrecht
Vorderrad	35 – 40 %	30 %	20 %
Hinterrad	60 – 65 %	70 %	80 %

Die Vorderbaulänge muss so gewählt werden, dass das Fahrrad die **Fußfreiheit** einhält, sie richtet sich demnach nach der Reifengröße und der Kurbellänge.

Nach EN ISO 4210-2 darf der Abstand zwischen der Pedalmitte bis zum Vorderradreifen bzw. Schutzblech 100 mm nicht unterschreiten **(Bild. 1)**; bei Rennrädern und Kinderfahrrädern 89 mm. Daraus ergibt sich für ein 28"-Fahrrad mit Schutzblech eine Vorderbaulänge von 63 cm bis 66 cm, bei Rennrädern zwischen 58,5 cm und 60 cm.

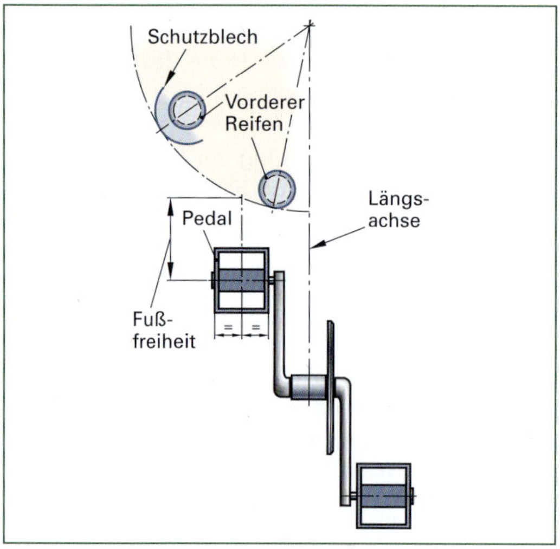

Bild 1: Bestimmung der Fußfreiheit

info
Viele Umbauten am Fahrrad können die Fußfreiheit beschneiden, z. B. längere Tretkurbeln, großvolumige Bereifung oder mangelhafte Schutzblechmontage.

Der Felgendurchmesser plus zweimal die Reifendicke ergibt den Laufraddurchmesser als genaue Laufradgröße. Diese und eine mögliche Schutzblechmontage bestimmen die Mindestlänge von Hinter- und Vorderbau.

Soll ein Gepäcktransport per Hinterradgepäckträger möglich sein, muss der Hinterbau aus zwei Gründen länger sein:

- Das Gepäck verlagert den Systemschwerpunkt nach hinten. Die Radlastveränderung muss ausgeglichen werden. Um ein Schlingern zu vermeiden, sollte der Schwerpunkt der Packtaschen vor der Hinterradachse liegen.
- Die Füße benötigen beim Pedalieren mehr Platz, um nicht an die Packtaschen zu stoßen.

5.6.3 Tretlagerhöhe und Bodenfreiheit

Die Tretlagerhöhe (Bild 2, Seite 182) wird bestimmt durch die Kurbellänge und die gewünschte Bodenfreiheit (**Bild 2**). Die Mindesthöhe ist (z. B. nach EN ISO 4210-2) so definiert, dass ein unbelastetes Fahrrad um 25° geneigt werden kann, ohne dass irgend ein Teil den Boden berührt (Rechenbeispiel **Seite 534**).

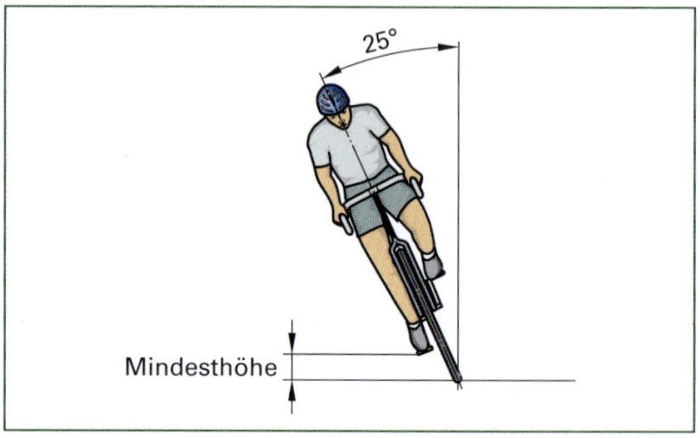

Bild 2: Mindesthöhe der Bodenfreiheit

Der Rahmenbauer berücksichtigt diese Vorgabe mit der Festlegung der Tretlagerposition (Tretlagertiefgang oder Tretlagerabsenkung, **Bild 1, Seite 182**). Es ist der Abstand des Tretlagers zur Verbindungslinie der Ausfallenden. Die wirkliche Bodenfreiheit ergibt sich erst nach Bestimmung der genauen Laufradgröße.

Ein Fahrrad mit Rahmenfederung benötigt aufgrund des Einfederweges eine größere Tretlagerhöhe.

5.6.4 Nachlauf, Rücksprung[1] und Absenkung

Als Nachlauf *n* bezeichnet man den Abstand zwischen dem Aufstandspunkt A des Vorderrades und dem Punkt, in dem die gedachte Verlängerung der Lenkachse (Mittellinie des Steuerkopfrohres) den Boden trifft, dem sogenannten Spurpunkt O **(Bild 1)**.

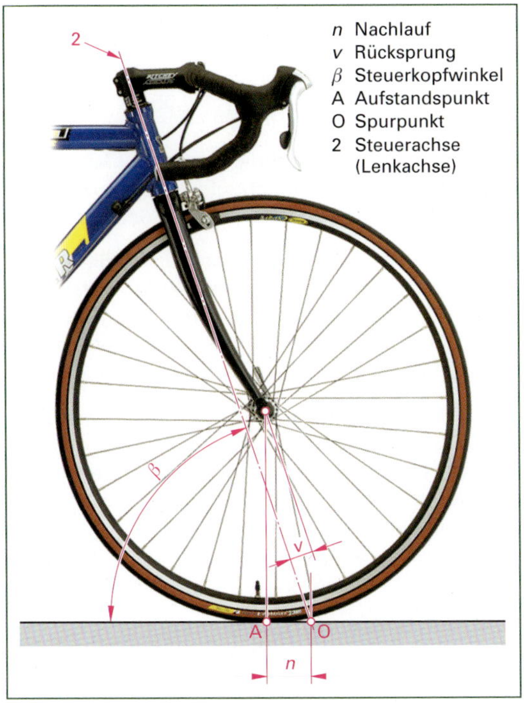

Bild 1: Nachlauf, Steuerkopfwinkel und Rücksprung

Der Nachlauf wirkt auf zweifache Weise:

- Kippt ein Fahrrad, bewirkt die bei der Radneigung in der Vorderradachse angreifende Schwerkraft einen Lenkereinschlag in die Richtung der Neigung. Das System Rad + Fahrer leitet eine Kurve ein. Die nun einsetzende Fliehkraft richtet das System wieder auf.
- Die Richtkraft F^2 versucht das Rad in Radflucht auszurichten **(Bild 2)**.

Bei einem **positiven** Nachlauf läuft der Aufstandspunkt des Vorderrades dem Spurpunkt **hinterher**. Beendet man einen Lenkerausschlag, zieht der positive Nachlauf das Vorderrad wieder in die Geradeausstellung.

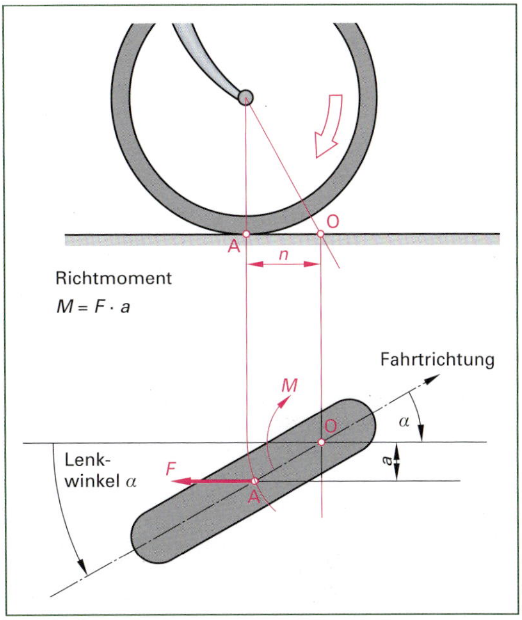

Bild 2: Richtwirkung des Nachlaufes

Richtwirkung

Die fahrstabilisierende Auswirkung des Nachlaufs ist eine Folge der Richtwirkung. Sie entsteht durch das „Hinterherschleppen" des Vorderrades hinter seine Drehachse (die Drehachse ist die Verlängerung der Mittellinie des Steuerkopfrohres; sie trifft die Fahrbahn im imaginären Spurpunkt O).

Einen ähnlichen Effekt kann man an jedem Einkaufswagen beobachten; nur steht hier im Gegensatz zum Vorderrad eines Fahrrades die Drehachse senkrecht zur Fahrbahn.

Die Lenkerdrehung um den Lenkwinkel α erfolgt um den Spurpunkt O – *nicht* um den Aufstandspunkt A.

Die Reibungskraft des Vorderreifens auf der Fahrbahn bewirkt ein automatisches Ausrichten des Rades zur Radflucht. Sie vergrößert sich mit größer werdendem Nachlauf.

Je größer der Nachlauf, desto richtungsstabiler wird das Fahrverhalten. Auf der anderen Seite steigen die Lenkkräfte bei Richtungskorrekturen und das Fahrrad lässt sich bei langsamen Geschwindigkeiten schwerer steuern.

Je kürzer der Nachlauf ist, desto wendiger wird das Fahrrad und desto leichter lässt es sich bei niedrigen Geschwindigkeiten steuern.

Bei hohen Geschwindigkeiten lässt es sich allerdings schwieriger geradeaus steuern und die Flatterneigung nimmt zu.

[1] siehe Seite 182/186

[2] Richtkraft *F* (auch als Rückstellkraft bezeichnet) ist die Reibungskraft des Vorderrades auf der Fahrbahn

Der Nachlauf kann **negative** Werte annehmen, wenn man z. B. mit dem Vorderrad über eine hohe Bordsteinkante fährt. Dann kann der Aufstandspunkt des Vorderrades **vor** dem Spurpunkt liegen **(Bild 1)**.

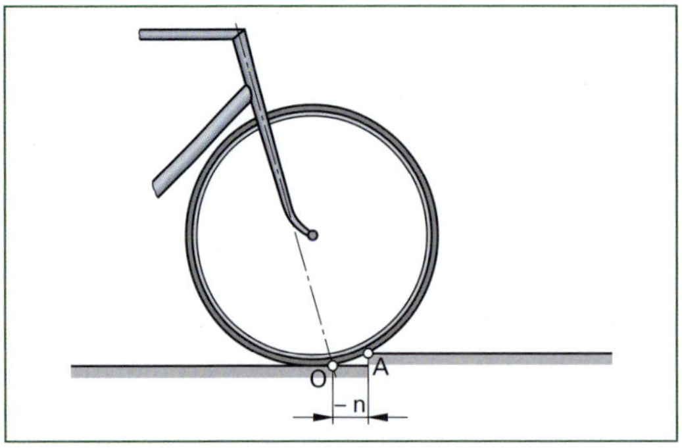

Bild 1: Negativer Nachlauf

Auch beim Rückwärtsschieben des Fahrrades ergibt sich ein negativer Nachlauf. Bei der geringsten Störung schlägt der Lenker um.

Der **Rücksprung** *v* ist der senkrechte Abstand (das Lot) zwischen der Steuerkopfachse und der Achsaufnahme (Nabenachse) des Vorderrades **(Bild 1, Seite 185)**. Weitere gebräuchliche Fachausdrücke für den Rücksprung sind Gabelversatz, Versatz, Gabelvorbiegung oder Kröpfung.

Der Rücksprung ist positiv, wenn sich die Nabenachse vor der Steuerkopfachse (Lenkachse) befindet. Oder: Die Gabel ist nach vorn gebogen.

Bei geraden Gabeln und Federgabeln wird der Rücksprung durch Kröpfung des Gabelkopfes **(Bild 2)** oder durch seitlich an das Tauchrohr angesetzte Ausfallenden erzeugt. So wird die Steuerkopfachse parallel verschoben. Aus einem Gabelversatz wird hier ein Nabenversatz. Ein anderer Fachausdruck ist Offset.

Bild 2: Kröpfung des Gabelkopfes bei gerader Gabel

Der Nachlauf *n* lässt sich über den Steuerkopfwinkel β und den Radradius *r* berechnen.

Beispiel für eine Vorderradaufhängung ohne Rücksprung:

Steuerkopfwinkel $\beta = 72°$, Radradius $r = 347$ mm (Schwalbe Marathon 37-622).

$$n = \frac{r}{\tan\beta} = \frac{347\text{ mm}}{\tan 72°} = \frac{347\text{ mm}}{3{,}0777} \approx 113\text{ mm}$$

Bei gegebenem Rücksprung (Gabelversatz) von $v = 60$ mm ergibt sich ein Nachlauf von

$$n = \frac{r}{\tan\beta} - \frac{v}{\sin\beta} = 113\text{ mm} - \frac{60\text{ mm}}{0{,}9511} \approx 63\text{ mm}$$

Der Nachlauf stabilisiert die Geradeausfahrt. Wird das Vorderrad zur Seite abgelenkt, zieht die Rückstellkraft das Rad wieder in die Geradeausstellung.

Auch in der Kurve zieht die Rückstellkraft das Vorderrad in die Geradeausstellung. Der Fahrer muss mit dem Lenker dagegenhalten. Weiterhin dämpft der Nachlauf die in Kurvenrichtung einschlagende Wirkung der Kreiselkraft.

Mit zunehmendem Nachlauf schwenkt das Vorderrad beim Lenkeinschlag weiter seitlich aus. Es vergrößert sich der Hebelarm (*a* in **Bild 2, Seite 185**) und damit auch das stabilisierende rückstellende Moment. Der Federungskomfort und der Geradeauslauf verbessern sich, die Wendigkeit nimmt ab – besonders bei geringer Fahrgeschwindigkeit.

Nachlauf-Auslegung

Bei Fahrrädern haben sich Beträge für den Nachlauf zwischen 50 mm und 75 mm als sinnvoll erwiesen. MTBs weisen oft einen Nachlauf von bis zu 85 mm auf. Rennräder haben einen kleineren Nachlauf von etwa 60 mm (bedingt durch einen großen Steuerkopfwinkel). Es sind geringere Lenkkräfte erforderlich, die Wendigkeit ist verbessert, der Fahrkomfort nimmt ab.

Der Nachlauf wird größer
- mit kleinerem Rücksprung (Gabelvorbiegung)
- mit kleinerem (flacherem) Steuerkopfwinkel

Daher lässt sich der gleiche Nachlauf durch einen unterschiedlichen Steuerkopfwinkel erzielen.

Beispiele: Ein Nachlauf von 60 mm resultiert aus einem Steuerkopfwinkel von 74° und einem Rücksprung von 40 mm.

Den gleichen Nachlauf erhält man aus einem Steuerkopfwinkel von 70° und einem Rücksprung von 65 mm (**Bild 1, Seite 187**).

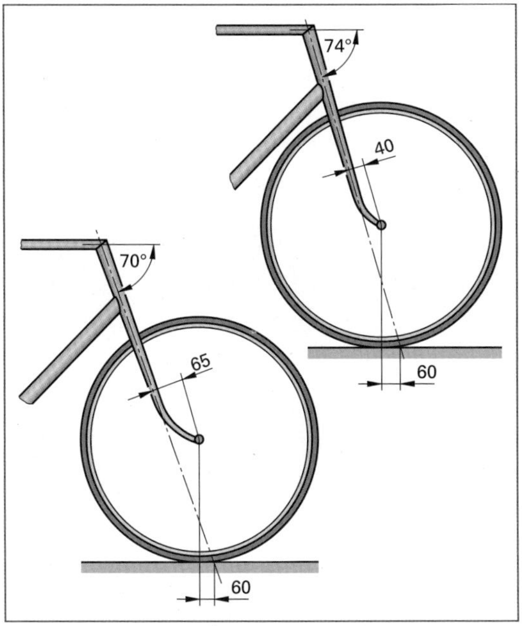

Bild 1: Gleicher Nachlauf bei ungleichem Rücksprung

Bei Fahrrädern mit Vorderradfederung vergrößert sich beim Einfedern der Steuerkopfwinkel, weil sich die Gabel steiler stellt. Als Anhaltswert gilt: Je 20 mm Einfederung vergrößert den Steuerkopfwinkel um 1°. Folge: Der Nachlauf und die Fußfreiheit verringern sich.

Absenkung

In Geradeausstellung nimmt der Lenkkopf seine höchste Lage ein und das System aus Fahrer, Rad und Gepäck hat damit die größte potentielle Energie. Beim Einschlagen der Lenkung dreht sich das Vorderrad in die gleiche Richtung und der Gesamtschwerpunkt aus Fahrer und Fahrrad senkt sich geringfügig ab. Grund: Das auf das Lenkungslager lastende Gewicht ist bestrebt, die Gleichgewichtslage (den Zustand niedrigster Energie) wieder einzunehmen. Folge: Die Absenkung unterstützt den Lenkeinschlag.

Der Betrag der Absenkung vergrößert sich mit

- größerem Nachlauf
- geringerem Rücksprung
- größerem Lenkereinschlagwinkel

Es entsteht im Gegensatz zur Richtwirkung ein destabilisierender Effekt:

- Das Einlenken in eine Kurve wird erleichtert
- Man braucht größere Lenkkräfte, um aus der Kurve wieder die Geradeausrichtung einzunehmen.

Eine zu große Absenkung führt dazu, dass man freihändig nicht richtungsstabil fahren kann. Hier liegt ein Rahmenkonstruktionsfehler vor.

5.6.5 Einfluss auf das Fahrverhalten

Das Fahrverhalten eines Fahrrades wird bestimmt durch

- Wendigkeit
- Fahrkomfort
- Geradeauslauf
- Steifigkeit

Gute **Wendigkeit** bedeutet schnelle und einfache Richtungsänderung, guter **Geradeauslauf** steht für große Laufruhe. Bei einem Fahrrad mit hohem **Fahrkomfort** werden Stöße in senkrechter Richtung nach der Schwingungseinleitung gut gedämpft. Eine große **Steifigkeit** sorgt für verlustfreie Umsetzung der Antriebskraft und stabiles, flatterfreies Fahren. Steifigkeit ist besonders quer zur Fahrtrichtung gefragt.

Ergonomische und konstruktive Randbedingungen grenzen die Gestaltung der Rahmengeometrie ein.

Beispiele:

- Die Länge der Rahmenrohre beeinflusst die Steifigkeit des Rahmens (neben dem Rohrdurchmesser, der Wandstärke und der Form des Rohres). Mit zunehmender Rohrlänge nimmt die Biegesteifigkeit in der dritten Potenz ab.
- Ein tiefer abgesenktes Tretlager ermöglicht zwar bequemes Fußabstützen beim Stillstand, „erweicht“ aber den Tretlagerbereich für Seitenkräfte beim Wiegetritt.
- Die Länge des Vorderbaus und der Sitzrohrwinkel gehen vor allem in die Seitensteifigkeit des Rahmens ein – können aber unter Umständen den Verstellbereich von Lenker und Sattel einschränken. Das hat dann wieder Auswirkungen auf die Schwerpunktlage des Systems.
- Der Steuerkopfwinkel beträgt bei den meisten Rädern zwischen 71° und 73°. Er hat großen Einfluss auf die benötigte Lenkkraft. Steilere Winkel führen zu leicht lenkbaren Rädern, aber auch eher zu Flatterneigung, da Schwingungen vom Vorderrad durch die dann ebenfalls steile Gabel weniger gedämpft werden.

Ein flacher Steuerkopfwinkel erhöht den Nachlauf. In Kombination mit einer stark gebogenen Gabel wird das Rad komfortabler. Besonders flache Steuerkopfwinkel haben Hollandräder. Hier macht sich bei langsamer Geschwindigkeit das Gewicht des Fahrers negativ beim Lenken bemerkbar. Reiseräder, bei denen man von hohem Gewicht durch das Gepäck ausgeht, sollten daher steile Steuerkopfwinkel von etwa 73,5° haben.

5.7 Kontrolle von Rahmen und Gabeln

Die Kontrolle von Rahmen und Gabeln dient vor der *Neuradmontage* zur Überprüfung der Fertigungsqualität:

- Lackierung und Beschichtung?
- Kleinere Beulen, Dellen und Unregelmäßigkeiten in Rahmen und Gabel?
- Fehlerhafte Dekore?

In der *Instandhaltungspraxis* kontrolliert man Rahmen und Gabel, um Schäden durch Verschleiß, Werkstoffermüdung oder Unfallschäden aufzudecken.

Nabenklemmung prüfen

Bevor man die Rahmensymmetrie prüft, sollte die korrekte Nabenklemmbreite mit einem Gliedermaßstab oder einem Messschieber ermittelt werden **(Bild 1)**.

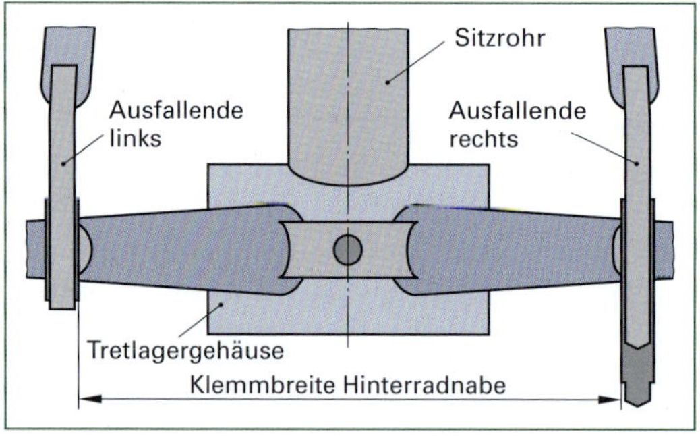

Bild 1: Nabenklemmbreite messen, Ansicht Hinterbau

Das Vorderrad hat in der Regel eine Klemmbreite von 100 mm, Falträder 74 mm, das Hinterrad 135 mm, Rennräder 130 mm[1].

Anschließend wird die Parallelität der Ausfallenden mit einem Richtwerkzeug **(Bild 2)** geprüft und gegebenenfalls korrigiert.

Bild 2: Ausfallenden-Richtwerkzeug (Cyclus Tools)

Das **Bild 3** zeigt mögliche Fehler an Ausfallenden:

- In **a)** und **b)** sind beide Ausfallenden nicht parallel ausgerichtet und nicht im 90°-Winkel zur Nabenlängsachse.
- In **c)** ist nur das linke Ausfallende rechtwinklig ausgerichtet.

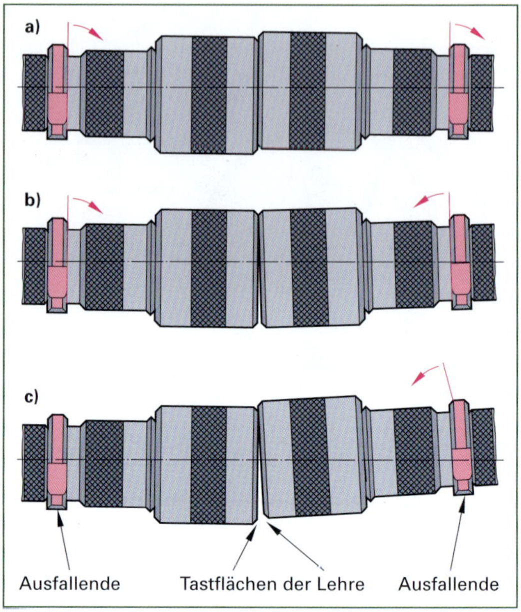

Bild 3: Fehler an Ausfallenden

Sind die Naben in falsch ausgerichtete Ausfallenden montiert, wird durch die Biegung der Achsen ein ungleichmäßiger Lagerlauf verursacht. Das Nabenlager verschleißt vorzeitig.

Das Richten von Ausfallenden ist nur an gelöteten oder geschweißten Metallrahmen erlaubt. Beim Richten ist immer wieder die Nabenklemmbreite zu überprüfen.

Ausfallenden von Carbon- und geklebten Metallrahmen dürfen nicht gerichtet werden.

Schaltauge prüfen

Besonders nach Stürzen oder Transportschäden und bei Schaltproblemen muss das Schaltauge mit einer Lehre kontrolliert werden.

Da der Schaltwerkskäfig parallel zum Laufrad stehen muss, kann mit einer Tastspitze an der Felge in mehreren Positionen das Schaltauge geprüft werden. Bei Stahlrahmen ist ein Richten meist möglich, bei Ausfallenden aus Aluminium sollte nur bei sehr kleinen Abweichungen oder gar nicht gerichtet werden (**Bild 1, Seite 189**).

[1] siehe auch Tabellenbuch Fahrradtechnik

Bild 1: Schaltaugen-Lehre und -Richtwerkzeug (Cyclus Tools)

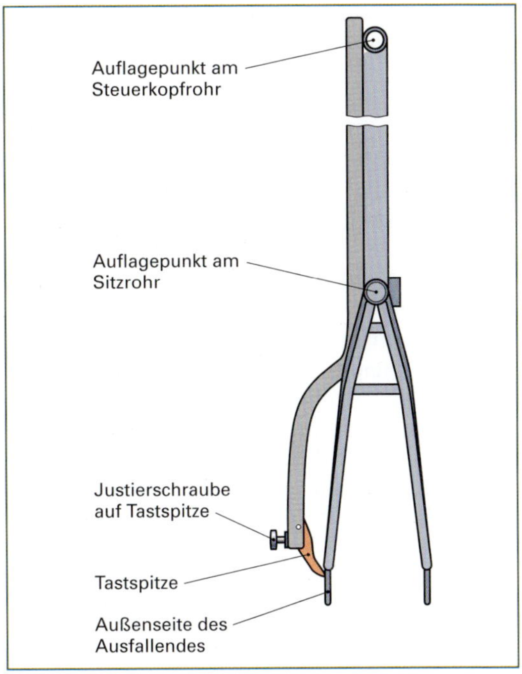

Bild 3: Rahmenkontrolllehre

Austauschbare Schaltaugen, die durch Stürze bleibend verformt wurden, dürfen nicht gerichtet und erneut plastisch verformt werden. Sie können brechen und so schwere Stürze verursachen. Ein Austausch ist zwingend erforderlich.

Jeder Rahmenhersteller verwendet eigene Schaltaugen **(Bild 2)**. Eine umfangreiche Schaltaugenübersicht findet man im Internet: http://www.schaltauge.com

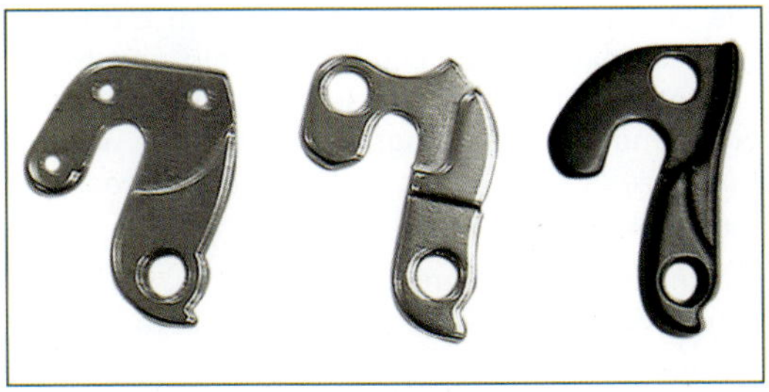

Bild 2: Unterschiedliche Schaltaugen

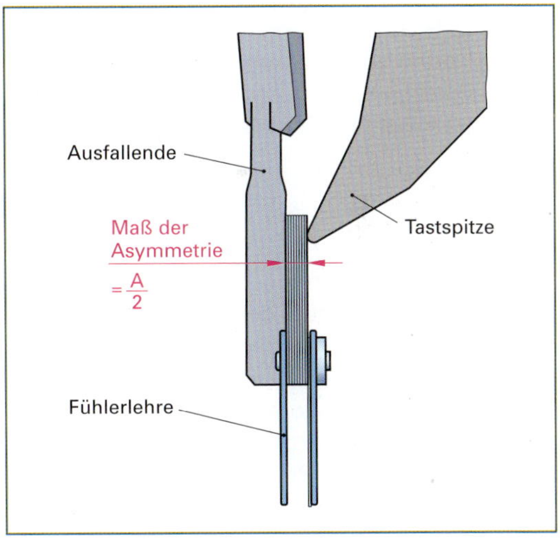

Bild 4: Rahmensymmetrie messen

Rahmensymmetrie prüfen

Mit einer verstellbaren Lehre und einer Fühlerlehre oder einem Gliedermaßstab kann man die Rahmensymmetrie zwischen Rahmenvorderbau und Rahmenhinterbau kontrollieren. Die Lehre wird am Steuerkopf- und Sitzrohr angelegt und die verstellbare Tastspitze über eine Rändelschraube an das jeweilige Ausfallende herangeführt **(Bild 3)**.

Man misst die Entfernung zwischen Tastspitze und Ausfallendenaußenseite **(Bild 4)** auf jeder Rahmenseite. So kann geprüft werden, ob der Rahmen symmetrisch ist oder ein Versatz (Fluchtungsfehler) zwischen Hinterrad und Vorderrad besteht.

Symmetriefehler am Rahmen beeinflussen den Geradeauslauf eines Fahrrads und weisen auf Unfälle oder Sachbeschädigung hin.

Flucht von Sitz- und Steuerkopfrohr prüfen

Besteht ein Fluchtungsfehler zwischen Sitzrohr und Steuerkopfrohr (z. B. verursacht durch einen Fertigungsfehler oder einen Sturz) und ist der Rahmen „verdreht“, kann der Rohrversatz nur auf einer Rahmenmessplatte mittels einer geeigneten Vorrichtung gemessen werden.

5

Prüfung von Rahmen und Gabel bei Inspektionen und nach Unfällen

Neben den Lehren und Messwerkzeugen benötigt man für die Inspektion des vorgereinigten Rahmens und der Gabel eine helle Leuchte und eine starke Lupe. Man prüft:

- Rohrverbindungen auf Risse, Beulen, Rost, Löt- und Schweißfehler (siehe Tabellenbuch Fahrradtechnik)
- Steuerkopfrohr auf Längsrisse, Aufweitungen am unteren Lagerschalensitz verursacht durch Gabelschaftverbiegungen
- Steuerkopflager auf Passung (besonders wichtig bei integrierten Steuersätzen)
- Rohre auf Risse längs und quer, Dellen, Beulen, Lackschäden und Rost
- Ausfallenden auf Risse, Risse an den Befestigungszonen in Rahmen- und Gabelrohren, Maulweite der Ausfallenden
- Parallelität des Schaltauges **(Bild 1, Seite 189)**
- Sattelklemmbereiche auf angerissene Muffen oder Anlötteile, abgerissene Klemmwiderlager, Längs- und Querrisse
- Bremssockel und Scheibenbremsaufnahmen auf Risse und Ausrichtung
- Anlötteile und angenietete Gegenhalter auf Festsitz und Vollzähligkeit
- Carbonrahmen und Gabeln auf Schäden **(siehe Kapitel CFK-Schäden Seite 171 ff)**

Gabeln prüfen

Die Gabel ist eines der am höchstbelasteten Bauteile am Fahrrad und bedarf einer besonders sorgfältigen Kontrolle.

Bei Gewindegabeln muss der Schaftbereich am Gewinde nach Aufweitungen und Längsrissen verursacht durch Vorbauklemmkonen abgesucht werden.

Eine Verbiegung und Aufweitung durch Überlastung kann mit einem Haarlineal oder einem Präzisionsstahllineal in Rohrlängsrichtung geprüft werden **(Bild 1)**.

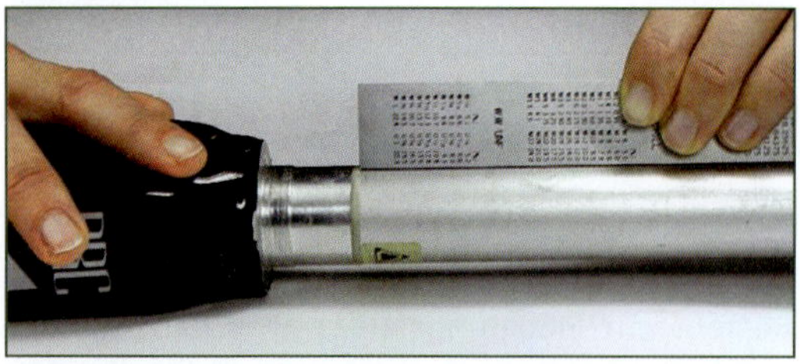

Bild 1: Gabelschaftprüfung

Queranrisse durch Überlastung sind besonders oberhalb der unteren und der oberen Steuerlagerschale zu finden.

Einen Versatz der Gabelscheiden in Fahrtrichtung (Längsrichtung) prüft man auf einer ebenen Tisch- oder Messplatte **(Bild 2)**.

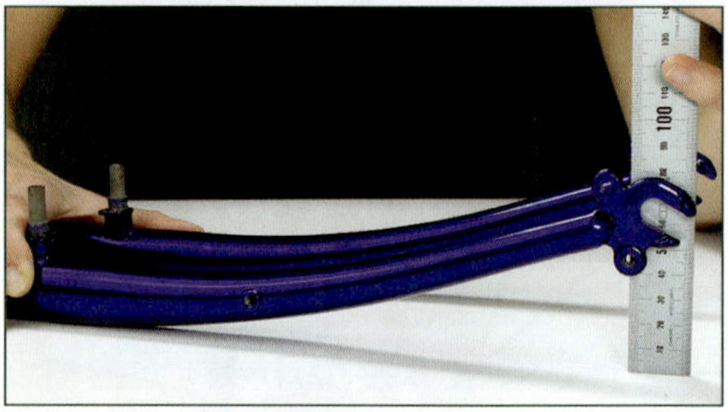

Bild 2: Gabelscheidenversatz messen

Beim Prüfen einer geraden Gabel (Straightfork) müssen das Gabelschaftrohr und die Gabelscheiden unterhalb des Gabelkopfes mit zwei Parallelstücken unterlegt werden.

Geklebte Carbongabeln können nicht verbiegen – daher erübrigt sich eine Prüfung auf Versatz.

Sind die Gabelscheiden quer zur Fahrtrichtung verbogen (Symmetriefehler), spürt man beim Freihändigfahren eine deutliche Ablenkkraft von der Fahrtrichtung.

Eine sorgfältige Dokumentation beendet die Kontrolle.

Farbeindringprüfung[1]

Die Sichtprüfung von hochbelasteten Bauteilen, wie Rahmen, Gabel, Lenker, Kurbeln und Sattelstütze kann durch die preisgünstige und leicht zu erlernende Farbeindringprüfung ergänzt werden. **Bild 3** zeigt den Anriss einer Scheibenbremsaufnahme an einem Alurahmen.

Internetinformationen:
http://www.mr-chemie.de/de/produkte/eindringpruefung/

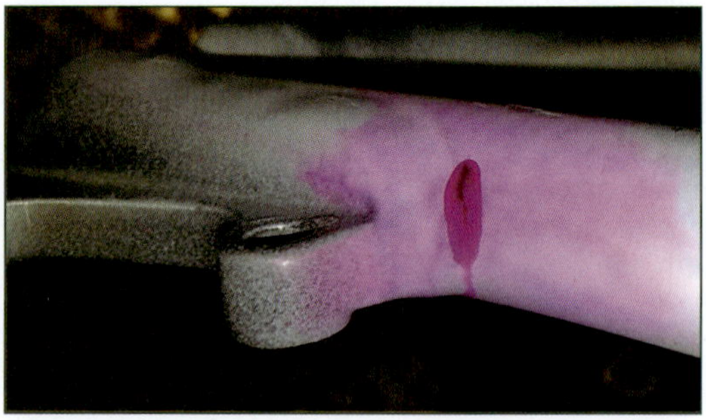

Bild 3: Farbeindringprüfung zur Kenntlichmachung von Rissen

[1] siehe ISO 3452-1 bis 4

5.8 Rahmen- und Gabel-Anbauteile

Nach dem Fügen des Rahmens werden zur Anbringung der Fahrradfunktionsteile noch die Anbauteile **(Bild 1)** durch Löten, Schweißen, Kleben oder mit Blindnieten fixiert.

Die Ausfallenden **(Bild 2)** von Gabel und Hinterbau werden bei der Rahmenfertigung eingearbeitet, um die Flucht der Laufräder zur Rahmen-Längsachse sicherzustellen.

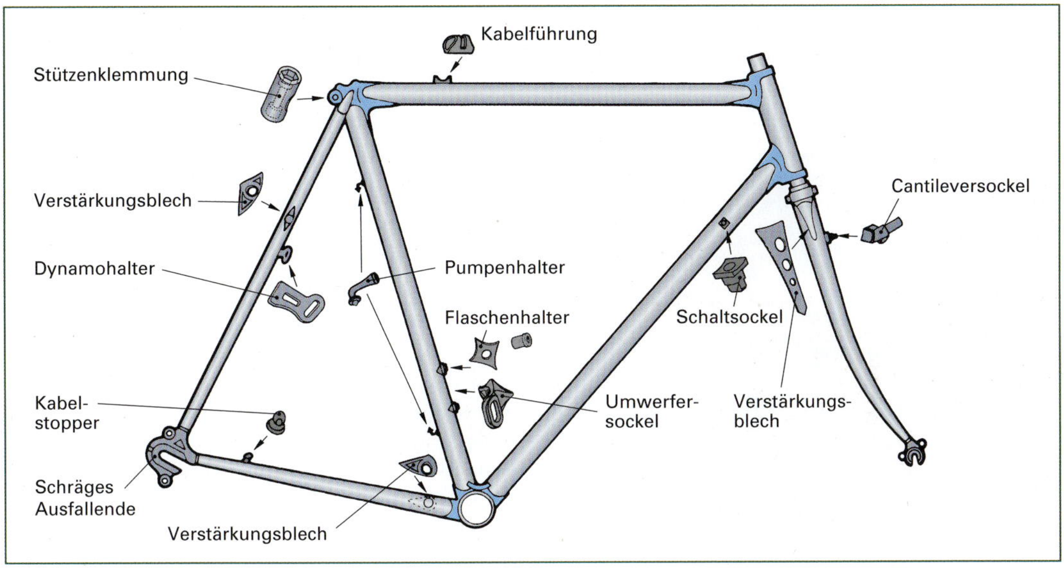

Bild 1: Übersicht Anbauteile

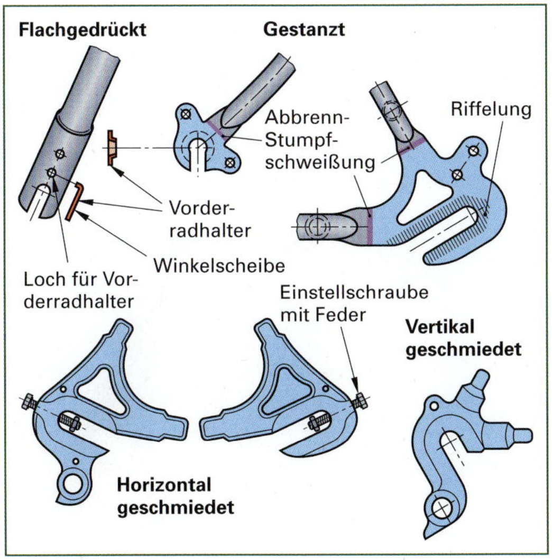

Bild 2: Ausfallenden

Bei preiswerten Rahmen drückt man die Rohrenden mit einem dazwischen gelegten Blech zusammen. Da diese Methode auf Dauer kein sicheres und reproduzierbares Fixieren der Laufräder erlaubt, wird sie durch gestanzte Ausfallenden aus 4 mm bis 5 mm dickem Blech ersetzt.

Im höherwertigen Bereich werden geschmiedete oder gegossene Ausfallenden eingesetzt, die durch Festigkeit und Härte ein jahrelanges Ein- und Ausbauen der Laufräder unbeschadet überstehen.

Bei Aluminium- und Carbonrahmen haben sich auswechselbare Schaltaugen bewährt (**Bild 3**).

Bild 3: Auswechselbares Schaltauge

Rahmen für Nabenschaltungen benötigen ein nach vorn offenes Ausfallende, um eine einstellbare Kettenspannung zu ermöglichen. Bei Fahrrädern mit Kettenschaltung ermöglichen Einstellschrauben **(Bild 2, Seite 191)** auf einer oder beiden Rahmenseiten eine genaue Ausrichtung des Laufrades im Hinterbau.

Ausfallenden für die 14-Gang-Nabe von Rohloff müssen bei den Berggängen ein hohes Antriebsdrehmoment aufnehmen. Sie benötigen eine entsprechend feste Sonderausführung **(Bild 1)**.

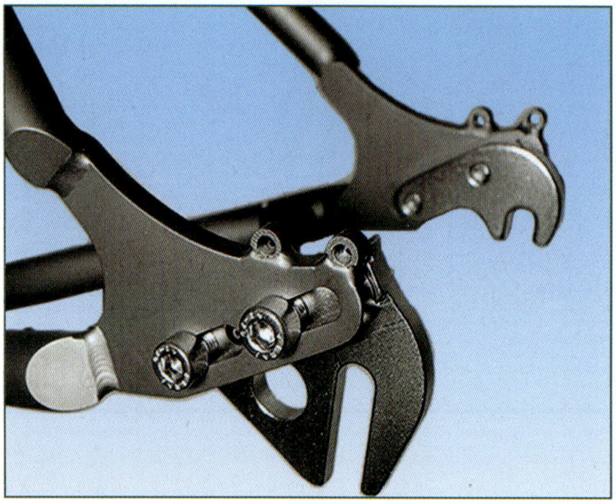

Bild 1: Rohloff-Ausfallende OEM

Die Ausfallenden an Fahrrädern mit Scheibenbremse tragen meist auch die Befestigungsaugen für den Bremssattel **(Bild 2)**. So ist die Maßhaltigkeit zwischen diesen Befestigungsaugen und der Aufnahme für die Nabenachse, die für eine korrekte Funktion der Scheibenbremse unerlässlich ist, einfacher zu erzielen.

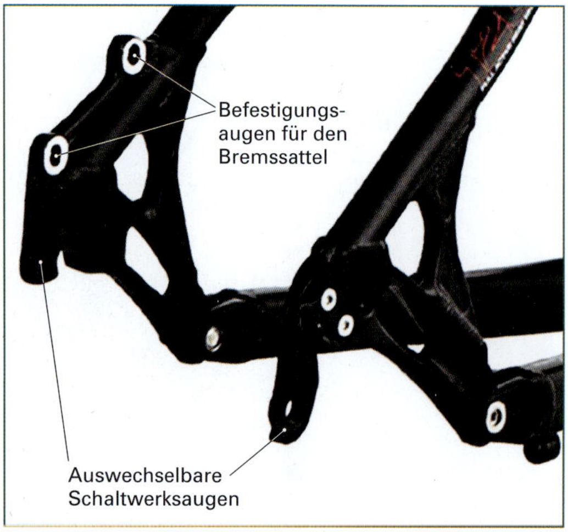

Bild 2: Ausfallende für Scheibenbremsen, hier Internationaler Standard

Auswechselbare Schaltwerksaugen sind bei Fahrrädern mit Kettenschaltung oft Bestandteil des Ausfallendes. Bei einer Beschädigung lassen sie sich einfach erneuern, ohne dass damit der ganze Rahmen unbrauchbar würde **(Bild 3, Seite 191)**.

Bei Ausfallenden des Vorderrades gibt es drei Bauformen:

- Die Gabelbeine werden am unteren Ende einfach zusammengepresst.
- Gestanzte Ausfallenden werden eingelötet oder angeschweißt
- Geschmiedete Ausfallenden werden eingelötet.

Zusätzliche Bohrungen oder Gewindeaugen dienen zur Befestigung von Radschützerstreben und Gepäckträgerstreben.

Nach EN ISO 4210 sind Ausfallsicherungen für das Vorderrad vorgeschrieben:

„Sind eine Achse und Mutter mit Gewinde eingebaut und die fingerfest angezogene Mutter um mindestens 360° gelöst, darf sich das Laufrad bei Einleitung einer Kraft von 100 N radial nach außen entlang der Mittellinie der Ausfallenden nicht von der Gabel lösen".

Für die Ausfallsicherung gibt es mehrere Möglichkeiten:

- Eine Winkelscheibe **(Bild 2, Seite 191)** wird in einer Bohrung oberhalb der Achsaufnahme eingehängt.
- Eine Riegelscheibe mit größerem Durchmesser hält die Achse in der kreisförmig vergrößerten Achsaufnahme.
- Vorstehende Nasen am unteren Ende beider Seiten des Ausfallendes **(Bild 3)**.

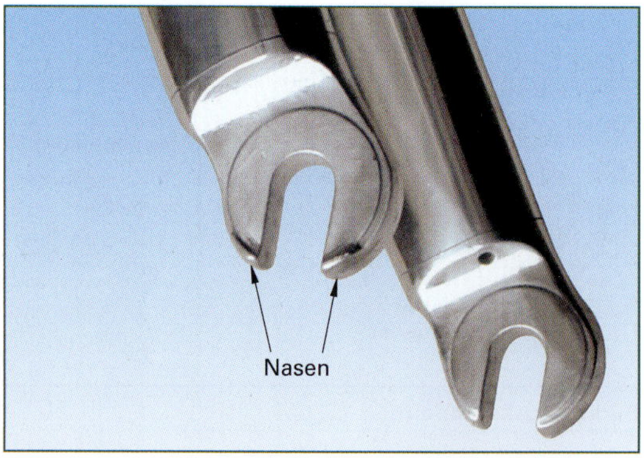

Bild 3: Vorstehende Nasen als Ausfallsicherung

Je nach Fahrradtyp ist die Vorderradgabel mit zusätzlichen Kleinteilen ausgerüstet, die angelötet angeschweißt oder (selten) angeschraubt sind (**Bild 1, Seite 193**):

- Bremssockel für V- oder Cantileverbremsen
- Befestigungslaschen zur Abstützung des Bremsgegenhalters von Trommelbremsen
- Befestigungsbleche oder -augen für die Bremssättel von Scheibenbremsen
- Befestigungslaschen für Seitendynamos
- Gewindeaugen für Lowrider

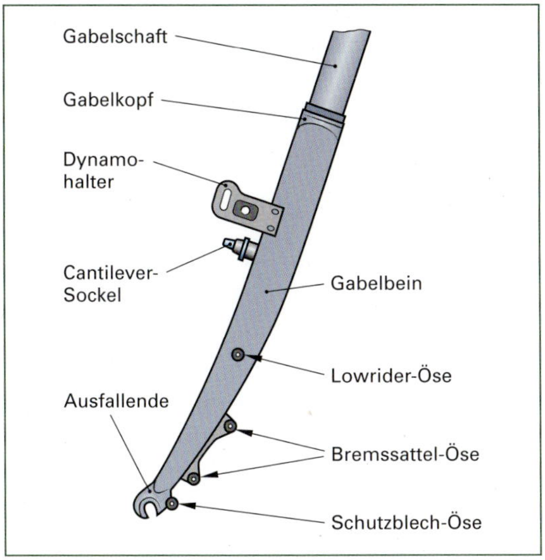

Bild 1: Kleinteile an der Vorderradgabel

Der **Bremssteg** ist ein Verbindungsrohr zwischen den Sattelstreben. Er dient zur Versteifung der Sattelstreben gegeneinander sowie zur Befestigung von Felgenbremse, Schutzblech und Gepäckträger. Bei einfachen Rahmen werden auch gestanzte Blechteile aufgelötet oder aufgeschweißt, wie die „Pletscher-Platte" **(Bild 2)**.

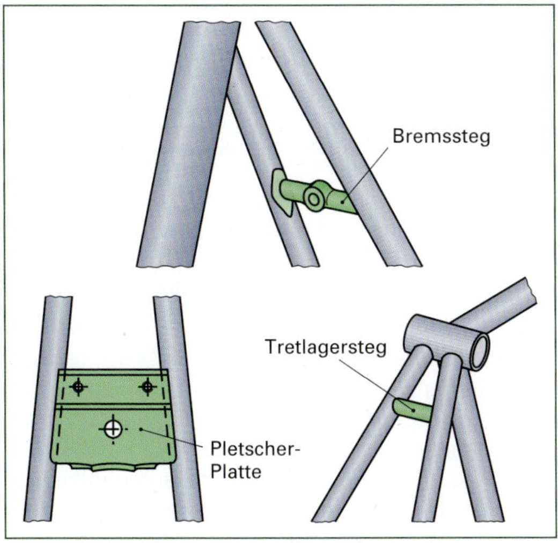

Bild 2: Bremssteg, Pletscherplatte, Tretlagersteg

Ein größerer Rohrdurchmesser des Bremssteges sorgt für eine stabile Kraftübertragung bei dünnen Sattelstreben. Der Steg umfasst großflächig die Sattelstreben und überträgt die Brems- und Belastungskräfte in einen größeren Rohrbereich. Ähnliche Wirkung bringen Verstärkungsbleche zwischen Steg und Streben, wenn dünne Stege eingesetzt werden.

Für einen ähnlichen Stabilisierungseffekt sorgt der **Tretlagersteg** durch die Verbindung der beiden Unterstreben. Auch hier ist eine voluminöse Anbindung oder das Unterlegen von Verstärkungsblechen ratsam **(Bild 2)**.

Bei Standardrahmen werden an dem Brems- und Tretlagersteg das Schutzblech befestigt, am Tretlagersteg oft ein Seitenständer.

Einige moderne Rahmen verzichten aus Gründen rationeller Fertigung auf den Tretlagersteg. Das hat für den Normalradler kaum Auswirkung. Für den sportlichen Radler, der öfter im Wiegetritt fährt, verringert sich bei fehlendem Tretlagersteg die Haltbarkeit der Unterstreben im Bereich des Tretlagergehäuses und es kann zum vorzeitigen Rahmenbruch kommen.

Für eine einfache und leichte Montage des vorderen Umwerfers wird an Rennrädern ein **Umwerfersockel (Bild 3)** angebracht.

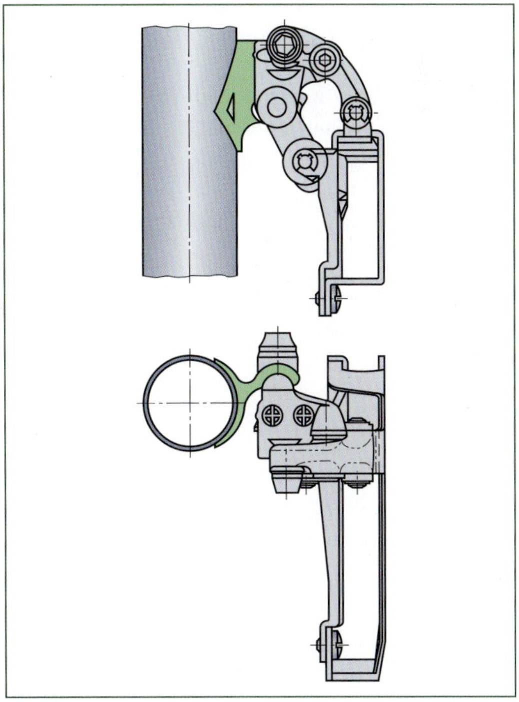

Bild 3: Umwerfersockel

5.9 Lenkung

Die Komponenten der Lenkung sind:
- Gabel
- Steuersatz (Steuerlager)
- Vorbau
- Lenker

Das Zusammenspiel von Rahmen, Lenkung und Laufrad (die sogenannte Lenkgeometrie) bestimmt das Fahrverhalten des Fahrrades. Zur Anwendung kommen Starrgabeln und Federgabeln.

5

5.9.1 Gabel

Die Vorderradgabel ist das am höchsten belastete Bauteil des Fahrrades. Biegemomente bis über 1000 Nm können durch Stoß- und Bremsbelastungen auftreten – insbesondere an der linken Gabelscheide bei Fahrrädern mit Scheibenbremsen am Vorderrad.

Besonders leichte Gabeln aus Werkstoffen mit geringer Bruchdehnung erfordern bei Konstruktion, Fertigung und Wartung besondere Sorgfalt.

Eine beschädigte Gabel sollte man aus Sicherheitsgründen immer austauschen.

Die Fahrradgabel erfüllt verschiedene Aufgaben:
- Aufnahme des Vorderrades
- Verbindung mit dem Gabelschaft zu den beweglichen Teilen des Steuersatzes, dem Vorbau und Lenker
- Lenkung des Vorderrades durch drehbare Lagerung in den Lenkkopflagern
- Beeinflussung des Fahrverhaltens durch geometrische Auslegung
- Schwingungsaufnahme und Dämpfung von Fahrbahnstößen

Die Bauteile einer Gabel sind **(Bild 1)**:
- Gabelschaft (Gabelrohr)
- Gabelkopf (Gabelkrone, Gabelbrücke); bei Starrgabeln entfällt oft der Gabelkopf
- Gabelscheiden (Gabelbeine)
- Ausfallenden
- Aufnahmen für die Bremse und Anbauteile

Mit dem **Gabelschaft** steckt die Gabel im Steuerkopfrohr und bildet mit der Waagerechten den Steuerkopfwinkel.

Die Länge des Gabelschaftes richtet sich nach der Einstecktiefe des Vorbaus und der Länge des Steuerkopfrohres **(Bild 2)**. Meist ist eine Zugabe erforderlich.

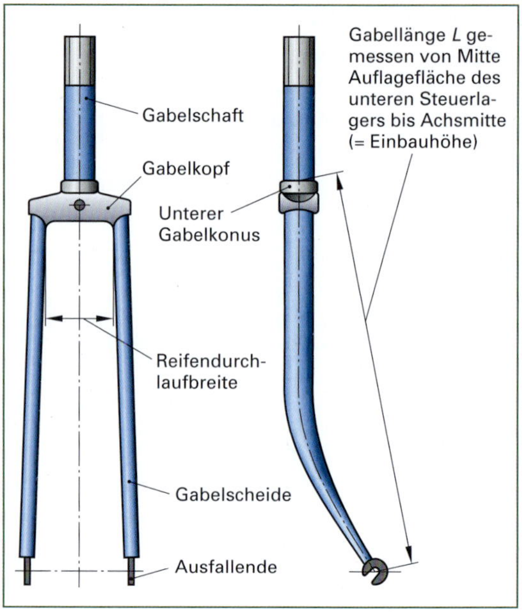

Bild 1: Teile der Vorderradgabel, Gabellänge

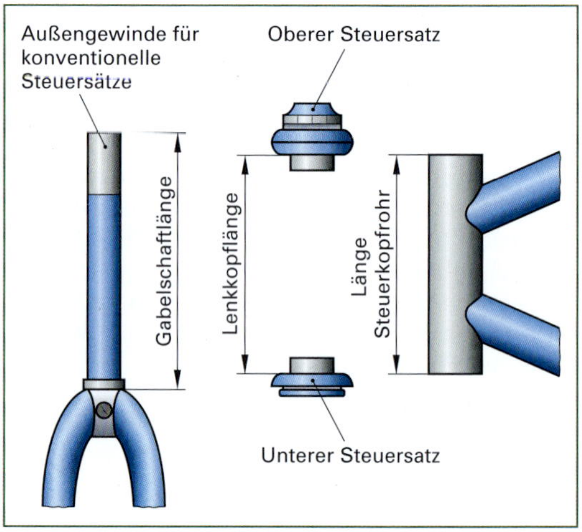

Bild 2: Länge von Gabelschaft und Steuerkopfrohr

Am unteren Ende befindet sich der Sitz für das untere Steuerlager. Für das obere Ende des Gabelschaftes gibt es zwei Varianten (**Bild 1, Seite 195**):

- Für Gabelschäfte aus Stahl: Außengewinde für konventionelle Steuersätze. Das Gewinde dient zur Befestigung des oberen Steuerlagers und zum Einstellen des Lagerspiels. Die Gewindegrößen sind meist 1 $^{1}/_{8}$", seltener 1", 1 $^{1}/_{4}$" oder 1 $^{1}/_{2}$" (siehe Tabellenbuch Fahrradtechnik). Das Gewinde sollte nur wenig länger sein als die Bauhöhe des oberen Steuerlagers, damit der Gabelschaft nicht übermäßig geschwächt wird.

- Glatte gewindelose Oberfläche für Ahead-Steuersätze **(siehe Seite 198)**. Hier muss die Wandstärke im oberen Teil des Schaftes so bemessen sein, dass sich der Abschlussdeckel (Kappe) mit der Klemmung (Kralle oder geschlitzte Kegelhülse) sicher innen verspannen lässt.

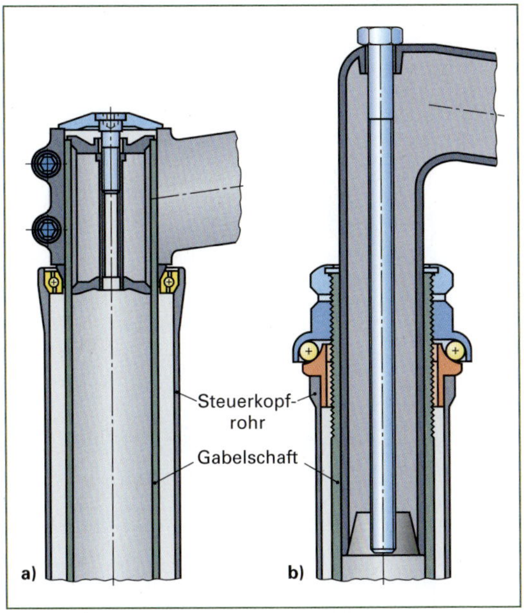

Bild 1: Gabelschäfte *a)* **ohne Gewinde b) mit Gewinde**

Gabelschäfte für die Ahead-Bauweise können aus Stahl, Aluminium, Titan oder Carbon bestehen.

Das Fügen des Gabelschaftes mit dem Gabelkopf erfolgt durch Löten, Schweißen, Pressen, Klemmen oder Kleben. Bei Carbon-Alugabeln sind die Carbon-Gabelscheiden in den Alu-Gabelkopf geklebt **(Bild 2a)**. Bei Vollcarbongabeln sind Schaft, Kopf und Gabelscheiden meist in Monocoque-Bauweise aus einem Stück hergestellt **(Bild 2b)**.

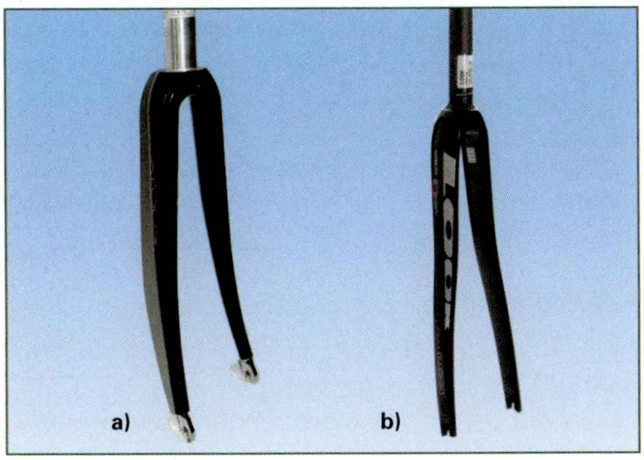

Bild 2: a) Carbongabel mit Aluminium-Gabelschaft
b) Carbongabel Monocoque aus einem Teil gefertigt

Der **Gabelkopf** ist die Verbindung zwischen dem mittig sitzenden Gabelschaft und den seitlichen Gabelscheiden **(Bild 3)**. Einfache Gabelköpfe für Starrgabeln werden aus Stahlblech hergestellt, hochwertige aus Feinguss, Sphäro- oder Temperguss.

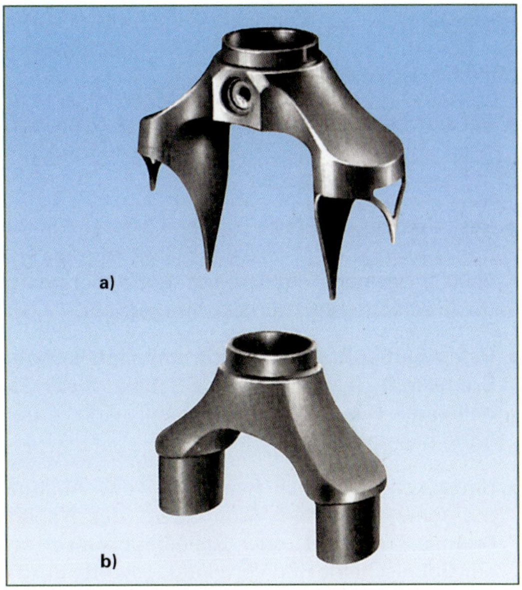

Bild 3: Klassischer Gabelkopf a) mit Außenmuffe
b) mit Innenmuffe

Moderne starre Vorderradgabeln werden in der Regel ohne Gabelkopf gebaut. Hier sind die Gabelscheiden seitlich nach innen gebogen und direkt mit dem Gabelschaft verbunden **(Bild 4)**.

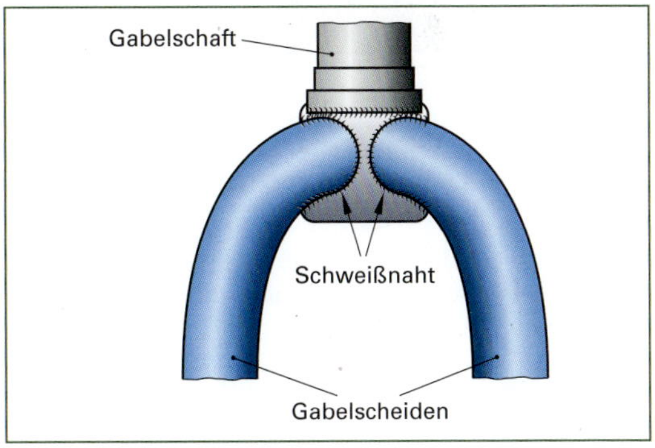

Bild 4: Unicrown-Gabel

Federgabeln benötigen mehr Platz oberhalb des Reifens, damit sich die Federung bewegen kann. Starrgabeln mit Federgabelgeometrie haben längere Gabelscheiden, um die gleiche Höhe einer Federgabel zu erreichen.

Rahmen mit Federgabelgeometrie sind so gebaut, dass das untere Ende des Steuerrohrs höher gelegen ist, um Platz für die zusätzliche Höhe der Federgabel zu schaffen.

Gabelbelastung

Kräfte, die im Fahrbetrieb innerhalb des Rahmenverbundes auftreten, verteilen sich auf das gesamte Lenksystem. Dabei trägt die nur einseitig im Steuerkopfrohr gelagerte Gabel einen Großteil der gesamten Last. Die Gabel wird auf Druck und auf Biegung belastet, wobei die Biegebelastung die kritische ist **(Bild 1)**.

- Bei normaler Fahrt lasten je nach Sitzposition des Fahrers bis zu 45 % des **Gesamtgewichts** auf der Vorderradgabel.
- **Beschleunigungskräfte** durch Fahrbahnstöße und Sprünge belasten die Gabel mit bis zu 3000 N je nach Fahrweise, Beschleunigung (bzw. Verzögerung) und Gesamtgewicht.
- Das **Abstütz-Bremsmoment** am Gabelschaft: Bremskraft · (Laufradradius + Hebelarm der Gabellänge). Das maximale Moment wirkt in der Mitte des unteren Steuerlagers.
- Hinzu kommen noch Reaktionen des Abstützmomentes von den Widerlagern der Nabenbremse (Trommel- oder Scheibenbremse) an der Gabelscheide und Verwindungskräfte durch Lenkbewegungen auf weichem Untergrund.

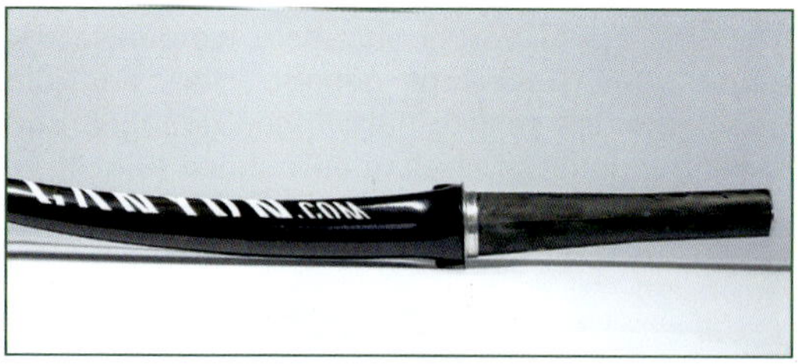

Bild 1: Belastungsoptimierte Gabel (Tapered fork, 1 1/8 – 1 1/2-Schaft)

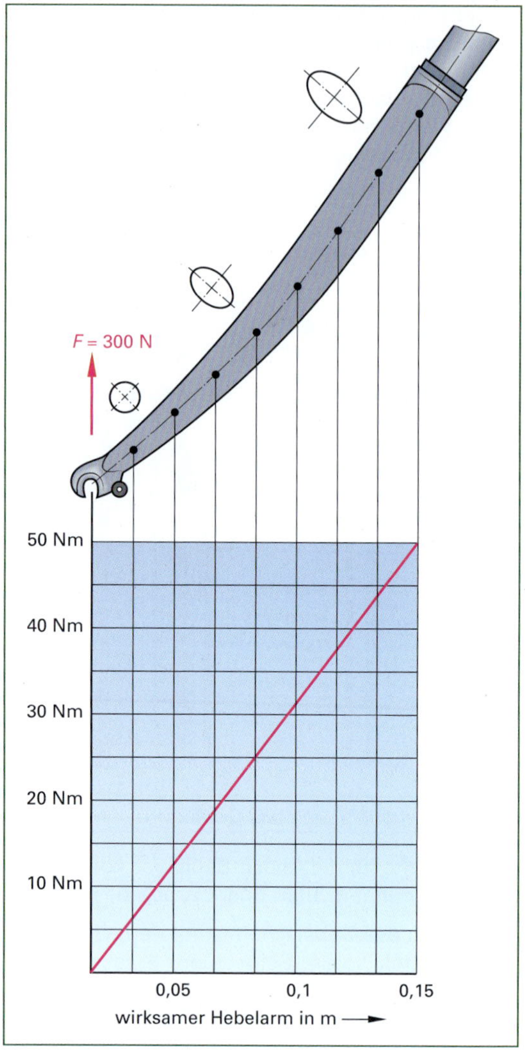

Bild 2: Verlauf des Biegemomentes aus vertikaler Last an einer Vorderradgabel

Um in Fahrtrichtung eine höhere Biegesteifigkeit zu erhalten, ist der Rohrquerschnitt der Gabelscheiden vorzugsweise längsoval.

Die Gabeln alter Rennräder sind ein Beispiel für einen idealen Verlauf auftretender Kräfte und Momente, da sich mit zunehmendem Hebelarm vom Ausfallende zum Gabelkopf hin der Rohrquerschnitt erhöht, womit die Biegesteifigkeit kontinuierlich zunimmt **(Bild 2)**.

Gabeln für Scheibenbremsen müssen das Reaktionsmoment, das durch die Bremskraft ausgelöst wird, aufnehmen. Sie müssen daher biegesteifere Gabelscheiden besitzen als bei Verwendung von Felgenbremsen.

Beim Bremsen überträgt eine Scheibenbremse das Bremsmoment (Abstützmoment) nur über die Gabelscheide, die den Bremssattel trägt. Diese Gabelscheide biegt sich entsprechend stärker durch. Der Gabelkopf (bzw. die Gabelbrücke) verwindet sich. Der Fahrer leitet beim Bremsen meist unbewusst am Lenker ein Gegenmoment ein.

Federwirkung

Der Fahrkomfort eines Rades wird (wenn auch nur geringfügig) durch die Federwirkung der Gabel bestimmt. Diese Wirkung ist abhängig vom/von

- Rücksprung (Vorbiegung)
- Dimensionierung der Gabelscheiden
- Werkstoff

Eine Straightfork-Gabel (Gerade-Gabel) verzichtet auf den bogenförmigen Rücksprung. Damit die Lenkorgane dennoch einen genügenden Nachlauf haben, werden die Gabelbeine schräg nach vorn stehend am Gabelkopf oder direkt an den Gabelschaft gefügt **(Bild 1)**.

Bild 1: Straightfork-Gabel

Gabeln mit gebogenen Gabelscheiden haben eine gewisse Elastizität, deren Einfluss auf den Federungskomfort jedoch meist überschätzt wird. Gabeln mit geraden Gabelscheiden sind etwas steifer und leichter.

Der Fahrkomfort hängt von der Bauform und der Dimensionierung ab.

Als **Werkstoff** für Starrgabeln hat sich Stahl aufgrund seiner guten Dauerschwingfestigkeit am besten bewährt. Gabeln aus Titan haben sich nicht bewährt.

Stahlgabeln wiegen zwischen 1000 g und 1500 g, Gabeln aus Aluminium 700 g bis 1000 g, Carbon-Aluminium-Gabeln 500 g bis 900 g. Am wenigsten wiegen Vollcarbon-Gabeln: 350 g bis 600 g.

5.9.2 Steuersatz

Der Steuersatz (auch als Steuerlager bezeichnet) bildet das Lagersystem der Fahrradgabel im Rahmen. Das System ist umso stabiler, je weiter das obere und untere Lager auseinander liegen und je größer die Lagerdurchmesser sind.

Heutzutage sind viele Rennräder, Triathlonräder, Trekkingräder und die meisten MTBs mit Steuersätzen für gewindelose Gabelschäfte, dem so genannten Aheadset, ausgerüstet. Nur noch an Citybikes und älteren Modellen kommt der konventionelle Gewindesteuersatz zum Einsatz.

Die Lager eines Steuersatzes mit Kugeln oder Nadeln als Wälzkörper werden anders belastet als die meisten am Fahrrad eingebauten Lager. Während andere Wälzlager dauernd rotieren und senkrecht zur Rotationsachse (radial) belastet sind, rotieren die Kugeln/Nadeln kaum und sind beim normalen Fahren in Richtung der Rotationsachse (axial) belastet.[1)]

Diese Anordnung ist für die Lagerkugeln ungünstig, da die Kugeln/Nadeln die Fahrbahnstöße immer in der selben Position ertragen müssen. Die Folge sind oft Werkstoffermüdung und Wälzkörpereindrücke an der Lageroberfläche. Durch die geringe Rotation der Wälzkörper sind die Schmierbedingungen ungünstig.

Konventionelle Steuersätze

Konventionelle Steuersätze bestehen aus dem Gabelkonus, dem Rahmenkonus, der unteren (festen) und der axial einstellbaren oberen Rahmenschale (die bewegliche *Mutterschale*) und Kopfmutter **(Bild 2)**. Per Presspassung werden die untere Rahmenschale und der Rahmenkonus im Steuerkopfrohr sowie der Gabelkonus auf dem Gabelschaft fixiert. Das Lagerspiel wird mit der Mutterschale und der Kopfmutter eingestellt und durch Konterung gesichert.

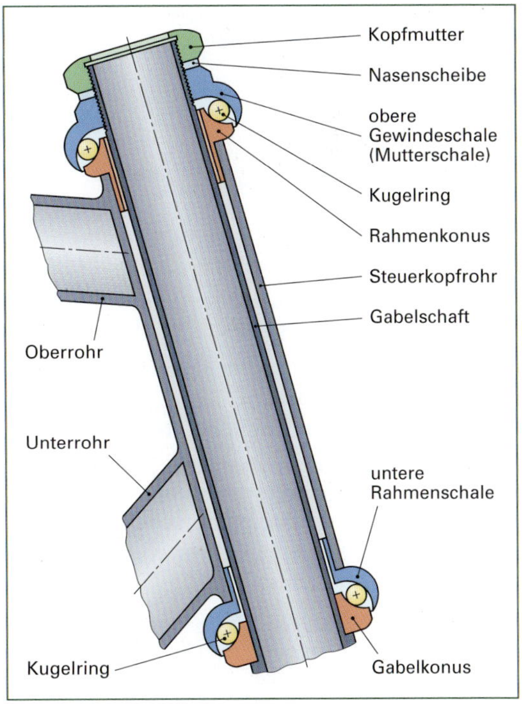

Bild 2: Konventioneller Steuersatz

1) Beim Bremsen treten gleichzeitig Axial- und Radialkräfte auf.

Um die Konterung vornehmen zu können, liegt häufig eine Nasenscheibe zwischen Mutterschale und Kopfmutter.

Die Nase greift in die Nut des Gabelschaftes und verhindert beim Kontern das Mitdrehen der Mutterschale. Da die Nut den Gabelschaft schwächt, ist dort das Gewinde flachgefeilt und eine Scheibe mit Innenflach als Zwischenscheibe eingesetzt.

info

Zum Drehen der Kontermutter sollte immer ein gewöhnlicher Gabelschlüssel verwendet werden. Flache Steuersatzschlüssel beschädigen die breite Kontermutter und rutschen leicht ab. Sie sind nur für das Gegenhalten des Lagerkonus bestimmt.

Jedes Steuersatzlager ist korrosionsgefährdet durch eindringendes Regen-, Spritz- und Waschwasser. Steuersätze müssen daher mit einer ausreichenden Menge von wasserabweisendem Schmierfett montiert werden. Das Fett sollte in regelmäßigen Abständen erneuert werden.

Arbeitsfolge:
Einstellung eines konventionellen Steuersatzes

1. Kopfmutter (Kontermutter) etwa 2 Umdrehungen lockern
   Gabelschlüssel SW 32/36
2. Nasenring anheben
   Kleiner Schraubendreher
3. Lager zu locker:
   Mutterschale ein wenig hineindrehen
   Lager zu fest:
   Mutterschale ein wenig hinausdrehen
   Flacher Gabelschlüssel
4. Nasenring auf Mutterschale drücken
   Nase muss in Nut liegen
5. Mutterschale mit Gabelschlüssel halten und Kontermutter anziehen
   Nasenring darf sich nicht mitdrehen
6. Wenn die Kontermutter die Mutterschale berührt, Kontermutter festhalten und die Mutterschale nach oben festziehen
   Den Gabelschlüssel ein wenig gegen den Uhrzeigersinn drehen
7. Spiel prüfen, bei Bedarf Vorgang wiederholen

Gewindelose Steuersätze

Gewindelose Steuersätze (andere Begriffe: Ahead-Steuersatz, Ahead-Set) wurden Anfang der 90er Jahre auf den Markt gebracht und haben sich schnell etabliert. Sie sind gewichtssparender im Vergleich zum konventionellen Gewindesteuersatz und sind leichter zu warten und zu montieren.

Das Ahead-Set gibt es für 1" bis 1 $^1/_2$" Gabelschaftdurchmesser. Weit verbreitet ist das Maß 1 $^1/_8$". Die unterschiedlichen Bauarten sind:

- In das Steuerkopfrohr eingepresste Lagerschalen (Standard-Set **Bild 1**, Maße **Bild 1, Seite 199**). Das Wälzlager liegt **außerhalb** (oberhalb) des Steuerkopfrohres.

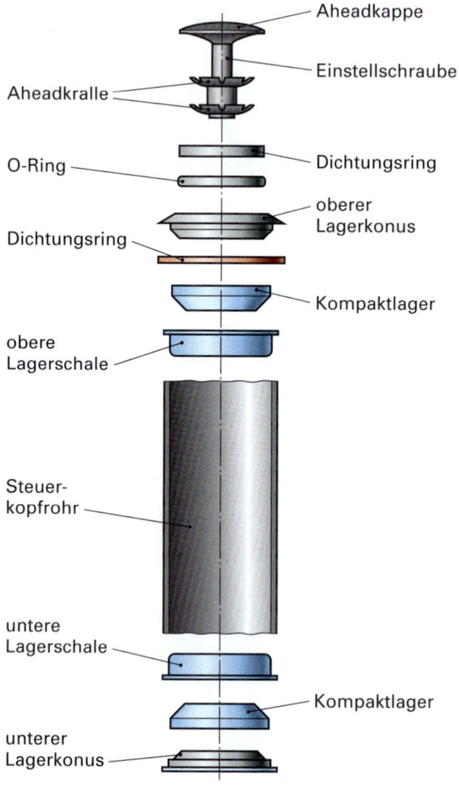

Bild 1: Ahead-Steuersatz (Standard)

- Semiintegriert oder Teilintegriert (*Low Profile, Zero Stack*). In das Steuerkopfrohr eingepresste flache Lagerschalen unten und oben. Die Wälzlager liegen mit Lossitz in den eingepressten Lagerschalen **innerhalb** des Steuerkopfrohres.
- Vollintegriert oder Integriert (*Drop in*): Keine separaten Lagerschalen, die Wälzlager liegen mit Lossitz direkt in den konischen Profilsenkungen innerhalb des Steuerkopfrohres (**Bild 4, Seite 200**).
- Im höherwertigen Bereich kommen sogenannte „tapered"-Steuersätze zur Anwendung. Hier ist die gängigste Variante oben 1 $^1/_8$" und unten 1,5".

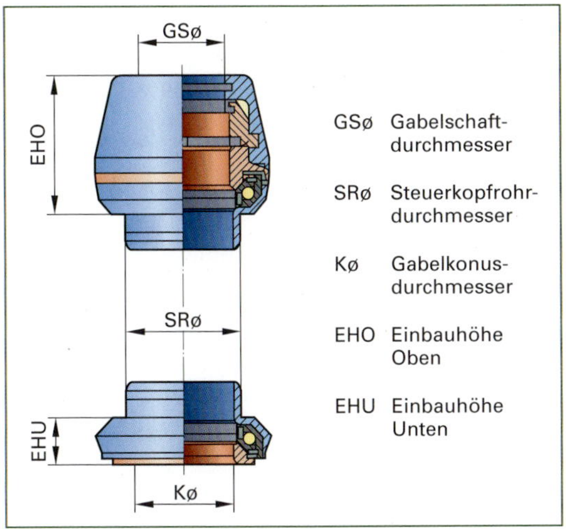

Bild 1: Maße Ahead-Steuersatz (Standard)

Außerdem gibt es noch diverse Herstellerunterschiede, z. B. nach Cane Creek oder Campagnolo-Standard. Diese sind untereinander nicht kompatibel. Mit einer Steuersatzlehre für integrierte Steuersätze **(Bild 2)** können die Durchmesser und Winkelgrade der Lagersitze ermittelt werden[1].

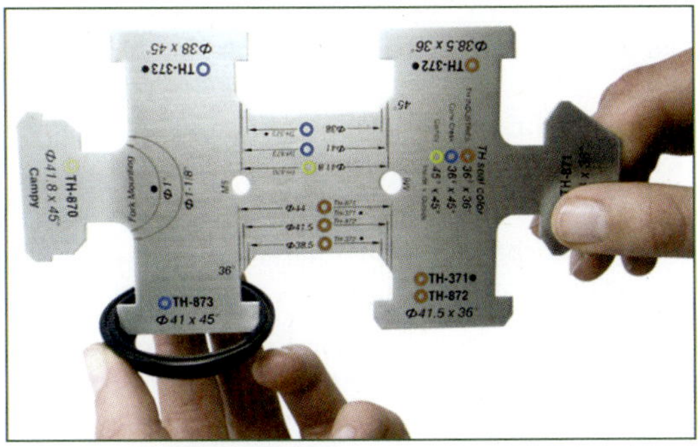

Bild 2: Steuersatzlehre (FSA)

Die gewindelosen Ahead-Steuersätze besitzen meist einen geschlitzten Zentrierkonus, der die obere Lagerschale (Mutterschale) auf dem Gabelschaft zentriert. Die Schale muss auf dem Schaftrohr axial leicht verschiebbar sein, damit das Lagerspiel eingestellt werden kann.

Eine Federkralle oder ein Spreizkonus (**Bild 3**) dient als Aufnahme der Steuersatz-Einstellschraube. Auf den Lenkervorbau wird eine Kappe aufgesteckt, die diese Schraube stützt. Durch Drehen der Schraube verschieben sich Vorbau und Lagerschale. Die axiale Fixierung des Steuersatzes erfolgt über die Klemmung des Lenkervorbaus.

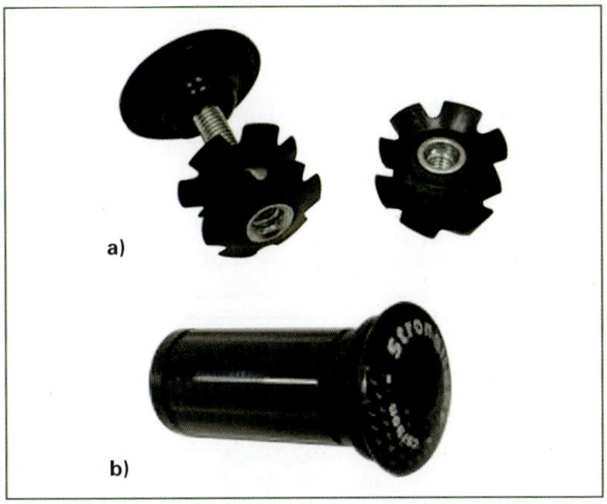

Bild 3: a) Federkralle b) Spreizkonus (Expander)[2]

Beim Standard-Steuersatz und semiintegrierten Steuersatz werden beide Lagerschalen mit Montagepaste in das Steuerkopfrohr eingepresst **(Bild 4)**.

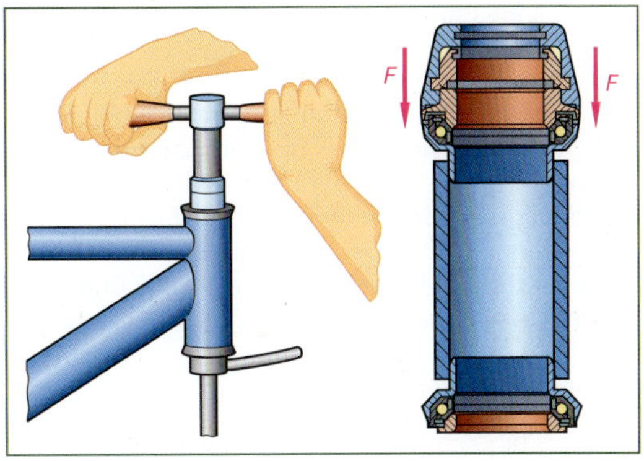

Bild 4: Einpressen der oberen und unteren Lagerschalen.

Montage eines Ahead-Steuersatzes

- Lagerschalen einpressen. Der Außendurchmesser der Lagerschale ist meist 0,1 mm bis 0,25 mm größer als der Innendurchmesser des Steuerkopfrohres. Durch die Presspassung halten die Lagerschalen sicher im Rahmen. Die Auflagefläche des Einpresswerkzeuges darf nur auf dem äußeren Ring des Lagers oder auf dem Innenbund aufliegen.
- Kugellager entfernen.
- Gabelkonus (Steuersatzboden) auf den Gabelschaft aufpressen. Den Gabelkonus mit der Lagerlauffläche in Richtung Vorbau aufsetzen. Geeignetes Aufschlagrohr verwenden.
- Gabelschaft bei Bedarf kürzen. Der Schaft der neuen Gabel ist oft länger als nötig und daher entsprechend zu kürzen.

[1] Das neue System **S.H.I.S.** (Standardized Headset Identification System) hilft bei der Zuordnung von Steuersatz-Bauformen. Internet: http://bicycleheadsets.com

[2] Dieser ist bei Carbon-Gabelschäften zwingend vorgeschrieben

Die Gabelschaftlänge ist individuell zu entscheiden und hängt von der Körpergröße und den persönlichen Vorlieben bzw. der Konstitution des Fahrers ab. Mit Spacern (= Distanzringe) kann die gewünschte Vorbauhöhe angepasst werden. Die Formel zur Berechnung lautet **(Bild 1)**:

$$L = (A_1 + A_2 + G + H + X) - 2\ \text{mm}$$

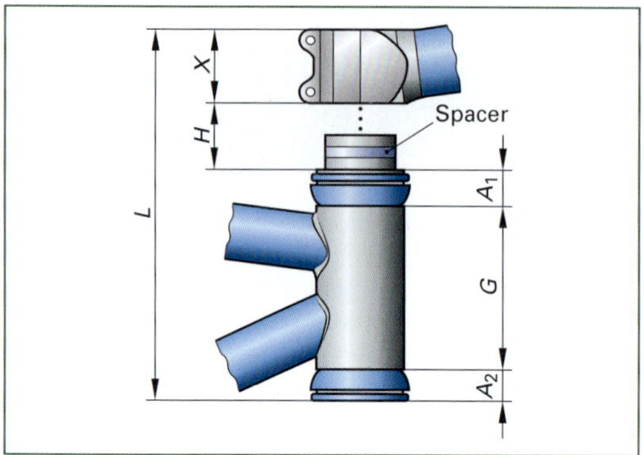

Bild 1: Länge Gabelschaft

info

Gabelschäfte aus Metall nur mit Metallsägeblättern kürzen. Keine Rohrabschneider verwenden. Für saubere rechtwinklige Schnitte eine Sägeführung verwenden. Mit einer Feile und Dreikantschaber entgraten. Carbongabelschäfte mit Klebeband umwickeln und mit einem sehr scharfen Metallsägeblatt kürzen[1].

- Federkralle installieren

Niemals eine Federkralle aus Stahl in einen Gabelschaft aus Carbon schlagen, sondern ausschließlich geeignete Einsätze verwenden. Die Federkralle darf beim Einschlagen nicht kippen **(Bild 2)**. Die Hersteller geben die maximale Einschlagtiefe an, z. B. 25 mm.

Beim Einschlagen ist darauf zu achten, dass die Ausfallenden nicht beschädigt werden. Am besten ist es, ein bereiftes Vorderrad zu montieren. Einfetten erleichtert die Montage. Ist die Federkralle fehlerhaft montiert, kann das Steuersatzlager nicht eingestellt werden.

Bild 2: Werkzeuge zum Einschlagen der Federkralle

- Gabel montieren

Herstellerabhängig: Oberes Lager mit Klemmring (Zentrierkonus), Spannring und Steuersatz-Deckel auf den Gabelschaft schieben.

- Spacer aufschieben
- Lenkervorbau auf Gabelschaft stecken
- Kappe (Spanndeckel) auf Lenkervorbau aufsetzen, Spannschraube einführen

Der Abstand *g* zwischen Vorbau-Oberkante und Oberkante Gabelschaft darf nicht größer als 5 mm sein **(Bild 3)**. Ist der Abstand geringer als 1 mm, lässt sich der Steuersatz nicht korrekt einstellen.

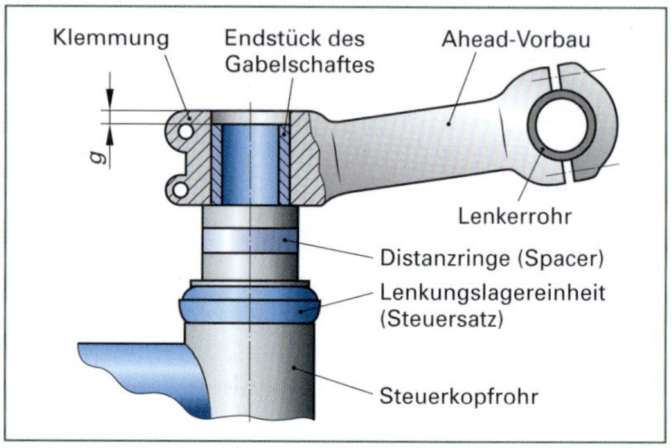

Bild 3: Abstand *g* Vorbau/Gabelschaft

- Spannschraube anziehen, bis der Steuersatz kein Spiel aufweist. Die Gabel lässt sich ohne Widerstand leicht drehen.
- Lenkervorbau gerade ausrichten und Klemmschrauben anziehen.

Im Gegensatz zu den **semiintegrierten** Steuersätzen werden bei **vollintegrierten** Steuersätzen keine separaten Lagerschalen in das Steuerkopfrohr eingepresst. Hier sind im Inneren des Steuerkopfrohres konische Lagersitze eingearbeitet, in denen spezielle Schulterkugellager sitzen.

Unten sorgt ein aufgepresster Gabelkonus, oben ein Zentrierkonus für die Führung **(Bild 4)**.

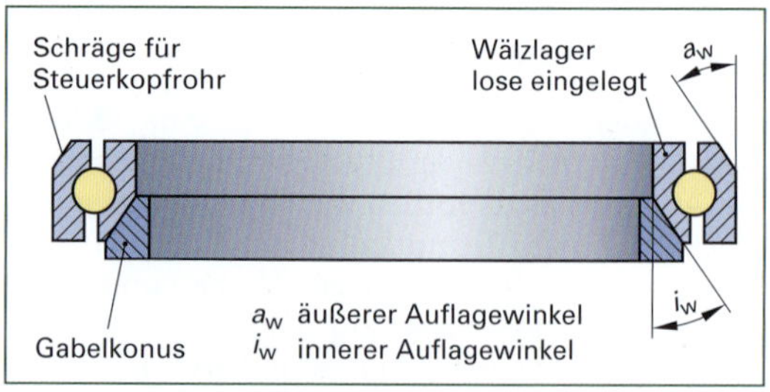

Bild 4: Prinzip vollintegrierter Steuersatz

[1] Parktool vertreibt spezielle Sägeblätter für Carbon: www.parktool.com/product/carbon-saw-blade-csb-1

Ausführung und Fertigung

Hochwertige Steuersätze werden spanabhebend aus Rundstahl gefertigt. Sie sind massiv, haben geschliffene Kugellaufbahnen und sind einsatzgehärtet. Da die Kugellaufbahn nur eine dünne, verschleißfeste Schicht aufweist, kann bei hohen Belastungen die dünne Härteschicht „einbrechen": Dadurch entstehen die für Steuersätze typischen Dellen, die Kugeleindruckstellen.

In der Leichtbauweise sind die Lagerschalen aus Aluminium und mit einem gehärteten Stahlring für die Kugellaufbahnen versehen. Die ebenfalls in dieser Bauweise gefertigten Nadelsteuersätze haben sich als besonders haltbar erwiesen **(Bild 1)**. Hier befinden sich statt Kugeln dünne Rollen zwischen Konus und Lagerschale. Fahrbahnstöße werden über einen größeren linienförmigen Kontaktbereich übertragen.

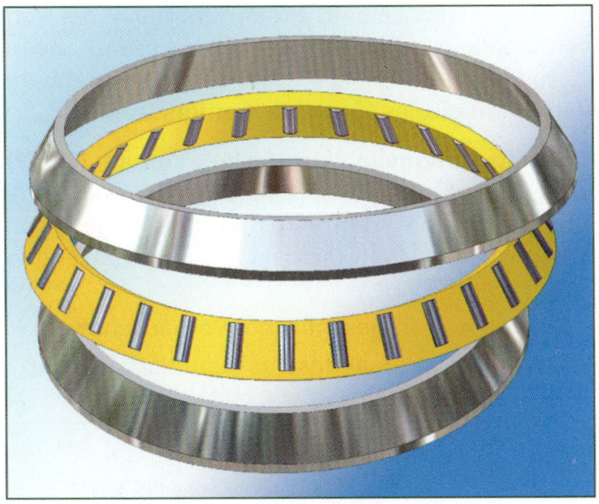

Bild 1: Nadellager mit Stahllaufbahnen

Dichtungen

Da das Eindringen von Schmutz und Wasser zu frühzeitigem Verschleiß der Steuerlager führt, wurden diese zunächst für Mountainbike-Ausführungen gedichtet **(Bild 2)**. Diese Bauweise hat sich bewährt und man findet sie heute (bis auf wenige Billig-Steuersätze) durchgehend in allen Fahrradtypen.

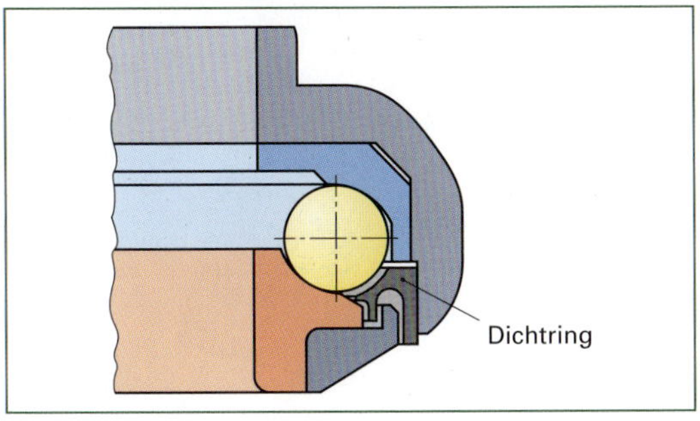

Bild 2: Untere Lagerschale mit Dichtring (Cartridge-Lager)

5.9.3 Vorbau

Als Verbindungsteil zwischen Lenker und Gabelschaftrohr dient der Vorbau auch zur Anpassung des Fahrers an sein Fahrrad. Mit dem Vorbau lassen sich die Lenkerhöhe und durch unterschiedliche Längenausführungen auch der Abstand zwischen Lenker und Sattel variieren.

Belastung

Vorbauten unterliegen im Fahrbetrieb hohen Belastungen, da beim Bremsen und bei Fahrbahnstößen das Körpergewicht auf dem Lenker abgestützt wird. Beim sportlichen Radfahren wirken im Wiegetritt noch höhere Lasten auf den Vorbau ein: Der Gegenhalt am Lenker verursacht durch die Lenkerbreite Biege- und Torsionsmomente, die bei antrittsstarken Radlern oberhalb 250 Nm liegen können.

Preiswerte Vorbauten werden aus Stahl gefertigt oder aus Aluminium gegossen. Bei höherwertigen Produkten wird ausschließlich geschmiedetes Aluminium eingesetzt. Vorbauten aus Carbon sind teuer, bringen aber gegenüber Aluminiumvorbauten weder Haltbarkeits- noch Gewichtsvorteile.

Vorschriften:

- Die Einstecktiefe des Vorbaus im Gabelschaft muss mindestens das 2,5 fache seines Durchmessers betragen (minimum insertion).
- Die Verdrehfestigkeit zwischen dem Vorbau und dem Gabelschaft muss nach EN ISO 4210 mindestens 40 Nm bzw. 50 Nm betragen **(Bild 3)**.

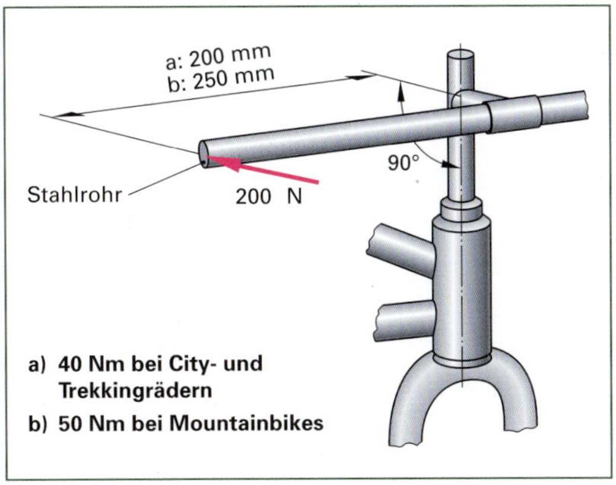

Bild 3: Prüfung der Verdrehfestigkeit

Damit die Mindest-Einstecktiefe des klassischen Vorbaus eingehalten wird, hat sich eine Markierung (per Rädelung oder Laseraufdruck) **(Bild 1, Seite 202)** bewährt, über die der Vorbau nicht aus dem Gabelschaft herausgezogen werden darf.

5

Bild 1: Markierung der Mindest-Einstecktiefe

Die Lenkervorbaulänge (oder Ausladung) ist das Maß vom Zentrum der Lenkerklemmung bis zum Zentrum des Schaftes und somit unabhängig vom Vorbauwinkel **(Bild 2)**. Sie sollte auf den Einsatzbereich des Fahrrads und die Körpergröße des Radsportlers abgestimmt sein.

Die Vorbaulänge beeinflusst das Lenkverhalten des Fahrrads. Ein kurzer Vorbau lässt ein beweglicheres Lenken zu und ermöglicht ein einfacheres Heben des Frontrades und wird daher bei Mountainbikes bevorzugt bei Downhill- und Singetrail-Fahrten benutzt.

Einen langen Vorbau bevorzugen dagegen Fahrer von Touren- und Cross-Country-Rädern.

Unterschieden werden nach der Befestigungsart:

- Schaftvorbau
- Aheadvorbau

Unterschieden werden nach der Verstellbarkeit:

- Fester Vorbau
- Winkelverstellbarer Vorbau
- Höhenverstellbarer Vorbau

Sie unterscheiden sich vor allem in der Befestigung am Gabelschaft: Innenklemmung bei konventionellem Vorbau, Außenklemmung beim Ahead-Vorbau. Winkel- und schnellverstellbare Vorbauten gibt es für beide Klemmsysteme.

Der **konventionelle** (klassische) **Vorbau (Bild 3)** wird innen im Gabelschaft geklemmt: Eine Spannschraube zieht einen Konus gegen den Vorbauschaft. Dabei gibt es zwei Ausführungen (**Bild 1, Seite 203**):

- Spreizkonus in geschlitztem Vorbauschaft
- Schrägkonus an abgeschrägtem Vorbauschaft

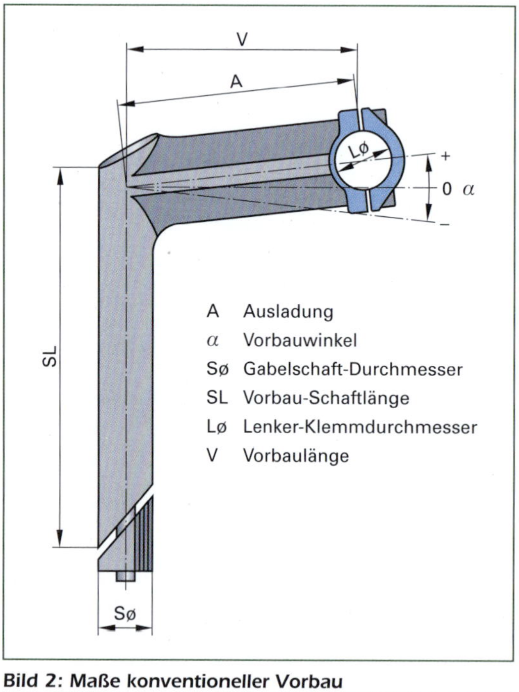

Bild 2: Maße konventioneller Vorbau

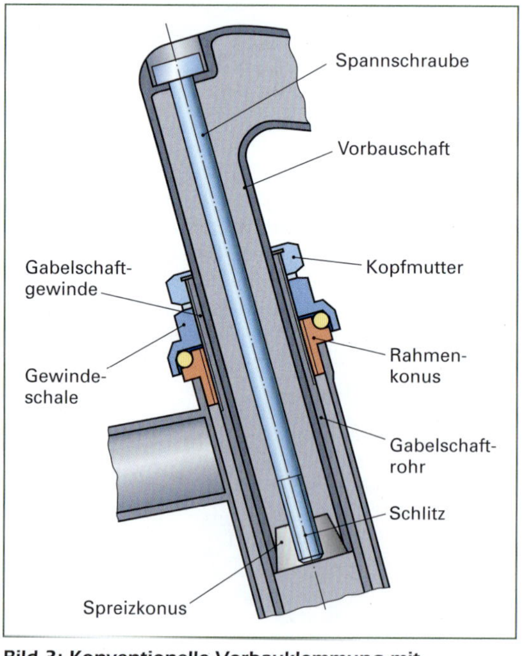

Bild 3: Konventionelle Vorbauklemmung mit Spreizkonus

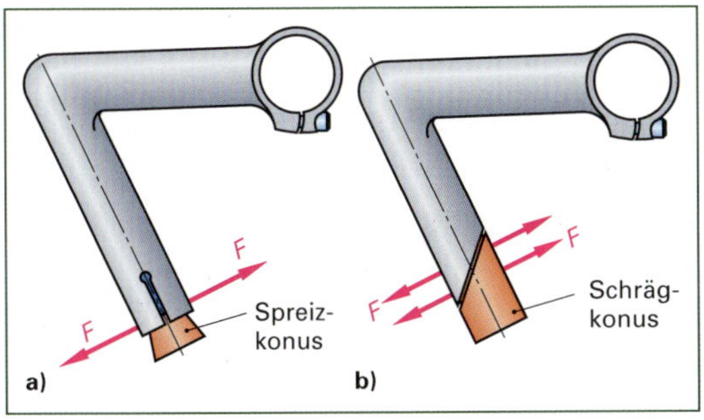

Bild 1: a) Spreizkonus b) Schrägkonus

Der Spreizkonus klemmt zwar den Vorbauschaft über den ganzen Umfang, die Klemmfläche ist jedoch sehr klein. Durch den hohen Anpressdruck besteht die Gefahr, dass der Gabelschaft im Bereich der Klemmung ringförmig aufgeweitet wird. Außerdem braucht der Konus eine Verdrehsicherung, damit er sich spannen lässt.

Der Schrägkonus verschiebt sich beim Spannen gegen das schräge Ende des Vorbauschaftes. Die Anpressfläche ist größer. Der Schrägkonus ist heute Standard.

Konventionelle Vorbauten haben den Vorteil, dass sich die Höhe des Lenkers stufenlos einstellen lässt und der Vorbau demontiert werden kann, ohne den Steuersatz zu lösen.

info

Klemmschraubengewinde und -kopf, Konusflächen und Gabelschaft-Innenwand müssen vor der Montage und bei Inspektionen mit Montagepaste oder Fett vor Rost durch eindringendes Regenwasser geschützt werden. Korrosion erschwert die Demontage und schwächt das hochbelastete Gabelschaftrohr.

Der **Ahead-Vorbau** wird außen auf den überstehenden gewindelosen Gabelschaft geklemmt **(Bild 2)**. Dazu ist er am Ende einfach geschlitzt. Wegen des größeren Durchmessers und des fehlenden Gewindes ist die Verbindung biegesteifer und bruchfester als beim konventionellen Vorbau.

Bild 2: Ahead-Vorbau

Das Anschlussmaß wird durch den (gewindelosen) Außendurchmesser des Gabelschaftes festgelegt **(Bild 3)**. Hier hat sich der Standard mit 1 $^1/_8$" (28,6 mm) durchgesetzt, gelegentlich 1", 1 $^1/_2$" (38,1 mm) oder auch 1 $^1/_4$" (31,8 mm) bei erhöhter Belastung.

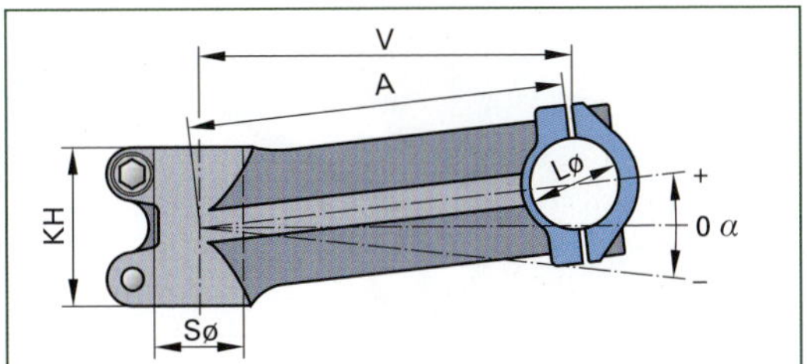

V	Vorbaulänge	Sø	Gabelschaft-Klemmdurchmesser
A	Ausladung		
α	Vorbauwinkel	Lø	Lenker-Klemm-durchmesser
KH	Klemmhöhe		

Bild 3: Maße Ahead-Vorbau

Die Lenkerhöhe wird über Spacer (Distanz- oder Zwischenringe) eingestellt, die man unter den Vorbau legt. Dazu muss der Gabelschaft genau passend abgelängt werden **(siehe Bild 1, Seite 200)**.

Viele abgewinkelte Ahead-Vorbauten können um die Längsachse gedreht montiert werden, sodass zwei verschiedene Lenkerhöhen möglich sind: Flip-Flop-Prinzip **(Bild 4)**.

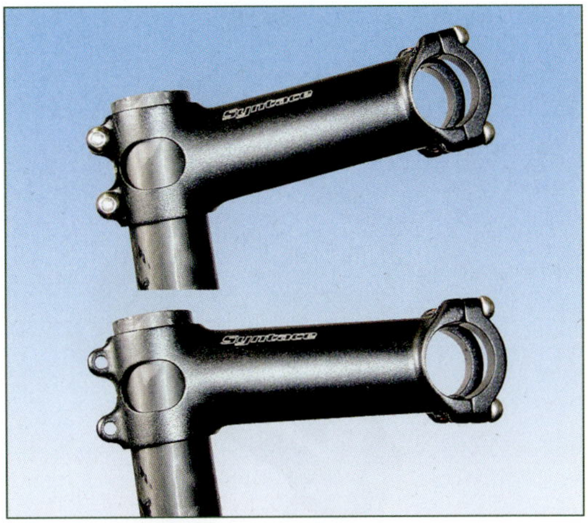

Bild 4: Verstellen der Lenkerhöhe durch Umdrehen des Ahead-Vorbaus

Winkelverstellbare Vorbauten (Bild 1, Seite 204) werden bei Gebrauchs- und Reiserädern immer beliebter. Nach Lösen einer Schraube lässt sich durch Schwenken des Vorbaus die Lenkerhöhe und geringfügig auch der Abstand zum Lenker verändern. Da sich der Lenker beim Verstellen mitdreht, muss anschließend die Lenkerstellung korrigiert werden.

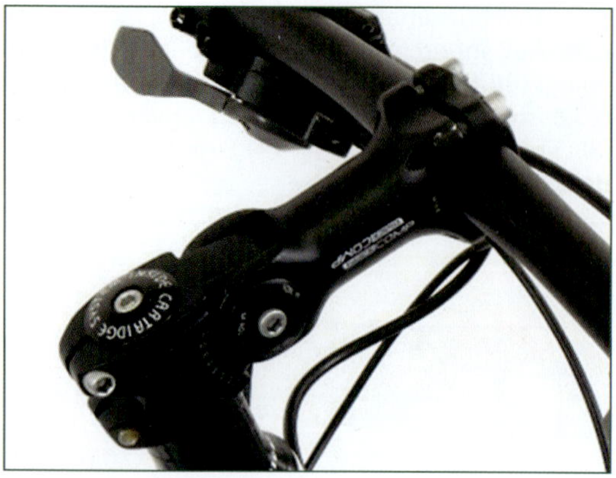

Bild 1: Winkelverstellbarer Vorbau

Schnellverstellbare Vorbauten lassen sich ohne Werkzeug in Höhe und Winkelstellung verändern **(Bild 2)**. Sie erhöhen den Fahrkomfort, indem auf längeren Touren unterschiedliche Sitzpositionen eingenommen werden können.

Sie müssen drei Anforderungen genügen:

- Verdrehsicherheit
- Geringe Bedienkräfte
- Sicherheit gegen selbsttätiges Lösen während der Fahrt

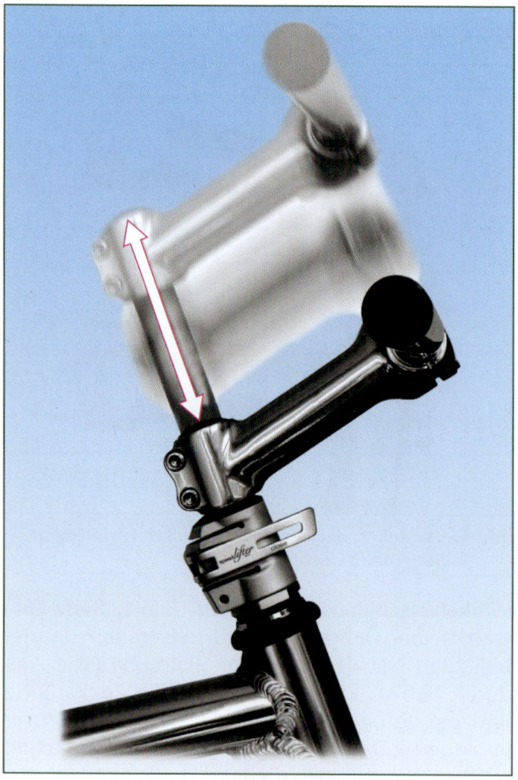

Bild 2: Höhenverstellung mit dem Speedlifter

Beim Syntace VRO-System kann die Sitzlänge (Reichweite) durch Verstellen des X-Ray Klemmenpaares, die Lenkerhöhe über das Flip-Flop-Prinzip verstellt werden **(Bild 3)**.

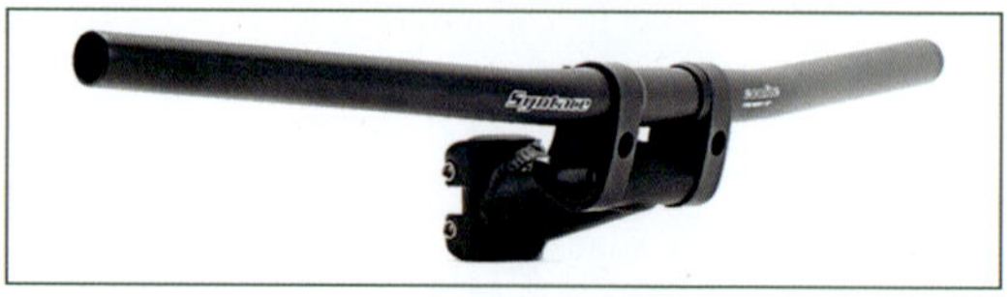

Bild 3: Verstellbares Syntace VRO-System

5.9.4 Lenker

Der durch den Vorbau mit der Gabel verbundene Lenker dient neben der Steuerung des Fahrrades auch zur Abstützung des Oberkörpers.

Bei intensivem Krafteinsatz (Beschleunigung/Wiegetritt) ermöglicht der Lenker durch zusätzlichen Einsatz von Rumpf- und/oder Armmuskulatur, mehr Kraft auf das Pedal zu bringen. Der Lenker federt aufgrund seiner Elastizität Fahrbahnstöße ab und trägt so zum Fahrkomfort bei.

Am Lenker selbst sind Bremshebel und Schaltgriffe (bzw. -hebel) und die vorgeschriebene Klingel angebracht **(Bild 4)**.

Bild 4: Lenker mit Bedienelementen

Kein anderes Fahrradteil ist in seiner Formgebung so variabel gestaltbar wie der Lenker. Er bestimmt die jeweilige Sitzposition des Fahrradbenutzers und erlaubt je nach Ausführung vielfältige Verstellmöglichkeiten.

Belastungen

Beim Abstützen der Hände (Bremsabstützungen, Bodenwellen beim MTB-Downhill-Fahren) wird der Lenker mit Kräften in der Größenordnung von 1500 N belastet.

Im gleichen Bereich liegen die wechselseitigen Biegebelastungen durch antrittsstarke Rennradler im Wiegetritt.

Die höchste Belastung liegt im Bereich der Lenkerklemmung im Vorbau, denn hier wirkt die halbe Lenkerbreite als Hebel. Das Biegemoment, das am Übergang zur Lenkerklemmung wirkt, kann mehr als 250 Nm betragen.

Hinzu kommt noch die Kantenpressung an den Rändern des Vorbau-Klemmauges. Aus diesem Grund haben Lenker im Klemmbereich einen größeren Durchmesser und eine größere Wandstärke. Ein Nebeneffekt des größeren Durchmessers ist das einfachere Einfädeln des Lenkers in den Vorbau.

Auf keinen Fall dürfen Grate oder scharfe Kanten an den Rändern des Klemmauges hervorstehen, da sich diese infolge der dauernden Biegebelastung in das Lenkermaterial einarbeiten und durch Kerbwirkung zum Bruch führen. Aus diesem Grunde sollten Lenker aus Aluminium nicht in Vorbauten aus Stahl montiert werden, da wegen der höheren Festigkeit des Stahls die Ränder des Klemmauges wie scharfe Kanten wirken **(Bild 1)**[1].

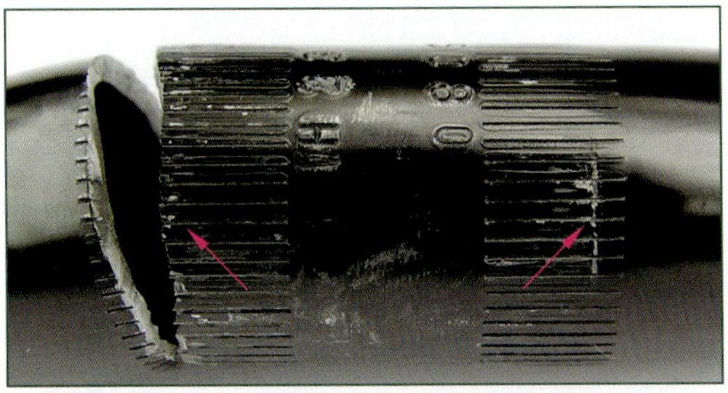

Bild 1: Lenkerbruch durch fehlerhafte Montage

info

Bei einer Inspektion des Vorbaus sollte nicht nur auf die Lenkeroberseite geachtet werden.

Die Lenkerklemmung erfolgt in der Regel mittels einer Schlitzklemmung. Mit einer oder zwei Schrauben wird das geschlitzte Vorbauauge zusammengezogen und fixiert den Lenker.

Einen leichten Lenkerwechsel ohne Demontage von Brems- und Schaltgriffen sowie Lenkerband und Lenkergriffen ermöglicht eine geteilte Klemmung **(Bild 2)**. Hier umfasst ein Deckel den vorderen Teil des Lenkers und dieser wird mithilfe von zwei bis vier Klemmschrauben in den Vorbausockel geschraubt.

Bei der Auswahl von Lenker und Vorbau müssen die Klemmdurchmesser sorgfältig ausgewählt werden.

Viele Jahre betrug das Klemmmaß für Lenker an Tourenrädern und MTBs 25,4 mm, 22,2 mm an BMX-Rädern und 25,8 mm bis 26,0 mm (Cinelli auch 26,4 mm) an Rennrädern.

Bild 2: Geteilte Lenkerklemmung

Seit 2015 ist 31,8 mm der Standarddurchmesser an den meisten Fahrrädern. Neben einer höheren Festigkeit entfallen die bisherigen Probleme aufgrund unterschiedlicher Größen und Durchmesser[2].

Vorschriften

- Die Lenkung muss aus der Mittellage heraus nach jeder Seite um mindestens 60° frei beweglich sein. Bei MTBs und Rennrädern beträgt die Mindestauslenkung 30°.
- Mindestens 25 % des Gesamtgewichtes von Fahrrad, Fahrer und Gepäck müssen das Vorderrad belasten. Dabei muss der Fahrer auf dem Sattel sitzen und die Lenkgriffe umfassen. Fahrer und Sattel müssen sich dabei in der am weitesten nach hinten geschobenen Position befinden.
- Der Lenker benötigt eine fest sitzende Vorbauklemmung (**Bild 3**), die sich auch unter einer Drehmoment-Belastung von 60 Nm (City-, Trekking-, Jugend- und Rennräder) bzw. 80 Nm (Mountainbikes) nicht verdreht.

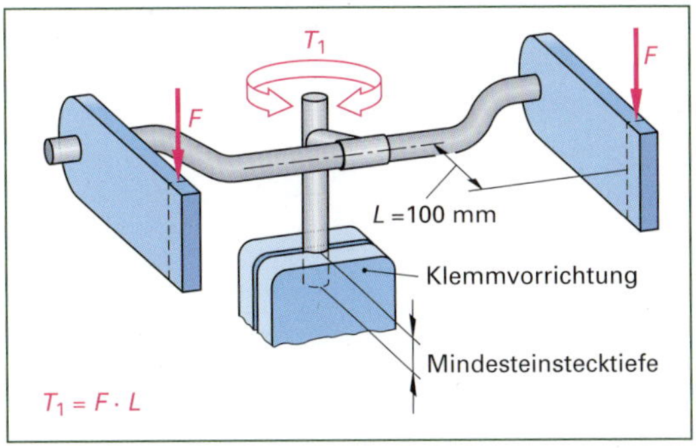

Bild 3: Prüfung der Vorbau-Lenkerklemmung nach EN ISO 4210-5

[1] Eine Kerbe, die den Bruch des Lenkerrohres aus Bild 1 auslöste, befand sich auf der Unterseite des Lenkers

[2] Am Pedelec 45 (S-Pedelec) darf nur ein freigegebener Lenker montiert werden.

- Die Enden der Lenker müssen mit Lenkergriffen oder Lenkerstopfen verschlossen sein, die einer Abzugskraft auch bei Nässe von 70 N standhalten. An Kinderfahrrädern müssen die Enden der Lenkergriffe eine Prallfläche von mindestens 40 mm Durchmesser aufweisen.

Das System Vorbau-Lenker muss in zwei Prüfstufen folgenden Dauerbelastungen widerstehen (**Bild 1**)

- In der gegenphasigen Prüfstufe 100000 Schwingspiele mit einer Wechselbiegekraft nach Bild 1a

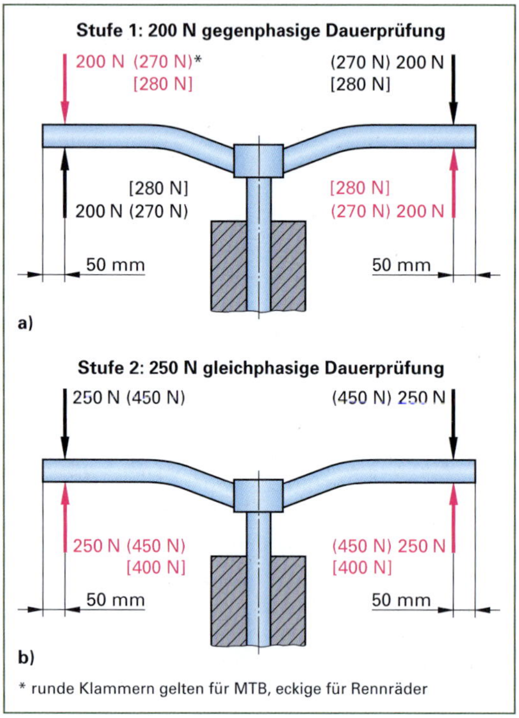

Bild 1: Dynamischer Lenkertest nach EN ISO 4210-5

- In der gleichphasigen Prüfstufe 100000 Schwingspiele mit Wechselbiegekräften nach Bild 1b
- für Rennräder sind nach EN ISO 4210-5 weitere Prüfungen vorgesehen
- Anforderung: ohne Bruch und sichtbaren Anriss

Die Konstruktionsmaße eines Lenkerbügels sind (**Bild 2**):

- Breite und Höhe
- Griffwinkel und Grifflänge
- Griffdurchmesser = Lenkeraußendurchmesser
- Vorbau-Klemmdurchmesser
- Länge der Aufweitung (Kröpfung)
- Drop, Mitte-Mitte
- Vorbiegung

Die Breite eines Rennlenkers **(Bild 3)** wird in der Regel „Außen-Außen" gemessen.

Bauformen von Lenkerbügeln

Kein anderes Bauteil des Fahrrades ist in seiner Formgebung so vielfältig gestaltet wie der Lenker.

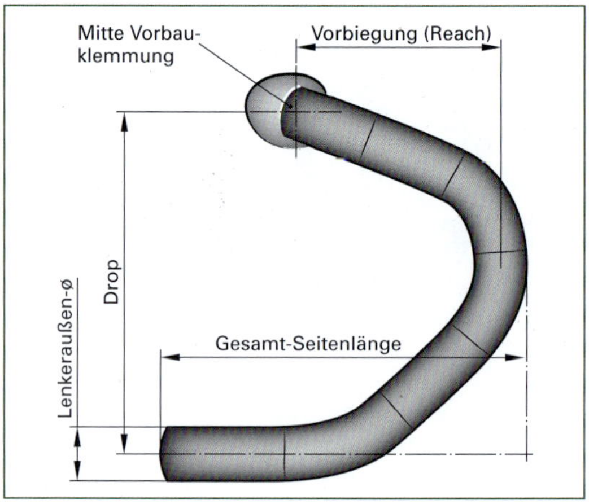

Bild 3: Maße Rennlenker

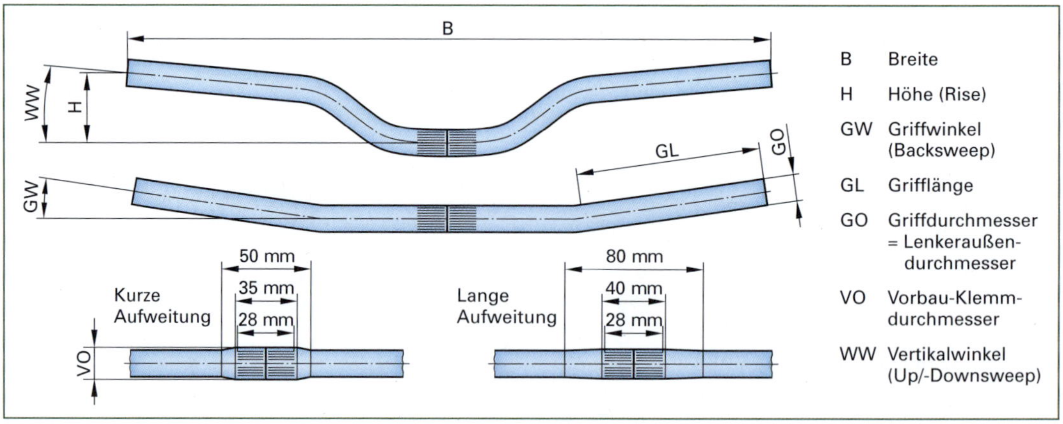

Bild 2: Maße Lenkerbügel

Man unterscheidet nach (Touren-)Bügeln für eine einzige Sitzhaltung (Holland-, Trekking-, MTB-Lenkerbügel) und Bügeln für mehrere Sitzhaltungen (Rennlenkerbügel, Multipositionslenker).

Die Lenker(bügel) unterscheiden sich nach:

- Art der Biegungen (Lenkerform)
- Lage und Richtung der Griffenden
- Anzahl der Griffmöglichkeiten

Standardlenker, Citylenker

Die Griffenden des Citylenkers (ältere Bezeichnung: Tourenlenker) sind weit nach hinten gebogen und zeigen fast parallel zur Fahrtrichtung. Der Lenker ist dabei stärker nach oben gekröpft als nach vorn, da er wegen der aufrechten Sitzposition näher am Oberkörper sitzt und entsprechend mehr Kniefreiheit beim Pedalieren bietet **(Bild 1)**.

Bild 1: Citylenker

Hollandlenker

Der Hollandlenker **(Bild 2)** ist ein Vorgänger des Citylenkers. Er verläuft in einer Ebene und nur die rechtwinklig abgewinkelten Griffenden sind nach oben versetzt.

Bild 2: Hollandlenker

Trekkinglenker, Cruiserlenker

Die Griffenden des Trekkinglenkers sind um 20° bis 45° abgewinkelt. Der Lenker ist weniger gekröpft, weil die Sitzposition flacher ist. Die längeren Griffenden bieten Platz für Schalthebel und Bremsgriffe. In breiterer Ausführung und weit geschwungen bezeichnet man ihn auch als Cruiserlenker.

Hornlenker

Der Hornlenker oder Bullbar ist in der Mitte gerade (oder fast gerade) und an den Enden schräg nach vorne oben gebogen **(Bild 3)**. Dadurch bietet er insgesamt drei Griffpositionen. Brems- und Schalthebel sind nur in der Grundposition zu bedienen.

Der Hornbar entspricht einem leicht gebogenen Lenker mit Barends (Hörnchen), der jedoch nicht auf die Schulterbreite des Fahrers angepasst werden kann.

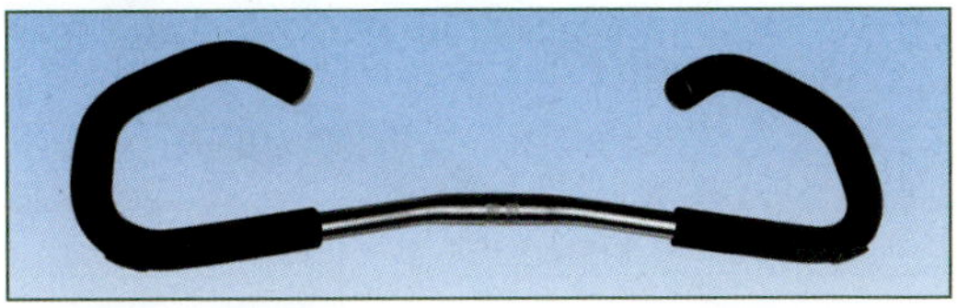

Bild 3: Hornlenker

Multipositionslenker

Der Multipositionslenker oder Komfortlenker ist bei den Trekkingrädern verbreitet **(Bild 4)**. In der Contestform ist eine Montage der Brems- und Schaltgriffe auf den geraden Endstücken möglich.

An Reiserädern hat sich als Nachteil erwiesen, dass nur an diesen geraden Enden das Bremsen und Schalten möglich ist, hier jedoch der kürzeste Hebelarm für das sichere Steuern eines beladenen Rades geboten wird. Solche Lenker sollten flach in einem nach vorn ansteigenden Winkel von 15° bis 20° ausgerichtet werden. Auf diese Weise bietet er die meisten Griffmöglichkeiten.

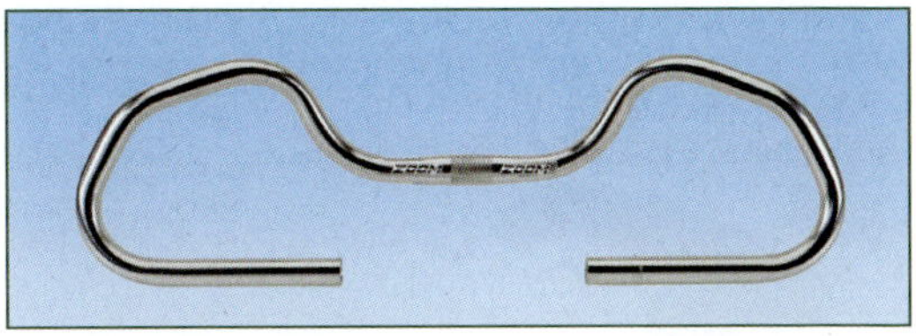

Bild 4: Multipositionslenker

Einstellbare Lenker

Einstellbare Lenker der Typen Bullbar und Komfortlenker bestehen aus mehreren Teilen, die in ihrer Winkelstellung einstellbar sind **(Bild 5)**. Zur Montage der Brems- und Schalthebel können die „Hörner" abgenommen werden.

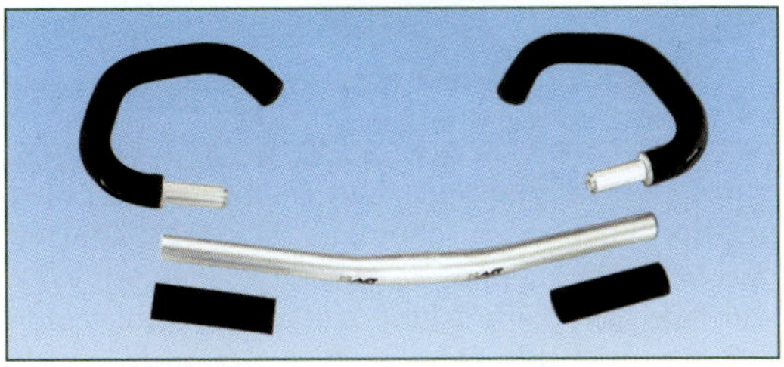

Bild 5: Einstellbarer Multipositionslenker

MTB-Lenker

Als MTB-Lenkerbügel existieren zwei unterschiedliche Formen **(Bild 1)**:

- Gerade Lenkstange
- Gekröpfte Form (Rizer Lenker)

Bild 1: MTB-Lenkerbügel

Mit einem geraden Lenkerbügel lässt sich die Sitzposition kaum beeinflussen. Das Lenkverhalten ist äußerst direkt. Bei einer steilen Abfahrt bieten gerade Lenkerbügel eine gute Kontrolle und sind komfortabel.

Für eine eher aufrechte Sitzposition empfehlen sich gekröpfte Lenkerbügel. Der Biegungswinkel nimmt erheblichen Einfluss auf die Sitzposition. Das Lenkverhalten ist im Vergleich zu den geraden MTB-Lenkern weniger nervös, da der Schwerpunkt nach hinten verlegt wird.

Bar Ends

Bar Ends (Lenkerhörnchen) gibt es in gerader oder leicht gebogener bzw. gewinkelter Form. Sie werden per Außen- oder Innenklemmung am rechten und linken Rohrende des Lenkers angeschraubt **(Bild 2)**.

Bild 2: Bar Ends am MTB-Lenker

Durch die Möglichkeit des Wechsels der Griffposition können vor allem bei längeren Fahrten die Muskulatur und das Handgelenk entlastet werden. Die Griffposition verlagert zudem den Schwerpunkt des Fahrers, was Schmerzen und Verkrampfung vorbeugt.

Ergonomisch geformte, flächige Griffe mit angeflanschten, einstellbaren Bar Ends bieten besonders viel Komfort auf längeren Radstrecken.

Rennlenker

Ein Rennlenker besteht aus einem geraden Mittelteil und verläuft dann in einem Bogen nach vorn/unten und hinten **(Bild 3)**. Aus dieser Formgebung resultieren mehrere Griffpositionen der Hände am Lenker, die von einer aerodynamisch günstigen Sitzposition (Lenker im unteren Bogen gehalten) bis zur entspannten 45-Grad-Haltung (Lenker am geraden Mittelteil gehalten) reicht.

Aufgrund dieser vielfältigen Griffmöglichkeiten wird der Rennlenker auch häufig an Reiserädern montiert (Typ Randonneur). In einigen Ausführungen ist der untere Bogenbereich leicht nach innen gekrümmt und passt sich damit dem nach innen gewölbten Handteller an.

Bild 3: Rennlenker

Für eine verdeckte Verlegung der Schalt- und Bremszüge entlang des Lenkers sind in einigen Ausführungen noch Nuten **(Bild 4)** eingedrückt.

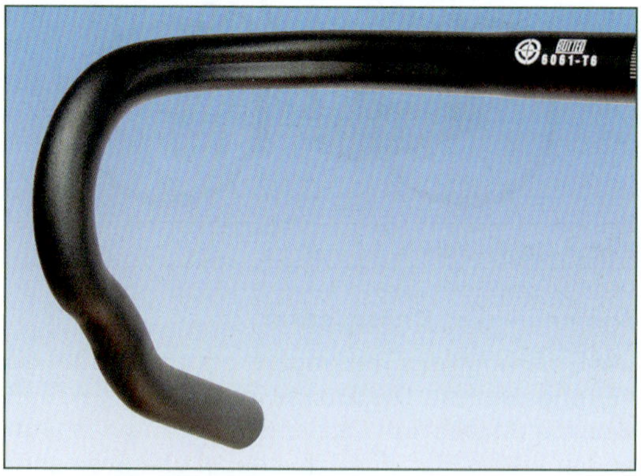

Bild 4: Rennlenker mit eingedrückter Nut zur verdeckten Zugverlegung

Der **Time-Trial-Lenker** ist ein Lenkeraufsatz **(Bild 1)**, der die Einnahme einer besonders aerodynamischen Fahrposition (american position, eine den Abfahrtskiläufern entliehene Armhaltung) erlaubt.

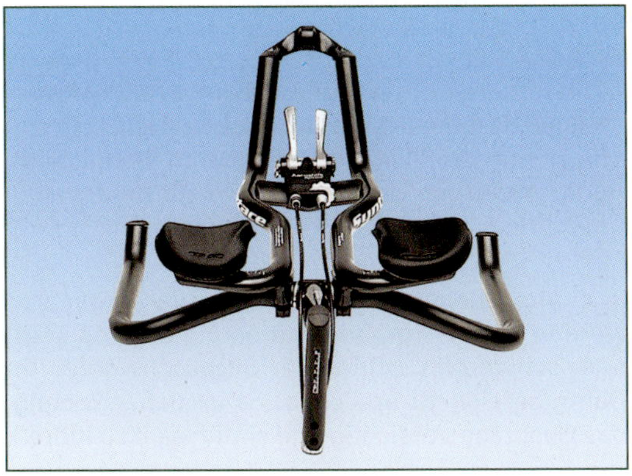

Bild 1: TT-Lenker mit Unterlenker

Von dem Welt-Radsportverband UCI (Union Cyclist Internationale) nicht mehr zugelassen sind Lenkeraufsätze, die die *Obree-Haltung* **(Bild 2)**, bzw. die *Superman-Position* ermöglichen **(Bild 3)**.

Bild 2: Kurzlenker für die Obree-Position

Bild 3: Lenker für die Superman-Position

Fertigung

Lenker aus Aluminium, Stahl und Titan werden aus Präzisionsrohren hergestellt. Vom dicken Mittelteil aus wird das Rohr durch Ziehen oder Walzen zum Lenkerende hin dünner ausgezogen. Die Biegungen werden auf einer Biegescheibe vorgenommen, in der der halbe Rohrdurchmesser eingearbeitet ist, damit das Rohr beim Biegen keine Falten bekommt **(Bild 4)**.

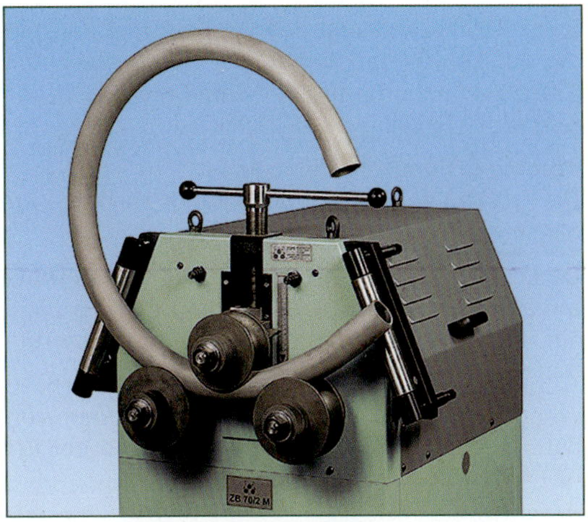

Bild 4: Rohr-Biegemaschine (Zopf)

Größere Biegewinkel (Rennlenker) werden über einen kugelförmigen Innendorn gebogen, der sich mit fortschreitendem Biegeradius zurückzieht.

Lenker aus Carbon fertigt man meist in Flechttechnik und härtet diese im Schlauchblasverfahren aus. Aus patentrechtlichen Gründen sind die meisten Carbonrennlenker aus mehreren Einzelsegmenten aufgebaut.

Zur Sicherheit

Lenkerenden können bei einem Fahrradunfall schwere Verletzungen hervorrufen und sollten deswegen stets mit einem möglichst voluminösen Stopfen bzw. Lenkergriff verschlossen sein. Nach Stürzen sollten verbogene Lenker ausgetauscht werden, da die Dauerhaltbarkeit deutlich beeinträchtigt ist.

Das vom Hersteller angegebene maximale Anziehmoment des Vorbaus und der Bar Ends mit Außenklemmung darf nicht überschritten werden. Diese Bar Ends sollten an dünnwandigen Alulenkern mit speziellen Innenstopfen (Plugs) montiert werden. Diese schützen den Lenker vor Verformung durch die Klemm-kräfte der Befestigungsschelle.

Beim Transport mit dem Auto dürfen Räder nicht kopfüberstehend am Lenkbügel befestigt werden, da die auftretenden dynamischen Kräfte zu Materialermüdung führen können.

5.10 Sattel und Sattelstütze

Der **Fahrradsattel** hat die Aufgabe, dem Fahrradfahrer auf dem Fahrrad Halt zu geben und ihm das Sitzen in verschiedenen Positionen zu ermöglichen. Die Form des Fahrradsattels hängt vom Verwendungszweck und von körperlichen Merkmalen des Fahrers ab.

5.10.1 Sattel

Beim Radfahren lastet das Gewicht fast vollständig auf Lenker und Sattel. Bei einer aufrechten Sitzposition übernimmt der Sattel etwa 75 % des Körpergewichtes.

Prüfungen und Anforderungen

Die Prüfung der Befestigung erfolgt nach den Angaben der EN ISO 4210-9.

Unter einer vertikalen Last von 650 N und einer horizontalen Kraft von 250 N darf sich die Lage des mit dem richtigen Anziehmoment montierten Sattels nicht verändern **(Bild 1)**.

Weitere dynamische und statische Prüfungen von Sattel und Sattelstützen-Klemmung sind der EN ISO 4210-9 zu entnehmen.

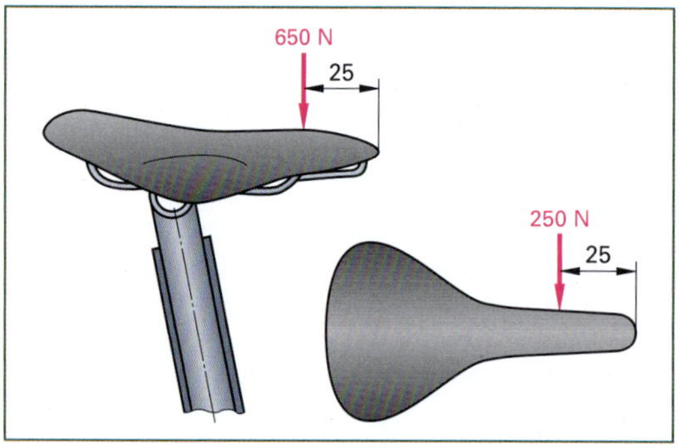

Bild 1: Befestigungsprüfung von Sattel und Sattelstütze

Für ermüdungsfreies Fahren muss ein Sattel den Körperverhältnissen des Fahrers und der bevorzugten Sitzposition entsprechend in der Höhe und in der Neigung verstellbar sein.

Neben dem ermüdungsfreien Fahren ist das beschwerdefreie Sitzen von besonderer Bedeutung. Sitzbeschwerden sind vor Hand- und Rückenbeschwerden die am häufigsten von Kunden genannten Einschränkungen. Sie können eine Radtour zur Qual werden lassen. Deshalb ist bei der Auswahl eines Sattels besondere Aufmerksamkeit erforderlich.

Man unterscheidet zwei Beschwerdearten:

- Druckschmerzen der Sitzknochen
- Druckschmerzen und Taubheitsgefühle im Dammbereich

Zwar gibt es anatomische Unterschiede zwischen Frauen und Männern – für die Auswahl des Sattels ist jedoch von alleiniger Bedeutung, dass die Sattelform zur individuellen Anatomie und der bevorzugten Sitzposition (Sitzneigung) passt.

info

Treten bei einem waagerecht eingestellten Sattel Sitzbeschwerden im Dammbereich auf, so führt nur die Wahl einer anderen Sattelform oder Änderung der Sitzneigung zur Beschwerdefreiheit.

In einem Verkaufsgespräch sollte daran gedacht werden, dass es gerade älteren Frauen und Männern schwerfällt, offen über Sitzbeschwerden im Dammbereich zu sprechen. Es ist daher wichtig, das Gespräch vorsichtig und einfühlsam zu führen.

Ältere Männer sind häufiger von Entzündungen oder Vergrößerungen der Prostatadrüse betroffen, die sich oberhalb des Dammbereiches befindet. Sattelformen mit Druckentlastungszonen (**Bild 2**) werden daher als besonders angenehm empfunden.

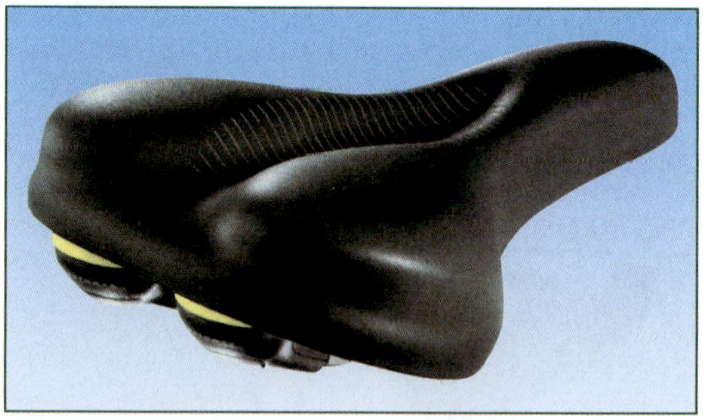

Bild 2: Sitzmulde

Die Mindestbreite eines Sattels sollte man individuell so wählen, dass die Sitzknochen noch abgestützt werden (**Bild 3**).

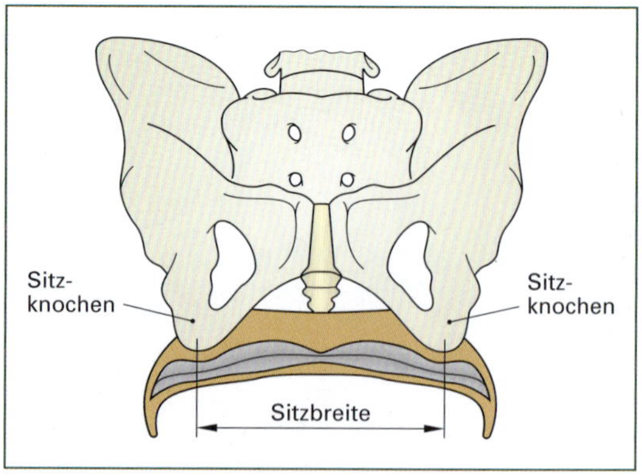

Bild 3: Individuelle Sitzbreite

info

Faustregel: Spürt man die Sitzknochen zu Beginn einer Fahrt, ist es die richtige Sattelbreite.

Eine Messmethode zur Bestimmung der Sitzbreite finden Sie im Kapitel 11: Anpassung und Ergonomie.

Stadt- und Gelegenheitsfahrer bevorzugen einen hinten breiten, kürzeren und gut gepolsterten Sattel. Sie fahren meist mit aufgerichteter Körperhaltung und belasten vorwiegend nur den hinteren Sattelbereich. Der breite und weiche Sattel bewirkt eine großflächige Gewichtsverteilung. Bei längeren Fahrtstrecken kann es durch die weiche Polsterung zum Wundreiben kommen.

Trekkingfahrer, die mit leicht nach vorn gebeugter Sitzhaltung fahren, bevorzugen einen hinten etwas breiteren und mäßig gepolsterten Sattel.

Grundsätzlich andere Forderungen werden an Sättel für Sportfahrräder wie z. B. Rennräder oder MTBs gestellt. **Sportliche Radfahrer** bevorzugen einen langen, schmalen Sattel, damit die Muskulatur im Sitzbereich ungestört arbeiten kann **(Bild 1)**.

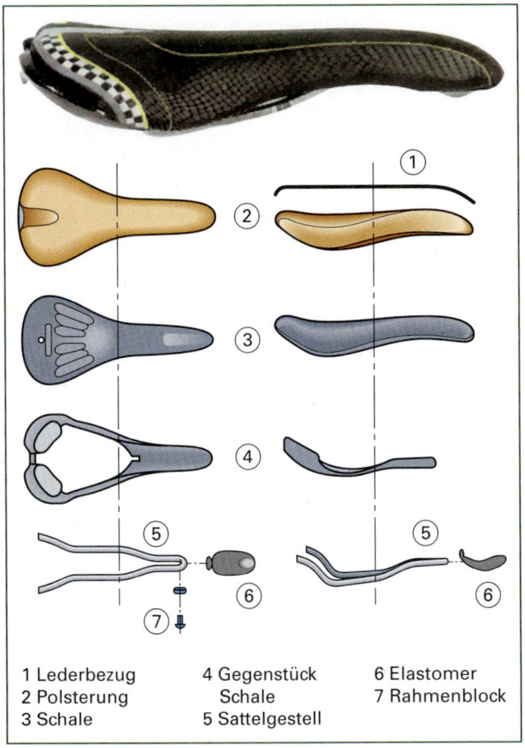

Bild 1: Rennsattel

Je nach Fahrsituation sitzen Rennradler weiter vorn oder hinten auf dem Sattel. Bei längeren Touren wird durch die geringe Polsterung ein Wundreiben vermieden.

Einer der hochwertigsten und häufig für Reiseräder verwendete Sattel ist der konservative **Kernledersattel (Bild 2)**. Er bietet einen hervorragenden Sitzkomfort. Die steife Lederdecke, ein Naturprodukt, passt sich gut an den jeweiligen Benutzer an. Die gespannte Lederdecke schwingt bei den Trittbewegungen des Radfahrers mit und vermeidet dadurch das Wundreiben auf dem Sattel. Eine fachgerechte Vorbereitung wie Einfetten bzw. Einfahren über mehrere hundert Kilometer ist erforderlich, bis sich Satteldecke und Sitzbereich aufeinander eingestellt haben. Nachteile des Ledersattels sind neben dem höheren Gewicht, dass er vor Regen geschützt werden sollte und dass sie bei Feuchtigkeit abfärben.

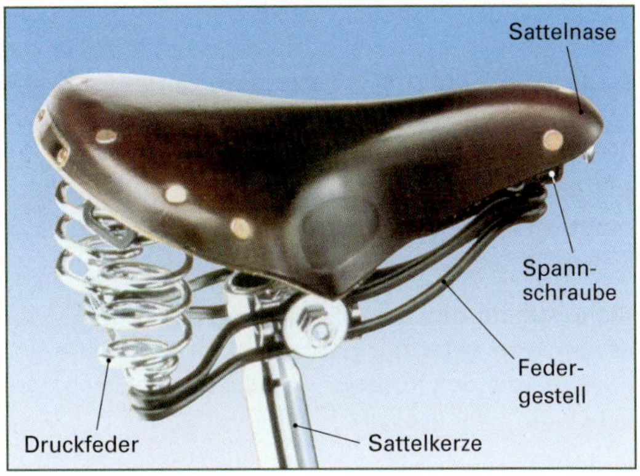

Bild 2: Kernledersattel

Mehrschichtige Sättel bestehen aus einer Kunststoff-schale und dem Sattelgestell aus Stahl, Titan oder Carbon. Sie sind zum Teil gefedert und haben meist noch eine Schaumstoffpolsterung. Mit einem Sattelbezug aus Leder, Kunstleder oder Gewebe sind sie seit den siebziger Jahren die am meisten verbreitete Sattelart **(Bild 3)**.

Bild 3: Kunststoffsattel

- Kunststoffsättel müssen nicht eingefahren werden und verändern ihre Form während des Gebrauchs kaum, können also nicht wie Kernledersättel ausleiern.

- Sie sind meist deutlich leichter als Kernledersättel: weniger als 100 g bei modernen, ungepolsterten Carbonsätteln. Die meisten klassischen Rennsättel wiegen 200 g bis 350 g.
- Sie sind unempfindlich gegen Nässe. Bei manchen Leder- und Gewebesattelbezügen kann sich die Polsterung bei Regen allerdings voll Wasser saugen.
- Sie benötigen keine Pflege. Echtlederbezüge sollten gelegentlich mit etwas Lederwachs behandelt werden.
- Echtlederbezüge sind in der Regel angenehmer zu fahren als solche aus Kunstleder.
- Die Sattelbezüge sind, vor allem an den Kanten, anfällig für Risse und Durchscheuerungen.
- Bei einfachen Kunststoffsätteln ist die Polsterung oft schon nach kurzer Zeit durchgesessen, und durch UV-Strahlung der Sonne schnell porös und rissig.
- Einfache Sättel sind preiswert. Hochwertige Modelle sind nicht billiger als Kernledersättel, zum Teil sogar deutlich teurer.

Viele Kunststoffsättel sind **Gel-Sättel (Bild 1)**, bei denen eine gelartige Schicht die individuelle Anpassbarkeit des Sattels verbessert, da sich der Druck auf eine größere Fläche verteilt.

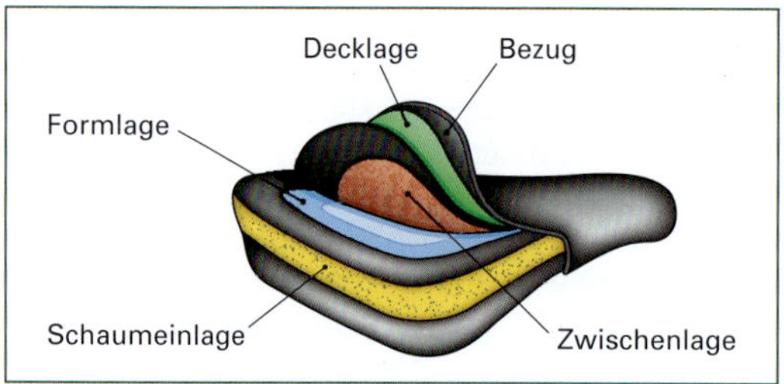

Bild 1: Aufbau eines Gelsattels

Gel-Sättel haben eine Lebensdauer von bis zu vier Jahren. Eine längere Lebensdauer als Gel-Sättel bieten schaumstoffgepolsterte Sättel, die mit textilen Kunstleder bezogen sind. Elastomerplatten in der Sattelschale erhöhen zusätzlich den Komfort.

Stahlfedern werden immer häufiger durch Elastomerdämpfer ersetzt und sind austauschbar für unterschiedliche Körpergewichte.

Beim *SQlab-active-Stufensattel* neigt sich die hintere Sitzfläche mittels eines anpassbaren Elastomerformteils um einige Grad um die Längsachse **(Bild 2)**. Dadurch kann das Becken ähnlich wie beim Gehen seitlich leicht pendeln. Der Komfort erhöht sich besonders für Vielfahrende und auf langen Radstrecken.

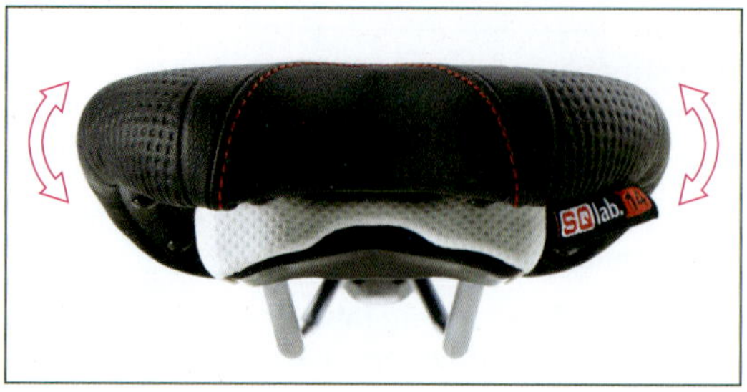

Bild 2: Stufensattel

5.10.2 Sattelstütze

Die Sattelstütze (nach DIN EN 15532 als Sattelrohr bezeichnet) dient nicht nur zur Sattelbefestigung, sondern auch zur exakten Einstellung der optimalen Sitzposition. Die dazu nötigen Verstellmöglichkeiten sind:

- Höhenverstellung im Sitzrohr zur Justage der Sitzhöhe (= Abstand Tretlagermitte-Satteloberfläche)
- Horizontalverstellung des Sattels in der Klemmvorrichtung. Einstellung des horizontalen Abstands zu Lenker und Tretlager
- Neigungsverstellung des Sattels zur Horizontalen durch Schwenken der kompletten Klemmvorrichtung der Sattelstütze

Eine häufige Sattelklemmung ist die sogenannte Patentsattelstütze (**Bild 3a**). Nach Lockern der Schraube kann die Neigung und die Horizontallage des Sattels eingestellt werden. Betriebssicher und genauer einzustellen sind Sattelstützen mit Zwei-Schrauben-Klemmung **(Bild 3b)**.

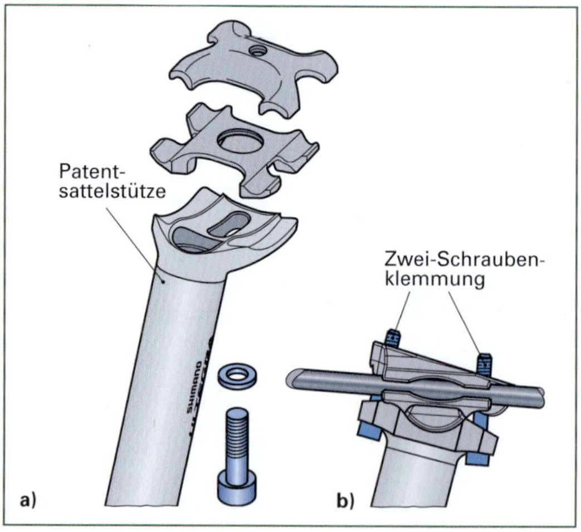

Bild 3: Ausführungen von Sattelstützen

Für den Mountainbikesport sind mechanisch oder pneumatisch-hydraulisch absenkbare Sattelstützen entwickelt worden **(Bild 4, Seite 235)**.

Für Fahrräder der unteren Preisklasse wird weiterhin eine herkömmliche starre Sattelstütze aus Stahl oder Aluminium verwendet. Auf dem kerzenartig eingezogenen Bereich wird der Sattel über gezahnte Klemmteile am Sattelkloben befestigt. Alle Verstellmöglichkeiten des Sattels sind auch hier gegeben **(Bild 1)**.

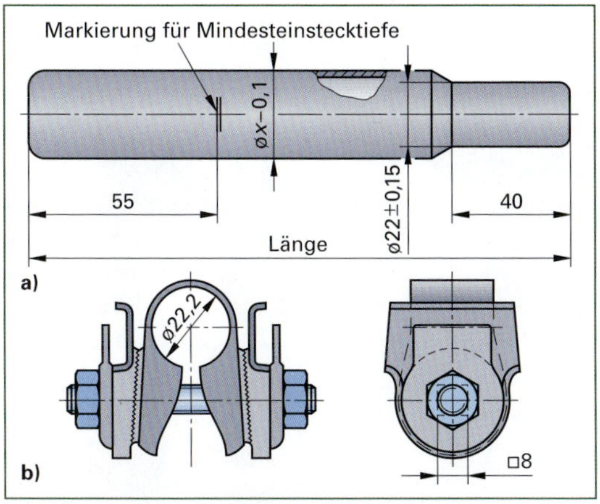

Bild 1: a) Sattelkerze b) Sattelklemmung mit Klemmschraube und Schellen

Das Fixieren der Sattelstütze im Sitzrohr des Rahmens erfolgt mit einem Schnellspanner (**Bild 2**) oder einer schraubbaren Klemme (**Bild 3**).

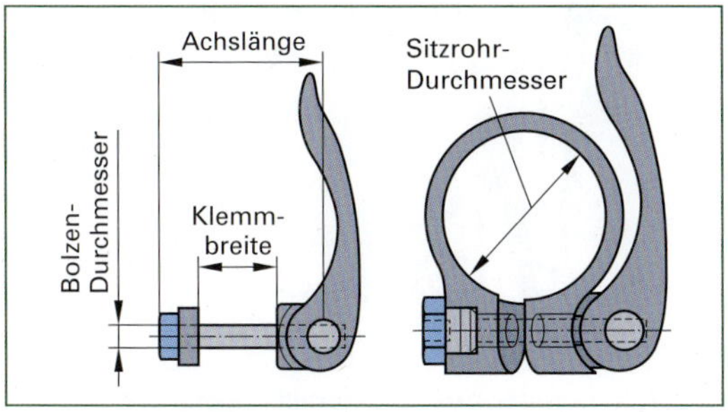

Bild 2: Schnellspanner

Bild 3: Klemmschelle mit Schraube

Ein Schnellspanner hat den Vorteil, dass der Sattel mit Sattelstütze bei unterschiedlichen Anforderungen schnell in der Höhe verändert werden kann, was vor allem bei Mieträdern oder im MTB-Sport interessant ist.

Insbesondere beim Bergabfahren (Downhill) im Moutainbikesport wird häufig die Höhe des Sattels reduziert, um den Körperschwerpunkt nach hinten verlagern zu können.

Ein Nachteil des Schnellspanners ist das hohe Diebstahlrisiko, das insbesondere bei der Nutzung des Fahrrades im Alltag und in der Freizeit zum Tragen kommt.

Sattelstützen haben meist eine konstruktionsbedingte, auf dem Rohr markierte Mindestlänge, mit der sie ins Sitzrohr eingeschoben werden müssen **(Bild 1)**. Diese Markierung darf **nur** bei ausgebauter Sattelstütze zu sehen sein: Sonst ist die Stütze zu kurz eingeklemmt.

Schon bei Fahrern mit Normalgewicht werden bei zu weit herausstehender Sattelstütze die Hebelkräfte (Biegung) zu groß. Das Material des Rohres wird überlastet, ermüdet und kann direkt über der Sattelklemme abbrechen – mit dem Risiko eines schweren Sturzes.

Faustformeln bei fehlender Markierung der Mindesteinstecktiefe:

- Die Sattelstütze sollte wenigstens 65 mm im Sitzrohr eingeklemmt sein.
- Die Einstecktiefe sollte mindestens das Zweifache des vollen Durchmessers der Sattelstütze betragen.

Die Passungen für die Sattelstützen und Sitzrohre im Rahmen sind bis auf wenige Ausnahmen Spielpassungen mit einem Spiel von 0,1 mm.

Bei Rennrädern, MTB- und BMX-Rädern mit ihren teilweise überlangen Sattelstützen sollten die Mindesteinstecktiefen aus Sicherheitsgründen länger gewählt werden.

Um Knackgeräusche oder ein Festrosten von Sattelstützen zu verhindern, sind die Passungen mit Metall- oder Carbonmontagepasten zu behandeln. Der richtige Innendurchmesser des Sitzrohres lässt sich präzise mit einer stufenförmigen Maßverkörperung (Lehre) ermitteln.

Die hochbelasteten Sattelklemmschrauben müssen mit Montagepaste geschmiert und mit dem vom Hersteller angegebenen Anziehmoment festgezogen werden. Lockere Schrauben können brechen und Stürze mit schwersten Verletzungen zur Folge haben.

5.11 Fahrradfederung

Viele Fahrräder sind heutzutage gefedert. Sie haben eine Federgabel, gefederte Sattelstützen, Sattelfedern, Hinterradschwingen oder großvolumige Reifen. Manche Fahrradtypen, wie z. B. das Trekkingrad oder das MTB, lassen sich ohne Federelemente kaum noch verkaufen, wohingegen das Straßenrennrad ungefedert ist.

5.11.1 Aufgaben der Federung

Die Fahrradfederung hat zwei Aufgaben zu erfüllen:

- **Kontaktbedingung (Bild 1)**: Sie hat einen ständigen Kontakt zwischen den Reifen und der Fahrbahn zu gewährleisten, sodass die Laufräder beim Überrollen von Unebenheiten der Fahrbahn nicht springen.

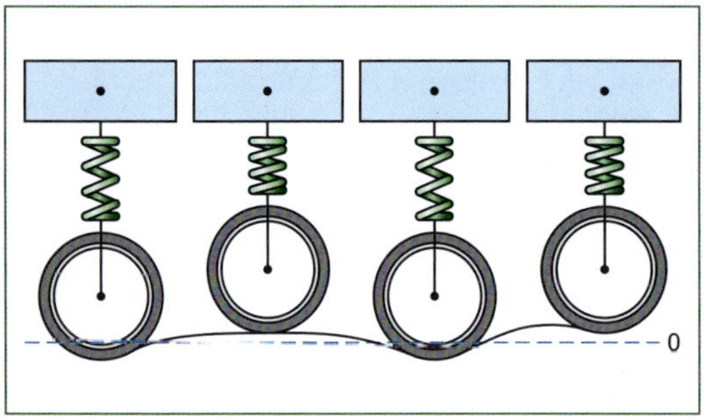

Bild 1: Kontaktbedingung

- **Schwingungsbedingung (Bild 2)**: Sie hat die Wirkung der Fahrbahnunebenheiten auf den Fahrradfahrer abzuschwächen, sodass er von den Fahrbahnunebenheiten „isoliert" ist.

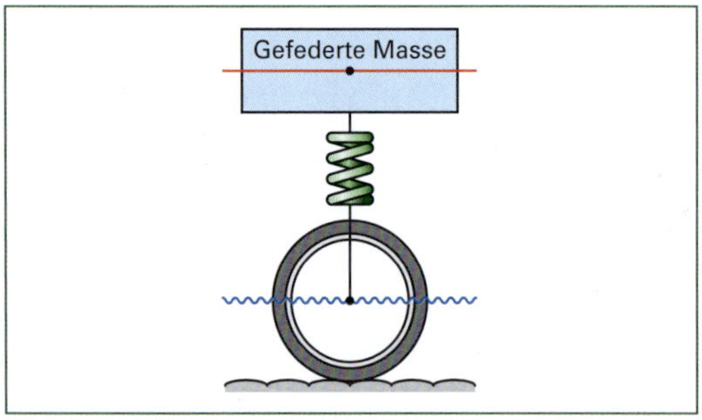

Bild 2: Schwingungsbedingung

5.11.2 Das ungefederte Fahrrad

Bis in die 1990er Jahre hinein waren fast alle Fahrräder ungefedert **(Bild 3)**. Erst durch die weite Verbreitung der MTB und Trekkingräder wurde die Fahrradfederung salonfähig und ist heute an den meisten Fahrradtypen und in den unterschiedlichsten Bauarten zu finden.

Das ungefederte Fahrrad ist nicht zwangsläufig unkomfortabel und nicht völlig starr: Zum einen können die Arme und Beine des Radfahrers Federungs- und Dämpfungsaufgaben übernehmen, zum anderen hat der Luftreifen einen wesentlichen Einfluss auf den Komfort, auch wenn die Reifen keine Federung im strengen technischen Sinne sind.

Bild 3: Rennräder sind traditionell ungefedert

Die menschliche Federung

Die Straße oder der Weg trägt das Fahrrad. Die Unebenheiten der Fahrbahn stellen dabei die Ursache für empfindliche Störungen dar. Das Rad folgt der Oberfläche und vollzieht ein Auf und Ab. Diese Impulse pflanzen sich durch den Fahrradrahmen und weitere Bauteile bis in den Sattel und den Lenker fort und wirken störend auf den Fahrer.

Auch eine schädigende Wirkung kann von überraschend heftigen Stößen ausgehen. In der Regel lässt man es nicht so weit kommen: Entdeckt der Fahrer eine Unebenheit, so geht er beim Überfahren aus dem Sattel, steht auf den Pedalen, lässt das Fahrrad darüber rollen, federt mit den Beinen die Schwingungen ab und setzt sich dann wieder.

Dieser Vorgang läuft automatisch ab. Aus dieser Beobachtung lässt sich ableiten:

Wir scheinen ein großes Interesse zu haben, die störenden Fahrbahneinflüsse zu mindern oder gar auszuschalten. Wir mögen es nicht, dass Rumpf und Kopf durchgeschüttelt werden, hingegen sind die Füße offenbar nicht so empfindlich. Alle Erfahrungen zeigen, dass Fuß- und Beinbereiche, aber auch die Hände weniger empfindlich sind als der Rumpf oder der Kopf. Die Empfindlichkeit nimmt von unten nach oben zu.

Die menschliche Federung bedient sich vielfältiger Körperfunktionen: Die Augen, die Nerven und der Bewegungsapparat sind im Einsatz, der ganze Körper ist daran beteiligt. Es ist ein aktives und effektiv arbeitendes Federungssystem.

Fahrradreifen

Die Luftreifen des Fahrrades haben einen großen Einfluss auf den Fahrkomfort eines Fahrrades.

Man weiß aus Erfahrung, dass hart aufgepumpte Reifen mehr Rückmeldungen über den Fahrbahnzustand geben als Reifen mit niedrigerem Luftdruck. Diese Erfahrungen führen dazu, dass man dem Reifen Federungseigenschaften zuschreibt. In der korrekten technischen Begrifflichkeit sind Fahrradreifen *keine* Fahrzeugfedern:

Reifen federn nicht, Reifen schlucken.

Die Schluckfähigkeit des Reifens **(Bild 1)** bedeutet, dass der Reifen in der Lage ist, kleinere Fahrbahnunebenheiten durch seine Nachgiebigkeit und Verformungsfähigkeit auszugleichen. Diese Hindernisse übertragen keine Stoßwirkung auf das Laufrad und müssen deshalb nicht von einem Feder-Dämpfer-System isoliert werden.

Bild 1: Schluckfähigkeit des Reifens

Die Schluckfähigkeit eines Reifens hängt in erster Linie von seinem Luftdruck ab und ist weitgehend unabhängig von der Geschwindigkeit: Bei kleinen Fahrgeschwindigkeiten funktioniert das Schlucken genauso gut wie bei großen.

Einige Hersteller von Alltags- und Reiserädern setzen auf dieses Komfortsystem: großvolumige Reifen, die ohne Durchschlaggefahr mit niedrigem Luftdruck von ca. 2,5 bar gefahren werden und die die meisten Fahrbahnunebenheiten ohne aufwändige Federelemente komfortabel schlucken **(Bild 2)**.

Bild 2: Großvolumiger Reifen „fat tire"

Häufig wird auch mehr oder weniger nachgiebigen Bauteilen wie Fahrradrahmen, Lenkern und Sattelstützen einen Federwirkung nachgesagt. Dahinter steht die Vorstellung, dass diese Nachgiebigkeiten die jeweiligen Bauteile zu Fahrzeugfedern machen. Wie aber gezeigt wird, führen nur weiche Federn, d. h. Bauteile mit sehr geringen Federsteifigkeiten, zur Erfüllung der Schwingungsbedingung.

Wer braucht ein gefedertes Fahrrad?

Wären alle Straßen und Radwege in gutem Zustand und würde man mit den Fahrrädern Wald- und Geländewege meiden, würden dann die menschliche Federung und der schluckende Reifen bereits genügen? Würde im Umkehrschluss gelten, die Fahrradfederung ist nur fürs Grobe da? Wann genau ist eine Fahrradfederung nützlich?

Fahrbahnprofile

Glatt ist das Gegenteil von rau. Die glatte Fahrbahn ist unproblematisch, denn für sie benötigt man weder eine Fahrradfederung noch die menschliche. Die Bewältigung von Einzelereignissen wie Schlaglöchern in einer ansonsten glatten Oberfläche stellt für die menschliche Federung kein Problem dar.

Wie ist es aber mit zehn Schlaglöchern auf einem Kilometer, also alle 100 Meter ein Schlagloch? Bei einer Geschwindigkeit von 15 km/h müsste man in einer Stunde 150 mal aus dem Sattel gehen und sich wieder hinsetzen. Empfindet man dies bereits als Anstrengung oder könnten es auch 100 mal pro Kilometer sein?

5

Neben der Häufigkeit sind auch die Heftigkeit und die Form der Unebenheit von Bedeutung. Eine kleine Wurzelerhebung ist anders zu bewerten als das Schlagloch mit scharfem Rand. Bei einer langen Bodenwelle kann man sitzen bleiben, bei einer scharfen Kante nicht.

Man erwartet also ein Gemenge unterschiedlichster Unebenheiten in regelloser Abfolge.

Fahrradfederung oder menschliche Federung?

Die menschliche Federung setzt voraus:

- Intakte Körperfunktionen
  Sie fordert, dass alle diesem Regelkreis zugehörigen Elemente arbeiten: Sehkraft, Aufmerksamkeit und Muskelpräsenz.
- Ausdauervermögen
  Sie benötigt Energie und körperliche Ausdauer, um den Anstrengungen und der Ermüdung entgegenzuwirken.
- Leichtes Fahrrad
  Das beladene Reiserad ist schwer, es kann bei zügiger Fahrt den Unebenheiten nicht folgen, und es droht außer Kontrolle zu geraten. Bremsen und Schrittfahren bei schlechter Wegstrecke ist ein Muss. Das leichte MTB und das Rennrad weichen den Unebenheiten direkt aus und behalten Kontakt zur Fahrbahn. Sie sind gute Partner der menschlichen Federung.

Nachteile der menschlichen Federung:

- Ermüdung
  Die nötige Aufmerksamkeit, die Arbeit aus dem Sattel zu gehen und die Koordination beim Überfahren der Hindernisse führt zu zusätzlicher Ermüdung.
- Leistungseinbußen
  Die Aufmerksamkeit und die Arbeit werden gebunden und stehen dem Vortrieb und der Koordination nicht mehr zur Verfügung

Eine Fahrradfederung ist passiv („sie schaut nicht voraus“). Sie trifft auf ein Hindernis und reagiert erst dann. Kann eine Fahrradfederung trotz des Nachteils gegenüber der menschlichen Federung nützlich sein? Ja, sie kann vor allem eine wichtige Funktion übernehmen, wenn die Voraussetzungen für die menschliche Federung nicht oder nur zum Teil gegeben sind.

Für eine Fahrradfederung sprechen:

- Fahrbahn
  Oberflächen mit häufig störenden Unebenheiten (auf glatter Fahrbahn erübrigt sich eine Federung)
- Gewicht
  Hohes Fahrradgewicht G (Fahrrad und Zusatzgewicht, Gepäck, Kindersitz mit Kind). Anhaltspunkt: G/Fahrergewicht > $^1/_4$. Mit zunehmendem Gewicht verbessern sich die Bedingungen für eine Fahrradfederung.
- Fahrer
  - Bei eingeschränkten körperlichen Funktionen von Sehkraft, Muskelkraft oder Motorik
  - Komfortverbesserung und Gewinn an Fahrfreude
  - Bei erhöhten Leistungsanforderungen, z. B. in Sport und Wettkampf, aber auch bei Fahrradweit und -vielfahrern
  - Verminderte Muskel-Haltearbeit, Hinauszögern der Ermüdung
  - Verbesserung der Radführung, Gewinn an Geschwindigkeit und Sicherheit

Beispiel 1: Wettkampfsportler im Gelände
Er schont mit einer Fahrradfederung besonders bei Abfahrten in schwierigem Gelände seine Muskeln. Der Ermüdung wird entgegengewirkt. Die Aufmerksamkeit und der Krafteinsatz können sich auf das Lenken und den Vortrieb konzentrieren. Er fährt erfolgreicher.

Beispiel 2: Mensch mit Behinderung
Ein Blinder hinten auf einem Tandem. Ihm ist es nicht möglich, ein Hindernis frühzeitig auszumachen, er trifft in der Regel ohne Vorwarnung auf die Störung. Eine Federung erhöht den Komfort.

Beispiel 3: Reiseradler
Ein auf Reisen eingesetztes Fahrrad trägt in der Regel neben dem Fahrer noch das hinten und auch vorne mitgeführte Gepäck. Gesamtgewichte von mehr als 150 kg sind möglich.

Die Fahrbahnstöße verursachen beim nicht gefederten Fahrrad erhebliche Belastungsspitzen auf die Fahrradbauteile. Mittel der Wahl ist: langsam fahren. Eine Federung ist hier in mehrfacher Hinsicht vorteilhaft. Die Lastspitzen werden deutlich reduziert. Der Komfort stellt sich nicht nur bei Langsamfahrt ein, ganz im Gegenteil: Schnelles Überfahren verbessert die Situation.

Die gefederte Masse fällt groß aus gegenüber der ungefederten. Dies verbessert den Kontakt zum Boden, erhöht die Sicherheit durch gute Spurtreue und sorgt für merklichen Komfortgewinn.

5.11.3 Elemente der Federung

Rad und Reifen

Die Gesamtheit von Laufrad, Radaufhängung und Federelementen stellt innerhalb des Fahrrads ein gekoppeltes, schwingfähiges System dar. In diesem Zusammenhang übernehmen das Rad und der Luftreifen wesentliche Funktionen der Fahrradfederung **(Bild 1)**.

Bild 1: Schwingfähiges System Fahrrad

Reifen: Kontaktelement zum Boden

Der Luftreifen ist verglichen mit der Erfindung des Rades eine junge Errungenschaft. Wie waren die Verhältnisse davor? Von Menschen bewegte Karren und von Pferden gezogene Kutschen besaßen unnachgiebige Räder. Das hölzerne Rad war mit einem Stahlband umfasst.

Die Berührung zwischen Stahl und Untergrund war hart und unflexibel. Befuhr man einen Weg, so gaben Sand und Kiesel nach. Auf gepflasterten Straßen kam es dauernd zu harten Punktberührungen mit hohen mechanischen Lastspitzen. Beträchtlicher Verschleiß, Radbruch, Lagerversagen und kraftraubende Fahrwiderstände waren die Regel.

Aus diesem Grund wurden Fahrräder um 1880 auch als *Knochenschüttler* bezeichnet. Es gab zu dieser Zeit eine große Anzahl von Konstruktionsversuchen von Rahmen- und Laufradfederungen den, um den Fahrkomfort zu steigern **(Bild 2)**.

Bild 2: Gefedertes Hinterrad um 1890 (velorama.nl)

Erst der Luftreifen brachte eine Veränderung. Er verteilt die Radlast flächig auf den Untergrund. Dadurch stellen sich vorteilhafte Gegebenheiten ein:

Kraftverteilung

Die nachgiebige Oberfläche des Reifens passt sich dem Untergrund an. Kleine bis mittlere Erhebungen verschwinden im Gummi, kleine Täler und Vertiefungen werden ausgefüllt. Die Flächenpressung verringert sich, hohe Punktlasten verschwinden.

Der Innendruck des Reifens steht im Gleichgewicht mit der Pressung zwischen Reifen und Fahrbahn. Andererseits vergrößert sich die Berührungsfläche (Latsch) mit abnehmendem Reifendruck. Die Folgen sind:

Harter Asphalt → hoher Reifendruck → kleine Berührungsaufstandsfläche.

Beispiel: Rennrad, sehr geringer Rollwiderstand

Nachgiebiger Sandweg → niedriger Reifendruck → große Berührungsaufstandsfläche.

Beispiel: Mountainbike, geringe Spurbildung, Überfahren weicher Untergründe

In beiden Fällen halten sich die mechanischen Belastungen in Grenzen. Das Rad mit Luftreifen läuft leichter als das starre Rad mit Stahlreif.

Schlucken der Unebenheiten

Die Abfolge von Tälern und Bergen auf der Fahrbahn wird als Rauheit bezeichnet. Das Spektrum zwischen grob und fein ist breit. Größere Steine und Bodenwellen sind dabei noch gut mit dem Auge wahrnehmbar, die feinen Störungen werden augenscheinlich weniger wahrgenommen.

Der Reifen egalisiert kleine bis mittlere Rauheiten. Er kann Berge und Täler in sich einbetten und das Rad beruhigt tragen. Die Hubbewegungen der Radachse reduzieren sich durch den Reifen beträchtlich. Diese direkt an der Fahrbahn geschluckten Anteile an Unebenheiten wirken sich direkt auch ohne Federung komfortverbessernd aus.

Rad als Bewegungsvermittler

Das Rad als allgegenwärtiges Element ist derart selbstverständlich, dass die Funktionalität häufig nicht mehr hinterfragt wird. Man nimmt wahr, dass kleine und große Räder parallel existieren.

Beispiel: Rollschuhe mit sehr kleinen, Fahrräder mit auffällig großen Rädern.

Wie sind im Hinblick auf die Federung die Unterschiede zu begründen?

Beim Rad sind zwei Bewegungsrichtungen zu unterscheiden **(Bild 1)**:

- Parallel zur Fahrbahn *v*
- Senkrecht zur Fahrbahn *w*

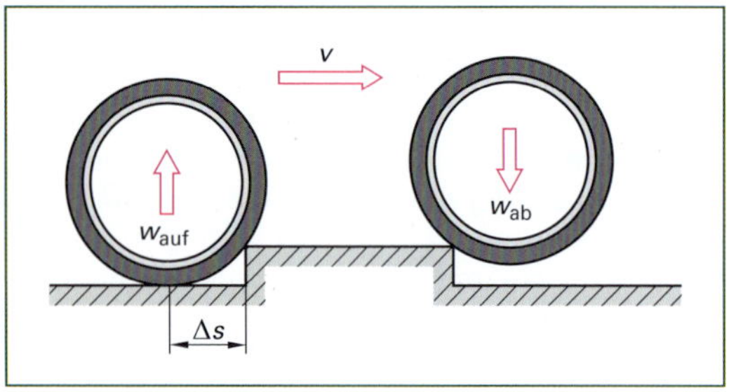

Bild 1: Bewegungsrichtungen des Rades

Der augenfälligste Umstand und die Hauptfunktion des Rades ist die Entkopplung der Fahrbewegung vom feststehenden Untergrund.

Der zweite Umstand: Das Rad stellt einen immer gleichen Abstand zum Boden ein, es folgt der Fahrbahnkontur und es leitet die Achskräfte über den Aufstand in den Boden ein.

Ein Merkmal des Rades ist im Zusammenhang mit der Federung zusätzlich bedeutsam: die Verlagerung der Aufstandspunkte beim Auffahren auf ein Hindernis.

Werden vom Rad Unebenheiten überfahren, so folgt die Radachse in grober Annäherung der Bodenkontur: Bei einer Erhebung hebt sich die Radachse und bei einem Tal senkt sie sich.

Der Radumfang des größeren Rades erreicht das Hindernis im Abstand $s_1 - s_2$ früher als der des kleineren Rades **(Bild 2)**. Das kleinere Rad fährt näher auf das Hindernis zu. Es hat weniger Zeit, die Hubbewegung auszuführen. Die Folgen sind für das kleinere Rad nachteilig hohe Beschleunigungen und stark wechselnde Aufstandskräfte.

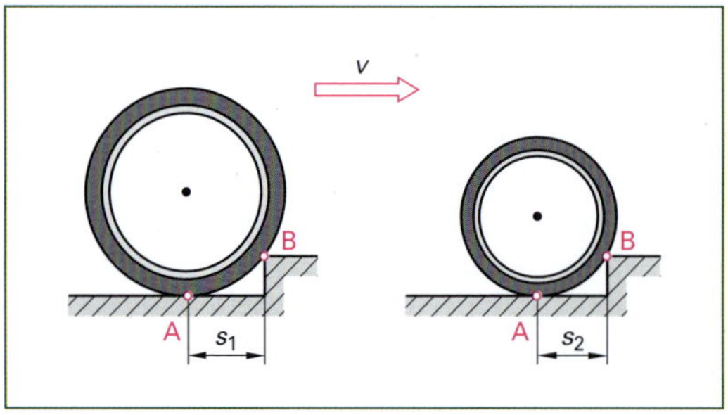

Bild 2: Auffahren auf ein Hindernis

Das große Rad vermag den Konturen vergleichsweise problemlos zu folgen. Das kleine Rad wirkt dagegen nervös und vor allem bei der Abwärtsbewegung von der Erhebung in die Mulde droht der Kontaktverlust.

Federelemente

Die Feder gibt unter Kraft nach, nimmt Energie auf und gibt sie bei der Umkehrbewegung wieder ab. In der Praxis haben sich Schraubenfedern aus Stahl, Gasfedern und Federn aus elastischen Kunststoffen bewährt.

Eine Schraubenfeder unter Last verlängert sich. Der Betrag der Längenänderung ist von der elastischen Federkraft abhängig. Das Verhältnis aus der Federkraft *F* und dem Federweg *s* ist die **Federrate** *c* (auch als Federhärte bezeichnet), die in der Einheit lbs/in oder N/mm angegeben wird:

$$c = \frac{F}{s}$$

Weiche Federn haben eine kleine, harte Federn eine große Federrate.

Die **Federkennlinie** beschreibt die Größe der Federrate über den gesamten Federweg. Federn haben eine lineare Kennlinie, wenn ihre Federrate über den ganzen Federweg konstant bleibt.

Beispiel: Doppelte Kraft auf die Feder ergibt doppelte Auslenkung **(Bild 3a und b)**.

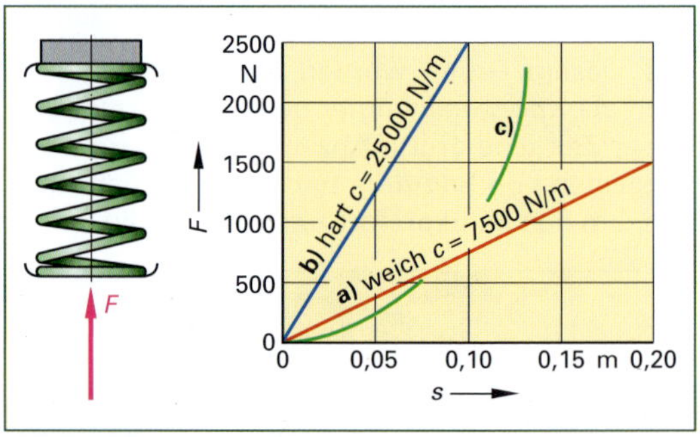

Bild 3: Federkennlinien a) und b) linear c) progressiv

Federn haben eine progressive Kennlinie, wenn die Federkraft mit zunehmendem Federweg ansteigt (**Bild 3c**). Zu beachten ist, dass Federn mit stärkerer Progression den Federweg verkürzen.

Nimmt die Federkraft mit zunehmendem Federweg ab, spricht man von einer degressiven Federkennlinie.

Als ideal gelten Fahrradfederungen mit einem steilen Kraftanstieg, gefolgt von einem großen, flachen (weichen) Arbeitsbereich und einem steilen Kraftanstieg zum Ende hin (**Bild 1**).

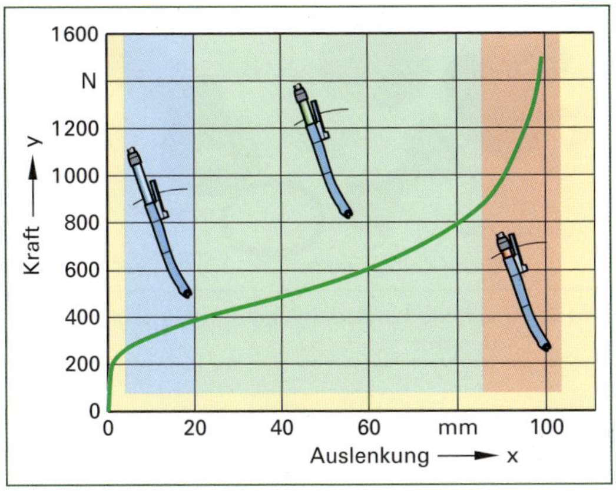

Bild 1: Ideale Kennlinie einer Federgabel

Schraubenfedern

Schraubenfedern sind gewickelte Torsionsfedern aus Stahl mit linearen Federkennlinien.

Die gewünschten progressiven Federeigenschaften erreicht man durch unterschiedlich steile Federwindungen **(Bild 2a)**, unterschiedliche Drahtdurchmesser oder unsymmetrische Form. Möglich ist auch ein Aufeinandersetzen von Federn unterschiedlicher Federhärte **(Bild 2b)**.

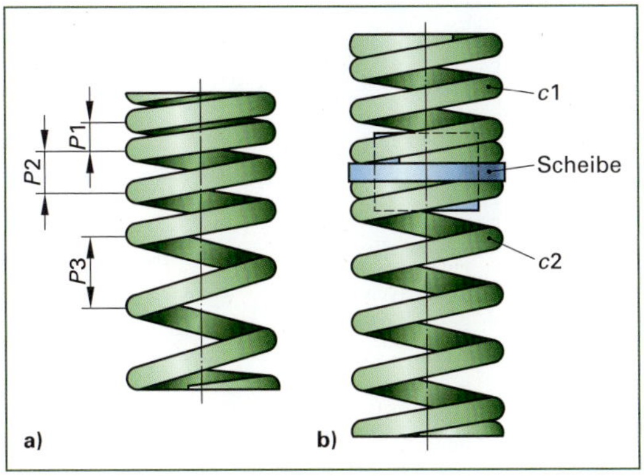

Bild 2: Progressive Schraubenfedern

Vorteile von Schraubenfedern:

- Hohe Lebensdauer
- Kostengünstige Fertigung
- Kompakte Bauart und wartungsfrei

Die Anpassung an das Fahrergewicht erfolgt durch Vorspannen der Handradmutter, die sich an einem Ende die Schraubenfeder abstützt **(Bild 3)**.

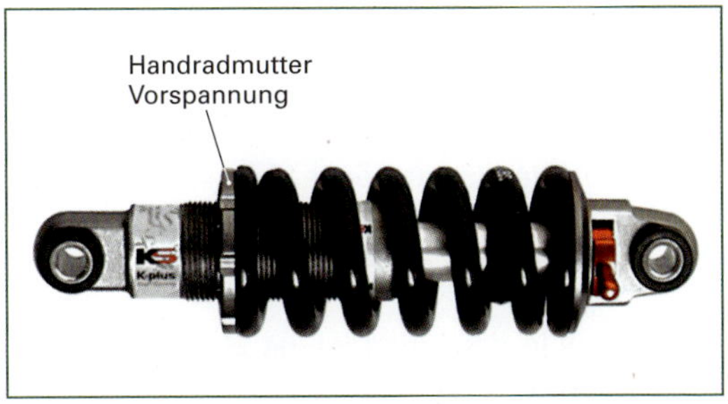

Bild 3: Schraubenfeder-Dämpferelement (Federbein)

Schraubenfedern müssen passend für das Fahrergewicht ausgewählt werden. Einige Hersteller bieten Spacer zur Veränderung der Vorspannung an.

Elastomere

Die in der Fahrradfederung eingesetzten Elastomere sind geschäumte mikrozellige Polyurethane (MCU). Diese nachgiebigen Kunststoffe federn und dämpfen gleichzeitig **(Bild 4)**.

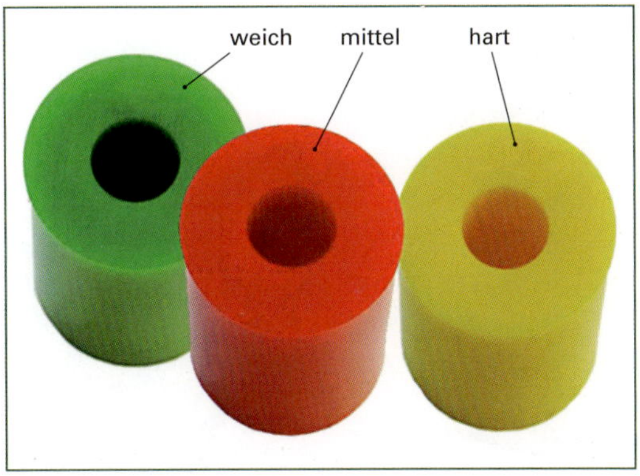

Bild 4: Elastomere verschiedener Härtegrade

Während der Verformung wird ein Teil der Bewegungsenergie in Wärme umgesetzt. Durch das Aufeinanderstapeln unterschiedlich steifer Ausführungen erhält man eine mehr oder weniger progressive Kennlinie.

Elastomere eignen sich vor allem für kleinere Federwege und als Endanschläge in Kombination mit Stahlfedern.

Die Elastomere sind kostengünstig herzustellen. Nachteilig kann sich die Temperaturabhängigkeit bemerkbar machen, denn sie verhärten sich mit abnehmender Temperatur.

Gasfeder

Die Gasfeder wird auch als Luftfeder bezeichnet, weil ihr Energiespeichermedium meist Luft ist (selten Stickstoff).

Die Funktion beruht auf dem Prinzip der Volumenverdrängung. Die außen angreifenden Kräfte komprimieren die Luft. Die Luft reagiert mit einer Druckerhöhung. Druck p und Kraft F sind über die wirksame Querschnittsfläche A verknüpft:

$$p = \frac{F}{A}$$

Die Kennlinie der Luftfeder ist stark progressiv. Die Federhärte lässt sich leicht über den Luftdruck einstellen, das heißt, das Federelement wird entsprechend stark aufgepumpt.

Wegen der hohen Drücke von bis zu 20 bar benötigt man zum Aufpumpen eine Spezialluftpumpe **(Bild 1)**.

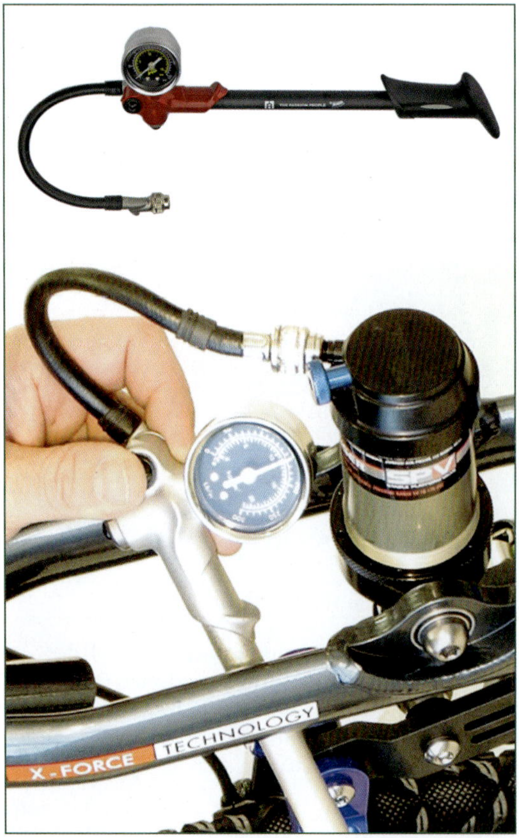

Bild 1: Erhöhen der Federhärte mittels Luftpumpe

Durch eine geeignete Wahl des Volumenverhältnisses von Hauptluftkammer und Gegenkammer (Negativkammer) kann man die Endanschläge weich und die Kennlinie im Arbeitspunkt besonders flach einstellen.

Im großvolumigen Bereich befinden sich die Luftkammern. In der großen Kolbenstange ist der Öldämpfer eingebaut **(Bild 2)**.

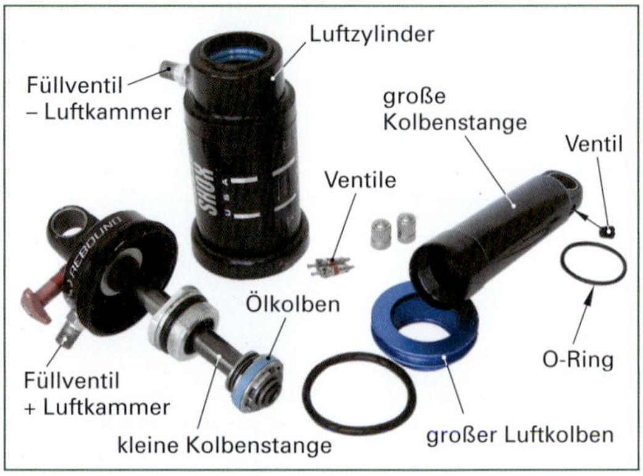

Bild 2: Einzelteile Luftfederelement mit integriertem Öldämpfer

Die Härte von Luftfedern lässt sich über den Druckunterschied zwischen Haupt- und Gegenkammer einstellen. Bei einigen Systemen kann man beide Kammern getrennt befüllen und so das Federungsverhalten individuell anpassen.

Der Hub und die Einbaulage des Federdämpfer-Elementes bestimmen das Fahrverhalten und den Fahrkomfort **(Bild 3)**.

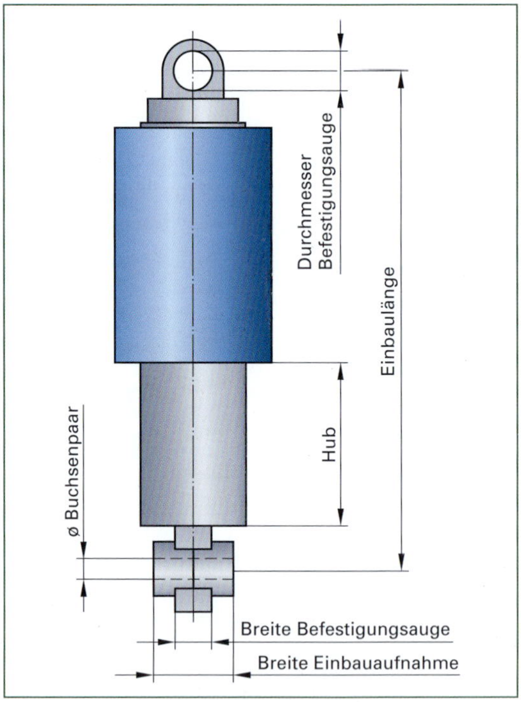

Bild 3: Einbaumaße Federdämpfer-Element

Der Dämpfer setzt der Schwingbewegung einen Widerstand entgegen. Er hat die Aufgabe, die Schwingungsausschläge bei Resonanz und den

Frequenzen unterhalb der Resonanz im Rahmen zu halten. Bei höheren Frequenzen wird ein Dämpfer nicht benötigt: hier verschlechtert er die Funktion.

Je nach Bauart das Dämpfers unterscheidet man Reibungsdämpfer und hydraulische Dämpfer (Öldämpfer).

Reibungsdämpfer

Der Reibungsdämpfer bremst die Bewegung an den Kontaktflächen zwischen beweglichen Bauteilen. Bei einfachen Federgabeln dämpft nur die Reibung zwischen den Standrohren und den Gleitlagern, Abstreifern und Dichtungen auf der Innenseite der Tauchrohre.

- Vorteile: Einfach, preiswert, wartungsarm.
- Nachteile: Eher schlechte Dämpfung. Reibungsdämpfer dämpfen bei Druck und Zug gleich stark.

Hydraulischer Dämpfer (Öldämpfer)

Im Fahrradbereich haben sich für nahezu alle Bauarten von Federungen hydraulische Dämpfer durchgesetzt.

Als Dämpfungsmedium dient Öl **(Bild 1)**, das von einem Kolben beim Ein- und Ausfedern durch enge Bohrungen gepresst wird.

Bild 1: Dämpferöl (Motorex)

Dabei macht man sich die Fließeigenschaften (Viskosität) einer Flüssigkeit zunutze.

Info

Die *Viskosität* ist ein Maß für die innere Reibung, die beim Fließen einer Flüssigkeit (hier des Dämpferöls) Widerstand entgegensetzt. Ein anderer Begriff ist Zähflüssigkeit. Beim Öl sinkt die Zähflüssigkeit mit zunehmender Temperatur – es wird dünnflüssiger.

Unterschiedlich dickflüssige Gabelöle beeinflussen die Dämpfkraft von Zug- und Druckstufe:

- Hohe Viskosität
  → dickflüssiges Öl → hohe Dämpferkraft
- Niedrige Viskosität
  → dünnflüssiges Öl → wenig Dämpferkraft

Gabel- bzw. Dämpferöle gibt es in den SAE[1] Viskositätsklassen 2.5W, 5W, 7,5W, 10W und 15W. Je höher die Zahl, desto dickflüssiger ist das Öl.

Durch Mischen gleicher Ölsorten mit unterschiedlichen Viskositätsklassen können auch Zwischenklassen erreicht werden und so die Zug- und Druckstufendämpfung verändern.

Beispiel: 12W durch Mischen von 10W und 15W.

Es gibt vereinzelt offene, meist aber geschlossene Öldämpfer. Durch hohe Druckunterschiede zwischen der Kolbenober- und unterseite können sich im Öl Luftblasen bilden. Diese Erscheinung nennt man Kavitation. Das Öl schäumt auf, die Viskosität sinkt und die Funktion des Dämpfers ist außer Kraft gesetzt. Bei den geschlossenen Dämpfern versucht man konstruktiv, den Luftanteil in der Dämpferkammer möglichst klein zu halten, um das Aufschäumen zu verhindern. Anti-Schaum-Additive im Öl (meist Silikone) unterstützen diese Maßnahme.

Grundprinzip der hydraulischen Öldämpfung

Wenn Öl durch Bohrungen mit geringem Durchmesser von 0,8 mm bis 3,5 mm strömt, erzeugt es durch den Druckunterschied einen Widerstand **(Bild 2)**.

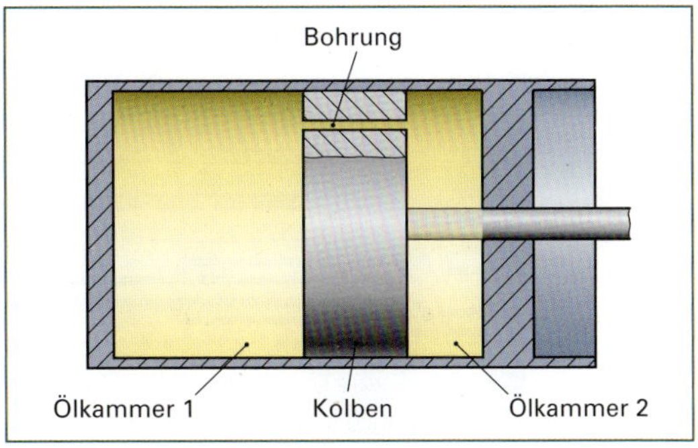

Bild 2: Grundprinzip Öldämpfung

Mit steigender Fließgeschwindigkeit nimmt der Druckunterschied zu und damit auch die Dämpferkraft. Die Dämpfung erfolgt ähnlich einer Luftfeder progressiv.

[1] SAE: Society of Automotive Engineers

Da die Bohrungen immer geöffnet sind, strömt das Öl, sobald sich der Kolben bewegt. Ein Dämpfer, der allein mit „freien" Bohrungen arbeitet, kann Dämpferaufgaben nicht optimal erfüllen.

Eine Verbesserung der Dämpferfunktion bringen unterschiedlich große freie Bohrungen, in der Größe einstellbare Kanäle oder Plattenventile **(Bild 1)**.

Die Plattenventile öffnen sich, wenn der Druck von unten den Federdruck übersteigt. Dämpfer mit Plattenventilen in Kombination mit freien Bohrungen haben nahezu linear verlaufende Kennlinien.

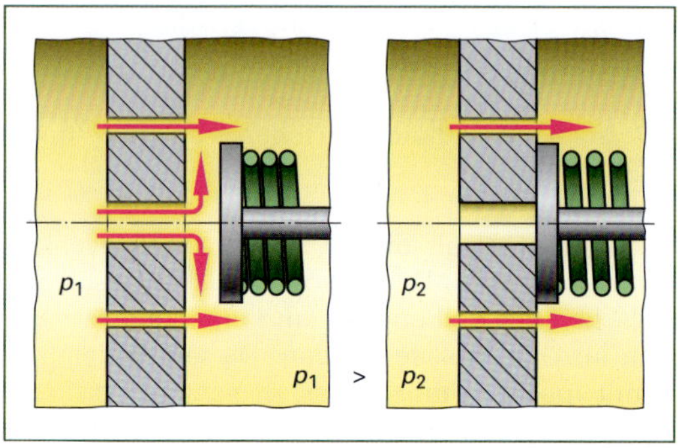

Bild 1: Grundprinzip: Dämpfung durch Plattenventile

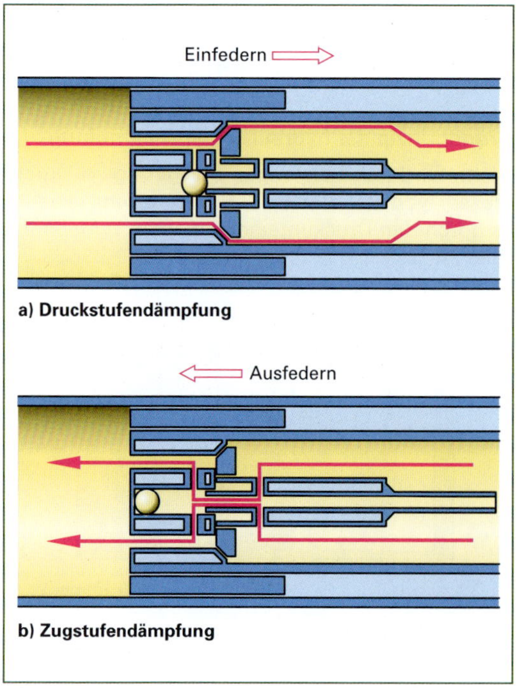

Bild 2: Öldämpfung bei Druck- und Zugstufendämpfung

Prinzip: Die Größe dieser Bohrungen ist verstellbar: Je größer sie sind, desto mehr Öl kann fließen und die Dämpfung wird schwächer.

- Beim Einfedern gelangt das Öl durch eine große Öffnung in den oberen Gabelteil. Die Dämpfung fällt geringer aus (**Bild 2a**).
- Beim Ausfedern muss das Öl durch eine kleine Öffnung in den unteren Gabelteil zurückfließen. Die Ausfedergeschwindigkeit verringert sich und bewirkt damit eine höhere Dämpfung (**b**).

Bild 3 zeigt ein Federdämpferelement mit Einstellmöglichkeiten der Zug- und Druckstufe.

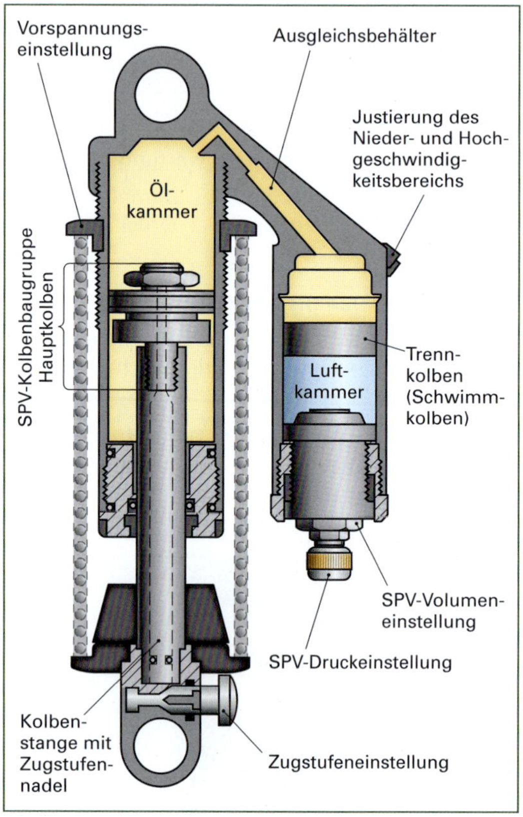

Bild 3: Schnittbild „Manitou Swinger" SPV[1]

Federt die Kolbenstange im Federbein ein, wird Öl aus dem Zylinder in den Ausgleichsbehälter gedrückt.

Hier befindet sich ein Trennkolben (Schwimmkolben, *IFP = Internal Floating Piston*), der von einer Luft- oder Stickstofffüllung unter einen Druck von bis zu 12,5 bar gesetzt wird. Der Druck verhindert, dass sich bei schneller Kolbenbewegung Gasblasen im Öl bilden.

Im Hauptkolben befindet sich die Zugstufennadel, die eine Bohrung öffnet oder schließt und so den Ölfluss reguliert.

[1] SPV = Stable Platform Value

Der Federstoßdämpfer hat zwei zusätzliche Funktionen zur Justierung der Druckstufendämpfung. Ein Knopf regelt den unteren Geschwindigkeitsbereich, der andere den Hochgeschwindigkeitsbereich.

Die Druckstufendämpfung im **unteren** Geschwindigkeitsbereich sorgt für zusätzliche Rahmenstabilität. Eine härtere Einstellung führt zu einem niedrigeren Druck im Luftreservoir.

Die Einstellung im **Hochgeschwindigkeitsbereich** kontrolliert das Ansprechen auf scharfkantige Schläge und große Stöße. Je schneller der Stoßdämpfer komprimiert, desto nützlicher ist diese Einstellungsmöglichkeit. Die größte Wirkung ergibt sich im Bereich von 50 % bis 75 % des Hubs, wo die Geschwindigkeiten der Kolbenstange am höchsten sind. Eine härtere Einstellung sorgt für einen erhöhten Durchfederungswiderstand.

Diese Justierung erfolgt meist als letzte Feineinstellung am Stoßdämpfer.

Da ein Federdämpferelement beim Einfedern zusammengedrückt wird, bezeichnet man die Dämpfung als **Druckstufendämpfung (Bild 1a)**. Sie setzt ein, wenn das Rad eine Bodenwelle berührt.

Beim Ausfedern wird das Federdämpferelement auf Zug belastet und dehnt sich aus. Die Dämpfung wird als **Zugstufendämpfung (Bild 1b)** bezeichnet. Sie tritt ein, wenn sich die Federkraft entspannt und das Rad an den Boden drückt.

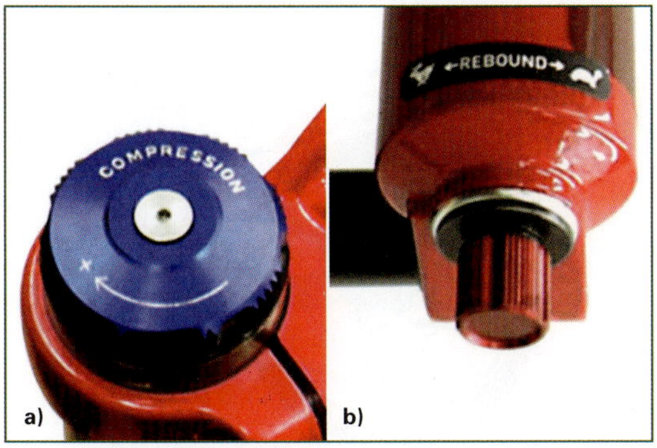

Bild 1: Einstellen a) Druckstufe b) Zugstufe

Druck- und Zugstufendämpfung arbeiten mit unterschiedlichen Dämpfungskräften.

Die Zugstufendämpfung (engl. *rebound*) bestimmt die Geschwindigkeit, mit der das Federelement nach dem Einfedern wieder auf die volle Länge ausfedert.

Wirkt die Zugstufendämpfung zu stark, kann die Feder bei kurz aufeinander folgenden Stößen nicht mehr schnell genug ausfedern und taucht immer weiter ein: die Feder „verhärtet".

Ist die Zugstufendämpfung zu weich, folgen die Räder jeder kleinen Störung. Das Fahrrad schaukelt sich auf und verliert den Bodenkontakt. Man spricht hier von „unterdämpftem" Fahrwerk.

Um die richtige Druck- und Zugstufendämpfung zu ermitteln, bedarf es einer Anzahl von Fahrten in unterschiedlichen Geländen mit veränderten Einstellungen. Wichtig ist dabei, immer nur eine Einstellung zu verändern und dann eine weitere Testrunde zu fahren.

Bei einem anderen System sind Dämpfer und Federelement getrennte Bauteile. **Bild 1, Seite 224** zeigt einen Kartuschen-Gasdruckdämpfer, der im Fahrradbau selten, im Motorrad- und Kfz-Bau häufig Anwendung findet.

Elektronische Fahrwerke

Für die Einstellung von Federung und Dämpfung werden zunehmend elektronische Fahrwerkssysteme angeboten. Diese stimmen das Fahrwerk sekundenschnell den Fahrbedingungen an. Ein Steuergerät (meist am Rahmen angebracht) wertet zahlreiche Sensorsignale aus und sendet Steuerbefehle an kleine Stellmotoren in den Federungselementen. Die Übertragung kann kabelgebunden **(Bild 2)** oder drahtlos erfolgen, eine Batterie versorgt das System mit Strom.

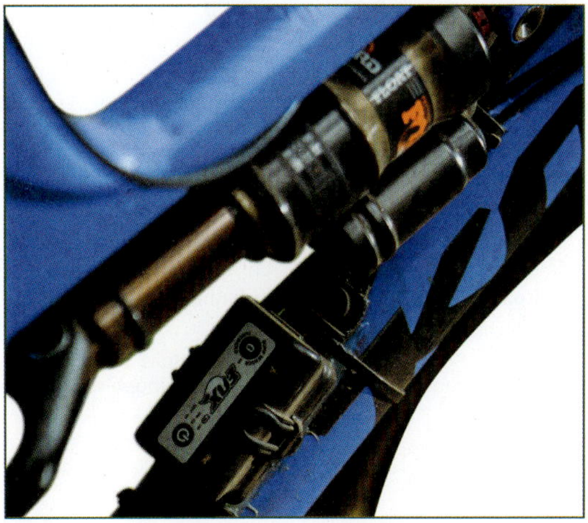

Bild 2: Fox Live Valve-Luftfederelement

Eine Akkuladung reicht für 20 bis 50 Fahrstunden. Möglich ist auch eine Fernbedienung zur Einstellung der Federungselemente.

Beispiel: Koppelung mit der Shimano-Di2 Schaltung.

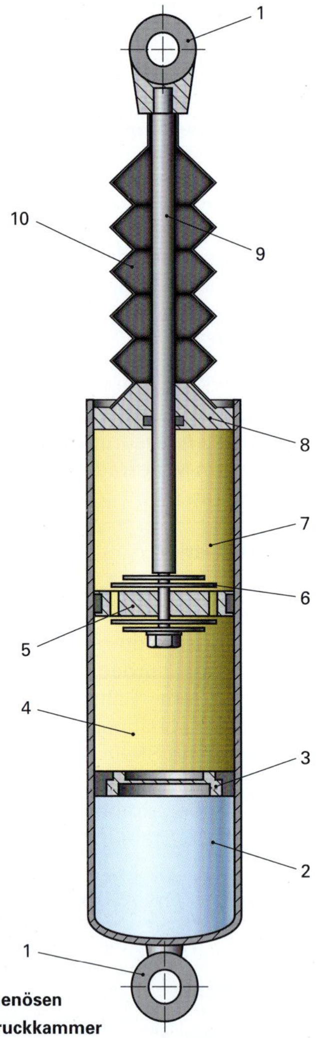

1 **Rahmenösen**
2 **Gasdruckkammer**
3 **Trennkolben:** Gleicht das veränderte Ölvolumen beim Einschieben der Kolbenstange aus.
4 **Ölfüllung**
5 **Kolben mit Zug- und Druckstufenbohrung**: Regelt die Öldurchlassmenge.
6 **Shims**: Scheibchen, die sich beim Ölfluss umbiegen und so den Öldurchsatz in beide Richtungen regeln.
7 **Öl**
8 **Kartuschenkörper** mit **Dichtungen**
9 **Kolbenstange**
10 **Faltenbalg**

Bild 1: Kartuschen-Gasdruckdämpfer, Einrohrdämpfer

5.11.4 Fachbegriffe der Federtechnologie

Gefederte und ungefederte Masse

Beim Fahrrad (wie bei allen Feder-Massen-Systemen) unterscheidet man gefederte und ungefederte Massen **(Bild 2)**.

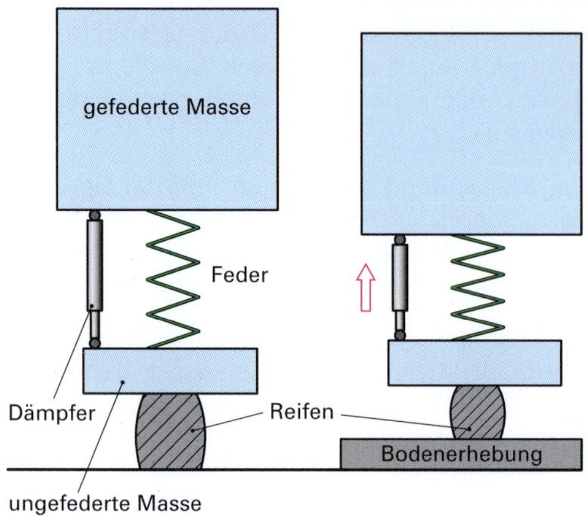

Bild 2: Gefederte und ungefederte Massen

Die **ungefederten Massen** haben direkten Kontakt zur Fahrbahn und folgen den Unebenheiten. Dazu gehören Reifen, Felgen, Naben, Bremsen- und Antriebsteile, die Tauchrohre der Federgabel und die Hinterbauschwinge.

Zu den **gefederten Massen** gehört alles, was sich oberhalb der Federelemente befindet: Fahrer, Sattel, Rahmen, Lenker, das Standrohr der Federgabel.

- Das Gepäck gehört nur dann zur gefederten Masse, wenn es am gefederten Teil des Fahrrades befestigt ist **(Bild 3)**.

Bild 3: Gepäckträger als Teil der gefederten Masse (RM Delite Traveller)

- Ist als einzige Federung eine gefederte Sattelstütze vorhanden, gehört nur der Fahrer zur gefederten Masse.

Die ungefederten und gefederten Massen sind durch die Federn miteinander gekoppelt.

Die beiden Massen schwingen unabhängig voneinander in verschiedenen Frequenzbereichen.

Eine notwendige Bedingung für das gefederte System ist, dass der Anteil an ungefederter Masse deutlich geringer ist als der Anteil an gefederter Masse.

Federwege

Der **Gesamtfederweg (Bild 1)** ist die Höhendifferenz zwischen einer unbelasteten und einer vollständig zusammengedrückten Federung. Im Ruhezustand lastet die gefederte Masse auf den Federn und verringert den Gesamtfederweg um den **Negativfederweg** auf den **Positivfederweg**:

Gesamtfederweg = Negativfederweg + Positivfederweg

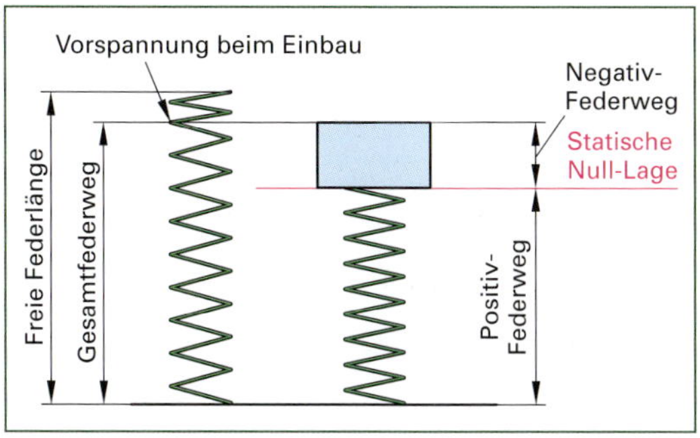

Bild 1: Definition Federwege

Je größer der Gesamtfederweg, desto größere Unebenheiten können gefedert überrollt werden.

Gegenüber einem ungefederten Fahrrad erbringen die ersten 40 mm bis 50 mm Federweg den größten Effekt. Für die nur selten schneller als 20 km/h gefahrenen Touren- und Cityräder reicht dieser Einfederungsweg aus. Da Mountainbiker bergab mit wesentlich höheren Geschwindigkeiten fahren, benötigen sie Federwege von 80 mm und mehr.

Andererseits erhöht sich mit steigendem Federweg der Abstand vom Tretlager zum Boden, so dass sich das Handling des Fahrrades verschlechtert.

Negativfederweg

Der Negativfederweg (engl. *sag*) ist der Federweg, den ein Federelement zum Ausfedern zur Verfügung hat. Dieser Weg ist bei jeder Unebenheit (z. B. ein plötzlich auftauchendes Schlagloch) erforderlich, da er den Bodenkontakt gewährleistet.

Das Laufrad kann vertikal der Schlaglochkontur folgen, ohne dass sich der Fahrer bzw. die gefederte Masse absenkt.

Es ist gleichzeitig der Betrag, um den die Federung unter dem Gewicht des Fahrers einsinkt.

Als Faustregel für den *sag* gelten 10 % bis 15 % des Gesamtfederweges. Im Freeride- und Trailbereich sind es ca. 20 % und Downhill-Biker gehen bis auf 40 % des Gesamtfederweges.

Beispiel: Der Gesamtfederweg einer Teleskopgabel beträgt 80 mm, die gemessene Einfederung 20 mm.

Der *sag* beträgt $\frac{20 \cdot 100}{80} = 25\ \%$

Zum Messen des Negativfederweges an Fahrrädern mit gefederter Sattelstütze oder einfacher Hinterbau-Konstruktion (z. B. Eingelenker) ermittelt man zuerst den senkrechten Abstand der hinteren Sattelkante von der Hinterradachse **(Bild 2a)**.

Dann setzt man sich in normaler Fahrposition auf das Rad und ein Helfer misst erneut den Abstand der Sattelkante von der Hinterradachse (**Bild 2b**). Die Differenz aus den beiden Messergebnissen ist der Negativfederweg, der noch als %-Wert auf den Gesamtfederweg umgerechnet wird.

Bild 2: Messung des Negativfederweges (*sag*)

Nach der Entlastung stellt man den Negativfederweg am Feder-Dämpferelement ein, wo sich meist aufgedruckt der Gesamtfederweg ablesen lässt.

Auf den meisten Feder-Dämpferelementen befindet sich ein verschiebbarer O-Ring, der im unbelasteten Zustand gegen den Abstreifer geschoben wird und die Nulllage angibt. Nach der Belastung wird der Versatz des O-Ringes gemessen und ggf. der Luftdruck korrigiert.

Bei Federelementen mit **Stahlfeder** reguliert man den *sag* mit der Federvorspannung. Stahlfedergabeln sind in der Regel ab Werk auf eine Fahrermasse von 75 kg eingestellt, sodass die Stahlfedern bei leichteren Fahrern oftmals getauscht werden müssen.

Nach der Messung des Verschiebeweges an einer Teleskopgabel lässt sich der *sag* mittels Vorspannrad und um etwa ± 15 % verändern **(Bild 1)**. Je schwerer der Fahrer ist, desto härter muss die Federvorspannung sein.

Bild 1: a) Vorspannrad zum Einstellen der Federvorspannung
b) Messung des Negativfederweges (sag)

Wenn trotz maximaler Vorspannung der Negativfederweg immer noch zu groß ist, baut man Vorspannstücke (Spacer) ein, oder man benötigt eine härtere Feder.

Bei Feder-Dämpferelementen mit **Luftfeder** verändert man den Negativfederweg über die Federhärte, die sich über den Luftdruck stufenlos einstellen lässt. Im ausgefederten Zustand steht das Hydrauliköl nicht unter Druck. Dieser baut sich erst beim Einfedern auf, wenn das Luftpolster komprimiert wird. Je höher der Ölstand, desto größer der Druck beim Einfedern (siehe **Bild 1, Seite 230**).

Die progressive Federwirkung der Luft sorgt dafür, dass auch bei einem Einbau einer zusätzlichen linearen Stahlfeder ein progressiver Anstieg der Gesamtfederkraft erfolgt.

Weg- und Kraftübersetzung

Bei gefederten Hinterbauten ist der Abstand *b* des Schwingendrehpunktes zum Feder-Dämpferelement kürzer als der Abstand *a* zur Laufradachse **(Bild 2)**. Es ergeben sich eine Weg- und eine Kraftübersetzung.

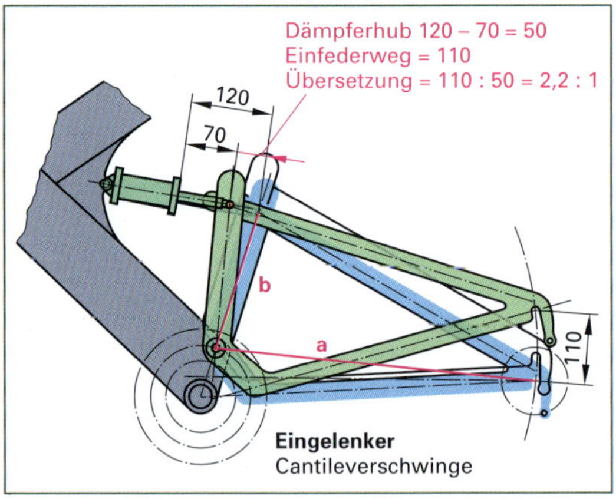

Bild 2: Wegübersetzung des gefederten Hinterbaus (hier Eingelenker)

Die Wegübersetzung führt zu unterschiedlichen Federwegen von Federelement und Laufrad. Das Federelement benötigt einen kürzeren Federweg, um den gewünschten Federweg des Laufrades zu ermöglichen.

Das Verhältnis von Einfederweg zu Dämpferhub ist das Übersetzungsverhältnis des Hinterbaus. Die Hebelarme der Schwinge entsprechen sich:

a : b = Einfederung : Dämpferhub

Die Kraftübersetzung entspricht der Wegübersetzung (**Bild 1, Seite 227**). Eine Stoßkraft von F_1 = 1000 N am Hinterrad wird mit F_2 = 2,2 x 1000 N = 2200 N auf das Federelement übertragen.

Je größer die Federungsübersetzung, desto höher ist die Belastung durch die Krafteinleitung in den Rahmen an der Stelle, wo das Federelement befestigt ist.

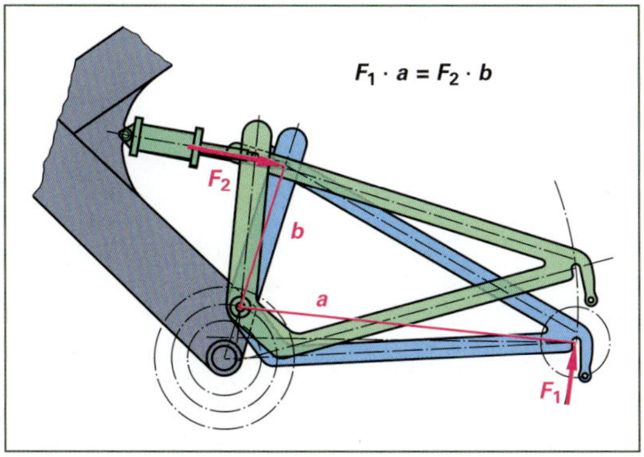

Bild 1: Kraftübersetzung des gefederten Hinterbaus

Bremsnicken

Beim Abbremsen des Fahrrades kommt es zu einer Mehrbelastung des Vorderrades. Die Vorderradfederung federt ein, die Hinterradfederung federt aus. **(Bild 2)**. Das Bremsnicken ist unerwünscht, weil sich dabei die Fahrradgeometrie ändert:

- Der Radstand wird etwas kürzer
- Der Steuerkopfwinkel wird steiler
- Der Nachlauf verkürzt sich

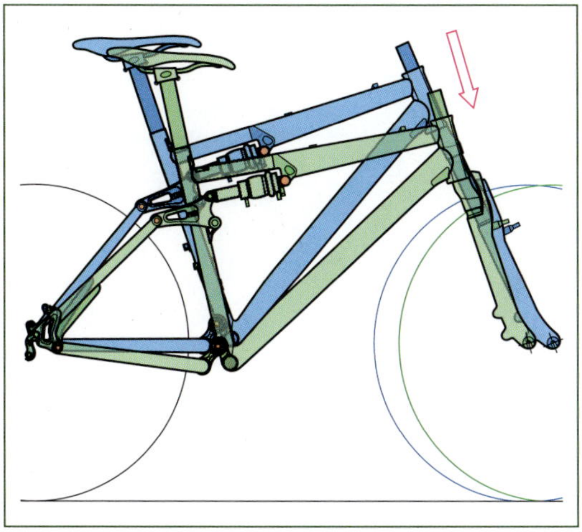

Bild 2: Bremsnicken

Das Fahrverhalten wird schlechter und die Gefahr des Überschlagens nimmt zu. Neue intelligente Druckstufendämpfungen, die zwischen schneller und langsamer Einfedergeschwindigkeit unterscheiden, können das Bremsnicken verringern.

Telelever-Vorderradfederungen (bekannt aus dem Motorradbau) oder entsprechend konzipierte Schwingengabeln vermeiden weitgehend das Bremsnicken. Andererseits kann ein leichtes Bremsnicken als spürbare Reaktion auf das Bremsen als angenehm empfunden werden.

Lockout

Mit Lockout wird eine Blockierfunktion bei Federelementen bezeichnet. Dabei wird der Dämpfer komplett gesperrt, indem die Druckstufendämpfung geschlossen wird. So geht keine Energie durch unnötige Bewegung (Beispiele: Eintauchen der Federgabel im Wiegetritt oder das Einsacken des Hinterbaus bei steilen Anstiegen) verloren.

Andererseits kann die Federung keine Schläge mehr abfedern, so dass die Traktion leiden kann. Durch Abfahrten oder große Schläge bei deaktivierten Federelementen können diese beschädigt werden; daher sollte man nicht vergessen, den Lockout auch wieder zu öffnen.

Die meisten Federungen haben zwar als Schutz eine Art Überflussventil **(blow off)** eingebaut , das man aber nur im Notfall öffnen sollte.

Lockout findet sich an vielen Rädern, obwohl dieser eher an Rädern für den Renneinsatz sinnvoll ist. Im Gelände ist eine Wippunterdrückung und/ oder eine einstellbare Druckstufendämpfung für Normalfahrer sinnvoller.

Plattformdämpfer

Funktion: Fährt man im „Lockout-Modus", werden Wippbewegungen durch den Fahrer unterdrückt. Fährt man über ein Hindernis, öffnet ein Massen-trägheitsventil und die Federgabel wird wieder aktiv. Danach schließt das Ventil bis zum nächsten Hindernis.

Bekannte Plattformsysteme sind u. a. Fox Terralogic, ProPedal, Rockshox Motion Control Damping (MCD), Marzocchi TST und Manitou Stable Platform Valve (SPV, siehe **Bild 3, Seite 222**).

Kettenzug

Je nach geometrischer Anordnung des Drehpunktes der Hinterradschwinge kann die Federung bei kräftigen Antritten „Eintauchen" oder „Aufbäumen".

Als konstruktive Gegenmaßnahme hat sich die geometrische Anordnung des Schwingendrehpunktes in Höhe der Kettenblätter bewährt.

Pedalschlag (Kickback)

Ein unerwünschter Effekt, der bei Fahrrädern mit Hinterbaufederung konstruktionsbedingt auftreten kann, ist der Pedalrückschlag.

Dabei wird die Kette beim Ein- und Ausfedern des Hinterbaus gestrafft oder entspannt.

Vergrößert sich beim Einfedern der Abstand zwischen den Kettenblättern und Ritzeln (**Bild 1**), wird zusätzliche Kettenlänge benötigt. Das Pedal dreht sich spontan gegen die Tretrichtung zurück und übt dadurch einen Impuls auf den Fuß des Radlers aus.

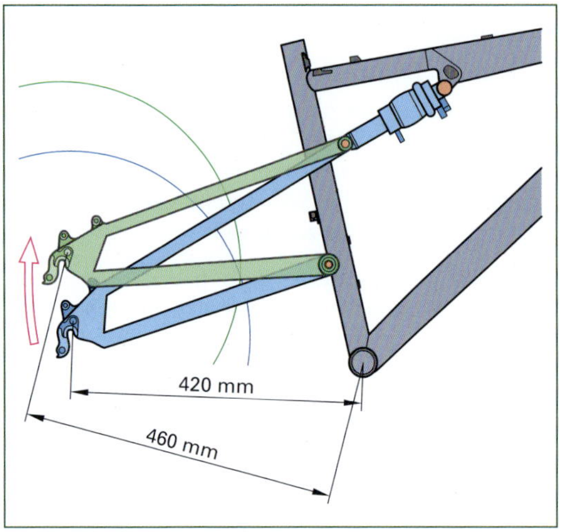

Bild 1: Pedalschlag durch Änderung des Abstandes zwischen Tretlager und Hinterradachse

Abhilfe kann eine angepasste geometrische Anordnung des Schwingendrehpunktes bringen.

Auch bei dem System „Antriebsschwinge", bei dem sich das Tretlager in der Hinterbauschwinge befindet, bleibt der Abstand vom Tretlager zur Hinterradachse gleich und es tritt kein Pedalschlag auf (**Bild 2**).

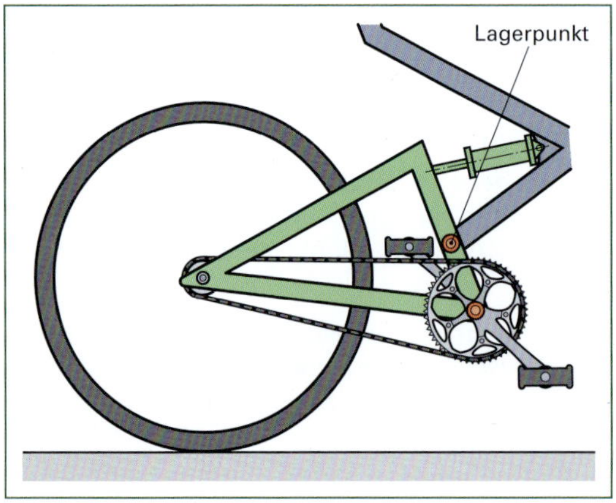

Bild 2: Prinzip Antriebsschwinge. Konstanter Abstand Tretlager – Hinterradachse

Ein Problem dieser Kinematik ist, dass bei jedem Tritt ein Moment in den Hinterbau eingeleitet wird. Das System neigt zum Wippen.

Absenkung beim Einfedern

Beim Einfedern senkt sich das Tretlager ab.

Anhaltswerte:

- Vorderradfederung allein: 45 % bis 50 % der Einfederung des Vorderrades
- Hinterradfederung allein (Ein-, Mehr- und Viergelenker): 60 % der Einfederung des Hinterrades
- Hinterradfederung allein (Antriebsschwinge): 40 % der Einfederung des Hinterrades

Um die nach DIN EN geforderte Bodenfreiheit bei Kurvenfahrt zu garantieren, muss das Tretlager beim gefederten Fahrrad höher gesetzt werden als beim ungefederten[1]. Das erschwert im Stand das Abstützen mit den Füßen am Boden und ist besonders bei City- und Trekkingrädern von Nachteil.

Bei Mountainbikes orientiert sich die Tretlagerhöhe am maximalen Federweg und ist vergleichsweise hoch. *Beispiel:* Absenkung des Tretlagers beim Einfedern – hier Teleskopfederung vorn (**Bild 3**).

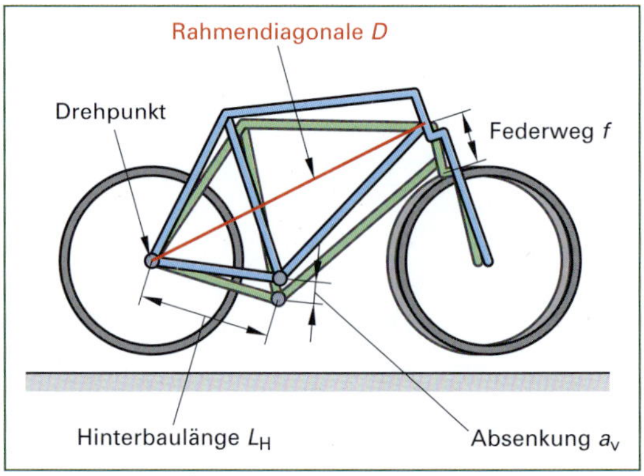

Bild 3: Absenkung beim Einfedern des Vorderrades

Der Rahmen dreht sich beim Einfedern um den Drehpunkt Hinterradachse. Das Tretlager beschreibt einen leichten Bogen. Unter Vernachlässigung der Bogenkrümmung lässt sich die Absenkung a_V einfach berechnen:

$$a_V = f \cdot \frac{L_H}{D}$$

[1] EN ISO 4210-2: Es muss möglich sein, ein unbelastetes Fahrrad in einem Winkel von 25° (Rennrad und Jugendfahrrad 23°) seitlich zu neigen, ohne dass irgend ein Teil des Pedals (Trittfläche nach oben) den Boden berührt.

5.11.5 Ausführungen von Federungen

Räder, Rahmen und Lenker tragen nur wenig zur Federung und Dämpfung von Fahrbahnunebenheiten bei. Elemente zur Verbesserung des Fahrkomforts sind Vorderradfederungen, Rahmenfederungen und gefederte Sattelstützen.

Vorderradfederungen

Federgabeln sorgen vor allem dafür, dass Hände, Arme, Schultergürtel und Kopf weniger Fahrbahnschläge erfahren. Ein gefedertes Vorderrad sorgt für einen besseren Bodenkontakt und macht das Fahrradfahren sicherer.

Teleskopgabel

Dank Ihrer einfachen Bauweise ist die Teleskopgabel nach wie vor die am häufigsten eingesetzte Vorderradfederung **(Bild 1)**.

Das Laufrad ist in den Ausfallenden der Tauchrohre fixiert. Bei Fahrbahnerhöhungen schieben sich die Tauchrohre über die Standrohre nach oben (sie federn ein, *compression*) und bei Fahrbahnvertiefungen nach unten (sie federn aus, *rebound*).

Die Standrohre sind über den Gabelkopf mit dem im Steuerkopfrohr gelagerten Gabelschaftrohr verbunden. Im Inneren der Standrohre eingebrachte Federn drücken die Tauchrohre nach dem Stoß wieder in ihre Ausgangslage zurück.

Von Nachteil wirkt sich bei Teleskopgabeln die Tendenz zum ungleichmäßigen Einfedern der Gabelbeine aus sowie ein leichtes Verdrehen der Gabelbeine bei kräftigen Lenkausschlägen. Konstruktiv lassen sich diese Effekte durch eine steife Bauweise mit einem kräftigen Verbindungssteg zwischen den Tauchrohren verringern.

Funktion einer Luft-Öl-Federgabel (Bild 1, Seite 230)

Bewegt ein Stoß die Tauchrohre nach oben, bewegt sich ein Kolben im linken Standrohr nach oben und drückt ein Luftreservoir (die Luftfeder) zusammen. Ist der Stoß absorbiert, drückt die Luft den Kolben zurück und die Gabel federt aus.

Die Dämpfereinheit für die Druckstufendämpfung befindet sich im rechten Standrohr, das mit Öl gefüllt ist. Die Dämpfereinheit für die Zugstufendämpfung ist unten im Tauchrohr untergebracht und wird mit dem Kolben vom Standrohr geführt.

Der Dämpfermechanismus beider Dämpfereinheiten kontrolliert die Geschwindigkeit des Einfederns und Ausfederns.

[1] Richtige Seite oben

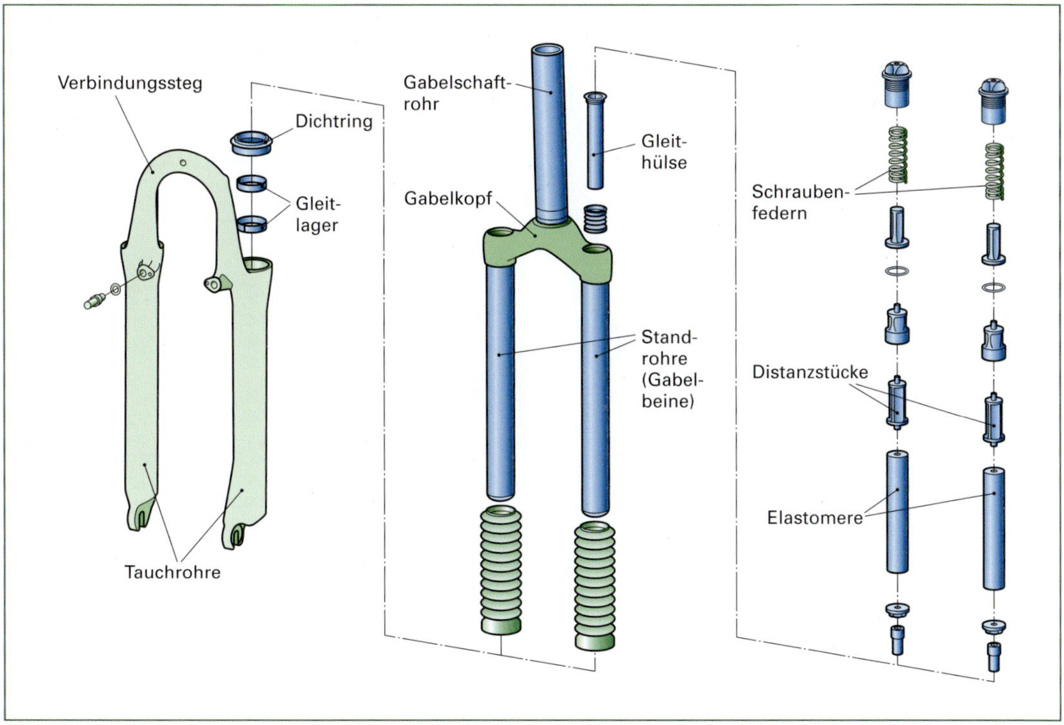

Bild 1: Aufbau einer einfachen Teleskopgabel (Right Side Up) [1)]

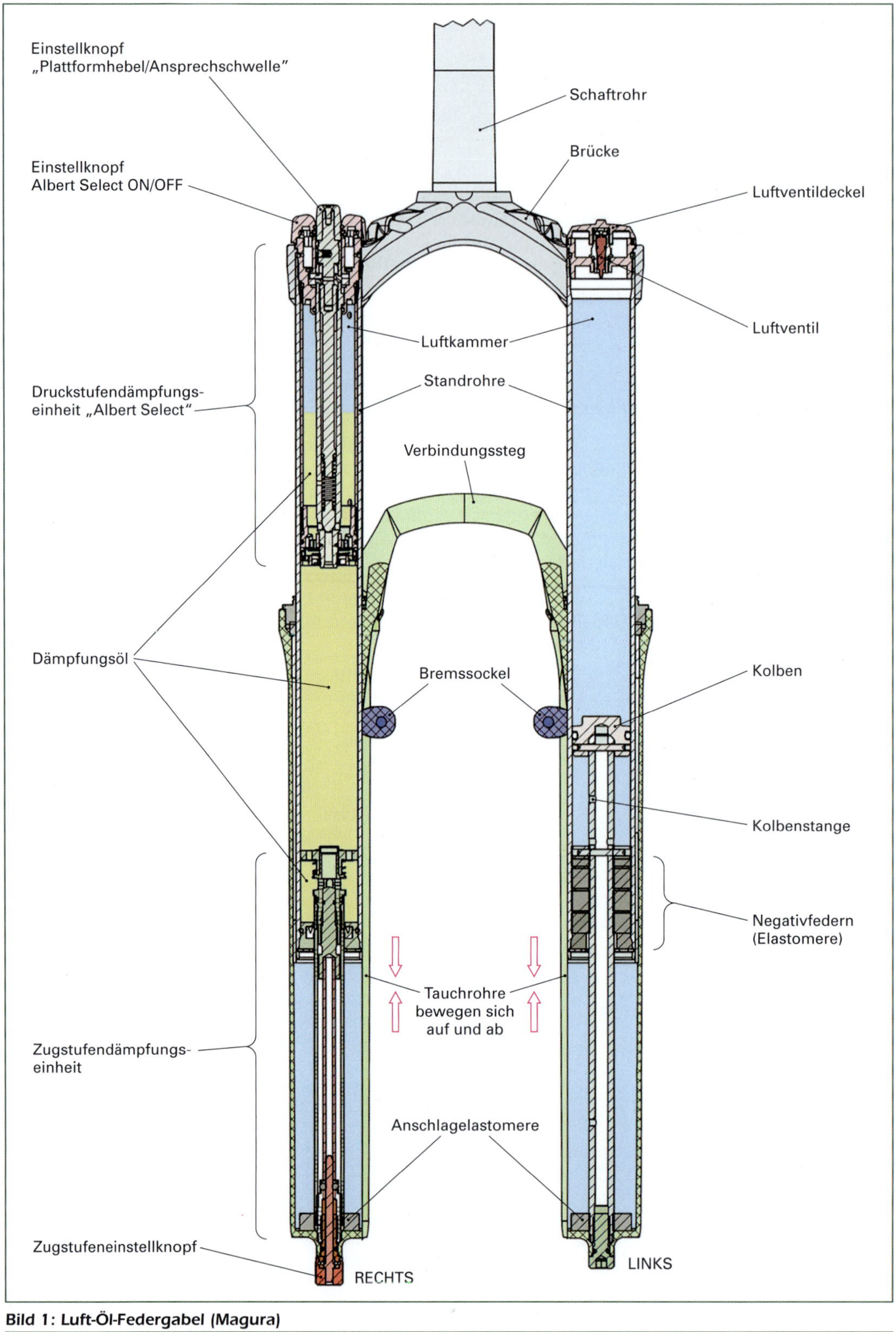

Bild 1: Luft-Öl-Federgabel (Magura)

Werden die Dämpfer stark belastet, heizt sich das Öl auf, kann aufschäumen und die Funktion außer Kraft setzen. Antischaumzusätze im Öl und luftfreie Ölkammern verhindern ein Aufschäumen. Die Erhitzung reduziert aber die Lebensdauer des Öls.

Möglich ist auch ein „offenes" Ölbad: Das zur Dämpfung genutzte Öl benetzt den gesamten Innenraum des Gabelbeines, das die Wärme abstrahlt.

Eine Sonderausführung der Teleskopgabel ist die **Doppelbrückengabel**, bei der die Standrohre am Steuerkopfrohr vorbeilaufen und mit Brücken zum Gabelschaft hin verbunden sind **(Bild 1)**. Auf diese Weise lassen die nach oben verlängerten Gabelbeine größere Einfederungswege zu.

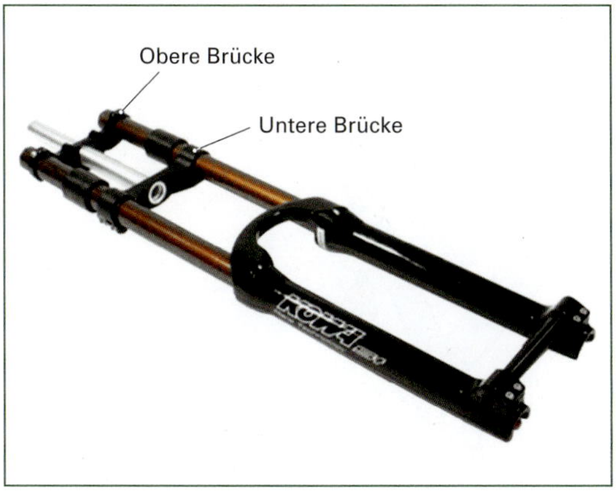

Bild 1: Doppelbrückengabel

Doppelbrückengabeln belasten aber die Anbindung des Steuerkopfrohres an Ober- und Unterrohr höher, da sich das Gabelschaftrohr im Bereich des unteren Steuerlagers weniger elastisch verformen kann. Aus diesem Grunde geben einige Hersteller ihre Rahmen nicht für Brückengabeln frei.

Gabelschaft-Federgabeln

Bei Gabelschaft-Federgabeln (*Head Shok*) federt der Gabelschaft in eine Hülse ein, die im Steuerkopfrohr gelagert ist. Viele Ausführungen sorgen durch vier- oder sechseckige Gabelschäfte für die Verdrehsteifigkeit.

Die Cannondale Head Shok und die einschenklige Cannondale Lefty Gabel arbeiten mit einem Vierkant. Vier Linearnadellager mit je 22 Wälzkörpern sorgen für ein sensibles Ansprechen und hohe Langlebigkeit.

Der Gabelschaftdurchmesser beträgt 1,56" **(Bild 2)**.

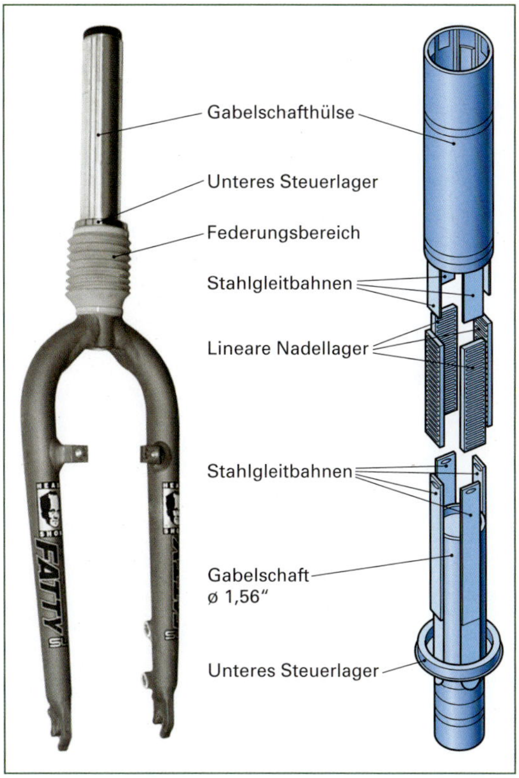

Bild 2: Head Shok-Gabelschaft-Federgabel (Cannondale)

Die Forderung nach Dichtheit der Lager und spielfreie Übertragung der Lenkbewegung stellt an die Fertigung hohe Ansprüche.

Auch preiswerte Versionen von Gabelschaft-Federgabeln kann man aufgrund ihrer kompakten Bauweise in Rahmen für 1 $^1/_8$"-Gabelschaftrohre einbauen. Da der Federweg auf 30 mm bis 50 mm begrenzt ist, eignen sie sich auch zum Nachrüsten bislang ungefederter Fahrräder.

Schwingen-Federgabel

Bei den vielfältigen Ausführungsmöglichkeiten dieses Gabeltyps wird das Vorderrad von einer Schwinge aufgenommen, die beim Einfedern einen Kreisbogen um das Drehgelenk beschreibt.

Im Fahrradbereich kommen die geschobene Schwinge beim Birdy und beim Moulton **(siehe Bild 1, Seite 153)**, die gezogene Schwinge für Rennräder und Falträder (Beispiel Pacific Beach) und die Parallelogrammschwinge für Tourenräder zur Ausführung (**Bild 1, Seite 232**).

Die Einfederungsrichtung bei der gezogenen Schwinge ist nach oben/hinten gerichtet, also weg vom Hindernis.

5

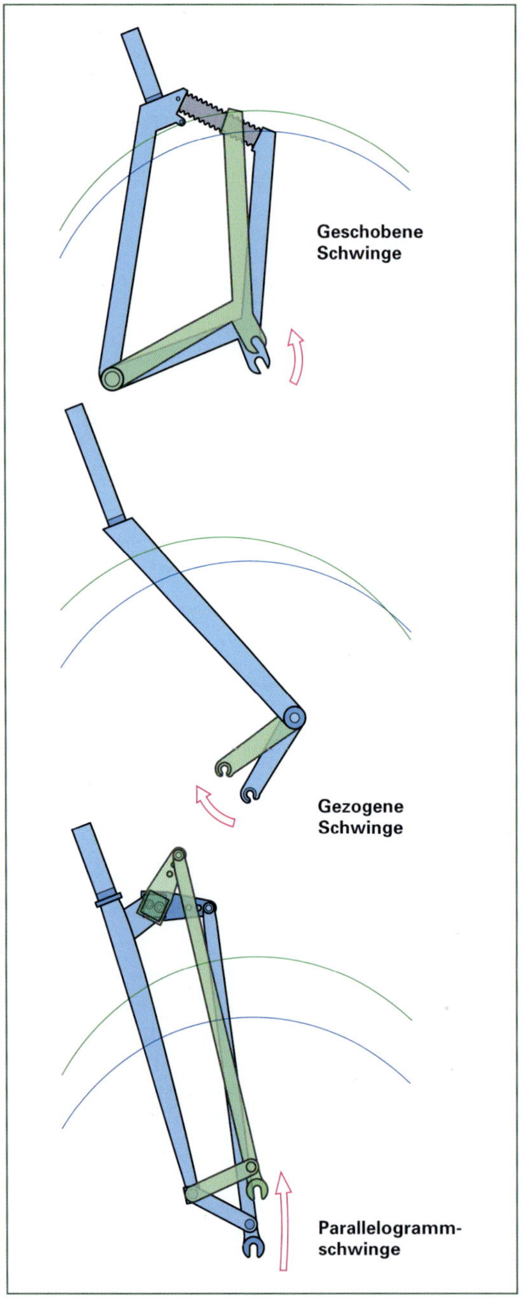

Bild 1: *Ausführungen von Schwingen-Federgabeln*

Hinterradfederungen (Bild 2)

Gefederte Hinterräder mindern Fahrbahnschläge, die über dem hinteren Kontaktpunkt zum Fahrrad auf das Becken und den Wirbelsäulenbereich einwirken. Das Hinterrad ist dabei entweder in einer Schwinge oder einem Viergelenk gelagert. Das hintere Federelement wird meist als Dämpfer bezeichnet.

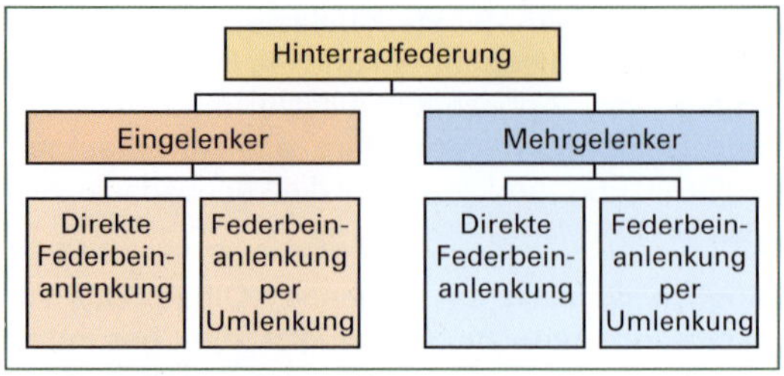

Bild 2: *Einteilung Hinterradfederungen*

Antriebsschwinge

Das Tretlager ist in der Hinterradschwinge integriert **(Bild 3)**. Der Kettenzug bleibt damit reaktionsfrei und ein Pedalschlag **(siehe Seite 227)** findet nicht statt. Beim Einfedern bewegt sich der Bremskörper einer Felgenbremse auf einer Kreisbahn entlang der Felge. Betätigt man die Bremse, kann der Hinterbau nicht mehr federn.

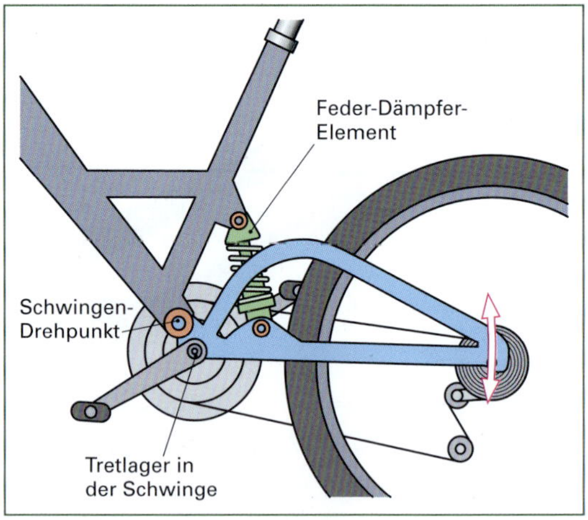

Bild 3: *Prinzip Antriebsschwinge*

Geht der Fahrer beim Wiegetritt aus dem Sattel, steht er auf der gefederten Schwinge des Rahmens und wird so ein Teil der ungefederten Masse. Die Pedale wippen mit.

In der Anfangszeit des vollgefederten Mountainbikes war die Antriebsschwinge ein häufig eingesetztes System. Inzwischen haben andere Systeme, die ebenfalls den Pedalrückschlag vermeiden, die Antriebsschwinge ersetzt.

Eingelenker

Der Drehpunkt einer Hinterradschwinge befindet sich im Hauptrahmen im Bereich des Sitzrohres (**Bild 1, Seite 233**). Für eine möglichst reaktionsfreie Hinterradfederung wird der Drehpunkt auf Höhe des mittleren Kettenblattes und etwas vor das Tretlager gelegt. Das Hinterrad federt in Bewegungsrichtung ein. Dabei beschreibt die Hinterradachse eine Kreisbahn um das Schwingenlager.

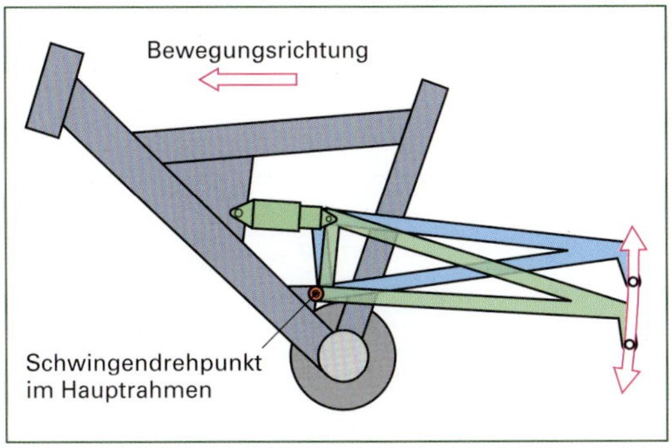

Bild 1: Prinzip Eingelenker (Cantileverbauweise)

Vorteile:

- Großer Federweg möglich
- Günstiger Preis, einfache Wartung und niedriges Gewicht
- Stabil durch einteilige Schwinge

Nachteile:

- Neigt ohne spezielle Dämpfer zum Wippen
- Pedalrückschlag, wenn das Schwingenlager sehr hoch liegt
- Bei langem Hinterbau geringe Seitensteifigkeit

Der **abgestützte Eingelenker** wird oft mit dem Viergelenker verwechselt **(Bild 2)**. Die zusätzlichen Gelenke dienen nur der Abstützung seitlicher Kräfte.

Durch die Anlenkung des Dämpfers über eine Wippe lässt sich die Kennlinie der Federung besser steuern, entlastet das Feder-Dämpfer-Element von möglichen Biegebelastungen und macht den Hinterbau stabiler.

Ein weiteres Gelenk kann sich an der Hinterbau-Oberstrebe (Sattelstrebe) in der Nähe der Ausfallenden befinden.

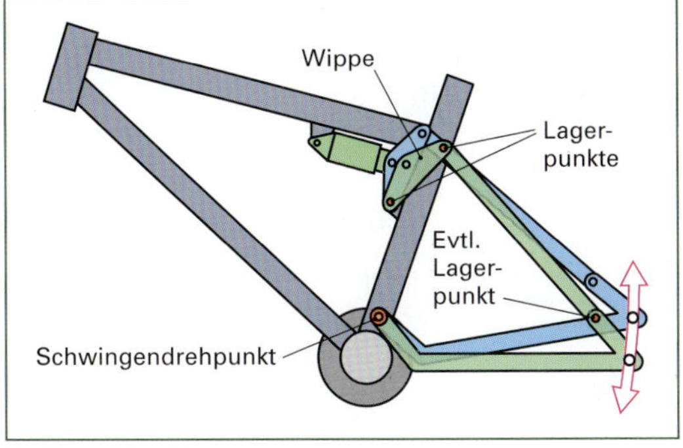

Bild 2: Abgestützter Eingelenker

Mehrgelenker

Bei dieser Konstruktionsart werden die Kräfte aus dem Kettenantrieb und der Federung entkoppelt. Zwar liegt auch hier der Schwingendrehpunkt außerhalb der Tretlagermitte, jedoch beschreibt der Einfederweg (die Raderhebungskurve) keine Kreisbahn, sondern nahezu eine Gerade **(Bild 3)**.

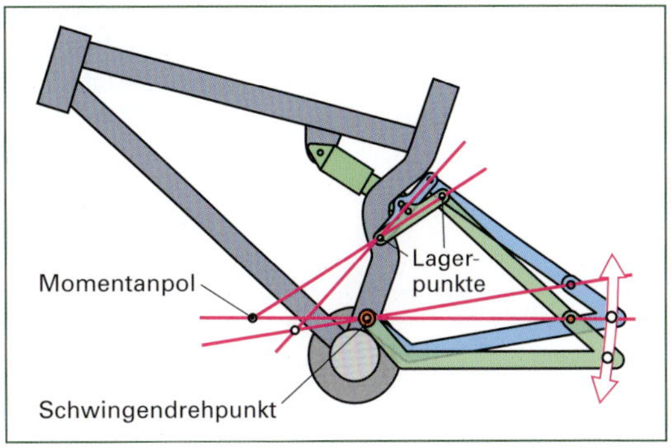

Bild 3: Prinzip Mehrgelenker

Bei einem anderen Viergelenk-System sitzt der Dämpfer vor und parallel zum Sitzrohr und wird wie beim klassischen Viergelenker über eine Wippe angesteuert **(Bild 4)**.

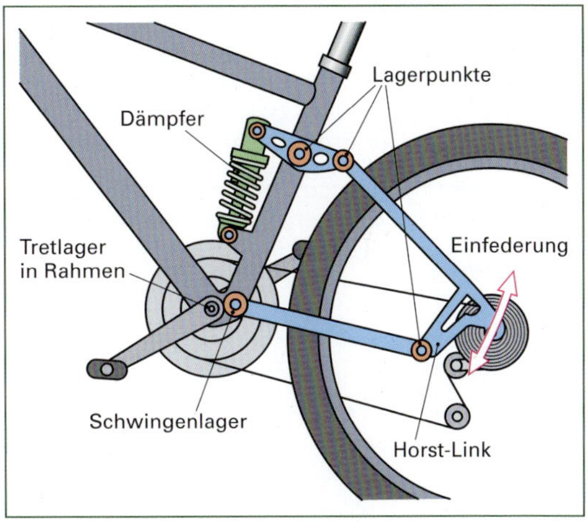

Bild 4: Variante Viergelenker

Das Hinterrad wird mittels vier ungleich langer Gelenkstreben beweglich gelagert, wobei das Sitzrohr als vierte Strebe feststeht. Die Besonderheit sind die Horst-Link-Gelenke[1] an den hinteren Enden der Hinterbau-Unterrohren (Kettenstreben). Beim Einfedern gleichen diese den sich verändernden Abstand zwischen Tretlager und Hinterachse aus.

Damit bleibt auch bei vollem Kettenzug die Funktion der Federung erhalten.

[1] Horst Link ist der Erfinder der Trapez-Federgabel

Eingelenker haben einen festen Drehpunkt, um den sich das Hinterrad beim Ein- und Ausfedern dreht. Beim Mehrgelenker schwenkt die Hinterradachse um zwei Drehpunkte. „Echte" Viergelenker haben einen Momentanpol, der während des Einfederns wandert **(Bild 3, Seite 233)**.

Bei der Hinterradfederung VPP **(Bild 1)** federt die Schwinge S-förmig über zwei Umlenkhebel. Der virtuelle Drehpunkt, der beim Ein- und Ausfedern wandert, soll das Rahmenwippen im Wiegetritt verhindern.

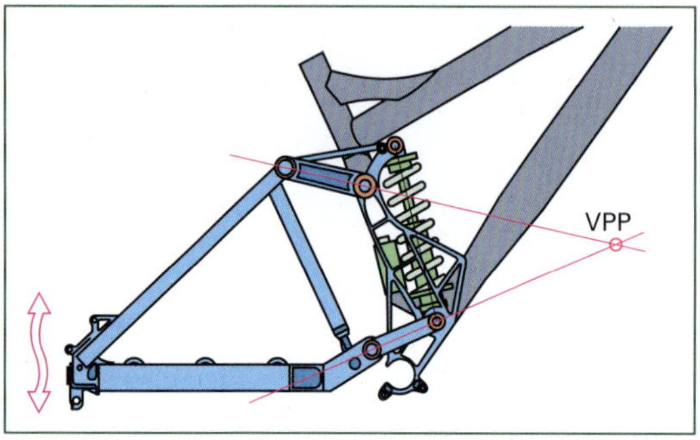

Bild 1: Variante Virtual Pivot Point (VPP)

Die Variante Monolink **(Bild 2)** ist eine Mischung aus Antriebsschwinge und Mehrgelenker. Beim Floatlink **(Bild 3)**, einem Viergelenker, ist der Dämpfer schwimmend zwischen Umlenkhebel und Hinterbau-Unterrohr (Kettenstrebe) gelagert.

Möglich ist auch eine aktive Federbeinanlenkung. Mittels Umlenkhebel lassen sich unterschiedliche Federkennungen für Up- und Downhillfahren schalten (**Bild 4**).

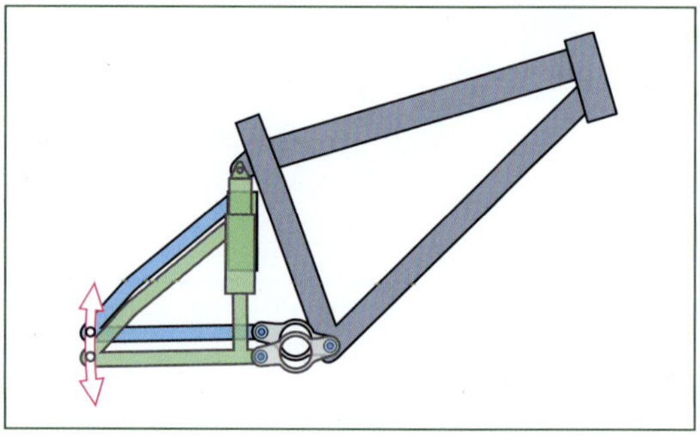

Bild 2: Monolink

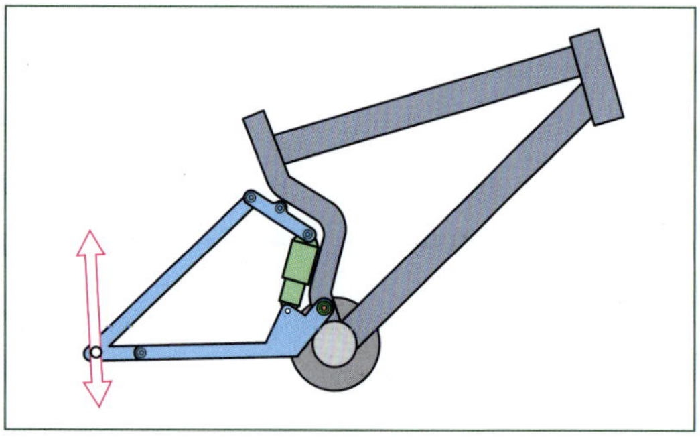

Bild 3: Float-Link

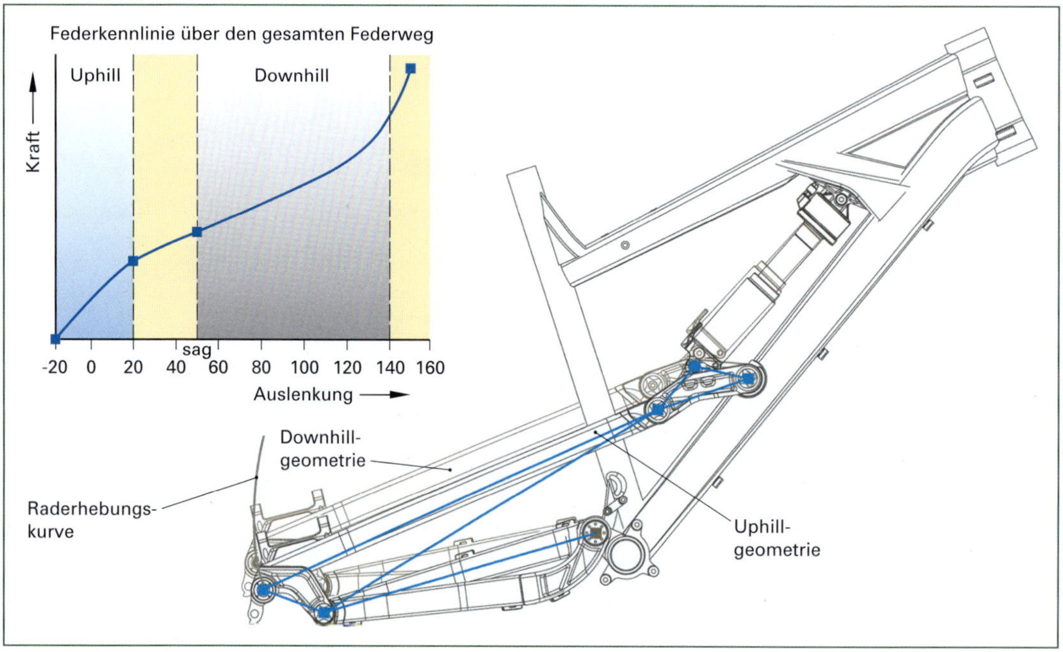

Bild 4: Mehrgelenker (Bionicon hyperX)

Gefederte Sattelstützen

Das Verhältnis Fahrermasse zur Fahrzeugmasse beträgt bei Fahrrädern etwa 6:1 bis 9:1. Ist die Sattelstütze einziges Federelement, gehört das gesamte Fahrzeug zur ungefederten Masse. Das wirkt sich besonders ungünstig bei einem vollbeladenen Reiserad oder beim Kindertransport aus.

Gefederte Sattelstützen können lediglich bei harten, einmaligen Stößen den Stoß abmildern. Sie können nicht den Fahrbahnunebenheiten folgen und sie verkleinern. Das kurzzeitige Abfedern der Fahrermasse kann aber den Fahrkomfort deutlich verbessern.

In einfacher Ausführung bestehen die gefederten Sattelstützen aus einem Rohr mit einer innenliegenden Stahlfeder **(Bild 1)**. Über der Feder befindet sich ein Gleitlager mit einer Vierkant- oder Sternführung, in die das Standrohr mit dem Sattel eintaucht. Seitliches Drehspiel des Standrohrs kann häufig an der Führung nachgestellt werden.

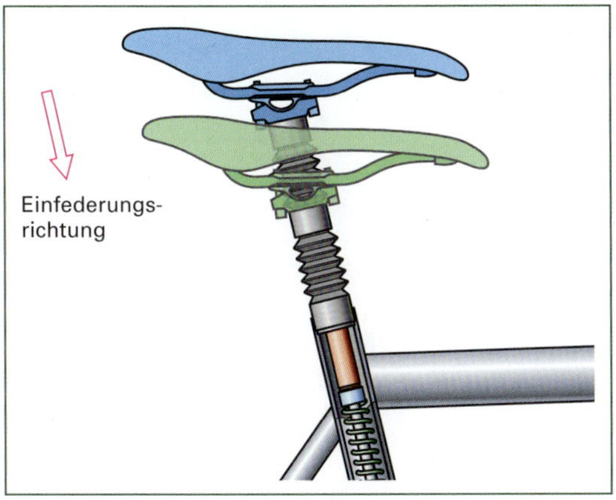

Bild 1: Teleskop-Sattelstütze

Alle Arten von Federsattelstützen besitzen kleine, aber hochbelastete Gleitlager, Führungen und Gelenke **(Bild 2)**. Fehlt die regelmäßige Nachschmierung, nimmt das feinfühlige Ansprechverhalten stark ab und es kommt zu hohem Verschleiß.

Bild 2: Gleitlager und Gelenke

Von Nachteil ist die durch das Sitzrohr vorgegebene Einfederungsrichtung. Überrollt das Hinterrad ein Hindernis, so drehen sich alle Bauteile des Fahrrades um den Aufstandspunkt des Vorderrades. Dieses Problem vermeidet die Parallelogramm-Stütze, die entgegen der Stoßrichtung nach hinten/unten einfedert **(Bild 3)**.

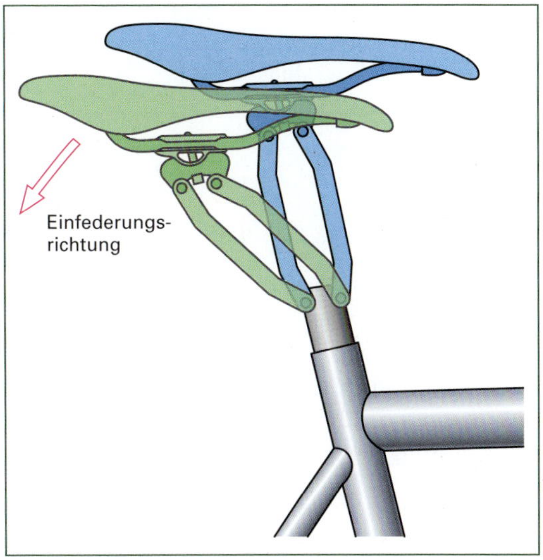

Bild 3: Parallelogramm-Stütze

Die Vorspannung ungedämpfter Federstützen sollte so eingestellt sein, dass die Stütze noch nicht unter dem Fahrergewicht einfedert. Damit wird verhindert, dass die Stütze bei höheren Trittfrequenzen oder unrundem Tritt periodisch einfedert (wippt).

Bei gedämpften Stützen kann die Federhärte geringer eingestellt werden, um den Negativ-Federweg zu nutzen.

Für Freerider entwickelt ist die hydraulisch verstellbare Sattelstütze, die sich vom Lenker aus absenken und wieder hochfahren lässt **(Bild 4)**.

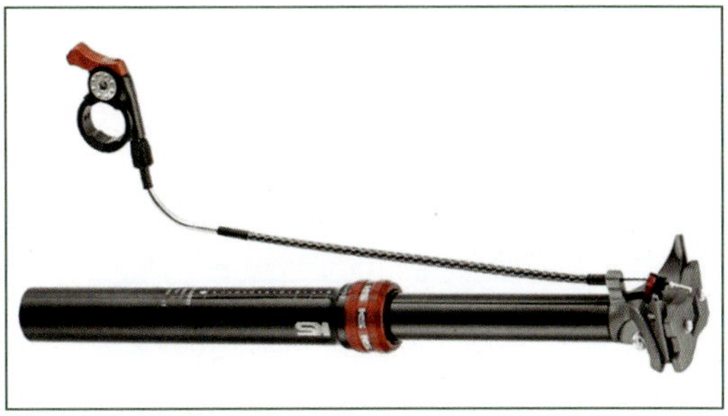

Bild 4: Hydraulisch verstellbare Sattelstütze (Kind Shock)

5.11.6 Physik der Fahrradfederung

Wer sich mit der Fahrradfederung beschäftigt, benötigt Grundlagenkenntnisse der Schwingungslehre.

Eine Masse hängt an einer Feder und wird durch eine Kraft aus ihrer Ruhelage ausgelenkt. In der Feder selbst wirkt eine Rückstellkraft, die das System zurückschwingen lässt **(Bild 1)**. Die Masse schwingt dabei über ihre Ruhelage hinaus und es tritt erneut eine Rückstellkraft auf.

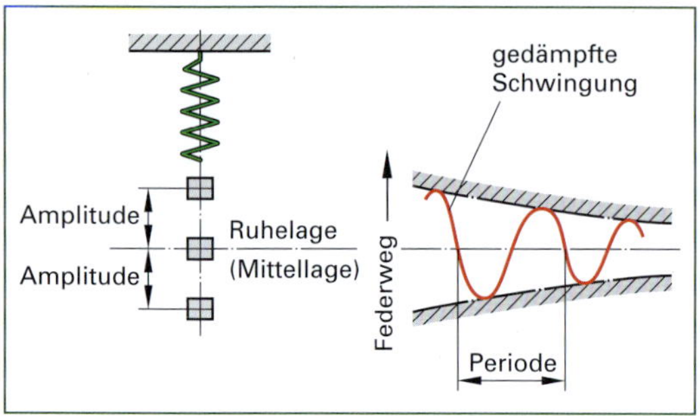

Bild 1: Schwingungen eines Feder-Masse-Systems

Dieser Vorgang wiederholt sich, bis sich die Bewegungsenergie durch Reibung in Wärme umgewandelt hat und der Schwinger zur Ruhe kommt.

Eine **Schwingung** beschreibt eine sich wiederholende Zustandsänderung, z. B. die Hin- und Herbewegung einer Masse.

Den größten Abstand der schwingenden Masse zur Ruhelage nennt man **Amplitude**.

Die **Periodendauer** (oder **Schwingungsdauer**) ist die Dauer einer Hin- und Herbewegung.

Die **Frequenz** ist der Kehrwert der Periodendauer, es ist die Anzahl der Schwingungen in einer Sekunde.

Die **Eigenfrequenz** ist ein wesentliches Merkmal des „Freien Schwingers". Eine kleine Eigenfrequenz wird durch eine große Masse und eine weiche Feder erzielt. Umgekehrt ergibt eine kleine Masse und mit einer harten Feder eine große Eigenfrequenz.

Wenn eine Masse von außen angestoßen wird, spricht man von fremderregt. Erfolgt die Erregung im Rhythmus der Eigenfrequenz, so stellt sich **Resonanz** ein. Die Amplitude kann sehr groß werden.

Für die folgenden Betrachtungen dient das einfachste Modell eines Schwingers, der sog. Einmassen-Schwinger **(Bild 2)**. Er besteht aus einer Feder und einer Masse; dabei entspricht die Feder der Fahrradfederung und die Masse dem Körpergewicht des Fahrers, den jeweiligen Fahrradbauteilen und dem Gepäck oberhalb der Federung.

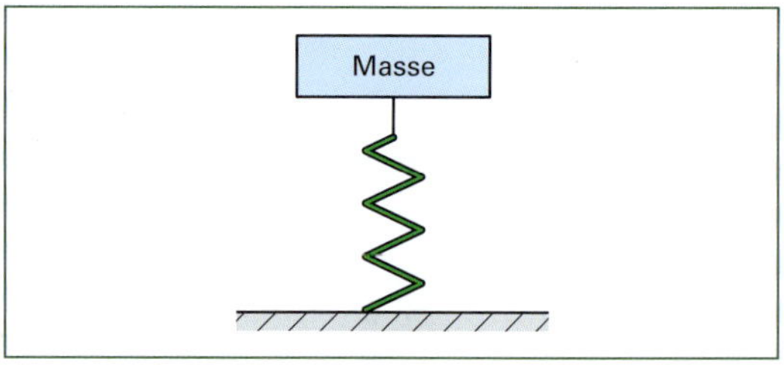

Bild 2: Einmassen-Schwinger

Die Übersicht in **Bild 3** zeigt die Gliederung verschiedener Schwingungsarten. Darin gibt der rot eingezeichnete Pfad die spezielle Schwingungsart an, die am Fahrrad auftritt.

Die grobe Kenntnis der anderen Schwingungsarten ist jedoch nötig, um die Besonderheiten der Fahrzeugfederung zu verstehen und sie gegen benachbarte Themenbereiche abzugrenzen.

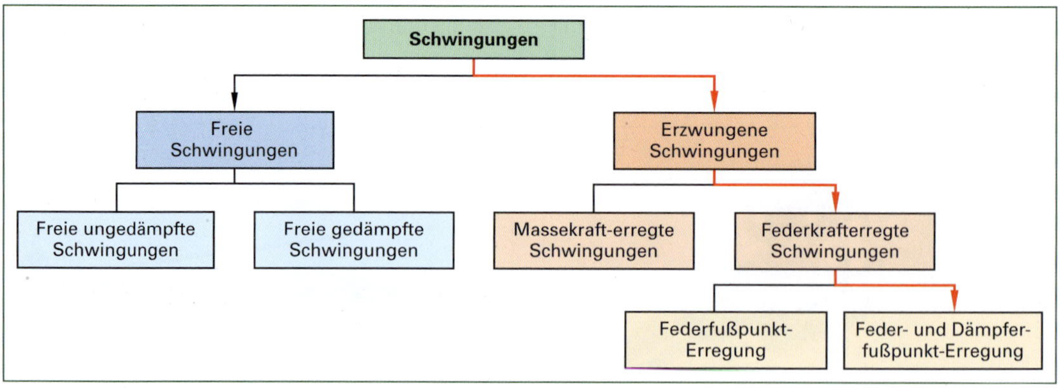

Bild 3: Übersicht Schwingungsarten

Freie Schwingungen

Wird ein Einmassen-Schwinger einmal von außen angestoßen und dann sich selbst überlassen, so schwingt er. Die Frequenz, mit der sich der frei schwingende Schwinger auf und ab bewegt, wird als Eigenfrequenz f_E bezeichnet und ist charakteristisch für den jeweiligen Schwinger. Die Eigenfrequenz ist abhängig von der Masse *m* und der Federhärte *c*. Die Federhärte wird auch als Federsteifigkeit bezeichnet.

$$f_E = \frac{1}{2 \cdot \pi} \cdot \sqrt{\frac{c}{m}}$$

Beispiel:
Federsteifigkeit $c = 10^4$ N/m, Masse $m = 30$ kg
Die Eigenfrequenz des Einmassen-Schwingers beträgt:

$$f_E = \frac{1}{2 \cdot \pi} \cdot \sqrt{\frac{c}{m}} = \frac{1}{2 \cdot \pi} \cdot \sqrt{\frac{10^4 \text{ N/m}}{30 \text{ kg}}} = 2{,}9 \text{ Hz}$$

Ergebnis:

- Große Federsteifigkeiten und kleine Massen führen zu hohen Eigenfrequenzen.
- Kleine Federsteifigkeiten und große Massen führen zu niedrigen Eigenfrequenzen.

Eine notwendige Bedingung für die Funktion einer Federung ist eine niedrige Eigenfrequenz.

In Abgrenzung zur freien Schwingung sind

- Bremsenquietschen
- Laufradunwuchten
- Fahrzeugfederung

jedoch **keine** freien Schwingungen. Allerdings ist die Kenntnis der Eigenfrequenz nötig, um eine Federung richtig auszulegen.

Erzwungene Schwingungen

Wird der Einmassen-Schwinger von außen nicht nur einmal, sondern laufend angestoßen, so wie die Unebenheiten der Fahrbahn immer wieder auf das gefederte Fahrrad einwirken, handelt es sich um eine erzwungene Schwingung mit einer „Fremderregung".

Der Schwinger „antwortet" auf die Anregung. Kennzeichnend sind:

- Ausschlagweite der Schwingung (Amplitude)
- Frequenz der Schwingung
- Ort der Anregung

Bei der **Ausschlagweite** der Schwingung sind die Erregung und die Antwort über den Schwinger verknüpft. Die Übertragungsfunktion (Vergrößerungsfunktion) zeigt den Zusammenhang (**Bild 1**).

Die waagerechte Linie zeigt das Verhalten eines ungefederten Fahrrades, das die Unebenheiten der Fahrbahn 1 : 1 an die gefederte Masse weitergibt.

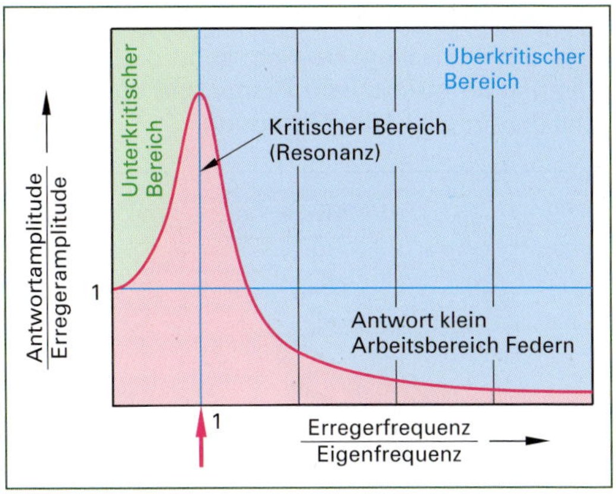

Bild 1: Vergrößerungsfunktion einer erzwungenen Schwingung

In der Vergrößerungsfunktion ist das Verhältnis der Antwortamplitude zur Erregeramplitude über dem Verhältnis von Erregerfrequenz zu Eigenfrequenz aufgetragen.

Es werden drei Bereiche unterschieden, wobei sich der Schwinger jeweils völlig unterschiedlich verhält:

- **Unterkritisch**: In diesem Bereich ist die Erregerfrequenz kleiner als die Eigenfrequenz des Schwingers.
- **Kritisch** oder **Resonanz**: In diesem Bereich ist die Erregerfrequenz ähnlich der Eigenfrequenz.
- **Überkritisch**: In diesem Bereich ist die Erregerfrequenz größer als die Eigenfrequenz des Schwingers.

Eine Federung erfolgt nur im überkritischen Bereich.

Die **Erregerfrequenz** erzwingt die Antwortfrequenz. Sie stellt sich jeweils nach wenigen Schwingungen ein und ist identisch mit der Erregung. Man spricht vom „eingeschwungenen Zustand".

Ort der Anregung

Wirkt die Erregung unmittelbar auf die Masse und erst indirekt auf die Feder, spricht man von einer Massenkrafterregung.

Beispiel: Unwucht im Laufrad.

Wirkt die Erregung unmittelbar auf die Feder und mittelbar auf die Masse, spricht man von einer **Federkrafterregung (Bild 1)**. Der Schwinger antwortet entsprechend der Vergrößerungsfunktion:

- Im unterkritischen Bereich reagiert die Masse mit einem vergrößerten Ausschlag.
- Im kritischen Bereich vergrößern sich die Schwingungen weiter in große Ausschläge.
- Im überkritischen Bereich geht die Antwortamplitude zurück, wird kleiner und unterschreitet die Amplitude der Erregung.

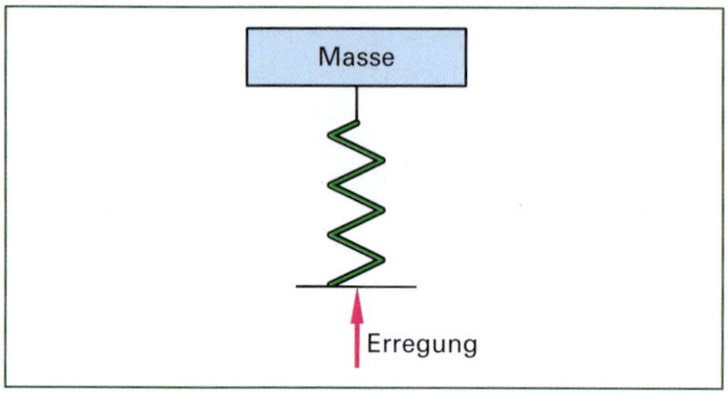

Bild 1: Federkrafterregung

Dämpfung

Der Feder ist bei den Fahrzeugfederungen ein Dämpfer parallelgeschaltet **(Bild 2)**.

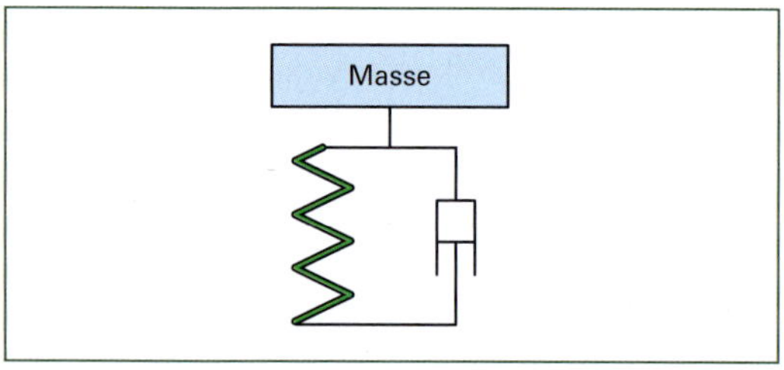

Bild 2: Feder-Dämpfer parallelgeschaltet

Wirkt die Erregung unmittelbar nur auf die Feder, (den so genannten Federfußpunkt) und nicht auf den Dämpfer(fußpunkt), so spricht man von einer **Federfußpunkterregung (Bild 3)**.

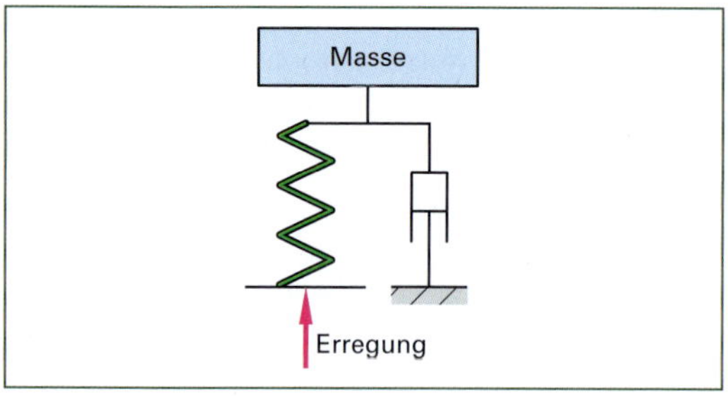

Bild 3: Federfußpunkterregung

Der Dämpfer verbindet die schwingende Masse mit der stillstehenden Basis. So bewirkt eine große Dämpfung in allen drei Bereichen (unterkritisch, kritisch, überkritisch) eine Verkleinerung der Amplituden des Schwingers – verglichen mit einem schwachgedämpften oder ungedämpften System. Diese Schwingungsart heißt **Schwingungsdämpfung**.

Wirkt die Erregung gleichzeitig auf beides, den Federfußpunkt **und** den Dämpferfußpunkt, spricht man von einer **Feder-und-Dämpfer-Fußpunkterregung** – der für die Fahrradfederung relevante Schwingungsfall **(Bild 4)**.

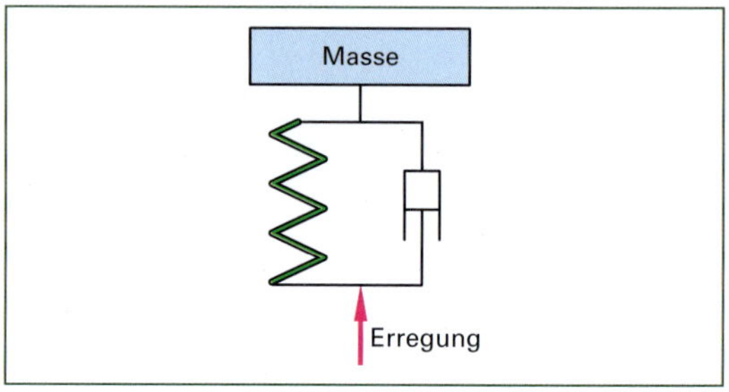

Bild 4: Feder- und- Dämpfer-Fußpunkterregung

Diese Schwingungsart bezeichnet man als **Schwingungsisolierung**.

Beispiel: Die Erregung „Fahrbahnunebenheit" wirkt auf die Feder und den Dämpfer.

Einfluss der Federsteifigkeit und der gefederten Masse auf die Fahrradfederung

In **Bild 5** sind die Vergrößerungsfunktionen für eine Federung mit drei unterschiedlichen Federsteifigkeiten dargestellt.

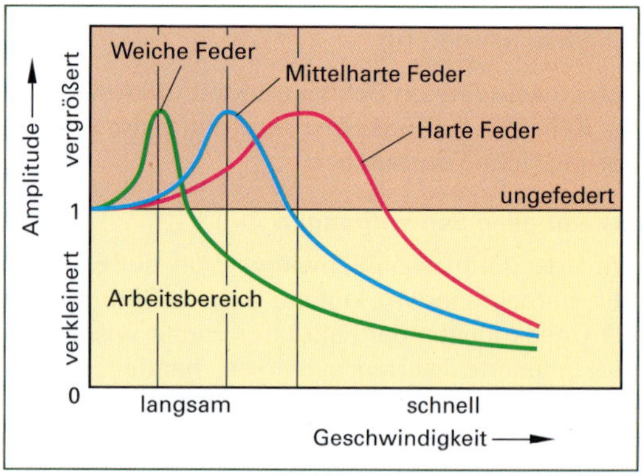

Bild 5: Vergrößerungsfunktion für drei Federn mit unterschiedlichen Federsteifigkeiten

Auf der waagerechten Achse ist die Fahrgeschwindigkeit aufgetragen, mit der ein Fahrrad über eine wellige Teststrecke fährt.

Auf der senkrechten Achse ist die Vergrößerung bzw. Verkleinerung aufgetragen, mit der das ge-federte Fahrrad auf die Fahrbahnunebenheit „antwortet". Die waagerechte Linie bei 1 zeigt das Verhalten eines ungefederten Fahrrades, das die Fahrbahnunebenheit 1:1 an die gefederte Masse weitergibt.

Wenn die Kurven oberhalb der waagerechten Linie liegen, funktioniert die Federung **nicht** – im Gegenteil: sie wirkt komfortverschlechternd!

Erst wenn die Kurve unterhalb dieser Linie liegt, spricht man von einer funktionierenden Federung. Dieser Bereich ist der **Arbeitsbereich der Federung**.

Je größer die Federsteifigkeit der Fahrzeugfederung ist, desto größer muss die Fahrgeschwindigkeit sein, ab der man überhaupt von Federung sprechen kann. Unter Umständen ist diese notwendige Geschwindigkeit so groß, dass sie im Fahrbetrieb gar nicht erreicht wird. Die Federung ist dann, wie bei manchen einfachen harten Federgabeln, wirkungslos.

Je weicher eine Feder ist, desto besser funktioniert eine Federung.

Eine harte Fahrzeugfederung ist ungünstig, denn sie ermöglicht das Federn erst bei größeren Fahrgeschwindigkeiten.

Einfluss der Dämpfung auf die Fahrradfederung

In **Bild 1** sind die Vergrößerungsfunktionen für eine Federung mit drei unterschiedlichen Dämpfercharakteristiken dargestellt.

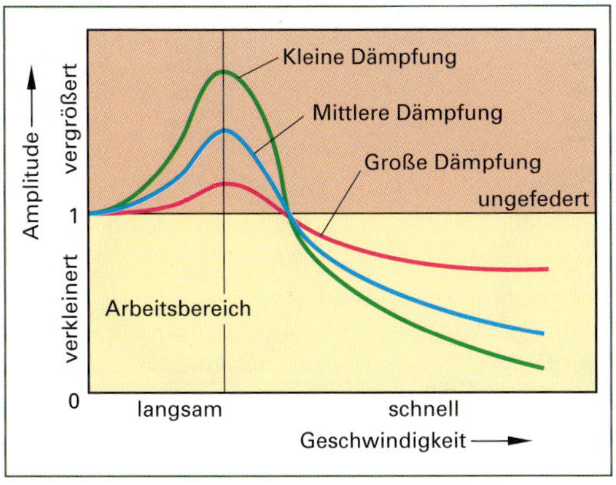

Bild 1: Vergrößerungsfunktion für drei unterschiedliche Dämpfungen

Eine große Dämpfung bewirkt im unterkritischen und im kritischen Bereich eine Verkleinerung der Antwortamplitude, im überkritischen Bereich kehrt sich die Wirkung um: die Verhältnisse verschlechtern sich.

Eine schwache Dämpfung ist im unterkritischen und kritischen Bereich von Nachteil, im überkritischen Bereich aber günstig.

Die Auslegung des Dämpfers ist ein Kompromiss zwischen ausreichend starker Dämpfung im kritischen, und möglichst schwacher Dämpfung im überkritischen Bereich[1].

Der Dämpfer einer Fahrradfederung ist kein Schwingungsdämpfer, sondern ein **Resonanzdämpfer**. Nur im Resonanzbereich (im kritischen Bereich) hat er seine Aufgabe zu erfüllen.

Die Fahrradfederung dient der Schwingungsisolierung und nicht der Schwingungsdämpfung.

Merkmale einer Fahrradfederung sind:

- Im unterkritischen und im kritischen Bereich (keine Isolierung) werden die Unebenheiten der Fahrbahn **immer** vergrößert zum Fahrer weitergeleitet. Hier arbeitet die Federung komfortverschlechternd gegenüber einem ungefederten System. Durch eine starke Dämpfung kann diese Vergrößerung begrenzt werden.
- Erst im überkritischen Bereich leitet das Feder-Dämpfer-System die Unebenheiten der Fahrbahn verkleinert zum Fahrer weiter (Isolierung). Nur in diesem Bereich führt eine Federung zur Komfortverbesserung gegenüber einem ungefederten Fahrrad. Hier ist eine möglichst schwache Dämpfung vorteilhaft.

Der Arbeitsbereich einer Fahrzeugfederung ist der überkritische Bereich. Damit sich ein gefedertes Fahrrad hauptsächlich in diesem Bereich aufhält, muss die Erregerfrequenz deutlich größer sein als die Eigenfrequenz des Fahrrades. Das wird begünstigt durch

- Große gefederte Massen
- Weiche Federn
- Hohe Fahrgeschwindigkeiten

Sind diese Bedingungen nicht erfüllt, funktioniert eine Federung nicht.

[1] Es gibt Dämpfer in Fahrradfederungen, die die Dämpfungscharakteristik den Gegebenheiten anpassen können.

Im Diagramm **(Bild 1)** sind 9 unterschiedliche Zustände eines gefederten Fahrrades mit verschiedenen Fahrgeschwindigkeiten und Federsteifigkeiten abgebildet.

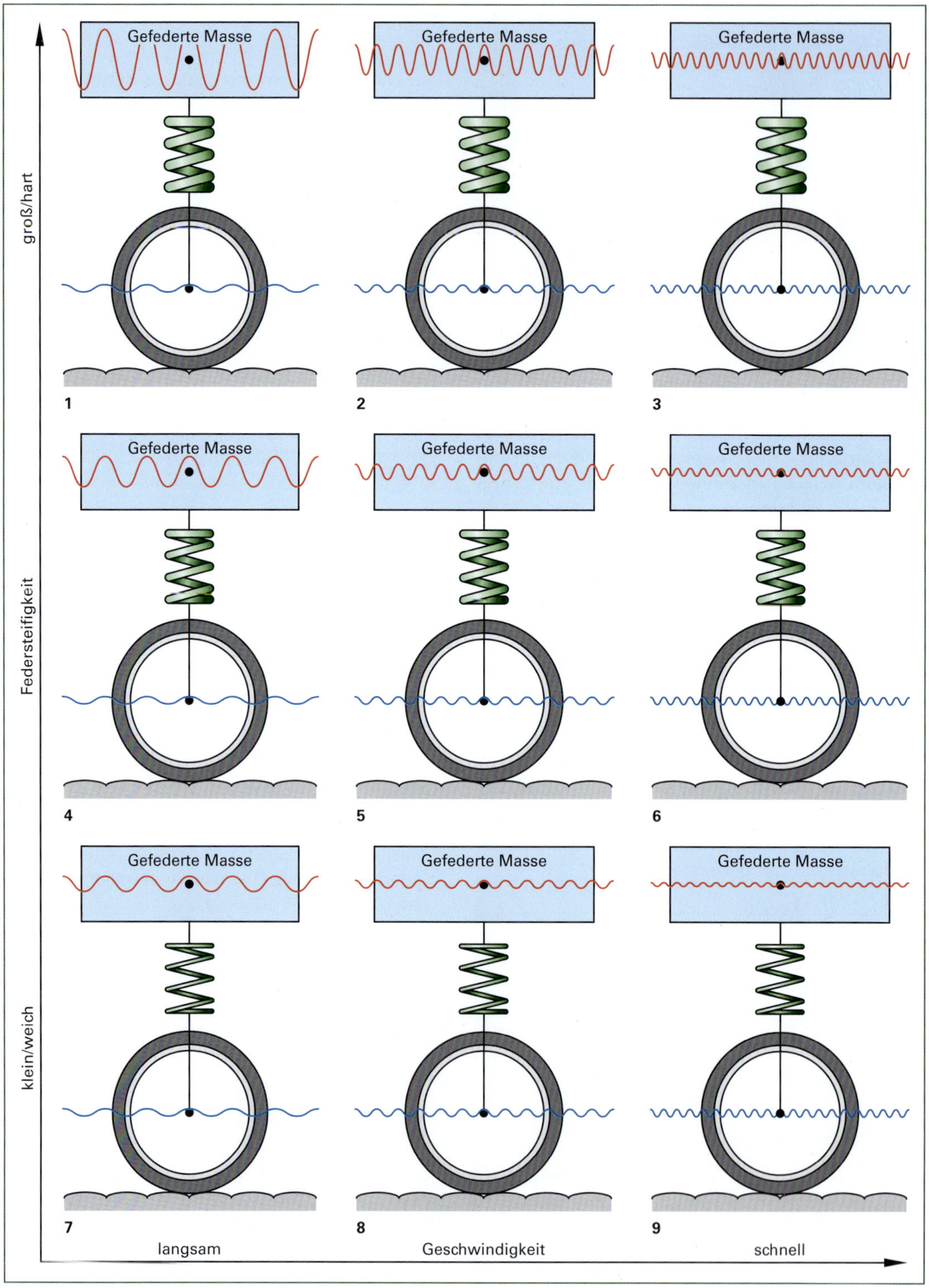

Bild 1: Diagramm mit unterschiedlichen Zuständen eines gefederten Fahrrades

Erläuterung

Blaue Wellenlinie
→ Erregungsschwingung durch Fahrbahnunebenheiten

Rote Wellenlinie
→ Antwortschwingung der gefederten Masse

Aus der Darstellung der Wellenlinie sind Amplitude und Frequenz abzulesen:

Dicker Federdraht
→ hohe Federsteifigkeit = harte Feder

Mitteldicker Federdraht
→ mittlere Federsteifigkeit = mittelharte Feder

Dünner Federdraht
→ geringe Federsteifigkeit = weiche Feder

Beispiel:

Faktor 2 bedeutet, dass der Fahrer die Fahrbahnunebenheit mit doppelter Amplitude erfährt; erst bei Faktoren <1 kann man von Federung sprechen.

In Zeile 9 bei kleiner Federsteifigkeit und schneller Fahrt ergibt sich ein sehr kleiner Faktor von 0,125.

Die Federungsqualität nimmt mit kleiner werdenden Faktoren zu.

	Federsteifigkeit	Fahrgeschwindigkeit	Vergrößerungsfaktor	Ergebnis-Bewertung
1	Groß	Langsam	2	Ungefedert
2	Groß	Mittel	1	Ungefedert
3	Groß	Schnell	0,5	Gefedert
4	Mittel	Langsam	1	Ungefedert
5	Mittel	Mittel	0,5	Gefedert
6	Mittel	Schnell	0,25	Gefedert
7	Klein	Langsam	0,5	Gefedert
8	Klein	Mittel	0,25	Gefedert
9	Klein	Schnell	0,125	Gefedert

Falsch	Richtig
Die Dämpfung soll das Nachschwingen nach Überfahren eines Hindernisses verhindern.	Die Dämpfung wirkt lediglich bei langsamer Fahrt und im Resonanzbereich verbessernd (→ Resonanzdämpfung), im Arbeitsbereich der Federung ist Dämpfung unerwünscht.
Nachgiebige Bauteile, z. B. ein elastischer Fahrradrahmen, verbessern den Fahrkomfort.	Nur besonders weiche Federn können den Fahrkomfort verbessern; Elastizitäten von ungefederten Rahmen und Gabeln sind in diesem Sinne harte Federn.
Reifen, die mit geringem Luftdruck gefahren werden, arbeiten wie eine Federung.	Reifen federn nicht, Reifen schlucken die Fahrbahnunebenheiten, und zwar unabhängig von der Fahrgeschwindigkeit.
Teleskopgabeln haben mehr oder weniger große „Losbrechmomente“.	Die Tauch- und die Standrohre von Teleskopgabeln bewegen sich linear zueinander; es gibt keine Drehbewegung und deshalb auch kein (Dreh-)Moment. Es muss richtig heißen: Losbrechkraft.
Manche Teleskopgabeln haben ein schlechtes „Ansprechverhalten“.	Ein großer Kraftanstieg aus der Ruhelage heraus wird häufig mit schlechtem Ansprechverhalten bezeichnet. Eine große Federsteifigkeit der Gabel ist jedoch dort erwünscht. Der Arbeitsbereich wird früh erreicht und die Feder kann über einen langen Weg dann weich ausgeführt werden (siehe auch Übungsaufgabe Federung Seite 535).

6 Antrieb

Der Kurbelantrieb stellt die effektivste mechanische Anordnung dar, mit der ein Radfahrer seine Beinkraft zur Vorwärtsbewegung einsetzen kann. In seiner einfachsten Ausführung besteht der Kurbelantrieb aus Pedalen, Kurbelgarnitur (Tretlagersatz), Kette und Ritzel.

6.1 Pedalbewegungen

Die Pedalbewegung beim Fahrradfahren erfolgt auf einer Kreisbahn – dem Kurbelkreis. Befindet sich die Kurbel im oberen Totpunkt, beträgt der Kurbelwinkel 0°. Befindet sich die Kurbel in Fahrtrichtung waagerecht, beträgt der Kurbelwinkel 90°. Durch die Füße werden über das Pedal verschiedene Kräfte auf die Kurbel übertragen **(Bild 1)**. Dabei sind drei Kräfte zu unterscheiden:

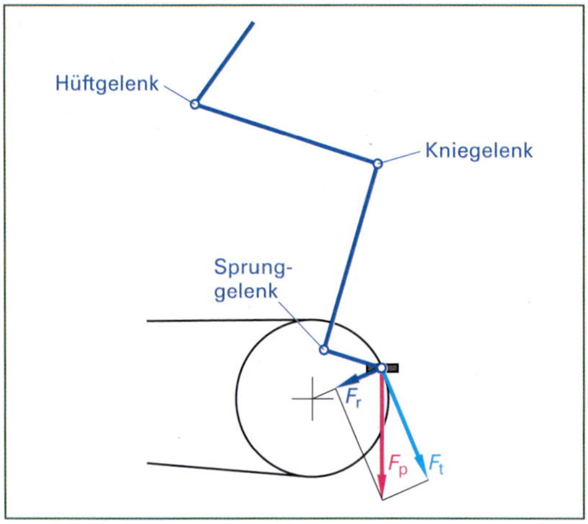

Bild 1: Kräfte bei der Pedalbewegung

Vortriebswirksam ist nur die **Tangentialkraft F_t**. Sie wirkt immer rechtwinklig zur Kurbel und muss demnach je nach Kurbelwinkel auch ihre Richtung ändern.

Die **Radialkraft F_r** erzeugt keinen Vortrieb, sondern bewirkt lediglich eine Stauchung der Kurbel, Biegung der Tretlagerwelle und Reibung im Lager. Diese Totkraft sollte möglichst gering gehalten werden.

Beide Kräfte, die Tangentialkraft und die Radialkraft ergeben sich aus der **resultierenden Kraft F_p** mit der der Radfahrer das Pedal bewegt.

Biomechanisch wäre ein Optimum erreicht, wenn möglichst die gesamte resultierende Pedalkraft in tangentiale Kraft und damit vortriebswirksam umgesetzt werden könnte.

6.2 Tretlagersatz

Ein dreiteiliger Tretlagersatz besteht aus zwei Kurbeln, die auf einer Tretlagerwelle befestigt sind, dem Kettenblatt (Kettenblätter) und dem Tretlager. Bei der zweiteiligen Bauweise ist die Welle fest mit einer Kurbel verbunden **(Bild 1, Seite 243)**.

6.2.1 Verbindung Kurbelarm-Lagerwelle

Beide Kurbelarme sind mit der Tretlagerwelle formschlüssig verbunden. Diese Verbindung erfolgte früher über den wenig betriebssicheren Kurbelkeil **(Bild 2)**, der nur über eine kleine Kontaktfläche das Drehmoment (Pedalkraft x wirksame Tretkurbel-Hebellänge) überträgt. Die Keile lockerten oder verformten sich bei hoher Pedallast und es bestand Unfallgefahr durch das Hängenbleiben von Bekleidungsstücken an dem vorstehenden Keil. Kurbelkeile an Kinderfahrrädern sind nicht mehr zulässig.

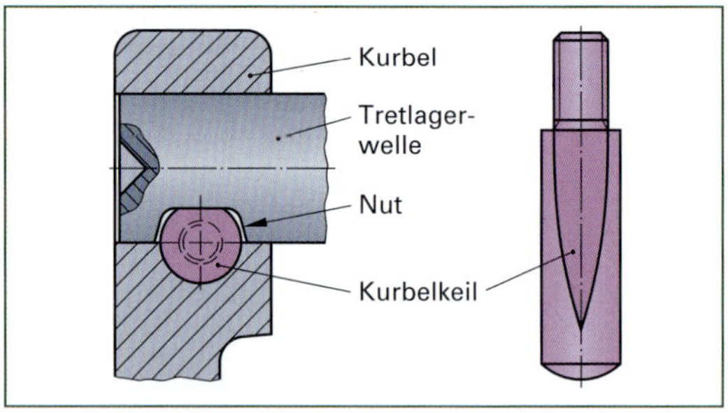

Bild 2: Kurbelkeil

Der *Kurbelvierkant* (**Bild 1, Seite 243**) ist betriebssicherer: Der Kurbelarm mit dem Innenvierkant und die Tretlagerwelle mit dem Außenvierkant werden über die Anziehkraft einer Schraube form- und kraftschlüssig miteinander verbunden. Bei einem Keilwinkel von 1,5° bis 2° und einem Anziehmoment von 40 Nm der M8x1-Schraube werden so hohe Flächenpressungen erzeugt, dass sich der Innenvierkant der Kurbel plastisch dem Außenvierkant der Welle anpasst.

Die Kurbelarme sind meist aus Aluminium und die Tretlagerwelle aus Stahl. Elektrochemische Kontaktkorrosion kann bei Reparaturen die Demontage der Kurbelarme erheblich erschweren. Deshalb sollten die Kontaktstellen beider Bauteile stets mit Montagepaste zusammengebaut werden. Der Hersteller kann jedoch auch eine anderslautende Montage vorschreiben.

Beispiel: Tune Big Foot/Fast Foot, 6Pack Ti.

Jahrelange Nutzung gepaart mit hohen Pedalkräften kann Ermüdungsbrüche an Vierkant-Tretlagerwellen hervorrufen. Gründe:

- Kantenpressung erzeugt Spannungsspitzen (Pfeile in **Bild 1**)
- Kerbwirkung durch das Innengewinde für die Kurbelschraube
- Die nur bis zum Ende der Kontaktfläche zur Kurbel reichende Kurbelschraube stellt eine Störung des Kraftflusses dar.

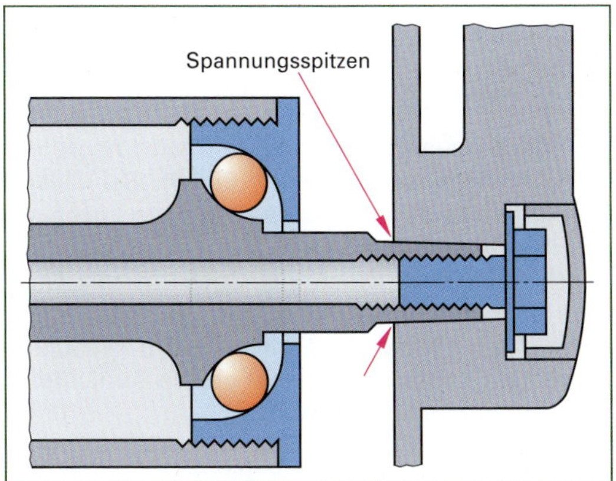

Bild 1: Schwachpunkt des Kurbelvierkants

Neben der Vierkantverbindung gibt es *Vielzahn-Verbindungen* zwischen dem Kurbelarm und der Tretlagerwelle. Dabei handelt es sich entweder um *Keilwellen-Profile* **(Bild 2)** oder um *Kerbzahnwellen-Profile.* Keilwellenprofile findet man bei der Shi-mano Octalink, bei SRAM Truvativ Powerspline und dem ISIS-Standard.

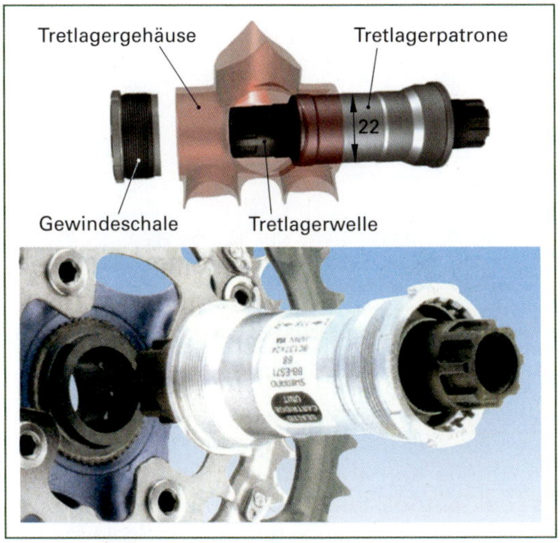

Bild 2: Keilwellen-Profil Octalink-Tretlager mit 8 Zähnen (Shimano)

Bei diesen Verbindungen ist der Wellendurchmesser vergrößert: Beim Octalink- und beim ISIS-Tretlager beträgt der Durchmesser der Tretlagerwelle etwa 22 mm. Die daraus resultierende höhere Bruchsicherheit und Biegesteifigkeit der Tretlagerwelle verhindern Taumelbewegungen der Kettenblätter bei harten Wiegetritten und erhöht die Lebensdauer der Lagerung.

Auch selten auftretendes Aufreißen des Innenvierkants von Aluminiumtretkurbeln wird vermieden.

Bei Antrieben mit modifiziertem Kerbzahnprofil auf der linken Wellenseite werden die Kurbeln gesteckt und verschraubt oder geschlitzte Kurbeln um die Tretlagerwelle geklemmt.

Beispiele: Campagnolo Power Torque System, FSA MegaExo, Shimano Hollowtech und SRAM GXP, DURA ACE **(Bild 3)**

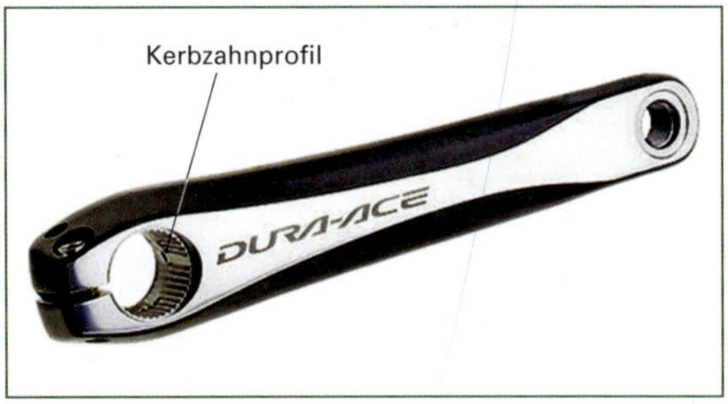

Bild 3: Geschlitzte Kurbel (DURA ACE)

Zu den vorgespannten Formschluss-Verbindungen gehört die Hirth- oder Stirnzahnverbindung. Sie wird bei den zweiteiligen Campagnolo Ultra-Torque Kurbelgarnituren verwendet **(Bild 4)**. Eine Hohlschraube im Innern presst die verzahnten Stirnflächen der beiden Wellenhälften aufeinander.

Bild 4: Campagnolo Ultra Torque

6.2.2 Tretlager (Innenlager)

Während sich bei den Radlagern der Außenring um den feststehenden Innenring dreht, ist es beim Tretlager umgekehrt. Hier steht die Außenschale fest und die Tretlagerwelle dreht sich. Sie überträgt das Drehmoment auf das Kettenblatt.

Beim klassischen *Konus-Tretlager* (BSA-Lager) sind auf der Tretlagerwelle zwei feste Konen eingearbeitet. Diese bilden mit den ins Tretlagergehäuse geschraubten Lagerschalen die Laufbahnen für die lose eingelegten (oder mittels Käfig gehaltenen) Kugeln **(Bild 1)**.

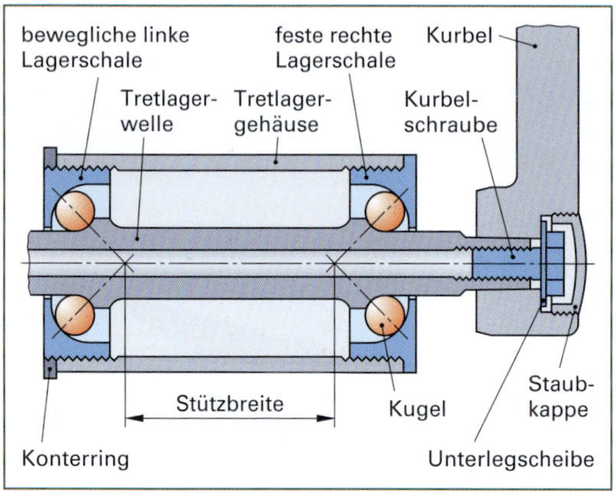

Bild 1: Konus-Tretlager (BSA-Lager)

Beide Lagerschalen werden ins Tretlagergehäuse eingeschraubt. Die rechte Lagerschale (Linksgewinde) wird mit ihrem Bund bis zum Anschlag des Tretlagergehäuses eingeschraubt und ist mitbestimmend für die Kettenlinie (siehe Seite 249).

Mit der linken Gewindeschale erfolgt die Einstellung des Lagerspiels, das per Konterring gesichert wird. Auf diese Weise kann man auf einen Einstellkonus an der Tretlagerwelle verzichten und beide Konen als Festkonen ausbilden.

Eine Staubschutzhülse mit Faltenbalg zwischen beiden Lagerschalen schützt die Kugellager vor Kondenswasser und Rost und hält ein innenverlegtes Lichtkabel von der drehenden Welle fern.

Das *Tretlager mit Rillenkugellager* **(Bild 2)** ist eine Fest-/Loslagerung, die nicht einstellbar ist. Die Lagereinstellung der beiden Rillenkugellager erfolgt bei einigen Ausführungen über beidseitige Konterringe, damit sich auch die Kettenlinie geringfügig verändern lässt.

Die Variante mit doppelreihigen Rillenkugellagern oder jeweils zwei Kugellagern pro Lagerstelle haben sich als besonders robust, biegesteif und langlebig erwiesen.

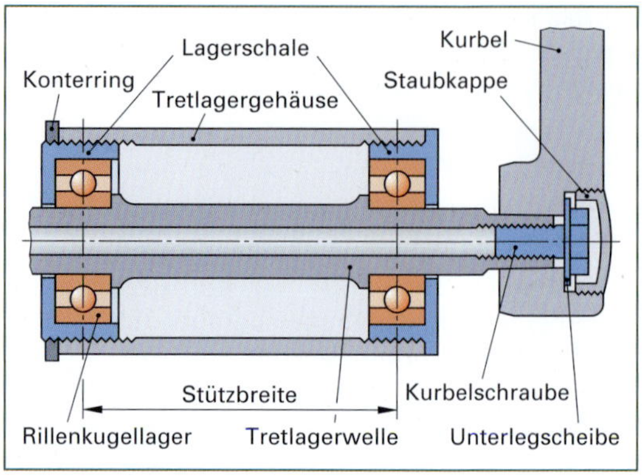

Bild 2: Tretlager mit Rillenkugellager

An nahezu jedem neuen Fahrrad wird heute ein *Patronen-Tretlager* montiert **(Bild 3)**. Bei diesen „Industrielagern" erfolgt die komplette Lagerung in einer Hülse, die als Einheit in das Tretlager eingeschraubt wird. Die Arbeitszeiten für die Montage und Demontage verkürzen sich wesentlich, denn das Lagerspiel ist bereits vom Werk aus eingestellt. Weitere Vorteile: bessere Abdichtung und bessere Lagerqualität.

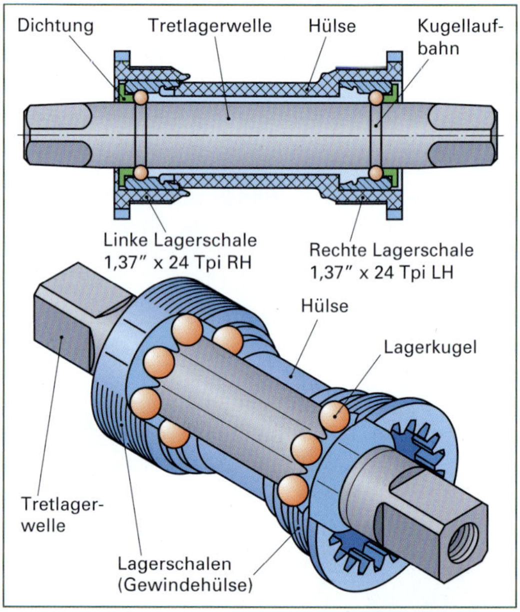

Bild 3: BSA-Patronen-Tretlager (Vierkant-Patronenlager)

Diesem Vorteil steht bei einigen Vierkant-Ausführungen eine geringere Biegesteifigkeit gegenüber, die sich bei einer Lagerung mit zu geringer Stützbreite ergibt. Bei kleinen Stützbreiten kann es bei antrittsstarken Radlern aufgrund nicht ausreichender Biegesteifigkeit zum Schleifen der Kette am Umwerfer und zu einer höheren Lagerverschleißrate kommen.

Mit der nahezu dreifachen Biegesteifigkeit warten die Tretlagereinheiten für die Vielzahn-Befestigung der Kurbeln auf – hier ersetzen Hohlwellen mit mehr als 22 mm Durchmesser die übliche Tretlagerwelle mit 15,5 mm bis 17 mm Durchmesser.

Da es bereits vor den ersten Normungen Fahrräder gab, haben sich bis heute unterschiedliche Gewindeabmessungen erhalten. Im Tabellenbuch Fahrradtechnik sind die zur Zeit gebräuchlichen Tretlagergewinde und Maße der gewindelosen Tretlager aufgeführt.

Die Patrone wird mit zwei Gewindeschalen und einem Anziehmoment von 35 Nm bis 45 Nm (je nach Hersteller) in das Tretlagergehäuse eingeschraubt, wobei die rechte Gewindeschale oftmals fest mit der Patrone verbunden ist.

Das Linksgewinde der rechten Lagerschale wirkt dem Selbstlöseeffekt von Schrauben entgegen, der durch umlaufende Kräfte erzeugt wird. Sind die Festziehrichtung von Schraube und Mutter entgegengesetzt der Drehrichtung der umlaufenden Kraft, kann sich die Verbindung nicht von selbst lösen. Bei italienischen und französischen Tretlagergewinden mit beidseitigem Rechtsgewinde (RH) ist es daher ratsam, die rechten Lagerschalen mit Schraubenkleber (niedrig- oder mittelfest) einzusetzen.

Aus gleichem Grunde haben auch das linke Pedalgewinde sowie die tragenden Schraubkonen von Freiläufen Linksgewinde (LH).

Patronen-Tretlager sind mit unterschiedlich langer Tretlagerwelle erhältlich, sodass man den Abstand der Kurbel zum Fahrradrahmen und die Kettenlinie variieren kann.

Bei neueren Modellen liegen die beiden Lager außerhalb des Tretlagergehäuses **(Bild 1)**. Durch den größeren Abstand der Lager verbessert sich das Verhältnis von der Steifigkeit zum Gewicht des Innenlagers und die Haltbarkeit der Kugellager.

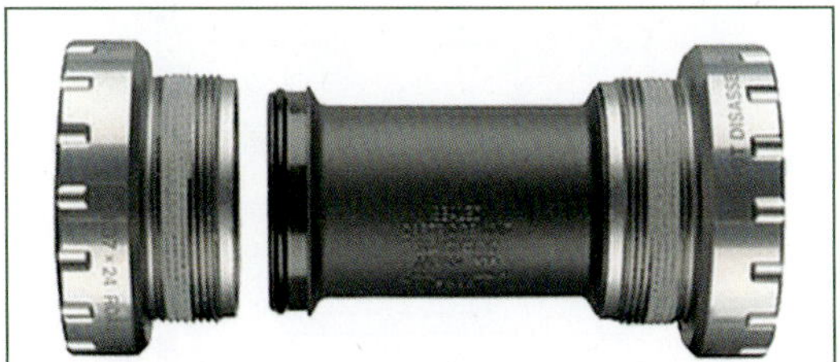

Bild 1: Außenliegende Lager eines Patronen-Tretlagers (Shimano Hollowtech II)

Wichtig für die Funktionalität ist, dass beide Lagerschalen exakt parallel zueinander stehen. Daher müssen die Stirnflächen des Tretlagergehäuses plangefräst werden **(Bild 2)**.

Bild 2: Tretlagergehäuse: Gewinde nachschneiden und planfräsen (Cyclus Tools)

Beide Lagerschalen werden auf Anschlag in den Rahmen geschraubt. Mit Montagepaste oder Fett müssen die ungeschützten, plangefrästen Stirnflächen und das Gewinde vor Korrosion und Festfressen geschützt werden. Die Symmetrie der Kurbeln und die Kettenlinie wird mit Distanzringen (Spacer) eingestellt.

Immer häufiger finden *gewindelose Tretlager* Anwendung.

Beispiel: BB 30, Pressfit.

Die Lager werden mit metallfreier Montagepaste beschichtet und beiderseits mit einem Spezialwerkzeug in das Tretlagergehäuse eingepresst **(Bild 3)**. Sie können dabei im Gehäuse liegen oder außerhalb.

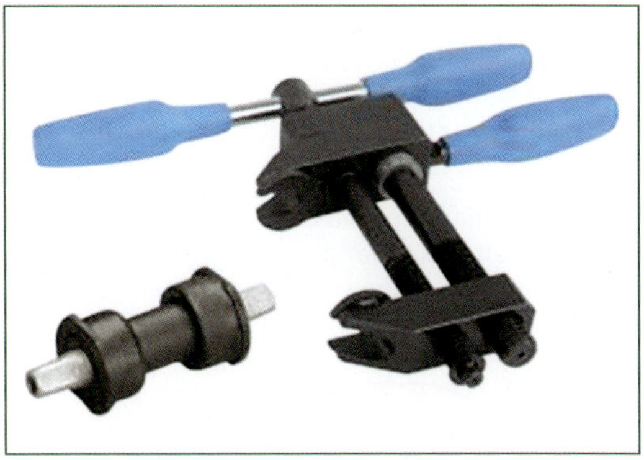

Bild 3: Einpresswerkzeug für gewindelose Tretlagerschalen (Cyclus Tools)

Besondere Vorsicht ist beim Entfernen von gewindelosen Tretlagern aus den eingeklebten Aluhülsen von Carbonrahmen geboten.

Eine nachträgliche Spieleinstellung gewindeloser Tretlager ist nicht mehr möglich. Von Vorteil ist die höhere Steifigkeit.

6.2.3 Kurbelarme und Kettenblätter

Nach EN ISO 4210-8 müssen Kurbelarme bei montierten Pedalen einer statischen Belastung von F = 1500 N bei einem Eingang-Antrieb standhalten **(Bild 1)**. Bei Fahrrädern mit Mehrgang-Antrieb beträgt die Prüfkraft F = 1500 N · z_1/z_2 mit z_1 als der Zähnezahl des kleinsten Kettenblattes und z_2 als der Zähnezahl des größten Ritzels.

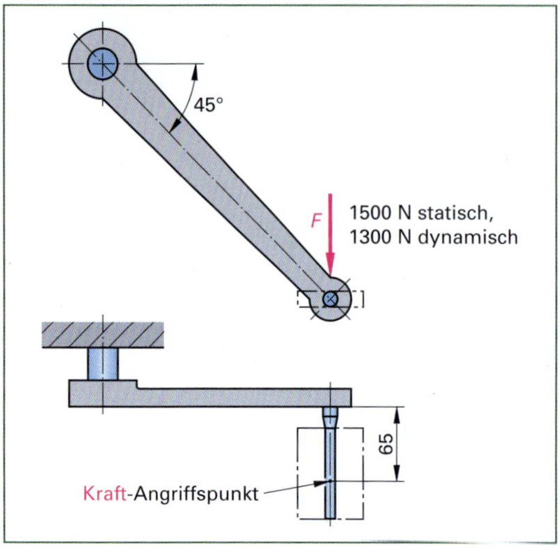

Bild 1: Statischer Kurbeltest nach EN ISO 4210-8

Bei der dynamischen Prüfung werden im Wechsel auf den Pedalachsen 1300 N (MTB und Rennrad 1800 N) für die Dauer von 100 000 Schwingspielen (50 000 Schwingspiele MTB und Rennrad) aufgebracht.

Bei der Prüfung dürfen keine Brüche oder sichtbare Anrisse in den Pedalachsen, den Tretkurbeln, in der Tretlagerwelle oder in anderen Befestigungsteilen auftreten. Das Kettenblatt darf sich weder lockern noch lösen.

Die tangentiale Antriebskraft des Radlers wird über ein Kettenblatt an der rechten Kurbel in eine Drehbewegung umgewandelt und über Kette und Ritzel zum Hinterrad weitergeleitet **(Bild 2)**.

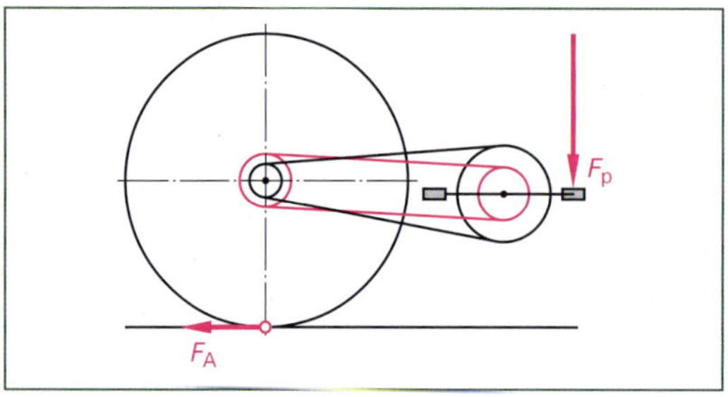

Bild 2: Kraftübersetzung durch unterschiedlich große Kettenblätter und Ritzel

Unterschiedliche Zähnezahlen von Kettenblatt und Ritzel ermöglichen eine Übersetzung, weshalb bei Kettenschaltungen zwei oder drei unterschiedlich große Kettenblätter an der rechten Tretkurbel befestigt sind.

Die Befestigung des Kettenblattes auf dem rechten Kurbelarm erfolgt bei einfachen Fahrrädern durch Aufschrumpfen auf eine Kerbverzahnung **(Bild 3)**.

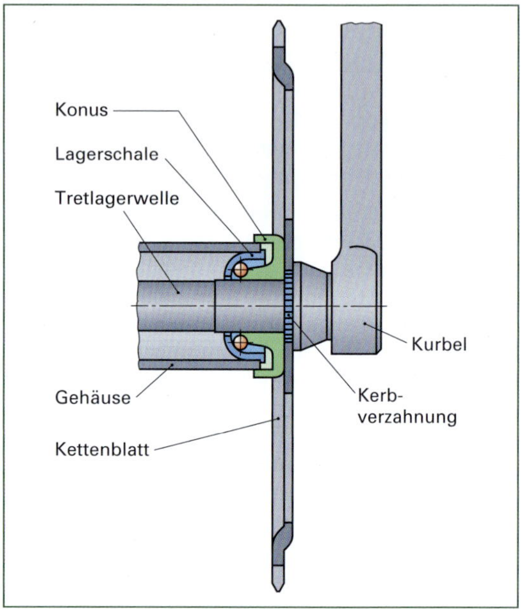

Bild 3: Aufgeschrumpftes Kettenblatt

Im BMX-Bereich und bei einigen Kinderradmodellen wird teilweise der *Fauber-Antrieb* montiert **(Bild 4)**.

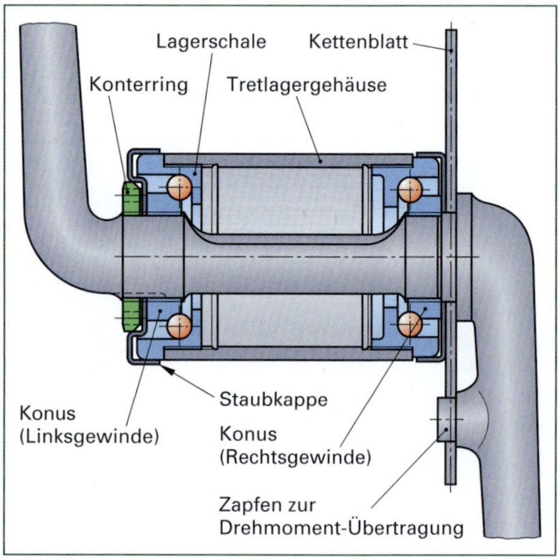

Bild 4: Fauber-Antrieb

Hier sind beide Kurbelarme und die Tretlagerwelle aus Stahl und aus einem Stück geschmiedet. Beide Achskonen sind dabei aufgeschraubt: Der rechte Konus besitzt Rechtsgewinde und wird gegen einen Bund auf dem Achsteil geschraubt. Gleichzeitig wird das Kettenblatt planparallel ausgerichtet und gegen einen weiteren Anschlagbund gedrückt.

Der linke Konus besitzt ein mit einem Konterring fixiertes Linksgewinde und dient zur Lagereinstellung. Ein vom rechten Kurbelarm in das Kettenblatt ragender Mitnehmerzapfen überträgt das Antriebsmoment auf das Kettenblatt.

Einige Hersteller übernehmen das Anschlag- und Mitnehmerprinzip mit der konventionellen Kurbelbefestigung per Kurbelvierkant oder Vielzahn-Verbindung. Statt eines Zapfens überträgt eine Schraube das Antriebsmoment.

An höherwertigen Kurbelgarnituren sind die Kettenblätter über einen Kurbelstern mit dem Kurbelarm verschraubt. In vielen Fällen wird der Kurbelstern mit dem Kurbelarm in einem Stück gegossen oder geschmiedet **(Bild 1)**.

Die Kurbelsterne sind im Rennradbereich mit fünf Befestigungslöchern für das Kettenblatt versehen,

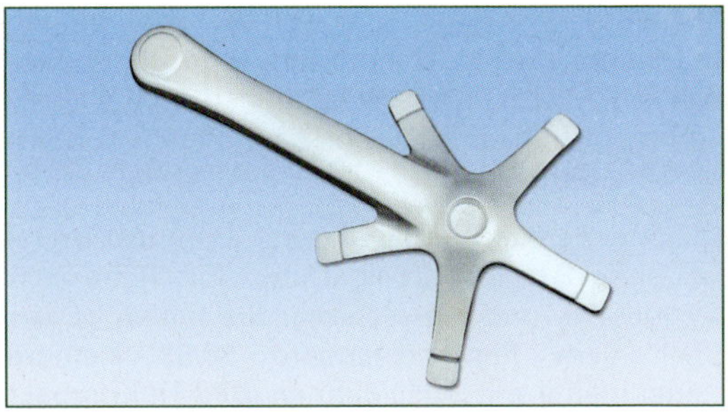

Bild 1: Gesenkgeschmiedete Kurbel aus Aluminium

die für den MTB-Bereich mit vier **(Bild 2)**. Für die Montage der Kettenblätter sind außerdem noch der Lochkreisdurchmesser oder das Lochmaß wichtig, die aber von Hersteller zu Hersteller unterschiedlich ausfallen.

Zur Umrechnung beim Fünfarm-Stern:
Lochkreisdurchmesser = 1,7 x Lochmaß

An Rennrädern haben die Kettenblätter bei Zweifach-Garnituren (Standardkurbel) meist 53 und 39 Zähne, bei Mountainbikes Dreifach-Garnituren 22, 32 und 44 oder 30, 39 und 52 Zähne. Bei Trekkingrädern sind 26, 36 und 48 Zähne eine gängige Kombination.

6

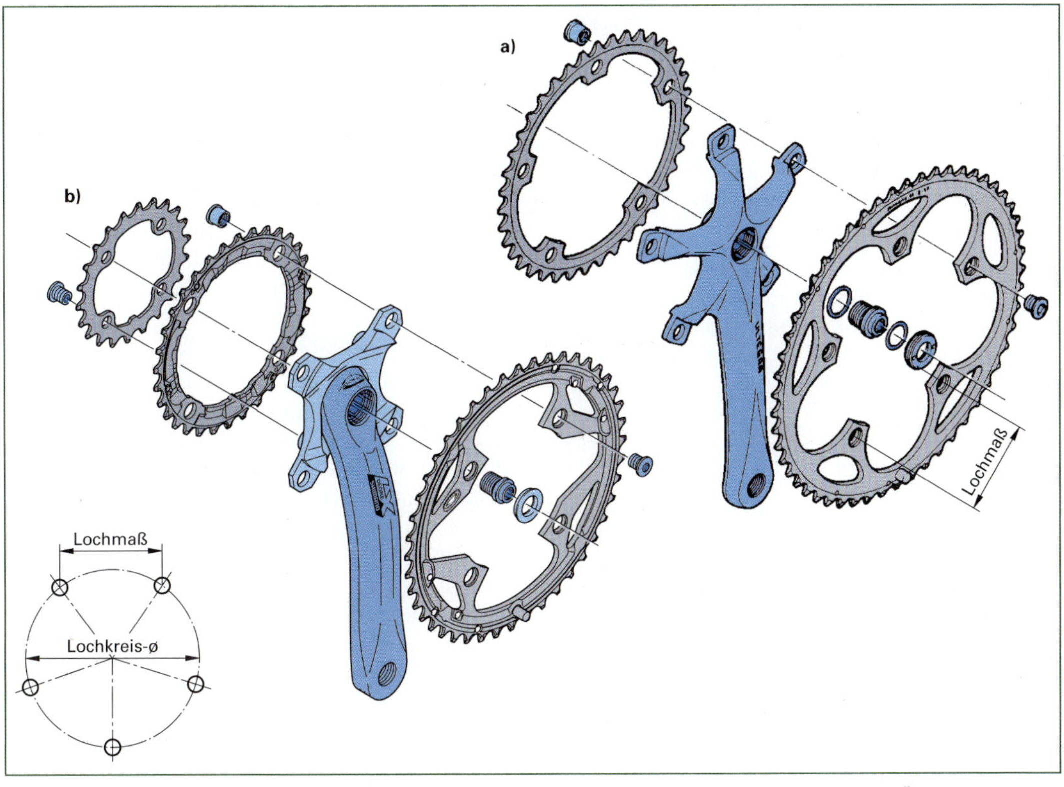

Bild 2: a) Fünfarm-Kurbelstern mit zwei Kettenblättern b) Vierarm-Kurbelstern mit drei Kettenblättern

Liegeräder verfügen meist über Schaltungen mit einem großen Übersetzungsbereich, sodass hier oft Mountainbike-Schaltungen zum Einsatz kommen. Kleinere 20-Zoll-Laufräder erfordern größere Kettenblätter.

Die sogenannte **Kompaktkurbel** (Compact Drive) ist eine 2-fach Kurbelgarnitur für Rennräder, Cyclocross- und Fitnessbikes. Sie haben gegenüber dem Rennradstandard 39/53 kleinere Kettenblätter mit 34/50 Zähnen **(Bild 1)**. Kompaktkurbeln werden im Straßenradsport bei Bergrennen und von Radtouristen und Radmarathonfahrern in bergigen Gegenden eingesetzt.

Bild 1: Kompaktkurbel 34/50 (SRAM Force)

Die Kurbelarmlänge unterscheidet sich nicht von konventionellen Ausführungen. Der Lochkreisdurchmesser beträgt 110 mm statt 130 mm (Shimano) bzw. 135 mm (Campa).

Der Sinn einer Kompaktkurbel ist es, Steigungen mit „kleineren" Gängen und einer höheren (effizienteren) Trittfrequenz fahren zu können. Nachteilig ist ihr Einsatz in der Ebene. Hier ist die Trittfrequenz aufgrund der Übersetzung größer als bei einer Standardgarnitur. Hohe Geschwindigkeiten lassen sich im flachen Gelände und bei Bergabfahrten nicht erzielen.

Die Alternative zu den 2-fach-Kompaktkurbeln sind 3-fach-Kurbelsätze mit 30, 39 und 52 Zähnen. Gegenüber der *2-fach-Kompakt* kann bei gleicher Gesamtübersetzung eine Ritzelkassette mit kleineren Gangstufen gewählt werden. Auf der anderen Seite kann die Gesamtabstufung durch ein Schaltwerk mit langem Käfig und eine größere Kassette vergrößert werden.

Von Nachteil ist, dass häufiger vorn geschaltet werden muss, das Gewicht steigt und sich der Abstand zwischen den Pedalen vergrößert.

Den Vorteil des sicheren und weniger häufigen Umschaltens vorne im Renneinsatz machen sich auch die SRAM XX - und die Shimano XTR-MTB-Schaltgruppen zunutze. Diese werden in 1 x 11-fach, 2 x 11-fach und teils auch in 3 x 11-fach angeboten. Entfällt der Umwerfer, wird eine Kettenführung benötigt.

Bei Rennradfahrern sind Dreifach-Garnituren aufgrund des klobigen Aussehens, des höheren Gewichts und vor allem wegen des vergrößerten Abstandes zwischen den Pedalen selten anzutreffen.

6.2.4 Kurbellänge

Die meisten Fahrräder für Erwachsene werden mit Kurbellängen von 170 mm (Rennrad und Alltagsräder) sowie 175 mm für den Trekking- und MTB-Bereich angeboten.

Aus biomechanischen Gründen (siehe Kapitel 11 „Anpassung und Ergonomie") sollte die Länge der Tretkurbeln maximal 1/5 der Innenbeinlänge betragen (Faustformel) – sonst wird der Kniewinkel im oberen Totpunkt zu klein.

Die Standardkurbellänge von 170 mm bis 175 mm ist für die meisten Menschen mit einer Innenbeinlänge von etwa 75 cm geeignet.

Im Mittel- bis Hochpreisbereich werden Kurbeln in unterschiedlichen Längen angeboten[1]. Dies ist dann von Bedeutung, wenn pro Jahr viele Tausend Kilometer mit dem Rad zurückgelegt werden.

Daneben sind für Kinderfahrräder Kurbeln in den Längen von 100 mm bis 150 mm auf dem Markt.

Zu beachten ist, dass bei einer möglichen Umstellung auf längere Kurbeln die Fußfreiheit (100 mm nach EN ISO 4210-2, beim MTB 89 mm) und die Bodenfreiheit gewährleistet bleiben.

6.2.5 Pedalabstand

Früher baute man den Hinterbau von Fahrrädern mit möglichst geringem Pedalabstand. Heute gibt es aus verschiedenen Gründen einen Trend zu größeren Abständen:

- Die Popularität von Kurbeln mit Dreifachkettenblättern hat die rechte Seite nach außen verschoben.
- Umwerfer für Dreifachkettenblätter haben einen mehr dreidimensional geformten Käfig, der einen größeren Freiraum zwischen dem großen Kettenblatt und der rechten Kurbel benötigt.
- An Trekkingrädern muss genügend Platz für die Montage eines Kettenschutzes vorhanden sein.

[1] siehe Andel Enterprise 150 mm bis 175 mm
siehe Zinn Cycles bis 220 mm

- Mountainbikes und Fatbikes haben breitere Unterstreben (Kettenstreben), um ausreichend Platz für die Reifen zu bieten. Die Kettenblätter müssen weiter nach außen verschoben werden.
- Je größerer die Zahl der Ritzel, desto weiter muss die Kettenlinie (**siehe 6.2.6**) nach außen verschoben werden.

Der **Q-Faktor** ist der horizontale Abstand der Kurbeln, gemessen von der Seite aus, an der die Pedale eingeschraubt werden **(Bild 1)**. Der Abstand setzt sich zusammen aus dem Abstand der linken und der rechten Kurbelfläche zur Rahmenmitte.

Der Q-Faktor hängt von der Länge der Tretlagerwelle und von der Kröpfung der Tretkurbeln ab. Bei Rennrädern reicht die Spanne von 134,5 mm (Shimano Dura Ace Bahnkurbel) bis 156,7 mm (3-fach Shimano 105 Octalink), bei MTBs von 158 mm (Spezialized S-Works) bis 196 mm (Shimano Saint).

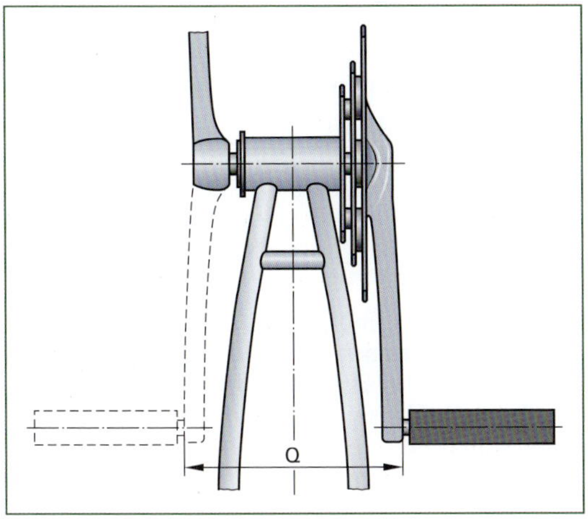

Bild 1: Q-Faktor = Pedalabstand

Gründe, den Pedalabstand (und damit den Q-Faktor) schmal zu halten, sind:

- Die Hüftgelenke sind optimiert für das Gehen. Bei einem normalen Gang sind die Fußspuren mit nur geringer Schrittbreite fast in einer Linie. Ein kleiner Q-Faktor ist ergonomisch günstiger.
- Je weiter die Pedale von der Mittellinie entfernt sind, desto stärker muss man am Lenker ziehen, um beim Wiegetritt die seitliche Kippbewegung des Fahrrads auszugleichen.
- Je größer der Pedalabstand ist, desto höher muss das Innenlager sein, um einen Bodenkontakt der Pedale in engen Kurven zu vermeiden.

Bei gekröpften Kurbeln (Low-Profile-Kurbeln, **Bild 2**) verlaufen die Kurbelarme unter einem Winkel α zu den Pedalenden. Vorteile sind:

- Der Kontakt zwischen der Kurbel und den Fußknöcheln des Fahrers wird vermieden.
- Die Tretlagerwelle kann kürzer ausfallen.

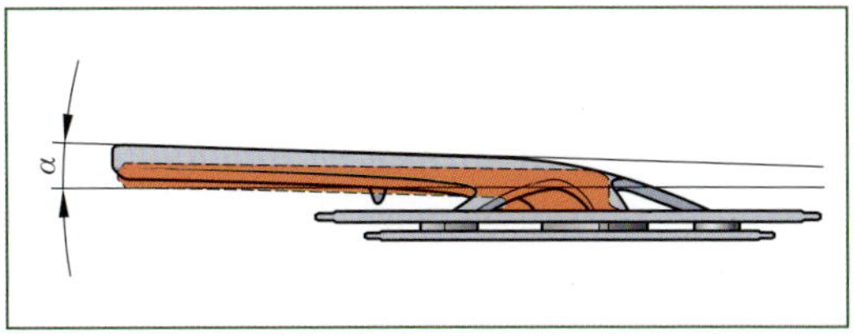

Bild 2: Low-Profile-Kurbel

6.2.6 Kettenlinie

Als Kettenlinie wird der Abstand von der Mittelachse des Fahrradrahmens bis zur Mitte des Kettenblattes bzw. des Ritzels bezeichnet:

- Bei Kurbelgarnituren mit zwei Kettenblättern bis zur Mitte zwischen den beiden Kettenblättern **(Bild 1a)**
- Bei Dreifach-Garnituren bis zur Mitte des mittleren Kettenblattes **(b)**
- Beim Hinterrad wird die Mitte des Ritzelpaketes als Bezug genommen **(c)**

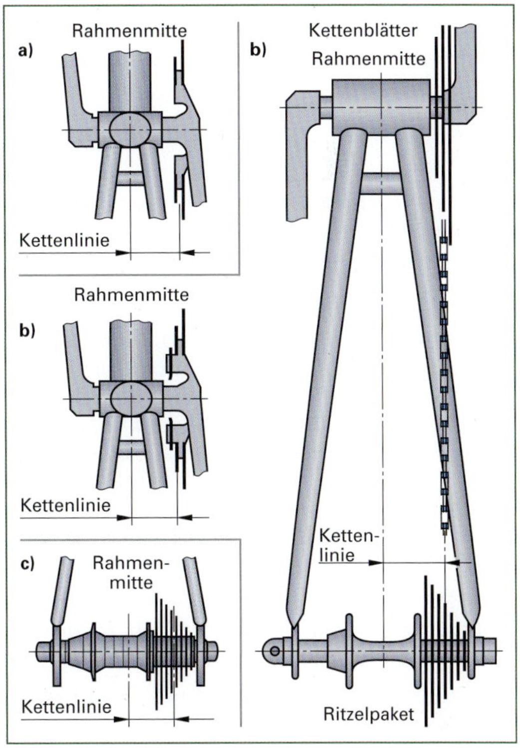

Bild 1: Kettenlinie a) am Tretlager mit zwei Kettenblättern b) am Tretlager mit drei Kettenblättern c) am Ritzelpaket

6

Im Idealfall sollte bei Kettenschaltungen die Mitte des Ritzelpaketes exakt mit dem mittleren Kettenblatt fluchten und die Kette in den am häufigsten verwendeten Gängen möglichst gerade verlaufen.

Bei exakter Kettenlinie ergibt sich der geringste Verschleiß und die beste Schaltfunktion, da die Kette nach beiden Seiten hin gleich weit aus der Flucht auslenkt. Toleranzen im Bereich von ± 1,5 mm sind bei allen Fahrrädern vertretbar.

In der Regel wird die Kettenlinie ausschließlich durch die Länge der Tretlagerwelle bestimmt. Bei den modernen außenliegenden Lagern sind weniger Varianten erhältlich. Hier werden Distanzringe (Spacer) verwendet.

Bei schaltungslosen Fahrrädern oder Fahrrädern mit Nabenschaltungen verbessert die exakte Kettenflucht geringfügig den Wirkungsgrad und schützt vor unerwünschtem Abspringen der Kette.

info

Stimmt die Kettenlinie nicht, kann auch der Umwerfer nicht optimal eingestellt werden, denn die Kette schleift am Leitblech.

Ist die Tretlagerwelle zu lang, neigt die Kette dazu, vom mittleren Kettenblatt auf das kleine zu fallen, wenn man hinten des größte Ritzel geschaltet hat. Es besteht Sturzgefahr, weil die Kette durchrutschen kann.

6.3 Pedale

Anders als bei den Laufrädern, wo der Nabenkörper um die feststehende Achse rotiert, ruht (wie bei dem Tretkurbelantrieb) beim Pedal der Pedalkörper still zur Lastrichtung.

6.3.1 Pedalgewinde

Die Pedalachse ist einseitig in die linke Kurbel mit Linksgewinde (in die rechte Kurbel mit Rechtsgewinde) eingeschraubt **(siehe Bild 4, Seite 15 und Bild 1, Seite 252)**. Das Standard-Pedalgewinde ist 9/16" x 20. Bei Fauber-Stahlkurbeln wird oft 1/2" verwendet. In Frankreich wurde auch das Gewinde 14 x 1 verwendet. Die Schlüsselweite beträgt 15 mm; es gibt auch Ausführungen, die sich mit einem 6 mm- oder 8 mm-Innensechskant montieren lassen.

Montagepaste oder Schmierfett schützt die Gewinde vor elektrochemischer Korrosion.

Einschub: Warum hat die rechte Kurbel Rechtsgewinde und die linke Kurbel Linksgewinde?

Man sollte meinen, dass die rechte Pedalachse mit einem Linksgewinde versehen werden sollte, damit sich diese – ähnlich einer Schleifscheibe oder eines Kreissägeblattes – gegen Selbstlösen sichert (beim linken Pedal alles umgekehrt).

Begründung
Kurbelt man in Fahrtrichtung (also im Uhrzeigersinn) und blockiert gleichzeitig die leicht gelockerte rechte Pedalachse, dreht sich das Pedal heraus, weil es ein Rechtsgewinde hat (zum Blockieren genügt es, wenn man mit der Hand die Pedalachse an den Schlüsselflächen festhält).

Mit einem Linksgewinde versehen würde sich das Pedal festziehen und sich so gegen Lösen sichern. Warum sichert sich das rechte Pedal trotz Rechtsgewinde (das linke trotz Linksgewinde)?

Erklärung
Während sich die Tretkurbel im Uhrzeigersinn rechts herum dreht, dreht sich das waagerecht gehaltene Pedal gegen den Uhrzeigersinn links herum (das sieht man zwar nicht sofort, denn das Pedal dreht sich relativ zur Tretkurbel) – *und das ist für die Selbstsicherung entscheidend.*

Über die Lagerreibung entsteht ein (wenn auch kleines) Drehmoment, welches das Pedal in das Innengewinde der Tretkurbel *hineindreht.*

Handversuch (Bild 1)
Man nimmt einen langen, mit einem leichten Sechskantprofil versehenen Stift und umschließt ihn locker in der linken Faust. Die Faust stellt das Innengewinde der Tretkurbel und der Stift die Pedalachse dar.

Jetzt führt man mit den Fingern der rechten Hand am oberen Stiftende eine taumelnde Bewegung **gegen** den Uhrzeigersinn aus. Das Sechskantprofil des Stiftes zeigt, dass sich der Stift **im** Uhrzeigersinn dreht.

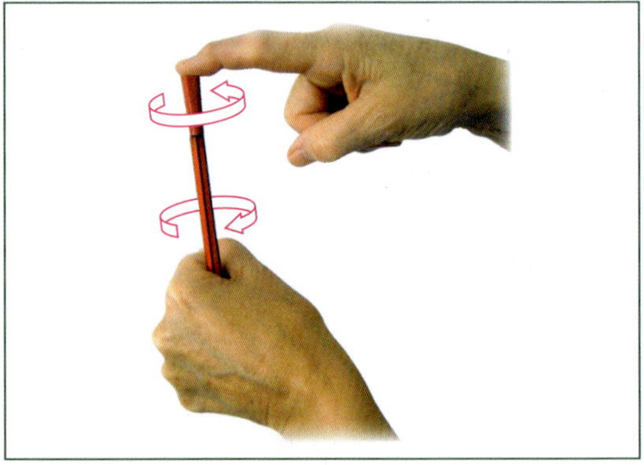

Bild 1: Handversuch zur Pedalbewegung

Folgerung
Auch die Pedalachse taumelt minimal im Innengewinde der Kurbel. Mit der Drehung im Uhrzeigersinn (Rechtsdrehung) der Tretkurbel in Fahrtrichtung sichert sich eine eventuell lockere Pedalachse gegen ein Herausdrehen.

6.3.2 Pedalprüfung

Sicheres Radfahren ist nur mit einem rutschfesten Kontakt zwischen Schuh und Pedal möglich.

Forderungen nach DIN EN:

- Die Trittfläche eines Pedals muss gegen Verschieben im Pedalrahmen gesichert sein.
- Die Ober- und Unterseite eines Pedals müssen je eine Trittfläche haben. Es genügt auch eine Trittfläche, wenn sich diese im Betrieb automatisch dem Fuß des Fahrers zuwendet.

Die statische Festigkeitsprüfung nach EN ISO 4210-8 fordert, dass Pedalachsen einer Belastung von 1500 N widerstehen müssen, ohne Schaden zu nehmen oder sich verformen **(Bild 1a)**.

Bei der Stoßprüfung **(Bild 1b)** darf kein Bruch der Achse auftreten. Eine bleibende Durchbiegung darf 15 mm am Krafteinleitungspunkt nicht überschreiten.

Bei der dynamischen Festigkeitsprüfung werden die Pedale beidseitig in die Prüfwelle fest eingeschraubt (in **Bild 1c** ist nur ein Pedal dargestellt).

Zur Vermeidung von Schwingungen werden Gewichte mittels einer Zugfeder an das Pedal gehängt. Nach 100 000 Umdrehungen der Prüfwelle bei einer maximalen Drehzahl von 100 U/min dürfen weder Brüche oder sichtbare Anrisse am Pedal auftreten, noch darf die Lagerung versagen.

Bei der dynamischen Prüfung der Tretkurbeleinheit **(Bild 2)** werden wiederholte, vertikale dynamische Kräfte für die Dauer von 100 000 Schwingspielen (MTBs 50 000) auf die Tretkurbeln aufgebracht. Das Kettenblatt darf sich dabei nicht lockern oder lösen.

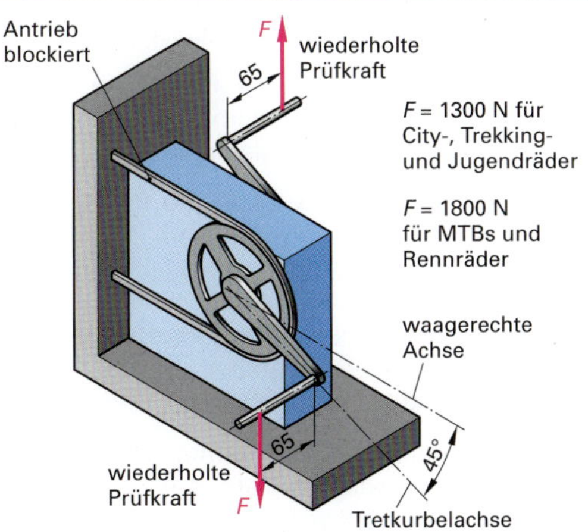

Bild 2: Dynamische Prüfung der Tretkurbeleinheit

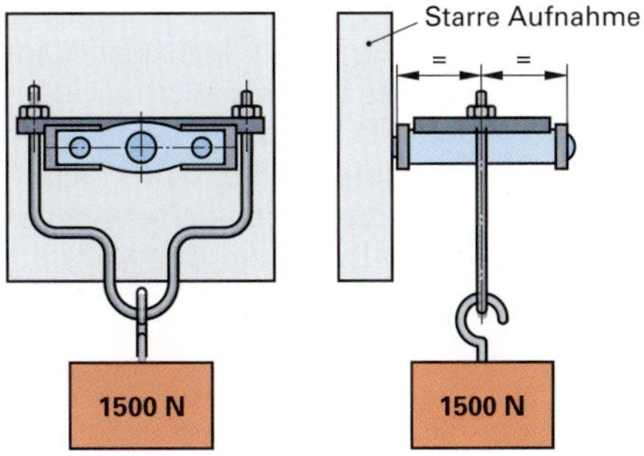

a) Statische Festigkeitsprüfung

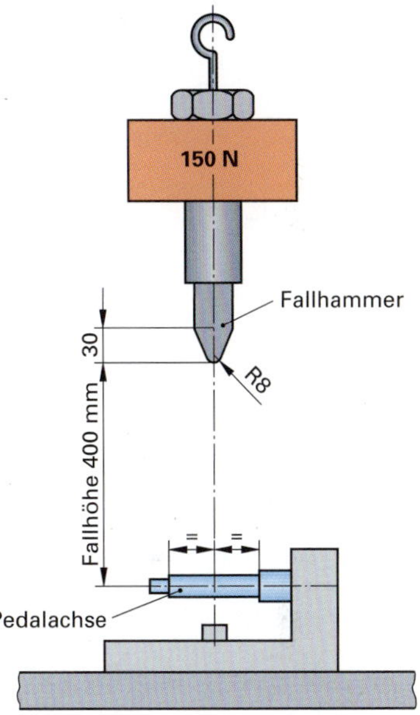

b) Stoßprüfung

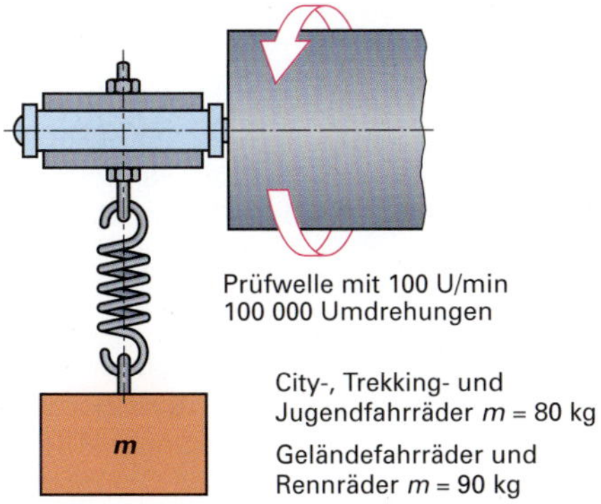

c) Dynamische Festigkeitsprüfung

Bild 1: Pedalprüfung nach EN ISO 4210-8

6.3.3 Pedallagerung

Zur Kurbel hin ist bei der klassischen Lagerung (Konuslagerung) der Konus gleich auf die Pedalachse geschliffen. Das ersetzt einen separaten Konus und vermeidet unnötige Bauhöhen. Außen sorgt ein einstellbarer und gekonterter Konus für die Spielfreiheit der Lagerung **(Bild 1)**.

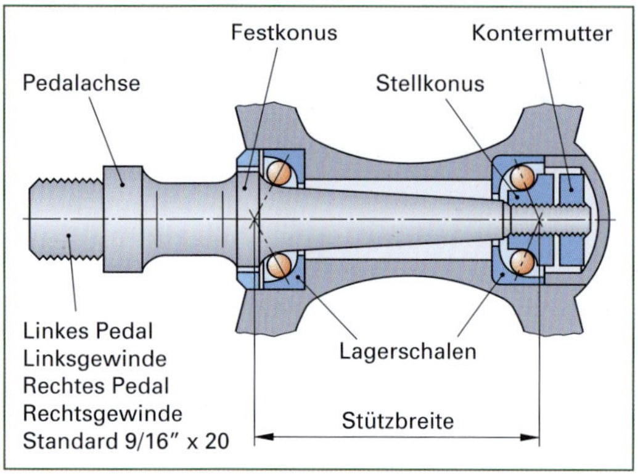

Bild 1: Klassische Pedal-Konuslagerung

Das äußere Lager wird von einer geschlossenen Staubkappe hermetisch vor Schmutz und Wasser geschützt.

Beim kurbelseitigen Lager weist die Staubkappe oft einen Lagerspalt auf, durch den aufgewirbeltes Spritzwasser in das Lager eindringen kann. Im Sportbereich genutzte Pedale mit Konuslagerung sind aus diesem Grunde auf der Innenseite mit Dichtungen geschützt.

info

Die Lebensdauer von konusgelagerten Pedalen, die nicht mehr unter die 24 Monate Gewährleistung fallen, kann einfach gesteigert werden:

Man bohrt ein kleines Loch von 3 mm Größe mittig in die Staubkappe. Anschließend drückt man mit einer Fettpresse so viel Schmierfett in das Pedal, bis das frische Fett an der Gewindeseite austritt.

Höherwertige Pedale drehen sich an beiden Achsenden in Rillenkugellagern **(Bild 2)** oder kombinieren Rillenkugel- und Gleitlager. Die Paarung der Lagerwerkstoffe und die Oberflächengüten sind den Konuslagerungen überlegen und sorgen zusammen mit exakten Lagersitzen und optimierten Abdichtungen für eine längere Betriebsdauer.

Konuslagerungen haben den Vorteil der größeren Stützbreite.

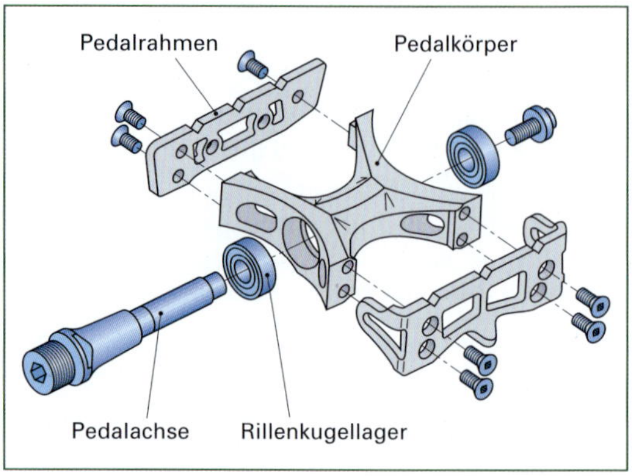

Bild 2: Pedal mit Rillenkugellager

Immer größere Marktanteile gewinnen Pedale mit Patronenlager. Hier erfolgt wie beim Innenlager die komplette Pedallagerung samt Achse in einer gekapselten Hülse, die sich in den Pedalkörper schrauben lässt **(Bild 3)**.

Das Einstellen des Lagerspieles entfällt und bei Verschleiß wird die Patrone einfach ausgetauscht.

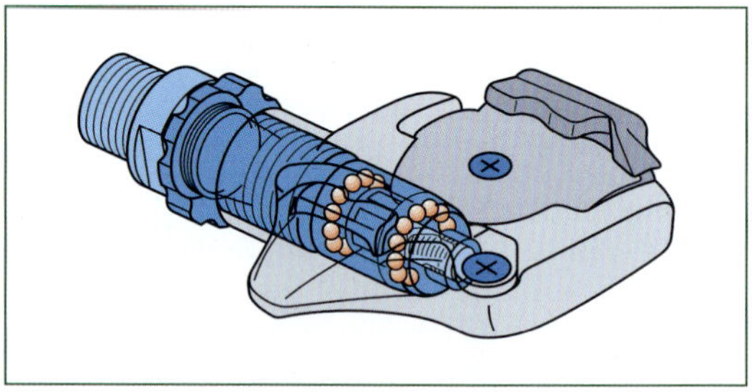

Bild 3: Pedal mit Patronenlagerung

6.3.4 Pedalausführungen

Der Pedalkörper nimmt die Pedallagerung auf und stellt die Verbindung zum Pedalrahmen her, der die Trittfläche des Pedals bildet.

Bei einfachen Pedalen besteht der Pedalrahmen aus Kunststoff und ist mit einem rutschfesten Belag versehen oder als gezackter Aluminium-Rahmen ausgelegt. Auf den Stirnseiten des Rahmens sind Pedalrückstrahler integriert oder sie lassen sich mit zwei Schrauben am Pedalrahmen befestigen (**Bild 1, Seite 253**).

Plattform-Pedale für das Mountainbike besitzen feste oder wechselbare Metallspikes (Pins), die die Haftung verbessern. Da bei einem Abrutschen Verletzungsgefahr an den Spikes droht, wird das Tragen von Unterschenkelprotektoren empfohlen.

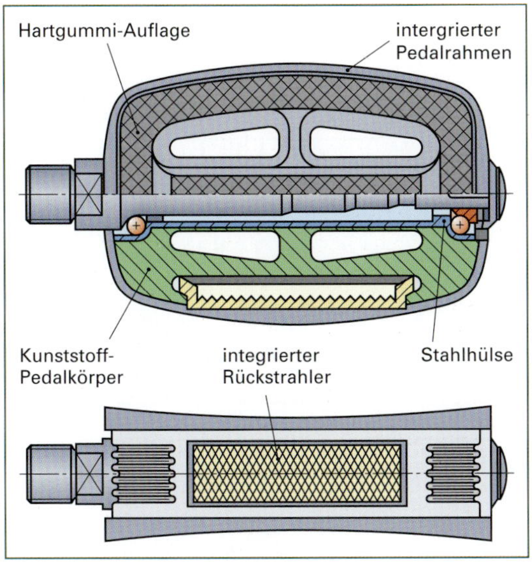

Bild 1: Kunststoff-Standardpedal

Klapp-Pedale (Bild 2) stehen durch seitliches Hochklappen weniger weit von der Kurbel ab und lassen auf diese Weise das Fahrrad leichter verladen. Bei Falträdern lassen sie geringere Faltmaße zu.

Eine kurze, kräftige Achse ist in einem ebenfalls kurzen Pedalkörper gelagert. Zwischen Pedalkörper und Pedalrahmen befindet sich das Faltgelenk. Im Fahrbetrieb liegt das Gelenk auf Anschlag und kann so die volle Trittkraft aufnehmen.

Bild 2: Klapp-Pedal

Bei Pedalen für *Schuhhalter* (alte Bezeichnung *Haken*) und *Riemen* lässt sich ein die Schuhspitze umfassender Metallbügel an die Vorderseite des Pedalrahmens schrauben. Der Bügel fixiert den Schuh in Längsrichtung. Ein durch den Pedalkörper und eine Öse am hinteren Ende des Schuhhalters verlaufender Riemen sichert den Fuß in seitlicher Richtung **(Bild 3)**.

Pedale mit Haken bergen ein erhöhtes Verletzungsrisiko für den Fahrer. Sie werden hauptsächlich von Sprintern im Bahnradsport und aus nostalgischen oder Modegründen verwendet.

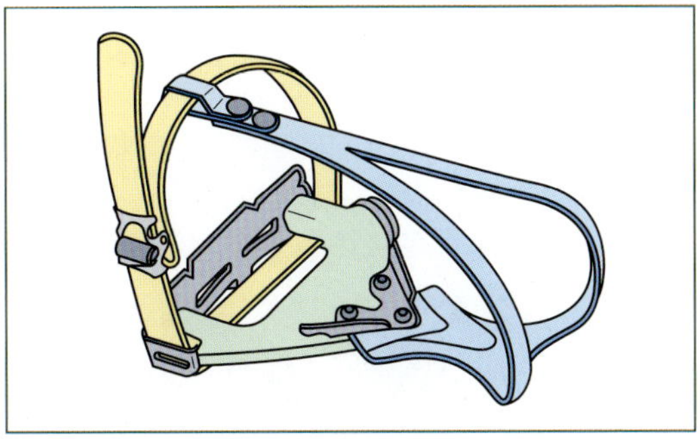

Bild 3: Pedal mit Haken und Riemen

Für den Radrennsport haben sich Schuhplatten (cleats) auf der Schuhsohle bewährt, die in den hinteren Steg des Pedalrahmens einrasten und den Pedalkontakt bei hohen Zugbelastungen sicherstellen.

Klickpedale (Systempedale) verbinden Schuh und Pedal nach Art der Skibindung. Ein auf die Schuhsohle geschraubter Adapter (cleat) rastet unter Druck in einen Federmechanismus des Pedals ein und kann durch seitliches Drehen des Fußes wieder gelöst werden **(Bild 4)**.

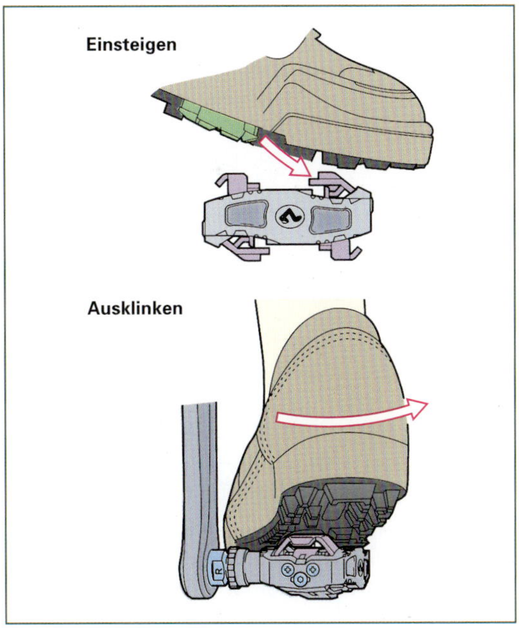

Bild 4: Systempedal

Einige Trekking-Klickpedale bieten zusätzlich für den Radwanderer und Freizeitsportler die Möglichkeit, durch heftigen Zug nach oben, Schuh und Pedal voneinander zu trennen.

Auch Magnetfixierungen, anstelle von Adapterplatten und Federmechanik, sind erhältlich.

Die modernen Systempedale **(Bild 1)** sind so ausgelegt, dass sich die Verriegelung auch bei starker Verschmutzung leicht lösen lässt.

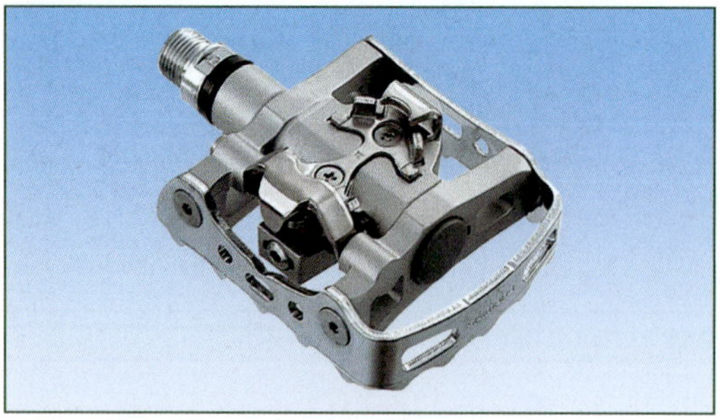

Bild 1: Systempedal (Shimano)

Drehpunkte und Drehspiel

Die meisten Hersteller von Klickpedalen besitzen aus patentrechtlichen Gründen eine eigene Adapterplatte. Der Drehpunkt des Adapters kann fest oder variabel sein, sowie vor oder auf der Pedalachse liegen.

Shimano SPD, SPD-SL, Look-Renn und Campagnolo-Pro-Fit besitzen Platten mit einem festen Drehpunkt *vor* der Pedalachse. Sie bieten dem Fuß nach rechts und links einige Grad Drehspiel **(Bild 2)**.

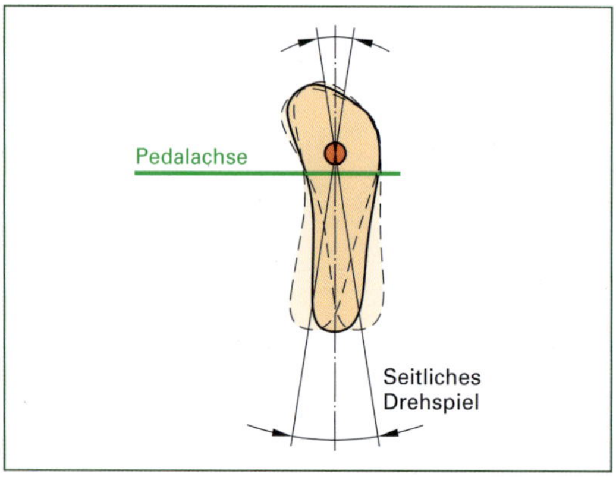

Bild 2: Fester Drehpunkt vor der Pedalachse

Speedplay und Crankbrothers Pedale haben einen festen Drehpunkt *auf* der Pedalachse und seitliches Drehspiel. Das Drehspiel ist bei Speedplay Pedalen rechts und links separat einstellbar **(Bild 3)**.

Bei den Pedalen *Time Renn*, *Time MTB* und *Look MTB* Pedale befindet sich ein variabler Drehpunkt auf der Pedalachse **(Bild 4)**. Das seitliche Drehspiel und der Drehpunkt gestatten dem Fuß, bei einer Pedalumdrehung einige Millimeter nach außen und innen gleiten zu können (sog. *Floating* oder *Lateral Float*). Sportler mit Knieproblemen bevorzugen Klickpedale dieser Bauart.

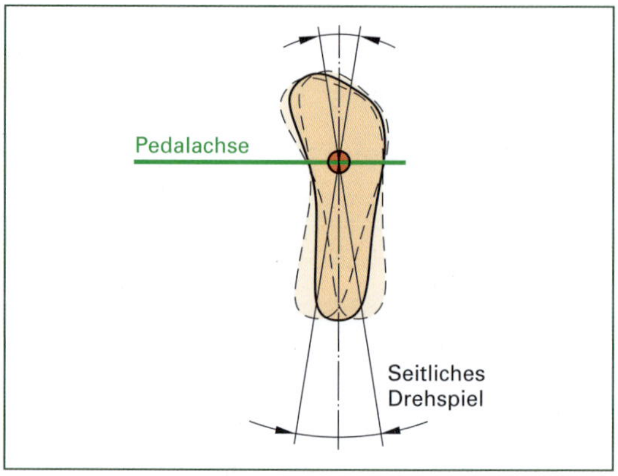

Bild 3: Fester Drehpunkt auf der Pedalachse

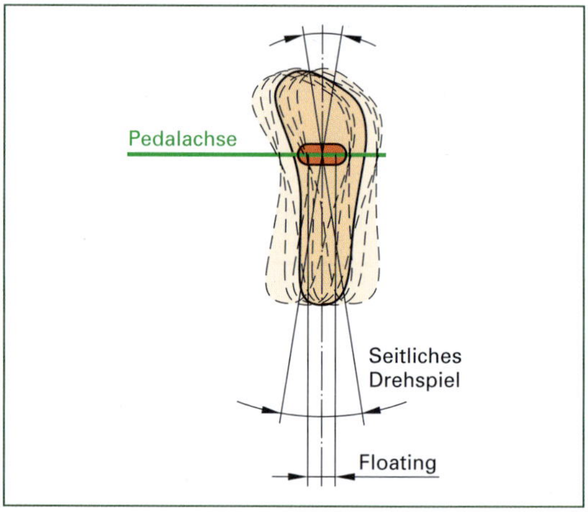

Bild 4: Variabler Drehpunkt auf der Pedalachse

Für die Mountainbike-Sparten Freeride, Downhill, Allmountain und Trail gibt es spezielle Plattformpedale und Schuhsohlen, die für die Nutzung von Pins angepasst sind **(Bild 5)**.

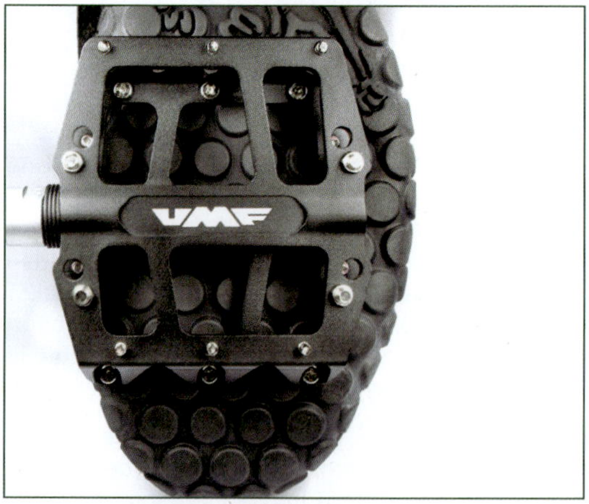

Bild 5: Plattformpedal und Spezialschuhsohle

6.4 Fahrradkette

Die Fahrradkette überbrückt den Abstand vom Kettenblatt zum Ritzel und überträgt das durch die Tretkraft des Fahrers erzeugte Drehmoment auf das Hinterrad.

Eine gepflegte Kette leistet mit einem Wirkungsgrad bis zu 98 % einen wesentlichen Beitrag zur Effizienz des Radfahrens.

Andere Übertragungselemente wie Reibrolle, Keilriemen oder Wellenantrieb (Kardan) konnten sich bisher nicht durchsetzen. Entweder ist der Wirkungsgrad schlechter, das Baugewicht höher oder die Betriebssicherheit bei dem hohen Antriebsmoment des Fahrrades nicht gewährleistet. Der Zahnriemenantrieb (Kapitel 6.5) hat sich aufgrund neuer Werkstoffe etabliert.

Eine abspringende Kette darf das Hinterrad nicht blockieren. Es wird auf die DIN 8187-1 und ISO 9633 verwiesen, nach der Fahrradketten einer Zugbelastung von 10 000 N standhalten müssen.

6.4.1 Aufbau einer Fahrradkette

Fahrradketten haben eine Teilung von 12,7 mm (= 1/2 Zoll) und werden je nach Verwendung in unterschiedlichen Breiten hergestellt **(Bild 1)**.

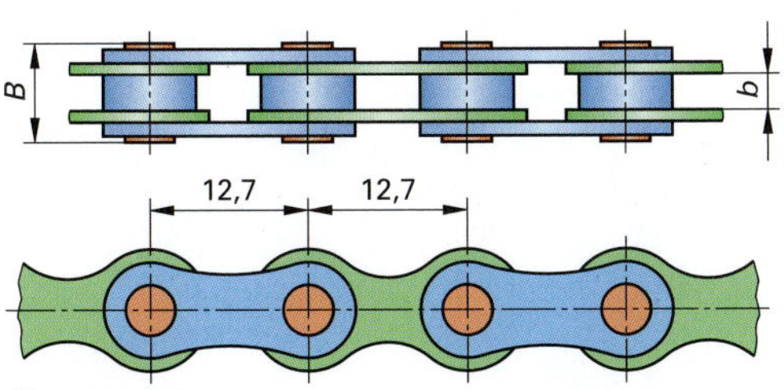

Abmessungen:

Kettentyp	Benennung	Teilung mm	Maß *b* mm	Maß *B* mm
Normalkette	1/2″ x 1/8″	12,7	3,3	9,9
Schaltungskette 8-fach	1/2″ x 3/32″	12,7	2,38	7,2
Schaltungskette 9-fach	1/2″ x 11/128″	12,7	2,18	6,6 bis 6,8
Schaltungskette 10-fach	1/2″ x 11/128″	12,7	2,18	5,9 bis 6,4
Schaltungskette 11-fach	1/2″ x 9/128″	12,7	2,0	5,5

Bild 1: Abmessungen von Fahrradketten

Bei der klassischen *Rollen-Hülsenkette* **(Bild 2a)** wechseln sich Innen- und Außenlaschen ab. Die Außenlaschen werden mit einem Kettenbolzen über die Innenlaschen vernietet. Die Innenlaschen sind durch eine Hülse miteinander verbunden. Zwischen den Innenlaschen ist jeweils eine Rolle auf der Hülse gelagert.

Die Hülsenkette für Kettenschaltungen ist mittlerweile von der *Lagerkragenkette* **(b)** ersetzt worden.

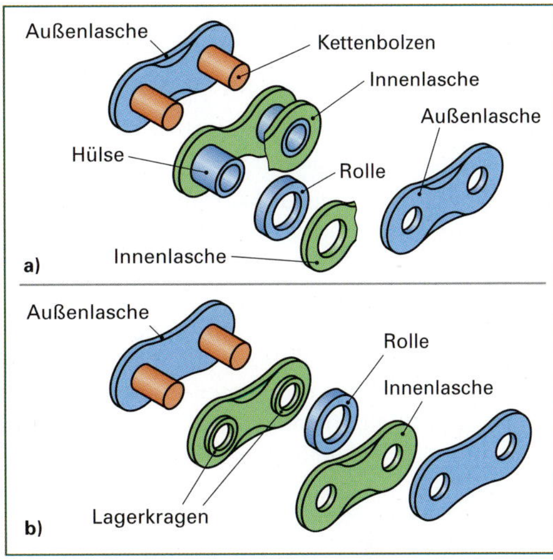

Bild 2: a) Rollen- oder Hülsenkette b) Lagerkragenkette

Bei der Herstellung einer *Lagerkragenkette* wird aus jeder Innenlasche ein kurzer Bund (der Lagerkragen) herausgezogen. Beide Lagerkragen zusammen ersetzen die Hülse und tragen die Rolle. Die Innenlaschen sind nicht fest miteinander verbunden und dadurch seitlich beweglicher. Auch können die Innenlaschen durch die ausgezogenen Lagerkragen niedriger ausfallen, was die zum Schaltvorgang nötige seitliche Beweglichkeit der Kette weiter erhöht.

Als Steighilfe an modernen Ketten werden die Kettenlaschen angefast oder seitlich ausgestellt, um so schneller in die Ritzelzähne des nächsten Ritzels eingreifen zu können **(Bild 3)**.

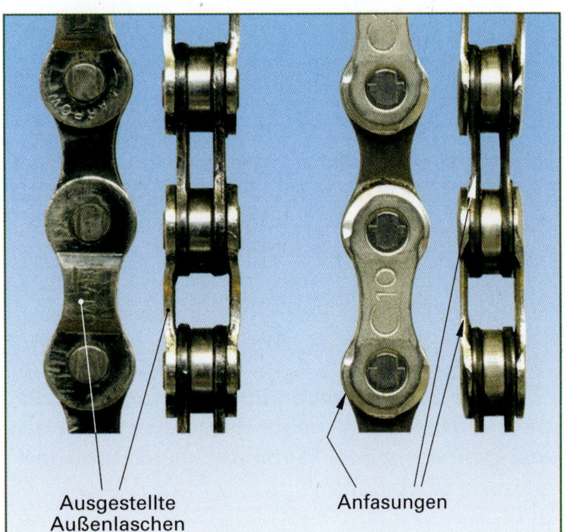

Bild 3: Ketten-Schalthilfen

6.4.2 Kettenreibung und Kettenverschleiß

Fast die gesamten Reibungsverluste der Kette entstehen im Zugtrum (oben gezogener Kettenteil), wenn die Kette aus dem Ritzel aus- oder in das Kettenblatt einschwenkt.

Der Vorgang im Einzelnen:

- Bei geradem Kettenlauf liegt oder legt sich die jeweilige Rolle ohne Drehung an der entsprechenden Zahnflanke von Ritzel oder Kettenblatt an **(Bild 1)**.
- Beim Aus- oder Einschwenken der Kettengelenke erfolgt eine *Drehung* des Lagerkragens innerhalb der Rolle über den Kettenbolzen und verursacht Reibungsverluste. Zwischen Rolle und Zahnflanke entsteht keine zusätzliche Gleitbewegung.

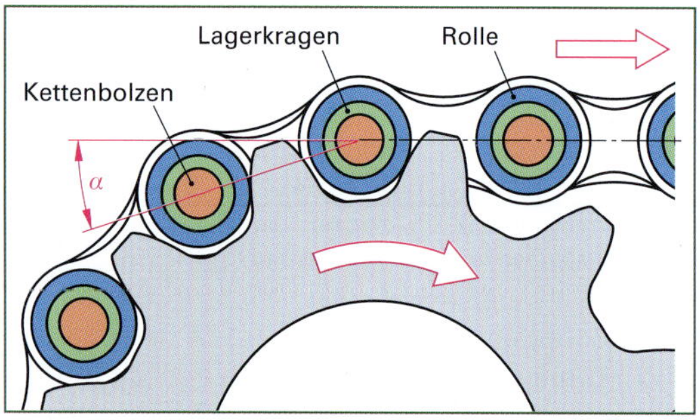

Bild 1: Ausschwenken der Kette aus dem Ritzel

Die Gleitreibung zwischen den Lagerkragen, der Rolle und den Kettenbolzen ist relativ gering, da sie nur auf geringen Reibradien erfolgt. Die Reibung ist von der Zugbelastung der Kette und von dem Schwenkwinkel α der Kettenglieder abhängig.

Beispiel: Die Kette muss von einem 12er Ritzel um 30° ausschwenken; dagegen bei einem 48er Kettenblatt nur um 7,5° einschwenken. Damit verursacht das 12er Ritzel viermal so viel Kettenverschleiß durch Reibung wie das 48er Kettenblatt.

Sowohl vom Wirkungsgrad als auch von der Vermeidung unnötigen Kettenverschleißes ist es sinnvoll, Kettenblatt und Ritzel möglichst groß zu wählen.

Beispiel: Beim Befahren einer Steigung ist der Reibungsverlust geringer, wenn man statt einer Übersetzung 39/15 mit der (gleichen) Übersetzung 52/20 fährt.

Die Reibungsverluste durch Kettenschräglauf werden in der Regel überschätzt. Bei einer diagonal laufenden Schaltungskette mit 3,5° Auslenkung beträgt die Querkomponente nur rund 6/100 der Kettenzugkraft. Die maximalen Reibungsverluste liegen unter 1 % des Gesamtwirkungsgrades.

Beim Ein- und Ausschwenken der unter Zugbelastung stehenden Kette tritt der Verschleiß an den äußeren Enden von Bolzen, Hülse und Lagerkragen auf **(Bild 2)**.

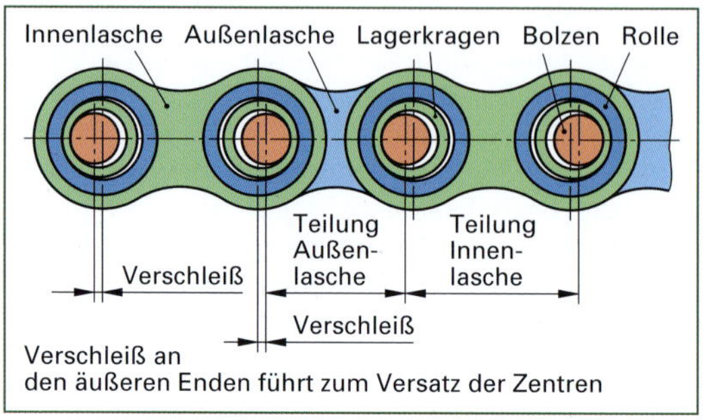

Bild 2: Kettenverschleiß

Dadurch wird die Kettenteilung über dem Innenlaschenglied größer und es kommt zur Polygonlage der Kette: Das länger gewordene Innenlaschenglied rutscht ein Stück auf der Zahnflanke nach oben **(Bild 3)**. Bei fortschreitendem Verschleiß rutscht dann das Glied über den Zahnkopf.

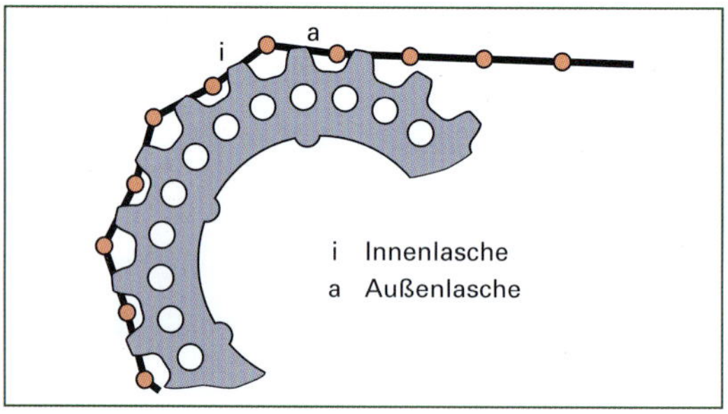

Bild 3: Polygonlage der Kette

Die Verschleißkontrolle erfolgt mit einer Verschleißlehre **(Bild 4)**. Die Kette sollte gewechselt werden, wenn sich beide Seiten der Lehre in die Kette eindrücken lassen. Die Kette hat sich dann um ca. 1 % (~ 0,1 mm) pro Gelenk gelängt. Wird die Kette länger gefahren, verschleißen die Ritzel und Kettenblätter schneller, da sich die Zahnflanken rapide verformen.

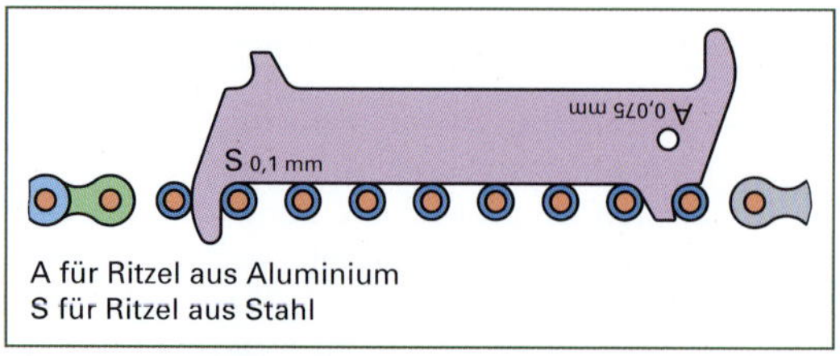

Bild 4: Verschleißlehre (Rohloff-Kettenkaliber)

Die Grobüberprüfung der Kettenlänge nach **Bild 1** ist nur für herkömmliche, nach Norm gefertigte Kettenblätter geeignet. Lässt sich die Kette von Hand um mehr als 5 mm vom Zahnkranz abheben, ist die Verschleißgrenze erreicht und die Kette sollte ausgetauscht werden.

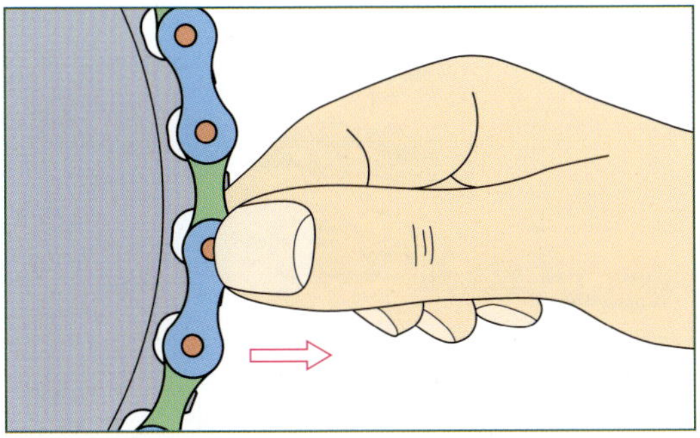

Bild 1: Verschleißprüfung der Kette von Hand

Moderne Schaltwerke haben zur Entwicklung angepasster Zahnformen geführt, die schon bei Neuauslieferung ein Spiel von bis zu 4 mm zulassen.

Durch Schmierstoffmangel können feste Schmutzpartikel und Regen-, Spritz- oder Waschwasser in die Kettengelenke eindringen und in kurzer Zeit Rost bilden. Rost und Schmutz lassen die Verschleißrate stark ansteigen, denn beide Zwischenstoffe wirken abrasiv und schaffen immer neue Oberflächen, die ihrerseits rosten (korrodieren). Die Kettengelenke werden regelrecht „ausgeschmirgelt".

Bei Fahrradketten entstehen bis zu 1000 N/mm² hohe Flächenpressungen zwischen dem Lagerkragen und dem Kettenbolzen. Darum sollten Fahrradketten nur mit speziellen Kettenschmiermitteln behandelt werden, die für hohe Pressungen ausgelegt sind. Darüber hinaus besitzen diese Schmierstoffe gute Kriecheigenschaften, um einen gerissenen Schmierfilm möglichst schnell wieder zu schließen.

Dickflüssige Öle haben durch ihre längeren Kohlenwasserstoffketten ein besseres Druckaufnahmevermögen: der Schmierfilm ist dicker. Auch die Wasserbeständigkeit ist besser als bei dünnflüssigen Kriech- oder Multiölen.

Kettenschmierstoffe können ihre Wirkung am besten entfalten, wenn sie in die Kettengelenke eindringen können (**Bild 2**). Das Fahrrad sollte dann für einige Stunden nicht bewegt werden.

Im Winter mit Streusalz, Sand und Schnee kann eine tägliche Nachschmierung notwendig sein. Hier reichen aber wenige Tropfen Öl. Mit Sprühwachs kann die Kette von außen gegen Rost geschützt werden (siehe auch Kapitel 14).

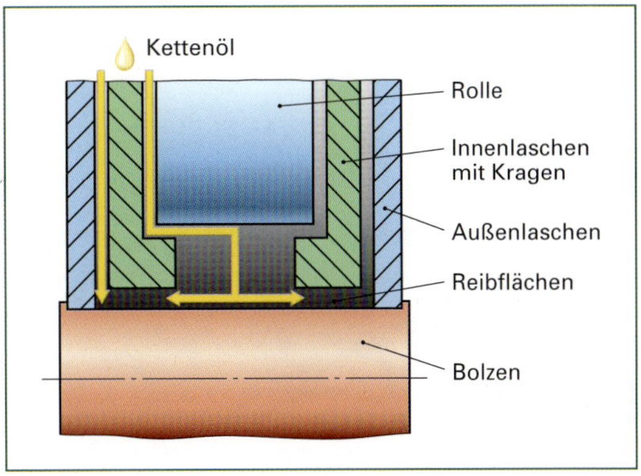

Bild 2: Weg des Kettenöls in das Kettengelenk

Flächenpressung entsteht an den berührenden Oberflächen, wenn sich beide Bauteile unter Druck berühren.

Druck (oder Spannung) tritt in **einem** Bauteil auf, z. B. im Rohrquerschnitt der Sattelstütze oder im aufgepumpten Schlauch. Die Einheit ist bei beiden N/mm².

6.4.3 Kettenfügen

Standardketten für Fahrräder ohne Schaltung oder mit Nabenschaltung werden mit einem Kettenschloss zu einem Endlosband geschlossen. Dabei ist unbedingt darauf zu achten, dass das offene Ende der Federspange gegen die Kettendrehrichtung weist – ansonsten kann es der Kettenschutz abstreifen **(Bild 3)**.

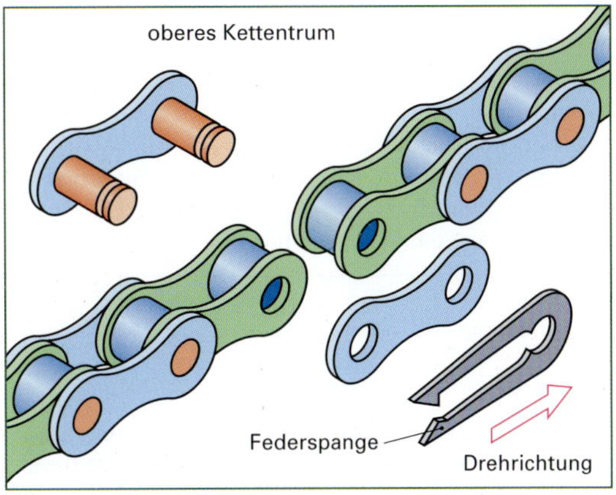

Bild 3: Standard-Kettenschloss, Federschloss

Bei den Schaltungsketten gibt es unterschiedliche Fügeverfahren.

- Kette mit dem Nietendrücker (**Bild 1, Seite 258**) verbinden:

Bild 1: Nietendrücker

6

Hierbei scheren sich beim Eindrücken des Bolzens in die Außenlasche die ursprünglich verdickten Bereiche am Bolzenende ab. Die Außenlasche wird dabei leicht aufgeweitet.

Beim Rohloff-Kettennieter wurden die Kettenbolzen nach dem Durchdrücken der Außenlasche in einem zweiten Arbeitsgang an ihren Enden vernietet **(Bild 2)**.[1]

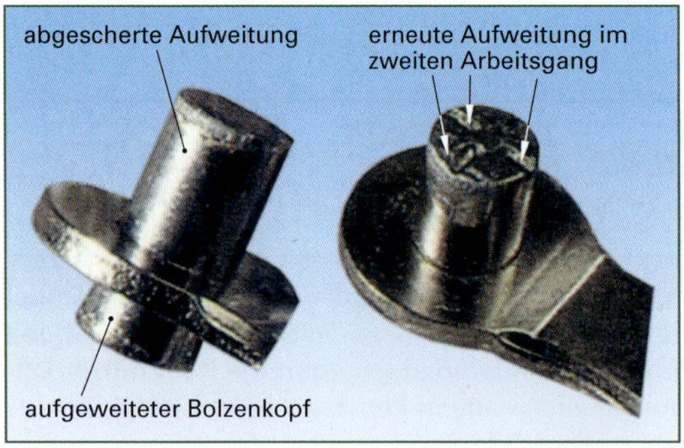

Bild 2: Vernietung der abgescherten Bolzenenden

- Nietstift von Shimano:

Ein spezieller Kettenniet mit einer Bundverdickung auf beiden Seiten wird durch beide Außenlaschen gedrückt. Zur Erleichterung der Montage besitzt der Nietstift zunächst ein Einführungsteil, welches nach dem Vernieten an einer Sollbruchstelle abgebrochen wird **(Bild 3)**.

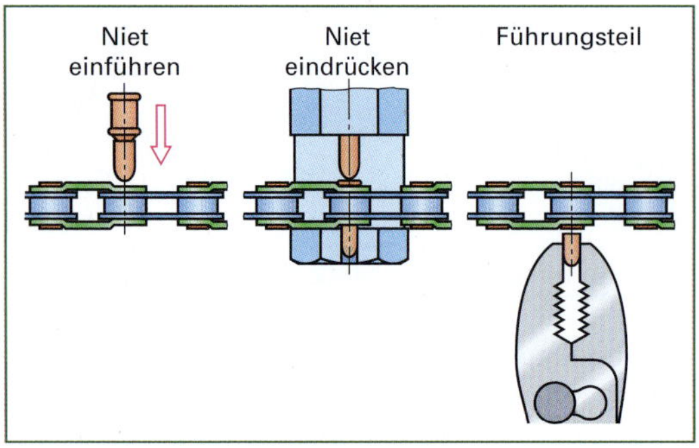

Bild 3: Nietstift (Shimano)

Für Schaltungsketten wurden weitere Kettenschlösser entwickelt **(Bilder 4 und 5)**.

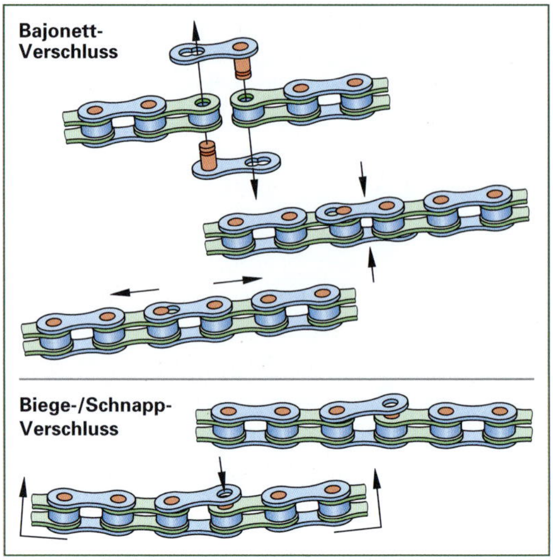

Bild 4: Schlösser für Schaltungsketten

Bild 5: Kettenschloss mit Bajonettverschluss (Connex)

Arbeitsplan: Kette mit Kettenschloss verbinden

- Kettengelenke leicht mit Kettenöl einölen
- Beide Kettenschlossteile in die Kettengelenke einführen
- Kettenschlossteile zusammenstecken und einhaken
- Damit das Kettenschloss richtig einklinkt, leichten Druck auf das Pedal ausüben, dabei Hinterradbremse ziehen
- Kettengelenk auf Gängigkeit prüfen

6.4.4 Kettenlänge bei Kettenschaltungen

Die richtige Kettenlänge sorgt für die optimale Spannung am Schaltwerk **(siehe Seite 281)**. Ist die Kette zu lang, kann sie beim Lauf über die kleinen Ritzel nicht richtig gespannt werden und das untere Kettentrum schlägt unkontrolliert bei allen stärkeren Bewegungen des Fahrrades.

[1] Rohloff-Ketten und Rohloff-Kettennieter sind nicht mehr im Handel erhältlich (Stand 2015)

Ist die Kette zu kurz, kann die Übersetzung „größtes Kettenblatt/größtes Ritzel" nicht mehr geschaltet werden. Sollte der Schalthebel versehentlich trotzdem in diese Position geraten, versucht die Kette auf das größte Ritzel zu schalten. Es besteht die Gefahr, dass sich dabei das Schaltwerk und das Schaltauge verbiegen.

Es gibt zwei Wege zur Bestimmung der richtigen Kettenlänge bei Kettenschaltungen:

a) Zur praktischen Bestimmung wird die zu montierende Kette als Maßband benutzt. Als Anfang dient das Außenglied mit dem herausstehenden Bolzen.

Beim Abzählen gilt: ein Bolzen = ein Kettengelenk.

Man addiert die Zähnezahl des größten Kettenblattes und des größten Ritzels und teilt das Ergebnis durch zwei. Dazu addiert man zwei Kettenglieder **(Bild 1)**.

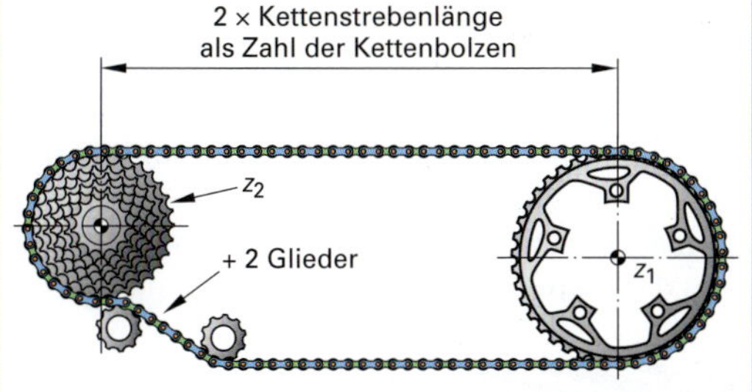

Bild 1: Kette als Maßband

Beispiel:
Größtes Kettenblatt 44 Zähne, größtes Ritzel 28 Zähne
44 + 28 = 72 : 2 = 36
36 + 2 = 38
Die letzte Zahl merken: 38 Gelenke = 38 Bolzen

Nun wird mit der Kette die Länge der Kettenstrebe (= Länge Unterrohr) abgemessen. Den Anfangsbolzen der Kette hält man an die Mitte der Hinterradachse und misst bis zur Mitte der Tretlagerachse.

Die so ermittelte Länge wird verdoppelt und die vorher gemerkte Zahl der Bolzen addiert. Ergibt sich jetzt an dieser Stelle beim Öffnen ein Innenglied, so wird die Kette hier geöffnet.

Ergibt sich ein Außenglied, so muss zum Öffnen ein Gelenk weitergezählt werden. Die Kette ist jetzt in der richtigen Länge gekürzt und hat zum Verschließen zwei ungleiche Enden.

b) Mit einer Formel kann die richtige Kettenlänge berechnet werden **(Bild 2)**.

L_K = Kettenlänge in Zahl der Gelenke (= Bolzenzahl)
a = Kettenstrebenlänge in mm (Mitte Tretlager bis Mitte Hinterachse)
z_1 = Zähnezahl größtes Kettenblatt
z_2 = Zähnezahl größtes Ritzel

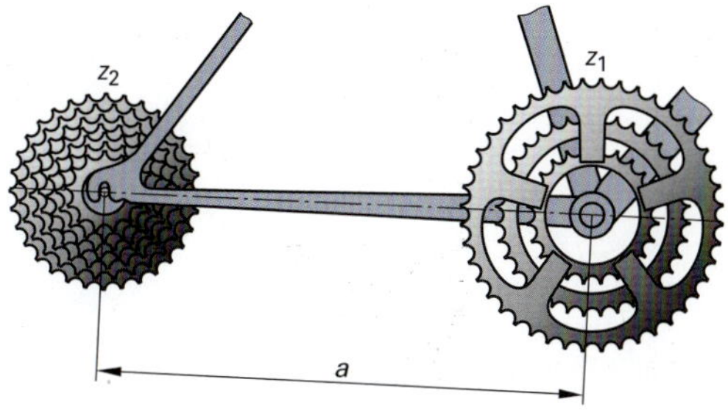

Bild 2: Berechnung der Kettenlänge

a) für Schaltwerke mit 10-Zahn-Kettenrädchen:

$$L_K = 0{,}157\ a + \frac{1}{2}\ z_1 + \frac{1}{2}\ z_2 + 2$$

b) für Schaltwerke mit 11-Zahn-Kettenrädchen:

$$L_K = 0{,}157\ a + \frac{1}{2}\ z_1 + \frac{1}{2}\ z_2 + 4$$

Beispiel:
für ein Schaltwerk mit 10-Zahn-Kettenrädchen:
a = 420 mm, z_1 = 44 Zähne, z_2 = 28 Zähne

$$L_K = 0{,}157 \cdot 420 + \frac{44}{2} + \frac{28}{2} + 2 = 103{,}94$$

Die Kette sollte 104 Gelenke haben. Damit sich die Kettenenden verschließen lassen, ist das Ergebnis auf eine gerade Zahl aufzurunden.

Zur Kontrolle, ob beim *Rennrad* die Kettenlänge korrekt ist, legt man die Kette auf das große Kettenblatt und hinten auf das kleinste Ritzel **(Bild 3)**. Jetzt sollen die Spannrolle, Leitrolle und Hinterachsmitte auf einer Linie liegen und einen rechten Winkel zum Boden einnehmen.

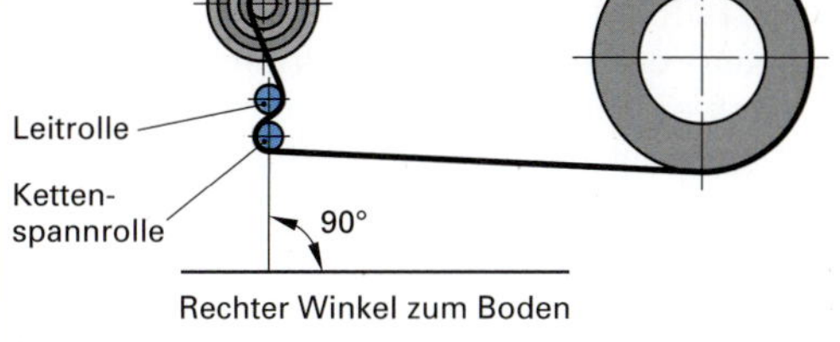

Bild 3: Prüfen der Kettenlänge beim Rennrad[1]

[1] Quelle: Shimano Händlerkatalog 2011

Beim *Mountainbike* mit *gefedertem Hinterbau* ändert sich das Maß A **(Bild 1)** in Abhängigkeit vom Einfedern. Bei einer zu kurz bemessenen Kette können dabei unzulässig hohe Zugkräfte auf die Komponenten des Antriebsstranges ausgeübt werden.

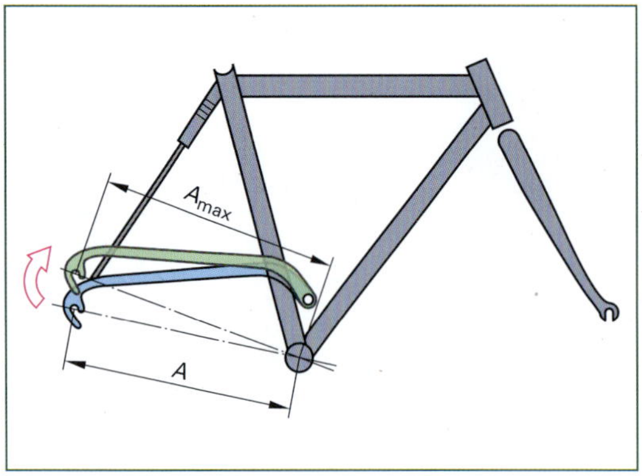

Bild 1: Längenänderung des Unterrohres (Kettenstrebe) beim Einfedern

Beim Bemessen der Kettenlänge legt man die Kette auf das größte Kettenblatt und das größte Ritzel **(Bild 2)**. Dabei sollte sich die Federung in dem Zustand befinden, bei der das Maß *A* (Bild 1) maximal lang ist.

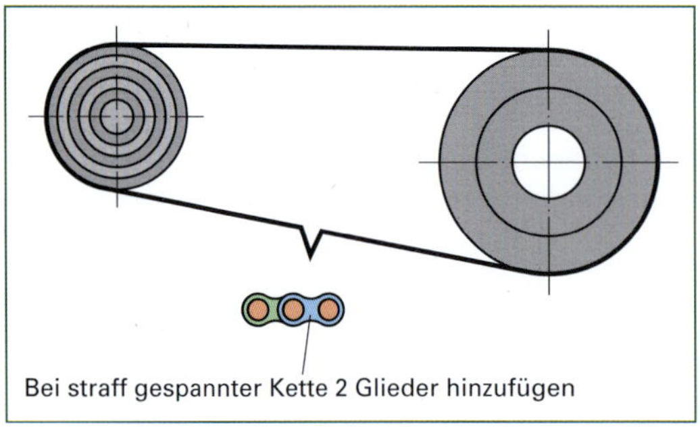

Bild 2: Ermitteln der Kettenlänge beim MTB

info

Eine weitere schnelle und sichere Methode ist es, die Kette vorn und hinten auf das jeweils kleinste Ritzel und Kettenblatt zu legen. Wenn die Kette durch das Schaltwerk geführt ist, wird sie soweit gekürzt, bis der untere Kettentrum gerade nicht mehr an der Kettenführung des Schaltwerks schleift.

6.5 Zahnriemen

Für den Antrieb von Fahrrädern finden auch Zahnriemen (Treibriemen) Anwendung **(Bild 3)**.

Bild 3: Zahnriemen statt Kette (Schindelhauer-Bikes)

Die Idee, einen Zahnriemen für die Kraftübertragung an Fahrrädern zu verwenden, ist fast so alt wie der Zahnriemen selbst. Jedoch ergab sich mit den herkömmlichen Zahnriemen, die eine Stahlseele bzw. Aramid- oder Glasfasern besitzen, kein befriedigender Wirkungsgrad.

Erst mit dem Einsatz von Carbonfasern **(Bild 4)** konnte der Zahnriemen die Kette ersetzen. Die eingearbeiteten Carbonfasern geben dem Riemen die Zugbelastbarkeit und Unnachgiebigkeit.

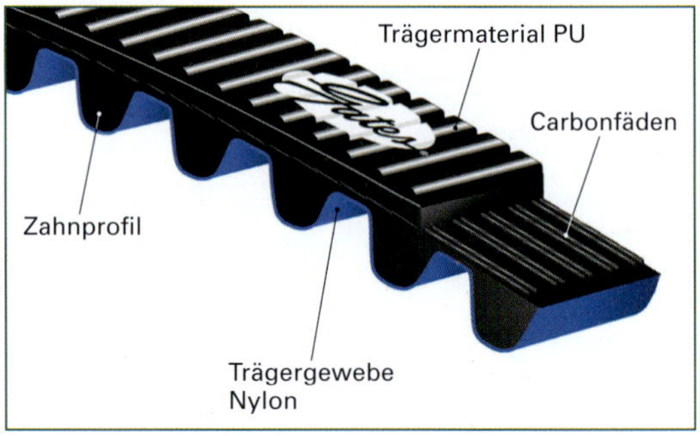

Bild 4: Aufbau eines Zahnriemens

Das Grundmaterial ist Polyurethan und die Zugfasern, welche darin eingebettet sind, bestehen aus Kohlefasern. Die Carbonfasern sind extrem reißfest, aber empfindlich gegen Knickbelastungen.

Die Riemenräder bestehen aus einer hochfesten Aluminiumlegierung. Als Verschleißschutz wird eine sogenannte Metal-Spray-Schicht aufgetragen.

Eine Vorspannung des Zahnriemens ist Voraussetzung für den Geradelauf. Daher benötigt man normale Kettenspanner, nachempfundene Riemenspanner oder in das Tretlager integrierte Kettenspanner **(Bild 1, Seite 261)**.

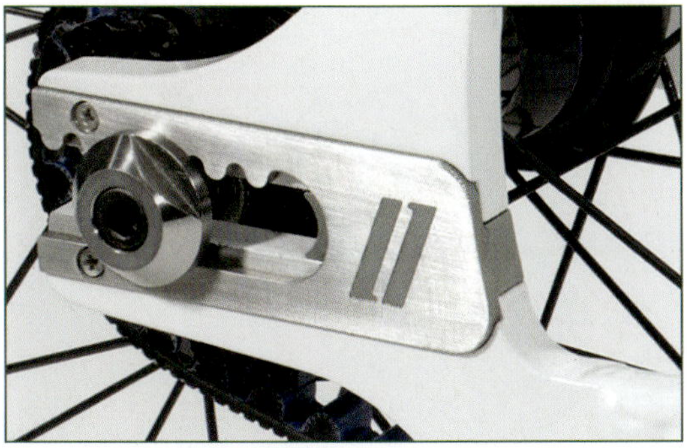

Bild 1: Riemenspanner (Schindelhauer-Bikes)

Im Vergleich zu einer gut geschmierten Kette hat der Zahnriemen einen im Fahrbetrieb nicht merklich geringeren Wirkungsgrad. Der Riemen muss lediglich mit der korrekten Spannung montiert werden.

Bei der Kette fällt der Wirkungsgrad schon nach kurzer Zeit stark ab, was durch mangelnde Pflege und Wartung noch verstärkt wird. Der Riemen behält dagegen seinen Wirkungsgrad konstant bei.

Unter Laborbedingungen mit nachempfundener Belastung hält ein Zahnriemen etwa 20 000 km. In der Praxis hält ein Zahnriemen etwa 6 000 – 10 000 km. Je nach Schmutzbelastung sind die Riemenscheiben aus Aluminium jedoch schon früher verschlissen. Da der Reinigungs- und Schmieraufwand gegenüber der Fahrradkette entfällt, ist der Zahnriemen eine leistungsfähige Alternative. Weitere Vorteile gegenüber herkömmliche Stahlketten:

- Spielfreier Antrieb wegen der Elastizität des Riemens möglich
- Keine Längung
- Geringe Masse von ca. 70 g

Der Fahrradrahmen muss für die Verwendung eines endlosen Riemens vorbereitet sein. Das heißt, das hintere Rahmendreieck muss sich auf der Antriebseite zur Montage des Riemens öffnen lassen **(Bild 2)**.

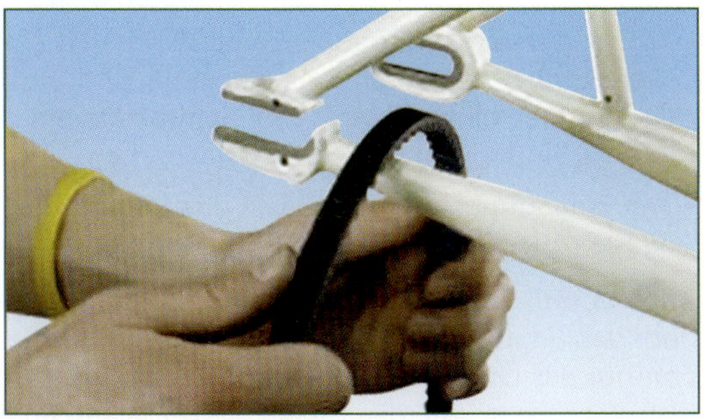

Bild 2: Einführen des Riemens in den offenen Rahmen

Typischerweise geschieht dies an der Hinterbau-Oberstrebe (Sitzstrebe) oder am Ausfallende.

Voraussetzung für einen sicheren Betrieb ist ein biegesteifer, präzise gearbeiteter Rahmen mit ebenso stabilem Rahmenschloss zum Einfädeln des Riemens[1].

Die Riemenscheiben besitzen gegeneinander versetzte Anlaufborden, die sich am vorderen Riemenrad außen und bei dem hinteren Riemenrad innen befinden. Da der Riemen eine sehr hohe Quersteifigkeit besitzt, wird er von beiden Anlaufborden in der Spur gehalten und kann nicht abrutschen.

Gates Zahnriemen für Anlaufborde gibt es in den Breiten 10 mm (CDC) und 12 mm (CDX). Anstelle über die Borde kann der Riemen auch über einen Mittelsteg geführt werden. Diese 12 mm breiten Zahnriemen bezeichnet man als „CDX Centertrack".

Ein Überspringen der Zähne (Ratcheting) kann zu Schäden der Kohlefasereinlagen führen und den Riemen unbrauchbar machen. Eine am Rahmen montierte kleine mitlaufende Rolle („Snubber") verhindert ein Herausheben des Riemens aus der Riemenscheibe. Riemenverschleiß lässt sich daran erkennen, dass die Zähne ihre runde Form verlieren und spitz zulaufen. Der Verschleiß der Zahnriemenscheiben aus Stahl ist an Einlaufausbuchtungen zu erkennen, der Verschleiß von hartbeschichteten Aluscheiben an der fehlenden Beschichtung.

Der Riemenverschleiß nimmt extrem zu, sobald der Riemen längere Zeit auf unbeschichtetem Aluminium gefahren wird (auf Stahlscheiben halten die Riemen länger). Aluscheiben und Riemen sollten immer gemeinsam erneuert werden.

Die Riemenspannung kann mechanisch mit einem Spannungstester **(Bild 3)** oder akustisch mit dem Mikrofon des Smartphones und der *App Gates Carbon Drive* geprüft werden.

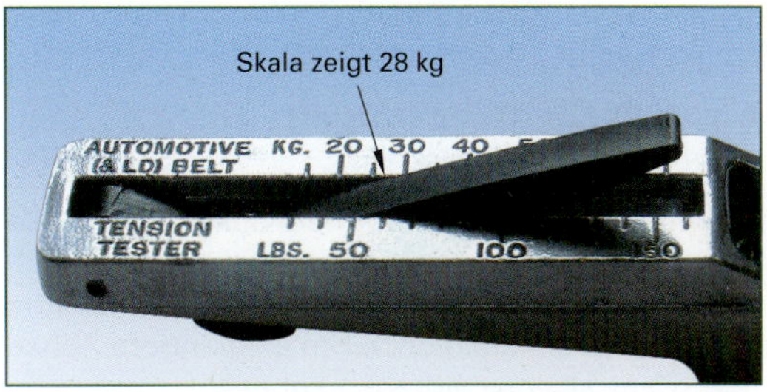

Bild 3: Tension Tester (Gates Carbon Drive)

[1] Bei Verwendung eines Gates-Zahnriemens mit einer Rohloff-SPEEDHUB wird zwingend der Einsatz einer kontaktlosen Riemenanlaufrolle (Snubber) vorgeschrieben, der bei zu geringer Riemenspannung ein Überspringen des Riemens verhindert. Aufgrund der kleinen Übersetzungsmöglichkeit (Faktor 2,1), die große Abstützkräfte zur Folge hat, sind nur Kombinationen mit Rahmen zugelassen, die einen Hinterbausteifigkeitstest bestanden haben.

6.6 Fahrradschaltungen

Die Fahrradschaltung hat die Aufgabe, die begrenzte Antriebsleistung des Radfahrers an die unterschiedlichen Fahrwiderstände anzupassen. Die Pedalkraft und die Trittfrequenz bestimmen die Leistung des Radfahrers. Unterschiedliche Getriebeübersetzungen ermöglichen es, dass der „Motor Mensch" im optimalen Leistungsbereich arbeitet.

Nach der Anordnung, wie die Übersetzung geändert wird, unterscheidet man:

- **Nabenschaltung.** Das Getriebe befindet sich in einem Gehäuse. Eng verwandt mit der Nabenschaltung, aber selten, ist die Tretlagerschaltung.
- **Kettenschaltung.** Die Kette wechselt „offen" auf unterschiedlich große Kettenräder.

6

Vorteile der Naben- und Tretlagerschaltung:

- Schmutzgeschützte Bauweise
- Sie lässt sich auch im Stand schalten
- Sie ermöglicht eine voll gekapselte Kette oder einen Antrieb mit Zahnriemen
- Mit einer Rücktrittbremse kombinierbar
- Einfache Bedienung

Vorteile der Kettenschaltung:

- Übersetzung individuell anpassbar
- Der Schaltwechsel ist unter voller Tretlast möglich
- Sie kann größere Antriebsmomente übertragen
- Besserer Wirkungsgrad
- Leichtere Bauweise
- Großer Übersetzungsumfang
- Einfacher Ein- und Ausbau des Hinterrades bei Reifendefekten

6.6.1 Nabenschaltungen

Bei allen Nabenschaltungen befindet sich ein Planetengetriebe im Nabengehäuse. Das Planetengetriebe ist ein Umlaufgetriebe, bei dem sich die Planetenräder außer um die eigene Achse (die „Umlaufachse") auch noch um eine andere Achse (die „Zentralachse") drehen können.

Bei einem Planetengetriebe sind immer alle Zahnräder im Eingriff. **Bild 1** zeigt die schematische Anordnung eines in einer Dreigangnabe **(Bild 2)** befindlichen Planetengetriebes, bei der der Planetenträger angetrieben wird. Der Abtrieb erfolgt über das Hohlrad.

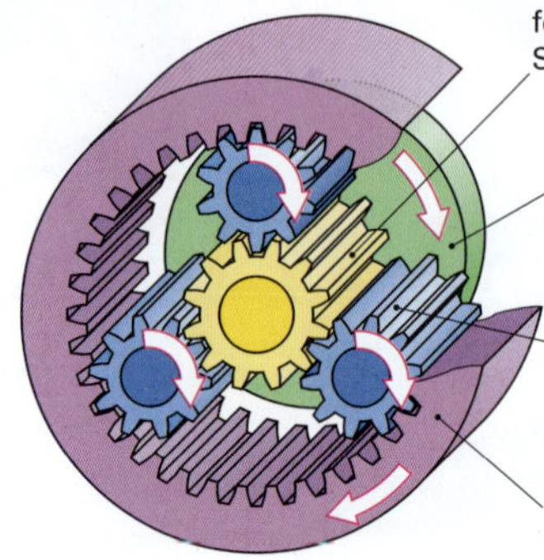

Bild 1: Prinzip Planetengetriebe, hier Schnellgang

Bild 2: Torpedo-Dreigangnabe

Die folgenden Punkte beziehen sich auf die Torpedo-Dreigangnabe.

- Die Hinterradachse trägt ein drehfest angebrachtes Sonnenrad.
- Drei gegenseitig verbundene Planetenräder umlaufen das Sonnenrad.
- Die Planetenräder sind auf einem Planetenträger gelagert, der sich selbst um das Sonnenrad dreht.
- Nach außen hin greifen die Zähne der Planetenräder in das umhüllende Hohlrad ein. Die Planetenräder kämmen nach außen mit dem Hohlrad und nach innen mit dem zentralen Sonnenrad.
- In der hohlen Hinterradachse befindet sich ein Schubklotz, der durch eine Zugkette und eine Druckfeder bewegt wird. Der Schubklotz stellt die Verbindung zu den Antriebsteilen her.
- Ein Freilaufmechanismus lässt das Laufrad vorwärts rotieren, während das Ritzel still steht.

Antrieb und Abtrieb erfolgen über das Hohlrad und den Planetenträger. Die Planetenräder dienen nur zur Übertragung der Bewegung auf den Planetenträger. Auf die Größe der Übersetzung haben sie keinen Einfluss.

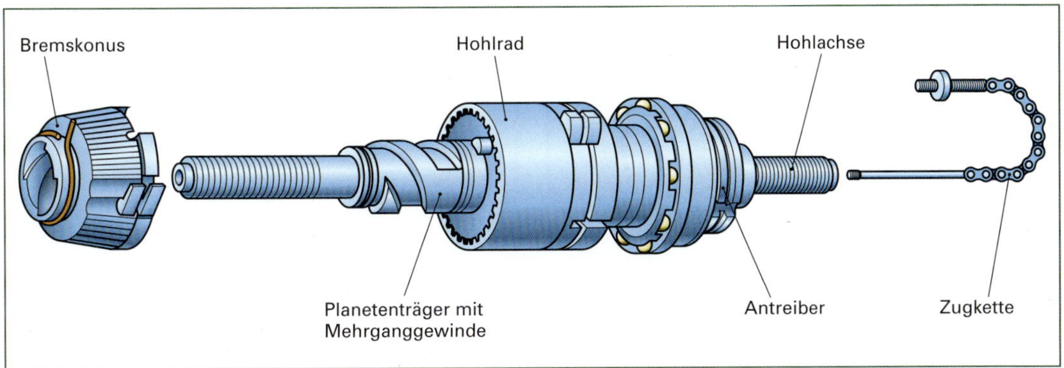

Bild 1: Hohlachse und Zugkette einer Dreigangnabe

Je nachdem, ob der Antrieb über den Planetenträger oder das Hohlrad erfolgt, sind verschiedene Übersetzungen möglich (**Formeln siehe Seite 523** und Tabellenbuch Fahrradtechnik).

Dreigang-Nabenschaltung

Anhand der klassischen Torpedo-Dreigangnabe (ehemals Fichtel & Sachs, heute SRAM) wird das Prinzip einer Nabenschaltung erklärt (**Bild 1**). Hinweis: In die Dreigangnabe ist eine Rücktrittbremse integriert. Beim Rückwärtstreten verschiebt der Planetenträger über das Mehrganggewinde den Bremskonus nach links. Die weitere Beschreibung der Rücktrittfunktion ist in Kapitel „Bremsen" beschrieben.

Im *Schnellgang* (**Bild 2**) nehmen die Kupplungszähne des Antreibers das verschiebbare Kupplungsrad mit. Auf der kleinen Verzahnung des Kupplungsrades ist eine sternförmige Mitnehmerscheibe (**Bild 1, Seite 264**) befestigt, die in die Aussparungen auf der Stirnseite des Planetenträgers (**Bild 2, Seite 264**) eingreift und diesen mitnimmt.

Das Ritzel ist jetzt mit dem Planetenträger und die Nabenhülse mit dem Hohlrad verbunden (**Bild 3, Seite 264**). Infolgedessen drehen sich die Planetenräder *vorwärts* um das Sonnenrad und treiben das Hohlrad mit erhöhter Drehzahl an. Über die Hohlrad-Sperrklinken (**Bild 4, Seite 264**) erfolgt die Mitnahme der Nabenhülse.

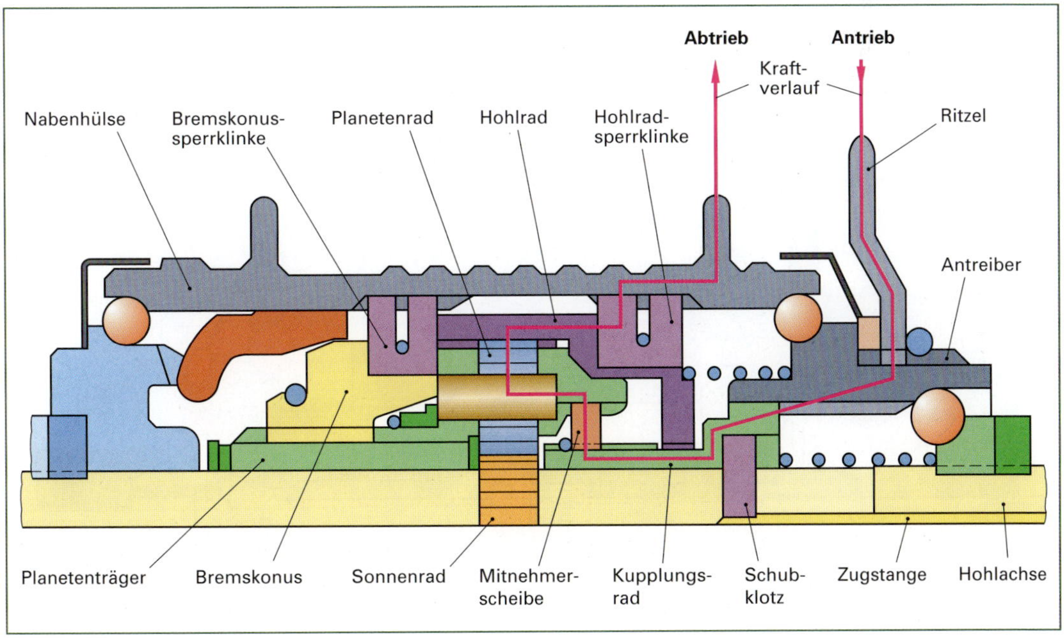

Bild 2: Kraftverlauf beim Schnellgang

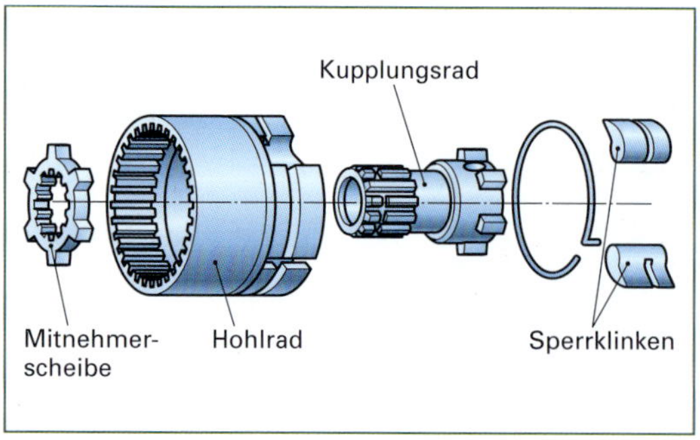

Bild 1: Kupplungsrad und Mitnehmerscheibe

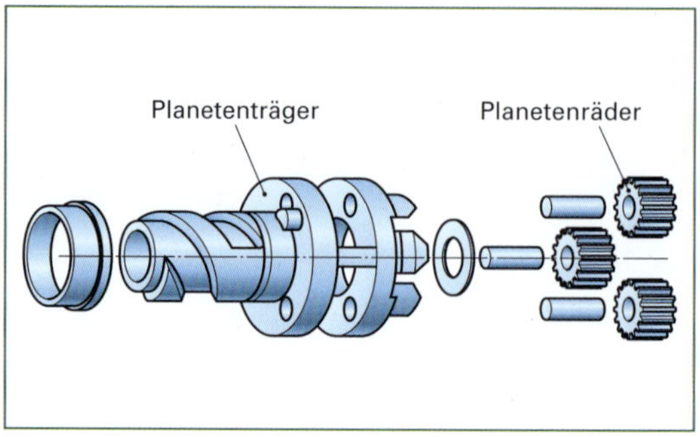

Bild 2: Planetenträger und Planetenräder

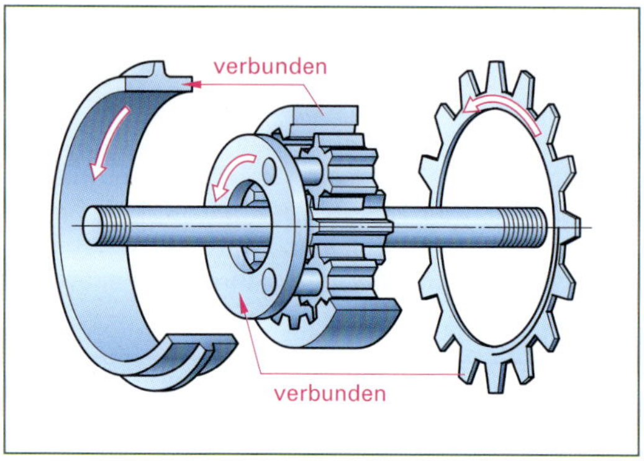

Bild 3: Vereinfacht dargestellt: Schnellgang

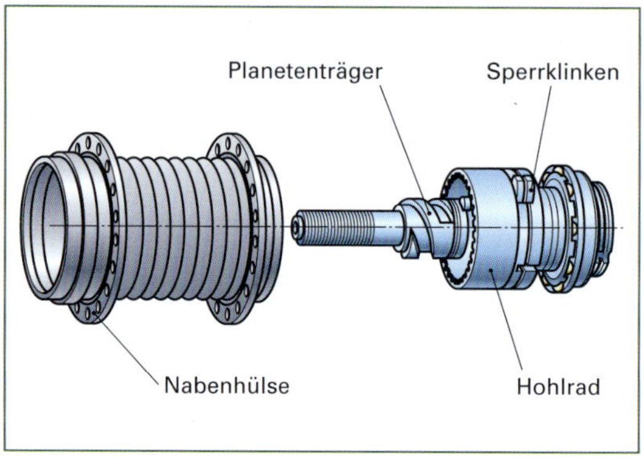

Bild 4: Sperrklinken und Nabenhülse

Im *Berggang* **(Bild 5)** wird das Hohlrad axial nach rechts verschoben. Die Sperrklinken werden aus der ersten Klinkenverzahnung der Nabenhülse geschoben und kommen somit nicht zur Wirkung.

Die Kupplung verbindet das Ritzel mit dem Hohlrad, während die Nabenhülse mit dem Planetenträger verbunden ist (**Bild 1, Seite 265**). Jetzt treiben die Planetenräder über den Planetenträger die Nabenhülse langsamer an als das Ritzel. Der Kraftverlauf erfolgt über das Hohlrad, den Planetenträger, Bremskonus und Sperrklinken auf die **zweite** Verzahnung der Nabenhülse.

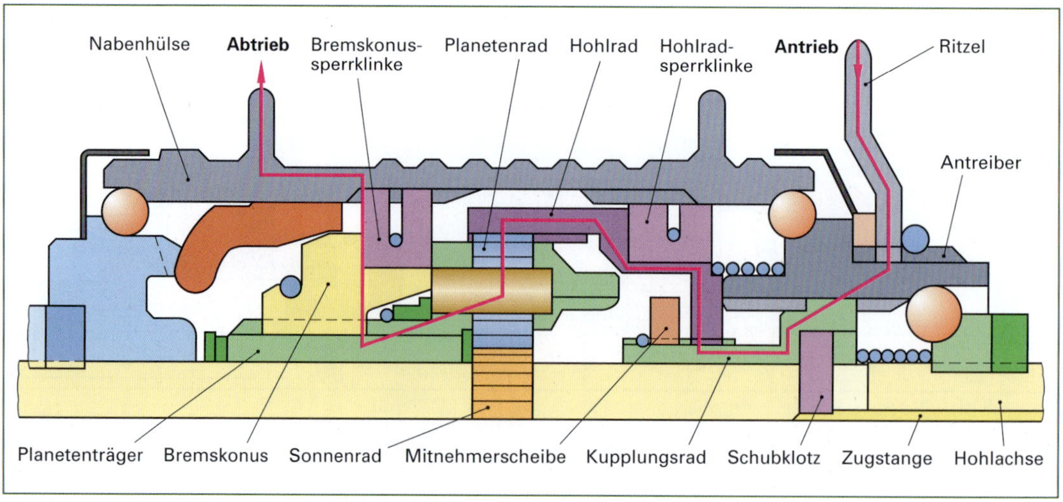

Bild 5: Kraftverlauf beim Berggang der Dreigang-Nabenschaltung

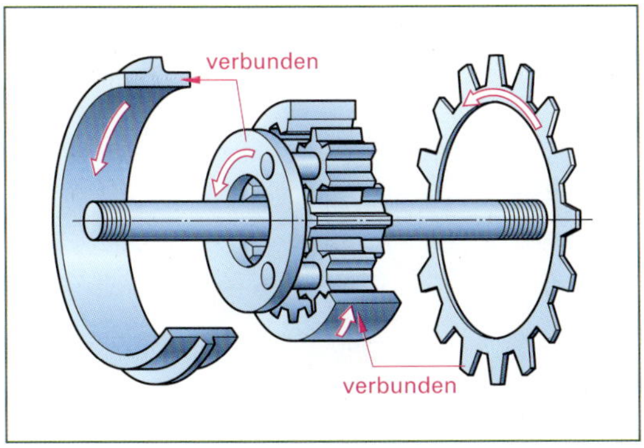

Bild 1: Berggang Dreigang-Nabenschaltung

Im *Normalgang* **(Bild 2 und 3)** greift die kleine Verzahnung des Kupplungsrades in die Innenverzahnung des Hohlrades.

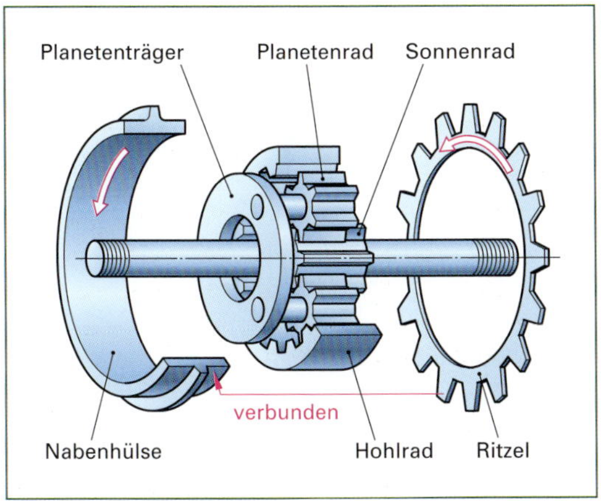

Bild 2: Normalgang Dreigang-Nabenschaltung

Der Antrieb erfolgt nun direkt über die Hohlrad-Sperrklinken auf die Nabenhülse. Somit dreht sich das Laufrad mit der gleichen Drehzahl wie das Ritzel. Über die Verzahnung des Hohlrades wird das Getriebe leer mitgenommen und kommt so nicht zur Wirkung.

Zusammenfassung

Berggang:
Kette →
Ritzel →
Hohlrad →
Planetenträger →
Nabenhülse →
Laufrad →
Drehzahl Laufrad kleiner als Drehzahl Ritzel

Schnellgang:
Kette →
Ritzel →
Planetenträger →
Hohlrad→
Nabenhülse →
Laufrad →
Drehzahl Laufrad größer als Drehzahl Ritzel

Normalgang:
Kette →
Ritzel →
Hohlrad →
Nabenhülse →
Laufrad →
Drehzahl Laufrad = Drehzahl Ritzel

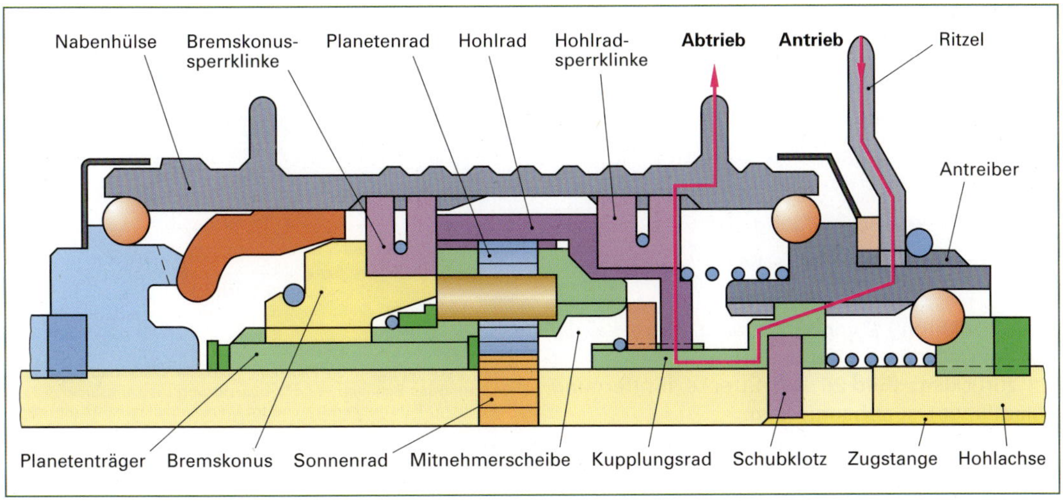

Bild 3: Kraftverlauf beim Normalgang der Dreigang-Nabenschaltung

Berechungsbeispiel einer Dreigang-Nabenschaltung **(Bild 1)**

28"-Laufrad 37-622 → $d \approx 700$ mm $\approx 0{,}7$ m

Ritzel-Antriebsdrehzahl:
Berggang 90 min^{-1},
Normalgang 130 min^{-1},
Schnellgang 180 min^{-1}

Berggang

Sonnenrad fest, Hohlrad angetrieben, Planetenträger abgetrieben = Laufrad-Drehzahl

Übersetzung $i = \frac{z_3 + z_1}{z_3} = \frac{47 + 17}{47} = 1{,}36$[1]

$i = \frac{n_3}{n_2} = \rightarrow n_2 = \frac{n_3}{i} = \frac{90}{1{,}36} = 66\ min^{-1}$

Geschwindigkeit Berggang

$v = d \cdot \pi \cdot n_2 = 0{,}7\ m \cdot 3{,}14 \cdot 66\ min^{-1} = 145\ \frac{m}{min}$

$= \mathbf{8{,}7\ \frac{km}{h}}$

Normalgang

Ritzel treibt Hohlrad und damit Laufrad direkt an:

Übersetzung $i = 1 \rightarrow n_3 \rightarrow 130\ min^{-1}$

Geschwindigkeit Normalgang

$v = 0{,}7\ m \cdot 3{,}14 \cdot 130\ min^{-1} = 286\ \frac{m}{min} = \mathbf{17\ \frac{km}{h}}$

Schnellgang

Planetenträger angetrieben, Hohlrad abgetrieben = Laufrad-Drehzahl

Übersetzung $i = \frac{z_3}{z_3 + z_1} = \frac{47}{47 + 17} = 0{,}73 = \frac{1}{1{,}36}$

$i = \frac{n_2}{n_3} = \rightarrow n_3 = \frac{n_2}{i} = \frac{180}{0{,}73} = 247\ min^{-1}$

Die Gesamtübersetzung beträgt

$i_{ges} = \frac{i_{min}}{i_{max}} = \frac{1{,}36}{0{,}73} = 1{,}86 = 186\ \%$

Geschwindigkeit Schnellgang

$v = 0{,}7\ m \cdot 3{,}14 \cdot 247\ min^{-1} = 543\ \frac{m}{min} = \mathbf{32{,}6\ \frac{km}{h}}$

Unter Entfaltung *E* versteht man die Strecke, die das Fahrrad durch eine Umdrehung der Tretkurbel zurücklegt **(Bild 2)**. Die Strecke (Entfernung, Ablauflänge) ist abhängig von:

- Abrollumfang *U* des Laufrades
- Primärübersetzung i_1 von Kettenblatt und Ritzel
- Sekundärübersetzung i_2 des Nabengetriebes

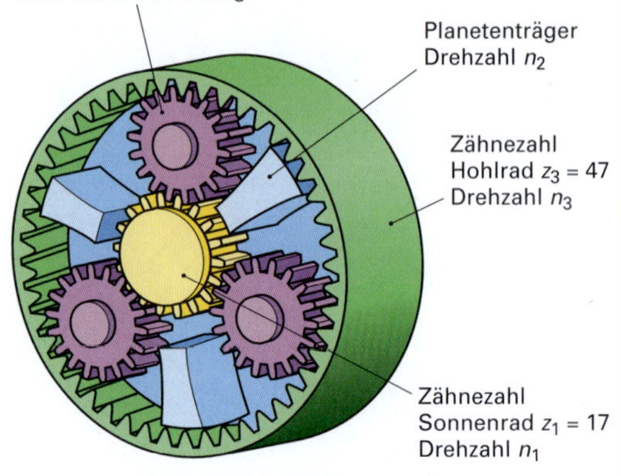

Bild 1: Planetengetriebe Dreigang-Nabe

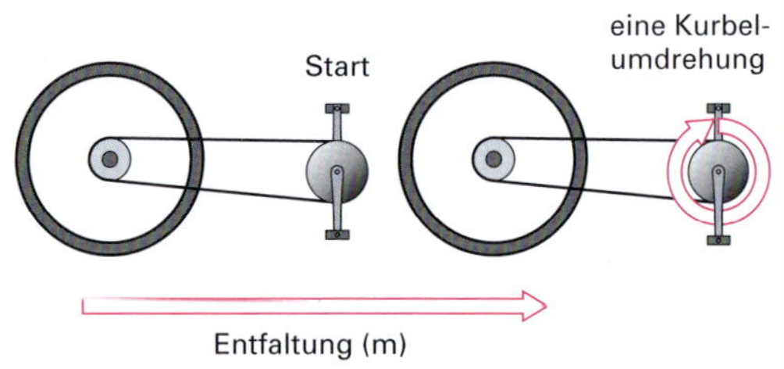

Bild 2: Entfaltung E^2

Beispiel:

Abrollumfang $U = 2{,}2$ m, Kettenblatt $z_1 = 44$, Ritzel $z_2 = 19$

Formel: $E = \frac{U}{i_1 \cdot i_2}$ mit $i_1 = \frac{z_2}{z_1} = \frac{19}{44} = 0{,}43$

beträgt die Entfaltung im

Berggang $E = \frac{2{,}2\ m}{0{,}43 \cdot 1{,}36} = \mathbf{3{,}76\ m}$

im Normalgang $E = \frac{2{,}2\ m}{0{,}43 \cdot 1} = \mathbf{5{,}12\ m}$

im Schnellgang $E = \frac{2{,}2\ m}{0{,}43 \cdot 0{,}73} = \mathbf{7\ m}$

[1] Für Berechnungen im Fahrzeug- und Maschinenbau gilt: Übersetzung ins Schnelle → $i < 1$, Übersetzung ins Langsame → $i > 1$. In älterer Fahrradliteratur und im Werkstattalltag ist es oft umgekehrt: $i > 1$ ist dann die Übersetzung ins Schnelle. Beispiel: Die Kombination 48/24 mit der Übersetzung $i = 2$ ist eine Übersetzung ins Schnelle.

[2] Definition „Größter Gang" = Übersetzungsverhältnis, mittels dessen bei einer Umdrehung der Tretkurbel die größte Entfaltung (Entfernung) zurückgelegt wird (Quelle DIN EN ISO 4210)

Fünfgang-Nabenschaltung

In nahezu gleicher Bauweise sind Fünfgang-Nabenschaltungen aufgebaut. Der Planetenträger nimmt hier nicht einen Satz Planetenräder auf, sondern einen Stufenblock mit zwei Sätzen unterschiedlich großer Planetenräder. Jeder Planetenradsatz umkreist ein dazu gehöriges Sonnenrad mit unterschiedlichem Durchmesser.

Indem einmal das größere und einmal das kleinere Sonnenrad auf der Achse festgesetzt werden, ergeben sich fünf Übersetzungen (alle Bilder der Fünfgang-Nabenschaltung von SRAM):

- Großer Schnellgang **(Bild 1)**
- Kleiner Schnellgang **(Bild 2)**
- Normalgang (**Bild 1, Seite 268**)
- Kleiner Berggang (**Bild 2, Seite 268**)
- Großer Berggang (**Bild 1, Seite 269**)

Beim *großen Schnellgang* (5. Gang) wird das Drehmoment vom Ritzel über den Antreiber auf das Kupplungsrad übertragen.

Die sternförmige Mitnehmerscheibe des Kupplungsrades greift in die Aussparungen des Planetenträgers und treibt ihn an. Die Sonne 2 ist vom Schubklotz auf der Achse festgesetzt. Die Planetenräder umlaufen die Sonne 2 und treiben das Hohlrad mit erhöhter Drehzahl an.

Der Abtrieb erfolgt über die Sperrklinken des Hohlrades auf die Nabenhülse. Die Sperrklinken auf dem Bremskonus werden „überholt".

Beim *kleinen Schnellgang* (4. Gang) wird der Schubklotz nach rechts verschoben. Er gibt das Sonnenrad 2 frei und setzt das Sonnenrad 1 achsfest. Vom Antriebsritzel wird das Drehmoment über den Antreiber auf das Kupplungsrad und den mit ihm verbundenen Planetenträger übertragen. Die Planetenräder umlaufen die Sonne 1 und treiben das Hohlrad mit nur etwas erhöhter Drehzahl an. Der Abtrieb erfolgt wie beim großen Schnellgang.

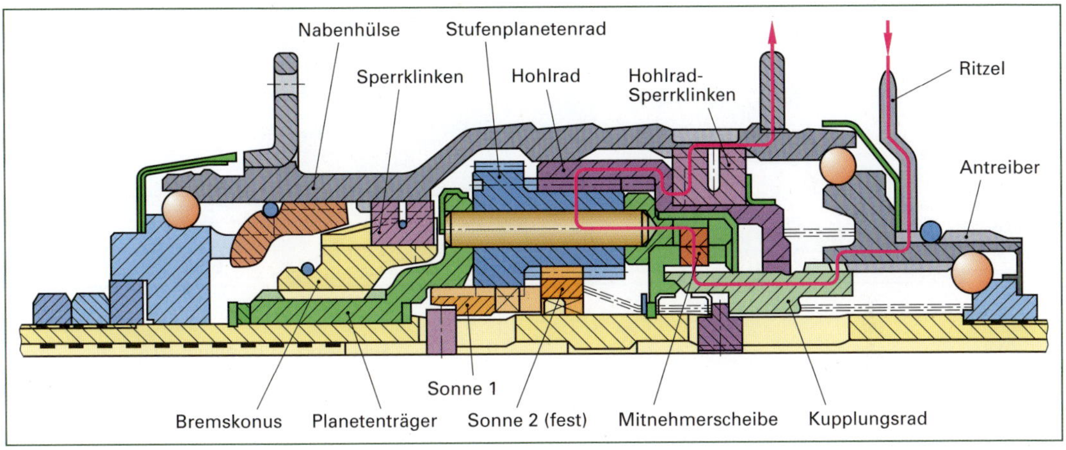

Bild 1: Kraftverlauf beim großen Schnellgang (5. Gang) der Fünfgang-Nabenschaltung

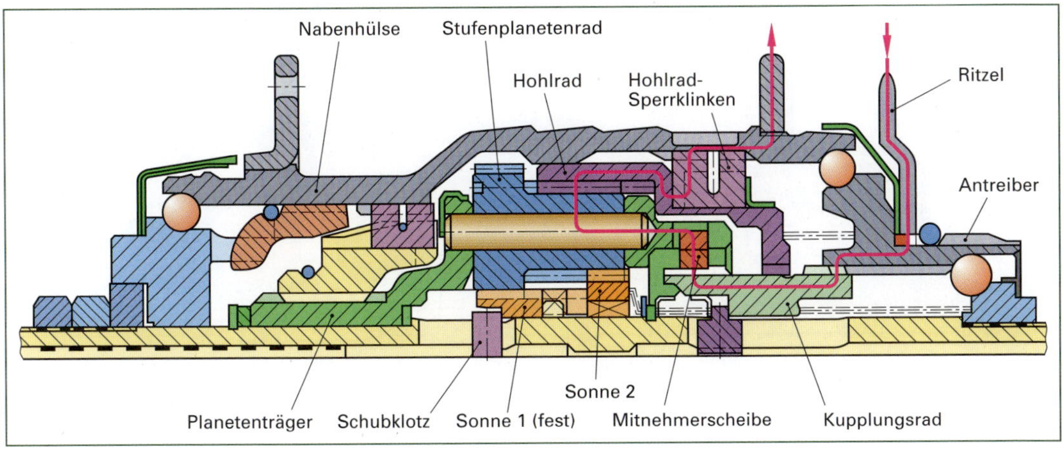

Bild 2: Kraftverlauf beim kleinen Schnellgang (4. Gang) der Fünfgang-Nabenschaltung

Im *Normalgang* (3. Gang) hat der Schubklotz das Kupplungsrad nach rechts verschoben. Der Antrieb erfolgt über Ritzel, Antreiber, Kupplungsrad und Hohlrad. Die Hohlrad-Sperrklinken greifen direkt in die Nabenhülse. Das Planetengetriebe läuft leer mit.

Wird der *kleine Berggang* (2. Gang) geschaltet, verschiebt der Schubklotz das Kupplungsrad mit dem Hohlrad und den Hohlradsperrklinken nach rechts. Die Sperrklinken entkuppeln sich dabei aus der Verzahnung der Nabenhülse und kommen somit nicht zur Wirkung.

Der Antrieb erfolgt über Ritzel, Antreiber, Kupplungsrad und Hohlrad auf die Planetenräder, die um das feststehende Sonnenrad 1 laufen. Der Planetenträger dreht sich mit verminderter Drehzahl.

Beim großen Berggang (1. Gang) wird der Schubklotz nach rechts verschoben. Er gibt das Sonnenrad 1 frei und setzt das Sonnenrad 2 achsfest. Der Antrieb erfolgt über Ritzel, Antreiber, Kupplungsrad und Hohlrad auf die Planetenräder.

Diese umlaufen das Sonnenrad 2 und treiben dabei den Planetenträger mit stark verminderter Drehzahl an.

Der Abtrieb erfolgt vom Planetenträger über das Schraubgewinde auf den Bremskonus.

Die Sperrklinken des Bremskonus treiben die Nabenhülse an.

Der Kraftverlauf beim Abtrieb ist der gleiche wie beim kleinen Berggang.

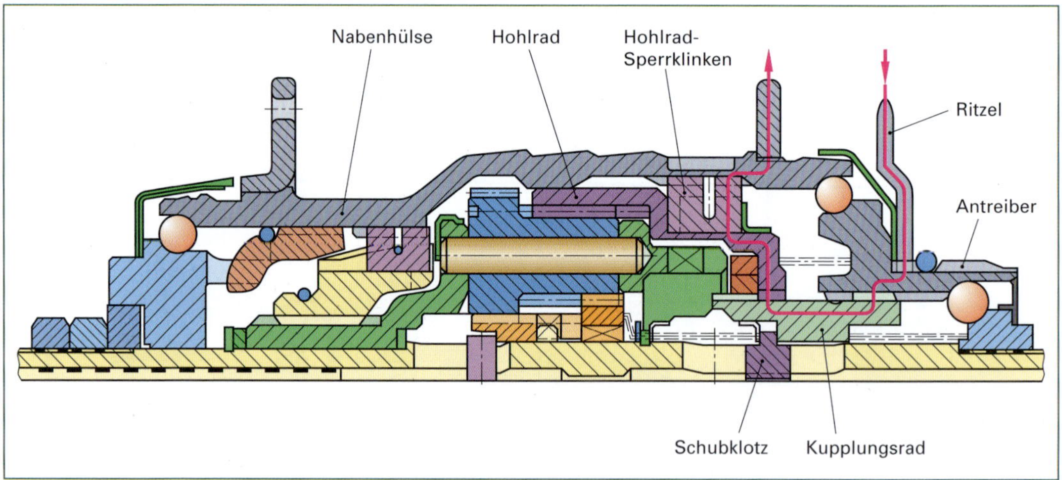

Bild 1: Kraftverlauf beim Normalgang der Fünfgang-Nabenschaltung

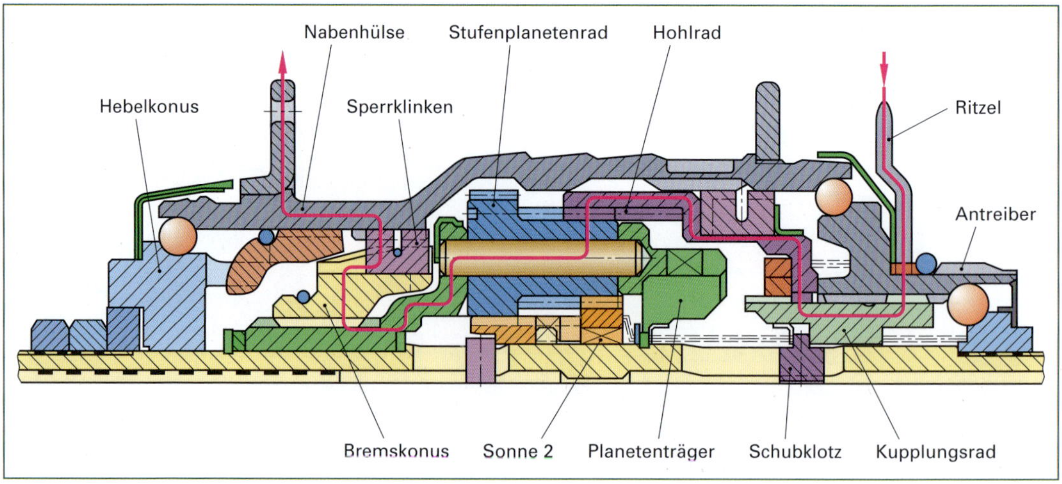

Bild 2: Kraftverlauf beim kleinen Berggang der Fünfgang-Nabenschaltung

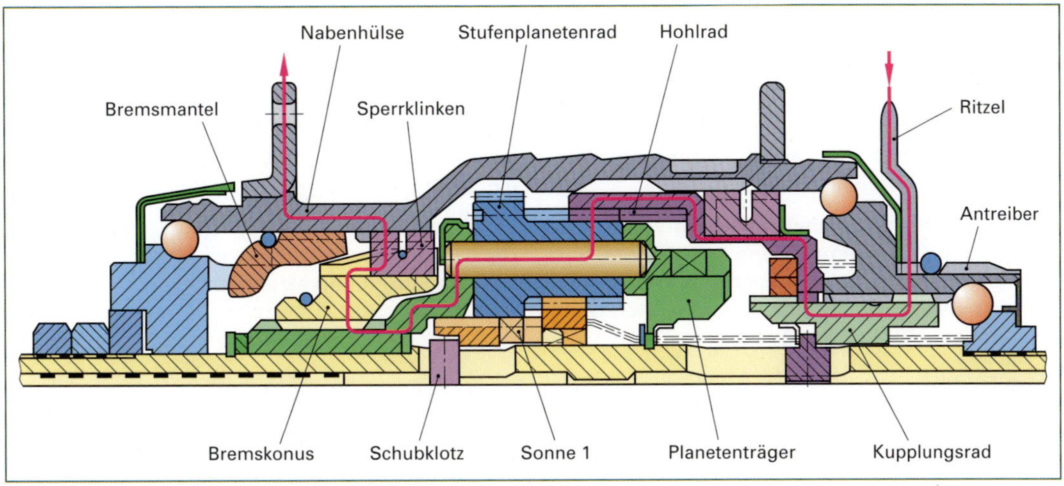

Bild 1: Kraftverlauf beim großen Berggang der Fünfgang-Nabenschaltung

Technische Daten der Fünfgangnabe

5. Gang (großer Schnellgang)
größte Übersetzung
1 : 1,49 = 0,67 → größte Entfaltung

4. Gang (kleiner Schnellgang)
große Übersetzung
1 : 1,28 = 0,78

3. Gang (Normalgang)
mittlere Übersetzung
1 : 1

2. Gang (kleiner Berggang)
kleine Übersetzung
1 : 0,78 = 1,28

1. Gang (großer Berggang)
kleinste Übersetzung
1 : 0,67 = 1,49 → kleinste Entfaltung

Der Übersetzungsbereich *Ü* (andere Begriffe sind Gesamtübersetzung, Übersetzungsbandbreite, Schaltumfang, Gesamtübersetzungsverhältnis) ist das Verhältnis der kleinsten zur größten Übersetzung.

$$Ü = \frac{i_{min}}{i_{max}} = \frac{1,49}{0,67} = 2,22 = 222\ \%$$

Bild 2 zeigt die Gangabstufung und die Entfaltung der Fünfgang-Nabenschaltung.

Beim Rückwärtstreten nimmt das Fünfgang-Planetengetriebe die Bremsstellung ein. Dabei wird der Bremskonus über das Bewegungsgewinde des Planetenträgers in den Konus des zweiteiligen Bremsmantels gedrückt und schiebt ihn nach links auf die konische Fläche des Hebelkonus. Die beiden Hälften des Bremsmantels **(Bild 3)** werden gespreizt und pressen sich gegen den Bremszylinder der Nabenhülse.

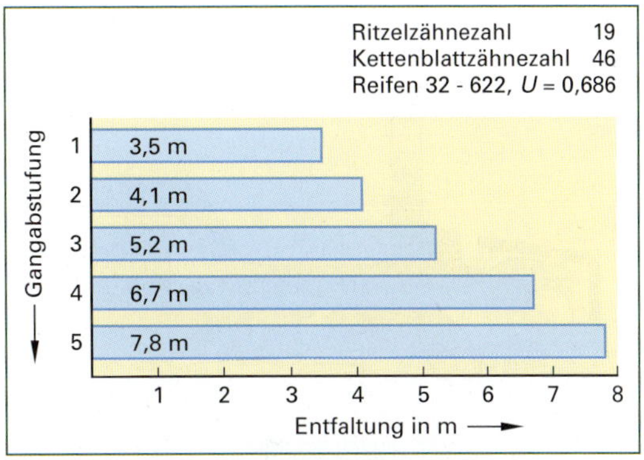

Bild 2: Entfaltungstabelle SRAM Fünfgangnabe

Bild 3: SRAM Fünfgangnabe mit Rücktrittbremse

Das Bremsmoment ist vom eingelegten Gang abhängig. Es ist im Berggang am größten – was nicht im Interesse des Fahrers ist.

Nach dem gleichen Schema der Fünfgangnaben ist die **Siebengang-Nabe** von SRAM **(Bild 1)** aufgebaut. Jedoch sind hier drei Sonnenräder mit den dazugehörigen Planetenrädern im Einsatz. Das Getriebe liefert neben einem Normalgang drei Übersetzungen ins Langsame und drei Übersetzungen ins Schnelle.

Bei der **Siebengang-Nabenschaltung** von Shimano sind zwei Planetengetriebe mit je zwei Sonnenrädern hintereinander geschaltet. Hier entfällt der Normalgang, da dieser fast dem vierten Gang entspricht.

Die **Achtgang-Nabenschaltung (Bild 2 und Bilder Seite 271, 272 und 273)** von Shimano besteht aus einem Viergang-Planetengetriebe, das mit einem weiteren vorgeschalteten Planetengetriebe wahlweise untersetzt oder durchgeschaltet werden kann. Ein Schaltservo benützt die Pedalkraft, um das Zurückschalten auch unter Last zu unterstützen.

Die Gesamtübersetzung von 307 % ergibt sich aus den Einzelübersetzungen:

Gang	1	2	3	4	5	6	7	8
1:	1,9	1,55	1,34	1,18	1	0,82	0,71	0,62
i	0,527	0,644	0,748	0,851	1	1,223	1,419	1,615

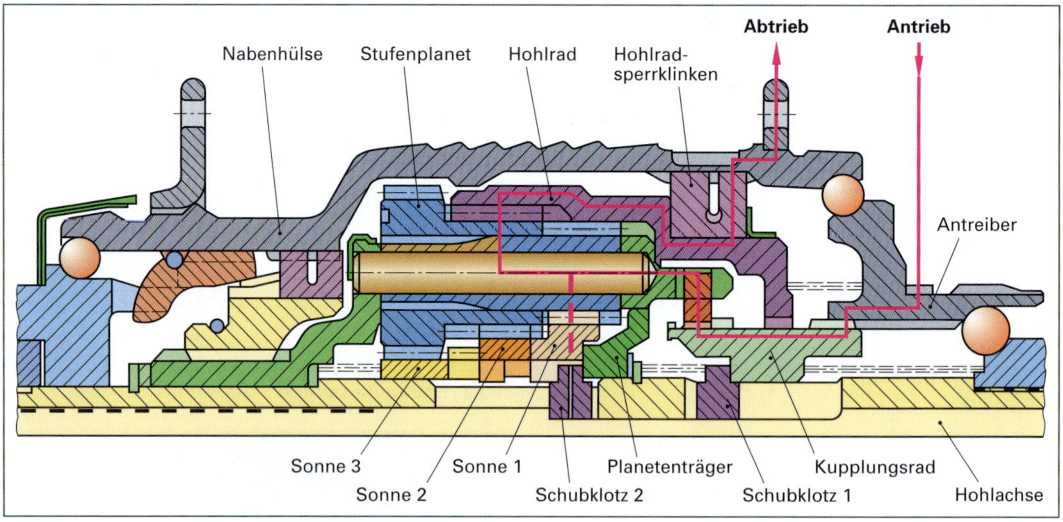

Bild 1: Kraftverlauf im kleinen Schnellgang der Siebengang-Nabenschaltung von SRAM

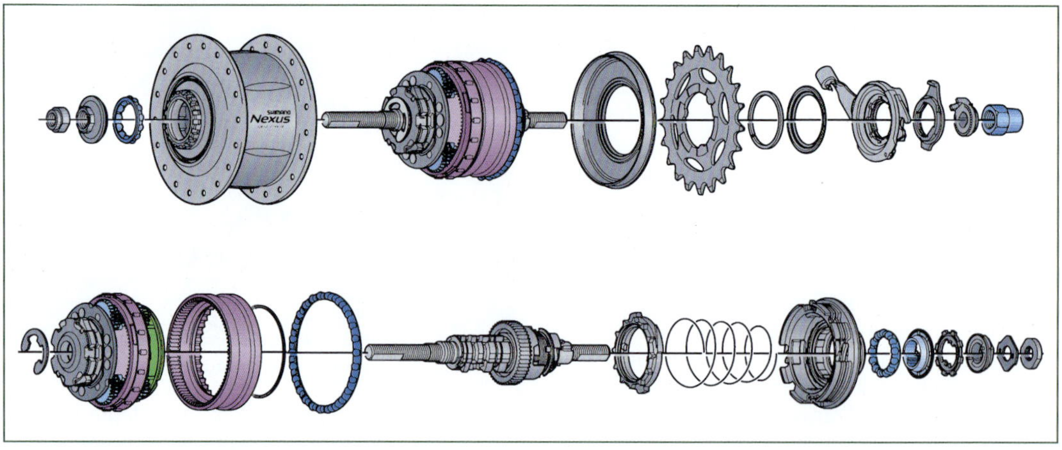

Bild 2: Achtgang-Nabenschaltung von Shimano Nexus Inter 8

Bild 1: Shimano Nexus Inter-8

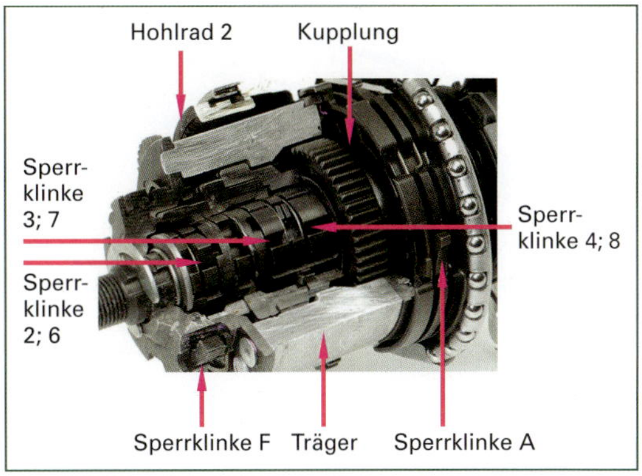

Bild 2: Bauteilbezeichnung Nexus Inter-8

	Gang 1	Gang 2	Gang 3	Gang 4	Gang 5	Gang 6	Gang 7	Gang 8
Antrieb	Input	Input	Input	Input	Input	Input	Input	Input
Kupplung					○ (eingerastet)	○ (eingerastet)	○ (eingerastet)	○ (eingerastet)
Sperrklinke A	○ (eingerastet)	○ (eingerastet)	○ (eingerastet)	○ (eingerastet)				
Sperrklinke 2; 6		○ (eingerastet)	○ (Stand-by)			○ (eingerastet)	○ (Stand-by)	
Sperrklinke 3; 7			○ (eingerastet)	○ (Stand-by)			○ (eingerastet)	○ (Stand-by)
Sperrklinke 4; 8				○ (eingerastet)				○ (eingerastet)
Hohlrad 2		Output	Output	Output		Output	Output	Output
Sperrklinke F	Output				Output			

○ Stand-by[1)]

○ eingerastet

Bild 3: Gangstufen Antrieb – Abtrieb

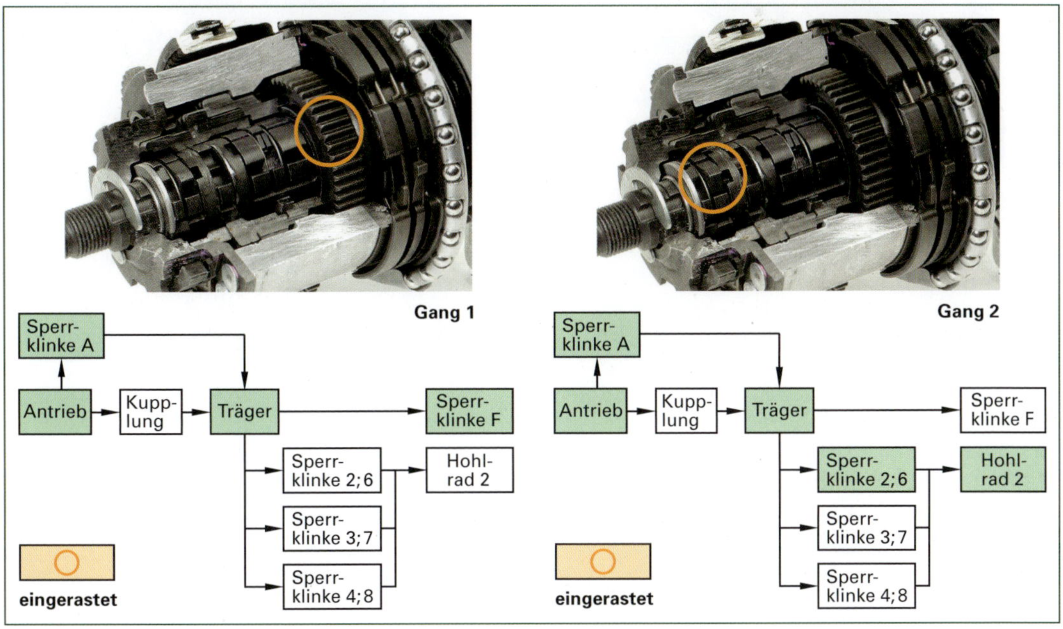

Bild 4: Nexus Inter 8 Gang 1 und Gang 2

1 Stand by: Die Sperrklinke ist nicht im Eingriff und rutscht leer durch.

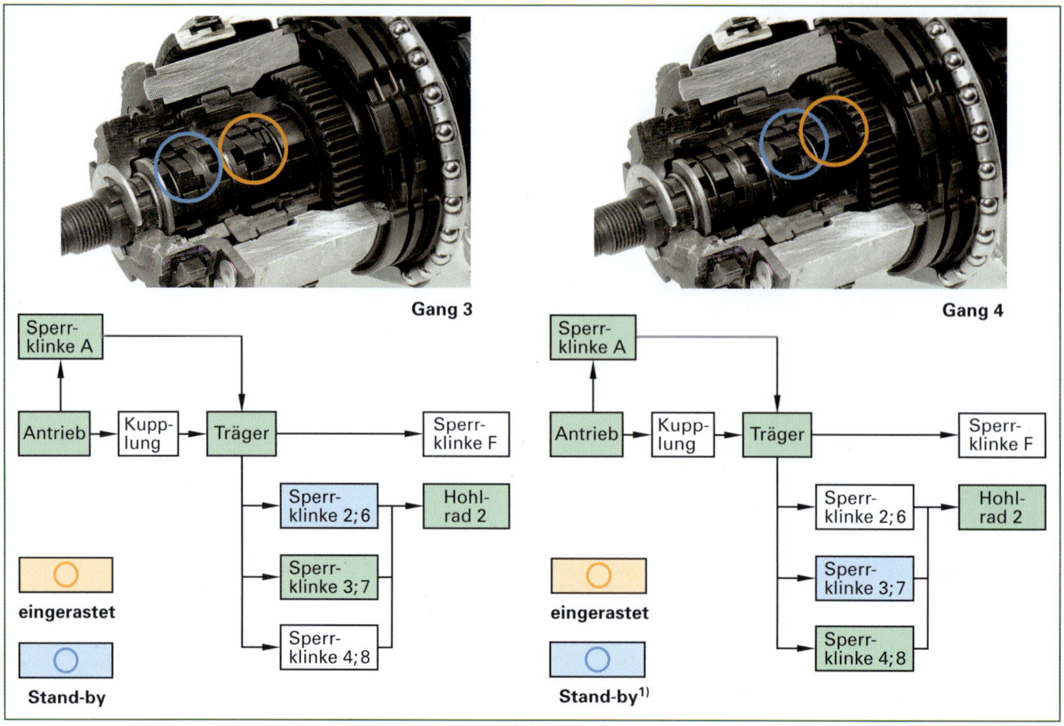

Bild 1: Nexus Inter-8 Gang 3 und Gang 4

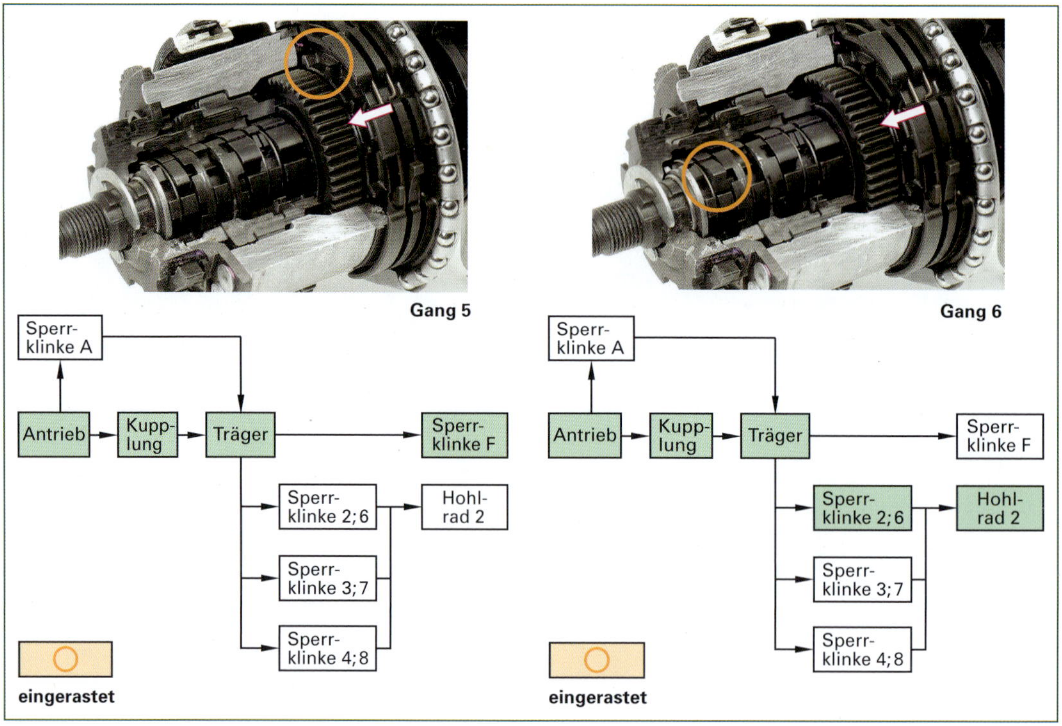

Bild 2: Nexus Inter-8 Gang 5 und Gang 6

[1] Stand by: Die Sperrklinke ist nicht im Eingriff und rutscht leer durch.

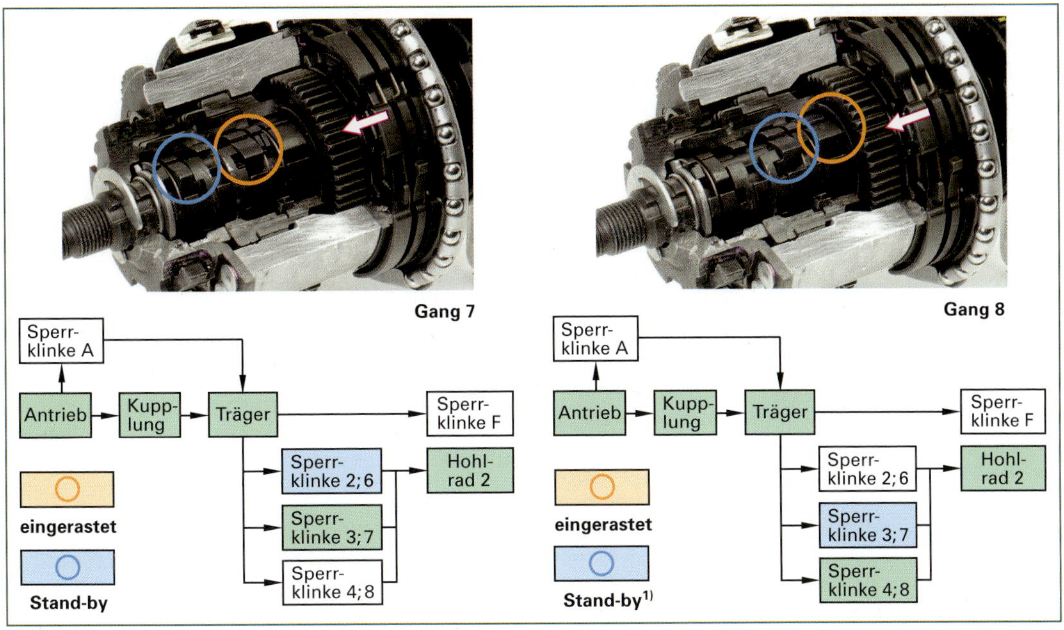

Bild 1: Nexus Inter-8 Gang 7 und Gang 8

Die 11 Gang-Nabenschaltung (Shimano Alfine, **Bild 2**) erweitert mit drei weiteren Gangstufen die Gesamtkapazität (das Übersetzungsverhältnis) auf 409 %. Wie bei der Rohloffnabe erfolgt die Schmierung mit einer Ölfüllung statt der üblichen Fettschmierung.

Gang	1	2	3	4	5	6	7	8	9	10	11
1:	0,527	0,681	0,770	0,878	0,995	1,134	1,292	1,462	1,667	1,888	2,153
i	1,9	1,47	1,3	1,14	1	0,88	0,77	0,68	0,6	0,53	0,46

Bild 2: Schnittdarstellung Shimano Alfine 11-Gang-Nabenschaltung

[1] Stand by: Die Sperrklinke ist nicht im Eingriff und rutscht leer durch.

Rohloff SPEEDHUB 500/14

Die 14-Gangnabe von Rohloff **(Bild 1)** verbindet die Vorteile der Kettenschaltung (großer Übersetzungsbereich, geringes Gewicht, hoher Wirkungsgrad) mit den Vorteilen einer Getriebenabe (geringer Wartungsaufwand, geringer Verschleiß, leichte Bedienbarkeit).

Technische Daten der SPEEDHUB 500/14:

- Gewicht von 1,7 kg (CC) bis 1,825 kg (CC DB)
- Übersetzungsbereich 526 % **(siehe Seite 277)**
- Gangsprünge konstant 13,6 % **(siehe Seite 277)**
- Mittlerer Wirkungsgrad 97 %

6

In der Praxis hat sich die 14-Gang-Nabe als so robust herausgestellt, dass sie von Herstellern für Tandems freigegeben wurde. Schaltprobleme sind weder bei Verschmutzung noch bei mangelnder Pflege und Wartung zu befürchten. Auch sind Speichenbrüche sehr selten, da das Hinterrad symmetrisch gespeicht ist und die Speichenflansche 3,2 mm dick sind – richtige Auswahl der Speichen vorausgesetzt.

Funktion

Von den insgesamt drei Planetengetrieben sind zwei baugleich und auf einem gemeinsamen Planetenträger angeordnet. Das dritte Getriebe ist in Reihe angeordnet (**Bild 1 und 2, Seite 276**). Jedes Getriebe hat ein eigenes Hohlrad. Die Planetenräder umlaufen ihre Sonnenräder, die wahlweise mit Klinken zur Achse drehfest gekuppelt werden. In der Achse befinden sich die Schaltwelle, die Kupplungselemente und Klinken **(Bilder 1 und 2, Seite 275)**.

Mit der ersten Umdrehung der Schaltwelle werden die Gänge 1 bis 7 gesteuert. Beim Gangwechsel von 7 auf 8 schaltet der Kupplungsring das dritte Getriebe starr. Mit der zweiten Umdrehung der Schaltwelle werden die Gänge 8 bis 14 geschaltet.

Der Antrieb erfolgt immer über Ritzel, Antreiber und Hohlrad vom ersten Getriebe aus. Der Abtrieb erfolgt über den dritten Planetenträger, der das Drehmoment über Kuppelbolzen auf das Nabengehäuse überträgt.

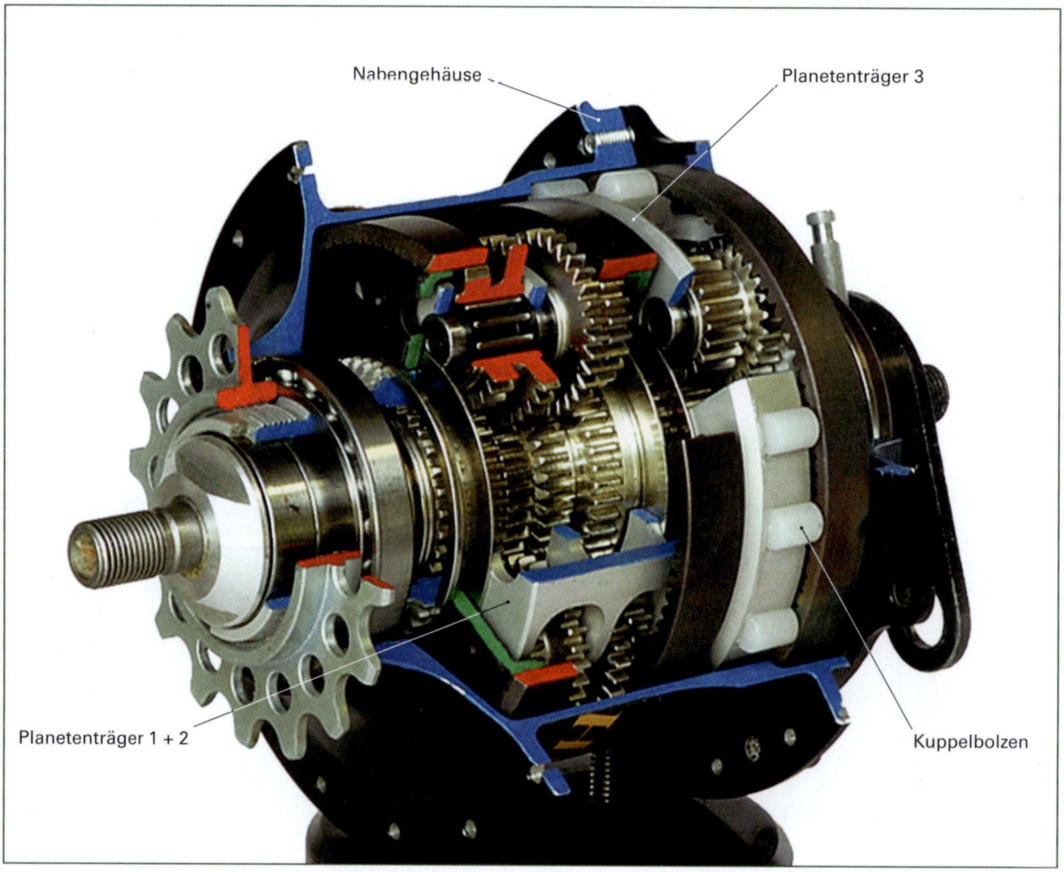

Bild 1: 14-Gangnabe SPEEDHUB (Rohloff)

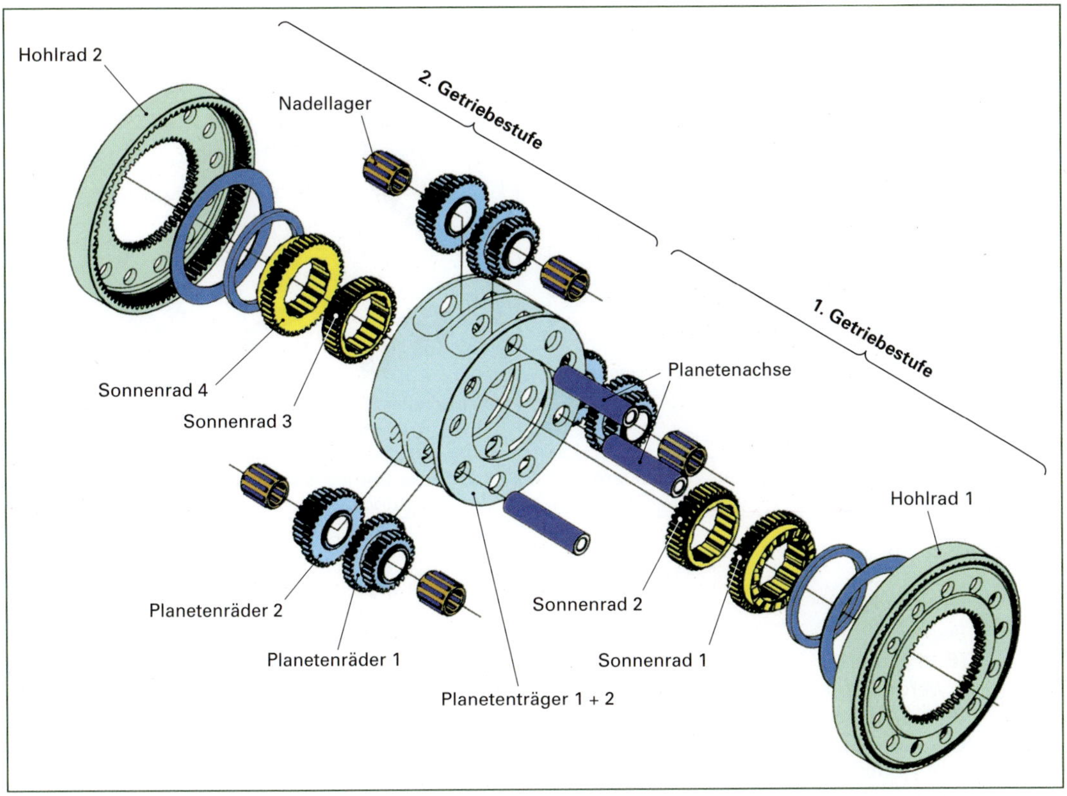

Bild 1: 14-Gang-Nabenschaltung. 7 Gänge mit zwei Planetengetrieben in einem Planetenträger

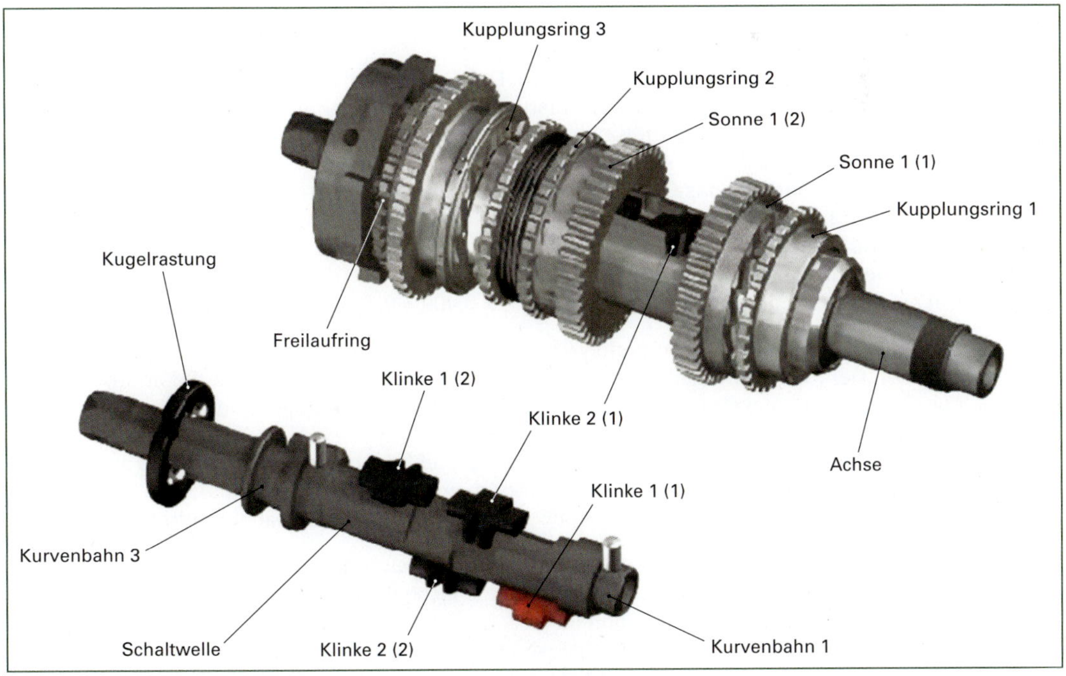

Bild 2: Schaltfunktion mit Achse, Schaltwelle, Kupplungselementen und Sonnenräder. Ziffern in der Klammer bedeuten Getriebestufe 1 oder 2. Die mittleren Sonnenräder sind nicht dargestellt.

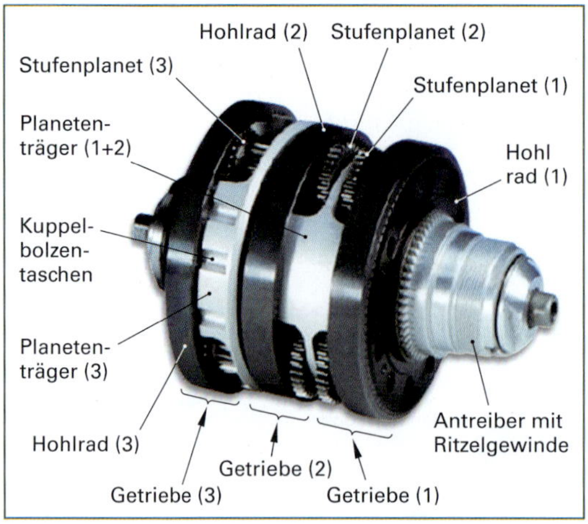

Bild 1: Getriebeblock aus drei in Reihe geschaltete Planetengetriebe

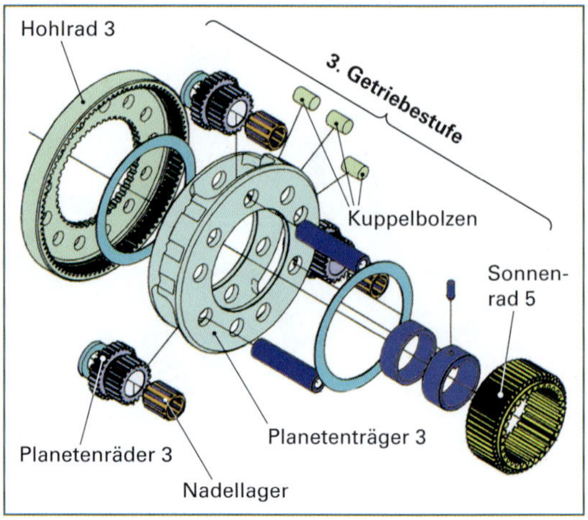

Bild 2: Dritte Getriebestufe der 14-Gang-Nabenschaltung

Gang	Funktion der Gänge 1 bis 7
1	Das Hohlrad 1 wird vom Ritzel angetrieben. Das Sonnenrad 1 der ersten Getriebestufe **(Bild 1, Seite 275)** wird mit der Klinke 1 **(Bild 2, Seite 275)** achsfest gesetzt. Die Planetenräder 1 werden vom Hohlrad 1 angetrieben, wälzen sich auf dem Sonnenrad 1 ab und treiben den Planetenträger 1(2) mit verringerter Drehzahl an. Das Getriebe 2 ist 1 : 1 geschaltet und leitet den Antrieb direkt weiter an das Sonnenrad 3. Das Hohlrad 3 **(Bild 2)** ist achsfest geschaltet. Das Sonnenrad 3 treibt die Planetenräder 3 an. Diese wälzen sich im (fest) stehenden Hohlrad 3 ab und verringern die Drehzahl des Planetenträgers 3 weiter, der über die Kuppelbolzen das Nabengehäuse antreibt. Auf eine Ritzelumdrehung erfolgen 0,682 x 1 x 0,409 = **0,279** Nabenumdrehungen (= höchster Berggang)
2	Das Hohlrad 1 wird vom Ritzel angetrieben. Das Sonnenrad 2 der ersten Getriebestufe wird mit der Klinke 2 achsfest gesetzt. Die Planetenräder 1 werden vom Hohlrad 1 angetrieben, wälzen sich auf dem Sonnenrad 2 ab und treiben den Planetenträger 1(2) mit verringerter Drehzahl an. Wie im ersten Gang ist das Getriebe 2 (1 : 1) geschaltet und leitet den Antrieb weiter an das Sonnenrad 3. Das Hohlrad 3 ist achsfest geschaltet. Das Sonnenrad 3 treibt die Planetenräder 3 an. Diese wälzen sich im (fest)stehenden Hohlrad 3 ab und verringern die Drehzahl des Planetenträgers 3 weiter, der die Nabe antreibt. Auf eine Ritzelumdrehung erfolgen 0,774 x 1 x 0,409 = **0,316** Umdrehungen der Nabe.
3	Das erste Getriebe ist wie im ersten Gang geschaltet. Die Klinke 2 setzt das Sonnenrad 2 achsfest. Der Planetenträger 1(2) treibt die Planetenräder 2 an, die sich auf dem feststehenden Sonnenrad 2 abwälzen. Dadurch erfolgen 1,292 Umdrehungen von Hohlrad 2 und mit dem damit verbundenen Sonnenrad 3. Das Hohlrad 3 ist achsfest geschaltet. Das Sonnenrad 3 treibt die Planetenräder 3 an, die sich im Hohlrad 3 abwälzen. Die Drehzahl verringert sich um den Faktor 0,409. Auf eine Ritzelumdrehung erfolgen 0,682 x 1,292 x 0,409 = **0,360** Nabenumdrehungen.
4	Dass Getriebe 1 ist 1 : 1 geschaltet und leitet die Ritzelumdrehungen direkt weiter auf den Planetenträger 1(2). Auch das Getriebe 2 ist 1 : 1 geschaltet und leitet die Umdrehungen von Getriebe 1 direkt weiter an das Sonnenrad 3. Das Hohlrad 3 ist wie im 3. Gang achsfest geschaltet und treibt die Planetenräder 3 an. Die wälzen sich im Hohlrad 3 ab. Die Drehzahl verringert sich um den Faktor 0,409. Auf eine Ritzelumdrehung erfolgen 1 x 1 x 0,409 = **0,409** Nabenumdrehungen.

Gang	Funktion der Gänge 1 bis 7
5	Das Getriebe 1 ist wie bei Gang 2 geschaltet. Auf eine Ritzelumdrehung erfolgen 0,774 Umdrehungen des Planetenträgers 1(2). Die Klinke 1(2) hält das Sonnenrad 1(2) fest. Der Planetenträger 1(2) treibt die Planetenräder 2 an, die sich auf dem (fest)stehenden Sonnenrad 1(2) abwälzen. Dadurch erfolgen 1,467 Umdrehungen von Hohlrad 2 und dem damit verbundenen Sonnenrad 3. Wie im 3. und 4. Gang verringert sich im Getriebe 3 die Drehzahl um den Faktor 0,409. Auf eine Ritzelumdrehung erfolgen 0,774 x 1,467 x 0,409 = **0,464** Nabenumdrehungen.
6	Das Getriebe 1 ist geschaltet und leitet die Ritzelumdrehungen direkt auf den Planetenträger 1(2) weiter. Die Klinke 2(2) hält das Sonnenrad 2(2) achsfest. Der Planetenträger 1(2) treibt die Planetenräder 2 an, die sich auf dem Sonnenrad 2 abwälzen. Dadurch erfolgen 1,292 Umdrehungen von Hohlrad 2 und dem damit verbundenen Sonnenrad 3. Wie in den Gängen 3, 4 und 5 verringert sich im Getriebe 3 die Drehzahl um den Faktor 0,409. Auf eine Ritzelumdrehung erfolgen 1 x 1,292 x 0,409 = **0,523** Nabenumdrehungen.
7	Das Getriebe 1 ist durchgeschaltet und leitet die Umdrehungen des Ritzels direkt weiter auf den Planetenträger 1(2). Wie im 5. Gang erhöht sich die Drehzahl in dem 2. Getriebe um den Faktor 1,467. Wie in den Gängen 3, 4 und 5 verringert sich im Getriebe 3 die Drehzahl um den Faktor 0,409. Auf eine Ritzelumdrehung erfolgen 1 x 1,467 x 0,409 = **0,600** Nabenumdrehungen.

Die Gänge 8 bis 14 in Kurzform:

In **Bild 1** sind die 27 Schaltmöglichkeiten einer MTB-Kettenschaltung und die 14 Gänge der SPEEDHUB 500/14 gegenübergestellt. Sowohl in der Gesamtübersetzung als auch in der Anzahl der nutzbaren Gänge gibt es kaum Unterschiede.

Gang	Auf eine Ritzelumdrehung erfolgen in den 3 Getrieben folgende Nabenumdrehungen
8	0,682 x 1 x 1 = 0,682
9	0,774 x 1 x 1 = 0,774
10	0,682 x 1,292 x 1 = 0,881
11	1 x 1 x 1 = 1,000 = direkter Gang
12	0,774 x 1,467 x 1 = 1,135
13	1 x 1,292 x 1 = 1,292
14	1 x 1,467 x 1 = 1,467 (höchster Schnellgang)

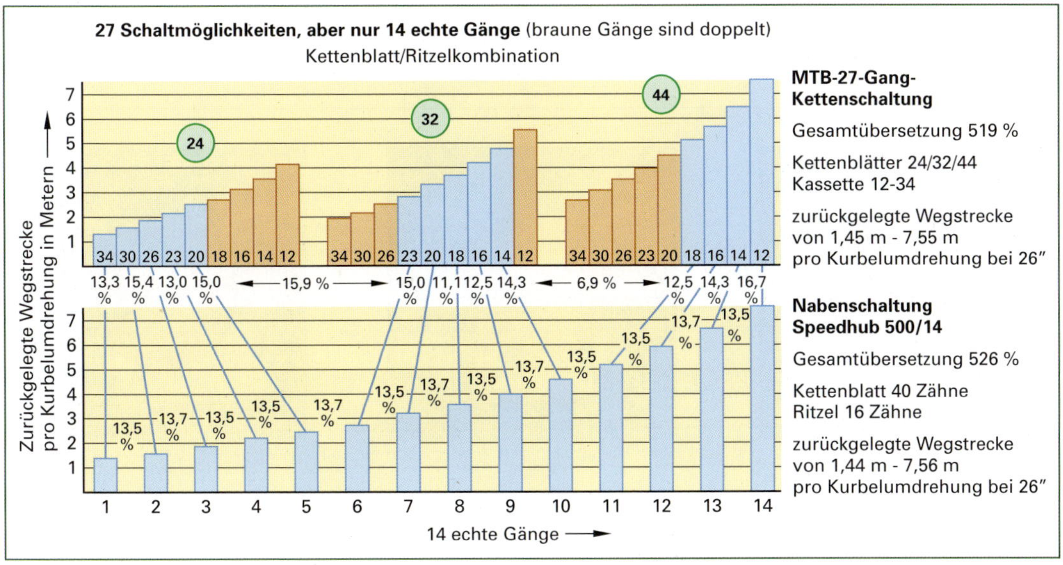

Bild 1: Entfaltung der 14Gang-Nabenschaltung im Vergleich zu einer Kettenschaltung

NuVinci-Nabenschaltung

Die NuVinci-Nabe ist eine stufenlose Getriebenabe des amerikanischen Herstellers Fallbrook. Die neue N360 CVP hat einen Übersetzungsumfang (Gesamtkapazität) von 360 % und wiegt ca. 2,45 kg einschließlich des Schmiermittels[1]. Die Nabe wird über einen Drehgriffschalter geschaltet und ist für den Einsatz an Alltagsrädern, Tourenrädern und Pedelecs vorgesehen **(Bild 1)**.

Bild 1: Schnittbild NuVinci

Die NuVinci-Nabe arbeitet wie alle Nabenschaltungen als Planetengetriebe, das aber nicht aus Zahnrädern, sondern aus Kugeln und Kugellaufbahnen aufgebaut ist **(Bild 2)**.

[1] Neu ab 2016: NuVincyN380

Die Verbindung zwischen den Getriebebauteilen erfolgt nicht formschlüssig wie bei Zahnradgetrieben, sondern kraftschlüssig, wobei ein spezielles Hydrauliköl (Valvoline Transmissions Fluid) in der Nabe den Schlupf zwischen den Kugeln und Kugellaufbahnen verhindert.

Durch Betätigung des Drehgriffschalters **(Bild 2, Seite 288)** werden die Lagerachsen der Kugeln schräg gestellt **(Bild 3)**. Die Kugeln entsprechen den Planetenrädern und die Lagerachsen den Planetenradachsen des normalen Zahnrad-Planetengetriebes. Durch die Schrägstellung verändert man den wirksamen Umfang der Kugel, so als würde man ein Zahnrad mit einer anderen Zähnezahl verwenden.

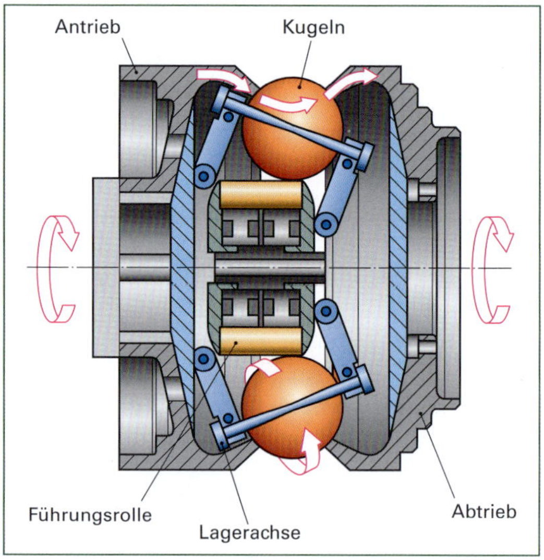

Bild 2: Funktion NuVinci

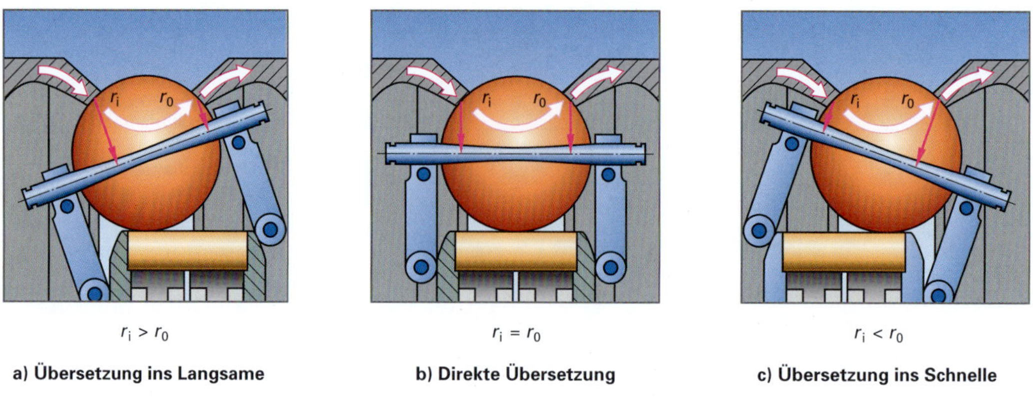

Bild 3: Schrägstellung der Kugelachsen

Ist die Kugelachse geneigt **(Bild 3a, Seite 278)**, übersetzt der linke Teil des Getriebes mit dem großen wirksamen Kugelradius r_i stark ins Langsame und der rechte Teil mit dem kleinen wirksamen Kugelradius r_0 schwach ins Schnelle. Die Gesamtübersetzung ist eine Übersetzung ins Langsame.

Steht die Kugelachse waagerecht (b), übersetzt der linke Teil des Getriebes genauso stark ins Langsame wie der rechte ins Schnelle. Die Gesamtübersetzung ist 1:1.

Ist die Kugelachse zur anderen Seite geneigt (c), übersetzt der linke Teil des Getriebes mit dem kleinen wirksamen Kugelradius r_i schwach ins Langsame und der rechte Teil mit dem großen wirksamen Kugelradius r_0 stark ins Schnelle. Die Gesamtübersetzung ist eine Übersetzung ins Schnelle.

Durch das Schrägstellen der Kugelachsen werden stufenlos alle möglichen Übersetzungen **(Bild 1)** durchlaufen.

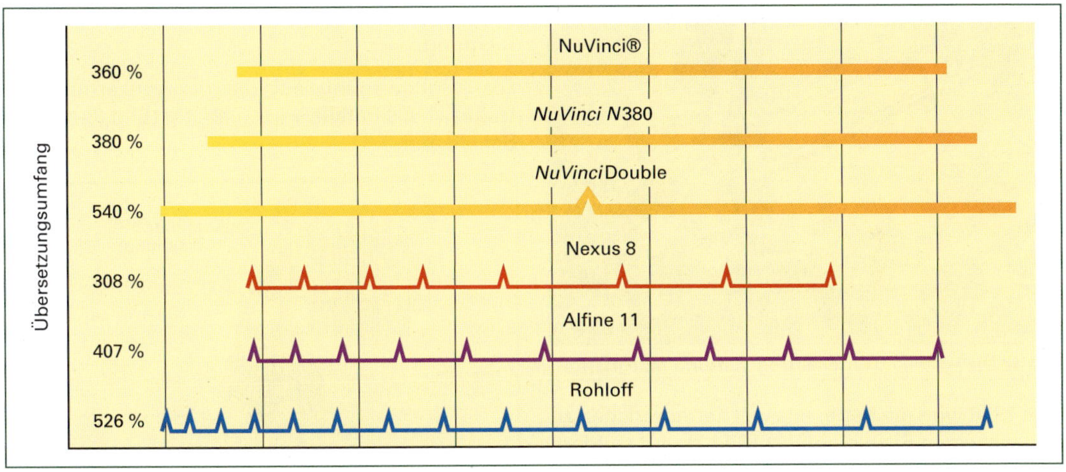

Bild 1: Übersetzungsumfang von Nabenschaltungen im Vergleich

Arbeitsplan:

Schaltseilwechsel am Beispiel einer Nabenschaltung Nexus (Shimano)

- Drehschaltgriff auf 4.Gangstufe stellen. Im runden Kontrollfenster am Drehschaltgriff muss die Ziffer 4 erscheinen.
- Drei Kreuzschlitzschrauben an der Schalthebelabdeckung lösen, Abdeckung entfernen.
- Schaltseil am unteren Ende (an der Achse des Hinterrades) abschneiden.
- Am Schalthebel den Nippel des Schaltseils aushebeln und das Schaltseil komplett herausziehen.
- Klemmschraube an der Nabe lösen und den Rest des Schaltseils entfernen.
- Das neue Schaltseil um die drei Führungsrollen im Schalthebel legen und durch die Einstellschraube in die Außenhülle vollständig einführen. Der Nippel muss korrekt in der Aussparung sitzen.
- Auf die richtige Länge der Außenhülle achten.
- Das andere (untere) Ende des Schaltseils um die Umlenkung an der Schaltkassette und durch die Klemmschraube führen.
- Schaltseil straff ziehen.
- Schaltseil unter Spannung halten und Klemmschraube anziehen.
- Schalthebel-Einstellschraube soweit hinein- oder herausdrehen, bis sich die beiden roten Einstellmarkierungen decken.
- Erste Gangstufe einlegen und danach erneut die vierte Stufe schalten. Kontrollieren, ob sich die beiden Striche noch exakt decken. Wenn nicht, die Spannung des Schaltseils mittels der Einstellschraube korrigieren.
- Probefahrt durchführen und prüfen, ob sich alle Gänge exakt und geräuschlos schalten lassen.
- Schaltseil kürzen. Abschlusskäppchen auf das Ende des Schaltseils setzen, damit es nicht ausfranst.

Bei der Inter-7 und der Inter-8 Nabenschaltung wird statt einer Klemmschraube ein Befestigungsbolzen auf das Schaltseil montiert und an der Schaltkassette eingehängt. Ausgehend vom Ende der Außenhülle (dort, wo am Hinterrad das Schaltseil die Außenhülle verlässt), misst man bei der Version mit Faltenbalg 127 mm, bei der Standardvariante 101 mm ab und fixiert hier den Bolzen.

6.6.2 Kettenschaltungen

Da Kettenräder im Maschinenbau meist exakt in Flucht zueinander stehen, hielt man es lange Zeit für unmöglich, die Kettenkraft auf ein nicht fluchtendes Ritzel zu übertragen.

Erst 1930 kam die Kettenschaltung „Vittoria Margherita“ auf den Markt **(Bild 1)**.

Bild 1: Die erste Kettenschaltung „Vittoria Margherita“

Seit 1950 wird die Kette mit zwei Kettenrädchen zu den einzelnen Ritzeln geführt **(Bild 2)** und seitdem hat sich an den Kettenschaltungen nichts Grundlegendes geändert.

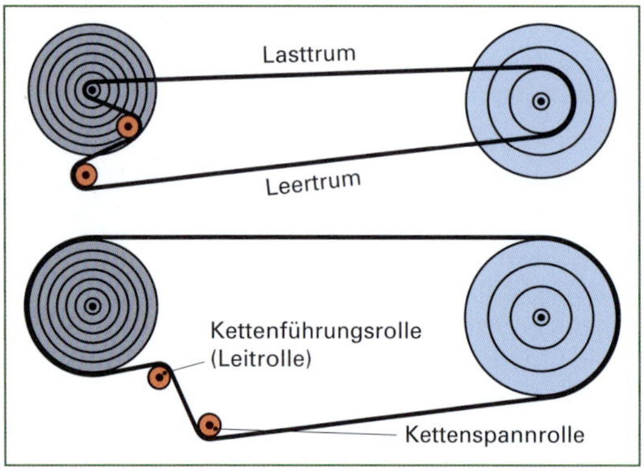

Bild 2: Prinzip der Kettenschaltung

Die komplette Kettenschaltung besteht aus:

- Schalthebeln
- Schaltzügen- und hüllen
- Hinterem Schaltwerk (auch als Derailleur bezeichnet)
- Vorderem Umwerfer

Prinzip Schaltwerk

Das Schaltwerk versetzt die Kette zwischen den Ritzeln. Um die Kette von einem Ritzel auf ein größeres zu führen, muss die Kette parallel verschoben und angehoben werden.

Betätigt der Radfahrer den Schalthebel, um einen anderen Gang einzulegen, bewegt der Schaltzug die Schwenkarme. Diese haben die Form eines Parallelogramms und sind an den vier Eckpunkten drehbar gelagert. Die Rückholfeder im Schaltwerk wird durch den Schaltzug gespannt oder gelöst.

Durch Ziehen am Schaltzug bewegen sich die Schwenkarme in eine Richtung und spannen die Feder. Durch Lösen der Zugspannung zieht die Feder die Schwenkarme in die entgegengesetzte Richtung.

Die Zugbewegung auf die Schwenkarme überträgt sich als Parallelverschiebung **(Bild 3)** auf den Schaltkäfig.

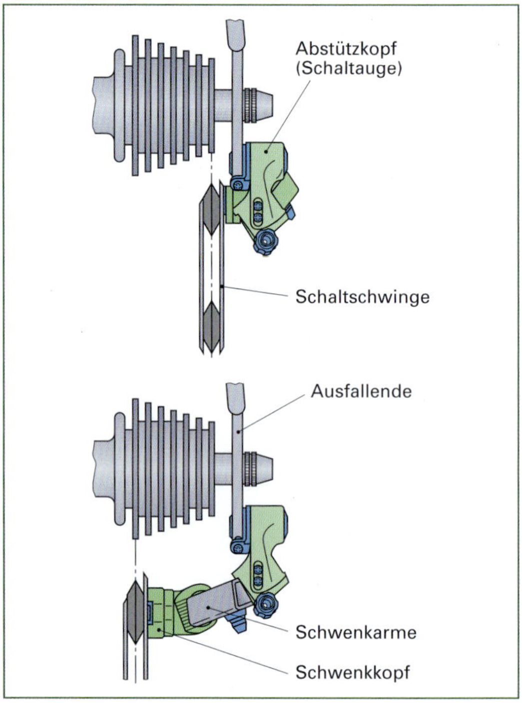

Bild 3: Parallelogramm-Schaltwerk

Die Kette, die über zwei Schalträdchen durch die Schaltschwinge läuft, macht die Parallelverschiebung mit und klettert auf das nächste Ritzel. Das obere Schaltungsrädchen (Kettenführungsrolle) schiebt die Kette beim Schalten von einem zum anderen Ritzel. Es hat seitliches Spiel, um mögliche ungenaue Schaltungseinstellungen auszugleichen (**Bild 1, Seite 281**).

Der Kettenverstellweg wird von zwei Justierschrauben (Schwenkbegrenzungsschrauben, **Bild 2, Seite 281**) begrenzt.

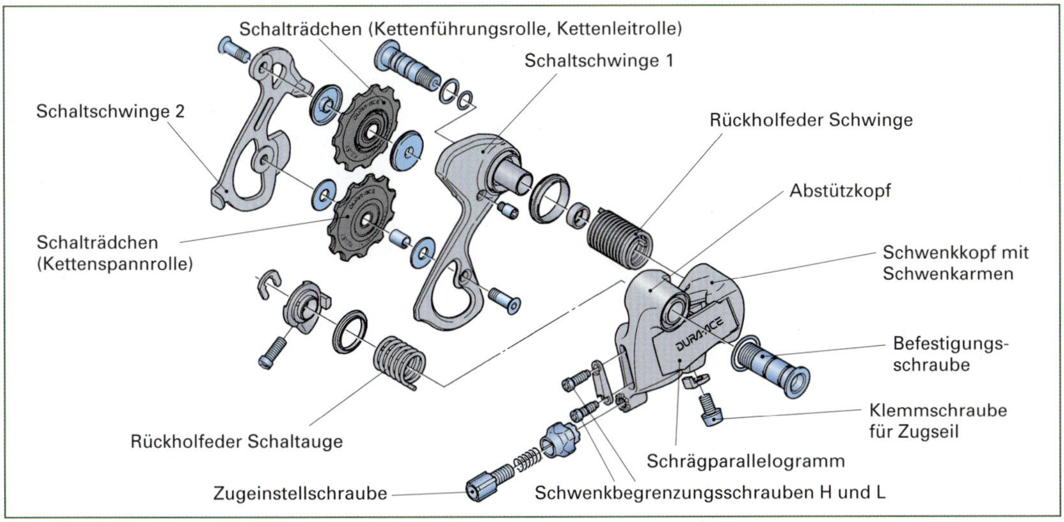

Bild 1: Modernes Schaltwerk „Dura Ace" (Shimano)

Bild 2: Justierschrauben (Begrenzungsschrauben)

Den Längenunterschied der Kette (größere Ritzel benötigen mehr Kettenlänge als kleinere) gleicht die federbelastete Schaltschwinge durch Drehung um ihre Lagerachse aus. Die untere Kettenspannrolle hält die Kette mittels der Rückholfeder der Schwinge unter Spannung.

An vielen Rahmen ist das Schaltwerk an einem austauschbaren Schaltauge befestigt. Die kleine Anschlagkante am Schaltauge begrenzt das Verdrehen des Schaltwerks. Mit der Einstellschraube B **(Bild 3)** stellt man den Abstand der Kettenführungsrolle zum größten Ritzel ein, so dass dieses das Ritzel nicht berührt. Vorne befindet sich die Kette dazu auf dem kleinsten Kettenblatt.

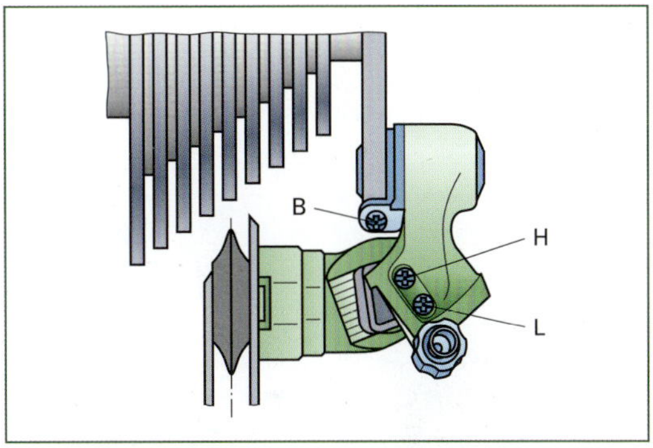

Bild 3: Einstellschraube B, Justierschrauben H und L

Schaltwerke müssen zu den verwendeten Zahnabstufungen passen. Die Parameter sind Maximalzähnezahl und Gesamtkapazität (Schaltkapazität).

Die **Maximalzähnezahl** gibt das größtmögliche Ritzel an, das mit dem Schaltwerk geschaltet werden kann.

Die **Gesamtkapazität** ist die Fähigkeit, die durch den Unterschied der Zähnezahlen freiwerdende (bzw. erforderliche) Kettenlänge auszugleichen. Sie ist die Summe der Zähnedifferenzen der Kettenblätter und Ritzel **(Rechenbeispiel auf Seite 530)**.

Je länger der Schaltwerkkäfig (und damit der Achsabstand der beiden Schalträdchen), desto größer ist die Gesamtkapazität.

Beispiel: Ein kurzer Schaltwerkkäfig mit 50 mm Achsabstand bietet eine Gesamtkapazität von 29 Zähnen. Ein mittlerer Käfig mit 73 mm Achsabstand 33 Zähne, ein langer Achsabstand von 85 mm 45 Zähne.

Die Funktion der Kettenschaltung wurde ab 1980 durch folgende Maßnahmen verbessert:

- Die *Positron* von Shimano und der *Commander* von Sachs: Von Gang zu Gang einrastende Schaltungen vermeiden manuelle Schaltfehler.
- Schrägparallelogramm von Suntour: Die um etwa 25 Grad schräg nach innen/unten angeordneten Parallelogramm-Arme heben die Kette leichter und schneller auf die nach innen größer werdenden Ritzel. Dabei sind die Achsen des Parallelogramms schräggestellt, um die Schwenkbewegung der Schaltschwinge der „Hüllkurve" des Ritzelpaketes anzupassen (bei einem Rennrad-Schaltwerk stehen die Achsen deshalb weniger schräg als bei einem MTB-Schaltwerk).
- Das Shimano-Hyperglide-Ritzel **(Bild 1)** mit kurzen Zahnhöhen, weiten Zahnbetten und seitliche ausgenommenen Ritzelzähnen lassen die Kette Zahn in Zahn eingreifend auf das Nachbarritzel überlaufen.

Eine „hyperglide-taugliche" Kette mit der hohen seitlichen Beweglichkeit lässt einen Schaltwechsel unter Last zu.

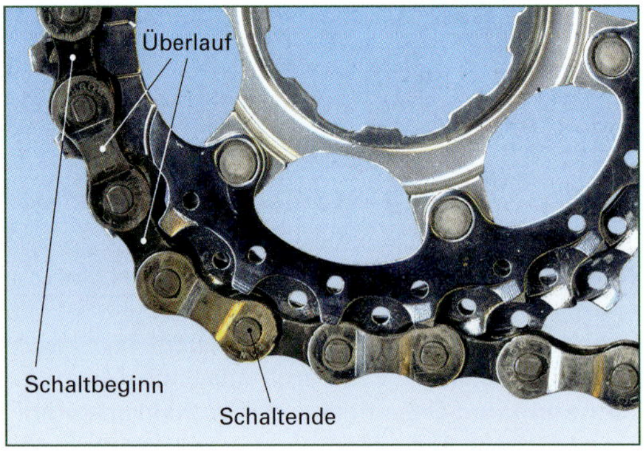

Bild 1: Kettenüberlauf bei einem Hyperglide-Ritzel-Zahnprofil

- Eine Rückholfeder im Abstützkopf, dem festen Teil der Parallelogramm-Lagerung, und die Schwingenfeder im beweglichen Schwenkkopf sorgen dafür, dass sich die obere Kettenführungsrolle immer im richtigen Abstand zum Ritzel befindet.

Arbeitsfolgeplan: Standard-Schaltwerk einstellen

1 Vorbereitung

- Das Schaltauge muss parallel zu den Ausfallenden stehen
- Die Zugeinstellschraube am Schaltwerk eineinhalb Umdrehungen heraus drehen. So hat man später den meisten Einstellspielraum.

2 Unteren Anschlag einstellen

- Tretkurbel drehen und Kette auf das größte Kettenblatt und das kleinste Ritzel schalten (größter Gang).
- Schwenkbereich des Schaltwerkes mit der Schwenkbegrenzungsschraube H so regulieren, dass die Kettenführungsrolle (oberes Schalträdchen) exakt lotrecht unter der äußeren Kante des kleinsten Ritzel steht **(Bild 2)**.

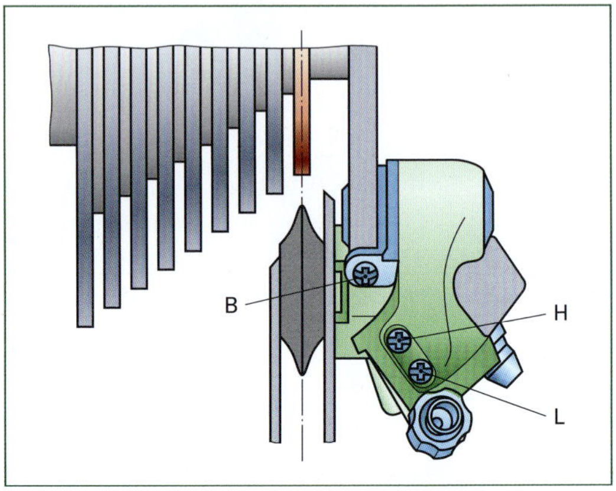

Bild 2: Justieren auf das kleinste Ritzel

3 Oberen Anschlag einstellen

- Tretkurbel drehen und auf das größte Ritzel (kleinster Gang) schalten **(Bild 2)**.
- Die mit L gekennzeichnete Schwenkbegrenzungsschraube so einstellen, dass die Kette noch auf das größte Ritzel klettern kann, aber nicht darüber hinaus. Die Kettenführungsrolle steht jetzt mittig unter dem größten Ritzel.

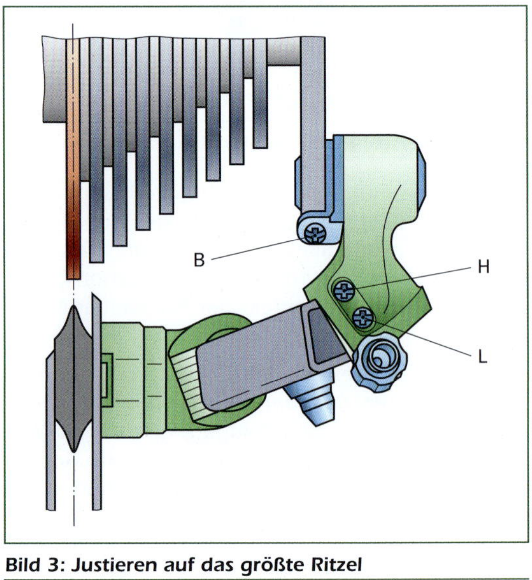

Bild 3: Justieren auf das größte Ritzel

5 Feineinstellung

1. Fahrrad in einen Montageständer setzen. Das Fahrrad **nicht** auf den Kopf (Lenker und Sattel) stellen, da der Kettenwechsel dann das Gewicht der Kette tragen muss. Dann liegen andere Bedingungen vor als im Normalbetrieb.
2. Die Kette vorne auf das größte Kettenblatt und hinten auf das kleinste Ritzel schalten.
3. Tretkurbel mit mittlerer Drehzahl drehen und ein Gang weiter schalten. Wenn die Kette in den nächsten Gang schaltet, ist die Zugspannung korrekt.
4. Falls die Kette nicht oder nur mit Mühe auf das nächst höhere Ritzel springt, ist die Zugspannung zu gering. Dann Zurückschalten und die Zugeinstellschraube eine halbe Umdrehung im Gegenuhrzeigersinn drehen **(Bild 1)**.

Bild 1: Feineinstellung des Schaltwerks

5. Noch einmal bei Punkt 2 beginnen.
6. Die Schaltgenauigkeit für die weiteren Ritzel in der gleichen Weise überprüfen und wenn nötig einstellen.
7. Die Kette auf das mittleren Kettenblatt und hinten auf das größte Ritzel schalten.
8. Schrittweise hinunterschalten.
9. Falls die Kette nicht sauber auf das nächst kleinere Ritzel springt, die Zugeinstellschraube um etwa eine Vierteldrehung im Uhrzeigersinn drehen.

info

Wenn nach dem Einstellen der Einstellschraube B und den Justierschrauben L und H die Feineinstellung nicht möglich ist, kann der Schaltkäfig verbogen oder der Schaltzug zu schwergängig sein.

Prinzip Umwerfer

Der Umwerfer besteht aus einem Parallelogramm-Gelenkmechanismus, der die Kette mithilfe eines umschließenden Schaltkäfigs (Kettenleitblech, Schaltgabel) zwischen den Kettenblättern verschiebt. Betätigt wird das Gelenk durch einen Schaltzug, der den Schaltkäfig nach außen zieht **(Bild 2)**.

Eine integrierte Feder zieht den Schaltkäfig bei sinkender Zugspannung wieder zurück.

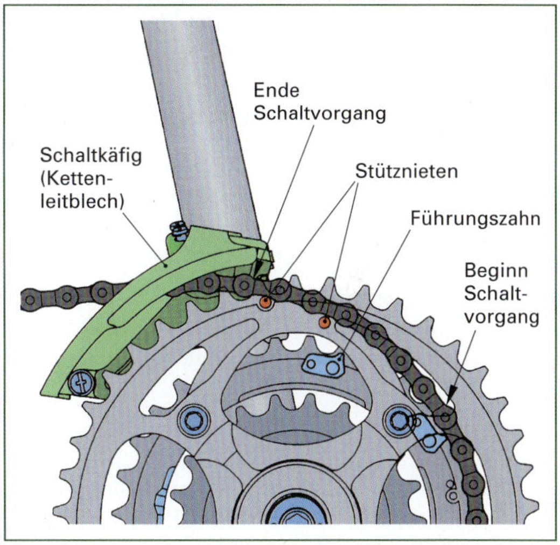

Bild 2: Kettenblattwechsel mit dem Umwerfer

Der Schaltkäfig schiebt und hebt (oder senkt) die Kette auf das benachbarte Kettenblatt. Die grundsätzlichen Einstellungen des Umwerfers umfassen Höhe, Parallelität , Begrenzung des Schwenkbereiches und Zugspannung des Schaltzuges.

Eine 3-fach Kettenblattgarnitur benötigt einen breiteren Schaltkäfig als eine 2-fach Garnitur **(Bild 3)**.

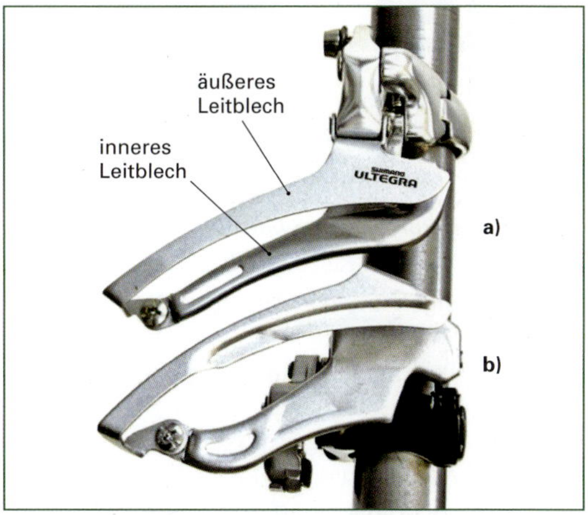

Bild 3: Schaltkäfig a) schmal b) breit

Die Befestigung am Sitzrohr erfolgt meist über eine Schelle **(Bild 1)**.

Bild 1: Schellenbefestigung

Mit zwei Justierschrauben wird die seitliche Verstellbarkeit begrenzt (für den Längenausgleich der Kette sorgt das hintere Schaltwerk).

Je nach Kettenblattgröße und Sitzrohrwinkel gibt es unterschiedliche Ausführungen, die eine definierte Höhen- und Drehwinkelanpassung ermöglichen.

Befindet sich das Parallelogramm-Gelenk oberhalb der Befestigungsschelle, bezeichnet man die Position als *Top Swing*. *Down Swing* ist die Position unterhalb der Schelle. Dieser Umwerfer ist meist höher am Sitzrohr angebracht.

Führt der Schaltzug von oben zum Umwerfer, spricht man von *Top Pull*, kommt er von unten, handelt es sich um eine *Bottom Pull*-Verlegung **(Bild 2)**.

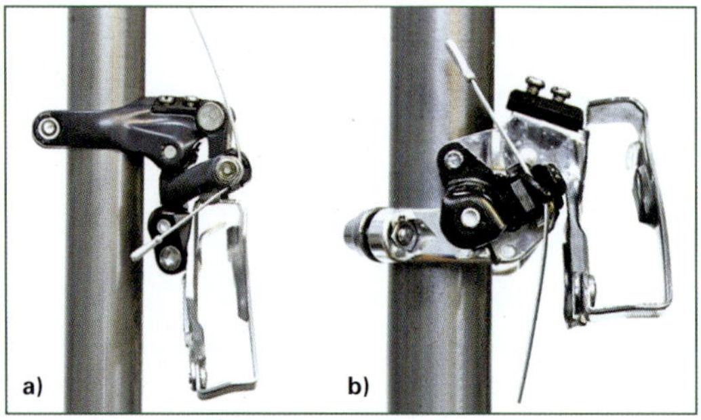

**Bild 2: a) Top Pull – Down Swing
b) Bottom Pull – Top Swing**

Verbesserungen an der Schaltfunktion des Umwerfers seit 1980:

- Gekürzte Kettenblattzähne erleichtern den Blattwechsel.
- Eine Nase am äußeren Leitblech erzeugt einen mehr punktuellen Druck und erreicht damit eine größere Schrägstellung der Kette zum Blattwechsel.
- Die Innenseite des Schaltkäfigs verläuft in einer Kurve nach oben und beschleunigt den Schaltvorgang auf größere Kettenblätter.
- Seitlich an den Kettenblättern angebrachte Hilfs- und Fangzähne (Führungszähne) unterstützen den Kletter- und Absteigevorgang der Kette.
- Der Schaltkäfig ist im hinteren Teil weiter geöffnet, damit der Umwerfer beim Aufliegen von Extremgängen seine Lage behält.

Die Einstellung des Umwerfers erfolgt nach

- Höhe
- Parallelität
- Begrenzung des Schwenkbereichs

Eine neue Umwerfertechnik, bei der der Schaltzug von vorn kommt, siehe: http://bikenews.shimano-eu.com/germany/de/side-swing-technologie.

Arbeitsfolgeplan: Umwerfer einstellen

1 Richtige Position

- Den Umwerfer am Sitzrohr so befestigen, dass die Unterkante der Kettenleitbleche 1 – 2 mm über dem großen Kettenblatt steht **(Bild 3)**.

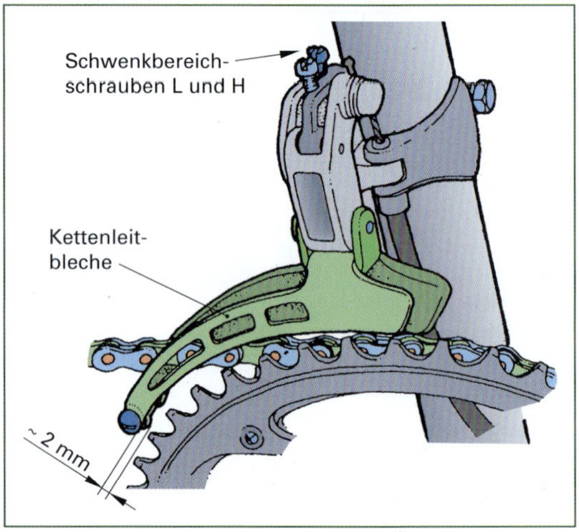

Bild 3: Schwenkbereichsschrauben und Grundeinstellung

- Die Leitbleche müssen dabei exakt parallel zu der Kette ausgerichtet sein **(Bild 4)**.

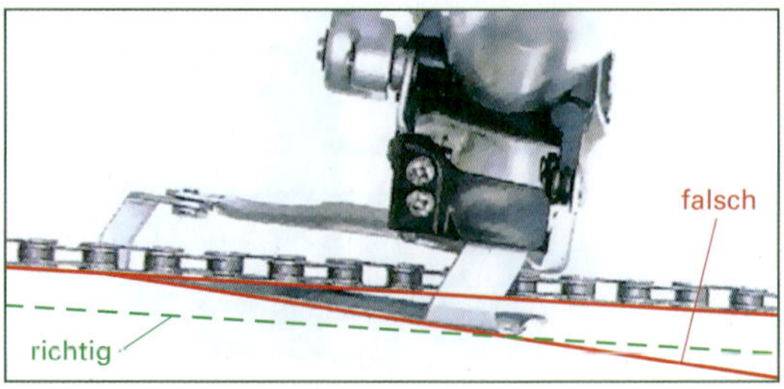

Bild 4: Parallelität prüfen

2 Unterer Anschlag

- Kette auf das kleinste Kettenblatt und auf das größte Ritzel legen.
- Mit der äußeren Schwenkbereichsschraube „L" (low gear) den Abstand so zur Kette regulieren, dass das innere Leitblech gerade nicht schleift.

3 Zugspannung

- Schaltzug von Hand vorspannen und befestigen.
- Zugspannung überprüfen. Wenn der Umwerfer nicht korrekt schaltet, mit der Einstellschraube am Schalthebel nachstellen.

4 Oberer Anschlag

- Kette auf das große Kettenblatt und auf das kleinste Ritzel legen.
- Mit der inneren Schwenkbereichsschraube „H" (high gear) den Abstand zur Kette so einstellen, dass das äußere Leitblech gerade nicht schleift.

5 Probefahrt

- Spannung am Schaltzug so korrigieren, dass das Umwerfen schnell und leicht erfolgt.
- Wenn die Kette rasselt, kleine Korrekturen an den Schrauben H und L vornehmen.

6 Synchronisierung

Indexierte Schalthebel für 3-fach Kettenblätter sind an der dreifachen Rasterung erkennbar. Eine Synchronisierung kann erst nach vollständiger Einstellung der Begrenzungsschrauben erfolgen.

- Die Kette auf das mittlere Kettenblatt und größtes Ritzel schalten.
- Der Abstand zwischen der Kette und der Innenseite des Schaltkäfigs sollte so gering wie möglich sein, ohne dass die Kette schleift. Zur Verringerung des Abstandes die Einstellschraube am Schalthebel gegen den Uhrzeigersinn drehen.
- Ist die Einstellschraube bereits am Anschlag, den Schaltzug korrigieren. Dazu die Kette auf das innere Kettenblatt legen, die Zugklemmschraube am Umwerfer lösen und den Innenzug neu spannen und fixieren.

6.6.3 Schalthebel

Schalthebel ist der Sammelbegriff unterschiedlicher Bauformen zur Betätigung der Naben- oder Kettenschaltung. An nahezu allen heute erhältlichen Fahrrädern sind die Betätigungseinrichtungen für Naben- oder Kettenschaltungen ergonomisch griffgünstig an unterschiedlichen Lenkerpositionen angebracht.

Die Betätigung erfolgt über einen Seilzug (Bowdenzug), der bei Mehrgangnaben **(Bild 1)** über eine Zugkette einen Schubklotz oder über Schubstangen ein Kupplungsrad verschiebt. Bei Kettenschaltungen verstellt der Seilzug das Schaltwerk und den vorderen Umwerfer.

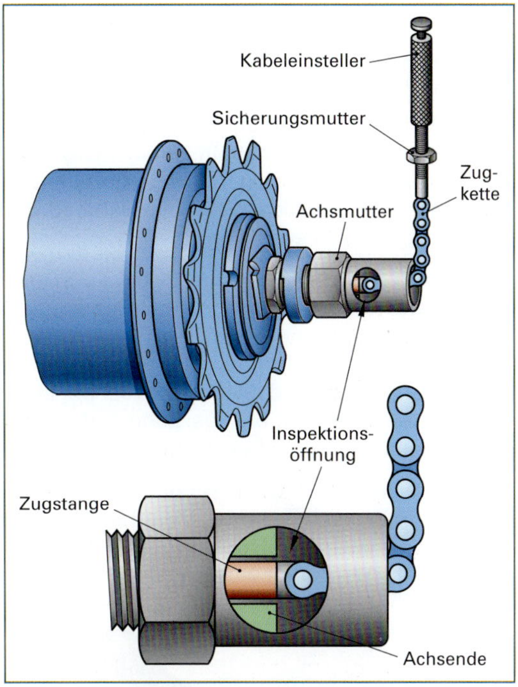

Bild 1: Einstellung einer Nabenschaltung (Sunrace Sturmey Archer)

Fahrräder, die bis Mitte der 80-Jahre gebaut wurden, sind noch mit einem **Reibungsschalthebel** ausgestattet **(Bild 2)**.

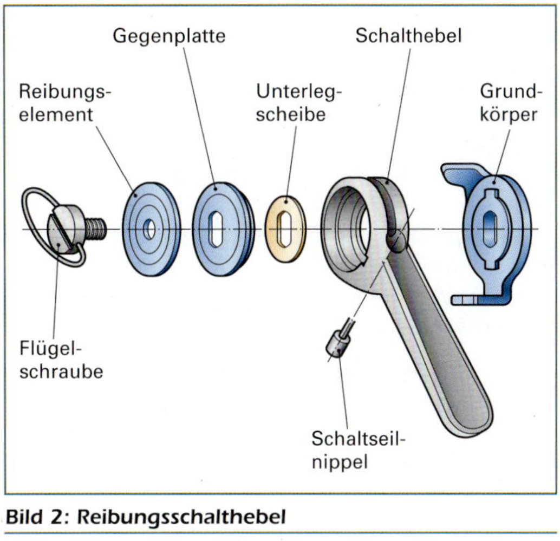

Bild 2: Reibungsschalthebel

Mit der zentralen Flügelschraube erzeugt man eine bestimmte Schwergängigkeit, die dafür sorgt, dass die Feder im Schaltwerk oder Umwerfer den gewählten Gang nicht verstellt. Verstellbare Endanschläge am Schaltwerk oder am Schalthebel begrenzen den Schaltweg.

Man muss nicht nur beim Hochschalten am Schalthebel „mit Gefühl" ziehen, sondern auch beim Herunterschalten – wenn der Seilzug gelockert werden muss.

Das Schalten nach Gefühl entfällt bei den sogenannten **Indexschalthebeln**. Hier rasten die Schalthebel in mehreren Stellungen ein und sind am harten, deutlichen Klicken während des Schaltvorganges zu erkennen.

In den ersten Indexschalthebeln befand sich eine runde Platte mit einer Reihe von halbrunden Aussparungen. Eine kleine Feder drückte eine kleine Kugel in die dem jeweiligen Gang zugeordnete Aussparung. Heute sind alle Indexhebel mit einer intelligenten Kombination aus Zahn- oder Rastscheiben und mehreren Sperrklinken versehen.

Nabenschaltungen hatten schon immer indexierte Betätigungshebel, da Mehrganggetriebe durch ungenaue Hebelstellung von Reibungsschalthebeln beschädigt würden **(Bild 1)**.

Bild 1: Lenker-Schalthebel mit Rastertechnik für die Torpedo-Dreigang-Nabenschaltung

Shimano Rapidfire **(Bild 2)** und SRAM Trigger sind Schalthebel, bei denen die Hebel für das Schaltwerk und den Umwerfer mittels Daumen und/oder Zeigefinger geschaltet werden. Das Schaltwerk wird per Daumen mit dem zum Fahrer *zugewandten* Hebel auf ein größeres, mit dem *abgewandten* Hebel und dem Zeigefinger auf ein kleineres Ritzel geschaltet.

Der Umwerfer wird per Daumen mit dem zum Fahrer *zugewandten* Hebel auf ein größeres, mit dem abgewandten Hebel und dem Zeigefinger auf ein kleineres Kettenblatt geschaltet. Traditionell wird der Schalthebel für das Schaltwerk rechts am Lenker, für den Umwerfer links montiert.

Zum Hochschalten auf ein größeres Kettenblatt muss man Kraft aufwenden, um die Federkraft des Umwerfers zu überwinden (im Daumen besitzt man die meiste Kraft). Zum Runterschalten mit dem Zeigefinger ist kaum Kraft nötig, da nur eine Sperrklinke gelöst wird und die Federkraft des Umwerfers das Schalten übernimmt. Bei neueren Modellen von Shimano ist das Herunterschalten sowohl mit dem Zeigefinger als auch mit dem Daumen möglich.

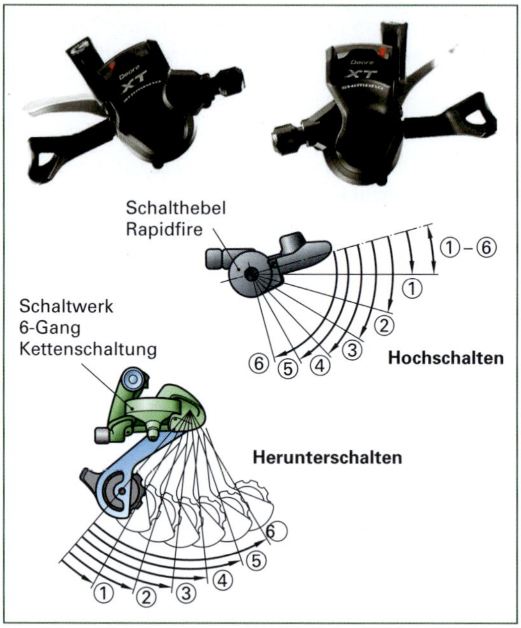

Bild 2: Rapidfire-Schalthebel (Shimano)

Präzises Schalten mit Indexschaltwerken für Kettenschaltungen setzt voraus, dass der Abstand der einzelnen Ritzel untereinander den gewählten Positionen am Schalthebel entsprechen **(Bild 3)**.

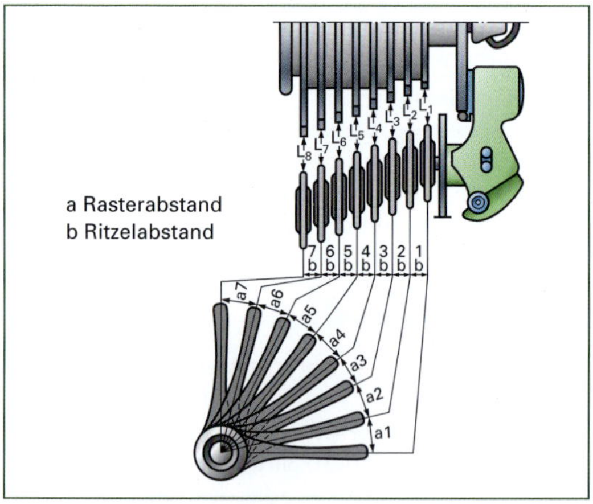

Bild 3: Schaltprinzip Index SIS (Shimano 8-Gang-Kettenschaltung)

Jeder Hersteller hat das Hebelverhältnis zwischen der Seilzug-Einhollänge im Schalthebel und den Hebeln und Ansteuerpunkten am Schaltwerk genau aufeinander abgestimmt, sodass nahezu kein Systemteil durch ein Fremdbauteil ausgetauscht werden kann.

Mit dem *Jtek Shiftmate Adapter* dagegen können unterschiedliche Systeme miteinander kombiniert werden.

Manche Schalthebel von MTBs und Trekkingsrädern sind vom Bremshebel getrennt. Dies bietet mehr Freiheit bei der Wahl des Bremssystems (seilzugbetätigt oder hydraulisch). Bei einem Defekt muss lediglich das nicht mehr funktionsfähige Teil ersetzt werden, sodass die Reparaturkosten niedriger sind.

Bremsschalthebel haben sich dagegen an Rennrädern und ähnlichen Fahrradtypen mit Rennlenkern durchgesetzt. Die Schaltung wird durch seitliches Kippen der Bremsgriffe (hochschalten) und durch einen zusätzlichen Hebel unmittelbar hinter dem Bremshebel (runterschalten) betätigt (Shimano).

Bei Campagnolo ist der Bremshebel starr. Der hintere Hebel dient zum Hochschalten, ein kleinerer Hebel auf der Innenseite des Bremsgriffs zum Runterschalten.

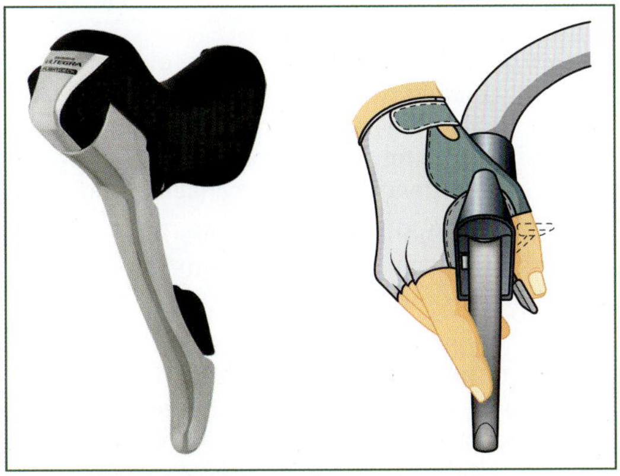

Bild 1: Bremsschalthebel. Links: STI (Shimano), rechts: Ergopower (Campagnolo)

info

Vorteil: Beim Schalten bleibt die Handposition unverändert, sodass man selbst im Wiegetritt einen Gangwechsel vornehmen kann.

In die Lenkerenden montierte **Lenkerendschalthebel** oder Barendshifter **(Bild 2)** sind an Triathlon- und Zeitfahrrädern üblich. Vereinzelt werden sie auch noch an älteren Cyclocrossrädern (Querfeldein, Radquer) und an Reiserädern mit Rennlenker (Randonneur) verwendet. Im Gegensatz zum Unterrohrschalthebel muss der Lenker zum Betätigen nicht losgelassen werden.

Bild 2: Lenkerendschalthebel

Indexierte Drehschaltgriffe werden zwischen Bremshebel und gekürztem Lenkergriff montiert **(Bild 3)**. Sie sind heute Standard zur Ansteuerung von Mehrgangnaben und werden auch für Kettenschaltungen angeboten.

Bild 3: Drehschaltgriff X9 (SRAM)

Der Drehgriff lässt sich einfach aufbauen und herstellen. Er gestattet das Schalten von mehreren Gängen in einem, sodass beim Ampelstopp eine Getriebenabe bequem in den ersten Gang zum Anfahren gestellt werden kann.

Eine sichtbare Ganganzeige ist Standard.

Die **Daumenschalter (Bild 4)** schalten schnell, auch bei allen Wetterbedingungen und lassen ergonomische Griffe zu.

Bild 4: Daumenschalter

Rohloff-, NuVinci- und Pinion-Drehgriffe verfügen über eine Steuerung mit zwei Zügen, während die im Hebel bzw. Drehgriff gerasteten nur einen Zug haben.

Die Rohloff Speedhub 14-Gang hat keinen Indexdrehschalthebel, weil die sogenannte Schaltleiste ein Teil des Nabengetriebes ist **(Bild 1)**. Die Schaltung ermöglich ein Durchschalten über mehrere Gänge hinweg.

Bei der stufenlosen Fallbrook NuVinci Nabe entfällt die Indexierung **(Bild 2)**.

Bild 1: Drehschalthebel Rohloff

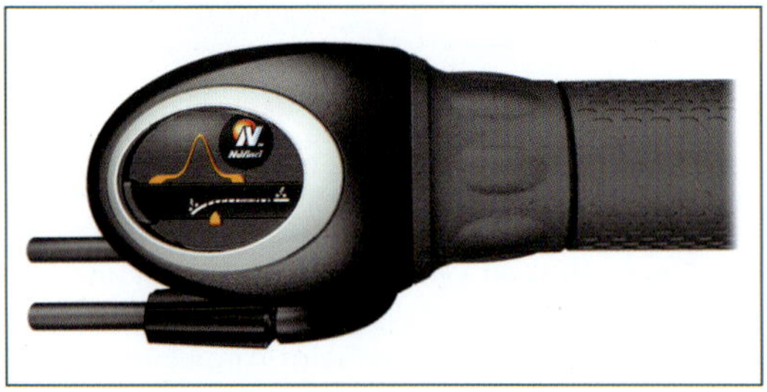

Bild 2: Schalthebel NuVinci[1]

Die Mechanik der meisten Schalthebel ist gleitgelagert. Nur die Spitzenmodelle der großen Komponentenanbieter haben eine Kugellagerung.

Eine regelmäßige Schmierung der Mechanik mit Feinmechaniköl oder dem besser auf Schmierstellen haftenden Sprühfett erhöht die Lebensdauer und sorgt für leichtgängige Funktion.

Schmierstoffe schützen die Mechanik und die Seilzüge außerdem vor eindringendem Wasser (Kapillarwirkung) und vor Rostbildung. Eingedrungenes Wasser kann im Winter gefrieren und die Funktion blockieren.

Oxidierte, gealterte Schmierfette und große Kälte können die Leichtgängigkeit der kleinen Sperrklinken beeinträchtigen, sodass die Hebel nicht mehr einrasten. Hier hilft das Verflüssigen des gealterten Fettes mit etwas Ölspray.

Hinweis: Schaltseile bei Neumontage, Inspektion und Reparatur immer schmieren.

Kettenöle eignen sich gut zum Schmieren der Schaltseile. Mehrere Komponentenhersteller bieten weiche, wasserbeständige Silikonfette an.

6.6.4 Weitere Schaltsysteme

Bei der Kombinationsschaltung *Dualdrive* **(Bild 3)** von SRAM werden 9 Ritzel vor eine Dreigang-Nabenschaltung gesetzt. Dadurch stehen trotz Verzicht auf den Umwerfer 27 Gänge zur Verfügung.

Bild 3: Kombination der Ketten-Nabenschaltung „Dualdrive"

Der vordere Teil der Kette kann mit einem Kettenschutz versehen werden. Ein weiterer Nutzen: Wurde bei einem Ampelstopp nicht rechtzeitig heruntergeschaltet, lässt sich über die Nabenschaltung im Stand ein Gangwechsel durchführen.

Den Nachteil höherer Reibungsverluste der Nabenschaltung kann man bei den kombinierten Schaltungen umgehen:

Im Normalgang ist das Planetengetriebe direkt übersetzt und verursacht keine Reibungsverluste. So lassen sich die neun Gänge der Nabenschaltung mit dem Wirkungsgrad einer Kettenschaltung fahren. Lediglich bei extremen Steigungen oder Gefällstrecken (Berg- oder Schnellgang) wird die Nabenschaltung aktiviert.

Zur Vergrößerung der Schaltkapazität werden Nabenschaltungen gelegentlich mit zwei Kettenblättern ausgestattet. Dazu ist ein Kettenspanner am Ausfallende erforderlich.

Probleme können auftreten, wenn das Kettenblatt weniger als 35 Zähne hat. Dann führt das höhere Antriebsmoment bei extremen Steigungen zu vorzeitigem Verschleiß oder Versagen der dafür nicht ausgelegten Nabenschaltung.

[1] Eine elektrisch betätigte Schaltung ist die NuVinci-Version *Harmony*. Ein Stellmotor regelt die Übersetzung so, dass eine gewählte Trittfrequenz eingehalten wird. In der Variante *Advanced* kann man auf manuelle Schaltung umstellen und selbst die Kontrolle behalten.

Tretlagergetriebe

Ein Tretlagergetriebe kann sich innerhalb des Tretlagers oder außerhalb am Kettenblatt befinden. Zusätzlich zur Nabenschaltung erweitert das Tretlagergetriebe den Übersetzungsbereich.

Während bei einer Kettenschaltung die Kette über verschieden große Kettenblätter läuft, wird beim Tretlagergetriebe das Kettenblatt von der Tretkurbel abgekoppelt und übersetzt: Die Tretkurbel dreht sich mit einer anderen Geschwindigkeit als das Kettenblatt.

Das Tretlagergetriebe Pinion P1.18 **(Bild 1)** ist als zweistufiges Stirnradgetriebe mit einer 3- und einer 6-Gang-stufe aufgebaut. Es ist für einen Toureneinsatz vorgesehen, während das Pinion P1.12 als Zwölfganggetriebe für den MTB-Einsatz konzipiert ist. Für Pedelecs mit Nabenmotor gibt es das P1.9CR und P1.9XR.

Die 3-Gangstufe ist ähnlich abgestuft wie die drei Kettenblätter einer Kettenschaltung. Die 6-Gangstufe ist feiner abgestuft, ähnlich der 6-fach-Kassette einer Kettenschaltung.

Es ergeben sich ohne Überschneidungen 3 x 6 = 18 Gänge aus den beiden Gangstufen. Der Übersetzungsbereich beträgt 636 %!

Montage:

Anstelle eines Tretlagers befindet sich am Rahmen ein angeschweißter Befestigungsbügel, an den das Getriebe angeschraubt wird.

Das Getriebe läuft in einem geschlossenen Ölbad.

Beim Tretlagergetriebe **Mountaindrive (Bild 2 und Bild 3)** übersetzt ein Planetengetriebe die Trittfrequenz ins Langsame. Dabei wird das Sonnenrad angetrieben und das Hohlrad festgesetzt.

Bild 1: Tretlagergetriebe Pinion P1.18

Bild 2: Mountaindrive (Schlumpf)

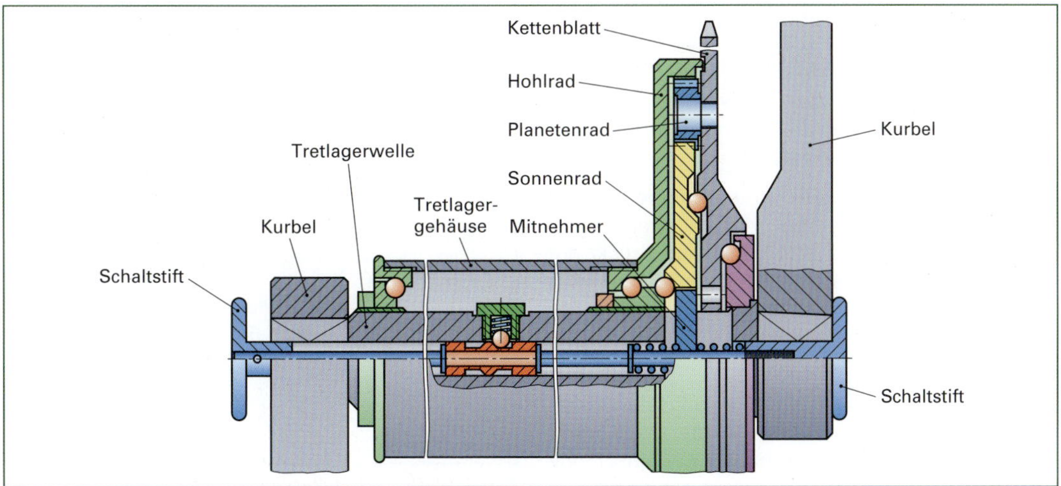

Bild 3: Tretlagergetriebe Mountaindrive (Florian Schlumpf)

Das Kettenblatt, das gleichzeitig als Planetenträger dient, dreht sich so um den Faktor 2,5 langsamer.

Geschaltet wird mit der Ferse, indem ein auf beiden Seiten der Tretlagerwelle angebrachter Schaltstift verschoben wird.

Mit dem rechten Schaltkopf wird der Mitnehmer nach links verschoben und setzt das Sonnenrad achsfest.

Gang	Funktion
Normalgang	Der Mitnehmer verkuppelt die Tretlagerwelle direkt mit dem Kettenblatt.
Berggang	Das Sonnenrad wird von der Tretlagerwelle angetrieben. Die Planetenräder drehen sich in dem fest mit dem Tretlagergehäuse verbundenen Hohlrad und versetzen das auch als Planetenträger arbeitende Kettenblatt in eine langsamere Umdrehung.

Alle Gänge einer hinteren Schaltung (Ketten- oder Nabenschaltung) kommen um das Zweieinhalbfache reduziert als Gänge hinzu. Beispiel: Ein 50-er Kettenblatt dreht sich auf Knopfdruck um den Faktor 2,5 langsamer – was einem Kettenblatt mit 20 Zähnen entspricht.

Servomechaniken

Um die Bedienungskräfte geringer zu halten, lässt sich zum Schaltvorgang auch die Tretkraft des Radlers nutzen. Auf diese Weise sind elektrisch unterstützte Gangwechsel mittels Tastendruck ohne großen Stromverbrauch möglich.

Shimano Power-Change-Mechanism (SPCM)

Beim Hochschalten des Umwerfers (**Bild 1a**) klappt die erste Schaltklinke hoch, die auf einer Kurvenscheibe gelagert ist.

Die Schaltklinke und die Kurvenscheibe werden von einem mit der Kurbel verbundenen Schaltfinger mitgedreht. Die Kurvenscheibe drückt auf einen Zughebel, der per Seilzug den Schaltkäfig über das große Kettenblatt schwenkt (**Bild 1b**). Dann schwenkt die Schaltklinke wieder in die Ausgangslage zurück.

Beim *Herunterschalten* (**Bild 2**) bewegt der Schaltfinger eine zweite Schaltklinke, die die Kurvenscheibe freigibt. Die mitdrehende Kurvenscheibe hebt den Zughebel an und dieser schwenkt den Schaltkäfig über das kleine Kettenblatt.

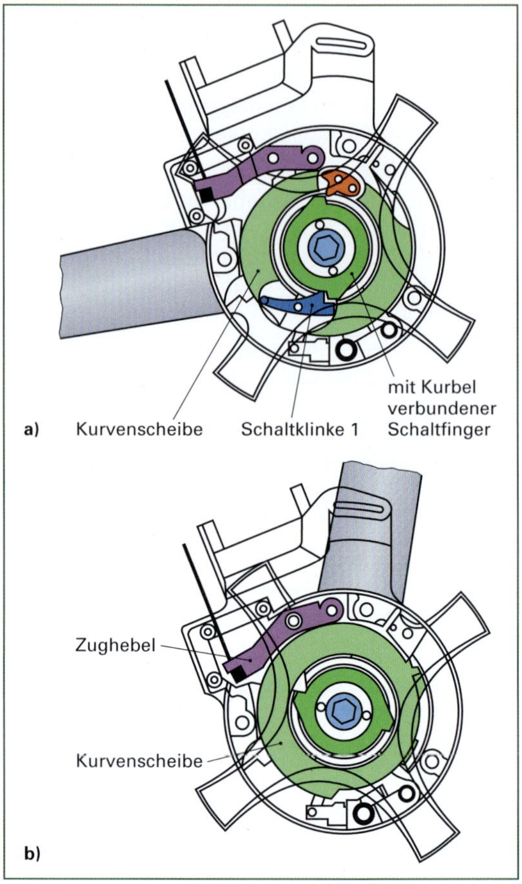

Bild 1: Hochschalten mit der Umwerfer-Servomechanik Shimano SPCM

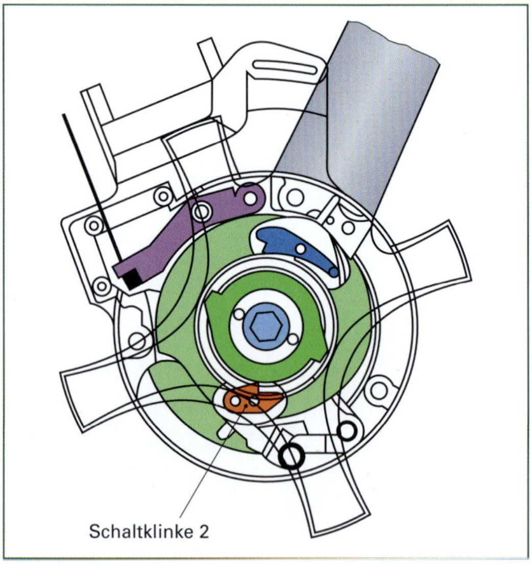

Bild 2: Herunterschalten mit der Umwerfer-Servomechanik Shimano SPCM

Die Ansteuerung der Schaltung über einen Seilzug bedeutet Reibung. Mit zunehmendem Verschleiß und/oder Verschmutzung der mechanischen Bauteile steigen die Bedienkräfte an und der Komfort nimmt ab. Dies ist im Radsport genauso unerwünscht, wie von Menschen mit körperlicher Einschränkung (z. B. Arthrose in den Händen). Ein weiterer Nachteil der mechanischen Schaltungsbetätigung ist, dass stets nur ein Schalthebel je Schaltkomponente verwendet werden kann.

Elektrisch/elektronisches Schaltwerk Mavic-Mektronic (1999)

Das obere Kettenrädchen treibt über eine Taumelscheibe eine Pleuelstange in einem Schieber hin und her. Sensoren lokalisieren den jeweiligen Standort der Pleuelstange. Beim Schaltvorgang verkuppelt ein Schaltrelais die Pleuelstange mit dem Schieber. Dieser schiebt dann die gesamte Schaltschwinge nach innen oder nach außen auf das nächste Ritzel **(Bild 1)**.

Die Sensoren sorgen dafür, dass das Schaltrelais nur für Bruchteile einer Sekunde arbeitet, wodurch dieses Schaltsystem mit einer kleinen Fotobatterie auskommt und rund 10 000 Schaltvorgänge ausführen kann.

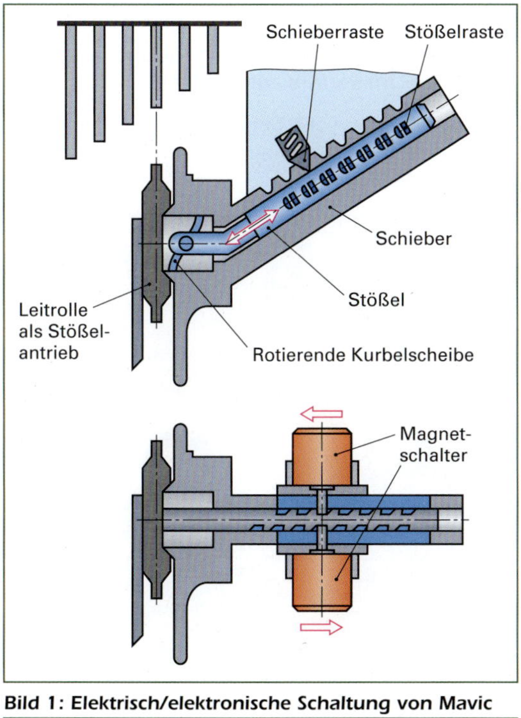

Bild 1: Elektrisch/elektronische Schaltung von Mavic

Automatische Schaltung Autodrive von Shimano

Die in Tretlagernähe untergebrachte Zentraleinheit erteilt Schaltbefehle, den eine elektrisch aktivierte Servomechanik vollzieht **(Bild 2)**.

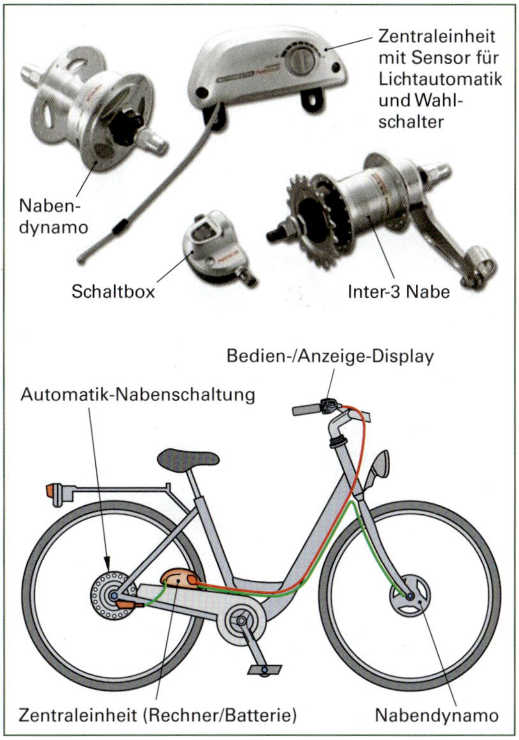

Bild 2: Autodrive von Shimano

Die Schaltbefehle erteilt der Rechner immer dann, wenn eine vorgegebene Fahrgeschwindigkeit über- oder unterschritten wird. Daher liegt zum Anfahren stets der erste Gang auf und mit zunehmender Geschwindigkeit schaltet der Rechner auf den jeweils höheren von vier Gängen.

Auf einem Mini-Cockpit lässt sich in zwei Stufen die Geschwindigkeit einstellen, bei der die Schaltwechsel erfolgen sollen. Alternativ hierzu lässt sich die Automatik auch abschalten.

Die Stromversorgung von Schaltautomatiken erfolgte bisher durch Batterien und Akkus. Durch Servo-Mechaniken im Stromverbrauch reduziert, reichte deren Kapazität für 5 000 km bis 10 000 km Fahrstrecke.

Um die Stromversorgung betriebssicherer und umweltfreundlicher zu gestalten, setzt Shimano Nabendynamos ein, die nicht nur für ein sich automatisch einschaltendes Licht sorgen, sondern auch den notwendigen Strom für die Schaltungsbetätigung liefern.

Elektronische Schaltung

Die elektronische Schaltung Shimano Di2 ist modular aufgebaut und für Naben- und Kettenschaltung erhältlich. Sie besteht aus der Batterie, den e-Tube-Kabeln, den Kabelverteilern, den Bedienschaltern, dem Anzeigedisplay, der Schaltung hinten und vorne mit Stellmotor und dem Ladegerät **(Bild 1)**.

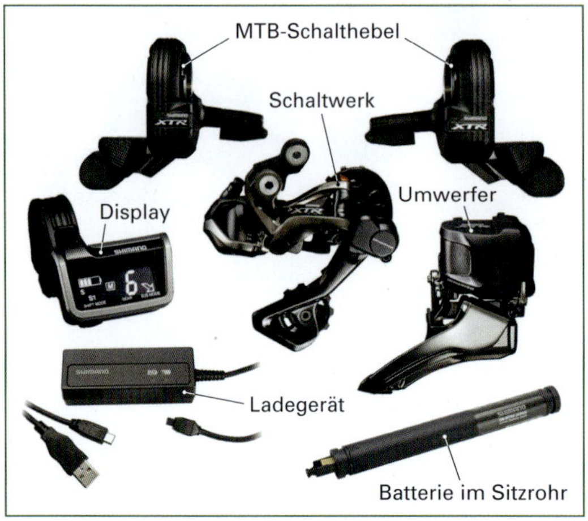

Bild 1: Einzelheiten einer elektronischen Schaltung (Shimano Di2)

Die Batterie kann intern im Sattelrohr oder im Vorbau oder extern auf dem Rahmenrohr befestigt sein. Wasserdichte Stecker sorgen für eine zuverlässige Kabelverbindung. Sollen mehrere Bedienelemente für eine Schaltung verwendet werden, (z. B. für Zeitfahrlenker), können diese über Kabelverteiler angeschlossen werden.

Zur Konfiguration, Aktualisierung der Firmware und Fehlerdiagnose benötigt man ein PC-Verbindungsgerät und eine spezielle Wartungssoftware **(Bild 2)**.

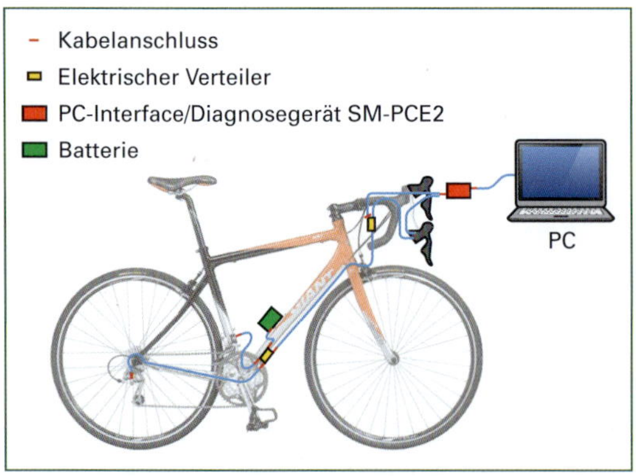

Bild 2: Anschlussschema einer elektronischen Schaltung (Shimano Di2)

Ein Nachteil herkömmlicher Kettenschaltungen mit zwei oder drei Kettenblättern ist, dass es beim Schalten zu gefühlten Gangüberschneidungen kommt. Man muss kurzfristig berücksichtigen, welche Gänge vorne und hinten gerade geschaltet sind, welcher Gang als nächster geschaltet werden soll und welche Gänge man meiden sollte.

Die elektronische Di2-Kettenschaltung gestattet das sogenannte synchronisierte Schalten. Über das Diagnoseinterface kann die Reihenfolge der Gänge festgelegt werden, sodass die gewünschten Gänge von nur einem Schalter angesteuert werden können. Nach Festlegung der Schaltreihenfolge werden die gewünschten Gänge nacheinander automatisch eingelegt **(Bild 3)**.

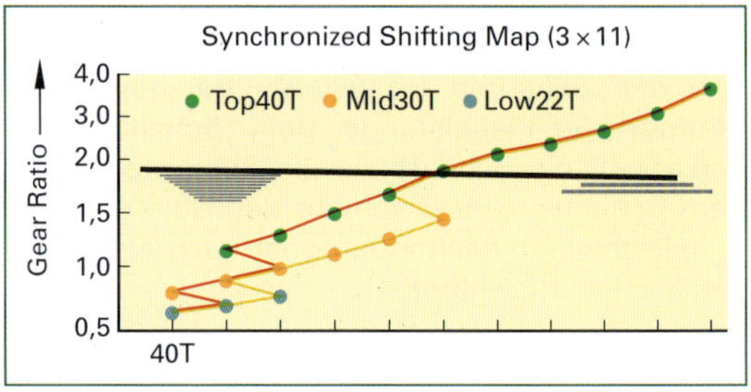

Bild 3: Synchronisiertes Schalten (Shimano Di2)

Die gelbe Linie gibt die intelligente Schaltreihenfolge von 15 Gängen, der insgesamt 33 vorhandenen Gängen wieder. Überschneidungen sind vermieden und eine gleichmäßige Übersetzung erreicht.

Bei den Rennradschaltungen erfolgt die Trimmung des Umwerfers automatisch.

Weitere elektronische Schaltungen sind die Rennradschaltung Campagnolo EPS und die Red e Tap von SRAM **(Bild 4)**.

Bild 4: Elektronische Schaltung Red e Tap (SRAM)

7 Bremsen

In einer Zeit mit hoher und noch zunehmender Verkehrsdichte und eines beschleunigten Verkehrsablaufes werden an die Qualität und an die Sicherheit der Bremsen hohe Anforderungen gestellt.

- Die Bremsen sollen leicht sein, große Bremswirkungen erzielen und die entstehende Wärme abführen.
- Die Bremsen müssen gut zu dosieren sein und unterschiedlich hohe Systemgewichte (Fahrrad, Fahrer und Gepäck) sicher abbremsen.
- Eine große Bremswirkung muss bereits mit geringer Handkraft erzielt werden.
- Bremsen müssen verschleißfest, einfach zu reparieren und einzustellen sein sowie zuverlässig arbeiten.

Die Fahrradbremse hat zwei Grundaufgaben:

Als **Verzögerungsbremse** soll sie die Fahrt verlangsamen und/oder das System Rad und Fahrer zum Anhalten bringen. Die größte Bremswirkung wird erreicht, wenn sich beim Bremsvorgang die Laufräder gerade noch drehen, aber noch nicht rutschen.

Als **Dauerbremse** soll sie auf Gefällstrecken die Geschwindigkeit konstant halten.

In der Fahrpraxis überlagern sich beide Aufgaben. Die Geschwindigkeit muss bei Bergabfahrten nicht nur konstant gehalten, sondern auch verlangsamt und bei Bedarf muss auch angehalten werden können.

7.1 Vorschriften

Eine Vorschrift über die Wirksamkeit und Prüfung der Bremse, wie sie für die Kraftfahrzeuge besteht, gibt es für Fahrräder nicht. Die Fahrsicherheit ist bei Fahrrädern nicht durch ein (z. B. vom Technischen Überwachungsverein) erteiltes Gutachten gewährleistet und es besteht keine periodische Vorführpflicht.

7.1.1 Gesetzliche Vorschriften

Laut Straßenverkehrszulassungsordnung StVZO § 65 muss ein Fahrrad mit zwei voneinander unabhängigen Bremsen ausgerüstet sein, von denen eine auf das Vorderrad und eine auf das Hinterrad wirkt.

Sinn dieser Vorschrift ist, dass bei Ausfall einer Bremse noch eine zweite funktionstüchtige Bremse zur Verfügung steht.

Fahrräder mit mehr als zwei Rädern müssen mit einer Feststellvorrichtung ausgerüstet sein.

7.1.2 Sicherheitstechnische Anforderungen und Prüfungen

In Arbeitskreisen von Industrie, Handwerk und Handel, den Normeninstituten, der Fachverbände, der Prüfstellen (Technischer Überwachungsverein, Landesgewerbeanstalt, Stiftung Warentest, Gewerbeaufsichtsämter), der Verbraucherverbände, der Behörden und der Wissenschaft wurden über Jahrzehnte sinnvolle und praxisnahe Vorschriften für Fahrradbremsen erarbeitet.

Die neue Norm EN ISO 4210 (Jan 2015) ersetzt die bisherige DIN 79100, DIN EN 14764 für City- und Trekking-Fahrräder, DIN EN 14766 für Geländefahrräder und DIN EN 14781 für Rennräder.

Für Kinderfahrräder gilt weiterhin DIN EN 14765. Diese Norm gilt für Fahrräder mit einer maximalen Sattelhöhe > 435 mm und < 635 mm.

Die Befestigungen von **Handbremsen** dürfen sich nicht selbstständig lösen. Handbremshebel müssen am Lenker so angebracht sein, dass sie sich in üblicher Fahrposition bequem betätigen lassen.

Die Bremsen müssen nachstellbar sein, damit der Verschleiß an den Bremsschuhen[1] ausgeglichen und die geforderte Bremswirkung erreicht wird.

Der Abstand *d* des Handbremshebels vom Lenker darf im Abstand *a* über eine Länge von 40 mm 90 mm **(Bild 1)** nicht überschreiten. *a* ist der Abstand vom kleinen Finger bis zum Ende des Bremshebels. Er wird mit einer Lehre gemäß EN ISO 4210-4 ermittelt.

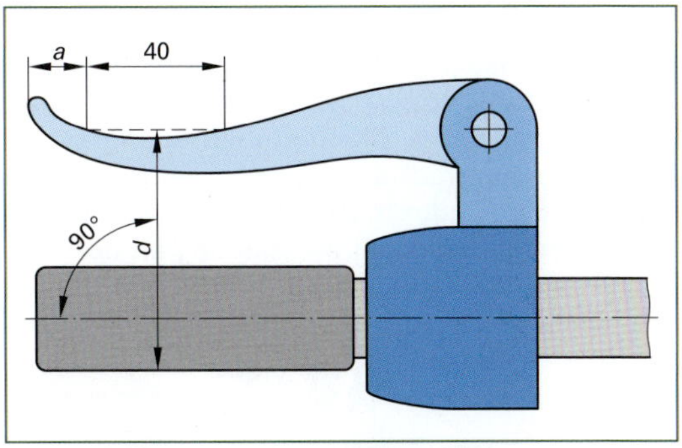

Bild 1: Abstand Handbremshebel-Lenker

Die Überprüfung von Bremsschuhen erfolgt an einem fertig montierten Fahrrad mit richtig eingestellten Bremsen. Zur Funktionsprüfung ist

[1] Nach DIN EN 15532 unterscheidet man Bremsschuh und Bremsklotz. Mit Bremsklotz bezeichnet man ausschließlich das Gummimaterial, mit Bremsbelag den Bremsschuh einer Scheibenbremse

jeder Bremshebel mit einer Kraft von $F = 180$ N (130 N)[1] zu betätigen (Kraftangriffspunkt *a* siehe **Bild 1, Seite 293**). Diese Kraft ist beizubehalten, während das Rad fünfmal vorwärts und rückwärts verschoben wird. Dabei dürfen keine Veränderungen an den Bremsschuhen und -klötzen auftreten.

Die Bremsschuhe und Bremsbeläge sind mit Hersteller, Typbezeichnung und Verwendungsbereich zu kennzeichnen. Aus der Typbezeichnung muss der verwendete Werkstoff des Bremsbelages hervorgehen, der eine Zuordnung zum Felgenwerkstoff ermöglicht (z. B. Al/St).

Die Bremsschuhe müssen verhindern, dass die Bremsklötze weder beim Vor- noch Rückwärtsbewegen des Fahrrades herausfallen können. Ihre Einbaurichtung ist zu beachten.

Bei der Prüfung der Belastbarkeit darf kein Versagen des Bremssystems oder der Einzelteile auftreten. Die Prüfung erfolgt auf einem Prüfstand. Dazu wird bei Handbremsen **(Bild 1)** eine Kraft von 450 N (300 N)[1] eingeleitet.

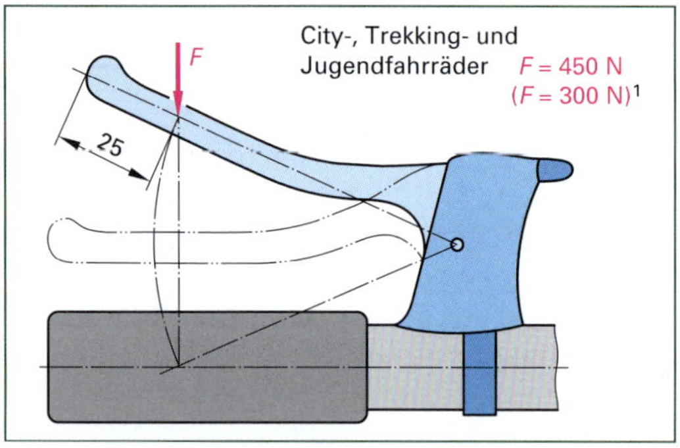

Bild 1: Handkraft am Handbremshebel nach EN ISO 4210-2

Die **Fußbremse** (Rücktrittbremse) wird durch eine entgegen der Antriebsrichtung wirkende Fußkraft des Fahrers betätigt. Die Kraftübertragung erfolgt durch die Fahrradkette, deren Leertrum beim Bremsen zum Zugtrum wird. Der Winkel zwischen der Antriebs- und der Bremsstellung an der Tretkurbel darf 60° (Totgangwinkel, **Bild 2**) nicht überschreiten.

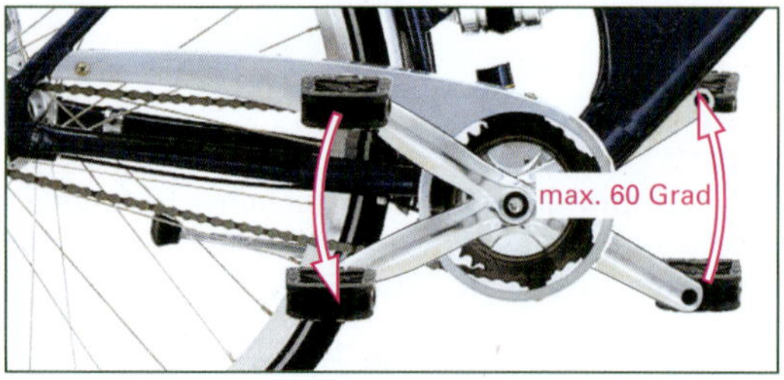

Bild 2: Totgangwinkel bei Rücktrittbremsen

Die Funktionsüberprüfung der Fußbremse nach EN ISO 4210-2 erfolgt mit einer Pedalkraft von 250 N.

Bei der Prüfung auf Belastbarkeit der Fußbremse darf kein Teil des Bremssystems versagen, wenn das Fahrrad mit einer Pedalkraft von 1500 N belastet wird **(Bild 3)**.

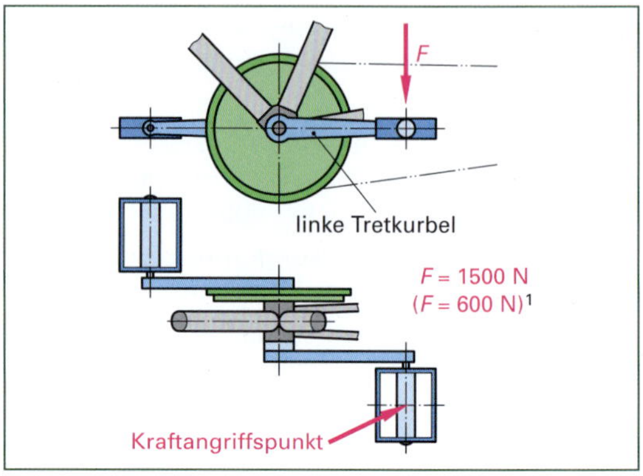

Bild 3: Pedalkraft bei fußbetätigten Bremsen nach EN ISO 4210-2

Das Fahrrad muss bei unterschiedlichen Bedingungen bestimmte Bremswege einhalten:

Bedingung	Geschwindigkeit km/h	Bremsen in Benutzung	Bremsweg m
Trocken	25	Beide Bremsen	7
		Nur hintere Bremse	15
Nass	16	Beide Bremsen	5
		Nur hintere Bremse	10

Die Bremsen an Hinterrad (HR) und Vorderrad (VR) müssen bestimmte Mindestverzögerungen *a* (Werte in m/s²) erlauben:

Fahrradtyp	Bremse	*a* Trocken	*a* Nass
Cityrad, Trekkingrad	VR HR	3,4 2,2	2,2 1,4
Rennrad	VR HR	4,2 2,6	2,2 1,4
Mountainbike	VR HR	4,2 2,8	2,2 1,4

Die Mindestverzögerung wird als Maß genommen, da diese Größe unabhängig von Fahrzeuggewicht und Bremskraft ist.

[1] Klammerwerte für Kinderfahrräder nach DIN EN 14765

7.1.3 Kraftübertragung und Übersetzungsverhältnis

Um die erforderlichen Reib- und Bremskräfte zu erzielen, muss die Handkraft am Bremsgriff bzw. die Fußkraft an der Tretkurbel durch eine Kraftübersetzung verstärkt werden. Die Kraftübersetzung hängt ab von

- dem Bremsentyp (Felgen- oder Nabenbremse, mechanisch oder hydraulisch betätigte Bremse).
- der Übersetzung am Bremsgriff oder an der Tretkurbel.
- der Übersetzung innerhalb der Bremse.
- den Reibungsverlusten bei der Kraftübertragung (Seilzug, Gelenke, Kette, Hydraulik).

Zur Verstärkung der Handkraft F_1 betätigt man am Bremsgriff den längeren Hebel l_1, der auch als Kraftarm bezeichnet wird **(Bild 1)**.

Der kürzere Hebel ist der Lastarm, der die Kraft übersetzt und weiterleitet. Seine Länge l_2 ist der senkrechte Abstand zwischen dem Drehpunkt und der Einhängung des Bremsseils[1].

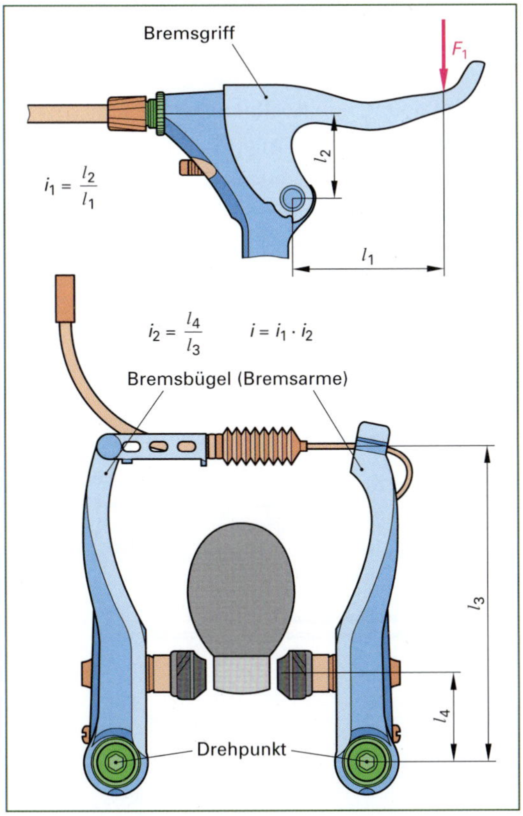

Bild 1: Gesamtübersetzung einer V-Bremse

[1] Nach DIN EN 15532 gibt es Bremsseile oder Schaltseile. Außenhüllen nennt man Seilhüllen.

Nach dem Hebelgesetz:

Kraft x Kraftarm = Last x Lastarm bzw.

$$F_1 \cdot l_1 = F_2 \cdot l_2$$

beträgt das Übersetzungsverhältnis der Kräfte

$$i = \frac{F_1}{F_2}$$

und das Übersetzungsverhältnis der Hebelarme

$$i = \frac{l_2}{l_1}$$

Bei einem Übersetzungsverhältnis < 1 liegt eine Kraftverstärkung vor (siehe Rechenbeispiel **Seite 522**).

An den Bremsbügeln erfolgt die zweite Stufe der Übersetzung über unterschiedlich lange Hebel.

Der Kraftarm l_3 ist der Abstand vom Drehpunkt des Bremsbügels bis zur Aufnahme des Bremszuges.

Der Lastarm l_4 (das sog. Bremsmaß) ist der Abstand vom Drehpunkt des Bremsbügels bis zur Mitte des Bremsklotzes.

Für die zweite Stufe der Hebelarm-Übersetzung gilt:

$$i_2 = \frac{l_4}{l_3}$$

Die Gesamtübersetzung ist das Produkt der Einzelübersetzungen: $i = i_1 \cdot i_2$

Der Bremsgriff und der Bremskörper müssen optimal aufeinander abgestimmt sein, damit sich die Bremse sicher betätigen und dosieren lässt.

Bei der Bestimmung der Bremskraft sind noch die Reibungsverluste bei der Bremskraftübertragung und das Bremsspiel zwischen Bremsschuh und Felge bzw. Bremsbelag und Bremsscheibe zu berücksichtigen.

Für Trommelbremsen und mechanische Scheibenbremsen gelten ähnliche Bedingungen. Sie benötigen aber wegen des kleineren wirksamen Bremshebelarms (Abstand Radaufstandspunkt/Bremsenwirkpunkt, siehe **Bild 3, Seite 523**) deutlich höhere Kraftverstärkungen als Felgenbremsen.

Die Hebelverhältnisse an einer Trommelbremse unterscheiden sich je nach Bremsentyp (**Bild 1, Seite 296**).

Mit einem Seilzug werden bei geringerem Gewicht größere Kräfte übertragen als über Gestänge. Mit dem Bremsseil, einem in einer flexiblen Hülle geführten Drahtseil, kann man Kräfte auch ohne Umlenkrollen um Ecken führen. Die flexible Hülle dient als Widerlager für das Seil und wird am Bremsgriff und am Bremskörper abgestützt. Das Seil bewegt sich relativ zur Hülle.

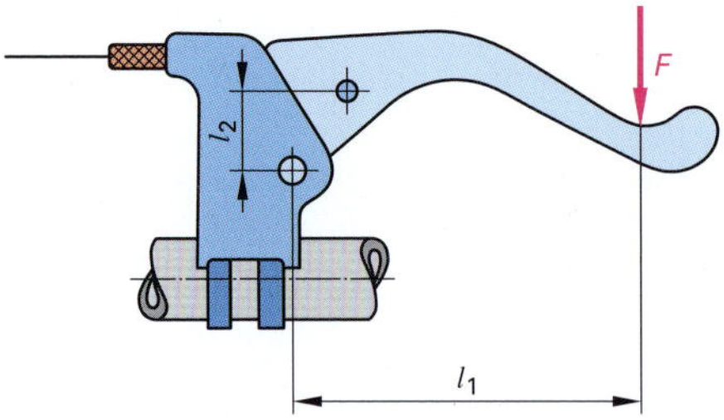

$i_1 = \frac{l_2}{l_1}$ $i_2 = \frac{l_n}{l_3}$ $i_3 = \frac{b}{a}$

$l_1 = 92$ $l_2 = 25$ $l_3 = 50$

$l_n = 6$ $a = 70$ $b = 35$

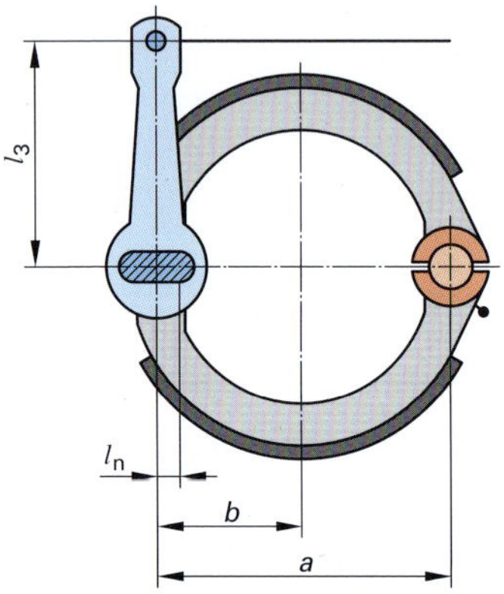

$i < 1 \rightarrow$ Kraftverstärkung

$i > 1 \rightarrow$ Kraftverringerung

$$i = \frac{l_2}{l_1} \cdot \frac{l_n}{l_3} \cdot \frac{b}{a} = \frac{25}{92} \cdot \frac{6}{50} \cdot \frac{35}{70} = \frac{5250}{322000} = \frac{1}{61{,}3}$$

Bild 1: Gesamtübersetzung einer Trommelbremse

Die Seilhülle, eine eng gewickelte Drahtwendel im Kunststoffmantel, nimmt die entsprechenden Druckkräfte auf. Dabei staucht sich die Hülle etwas zusammen und der Seilzug dehnt sich. Dieser „Ziehharmonika-Effekt" verkürzt den wirksamen Weg des Bremshebels und der Druckpunkt fühlt sich weicher an. Dieser Effekt wird besonders an der Hinterradbremse von Damenrahmen spürbar, wo Seil und Bremsseilhülle häufig mehr Bögen haben.

Jede Kraftübertragung und -umlenkung ist mit Verlusten durch elastische Verformung der Bauteile und durch Reibung verbunden. Beim Bremsseil hängt die Größe ab von

- der Handkraft.
- der Reibung zwischen Seil und Hülle.
- der Summe aller Umschlingungswinkel der Bögen **(Bild 2)**.

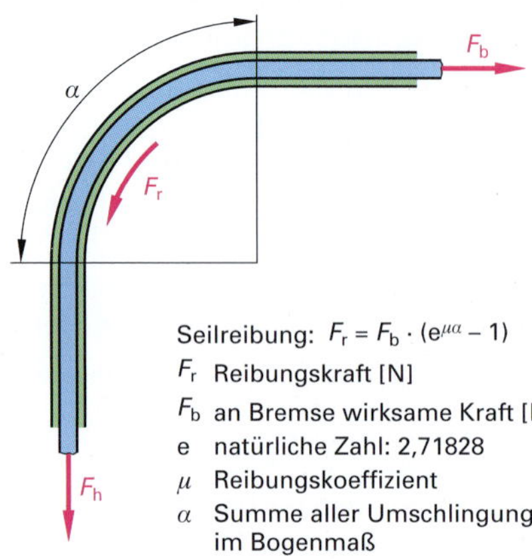

Seilreibung: $F_r = F_b \cdot (e^{\mu\alpha} - 1)$

F_r Reibungskraft [N]

F_b an Bremse wirksame Kraft [N]

e natürliche Zahl: 2,71828

μ Reibungskoeffizient

α Summe aller Umschlingungswinkel im Bogenmaß

Bild 2: Seilreibung im 90°-Bogen eines Bremsseils

Die Kraftverluste durch Seilreibung liegen zwischen 21 % ($\mu = 0{,}15$, 90°-Bogen) und 47 % bei einem wartungsbedürftigen Bremsseil zur Hinterradbremse mit zwei 90°-Bögen.

Die Reibung kann verringert werden durch:

- Zugverlegung (wenige Bögen, große statt kleine Bögen)
- Geglättete Bremsseile aus Edelstahl Rostfrei (Vermeidung von Rostbildung)
- Schmierung mit Schmierfett oder Kettenöl
- Außenhülle mit Kunststoff-Innenrohr (Teflon-Liner)

Bei **hydraulisch betätigten Felgenbremsen** wird die Kraft (F_1 in **Bild 3**) vom Geberkolben zum Bremskolben durch den Druck p in einer Flüssigkeitssäule übertragen.

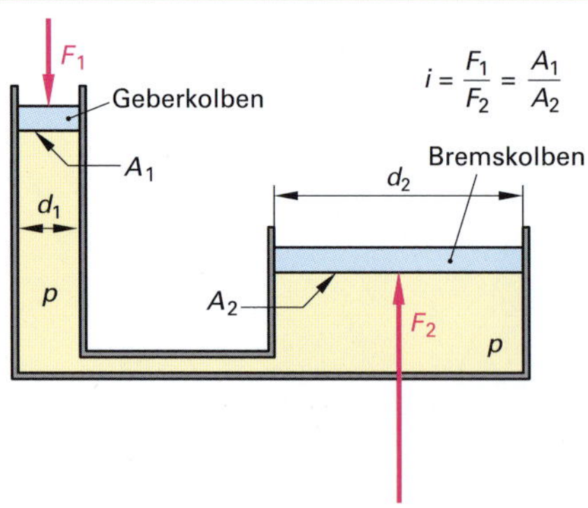

$$i = \frac{F_1}{F_2} = \frac{A_1}{A_2}$$

$$p_1 = \frac{F_1}{A_1} \quad p_2 = \frac{F_2}{A_2} \quad p_1 = p_2 \rightarrow \frac{F_1}{A_1} = \frac{F_2}{A_2} = i$$

$$i = \frac{A_1}{A_2} \quad \text{oder} \quad i = \frac{F_1}{F_2} \quad \text{oder} \quad i = \frac{d_1^2}{d_2^2}$$

Bild 3: Hydraulische Kraftübersetzung

7.2 Bauarten von Bremsen

Nach der Bauart unterscheidet man Felgenbremsen, Nabenbremsen und Stempelbremsen (Klotzbremsen, hier nicht behandelt).

Felgenbremsen bremsen das Rad an der Felge ab, indem sie die Felge „in die Zange nehmen“. Die Felgenflanken dienen als Bremsfläche.

Nabenbremsen bremsen das Rad an der Nabe ab.

7.2.1 Felgenbremsen

Man unterscheidet zwischen Systemen mit nur einem Gelenkpunkt an der Gabelbrücke oder den Hinterradstreben (z. B. an Rennrädern) und Systemen mit zwei Gelenkpunkten beiderseits der Felge (z. B. an Trekkingrädern).

Die Vorteile von Felgenbremsen sind:

- Leichte und einfache Bauweise
- Die Speichen werden nur geringfügig belastet
- Erforderliche Bremskraft geringer als bei einer Nabenbremse

Die Nachteile von Felgenbremsen sind:

- Schlechtere Bremswirkung bei Nässe
- Felgenüberhitzung möglich mit der Gefahr des Schlauchplatzens
- Funktion der Mechanik kann durch Korrosion und im Winter stark beeinträchtigt werden
- Abrasiver Verschleiß der Felgenbremsflanken
- Verschmutzung durch Felgenabrieb

Die Bauarten von Felgenbremsen sind:

- Gestängebremsen
- Seitenzugbremsen
- Mittelzugbremsen
- Delta-Bremsen
- U-Bremsen
- Cantileverbremsen
- V-Bremsen
- Hydraulische Felgenbremsen

Gestängebremsen findet man noch an alten Fahrrädern **(Bild 1)** und an Hollandrädern. Trotz eines hohen mechanischen Aufwandes ergibt sich nur ein geringer Wirkungsgrad.

Seitenzugbremsen lassen sich unterteilen in Eingelenk- und Zweigelenkbremsen.

Bei der Eingelenkbremse (**Bild 2a** und **Bild 1, Seite 298**) drehen sich beide Bremsarme um einen gemeinsamen Lagerbolzen, der sich in der Mitte der Gabelkrone befindet. Bei einer Seitenzug-Hinterradbremse befindet sich der zentrale Drehpunkt am Bremssteg der Sattelstreben[1].

[1] Neuer Begriff für Sattelstrebe nach DIN 15532: Hinterbau-Oberstrebe

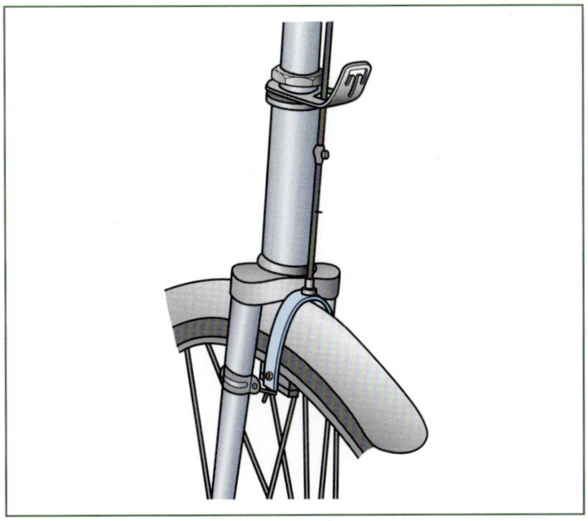

Bild 1: Gestängebremse

Bei den **Zweigelenkbremsen** (Dual-Pivot) sind beide Bremsarme getrennt gelagert **(Bild 2b)**. Eine feststehende Trägerplatte ermöglicht durch den „Kniehebeleffekt“ eine Verstärkung der Bremswirkung. Seitenzugbremsen mit zweifacher Lagerung sind seit 1990 Standard im Rennradbereich.

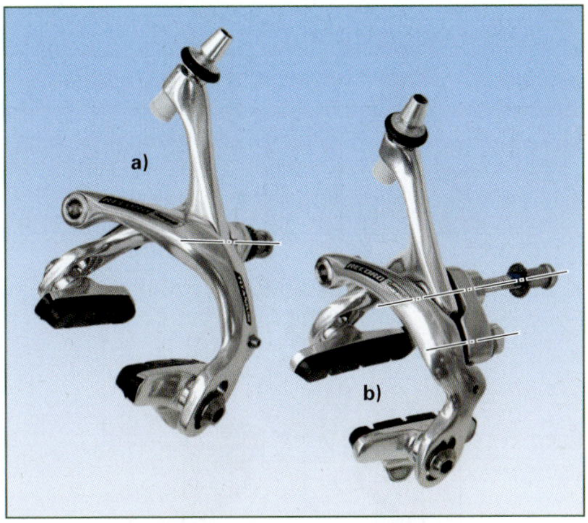

Bild 2: Seitenzugbremse a) einfache Lagerung
b) zweifache Lagerung

Seitenzugbremsen benötigen keine Zugwiderlager am Rahmen. Beim Bremsen zieht das Kabel den linken Bremsarm **(Bild 1, Seite 298)** nach oben und nimmt als Gegenreaktion den rechten Bremsarm mit, sodass die Bremsklötze von beiden Seiten gegen die Felge drücken.

Bei einer **Seitenzugbremse mit einfacher Lagerung** schwingen beide Bremsklötze in einem Abwärtsbogen zu den Felgenflanken. Die Bremsklötze berühren die Felgenflanken an ihren Oberkanten.

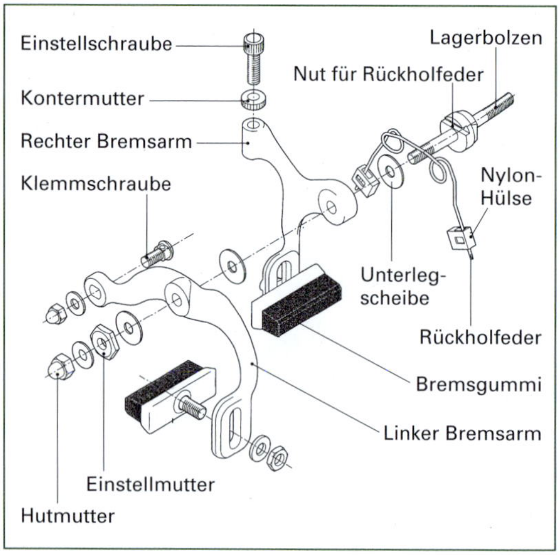

Bild 1: Einzelteile einer Seitenzugbremse mit einfacher Lagerung

Das Übersetzungsverhältnis i_2 der Bremse **(Bild 2)** berechnet sich zu

Bowdenzugkraft F_1 · *Schwenklänge* l_1 = *Anpresskraft* F_N · *Bremsmaß* l_2

$$F_1 \cdot l_1 = F_N \cdot l_2 \quad \rightarrow \quad i_2 = \frac{F_1}{F_N} = \frac{l_2}{l_1}$$

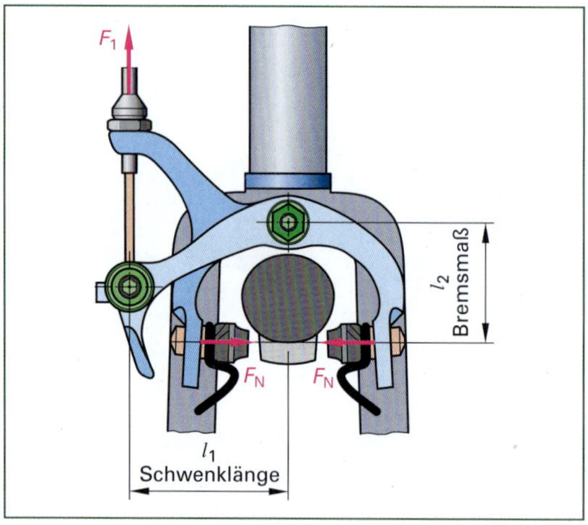

Bild 2: Übersetzungsverhältnis einer einfach gelagerten Seitenzugbremse

Bei einem Übersetzungsverhältnis $i < 1$ liegt Kraftverstärkung vor. Als Maß für das Hebelverhältnis gilt das Bremsmaß, der senkrechte Abstand zwischen Bremsbolzen und Bremsschuh.

Je kleiner das Bremsmaß l_2 einer Seitenzugbremse, desto größer ist die Anpresskraft. Bei einem Bremsmaß von 45 mm beträgt das Hebelverhältnis $i_2 = 1 : 1$.

Bei Rennrädern liegt das Bremsmaß zwischen 38 mm und 45 mm. Diese kurzen Bremsen lassen nur schmale Bereifungen bis etwa 28 mm Breite zu und an manchen Rahmen noch weniger.

Modelle mit einem Bremsmaß über 55 mm scheiden wegen ungünstiger Hebelverhältnisse und damit nachlassender Bremswirkung und starker Verwindung der Bremsarme aus.

Seitenzugbremsen an City- und Trekkingrädern sind von den modernen V-Bremsen abgelöst.

Der Unterschied von **Seitenzugbremsen mit zweifacher Lagerung** zu einer einfach gelagerten Seitenzugbremse besteht in der getrennten Lagerung der beiden Bremsarme und der daraus resultierenden unterschiedlichen Drehbewegung **(Bild 3)**.

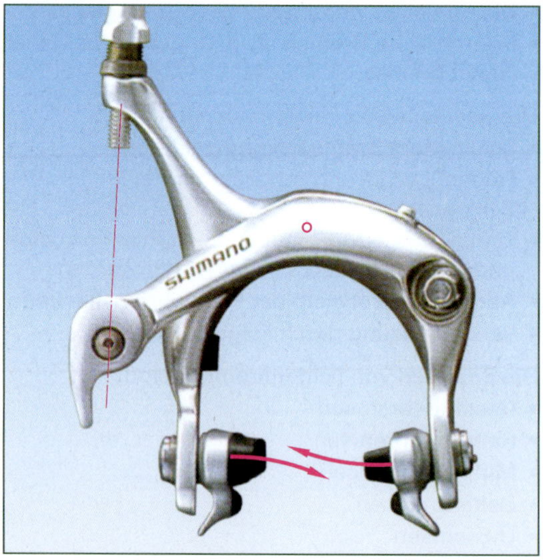

Bild 3: Schwenkbewegung der zweifach gelagerten Seitenzugbremse

Der (von hinten gesehen) rechte Bremsschuh beschreibt eine Kreisbahn um den Lagerbolzen an der Gabelkrone und schwingt abwärts zur Felge. Der linke Bremsarm wird zusätzlich zu seinem Kreisbahnverlauf nach oben gezogen und drückt von schräg unten nach oben gegen die Felge.

Zwei Bauweisen der zweifach gelagerten Seitenzugbremse bieten bessere Hebelverhältnisse:

- Bei der Dual-Pivot-Bauweise ist der vordere Bremsarm auf einem zweiten Bolzen außermittig gelagert. Dadurch verbessern sich die Hebelverhältnisse und damit die Anpresskraft der Bremsschuhe (**Bild 1, Seite 299**).

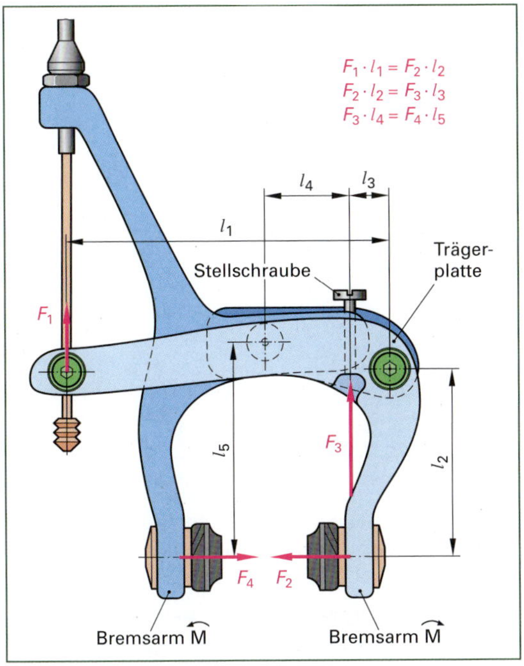

Bild 1: Kräfte an einer Dual-Pivot-Bremse

Beispiel: (Maße in mm, Ansicht in Fahrtrichtung):
Bremsseilkraft $F_1 = 400$ N

Linke Bremsschenkellänge (Schwenklänge) $l_1 = 90$

Bremsmaß links $l_2 = 45$

Abstand Drehpunkt bis Auflage Trägerplatte $l_3 = 20$

Abstand Auflage Trägerplatte bis Lagerbolzen $l_4 = 25$

Bremsmaß rechts $l_5 = 50$

$$F_2 = \frac{400\ \text{N} \cdot 90\ \text{mm}}{45\ \text{mm}} = 800\ \text{N}$$

$$F_3 = \frac{400\ \text{N} \cdot 90\ \text{mm}}{20\ \text{mm}} = 1800\ \text{N}$$

$$F_4 = \frac{1800\ \text{N} \cdot 25\ \text{mm}}{50\ \text{mm}} = 900\ \text{N}$$

Übersetzungsverhältnis

$$i_2 = \frac{F_1}{F_4} = \frac{400\ \text{N}}{900\ \text{N}} = 0{,}44 \text{ oder } 1 : 2{,}25$$

Kraftverstärkung, da $i < 1$!

- Bei einem anderen System sind beide Bremsarme außermittig auf einem Joch gelagert. Dadurch ist die Bremswirkung bis zu einem Bremsmaß von 75 mm möglich.

Bei hochwertigen Rennrad-Seitenzugbremsen sind die Bremsarme auf Axialkugellagern gelagert.

Einstellung einer zweifach gelagerten Seitenzugbremse:

- Bremsseil schmieren und durch Bremsgriff und Seilhülle führen.
- Bremsseil an der Klemmschraube sichern.
- Befestigungsschrauben der Bremsschuhe lockern.
- Beide Bremsschuhe an die Felgenflanken drücken und horizontal und vertikal auf der Felgenbremsflanke ausrichten.
- Wird die Bremse betätigt, dürfen die Bremsschuhe nicht den Reifen berühren. Der vertikale Abstand zur Oberkante des Felgenhorns sollte 1,5 mm bis 2 mm betragen (nur bei gutem Arbeitslicht sichtbar!).
- Befestigungsschrauben festziehen.
- Bremshebel ziehen und Bremsweg überprüfen.
- Abstand zwischen Bremsklotz und Felgenflanke soll jeweils etwa 1,5 mm betragen. Länge des Bremsseils über die Klemmschraube anpassen, die Feineinstellung kann mit der Kabelverstellschraube erfolgen.
- Mittigkeit der Bremsklötze zur Felge überprüfen. Mit der Stellschraube **(Bild 2)** korrigieren.

Bild 2: Bremsschuhe rechts/links synchronisieren

Bei der Einstellung der Bremsschuhe ist darauf zu achten, dass sie gleich weit von der Felge entfernt sind und beim Bremsen mit ihrer vollen Reibfläche an der Felge anliegen.

Beim Bremsen werden die Bremsklötze von der drehenden Felge „mitgerissen“ und leicht nach oben gezogen; sie sollten deshalb in der Ruhestellung etwas nach unten zeigen **(Bild 1)**.

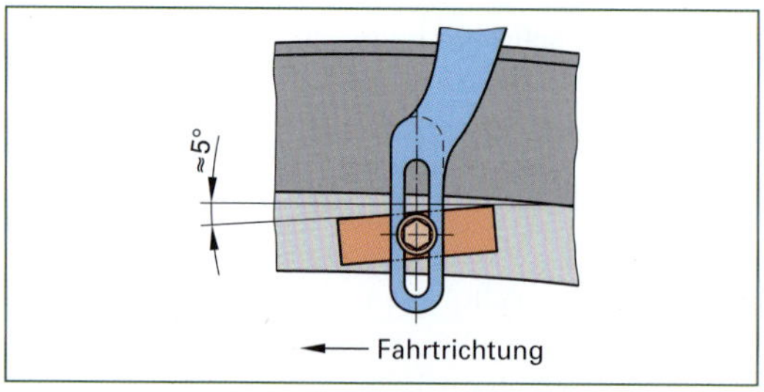

Bild 1: Montage der Bremsklötze in Fahrtrichtung

Bremsschuhe, die parallel zur Felgenflanke eingestellt sind, neigen zum Quietschen. Sofern dies möglich ist, sollten sie daher so justiert werden, dass der Bremsklotz in Fahrtrichtung vorn zuerst die Felge berührt und das hintere Klotzende 1 mm bis 2 mm von der Felge entfernt ist **(Bild 2)**.

Diese V-förmige Einstellung bezeichnet man als *Toe-in*.

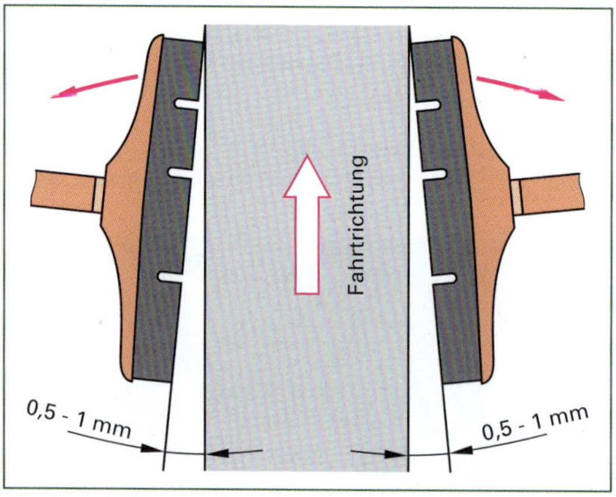

Bild 2: Schrägstellung der Bremsklötze (übertrieben dargestellt)

Die **Mittelzugbremse** ist konstruktionsbedingt immer richtig zentriert, weil die beiden Bremsarme auf einer gemeinsamen Halteplatte montiert sind und sich beide Bremsarme in ihren eigenen Buchsen drehen. Sie sprechen indirekter an als Seitenzugbremsen und der Anpressdruck der Bremsklötze ist gleichmäßiger.

Die oberen Enden der beiden Bremsarme sind über ein Querkabel verbunden, das beim Bremsen über ein Führungsstück vom Hauptbremskabel nach oben gezogen wird **(Bild 3)**.

Die konventionelle Mittelzugbremse hat den besten Wirkungsgrad, wenn der Winkel des Querkabels ungefähr 120° beträgt.

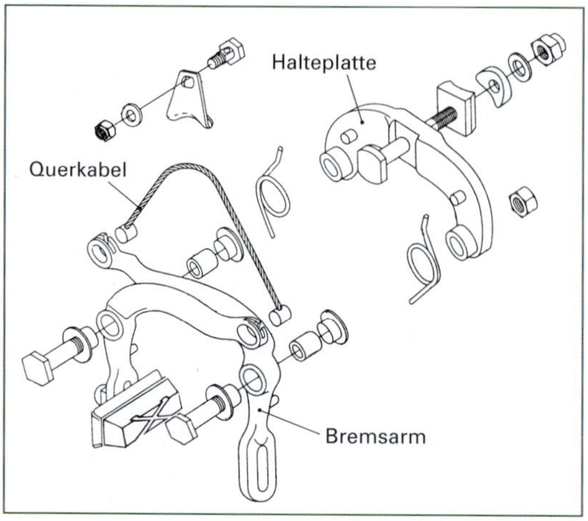

Bild 3: Einzelteile einer Mittelzugbremse

Mittelzugbremsen sind heute bei Rennrädern und Leichtlaufrädern von der Seitenzugbremse und der V-Bremse abgelöst.

Die **U-Bremse** (U-Brake) ist im Prinzip eine Mittelzugbremse. Die beiden Lötsockel-Drehpunkte befinden sich jeweils *oberhalb* der Felge auf der Gabel oder den Sattelstreben **(Bild 4)**. Im Gegensatz dazu sind die Lötsockel einer Cantilever-Bremse *unterhalb* der Felge angebracht und somit nicht mit einer U-Brake kompatibel.

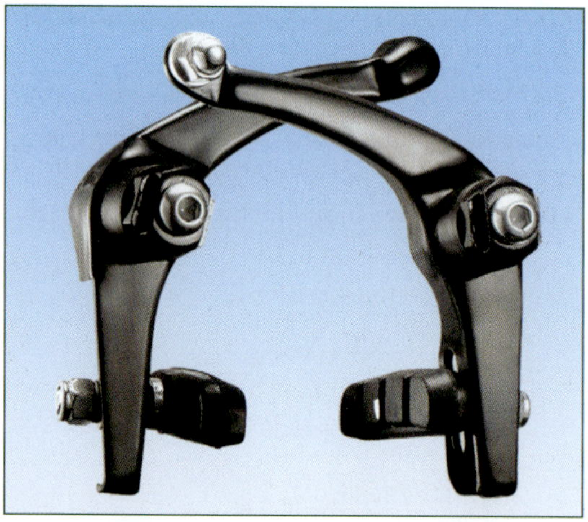

Bild 4: U-Bremse

Die U-Brake war in den 1980er Jahren an Mountainbikes populär, wo man sie unterhalb der Kettenstreben montierte – möglicherweise rührt daher auch ihr Name: *U* im Sinne von *„under chainstays“*. Dieser Montageort hatte den Nachteil, dass die Bremsklötze dort besonders schnell verschmutzten und die Bremswirkung nachließ. Ein Vorteil war der höhere Widerstand, den die Kettenstreben gegen ein Aufbiegen durch die Bremsreaktionskraft boten.

Die U-Bremsen wurden mittlerweile von den Cantilever- und V-Bremsen vom Markt verdrängt. Weil sie aber im Gegensatz zu diesen nicht über die Gabel und Streben herausragen und Kombinationen mit anderen Spezialteilen zulassen, sind sie weiterhin bei Freestyle-BMX-Rädern beliebt.

Die **Delta-Bremse (Bild 1)** war eine Sonderform der Mittelzugbremse. Die Bremskraft wurde über ein deltaförmiges Kniegelenk auf die symmetrischen Bremshebel übertragen. Delta-Bremsen für Rennräder sind meist gekapselt.

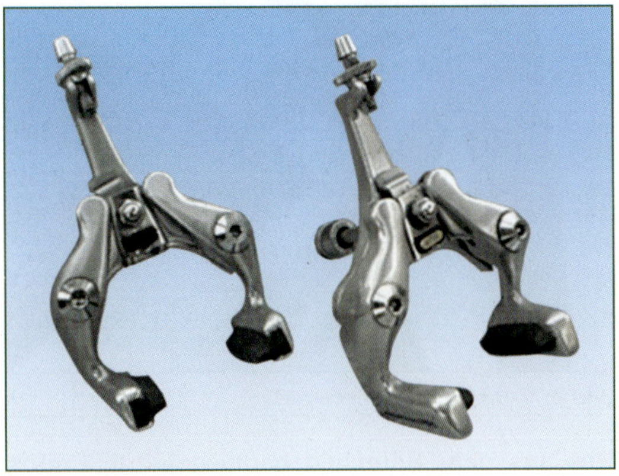

Bild 1: Delta-Bremse

Eine Weiterentwicklung der Mittelzugbremse ist die **Cantileverbremse**[1] **(Bild 2)**. Sie hat zwei separate Bremsarme, die einzeln auf jeder Seite am Rahmen oder der Gabel gelagert sind.

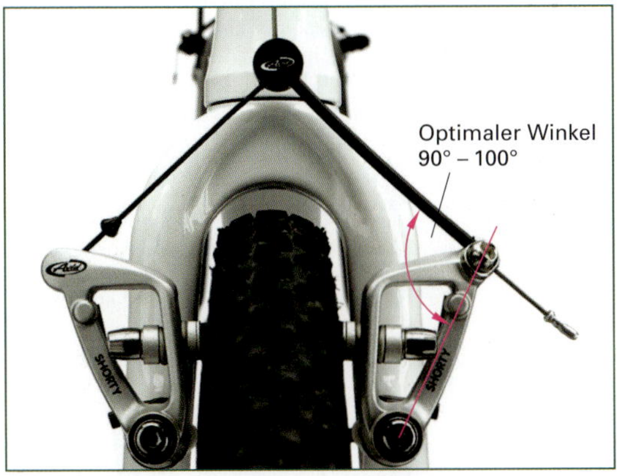

Bild 2: Cantileverbremse mit Zugabspannung

Das Übersetzungsverhältnis am Bremskörper ist größer als bei der konventionellen Seitenzugbremse und deshalb sind höhere Bremsnormalkräfte an der Felge möglich. Je spitzer das Seildreieck (der Spreizwinkel **(Bild 3)**, desto geringer wird die Bremswirkung (siehe auch **Rechenbeispiel Seite 520**).

Bild 3: Cantileverbremse mit Kabelträger

Die Lagerung (Drehpunkte) der Kipphebel erfolgt direkt an der Gabel oder an den Sattelstreben[2] durch angeschweißte oder angelötete Sockel. Sie befinden sich unterhalb der Felgen.

Die Bremsschuhe bewegen sich in einem Abwärtsbogen zur Felgenflanke. Deshalb sollten sie die Felgenflanke möglichst weit oben treffen, ohne jedoch den Reifen zu berühren. Mit zunehmendem Verschleiß trifft der Bremsschuh die Felgenflanke weiter unten und der Bremsarm kommt näher an die Felge. Dadurch ist der Klotzverschleiß nie gleichmäßig.

Es gibt zwei Arten von Verbindungskabeln zwischen den beiden Bremsarmen:

- Ein separater Kabelträger führt das Verbindungskabel zu den Bremsarmen. Der Kabelträger ist über eine Klemmschraube mit dem vom Bremsgriff kommenden Innenzug verbunden.
- Die zweite Bauform besteht aus einem Verbindungsstück (Y-Link) mit einem integrierten Verbindungskabel bestimmter Länge. Dadurch wird die Position der Bremsarme festgelegt (**Bild 1, Seite 302**). Man muss nur noch einen Bremszug einstellen – für die symmetrische Auslenkung der beiden Bremsarme sorgt das Y-Link.

Oft ist auf dem Y-Link eine dünne Linie eingraviert, die bei korrekter Einstellung mit dem Führungszug fluchten sollte.

[1] Cantilever (engl.) = freitragend

[2] Neuer Begriff nach DIN 15532: Hinterbau-Oberstreben

7

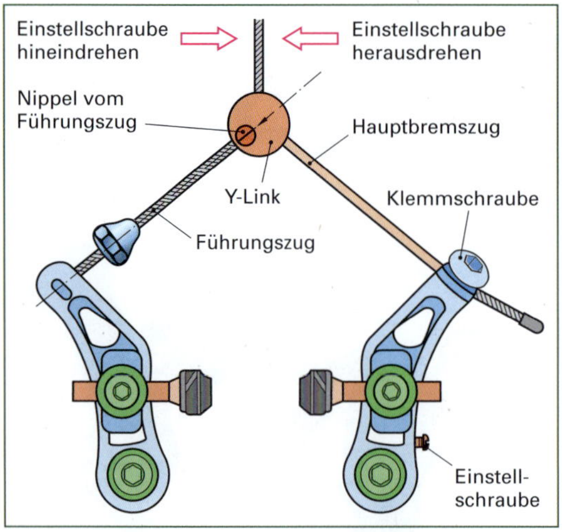

Bild 1: Cantileverbremse mit Y-Link. Einstellen der Mittigkeit

Die meisten Cantileverbremsen werden entspannt, indem man den Kabelnippel aus dem offenen Ende eines der Bremsarme löst **(Bild 2)**. Dazu muss man beide Bremsarme gleichzeitig gegen die Felge drücken.

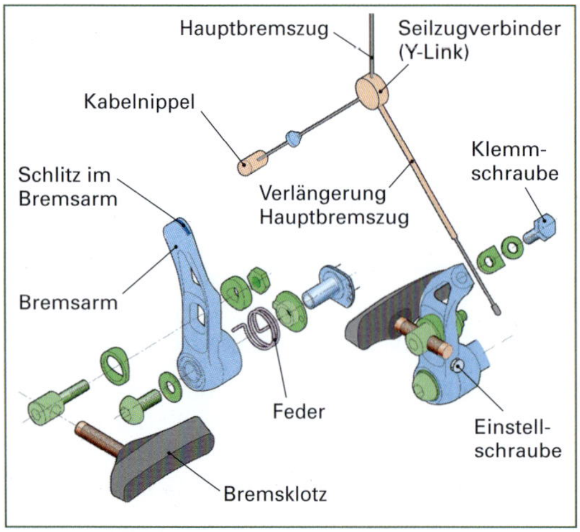

Bild 2: Einzelteile einer Cantileverbremse

Die Bremsleistung der Cantileverbremse wird stark von der Einstellung der Hebelverhältnisse beeinflusst, daher wurde sie von der besseren und unkomplizierteren V-Bremse abgelöst.

An Cyclocross-Fahrrädern (Querfeldein, Radquer) wird sie weiterhin verwendet, da sie viel Platz für Schmutz am Reifen lässt. Weiterer Anwendungsgrund: Sie ist kompatibel mit der Zugeinholung von Rennbremshebeln.

An Fahrrädern ohne vordere Schutzbleche muss ein Querzug-Fanghaken montiert werden, damit bei einem Reißen des Bremszuges das Vorderrad nicht blockiert.

Die **V-Bremse** ist eine Weiterentwicklung der Cantileverbremse. Die Bremsarme werden auf denselben Anlötsockeln an Rahmen oder Gabel fixiert und über das Bremsseil bewegt. Die Zugumlenkung erfolgt über ein gebogenes Röhrchen, das ein zusätzliches Verbindungskabel und eine Abstützung am Rahmen ersetzt **(Bild 3)**.

Bild 3: V-Bremse am Hinterrad

Das aus dem Röhrchen herausgeführte Bremsseil wird an den linken Bremsarm geklemmt (von hinten gesehen). Das Röhrchen stützt sich mit seinem Bund gegen einen Käfig ab, der mit dem rechten Bremsarm gelenkig verbunden ist **(Bild 4)**.

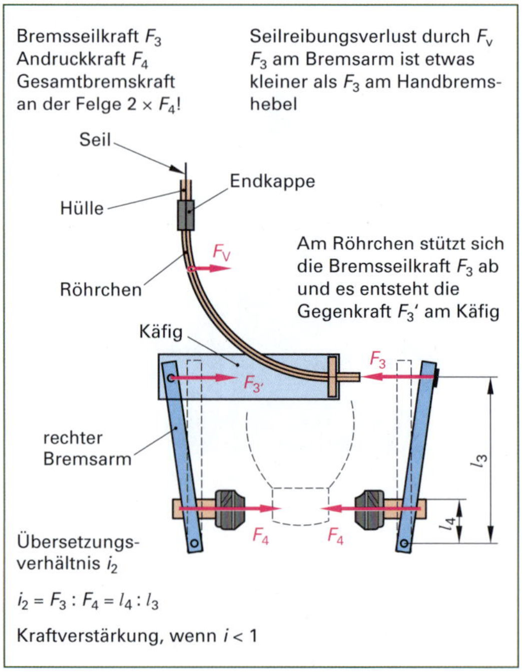

Bild 4: Hebel- und Kraftverhältnisse an der V-Bremse

Durch Ziehen am Handbremshebel werden die Bremsarme zusammengezogen und die an ihnen befestigten Bremsschuhe auf die Felgenflanken gedrückt.

Bei V-Bremsen bewegen sich die Bremsschuhe auf einem Abwärtsbogen zur Felge. Daher sollten die Bremsschuhe gebremst 1,5 mm bis 2 mm unterhalb der Oberkante der Felgenflanke anliegen, um nicht den Reifen zu berühren. Durch Abrieb sinkt die Position des Bremsschuhes automatisch.

Eine Weiterentwicklung war die parallelgeführte V-Bremse **(Bild 1)**. Hier sorgte ein Kniehebel (Pos. 10 in **Bild 2**) für ein rechtwinkliges verkantungsfreies Aufsetzen der Bremsschuhe auf die Felge. Die Bremse arbeitete schneller, wirksamer und liess sich besser dosieren.

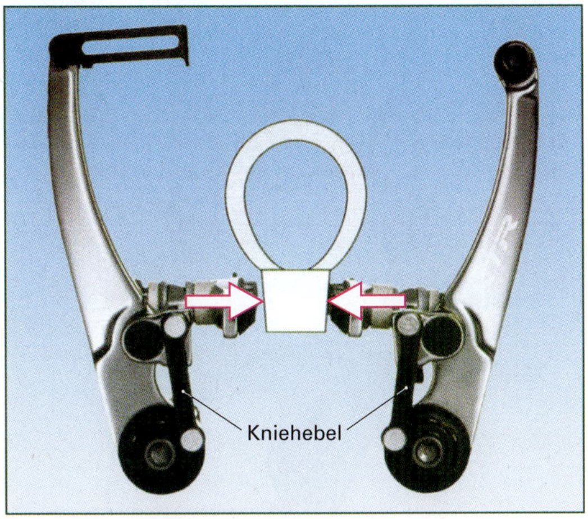

Bild 1: Parallelgeführte V-Bremse

Durch den vollflächigen Kontakt zwischen Felge und Bremsschuhen nutzt sich der Klotz gleichmäßiger und langsamer ab. Von großem Nachteil hat sich das addierende Mechanikspiel von Bremsarmen und Parallelogrammführung erwiesen. Bereits wenig Spiel kann starkes Bremsquietschen verursachen, sodass diese Bremsen kaum noch angeboten werden.

Vorteile der V-Bremse gegenüber der Cantileverbremse sind:

- Deutlich höhere Bremswirkung aufgrund der günstigeren Hebelverhältnisse
- Bremsleistung ist linear, weil die Bremskraft beim Ziehen gleichmäßig zunimmt. Bei ungünstiger Einstellung der Cantileverbremse nimmt die Bremskraft ab: degressive Bremsleistung.
- Durch die Konstruktion des gebogenen Röhrchens einfache Montage, das Querseil entfällt
- Einfache Montage der Bremsschuhe und einfaches Zentrieren der Bremse, da der Bremsarmabstand zur Felge durch dicke oder dünne Unterlegscheiben vorgegeben ist.

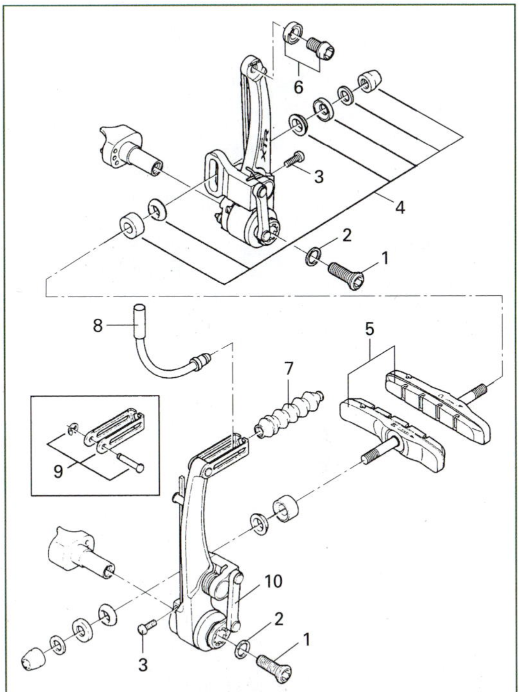

Nr.	Beschreibung
1	Bremsarmbefestigungsschraube (M6 x 18)
2	Unterlegscheibe für Befestigungsschraube
3	Einstellschraube für Federspannung
4	Befestigungssatz für Bremsschuh, komplett
5	Cartridge-Bremsschuhe (Paar)
6	Zugklemmschraube (M6 x 8,5) mit Platte
7	Faltenbalg
8	Zugführungsrohr (135°)
9	Rohrgegenhalter, komplett
10	Kniehebel

Bild 2: Einzelteile der V-Bremse aus Bild 1

Die V-Bremse ist wegen ihrer überragenden Bremsleistung bei geringen Bedienkräften die Standardfelgenbremse und findet sich in verschiedenen Qualitätsklassen an allen Fahrradtypen außer an reinen Rennrädern.

Die Mini-V-Brake ist eine Sonderform der V-Brake mit kürzeren Bremsschenkeln. Sie wird bei sportlichen Fahrrädern mit schmaler Bereifung ohne Schutzbleche eingesetzt. Möglich ist eine Kombination mit Rennbremshebeln, deren Kraftübersetzung im Hebel doppelt so groß ist wie bei den herkömmlichen V-Brake-Hebeln.

Will man Fahrräder und Tandems mit Rennbremshebeln und V-Bremsen ausstatten, benötigt man einen Adapter, um die nicht kompatiblen Hebelverhältnisse von Bremshebel und Bremse auszugleichen **(Bild 1)**. Der Adapter wird anstelle des 90°-Röhrchens an der Bremse montiert.

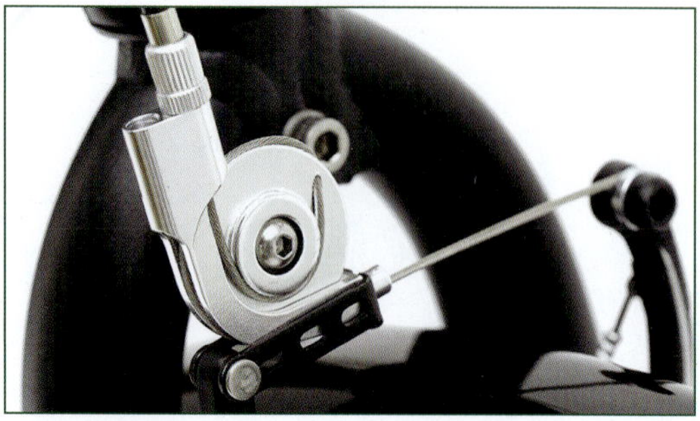

Bild 1: V-Bremsadapter (Travel Agent)

Arbeitsplan: V-Bremse einstellen

- Die Befestigungsschrauben der Bremsschuhe rechts und links lösen **(Bild 2a)**.
- Die Bremsschuhe zur Felgenebene so schwenken, dass sie in Fahrtrichtung vorne näher zur Felge stehen als hinten **(siehe Bild 2, Seite 300)**. Reicht der Abstand zwischen den Bremsklötzen und der Felge für ein Nachstellen nicht aus, ist zusätzlich die Schraube für die Bremsseilbefestigung zu lösen.

Der Abstand kann dann durch Lockerung des Bremsseiles vergrößert werden **(2b)**.

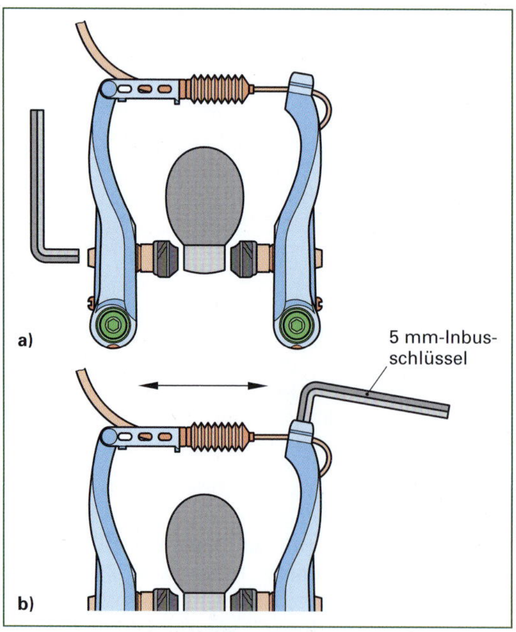

Bild 2: V-Bremse einstellen

- Die Schraube für die Bremsseilbefestigung wieder festziehen.
- Befestigungsschrauben der Bremsschuhe festziehen.

  Die Abstände zwischen den Bremsschuhen und der Felge mit den Schrauben zur Federeinstellung rechts und links gleichmäßig je 1 mm bis 1,5 mm pro Seite einstellen **(Bild 3a)**.
- Mit der Stellschraube am Bremshebel **(3b)** die Feineinstellung des Hebelweges vornehmen. Die Bremswirkung sollte nach ca. einem Drittel des Bremshebelweges einsetzen.

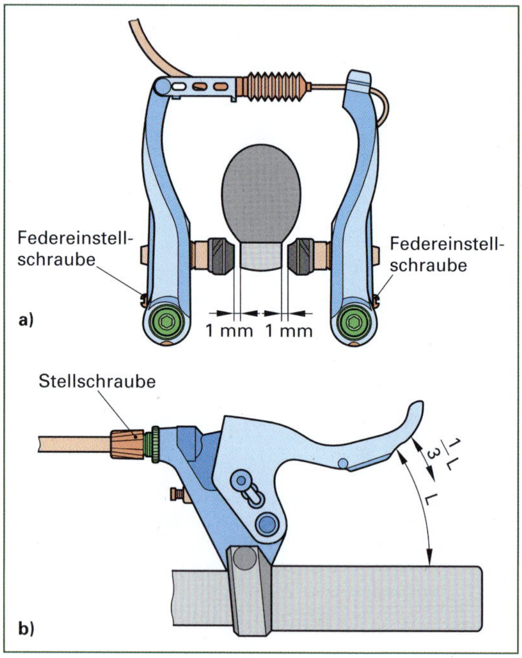

Bild 3: Feineinstellung der V-Bremse

Bremskraftbegrenzung

Um das Fahrrad beim Bremsen unter Kontrolle zu halten, muss das Blockieren der Laufräder vermieden werden. Moderne Bremsen verzögern oft sehr gut. Bei plötzlichem oder schreckhaftem Abbremsen können die Räder blockieren bzw. ausbrechen und lassen sich nicht mehr steuern.

Das Vorderrad ist besonders gefährdet, da es aufgrund der dynamischen Bremskraftverlagerung den größten Teil der Bremskraft aufnimmt.

Um die Bremskraft dosiert zu übertragen, können City- und Trekkingräder mit Bremskraftbegrenzern ausgestattet werden. Eine erhöhte Kraft am Bremszug wird von einer Feder oder einer Rutschkupplung aufgenommen und begrenzt.

Bei richtig eingestellter Bremskraftbegrenzung sollte diese einfedern, wenn die eingestellte (und noch nicht zur Reifenblockade führende) Bremskraft erreicht ist. Die Bremskraft sollte sich dann nicht weiter erhöhen – auch wenn der Bremshebel am Lenker anliegt.

Reicht der Federweg der Bremskraftbegrenzung dazu nicht aus, kann es bei Panikbremsungen trotzdem zu Laufradblockaden kommen. Das Unfallrisiko ist dann gegenüber Bremsen ohne Bremskraftbegrenzung sogar erhöht.

Daher sollte man sich mit der Funktion des Bremskraftbegrenzers vertraut machen und diesen zunächst unter sicheren Bedingungen testen.

Drei Systeme zur Bremskraftbegrenzung kommen zur Anwendung:

- Powermodulator
- Bremskraftmodulator
- Rutschkupplung

Beim **Powermodulator** für V-Bremsen ist an der Bremsseilhülle ein Federzylinder zwischengeschaltet **(Bild 1)**, der die Dosierung der Bremskraft erleichtert. Dies wird innerhalb eines bestimmten konstanten Bremskraftbereichs durch eine Verlängerung des Zugweges am Bremshebel erreicht.

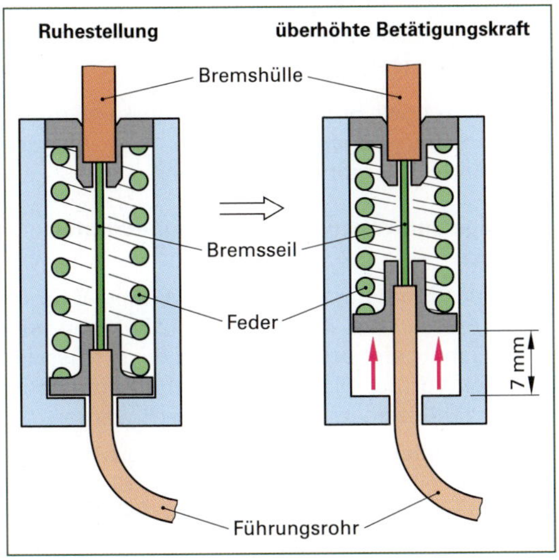

Bild 1: Prinzip Powermodulator

Sobald der effektive Arbeitsbereich des Bremskraftbegrenzers überschritten wird, verhält sich der Bremshebelweg und die Bremse wieder wie jede normale V-Bremse: gefühlvolles, aber kräftiges Ansprechen.

Bild 2 zeigt den Regelbereich von vier Bremsen (Shimano) mit und ohne Bremskraftbegrenzern.

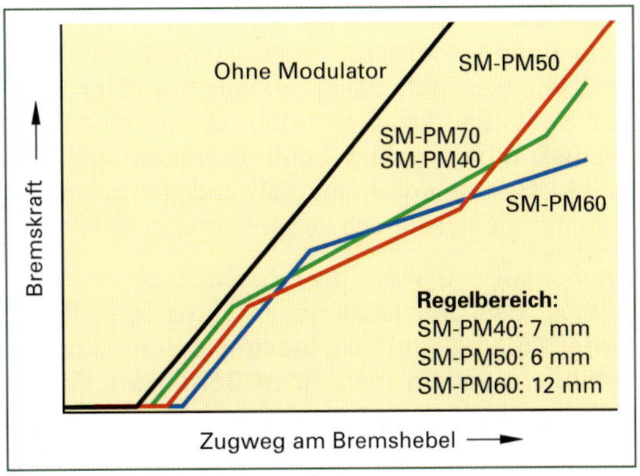

Bild 2: Bremsleistungsvergleich

Beim **Bremskraftmodulator** fängt ein Federmechanismus im Kipphebel des Bremsarms die überhöhte Hebelkraft ab **(Bild 3)**. Bei zu heftigem Bremsen federt das Bremseil in seiner Halterung nach unten ein und verhindert ein weiteres Ansteigen der Bremswirkung.

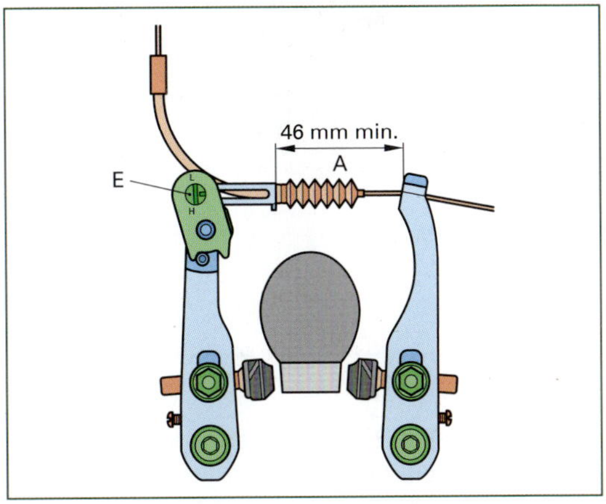

Bild 3: Bremskraftmodulator der Shimano Nexave-V-Bremse

Zur Einstellung des Bremskraftmodulators wird die Einstellschraube E zwischen L und H auf Null gestellt. Beträgt der Abstand A bei der Nexave-V-Bremse nicht mindestens 46 mm, muss nachjustiert werden.

Je nach Wunsch kann nun der Bremskraftmodulator in Richtung L = weicher oder in Richtung H = härter eingestellt werden.

Bremskraftbegrenzungen müssen exakt auf das Systemgewicht (Fahrer + Fahrrad + Gepäck) eingestellt werden, da die Bremsverzögerung a nach dem dynamischen Grundgesetz von der Bremskraft F_B und der Systemmasse m abhängt:

$$a = \frac{F_B}{m}$$

So ist bei gleicher Bremskraft die Bremsverzögerung eines 100 kg schweren Systems nur halb so groß wie bei einem 50-kg-System. Für einen leichten Radfahrer kann es unter Umständen trotz Bremskraftbegrenzung beim Bremsen zur Laufradblockierung kommen, während die Bremswirkung für einen sehr schweren Fahrer zu gering ist.

Bremshebel für V-Bremsen besitzen oft die Möglichkeit, das Übersetzungsverhältnis (i_1 in **Bild 1, Seite 295**) und damit die maximale Bremskraft zu verändern, indem man einen Bolzen am Bremsgriff verschiebt.

Leichtere Fahrer wählen den längeren, meist mit L für *low* gekennzeichneten Hebelarm; schwerere den kürzeren (H für *high*) Hebelarm **(Bild 1)**.

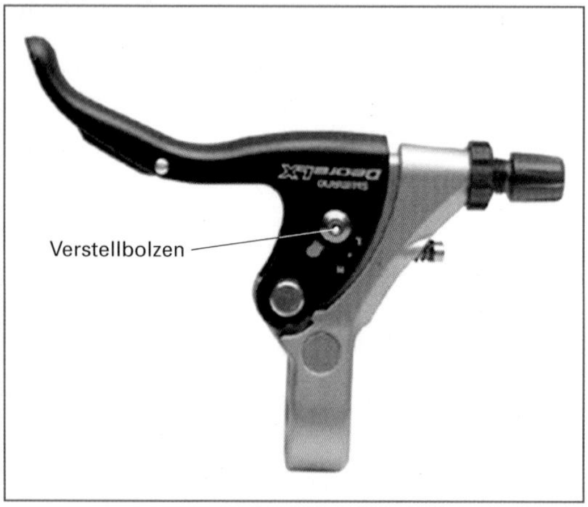

Bild 1: Bremskraftverstellung am Bremsgriff

Einige Hersteller bieten Bremsgriffe mit stufenloser Einstellung per Rändelschraube an **(Bild 2)**. Mit dem kürzeren Hebelarm wird die Bremskraft um bis zu 30 % gesteigert.

Bild 2: Stufenlose Einstellung der Hebelübersetzung (Avid)

Die Bremskraftbegrenzung einer Rollenbremse wird auf Seite 310 erläutert.

Zu den **Bremskraftverstärkern** gehören sog. **Brakebooster**. Diese Bauteile sollen verhindern, dass sich die Gabelscheiden oder die Hinterbau-Oberstreben (Sattelstreben) bei starker Bremsbetätigung elastisch aufweiten.

Ein hufeisenförmiger Bügel verbindet die Anlötsockel von Cantilever- oder V-Bremsen **(Bild 3)**. Die unteren Enden des Bügels werden beiderseits mit den Anlötsockeln verschraubt.

Bild 3: Brakebooster (Paul-Engineering)

Von Vorteil ist, dass sich der Druckpunkt am Bremshebel direkter anfühlt. Nebenbei können Brakebooster die Lenkgenauigkeit von Fahrrädern mit Federgabeln verbessern, deren Tauchrohrbrücke nicht sehr steif ist.

Auch störendes Bremsenquietschen kann durch Brakebooster abgestellt werden. Für Magura HS11 und HS33 gibt es eigene Booster.

Montage und Wartung von seilzugbetätigten Bremsen

- Vor der Montage von Cantilever- und V-Bremsen müssen die Anlötsockel am Rahmen und der Gabel gefettet werden. Auch die Bremsseile sollten vor der Montage dünn mit Schmierfett oder zähflüssigem Kettenöl benetzt werden.
- Die Schmierstoffe schützen vor Korrosion im Winter, außerdem reduzieren sie die Bedienkräfte und sorgen für eine langanhaltend gute Funktion.
- Shimano, SRAM und Campagnolo bieten Bremsseilhüllen an, die bereits mit Silikonfett befüllt sind. Hier entfällt die Schmierung bei der Montage.
- Im Rahmen von Wartungen sollten alle Gelenkstellen von Bremsen und Reibstellen mit wenigen Tropfen Öl nachgeschmiert werden. Dabei dürfen die Bremsflächen keinesfalls mit Öl verschmutzt werden

Die **hydraulisch betätigte Felgenbremse** (**Bilder 1** und **2**) ist ein geschlossenes System aus Bremsgriff, Geberzylinder (der im Bremsgriff integriert ist), Bremsleitung, Nehmerzylinder und Bremskörper.

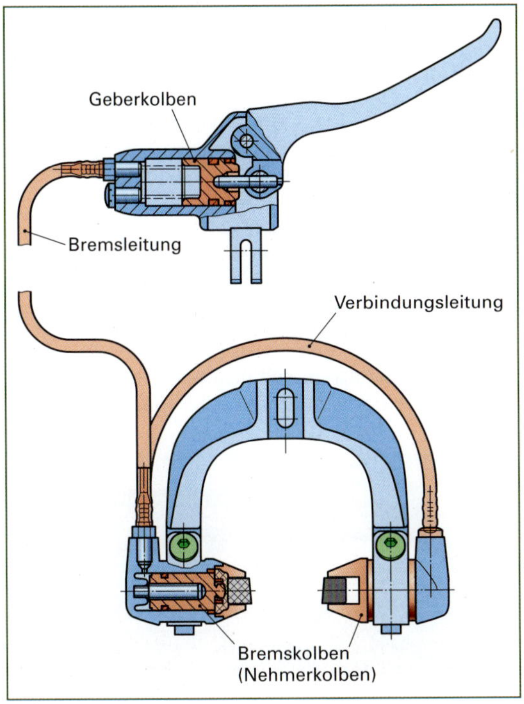

Bild 1: Prinzip: Hydraulische Felgenbremse

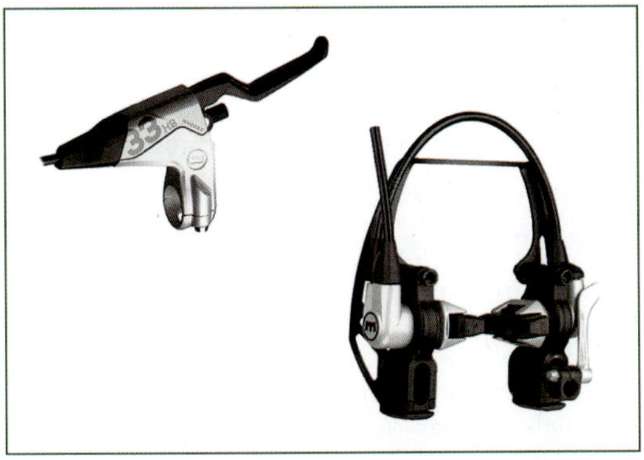

Bild 2: Hydraulische Felgenbremse (Magura HS33)

Das Funktionsprinzip beruht darauf, dass sich Flüssigkeiten nicht komprimieren lassen. Drückt ein Kolben (Geberkolben) an einem Ende der Leitung auf eine Flüssigkeit, überträgt sich der Druck auf einen Kolben (Bremskolben) am anderen Ende der Leitung.

Über unterschiedliche Kolbenflächen erzielt man eine Kraftübersetzung vom Geberkolben zum Bremskolben.

Der erste (Brems)Kolben im Nehmerzylinder bewegt beim Bremsen seinen Bremsschuh in Richtung Felge. Er überträgt den Druckimpuls über eine kurze Verbindungsleitung zum zweiten Bremskolben, sodass beide Kolben gleichzeitig auf die Felge drücken.

Beim Loslassen des Bremsgriffs ziehen zwei Federn die beiden Kolben zurück in ihre Ausgangsstellung und das Öl fließt zurück.

Info

Wichtig: Bei der Erstmontage sollte man zur Einstellung der Bremsschuhe nicht die Nachstellung am Griff benutzen. Die Bremsschuhe sollten nicht mehr als 2 mm Spiel von der Felge aufweisen. Andernfalls fahren die Kolben bei starkem Verschleiß der Bremsschuhe und einer Nachstellung am Griff zu weit aus dem Gehäuse heraus. Die Rückholfedern werden dauerhaft überdehnt und die Kolben fahren nicht mehr gleichmäßig zurück.

Die Bremsschuhe haben eine Steckverbindung und lassen sich leicht mit einem Handgriff austauschen.

Als hydraulische Flüssigkeit kann man bei Fahrradbremsen wegen der geringeren Wärmeentwicklung statt herkömmlicher Bremsflüssigkeit wasserabweisendes Mineralöl verwenden. Eine gute Abdichtung und sorgfältige Entlüftung sind für einen zuverlässigen Betrieb wichtig.

Vor- und Nachteile der hydraulischen Kraftübertragung:

- Geringe Reibungsverluste
- Gute Dosierbarkeit
- Wartungsarmut und Witterungsbeständigkeit
- Gleichmäßiger Bremsschuhabrieb
- Hydraulische Felgenbremsen haben keine automatische Bremsklotznachstellung
- Bei dünnwandigen Stahlrahmen mit kleinem Rohrdurchmesser kann es zu Bremsquietschen kommen.

Standardhydraulikleitungen sind aus Kunststoff. Bei einem Außendurchmesser von 5 mm und einem Innendurchmesser von 2,8 mm dehnen sich die Leitungen nur unwesentlich aus. Die Leitung hat den gleichen Außendurchmesser wie die Bremshülle und kann wie diese am Rahmen verlegt werden.

Liegeräder und Spezialräder haben häufig viele Leitungsbögen mit Scheuerstellen. Um die Leitungen vor mechanischen Beschädigungen zu schützen, gibt es gepanzerte Stahlflexleitungen (**Bild 1, Seite 308**). Sie sind oft mit Kunststoff ummantelt, um den Rahmenlack an den Kontaktpunkten nicht zu beschädigen.

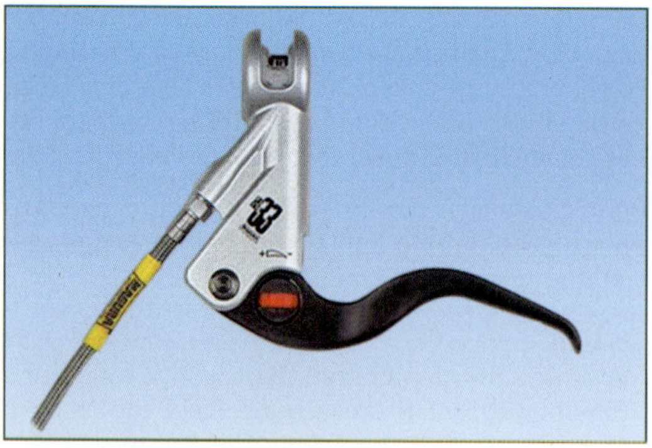

Bild 1: Stahlflexleitung (Magura)

Bremsschuhe für Felgenbremsen

Bremsschuhe für seilzug- und hydraulisch betätigte Felgenbremsen gibt es in verschiedene Bauausführungen und mit unterschiedlichen Gummimischungen.

Zur Verbesserung des Nassbremsverhaltens sind Feststoffe beigemischt. Spezielle Gummimischungen für unbeschichtete, eloxierte und keramikbeschichtete Felgen und für Carbonbremsflächen sind erhältlich.

Die Befestigung der Bremsschuhe an den Bremsarmen erfolgt mit glatten Bolzen oder mit Gewindebolzen.

Bremsklötze mit glatten Bolzen (**Bild 2a**) kommen noch bei Cantilever- und Mittelzugbremsen zum Einsatz.

Bremsklötze mit Gewindebolzen und planen Unterlegscheiben (**Bild 2b**) lassen sich nur begrenzt einstellen (und sind nicht empfehlenswert).

Bremsklötze mit Gewindebolzen und sphärischen (gewölbten) Unterlegscheiben (**Bild 2c**) erlauben eine Einstellung in allen Winkeln. Zwischen den beiden konvexen Unterlegscheiben innen und außen am Bremsarm sitzt die dazu passende konkave Unterlegscheibe. Meist weisen die konkaven Unterlegscheiben zwei verschiedene Stärken auf, sodass man verschieden lange Abstände wählen kann.

a) mit glatten Bolzen
b) mit Gewindebolzen und planer U-Scheibe
c) mit Gewindebolzen und sphärischen U-Scheiben

Bild 2: Bremsschuhe für Felgenbremsen

Zu beachten ist, dass nicht jeder Bremsklotz mit jeder Felgen-Aluminiumlegierung kompatibel ist. Wird im Rahmen der Wartung festgestellt, dass sich kleine Metallsplitter im Bremsklotz befinden, sollte auf ein anderes Klotzmaterial ausgewichen werden, das weniger stark abrasiv (schleifend) wirkt.

Die Auswahl des Bremsklotzes beeinflusst erheblich den Bremsflankenabrieb und die Betriebsdauer der Felge.

Bremsklötze von Cantilever- und V-Bremsen verschleißen selten gleichmäßig. Daher ist es sinnvoll, überstehende Gummikanten (**Bild 3**) gelegentlich abzuschneiden oder abzufeilen.

Bild 3 zeigt einen verschlissenen Bremsklotz, bei dem bereits der Metallhalter sichtbar wird.

Bild 3: Stark verschlissener Bremsklotz

7.2.2 Nabenbremsen

Die Bauarten von Nabenbremsen sind:

- Trommelbremse
- Rücktrittbremse
- Rollenbremse
- Scheibenbremse

Nabenbremsen gibt es sowohl für das Hinterrad als auch für das Vorderrad. Man unterscheidet zwei Bauarten:

- In die Nabe integriert
- An der Nabe befestigt

Zu den in die Nabe integrierten Bremsen zählen die Trommelbremsen und die Rücktrittbremsen. An der Nabe befestigte Bremsen sind die Rollenbremsen, die SRAM i-Brake und die Scheibenbremsen.

Für das Hinterrad gibt es Rücktritt- und Trommelbremsen mit und ohne Nabenschaltung.

Nabenbremsen dürfen nur an besonders konstruierten Gabeln angebaut werden.

Die Vorteile der Nabenbremsen sind:

- Durch die geschützte Bauweise und die hohen Anpresskräfte sind sie unempfindlich gegen Witterungseinflüsse.
- Der Verschleiß des Bremsbelags ist kleiner als bei Felgenbremsen.
- Die Felgen verschleißen nicht durch das Bremsen.
- Die Bremsleistung kann bei Scheibenbremsen durch unterschiedlich große Bremsscheiben beeinflusst werden.
- Für Radfahrer mit Problemen an den Händen bietet sich die Rücktrittbremse an.

Die Nachteile von Nabenbremsen sind:

- Wegen höherer Reibkräfte und schlechter Wärmeabführung sind sie nur für ein begrenztes Fahrzeuggesamtgewicht ausgelegt.
- Springt die Kette ab, ist eine Rücktrittbremse unwirksam.
- Speichen werden zusätzlich belastet, da sie das Bremsmoment von der Nabe über die Speichen auf die Felge übertragen.
- Gabel und Rahmen werden zusätzlich durch die einseitige Abstützung des Bremsmomentes am unteren Gabelende oder am dünnen Hinterbaurohr belastet.

Trommelbremsen (**Bilder 1** und **2**) sind als Vollbremsnabe oder Stufennabe in die Vorderrad- oder Hinterradnabe integriert und werden über ein Bremsseil von Hand betätigt. Die Bremsen greifen weich, aber wirkungsvoll. Der Verschleiß der Bremsbeläge ist gering.

Trommelbremsen sind witterungsunempfindlich, da es sich um eine geschlossene Konstruktion handelt. Obwohl sie die Bremswärme wesentlich besser ableiten als Rücktrittbremsen, erreichen sie nicht die Wärmebeständigkeit von Scheibenbremsen.

In der Regel beträgt der Trommeldurchmesser 70 mm. Für Tandems und Lastenfahrräder gibt es Trommelbremsen mit einem Durchmesser von 100 mm.

Gabeln für Trommelbremsen müssen nach DIN am Ausfallende mit einem „N" gekennzeichnet sein.

Bild 1: Vorderrad-Trommelbremse

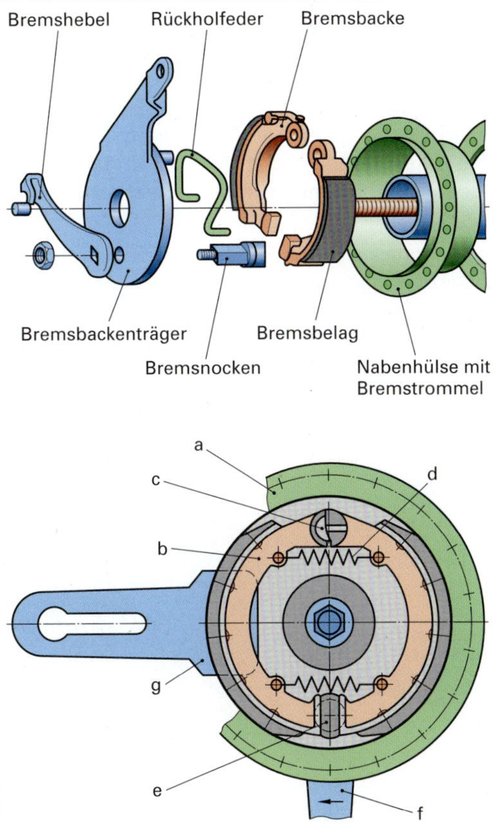

a Bremstrommel
b Bremsbacken mit Bremsbelag
c Drehbolzen
d Zugfeder
e Bremsnocken
f Bremshebel
g Bremsgegenhalter

Bild 2: Einzelteile einer Trommelbremse

7

Wirkungsweise

Vom Bremsgriff am Lenker wird über den Bremszug der Bremsnocken **e** verdreht. Der Bremsnocken drückt die Bremsbacken **b** auseinander. Diese pressen sich an die umlaufende Bremstrommel **a** und bremsen die Nabe ab. Durch die Zugfedern **d** werden die Bremsbacken wieder in die Ausgangsposition gebracht.

Die SRAM i-Brake und die Arai-Tandem-Trommelbremse sind am Nabengehäuse befestigt. F&S, Sturmey Archer und Gazelle-Trommelbremsen sind im Nabenkörper integriert.

Rollenbremsen

Auch bei der Rollenbremse handelt es sich um eine gedichtete, geschlossene Konstruktion. Nässe und Schmutz werden ferngehalten und können die Bremswirkung nicht beeinträchtigen.

Rollenbremsen werden seitlich an die Vorder- bzw. Hinterradnabe angeflanscht und über einen Seilzug betätigt.

Eine relativ große Kühlscheibe, die optisch leicht mit einer Bremsscheibe zu verwechseln ist, sorgt für eine wirkungsvolle Wärmeabfuhr und beugt einem Bremsverlust bei Überhitzung (Fading) vor. Eine regelmäßige Schmierung mit hitzebeständigem Rollenbremsfett macht die Rollenbremse verschleißfrei.

Im Gegensatz zur Trommelbremse arbeiten die Rollenbremsen mit einem präzisen Rollen- und Nockenmechanismus, der für hohe und gut dosierbare Bremsleistungen bei Trockenheit und Nässe sorgt **(Bild 1)**.

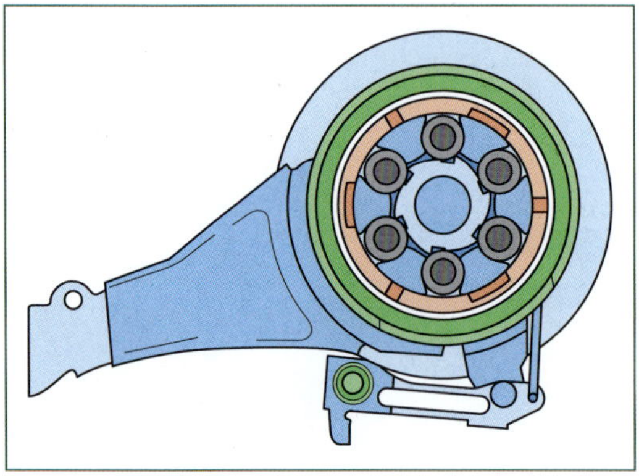

Bild 1: Aufbau einer Rollenbremse

Die Bremsbacken werden nicht durch einen Bremsnocken gespreizt, sondern durch Rollen und eine Nockenscheibe **(Bild 2)**.

1. Beim Betätigen der Bremse drehen sich die Nockenscheibe und die Rollen.
2. Der Bremsbelag wird durch die drehenden Rollen gegen die Bremstrommel gedrückt.
3. Der Bremsbelag liegt an der Trommel an und verzögert diese.

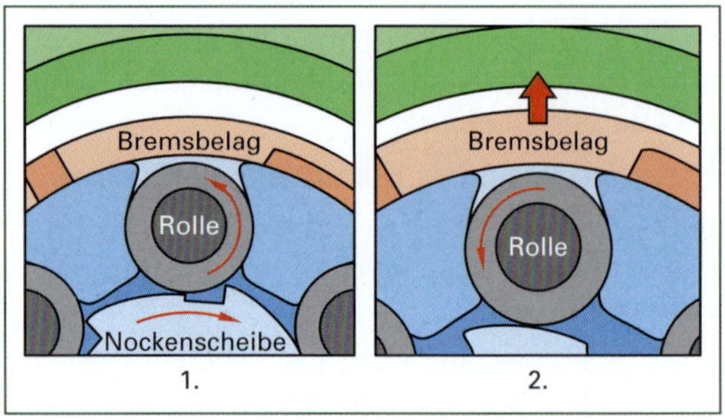

Bild 2: Funktion der Rollenbremse (Shimano)

Bremskraftmodulator

Das in die Nabe von Vorderrad-Rollenbremsen integrierte Blockierschutzsystem kompensiert eine abrupte Betätigung des Bremshebels **(Bild 3)**. Die Bremsleistung der Vorderradbremse lässt sich besser dosieren.

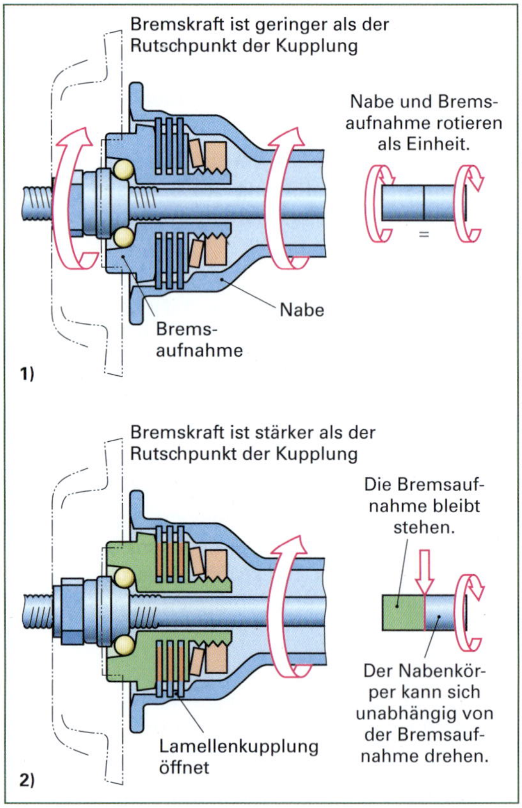

Bild 3: Blockierschutzsystem Power-Modulator von Shimano

1. Solange noch keine oder normale Bremskraft eingeleitet wird, verbindet die Lamellenkupplung die rotierende Bremsaufnahme und Nabe.

2. Bei zu starker Betätigung der Bremse öffnet die Kupplung und die Bremsaufnahme bleibt stehen. Der Nabenkörper kann sich unabhängig von der Bremsaufnahme drehen.

Rücktrittbremse

Die Rücktrittbremse ist die kleinste aller Trommelbremsen und die älteste (sie wurde 1903 von ihrem Erfinder Ernst Sachs unter dem Namen Torpedo produziert und auf den Markt gebracht. Später wurde die Rücktrittbremse mit unterschiedlichen Mehrgangnaben[1] kombiniert.

Eine weitere Bauart ist der Komet-Freilauf **(Bild 1)**, der von NSU entwickelt wurde.

Bild 1: Komet-Freilauf mit Rücktrittbremse

Als einzige Bremse wird sie nicht über einen Seilzug oder ein Gestänge, sondern durch Rückwärtstreten über die Antriebskette betätigt (daher ihr Name).

Die Rücktrittbremse gilt als betriebssichere Bremse, weil sie wenig Wartung erfordert. Solange die Kette zum Antrieb funktioniert und das Fahrrad fahrbereit ist, funktioniert auch die Rücktrittbremse. Ein Seilzug braucht mehr Pflege und ist bei selten gepflegten Fahrrädern in der Praxis oft defekt.

Die hohe Pedalkraft gleicht das ungünstige Übersetzungsverhältnis zwischen Bremskörper und Reifenaufstand wieder aus.

Durch die kleine Bauweise kann nur eine geringe Wärmemenge abgeführt werden. Deshalb kann die Rücktrittbremse auf Gefällstrecken schnell überhitzen und versagen.

Sinnvoll ist die Montage einer zusätzlichen Felgenbremse am Hinterrad. Eine Felgenbremse am Vorderrad ist unerlässlich.

Ein weiterer Nachteil ist, dass eine hohe Bremskraft nur in der 9-Uhr-Stellung der Pedale eingeleitet werden kann.

Nach DIN EN ist vorgeschrieben, dass die Bremswirkung spätestens dann einsetzen muss, wenn die Pedale um einen Winkel von 60° zurückgetreten sind.

Man unterscheidet Hinterradnaben mit zwei unterschiedlich betätigten Rücktrittbremsen:

- Zwei Konusflächen spreizen den Bremsmantel **(Bild 2)**.
- Eine Nockenscheibe mit Rollen spreizen den Bremsmantel (Rollenbremsprinzip)

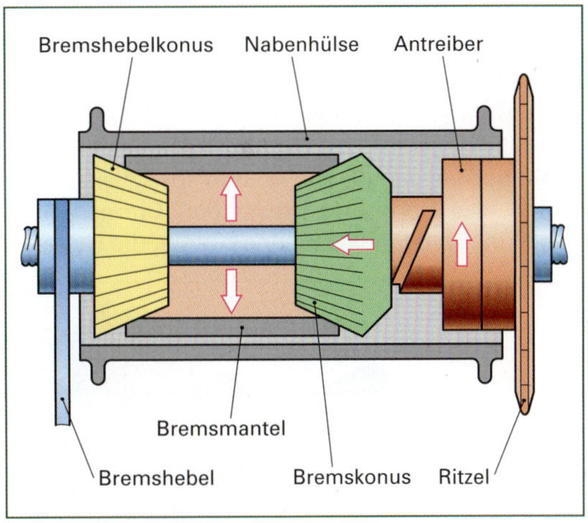

Bild 2: Bremskonus

Funktion der Rücktrittbremse (Bild 1, Seite 312)

Durch die Rückwärtsbewegung der Pedale wird über die Antriebskette und Ritzel ein Antreiber mit Schneckengewinde (**6**) in Drehung versetzt. Der Antreiber wird von der drehenden Schnecke in eine geradlinige Bewegung überführt.

[1] Mehrgangnabe: Neue Bezeichnung nach DIN 15532 für Getriebenabe oder Nabenschaltung.

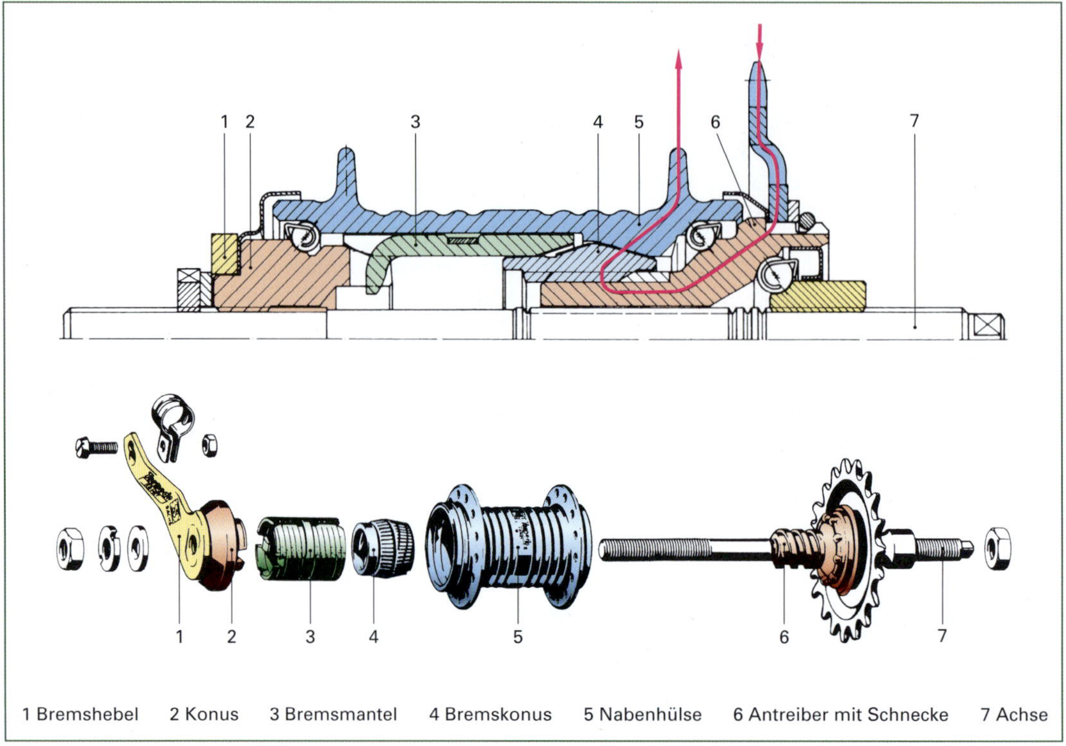

Bild 1: Schnittbild einer Rücktrittbremse

Mit dem Antreiber verbunden ist der Bremskonus **(4)**. Der Bremskonus bewegt sich nach links, Richtung Bremshebelkonus **(2)**. Der geteilte Bremsmantel **(3)** gleitet entlang der geriffelten Kegelkonusflächen von **(2)** und **(4)** und spreizt sich nach außen. Die Spreizung presst den Bremsmantel gegen die Nabenhülse **(5)** und bremst die Nabe ab.

Das Bremsmoment wird über den feststehenden Bremshebel **1** auf den Rahmen übertragen.

Bei den **Rücktrittbremsen mit Nockenscheiben-Rollen** (Beispiele Shimano Nexus 8 und SRAM iMotion 9) dreht auf der Achse anstelle einer Schnecke mit Konus eine Nockenscheibe **(Bild 2)**.

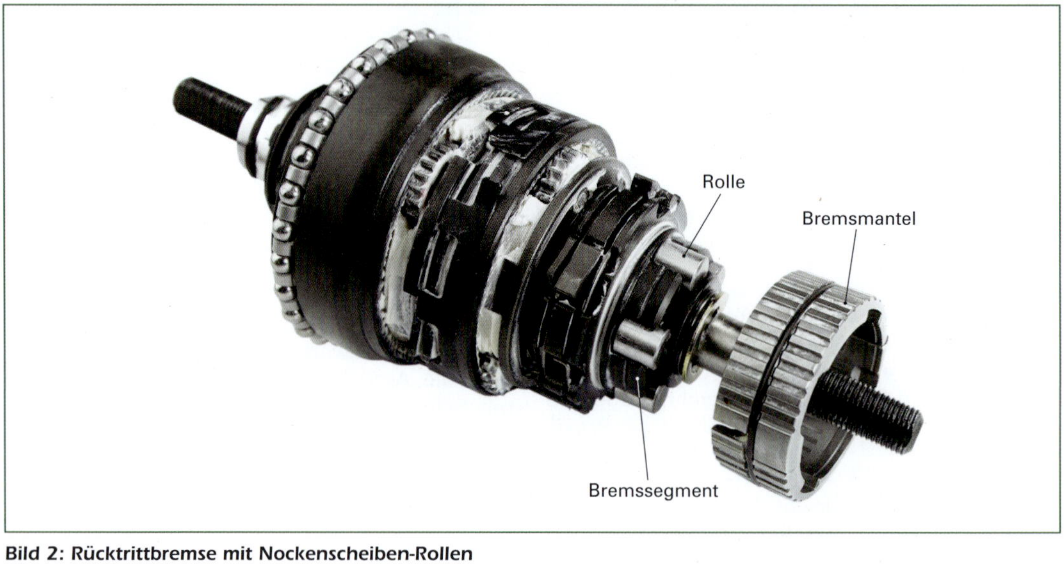

Bild 2: Rücktrittbremse mit Nockenscheiben-Rollen

Jede Rolle ist auf einem Nocken der Nockenscheibe gelagert. Zwischen Rollen und Nabenhülse befindet sich ein geteilter Bremsmantel **(Bild 1)**.

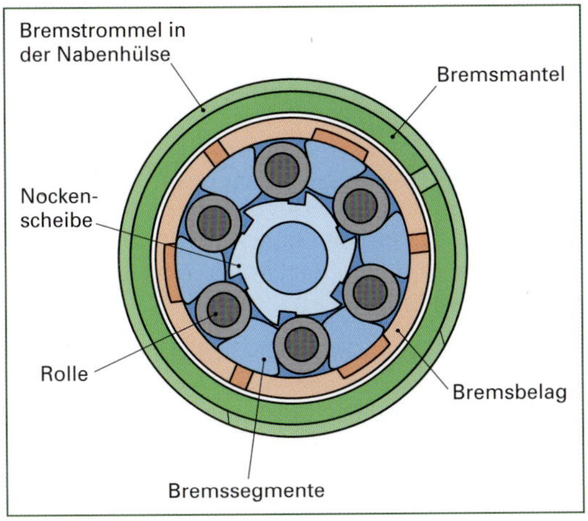

Bild 1: Rollenbremse beim Treten

Die Rollen stützen sich an den Bremssegmenten ab, drücken den Bremsmantel gegen die Nabenhülse und bremsen die Naben ab **(Bild 2)**.

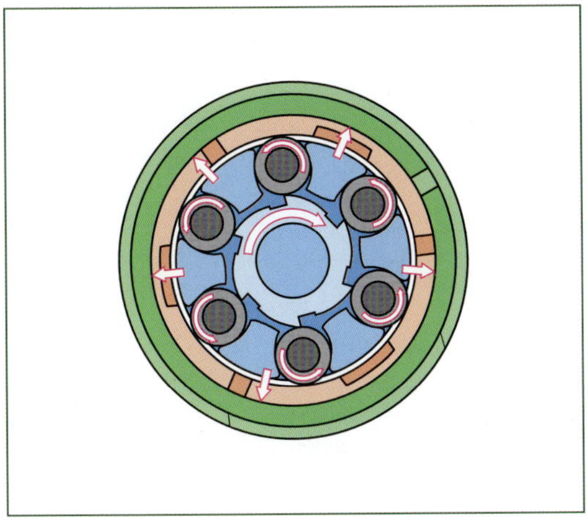

Bild 2: Rollenbremse beim Bremsvorgang

Das Bremsmoment wird auch hier über einen feststehenden Bremshebel auf den Rahmen übertragen.

Damit der Bremsmantel und die Bremsfläche in der Nabenhülse nicht durch starkes Bremsen bergab und die erzeugte Reibungshitze zerstört werden, besitzt der Bremsmantel kleine Nuten. In ihnen muss sich eine kleine Menge von hitzebeständigem Schmierfett befinden. Das Schmierfett verschleißt durch Hitze, Oxidation und hohe Drücke. Es muss in regelmäßigen Abständen erneuert werden (siehe auch Kapitel 13).

Die Rücktrittbremse wird nicht nur in einfachen Freilaufnaben ohne Gangschaltung, sondern auch in Getriebenaben mit 2, 3, 4, 5, 7 und 8 Gängen eingebaut.

Bei älteren Rücktrittbremsen ist die Bremsleistung vom eingelegten Gang abhängig. Im Normalgang und bei den Berggängen wirkt sich die Übersetzung des Planetengetriebes aus und bewirkt eine Steigerung des Bremsmomentes.

Dagegen wird das Bremsmoment in den Schnellgängen nicht durch das Getriebe vergrößert.

Neuere Naben haben diesen Nachteil nicht mehr. Die Bremsleistung ist in allen Gängen gleich oder annähernd gleich **(Bild 3)**.

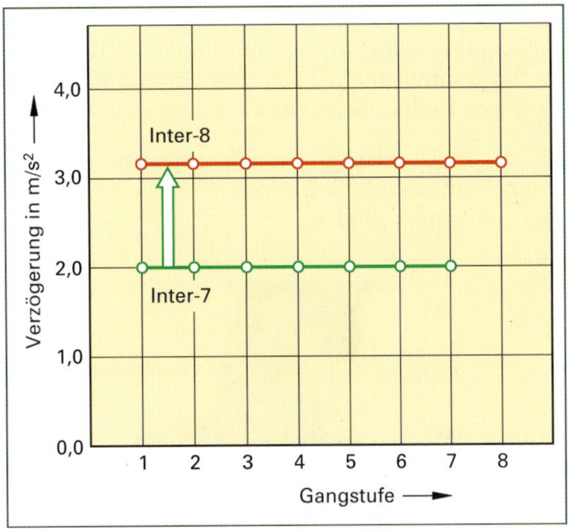

Bild 3: Konstante Bremsverzögerung einer Nabenschaltung mit Rücktrittbremse (Shimano)

Info

Bei langen und steilen Abfahrten sollte man neben der Rücktrittbremse unbedingt abwechselnd auch die Felgenbremse betätigen. Damit wird verhindert, dass sich die Nabe zu stark erhitzt und Schmiermittel verliert. Der nächste Bremsvorgang kann zur Zerstörung von Bremskonus und Bremsmantel führen.

Weiterhin ist zu beachten, dass eine Rücktrittbremse bei defekter oder abgesprungener Kette unwirksam ist.

Scheibenbremsen

Bei Scheibenbremsen sind die Bremssättel mit den Bremskolben und -belägen (den Bremsklötzen) vorn an der Gabel oder hinten am Rahmen montiert – jeweils auf der linken Seite.

Die Bremsscheibe ist an der Nabe befestigt und wird beim Bremsen von den Bremsbelägen „in die Zange" genommen. Da der Scheibendurchmesser geringer als der Felgendurchmesser ist, sind höhere Bremsnormalkräfte (Anpresskräfte) als bei der Felgenbremse erforderlich.

Wie bei den Nabenbremsen wird die Bremskraft über die Speichen zur Auflagefläche zwischen Reifen und Fahrbahn geleitet – deshalb werden Scheibenbremsen den Nabenbremsen zugeordnet. Um die Belastung der Speichen in Grenzen zu halten, weist der Nabenflansch, der die Bremsscheibe aufnimmt, bei einigen Naben einen größeren Durchmesser auf.

Man unterscheidet mechanisch und hydraulisch betätigte Scheibenbremsen. Außerdem gibt es noch Hydraulikadapter, die eine mechanische Seilzugbewegung in eine hydraulische Bremsbetätigung umwandeln oder eine per Bremsseilzug betätigte Hydraulik im Scheibenbremssattel.

Bei der **mechanischen Scheibenbremse** wird die Bremskraft von dem Bremsgriff über einen Seilzug übertragen **(Bild 1)**.

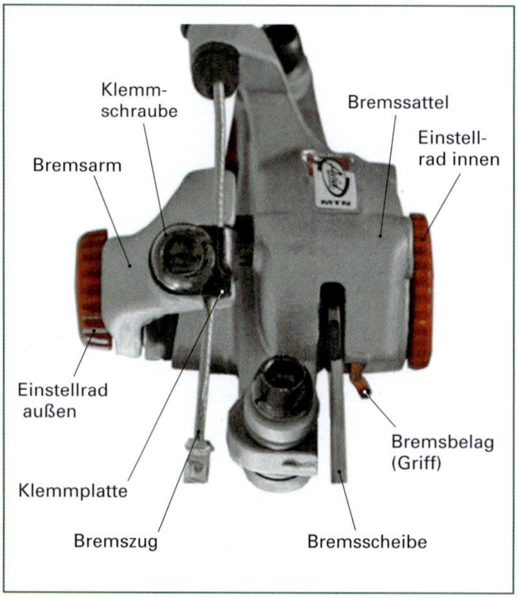

Bild 1: Bauteile einer mechanischen Scheibenbremse

Während der innere Bremsbelag fest steht, drückt der äußere Bremsbelag mit einer Art Schraubenbewegung gegen die Bremsscheibe und diese dann an die innere Bremsscheibe **(Bild 2)**.

Die Schraubbewegung wird durch eine Überlagerung von Taumelscheibenbewegung und Spindeldrehung erzeugt. Zwei Teller und drei Kugeln machen es möglich. Die Kugeln liegen in Vertiefungen des inneren Tellers. Der andere gegenüberliegende Teller hat drei ansteigende Kugelbahnsegmente.

Wird am Bremsarm gezogen, verdrehen sich die Teller gegeneinander. Die Kugeln laufen in den schrägen Kugelbahnen hoch und drücken den inneren Teller, auf dem der Bremsbelag sitzt, gegen die Bremsscheibe.

Bei der *TRP Spyre Bremse* werden beide Bremsbeläge symmetrisch gegen die Bremsscheibe bewegt. Beide Spindeln sind über einen Hebelarm verbunden.

Mechanische Scheibenbremsen haben eine gute Bremsleistung. Spezielle Ausführungen lassen sich mit Rennbremshebeln kombinieren. Sie sind von der UCI für Querfeldeinrennen freigegeben[1].

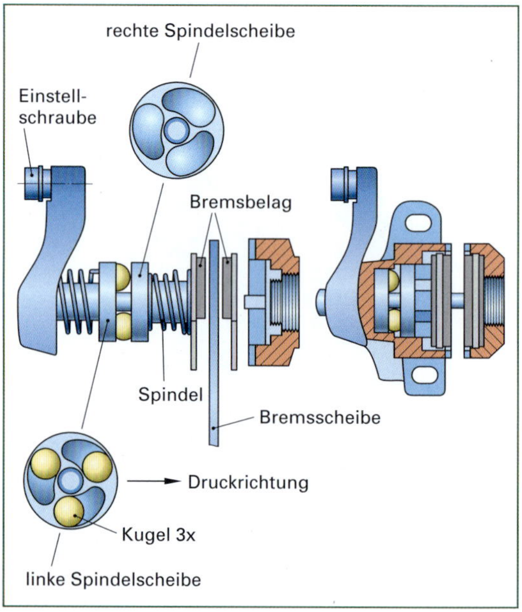

Bild 2: Funktion einer mechanischen Scheibenbremse

Der Abstand zwischen den Bremsbelägen und der Scheibe ist erheblich größer als bei einer hydraulischen Scheibenbremse, sodass Schleifgeräusche selten auftreten. Mechanische Scheibenbremsen sind jedoch schwerer als hydraulische und stellen sich nicht selbsttätig nach.

[1] UCI: Reglement der International Cycling Union

Hydraulische Scheibenbremsen setzen sich bei MTBs und höherwertigen Trekking- und Alltagsräder immer mehr durch **(Bild 1)**. Sie lassen sich gut dosieren und mit geringer Kraft bedienen. Die Bremsleistungen sind bei Nässe und Trockenheit fast gleich.

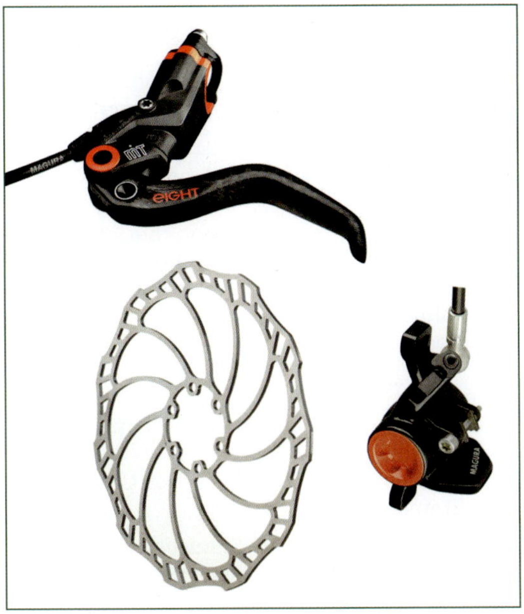

Bild 1: Hydraulische Scheibenbremse (Magura)

Die Verzögerungwerte der hydraulischen Bremse lassen sich durch unterschiedlich große Bremsscheiben dem Bedarf anpassen.

Die Kraftübertragung erfolgt über Bremsflüssigkeit (Hydraulikfluid) oder Mineralöl in der Bremsleitung.

Man unterscheidet zwei Bauarten:

- Hydraulische Scheibenbremse mit Festsattel **(Bild 2)**
- Hydraulische Scheibenbremse mit Schwimmsattel **(Bild 1, Seite 316)**

Die meisten Scheibenbremsen arbeiten mit einem **Festsattel**. Der Bremssattel ist unbeweglich an der Gabel oder am Rahmen fixiert. Die beiden gegenüberliegenden Bremszylinder sind durch einen Kanal hydraulisch miteinander verbunden.

Wird die Bremse betätigt, fahren beide Bremskolben aus und pressen die Bremsklötze von beiden Seiten gegen die rotierende Scheibe. Der Pressdruck der Bremskolben arbeitet gegeneinander und zentrieren sich über die Bremsscheibe, die deshalb nur ein geringes Biegemoment aufnimmt.

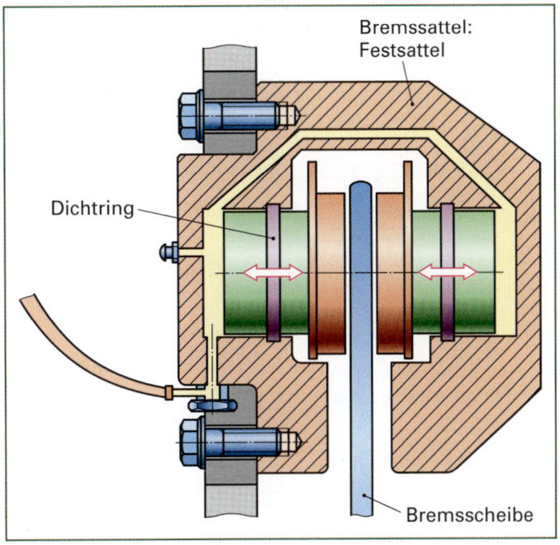

Bild 2: Funktion einer Scheibenbremse mit Festsattel

Die Bremsbeläge streifen beim Lösen nicht mehr an der Bremsscheibe. Voraussetzung ist, dass der Bremssattel genau mittig über der Bremsscheibe montiert ist. Eine hohe Fertigungsgenauigkeit des Rahmens ist erforderlich.

Anzahl der Bremskolben

Bremssättel haben einen, zwei oder vier Bremskolben (vereinzelt gab es auch Konstruktionen mit sechs Bremskolben).

Bei Bremssätteln mit vier Kolben drücken auf jeder Seite ein kleiner und ein großer Kolben auf die Bremsscheibe. Da zuerst die kleineren Kolben an die Scheibe gelangen und danach erst die mit dem größeren Durchmesser, wird der Totweg des Bremshebels verkürzt – ein feineres Ansprechverhalten und eine höhere Bremsverzögerung stellen sich ein.

Bei der seltener anzutreffenden Scheibenbremse mit **Schwimmsattel** umfasst ein horizontal verschiebbarer Sattel einen Teil der Scheibe. Der Bremskolben drückt auf der Außenseite den Bremsklotz gegen die rotierende Scheibe. Bei zunehmendem Bremsdruck verschiebt sich der Bremssattel von der Bremsscheibe weg und zieht den Belag auf der gegenüberliegenden Seite an die Scheibe.

Der Schwimmsattel zentriert sich automatisch über der Scheibe.

Von Nachteil ist, dass der feste (innere) Belag auch bei gelöster Bremse an der Bremsscheibe anliegen kann und Schleifgeräusche verursacht.

Bei einer Schwimmsattelbremse ist nur ein Hydraulik-Nehmerzylinder erforderlich.

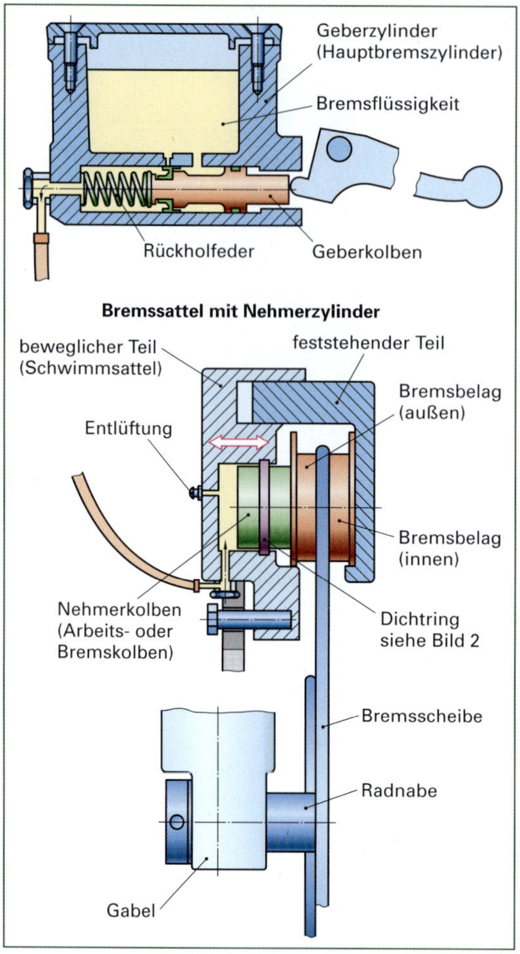

Bild 1: Funktionsprinzip einer Scheibenbremse mit Schwimmsattel

Automatische Nachstellung der Bremsbeläge

Die Kolben werden von einem Dichtring aus einem Elastomer (Rechteck- oder Vierkantring, auch als Quadring bezeichnet) geführt, der in einer Nut des Bremssattels sitzt **(Bild 2)**.

Beim Bremsen fahren die Kolben aus und verformen den Vierkantring elastisch in Richtung der Bremsscheibe. Beim Loslassen des Bremshebels wird das hydraulische System drucklos und die Ringe nehmen wieder ihre ursprüngliche Form ein. Dabei ziehen sie die Kolben um das **Lüftspiel** von ca. 0,4 mm von der Bremsscheibe weg.

Bei zunehmendem Verschleiß der Bremsbeläge kann sich der Vierkantring ab einem gewissen Punkt nicht mehr weiter verformen und lässt den Kolben „durchrutschen" – der Kolben stellt sich nach. Dadurch bleibt der Abstand der Beläge zur Scheibe immer gleich, egal wie weit die Beläge abgefahren sind.

Von Nachteil bei Systemen mit automatischer Belagnachstellung ist, dass sich der Druckpunkt nicht verstellen lässt. Er ist konstruktiv durch die Form der Nut im Bremssattel vorgegeben.

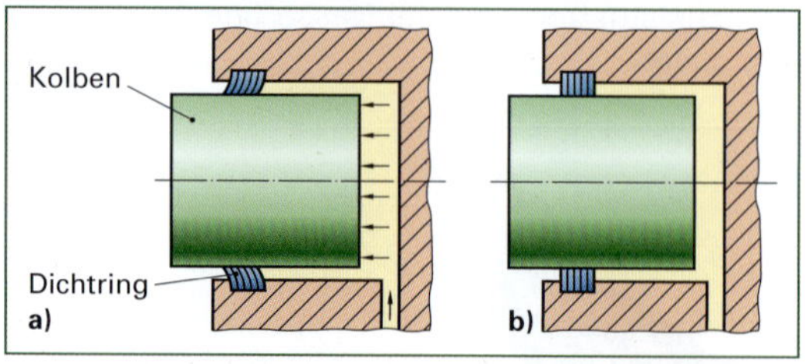

Bild 2: a) Bremsstellung b) Ruhe- oder Lösestellung

Druckpunkt ist der Moment, bei dem die Bremsbeläge die Scheibe berühren und so die Komprimierungskraft des Bremshebels direkt und ohne weiteres Nachgeben an die Bremsscheibe weitergeben.

info

Wenn nicht mehr genügend Öl im Geberreservoir zum Nachstellen vorhanden ist, stellt sich die Bremse nicht mehr nach. Der Druckpunkt am Bremshebel wird weich.

Quadringe sind mit einem Spezialfett geschmiert. Ungenügende Kolbenrückstellung kann durch eine Neuschmierung behoben werden.

Befestigung des Bremssattels

Die unterschiedlichen Standards zur Befestigung der Bremsscheibe an der Nabe und des Bremssattels an der Gabel bzw. am Rahmen führen zu einer erhöhten Variantenanzahl.

Zur Befestigung des Bremssattels an der Gabel bzw. am Rahmen sind seit dem Jahr 2000 die Sockel **IS2000** und **Postmount** verbreitet. Davor gab es eine Vielzahl anderer Standards, unter anderem IS1999 oder „alter" Postmount (engl. für Nachrüst-Standard).

Postmount **(Bild 3)** kommt vorrangig bei Vorderradbremsen an Federgabeln zum Einsatz. Die Befestigungsschrauben mit einem Abstand von 74 mm liegen in Fahrtrichtung.

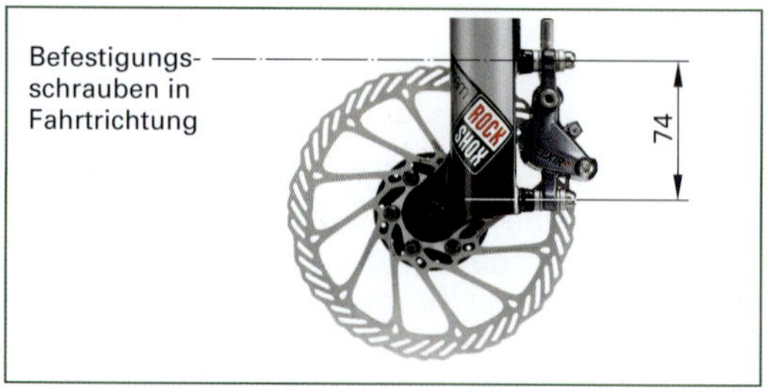

Bild 3: Bremssattelbefestigung Postmount

Langlöcher in den Befestigungspunkten des Bremssattels erlauben eine Zentrierung der Bremsscheibe zwischen den Bremsbelägen.

Beim Internationalen Standard IS2000 wird der Bremssattel mit zwei Schrauben in axialer Richtung (zur Mitte des Laufrades hin) an der Vorderradgabel bzw. am hinteren Ausfallende montiert.

Bremssättel mit Postmount-Befestigung können über Adapter an den Internationalen Standard angepasst werden.

Bei IS2000 **(Bild 1)** beträgt der Schraubenabstand zur Befestigung des Bremssattels 51 mm. Die Schrauben verlaufen parallel zur Laufradachse.

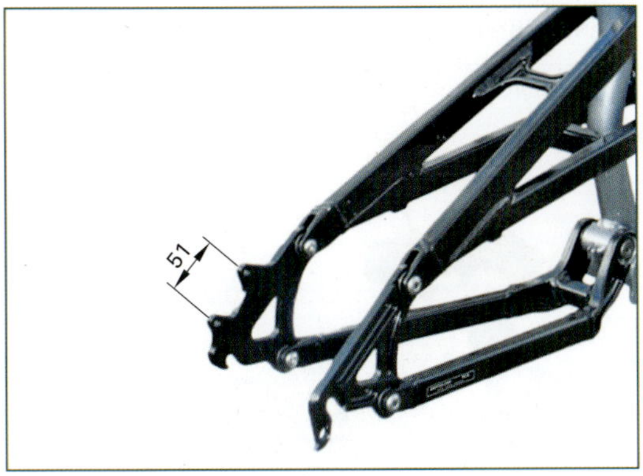

Bild 1: IS2000- Bremssattelbefestigung am hinteren Ausfallende

Damit die Bremskolben im Bremssattel genau senkrecht auf die Bremsscheibe drücken, muss die Bremssattelaufnahme genau rechtwinklig zur Laufradachse ausgerichtet sein.

Mit speziellen Schneidwerkzeugen werden die Aufnahmepunkte flachangesenkt **(Bild 2)**. Durch Betätigen des Drehknopfes werden zwei Flachsenker mit Zapfen in Drehung versetzt. Die Werkzeugausrichtung erfolgt an den beiden Ausfallenden.

Bild 2: Flachansenken der Scheibenbremsaufnahme (Cyclus)

Befestigung der Bremsscheibe

Die beiden häufigsten Befestigungssysteme für Bremsscheiben sind der **IS2000** „Sechsloch-Standard" und die Shimano-**Centerlock**-Aufnahme[1].

Beim Befestigungssystem IS2000 wird die Bremsscheibe mit sechs Schrauben in einer gleitfesten Verbindung an der Nabe befestigt **(Bild 3)**.

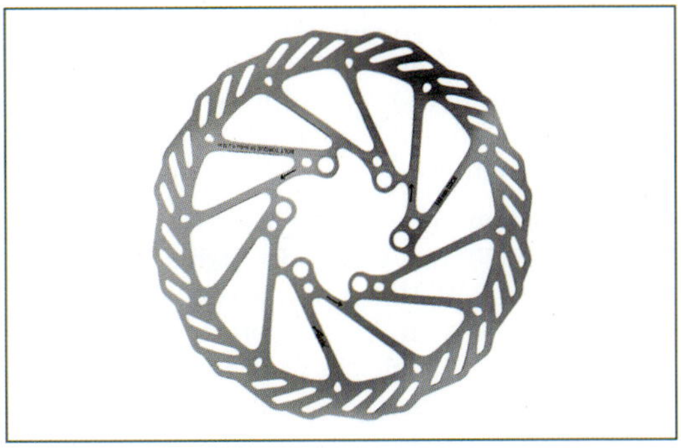

Bild 3: Scheibenbefestigung IS 2000

Centerlock ist das „Shimanoeigene" System, bei dem die Scheibe auf einen vielzahnigen Ring aufgeschoben und mittels eines Verschlussringes fixiert wird (**Bild 4** und **5**).

Bild 4: Scheibenbefestigung Centerlock

Bild 5: Bremsscheiben-Vielzahnprofil

Es gibt eine Vielzahl von Adaptern, um z. B. IS 2000-Scheiben auf Centerlock-Naben oder Postmount-Bremszangen an IS2000-Gabeln zu montieren. Dabei sind nur bestimmte Kombinationen möglich.

[1] IS 2000 wurde mittlerweile durch Postmount abgelöst.

7

Scheibendurchmesser

Bremsscheiben gibt es als Stahlscheiben aus einem Stück gefertigt. Der Werkstoff ist meist hochlegierter nichtrostender Stahl X12Cr13.

Auch Leichtbauscheiben aus beschichtetem Titan- und hochfestem Aluminium sind erhältlich.

Stahlscheiben auf einen Aluminiumrotor genietet, reduzieren das Gewicht der Bremsscheibe und verbessern die Wärmeabfuhr **(Bild 4, Seite 317)**. Bei dieser Konstruktion kann die Stahlbremsscheibe schwimmend oder fest mit dem Rotor verbunden sein.

Bremsscheiben gibt es mit den Durchmessern 140 mm bis 230 mm, wobei die Stahlscheiben mit 160 mm und 180/185 mm die im Handel gängigsten Größen sind. Mit steigender Scheibengröße erzeugt man bei gleicher Kraft am Bremshebel bzw. an der Scheibe größere Bremskräfte an der Radaufstandsfläche.

Offene und geschlossene Systeme

Die meisten der auf dem Markt befindlichen hydraulischen Scheibenbremsen haben ein **offenes System**. Bei nicht gezogenem Bremshebel stellen Öffnungen im Ausgleichsbehälter **(Bild 1)** eine Verbindung zum Geberzylinder her und sorgen für einen Druckausgleich. Bremsflüssigkeit kann in den Ausgleichbehälter hinein oder heraus fließen.

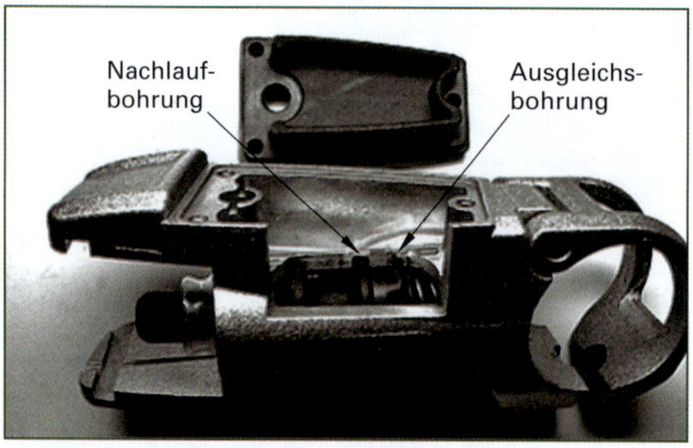

Bild 1: Ausgleichsbehälter

Erst bei gezogenem Bremshebel wird diese Verbindung unterbrochen und es kann sich der zum Bremsen notwendige Druck aufbauen.

Ausgleich beim offenen System:

- Die Nehmerkolben im Bremssattel stellen sich automatisch nach, wenn die Bremsbeläge dünner werden.
- Wenn sich beim heftigen Bremsen die Bremsflüssigkeit erwärmt, dehnt sie sich aus. Das größere Volumen wird vom Ausgleichsbehälter aufgenommen. So wird verhindert, dass die Bremse bei starker Erwärmung „zumacht".

Der Ausgleichsbehälter stellt über eine Membran den Druckausgleich nach außen her.

Beim **geschlossenen System** ist das hydraulische System zu jedem Zeitpunkt druckdicht. Ein automatischer Druckausgleich findet nicht statt. Der Vorteil dieser Systeme ist, dass sich der Druckpunkt von Hand einstellen lässt. Allerdings muss auch der Belagverschleiß von Hand ausgeglichen werden.

Bremsbeläge

Beim Material für Scheibenbremsbeläge unterscheidet man **organische** und **Sintermetall**-Bremsbeläge. Die Trägerplatten bestehen aus Stahl und Kupferlegierungen, deren Form der Kolben- und Bremsscheibengröße angepasst sind **(Bild 2)**.

Bild 2: Bremsbeläge für Scheibenbremsen

Gesinterte Beläge sind im Allgemeinen härter und verschleißfester als organische Beläge, neigen aber stärker zum Quietschen und erzeugen beim Bremsen mehr Wärme.

Daneben gibt es noch Semi-Metallic-Bremsbeläge, die aus unterschiedlichen Metallen (Eisen, Kupfer, Zink ect.), gemischt mit Graphit, Füllstoffen und Bindemitteln, bestehen. Der langen Haltbarkeit der Beläge steht ein hoher Verschleiß der Bremsscheibe gegenüber. Auch die Bremsscheibe muss auf den Belag abgestimmt sein.

Störendes Quietschen von Scheibenbremsbelägen kann man durch eine Behandlung mit dem Spray „Swisstop Silencer" beseitigen.

Info

Um ein Klemmen der Bremssattelkolben zu verhindern, sollten diese bei jedem Bremsbelagwechsel nacheinander vorsichtig ausgefahren und mit einem Putztuch, Seifenwasser und Bremsflüssigkeit gereinigt werden.

Hohe oder lang anhaltende thermische Belastungen können die Reibeigenschaften der Bremsbelagwerkstoffe beeinträchtigen. Das Nachlassen der Bremswirkung nennt man **Fading**.

Scheibenbremsbeläge sind deutlich verschleißfester als Felgenbremsschuhe. Dennoch müssen auch sie regelmäßig kontrolliert werden. Unter 1 mm Belagstärke sind die Beläge auszutauschen **(Bild 1)**.

Bild 1: Verschlissener Scheibenbremsbelag

Hysteresekurve

Einer Hysteresekurve können wichtige Leistungsdaten einer Bremse entnommen werden **(Bild 2)**.

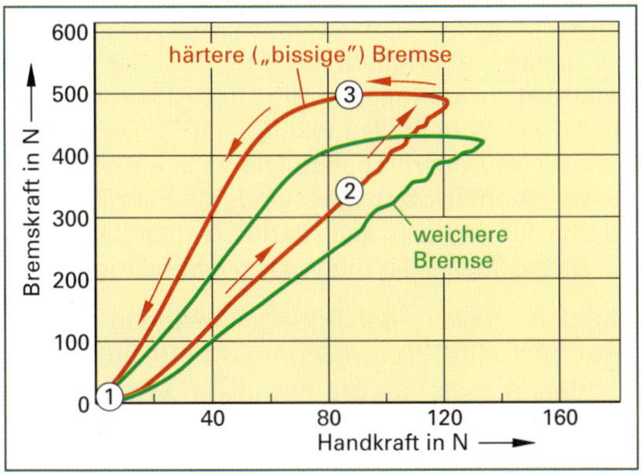

Bild 2: Hysteresekurven von zwei Scheibenbremsen

Die Kurve stellt einen kompletten Bremsvorgang dar. Auf der horizontalen Achse sind die Werte für die Handkraft, auf der vertikalen Achse ist die Bremskraft aufgetragen. Der untere Ast der Kurve (**1**) zeigt den Anstieg der Bremskraft bei zunehmendem Zug am Bremshebel. Je schmaler dieser Bereich ist, desto früher spricht die Bremse an.

Der anschließende Anstieg (**2**) zeigt, wie kräftig die Bremse arbeitet. Je steiler die Kurve, desto weniger Kraft braucht man, um das Fahrrad zu verzögern. Ein linearer Verlauf der Kurve steht für exakte Dosierbarkeit.

Der Verlauf der absteigenden Kurve gibt die Bremskraft bei abnehmender Handkraft an, also beim Lösen der Bremse (**3**). Je näher die Werte für das Öffnen und Ziehen der Bremse zusammen liegen, desto besser lässt sich die Bremse dosieren.

Hier spielen Scheibenbremsen ihren größten Vorteil gegenüber Felgenbremsen aus. Während V-Bremsen stets verzögert die Felge freigeben, öffnen Scheibenbremsen sofort.

Je schmaler der horizontale obere Bereich der Kurve, desto spontaner reagiert die Bremse beim Lösen des Bremsgriffs. Entsprechend steigen die Chancen, bei einer Vollbremsung ein blockierendes Vorderrad zu vermeiden.

info

Neue organische Bremsbeläge müssen „eingebremst" werden. Erst nach dem Ausgasen ist der Belag temperaturresistent und verschleißfest. Ein nichtausgehärteter „weicher" Belag könnte innerhalb weniger Abfahrtskilometer komplett verschleißen (Einbremsvorschlag siehe Bike Magazin 31.07.2014).

Bremsflüssigkeiten

Je nach Hersteller kommen Mineralöle, DOT-Bremsflüssigkeiten oder sogar Wasser (wie bei der *Brake Force One*) zum Einsatz.

Mineralöle haben den Vorteil, dass sie kein Wasser aufnehmen, ungiftig und sehr langlebig sind. Die geringe Hitzebeständigkeit ist in der Praxis vernachlässigbar.

Die HS11 und die HS33 Bremsen von Magura werden mit Mineralöl betrieben. Dieses hat sich als unkompliziert und äußerst langlebig erwiesen.

Bremsflüssigkeiten werden nach den Richtlinien des amerikanischen *Department of Transport*, aufgeteilt in **DOT 3, 4, 5.1** und **5**. DOT 3, 4 und 5.1 sind Flüssigkeiten auf der Basis von Polyglykolether, DOT 5 besteht dagegen aus Silikonöl.

Tabelle 1: Mischbarkeit von DOT Bremsflüssigkeiten

DOT 3 und DOT 4	nicht empfehlenswert
DOT 3 und DOT 5.1	mischbar
DOT 4 und DOT 5.1	mischbar
DOT 5	nicht mischbar mit DOT 3, 4 und 5.1

Bremsflüssigkeiten auf der Basis von Polyglykolether nehmen Wasser aus der Umgebung auf, z. B. aus der Luftfeuchtigkeit. Sie sind hygroskopisch. Diese Eigenschaft ist mit Vor- und Nachteilen verbunden.

Von Nachteil ist, dass sich durch die Wasseraufnahme die Eigenschaften verändern (Siedepunkt, Kompressibilität, Viskosität) und deshalb alle zwei Jahre erneuert werden muss.

Von Vorteil ist, dass aufgenommenes Wasser in Lösung geht und nicht mehr in Tropfenform vorliegt. Dadurch ist gewährleistet, dass sich bei starker Erhitzung durch die Bremsreibung keine Dampfblasen bilden, dass die Bremsanlage nicht durch die Wassertropfen korrodiert und dass keine Wassertröpfchen im Winter im Bremssystem gefrieren.

Gefrierende Wassertropfen und komprimierbare Dampfblasen führen zum sofortigen Ausfall der Bremse.

Tabelle 1: Siedepunkte von Bremsflüssigkeiten

Klasseneinteilung	DOT 3	DOT 4	DOT 5.1
Trockensiedepunkt	≥ 205 °C	≥ 230 °C	≥ 260 °C
Nasssiedepunkt	≥ 140 °C	≥ 155 °C	≥ 180 °C
Farbe	Gelb	Gelb	Blau

Befindet sich Luft in der Bremsanlage, ist die Funktion der hydraulischen Bremse nicht mehr gewährleistet.

Werkstatthinweise

- Angebrochene Bremsflüssigkeitsgebinde haben nur eine begrenzte Gebrauchsdauer, weil sie Feuchtigkeit aus der Raumluft aufnehmen. Auch über die Dichtungen der Ausgleichsbehälter und dem Ring am Bremskolben gelangen geringe Mengen an Luftfeuchtigkeit in die Bremsflüssigkeit.
- Das Datum des Gebindeanbruchs von Bremsflüssigkeiten notieren. Angebrochene Bremsflüssigkeitsgebinde nach fünf Monaten entsorgen.
- Bremsflüssigkeiten auf Polyglykolbasis sind gesundheitsschädlich und reizen die Augen und Haut. Daher sollte man beim Umgang Schutzhandschuhe und eine Schutzbrille tragen. Sie greifen Lacke, Reifengummi und Kunststoffe an. Spritzer und Tropfen sofort mit reichlich Wasser entfernen.
- Im Zweifelsfall immer die Flüssigkeit verwenden, die der Bremsenhersteller als Aufdruck auf dem Ausgleichsbehälter vorgibt.
- Es ist gesetzlich verboten, Bremsflüssigkeiten und Hydrauliköle zu mischen.
- Verbrauchte Flüssigkeiten und Öle stets in den Originalbehältern sammeln und an den kommunalen Sammelstellen für *Gefährliche Abfälle* abgeben.
- In jeder Werkstatt muss ein getrennt gelagertes Entlüftungsset für DOT-Bremsfluids und Mineralölsysteme vorhanden sein. Sie dürfen nicht verwechselt werden.

Die Bremsflüssigkeit muss luftblasenfrei in die Entlüftungsspritze mittels Unterdruck eingefüllt werden. Anschließend soll man die Spritze nach oben geöffnet 5 Minuten stehen lassen, damit Restluftblasen entweichen können.

Es hat sich bewährt, ein befülltes System von unten nach oben und Bremssattel, Leitung und Hebel nacheinander zu entlüften.

Im Werkstattalltag sieht man häufig **unter-** und **überfüllte Bremssysteme**. Bei zu gering befüllten Systemen fehlt der Bremsdruck, da dem Geberkolben nicht genügend Bremsflüssigkeit zur Verfügung steht. Dies kann durch Nachfüllen am Ausgleichsbehälter behoben werden.

Bei einem überfüllten System ist der Bremshebelweg zu gering und die Bremsbeläge schleifen an der Scheibe (zu wenig „gap"). Dies findet man an Neurädern ebenso wie nach einem Wechsel von Bremsklötzen eines anderen Fabrikates. Eine Überfüllung kann auch dadurch entstehen, dass die Bremsflüssigkeit mit Wasser übersättigt ist.

Mit dem *Hayes Feel R Gage*-Werkzeug **(Bild 1)** lässt sich eine Bremse optimal befüllen. Je ein Stahlband zwischen Bremsklotz und Bremsscheibe positioniert den Nehmerkolben bei ausgefahrenem Bremshebelkolben. Dadurch berücksichtigt man Lüftspiel, Bremsklotzstärke und Bremsscheibendicke und erzielt so eine genaue Flüssigkeitsmenge im System.

Bild 1: Entlüften mit Hayes Feel R Gage

8 Laufräder

Die Laufräder[1] tragen bei minimalem Eigengewicht eine vergleichsweise große Last und nehmen im Fahrbetrieb erhebliche Kräfte auf. Sie sorgen für den nötigen Fahrbahnkontakt und liefern einen Anteil an Federung und Dämpfung. Geringe Rollwiderstände und mechanische Reibungsverluste in den Lagern kennzeichnen moderne Laufräder.

Es lassen sich im Fahrradbereich drei Arten des Laufrades unterscheiden:

- Druckspeichenrad
- Zugspeichenrad (Speichenlaufrad)
- Scheibenrad

8.1 Druckspeichenrad

Druckspeichenräder tauchten ca. 1500 vor Chr. in Ägypten auf und sind in ähnlicher Bauweise noch heute im Gebrauch. Mit ihrem dicken Querschnitt übertragen die Speichen Druckkräfte von der Felge auf die Nabe **(Bild 1)**.

Bild 1: Kraftaufnahme durch Druckspeichen

Die Speichen weisen aufgrund der Druckbelastung einen entsprechend großen Querschnitt auf. Dafür sind weniger Speichen erforderlich. Druckspeichenräder sind schwerer als Zugspeichenräder.

Sie wurden in der Vergangenheit aus Aluminiumguss hergestellt, später für BMX-Räder aus glasfaserverstärktem Kunststoff im Spritzgussverfahren. Heute werden sog. Composite Wheels als Druckspeichenräder aus kohlenstofffaserverstärkten Kunststoffen für das Zeitfahren und für Triathlonwettbewerbe hergestellt **(Bild 2)**.

Mit 3 bis 5 Massivspeichen erreichen sie fast die Windschnittigkeit der Scheibenräder, sind aber unempfindlicher gegen Seitenwind.

Bild 2: Composite Wheel

Da das Druckspeichenrad keine Speichenbohrungen in der Felge erfordert, eignet es sich gut für schlauchlose Reifensysteme.

8

8.2 Zugspeichenrad

Das konventionelle Laufrad ist das Zugspeichenrad (Speichenlaufrad), weil es das beste Verhältnis von Stabilität und Gewicht bietet. Speichenlaufräder bestehen aus Nabe mit Achse und Lagern, Speichen mit Speichennippeln, Felge mit Felgenband, Reifen und Schlauch.

Beim Speichenlaufrad verbinden Speichen die Felge mit der Nabe. Das Gewicht von Fahrrad, Fahrer und Gepäck stützt sich ab über die Ausfallenden auf den Radachsen in der Nabe.

Zu dieser radialen (statischen) Last kommen die Torsionslasten (dynamische Lasten) durch Abbremsen, Beschleunigen und Stöße und noch Seitenbelastungen hinzu **(Bild 3)**.

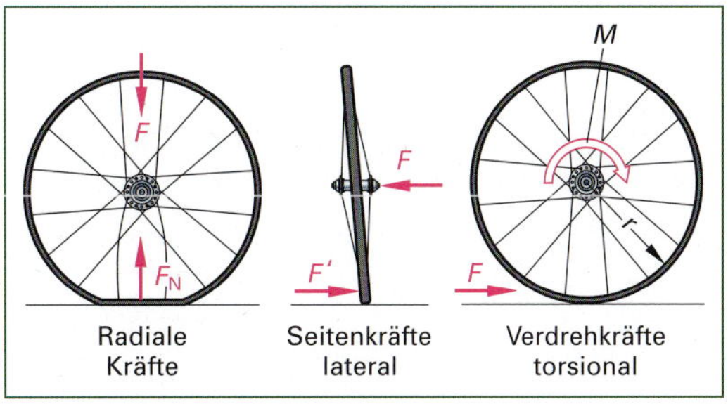

Bild 3: Belastungen des Laufrades

Vereinfacht ausgedrückt hängt die Nabe unter diesen Lasten an den oben liegenden Speichen (am oberen Teil der Felge). Über die Felge und den Reifen stützt sich das Laufrad am Boden ab.

[1] Im Fahrradbereich (und oft im allgemeinen Sprachgebrauch) werden die Begriffe „Laufrad“ und „Rad“ gleich verwendet.

Damit Nabe, Speichen und Felge ein festes Laufrad bilden können, müssen die Speichen gespannt sein und unter Last weiter gespannt bleiben. Die Vorspannung der Speichen darf höchstens so groß sein, dass die Felgen unter Maximallast nicht Schaden nehmen.

Die Vorspannung muss dagegen mindestens so groß sein, dass die Speichen nach der Entlastung noch vorgespannt bleiben. Da sich beim Fahren das Laufrad dreht, werden die Speichen periodisch abwechselnd belastet und entlastet (**Bild 1**).

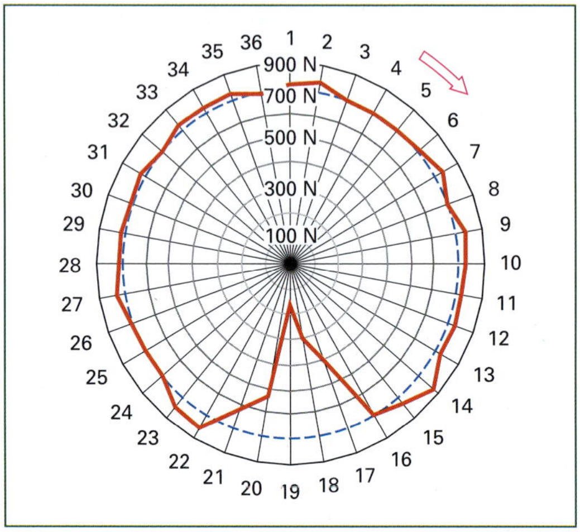

Bild 1: Wirkung von 500 N Last auf die mit 900 N vorgespannten Speichen

8.2.1 Radiale Belastung

Gelangt die Betriebslast über Ausfallenden, Nabe, Speichen und Felge auf die Fahrbahn, wird die Felge in diesem Bereich abgeflacht und einige Speichen werden geringfügig entlastet. Diese Entlastung übernehmen die restlichen Speichen als Mehrlast.

1. Beispiel:
Ausgangsvorspannung aller 36 Speichen 1000 N. Radiale Betriebslast eines Hinterrades 500 N (**Bild 2**).

- Die Felge flacht im Fahrbahnbereich ab und entlastet dabei in der Regel vier Speichen im Mittel um 500 N : 4 = 125 N.
- Die 1000 N Ausgangsvorspannung dieser vier Speichen reduziert sich auf 1000 N – 125 N = 875 N.
- Die Entlastung der vier Speichen wird von den restlichen 32 Speichen als Mehrlast übernommen.
- Jede dieser 32 Speichen trägt eine Mehrlast von 500 N : 32 = 15,6 N.

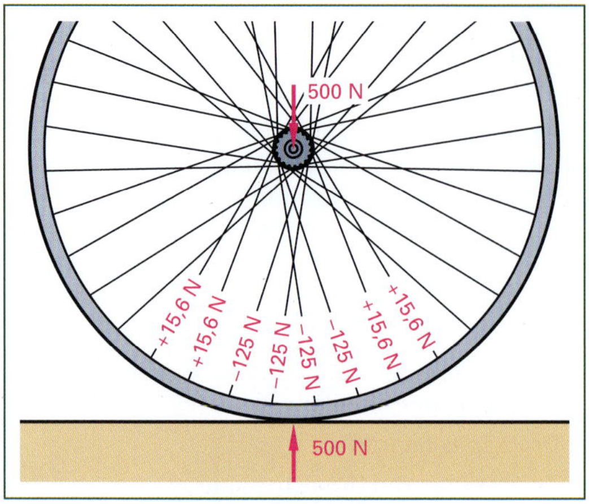

Bild 2: Radiale Belastung eines Speichenlaufrades

2. Beispiel:
Extreme Last von 5000 N durch einen vertikalen Fahrbahnstoß.

- Die Felge flacht im Fahrbahnbereich stärker ab und entlastet etwa acht Speichen im Mittel um 5000 N : 8 = 625 N.
- Die 1000 N Ausgangsvorspannung dieser acht Speichen reduziert sich auf 1000 N – 625 N = 375 N.
- Die Entlastung der acht Speichen wird von den restlichen 28 Speichen getragen, von der jede eine Mehrlast von 5000 N : 28 = 178,6 N trägt.

In der Realität ist der Sachverhalt komplizierter, da sich die Felge jeweils am Ende der abgeflachten Bereiches etwas nach außen wölbt. Dadurch erfahren die „Eckspeichen" eine geringfügig höhere Mehrlast.

8.2.2 Antriebsbelastung

Auch Antriebs- und Bremskräfte kann das Speichenlaufrad gut aufnehmen. Die Antriebskräfte greifen über das Ritzel an der Nabe an und wirken in tangentiale Richtung. Die Kettenzugkraft versucht, die Nabe gegenüber der Felge zu verdrehen.

Um diese Last besser aufnehmen zu können, sind die Speichen nicht radial aus dem Nabenflansch geführt, sondern tangential – zumindest auf der Ritzelseite (**Bild 1, Seite 323**).

Würden alle Speichen tangential und in gleicher Richtung aus der Nabe eingespeicht, könnten diese *nicht* vorgespannt werden. Beim Anzug der Speichennippel würden die Speichen die Nabe solange verdrehen, bis alle Speichen radial ausgerichtet wären. Das vermeidet man, indem die Speichen immer paarweise (aber immer noch tangential) jeweils in entgegengesetzter Richtung vom Nabenflansch ausgehend montiert werden.

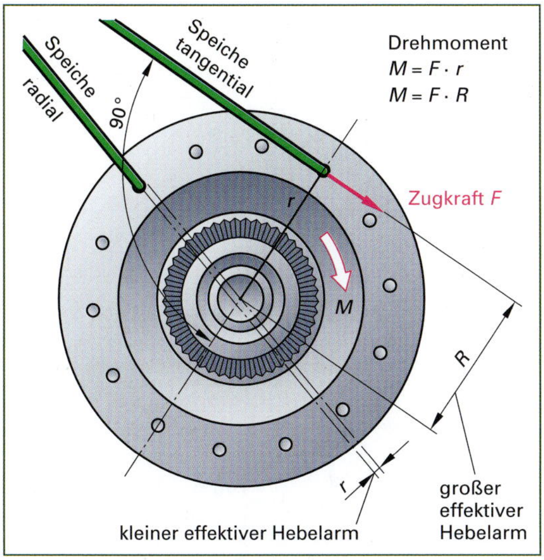

Bild 1: Zugspeiche im Antriebsrad

Für Speichenlaufräder mit Nabenbremsen (das sind Rücktrittbremsen, Trommelbremsen, Rollenbremsen oder Scheibenbremsen) gilt prinzipiell das gleiche wie für Antriebsräder. Hier wirken die Bremskräfte tangential – nur in umgekehrter Richtung wie beim Antriebsrad und zwar sowohl für das Vorderrad als auch für das Hinterrad.

Bei einer radialen Einspeichung tendieren die Speichen bei jeder tangentialen Belastung sich 90° zum Nabenflansch auszurichten. Durch stetig wechselnde Belastungen können sich die Speichennippel lösen oder die Speiche brechen.

Deshalb sollte man von einer radialen Einspeichung an scheibengebremsten Laufrädern und an der Antriebsseite des Hinterrades absehen.

3. Beispiel:
Beim kräftigen Bergantritt mit einer angenommenen Pedalkraft von 1000 N wirkt der 170 mm lange Kurbelarm als Hebel und verdoppelt die Kraft auf die Kette, wenn diese auf einem 42er Kettenblatt (Teilkreisradius 85 mm) aufliegt.

Die Kette leitet die Kraft auf ein 22er Ritzel. Da dessen Teilkreisradius mit 44,5 mm doppelt so groß ist wie der Teilkreisradius der Speichenlöcher einer Niederflansch-Hinterradnabe, wird die Kraft bei tangentialer Speichenausrichtung noch einmal verdoppelt:

$2 \cdot 2 \cdot 1000\ \text{N} = 4000\ \text{N}$

Am Speichenlochkreis liegen 4000 N an. Diese Kraft wird von den 18 nach links abgewinkelten Speichen aufgenommen **(Bild 2)**.

- Jede der 18 Speichen trägt dabei eine Zusatzlast von 4000 N : 18 = 222 N.
- Mit 1000 N Ausgangsvorspannung und 222 N Zusatzlast ergibt sich für die 18 Zugspeichen eine Zugkraft von 1222 N. Dieser Betrag liegt noch um den Faktor 2 unter der Bruchlast von Speichen.
- Die restlichen 18 Speichen werden um jeweils 222 N entlastet. Ihre Ausgangsvorspannung geht auf 778 N zurück.

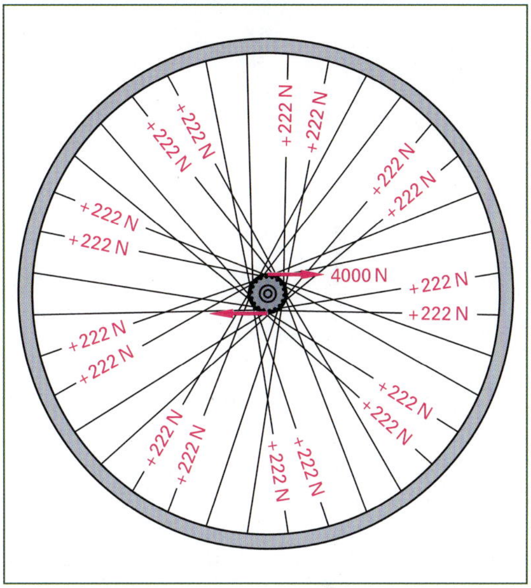

Bild 2: Antriebsbelastung durch Verdrehkräfte

8.2.3 Seitenbelastung

Im Wiegetritt (**Bild 1, Seite 324**) wird das Fahrrad schräg gehalten und im Stehen getreten. Dabei wirken Seitenkräfte bis zu 300 N auf das Hinterrad. Das Hinterrad widersteht diesen Kräften durch die Schrägstellung seiner Speichen, wobei die Horizontalkomponente der Speichenzugkraft zum Tragen kommt.

Bei Standardnaben und 28-Zoll-Felgen beträgt der Speichenwinkel etwa 4° auf der Zahnkranzseite des Hinterrades und 7° auf der Gegenseite. Die Horizontalkomponente errechnet sich nach:

$$F_h = F_{Sp} \cdot \sin \alpha$$

F_h → Horizontaler Anteil der Speichenzugkraft in N

F_{Sp} → Ausgangsvorspannung in N

α → Speichenschrägwinkel

Bild 1: Seitenkräfte beim Wiegetritt

8

4. Beispiel:
Bei 1000 N Ausgangsvorspannung und 4° Speichenschrägwinkel auf der Zahnkranzseite beträgt die Horizontalkomponente

$F_h = F_{Sp} \cdot \sin \alpha = 1000\ \text{N} \cdot 0{,}07 = 70\ \text{N}$

Auf der Gegenseite mit 7° Speichenschrägwinkel ergibt sich die gleiche Horizontalkomponente (Kraftgesetz: actio = reactio). Die dazu nötige Speichenspannung ist jedoch erheblich geringer:

$$F_{Sp} = \frac{F_h}{\sin \alpha} = \frac{70\ \text{N}}{0{,}122} \approx 575\ \text{N}$$

Die Seitenkräfte von 300 N werden nur von vier Speichen aufgenommen; die gegenüberliegenden Speichen werden um diesen Betrag von 300 N : 4 = 75 N entsprechend entlastet. Die Auswirkungen bei einer Seitenbelastung (Beispiel 4 und **Bild 2**) sind:

- Die Horizontalkomponenten dieser vier Speichen vergrößern sich: 70 N + 75 N = 145 N.
- Die Speichenspannung der Gegenseite steigt auf:

  $$F_{Sp} = \frac{F_h}{\sin \alpha} = \frac{145\ \text{N}}{\sin 7°} \approx 1190\ \text{N}$$

  und auf der Zahnkranzseite:

  $$F_{Sp} = \frac{F_h}{\sin 4°} \approx 2071\ \text{N}$$

Dieser Wert liegt nahe an der Bruchlast der Speichen.

Die Zahlenbeispiele verdeutlichen, dass Speichenlaufräder hohe laterale (vertikale) Belastungen und Antriebsmomente aushalten, dass sie aber bei Seitenkräften an die Grenze ihrer Haltbarkeit kommen.

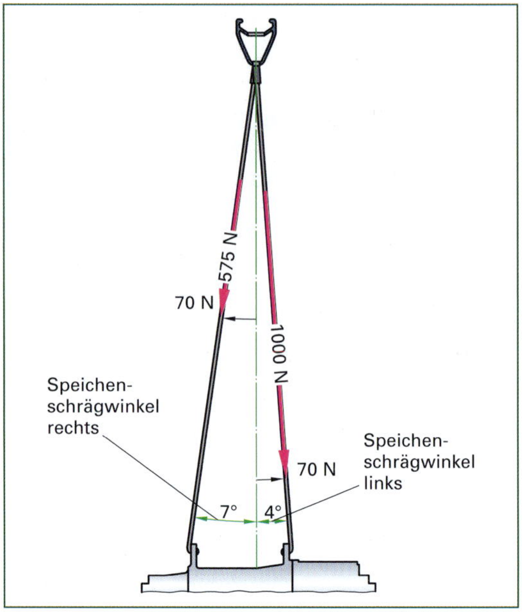

Bild 2: Komponenten der Seitenbelastung bei asymmetrischer Einspannung

Hohen Seitenkräften weicht die Felge seitlich aus, da sich die Speichen unter der höheren Last dehnen. Dadurch vergrößert sich die Speichenschräge und als Folge die Horizontalkomponente. Im 4. Beispiel vergrößert sich der Speichenwinkel um 0,4°, wodurch sich die Speichenspannung der vier Speichen von 2071 N auf 1883 N reduziert.

Ein wichtiger Aspekt muss noch berücksichtigt werden: Die Elastizität der Laufräder hilft den Speichen, auch Extremlasten aufzunehmen. Selbst bei Speichenbrüchen bleibt das „System Laufrad" erhalten und es stellt sich automatisch (mit der Einschränkung eines Seiten- und Höhenschlages) wieder ein Gleichgewicht ein.

Da die Speichen auf der Zahnkranzseite steiler stehen, muss die Speichenspannung größer sein als die Speichenspannung auf der Gegenseite. Ein kleiner Ausgleich kann über asymmetrische Felgen (**siehe Bild 3, Seite 340**) erfolgen.

Die **Seitensteifigkeit** mit der Einheit N/mm eines Laufrades gibt an, wie weit die Felge beim Einwirken einer Querkraft am Ort der Krafteinleitung seitlich ausgelenkt wird. Werte üblicher Rennrad-Laufräder liegen für Hinterräder bei ca. 30 N/mm, für radial eingespeichte Vorderräder bei ca. 70 N/mm.

Speichen werden während der Rotation des Laufrades periodisch be- und entlastet. Die Vorspannung sorgt dafür, dass im Betrieb nur Zugkräfte auftreten.

Systemlaufräder sind komplette Laufräder, die auf geringes Gewicht und/oder Windschnittigkeit ausgelegt sind. Meist werden weniger Speichen eingelegt und eine steifere Felge verwendet. Auch das Einspeichmuster weicht von den üblichen Einspeicharten ab. Beispiele:

Shamal-Prinzip: Mit einer extrem hohen und damit steifen Felge wird die Speichenanzahl auf bis zu 16 Speichen reduziert. Bei diesen windschnittigen Laufrädern wird die Speichenbruchsicherheit durch bogenlose Kopfspeichen verbessert **(Bild 1)**.

Bild 1: Systemlaufrad nach dem Shamal-Prinzip

Rolfs-Prinzip: Die Speichen sind nicht mit einem gleichmäßigen Abstand in der Felge vernippelt, sondern stehen sich fast gegenüber **(Bild 2)**. Dadurch wird bei geringer Speichenanzahl vermieden, dass die Felge durch die großen Abstände zwischen den nach rechts und links ziehenden Speichen einen mehr oder weniger ausgeprägten Zick-Zack-Verlauf erhält. Nachteilig wirkt sich ein möglicher Höhenschlag aus, da durch die Bündelung der Speichen der Abstand zum Nachbarbündel noch größer wird.

Bild 2: Systemlaufrad nach dem Rolfs-Prinzip

Roval-Prinzip: Die Zahnkranzseite besitzt doppelt so viele Speichen wie die Gegenseite, da deren Speichen nur die halbe Speichenspannung haben. Der Komponentenhersteller Campagnolo bündelt bei den G3-Laufrädern nach dem Rolf-Prinzip jeweils drei Speichen **(Bild 3)**.

Bild 3: Systemlaufrad nach dem Roval-Prinzip

Pulstar-Prinzip: Bogenlose Kopfspeichen werden in Naben mit nockenförmigen Sonderflanschen eingefädelt. Steife Felgen erlauben auch hier eine erhebliche Verringerung der Speichenzahl **(Bild 4)**.

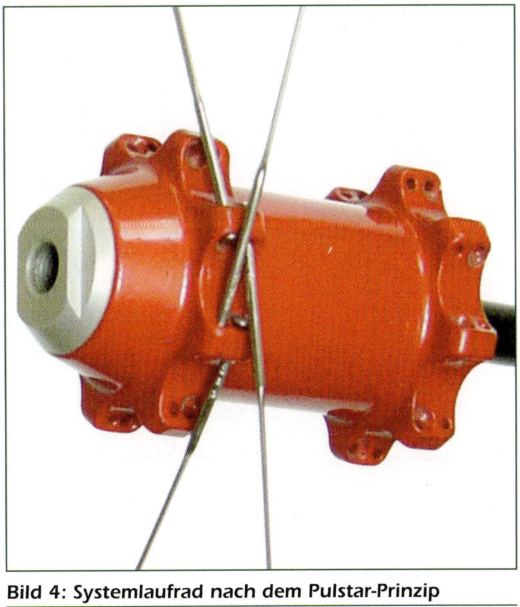

Bild 4: Systemlaufrad nach dem Pulstar-Prinzip

Citec-Prinzip: Die Speichen sind als Stehbolzen ausgebildet und werden sowohl in der Nabe wie in der Felge mit Nippeln verschraubt **(Bild 1)**. Da auch hier der Speichenbogen entfällt, verbessert sich die Betriebssicherheit und man kommt mit weniger Speichen aus.

Bild 1: Systemlaufrad nach dem Citec-Prinzip

Shimano-Prinzip: Die Speichen werden mit dem Bogen unter der Bremsflanke in die Felge eingehakt und auf der gegenüber liegenden Seite in der Nabe vernippelt **(Bild 2)**.

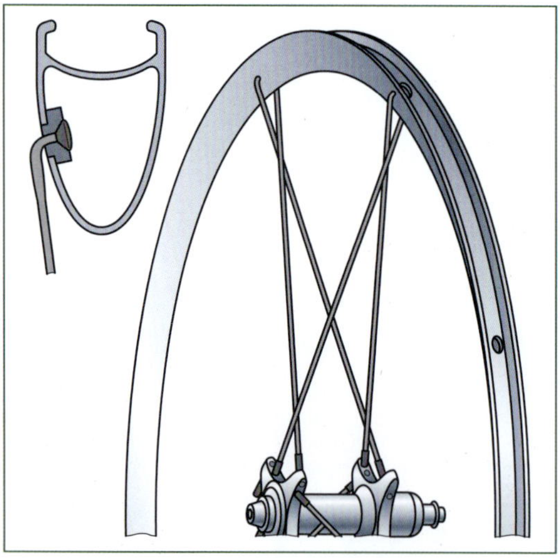

Bild 2: Systemlaufrad nach dem alten Shimano-Prinzip

Die erheblich größere Speichenschräge vermittelt den Laufrädern eine erhöhte Seitensteifigkeit und lässt eine deutlich verminderte Speichenanzahl zu.

8.3 Scheibenräder

Scheibenräder sind aus Carbon gefertigte speichenlose Laufräder. Sie bieten aerodynamische Vorteile, sind aber seitenwindanfällig und haben ein hartes Abrollverhalten. Nach Messungen im Windkanal sparen Scheibenräder gegenüber normalen 36-Speichen-Laufrädern bei einer Geschwindigkeit von 40 km/h rund 15 Watt Leistung ein.

Die Einsparung ist auf den verminderten Luftwiderstand der Speichen zurückzuführen. Im Fahrbetrieb drehen sich die Speichen mit beinahe doppelter Fahrgeschwindigkeit gegen die Fahrtrichtung.

Da mit der Geschwindigkeit der Luftwiderstand quadratisch ansteigt, wirkt sich das Abdecken des Speichenbereichs mit der höchsten Umlaufgeschwindigkeit besonders effektiv aus.

Bei Seitenwind drückt die Flächenlast auf das Vorderrad und erschwert durch Rücksprung (Gabelversatz) und Nachlauf die Lenkung. Bei Seitenwind, der unter einem Winkel 60° von hinten kommt, wirken Scheibenräder wie ein Segel und können dadurch zusätzlich einen Vortrieb erzeugen. Kommt der Seitenwind jedoch unter einem Winkel von 60° von vorn, tritt eine erhebliche Bremswirkung auf.

Es macht Sinn, nur das Hinterrad als Scheibenrad einzusetzen **(Bild 3)**.

Bild 3: Zeitfahrrad mit Scheibe hinten (Jens Voigt)

Bauweisen von Scheibenrädern

Bild 1, Seite 327 zeigt ein Scheibenrad mit innenliegender Nabe und aufgesetzter Felge. Der Schaum- oder Wabenkern ist mit Carbon beplankt. Nachteilig wirkt sich die mangelnde vertikale Elastizität aus, die zu einem unkomfortablen Lauf führt.

In **Bild 2, Seite 327** ist ein Scheibenrad dargestellt, bei dem mit kuchenstückähnlichen Zuschnitten der Kohlefasergewebe der radiale Faseranteil vergrößert wurde. Auf jeder Laufradseite verbindet ein 3 mm bis 6 mm dickes Carbon-Schaum-Sandwich die Felge mit der Nabe.

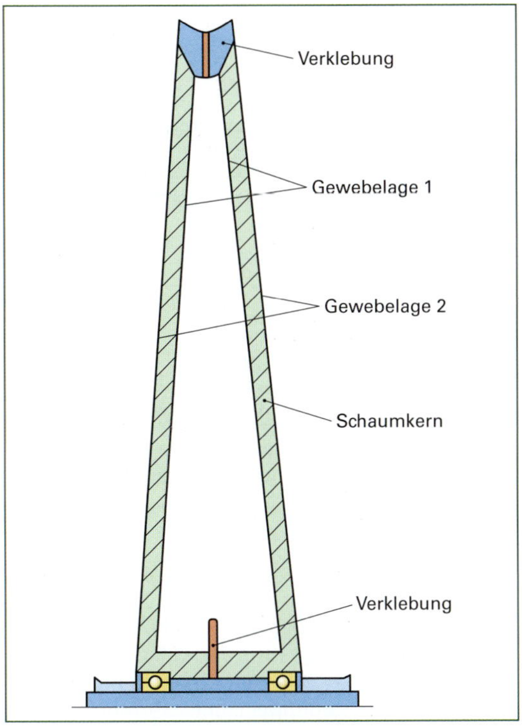

Bild 1: Scheibenrad mit aufgesetzter Felge

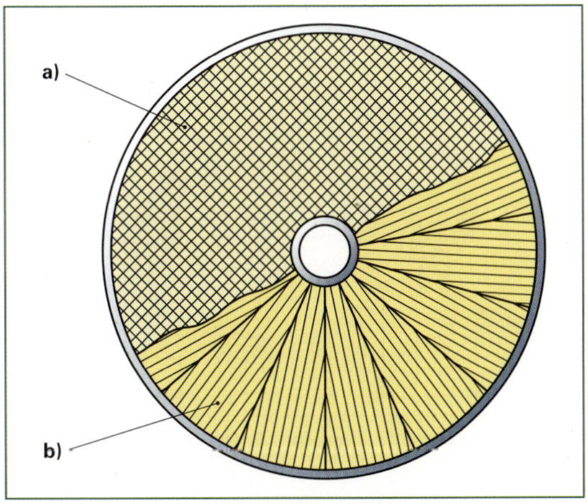

Bild 2: Scheibenrad aus Segment-Einzelteilen
a) Beplankung nicht radial b) Beplankung radial

Die Seitenscheiben, Felge und Nabe werden getrennt hergestellt und vor dem Abbinden des Harzes nass in nass in einer Form gefügt.

Echte Scheibenräder sind nicht zu verwechseln mit verkleideten Drahtspeichenrädern, bei denen die Speichen aus aerodynamischen und optischen Gründen mit Textilien oder dünnen Kunststoffscheiben abgedeckt sind.

8.4 Vorschriften und Prüfverfahren

Das Laufrad wird in eine Vorrichtung gespannt und mit einer statischen Last von 250 N (entspricht einer Masse von 25 kg) an einem beliebigen Punkt der Felge (beim Hinterrad auf der Ritzelseite) senkrecht zur Laufebene belastet. Die Dauer der Krafteinleitung beträgt 1 Minute **(Bild 3)**.

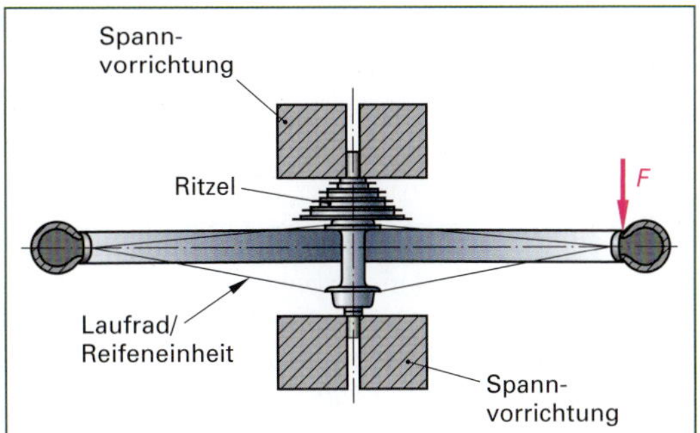

Bild 3: Statische Belastungsprüfung eines Hinterrades nach EN ISO 4210-7

Es darf kein Teil des fertig montierten Laufrades versagen und die bleibende Verformung am Kraftangriffpunkt der Felge darf 1,5 mm (1 mm bei Geländefahrrädern und Rennrädern) nicht überschreiten.

Weitere Vorschriften

- Vorderrad- und Hinterradsicherung: Eine Kraft von 2300 N (Last = 230 kg) ist symmetrisch auf beiden Seiten der Achse in Ausbaurichtung für die Dauer von 1 Minute einzuleiten. Es darf keine Bewegung der Achse in Bezug auf die Gabel festzustellen sein.
- Sind eine Achse und Mutter mit Gewinde eingebaut und die handfest angezogene Mutter um mindestens 360° gelöst, darf sich das Laufrad bei einer Krafteinleitung von 100 N nicht von der Gabel lösen. Die Kraft ist 1 Minute beizubehalten.
- Das Laufrad muss so ausgerichtet sein, dass mindestens 6 mm (4 mm bei Rennrädern) freier Durchgang zwischen dem Reifen und den Rahmen- und Gabelteilen (bzw. den Schutzblechen oder deren Befestigungsschrauben) vorhanden ist.
- Bei Fahrrädern mit Federungselementen darf ein Versagen der Feder und Dämpfer nicht dazu führen, dass der Reifen mit Rahmenteilen oder dem Gabelkopf in Berührung kommt.

8

8.5 Naben

Die Naben stellen mit der Achse und der Speichenaufnahme die Verbindung zwischen Rahmen und Felge/Reifen her. Ihre kugelgelagerte Achse sorgt für den Leichtlauf des Fahrrades. An den Nabenflanschen sind die Speichen eingehängt. Die Nabe besteht aus:

- Nabengehäuse
- Achse und Befestigungsmuttern oder Spannachse
- Nabendichtungen
- Nabenlagern

8.5.1 Ausführungen von Naben

Grundsätzlich werden Naben unterschieden in Vorderrad- und Hinterradnaben. Diese unterscheiden sich in Bauweise und Größe, da die Vorderradnaben geringer belastet sind und mit einer geringeren Klemmbreite auskommen[1]. Hinterradnaben dagegen müssen Antriebskräfte aufnehmen und übertragen.

Eine Ausnahme bilden Elektrofahrräder mit Frontmotor – hier muss auch das Vorderrad Antriebskräfte übertragen.

Je nach Einsatzzweck enthalten Naben weitere Bauteile wie Nabenbremse, Schaltgetriebe oder einen Dynamo. Ihre Bezeichnung ist dann:

- Trommelbremsnabe oder Rollenbremsnabe
- Scheibenbremsnabe
- Mehrgangnabe (Nabenschaltung)
- Dynamonabe (Nabendynamo)

Die Unterscheidung nach der Bauform in Nieder- und Hochflanschnabe ist nicht mehr gebräuchlich. Im Allgemeinen sind heute Niederflanschnaben Standard, da dann die Speichen länger und damit elastischer sind, was mehr Fahrkomfort und höhere Sicherheit bei Extrembelastungen bietet.

Die Breite der Nabe und die lichte Weite zwischen den Ausfallenden müssen auf ± 1 mm übereinstimmen, um einen zuverlässigen Ein- und Ausbau der Laufräder zu ermöglichen. Die Klemmbreite wird zwischen den Außenflächen der sich gegenüber liegenden Kontermuttern gemessen **(Bild 1)**.

Bei Billignaben und einfachen Mehrgangnaben sind die Nabenkörper aus Stahl. Die Flansche werden aufgepresst. Im Allgemeinen sind die Nabenkörper aus Aluminiumguss. Hochwertige Naben werden geschmiedet oder gedreht. Das Baugewicht ist gering, denn die hochfesten Aluminiumlegierungen erlauben geringe Wandstärken.

Aus dem gleichen Grund werden teilweise Achsen aus Aluminium eingesetzt.

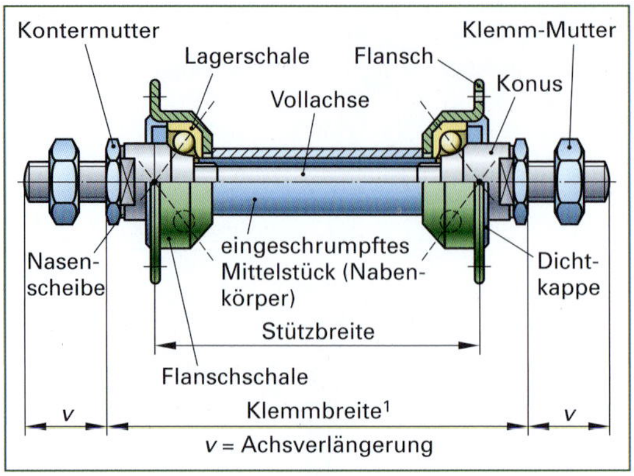

Bild 1: Einfache Vorderradnabe mit Vollachse

Nabenachsen sind entweder Vollachsen mit Achsmuttern oder Hohlachsen mit Schnellspannern. Hohlachsen sind bei höherwertigen Naben und sportlichen Fahrrädern Standard.

Die Nabenflansche sollten zur Vorsorge gegen Speichenbrüche eine Dicke von 3,2 mm bis 3,5 mm aufweisen. Der Speichenloch-Durchmesser liegt zwischen 2,1 mm und 3,0 mm. Er sollte nicht viel größer als der Speichendurchmesser sein, damit unnötiges Spiel vermieden wird **(Bild 2)**. Bei dickeren Nabenflanschen sind die Bohrungen leicht angesenkt (oft nur sauber entgratet), sodass die Speichenköpfe und -bögen optimal anliegen.

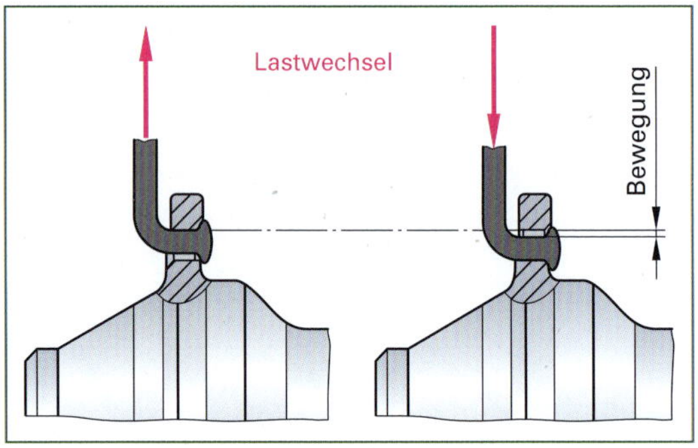

Bild 2: Spiel der Speichen im zu großen Nabenloch

Info

Speichenunterlegscheiben aus Messing können zu große Speichenbohrungen im Nabenflansch ausgleichen. Bei hoher Speichenspannung verformen sich die Scheiben trichterförmig und zentrieren die Speichen im Nabenloch.

Ein weiterer Vorteil von Unterlegscheiben liegt darin, dass die Speichen enger am Nabenflansch anliegen und damit weniger Rückbiegung stattfindet (**siehe auch Bild 2, Seite 345**).

[1] Die Begriffe Klemmbreite, Klemmweite und Einbaumaß sind gleichbedeutend.

Für Sondereinspeichungen fertigt man Nabenflansche entsprechend dem Speichenmuster oder der Speichenart **(Bild 1)**.

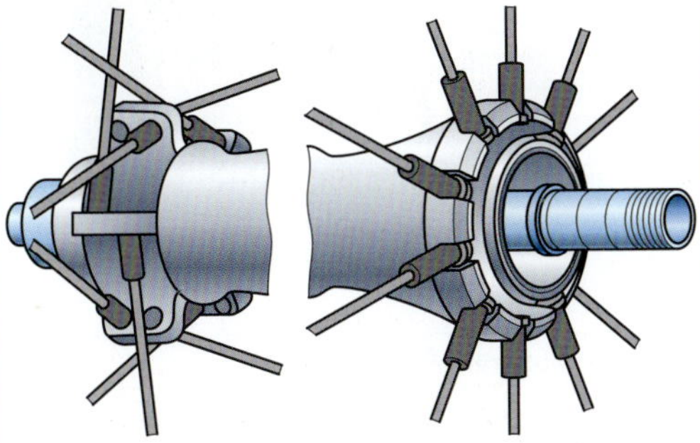

Bild 1: Naben für Sondereinspeichungen

8.5.2 Vorderradnaben

Die Achse der Standard-Vorderradnabe **(Bild 2)** hat 9 mm Durchmesser. Die Standard-Klemmbreite beträgt 100 mm. Klemmbreiten von Falt- und Kinderräder: 74 mm, Fatbikes von 135 mm bis 150 mm.

Da sich die Achslagerung in der Nähe der Ausfallenden befindet, haben Vorderradnaben eine große Achs-Stützbreite **(Bild 1, Seite 328)** und sind daher im Normalgebrauch unempfindlich gegen Achsverbiegungen.

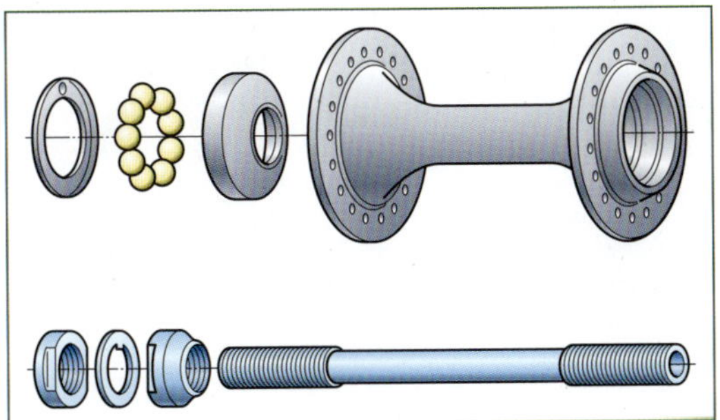

Bild 2: Klassische Vorderradnabe

Info

Ausnahme: Achsen für Federgabeln unterliegen durch das ungleich weite Eintauchen der Gabelbeine höheren Scher- und Biegebelastungen. Sie benötigen daher eine verstärkte Achse und ein verdicktes Nabenmittelteil **(Bild 3)**.

Zur Anwendung kommen auch Steckachsen, die durch die Lagerung und die Ausfallenden hindurch laufen und mit einer Mutter, mit Inbusschrauben oder mit einem Schnellspanner gesichert werden (siehe auch **Bild 2, Seite 332**).

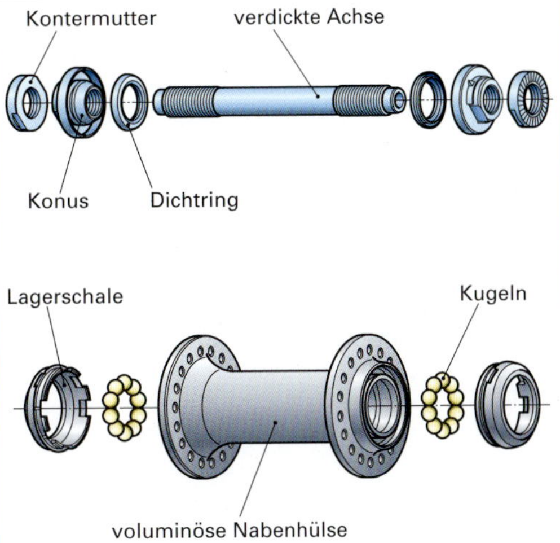

Bild 3: Verstärkte Vorderradnabe für Federgabeln

Bei Naben für Scheibenbremsen befinden sich in einem Sockel neben dem linken Nabenflansch Aufnahmebohrungen für die Bremsscheibe **(Bild 4)**.

Bild 4: Bremsscheibenflansch mit IS2000-Befestigungsstandard

Ein anderes Befestigungssystem mit der Bezeichnung Centerlock (Shimano) spannt die Bremsscheibe auf einen angeflanschten, vielzahnigen Bund **(siehe Bild 5, Seite 317)**.

Bedingt durch das hohe Bremsmoment ist der Speichenflansch auf der linken Nabenseite oft größer ausgelegt, damit die Speichen einen längeren Hebelarm zur Aufnahme der Bremskräfte erhalten.

Konventionelle Scheibenbremsnaben werden nur selten mit weniger als 32 Speichenlöchern hergestellt, da es ansonsten durch die hohen Bremsmomente zu frühzeitigem Speichenbruch kommen kann.

Systemlaufräder haben wegen ihrer Bauweise und des häufigen Verzichts auf einen Speichenbogen speziell geformte Nabenflansche.

8.5.3 Hinterradnaben

Der wesentliche Unterschied zur Vorderradnabe ist die Aufnahmemöglichkeit für einen Zahnkranz oder ein Zahnkranzpaket und einen Freilauf.

Je nach Getriebebauart unterscheidet man Naben für Nabenschaltungen und Kettenschaltungen. Die unterschiedlichen Bauarten von Kettenschaltungsnaben sind Schraubkranznaben und Kassettennaben.

Weitere Ausführungen sind Kombinationen aus Mehrgangnabe und Kassettennabe oder auch spezielle Naben für Radsportarten wie z. B. BMX oder starre Naben für Bahnräder **(Bild 1)**.

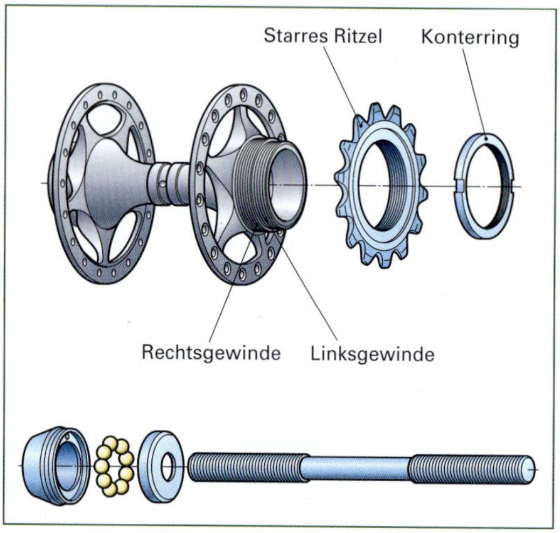

Bild 1: Hinterradnabe mit starrem Ritzel

Die Achse der Standard-Hinterradnabe hat einen Durchmesser von 10 mm. Die Klemmbreite reicht je nach Art des Antriebes von 110 mm bis 135 mm, beim Fatbike zwischen 170 mm und 190 mm. Einige Tandemnaben messen 165 mm.

Wie bei der Vorderradnabe soll auch bei der Hinterradnabe die Achsstützbreite möglichst groß sein, damit die Achse weniger auf Biegung belastet wird. Doch müssen bei der Hinterradnabe noch Freilauf und Ritzel Platz finden. Unproblematisch ist das bei Naben mit Rücktrittbremse und bei Standard-Nabenschaltungen: Hier ist der Freilauf in das Nabengehäuse integriert, das Ritzel aufgesteckt und mit einem Klemmring gesichert.

Beim Antrieb ohne Rücktrittbremse und ohne Gangschaltung (single speed) sitzt das Ritzel auf einem Freilaufkörper und wird mit diesem auf das Gewinde am Nabengehäuse aufgeschraubt. Genauso werden die Ritzelpakete einzelner Kettenschaltungen an der Nabe aufgeschraubt und bezeichnet diese als **Schraubkranznabe (Bild 2)**.

Bild 2: Schraubkranznabe

Je größer die Anzahl der Ritzel, desto weiter muss das antriebsseitige Nabenlager nach innen rücken und desto stärker werden Achse und Lagerung belastet.

Bei Schraubkranznaben moderner Fertigung können die Ritzelpakete nur komplett mit dem Freilauf ersetzt werden. Daneben gibt es noch ältere Schraubkränze, die sich mit Spezialwerkzeugen zerlegen lassen.

Schraubkranznaben sind nahezu völlig von **Kassettennaben** verdrängt worden **(Bild 3)**.

Bild 3: Kassette und Kassettennabe

Hier ist der Freilauf in die Nabe integriert. Dadurch kann die Achs-Stützbreite vergrößert und das antriebsseitige Achslager rückt näher an das Ausfallende. Die Folge ist eine geringere Beanspruchung der Achse und daraus folgend eine Verringerung der Bruchgefahr (**Bild 4** und **Bild 1, Seite 331**).

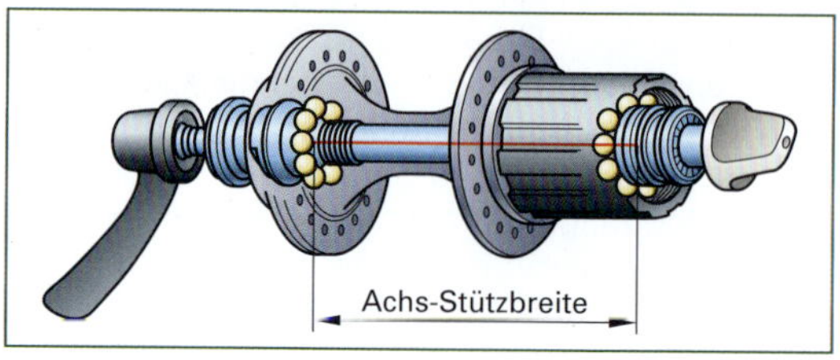

Bild 4: Achs-Stützbreite einer Kassettennabe

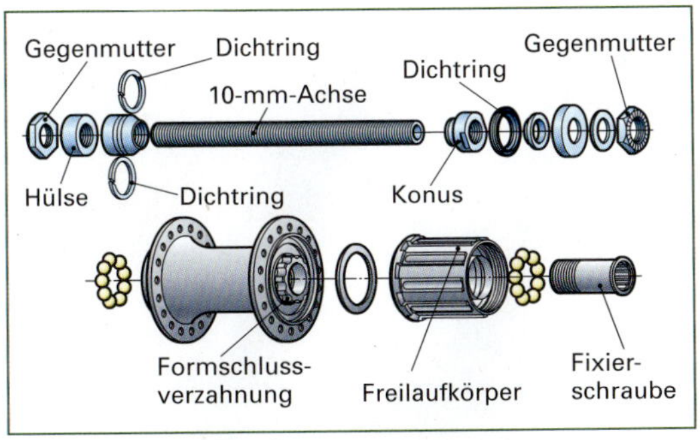

Bild 1: Einzelheiten einer Kassettennabe

Die Ritzel werden einzeln mit Zwischenringen oder als vormontiertes Zahnkranzpaket auf den genuteten Freilaufkörper formschlüssig aufgesteckt. Das kleinste Ritzel oder ein Gewindeabschlussring wird als Abschluss aufgeschraubt.

Weitere Vorteile einer Kassettennabe:

- Kleinere Baugröße
- Einfacher Wechsel von Ritzeln, denn der Freilaufkörper bleibt an der Nabe
- Speichen können ausgetauscht werden, ohne den Freilaufkörper zu demontieren

Zur Montage/Demontage des Zahnkranzpaketes ist ein Zahnkranzabzieher und eine sog. „Kettenpeitsche" erforderlich. Je nach Hersteller gibt es dieses Spezialwerkzeug in unterschiedlichen Ausführungen **(Bild 2)**.

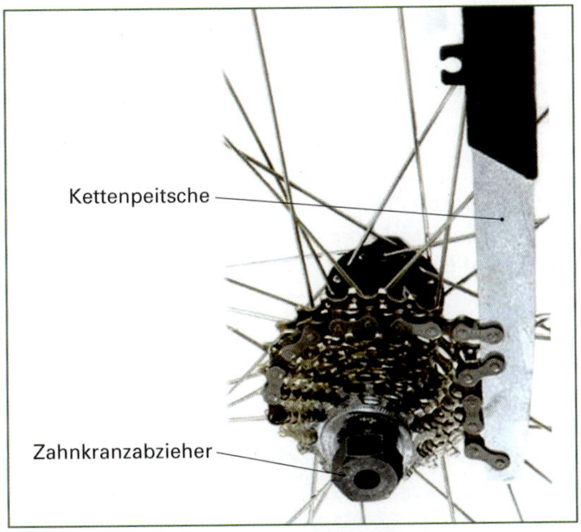

Bild 2: Werkzeuge für die Zahnkranzmontage

Der Verschlussring hat ein normales Rechtsgewinde und wird im Uhrzeigersinn festgedreht. Wenn der Ring gelöst werden soll, muss er gegen den Uhrzeigersinn gedreht werden. Da die Kassette in dieser Richtung frei dreht, muss sie mit einer Kettenpeitsche festgehalten werden.

8.5.4 Nabenklemmung

Die Naben von Standardfahrrädern und Nabenschaltungen sind mit Vollachsen ausgestattet und durch Achsmuttern mit den Ausfallenden verklemmt. Damit setzt der Aus- und Einbau des Laufrades passende Schlüsselwerkzeuge voraus **(Bild 3)**.

Bild 3: Nabenklemmung mit Achsmuttern

Als praktischer haben sich die im Sportbereich eingesetzten Schnellspanner **(Bild 4)** erwiesen. Diese erfordern eine hohle Nabenachse.

Durch das Schwenken eines exzentrisch gelagerten Hebels wird eine durch die Achsmitte hindurch gehende Spannachse angezogen und erzeugt die zur Halterung der Laufräder nötige Klemmkraft zwischen den Nabenendstücken und den Ausfallenden. Die Achse gewinnt durch die Spannkraft an Biegesteifigkeit.

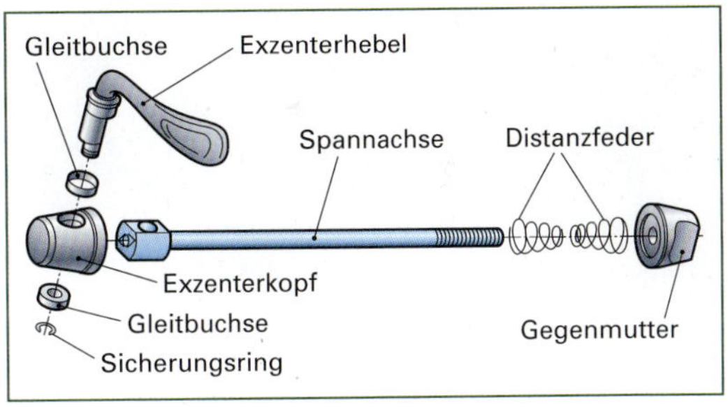

Bild 4: Aufbau Schnellspanner, QR[1]

Die Nabenachse wird durch die Spannachsen gestaucht. Je nach Achsdicke, Achslänge und Werkstoff liegt die Stauchung im Bereich von 0,01 mm bis 0,04 mm. Aus diesem Grund müssen die Naben so eingestellt sein, dass sie im ungespannten Zustand ein geringfügiges Lagerspiel haben.

Im kompletten Laufrad lässt sich die Einstellung der Nabenlagerung mit einer Pendelprobe überprüfen. Dazu wird das Laufrad mit nur ganz leicht angezogenem Schnellspanner (beim Hinterrad ohne aufliegende Kette) in die Ausfallenden gesetzt, eine Unwucht angebracht und leicht angestoßen. Das Laufrad pendelt dann um seine Unwucht.

[1] QR = Quick Release

8

Nun wird der Schnellspanner fest angezogen.

Kommt die Pendelbewegung frühzeitig zum Stillstand, so sind die Kugeln eingeklemmt und es kommt im späteren Gebrauch zu einem frühzeitigen Lagerschaden. Ist die Pendelbewegung durch schwergängige Dichtlippen zu gering, so lässt sie sich durch Aufsetzen einer größeren Unwucht (z. B. ein Nippelspanner) verstärken.

Der Schnellspannhebel sollte bei geschlossener Stellung parallel hinter der Gabelscheide liegen.

Eine andere Variante der Spannachsen ist das Pitlock-System zur Diebstahlsicherung von Laufrädern. Die Spannmutter hat dabei eine in vielen Varianten mögliche unregelmäßige Formgebung, die mit nur einem dazugehörigen Codeschlüssel angezogen und gelöst werden kann **(Bild 1)**. Mit dem gleichen Codeprinzip lassen sich auch Naben mit Vollachsen sichern.

Bild 1: Diebstahlsicherung mit Pitlock-Spanner

Vom Motorradbau übernommen werden im MTB- und Downhill-Bereich **Steckachsen (Bild 2)** mit 15 mm bis 20 mm Durchmesser, die mit Klemmschellen in die Gabel geklemmt werden **(Bild 3)**.

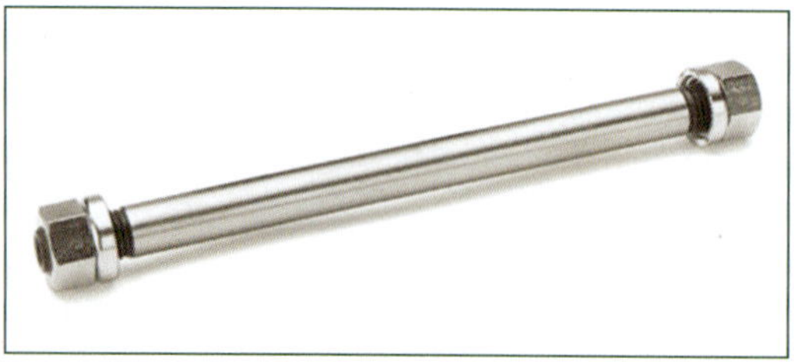

Bild 2: Standard-Steckachse

Eine Variante mit gleichem Durchmesser erzeugt die Klemmspannung mit einem Schnellspannhebel **(Bild 4)**.

Bild 3: 20 mm-MTB-Steckachse

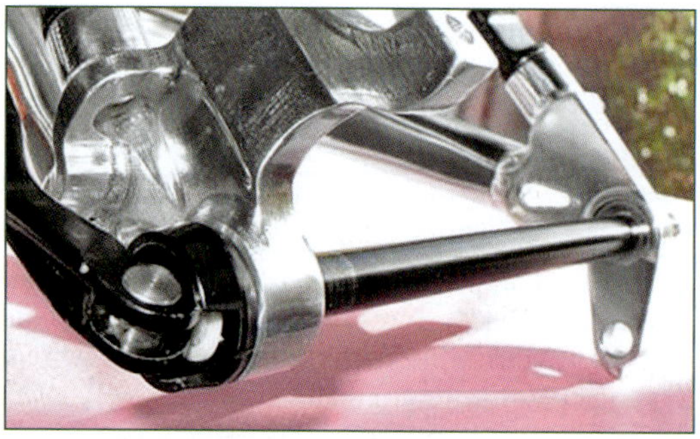

Bild 4: Steckachse mit Schnellspanner[1]

Bei der Nabenklemmung mit Innensechskantschrauben **(Bild 5)** erzeugen die Schrauben zwar eine ausreichende Klemmkraft, spannen die Achse aber nicht vor.

Hinzu kommt noch eine erhöhte Bruchgefahr durch Kerbwirkung des Innengewindes im kritischen Biegebereich.

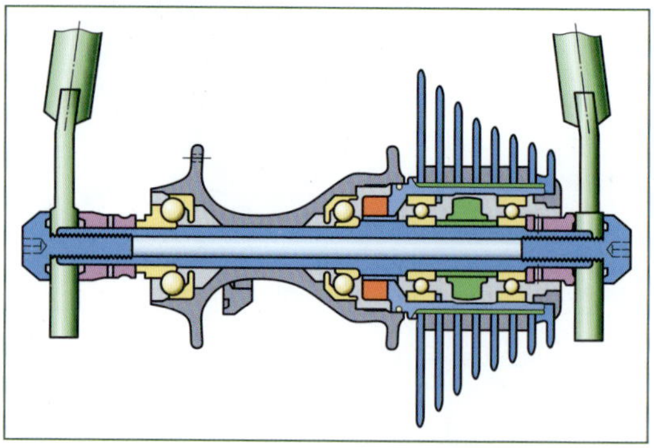

Bild 5: Achsklemmung mit Innensechskantschrauben

[1] Weitere Steckachsensysteme siehe Tabellenbuch Fahrradtechnik

8.5.5 Nabenlagerung

Mit der Erfindung des Kurbelantriebs wurden als Nabenlagerungen Kugellager eingesetzt und damit der Leichtlauf verbessert. Nabenlager müssen Kräfte in radialer und geringfügig auch in axialer Richtung aufnehmen. Es werden zwei Lagertypen unterschieden:

- Konuslager (Konuskugellager)
- Rillenkugellager (Industrielager, meist nach DIN 625)

Qualitätsmerkmale der Nabenlagerung sind:

- Leichtlauf
- Dichtwirkung
- Hohe Betriebsdauer

Der Leichtlauf ist von der Ausführung des Lagers abhängig und lässt sich bereits durch einfaches Drehen der Nabenachse beurteilen. Dichtwirkung und Betriebsdauer lassen sich erst im Gebrauch überprüfen.

Die **Konuslagerung** ist im Prinzip ein Schrägkugellager ohne Schultern an den Laufbahnen. Sie besteht aus Konus, Lagerschalen, den dazwischen rollenden Kugeln und einer Fettfüllung. Konuskugellager können Kräfte in radialer und axialer Richtung aufnehmen **(Bild 1)**.

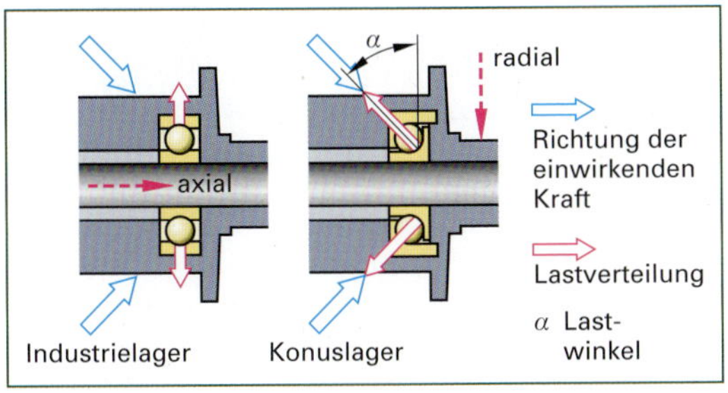

Bild 1: Lastverteilung beim Konus- und Industrielager

Dabei sind die Lagerschalen fest in der Nabenhülse (Nabenkörper) eingepresst, während die beiden Konen auf das Gewinde der Nabenachse geschraubt und nach Einstellung des Lagerspiels mit einer Gegenmutter gekontert werden **(Bild 2)**.

Die Konuslagerung hat sich als sehr robust erwiesen. Sie gleicht geringfügige Abweichungen der Lagerflucht oder kleinere Achsverbiegungen aus, die durch leichtes Verkanten der Konen beim Kontern oder Flucht-Ungenauigkeiten auftreten.

Konuskugellager werden bei der Montage eingestellt. Die Lagerung muss leichtgängig und spielfrei sein. Sie müssen nur selten nachgestellt werden. Wenn die Lagerung im Lauf der Zeit Spiel bekommt, dann liegt Verschleiß vor in Form von Materialabtrag an den Laufflächen des Lagers, und die Konen und Kugeln müssen erneuert werden.

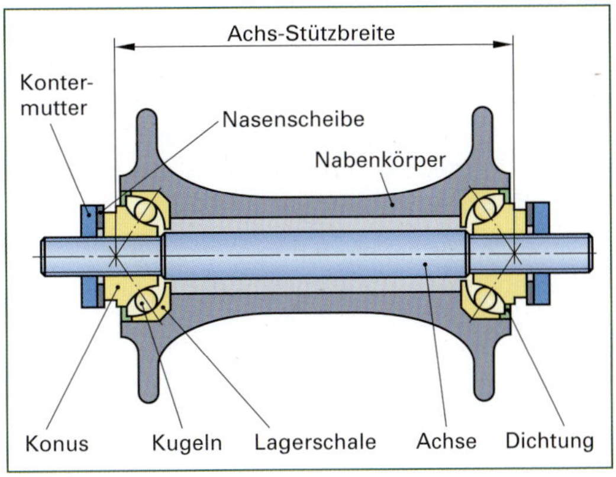

Bild 2: Konuslagerung

Statt Konus, Lagerschalen und losen eingelegten Kugeln können auch **Rillenkugellager** (Industrielager, **Bild 3** und **4**) die rollende Verbindung von Achse und Nabenkörper übernehmen.

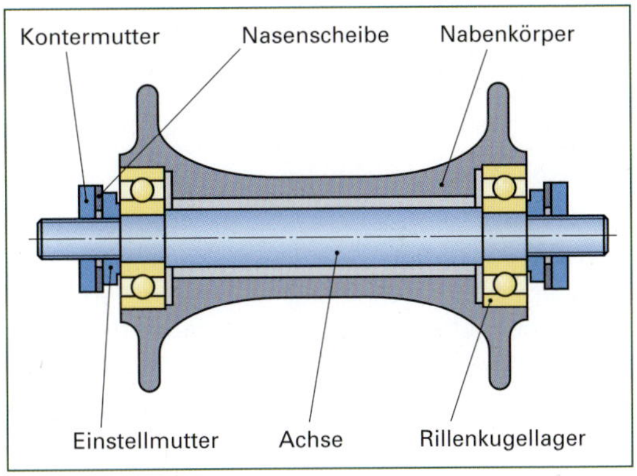

Bild 3: Lagerung mit Rillenkugellager

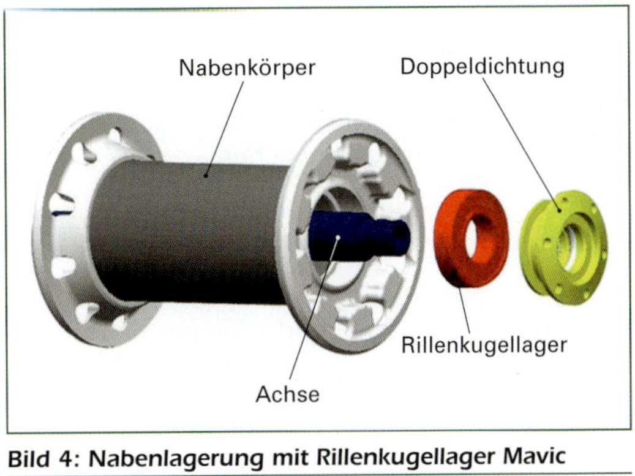

Bild 4: Nabenlagerung mit Rillenkugellager Mavic

Das Rillenkugellager wird mit dem Außenring in den Nabenkörper gepresst. Die Achse wird durch den Innenring geschoben und mit einer Gegenmutter gekontert.

Ist das Achsmittelteil verdickt oder wird eine Hülse über die Achse geschoben, vergrößert sich die Biegesteifigkeit. Der Druck vom Schnellspanner kann dann vom Ausfallende über die Achsendstücke und dem Innenring des Rillenkugellagers auf das verdickte Achsmittelteil bzw. die versteifende Hülse weitergeleitet werden.

In dieser Bauart ist der innere Anschlag der Lager vorgegeben und die Naben müssen nicht mehr spielfrei eingestellt werden.

Rillenkugellager sind nur auf Radialkräfte ausgelegt. Übersteigen die Kräfte in Richtung der Achse (Axialkräfte) mehr als ein Viertel der Radialkräfte, können sie das Lager beschädigen.

Die Vorteile des Rillenkugellagers sind:

- Bessere Laufeigenschaften durch höhere Oberflächenhärte und -güte der Kugellaufbahnen
- Geringere Toleranzen in den Kugelgrößen und im Lagerspiel
- Keine Einstellung des Lagerspiels erforderlich
- Bessere Lagerabdichtung

Allerdings erfordert eine Lagerung mit Rillenkugellagern höhere Genauigkeit bei der Fertigung von Nabengehäuse und Achse, damit die Lager spiel- und spannungsfrei in der Nabe sitzen.

Da bei Fahrradnaben in der Regel auf die klassische Lagerung mit Fest- und Loslager verzichtet wird, müssen die Lager zusätzlich die Spannung aushalten, die bei der Klemmung im Rahmen durch das Stauchen der Achsen entsteht.

Diese zusätzliche Spannung entfällt bei der Konstruktion mit Fest- und Loslager, bei der ein Lager axial geringfügig verschiebbar bleibt, um solche Toleranzen auszugleichen.

Jedoch können dann die axialen Kräfte nur von einem der beiden Lager, dem Festlager, getragen werden.

Die Lagerung mit Fest- und Loslager findet man bei den Fahrradnaben zum Beispiel bei der Firma Mavic. Diese Lagerungsart verhindert, dass eine zu große Stauchung der Achse durch den Schnellspanner zu Lagerschäden führt.

8.5.6 Nabendichtungen

Um die Nabenlagerung vor Schmutz und Nässe und damit vor vorzeitigem Verschleiß zu schützen, müssen Naben gedichtet werden. Dabei wird ein Kompromiss zwischen Leichtgängigkeit der Naben und Dichtwirkung eingegangen. Die Dichtungsarten bei Fahrradnaben sind:

- Staubkappen-Dichtung **(Bild 1a)**
- Labyrinth-Dichtung (**b**)
- Schleifende Dichtung (**c**)
- Kolbenring-Dichtung (**d**)
- Scheibendichtung (Dichtkappe, Deckscheibe)

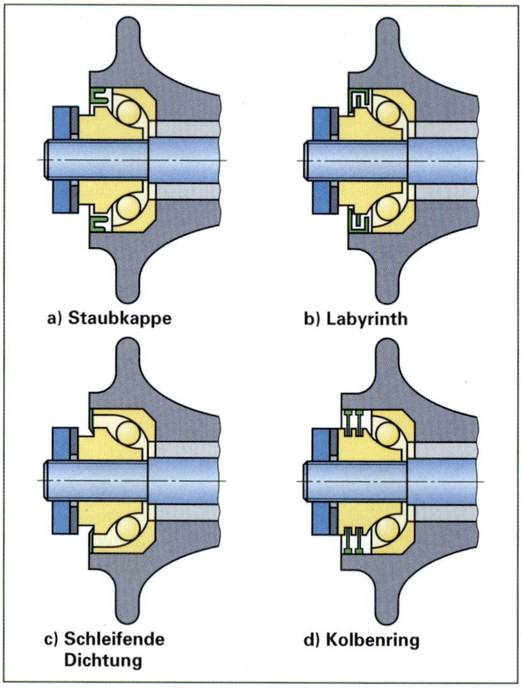

Bild 1: Nabendichtungen

Die früher übliche berührungslose **Staubkappen-Dichtung** deckt mit einer Scheibe die Lagerung bis auf einen ca. 0,5 mm großen Spalt ab. Die Dichtwirkung ist vor allem im Regen nur gering und erfordert daher turnusmäßige Demontage, Reinigung und Zusammenbau mit reichlich Lagerfett.

Die **Labyrinth-Dichtung** ist eine berührungslose Dichtung. Die Dichtwirkung erfolgt durch mehrere hintereinander gesetzte Dichtscheiben, die abwechselnd in Achsrichtung und in Richtung der Nabenhülse einen Öffnungsspalt aufweisen. Damit kann Schmutz und Spritzwasser nicht auf direktem Wege in die Lagerung eindringen. Die Dichtwirkung ist relativ gut, erreicht aber nicht die von schleifenden Dichtungen.

Schleifende Dichtung: Aus Elastomeren gefertigte Dichtringe schleifen mit einer oder mehreren Dichtlippen auf dem Konus, der Achse oder auf der Lagerschale. Bei sehr guter Dichtwirkung können je nach Ausführung die Reibungsverluste der schleifenden Dichtungen die der Lagerung um ein Vielfaches übertreffen.

Kolbenring-Dichtung: Im Fahrradbau eher selten sind ein oder zwei Kunststoffringe, die außen in den Lagerschalen klemmen und in den Nuten des Konus schleifen.

Bei der Abdichtung von Rillenkugellagern unterscheidet man Dichtscheiben und Deckscheiben. Die gebräuchlichste Einsatzform sind zwei **Dichtscheiben**, bei denen schleifende, berührende Gummilippen das Eindringen von Wasser verhindern sollen **(Bild 1)**.

Deckscheiben sind berührungsfreie Dichtungen mit einem winzigen Spalt.

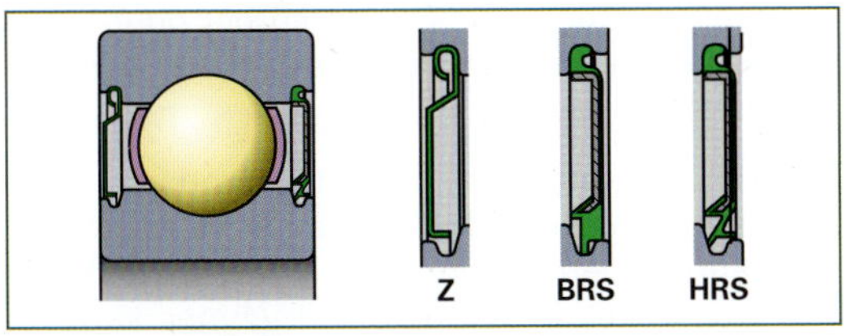

Bild 1: Dichtscheiben für Rillenkugellager (Schaeffler)

8.5.7 Freilauf

Der Freilauf stellt eine richtungsabhängige Verbindung zwischen Ritzel und Nabe her. Wird die Tretbewegung langsamer oder unterbrochen, kann das Hinterrad auch bei stehendem Ritzel weiterlaufen. Ein Freilauf ermöglicht das kraftsparende Rollenlassen des Fahrrades und das Schalten von Mehrgangnaben, die nicht unter Last schaltbar sind. Der Freilauf ist auch ein Sicherheitsgewinn bei schneller Kurvenfahrt in großer Schräglage, da das kurveninnere Pedal hoch gehalten werden kann.

Mit Ausnahme von Bahnrennrädern, Fixies[1] und der Tretkurbelfreilauf (Shimano) in den 1980er Jahren, haben alle Fahrräder auf der Hinterradnabe einen Freilauf. Bei Standardfahrrädern ohne Kettenschaltung ist der Freilauf zusammen mit der Hinterradbremse und der Schaltung ein integrierter Teil der Nabe.

Bei Fahrrädern mit Kettenschaltung unterscheidet man Freiläufe in Schraubzahnkränzen und Kassettenzahnkränzen.

[1] Fixies (Modewort, Abk. von fixed gear) sind Eingangräder ohne Freilauf

Je nach Prinzip der Kraftübertragung unterscheidet man beim Freilauf:

- Formschluss mit Sperrklinken
- Kraftschluss mit Klemmkörpern

Beim klassischen **Sperrklinkenfreilauf** für Schraubnaben stellt der Freilaufkörper eine formschlüssige Verbindung mit der Schraubnabe her. Die Ritzel sind mit verschiedenen Innendurchmessern stufenweise auf den Ritzelträger geschraubt oder mit Nutverbindungen gesteckt (**Bild 2**).

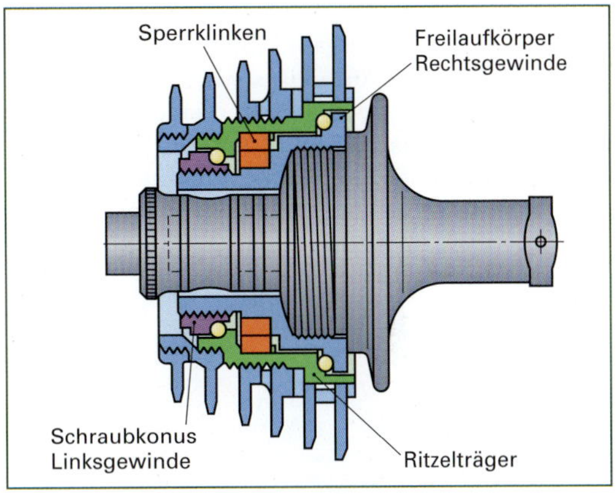

Bild 2: Sperrklinkenfreilauf für Schraubnaben

Auf dem Freilaufkörper sind zwei bis vier federbelastete Sperrklinken schwenkbar gelagert. Sie greifen bei Vorwärtsdrehung des Ritzelträgers in dessen sägezahnartige Aussparungen und übertragen die Drehbewegung auf die Hinterradnabe **(Bild 3)**.

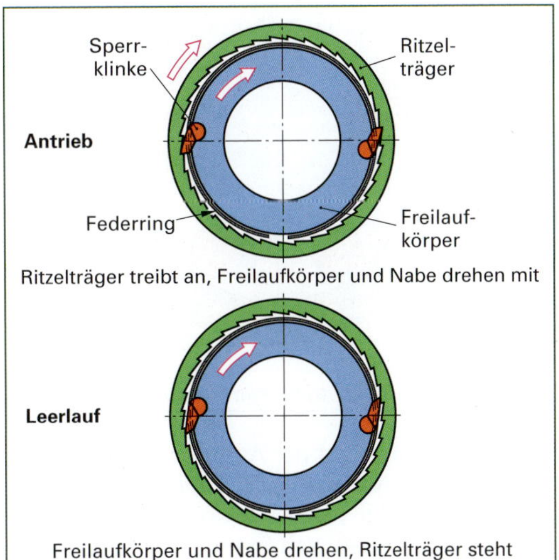

Bild 3: Funktion Sperrklinkenfreilauf für Schraubnaben

Bei Tretstillstand steht der Ritzelträger. Die Sperrklinken „überholen" den Ritzelträger und gleiten rückwärts über die Sägezahnflanken. Tritt man in Gegenrichtung – also rückwärts – rutschen die Klinken durch.

Das charakteristische Klickern des Freilaufs entsteht, wenn die federbelasteten Sperrklinken vom höchsten Punkt der Sägezahnflanke radial herunterfallen.

Bei der **Torpedo-Freilaufnabe** sitzt das Ritzel auf einem Antreiber **(Bild 1, Seite 312)**, auf dem spiralförmig ansteigende Ausnehmungen für fünf Walzen eingearbeitet sind **(Bild 1)**. Bei der Vorwärtsdrehung des Antreibers werden die Walzen von den spiralförmigen Steigkurven der Antreiber angehoben, pressen sich gegen die Nabenhülse und übertragen die Drehbewegung kraftschlüssig auf die Hinterradnabe.

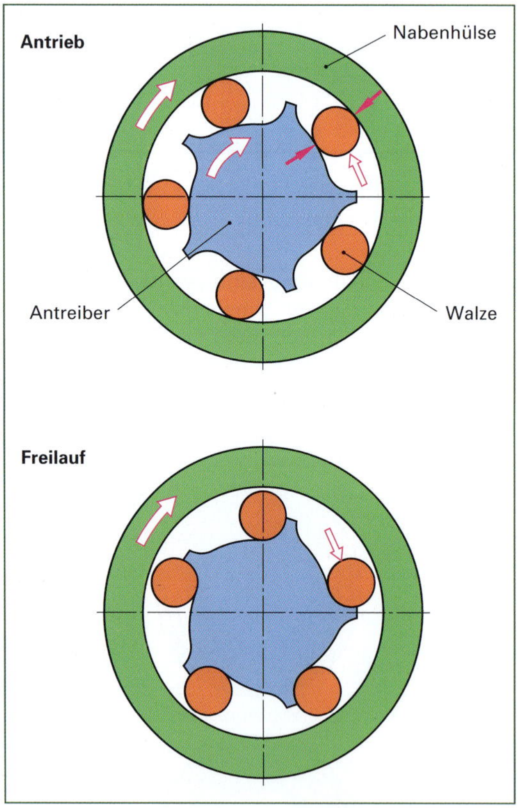

Bild 1: Funktion Torpedo-Walzenfreilauf

Bei Tretstillstand ruht der Antreiber. Der sich weiter drehende Nabenkörper schiebt über einen Führungsring die Walzen aus dem Kraftschluss und löst damit die Verbindung zur Nabe. Wie andere Freiläufe mit Klemmkörpermechanismus treten hier keine Klickgeräusche auf.

Bei **Kassettennaben** werden drei Bauweisen von Sperrklinken-Freiläufen unterschieden: Klassische Bauweise, Rotorbauweise und Hügi-Bauweise.

Bei der **klassischen Bauweise** ist der Freilaufkörper komplett an die Nabe angeflanscht **(Bild 2)**.

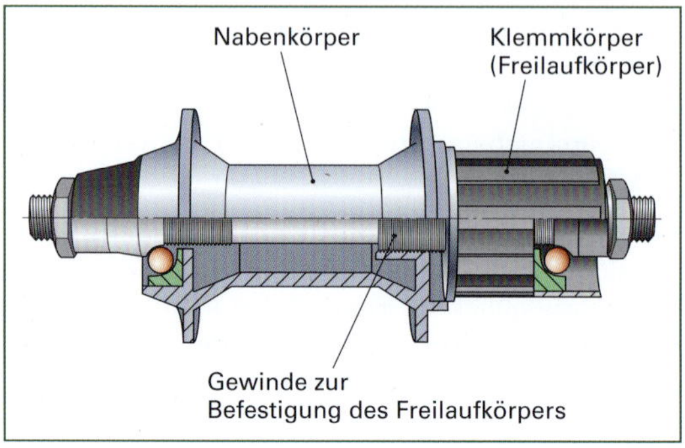

Bild 2: Klassische Bauweise Kassettennabe

Der Freilauf besteht aus dem Klemmkörper (andere Bezeichnungen sind Freilaufkörper oder Ritzelträger) und dem Mitnehmer, der die Antriebskraft auf die Nabe überträgt.

Sperrklinken auf dem Mitnehmer und ein Sägezahnprofil im Freilaufkörper leiten das Antriebsmoment auf den Nabenkörper weiter **(Bild 3)**. Der Freilaufkörper ist auf dem Mitnehmer kugelgelagert **(Bild 4)**. Das Lagerspiel wird mit dünnen Passscheiben eingestellt.

Bild 3: Sperrklinken übertragen das Antriebsmoment

Bild 4: Kugelgelagerter Freilaufkörper

Bei der **Rotor-Bauweise** sind das Nabengehäuse und der Freilauf getrennt auf der Nabenachse gelagert (hier gibt es insgesamt vier Lager). Ritzelträger und Mitnehmer sind ein Bauteil und bilden den Freilaufkörper, der auch als „Rotor" bezeichnet wird. Der Rotor überträgt die Antriebskraft direkt auf den Nabenkörper.

Die Sperrklinken sitzen außen am linken Ende des Freilaufkörpers. Das Sägezahnprofil befindet sich im Nabenkörper und ist als Gewindering eingeschraubt.

Bei der Vorwärtsdrehung des Rotors greifen die Sperrklinken in den Sperrklinkenring und übertragen die Drehbewegung auf die Hinterradnabe **(Bild 1)**.

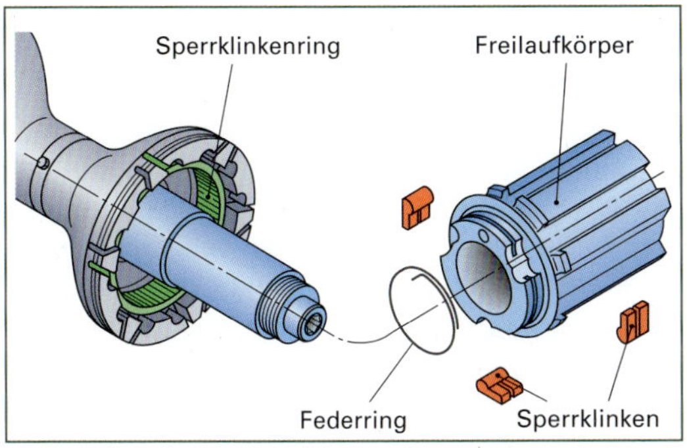

Bild 1: Kassettenfreilauf Bauweise Rotor

Bei Tretstillstand steht der Rotor. Der Gewindering mit den Sperrklinken „überholt" den Rotor und die Sperrklinken gleiten rückwärts über die Sägezahnflanken. Die Rotor-Bauweise findet man in Naben von Campagnolo, Fulcrum und Tune.

Hügi-Bauweise: Nach dem Rotorprinzip sind der Freilaufkörper und der Ritzelträger als ein Bauteil ausgelegt und auf der Achse gelagert.

Im Nabenkörper und im Rotor befindet sich jeweils eine Freilaufscheibe mit axial angeordneter Sägeverzahnung. Die Scheiben sind außen über ein Zahnwellenprofil axial verschiebbar und mit einer Kegelfeder belastet **(Bild 2)**.

Bei der Vorwärtsdrehung des Rotors greifen die federbelasteten Freilaufscheiben ineinander. Die Drehbewegung des Rotors wird über das Zahnwellenprofil auf den Nabenkörper übertragen. Bei Tretstillstand steht der Rotor. Die Freilaufscheibe im Nabenkörper überholt die Scheibe im Rotor. Dabei drückt die Sägeverzahnung die Freilaufscheiben axial auseinander; die Kegelfedern drücken sie nach Überschreiten der Sägezahnspitzen wieder zusammen.

Durch die größere Masse der Freilaufscheiben ist das Freilaufklicken deutlich hörbar.

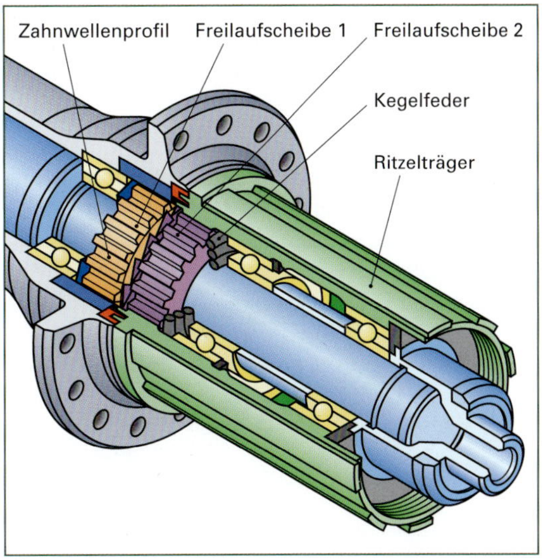

Bild 2: Hügi-Freilauf (jetzt DT Swiss)

Bei **Kassettennaben mit Klemmkörperfreilauf** wird die Antriebskraft durch Reibung zwischen den Klemmkörpern und einem Mitnehmerring kraftschlüssig übertragen. Als Klemmkörper sind kleine Nadeln, Walzen oder Rollen quer zur Drehrichtung eingebaut.

Dazu werden die Klemmkörper bei Drehung in Antriebsrichtung angepresst, bei gegenläufiger Bewegung oder schneller laufendem Mitnehmer rutschen sie durch. Klemmkörperfreiläufe sind deshalb im Betrieb geräuschlos.

Klemmkörperfreilauf von Modula: Der Ritzelträger mit einem speziellen Klemmkörperring dreht sich über einen fest mit dem Nabenköper verbundenen Klemmring **(Bild 3)**.

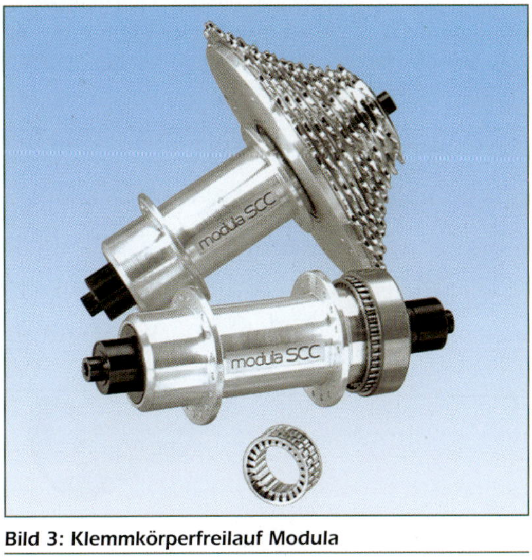

Bild 3: Klemmkörperfreilauf Modula

Bei Vorwärtsdrehung (**Bild 1**, oben) kippen die Klemmkörper, stellen einen Kraftschluss zwischen Ritzelträger und Nabenkörper her und treiben die Nabe an.

Bei Tretstillstand (unten) überholt der Klemmring auf dem Nabenkörper den Ritzelträger und löst die Kraftschlussverbindung der Klemmkörper.

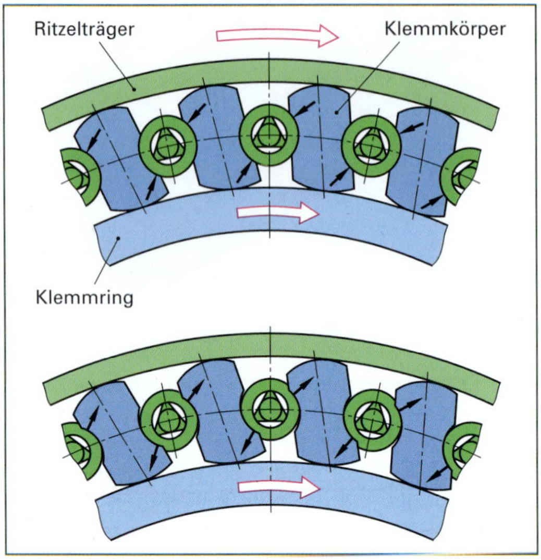

Bild 1: Klemmkörperfreilauf. Oben: Vorwärtsdrehung, unten: Tretstillstand

Klemmrollenfreilauf von Shimano: Ähnlich wie der Torpedo-Freilauf ist die Silent-Clutch-Kassettennabe von Shimano aufgebaut – nur sind hier zwecks kleinerer Baugröße die Klemmkörper nadelförmige Walzen.

Der gleichzeitig als Ritzelträger fungierende Antreiber drückt die Nadel-Walzen bei Vorwärtsdrehung an einen Klemmring. Der Klemmring ist mit seinem linken Gewindeende in den Nabenkörper eingeschraubt **(Bild 2)**.

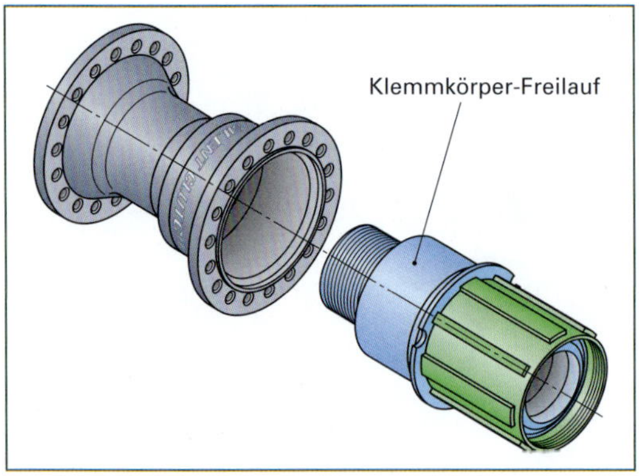

Bild 2: Klemmrollenfreilauf von Shimano

8.6 Felgen

Die Fahrradfelge nimmt den Reifen, den Schlauch und das Felgenband auf und verbindet die Speichen mit der Nabe.

Als tragendes Bauteil ist die Felge mitbestimmend für die Steifigkeit des Laufrades. Ihre mechanischen Eigenschaften sind abhängig vom verwendeten Material, der Felgen-Wandstärke und dem Felgenprofil. Die Felge wird durch die vorgespannten Speichen auf Druck beansprucht.

Mit ihren Flanken stellen Felgen gleichzeitig die Bremsflächen für die Felgenbremsen. Für Schlauchreifen wird die Felge mit einem muldenförmigen Felgenbett versehen, für Drahtreifen mit Felgenhörnern.

8.6.1 Werkstoffe und Herstellung

Als Felgenmaterial kommen heute vorwiegend die Aluminiumlegierungen AlMgSi0,5 oder AlMgSi1 (Werkstoffnummer 6060 und 6082) zur Anwendung. Gefertigt werden die Felgenprofile im Strangpressverfahren **(siehe Seite 155)**.

Dabei wird ein runder Aluminiumblock auf Lösungstemperatur erwärmt und mit hoher Kraft gegen eine Matrize gedrückt, in der das Felgenprofil eingearbeitet ist. Die so gedrückten Profilstangen werden anschließend gebogen und am Felgenstoß über Innenformstücke zusammengesteckt.

Einige Hersteller verschweißen die beiden Felgenhälften und schleifen den Versatz ab oder drehen die Felgenflanken plan.

Stahlblechfelgen finden sich heute nur noch an preiswerten Fahrrädern und Kinderrädern. Die aus dünnem Stahlblech gewalzten und gebogenen Profile verschweißt man ausnahmslos am Felgenstoß **(Bild 3)**. Hohes Baugewicht, mangelhafte Verwindungssteifigkeit und ein schlechtes Nassbremsverhalten sind Nachteile von Felgen aus Stahlblech.

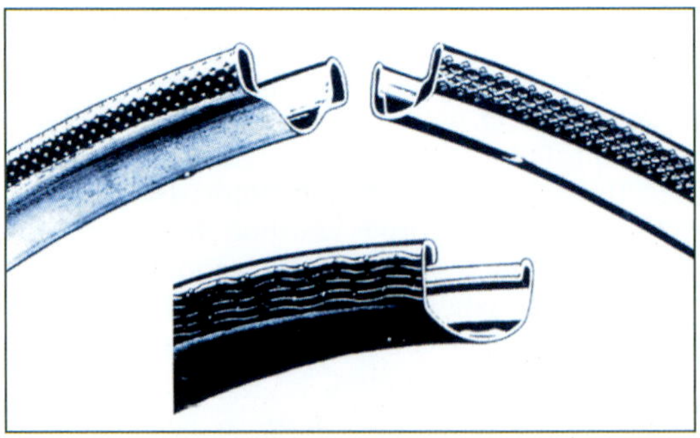

Bild 3: Felgen aus Stahlblech

Carbonfelgen wurden früher aus einem um einen Schaumkern gelegtes Kohlefasergewebe hergestellt. Die moderne Herstellung erfolgt mit Kohlefasergelegen, die in einer Form per Schlauch aufgeblasen und ausgehärtet werden.

Einige Hersteller bauen Drahtreifenfelgen aus Carbon. Beispiele: Campagnolo, Corima und Xentis. Bei diesen Felgen muss die Reifendruckvorgabe des Laufradherstellers genau beachtet werden.

Die meisten Carbonfelgen bestehen aus einem Aluminiumprofil mit Bremsfläche und einer aufgeklebten aerodynamischen Carbonverkleidung **(Bild 1)**. Ein Problem bei kohlefaserverstärkten Felgen ist die Wärmeeinbringung beim Bremsen. Epoxidharz als Trägermaterial des Verbundes ist ein schlechter Wärmeleiter und kann daher die Wärme nicht so gut ableiten wie Aluminium.

Es wurden auch Laufräder, bei denen Felge, Nabe und Speichen eine Einheit aus homogenen Kunststoffen bilden, für preiswerte Alltagsräder gebaut; diese konnten sich jedoch nicht durchsetzen.

Bild 1: Drahtreifen-Carbonfelge von Zipp

8.6.2 Felgentypen

Man unterscheidet die Typen:

- Drahtreifenfelgen
- Schlauchreifenfelgen
- Felgen für schlauchlose Reifen

Bei den **Drahtreifenfelgen** dienen die seitlichen Felgenflanken zur Führung des Reifens. Das innere Felgenbett stützt den Bereich des Reifendrahtes und sorgt für den zentrischen Sitz des Reifens. Da sich unter dem Reifendruck der komplette Reifen samt dem Reifendraht dehnt, sind die Felgenhörner als Haken ausgebildet, auf denen sich der Reifendraht abstützen kann (**Bild 2**).

Hakenlose Felgenhörner sind nur bis zu einem Reifendruck von 4 bar zulässig.

Die Felgenschulter dient der radialen Zentrierung des Reifens. Mit zunehmender Tiefe des Felgenbettes lassen sich Drahtreifen leichter montieren, da die mögliche radiale Exzentrizität, mit der der Reifen über das Felgenhorn gehoben werden kann, zunimmt.

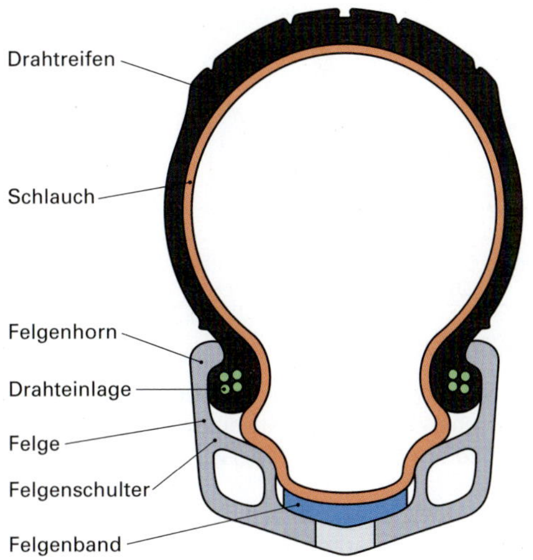

Bild 2: Prinzip Drahtreifenfelge

Bei **Schlauchreifenfelgen** reicht ein muldenförmiges Felgenbett für die Aufnahme und Ausrichtung der Reifen, da diese aufgeklebt werden **(Bild 3)**. Eine Mittelrille im Felgenbett zentriert die leicht vorgewölbte Reifennaht des Schlauchreifens und bewirkt einen sicheren Reifensitz.

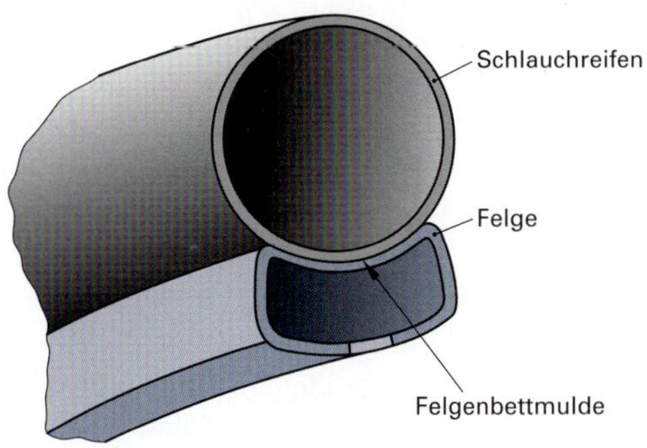

Bild 3: Prinzip Schlauchreifenfelge

Schlauchreifenfelgen bieten vertikal mehr Komfort und werden daher bei Straßenradrennen (Frühjahrsklassiker mit Kopfsteinpflaster) bevorzugt eingesetzt.

Beim Umrüsten von herkömmlichen Felgen auf schlauchlose Reifen ist das Felgenbett mit einer in die Felgenbettmulde eingelegten Gummidichtung abgedeckt. Bei Tubelessfelgen kann man das Felgenband weglassen. Reifen und Felge bilden eine dichte Luftkammer, die einen Schlauch überflüssig macht **(Bild 1, Seite 340)**.

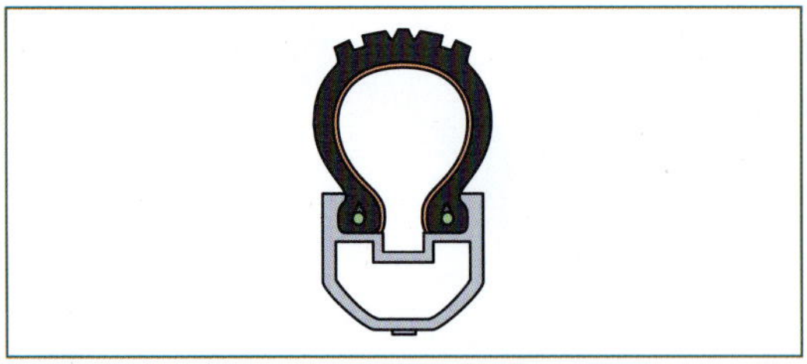

Bild 1: Continental Schlauchlosreifen UST (Universal System Tubeless)

8.6.3 Felgenprofile

Das Felgenprofil bestimmt überwiegend die mechanischen Eigenschaften einer Felge und damit auch die der Laufräder **(Bild 2)**.

Die Fahrradfelge ist ein auf Druck belastetes Bauteil. Damit sie unter Belastung nicht ausknickt, muss die Felge ein angepasstes Profil besitzen.

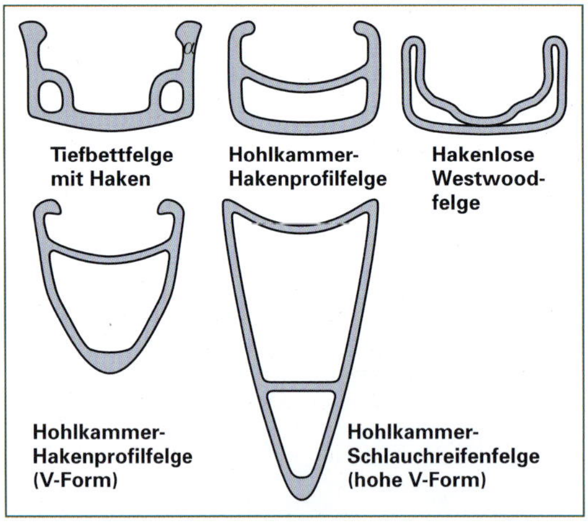

Bild 2: Felgenformen

U-Profile: Diese bei Stahlfelgen üblichen Profilierungen sind sehr verwindungsanfällig. Laufräder mit U-Profilen müssen häufiger nachzentriert werden, vermitteln aber einen guten Fahrkomfort.

Tiefbett-Profile: Die heute nur noch bei preiswerten Aluminium-Felgen üblichen Profile enthalten auf jeder Seite einen kleinen Hohlraum für die Stoßfügung mit zwei Stahlstiften. Die Verwindungssteifigkeit liegt dadurch geringfügig über der von U-Profilen. Leichter Reifenwechsel und guter Fahrkomfort kennzeichnen diesen Felgentyp.

Hohlkammerprofile: Diese Felgen umschließen einen Hohlraum unter dem Felgenbett und weisen dadurch eine gute Verwindungssteifigkeit auf. Der Haken stützt bei höherem Luftdruck den Reifendraht und vermeidet so das Abspringen des Reifens über die Hornkante.

Hohlkammer-Hakenprofilfelgen sind für Reifen erforderlich, die mit mehr als 4 bar Luftdruck gefahren werden.

Laufräder mit Hohlkammerfelgen sind durch das in vertikaler Richtung flach gehaltene Profi komfortabel; das Auswechseln der Reifen fällt nur bei zeitgemäßen Ausführungen leicht.

V-Form (Tropfenprofile): Das als gerundetes Dreieck ausgeführte Profil erweist sich als aerodynamisch günstig und besitzt eine gute Verwindungssteifigkeit (Bild 2, unten links).

Aufgrund der vertikalen Steifigkeit zeichnen sich Laufräder mit Tropfenfelgen durch eine geringe Speichenbruchrate aus.

Extreme V-Form (Tropfenprofile): Mit bis zu 40 mm Felgenhöhe umschließen diese Felgen einen großen Hohlraum und machen sie extrem verwindungssteif. Die Speichenanzahl lässt sich deutlich verringern, was die Windschnittigkeit der Laufräder optimiert (Bild 2, unten rechts).

Technische Hintergründe:

- Der Windwiderstand von V-Formfelgen (Tropfenfelgen) ist gering.
- Die hohe Felge deckt den Speichenbereich mit der höchsten Umlaufgeschwindigkeit ab.
- Die aerodynamisch ungünstigen Speichennippel sind teilweise ganz im Felgeninneren untergebracht.

Asymmetrisches Felgenprofil: Bei den ursprünglich für Hinterräder konzipierten Profilen sind die Speichenlöcher um v = 2 mm bis 4 mm aus der Felgenmitte zur Gegenseite hin versetzt **(Bild 3)**. Dadurch bekommen die Speichen auf der Zahnkranzseite eine größere Seitenschräge und damit mehr Seitensteifigkeit.

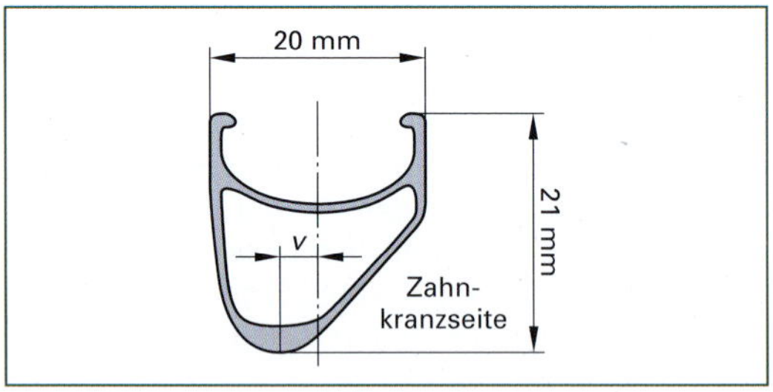

Bild 3: Beispiel einer asymmetrischen Felge

Diese Felgen lassen sich auch für Vorderräder mit Scheibenbremsen einsetzen. Die Speichenschräge des zur Befestigung der Bremsscheiben nach rechts versetzten Speichenflansches kann durch die ebenfalls nach rechts versetzte Felgenmitte teilweise wieder ausgeglichen werden.

8.6.4 Felgengeometrie

Aus Gründen der Betriebssicherheit schreibt die **ETRTO** (**E**uropean **T**yre and **R**im **T**echnical **O**rganization) die geometrischen Abmessungen der Felgen vor und legt die Felgen- und Reifengrößen fest. Damit ist eine sichere Verbindung von Felge und Reifen gewährleistet.

ETRTO-Vorgaben für Drahtreifenfelgen (Bild 1):

- Der **Felgen-Nenndurchmesser** gibt die Felgen- und Reifengrößen an und wird an den unteren Ecken des Felgenbettes gemessen. Der Felgen-Nenndurchmesser ist gleichzeitig der Durchmesser der Felgenschulter. Hier erfolgt die radiale Zentrierung des Reifens.
- Der **Felgen-Messdurchmesser** wird in einem Abstand von 1 mm von der unteren Ecke des Felgenbettes gemessen (das obere Felgenhorn lässt keine direkte Messung des Felgen-Nenndurchmessers zu).
- Die **Maulweite** ist das lichte Maß zwischen den Felgenhörnern. Sie ist mitbestimmend für die Spurstabilität des Reifens. Daher ist die Mindest-Maulweite für die jeweiligen Reifenbreiten vorgegeben (siehe Tabellenbuch Fahrradtechnik).
- Der **Ventil-Lochdurchmesser** bestimmt den sicheren Schlauchsitz.
- Die **Felgenhorn-Höhe (FH)** bestimmt die sichere und zentrische Flankenführung des Reifens.
- Die Angabe der **Felgenhorn-Tiefe (FT)** dient der Absprungsicherheit von Reifen (durch den Reifendruck dehnen sich Drahtreifen).
- Die Angabe der **Felgenbett-Tiefe (FBT)** sorgt für einen leichten Reifenwechsel.
- Der **Radius zum Felgenhorn (R)** bestimmt die Absprungsicherheit von Reifen.

Der Innendurchmesser des Reifens muss mit dem Durchmesser der Felgenschulter übereinstimmen.

> *Beispiel:* Die Reifengröße 37-622 passt auf eine Felge 622 x 19C. Außerdem müssen die Reifenbreite und die Felgenmaulweite übereinstimmen (siehe auch Bild 2, Seite 354).

Das veraltete Zollmaß für Laufräder leitet sich nicht vom Nenndurchmesser der Felge ab, sondern vom Außendurchmesser des Laufrades einschließlich der Reifen.

Beim 28"-Laufrad ging man von großvolumigen Reifen aus, beim 27"-Rennradmaß von schmalen und flachen Reifen. Deshalb ist der Felgendurchmesser beim 27"-Laufrad geringfügig größer als bei den meisten 28"-Laufrädern.

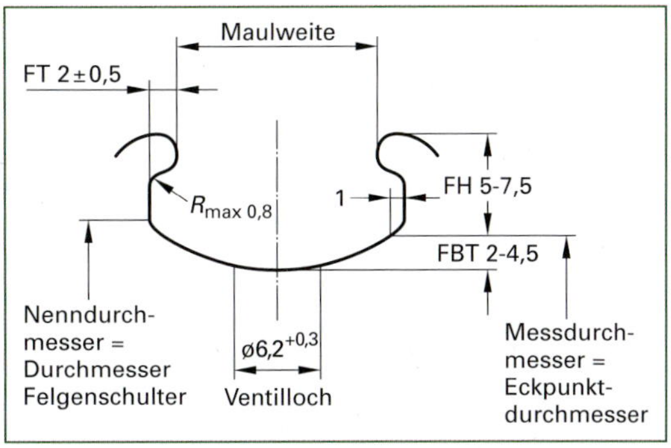

Bild 1: Drahtreifen-Felgenmaße nach ETRTO

ETRTO-Vorgaben für Schlauchreifen (Bild 2):

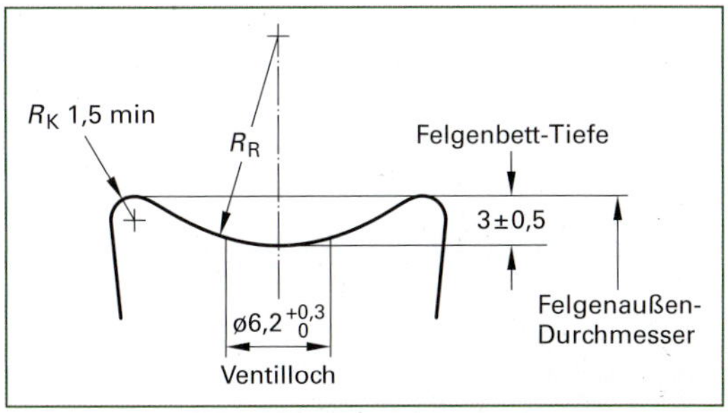

Bild 2: Schlauchreifen-Felgenmaße nach ETRTO

- Der **Felgen-Durchmesser** verringert sich geringfügig mit zunehmendem Reifendruck auf seinen nominellen Laufraddurchmesser.
- Die **Felgenbett-Tiefe** sorgt für eine ausreichende Absprungsicherheit des Reifens.
- Der **Ventil-Lochdurchmesser** macht eine Aussage über die Ventilart.
- Der **Felgenbett-Radius (RR)** bestimmt den gleichmäßigen Flächenkontakt und die Klebeflächengröße zwischen Reifen und Felge.
- Der **Felgenkanten-Radius (RK)** macht eine Aussage über die Sicherheit gegen Reifendurchschläge.

8.6.5 Bremswirkung von Felgen

Die Seitenflanken der Felgen sind die Reibpartner für die Bremsgummis der Felgenbremsen. Ihre Material- und Oberflächenbeschaffenheit hat daher Einfluss auf die Bremswirkung.

Stahlfelgen haben bei Nässe ein extrem schlechtes Bremsverhalten. Auch eine Riffelung der Felgenflanken vermag daran nichts zu ändern.

Aluminium-Felgen aus den nicht eloxierten Legierungen AlMgSi0,5 und AlMgSi1 haben nahezu identische Reibeigenschaften des Bremsgummis auf dem nacktem Felgenmetall. Gleiches gilt für Felgen mit überdrehten oder überschliffenen Bremsflanken.

Eloxierte Felgen besitzen bei Trockenbremsungen gute, bei Nassbremsungen schlechte Bremswerte – solange, bis die künstlich aufgebrachte Eloxalschicht heruntergebremst ist.

Aluminiumfelgen mit **Keramikbeschichtungen** aus Titanoxid und Carbiden, die in einem Plasma-Verfahren auf die Bremsflanken gespritzt werden, haben ein gutes Nassbremsverhalten **(Bild 1)**. Sie benötigen jedoch spezielle Bremsgummis, da die raue Oberfläche sonst einen drastischen Bremsgummiabrieb zur Folge hat. Beschichtete Felgen sind teuer, aber abriebresistent – ihre Betriebsdauer ist somit größer.

Bild 1: Keramikbeschichtete Bremsflanken

Das Bremsverhalten von Carbonfelgen mit Carbonseitenflanke ist bei Trockenheit gut, bei Nässe teilweise schlecht. Da der Werkstoff Carbon die Bremswärme ungenügend ableitet, neigen diese Felgen bei langen Bremspassagen zur Überhitzung, wodurch das faserfixierende Harz geschädigt werden kann.

Carbonbremsflächen dürfen nur mit Spezialbremsklötzen kombiniert werden!

Der Reibwert zwischen Felge und Bremsgummi ist von Modell zu Modell unterschiedlich. Ursache ist oft eine ungünstige Materialkombination. Abhilfe kann ein Wechsel der Beläge schaffen.

Beim Bremsen mit der Felgenbremse unterliegen die Felgenhörner einer Wechselbelastung (**Bild 2**):

- Unter dem Reifendruck wölben sich die Felgenhörner nach außen.
- Die Zangenkraft der Felgenbremsen drückt sie wieder zusammen.

Diese elastische Auslenkbewegung fällt mit zunehmender Zangenkraft der Bremse größer aus. Die Auslenkweite wird auch größer, wenn die Felgenhörner durch den Bremsabrieb dünner

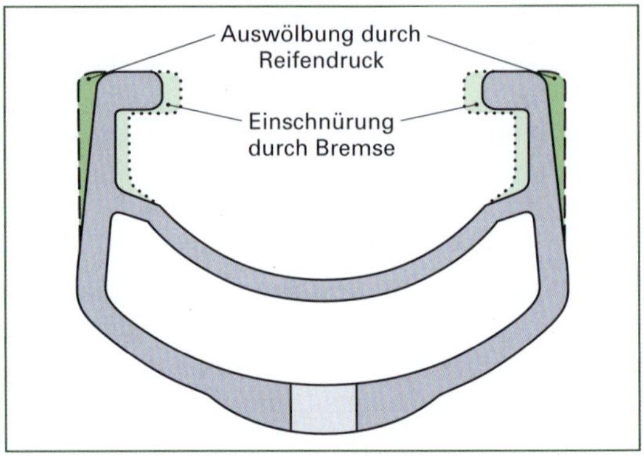

Bild 2: Wechselbelastung der Felgenhörner

gebremst werden. Die schnelle Abfolge dieser Wechselbelastung kann zur Materialermüdung und letztlich zum Absprengen ganzer Felgenhornbereiche führen.

Da es sich um eine Biegebelastung handelt, geht die Dicke des Felgenhornes in die 3. Potenz in die Auslenkweite ein. Wird beispielsweise ein Felgenhorn von ursprünglich 1,2 mm auf 0,8 mm dünner gebremst, so erhöht sich die Auslenkweite um mehr als den Faktor 3.

Für Felgen, die Bestandteil eines Bremssystems sind, ist eine Verschleißmarkierung der Felgenflanken vorgeschrieben. Wird die Markierung überschritten, so ist die Felge auszutauschen. Die Markierung ist punktförmig oder besteht aus einer in das Felgenhorn eingedrehten Nut **(Bild 3)**.

Bild 3: Verschleißindikator für Drahtreifenfelgen

An älteren Felgen und einige Rennfelgen findet man keinen Bremsverschleißindikator. Bei Inspektionen in der Werkstatt kann man die Stärke des Felgenhorns mit einem Messschieber und Maßverkörperungen **(Bild 1, Seite 343)** oder mit einem **Zehntelmaß** ermitteln **(Bild 2, Seite 343)**.

Felge immer austauschen, wenn die Felgenhornstärke < 1,2 mm beträgt. Aluminium-Hohlkammerfelgen haben eine durchschnittliche Felgenhornstärke von 1,3 mm bis 1,9 mm.

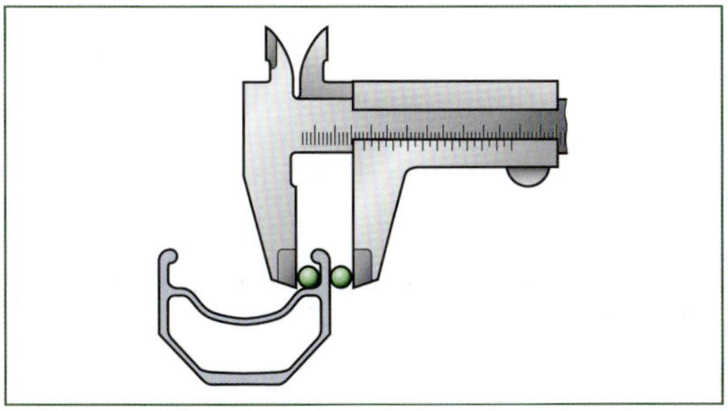

Bild 1: Als Provisorium: Felgenhornstärke mit Maßverkörperung messen

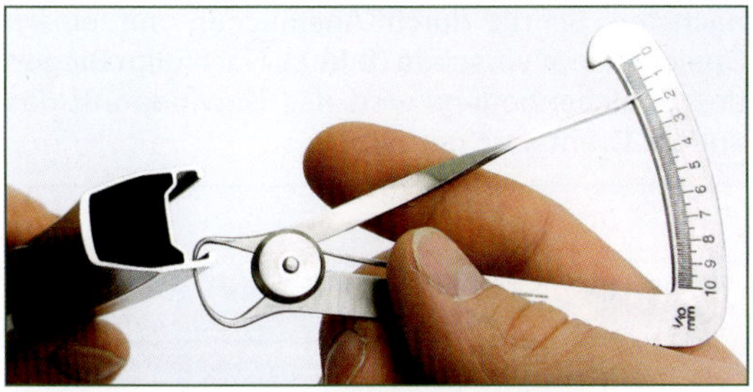

Bild 2: Felgenhorn mit einem Zehntelmaß messen

8.6.6 Speichenlöcher und Felgenbänder

Zum Einführen von Speichen und Nippel sind im Felgenbett und Felgenboden Bohrungen vorhanden. Im Felgenbett beträgt der Bohrungsdurchmesser bis 10 mm, im Felgenboden bis 4,5 mm.

Im Allgemeinen haben Laufräder 36 Speichen – demnach die Felgen auch 36 Löcher. Für den sportlichen Einsatz sind Felgen mit 32, 28 und 24 Speichenlöchern im Handel. Auf Aerodynamik getrimmte Sonderlaufräder **(siehe: Systemlaufräder, Seite 325)** kommen teilweise mit einer noch geringeren Speichenanzahl aus. Laufräder für hohe Belastbarkeit (Tandem) weisen Felgen mit 40 oder 48 Löchern auf.

Damit die Nippellöcher unter der Speichenspannung nicht ausreißen, werden sie mit einem Stahl- oder Aluminiumtopf versteift. Diese Ösen verteilen die Zugbelastung der Speichen auf eine größere Fläche. Die Ösen sind im Felgenboden eingebracht, oder – noch ausreißsicherer – verbinden das Felgenbett mit dem Felgenboden **(Bild 3)**.

Ein Nebeneffekt der geösten Felgen ist, dass sich die Speichennippel aufgrund geringerer Reibung leichter anziehen lassen und auch unter hoher Speichenspannung nicht in die Felge „einfressen".

Bei der automatischen Einspeichung werden vorwiegend geöste Felgen verwendet.

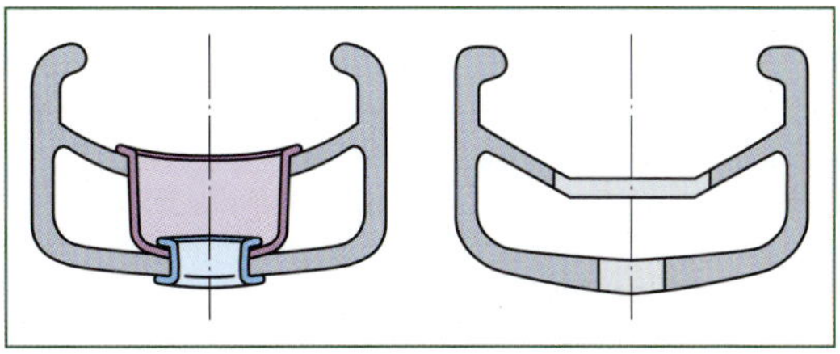

Bild 3: Felgenösen und verdicktes Felgenunterbett

Zwecks rationeller Felgenfertigung und aus Umweltaspekten wird immer häufiger auf Ösen verzichtet. Ungeöste Felgen können leichter recycelt werden, da keine Stahlanteile die Aluminiumschmelze verunreinigen.

Der Felgenboden ungeöster Felgen wird dicker ausgebildet und kann auf diese Weise auch unverstärkt dem Nippelzug standhalten.

Um Biegungen der Speiche im oberen Gewindeteil sowie das Verkanten der Nippel beim Zentrieren zu vermeiden, werden die Bohrungen teilweise nicht senkrecht in die Felge, sondern in Richtung Nabenflansch eingebracht. Beim Einspeichen ist auf diese Richtung zu achten.

Felgenbänder haben die Aufgabe, den Fahrradschlauch vor einer Beschädigung durch die scharfen Kanten von Felgenbohrungen, Ösen und Speichennippeln zu schützen **(Bild 4)**.

Daneben verringern Sie bei einer warmgebremsten Felge geringfügig den Wärmeübergang zum Schlauch/Reifen.

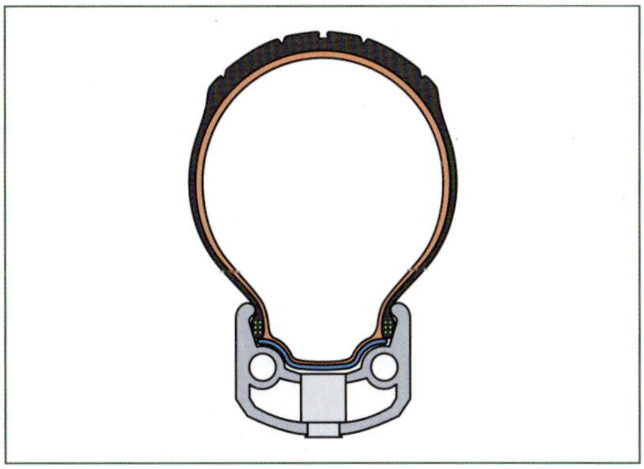

Bild 4: Felgenband mit richtiger Breite

Bei Tiefbettfelgen aus Stahl oder Aluminium sind die Felgenbänder aus Gummi. Bei Hohlkammer-Hakenprofilfelgen aus Aluminium oder Carbon kommen Hochdruck-Felgenbänder aus verschiedenen Kunststoffen oder selbstklebende Gewebefelgenbänder zum Einsatz.

Bei der Montage ist darauf zu achten, dass das Felgenband ausreichend breit gewählt wird (die richtige Breite wird von den Reifen- und Felgenherstellern angegeben). Ist das Felgenband zu schmal, kann es bei der Montage verrutschen und scharfe Kanten der Felge freilegen, die den Schlauch beschädigen **(Bild 1a)**

Zu schmale Felgenbänder aus festem Kunststoff können ebenfalls den Schlauch beschädigen, in dem sich die Kanten aufstellen und so in den Schlauch schneiden. Diese Beschädigung tritt erst nach einigen Kilometern Fahrt auf und wird durch das Durchwalken des Reifens bei jeder Radumdrehung ausgelöst **(b)**.

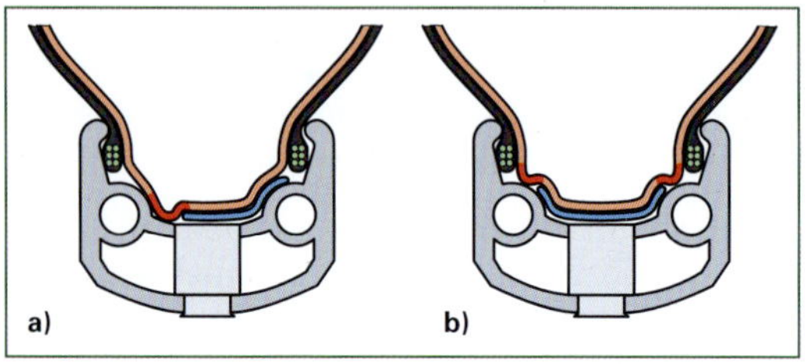

Bild 1: Felgenband a) verrutscht b) zu schmal

Selbstklebende Felgenbänder müssen sich überlappen und auf vorgereinigte Felgen geklebt werden.

Luftdruckverlust kann gefährliche Stürze verursachen, daher ist sorgfältiges Arbeiten beim Verlegen von Felgenbändern notwendig.

8.7 Speichen

Drahtspeichen verbinden im Laufrad die Nabe mit der Felge. Sie werden ausschließlich auf Zug belastet[1]. Nur so hält der Speichennippel formschlüssig in der Felge. Bei einer Belastung auf Druck würden Speichen ausknicken.

8.7.1 Eigenschaften und Herstellung von Speichen

Preiswerte Speichen sind aus verzinktem **Stahldraht**, hochwertige aus geringfügig modifiziertem Edelstahldraht. Standard ist die Stahlsorte X5CrNi18-10, kurz als 18/10 bezeichnet, mit 18 % Chromanteil und 10 % Nickel.

Kaltverfestigung sorgt bei den Speichen aus „Edelstahl[2]" für Zugfestigkeiten bis 1800 N/mm².

Gelegentlich werden **Titanspeichen** angeboten, die aber eine deutlich geringere Lebensdauer haben.

[1] Korrekt muss es heißen: Auf (Zug)-schwellende Beanspruchung
[2] Korrekt muss es heißen: Nichtrostender Stahl

Speichen aus **Carbon** haben bislang noch keine Marktbedeutung erlangt, da die Verbindung von Gewinde und Speichenbogen nur durch eine aufwändige Kontaktierung erfolgen kann und die Speichen über ein schlechtes Elastizitätsverhalten verfügen.

Die Elastizität von **Aluminiumspeichen** ist zwar ausgezeichnet, wird allerdings durch eine für die Betriebssicherheit bedingte größere Dimensionierung wieder zunichte gemacht. Aluminiumspeichen kommen bei den Ksyrium-Systemlaufrädern der Firma Mavic erfolgreich zum Einsatz.

Die Stahldrähte werden abgelängt und im nächsten Schritt durch Anstauchen mit einem Speichenkopf versehen **(Bild 2)**. Nach dem Biegen des Speichenbogens wird das Gewinde auf das andere Drahtende gerollt.

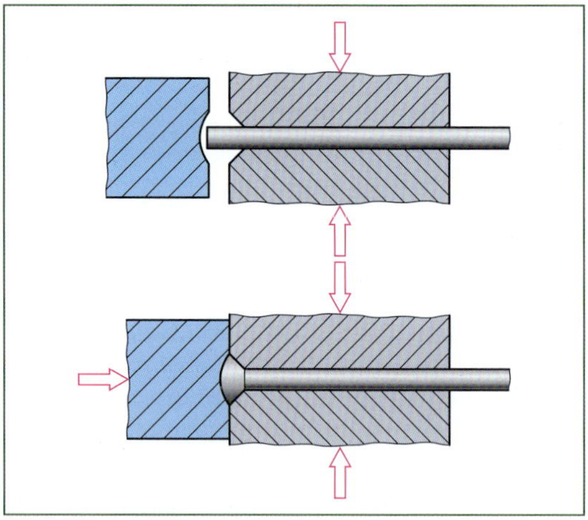

Bild 2: Anstauchen des Speichenkopfes

Bei den DD-Speichen folgt noch das Dünnerwalzen oder Schmieden des Speichenmittelteils. Messerspeichen stellt man durch Schmieden auf Pressen mit einem rechteckigen oder linsenförmigen Querschnitt her.

Speichenschwachpunkte: Speichen unterliegen hohen wechselnden Dauerbeanspruchungen, neigen daher zur Materialermüdung und können durch den sogenannten **Schwingbruch** (umgangssprachlich Dauerschwingbruch, Ermüdungsbruch) schließlich brechen.

Die Schwingbrüche breiten sich durch einen oder mehrere mikroskopisch kleine Anrisse an der Oberfläche aus; bevorzugt dort, wo örtliche Spannungskonzentrationen herrschen. Durch den veränderten Kraftfluss und weitere Wechselspannungen breitet sich der Anriss entlang von Korngrenzen oder durch Körner hindurch Schritt für Schritt aus (Rastlinien, siehe **Bild 2, Seite 47**).

Der tragende Materialquerschnitt nimmt immer weiter ab, bis die Speiche bei einer hohen Belastung schließlich reißt. Die feinstrukturierten Rastlinien durch die Anrissausbreitung und die raue Fläche des Restbruches zeigen Ursprung und Ende des Schwingbruchs.

Der Speichenbogen ist besonders bruchgefährdet, da hier die Speichenspannung um die Ecke geleitet wird **(Bild 1)**.

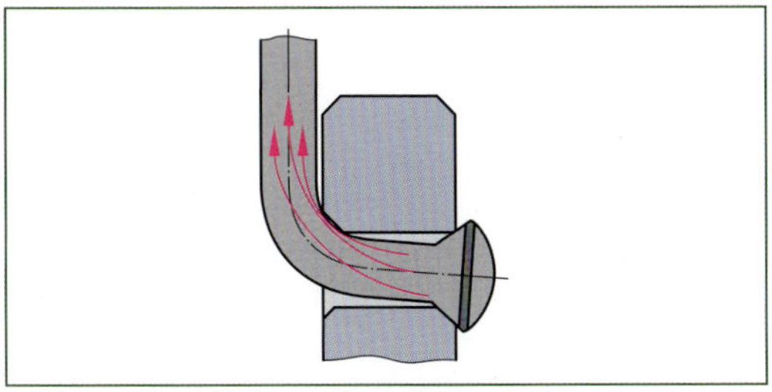

Bild 1: Speichenschwachpunkt Bogen

Die Spannung konzentriert sich auf die Innenseite des Bogens. Dieser Bereich wurde bereits beim Anstauchen des Speichenkopfes und der Biegung nochmals verfestigt. Die Stauchung der Bogeninnenseite zieht meist eine körnige Oberfläche nach sich, von der sich ein Bruchkeim ausbreiten kann.

Weiterhin bewirkt die mehrfache Verfestigung, dass sich der Bereich des Speichenbogens der Grenze zur Überstreckung nähert. Der Speichenbogen darf sich daher unter keinen Umständen „aufziehen".

Eine Voraussetzung für gute Dauerhaltbarkeit sind daher ein genügend breiter Nabenflansch von mindestens 3,2 mm Dicke und nicht zu groß ausgeführte Speichenbohrungen, damit sich der Bogenbereich fest an den Nabenflansch andrücken kann. Unterlegscheiben lösen das Problem zu dünner Nabenflansche **(Bild 2)**.

Bei dünnen Stahlflanschen sollte die Messingunterlegscheibe nicht auf der Kopfseite, sondern unter dem Speichenbogen plaziert werden.

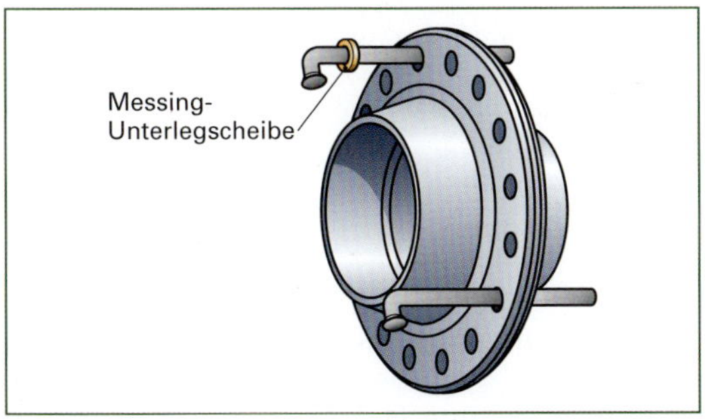

Bild 2: Unterlegscheibe für den Speichennippel

Die Felgenbohrungen müssen groß genug für den Nippel sein und abwechselnd in Richtung des rechten und linken Nabenflansches angebracht sein.

Fluchten Speichennippel und Felgenbohrung nicht, kann es zum vorzeitigen Bruch der Speiche am Gewindeübergang kommen **(Bild 3)**.

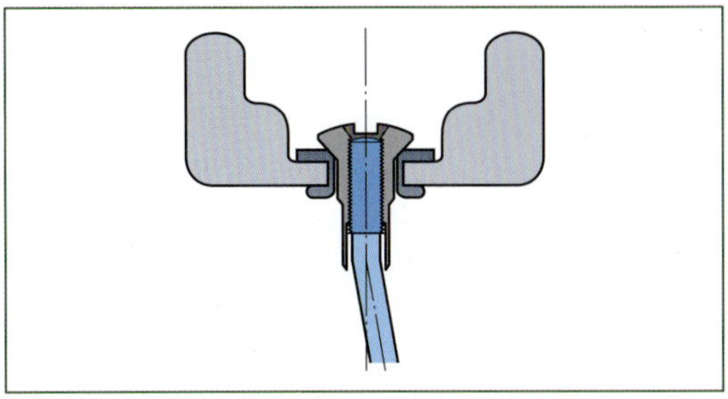

Bild 3: Fluchtungsfehler Speichenbruch am Gewindeübergang

Probleme können auch folgende Kombinationen bereiten:

- Großer Nabenflansch in Verbindung mit einer 4-fach-Speichenkreuzung
- Kleine Felge und großer Nabenflansch
- Kleine Felge und kleiner Flansch und falsche Kreuzungsart

Das Speichenmittelteil wird weniger hoch belastet und sollte auch dünner ausgeführt werden, um die Schwelllast der Speichen zu reduzieren.

Beispiel: Bei 1000 N Speichenspannung beträgt die Dehnung einer Speiche mit 2 mm Durchmesser 0,4 mm. Flacht die Felge im Bodenbereich um 0,4 mm ab, geht die Speichenspannung auf Null zurück.

Würde man eine Speiche im Mittelteil auf 1,4 mm Durchmesser verdünnen, dehnt sie sich bei 1000 N Speichenspannung um 0,8 mm und würde bei der gleichen Felgenabflachung von 0,4 mm noch 500 N Speichenspannung besitzen.

Der Lastunterschied ist für die ausgedünnte Speiche also nur halb so groß.

info

Dehnung: Wird ein elastisches Bauteil auf Zug beansprucht, tritt eine Längenänderung ein. Dehnung ist das Verhältnis aus der Längenänderung zur Ausgangslänge.

Ausgedünnte Speichen lassen eine größere Dehnung zu. Damit verringern sich bei wechselnden Kräften (Bremsen, Beschleunigen, Stöße) die Zusatzkräfte in den Speichen, der Felge und der Nabe.

Speichenbruch

Bei einem Speichenbruch stellt sich zwar auf der Stelle wieder ein Gleichgewichtszustand des Laufrades ein, aber die Nachbarspeichen der gebrochenen Speiche tragen deren Last mit.

Muss man bei einer Reparatur eine einzelne gebrochene Speiche erneuern, so sollten wegen des hohen Montageaufwands auch beide Nachbarspeichen ersetzt werden, deren Köpfe in die gleiche Richtung zeigen.

Bild 1 zeigt eine typische Spannungsverteilung bei einer gebrochenen Speiche. Um wieder eine gute Spannungsverteilung zu erzielen, sollten alle Speichen gelöst und neu zentriert werden.

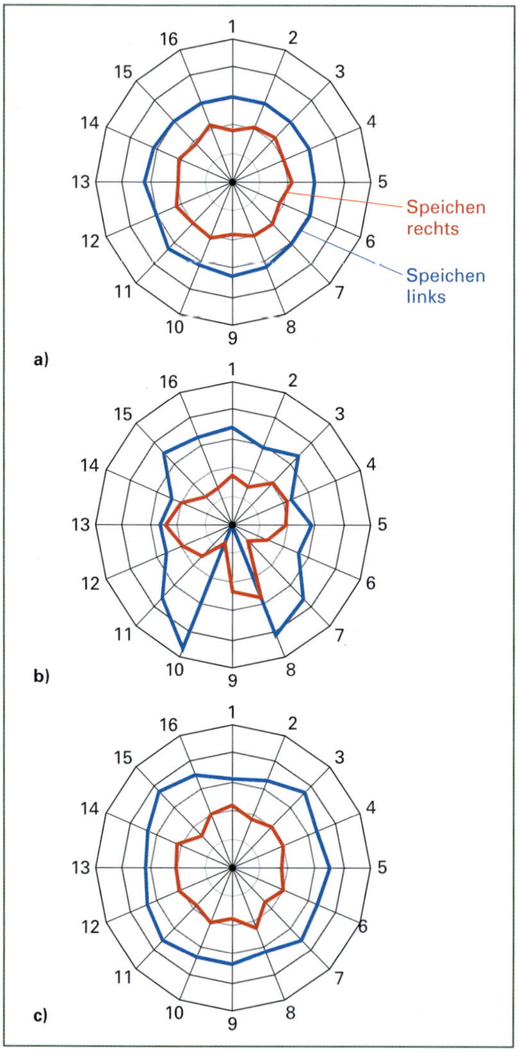

Bild 1: Spannungsverteilung beim Speichenbruch (32 Speichen HR) a) vor dem Bruch b) Bruch der Speiche 9 der linken Seite c) ersetzte Speiche 9

8.7.2 Speichenausführungen

Bild 2 zeigt die gängigen Speichenausführungen:

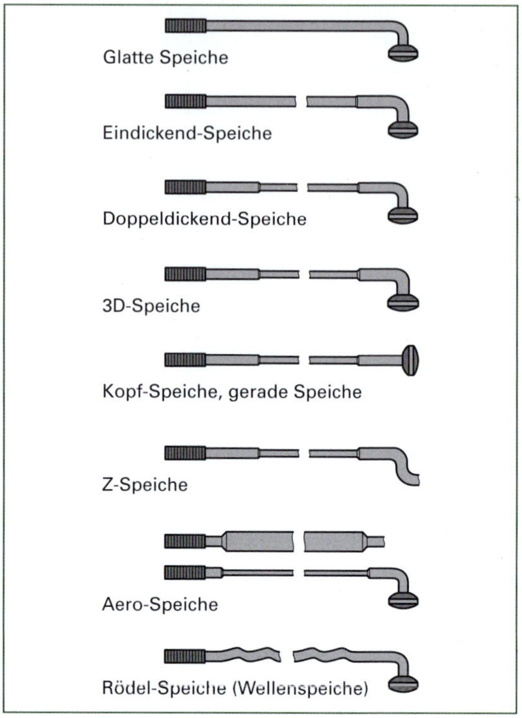

Bild 2: Speichenausführungen

Glatte Speichen

Die meistverwendeten Speichen für Standardfahrräder haben einen einheitlichen Durchmesser von 2 mm. Für höhere Belastungen sind Sonderspeichen mit 2,3 mm Durchmesser erhältlich.

ED-Speichen

Bei den Eindickend-Speichen ist der Bogen dicker ausgeführt als der Rest der Speiche. Erhältlich in den Größen 2,0/1,8 mm und 2,3/2,0 mm.

DD-Speichen

Doppeldickendspeichen sind im Mittelteil im Durchmesser reduziert. Erhältlich sind die Größen:

- 1,8/1,4/1,8 mm
- 1,8/1,6/1,8 mm
- 2,0/1,8/2,0 mm
- 2,0/1,6/2,0 mm
- 2,0/1,5/2,0 mm

3D-Speichen

Diese haltbarsten aller Speichen sind für Problemfälle gedacht. Sie weisen im Bogen einen Durchmesser von 2,3 mm, in der Speichenmitte 1,8 mm und im Gewindeteil 2 mm auf.

Säbel- oder Messserspeichen
Speichen, deren Mittelteil durch Prägung abgeflacht oder ovalisiert ist, sollen aerodynamische Vorteile bieten.

info

Bei einem einheitlichen Durchmesser von 2 mm oder 1,8 mm wird die Speiche durch die Prägung breiter und kann nicht mehr durch normale Speichenflansche eingefädelt werden. Die Speichenbohrungen müssen dann entsprechend ausgefeilt werden.

Wellenspeichen[1)]
Die Speichen sind über ihre Länge haarnadelähnlich gewellt, wirken wie eine Feder und fördern daher den Fahrkomfort. Diese angenehme Eigenschaft wird durch eine mangelnde Dauerschwingfestigkeit erkauft, weil (ähnlich wie im Speichenbogen) Spannungsspitzen auf den Innenseiten der Biegungen auftreten.

Kopfspeichen, gerade Speichen
Die Speichen verzichten auf den Bogen und werden in Spezialnaben eingebaut **(siehe Bild 2, Seite 340)**.

Reparaturspeichen
Speichen, die statt eines Kopfes nur einen U-förmigen Bogen haben und einen Speichenaustausch ohne Demontage der Ritzel am Hinterrad erlauben. Sie haben zumeist einen Bowdenzug in der Mitte, lassen sich dadurch zusammenrollen und so leichter transportieren.

Z-Speichen[1]
Diese Speichen besitzen einen zweiten gegenläufigen Bogen, der den Speichenkopf ersetzt.

Speichennippel
Speichennippel befestigen die Speichen in der Felge (bei einigen Systemlaufrädern auch am Nabenkörper, **siehe Bild 4, Seite 325**). Über die Gewindesteigung lässt sich das Laufrad zentrieren.Speichennippel werden in verschiedenen Kopfformen aus vernickeltem Messing hergestellt. Laufräder lassen sich mit Messingnippel gut maschinell einspeichen. Speichennippel aus Aluminium reduzieren die Schwungmasse. Sie haben eine ähnliche Festigkeit wie Messingnippel, sind jedoch für den maschinellen Laufradbau nur eingeschränkt geeignet. Nippel für größere Lasten werden aus Stahl hergestellt.

8.7.3 Einspeicharten

Das Einspeichen eines Laufrades gehört zu den grundlegenden Fachkenntnissen jedes Zweiradmechanikers. Standard ist die sogenannte Dreifachkreuzung eines 32- oder 36-Speichenlaufrades, bei der sich jede Speiche mit der dritten Gegenspeiche kreuzt und das Ventilloch frei zugänglich ist.

Einfachkreuzung: Jede Speiche kreuzt sich mit der Nachbarspeiche **(Bild 1)**.

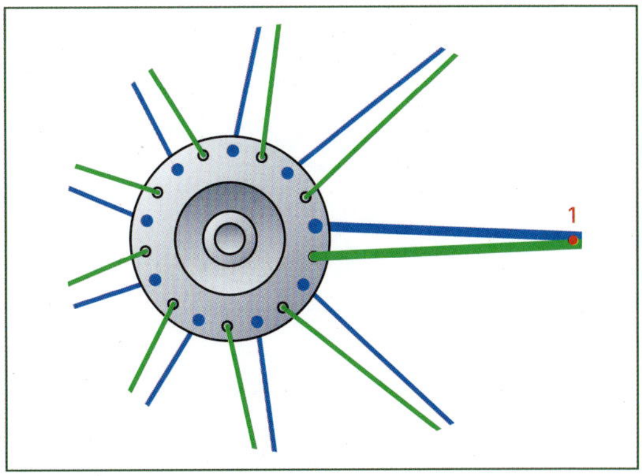

Bild 1: Einfachkreuzung

Zweifachkreuzung: Jede Speiche kreuzt sich mit der ersten und dritten Nachbarspeiche. Die Einfach- und Zweifachkreuzung erfolgt bei großen Nabenflanschen mit kleinen Felgen[2] **(Bild 2)**.

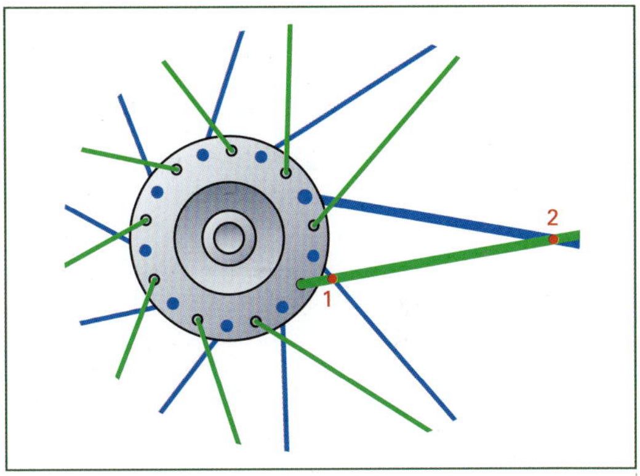

Bild 2: Zweifachkreuzung

Dreifachkreuzung: Jede Speiche kreuzt sich mit der ersten, dritten und fünften Nachbarspeiche. Es ist die Standard-Einspeichung für normale Laufräder mit einer Speichenanzahl von 24 bis 36 Speichen (**Bild 1, Seite 344**).

Vierfachkreuzung: Jede Speiche kreuzt sich mit der ersten, dritten, fünften und siebten Nachbarspeiche (**Bild 2, Seite 344**). Diese Einspeichart überträgt die Antriebs- und Bremsmomente mit optimalem Hebelarm, da die Speichen genau tangential zum Nabenflansch verlaufen. Anwendung: Laufräder mit mehr als 36 Speichen.

1 Wellenspeichen und Z-Speichen sind nicht mehr im Handel
2 Bei der Rohloff-, NuVinci- und Bionix-Nabe ist die Zweifachkreuzung der 26- und 28-Zoll-Laufräder Standard.

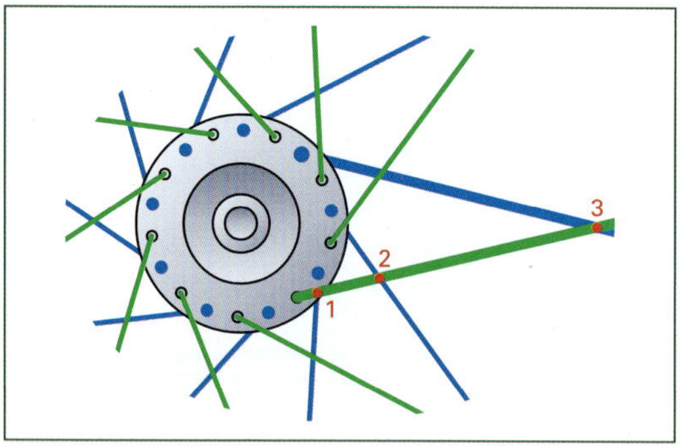

Bild 1: Dreifachkreuzung

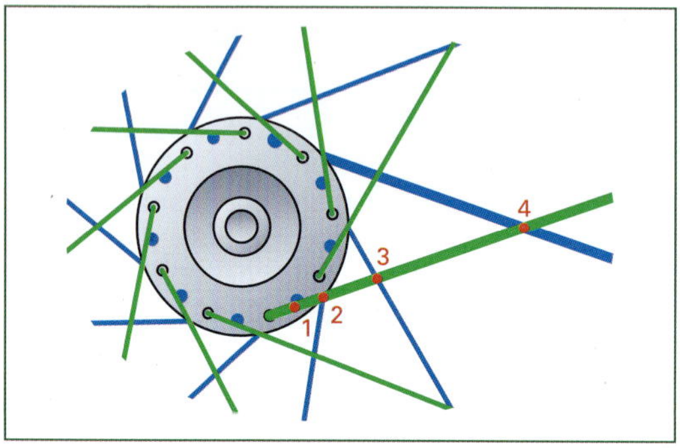

Bild 2: Vierfachkreuzung

Radialspeichung: Die Speichen verlaufen radial von der Nabe zur Felge **(Bild 3)**. Liegen die Speichenbögen außen, lässt sich mit der Radialeinspeichung die größtmögliche Seitensteifigkeit von Laufrädern erzielen. Anwendung: Aerodynamische Laufräder.

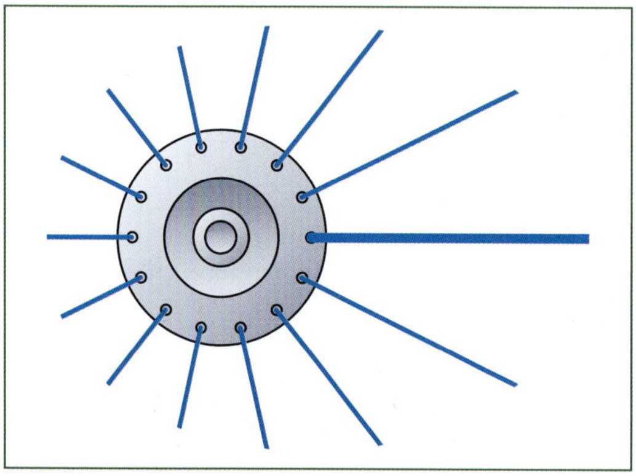

Bild 3: Radialspeichung

Normale Speichenflansche sind nicht für eine Radialspeichnung ausgelegt. Es kann bei zu dünnen Flanschen oder Felgenböden zu Ausrissen kommen. Antriebs- oder Bremsmomente können erst nach einer Verdrehung der Nabe gegenüber der Felge aufgenommen werden.

Krähenfuß-Einspeichung: Zwei Speichen kreuzen eine radial eingelegte Speiche. Die Krähenfuß-Einspeichung ist nur möglich, wenn die Lochzahl durch 3 teilbar ist **(Bild 4)**.

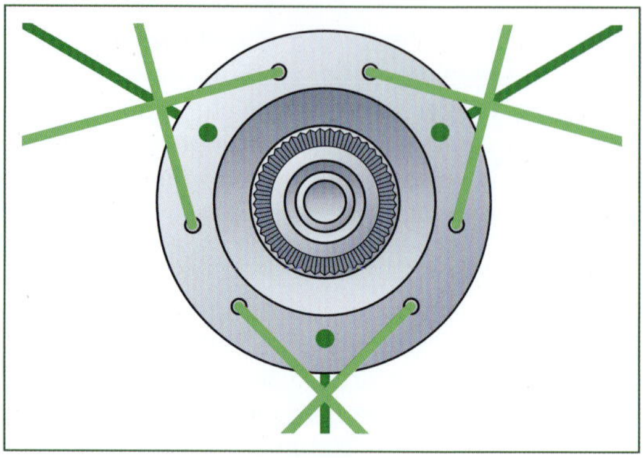

Bild 4: Krähenfuß-Einspeichung

Symmetrische Einspeichung: Hier sind die Winkel der linken und rechten Speichen zur Radmittelebene gleich. Die Speichen werden entweder mit den Köpfen nach innen **(Bild 5a)** oder nach außen in den Flansch eingefädelt.

Asymmetrische Einspeichung: Hier sind die Speichenwinkel zur Radmittelebene unterschiedlich. Die linken Speichen können mit dem Kopf nach innen oder außen eingespeicht werden **(5b)**.

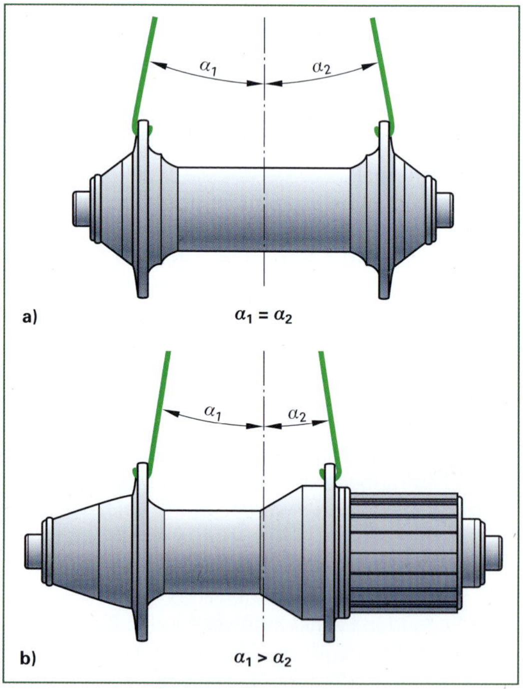

Bild 5: a) Symmetrische Einspeichung
b) Asymmetrische Einspeichung

8.7.4 Ermittlung der Speichenlänge

Als Speichenlänge bezeichnet man die Distanz zwischen dem Inneren des Speichenbogens und dem Speichenende (l in **Bild 1**).

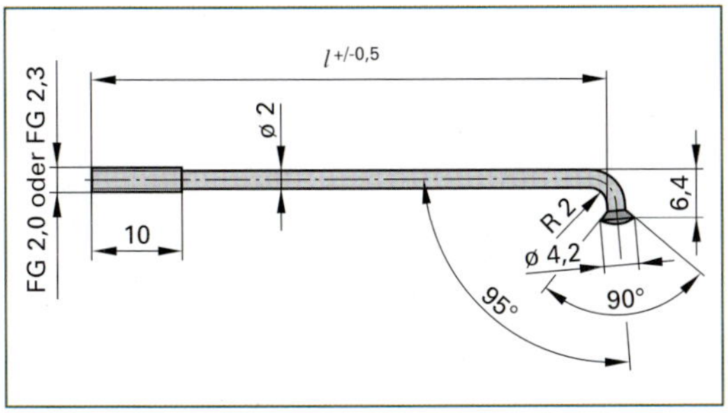

Bild 1: Standardspeiche

Die Speichenlänge ist richtig gewählt, wenn am fertig gespannten Laufrad das Speichenende bündig mit dem Scheitel des Nippelkopfes abschließt **(Bild 2)**.

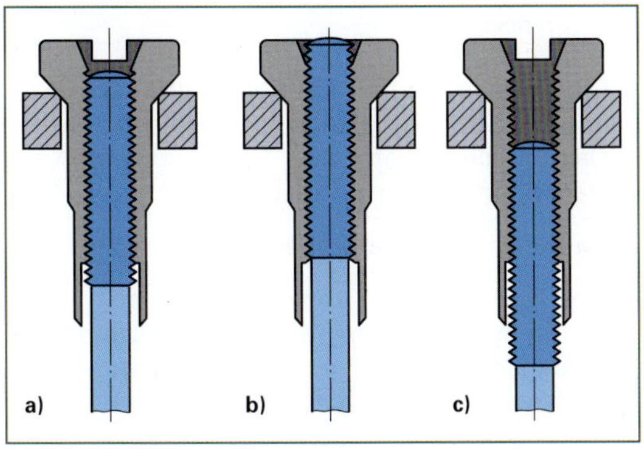

Bild 2: Speichenlänge a) zu lang b) richtig c) zu kurz

Die Speichenlänge l bei symmetrischer Einspeichung[1] lässt sich nach folgender Formel ausrechnen (Kosinussatz):

$$l = \sqrt{r_1^2 + r_2^2 + w^2 - 2r_1 \cdot r_2 \cdot \cos \beta} - 1/2\ y$$

l = Speichenlänge (Bild 1)

r_1 = halber Innendurchmesser der Felge **(Bild 3)**

r_2 = halber Lochkreisdurchmesser der Nabe **(Bild 4)**

w = Radmittelebene bis Flanschmitte

$$\beta = \frac{360° \cdot \text{Kreuzungsart } n_K}{\text{Speichenzahl pro Flansch } n_S}$$ [2]

y = Speichenlochdurchmesser der Nabe

Zur Ermittlung des halben Innendurchmessers r_1 der Felge:

- Zwei Speichen auf genau 100 mm ablängen

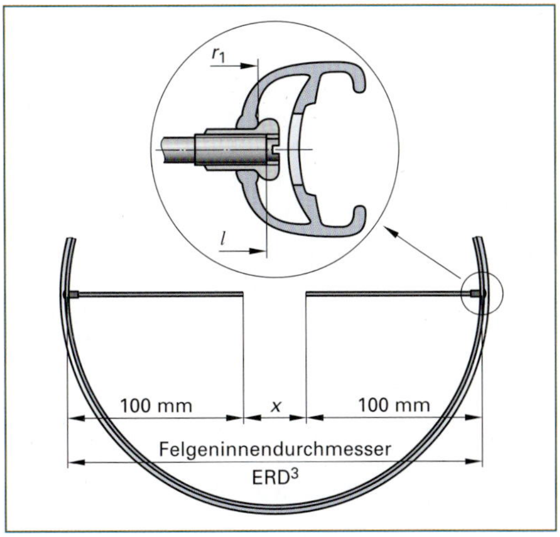

Bild 3: Ermittlung des Innendurchmessers der Felge

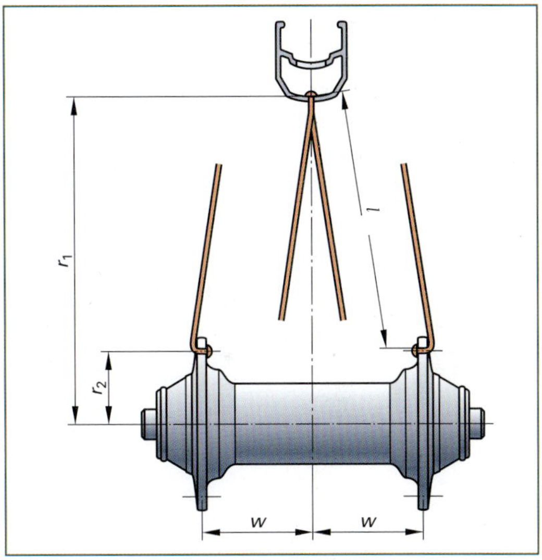

Bild 4: Berechnung der Speichenlänge bei symmetrischer Einspeichung

- Speichennippel soweit aufdrehen, bis das Speichenende gerade den Schlitzboden erreicht
- Nippel in dieser Stellung festkleben
- Beide Mess-Speichen durch zwei gegenüberliegende Felgenlöcher einführen und Abstand x ausmessen
- Abstand x zu 200 addieren
- Errechneten Wert durch zwei dividieren
- Bei kleinen Felgen überlappen sich die Speichenenden; der Abstand x wird dann abgezogen.

[1] Formel für Speichenlänge bei asymmetrischer Einspeichung siehe Tabellenbuch Fahrradtechnik

[2] Kreuzungsarten n_K 1-, 2-, 3- oder 4fach, 1 für radial

[3] ERD = Effective Rim Diameter

8

8.7.5 Standard-Einspeichanleitung

Die Anleitung bezieht sich auf ein Hinterrad mit **Dreifach-Kreuzung** und 36 Speichen. Es wird berücksichtigt, dass die vom Antriebsmoment auf Zug belasteten Speichen auf der Zahnkranzseite mit dem Speichenbogen außen auf dem Nabenflansch aufliegen und nach links abgewinkelt sind.

Technischer Hintergrund

Diese Speichen werden beim Wiegetritt zusätzlich mit Seitenkräften belastet und können diese am günstigsten aufnehmen, wenn die Speichenbögen außen liegen.

Auf der Gegenseite mit dem kleineren Speichenschrägwinkel liegen die Speichenbögen innen (siehe auch **Bild 5b, Seite 348**).

Die meisten Hersteller von Naben mit Nabenbremsen schreiben vor, dass die beim Bremsen auf Zug belasteten, bremsseitigen Speichen nach links abgewinkelt sind und mit dem Speichenbogen außen auf dem Nabenflansch aufliegen müssen. Hier kann es zu Doppelbelastungen kommen, wenn das Fahrrad beim Bremsen schlingert.

Die folgende Einspeichanleitung berücksichtigt beide Fälle und lässt sich auf alle Hinterräder anwenden.

1 Erste Speiche (rot) von der Zahnkranzseite aus in den Nabenflansch einfädeln und links neben dem Ventilloch vernippeln **(Bild 1)**.

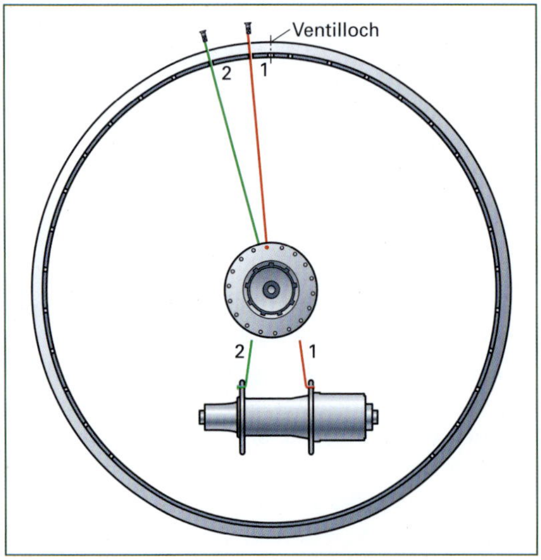

Bild 1: Die beiden ersten Speichen einziehen

2 Zweite Speiche (grün) leicht nach links versetzt ebenfalls von der Zahnkranzseite aus in den Gegenflansch einfädeln und links neben der ersten Speiche in der Felge vernippeln.

3 Wieder ausgehend von der Zahnkranzseite beide Nabenflansche mit je einem Loch Abstand mit Speichen auffüllen **(Bild 2)**.

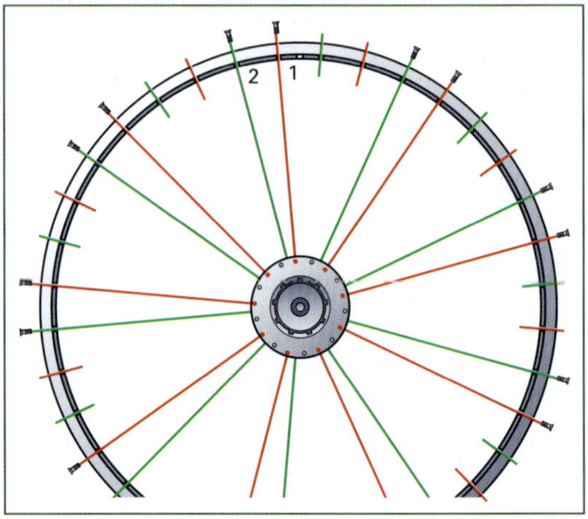

Bild 2: Beide Flansche mit einem Loch Abstand füllen und mit zwei Loch Abstand in der Felge vernippeln

4 Die Speichen mit jeweils zwei Loch Abstand nebeneinander in die Felge vernippeln. Kontrolle: Die Speichenköpfe aller Speichen sind vom Nabenflansch aus sichtbar.

5 Nabe nach **links** verdrehen.

6 Eine Speiche (blau) von der Gegenseite aus in ein freies Flanschloch des Zahnkranzflansches **(Bild 3)** einfädeln – ihr Speichenbogen weist nach außen, der Speichenkopf nach innen.

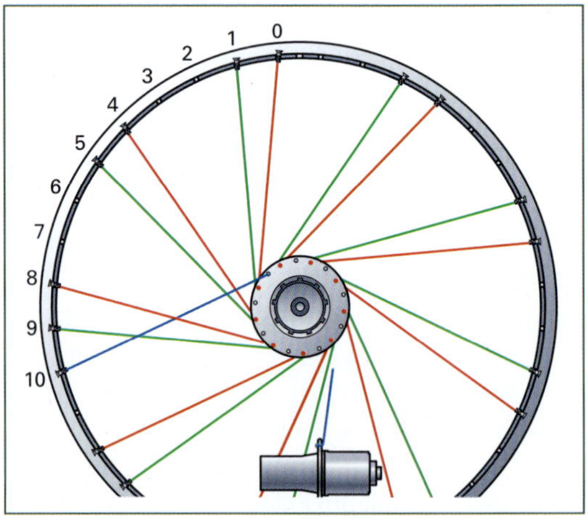

Bild 3: Erste Speiche von der Gegenseite einfädeln

7 Diese Speiche nach **links** abwinkeln und zehn Felgenlöcher weiter in der Felge vernippeln – gezählt wird von der ersten gekreuzten Speiche. *Achtung:* Die Speiche „8“ wird unterkreuzt.

8 Restliche Speichen von der Gegenseite aus in die noch freien Flanschlöcher einfädeln und in der Felge vernippeln **(Bild 1)**.

Kontrolle: Alle nach links abgewinkelten Speichen liegen mit dem Speichenbogen außen auf dem Nabenflansch auf und unterkreuzen die zwei Löcher vor ihnen vernippelte Speiche.

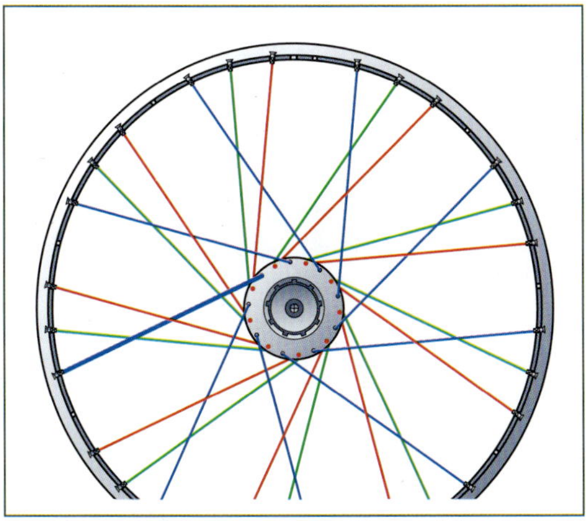

Bild 1: Restliche Speichen von der Gegenseite aus einziehen

9 Laufrad umdrehen. Eine Speiche (lila, **Bild 2**) von außen in den Gegenflansch einfädeln – ihr Speichenkopf weist nach außen.

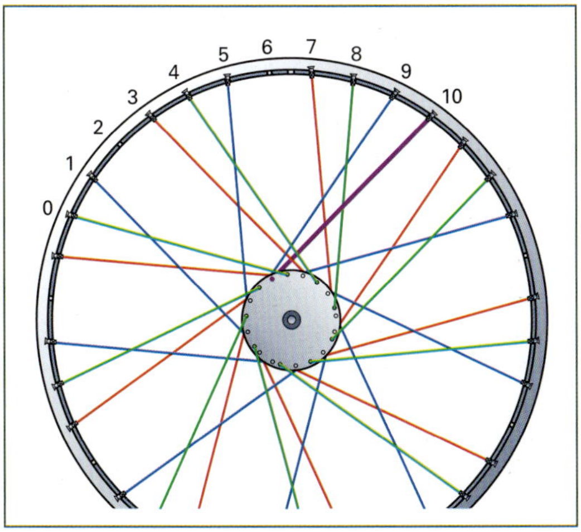

Bild 2: Speiche von außen in den Gegenflansch einfädeln

10 Diese Speiche nach rechts abwinkeln und zehn Nippellöcher weiter vernippeln.

11 Die restlichen Speichen in die noch freien Flanschlöcher einfädeln und in der Felge vernippeln **(Bild 3)**.

Kontrolle: Bei allen nach links abgewinkelten Speichen liegt der Speichenbogen außen. Diese Speichen unterkreuzen die zwei Löcher vor ihnen vernippelte Speiche. Die gleiche Betrachtung ergibt sich, wenn das Laufrad um 180 Grad gedreht wird.

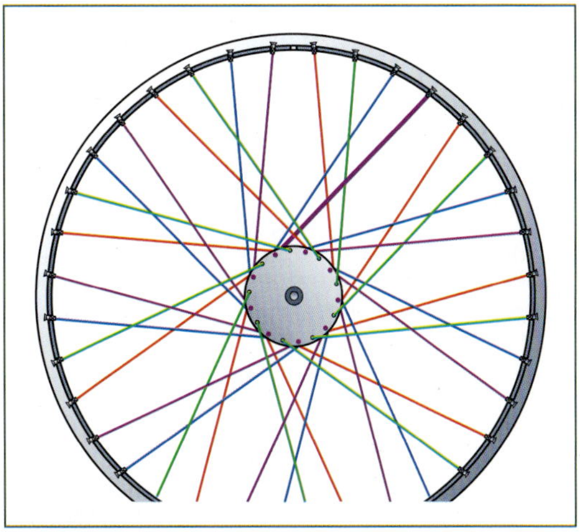

Bild 3: Blick auf die Gegenseite des Laufrades

Anmerkung 1
Erfahrene Mechaniker füllen nach dem Vernippeln der ersten beiden Speichen (siehe **Bild 1, Seite 350**) gleich beide Flansche mit Speichen auf. Das Vernippeln der Speichen erfolgt in der gleichen Reihenfolge.

Damit ersparen sie sich das umständliche Einfädeln der letzten neun Speichen über die Kreuzung der Speichen auf der Zahnkranzseite hinweg.

Anmerkung 2
Für Vorderräder und Hinterräder ohne Naben- oder Scheibenbremsen lässt sich die Anleitung dahingehend abwandeln, dass die Speichen auf der Gegenseite von außen in den Nabenflansch eingefädelt werden.

Das Bremsmoment entfällt und auf beiden Seiten liegen Zugspeichen für das Antriebsmoment mit dem Bogen außen auf dem Nabenflansch auf.

Laufradzentrierung

Das Spannen beginnt, wenn alle Speichen richtig montiert sind.

info
Viel Licht erleichtert die Arbeit. Gutes Werkzeug verwenden.

1 Alle Nippel gleichmäßig und locker eindrehen, bis das Speichengewinde im Nippel verschwindet.

2 Nippel auf der Zahnkranzseite gleichmäßig anziehen, bis die Speiche im Nippelbett der Felge liegt. Am Ventilloch beginnen.

3 Nippel der gegenüber liegenden Seite bis zum Nippelboden anziehen.

Speichenbögen nacheinander mit dem Daumen an den Nabenflansch schmiegen, sodass die Speiche mit der Felge fluchtet. Dazu drückt man die Speiche mit dem Daumen vom Flansch weg in Richtung der Felge **(Bild 1)**.

Dieser Schritt erleichtert das abschließende Zentrieren erheblich, kann aber nicht das „Abdrücken" ersetzen.

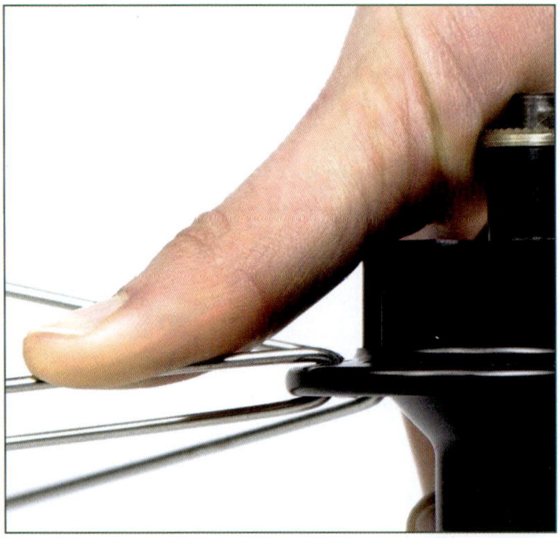

Bild 1: Speichenbogen anschmiegen

4 Speichenspannung auf der Zahnkranzseite bis kurz vor der Vollspannung erhöhen. Die Speichenspannung nie mehr als eine halbe Umdrehung pro Speiche auf einmal erhöhen.

5 Spannen der Gegenseite, bis das Laufrad einigermaßen mittig läuft.

6 Zwischendurch immer wieder „abdrücken": Ein rechtes und ein linkes Speichenpaar von Hand umfassen und kräftig gegeneinander drücken.

Zweiradmechaniker benutzen zur Überprüfung der Speichenspannung ein Tensiometer **(siehe Seite 456)** und zum Einspeichen und Zentrieren der Laufräder Zentrierständer **(Bild 2)**.

In modernen Zentrierständern wird zuerst die Mittellage der Felge zur Radachse exakt ermittelt, um dann die Seiten- und Höhenschläge der Felge auf ± 0,5 mm (Standardräder) zu minimieren.

Bild 2: Präzisionszentrierständer (Fa. P&K-Lie)

Sicherung, Schmierung und Konservierung

- Speichengewinde von Standardlaufrädern: Sprühwachs vor dem Einfädeln auftragen
- Alunippel: wenig Schmierfett oder Montagepaste an Kopf-Felgenauflage
- Speichengewinde von hochbelasteten Laufrädern (Downhill, Dirtjump, Reiseräder, Transporträder, sehr schwere Fahrer): Schraubensicherungskleber mittelfest oder selbstsichernde Nippel verwenden
- Nach dem ersten Befestigen der noch lockeren Nippel: Bei vernickelten Messingnippel verhindert ein Tropfen Öl an der Kopf-Felgenauflage Adhäsion („Fressen")
- Abschließende Konservierung: Sprühwachs an allen Speichenköpfen und -bögen verhindert Korrosion an nicht eloxierten Aluflanschen

8.8 Fahrradbereifung

Der Reifen ist das äußere Element eines Rades. Mit seiner Lauffläche stellte er den Kontakt mit der Fahrbahn oder dem Untergrund her. Seine Aufgabe ist es, die Gewichtskraft von Fahrzeug und Ladung sowie während der Fahrt die Beschleunigungs-, Brems- und Seitenführungskräfte zu übertragen.

8.8.1 Vorschriften

Die Norm EN ISO4210-2 schreibt vor, dass der vom Hersteller empfohlene *maximale Luftdruck* in der Seitenwand des Reifens dauerhaft eingeprägt und im angebauten Zustand gut lesbar sein muss. Es wird empfohlen, dass der vom Hersteller genannte *Mindestluftdruck* auch in der Seitenwand des Reifens eingeprägt sein sollte.

- Der Reifen muss, wenn er mit 110 % des maximalen Drucks aufgepumpt ist, funktionsfähig auf der Felge sitzen.
- Reifen müssen bei der dynamischen Rahmenprüfung aufgezogen sein und den Testbelastungen sechs Stunden lang widerstehen.

8.8.2 Reifenaufbau

Reifen bestehen aus den drei Grundelementen Karkasse, Wulstkern (Reifendraht) und Lauffläche aus Gummi (Protektor). Moderne Fahrradreifen verfügen darüber hinaus über einen Pannenschutzgürtel **(Bild 1)**.

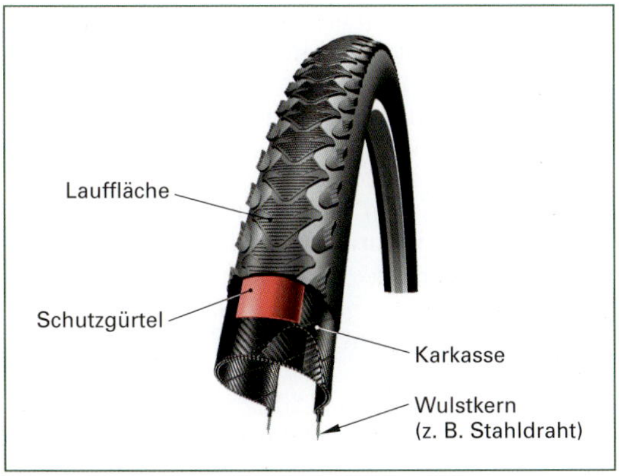

Bild 1: Grundelemente eines Fahrradreifens

Die Grundlage der **Karkasse** bildet eine Faserlage aus Polyamid (Handelsname Nylon). Die Verwendung von Naturfasern (Baumwolle, Seide) ist selten geworden. Als neueste Entwicklung bietet der Hersteller *Tufo* einen Mix von Polyamid- und Aramid-Fasern an.

Diese Fasern sind parallel zueinander angeordnet und werden in einem lockeren Verbund durch querlaufende Fäden gehalten und mit Kautschuk beschichtet. Die Faserlage wird in einem Winkel von 45° zur Laufrichtung des Reifens verarbeitet (**Bild 2**).

Bild 2: Faserlage

Durch Umschlagen der Faserlage um die Wulstkerne entsteht ein Gelege, bei dem sich die Fasern im Winkel von 90° kreuzen. In der Mitte überlappen sich die umgeschlagenen Seiten, sodass sich dort ein dreischichtiges Gelege bildet. Bei der Vulkanisation wird der Kautschuk in Gummi umgewandelt und das Gelege untrennbar in diese Matrix eingebettet.

Bis zum Ende der 1920er Jahre wurden häufig Textilgewebe verwendet. Durch die gegenseitige Umschlingung der Fasern wurden diese unter Vorspannung gesetzt, die den Reifen härter machten und damit den Rollwiderstand erhöhten. Gleichzeitig verminderte sich die Lebensdauer der Karkasse, weil die Fäden bei Bewegung aneinander rieben (**Bild 3a**).

Heute liegen die Fäden parallel, bevor sie mit Gummilösung fixiert werden. Zwei solcher Matten bilden die Karkasse (**Bild 3b**).

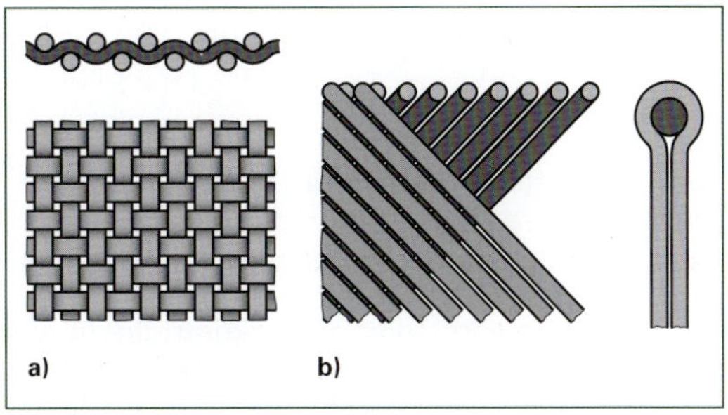

Bild 3: Unterschied a) Gewebe b) Gelege

Die Dichte des Karkassengewebes wird in TPI angegeben (tpi = threads per inch = Fädenzahl pro Zoll, **Bild 1**).

Es gibt je nach Hersteller unterschiedliche TPI-Werte von 15 bis 290.

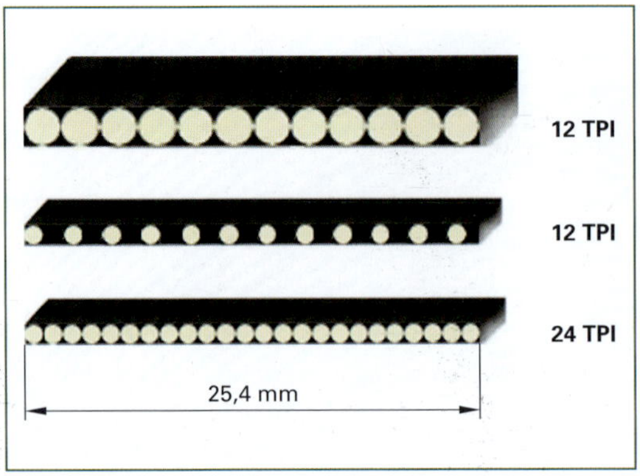

Bild 1: Beispiele zur Definition der TPI-Zahl

Mit einer höheren TPI-Zahl sinkt der Durchmesser der verwendeten Fäden. Daraus ergeben sich folgende Vorteile:

- Geringerer Rollwiderstand: Es wird weniger Material für die Fäden und das umhüllende Gummi eingesetzt. Die Karkasse wird leichter und flexibler.
- Höhere Pannensicherheit: Die Fäden sind dichter gepackt. Dadurch wird dem Eindringen von Fremdkörpern ein höherer Widerstand entgegengebracht.

Die Faserdicke kann nicht beliebig verringert werden. Bei 127 TPI beträgt diese nur noch 0,2 mm. Solch feine Fasern sind sehr empfindlich gegen Beschädigungen.

Bei einer geringeren TPI-Zahl kann nicht davon ausgegangen werden, dass die Fasern entsprechend dick sind. Bei 24 TPI beträgt die Faserdicke nicht 2,1 mm, sondern es werden die Abstände zwischen den Fasern vergrößert. Das verringert die Sicherheit gegen das Eindringen von Fremdkörpern.

Manche Hersteller bewerben ihre Reifen mit hohen TPI-Werten. Diese beschreiben dann das gesamte Gelege (z. B. unter der Lauffläche drei Faserlagen und ggf. noch Pannenschutzeinlagen).

Der **Wulstkern** verhindert das unkontrollierte Aufweiten des Reifens, legt den Durchmesser des Reifens fest und sorgt für einen guten Halt auf der Felge.

Die **Gummimischung** besteht aus mehreren Bestandteilen:

- Natur- und Synthesekautschuk
- Füllstoffe aus Ruß, Kreide und Kieselsäure
- Weichmacher (Öle, Fette)
- Alterungsschutzmittel (aromatische Amine)
- Vulkanisationsmittel (meist Schwefel)
- Vulkanisationsbeschleuniger (meist Zinkoxid)
- Farbstoffpigmente

8.8.3 Vulkanisieren

Erst die Entwicklung von elastischen und haltbaren Materialien ermöglichte die moderne Reifentechnologie. Grundsubstanzen dafür sind Natur- und Sythesekautschuk.

Naturkautschuk wird aus Latex gewonnen, einer Flüssigkeit, die durch das Anritzen der Rinde des Kautschukbaumes freigesetzt und in Behältern aufgefangen wird. In ihm sind bis zu 35 % Kautschuk enthalten. Im Grundzustand ist Naturkautschuk viskoelastisch[1].

1839 entwickelt Charles Goodyear ein Verfahren, bei dem unter der Verwendung von Schwefel und Wärme der Kautschuk in Gummi umgewandelt wird. Bei der Vulkanisation wird der Kautschuk mit Schwefel und anderen Zuschlägen für wenige Minuten auf eine Temperatur bis 220 °C erhitzt. Gegebenenfalls wird ein Rohling dabei mit Druck in eine Form gepresst. In dieser Zeit findet die Polymerisation statt. Dabei werden die Molekülketten des Kautschuks miteinander verbunden. Der so entstandene Gummi ist elastisch[2].

Als Alternative zum Naturkautschuk zur Herstellung von Reifen wurden verschiedene Arten von **Synthesekautschuk** entwickelt. Butylkautschuk ist aufgrund seiner geringen Gasdurchlässigkeit der meist verwendete Grundstoff zur Herstellung von Reifenschläuchen.

Obwohl es sich bei Latex um eine Flüssigkeit handelt, hat sich der Begriff als Kennzeichnung von aus Naturkautschuk hergestellten Produkten eingebürgert.

[1] Viskoelastisch: Unter einer länger anliegenden Kraft verformt sich der Körper dauerhaft und geht nach Ende der Krafteinwirkung nicht vollständig in seine ursprüngliche Form zurück.

[2] Elastisch: Nach einer Belastung nimmt der Körper wieder seine ursprüngliche Gestalt an.

8.8.4 Bauarten von Reifen

Die unterschiedlichen Bauarten sind (**Bild 1**):

- Draht-, Falt- und Wulstreifen mit separatem Schlauch; engl. Tube Type (TT)[1]
- Schlauchreifen; engl. Tubular
- Schlauchlose Reifen; engl. Tubeless (TL) bzw. Reifen, die zur Montage ohne Schlauch geeignet sind; engl. Tubeless Ready (TLR)
- Verschiedene Mischformen
- Drucklose Reifen

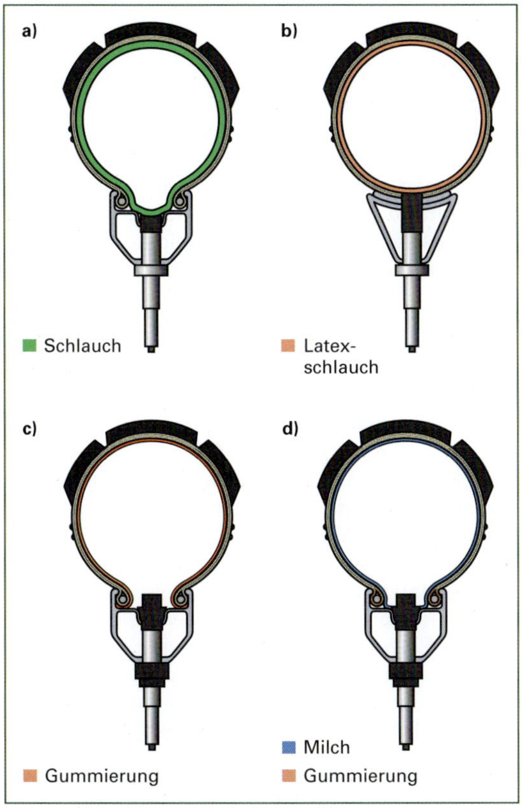

Bild 1: Bauarten von Reifen a) Tube Type b) Tubular c) Tubeless d) Tubeless Ready (Schwalbe)

Bei **Draht- und Faltreifen** werden Reifen und Schlauch separat in die Felge eingelegt. In den Reifenwulst wird ein Stahldraht oder ein Aramidfaserbündel eingearbeitet (**Bild 2**). Dies verhindert ein Aufweiten des Reifens beim Aufpumpen.

Bei Hakenprofilfelgen legt sich der Reifenwulst an der Innenkante der Felge an. Er wird somit zentriert und springt auch bei hohem Innendruck nicht ab. Schmale Modelle erlauben einen maximalen Nenndruck von 10 bar.

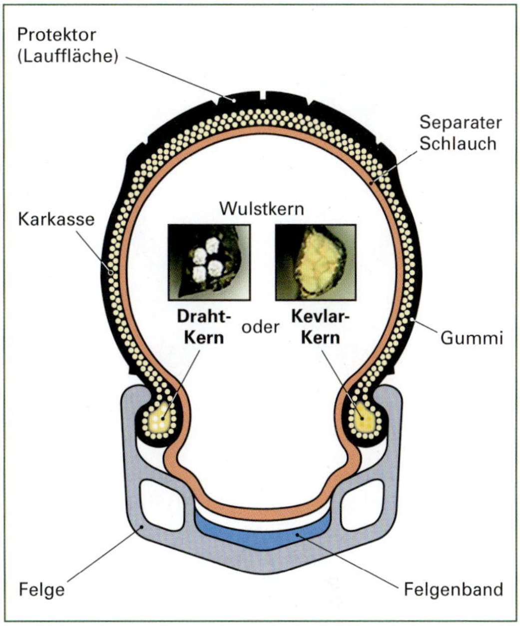

Bild 2: Aufbau von Drahtreifen

Gleichzeitig mit den Drahtreifen wurden auch so genannte **Wulstreifen** entwickelt. Sie haben keine Drahtverstärkung, sondern zwei ausgeprägte Wülste, die sich in der Felge überlappen und unter dem Felgenrand verhaken (engl. Clincher-Tires). Ein Felgenband ist nicht erforderlich und sie sind problemlos faltbar. Ihren Halt auf der Felge erhalten sie durch den Luftdruck. Damit wird ein Reifenwandern beim Bremsen verhindert (**Bild 1, Seite 356**).

Bis in die 1960er Jahre hinein waren Wulstreifen in Deutschland gängig. Heutzutage sind sie noch für historische Fahrzeuge erhältlich und werden in kleineren Stückzahlen in Asien produziert. Das Prinzip der Wulstreifen wurde teilweise für die heutigen Faltreifen wiederverwendet.

Beim **Faltreifen** wird der Stahldraht durch ein Bündel von Nylon- oder Aramidfasern (Kevlar) ersetzt. Dadurch lässt sich der Reifen zusammenfalten. Faltreifen sind bis zu 100 Gramm leichter als Drahtreifen.

Info

Die Montage wird erleichtert, wenn man Faltreifen vor dem Montieren ca. eine Stunde entfaltet aufhängt.

[1] Internationale Bezeichnung für Drahtreifen: clincher

Bild 1: Wulstreifen

Beim **Schlauchreifen** wird der Schlauch rundum in die Karkasse eingenäht **(Bild 2)**. Die Naht wird zum Schutz vor Beschädigung beim Reifenauf- und abziehen mit einem aufgeklebten Nahtband geschützt. Diese Einheit wird mit Reifenkitt oder doppelseitig klebendem Reifenklebeband in das muldenförmig ausgebildete Felgenbett der Schlauchreifenfelge geklebt.

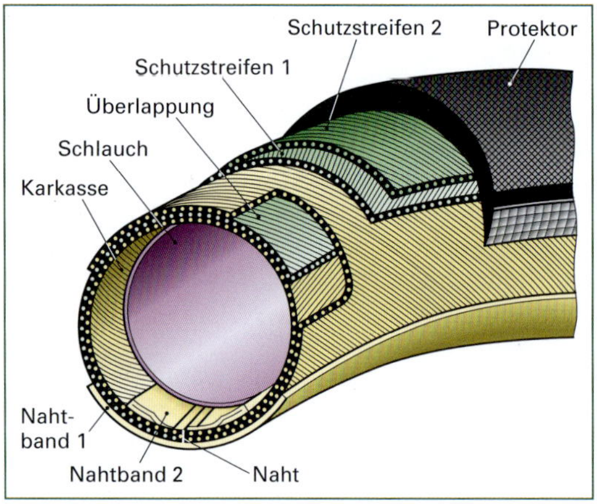

Bild 2: Aufbau von Schlauchreifen

Vergleich Schlauchreifen/Drahtreifen:

- Schlauchreifen sind leichter als Drahtreifen. Sie bieten einen etwas besseren Fahrkomfort, da die Spannungsspitzen von Drahtreifen im Bereich der Einschnürung am Felgenhorn entfallen. Sie schlucken Fahrbahnunebenheiten besser. Anders als bei Drahtreifen muss die Karkassenspannung nicht von den Felgenhörnen aufgenommen werden. So können auch leichte Karbonfelgen mit hohen Drücken gefahren werden. Bei langen Abfahrten im Gebirge können sich beim Abbremsen die Felge und damit der Kleber erhitzen. Der Reifen verliert seinen Halt, wandert auf der Felge oder kann von ihr abspringen.
- Drahtreifen sind preiswerter. Sie sitzen sicherer in der Felge und sind einfacher zu zentrieren.
- Ein typischer Defekt bei Drahtreifen ist der *Durchschlag* (*Snake-Bite*), wenn bei einem Aufprall der Schlauch zwischen Hindernis und Felgenhorn gequetscht wird. Es folgt in der Regel ein rascher Druckverlust. Bei Schlauchreifen kommt es häufiger zum *Schleicher*, wenn ein Fremdkörper den Schlauch perforiert. Der Druckverlust vollzieht sich dann über einen längeren Zeitraum.
- Reifendefekte sind bei Drahtreifen leicht und schnell behoben. Dagegen muss man bei einer Reparatur des Schlauchreifens das Nahtschutzband lösen, die Naht öffnen, den Schlauch flicken, den Reifen wieder vernähen und das Nahtschutzband verkleben.

Verbessertes Leichtlaufverhalten und erhebliche Gewichtsreduzierungen haben in den letzten Jahren dazu geführt, dass Drahtreifen marktbeherrschend geworden sind und mittlerweile auch vermehrt im Radrennsport auftauchen. Schlauch- und Drahtreifen und die zugehörigen Felgen sind nicht kompatibel.

Beim **Schlauchlosreifen** (Tubeless-Reifen) dichten sich Reifen und Felge gegeneinander ab (**Bild 1c, Seite 355**). Die Felge wird entweder nach dem Einspeichen und Zentrieren durch ein selbstklebendes Felgenband luftdicht gemacht. Oder es wird eine Felge mit einem Boden ohne Nippelbohrungen verwendet. In diesem Fall müssen die Speichennippel von der Innenseite eingesetzt werden (z. B. Mavic Crossmax). Das Ventil wird separat eingesetzt und besitzt einen abdichtenden Fuß. Der Reifen hat einen verstärkten und breiteren Wulst, der sowohl am Felgenhorn, als auch an der Felgenschulter anliegt. Einige Reifen sind innen mit einer luftundurchlässigen Beschichtung versehen. Alternativ können Tubeless-Ready Reifen von innen auch mit Latexmilch abgedichtet werden (**Bild 1d, Seite 355**).

Ventilabrisse durch Reifenwandern sind ausgeschlossen. Dadurch kann der Schlauchlosreifen auch mit niedrigen Drücken gefahren werden, wie sie bei nachgiebigem Untergrund sinnvoll sind, um die Traktion zu verbessern. Durch den niedrigen Druck und das Fehlen eines Schlauches besteht aber die Gefahr, dass sich der Reifen bei starken Seitenkräften verformt und der Wulst kurzzeitig aus seinem Sitz gehoben wird. Dabei kann etwas Luft entweichen (*engl. burping*).

Ein mögliches Loch kann von der Innenseite des Reifens mit herkömmlichen Flicken repariert werden. Das Loch ist aber oft schwer zu finden. Als Pannenschutz wird häufig ein Dichtmittel (Latexmilch) in den Reifen gefüllt.

Neben den drei Grundbauarten von Fahrradreifen gibt es für besondere Einsatzzwecke noch **Mischformen**.

Mit dem Schwalbe Procore wurde eine Kombination aus Tube-Type- und Tubeless-Reifen entwickelt. Dabei wird auf eine Tubeless-Felge ein großvolumiger Tubeless-Reifen montiert (**Bild 1**).

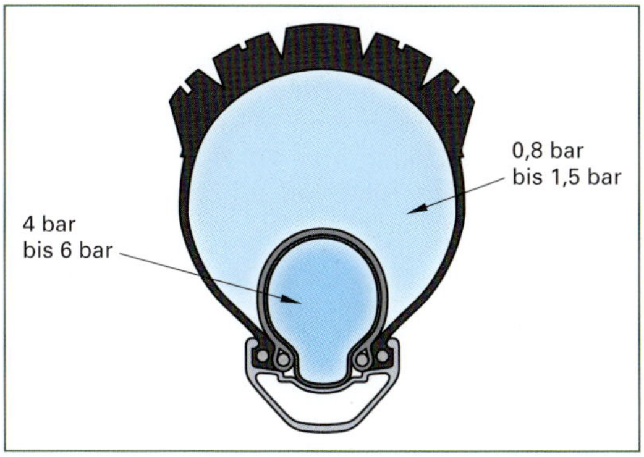

Bild 1: Kombination aus Draht- und Schlauchreifen (hier Procore, Schwalbe))

Im Innenraum befindet sich zusätzlich ein Spezialschlauch. Beide Luftkammern werden über ein umschaltbares Ventil befüllt. Dabei wird der innere Reifen mit einem Druck von 4 bis 6 bar, der äußere mit 0,8 bis 1,5 bar beaufschlagt. Der niedrige Druck ermöglicht dem äußeren Reifen eine optimale Anpassung an einen weichen Untergrund, während der innere Reifen in der Art einer zweistufigen Feder das Rad vor Durchschlägen schützt. Gleichzeitig verbessert der innere Reifen die Abdichtung und den Halt des Tubeless-Reifens, sodass kein *burping* vorkommen kann.

Pannenschutz: Um Reifen vor Defekten zu schützen, wird die Karkasse so gelegt, dass sie im Bereich der Reifenmitte dreilagig ist. Ein spitzer Fremdkörper muss dadurch nicht nur die Gummischicht, sondern auch noch die drei Karkassenlagen durchdringen, bis er den Schlauch verletzen kann.

Ein oder zwei weitere Gewebelagen in diesem Bereich erhöhen den Pannenschutz weiter. Noch besseren Schutz bieten Zwischenschichten aus Polyurethan (**Bild 2**).

In den 1980er Jahren stattete die Firma Wolber ihr Reifenmodell *Invulnérable* mit einem fein gewebtem Netz aus Edelstahldraht aus. Heute setzen viele Firmen ein besonders enges, flexibles und speziell gewebtes Aramidgewebe ein, das kaum noch zu durchschneiden ist.

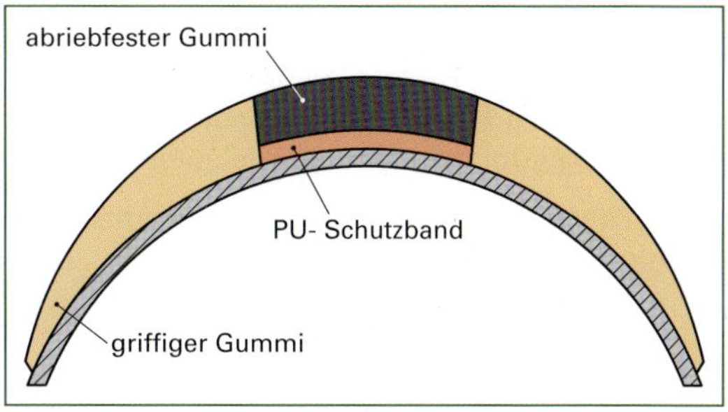

Bild 2: Pannenschutz durch PU-Einlage

Besonders pannensicher sind Reifen mit einer bis zu 5 mm starken Kautschukschicht unter dem Protektor. In ihr können auch große Fremdkörper stecken bleiben, ohne bis auf den Schlauch vorzudringen **(Bild 3)**.

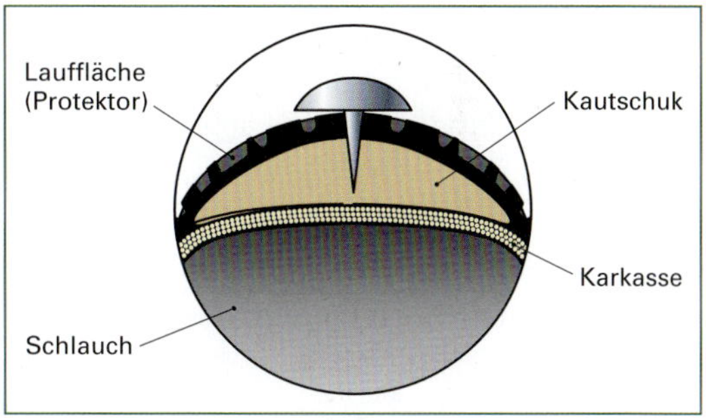

Bild 3: Pannenschutz durch Einlage aus Naturgummi (Schwalbe)

Drucklose Reifen. Vollgummireifen haben sich als Fahrradbereifung nicht durchgesetzt. Gründe: Ungenügende Federung (= kaum Schluckvermögen), schnelle Alterung, große Masse, schwierige Montage, teuer.

Neuere Entwicklungen versprechen hier Besserung. Grundmaterial ist meist ein geschlossenzelliger Polyurethan-Schaum. Diese Reifen gibt es als Vollreifen (**Bild 4a**) oder als Kombination von Reifen und PU-Inlay, wie sie im Motorcross als *Mousse Tires* bekannt sind (**4b**).

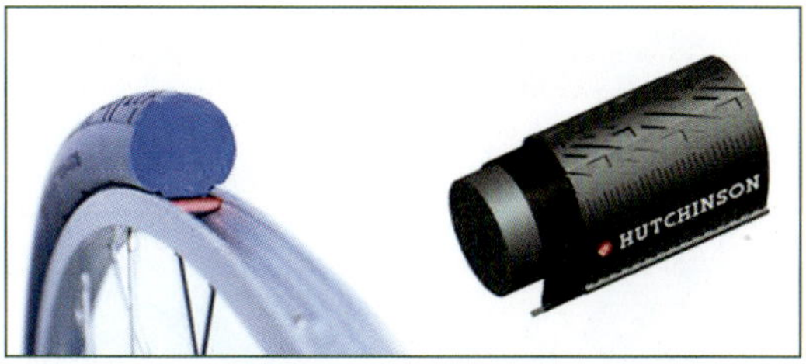

Bild 4: a) Vollgummireifen (Tannus) b) Reifen mit Inlay (Hutchinson Serenity))

8.8.5 Reifenprofile

Die Übertragung von Antriebs- und Seitenführungskräften erfolgt über die Lauffläche. Dabei werden zwei Umgebungszustände unterschieden:

- Die Fahrt auf festem und wenig nachgiebigem Untergrund (Straße)
- Die Fahrt auf losem und weichem Untergrund (Gelände)

Die Ausprägung der Lauffläche eines Reifens wird Profil genannt und muss an die Einsatzbedingungen angepasst sein, um die optimale Kraftübertragung zu gewährleisten.

Beispiel: Auf Asphaltstraßen entsteht die Haftung des Reifens durch die Reibung des Gummis auf der Fahrbahn. Durch die Radaufstandskraft wird der Gummi der Aufstandsfläche elastisch verformt und passt sich der Gestalt der Straße an. Kommt eine parallel zur Straße gerichtete Kraft (Beschleunigung oder Bremsen) hinzu, werden über zwei unterschiedliche Vorgänge Kräfte zwischen Reifen und Straße übertragen (**Bild 1**).

Einmal durch die **Adhäsion** an der Oberfläche des Reifens, die das Durchrutschen des Reifens verhindert oder erschwert. Sie ist vergleichbar der Haftreibungskraft.

Zweitens die **Hysteresekraft**, die die innere Verformung des Gummis beschreibt. Die senkrechte Radlast bewirkt das Anschmiegen der Lauffläche an die Fahrbahn. Die Reaktionskraft der Fahrbahn bewirkt die entgegengerichtete elastische Verformung in der Lauffläche. Beispiel: Kommt durch eine Beschleunigung eine waagerecht wirkende Kraft hinzu, so verformt sich der Gummi entgegen dieser Kraftrichtung. Da sich Gummi bei dynamischer Belastung nicht vollständig elastisch verhält, sondern träge reagiert, wird nicht alle in ihn eingebrachte Energie wieder an die Fahrbahn zurückgegeben, sondern in Wärme umgewandelt.

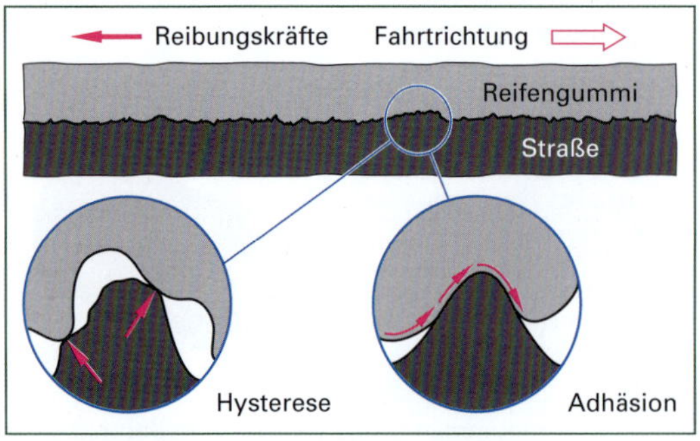

Bild 1: Kraftübertragung beim Beschleunigen

Die Aufstandsfläche A von Fahrradreifen ist vergleichsweise klein. Sie bestimmt sich nach dem physikalischen Grundgesetz „Kraft = Gegenkraft". Die von oben wirkende Aufstandskraft F_A steht im Gleichgewicht mit der vom Reifendruck p erzeugten von unten wirkenden Druckkraft.

$$A = \frac{F_A}{p}$$

Beispiel: Bei einem mit 6 bar (= 60 N/cm²) aufgepumpten Vorderrad- und Hinterradreifen und einer Aufstandskraft von 420 N am Vorderrad und 540 N am Hinterrad ergeben sich Aufstandsflächen von

$$A_V = \frac{420\ \text{N}}{60\ \text{N/cm}^2} = 7\ \text{cm}^2$$

und $A_H = 9\ \text{cm}^2$

Straßenreifen: Durch die geringe Reifenaufstandsfläche von schmalen Fahrradreifen geht auch ein Reifen ohne Profil eine innige Verbindung mit den Fahrbahnrauhigkeiten ein.

Grundsätzlich haben profillose Reifen (Slicks) bei fester und sauberer Fahrbahn die beste Haftung und den geringsten Rollwiderstand. Dies erfordert aber das vollständige Anschmiegen des Gummis an die Fahrbahnoberfläche.

Mit feinen Profilierungen wie Diamantierungen oder Rillen soll auf leicht sandiger Fahrbahn oder Verschmutzung der Fahrbahnkontakt erhalten bleiben. Diese Profile nutzen sich normalerweise in der Mitte recht schnell ab, doch für die Kurvenfahrt bleibt das feine Profil erhalten (**Bild 2**).

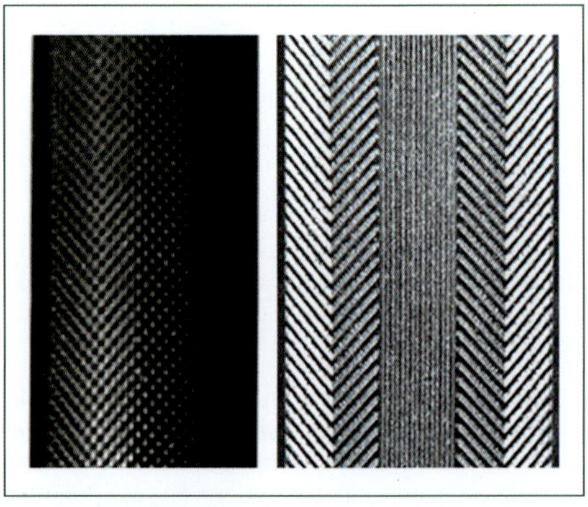

Bild 2: Diamantierung, Kombination von Fischgrät- und Längsprofil

Wenn die Gewichtskraft zu gering ist, die Aufstandsfläche durch einen niedrigen Reifendruck zu groß wird oder die Kombination der zu übertragenden Kräfte (Seitenführung bei gleichzeitigem Bremsen) zu hoch wird, reicht die Flächenpressung in der Aufstandsfläche für eine optimale Verzahnung des Gummis in der Fahrbahn nicht mehr aus. Hier empfiehlt sich eine weichere Gummimischung, die sich leichter in die Fahrbahnrauigkeiten pressen lässt. Alternativ dazu kann auch eine gröbere Profilierung verwendet werden.

info

Beim Fahrradfahren im Alltagsverkehr mit geringer Geschwindigkeit wird dem Profil oft eine zu hohe Wirksamkeit zugemessen. In der Regel dient es eher dazu, dem Kunden ein Gefühl von Sicherheit zu vermitteln, als dass es wirklich einen entscheidenden Einfluss auf den Fahrbahnkontakt hat. Im Gegenzug muss der Kunde dann einen höheren Rollwiderstand akzeptieren.

Um profilierten Reifen ein ruhiges und rubbelfreies Abrollverhalten zu vermitteln, ist die Reifenmitte weniger profiliert. Sie ist oft mit einem leichten Dach versehen oder als leicht vorstehender Mittelsteg ausgebildet.

Auf festgefahrenem Schnee und Eis gestatten profilierte Reifen mit 120 bis 280 Metallspikes sicheres Fahren. Vollbremsungen auf Asphalt sollten jedoch vermieden werden. Hingegen gibt es keine Probleme mit der Haftung auf trockenen Asphaltstraßen, da die Spikes auch auf festem Untergrund ausreichend Halt bieten.

Geländereifen. Für die Fahrt auf losem und/oder weichem Untergrund besteht ebenfalls die Notwendigkeit, dass sich der Reifen mit dem Untergrund verzahnen muss, um die Kräfte zu übertragen. Allerdings fehlt dem Untergrund die Fähigkeit, diese Kräfte problemlos aufzunehmen. Die Mikroverzahnung wird hier durch eine Makroverzahnung ergänzt oder ersetzt.

Ausgeprägte Profile konzentrieren den Aufstandsdruck auf die wenigen vereinzelt stehenden Profilstollen, die einen Formschluss zum festeren Untergrund aufbauen.

Aufgrund der Nachgiebigkeit des Bodens wird empfohlen, durch eine möglichst große Aufstandsfläche die Flächenpressung gering zu halten. So wird verhindert, dass der Reifen eine zu tiefe Furche gräbt und sich in der Folge der Rollwiderstand erhöht.

Zu hohe und zu dicht beieinander stehende Stollen neigen jedoch dazu, sich schnell mit Matsch voll zusetzen. Außerdem wird der Druck des Systemgewichtes auf zu viele Stollen verteilt; Traktion und Spurtreue nehmen ab. Aus diesem Grund wird vermehrt auf die Selbstreinigung von Profilen geachtet, indem man die Profilstollen leicht kegelig ausführt und genügend Freiraum zwischen den Stollen belässt (**Bild 1, links**).

Bild 1: Reifenprofile von Geländereifen

Laufrichtungsgebundene Profile: Bei Straßenreifen bewirkt ein laufrichtungsgebundenes Profil meist eine leichte Reduktion des Rollwiderstandes (daneben spielen auch optische Gründe eine Rolle).

Im Gelände ist die Bedeutung der Laufrichtung deutlich größer, denn hier bewirkt das Profil eine Verzahnung mit dem Untergrund. Die einzelnen Profilstollen sind V-förmig angeordnet (**Bild 1, rechts**). Der nächste Stollen hat bereits Bodenkontakt, während der vorherige ihn noch nicht verloren hat.

Der Hinterradreifen besitzt eine bessere Traktion, wenn die Antriebskraft in das offene V wirken kann. Beim Vorderradreifen wird die Laufrichtung zum Bremsen umgekehrt, damit die Verzögerungskraft in das offene V wirken kann.

Als Allrounder haben sich **Schulterstollenreifen** erwiesen. In der Reifenmitte befindet sich ein gering ausgeprägtes Profil, während die Reifenschultern ausgeprägte Schulterstollen aufweisen. Diese Reifen haben auf der Straße ein gutes und leises Abrollverhalten. Im Gelände sinkt der Reifen tiefer ein und die Schulterstollen greifen und sorgen für nötige Spurtreue und Traktion (**Bild 1, Seite 360**).

Bild 1: Schulterstollenreifen (Schwalbe Sammy Slick)

Dynamo-Rändelung. Handelsübliche Standardreifen sind für den Betrieb von Seitendynamos mit einer leichten erhabenen Rändelung versehen. Die Gefahr des Durchrutschens der Seitendynamos und Reifenschäden werden damit deutlich reduziert.

8.8.6 Fahrradschlauch

Ein Fahrradschlauch besteht meist aus Butylkautschuk, ein elastischer und gleichzeitig luftdichter synthetischer Kautschuk. Daneben enthält die Gummimischung noch weitere Füllstoffe.

Schläuche aus Naturkautschuk sind elastischer und haben eine höhere Festigkeit als Schläuche aus Butylkautschuk. Daher können sie mit geringerer Wandstärke hergestellt werden. Sie haben einen geringeren Rollwiderstand und sind leichter. Gleichzeitig bieten sie einen besseren Pannenschutz gegen Durchschläge und Durchstiche.

Der Nachteil liegt in der geringen Lufthaltigkeit (**Bild 2**). Deswegen sind Latexschläuche für den Alltagsgebrauch wenig geeignet. Weiterhin sind Latexschläuche empfindlich gegen Öl, Tageslicht und Hitze.

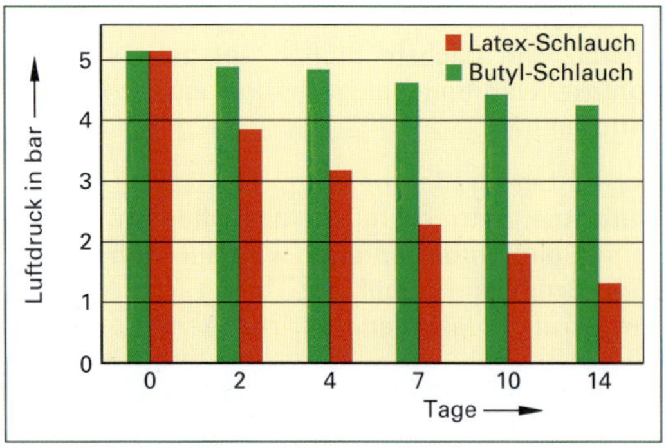

Bild 2: Vergleich der Lufthaltigkeit von Butyl- und Latexschläuchen

Der Luftverlust eines Schlauches ist unvermeidlich. Er entsteht durch das Eindringen und Diffundieren der Luftmoleküle in und durch das Schlauchmaterial. Um dies zu reduzieren, sollte der gewählte Stoff ein möglichst geringes freies Volumen (freier Platz zwischen den Molekülketten) aufweisen. Dieses kann durch einen höheren Vernetzungsgrad oder Füllstoffgehalt des Elastomers geschehen, was aber eine Verringerung der Elastizität und damit eine Erhöhung des Rollwiderstands bewirkt.

Aus Gründen der Produkthaftung muss die Schlauchgröße zu der Mantelgröße passen. Ein gewisser Toleranzbereich ist möglich, wenn ein Herstellergutachten vorliegt.

Beispiel Conti Tour 28 slim:
28/37 – 609/642. Reifenbreite von 28 mm bis 37 mm, Reifen-Innendurchmesser (= Felgen-Nenndurchmesser) von 609 mm bis 642 mm.

Montage. Schläuche haben einen etwas kleineren Querschnitt und Durchmesser als der Reifen. Sie können dadurch mit etwas Luft gefüllt eingebaut werden, ohne dass sie unter dem Wulst einklemmen. Beim anschließenden Aufpumpen auf den gewünschten Innendruck weiten sie sich und legen sich an die Karkasse. Dabei baut sich eine Spannung innerhalb des Schlauches auf.

Sollte ein Schlauch zu klein für einen Reifen sein, kann er allein durch seine innere Spannung reißen. Mit steigender Materialspannung verliert ein Schlauch seine Elastizität. Das bedeutet eine Erhöhung des Rollwiderstandes.

Aber auch die Spannung eines passenden Schlauchs sorgt im Fall eines Durchstechens oder Durchschlags dafür, dass sich das entstandene Loch sofort ausdehnt und die Luft entweicht. Der französische Hersteller Michelin hat sein Modell *Protek Max* mit „überschüssigem" Material in Form von Blasen ausgestattet (**Bild 3**). Dadurch wird der Aufbau der inneren Spannung vermieden und Perforationen können wieder geschlossen werden. Zusätzlich ist der Schlauch mit einer Pannenschutzflüssigkeit ausgestattet. Sein viereckiger Querschnitt soll die Montage vereinfachen.

Bild 3: Michelin Protek Max

Schlauchreparatur. Obwohl für die Reparatur von Fahrradschläuchen auch der Begriff des Vulkanisierens verwendet wird, handelt es sich bei der Verbindung von Flicken und Schlauch um einen Klebevorgang mit einem Kontaktklebstoff. Das Lösemittel muss dabei so lange ablüften, bis sich der Klebefilm trocken anfühlt, das heißt, bei der Fingerprobe keine Fäden mehr zieht und nur noch eine geringe Soforthaftung aufweist. Dies dauert meist zwischen 5 und 15 Minuten.

Nach dem Zusammenfügen der Klebflächen ist eine Korrektur nicht mehr möglich. Um eine gute Verklebung zu erzielen, ist es nötig, die Klebeflächen kurz unter möglichst hohem Druck zusammenzupressen. Optimal ist hierfür eine Rolle, mit der ein hoher Liniendruck erzielt werden kann. Die Klebung ist sofort nach dem Fügen belastbar.

Bei neueren Klebstoffen entfällt das Ablüften und der Flicken kann sofort aufgebracht werden.

Neben den klassischen Butylflicken gibt es selbstklebende Schlauchflicken aus thermoplastischem Polyurethan (TPU). Das Material besitzt eine hohe Verschleißfestigkeit und eine gute Witterungsbeständigkeit und ist für Schläuche aus Naturkautschuk, Butyl und Polyurethan geeignet.

Pannenschutzflüssigkeiten werden bei der Montage von Tubeless-Reifen vorsorglich in den Schlauch oder Reifen gefüllt, eignen sich aber auch als Reparaturmittel. Sie bestehen aus einer Emulsion mit Latexpartikeln oder Mikrofasern.

Bei einem Pannenspray wird eine Flüssigkeit oder auch Schaum nach einer Panne in den Reifen oder den Schlauch eingefüllt. Das eingefüllte Material verklebt die undichte Stelle. Das Treibgas aus der Spraydose pumpt den Reifen auf. Pannensprays eignen sich für Schäden bis zu 3 mm Größe **(Bild 1)**.

Bild 1: Pannendichtmittel

Tritt eine Verletzung ein, schießt das Reifendichtmittel, getrieben durch den Luftdruck im Reifen, in die offene Stelle. Die Fasern oder Gummipartikel verhaken, vernetzen und verkeilen sich in der Gummiwunde. Beim Eindringen eines Gegenstandes in den Reifen wird der Gummi radial zum eindringenden Gegenstand vorgespannt. Wird der Gegenstand herausgezogen, bildet sich der vorgespannte Gummi in seine ursprüngliche Lage zurück. Bereits eingeflossenes Dichtmaterial wird in der Gummiwunde eingeklemmt. Durch das Walken des Reifens werden weitere Feststoffe in die Öffnung eingearbeitet, bis diese verschlossen ist.

Für Schlauchreifen, bei denen keine Demontage des Schlauchs möglich ist, sind Pannensprays oder Pannenschutzflüssigkeiten der einzige Weg, den Reifen weiter zu benutzen. Problematisch werden diese Mittel aber, wenn sie das Ventil verkleben oder zwischen Schlauch und Reifen geraten. Mit Pannenschutz gefüllte Schläuche können nicht mehr auf konventionelle Art geflickt werden.

Reifenreparatur. Reparaturen an Tube-Type-Reifen sind im Fahrradbereich selten. Gründe:

- Die Reparaturkosten sind oft höher als die Kosten eines neuen Reifens.
- Die Funktionssicherheit bei hohen Drücken und ein gleichmäßiger Rundlauf ist nicht gewährleistet.

Es aber möglich, einen Karkassenschaden durch einen Gewebeflicken von innen zu beheben. Bei Tubeless-Reifen bietet sich ein Verfahren an, dass bereits im Kraftfahrzeugbereich Anwendung findet. Dabei wird nach einer Stichverletzung der Karkasse erst das Loch mit einem Fräser aufgeweitet. Anschließend wird das Loch mithilfe einer Ahle durch eine mit Klebstoff versehenen Schnur verstopft (**Bild 2**).

Bild 2: Reifenreparaturset (Sahmurai Sword)

Montageempfehlungen. Bei einem fachgerecht montierten Reifen befindet sich die Reifenbeschriftung stets in Höhe des Ventils. Neben unterschiedlichen Werkzeugen gibt es Hilfsmittel, die die Montage von Reifen erleichtern.

8

Talkum (Magnesiumsilikathydrat). Wird der mit wenig Luft gefüllte Fahrradschlauch vor der Montage mit Talkumpulver benetzt, kann dieser leichter entlang der Innenwand des Reifens gleiten. Das Einklemmen und Beschädigen des Schlauchs beim Montieren des Reifens wird verhindert.

Diese Methode ist besonders bei schmalen Reifen zu empfehlen.

Seifenlauge. Seifenlauge in einer Sprühflasche, bestehend aus Wasser und Geschirrspülmittel oder Allzweckseife im Verhältnis 9:1, ist ein bewährtes und schnelles Hilfsmittel im Werkstattalltag.

Durch Besprühen des Felgenhorns und Reifenwulstes gleitet der Reifen bei der Demontage leicht über das Metallhorn. Wenn der Reifen mit Luft befüllt wird, hilft Seifenlauge dabei, dass der Reifenwulst in das Felgenhorn von Hakenprofilfelgen gleitet.

Reifenmontagepasten, -cremes und -wachse. Hierbei handelt es sich um Pasten, Gele oder Flüssigkeiten aus der Autoindustrie, die man mit einem Pinsel oder Schwamm auf den Reifenwulst aufträgt. Beim Befüllen mit Luft gleitet der Reifen in seine Endposition im Felgenhorn und läuft rund.

Seifenlauge und Reifenmontagepasten dürfen nicht bei hakenlosen Felgen und bei Stahlfelgen verwendet werden.

8.8.7 Fahrradventile

Das Fahrradventil soll die Luftstöße der Pumpe in den Schlauch hineinlassen, die zusammengepresste Luft aber nicht wieder herauslassen.

Es gibt drei Grundtypen von Fahrradventilen mit jeweils verschiedenen Baulängen. V-Felgen oder Hochprofilfelgen benötigen längere Ventile mit Baulängen bis 60 mm. Wichtig ist, dass das Ventil zur Felgenbohrung passt.

- Dunlop-Ventil
- Sclaverand-Ventil
- Schrader-Ventil
- Regina-Ventil

Dunlop-Ventil. Seit 1890 setzt die Firma Dunlop den Standard für Reifenventile. Der Ventileinsatz hat seitlich zwei Stege, die in die Nuten des Ventilstocks greifen. Sie verhindern ein Verdrehen des Einsatzes bei der Befestigung mit der Überwurfmutter. Die einfache Konstruktion mit einem Schlauch (Ventilschlauch) als Rückflusssperre lässt sich leicht instandsetzen (**Bild 1**).

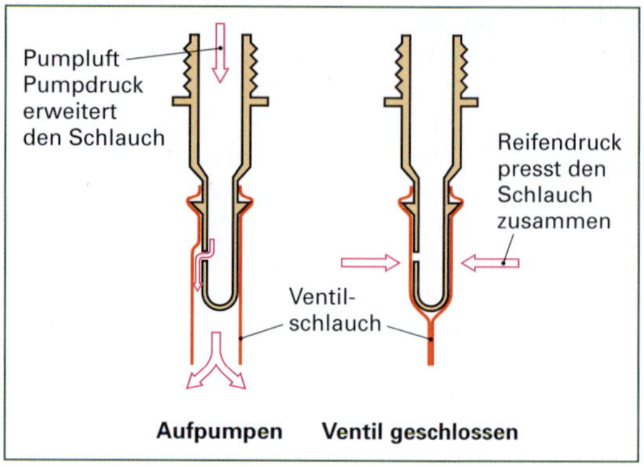

Bild 1: Prinzip Dunlop-Ventil mit Schlauch

Von Nachteil ist, dass das Aufpumpen gegen den Widerstand des Innendrucks und der Materialspannung des Ventilschlauchs geschehen muss.

Eine Weiterentwicklung ist das **Blitzventil** der Firma Alligaro. Ein Silikonstopfen (ursprünglich ein Einsatzkegel mit Dichtring) verschließt durch den Reifeninnendruck das Ventil. Die Entlüftung des Schlauchs erfolgt über den Ausbau des Ventileinsatzes. Der maximale Arbeitsdruck beträgt 6 bar, die Felgenbohrung beträgt 8,5 mm (**Bild 2**).

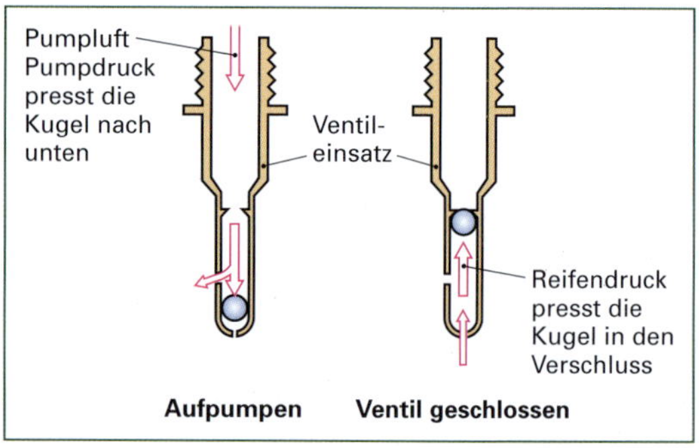

Bild 2: Prinzip Blitzventil

Da dieses Ventil nicht geöffnet werden kann, ohne Druckluft zuzuführen oder abzulassen, kann der Reifendruck nur beim Pumpen gemessen oder grob geschätzt werden. In Luftpumpen eingebaute Manometer zeigen den Druck an, während Luft in den Reifen gepumpt wird und dabei der Druck in der Pumpe und im Schlauch kurzzeitig gleich groß ist.

Die neueste Entwicklung ist ein Ventil der Firma Schwalbe, für das es ein eigenes Druckmessgerät gibt.

Alternativ für die Bezeichnung Dunlopventil (DV) werden die Begriffe Blitzventil, Woodsventil, Normalventil (NV), Fahrradventil, deutsches Ventil, englisches Ventil und Hollandventil verwendet.

Schrader-Ventil. August Schrader patentierte 1893 ein Ventil für Luftreifen, das sich zum Standard für Kraftfahrzeuge entwickelt hat.

Der Ventileinsatz sitzt bündig im Ventilstock. Es gibt eine kurze und eine lange Ausführung. Beiden gemeinsam ist der Verschluss über eine Feder. Er wird mit einem Zweikantsteckschlüssel der Größe 5/64" montiert und demontiert. Beim Aufstecken des Pumpenkopfes oder eines Manometers wird im Ventil ein Stößel heruntergedrückt, der es öffnet **(Bild 1)**.

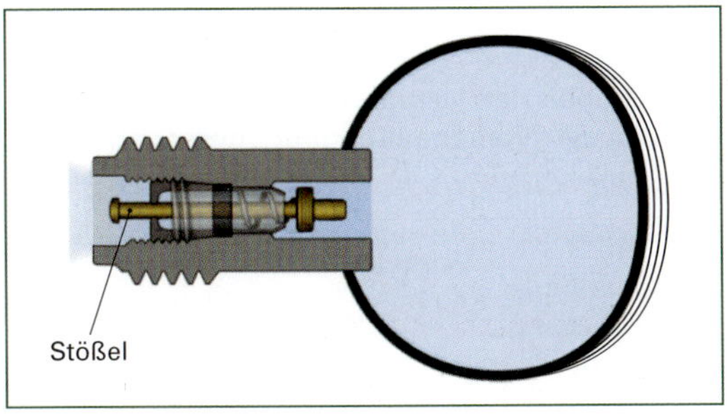

Bild 1: Prinzip Schrader-Ventil

Handpumpen für Schrader-Ventile benötigen ein Rückschlagventil im Pumpenkopf. Der maximale Arbeitsdruck beträgt 10 bar.

Alternative Bezeichnungen sind Autoventil (AV), Pkw-Ventil, Motorradventil und MTB-Ventil.

Sclaverand-Ventil. Der sperrende Ventilkegel im Innern wird durch eine Gewindestange mit Rändelmutter von außen auf den Ventilsitz gezogen. Zum Aufpumpen muss die Rändelmutter gelockert werden, damit der Gummikegel durch den Pumpenluftdruck geöffnet werden kann.

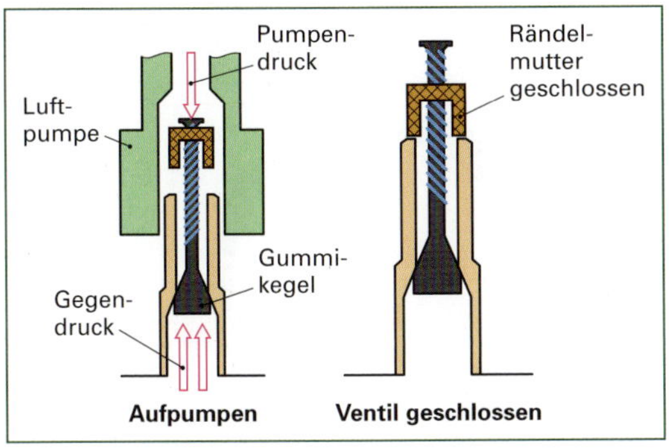

Bild 2: Prinzip Sclaverand-Ventil

Beim Pumpen wird nur der Gegendruck im Reifen überwunden, was das Pumpen leicht macht. Je höher der Innendruck, desto stärker wird der Kegelstumpf in seinen Sitz gepresst. Diese Eigenschaft macht das Ventil tauglich für einen hohen Reifendruck bis 15 bar. Nach der Befüllung muss die Rändelmutter wieder angezogen werden.

Sclaverandventile benötigen eine 6,2 mm Bohrung in der Felge und sind so für schmale Felgen geeignet. Sie sind mechanisch weniger robust als andere Ventile. Die Gewindestange kann bei ungeschicktem Auf- oder Absetzen der Pumpe leicht verbiegen.

Alternative Bezeichnungen sind Französisches Ventil, Rennradventil, Schlauchreifenventil und Presta-Ventil.

Bei einem universellen **Ventileinsatz** für die gebräuchlichen drei Ventilstöcke ist ein Blitzventil mit einem Gewinde für Sclaverand-Ventile ausgestattet **(Bild 3)**. Auf Dunlop- und Schrader-Ventilstöcke wird es mit einer Überwurfmutter befestigt.

Bild 3: Universeller Ventileinsatz (Alligator)

Luftpumpen haben mittlerweile Pumpenköpfe mit Aufnahmen jeweils für Schrader- bzw. Dunlop- und Sclaverand-Ventile. Für kleinere Handpumpen bietet ein Hersteller umbaubare Pumpenköpfe an (**Bild 4**).

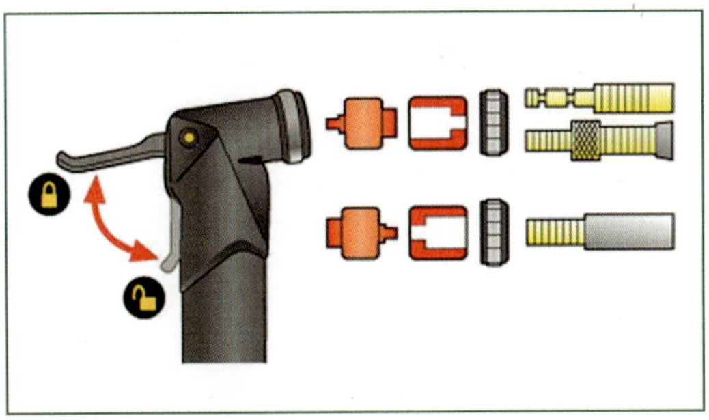

Bild 4: Umbau des Pumpenkopfes (Topeak)

Ventilabriss

- Das Ventil kann abreißen, wenn es unter Spannung einbaut wird (**Bild 1, Seite 364**).
- Eine andere Ursache ist der Einbau von Schläuchen mit Sclaverand-Ventil in Felgen mit größeren Ventillochbohrungen. Die scharfe Metallkante der Bohrung kann dann den Ventilschaft vom Schlauch abtrennen. Abhilfe: Distanzstücke verwenden oder in der Mitte eines Schlauchflickens ein ca. 6 mm großes Loch schneiden und über den Ventilschaft stülpen.

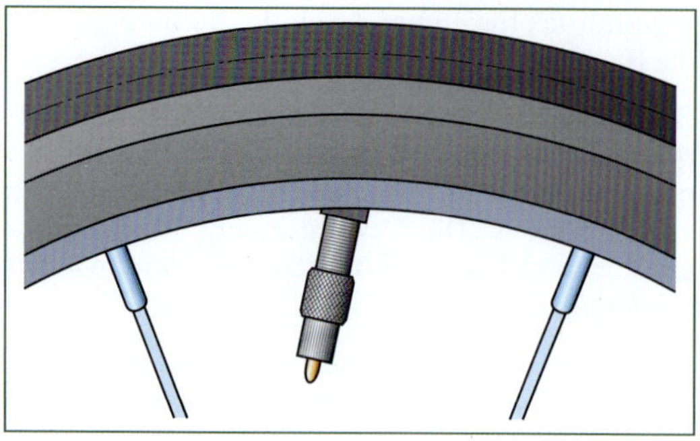

Bild 1: Ventil unter Spannung eingebaut

- Vorsicht: Es gibt Felgen, die auf der Außenseite die für Sclaverand-Ventile korrekte Bohrung von 6,5 mm haben, aber auf der Innenseite eine größere Bohrung. Hier kann es leicht zum Ventilabriss kommen.
- Die Felgenmutter sollte man nur leicht von Hand anziehen. Die Felgenmutter dient nur dazu, das Ventil beim Pumpen zu arretieren.
- Häufig kommt es zu Ventilabrissen bei Mountainbikes. Durch die wirkungsvollen Bremsen und die geringen Reifendrücke rutschen die Reifen oft auf der Felge. Der Schlauch wandert mit und kann dabei das Ventil abreißen.
- Beim Bergabfahren mit einem schwerbeladenen Reiserad kann sich die Felge durch das Bremsen so stark erhitzen, dass sich das Ventil aus dem Gummi löst.

8.8.8 Größenbezeichnungen von Reifen

Reifengrößen werden nach drei verschiedenen Normen angegeben. Im Alltag gebräuchlich ist die Bezeichnung in Zoll. Weniger bekannt ist das französische Maß. Technisch eindeutiger ist die Größenangabe nach der Vorgabe der ETRTO (European Tire and Rim Technical Organization).

Die ersten Luftreifen wurden in Großbritannien gefertigt (daher werden Reifengrößen üblicherweise in Zoll angegeben). Das entscheidende Maß für Konstrukteure und Mechaniker war der Außendurchmesser des Reifens, da die ersten Fahrradbremsen als Stempelbremsen von oben auf den Reifen wirkten. Falsche Reifengrößen konnten hier zu gefährlichen Fahrsituationen führen. Daneben sind die Höhe und die Breite des Reifens als echter Bruch oder als Dezimalzahl angegeben.

Beispiel einer Zollbezeichnung: 28 x $1^5/_8$ x $1^3/_8$

Der (ungefähre) Außendurchmesser beträgt 28 Zoll, die Reifenhöhe $1^5/_8$ Zoll und die Reifenbreite $1^3/_8$ Zoll.

Zur selben Zeit wurde auch das französische Maß eingeführt, das den Außendurchmesser des Reifens und seine Breite in mm angibt. Zusätzlich wird über einen Buchstabencode auf den Felgennenndurchmesser hingewiesen.

Beispiel einer französischen Bezeichnung:

700 x 35C. Der ungefähre Außendurchmesser beträgt 700 mm bei einer Reifenbreite von 35 mm. Der Buchstabe C weist auf einen Felgen-Nenndurchmesser von 622 mm hin.

Die Buchstaben A, B und C der französischen Norm geben den Nenndurchmesser in Abhängigkeit von dem Reifenaußendurchmesser an.

Beispiele:

Reifenaußendurchmesser [mm]	Felgennenndurchmesser [mm] Kennbuchstabe		
	A	B	C
700	642	635	622
650	590	684	571

Für die Verwendung im Handel und im Service ist die Bemaßung nach ETRTO eindeutiger. Bei ihr werden die Reifenbreite und der Nenndurchmesser angegeben.

Beispiel ETRTO-Größenbezeichnung:

37 – 622. Die Reifenbreite beträgt 37 mm, der Reifeninnendurchmesser 622 mm (**Bild 2**). Die Reifenbreite wird im aufgepumpten Zustand gemessen.

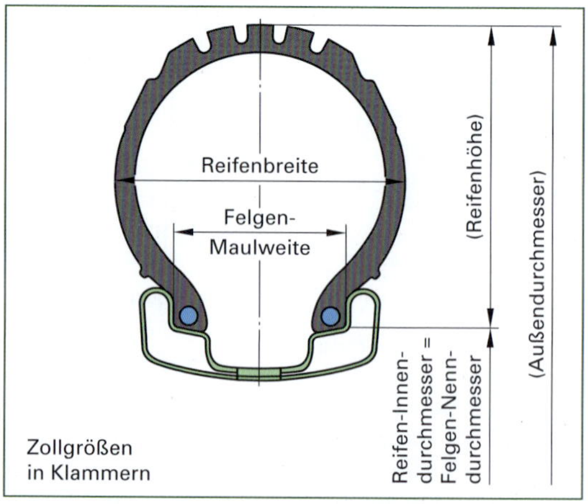

Bild 2: Reifenmaße nach ETRTO und Zoll

Reifen und Felgen mit einem identischen Nenndurchmesser sollten immer zueinander passen. Der Mechaniker muss beurteilen, ob Rahmen, Bremse und Radschützer dem Reifen genügend Durchlauf lassen.

Drei unterschiedliche Größenangaben führen häufig zu Missverständnissen:

- 28 Zoll-Reifen (28" = 711 mm) waren üblicherweise 1,75" breit und hoch. Der Felgennenndurchmesser beträgt daher 622 mm. Dieser Nenndurchmesser hat sich als Standard für die meisten Fahrräder für erwachsene Personen etabliert.
- 28 Zoll-Reifen mit 1,5" Breite benötigen hingegen einen Felgennenndurchmesser von 635 mm. Heute ist dieses Maß für Hollandräder üblich.
- 27 Zoll-Reifen wurden als schmale Rennradbereifung mit einer Breite von ca. 1" hergestellt. Um einen Außendurchmesser von 27" (= 686 mm) zu erreichen, bekam die Felge einen Nenndurchmesser von 630 mm.
- Mit der steigenden Verbreitung der Felgenbremse wurde die Position der Felgenbremsflanke die kritische Größe bei der Auswahl des passenden Rades. Damit konnten die montierten Reifen in ihrer Größe und Ausführung stärker variieren. Dies führte dazu, dass für das Maß von 28" (= 711 mm) Reifen angeboten werden, die einen tatsächlichen Außendurchmesser von 25.9" (= 658 mm) bei 18 mm Reifenhöhe bis 29.2" (= 742 mm) bei 60 mm Reifenhöhe aufweisen.

Aufgrund dieser Gestaltungsfreiheit entwickelten sich viele Reifengrößen und Größenbezeichnungen, die durch den Einsatz der Scheibenbremse an Moutainbikes noch erweitert wurden. Neben der klassischen 26"-Größe haben sich weitere Radgrößen entwickelt:

- Die 29"-Räder (engl. Twentyniner) mit einer Bereifung von 50 bis 75 mm Breite sind auf Felgen mit 622 mm Nenndurchmesser montiert.
- Die 27,5"-Räder sind auf Felgen mit einem Nenndurchmesser von 584 mm montiert. Da diese Größe der französischen Norm 650B entspricht, werden 27,5" und 650B synonym verwendet.
- 26-Plus und 27,5-Plus bezeichnen Reifen mit 559 mm bzw. 584 mm Nenndurchmesser und einer Breite von 65 mm bis 80 mm (2.4" bis 3.25").

„Fat tires" sind Fahrradreifen mit extrem großen Breiten von 90 mm bis 120 mm (3.5" bis 4.8"). Diese werden auf Felgen der Größe 559 mm (26") montiert (**Bild 1**).

Bild 1: MTB mit Bereifung fat tire

Die richtige Kombination von Reifen und Felge ist Voraussetzung für ein sicheres Fahren. Auch wenn der Reifeninnendurchmesser mit dem Felgen-Nenndurchmesser übereinstimmt, stellt ein breiter Reifen auf einer schmalen Felge ein Sicherheitsrisiko dar **(siehe Produkthaftung Seite 467)**.

Ein Reifen passt dann auf eine bestimmte Felge, wenn zwei Voraussetzungen erfüllt sind:

- Die Angabe der Durchmesser in den ETRTO Bezeichnungen von Reifen und Felge stimmen überein.
- Die Reifenbreite (das ist das erste Maß in der Reifenbezeichnung) ist ca. 1,5- bis 2 mal so groß wie die Maulweite der Felge (das ist das zweite Maß in der Felgenbezeichnung)[1].

Beispiel: Für einen Reifen der Größe 37-622 sollten Felgen mit Maulweiten von 19 mm bis 24 mm verwendet werden.

Info

Radumfang: Der Radumfang hängt von der Felgengröße, dem Luftdruck und der Gewichtsbelastung ab. Zur Programmierung des Fahrradcomputers ist die Eingabe des Radumfanges erforderlich.

Der Radumfang kann durch Berechnung aus dem ermittelten Außendurchmesser oder noch genauer durch einen einfachen Abrollversuch mit dem Fahrer im Sattel bestimmt werden. Berechnung:

Beispiel: Reifen 47 – 559.

(Reifen-Innendurchmesser 559 mm + 2 x Reifenbreite 47 mm) x 3,14 = 2050 mm

[1] Gemessen wird die Reifenbreite an der breitesten Stelle.

8.8.9 Reifendruck[1]

Ein ausreichender Reifendruck ist erforderlich, um das System Fahrrad/Fahrer/Gepäck zu tragen. Je höher der Reifendruck, umso geringer ist der Rollwiderstand des Reifens. Auch die Pannenanfälligkeit ist bei hohem Druck geringer.

Ein dauerhaft zu geringer Reifendruck führt häufig zum vorzeitigen Verschleiß des Reifens. Rissbildung an der Seitenwand **(Bild 1)** und Abrieb an der Lauffläche sind die Folge. Andererseits kann ein Reifen bei geringem Luftdruck die Fahrbahnstöße besser schlucken (abfedern).

Bild 1: Risse in der Seitenwand durch Fahren mit zu geringem Luftdruck

Breite Reifen werden allgemein mit einem geringeren Luftdruck betrieben. Sie nutzen die Vorteile des geringen Luftdrucks, ohne dass dadurch Nachteile bei Rollwiderstand, Pannenschutz und Verschleiß entstehen.

Der Reifendruck sollte alle zwei Wochen geprüft und korrigiert werden. Fahrradreifen verlieren schneller an Druck als Autoreifen. Im Gegensatz zu Autoreifen sind die Drücke beim Fahrradreifen wesentlich höher und die Wandstärken deutlich geringer.

Bei Verwendung von Latex-Schläuchen sollte man vor jeder Fahrt den Reifendruck kontrollieren und einstellen.

Sinnvoll ist die Benutzung eines Manometers zur Druckmessung, denn die weit verbreitete „Daumenprobe" ist nicht zuverlässig (**Bild 2**). Ab 2 bar fühlen sich alle Reifen relativ stramm an.

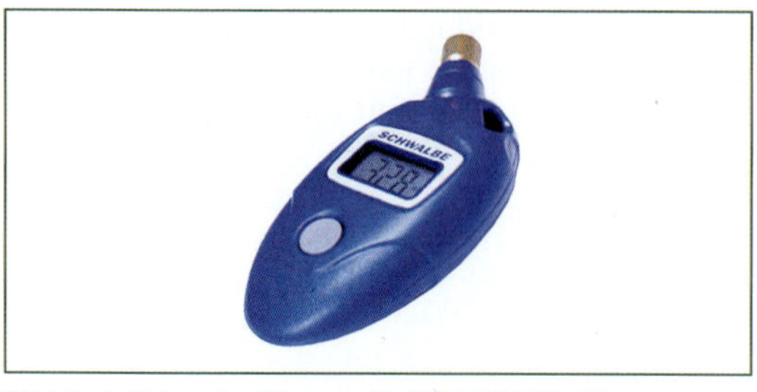

Bild 2: Luftdruckprüfung mit AIRMAX-PRO-Manometer

Der „richtige" Luftdruck hängt maßgeblich von der Gewichtsbelastung auf dem Reifen und vom Einsatzzweck ab.

- Beim MTB stehen eher Traktion und Stabilität im Vordergrund. Der Druck bewegt sich hier zwischen 2,5 bar und 4 bar, bei Schlauchlosreifen zwischen 1,8 bar bis 2,5 bar.
- Beim Touren- und Trekkingrad legt man mehr Wert auf niedrigen Rollwiderstand und Pannensicherheit. Hier liegen die Drücke zwischen 3,6 bar und 6 bar.
- Rennräder, egal ob mit Draht- oder Schlauchreifen, werden auf der Straße mit 7 bar bis 9 bar gefahren, beim Bahnrad bis 13 bar, bei Rekordfahrten auch darüber.

Ab einem Druck von etwa 14 bar verliert der Reifen wesentliche Eigenschaften der Abfederung und Kraftumlenkung; sein Rollwiderstand steigt an – er gilt als „totgepumpt"[2].

8.8.10 Rolleigenschaften von Reifen

Die Rolleigenschaften werden hauptsächlich beeinflusst durch Reifenaufbau, Reifenprofil, Reifendruck, Reifendurchmesser und Reifenbreite.

Der Reifenaufbau verbessert die Rolleigenschaften durch:

- Dünne, dicht gelegte Karkassenfäden
- Hochelastisches Fadenmaterial
- Lage der Karkassenfäden in möglichst spitzem Fahrtrichtungswinkel
- Gürtelwirkung durch 0/90-Grad Pannenschutzgewebe
- Dünne Gummiauflage an Reifenflanken (Skinwall) und Protektor
- Flexible und elastische Karkasse und Gummimischung (geringere Energieverluste durch Verformung)
- Dünne und elastische Schläuche (Latex)
- Feine Profile rollen leichter als grobe

Der **Rollwiderstand** setzt sich aus drei Anteilen zusammen **(siehe Bild 1, Seite 511)**:

- Walkwiderstand
- Abrollwiderstand
- Fahrbahnwiderstand

Walkwiderstand: Beim Abrollen plattet sich ein Reifen auf der Fahrbahn ab. Die Verformung baut sich ständig im Bereich der Fahrbahn auf und wieder ab – stellt also eine dauernde Walkarbeit dar.

[1] Text und Empfehlungen teilweise von der Fa. Schwalbe.

[2] Im Tabellenbuch Fahrradtechnik sind empfohlene Luftdruckwerte in Abhängigkeit von der Reifenbreite angegeben.

Die Reibungsverluste sind um so höher, je mehr sich der Reifen dabei abplattet (z. B. durch zu geringen Reifendruck) und um so dicker und unelastischer die Gummiauflagen und die Karkassenfäden der Reifen ausfallen.

Je höher der Reifendruck, desto geringer die Verformung und damit der Anteil am Rollwiderstand.

Abrollwiderstand. Bei gleichem Luftdruck hat der breite und der schmale Reifen eine gleich große ebene Aufstandsfläche (Latsch). Während sich der breite Reifen eher in die Breite drückt (**Bild 1 a**), hat der dünnere Reifen eine schmalere, aber längere Aufstandsfläche (**b**).

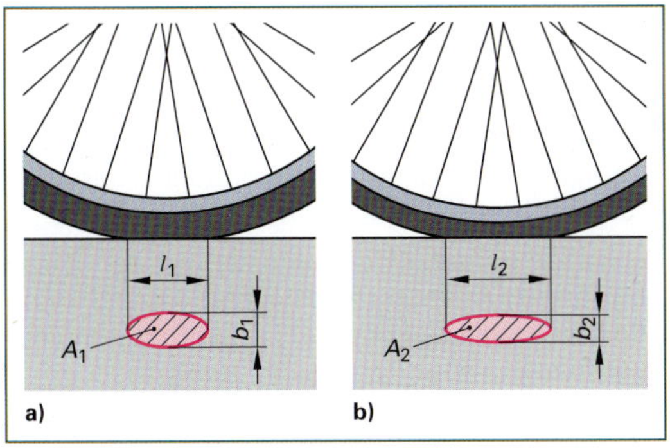

Bild 1: Vergleich von Aufstandsflächen
a) breiter Reifen b) schmaler Reifen

Rollt der Reifen, wird der Latsch abrupt abgebremst. Anschließend wird der Latsch beschleunigt und das Rad um die Absinktiefe der Reifenverformung angehoben. Beide Effekte führen zu unterschiedlichen (Trägheits-)Kräften vor und hinter der Radmitte. Die Resultierende aus beiden Kräften liegt um den Betrag *e* vor der Radmitte – es ist der Hebelarm der rollenden Reibung (**Bild 2**).

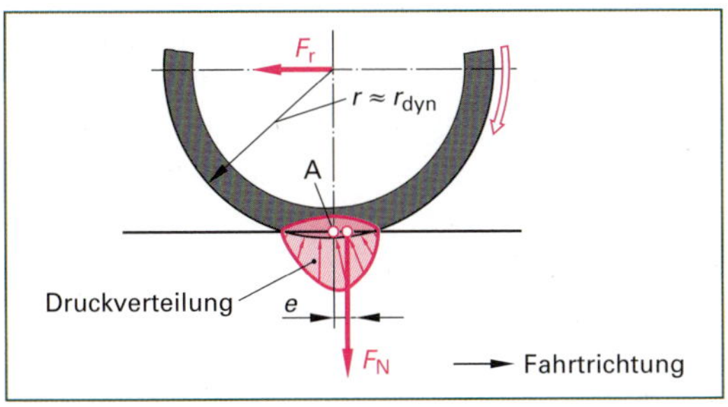

Bild 2: Herleitung Abrollwiderstand

Das abbremsende Moment M_b ergibt sich aus dem Hebelarm *e* und der Kraft *F* (*F* ist der Betrag der Radlast oder der Normalkraft F_N, die aufgrund der Absenkung angehoben werden muss):

$$M_b = F_N \cdot e$$

Für normale Fahrradreifen und 4 bar Reifendruck beträgt der Hebelarm *e* (die „Vorverlegung" des Auflagepunktes) ca. 3 mm. Bei hochwertigen Rennradreifen und einem Reifendruck von 7 bar verringert sich *e* auf ca. 2 mm.

Genauere Untersuchungen zeigen, dass die Kraftverteilung vor und hinter der Radmitte von der Umfangsgeschwindigkeit des Rades (also der Fahrgeschwindigkeit) abhängt: $e \sim v$

Aus dem Gleichgewicht der Momente um den Auflagepunkt *A* bestimmt man den Abrollwiderstand F_r:

$$F_r \cdot r_{dyn} = F_N \cdot e \quad \text{mit } r_{dyn} \approx \text{Radradius } r$$

$$F_r = F_N \cdot \frac{e}{r}$$

Der Faktor *e*/*r* wird in der Literatur als Rollwiderstandsbeiwert c_R bezeichnet. Rollwiderstandsbeiwerte siehe Tabellenbuch Fahrradtechnik.

Beispiel: Rennrad, Radlast Vorderrad 400 N, Vorverschiebung des Auflagepunktes 2 mm, 28"-Reifen, 7 bar Reifendruck, $k_R = 0{,}005$

$$F_r = 400\ \text{N} \cdot \frac{2\ \text{mm}}{335\ \text{mm}} = 2{,}4\ \text{N}$$

info

Breite Reifen rollen leichter als schmale. Bei *gleichem Luftdruck* federt der schmale Reifen tiefer ein, der Abstand *e* der Reifenaufstandsfläche wird größer. Der schmalere Reifen muss deshalb mehr Materialverformung aufnehmen. Bereits bei einem Reifendruck von 2 bar rollt ein 60 mm breiter Reifen so leicht wie ein 37 mm-Reifen bei 4 bar **(Bild 3)**.

Fahrbahnwiderstand. Er entsteht durch den Kontakt mit kleinen Fahrbahnunebenheiten, die von dem elastischen Reifen umschlungen werden. Dadurch verbessert sich die Haftung, aber es entsteht ein zusätzlicher Anteil an Rollwiderstand.

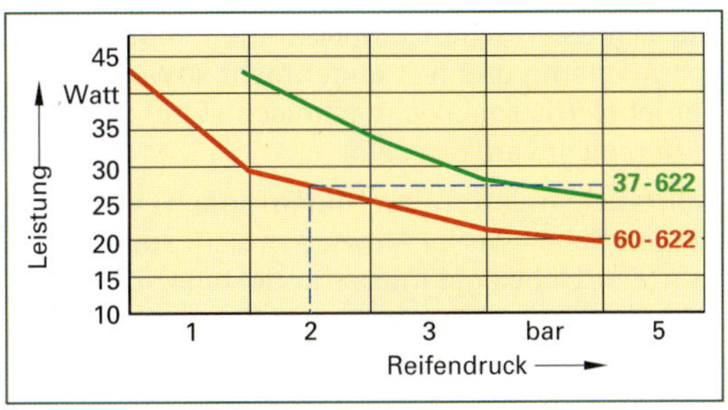

Bild 3: Vergleich von Rollwiderständen unterschiedlich breiter Reifen

9 Elektrische Ausrüstung

§ 67 der Straßenverkehrs-Zulassungs-Ordnung (StVZO) legt den gesetzliche Rahmen der lichttechnischen Einrichtungen am Fahrrad fest:

> Fahrräder müssen einen Dynamo (Neuregelung siehe unter 8.1), einen Scheinwerfer und ein Rücklicht als **aktive** Beleuchtung haben. Als **passive** Beleuchtungskomponenten sind Speichenstrahler, Pedalrückstrahler sowie Front- und Heckreflektoren vorgeschrieben.
>
> Alle vorgenannten Beleuchtungsteile müssen das deutsche Prüfzeichen tragen. Es ist erkennbar an einer Zulassungsnummer mit einer Wellenlinie, dem Großbuchstaben K und einer mehrstelligen Zahl, z. B. ~~~ K 11111.

In den einzelnen europäischen Ländern gelten unterschiedliche Beleuchtungsvorschriften.

9

9.1 Gesetzliche Grundlagen

Seit 1.8.2013 ist die neue Fassung der StVZO in Kraft. In § 67 Absatz 1 heißt es: „Fahrräder müssen für den Betrieb des Scheinwerfers und der Schlussleuchte mit einer Lichtmaschine, deren Nennleistung mindestens 3 Watt (3 W) und deren Nennspannung 6 Volt (6 V) beträgt **oder** mit einer Batterie mit einer Nennspannung von 6 V (Batteriedauerbeleuchtung) **oder** einem wiederaufladbaren Energiespeicher als Energiequelle ausgerüstet sein.

Abweichend von Absatz 9 müssen Scheinwerfer und Schlussleuchte *nicht* zusammen einschaltbar sein. Deshalb kann die elektrische Leitung zwischen beiden Leuchten entfallen.

An Fahrrädern dürfen nur die vorgeschriebenen und die für zulässig erklärten lichttechnischen Einrichtungen angebracht sein. Als lichttechnische Einrichtungen gelten auch Leuchtstoffe und rückstrahlende Mittel.

Die lichttechnischen Einrichtungen müssen vorschriftsmäßig und fest angebracht sowie ständig betriebsfertig sein. Lichttechnische Einrichtungen dürfen nicht verdeckt sein.

Fahrräder müssen mit einem nach vorn wirkenden Scheinwerfer für weißes Licht ausgerüstet sein. Der Lichtkegel muss mindestens so geneigt sein, dass seine Mitte in 5 m Entfernung vor dem Scheinwerfer nur halb so hoch liegt wie bei seinem Austritt aus dem Scheinwerfer. Der Scheinwerfer muss am Fahrrad so angebracht sein, dass er sich nicht unbeabsichtigt verstellen kann.

Fahrräder müssen mit mindestens einem nach vorn wirkenden weißen Rückstrahler ausgerüstet sein.

Fahrräder müssen an der Rückseite aufweisen:

- Eine Schlussleuchte für rotes Licht, deren niedrigster Punkt der leuchtenden Fläche sich nicht weniger als 250 mm über der Fahrbahn befindet.
- Mindestens ein roter Rückstrahler, dessen höchster Punkt der leuchtenden Fläche sich nicht höher als 600 mm über der Fahrbahn befindet.
- Ein mit dem Buchstaben „Z" gekennzeichneten roten Großflächenrückstrahler. Die Schlussleuchte sowie einer der Rückstrahler dürfen in einem Gerät vereinigt sein.

Fahrradanhänger sind mit einer an der linken Seite angebrachten Schlussleuchte (auch Batterie oder Akku zulässig) und zwei roten Rückstrahlern auszurüsten.

An den Längsseiten sind entweder zwei gelbe Speichenrückstrahler oder ringförmig zusammenhängende retroreflektierende weiße Streifen an Reifen oder Räder anzubringen.

Nach vorn wirkend muss ein mehr als 60 cm breiter Anhänger mit zwei weißen Rückstrahlern ausgerüstet sein. Ist der Anhänger breiter als 80 cm, benötigt er eine weiße Leuchte (auch Batterie oder Akku zulässig) an der linken Seite.

Fahrräder dürfen an der Rückseite mit einer zusätzlichen, auch im Stand wirkenden Schlussleuchte für rotes Licht ausgerüstet sein. Diese Schlussleuchte muss unabhängig von den übrigen Beleuchtungseinrichtungen einschaltbar sein.

Fahrradpedale müssen mit nach vorn und nach hinten wirkenden gelben Rückstrahlern ausgerüstet sein. Nach der Seite wirkende gelbe Rückstrahler an den Pedalen sind zulässig.

Die Fahrrad-Längsseiten müssen nach jeder Seite mit

- mindestens zwei um 180° versetzt angebrachten, nach der Seite wirkenden gelben Speichenrückstrahlern an den Speichen des Vorderrades und des Hinterrades oder
- mit ringförmig zusammenhängenden retroreflektierenden (zur Lichtquelle zurückreflektierenden) weißen Streifen an den Reifen oder in den Speichen des Vorderrades und des Hinterrades kenntlich gemacht sein.

Zusätzlich zu der Mindestausrüstung mit einer der genannten Absicherungsarten dürfen Sicherungsmittel aus der anderen Absicherungsart angebracht sein.

Werden mehr als zwei Speichenrückstrahler an einem Rad angebracht, so sind sie am Radumfang gleichmäßig zu verteilen. Zusätzliche nach der Seite wirkende gelbe rückstrahlende Mittel sind zulässig.

Eine Schaltung, die selbsttätig bei geringer Geschwindigkeit von Lichtmaschinenbetrieb auf Batteriebetrieb umschaltet (Standbeleuchtung), ist zulässig; in diesem Fall darf auch die Schlussleuchte allein leuchten.

In den Scheinwerfern und Leuchten dürfen nur die nach Ihrer Bauart dafür bestimmten Glühlampen verwendet werden.

Für Rennräder, deren Gewicht nicht mehr als 11 kg beträgt, gelten Ausnahmeregelungen:

- Der Scheinwerfer und die vorgeschriebene Schlussleuchte brauchen nicht fest am Fahrrad angebracht sein; sie sind jedoch vorschriftsmäßig am Fahrrad anzubringen und zu benutzen.
- Scheinwerfer und Schlussleuchte brauchen nicht zusammen einschaltbar sein.

Durch die Ablehnung der langjährig vorbereiteten Fahrrad-Ausrüstungsverordnung ist diese Ausnahmeregelung für Rennräder nicht auf Mountainbikes erweitert worden. Auch bei einem Gewicht von unter 13 kg gilt für MTBs weiterhin die uneingeschränkte StVZO.

Die StVZO beschränkt die Nennleistung von Lichtmaschinen auf 3 W. Der Wirkungsgrad muss gemäß TA 24 bei einer Geschwindigkeit von 15 km/h mindestens 30 % betragen.

Für batterie- oder akkubetriebene Anlagen ist kein bestimmter Leistungswert (Wattzahl) festgelegt.

Die Spannung der Fahrradlichtmaschine sollte bei zunehmender Geschwindigkeit schnell auf den Nennwert von 6 V ansteigen. Die Spannung muss bei einer Geschwindigkeit von 5 km/h mindestens 3,0 V, bei 15 km/h mindestens 5,7 V und darf bei 30 km/h höchstens 7,5 V betragen **(Bild 1)**.

Auch Lichtanlagen mit einer Spannung von 12 Volt dürfen verwendet werden. Die Herstellerfirmen können Gutachten erstellen lassen, um für eine 12-V-Beleuchtungsanlage im Rahmen einer Ausnahmegenehmigung das erforderliche deutsche Prüfzeichen zu erhalten.

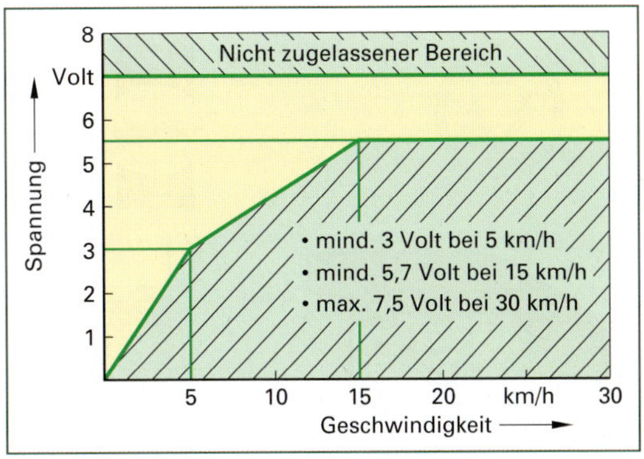

Bild 1: Spannung und Geschwindigkeit von Fahrrad-Lichtmaschinen

Die Scheinwerfer-Glühlampe muss bei 12 V- Anlagen für 5 Watt ausgelegt sein, die Schlussleuchte für 1,2 Watt.

9.2 Lichtmaschine

Die Fahrradlichtmaschine (im Folgenden auch als Dynamo bezeichnet) ist ein Generator, der aus mechanischer Arbeit elektrische Energie erzeugt und diese zum Betrieb der Lichtanlage zur Verfügung stellt.

9.2.1 Spannungserzeugung durch Induktion

Befindet sich eine Leiterschleife in einem Magnetfeld, wirkt auf sie ein magnetischer Fluss. Dieser wird zur Veranschaulichung meist durch Feldlinien dargestellt. Ändert sich der magnetische Fluss dadurch, dass sich die Leiterschleife oder das Magnetfeld bewegt (dreht), wird in der Leiterschleife eine Wechselspannung induziert **(Bild 1, Seite 370)**.

Die Höhe dieser induzierten Spannung ist abhängig von:

- Der Änderungsgeschwindigkeit des magnetischen Flusses
- Der Windungszahl der Leiterschleifen
- Der Stärke des Magnetfeldes

Schließt man an den beiden Enden der Leiterschleife einen Verbraucher an, fließt ein Induktionsstrom. Nach der Lenzschen Regel ist der Induktionsstrom in jedem Augenblick so gerichtet, dass sein eigenes Magnetfeld die Drehbewegung hemmt. Um das Fließen des Stromes aufrecht zu halten, muss dauernd mechanische Arbeit aufgewendet werden.

Bei einer Umdrehung der Leiterschleife hat die Induktionsspannung zweimal ihren Höchstwert (den Scheitelwert) und zweimal ist die Spannung Null. Den mittleren Spannungswert bezeichnet man als „Effektivspannung" **(Bild 1, Seite 370)**.

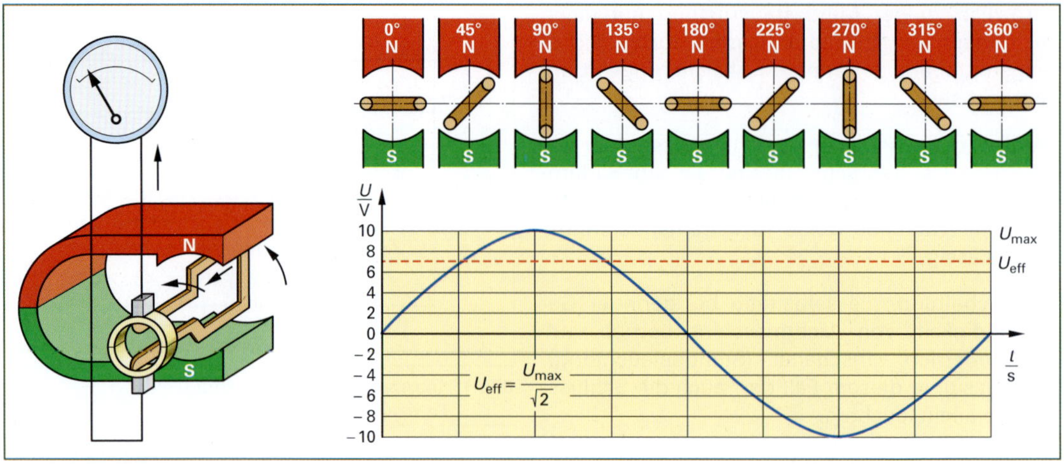

Bild 1: Spannungserzeugung durch Induktion

9.2.2 Generatorbauarten

Der Dynamo ist ein Generator, der oberhalb seiner Nenndrehzahl einen näherungsweise konstanten Wechselstrom abgibt.

Prinzipiell ist die Spannungserzeugung durch Induktion bei allen Bauarten der Fahrraddynamos identisch.

Generatoren (Dynamos) an Fahrrädern lassen sich nach ihrer Antriebsart und Getriebeart einteilen. Nach der Antriebsart unterscheidet man **(Bild 2)**:

- Reibradantrieb
  - Seitendynamo (Reifenläufer, Felgenläufer)
  - Walzendynamo

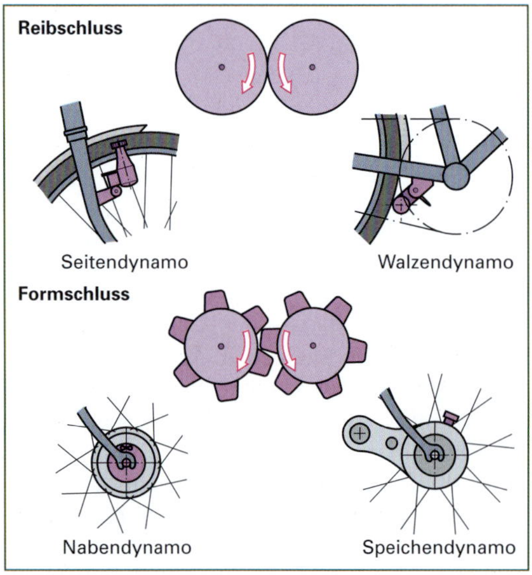

Bild 2: Antriebsarten des Dynamos

- Mitnehmerantrieb (Speichendynamo)
- Direktantrieb (Nabendynamo)

Nach der Getriebeart unterscheidet man:

- Reibradgetriebe
- Zahnriemengetriebe (zweistufig)
- Planetengetriebe (dreistufig)
- Getriebelos

Reibschlussantrieb

Bei den Reibschlussbauarten rollen zwei Flächen aufeinander ab. Der Dynamo wird durch Federkraft an den Reifen gepresst und die Dynamo-Laufrolle durch Haftreibung vom Reifen angetrieben.

Hinzu kommt noch ein geringer Formschlusseffekt, da die Laufrolle gerillt ist und sich mit der Profilierung der Reifenseitenwand „verzahnt".

Der Reibschluss ist stark abhängig von Umwelteinflüssen, wie Regen, Schnee oder Schmutz. Der notwendige Anpressdruck der Reibrolle führt zu hohen Reibungskräften in den Gleitlagern und zu Walkarbeit am Reifen und verursacht einen beträchtlichen Verlust an mechanischer Energie.

Die Drehzahl von Dynamos, die über den Reibschluss angetrieben werden, ist *unabhängig* vom Laufraddurchmesser und hängt nur von der Fahrgeschwindigkeit ab **(siehe Rechenbeispiel S. 506)**.

Wenn zwei Fahrräder mit zwei unterschiedlich großen Laufrädern mit gleicher Geschwindigkeit fahren, muss auch die Umfangsgeschwindigkeit der Laufräder gleich groß sein.

Seitendynamos können deshalb (unter Beachtung der gesetzlichen Bestimmungen) mit Laufrädern unterschiedlicher Durchmesser kombiniert werden.

Seitendynamo (Seitenläufer)

Heutige Fahrraddynamos sind *Innenpolgeneratoren*: Der von einer Reibrolle angetriebene Magnetrotor rotiert im Innern der ruhenden Induktionsspule (**Bild 1** und **Bild 2**).

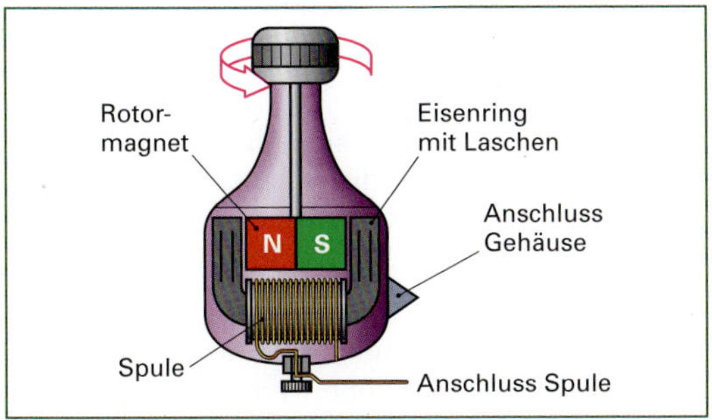

Bild 1: Prinzip Seitenläufer-Dynamo

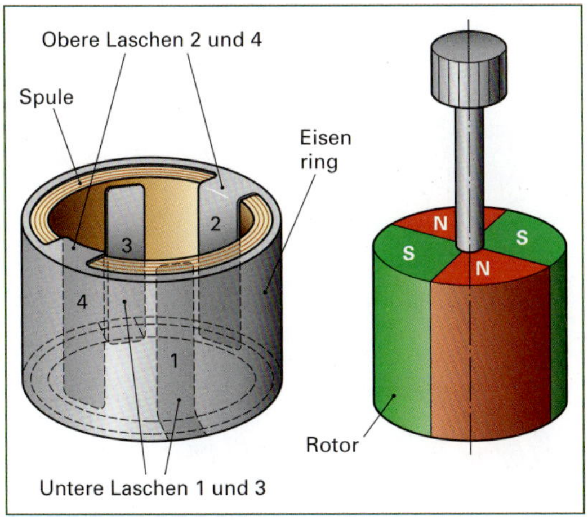

Bild 2: Gehäuse und Magnetrotor des Seitenläufers

Am Eisenring sind vier Eisenlaschen (Polschuhe, Klauen) angebracht: Die Laschen 1 und 3 sind mit dem unteren Rand verbunden, die Laschen 2 und 4 mit dem oberen Rand. Die Spule befindet sich zwischen den Laschen und dem Eisenring.

- Wenn die beiden Nordpole des Magnetrotors bei den Laschen 1 und 3 sind, befinden sich die beiden Südpole bei den Laschen 2 und 4.
- Durch magnetische Influenz werden die Laschen 1 und 3 zu Südpolen und die Laschen 2 und 4 zu Nordpolen.
- Der Eisenring mit den vier Laschen wirkt wie ein zylindrischer U-Magnet. Die Laschen 1 und 3 bilden den Südpol und ragen von unten ins Spuleninnere. Die Nordpole in Form der Laschen 2 und 4 ragen von oben ins Spuleninnere. Dadurch wirkt im Spuleninnern ein von außen nach innen (oder umgekehrt) gerichtetes Magnetfeld.
- Wird der Magnetrotor um einen Polschritt weiter gedreht, liegen seine Nordpole bei den Laschen 2 und 4 und seine Südpole bei den Laschen 1 und 3. Das Magnetfeld im Spuleninneren kehrt seine Richtung um.
- Durch diese Magnetfeldänderung in Richtung der Spulenachse wird zwischen den Spulenenden eine Spannung induziert. Ein Ende des Spulendrahts ist mit dem Dynamogehäuse verbunden, das andere Ende mit dem isolierten Anschluss am Boden des Dynamos.
- Am Gehäuse und am isolierten Spulenausgang wird die Wechselspannung abgegriffen **(Bild 3)**. Wird ein Verbraucher eingeschaltet, fließt der Induktionsstrom.

Die vier Polpaare sorgen dafür, dass sich bei jeder Umdrehung der Laufrolle vier Schwingungen ergeben. Dreht sich die Laufrolle 160 mal pro Sekunde, erzeugt der Dynamo eine Wechselspannung mit einer Frequenz von f = 4 x 160 = 640 Hz **(siehe Rechenbeispiel Seite 545)**.

info

Fast alle aktuellen Fahrraddynamos enthalten achtpolige Magnetrotoren. Moderne Fahrraddynamos haben bis zu 12 Polpaare (der besseren Übersichtlichkeit halber ist in **Bild 2** nur ein vierpoliger Dynamo dargestellt).

Handversuch 1: Man zeigt, dass der Dynamo Wechselstrom statt Gleichstrom erzeugt.

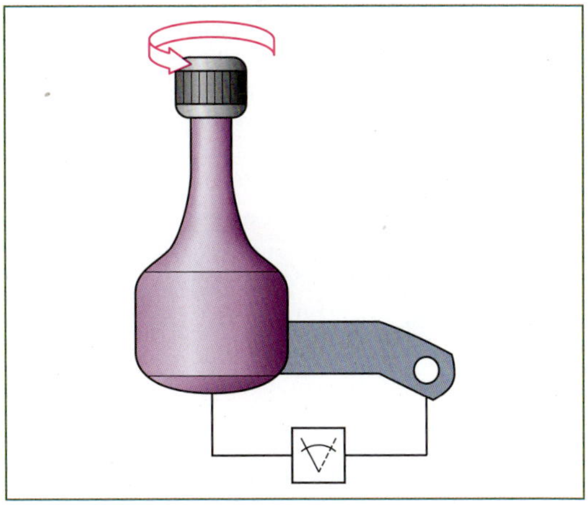

Bild 3: Handversuch: Dynamo erzeugt Wechselstrom

Man schließt einen analogen Spannungsmesser (Nullpunkt in Skalenmitte) zwischen Gehäuse und Rändelmutter an. Beim langsamen Drehen der Reibrolle schlägt der Zeiger periodisch abwechselnd nach beiden Seiten aus. Beim Vorliegen von Gleichspannung würde er stets nach derselben Seite ausschlagen.

Handversuch 2: Man bestimmt den elektrischen Widerstand der Generatorspule.

Zuerst wird der Stromdurchgang durch die Spule im Lampenstromkreis überprüft **(Bild 1a)**. Wenn die Glühlampe leuchtet, fließt ein elektrischer Strom durch die Spule.

Wird die Spule überbrückt (rot in Bild 1), leuchtet die Lampe etwas heller. Die Spule muss also einen elektrischen Widerstand besitzen.

Zur Messung von Stromstärke und Spannung siehe **Bild 1b**.

Messbeispiel:

$I = 0{,}041$ A $\quad U = 0{,}25$ V

$$R = \frac{U}{I} = \frac{0{,}25\ \text{V}}{0{,}041\ \text{A}} = 6{,}1\ \Omega$$

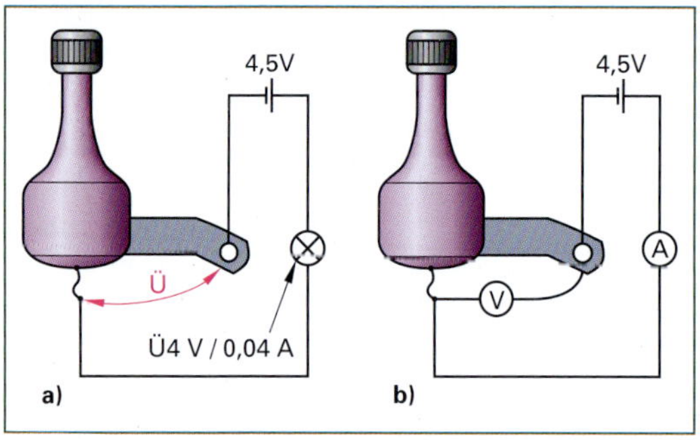

Bild 1: Handversuch zur Bestimmung des Spulenwiderstandes

Bei der früheren Dynamobauweise, dem Außenpolgenerator **(Bild 2)**, steigt die Spannung bei höheren Fahrgeschwindigkeiten weiter an. Folge: Die Glühlampen konnten frühzeitig durchbrennen.

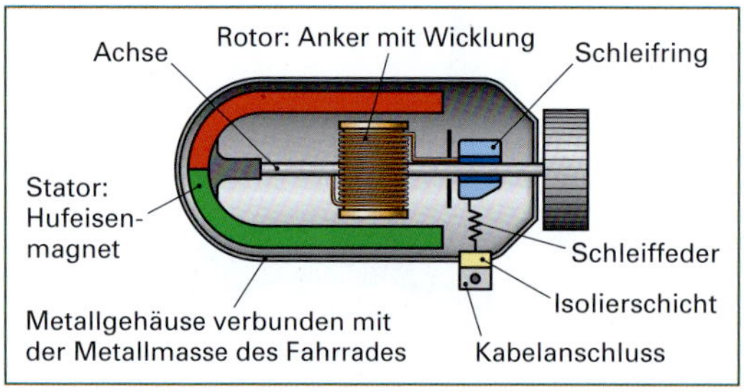

Bild 2: Frühere Dynamobauart: Außenpolgenerator

Beim Außenpolgenerator dreht sich eine Doppel-T-Ankerspule zwischen den Polen eines feststehenden Hufeisenmagneten. Das eine Ende der Ankerwicklung ist an einen isolierten Schleifring gelegt.

Der Stromfluss erfolgt über eine Schleiffeder, von dort zu den parallel geschalteten Verbrauchern und zurück über den Fahrradrahmen und der Achse zur Ankerwicklung.

Moderne Innenpol-Lichtmaschinen (auch als Klauenpolgenerator **(Bild 2, Seite 371)** bezeichnet) liefern automatisch einen Strom, der auch bei hohen Geschwindigkeiten einen Grenzwert von knapp 0,6 A nicht übersteigt, da es zu einer Schwächung des Magnetfeldes durch den erzeugten Strom kommt.

Montage

Qualitativ hochwertige Seitenläufer haben selbstreinigende Laufrollen, die reifenschonend laufen und leicht auszutauschen sind. Über ein Fixierungssystem lässt sich der optimale Anpressdruck einstellen.

Beim Seitenläufer vermindern Montagefehler den Wirkungsgrad der Kraftübertragung. Der Dynamo sollte so montiert werden, dass die Auflagefläche der Laufrolle möglichst groß ist **(Bild 3a)**.

Die gedachte Verlängerung der Dynamowelle sollte möglichst die Laufradachse schneiden **(3b)**.

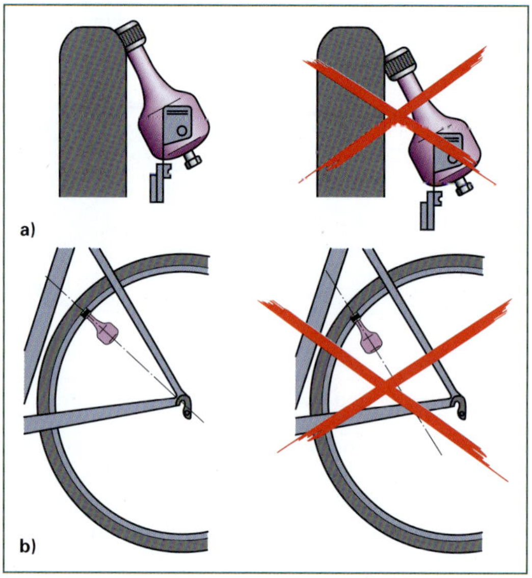

Bild 3: Richtige Montage und Montagefehler

Die beste Position des konventionellen Seitendynamos ist die Befestigung an der linken Hinterbau-Oberstrebe (Sattelstrebe), wobei er nach vorn zeigen soll. Bei kleineren Rädern besteht allerdings die Gefahr der Kollision mit dem Schuhabsatz des Fahrers.

Die Rotorachse eines Seitendynamos benötigt eine solide Lagerung[1], denn bei einer Geschwindigkeit von 25 km/h erreicht die Laufrolle (ø 3 cm) eine Drehzahl von mehr als 4500 1/min.

[1] Nur bei wenigen Modellen ist das obere Lager als Rillenkugellager ausgeführt.

Rollen- oder Walzendynamo

Ein **Rollendynamo** oder **Walzendynamo** läuft nicht an der Reifenflanke, sondern auf der Lauffläche des Reifens. Dazu ist er meist hinter dem Tretlager in der Nähe oder anstelle des Ständers montiert.

Im Gegensatz zu einem Seitenläufer läuft nicht ein am Dynamo befestigtes Rädchen auf dem Reifen, sondern der gesamte zylinderförmige Dynamo-Außenläufer rollt auf dem Reifen ab **(Bild 1)**. Dazu ist dieser an beiden Enden befestigt und außen mit einer Lauffläche versehen.

Bild 1: Walzendynamo (Basta)

Nachteilig bei Rollendynamos ist ihre Wetterabhängigkeit (z. B. bei Schnee), vergleichbar mit Seitendynamos.

Rollendynamos lassen sich je nach Bauart über einen Seilzug vom Sitzrohr aus einschalten.

Direktantrieb

Bei den Lichtmaschinen mit Getriebe greifen zwei miteinander passende geometrische Bauteile (z. B. zwei Zahnräder) ineinander. Somit wird ein zuverlässiger Antrieb bei allen Witterungsbedingungen gewährleistet.

Diese Bauarten haben eine festgelegte Übersetzung. Zur Einhaltung der gesetzlichen Vorschriften bezüglich der erzeugten Spannung bei entsprechender Geschwindigkeit muss die Leistung des Dynamos der Laufradgröße angepasst sein. Beipiel: Renak Nabendynamo mit schaltbarem Getriebe.

Nabendynamo

Diese Dynamos sind in die Nabe des Vorderrades integrierte Bauteile und werden mit der relativ geringen Drehzahl des Laufrads angetrieben. Zum Erreichen der vorgeschriebenen Spannungswerte nach TA **(s. Seite 369)** werden die Polzahl der Permanentmagnete erhöht und höherwertige Magnetwerkstoffe verwendet.

Nabendynamos arbeiten aufgrund des sicheren Antriebskraftflusses zuverlässig und nahezu geräuschlos. Bei einem Wirkungsgrad von 40 bis 70 % produzieren sie den elektrischen Strom deutlich effektiver als Seitenläufer. Ein stetig mitlaufender Dynamo in Verbindung mit einer lichtsensorgesteuerten Einschaltautomatik bedeutet ein Gewinn an Komfort und Verkehrssicherheit. Der Austausch eines Nabendynamos ist jedoch mit einem großen Arbeitsaufwand verbunden.

Auf der Nabenachse befindet sich die Spulenwicklung, über die der Käfig aus Klauenpolen angeordnet ist **(Bild 2)**. Die Klauen leiten das Magnetfeld durch die Spule.

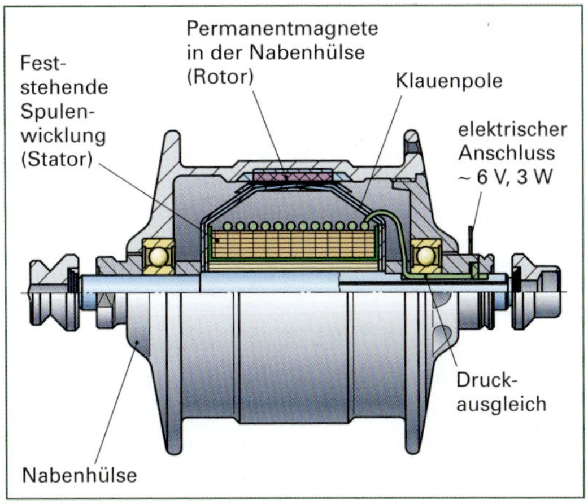

Bild 2: Getriebeloser Nabendynamo (SON)

In der Nabenhülse befinden sich abwechselnd mit Nord- und Südpol angeordnete Permanentmagnete. Bei einer Drehbewegung der Nabenhülse wird in den Spulen des Stators ein einphasiger Wechselstrom induziert.

Durch Temperaturunterschiede vom inneren Bereich der Nabenhülse zur Umgebung kann bei Abkühlung im Nabendynamo ein Unterdruck entstehen, so dass Wasser und Salz in den Innenraum gelangen können. Abhilfe schaffen hochwertige Abdichtungen der Lager und ein integriertes Druckausgleichssystem.

Neben Reibung durch Lager und Dichtungen treten beim Nabendynamo auch bei ausgeschaltetem Licht Leerlaufverluste auf. Diese entstehen bei der Drehung durch die Ummagnetisierung von Eisen mit der Folge von Wirbelstrom- und Hystereseverlusten. Für Radfahrer, die ein verlustfreies Fahren bevorzugen, gibt es Nabendynamos, bei denen sich der elektrische Teil über eine Drehscheibe mechanisch entkoppeln lässt **(Bild 1, Seite 374)**.

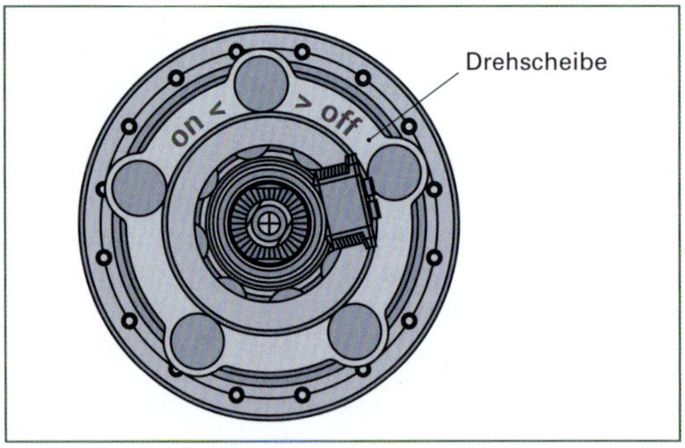

Bild 1: Schaltmechanismus (Supernova)

Zur Gewichtsminimierung werden bei hochwertigen Nabendynamos dünnere Wandstärken, Alu-Achsen und Spulen aus Aluminium statt Kupfer verbaut.

Eine weitere Reduzierung von Gewicht und Drehwiderstand kann mit einer kleineren Bauform und verringerter Leistung auf 1,5 W statt 2,4 W bis 3,0 W erfolgen (die Nutzung von 1,5 Watt Nabendynamos ist in Verbindung mit einer LED-Beleuchtung gemäß StVO zulässig. Beispiel: Shimano Alfine DH-S701).

Nabendynamos von Shimano, SON, Sturmey Archer und Renak können zur Reparatur seitlich geöffnet werden. Dagegen müssen die Modelle von SRAM, Shutter Precision, Supernova und Novatec zur Reparatur ausgespeicht werden.

Shimano Nabendynamos besitzen Konuskugellager, alle anderen Markenhersteller verwenden gedichtete Rillenkugellager.

info

Bei Alltagsfahrrädern, die oft im Freien stehen und großer Feuchtigkeit ausgesetzt sind, kann sich im Gehäuse Kondenswasser ansammeln, welches bei Temperaturen unter 0 °C gefriert. Bei einem Rollversuch kann die Eisbildung zu Schäden führen.

Speichendynamo

Speichendynamos können an fast allen Fahrrädern nachträglich angebaut werden. Der Anbau ist je nach Hersteller am Vorderrad oder am Hinterrad möglich. Der Antrieb des Generators erfolgt über den Speichenmitnehmer zum großen Zahnrad. Mittels eines zweistufigen Getriebes wird der Dynamo über Zahnriemen und Kunststoffzahnrädern ins Schnelle übersetzt **(Bild 2)**.

Der Antrieb ist zuschaltbar und erfordert so bei Tagfahrt keinen zusätzlichen Arbeitsaufwand. Der elektrische Anschluss kann je nach Ausführung ein- oder zweipolig sein.

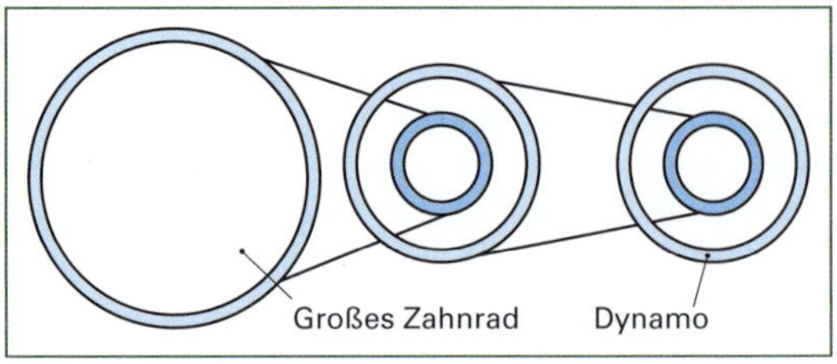

Bild 2: Speichendynamo. Prinzip: Zweistufige Übersetzung

9.3 Lichtquellen

Lichtquellen einer Fahrradbeleuchtung sind Temperaturstrahler oder Leuchtdioden. Die technischen Daten der herkömmlichen Scheinwerfer-Glühlampe sind 6 V/2,4 W und für die Glühlampe der Schlussleuchte 6 V/0,6 W.

9.3.1 Temperaturstrahler

Temperaturstrahler erzeugen das Licht durch Wärmeenergie. Der Nachteil dieser Bauart liegt in dem geringen Wirkungsgrad (Vakuumglühlampen ca. 5 %, Halogen-Glühlampen ca. 10 %). Im Fahrradbereich werden Glühlampen nur selten eingesetzt.

Bei der **Glühlampe (Vakuumlampe)** wird eine haarfeine Wendel aus Wolfram vom Strom durchflossen und bei einer Temperatur von ca. 2000 °C zum Weißglühen gebracht **(Bild 3)**. Je höher die Temperatur, desto weißer wird das Licht und desto effizienter ist die Lichtausbeute – aber umso kürzer ist die Lebensdauer.

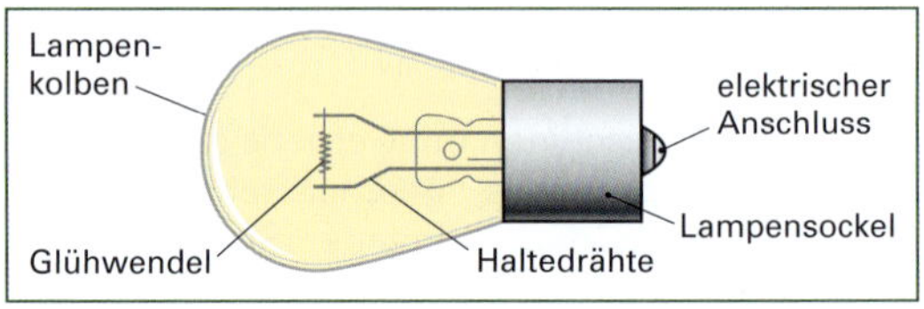

Bild 3: Temperaturstrahler Glühlampe B3

Die Vakuum-Umgebung im Glaskolben verhindert, dass der Draht bei der hohen Temperatur verbrennt. Mit zunehmender Gebrauchsdauer wird der Lampenkolben durch verdampfende Wolframpartikel geschwärzt. Dadurch wird die Lichtausbeute vermindert und die Lebensdauer des Leuchtkörpers begrenzt.

Ein weiterer Nachteil der Glühlampe ist ihre Befestigung durch einen Schraubsockel. Durch diese Verbindungsart lässt sich eine exakte Ausrichtung der Glühwendel zum Brennpunkt des Reflektors nicht realisieren. Die Lichtausbeute[1] konventioneller Glühlampen liegt zwischen 3,3 lm/W einer B2-Lampe und 15 lm/W einer Halogen-Glühlampe

[1] $\text{Lichtausbeute} = \frac{\text{Lichtstrom}}{\text{Leistung}}$

info

Lumen: Einheit des Lichtstromes. Der Lichtstrom berücksichtigt die Empfindlichkeit des Auges (das Auge ist im roten Bereich am empfindlichsten). 1 Lumen (lm) ist derjenige Lichtstrom, den eine punktförmige Lichtquelle von der Lichtstärke 1 candela (cd) auf eine 1 m^2 große Fläche aussendet.
1 candela (cd) entspricht etwa der Lichtstärke der 3 cm großen Flamme einer Stearinkerze.

Die Technische Anforderung (TA) als Anlage zum § 22a der StVZO schreibt vor, dass der Lichtstrom (die Leuchtintensität) für Glühlampen (6 V, 2,4 W) größer als 21 lm, bei Halogen-Glühlampen größer als 36 lm (HS 3) und bei Rücklicht-Glühlampen oberhalb von 2 lm liegen muss.

Die Glühlampen für den Fahrrad-Scheinwerfer sind weitgehend durch Halogenglühlampen oder Leuchtdioden ersetzt. Auch bei den Rückleuchten haben sich LEDs gegenüber konventionellen Glühlampen durchgesetzt.

Halogen-Glühlampe. In der Halogen-Glühlampe **(Bild 1)** lässt eine unter hohem Druck stehende Halogenfüllung eine Glühtemperatur nahe dem Schmelzpunkt des Wolframs zu, wodurch eine deutlich höhere Lichtleistung erreicht wird.

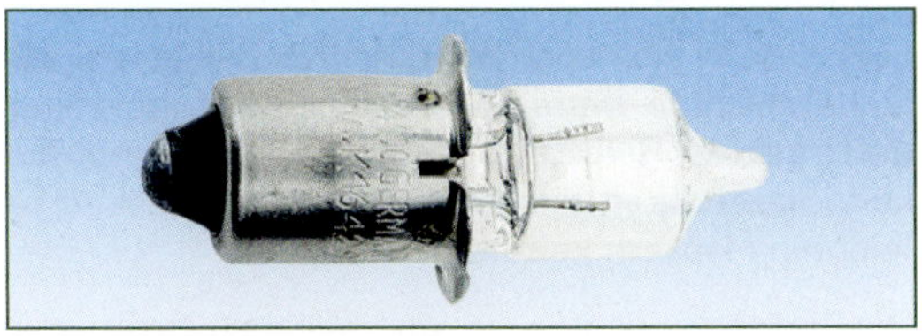

Bild 1: Temperaturstrahler Halogen-Glühlampe HS3

Die verdampfenden Wolframpartikel der Glühwendel verbinden sich unterhalb von 1900 °C an der heißen Wand des Glaskolbens mit dem Füllgas. Gelangen sie dann in die Nähe der heißen Glühwendel, so zerfällt diese Verbindung und das Wolfram setzt sich wieder auf der Glühwendel ab. Durch diesen Kreisprozess bleibt der Quarzglaskolben klar und sorgt für eine bessere Lichtqualität.

Bei gleicher elektrischer Leistungsaufnahme ist die abgegebene Strahlungsleistung erheblich höher als bei der konventionellen Glühlampe. Die Lichtausbeute einer Halogen-Glühlampe liegt bei 15 Lumen pro Watt. Neben der kompakteren Bauweise ist das Halogenlicht weißer und somit dem natürlichen Tageslicht ähnlicher.

Die Lebensdauer einer Halogenlampe beträgt ca. 100 Stunden. Sie ist aber empfindlich gegen Überspannungen. Ein Flanschsockel ermöglicht die exakte Einbaulage der Glühwendel im Brennpunkt des Reflektorgehäuses.

Als Halogen-Glühlampe ist nach den technischen Anforderungen (TA) die Bauart HS 3 vorgeschrieben.

9.3.2 Leuchtdioden

m Gegensatz zu Glühlampen sind Leuchtdioden (LED = light emitting diodes) keine Temperatur-, sondern Lumineszenzstrahler. Die Lichterzeugung erfolgt mit einem deutlich höheren Wirkungsgrad. Die Umwandlung elektrischer Energie in Licht findet in einem Halbleiterkristall statt, der zum Leuchten angeregt wird.

Eine LED **(Bild 2)** besteht aus einer Anode und einer Kathode, über die der zugeführte Strom fließt. Die Kunststofflinse dient zum Schutz und zur Lichtverteilung. Der LED-Chip ist in einer Reflektorwanne auf der Kathode eingebettet. Die zum Stromfluss notwendige Verbindung von der Kathode zur Anode bildet der Anschlussdraht (Bonddraht).

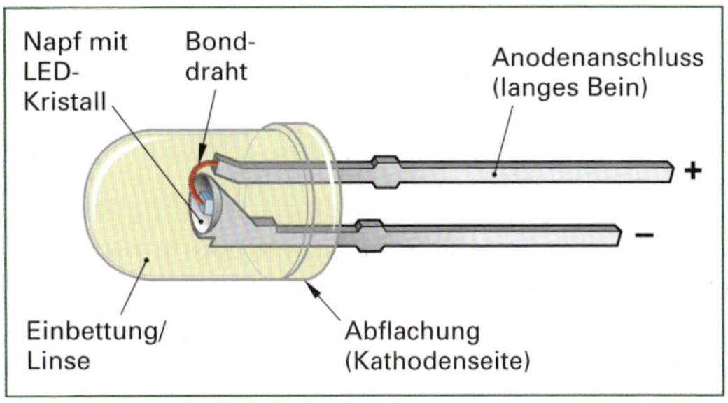

Bild 2: Leuchtdiode

Der LED-Chip besteht aus einer n-Leiterschicht mit Elektronenüberschuss und einer sehr dünnen p-Leiterschicht mit Elektronenmangel (Löcher). Fließt in Durchlassrichtung ein Strom, verbinden sich in der Grenzschicht die Elektronen mit den Löchern (Rekombination). Bei diesem Vorgang, der stetig stattfindet, wird Energie in Form von Wärme und Licht frei **(Bild 3)**.

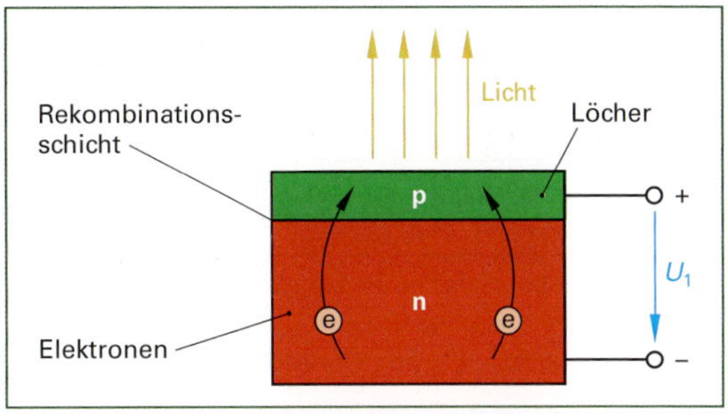

Bild 3: Leuchtdiode in Durchlassrichtung

Je nach Halbleitermaterial strahlen LED Licht in unterschiedlichen Farben aus. Weißes Licht lässt sich durch Mischung verschiedene Farben erzeugen **(Bild 1, Seite 376)**.

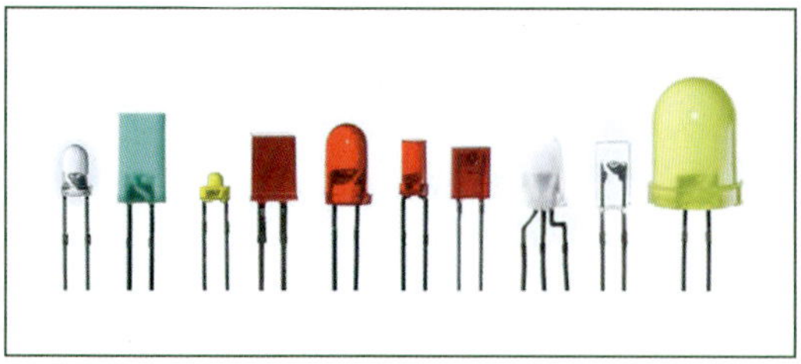

Bild 1: Farben von Leuchtdioden

Leuchtdioden werden als Lichtquellen für Fahrrad-Scheinwerfer und Rückleuchten eingesetzt. Die Durchlassspannung liegt, je nach Bauart und Leuchtfarbe, zwischen 1,3 V und 4 V. Die Stromaufnahme reicht von 2 mA bis 1,5 A bei Hochleistungsdioden.

Leuchtdioden sind stoß- und vibrationsfest. Sie erzeugen schon bei niedrigen Geschwindigkeiten ein helles und homogenes Lichtfeld.

Die (theoretische) Lebensdauer einer LED beträgt bis zu 100 000 Stunden – dabei geht aber im Laufe der Zeit die Leuchtkraft zurück.

Zu hohe Ströme verkürzen die Lebensdauer. Deshalb muss die LED zur Strombegrenzung mit einem Vorwiderstand in Reihe geschaltet werden.

Ohne Vorwiderstand wird eine LED sofort zerstört, weil sie keinen nennenswerten ohmschen Widerstand besitzt. Die Größe des Widerstandes richtet sich nach der vorhandenen Betriebsspannung.

Beispiel:
Betriebsspannung U_{ges} = 6 V, Durchlassspannung U_D = 1,6 V, Durchlassstrom I = 20 mA.

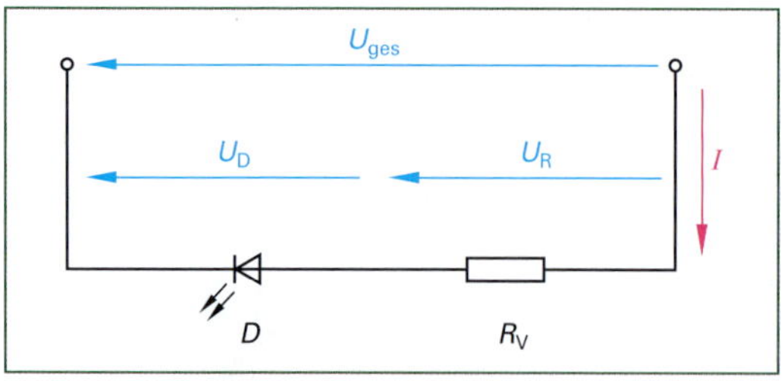

Bild 2: Vorwiderstand einer Leuchtdiode

Spannungsabfall U_R am Vorwiderstand R_V:

$$U_R = U_{ges} - U_D = 6\text{ V} - 1{,}6\text{ V} = 4{,}4\text{ V}$$

$$R_V = \frac{U_R}{I} = \frac{4{,}4\text{ V}}{0{,}02\text{ A}} = 220\ \Omega$$

Die Verlustleistung P_V in Milliwatt beträgt:

$$P_V = U_R \cdot I = 4{,}4\text{ V} \cdot 0{,}02\text{ A} = 88\text{ mW}$$

info
Zur Überprüfung von Leuchtmitteln mit LEDs sollte man keine „normale" Prüflampe verwenden. Die hohe Stromaufnahme dieser Prüflampen kann zur Zerstörung der LED führen. Der zur Messung vorgeschriebene Spannungsprüfer ist eine Leuchtdioden-Prüflampe.

Der Leuchtaufbau einer LED erfolgt im Gegensatz zu den Temperaturstrahlern in wesentlich kürzerer Zeit **(Bild 2)**.

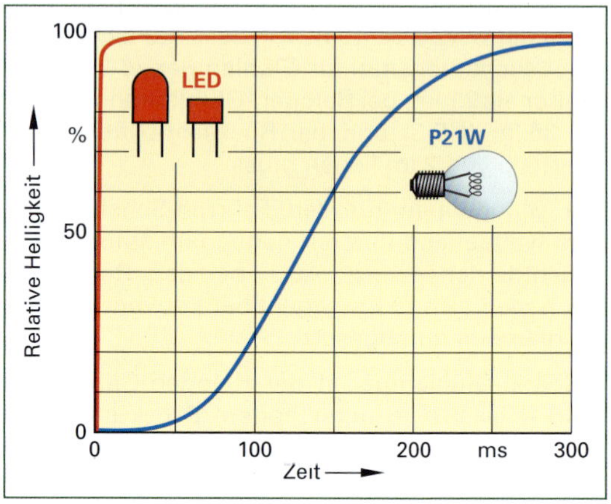

Bild 3: Einschaltverhalten von Leuchtdioden

LEDs lassen sich auch mit dem Wechselstrom der Lichtmaschine betreiben, wobei dann aber nur die positive Halbwelle durchgelassen wird. Es kann dann durch die so entstehenden Pausen zu leichten Flackern kommen.

Die bessere Lösung ist, den Wechselstrom mittels Brückengleichrichter in einen pulsierenden Gleichstrom umzuwandeln **(Bild 3)**. Der Elektrolyt-Kondensator glättet die Spannung, beseitigt dadurch das Flackern und überbrückt zusätzlich kleinere Stromunterbrechungen.

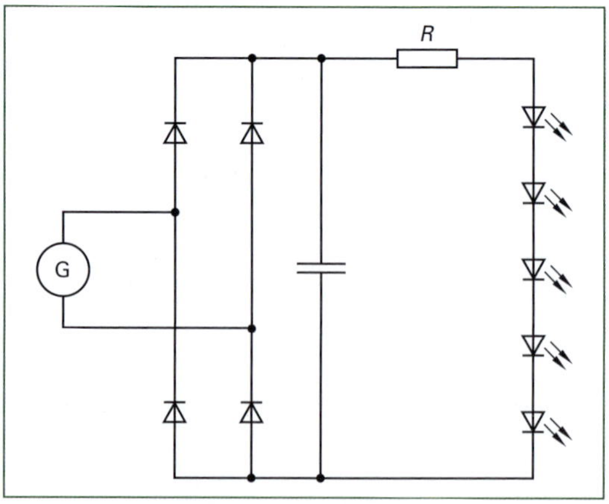

Bild 4: LEDs mit Gleichstrom betrieben

9.4 Beleuchtungsanlage

Die Beleuchtungsanlage eines Fahrrades umfasst den Frontscheinwerfer, das Rücklicht und die vorgeschriebenen Rückstrahler.

9.4.1 Scheinwerfer, Frontleuchte

Das Gehäuse des Scheinwerfers nimmt den Reflektor mit Streuscheibe bzw. Klarglasabdeckung und die Lichtquelle auf. Bei zahlreichen Modellen bilden Scheinwerfer mit dem weißen Rückstrahler eine Einheit. Bei einigen Scheinwerfern ist ein Standlicht integriert. Meist wird ein Kondensator als Ladungsspeicher eingesetzt.

Es gibt Halogenscheinwerfer mit Streuscheibe, die zusammen mit dem Spiegel (Reflektor) für die Lichtverteilung sorgt **(Bild 1)**, und solche mit „Freiformflächenreflektoren", die eine klare Scheibe haben.

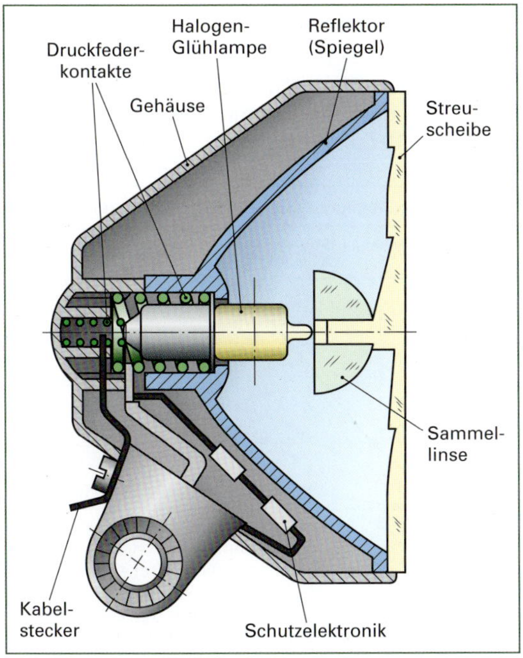

Bild 1: Aufbau eines Halogenscheinwerfers (ELIO)

Der Reflektor bündelt das von der Lichtquelle erzeugte Licht und lenkt es in eine definierte Richtung. Durch die Bündelung wird die Lichtstärke der Leuchte um etwa das Tausendfache erhöht.

Nach ihrer geometrischen Form lassen sich die Reflektoren in paraboloidförmige, ellipsoidförmige und Freiformreflektoren einteilen. Bei den paraboloid- und ellipsoidförmigen Reflektoren wird das Licht reflektiert, gebündelt und durch die Streuscheibe auf die Fahrbahn gelenkt **(Bild 2)**.

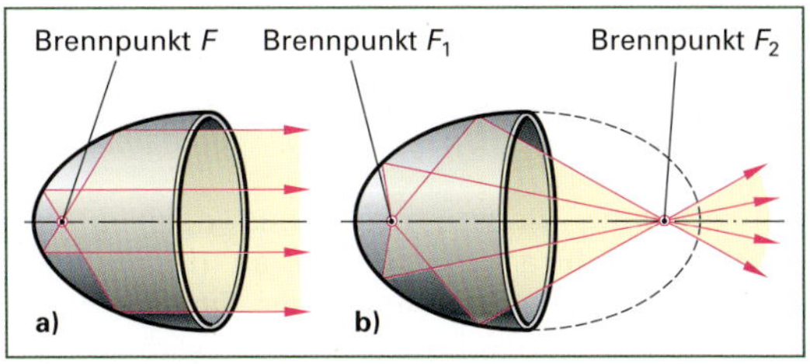

Bild 2: Reflektoren a) Paraboloid b) Ellipsoid

Bei einem Scheinwerfer mit Freiformreflektor (auch als Stufenreflektor bezeichnet) wird durch die Oberflächenform des Spiegelreflektors der Lichtstrom am besten zur Fahrbahnausleuchtung genutzt. Der Reflektor ist frei im Raum geformt, sodass jeder berechnete Reflektionspunkt einen bestimmten Teil der Fahrbahn ausleuchtet **(Bild 3)**.

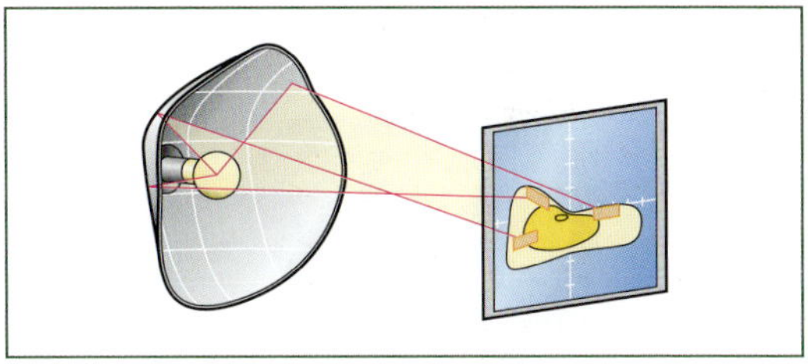

Bild 3: Freiformreflektor

Durch die Freiformflächentechnik kann die Streuscheibe entfallen. Die Abdeckung des Scheinwerfers erfolgt über eine Klarglasscheibe.

Moderne Scheinwerferbauarten nutzen zur optimalen Lichtausbeute die gesamte Reflektorfläche aus. Eine Hochleistungsdiode, die nicht mehr in der Spiegelmitte sitzt, dient als indirekte Lichtquelle **(Bild 4)**.

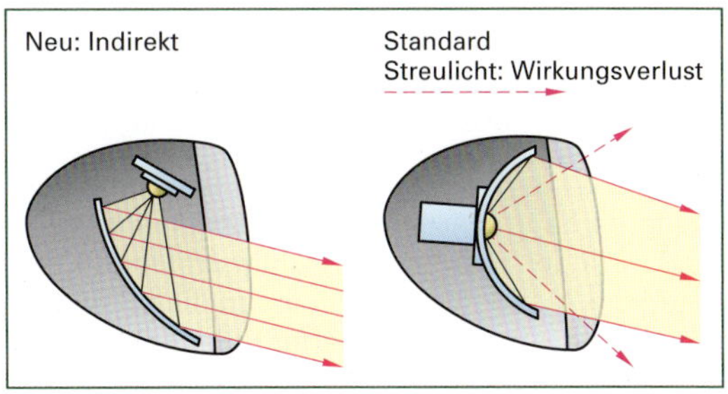

Bild 4: LED-Scheinwerfer mit indirekter und Standard-Lichtquelle (B&M)

Dadurch werden blendende Abstrahlungen nach oben verhindert. Das Licht wird effektiv gebündelt und über die gesamte Spiegelfläche praktisch ohne Streuverluste auf die Fahrbahn gelenkt.

Durch Erwärmung verliert die LED ca. 20 % ihrer Lichtausbeute. Durch optimierte Kühlsysteme im Gehäuse oder Reflektor versucht man, diese Verluste zu minimieren.

Zur Erteilung eines Prüfzeichens nach StVZO muss der Fahrradscheinwerfer an der hellsten Stelle des Lichtkegels auf einer Oberfläche in 10 m Entfernung eine Beleuchtungsstärke von mindestens 10 Lux erreichen.

Diese Forderung kann nur noch von Halogen- oder LED-Scheinwerfern erfüllt werden. Die Scheinwerfer neuer Fahrräder dürfen nicht mehr mit Vakuum-Glühlampen ausgerüstet sein!

Für 12-Volt-Scheinwerfer **(Bild 1)** und Gasentladungslampen, die doppelte Helligkeit und ein wesentlich größeres Lichtfeld ermöglichen, sind mindestens 20 Lux vorgeschrieben[1].

Bild 1: Gasentladungsleuchte (B&M)

info

Lux: Die Einheit der Beleuchtungsstärke ist Lux (1 lx). Während die Lichtstärke (gemessen in cd) eine Eigenschaft der lichtaussendenden Quelle ist, wird die Beleuchtungsstärke bei einem Empfänger gemessen.

Die Beleuchtungsstärke wächst mit der Lichtstärke und verringert sich (quadratisch) mit der Entfernung. Beim Fahrrad beziehen sich alle Beleuchtungsstärken auf 10 m Entfernung.

Moderne Fahrradscheinwerfer kommen mit 6 V-Ausführungen und Halogen-Glühlampen auf Werte um die 20 Lux, mit Leuchtdioden bis auf 80 Lux. Der Hochleistungsscheinwerfer BIG BANG (B&M) erreicht mit der Gasentladungstechnik 140 Lux.

Die Messvorschriften aus den TA 23 der StVZO sehen die Messung der Helligkeitsverteilung an einer 10 m vom Scheinwerfer entfernten Wand vor **(Bild 2)**.

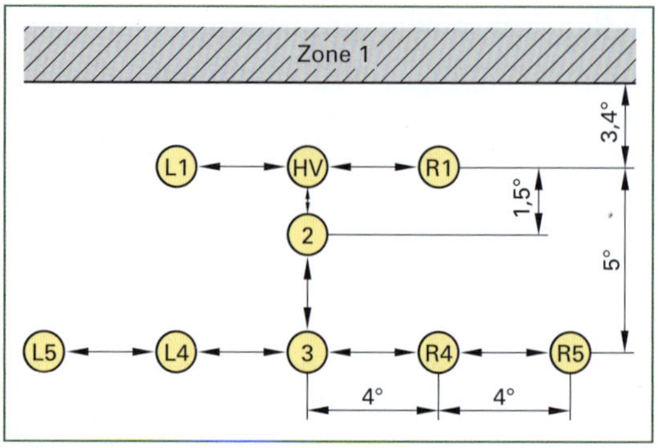

Bild 2: Helligkeitsverteilung nach TA 23 StVZO

Die Beleuchtungsstärke im hellsten Punkt (HV) muss hier mindestens 10 Lux betragen[2] . Ebenfalls gemessen wird 4° links (L1) und rechts (R1) von HV, 1,5° (2) und 5° (3) darunter. 3,4° oberhalb von HV in der Zone 1 darf ein Blendwert von 2 Lux nicht überschritten werden.

Moderne LED-Scheinwerfer bieten eine gleichmäßige und breite Ausleuchtung der Fahrbahn und liegen deutlich über der geforderten StVZO-Norm von 10 Lux **(Bild 3)**.

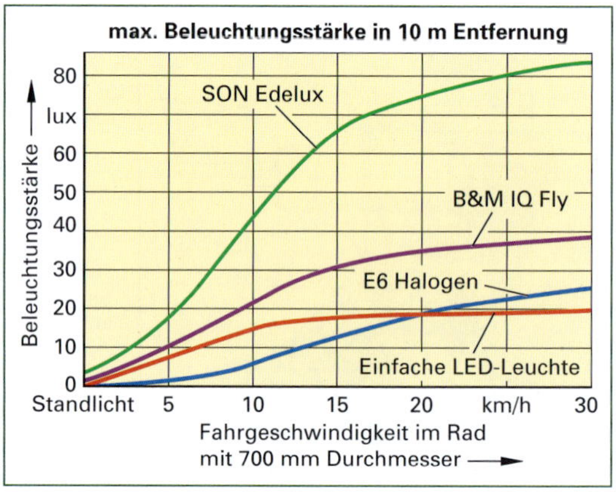

Bild 3: Beleuchtungsstärke verschiedener Leuchten in Abhängigkeit von der Geschwindigkeit (verwendeter Nabendynamo SON 28)

Zur Verbesserung der Fahrsicherheit dient das Tagfahrlicht von Busch und Müller: Um auch am Tage von anderen Verkehrsteilnehmern besser gesehen zu werden, schaltet ein Sensor sechs Signal-LED-Lampen ein, die unterhalb des Scheinwerfers angeordnet sind. Der Hauptscheinwerfer leuchtet gedimmt auf die Fahrbahn **(Bild 1a, Seite 379)**.

Im Nachtmodus **(b)** wird die Fahrbahn maximal ausgeleuchtet und die Signal-LEDs gedimmt.

[1] Gilt nach TA 23 für 12 V-Lampen und Leuchtmittel mit einem Lichtstrom von mehr als 42 lm.

[2] Um 10 Lux zu erreichen, benötigt man 1000 Kerzen von je 1 cd.

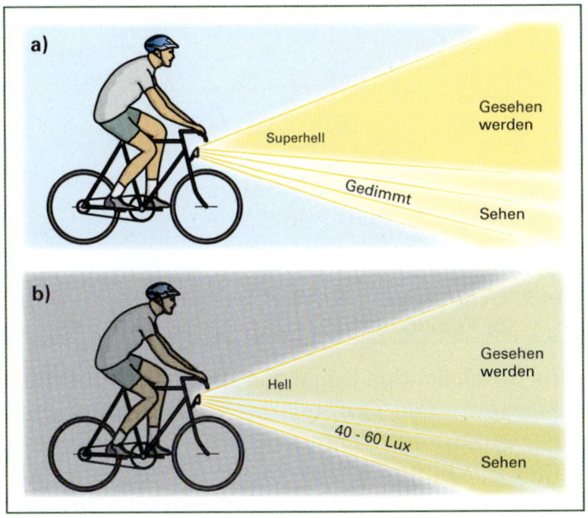

Bild 1: *a)* **Tag-Modus** *b)* **Nacht-Modus**

Batteriebeleuchtung

Der Bundesrat hat am 5. Juli 2013 Änderungen der Fahrradbeleuchtung beschlossen.

Bisher war nach § 67 der StVZO die Ausstattung mit einer Lichtmaschine (Dynamo) Pflicht, eine Batterie war nur zusätzlich erlaubt. Nach dem neuen Absatz 1 ist zum Betrieb der Frontleuchte (des Scheinwerfers) und der Schlussleuchte folgende Ausrüstung des Fahrrads vorgeschrieben:

- Entweder eine Lichtmaschine mit mindestens 3 W Nennleistung[1] und 6 V Nennspannung **oder**
- eine Batterie mit einer Nennspannung von 6 V (Batterie-Dauerbeleuchtung) **oder**
- ein wiederaufladbarer Energiespeicher.

Anders als bisher hat der Radfahrer die Wahl, welche Energiequelle er für die Lichtanlage an seinem Fahrrad anbringt. Da Frontleuchte und Schlussleuchte nicht mehr zusammen einschaltbar sein müssen, ist auch eine elektrische Leitung zwischen beiden nicht mehr nötig.

Für Radfahrer, die weiter mit einer Dynamo-Lichtanlage fahren möchten, ändert sich nichts. Nach dem Inkrafttreten der neuen Beleuchtungsregeln sind zwei Dinge erlaubt, die bisher nicht zulässig waren:

- Pedelecs ohne Dynamo möglich. Die Lichtanlage darf mit dem Akkustrom betrieben werden, auch wenn der Akku eine höhere Nennspannung wie 12 V aufweist.
- Dynamoscheinwerfer mit Batterierücklicht

Nach § 67 Absatz 2 der StVZO muss die Lichtanlage „fest angebracht sein". Noch offen ist die Frage, ob Steckleuchten diese Forderung erfüllen (Stand 2015).

9.4.2 Schlussleuchte (Rückleuchte)

Für den Betrieb der roten Schlussleuchte ist bei einer 6 Volt-Lichtanlage eine Leistung von 0,6 Watt vorgeschrieben. Als Leuchtmittel werden Glühlampen **(Bild 2a)** oder LEDs **(b)** eingesetzt.

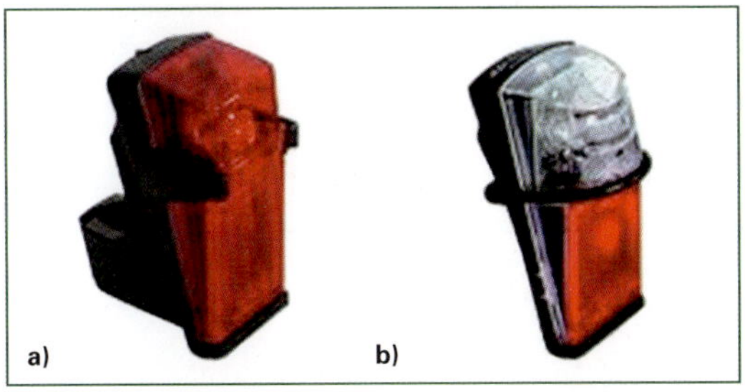

Bild 2: *a)* **Standard-Rücklicht** *b)* **LED-Rücklicht (B&M)**

Die Schlussleuchte darf mit einem der beiden roten Rückstrahlern eine Baueinheit bilden, wobei die genauen Anbauvorschriften beachtet werden müssen **(Bild 3)**.

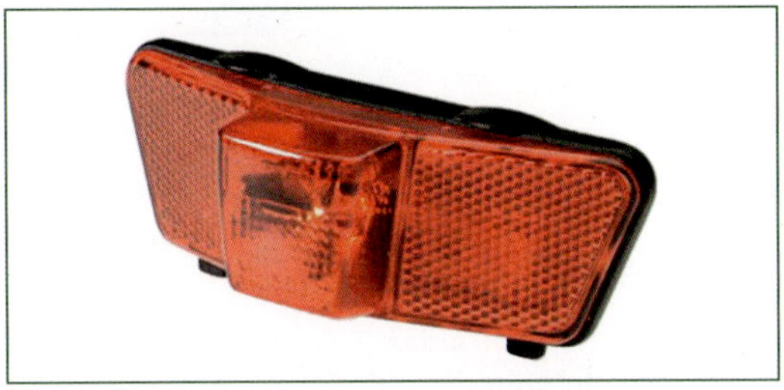

Bild 3: Schlussleuchte mit integriertem Rückstrahler

Der Scheinwerfer darf nur zusammen mit der Schlussleuchte einschaltbar sein.

Bei Schlussleuchten neuerer Bauart sind die Leuchtdioden nicht nur zentral, sondern auch seitlich angeordnet. Damit wird ein Beitrag zur Verkehrssicherheit geleistet, denn der Sichtbarkeitsbereich erhöht sich erheblich.

Zur Erhöhung der Funktionssicherheit gehört eine zweiadrige Verkabelung und ein Überspannungsschutz **(Bild 2 und 4, Seite 382)**, der bei Ausfall der Frontbeleuchtung das Leuchtmittel im Rücklicht vor dem „Durchbrennen" schützt.

Punktförmige Lichtquellen, wie einzelne Leuchtdioden im Rücklicht, lassen ihre Entfernung für das menschliche Auge sehr ungenau einschätzen. Um bei Dunkelheit die Entfernung zu einem vorausfahrenden Fahrrad besser zu erkennen ist ein Rücklicht entwickelt worden, das das Licht nicht punktförmig, sondern flächenförmig abstrahlt **(Bild 1, Seite 380)**.

[1] Möglich ist auch lt. StVZO eine Lichtmaschine mit 1,5 W Nennleistung bei einem Betrieb mit LED-Beleuchtung.

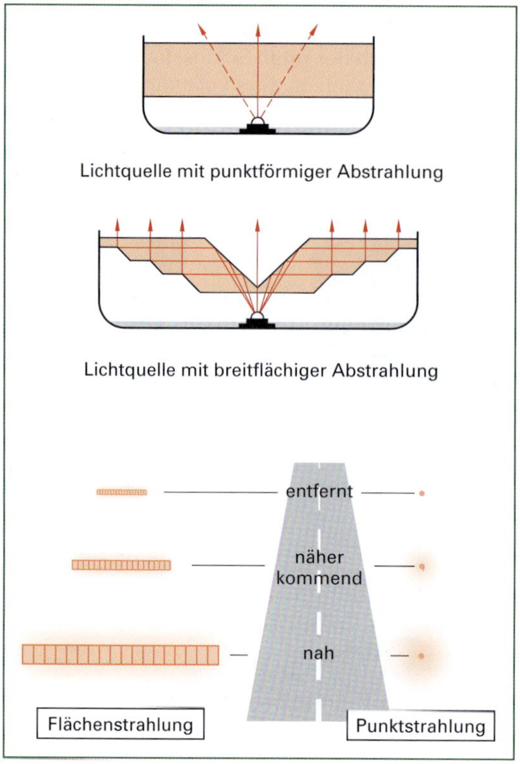

Bild 1: Punkt- und Flächenabstrahlung

Im oberen Bereich eines Z-Großflächenstrahlers wird über ein spezielles Liniensystem das punktförmige Licht der Leuchtdiode in Lichtstreifen aufgefächert.

Bei Annäherung zum vorausfahrenden Fahrrad wird dieser Lichtstreifen signifikant breiter und der Abstand lässt sich sicherer und schneller einschätzen. Die breite Abstrahlung bewirkt, dass das Rücklicht auch von der Seite her gut erkennbar ist.

9.4.3 Rückstrahler

Reflektoren werfen das einfallende Licht anderer Verkehrsteilnehmer in die Einfallsrichtung zurück. Man unterscheidet zwei Prinzipien **(Bild 2)**:

- Prismenreflektoren (Tripelspiegel)
- Kugelreflektoren

Der Prismenreflektor wirft das Licht auch bei schrägem Einfall über dreifache Totalreflexion in die Einfallssrichtung zurück. Rückstrahler nach dem Tripelspiegel-Prinzip wurden früher aus Glas, heute aus rot oder gelb eingefärbtem Kunststoff PMMA (Acrylglas, Plexiglas) hergestellt.

Anwendung: Front-, Rück-, Pedal- und Speichenstrahler, Warndreieck.

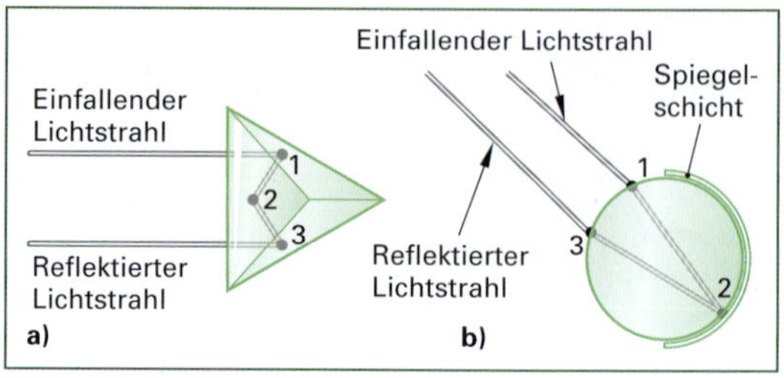

Bild 2: Lichtreflexion a) Prismenreflektor b) Kugelreflektor

Eine durchsichtige Kugel aus Glas oder Kunststoff fokussiert einen Großteil des einfallenden Lichts einer entfernten Lichtquelle auf einen Fleck kurz hinter der hinteren Oberfläche. Durch den Unterschied im Brechungsindex im Vergleich zur Luft wirkt die hintere Oberfläche der Kugel spiegelnd.

Anwendung: Reflexfolien an der Bekleidung, am Helm und am Reifen.

Alle am Fahrrad verwendeten Rückstrahler benötigen eine Bauartgenehmigung. Vorgeschrieben sind zwei Rückstrahler. Beide müssen das Prüfzeichen besitzen, aber einer von ihnen muss noch zusätzlich mit einem Z gekennzeichnet sein **(Bild 3)**.

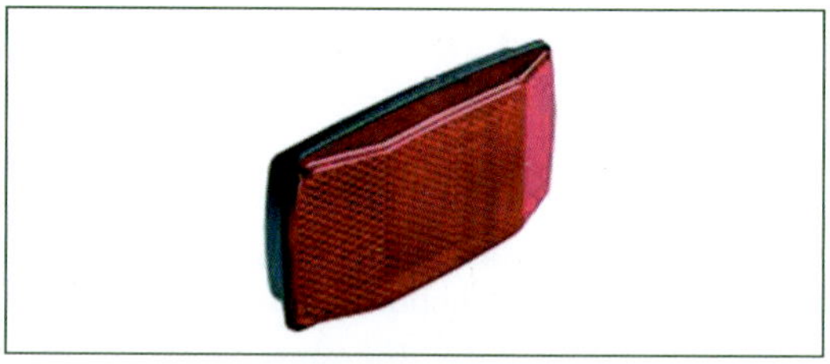

Bild 3: Großflächen-Rückstrahler

Speichenrückstrahler **(Bild 4)** müssen nach Vorschrift „unverlierbar" sein. Besondere Befestigungselemente garantieren auch bei extremen dynamischen Belastungen der Laufräder eine sichere Verbindung.

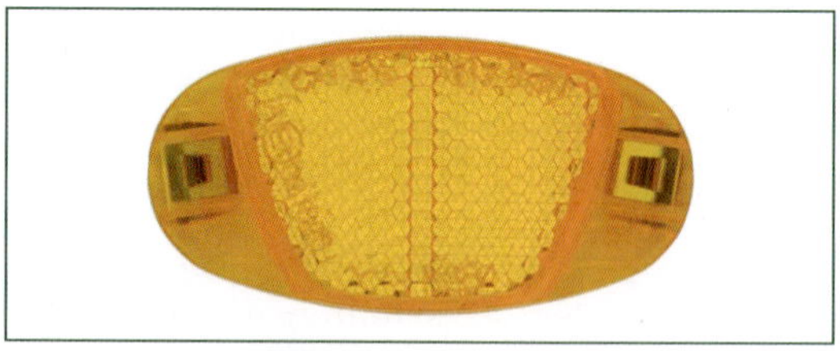

Bild 4: Speichenrückstrahler

9.4.4 Standlicht

Im Handel erhältlich oder bereits montiert sind Front- und Rückleuchten mit Standlichtfunktion, die im Stand bis zu fünf Minuten nachleuchten **(Bild 1, Seite 381)**.

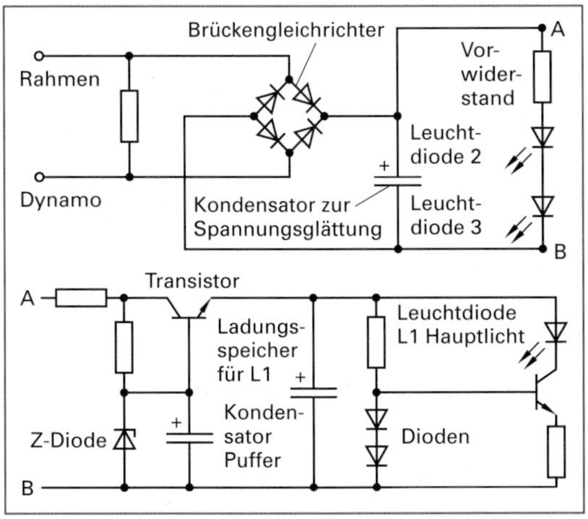

Bild 1: Schaltplan (vereinfacht) einer Standlichtanlage mit drei LEDs

Die erforderliche elektrische Energie wird entweder während der Fahrt vom Dynamo abgenommen und in einem speziellen Kondensator in der Leuchte gespeichert oder einer Batterie entnommen.

9.4.5 Verkabelung

Die Verkabelung ist bei dynamobetriebener Beleuchtung notwendig, um den Dynamo mit dem Frontscheinwerfer und der Schlussleuchte zu verbinden. Man unterscheidet einadrige (einfache) und zweiadrige (doppelte) Verkabelung.

Die **einadrige Verkabelung** leitet den Strom über ein Kabel zum Scheinwerfer und zur Rückleuchte und benutzt Metallteile wie Lampenhalter, Schrauben, Steuersatz, Rahmen, Gabel, Schutzblechstreben, Schutzbleche und Gepäckträger zum Schließen des Stromkreises.

Die Kabelanschlüsse erfolgen mit Steckern, Klemmverschlüssen oder vereinzelt durch Schrauben. Nachteil ist, dass durch den geringen Leitwert des metallischen Rahmens und der anderen stromdurchflossenen Bauteile sowie durch die mit der Zeit auftretende Korrosion der elektrische Widerstand ansteigt. Der Stromfluss verschlechtert sich.

Ein weiterer Nachteil ist, dass ein einadriges Kabel mechanisch weniger belastbar ist als ein zweiadriges und es häufiger zu Kabelbrüchen und Steckerabrissen kommen kann.

Bei der marktüblichen **zweiadrigen Verkabelung** wird der Strom über eine Ader eines zweiadrigen Kabels zum Scheinwerfer bzw. zur Rückleuchte und über die zweite Ader zur Lichtmaschine zurückgeführt. Von Vorteil ist, dass Kupfer eine bessere Leitfähigkeit besitzt und der Energieverlust kleiner ist. Außerdem sind zweiadrige Kabel dicker und dadurch mechanisch belastbarer.

Bei Arbeiten an älteren Fahrrädern mit einadriger Verkabelung ist es sinnvoll, die Kontaktstellen mit Schmierfett, Öl oder Kontaktspray zu konservieren. Um Reklamationen zu vermeiden, sollte bei Kabelneuverlegungen stets zweiadrig verlegt werden.

Stecker und Kabel unterliegen Verschleiß mit Ermüdungsbrüchen durch Vibrationen und Bewegungen. Besonders an beweglichen Stellen wie dem Übergang vom Rahmen zur Gabel sollten die Kabel nach ein paar Jahren erneuert werden. Kabel und Stecker sollten dabei immer zugentlastet und ausreichend lang verlegt werden.

Das stromführende Kabel ist schwarz, das Massekabel schwarz mit einer weißen Linie. Die Anschlüsse an Scheinwerfer, Rücklicht und Dynamo sind mit Plus und Minus gekennzeichnet.

Folienverkabelung

Moderne Schutzbleche in Sandwichbauweise (Kunststoff-Alufolie-Kunststoff) erfordern spezielle Einrichtungen für die Stromführung. Früher wurden Steckerbuchsen aus Kupfer in die nach außen isolierte Aluminiumschicht genietet. Auch einlaminierte Kupferleitungen kamen zum Einsatz.

Schon bald zeigte sich, dass die Alufolie durch die Anwesenheit von salzhaltigem Wasser (Meerluft, Streusalz) um die Kupferbuchsen stark elektrochemisch korrodierten. Es traten Kontaktprobleme auf, die nur durch ein Überbrückungskabel gelöst werden konnten. Die Folienverkabelung wurde daher durch aufgenietete Kabelschutzkanäle ersetzt.

9.5 Sicherheits- und Komforteinrichtungen

Bremslicht. Eine Bremslichtfunktion über einen Schaltkontakt an der Bremse ist bei Fahrrädern nicht zulässig. Doch es sind technische Lösungen entwickelt worden, die dem rückwärtigen Verkehr eine Geschwindigkeitsverzögerung anzeigen.

Technische Vorraussetzungen: Die Rückleuchte muss an eine Wechselspannungsquelle angeschlossen werden – ein Betrieb über eine Batterie, Akku oder eine Frontleuchte ist nicht möglich. Der integrierte Kondensator muss aufgeladen und das Licht eingeschaltet werden.

Im Rücklicht befindet sich ein Prozessor, der die elektrischen Impulse des Nabendynamos auswertet.

Kommt es während der Fahrt zur einer deutlichen Geschwindigkeitsreduzierung durch Bremsen oder steile Anstiege, leuchtet das Rücklicht kurzzeitig deutlich heller. Der rückwärtige Verkehr wird durch dieses Lichtsignal gewarnt **(Bild 1, Seite 382)**.

Bild 1: Bremslichtfunktion

Einschaltautomatik. Einen hohen Komfort und wichtigen Beitrag zur Verkehrssicherheit bieten Lichtanlagen mit Einschaltautomatik. Ein Hell-Dunkel-Sensor schaltet bei Dämmerung, Dunkelheit oder Tunnelfahrt das Licht automatisch ein.

Die elektrische Energie liefert ein permanent mitlaufender Nabendynamo. Bei batteriegeladenen Lichtanlagen muss ein zusätzlicher Bewegungssensor ein unbeabsichtigtes Dauerleuchten im Stand verhindern.

Überspannungsschutz. Einfache Dynamos sind selbstregelnde Generatoren. Ohne elektronische Spannungsbegrenzung lassen sie bei Ausfall einer Glühlampe die erzeugte Spannung sprunghaft ansteigen, sodass die noch intakte Glühlampe ebenfalls in kürzester Zeit zerstört werden kann. Parallel zu den Glühlampen geschaltete Zenerdioden (Z-Dioden) schützen die Glühlampen vor einer Überspannung, falls eine der Lampen ausfällt. Wenn beide Lampen funktionieren, ist die Verlustleistung durch die Z-Dioden nur gering. Z-Dioden funktionieren wie normale Dioden, nur dass sie beim Überschreiten einer bestimmten Spannung (der „Zenerspannung") in Sperrrichtung durchlässig werden. Da der Dynamo Wechselspannung liefert, muss man zwei Z-Dioden gegeneinander in Reihe schalten.

Die beiden Z-Dioden in **Bild 2a** mit einer Durchbruchsspannung von 6,2 V und einer Maximalleistung von 1,3 W begrenzen die Versorgungsspannung des Dynamos auf etwa 7 V.

Statt der beiden Z-Dioden kann auch eine bidirektionale TVS-Diode[1] **(Bild 2b)** den Überspannungsschutz ermöglichen.

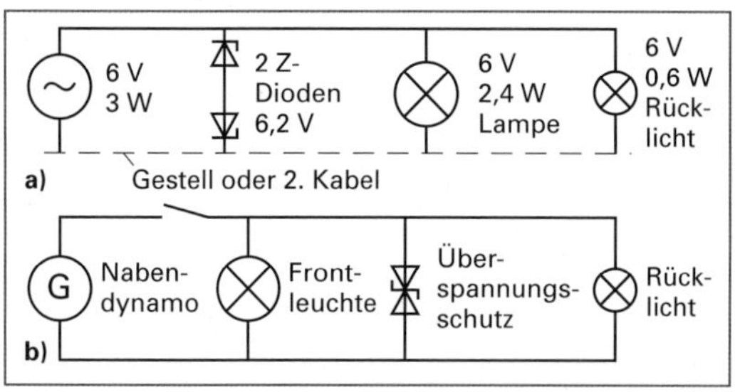

Bild 2: Überspannungsschutz a) mit 2 Z-Dioden b) mit einer bidirektionalen TVS-Diode

[1] TVS = Transient Voltage Supressordiode

In der Änderung der Technischen Anforderungen von Fahrzeugteilen, die im November 2006 umgesetzt wurde, ist ein Überspannungsschutz für die Lichtanlage eines Fahrrades vorgeschrieben. Damit soll verhindert werden, dass beim Ausfall einer Glühlampe am Fahrrad nicht der andere Leuchtkörper durch Überspannung zerstört wird. Dabei muss der Dynamo konstruktiv so konzipiert sein, dass bei einer Last von

- 60 Ω einer 6-V-Anlage → 9 V
- 150 Ω einer 12-V-Anlage → 16 V

nicht überschritten wird.

- Der Überspannungsschutz muss mit der Lichtmaschine eine Einheit bilden, aber nicht integraler Bestandteil sein.
- Bei ständig mitlaufenden Lichtmaschinen muss der Überspannungsschutz im Leerlauf nicht wirksam sein.
- Bei Nabendynamos kann die Spannungsbegrenzung auch außerhalb (z. B. im Scheinwerfer) erfolgen. Dadurch verringert sich der elektronische Bauaufwand und der Leichtlauf im abgeschalteten Zustand des Nabendynamos bleibt erhalten. Wenn das Bauteil diesen Bestimmungen entspricht, ist der Überspannungsschutz mit einem Hinweiszeichen **(Bild 3)** auf dem Dynamo oder auf dem Scheinwerfer dokumentiert.

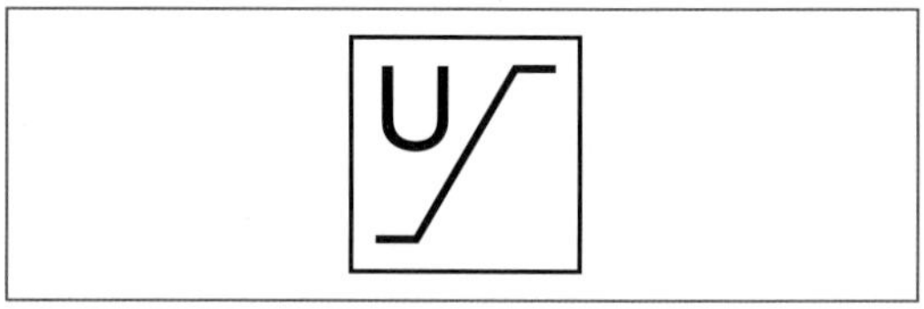

Bild 3: Hinweiszeichen Überspannungsschutz

Je nach Hersteller und Modell lassen sich auch Dynamos älterer Bauart mit einem Überspannungsschutz nachrüsten. Dazu wird ein entsprechender Adapter **(Bild 4)** auf die Anschlusskontakte des Dynamos aufgesetzt. An den Anschlusskontakten werden dann die Lichtkabel befestigt.

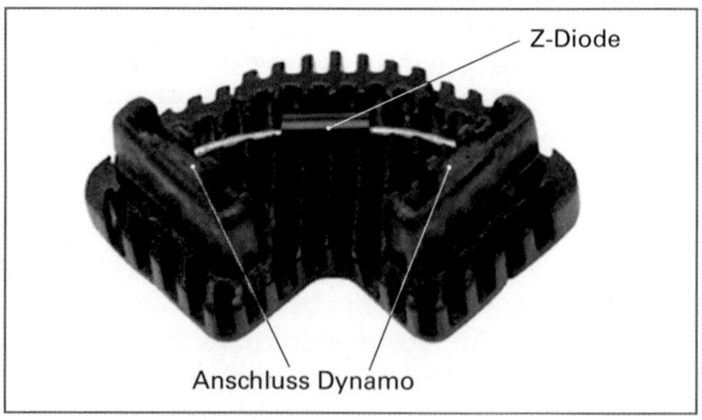

Bild 4: Überspannungsschutz-Adapter

9.6 Fehlersuche in der Beleuchtungsanlage

Der Ausfall von Scheinwerfer oder Leuchten ist in den meisten Fällen auf defekte Kontakte und beschädigte Kabel und nicht auf einen Schaden an den Lichtquellen zurückzuführen.

Zur systematischen Fehlereingrenzung und einer schnellen Überprüfbarkeit hat sich in der Praxis die folgende Vorgehensweise bewährt. Bei einer Lichtanlage mit **einadriger** (einfacher) Verkabelung sollen zunächst die entsprechenden Leitungen auf Wackelkontakte, oxidierte Kontakte oder Kabelbrüche untersucht werden.

Mit einem Widerstands-Messgerät lassen sich die Kontakte und die Verkabelung auf einwandfreien Durchgang überprüfen. Moderne Multimeter **(Bild 1)** signalisieren eine fehlerfreie Funktion durch eine akustische Anzeige, was eine komfortable und schnelle Vorgehensweise ermöglicht.

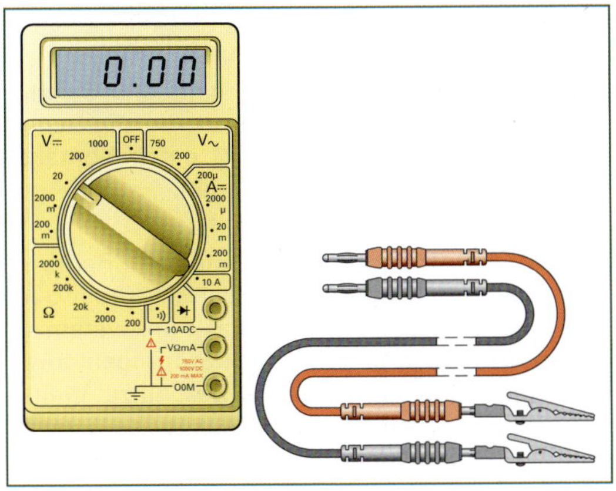

Bild 1: Digital-Multimeter

Bei der einadrigen Verkabelung ist die häufigste Fehlerquelle eine defekte Masserückführung. Korrodierte Verbindungen über den Rahmen und Anbauteile, wie über das Hinterradschutzblech, können die Ursache sein.

Eine einfache Art, Fehler zu lokalisieren, ist mit Hilfe eines zusätzlichen Massekabels möglich. Mit der Verbindung des Kabels am Masseanschluss des Scheinwerfers oder der Rückleuchte und dem schrittweisen Abgreifen der Massepunkte zurück zur Spannungsquelle hin, kann die fehlerhafte Stelle der Masserückführung lokalisiert werden.

Die eindeutig bessere Vorgehensweise ist auch hier die Verwendung eines Messgerätes. Durch entsprechende Widerstandsmessungen kann zusätzlich auch eine Aussage über die Qualität der Masserückführung getroffen werden.

Im nächsten Schritt zur Fehlereingrenzung werden die Lichtquellen überprüft. Auch hier empfiehlt sich eine Durchgangsprüfung mit einem Messgerät. Eine reine Sichtprüfung der Bauteile kann keine gesicherte Aussage über ihre Funktion machen.

Eine deutliche Erhöhung der Funktionssicherheit bei Fahrradlichtanlagen erfolgt mit einer **Doppelverkabelung.** Das stromführende Kabel ist schwarz und das rückführende Massekabel schwarz-weiß gekennzeichnet. Hier gilt die gleiche Vorgehensweise der Kabelüberprüfung wie bei der einfachen Verkabelung.

Als Stromquelle bei der Schadenssuche sollte der am Fahrrad montierte Dynamo (Wechselstrom) verwendet werden. Ersatzweise kann die Überprüfung auch mit einer 6-Volt-Batterie oder einem 6-Volt-Akku (beides Gleichstrom) erfolgen. Dabei muss unbedingt die richtige Polarität beachtet werden, um die Funktion der Spannungsregelung oder Standlichtfunktion nicht zu gefährden.

In keinem Fall darf eine 9-Volt-Blockbatterie benutzt werden. Die zu hohe Versorgungsspannung kann zu fehlerhaften Messergebnissen führen oder die Bauteile der Lichtanlage zerstören.

Für Fehlfunktionen beim Standlicht kann unter Umständen die Halogenglühlampe der Frontleuchte verantwortlich sein. Zum Ende der Standzeit einer Glühwendel können sich die einzelnen Wicklungen im Glaskolben berühren und einen Kurzschluss verursachen. Der dadurch resultierende Spannungseinbruch verhindert eine Aufladung des Standlicht-Kondensators.

Dieser Fehler kann durch ein Austauschen der Glühlampe behoben werden.

Bei einer Prüfung mit Gleichstrom erkennt man bei den Halogenscheinwerfern **ohne** Sensortechnik bei korrekter Polung, dass das Fahrlicht leuchtet, nicht jedoch die LED des Standlichts. Unterbricht man die Stromversorgung, so leuchtet das Standlicht auf und das Fahrlicht erlischt.

Bei falscher Polung leuchtet die Standlicht-LED zusammen mit dem Fahrlicht; unterbricht man die Stromversorgung, so leuchtet die LED weiter.

Bei den Halogenscheinwerfern **mit** Sensortechnik ist bei korrekter Polung ein Test mit Gleichstrom nicht möglich (keine Funktion). Wird jedoch das aus dem Scheinwerfer herauskommende schwarzweiße Kabel an „Plus" der Batterie angeschlossen, leuchten Halogenlampe und gegebenenfalls die Standlicht-LED. Voraussetzung dafür ist, dass der Schalter auf „EIN" steht.

9.7 Fahrradcomputer

Die früher verwendeten Tachometer zum Anzeigen der Fahrgeschwindigkeit hatten noch keine elektronischen Uhren und konnten deshalb nicht eine Geschwindigkeit nach der Definition „zurückgelegter Weg durch benötigte Zeit" anzeigen.

Beim früheren Tachometer („Tacho") werden die Radumdrehungen mittels Schneckengetriebe und biegsamer Welle mit entsprechender Übersetzung auf das Anzeigegerät geleitet. Dort setzt die Welle einen Dauermagneten in Drehbewegung. Der Magnet rotiert in einer Glocke aus Aluminium. Dabei entstehen Wirbelströme, die die Glocke etwas verdrehen. Je schneller sich der Magnet dreht, desto mehr verdreht sich die Glocke und der mit ihr verbundene Zeiger zeigt eine höhere Fahrgeschwindigkeit an **(Bild 1)**.

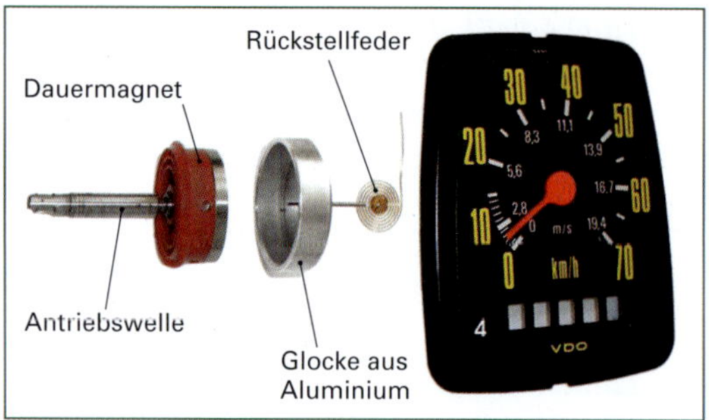

Bild 1: Wirbelstrom-Tachometer

Dieser Tacho ist ein typisches Analoggerät, der die tatsächliche Geschwindigkeit nur ungenau anzeigt.

Heutige Fahrradcomputer berechnen mit Hilfe der eingebauten elektronischen Uhr die Geschwindigkeit und zeigen diese digital an.

info

Analog: Der Messwert wird mit einem Zeiger auf einer Skala angezeigt. Ändert sich die Messgröße, ändert sich die Anzeige stufenlos. Es können so Zwischenwerte abgeschätzt werden.

Digital: Der Messwert wird ziffernmäßig angegeben. Ändert sich die Messgröße, ändert sich die Anzeige in Sprüngen. Man kann keine Zwischenwerte abschätzen.

Die Messung des zurückgelegten Weges erfolgt mit einem Geber (Sensor, Sendeeinheit), der an der Gabel und einem Magneten, der an einer Speiche befestigt ist **(Bild 2)**. Der Magnet streicht pro Umdrehung des Laufrades einmal am Geber nahe vorbei, erzeugt dabei einen Spannungsstoß und löst einen Zählvorgang im Empfänger aus.

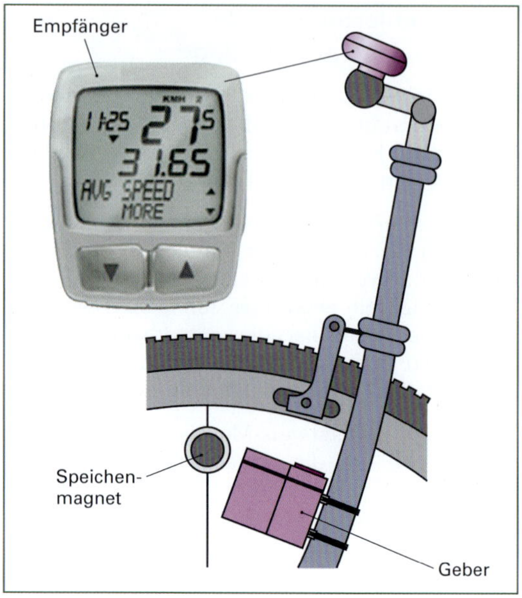

Bild 2: Empfänger, Geber und Speichenmagnet

Ein **Geber** ist ein magnetisch betätigter Schalter. Das Vorbeistreichen des an der Speiche befestigten Magneten schließt einen Kontakt (auch als Reedkontakt bezeichnet).

Die Datenübertragung der Impulse von Raddrehzahl oder Trittfrequenz kann über ein Kabel oder auch drahtlos über ein digitales Funksystem erfolgen. Die Daten sind dabei vor Störungen durch Stromleitungen oder Handys geschützt. Weiterhin gewährleisten codierte Funkübertragungen, dass bei Gruppenfahrten nur die eigenen Datenimpulse im Computer verarbeitet werden.

Der Computer zählt die Radumdrehungen, multipliziert mit dem Radumfang und teilt durch die Zeitdauer eines Radumlaufes. Das digital angezeigte Rechenergebnis ist die (aktuelle) Durchschnittsgeschwindigkeit bezogen auf die Dauer eines Radumlaufes.

Zur Datenübertragung zwischen dem Radcomputer (oder einem Smartphone) und den Sensoren für Geschwindigkeit, Leistung, Tritt- und Herzfrequenz ist das Funknetz ANT und ANT+ Standard. Diese Technologie arbeitet im 2,4-GHz Mikrowellen-Frequenzband über Entfernungen unter 10 m und benötigt zum Senden und Empfangen von Daten weniger als 50 mW Sendeleistung.

ANT+ konkurriert mit dem weit verbreiteten *Bluetooth Low Energy*. Bluetooth dient auch zur Kommunikation und Wartung einiger Pedelec-Controller.

Durch den steigenden Fahrradtourismus haben einige Hersteller ihre GPS-Navigationssysteme durch entsprechende Befestigungssysteme und Witterungsschutz auch zur Verwendung am Fahrrad erweitert **(Bild 1)**.

Bild 1: GPS-fähiger Fahrradcomputer (NavGear)

Nachteilig sind die geringen Standzeiten der Systeme durch die eingeschränkten Akkumulator-Kapazitäten. In naher Zukunft kommen Systeme auf den Markt, bei denen über einen stetig mitlaufenden Nabendynamo eine dauerhafte Energieversorgung des GPS-Systems gewährleistet ist.

Leistungsmessung. Mit speziellem Zubehör können sich Radsportler ihre erbrachte Leistung unmittelbar anzeigen lassen. Die unterschiedlichen Systeme sind:

Wattmessung an der Tretkurbel[1]

Durch die vom Sportler aufgebrachte Pedalkraft wird mit dem an der Kurbel angebrachten Kurbelstern gemessen **(Bild 2a)**. Über Dehnmessstreifen wird die Verformung gemessen und so das Drehmoment bestimmt. Aus der Höhe des Drehmoments und der Umdrehungsgeschwindigkeit der Kurbel wird dann die Leistung berechnet: Leistung ist Drehmoment mal Winkelgeschwindigkeit.

Wattmessung an der Nabe

Hier wird das Drehmoment nach der „Überführung" durch Kette und Ritzel auf die Nabe gemessen. Die Leistungsmessung in der Hinterradnabe ist problematisch, da diese je nach Übersetzung in einem anderen Verhältnis zur Kurbel steht und die Messwerte gemittelt werden. Verluste in der Kette und am Ritzel können nicht berücksichtigt werden.

Wattmessung im oder am Pedal

Hier wird mit die Durchbiegung der Pedalachse ermittelt **(Bild 2b)**. Piezoelemente messen die Trittfrequenz und die Druck- und Zugkräfte, die während der Pedalumdrehung an der Pedalachse wirken. Interessant ist die Möglichkeit, die rechte

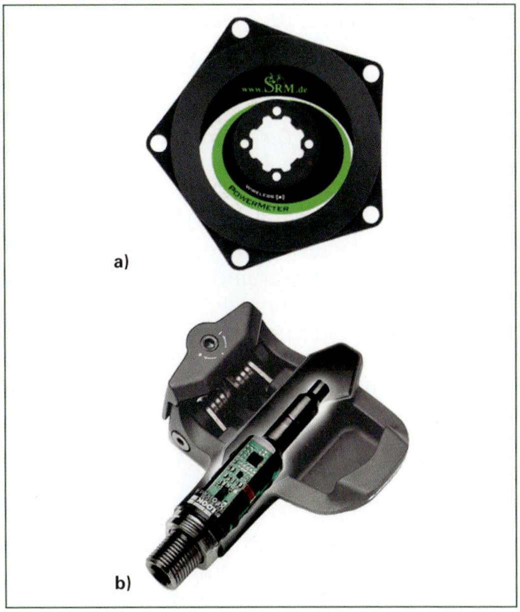

Bild 2: a) Kurbelstern SRM b) Pedalsensoren LOOK

und linke Pedale getrennt zu messen. Der Radfahrer kann so seinen runden Tritt kontrollieren.

In vielen Bereichen ergänzen sich neue Technologien. Entwicklungen wie das *Connected Bike System COBI* nutzen das Smartphone, um verschiedene Funktionen und Informationen in einem Endgerät zu vereinen. Eine App bündelt Daten des Radcomputers, Lichtsteuerung, Navigation, Diebstahlschutzfunktion und evtl. Pedelec-Antriebsinformationen im Smartphone.

Die Bedienung dieser „All-in-one-Lösung" erfolgt über ein griffgünstiges Bedienelement, um die Hände nicht vom Lenker nehmen zu müssen **(Bild 3)**.

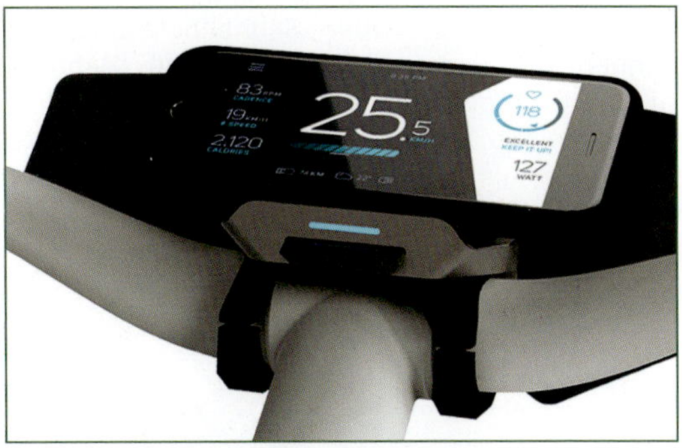

Bild 3: Connected Bike System COBI

Weitere Entwicklungen sind das vernetzte Verkehrswarnsystem *Garmin Varia Fahrrad-Radar*.

[1] Dieses Verfahren wurde von Schoberer-Rad-Messtechnik (SRM) erfunden und patentiert.

9.8 Elektrische Spannungsversorgung für Mobilgeräte

Die Verwendung von Navigationsgeräten, Handys, MP3-Playern, Beleuchtungskomponenten oder sonstigen elektrischen Geräten ist durch die Kapazität ihrer Akkus zeitlich begrenzt. Für einen dauerhaften Einsatz am Fahrrad können diese Geräte über eine Ladestation konstant mit Energie versorgt werden. Die Verbindung erfolgt über ein Kabel an eine USB-Schnittstelle, die standardmäßig eine Spannung von 5 Volt liefert. Auch gibt es Ladestationen, bei denen die Höhe der Strom- und Spannungsversorgung genau nach Herstellerangaben eingestellt werden kann.

Viele Spannungsversorger besitzen einen integrierten Pufferakku, der während der Fahrt aufgeladen wird. Dadurch werden die angeschlossenen Geräte auch bei langsamer Fahrt oder kurzen Zwischenstopps weiter mit Energie versorgt. Mobilgeräte mit einer sensiblen Elektronik gehen somit nicht jedes Mal auf Störung und schalten den Ladevorgang ab. Weiterhin ist darauf zu achten, dass das angeschlossene Gerät eine eigene Abschaltung bei vollem Akku besitzt, um ein Überladen zu verhindern.

Die Ladestation wird parallel zur Lichtanlage am Nabendynamo angeschlossen. Zum schnelleren Aufladen und zur sicheren Spannungsversorgung soll bei der Verwendung von Anschlussgeräten vorzugsweise auf das Einschalten von Licht verzichtet werden. Bei ca. 8 km/h setzt dann der Ladevorgang ein und ist bei ca. 15 km/h mit dem eines normalen Netzladegeräts vergleichbar.

Herstellerangaben informieren über die Kompatibilität mit den Anschlussgeräten. Die USB-Anschlüsse müssen spritz- und regenwassergeschützt werden. Über Schnellbefestigungen können die Ladestationen am Fahrradahmen montiert werden. Bei anderen Bauvarianten ist die komplette Ladestation im Scheinwerfer integriert oder als Kappe auf den Ahead-Steuersatz aufgesetzt (**Bild 1**).

Bild 1: Ladestation auf dem Ahead-Steuersatz (Supernova)

9.9 GPS Navigation

Für Radfahrer wird die satellitengestützte Navigation in naher Zukunft ähnlich weite Verbreitung finden wie bei Autofahrern. Wie beim Auto können Zielfahrten von einem Start- zu einem Zielort durchgeführt werden. Es ist auch möglich, sich vom Navigationsgerät über landschaftlich schöne und verkehrsarme Strecken leiten zu lassen.

Das vom amerikanischen Militär entwickelte **Global Position System (GPS)** basiert auf 24 Satelliten, die in 24000 km Höhe auf verschiedenen Umlaufbahnen die Erde umkreisen. Diese senden laufend Informationen über ihre genaue Position sowie dank hochgenauer Atomuhren synchrone Zeitimpulse aus.

Das GPS-Empfangsgerät auf der Erde analysiert nun die Laufzeit zwischen den einzelnen Signalen. Befindet sich der GPS-Empfänger auf einem Kreis, den ein Satellit mit seinen Signalen auf der Erde abdeckt (A in **Bild 2**), liegt die Laufzeit bei 0,8 Sekunden:

$$t = \frac{\text{Entfernung}}{\text{Lichtgeschwindigkeit}} = \frac{24\,000 \text{ km}}{300\,000 \text{ km/s}} = 0{,}8 \text{ s}$$

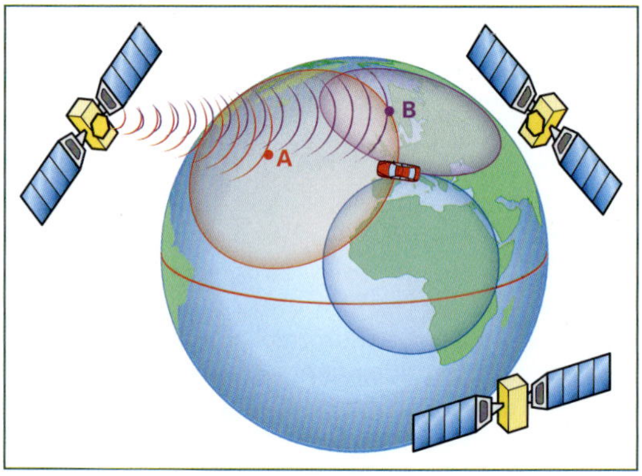

Bild 2: Satellitennavigation

Verstreicht mehr Zeit, befindet sich der Empfänger weiter entfernt, also irgendwo auf einem anderen Kreis, z. B. bei B. Für die Signale, die er dort von einem zweiten Satelliten empfängt, gilt das Gleiche: Der GPS-Empfänger muss sich damit an einem der beiden Schnittpunkte der Kreise befinden. Erst die Signale eines dritten Satelliten lassen eine eindeutige Ortsbestimmung zu. Mit dem Signal eines vierten Satelliten steigert sich die Genauigkeit bis zu 6 m.

Damit kann das Navigationsgerät dem Fahrer auf dem Gerätedisplay grafisch anzeigen, wo er sich befindet, bzw. seine Position in Längen- und Breitengraden angeben.

Damit das Gerät auch erkennt, in welche Himmelsrichtung sich der Fahrer bewegt, aktualisiert es einmal pro Sekunde die Position und berechnet aus dem Vergleich der beiden letzten Messungen die Geschwindigkeit und die Bewegungsrichtung. So wird aus der Längen- und Breitenangabe die momentane Position auf die Straßenkarte übertragen.

Die meisten Fahrrad-GPS-Geräte werden ohne Kartenmaterial angeboten, so dass der Käufer frei wählen kann, welches digitalisierte Kartenmaterial er in den Gerätespeicher lädt.

Unterschieden wird zwischen Raster- und Vektorkarten. Rasterkarten sind in der Regel gescannte Papierkarten. Man verwendet sie in Ländern, von denen keine Vektorkarten erhältlich sind. Vektorkarten sind dagegen ohne Qualitätseinbuße zoombar, die Datenmenge ist kleiner, eine Kalibrierung auf das Koordinatensystem entfällt.

Es gibt hochauflösende topografische Karten für Wanderer, Mountainbiker oder Tourenradler, und für Reiseradler und Rennradfahrer ideale Straßenkarten mit geringerer Auflösung, wie sie auch im Auto verwendet werden.

Während bei den Straßenkarten ein hausnummerngenaues Leiten (Routing) möglich ist, sind die höher auflösenden Karten nur begrenzt routingfähig. Ein wesentlicher Grund besteht darin, dass kleine, autoverkehrsarme Wege für Radfahrer in digitaler Form bisher nur unzureichend erfasst sind. Die kostenlose Openstreetmap-Weltkarte wird von GPS-Benutzern selbst hergestellt. Unterprojekte wie die Radkarte Deutschland oder die Open-MTB-Karte versuchen diese Lücke zu schließen.

Zur Navigation kann man bei den Fahrrad GPS-Geräten zwischen Tracks und Routen wählen.

Tracks sind Listen von Einzelpositionen, die miteinander verbunden, als Linie (Layer) auf der Karte dargestellt werden.

Tracks lassen sich mit dem GPS-Gerät oder mit geeigneter Kartensoftware selbst erstellen, oder aus dem Internet laden. Internet-Tourenportale, Internet-Fahrradroutenplaner und Fremdenverkehrsämter bieten fertige Radtouren an.

Bei der Navigation mit Tracks wird die aktuelle Position grafisch und akustisch zum Verlauf der Radtour dargestellt. Der Track wird dazu virtuell auf die Landkarte projiziert **(Bild 1)**.

Bei der Routing-Funktion errechnet das Gerät aktiv den Weg zum Zielpunkt und zeigt diesen durch Fahranweisungen an.

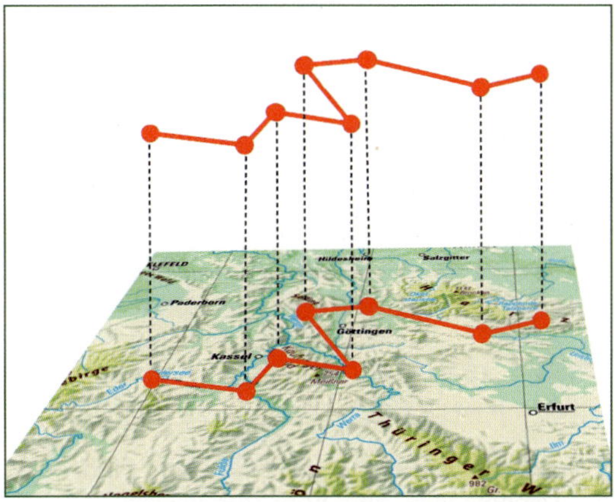

Bild 1: Projektion eines GPS-Tracks auf eine digitale Landkarte

Wird ein Rundkurs gefahren und die Routingfunktion genutzt, so muss der weitest entfernte Streckenteil als Zwischenziel definiert werden. Andernfalls versucht das Gerät, den kürzest möglichen Weg zu errechnen, der nicht dem Rundkurs entspricht.

GPS-unterstützte Navigation ermöglicht das optimale Nutzen von autoverkehrsarmen Wegen für den Radfahrer **(Bild 2)**. Je reizvoller und verkehrsärmer der Streckenverlauf gestaltet wird, desto häufiger muss die Fahrt zur konventionellen Navigation mit Landkarte und Kompass unterbrochen werden.

Bild 2: Navigationsgerät (Garmin)

Bei einer Streckenlänge von 100 km kann die Unterbrechungs- oder Navigationszeit bis zu 3 Stunden betragen. Für eine GPS-Radtourenplanung am Computer sind dagegen 10 bis 30 Sekunden pro Fahrkilometer zu kalkulieren. Seit 2013 gewinnen mobile Navigations-Applikationen (Apps) für Smartphones und GPS-Tablets an Bedeutung.

10 Zubehör

Zubehörteile am Fahrrad sind zur reinen Fortbewegung zwar entbehrlich, machen das Radfahren aber bequemer, sicherer und erweitern die praktische Anwendung. Wegen einer hohen Diebstahlquote ist das Fahrradschloss zu einem der wichtigsten Zubehörteile geworden.

10.1 Schutzblech und Kettenschutz

Die **Schutzbleche**[1] für die Laufräder dienen als Spritzschutz, die den Benutzer gegen von den Laufrädern hochgeschleuderten Straßenschmutz und Spritzwasser schützen. Sie sollen etwa 1 cm breiter als die Reifen sein, damit von der Seite kein Spritzwasser den Radfahrer trifft.

Die klassische Befestigung erfolgt über Streben mit einer Fixierung an den Ausfallenden **(Bild 1)**. Die Strebenenden sind mit separaten Schrauben an den Ausfallenden befestigt.

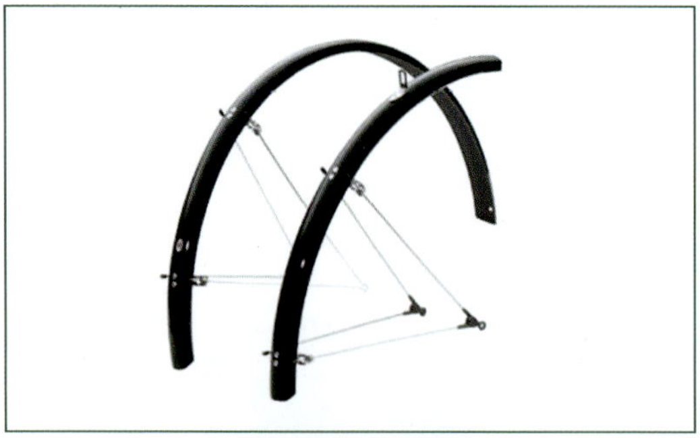

Bild 1: Klassische Schutzbleche (Radschützer)

Clip-Systeme lösen die Haltestreben, wenn sich Gegenstände zwischen Reifen und Vorderrad-Schutzblech verklemmen. Sie verhindern dadurch ein Blockieren des Laufrades. In diese Clips werden die Schutzblechstreben eingesteckt – also nicht starr mit der Gabel verschraubt.

Während früher die Schutzbleche ausschließlich aus Stahl- oder Aluminiumblechen gefertigt wurden, ist heute ein zähelastischer, beschichteter Kunststoff der vorwiegend verwendete Werkstoff.

Vorteile der modernen Schutzbleche sind geringes Gewicht, hohe Flexibilität, Optik und Sicherheit.

Häufig werden am hinteren Kunststoffschutzblech Kabelschutzrohre angenietet, die eine elegante, unempfindliche Kabelverlegung ermöglichen.

[1] Die Bezeichnung für Schutzbleche nach DIN EN 15532 ist Radschützer.

Für die Nachrüstung von sportlichen Rädern gibt es verschiedene Varianten leichter Steckschutzbleche aus Kunststoff. Durch Spreizstücke und Haltewinkel können sie auch an Federgabeln und besonderen Rahmenformen montiert werden.

Das Steckschutzblech für ein Mountainbike aus **Bild 2** lässt sich nach oben schwenken, wenn sich zwischen Schutzblech und Reifen Gegenstände oder Matsch befinden.

Bild 2: Steckschutzblech

Nach ISO EN 4210 müssen Schutzbleche fußfrei montiert sein, das heißt, der Fuß darf beim Einschlagen des Lenkers nicht an Vorderreifen oder Schutzblech stoßen. Dabei darf ein Mindestabstand von 100 mm zwischen Pedalmitte und Schutzblech nicht unterschritten werden.

Weiterhin müssen Schutzbleche einer senkrecht nach oben wirkenden Kraft von 160 N widerstehen, die ein unter die Streben gehaltener Stab im Felgenbereich auf die Streben ausübt **(Bild 3a)**. Daneben müssen Schutzbleche einer Kraft von 80 N widerstehen, die senkrecht auf das Schutzblech ausgeübt wird **(b)**.

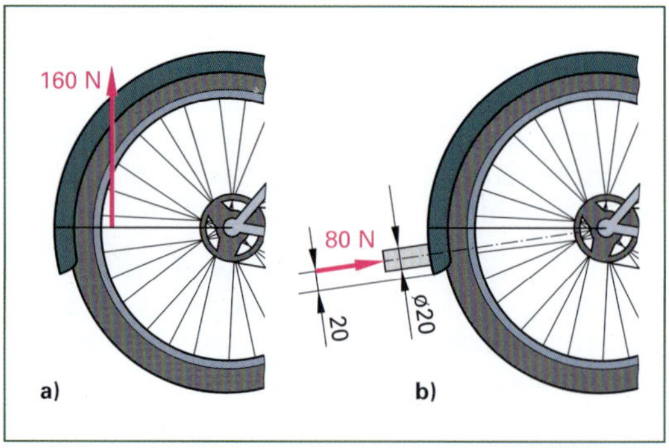

Bild 3: Mindestbelastungen auf Schutzblech und Schutzblechstreben

EN ISO 4210-2 verlangt für City-, Trekking- und Jugendfahrräder, dass eine **Kettenschutzvorrichtung** das größte Kettenblatt um mindestens 10 mm überragen muss **(Bild 1)**. Nebeneffekt der Schutzscheibe ist, dass eine Kette nicht nach außen abspringen kann.

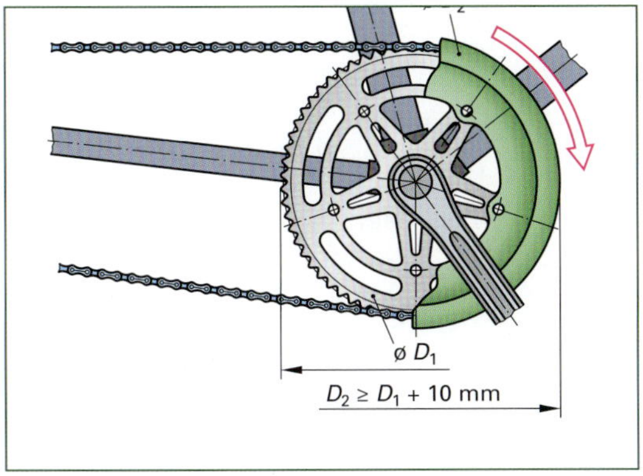

Bild 1: Kettenschutz nach EN ISO 4210-2

Weiterhin muss die Kettenschutzscheibe die Kette in mindestens 25 mm Abstand vor dem Einlauf der Kette in das Kettenblatt abdecken **(Bild 2)**.

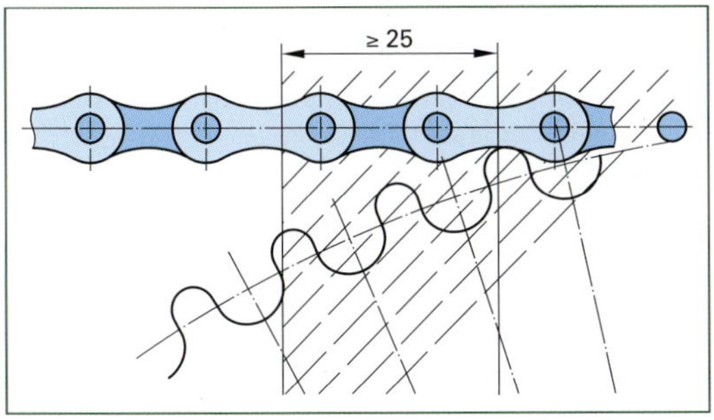

Bild 2: Zusammentreffen von Kette und Kettenblatt

Das Ritzelpaket eines Fahrrades mit Kettenschaltung muss mit einer **Speichenschutzscheibe** ausgestattet sein **(Bild 3)**. Die Scheibe soll verhindern, dass die Kette durch eine Fehljustierung oder einen Schaden in die Speichen gelangt und das Hinterrad blockiert.

Bild 3: Speichenschutzscheibe

10.2 Gepäckträger

Der Gepäckträger ist eine Vorrichtung, die zum Befördern von Gepäck oder Kindern in Kindersitzen bestimmt ist. Ein Gepäckträger kann am Hinterrad oder am Vorderrad (Lowrider, **siehe Bild 3, Seite 390**) montiert werden. Daneben gibt es noch Vorderradgepäckträger über dem Vorderrad.

Gepäckträger müssen der Prüfnorm DIN EN14872 (Zubehör) entsprechen. Sie schreibt für hintere Gepäckträger eine maximale Belastungsgrenze von 25 kg vor (an der Sattelstütze angebaut 10 kg). Über dem Laufrad angebrachte Front-Gepäckträger sind für eine Last von 10 kg zugelassen, Front-Gepäckträger mit tiefliegender Befestigung (Lowrider) zusammen 18 kg.

Der Gepäckträger muss sichtbar und dauerhaft mit folgenden Angaben gekennzeichnet sein:

- Tragfähigkeit in kg
- Namen oder Zeichen des Herstellers
- EN 14872

Gepäckträger werden aus dünnwandigem Stahlrohr oder Rundstahldraht, aus Aluminium-Rundmaterial oder aus dünnwandigen Edelstahlrohren hergestellt.

Die Befestigung kann an drei oder an vier Punkten erfolgen **(Bild 4)**.

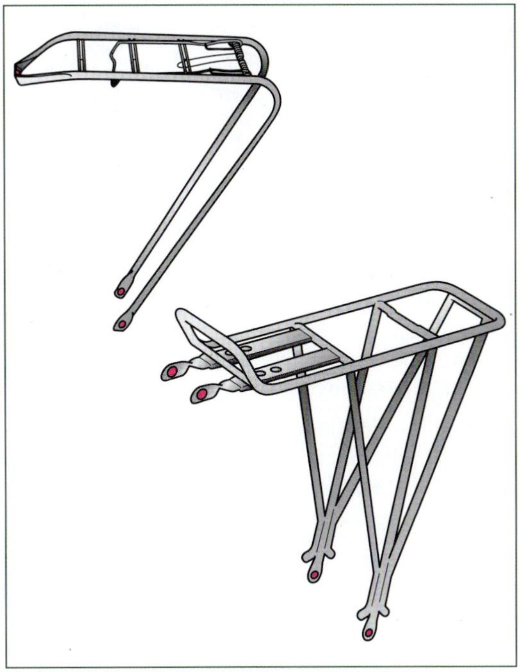

Bild 4: Drei- und Vierpunktbefestigung

Aufgrund der besseren Verstellmöglichkeiten bei unterschiedlichen Rahmenhöhen sowie einer höheren Seitenstabilität haben sich Gepäckträger mit Vierpunktbefestigung durchgesetzt. In alle Richtungen schwenk- und verschiebbare Streben ermöglichen die Verwendung eines Gepäckträgers für annähernd alle Rahmenhöhen **(Bild 1)**.

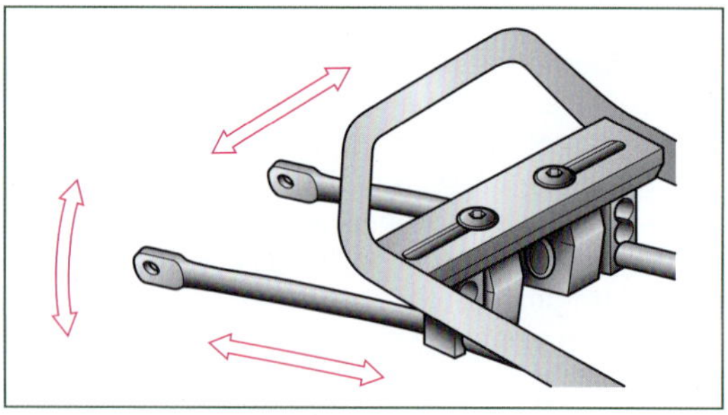

Bild 1: Verstellbare Streben

Separate Anlötösen an den Hinterbau-Oberstreben (Sitzrohrstreben) sowie seitliche Gewindebohrungen in den Ausfallenden garantieren eine stabile seitliche Befestigung.

Zur Befestigung von Lasten auf dem Gepäckträger dient in den meisten Fällen eine Federklappe. Der Nachteil dieses Systems ist, dass die Gepäckstücke durch die Schräge des Spannbügels nach vorne gedrückt werden **(Bild 2)**. Gummizüge oder Spanngurte haben sich bei schwererem und sperrigem Gepäck als sicherer erwiesen.

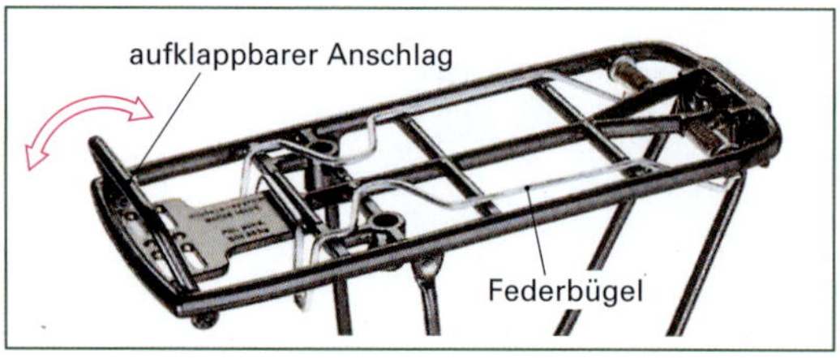

Bild 2: Gepäckträger mit Federbügel und Anschlag

Systemgepäckträger ermöglichen es, durch Verwendung verschiedener Adapter Einkaufskörbe, Fahrradtaschen, Kindersitze und anderes Zubehör sicher zu befestigen. Die zulässige Belastung des Gepäckträgers muss sichtbar eingeprägt sein.

Der Standard-Gepäckträger ist am Hinterbau befestigt und ist meist in die Gesamtkonstruktion des Fahrrades integriert.

Für Reiseräder wurden zusätzlich spezielle Vorderradgepäckträger (Lowrider) entwickelt **(Bild 3)**. Hier können zusätzliche Taschen tief in der Ebene der Vorderradachse eingehängt werden, ohne dass die Lenkbewegungen zu stark beeinflusst werden. Zur Befestigung sind Anlötsockel oder Gewindebohrungen an der Vordergabel erforderlich.

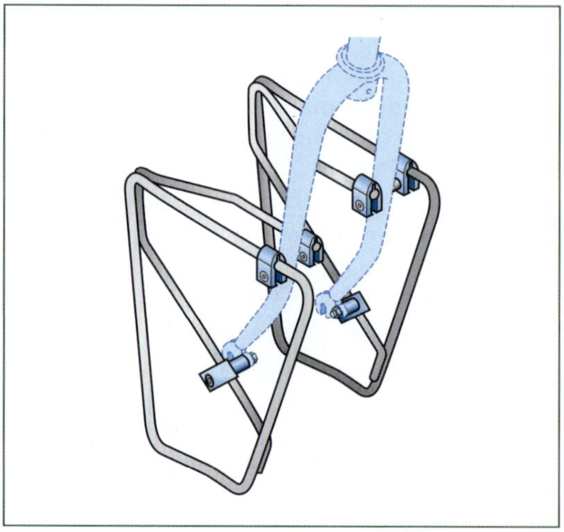

Bild 3: Vorderrad-Gepäckträger (Lowrider)

Langstrecken-Radler verteilen die Zuladung auf das Vorder- und Hinterrad. Gut ausbalanciert liegen 25 % (± 5 %) des Gepäckgewichtes auf dem Vorderrad. Die Verlängerung der Steuerkopfachse sollte durch den Schwerpunkt der vorderen Gepäcklast gehen.

Die hinteren Packtaschen sollen möglichst weit vorn liegen, aber noch genügend Platz für die Tretbewegung lassen.

Je kleiner die ungefederten Massen sind, umso besser ist der Bodenkontakt (siehe auch Seite 212). Deshalb sollte das Gepäck so untergebracht werden, dass es zu den gefederten Massen gehört – also *oberhalb* der Federelemente. Das Verhältnis der gefederten zu den ungefederten Massen wird vergrößert und damit die Federung insgesamt verbessert.

Reiseräder sollten nur nach diesem Prinzip ausgerüstet sein.

Zur Mitnahme kleiner Lasten sind häufig bei Rennrädern, Fitnessbikes oder MTBs Sonderträger an der Sattelstütze montiert (**Bild 4**).

Bild 4: Sattelstützträger für ein MTB

Lowrider an Fahrrädern, die mit einer Federgabel versehen sind, sollten nicht an den Tauchrohren befestigt werden. Sie würden bei schnellen Ausweichbewegungen den Weg der Federgabel mitmachen und hohen Beschleunigungskräften unterliegen.

Eine Befestigung oberhalb des Vorderrades an der Gabelkrone und unterhalb des oberen Steuerkopflagers ist die einfachste Lösung für die Anbringung des Gepäckträgers. Allerdings muss man bei Ausnutzung der zulässigen Lastgrenze (18 kg lt. DIN EN 14872) durch die Schwerpunktverlagerung ein verändertes Lenkverhalten beachten.

Eine sinnvolle Befestigungsart zeigt **Bild 1**: Hier wird der Lowrider hinter dem Gabelkopf und unterhalb des Steuerkopflagers befestigt und zusätzlich von zwei neben den Tauchrohren befindlichen Linearführungen stabilisiert.

Auf diese Weise wird der Schwerpunkt nach unten verlegt und das Gepäck von Laufradstößen verschont.

Bild 1: Faiv Lowrider von U. Artmann

10.2 Kindersitze

Auf Kindersitzen können Kinder bis 7 Jahre mitgenommen werden, wobei der Radfahrer mindestens 16 Jahre alt sein muss. Diese Regelung gilt für Fahrräder, Pedelecs, E-Bikes und Mofas.

Die technischen Anforderungen waren bis Juni 2005 in der DIN 79120 „Kindersitze für Fahrräder" vorgeschrieben. Gemäß Euronorm EN 14344 werden drei Kategorien unterschieden:

- A15 Kindersitze hinten für Kinder bis 15 kg
- A22 Kindersitze hinten für Kinder bis 22 kg
- C15 Kindersitze zwischen Lenker und Radfahrer montiert und für Kinder bis 15 kg

Originaltext der EN:

C15-Kindersitze vorn müssen u. a. einen Befestigungspunkt haben, der *nicht* der Lenker oder eine Ergänzung des Lenkervorbaus ist.

Tabelle 1: Klassifizierung von Kindersitzen

Sitztyp	Gewichtsklasse	
	9 kg – 15 kg	9 kg – 22 kg
Rücksitz	Zulässig	Zulässig
Frontsitz zwischen Lenker und Fahrer	Zulässig	Nicht zulässig
Frontsitz vor dem Lenker	Nicht zulässig	Nicht zulässig

Die meisten Kindersitze sind mit verstellbaren Fußstützen versehen, auf denen man die Füße des Kindes mit einem Riemen festschnallen kann. Damit wird verhindert, dass die Füße in die Speichen gelangen können. Die neue Norm verlangt von allen Kindersitzen einen integrierten Speichenschutz.

Bei Montage des Kindersitzes zwischen Lenker und Sattel besteht die Gefahr, dass das Kind in den Lenker greifen kann. In diesem Fall empfehlen sich Kindersitze mit eigenem Sicherheitsgriff **(Bild 1, Seite 392)**.

Auf dem Kindersitz muss der Herstellername und das maximal zulässige Kindergewicht aufgedruckt sein. Die Montage an schwenkbaren Lenkungsteilen ist nicht erlaubt, da die Lenkung beeinträchtigt wird. Werden Kindersitze auf dem Gepäckträger montiert, muss deren Tragfähigkeit ausreichend sein.

Kindersitze, die sich hinter dem Fahrer befinden, können auf dem Gepäckträger oder am Sattelrohr montiert werden. Bei Sätteln mit offenen Spiralfedern sind diese abzudecken, um für das Kind Quetschungen der Finger zu vermeiden.

Eine mögliche Belastung von bis zu 22 kg macht das Fahrrad hecklastig und es neigt bei höherer Geschwindigkeit zum Aufschaukeln und Rahmenflattern. Dieser Nachteil macht sich besonders bei Damen-Hollandrädern mit ihren flachen Sitzrohrwinkeln und wenig verwindungssteifen Rahmen bemerkbar.

Eine Sonderform stellt der Kindersitz *Bobike Classic Junior* dar. Er ist für Kinder zwischen 5 und 10 Jahren und einem Körpergewicht bis 35 kg geeignet.

Bild 1: Kindersitz mit Sicherheitsgriff (Römer)

Bild 2: Kindersitz für die Montage hinter dem Fahrer (Römer)

Die Kunststoffschalen von Kindersitzen tragen das Herstellungsdatum. Sie sollten nicht länger als acht Jahre verwendet werden, da sie durch UV-Strahlung altern.

10.4 Fahrradständer

Damit Fahrräder beim Abstellen nicht umfallen, kann man sie mittels angeschraubter Ständer auf festem Untergrund abstellen. Je nach Nutzung des Fahrrades und möglicher Gepäckbeladung bieten sich unterschiedliche Systeme an:

- Seitenständer in Tretlagernähe
- Seitenständer als Hinterbaustütze
- Zweibeinständer in Tretlagernähe
- Seitenständer am Lowrider

Der **Seitenständer in Tretlagernähe (Bild 3)** wird an der Stegplatte hinter dem Tretlager angebracht. Das Ständerbein ist nach links ausklappbar, da in dieser Richtung die Kette nicht stört.

Bild 3: Verstellbare Seitenstütze im Tretlagerbereich

Verschiedene Laufradgrößen bei gleichen Modellreihen erfordern verstellbare Stützen, um den Höhenunterschied auszugleichen.

Hinterbaustützen werden ebenfalls nach links ausgeklappt. Mit einer Schellen-Halterung, die am Hinterbau das Unterrohr (Kettenstrebe) mit dem Oberrohr (Sattelstrebe) verbindet, wird die Stütze am Rahmen befestigt **(Bild 1, Seite 393)**.

Diese Anbringung hat sich besonders bei Gepäckzuladung als vorteilhaft erwiesen, da das beladene Rad näher an seinem Schwerpunkt abgestützt wird. Sie sind Standard bei Reisefahrrädern.

Als stabil gelten zweibeinige Ständer **(Bild 2, Seite 393)**, was aber nur auf jene aus Rohr oder Vollaluminium zutrifft und nicht auf gewinkelte Blechversionen. Montiert werden sie entweder an der Stegplatte (wie die Seitenstütze) oder im Raum zwischen dem Tretlagergehäuse und der Stegplatte.

Bild 1: Hinterbau-Seitenständer

Bild 2: Zweibeinständer

Die Standsicherheit von Zweibeinständern ist durch die geometrisch eng zusammenliegenden Abstützpunkte eingeschränkt **(Bild 3)**. Sie reicht nicht aus, um beispielsweise ein Fahrrad mit Kindersitz halbwegs sicher abzustellen, wobei hier noch der hohe Schwerpunkt verunsichernd hinzukommt.

Info
Niemals Kinder bei aufgebocktem Fahrrad im Kindersitz sitzen lassen.

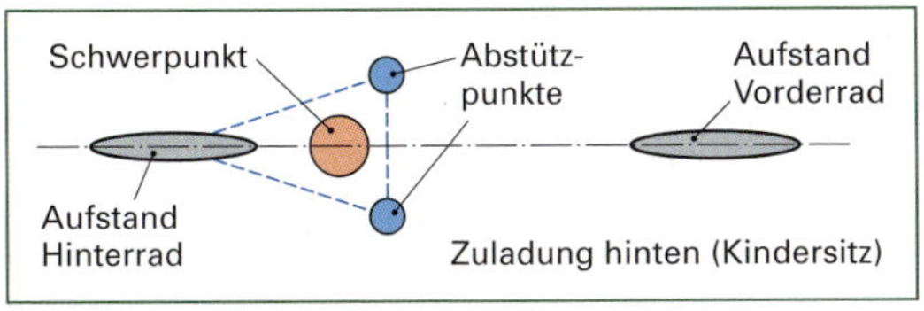

Bild 3: Abstützung beim Zweibeinständer

Besonderer Vorteil eines Zweibeinständers ist die Möglichkeit, Reparaturarbeiten an den Rädern auszuführen.

10.5 Glocke

Nach der StVZO § 64a müssen alle Fahrräder im öffentlichen Straßenverkehr mit einer hell tönenden Glocke (Klingel) ausgerüstet sein – also auch Rennräder und Mountainbikes. Sie muss jederzeit zugänglich am Lenker angebracht sein. Andere Einrichtungen für Schallzeichen dürfen an Fahrrädern nicht angebracht sein. An Fahrrädern sind seit 1960 Radlaufglocken nicht zulässig[1].

Die Glocke muss den Anforderungen der DIN ISO 7636 entsprechen. Dabei ist eine Mindestlautstärke von 75 Dezibel vorgeschrieben.

Info
Der Schallpegel wird in Dezibel (dB) angegeben. Die Hörschwelle liegt bei 0 dB, 45 dB ist der mittlere Schallpegel eines vorbeifahrenden Pkw.

Herkömmliche Fahrradglocken bestehen aus einer Unterschale und einer Oberschale, dem Glockendeckel aus Metall. In der Unterschale, meist ein Kunststoffteil mit angespritzter Befestigungsschelle, ist auf einem Bolzen ein Zahnsegment mit Rückzugfeder und einem nach außen stehenden Betätigungshebel gelagert **(Bild 4)**. Einfacher aufgebaut sind Einschlagglocken.

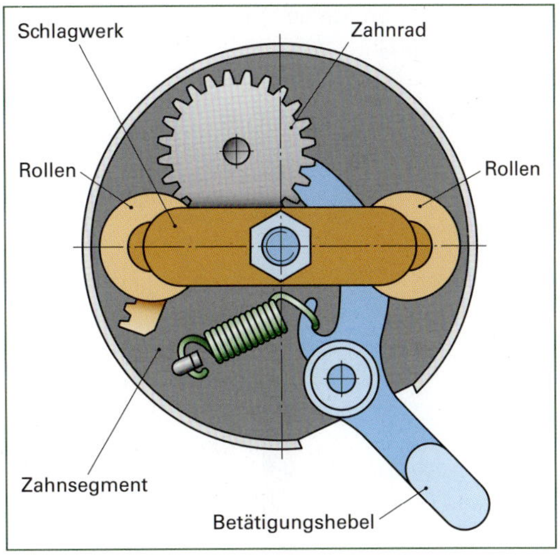

Bild 4: Prinzip Fahrradglocke (Trillerglocke)

Die Zähne dieses Segments greifen in ein Zahnrad, das mit dem Schlagwerk verbunden ist. Über das Segment und Zahnrad wird das Schlagwerk in schnelle Umdrehungen versetzt. Die am Ende des Schlagwerks gelagerten Rollen schlagen dabei gegen den Glockendeckel, der ins Schwingen kommt und den Klang erzeugt.

[1] In Österreich ist neben einer Fahrradklingel auch eine Hupe erlaubt.

10

10.6 Luftpumpe

Mit der Luftpumpe wird von Hand der Reifen aufgepumpt. Je nach Ventiltyp muss die Pumpe den passenden Ventilkopf haben. Moderne Luftpumpen besitzen meist einen Universalkopf, der an unterschiedliche Ventile passt:

- Dunlopventile für Normalfahrräder
- Sclaverandventile für Hochdruckreifen
- Schraderventile (Autoventile)

Zur Mitnahme am Fahrrad sind einfache Handpumpen, die als Klemmpumpen in unterschiedlichen Längen angeboten werden, ausreichend.

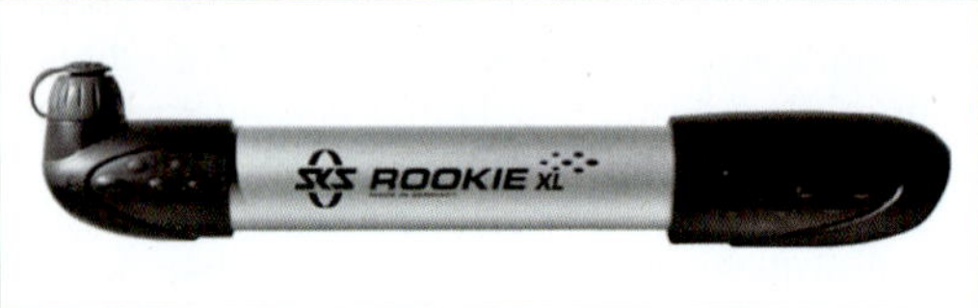

Bild 1: Mini-Handluftpumpe

Funktionsbeschreibung: In einem unten verschlossenen und oben mit einem Deckel verschraubtem Zylinder (meist ein Kunststoffteil) bewegt sich der Pumpenkolben auf und ab. Der Kolben, auf einer Stange sitzend, besteht aus einer topfförmigen Manschette aus synthetischem Material **(Bild 2)**.

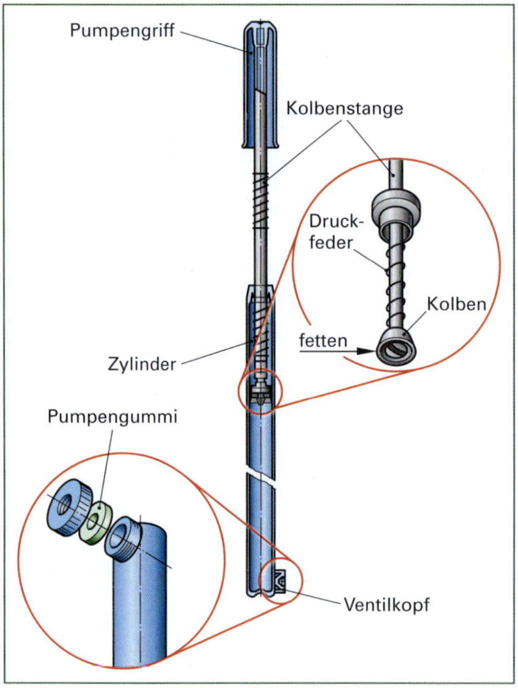

Bild 2: Funktion einer Handluftpumpe

Der Kolbenboden ist an der Stange zwischen zwei Scheiben verschraubt. Wird der Kolben angezogen, entsteht unter ihm ein luftverdünnter Raum. Die Manschetten-Dichtung ist dabei geöffnet und die Außenluft strömt durch die Deckelbohrung in den Zylinder. Beim Niederdrücken der Kolbenstange ist die Manschetten-Dichtung geschlossen und die Luft wird zusammengepresst.

Wenn der Druck im Pumpenzylinder größer ist als der Gegendruck im Schlauch, öffnet das Ventil. Die zusammengepresste Luft strömt in den Schlauch und erhöht den Druck.

Für Rennräder, die einen höheren Luftdruck benötigen, sind Pumpen mit kleinerem Kolbenquerschnitt *(Hochdruckluftpumpen)* sinnvoller. Eine kleinere Querschnittsfläche erfordert zwar einen längeren Hubweg oder eine größere Anzahl an Hüben, aber geringere Betätigungskräfte.

Für den stationären Betrieb in der Fahrradwerkstatt (oder zu Hause) gibt es Standpumpen mit integriertem Manometer, mit denen man von Hand Drücke bis 16 bar erzeugen kann. Damit kann schneller und leichter aufgepumpt werden **(Bild 3)**.

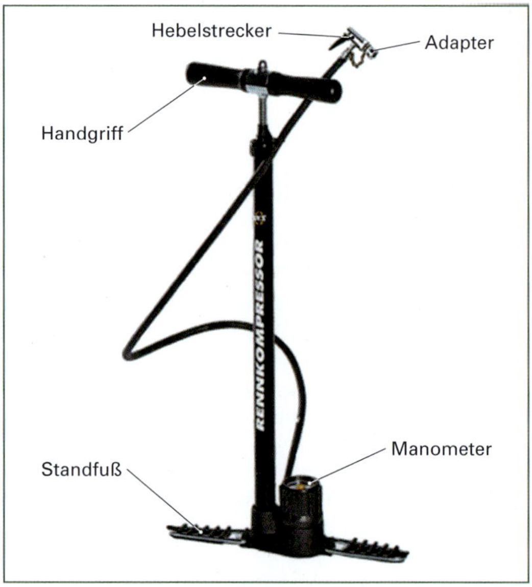

Bild 3: Standluftpumpe mit Manometer

Bei einer Kartuschenpumpe wird eine kleine unter Druck stehende CO_2-Kartusche benötigt. Sie wird an die eigentliche Kartuschenpumpe angeschlossen und diese am Ventil befestigt und betätigt.

Bei großvolumigen Fahrradreifen reicht eine einzelne Kartusche meistens nicht aus. Man benötigt unterwegs sicherheitshalber immer mehrere Kartuschen.

10.7 Fahrradschlösser

Obwohl vom Gesetzgeber nicht vorgeschrieben, sollte ein Rad gegen unbefugte Benutzung oder gegen Diebstahl mit einem Sicherheitsschloss ausgerüstet sein.

Verschiedene Fahrradhersteller bieten in der Erstausrüstung einfache Ringbügelschlösser an **(Bild 1)**. Diese Schlösser sind nur als Schnellsicherung für eine kurze Abstellung des Rades anzusehen.

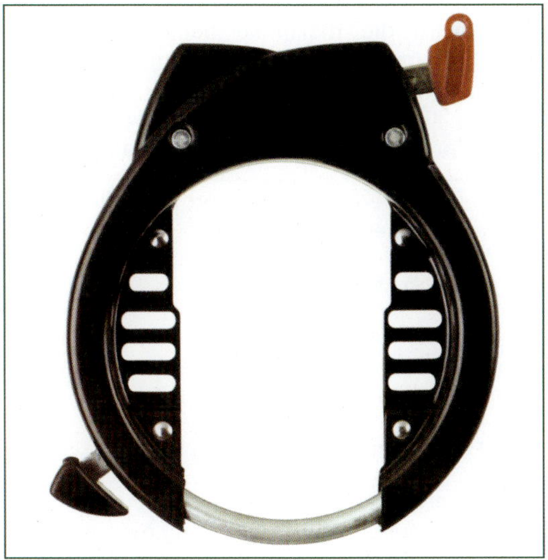

Bild 1: Ringbügelschloss

Das Fahrrad mit einem wirksamen Sicherheitsschloss auszurüsten ist aufgrund des großen Angebotes möglich, wird aber von den meisten Herstellern aus Gründen des hohen Gewichtes und der Kosten nicht vorgenommen.

Es wird dem Fahrradbesitzer überlassen, ein Schloss auszuwählen, das seine persönlichen Sicherheitsbedürfnisse erfüllt. Dabei spielen Argumente wie die Zeitdauer, der Ort und die Tageszeit, in der das Fahrrad unbewacht abgestellt ist, eine wichtige Rolle.

Verschiedene Sicherungssysteme für die Absicherung des Fahrrades sind:

- Kabelschloss mit gehärteter Stahlhülse und flexiblem Edelstahlkabel **(Bild 2)**
- Kettenschloss mit gehärteten Vierkantgliedern **(Bild 3)**
- Bügelschloss mit beidseitiger Bügelverriegelung aus gehärtetem Spezialstahl **(Bild 4)**

Einige Anbieter definieren für ihre Schlösser Sicherheitsstufen. Je höher die Zahl ist, umso

Bild 2: Kabelschloss

Bild 3: Kettenschloss mit Kunststoff-Ummantelung

Bild 4: Bügelschloss

sicherer soll das Schloss sein. Als Pauschalwert hat sich eingebürgert, dass ein passendes Schloss etwa 10 % des Fahrrades kostet.

Info

Je teurer und leichter ein Rad ist, umso schwerer und teurer sollte auch ein adäquates Schloss sein.

In größeren Städten ist die Diebstahlgefahr besonders groß. Muss ein Rad über mehrere Stunden unbewacht abgestellt werden, hat sich der Einsatz von zwei unterschiedlichen Schlössern aus gehärtetem Stahl bewährt (Beispiel: Bügelschloss und Ringbügelschloss).

10.8 Helm

Der Helm ist ein wichtiger Kopfschutz, der den Radfahrer bei einem Sturz oder Aufprall vor Kopfverletzungen schützen soll.

Helme für Radfahrer bestehen aus einer 2 bis 3 cm dicken Dämmschicht aus **EPS** (**E**xpandiertes **P**olystyrol = **S**tyropor), die von einer Kunststoffschale (Microshell) umgeben ist. Die harte Schale soll bei einem Sturz Verzahnungseffekte mit der rauen Fahrbahnoberfläche und damit ein ruckartiges Abbremsen des Kopfes vermeiden **(Bild 1)**.

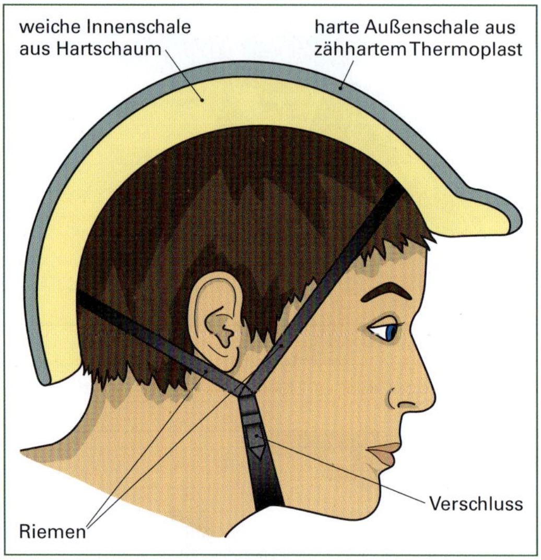

Bild 1: Aufbau eines Fahrradhelms

Die Hartschaumschicht ist die Knautschzone. Durch den zusätzlichen „Bremsweg" von ca. 2 cm soll sie bei einem Aufprall die hohen Verzögerungswerte auf 300 g (das ist die 300-fache Erdbeschleunigung) verringern.

Ein Helm hat nur dann seine optimale Wirkung, wenn die Dämmschicht *ohne Bruch* auf Minimalstärke (ca. 1 cm) komprimiert wurde. Bricht die Außenschale, bleibt die Dämmschicht wirkungslos.

Moderne Helme werden nach dem „In-Molding"-Verfahren hergestellt. Dabei wird der EPS-Schaum in die dünne Microshell-Kappe gespritzt, während die Kappe sich noch in der Pressform (dem „Mold") befindet. Der Schaum verschweißt mit der Kappe und beide härten bei der gemeinsamen Abkühlung aus.

Durch gezielte Formgebung werden beim Spritzen die kritischen Zonen um die Belüftungsöffnungen verstärkt. Die Sicherheit liegt damit deutlich höher als bei den nur punktweise verklebten Helmen.

Helme werden nach der europäischen CE Norm EN 1078 geprüft und zertifiziert. Seit 1997 dürfen in Europa nur noch Helme in den Handel gebracht werde, die nach dieser Norm geprüft wurden und das CE-Siegel im Helm tragen. TÜV/GS, ANSI, SNELL, ASTM und andere Institute ohne CE-Zertifizierung haben keine Gültigkeit mehr.

Bei der mechanischen Prüfung wird ein 5 kg schwerer Prüfkörper, der dem Kopfgewicht entsprechen soll, in den Helm eingebracht und ein Fallexperiment durchgeführt.

Dabei wird die maximale negative Beschleunigung (Verzögerung) beim Aufprall des Prüfkörpers gemessen. Liegt die Verzögerung unter 300 g (= 3000 m/s²) und übersteht die Helmschale den Aufprall ohne Bruch, gilt der Helm als sicher.

Aus den Prüfbedingungen kann man die Bremskraft ausrechnen:

$$300 \cdot 10\ \text{m/s}^2 \cdot 5\ \text{kg} = 15\,000\ \text{N}$$

Die in der Dämmschicht absorbierte Energie entspricht der Verformungsarbeit bei einem „Bremsweg" von 1 cm:

$$15\,000\ \text{N} \cdot 0{,}01\ \text{m} = 150\ \text{Nm bzw. } 150\ \text{J}$$

Daraus kann man die maximale Geschwindigkeit vor dem Aufprall ausrechnen, denn die kinetische Energie ist gleich der Verformungsarbeit: 28 km/h.

$$W = \frac{1}{2}\, m \cdot v^2$$

$$v = \sqrt{\frac{2 \cdot W}{m}} \quad \text{mit } W = 150\ \text{Nm}$$

mit 1 Nm = 1 kgm/s²

$$v = \sqrt{\frac{2 \cdot 150\ \text{kgm}^2}{5\ \text{s}^2}} = \sqrt{60\ \text{m}^2/\text{s}^2} \approx 7{,}75\ \text{m/s}$$

$$v \approx 28\ \text{km/h}$$

Ein 5 kg schwerer Prüfkörper in einem Probehelm, der bei einem Aufprall von 27 km/h auf 0 km/h ohne Helmdurchschlag abgebremst wird, übersteht die Belastung einer 300-fachen Erdbeschleunigung.

Daher der Satz: „.... wirkt bis 25 km/h."

In der Realität müssen aber größere Massen als die 5-kg-Prüfmasse abgebremst werden, sodass es schon bei erheblich geringeren Geschwindigkeiten zum Durchschlag kommt.

Beispiel:

Ein 75 kg schwerer Fahrer fährt mit einer Geschwindigkeit von 25 km/h ($\approx$ 7 m/s) gegen ein Hindernis und wird dann vom Helm gebremst.

Mit den Prüfbedingungen 300 g und 1 cm Bremsweg des Helmes ergibt sich eine Bremskraft von 15000 N (siehe Seite 380). Bei einer Masse von 75 kg kann nur noch eine Verzögerung von

$$a = \frac{F}{m} = \frac{15000\ \text{N}}{75\ \text{kg}} = 200\ \text{m/s}^2 = 20\ g$$

einen Helmdurchschlag verhindern.

Hat der Fahrer die Hartschaumschicht des Helmes komprimiert, so hat er immer noch eine Restgeschwindigkeit von

$$v = v_0 - a \cdot t$$

$$t \text{ aus } s = v_0 \cdot t - \frac{1}{2} \cdot a \cdot t^2$$

t hier ohne weitere Berechnung der gemischtquadratischen Gleichung $\approx$ 0,0015 s

$$v = 7\ \text{m/s} - 200\ \text{m/s}^2 \cdot 0{,}0015\ \text{s}$$

$$v = 7\ \text{m/s} - 0{,}3\ \text{m/s} = 6{,}7\ \text{m/s} = 24{,}12\ \text{km/h}$$

Ergebnis:

Muss der Helm nicht nur die 5 kg des Prüfkörpers, sondern die 75 kg eines Fahrers verzögern, so bremst der Helm nur von 25 km/h auf 24,12 km/h ab. Ein wirksamer Schutz ist unter diesen Umständen nicht mehr gegeben.

Weitere Anforderungen an Fahrradhelme sind eine gute Belüftung **(Bild 1)**, ein unverrutschbarer, druckfreier Sitz **(Bild 2)** und eine Einhandbedienung des Verschlusses **(Bild 3)**.

Die Helmschale sollte mit den Gurtbändern so justiert werden, dass sie 10 mm bis 15 mm über den Augenbrauen ruht.

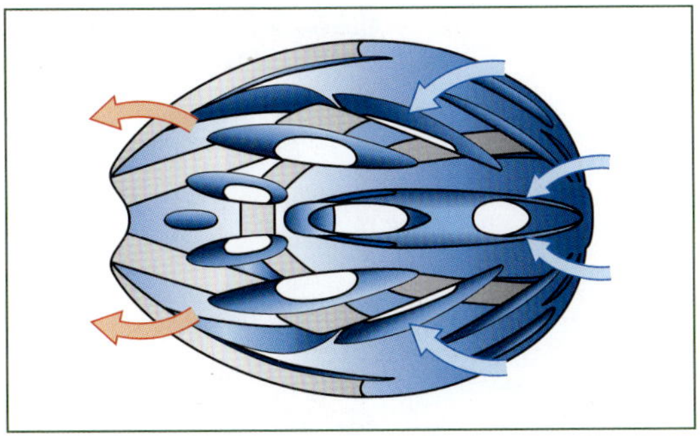

Bild 1: Zugfreie Be- und Entlüftung

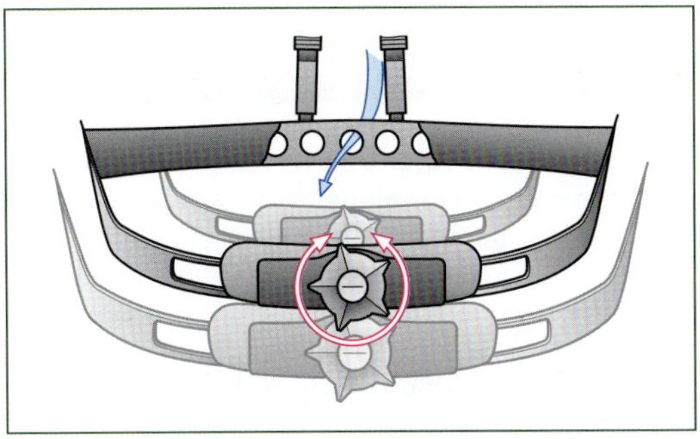

Bild 2: Stufenlos einstellbare Kopfgrößenanpassung

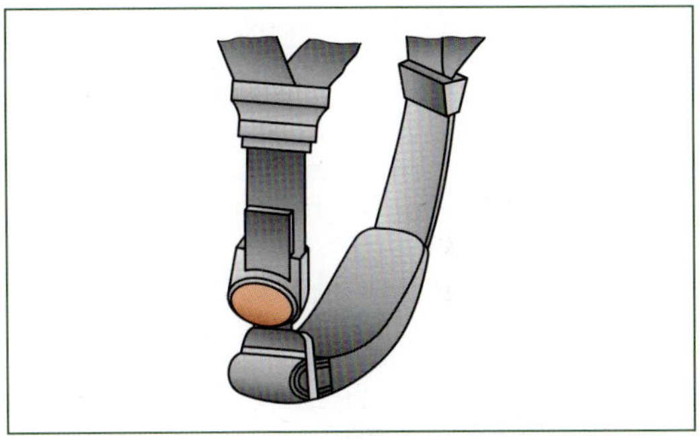

Bild 3: Drucktastenverschluss mit einer Hand bedienbar

10.9 Sicherheitszelle

Eine Sicherheitszelle, wie sie BMW für den Motorroller C1 konzipiert hat, kann auch auf das Fahrrad übertragen werden. **Bild 4** zeigt einen Vorschlag von R. Munz. Die Verbreitung von Elektrofahrrädern bietet eine neue Chance, das Fahrrad mit mehr Sicherheit auszurüsten.

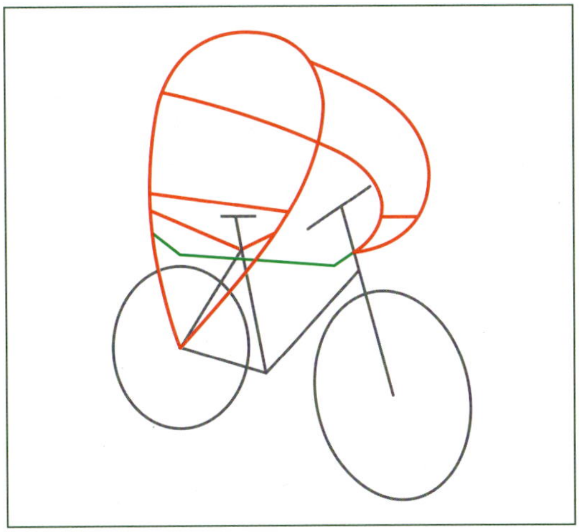

Bild 4: Fahrrad mit Sicherheitszelle (R. Munz)

11 Anpassung und Ergonomie

Größe und Form eines Fahrrades sollen in einem ausgewogenen Verhältnis zum Körperbau des Radfahrers stehen. Unterschiedliche Radtypen und Positionswünsche erfordern eine möglichst passende Rahmengeometrie sowie die optimale Größe und Stellung von Vorbau, Tretkurbel, Lenker und Sattel, ausgehend von den persönlichen Maßen des Radfahrers.

11.1 Körpermaße

Körpergröße *L*, Innenbeinlänge *l* (Schrittlänge), Armlänge *A*, Rumpflänge *R*, Schulterbreite *S*, Unterschenkellänge *U*, Oberschenkellänge *O*, Fersenhöhe F_H und Fußlänge F_L sind die wichtigsten Körpermaße, nach denen ein Radfahrer den passenden Rahmen und die entsprechenden Anbauteile wählt **(Bild 1)**.

Meist bietet der Handel Standardmaße an und der Radfahrer muss einen Kompromiss eingehen.

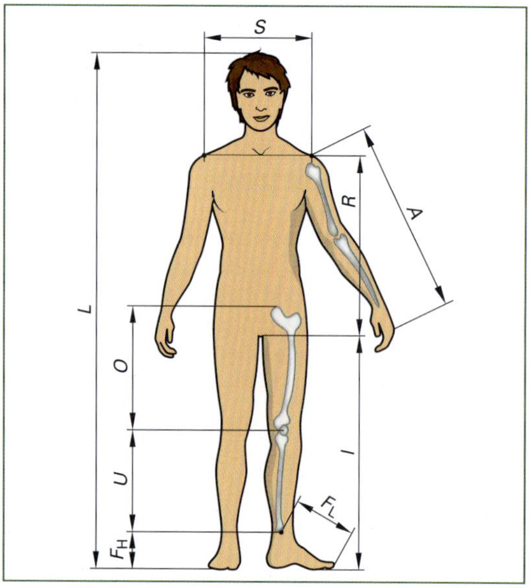

Bild 1: Körpermaße

Innenbeinlänge

Stellen Sie sich barfuss dicht vor eine Wand, die Füße mit Pedalabstand auseinander. Nehmen Sie eine Wasserwaage und pressen sie diese *nach oben* in den Schritt. Dabei sollte der Anpressdruck dem Satteldruck entsprechen.

Messen Sie den Abstand zum Boden **(Bild 2)**.
Faustformel für typische Innenbeinlänge *l*:

Mann *l* = Körpergröße *L* x 0,483

Frau *l* = Körpergröße *L* x 0,503

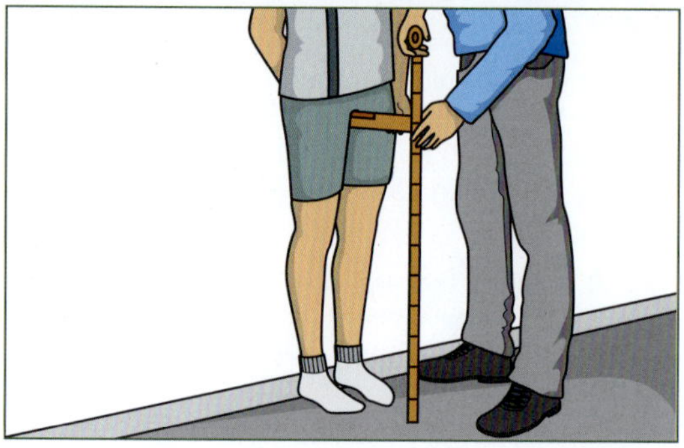

Bild 2: Messung der Innenbeinlänge (Schrittlänge)

Armlänge

Sie lassen die Arme locker hängen. Ein Helfer misst den Abstand vom Schulterknochen bis vor die geballte Faust **(Bild 3)**.

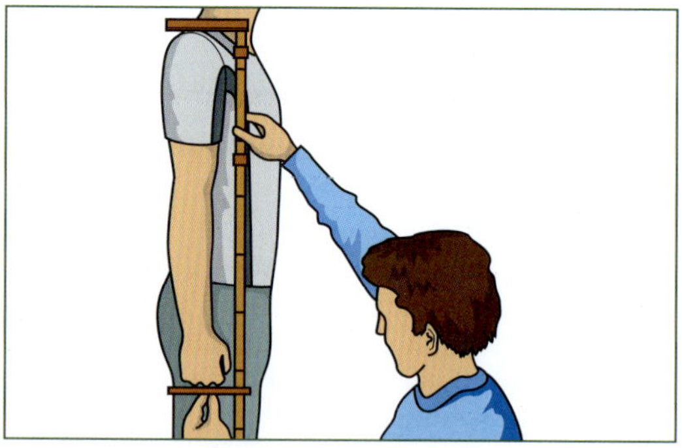

Bild 3: Messung der Armlänge

Rumpflänge

Auf einem Hocker sitzend pressen Sie das Becken und den Rücken auf voller Länge an die Wand **(Bild 4)**. Ein Helfer misst die Entfernung von der Sitzfläche bis zur V-förmigen Knochenmulde des Brustbeins.

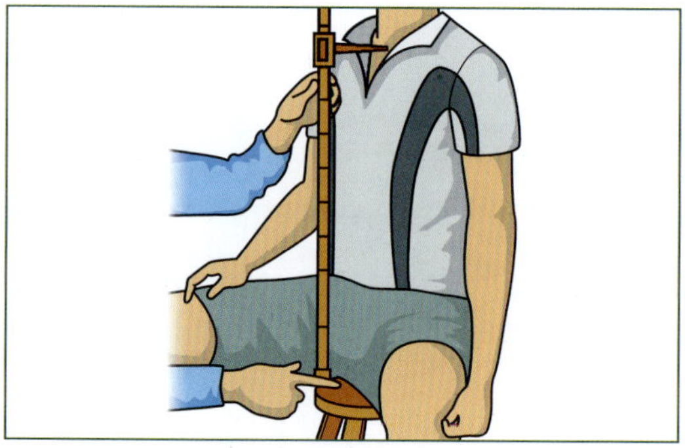

Bild 4: Messung der Rumpflänge

11.2 Fahrrad- und Positionsmaße

Zwei wichtige Fahrradmaße, die man zur Anpassung an den Benutzer benötigt, sind die Rahmenhöhe und die Rahmenlänge. Leider sind die Begriffe nicht genormt, so dass viele Hersteller und Händler voneinander abweichende Messverfahren anwenden.

Rahmenhöhe

Messvorschrift Mitte/Mitte: Bei Fahrrädern mit waagerechtem Oberrohr bestimmt man die Rahmenhöhe als Abstand von der Tretlagermitte bis zum Schnittpunkt einer Waagerechten vom oberen Steuerkopflager **(Bild 1)**. Daneben gibt es noch andere Messverfahren, die oft von Hersteller zu Hersteller unterschiedlich sind:

- Tretlagermitte bis Oberkante Oberrohr
- Tretlagermitte bis Oberkante Steuerkopfrohr[1)]

1 Rahmenhöhe Mitte/Mitte
2 Rahmenlänge = Oberrohrlänge
3 Steuerkopfwinkel
4 Sitzrohrwinkel

Bild 1: Rahmenmaße. Fahrrad mit waagerechtem Oberrohr

Bis vor etwa 25 Jahren hatten Alltags-Herrenfahrräder meist einen Diamantrahmen mit waagerechtem Oberrohr und waren ungefedert. Die Zuordnung einer Rahmengröße zu einem Fahrer bestimmter Körpergröße war recht einfach.

Man benutzte Faustformeln, um aus den Körpermaßen die Rahmenhöhe zu bestimmen. Beispiel für ein Rennrad (Maße in cm):

Rahmenhöhe = Innenbeinlänge · 0,665 bzw.

Rahmenhöhe = Innenbeinlänge – 25

Üblich war auch die „Schrittfreiheit-Prüfung" **(Bild 2)** mit der Messvorschrift:

„Man nimmt das Oberrohr zwischen die Beine. Wenn man barfuß flach auf dem Boden steht, sollte bei einem Herrenrad (!) zwischen Oberrohr und Schritt etwa 5 cm Luft sein."

Bild 2: Grobüberprüfung der Rahmenhöhe

Die meisten Fahrräder wurden in Abstufungen von 2 Zoll (≈ 5 cm) ausgeliefert. Aus einem längeren Sitzrohr ergab sich ein längeres Steuerkopfrohr und damit ein höher gelegenes Oberrohr. Die Oberrohrlänge blieb von der Rahmenhöhe weitgehend unbeeinflusst **(Bild 3)**.

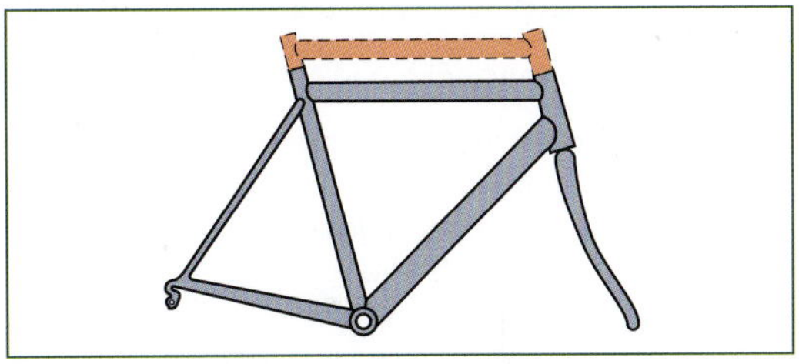

Bild 3: Größere Rahmenhöhe → höher gelegenes Oberrohr

Ein Fahrer, der einen großen Rahmen benötigte, war mit dem zu kurzen Oberrohr eingeengt. Umgekehrt konnte für einen kleineren Fahrer das Oberrohr zu lang sein und verhinderte eine optimale Sitzposition.

Mit dem Markteintritt asiatischer Hersteller wurden die Fahrradrahmen proportional gebaut. Kleinere Rahmen erhielten kürzere Oberrohre und größere Rahmen längere. Die Abstufung der Rahmengrößen erfolgte einzöllig (≈ 2,5 cm).

Heute haben Fahrradrahmen die unterschiedlichsten Formen, sind ungefedert, teil- oder vollgefedert, haben große oder kleine Laufräder mit schmalen oder breiten Reifen und eine Vielfalt an Lenkerformen. Hinzu kommt, dass viele Fahrräder kein einheitliches „Gesamtwerk" sind, sondern aus unterschiedlichen Komponenten unterschiedlicher Herkunft und Hersteller bestehen.

[1] RHOK, siehe Tabellenbuch Fahrradtechnik

Entsprechend schwierig ist es, dem Kunden die passende Radgröße zu empfehlen.

Man kann nicht mehr die Sitzrohrlänge als einzige Rahmengröße zur Anpassung an den Fahrer heranziehen.

Sitzhöhe

Die Sitzhöhe ist der Abstand von der Tretlagermitte bis zum Durchstoßpunkt der Sitzrohrmittellinie durch die Satteldecke **(Bild 1)**. Sie ist (nach dieser Definition) unabhängig von der Tretkurbellänge.

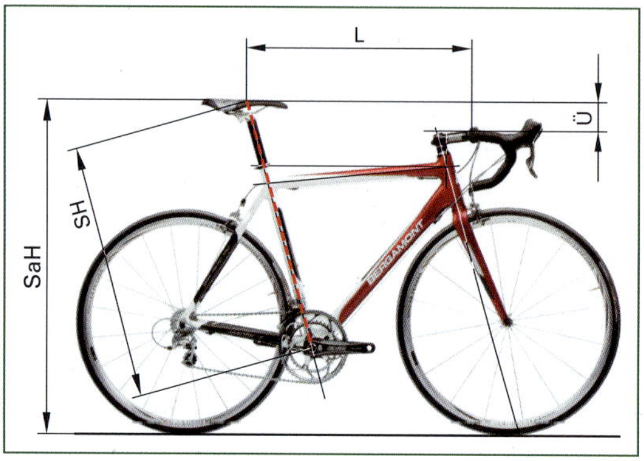

Bild 1: Sitzhöhe, Sattelhöhe und Lenkerüberhöhung

Die Sitzhöhe ist das wichtigste Maß für wirkungsvolles Pedalieren und einer bequemen Sitzposition. Erst mit einer angestrebten optimalen Sitzposition lässt sich die richtige Rahmengröße finden. Dazu müssen drei Maße vom Kunden festgelegt werden:

- Sitzhöhe SH (nicht zu verwechseln mit der Sattelhöhe SaH)
- Sitzlänge L bzw L′ (siehe Bild 1, Seite 401)
- Lenkerüberhöhung Ü (Höhendifferenz zwischen Sattel und Lenker)

Die Sitzhöhe wird entsprechend der Innenbeinlänge des Kunden ermittelt. Sie ist weitgehend vom Fahrradtyp und vom Trainingszustand des Fahrers unabhängig und kann nach einer Faustformel bestimmt werden:

$$\text{Sitzhöhe SH} \approx \text{Innenbeinlänge} \cdot 0{,}86$$

Einschub: Andere Hersteller und Biomechaniker definieren die Sitzhöhe als Abstand vom tiefgestellten Pedal (Pedalstellung in Verlängerung des Sitzrohres) bis zum Durchstoßpunkt der Sitzrohrmittellinie durch die Satteldecke. Die Faustformel ändert sich in:

$$\text{Sitzhöhe} \approx \text{Innenbeinlänge} \cdot k$$

Der Faktor k ist abhängig vom Leistungsanspruch:
$k = 1{,}09$ für Rennradfahrer (Sprint)
$k = 1{,}06$ für Rennradfahrer (Ausdauer)
$k = 1{,}05$ für Tourenfahrer

Eine einfache Methode zur Ermittelung der Sitzhöhe ist die „Fersenmethode“: Die Tretkurbel wird in die tiefste Position entlang der Verlängerung des Sitzrohres gebracht. Der Radfahrer berührt mit der Ferse bei gestrecktem Bein das Pedal **(Bild 2)**.

Dabei darf die Hüfte nicht zur Seite abkippen.

Beim Pedalieren hat dann das Knie im tiefsten Pedalpunkt immer eine leichte Beugung. Die Ferse ist leicht angehoben und die Achillessehne wird nicht überlastet.

Bild 2: a) Fersenmethode zur Ermittlung der Sitzhöhe
b) Messschiene

Die optimale Sitzhöhe ist in der Fahrpraxis zu erproben und kann von den Werten der Faustformel, bedingt durch unterschiedliche Sattelkonstruktionen, Verwendung von gefederten Sattelstützen, verschieden dicken Schuhsohlen und Pedalplatten leicht abweichen.

Um die richtige Sitzhöhe in Verbindung mit einem kleinen Rahmen einzustellen, lässt sich eine längere Sattelstütze montieren. Man muss dabei auf den korrekten Durchmesser achten und darauf, dass die Sattelstütze nicht über das erlaubte Maß aus dem Sitzrohr herausragt[1].

- Gefederte Sattelstützen senken sich bei Belastung um ca. 1/3 ihres Federweges (Negativ-Federweg, siehe Kapitel 5.11). Die Sitzhöhe verringert sich so um 3 cm bis 5 cm.
- An Kinderrädern (und bei Lernanfängern) stellt man die Sitzhöhe so ein, dass das Kind im Stand mit beiden Füßen flach den Boden erreicht.

[1] Auch bei korrekter Auszugslänge sollte geprüft werden, ob die Sattelstütze für das Fahrergewicht freigegeben ist.

Hersteller, Rahmenbauer oder Händler haben nun die Möglichkeit, mit unterschiedlich langen Sitzrohren, Sattelstützen und Satteldicken den Kundenwunsch nach optimaler Sitzhöhe zu erfüllen.

Sitzlänge

Aus der gewünschten Rückenneigung des Fahrers sind die Sitzposition, die Sitzlänge und die Höhendifferenz (Überhöhung) zwischen Lenker und Sattel zu bestimmen.

Ebenso wie sich die Sitzhöhe aus Sitzrohrlänge, Sattelstützenlänge und Satteldicke variieren lässt, kann die gewünschte Sitzlänge aus der Oberrohr- und Vorbaulänge bestimmt werden.

Nicht einheitlich ist die Definition der Sitzlänge. Für einige Hersteller ist die Sitzlänge die Summe aus der Rahmen- und der Vorbaulänge (L' in **Bild 1**).

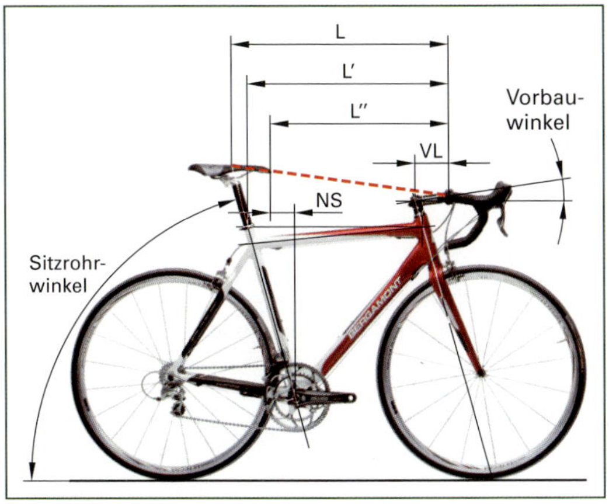

Bild 1: Definition der Sitzlänge

Andere bezeichnen als Sitzlänge den Abstand von der Sattelspitze bis zur Mitte des Oberlenkers (L'').

Sinnvoll ist eine weitere Definition, die alle Einstellmöglichkeiten berücksichtigt: Die effektive Sitzlänge ist der Abstand vom Durchstoßpunkt der Sitzrohrmittellinie durch die Satteldecke bis zur Mitte der Handgriffe. Sie verläuft horizontal, wenn sich Lenker und Sattel auf gleicher Höhe befinden. Unterschiedliche Vorbauwinkel und Überhöhungen werden so mit erfasst.

Die horizontale Sitzposition ist weitgehend gleich der Sitzlänge. Die Sitzlänge ist durch die Rahmengeometrie festgelegt und lässt sich durch Änderungen an Vorbau **(Bild 2c** und **d)** und Lenker **(b)** anpassen. Darüber hinaus ist eine Feinanpassung der horizontalen Sitzposition über die Sattelstellung **(a)** möglich.

[1] Die Lenkervorbaulänge ist nach DIN EN 15532 der kürzeste Abstand zwischen der Steuerkopfmittellinie und dem Klemm-Mittelpunkt.

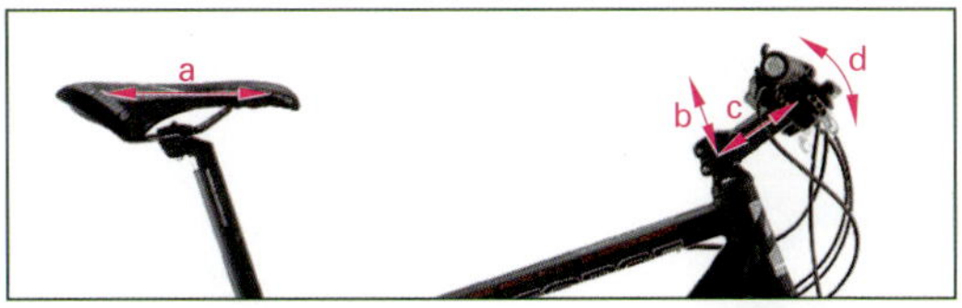

Bild 2: Parameter für Sitzposition und Sitzlänge

Sitzrohrwinkel

Der Sitzrohrwinkel beeinflusst die Oberrohrlänge (Bild 1) und damit die Sitzlänge. Generell bedeutet jedes Grad Unterschied ungefähr 1 cm mehr oder weniger Oberrohrlänge.

Beispiel: Sitzrohrwinkel 72° und Oberrohrlänge 57 cm ergeben die gleiche Sitzlänge wie ein Rahmen mit 73° Sitzrohrwinkel und 58 cm Oberrohrlänge.

Radrennfahrer bevorzugen Sitzrohrwinkel zwischen 72° und 76°, Triathleten bis 78° (einige haben sogar 90° ausprobiert). Fahrer mit langen Oberschenkeln wählen flachere Sitzrohrwinkel, Fahrer mit kurzen Oberschenkeln steilere Winkel.

Während es bei vielen Fahrradtypen unterschiedliche Oberrohrlängen gibt, sind unterschiedliche Sitzrohrwinkel eher selten. Daher spielt der Sitzrohrwinkel eine untergeordnete Rolle bei einer Kaufentscheidung.

Sattelstellung, Horizontalposition

Als Nachsitz bezeichnet man die horizontale Position des Sattels. Es ist der Abstand eines Lotes von der Sattelspitze zur Senkrechten durch die Tretlagermitte (NS in **Bild 1**). Durch Vor- und Zurückschieben des Sattels lässt sich die horizontale Sitzposition anpassen. Dabei ist eine Messskala am Klemmbereich des Sattelgestells hilfreich, die bei modernen Sätteln häufig anzutreffen ist.

Gekröpfte Sattelstützen erlauben einen noch größeren Einstellbereich – verändern aber gleichzeitig den effektiven Sitzrohrwinkel.

Zur Überprüfung der horizontalen Sattelstellung hat sich bei Rennradfahrern die *Peilmethode* durchgesetzt: Die Sitzposition ist dann korrekt, wenn sich beim Griff in den Lenkerbogen bei einer Peilung nach unten das Lenkerrohr und die Vorderachse decken.

Stark nach hinten gebogene Lenker verkürzen die Sitzlänge, so dass die gewünschte Sitzlänge auch nicht mit langen Vorbauten eingestellt werden kann. Hier muss auf eine größere Rahmenhöhe oder auf einen anderen Rahmen ausgewichen werden. Zu kurze Sitzlängen erkennt man daran, dass Kunden über ein „Rutschen hinter den Sattel" klagen. **Bild 1, Seite 402** zeigt ein Messgerät zum Bestimmen der effektiven Sitzlänge vom Sattel bis zur Mitte der Handgriffe.

11

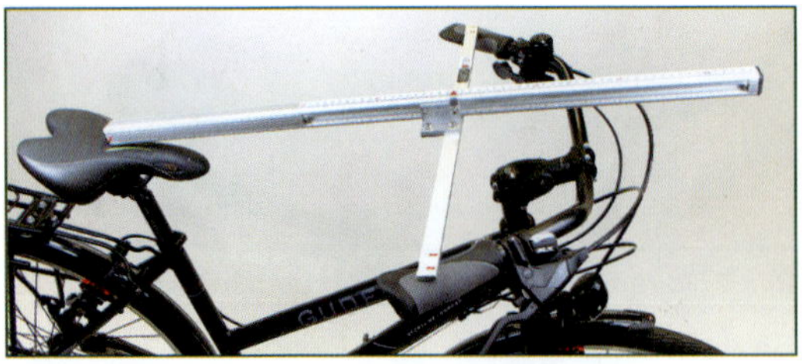

Bild 1: Messen der effektiven Sitzlänge

Die Position des Sattels in Bezug zum Tretlager bestimmt die **Kniebeugungswinkel (Bild 1, S. 409)** beim Pedalieren und beeinflusst in erheblichem Maß die Kraftübertragung.

Radrennfahrer übertragen auf die Pedale größere Kräfte in kürzerer Folge. Für sie hat sich die *KüPa-Methode* (**K**nie **ü**ber **P**edalachse) zur Einstellung der horizontalen Sitzposition bewährt:

Der Fahrer setzt sich locker in Fahrposition auf sein Rad, das von einem Helfer gehalten wird. Vom Kniegelenk-Drehpunkt (vorher am Knie ertasten und markieren!) fällt er ein Lot bei waagerechter nach vorn zeigender Tretkurbel.

Bei korrekter horizontaler Sitzposition halbiert das Lot die Pedalachse. In **Bild 2** sollte der Sattel etwas nach vorn verschoben werden, damit sich die richtige Sitzposition einstellt.

Bild 2: Überprüfung der horizontalen Sitzposition

Fahrer, die eine tiefe Lenkerposition bevorzugen, brauchen mehr Vorlage. Bei ihnen sollte das Knielot etwas *vor* der Pedalachse liegen, damit sich der Körperwinkel (Hüftwinkel) öffnen kann **(Bild 3)**. Damit verbessern sich Atmung und die Beindurchblutung.

Bild 3: Knielot und Hüftwinkel bei Rennradfahrern[1]

Freizeit- und Gelegenheitsfahrer, die nicht so kräftig pedalieren, ist eine entspanntere horizontale Sitzposition mit dem Sattel weiter nach hinten zu empfehlen. Dabei sollte auch der Lenker weiter nach oben (und damit nach hinten) eingestellt werden, um eine übermäßige Neigung des Oberkörpers zu vermeiden.

Der Großteil des Fahrergewichtes sollte von den Pedalen getragen werden. Wenn der Sattel zu weit vorne ist, können die Beine nicht den Oberkörper tragen und man verlagert zuviel Gewicht auf den Lenker.

Zur Berechnung der Horizontalposition nach der Schwerpunkt-Methode siehe Fachrechnen Seite 519.

Sattelneigung

Die Standardeinstellung der Sattelneigung ist waagerecht **(Bild 4)**. Je nach Sitzposition kann diese etwas variieren: Bei Druck- oder Taubheitsgefühlen (Einschlafen) in den Genitalien kann ein Absenken der Sattelspitze Abhilfe schaffen.

Bild 4: Einstellen der Sattelneigung

Oft werden aber die Beschwerden durch einen zu schmalen Sattel hervorgerufen, weil dann im Dammbereich ein hoher Druck auf die Nerven und Blutbahnen entsteht. Manche Sättel haben deshalb eine Rille oder Aussparung in der Sattelmitte.

[1] Hüftwinkel = Körperöffnungswinkel
Sitzwinkel = Oberkörperhaltung relativ zur Fahrbahn

Sattelbreite, Sitzbreite

Die effektive Sattelbreite *S* für den normalen Gebrauchssattel wird durch den Abstand der Sitzknochen, der Sitzbreite *a*, bestimmt. Die Sitzbreite ist maßgebend für die *effektive* Sattelbreite **(Bild 1)**.

Faustformel: Effektive Sattelbreite $S \approx a + 7$ cm

Die *tatsächliche* Sattelbreite ist bei stark gewölbten Sätteln größer als die effektive Sattelbreite.

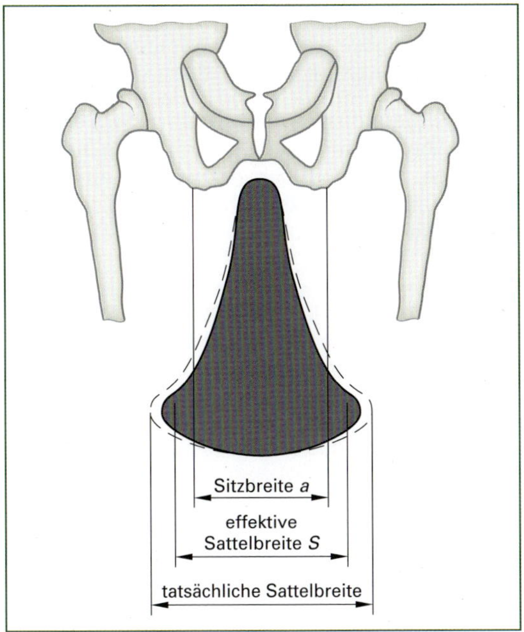

Bild 1: Sattelbreite und Abstand der Sitzbeinhöcker

Info

Den Abstand der Sitzknochen (Sitzbeinhöcker) lässt sich mit einem Stück Wellpappe einfach bestimmen: Man legt die Pappe mit der gewellten Seite nach oben auf eine harte, ebene Unterlage und setzt sich darauf. Zurück bleibt der Abdruck der Sitzknochen. Mit einem Stift markiert man die Umrisse der Abdrücke und ermittelt so genau wie möglich die Mittelpunkte.

Ist der Sattel zu schmal, liegen die Sitzbeinhöcker auf der Sattelkante und die empfindlichen Körperpartien dazwischen müssen die Hauptlast des Gewichts tragen **(Bild 2)**. Außerdem kann es auf Dauer zu einer schmerzhaften Auflage des Steißbeines kommen **(Bild 3)**.

Ist der Sattel zu breit, können sich die Oberschenkel beim Treten wundreiben.

[1] Genauere Werte bringt das sog. Memory-Schaumpolster oder eine Druckmessfolie.

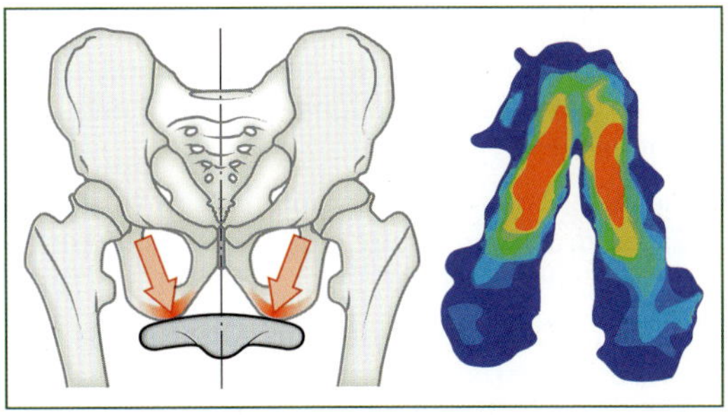

Bild 2: Schmaler Sattel führt zu Druckspitzen

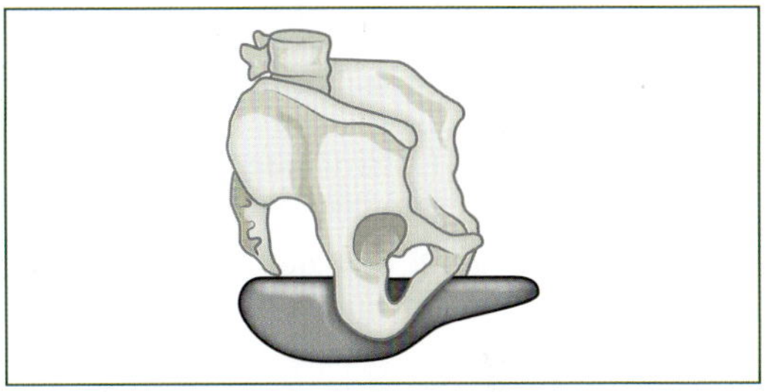

Bild 3: Auflage des Steißbeines bei zu schmalem Sattel

Der Abstand der Sitzbeinhöcker ändert sich mit der Sitzposition: Wenn sich der Radfahrer weit nach vorn beugt, um eine aerodynamische Position einzunehmen, verringert sich der Abstand der Sitzbeinhöcker und der Druck steigt an.

Eine bequeme, aufrechte Position benötigt eher einen breiteren, eine vorgebeugte Rennposition einen schmaleren Sattel.

Bei Frauen liegt der Schambeinbogen meist deutlich tiefer als beim Mann **(Bild 4)**. Schon bei einer geringen Vorneigung des Beckens kommt es zu einem unangenehmen, harten Kontakt mit der Sattelnase. Daher kippen Frauen oft das Becken nach hinten (Beckenaufrichtung, siehe **Bild 2, Seite 410**), um den Satteldruck zu verringern.

Alternativ senken sie die Sattelnase ab, was aber dazu führt, dass sie sich stärker mit den Armen abstützen müssen. Probleme im Schulter- und Nackenbereich können die Folge sein.

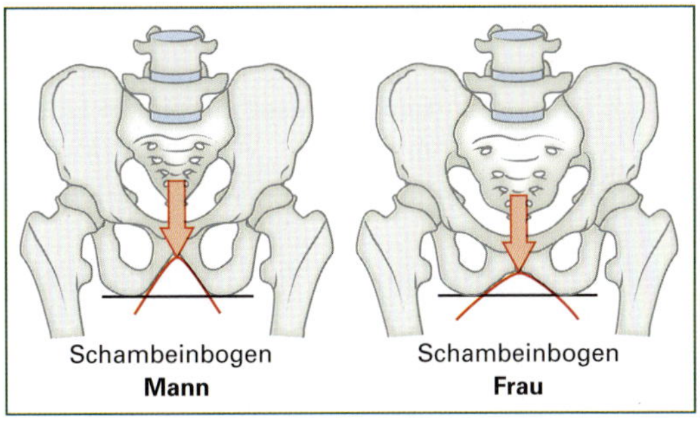

Bild 4: Unterschied männliches und weibliches Becken

Allgemeine Regeln für ein druckfreies Radfahren:

- Bei leicht geneigter Sitzposition kommt es zu einer günstigen Verteilung von Last und Auflagefläche.
- Die Sitzhöhe muss stimmen: Ein zu hoher Sattel drückt und reibt durch die Seitwärtsbewegung des Beckens.
- Gleichmäßige Lastverteilung: Die Sitzposition so verändern, dass Arme und Schulter einen Teil der Last übernehmen können.
- Die Sattelbreite soll passend zur Becken- bzw. Sitzbeinhöckerbreite sein.
- Die Sattelform soll zu der Form der Schambeine passen, wobei Männer eine eher dreieckige Form bevorzugen. Frauen finden eher mit einer T-förmigen Grundform die richtige Position.
- Die Sattelpolsterung soll den Druck so großflächig wie möglich aufnehmen und tragen können.
- Ein runder Tritt ist anzustreben, bei dem möglichst lange die Beine angespannt bleiben und dadurch die Sitzfläche entlastet wird.
- Kräftige Beinmuskulatur tragen bei der Trittbewegung die Last des Oberkörpers mit.
- Nicht zu weich gepolsterte Sättel verwenden.
- Neue Sättel benötigen eine Eingewöhnungszeit.

Lenkerposition

Lenkerüberhöhung[1] und Lenkerneigung bestimmen die Lenkerposition. Mit Vorbauten unterschiedlicher Längen und Winkel lässt sich die Lenkerposition anpassen.

Die Lenkerüberhöhung (Ü in **Bild 1, Seite 400**) ist der senkrechte Abstand der verlängerten Linie der waagerecht gestellten Satteloberkante zur Oberkante des Vorbaus.

Die Lenkerüberhöhung wird begrenzt durch die Schaftlänge des Vorbaus, die üblicherweise nicht mehr als 13 cm beträgt und noch mindestens 5 cm im Gabelschaftrohr stecken muss.

Zur Messung legt man eine längere Wasserwaage auf den Sattel und misst mit einem Lineal am Vorbau die Überhöhung. Voraussetzung ist, dass Sattel und Boden eine horizontale Lage einnehmen.

Für eine bequeme aufrechte Haltung auf dem Rad wird empfohlen, den Vorbau auf Sattelhöhe oder noch darüber einzustellen. Grundsätzlich gilt:

- Erst die Sitzlänge einstellen, dann die Lenkerüberhöhung.
- Die Neigung des Oberkörpers ist vom individuellen Fahrstil abhängig. Danach richtet sich die Lenkerüberhöhung.
- Der Lenker ist dann richtig positioniert, wenn beim Fahren die Rücken- und Bauchmuskulatur vorgespannt sind. Dann ist die Wirbelsäule stabilisiert und vor Überlastung geschützt.
- Je gebeugter die Sitzhaltung, desto leistungsorientierter fährt man.
- Arme und gestreckter Rücken sollten etwa einen rechten Winkel bilden.

Durch Ändern des Vorbauwinkels ändern sich die Lenkerüberhöhung, die Lenkerneigung und die Sitzlänge, während der Armwinkel annähernd gleich bleibt. Die Lenkerneigung entscheidet über die korrekte Griffhaltung.

Info

Richtig geneigt ist der gekröpfte Trekkinglenker, wenn man Arme und Hände einfach hängen lässt, dann locker nach vorn schwingt und die Hände in ihrer natürlichen Haltung ohne abzuknicken am Lenkergriff „landen".

Griffhaltung

Bei der korrekten Griffhaltung bilden Unterarm und Hand eine gerade Linie. Dann verlaufen Ulnarnerv und Radialnerv ohne Ablenkung und verursachen keine Schmerzen.

Begünstigt wird eine schmerzfreie Griffhaltung durch leicht gebogene (geköpfte) Lenker **(Bild 1)**. Je schmaler die Schultern sind, desto stärker sollte die Biegung des Lenkers sein – bis zu 28°.

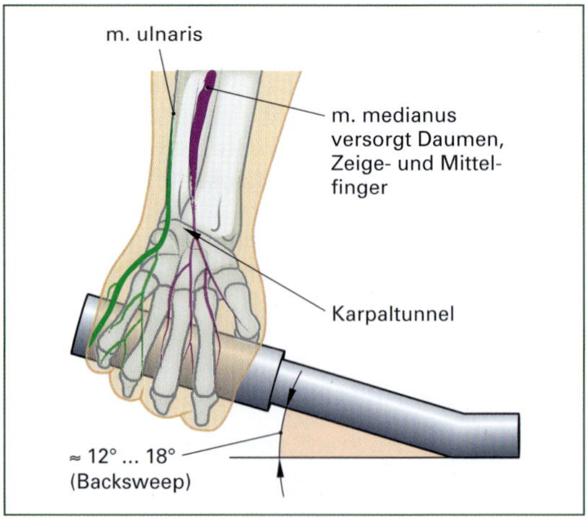

Bild 1: Günstige Griffposition bei gekröpftem Lenker

[1] Lenkerhöhe: Abstand Boden/Oberkante Vorbauklemmung

Auch speziell geformte Griffe mit breiten Auflageflächen im Bereich des äußeren Handballens **(Bild 1)** verringern den Druck auf den empfindliche Ulnarnerv.

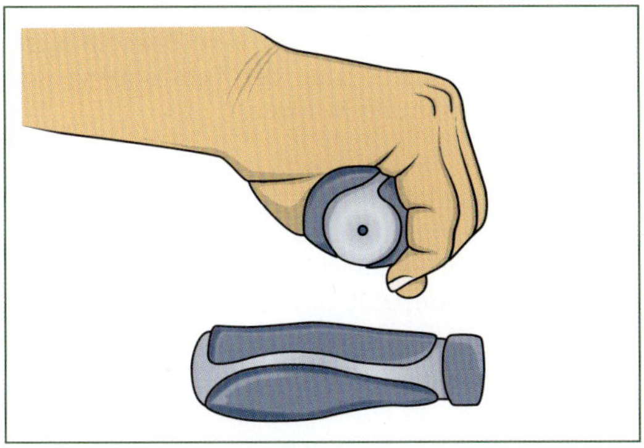

Bild 1: Druckentlastung durch ergonomische Griffe

Auf langen Fahrten haben sich Lenker mit verschiedenen Griffpositionen (z. B. Multipositionslenker siehe **Seite 207**) bewährt.

Gerade Lenker sind trotz der Griffproblematik bei Mountainbikes sinnvoll, denn sie unterstützen das direkte Lenkverhalten.

Die Bremshebel sollten parallel und eng zum Lenker positioniert werden, so dass die Hand auf dem Griff liegt, während die Finger den Bremshebel am Mittelgelenk umfassen können. Wichtig ist, dass man die Hebel für die jeweilige Handgröße und Handkraft passend auswählt und richtig einstellt.

Lenkerbreite

Es hat sich die Regel durchgesetzt, dass die Lenkerbreite – gemessen von Mitte zu Mitte der Handauflageflächen – mindestens der Schulterbreite entsprechen sollte.

Radsportler mit normal breiten Schultern verwenden in der Regel einen Lenker mit einer Breite von 42 cm. Kleine und schlanke Radler sollten einen 2 cm schmaleren Lenker wählen, sehr kräftige Fahrer einen 44 cm breiten Lenker **(Bild 2)**.

Viele Rennfahrer setzen bei Bergetappen breitere Lenker ein. Sie machen sich so den Vorteil längerer Hebelarme zunutze, die im Wiegetritt eine verstärkte Zugkraft am Lenker und damit eine größere Kraft auf die Pedale bringen.

Ein gebogener Lenker fällt bei gleichem Handabstand etwas schmaler aus als ein gerader Lenker.

Mountainbiker fahren oft vergleichsweise breitere Lenker, da ein längerer Hebelarm das Lenken und Spurhalten im Gelände erleichtert.

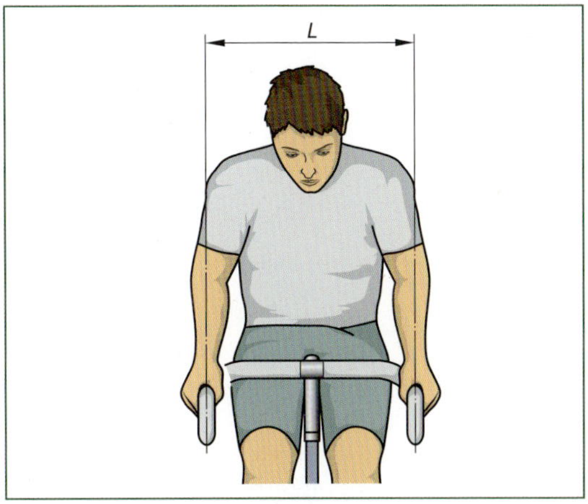

Bild 2: Lenkerbreite beim Rennlenker

DIN EN 4210-2 schreibt für Trekking-, City- und Geländefahrräder eine Mindestlenkerbreite von 350 mm vor.

Faustregel: Maximale Lenkerbreite für Kinderfahrräder: Schulterbreite + doppelte Handbreite.

Kniebeugungswinkel und Tretkurbellänge

Der Kniebeugungswinkel **(Bild 3)** ergibt sich aus der Sitzhöhe **(Seite 400)** und der horizontalen Sattelstellung (Nachsitz, **Seite 401**) Die Tretkurbellänge **(Bild 1, Seite 406)** und die Längen von Oberschenkel, Unterschenkel und Fuß beeinflussen den Winkel nur in geringem Maße.

Wenn das Pedal beim Pedalieren die oberste Stellung erreicht, ist der Kniebeugungswinkel (Winkel zwischen Ober- und Unterschenkel) am kleinsten.

Bild 3: Kniebeugungswinkel im oberen Totpunkt < 90°

Mit einer Standardlänge der Tretkurbelarme von 170 mm kommen die meisten Radfahrer zurecht, deren Körpergröße zwischen 165 cm und 185 cm liegt. Diese Normalversion ist für besonders lang- oder kurzbeinige Radfahrer ungünstig.

Ist die Kurbel zu lang, kann es auf Dauer Knieprobleme geben, weil der Kniebeugungswinkel beim Beugen zu klein ist. Ist die Kurbel zu kurz, gibt es keine optimale Kraftübertragung (**Bild 1**).

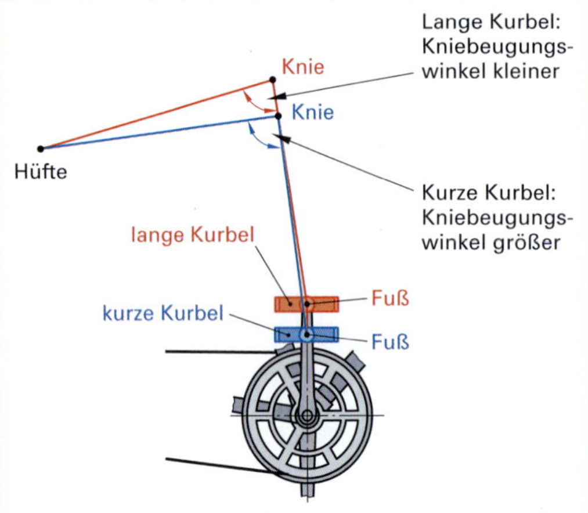

Bild 1: Kniebeugungswinkel und Kurbellänge

Eine Faustformel zur Bestimmung der Tretkurbellänge aus der Körpergröße ist zu ungenau:

Tretkurbellänge ≈ Körpergröße · 0,1

Bessere Werte liefert eine Faustformel über die Innenbeinlänge:

Tretkurbellänge = Innenbeinlänge · 0,214

Tabelle 1: Kurbellänge je nach Körpergröße und Innenbeinlänge

Körpergröße (cm)	Innenbeinlänge (cm)	Kurbellänge (mm)
155...160	68...72	165
161...167	73...76	165
168...180	77...80	170
176...182	81...84	175
183...190	85...88	180

Da es die berechnete Kurbellänge in der Regel nicht zu kaufen gibt, müssen die Werte entsprechend auf- oder abgerundet werden. Die erhältlichen Maße sind 165, 170, 172,5, 175 oder 180 mm. Radler, die mit dem Trekkingrad oder Cityrad auf Tour sind, sollten die kürzere Kurbel wählen.

Im MTB-Bereich hat sich eine Tretkurbellänge von 175 mm als Standard durchgesetzt.

Rennradfahrer gehen oft von der Oberschenkellänge aus und nehmen als Tretkurbellänge die Hälfte der Oberschenkellänge.

Zur endgültigen Bestimmung wählen sie die Kurbellänge nach ihrem Fahrstil und bevorzugter Trittfrequenz.

- Bei hohen Drehzahlen mit geringem Krafteinsatz sind kürzere Kurbeln vorteilhaft.
- Eine längere Kurbel erzielt eine bessere Kraftübertragung auf Kosten der Trittfrequenz und des Kurvenneigungswinkels.

Fußposition

Entscheidend ist, dass bei Radfahrern mit „normal" geformten Füßen die Fußballenmitte genau über der Pedalachse stehen sollte (**Bild 2**). So wird die Beinkraft am wirkungsvollsten auf die Tretkurbel übertragen (beim Gehen, Laufen oder Springen drückt man sich ebenfalls mit dem Ballen ab).

Mit der richtigen Fußposition überwindet man beim Pedalieren auch besser die Totpunkte:

- Vor dem oberen Totpunkt die Ferse leicht absenken
- Vor dem unteren Totpunkt die Ferse leicht anheben

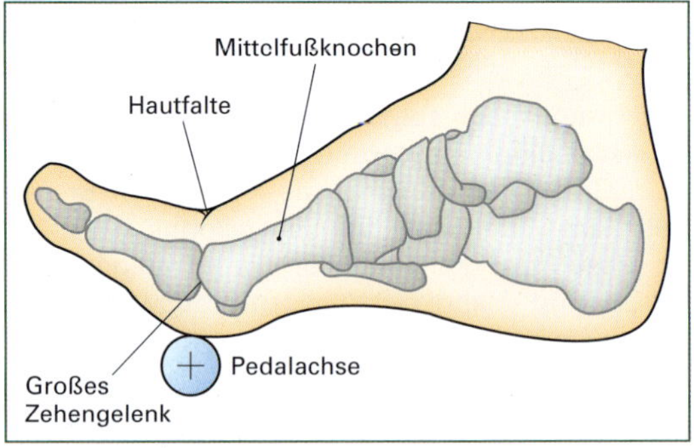

Bild 2: Fußstellung

Ein weiterer Grund, warum man mit dem Vorfuß (dem Ballen) und nicht mit der Fußmitte pedalieren sollte ist, dass sich das Sprunggelenk seitlich bewegen kann. Diese Bewegung ist wichtig, um die ebenfalls seitliche Bewegung des Kniegelenks wieder aufzufangen, denn das Knie ist kein einfaches Scharniergelenk.

Radfahrer mit Knieproblemen sollten auf Pedalbindungen, die den Fuß in eine starre Fixierung zwingen, verzichten. Einige Hersteller bieten Systempedale an, die eine leichte seitliche Beweglichkeit ermöglichen (siehe **Seite 253**).

Fußfehlstellungen, wie zum Beispiel der sogenannte Hohlfuß, können Taubheitsgefühle in den Zehen verursachen. In solchen Fällen reichen steife Fahrradschuhsohlen nicht aus. Hier sollten spezielle Schuheinlagen das Mittelfußgewölbe abstützen.

11.3 Ergonomie

Die Ergonomie befasst sich mit der Optimierung von Arbeitsbedingungen und der Vermeidung gesundheitlicher Schäden. Das Ziel ist, die Belastung des Menschen so gering wie möglich zu halten.

Die Erkenntnisse lassen sich auch auf sportliche Betätigungen übertragen. Für das Radfahren bedeutet dies, die günstigste Position auf dem Rad zu finden, bei der mit der geringsten Druckbelastung der beteiligten Gelenke und mit angepasstem Muskeleinsatz eine optimale Leistung erbracht werden kann.

Ein weiterer Grundsatz ist, dass möglichst viele Muskeln an der zu leistenden Tretarbeit beteiligt werden **(Bild 1)**.

Radfahren gilt deshalb als besonders gesundheitsfördernd, weil ein großer Teil des Muskelsystems arbeitet, ohne die Gelenke übermäßig zu beanspruchen. Kreislauf und Atemsystem profitieren mehr vom Radfahren als von anderen Ausdauersportarten.

11.3.1 Muskeln als Motor

Der menschliche Körper funktioniert ähnlich wie ein Verbrennungsmotor: Um arbeiten zu können, benötigt er eine ständige Zufuhr von Sauerstoff und Treibstoff. Am effektivsten funktioniert der Muskelmotor, wenn der Energieverbrauch und die Sauerstoffaufnahme im Gleichgewicht stehen.

Wie die Kolben und Pleuel eines Verbrennungsmotors (siehe Umschlagsbild) sind es bei einem Radfahrer die unteren Extremitäten mit ihren Streck- und Beugemuskeln, die eine Kraft auf das Pedal in ein Drehmoment in der Tretlagerwelle umwandeln **(Bild 2)**.

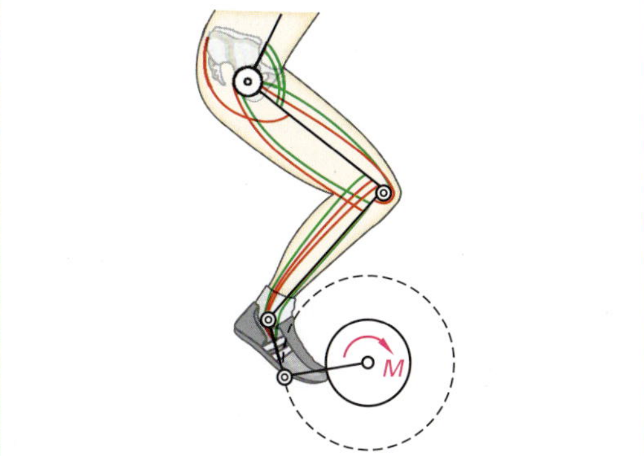

Bild 1: Bein-Muskulatur beim Pedalieren.
Grün: Beugemuskulatur Rot: Streckmuskulatur

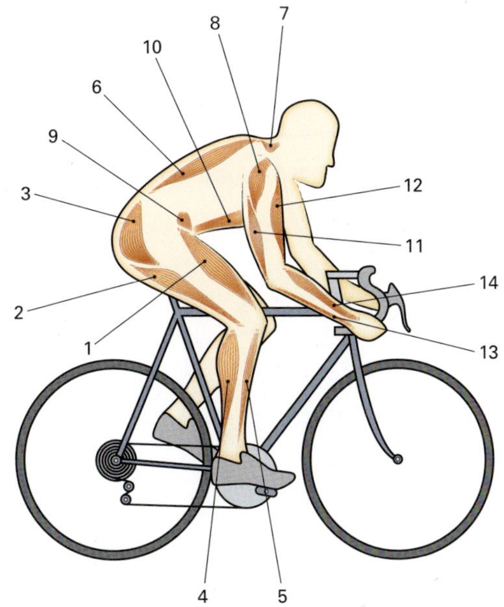

1.	**Oberschenkelstrecker**	Streckung im Knie
2.	**Oberschenkelbeuger**	Beugung im Knie
3.	**Gesäßmuskeln**	Streckung im Hüftgelenk
4.	**Wadenmuskulatur**	Streckung des Fußes
5.	**Schienbeinmuskulatur**	Heben des Fußes
6.	**Rückenmuskulatur**	Stabilisierung der Wirbelsäule
7.	**Nackenmuskulatur**	Heben des Kopfes
8.	**Schultermuskulatur**	Fixierung der Schulter
9.	**Hüftbeuger**	Beugung im Hüftgelenk
10.	**Bauchmuskulatur**	Beugen und Drehen des Rumpfes
11.	**Armstrecker**	Streckung im Ellenbogen
12.	**Armbeuger**	Beugung im Ellenbogen
13.	**Handgelenkbeuger**	Beugung im Handgelenk
14.	**Handgelenkstrecker**	Streckung im Handgelenk

Bild 2: Beanspruchte Muskelgruppen beim Radfahren

Viele Beinmuskeln haben eine Doppelfunktion: Der Wadenmuskel streckt den Fuß und beugt das Knie. Der oben liegende Oberschenkelstrecker streckt das Knie und beugt die Hüfte. Der untere Oberschenkelbeuger beugt das Knie und streckt die Hüfte.

Ein großer Teil der Pedalkraft geht allerdings beim Radfahren verloren, denn die radiale Komponente der Tretkraft erzeugt kein Drehmoment in der Tretlagerwelle. Nur der tangentiale Kraftanteil verrichtet vortriebswirksame Arbeit **(Bild 1, Seite 408)**.

Im oberen Totpunkt (Stellung 0) ist das Drehmoment 0, weil kein „Kraftarm" vorhanden ist **(Bild 2, Seite 408)**.

In Stellung 1 beträgt der senkrechte Abstand von der Wirkungslinie der Pedalkraft zum Drehpunkt $a_1 = r_P \cdot \sin \alpha$ und im Tretlager wirkt ein Drehmoment von $M = F_P \cdot a_1$. Die Kettenkraft F_K sorgt für das Momentengleichgewicht.

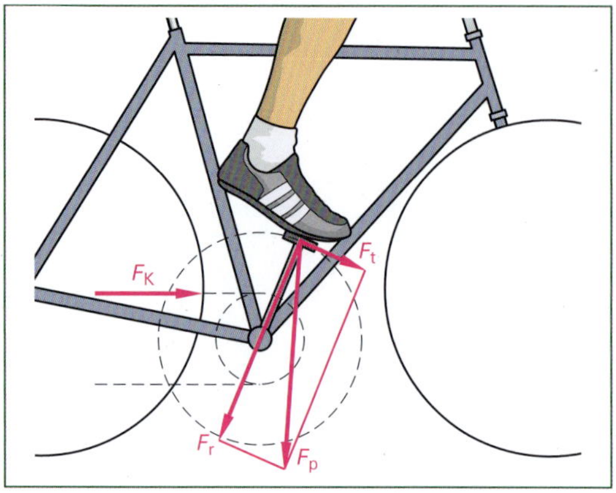

Bild 1: Kräfte am Pedal: F_p = gesamte Pedalkraft F_t = Tangentialkraft F_r = Radialkraft (Verlustkraft)

In Stellung 2 ist der wirksame Hebelarm der Kurbelradius selbst und erzeugt mit der Pedalkraft das maximale Drehmoment

$$M = F_P \cdot r_P$$

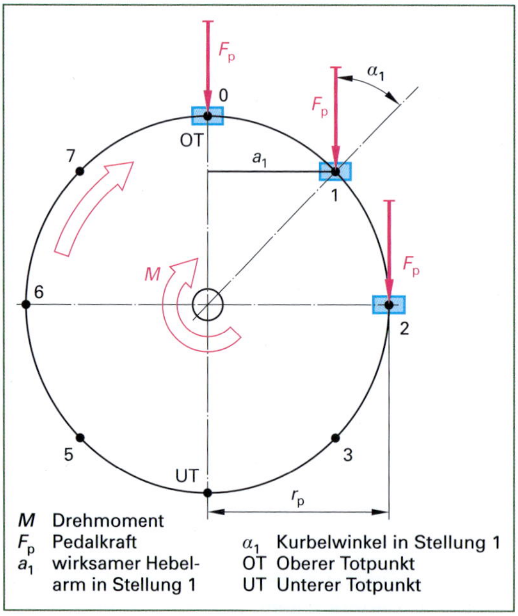

Bild 2: Berechnung des Drehmomentes im Tretlager

Viele Radsportler sind in der Lage, in jeder Pedalstellung eine größtmögliche Tangentialkraft unter Vermeidung der radialen Komponente in ein Drehmoment umzuwandeln. Diese spezielle Trettechnik ist unter dem Begriff *Runder Tritt* bekannt.

Die Schuhe sind über Haken oder anderen Befestigungen fest mit dem Pedal verbunden und üben beim Pedalieren Druck-, Zug- und Schubkräfte am Pedal aus.

Beim Fahren mit Rundem Tritt kommen fast alle Muskeln der unteren Extremität zum Einsatz, während beim normalen Treten mit Unrundem Tritt nur die Streckmuskulatur von Hüfte und Oberschenkel zur Pedalkraft beiträgt.

Die Pedalkraft der meisten Radfahrer beschränkt sich auf eine senkrechte (Druck-)Kraft, die nur in einem kleinen Bereich die radiale Verlustkomponente vermeidet. Das Ergebnis ist (stark vereinfacht) in **Bild 3** dargestellt.

Beim Runden Tritt erzeugt die Trittkraft im Verlauf einer Kurbelumdrehung immer eine positive Kraftkomponente **(a)**. Beim Unrunden Tritt dagegen erzeugt das Trittbein in der zweiten Kurbelhälfte eine negative Kraftkomponente und damit eine nicht unerhebliche Verlustarbeit **(b)**.

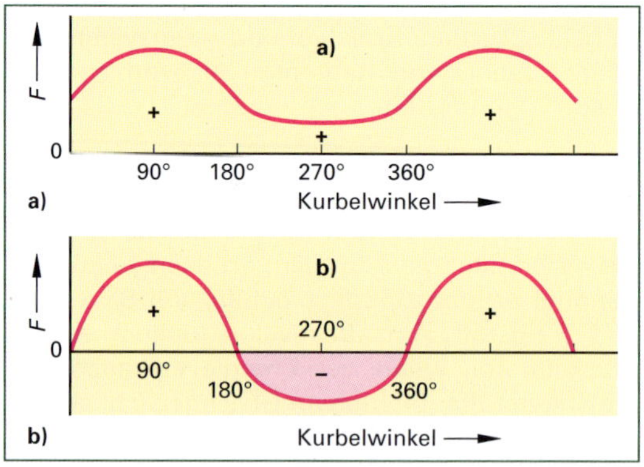

Bild 3: Kraftverlauf a) beim Runden Tritt b) beim Unrunden Tritt. Dargestellt ist nur ein Trittbein.

11.3.2 Sitzposition und Pedalkraft

Die wichtigsten Parameter der Sitzposition sind die Sitzhöhe, die Sitzlänge, der Sitzwinkel[1], die Stellung zum Tretlager (Nachsitz oder horizontale Sitzposition) und der Niveauunterschied des Lenkers zum Sattel (Überhöhung). Diese Parameter bestimmen den Schwenkbereich und die Gelenkstellungen von Hüfte, Knie und Fußgelenk und den sich daraus ergebenden Hebellängen **(Bild 1, Seite 409)**.

Die Hebellängen wiederum bestimmen neben den tatsächlichen Muskelkräften die Größe des vortriebswirksamen Drehmomentes im Tretlager. Außerdem wirken neben der Gewichtskraft der Beine je nach Tretfrequenz und rotierender Massen Beschleunigungskräfte auf die Kurbel.

[1] Sitzwinkel = Oberkörperhaltung relativ zur Fahrbahn, siehe Bild 3, Seite 402

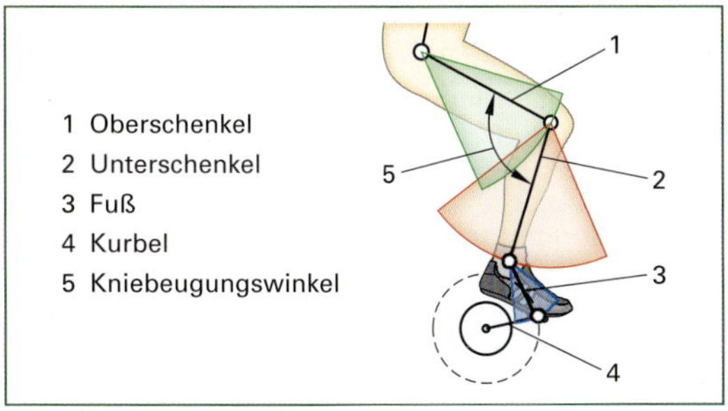

Bild 1: Schwenkbereich der Gelenkwinkel und Hebelarme

Während des Tretvorganges kommt es bei einer bestimmten Gelenkstellung („Arbeitswinkel") von Hüfte, Knie und Fuß zu einem Maximum an Tretkraft. Die Position der Tretkurbel zu diesem Zeitpunkt nennt man das „physikalisch-biomechanische Optimum" PBO oder kurz das „Kraftmaximum" **(Bild 2)**.

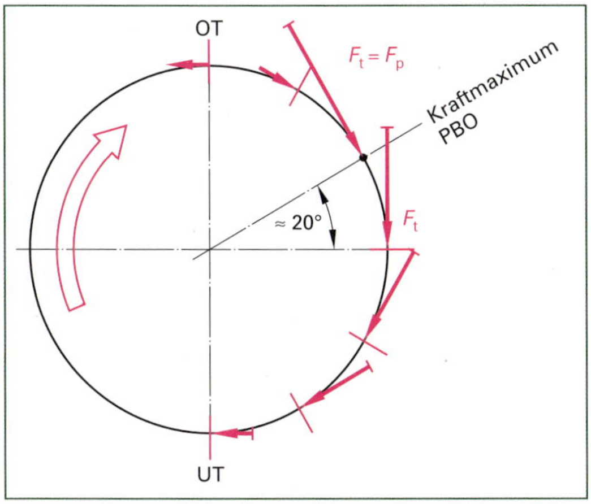

Bild 2: Kraftmaximum beim Treten. F_t = vortriebswirksame Tangentialkraft F_p = Pedalkraft

Eine optimale Sitzposition ist gegeben, wenn das Kraftmaximum der stärksten Muskulatur (das sind beim Radfahren die Strecker von Hüfte, Knie und Fußgelenk) mit der tangentialen Kraftkomponente ($F_t = F_p$ in Bild 2) zusammenfällt.

Sitzt man zu niedrig, kann das Kraftmaximum der Streckmuskulatur zu keinem Zeitpunkt auf die Tretkurbel wirken. Außerdem nutzt man nicht die anatomisch mögliche Verkürzungslänge des Muskels aus und verschenkt einen weiteren Kraftanteil.

- Auch bei zu großer Sitzhöhe verhindern ungünstige Gelenkwinkel und eine Überstreckung der Muskulatur eine effektive Kraftübertragung.
- Die Fahrleistung lässt sich auch ohne muskulären Mehraufwand durch die richtige Sitzposition verbessern.
- Die optimale Sitzposition lässt sich nur durch eine Bewegungsanalyse und nicht im statischen Zustand ermitteln.

Der wichtigste Gesichtspunkt beim Fahrradkauf ist die Frage, ob sich überhaupt eine ergonomisch günstige Sitzposition einstellen lässt.

Energieumsetzung, Fahrverhalten und Fahrkomfort hängen von der Sitzposition ebenso ab, wie die Gefahr von Verletzungen. Schon kleinste Abweichungen vom Optimum können auf Dauer schwerwiegende Folgen nach sich ziehen.

Grundsätzlich sollte man sich nur in kleinen Schritten an eine neue Sitzposition herantasten. Hat man seine Sitzposition gefunden und eingestellt, sollte man auch bei einem Fahrradwechsel dabei bleiben, auch wenn sich diese anfangs unbequem und uneffektiv anfühlt. Die Muskulatur benötigt stets eine bestimmte Gewöhnungszeit, um sich neuen Bewegungsmustern anzupassen.

11.3.3 Individuelle Sitzpositionen

Die drei Kontaktpunkte zum Rad – Sattel, Pedale und Lenker – müssen so angeordnet sein, dass der Radfahrer seine Kraft wirkungsvoll überträgt sowie komfortabel sitzt **(Bild 3)**. Radsportler streben daneben noch eine aerodynamisch günstige Sitzposition an.

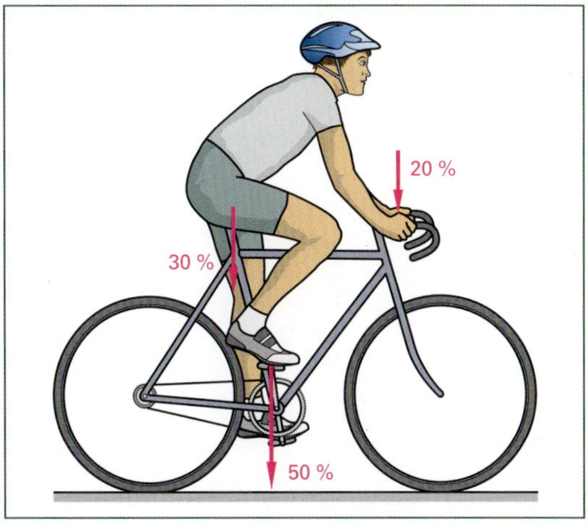

Bild 3: Reiseradhaltung. Belastung der Kontaktpunkte bei um 45° geneigter Sitzhaltung

Die Lastverteilung auf dem Rad und damit die Schwerpunktlage des Fahrers beeinflusst den Sitzkomfort.

- Befindet sich der Schwerpunkt zu weit vorn, lastet zu viel Gewicht auf Armen und Händen und die Schultern verspannen sich leicht.

- Liegt der Schwerpunkt zu weit hinten, lastet viel Druck auf dem Gesäß. Bei großer Trittkraft entsteht über den Hebelarm Tretlagermitte-Abstand Schwerelinie ein Kippmoment nach hinten, dass der Fahrer mit einem Armzug am Lenker ausgleichen muss.

Richtig ausbalanciert entlastet eine starke Trittkraft sowohl das Gesäß als auch Hände und Arme. Anzustreben ist eine Schwerpunktlage für die am häufigsten eingenommene Sitzposition, bei der man sich „schwerelos" fühlt.

Eine Rennradposition, die sich bei hohem Tempo gut anfühlt, kann bei Langsamfahrt unangenehm sein, weil durch die Schwerpunktverlagerung die Halte- und Stützkräfte überwiegen.

Die Belastung von Schultergürtel mit Händen und Armen, Rücken und Beine müssen im Zusammenhang betrachtet werden:

- Der Schultergürtel *stützt* Arme und Hände und federt Fahrbahnstöße ab.
- Der Rücken *hält* den Körper in der gewünschten Position. Er streckt und stabilisiert die Wirbelsäule und verstärkt die Antriebsleistung durch Fixierung des Beckens.
- Die Beine erzeugen durch Strecken und Beugen den *Antrieb*.

Der Wirbelsäule kommt dabei eine besondere Bedeutung zu. Ihre natürliche S-Form **(Bild 1)** sollte bei jeder Sitzposition erhalten bleiben. Nur in dieser Lage kann der Rückenstrecker die notwendige Haltearbeit verrichten und die Belastung der Hände mindern.

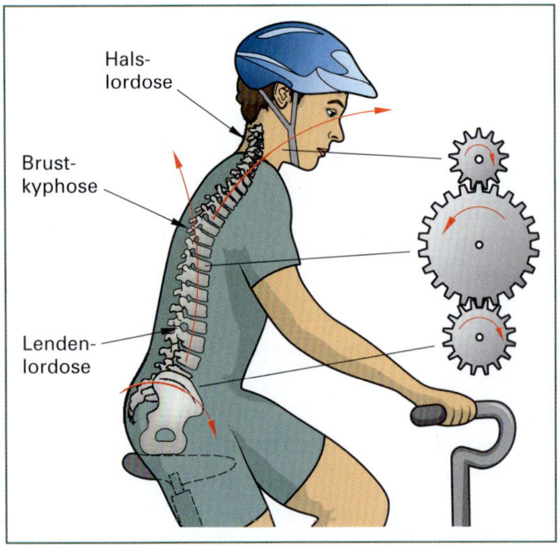

Bild 1: Günstige Sitzposition durch Beckenkippung

Das Becken muss dazu nach vorn gekippt werden, damit sich in der Wirbelsäule ein leichtes Hohlkreuz, die Lendenlordose bildet (die Reiseradhaltung in Bild 1 zeigt ein nach vorn gekipptes Becken).

Ein aufgerichtetes Becken lässt das natürliche Hohlkreuz verschwinden. Man fährt mit einem Rundrücken und überdehnter Rückenmuskulatur, die keine Haltearbeit mehr leisten kann **(Bild 2)**.

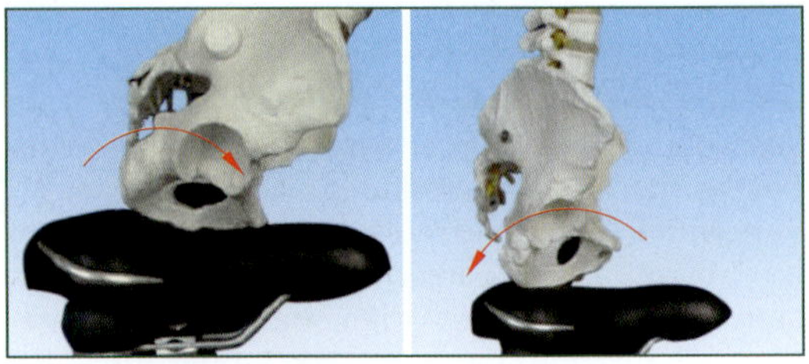

Bild 2: Beckenstellung beim Radfahren
a) Beckenkippung b) Beckenaufrichtung

Gründe für eine Beckenaufrichtung:

- Druckschmerzen im Dammbereich
- Zu geringe Sitzhöhe
- Sattelspitze zu hoch
- Zu geringe Sitzlänge = zu kurzer Rahmen (= falsche Rahmengeometrie, **Bild 3**)

Bild 3: Ungünstige Radhaltung. Kurzer Rahmen führt zu Beckenaufrichtung und Rundrücken.

Zur optimalen Kraftübertragung sollte der Oberkörper-Armwinkel (Schulterwinkel) 90° betragen (**Bild 1, Seite 411**). Ein kleinerer oder größerer Winkel ist immer mit einem Kraftverlust verbunden. Der Körper versucht, diesen Winkel automatisch einzunehmen. Die Folge ist ein Ausweichen der Wirbelsäule mit nachfolgender Beckenaufrichtung und Rundrücken.

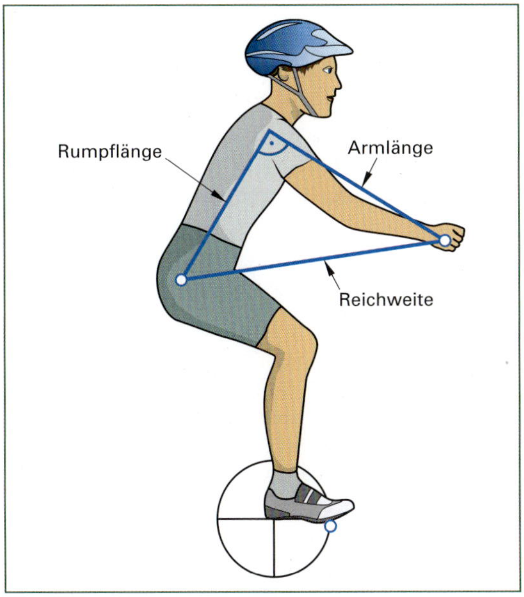

Bild 1: Optimaler Schulterwinkel 90°

Versuch: Man führt Liegestütze mit unterschiedlich großen Schulterwinkeln aus. Nur bei einem rechten Winkel zwischen Arm und Schulter stellt sich eine optimale Kraftübertragung ein **(Bild 2)**.

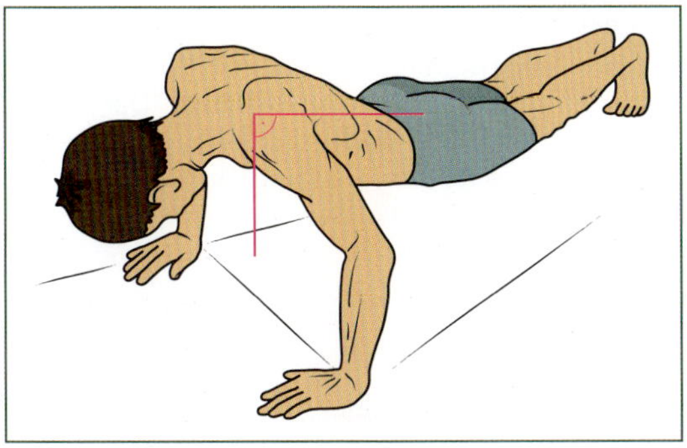

Bild 2: Günstiger rechter Schulterwinkel beim Liegestütz

Sitzpositionen

Je nach Radtyp unterscheidet man fünf Sitzpositionen:

- Rennradhaltung
- Reiseradhaltung, Trekkingrad
- Hollandradhaltung
- Cityradhaltung
- Liegeradhaltung

Rennradhaltung

Die weite Vorlage des Fahrers führt zu einer günstigen Vordehnung der (statischen) Rückenmuskulatur, die erst eine Maximalkraft der (dynamischen) Beinmuskulatur ermöglicht **(Bild 3)**.

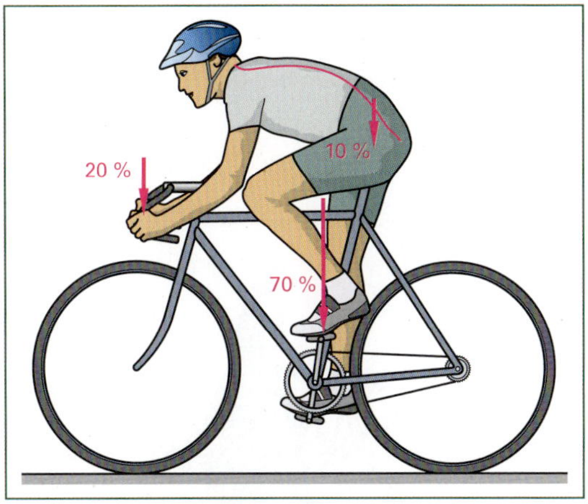

Bild 3: Rennradhaltung

Um einen Rundrücken zu vermeiden, kippt man auf dem Sattel das Becken nach vorn **(Bild 2a, Seite 410)**. Das vergrößert die Reichweite zum Lenker und schafft eine aktive, stabile Lage auf dem Rad. Je größer die Sitzlänge, desto einfacher ist es, diese Position einzunehmen.

Das nach vorn gekippte Becken führt dazu, dass der Druck vom Sattel nicht mehr ausschließlich von den robusten Sitzbeinhöckern, sondern vermehrt vom empfindlichen Dammbereich aufgenommen wird **(Seite 403)**. Daher gewinnt ein anatomisch exakt geformter Sattel an Bedeutung.

Der Schwerpunkt des Fahrers liegt vor dem Tretlager. Die großen Pedalkräfte sorgen für einen geringen Satteldruck, sodass sich eine mittlere Kraftverteilung von 20 % am Lenker, 10 % am Sattel und 70 % am Pedal ergibt.

Im Wiegetritt, wenn der Rennrad- oder sportliche Mountainbikefahrer aus dem Sattel geht, ist zu den Bein- und Armzugkräften noch das Körpergewicht zu addieren.

Reiseradhaltung

Der Reiseradfahrer mit Trekkingrad, Mountainbike oder anderen Radtypen versucht, sein Gewicht und die Beinkraft gleichmäßig auf Sattel und Lenker (50 %) und auf die Pedale (50 %) zu verteilen (siehe **Bild 3, Seite 409**).

Durch die Neigung des Oberkörpers nimmt die Wirbelsäule die anatomisch günstige S-Form ein (siehe **Bild 1, Seite 410**).

Um einen Rundrücken zu vermeiden, ist die Hüfte leicht gebeugt. Die Arme sind in der Beuge angewinkelt und können so Unebenheiten der Fahrbahn und Stöße federnd abfangen. Ein weitgehend entspanntes Fahren stellt sich ein.

Liegt der Körperschwerpunkt hinter dem Tretlager, muss ein bestimmter Verlust an Pedalkraft in Kauf genommen werden.

Hollandradhaltung

Hier ist der Oberkörper leicht nach vorn geneigt (**Bild 1**).

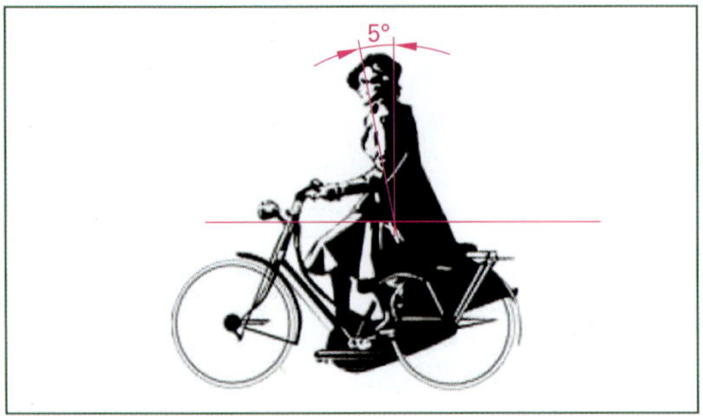

Bild 1: Hollandradhaltung

Die Kraftverteilung auf Lenker, Sattel und Pedale beträgt etwa 10 %, 50 % und 40 %. Die Wirbelsäule bleibt noch in ihrer S-Form, erfährt aber eine leichte Vorspannung. Die Lenkergriffe sollten sich auf Hüfthöhe und die Lenkergriffe nahe am Körper des Fahrers (meist der Fahrerin) befinden.

*Mit dieser tiefen Handhaltung kann der Oberkörper frei balancieren, wobei die gesamte Rückenmuskulatur ähnlich wie beim Gehen oder Reiten an der aufrechten Haltung beteiligt is*t (J. Neuß, ADFC).

Fahrbahnstöße müssen über die Bandscheiben abgefedert werden. Ein gut gefederter Sattel oder eine gefederte Sattelstütze und breitere Bereifung sind empfehlenswert.

Je aufrechter die Sitzposition auf dem Fahrrad, umso wichtiger ist die Stoßdämpfung für die Wirbelsäule und das Gesäß.

Cityradhaltung

Der Körperschwerpunkt liegt hinter dem Tretlager. Das ergibt eine mittlere Kraftverteilung Lenker/Sattel/Pedale von 5 %, 70 % und 25 % **(Bild 2)**.

Bild 2: Cityradhaltung

Die Gewichtskraft kann nicht mehr unterstützend auf die Pedale wirken. Hinzu kommen die uneffektiven Arbeitswinkel der Gelenke, die zu einer eingeschränkten Beinkraft führen.

Durch die aufrechte (und evtl. etwas nach hinten geneigte) Körperhaltung ist die Streckmuskulatur des Rückens weitgehend entspannt und kann nicht mehr balancierend auf den Oberkörper wirken.

Der zum Treten wichtige Gesäßmuskel findet keine ausreichende Gegenkraft, sodass Bergauffahren mühselig wird.

Weil sich Fahrbahnstöße unmittelbar auf die Bandscheiben auswirken, sollte man ein Fahrrad mit breiten Reifen, einen gut gefederten Sattel und eine gefederte Sattelstütze wählen. Ideal ist ein vollgefedertes Fahrrad.

Frauen bevorzugen oft die Cityradhaltung, weil die aufrechte Position die Hände kaum belastet, der Rücken entspannt ist und das nach hinten aufgerichtete Becken den Satteldruck auf die Sitzbeinhöcker verlagert. Der empfindliche Schambeinbogen wird entlastet. Diese Vorteile sollten aber nicht vergessen machen, dass die Wirbelsäule Schaden nehmen kann.

Liegeradhaltung

Bei der Liegeradhaltung liegt der Körperschwerpunkt hinter den Sitzpunkten **(Bild 3)**. Der Fahrer übt durch Druck in die Rückenlehne eine Gegenkraftkomponente zum Pedaldruck aus (beim aufrechten Radeln ist die Gewichtskraft der größte Teil der Gegenkraft!).

Bild 3: Liegeradhaltung (HP Velotechnik)

Die Folge ist, dass vermehrt andere Muskeln (Muskeln oberhalb der Kniescheibe) zum Einsatz kommen, die entsprechend trainiert werden müssen.

Wichtig für effizientes Pedalieren ist der richtige Tretlager-Sitzabstand, der durch eine Verschiebung des Tretlagers (selten) oder durch eine Sitzverstellung ermöglicht wird.

11.4 Energie- und Leistungsbilanz

Der Mensch nimmt in Form von Nahrungsmitteln hochwertige Energie auf. Zusammen mit dem Luftsauerstoff ist er in der Lage, seinen Organismus funktionsfähig zu halten und nebenbei noch Arbeit zu verrichten.

Ein durchschnittlicher männlicher 70 kg schwerer Erwachsener benötigt täglich etwa 7100 kJ (ca. 1680 kcal) Energie, um seinen **Grundumsatz** zu decken[1].

Es ist diejenige Energiemenge, die der ruhende Mensch für die Aufrechterhaltung wichtiger Körperfunktionen wie Herztätigkeit, Atmung, Verdauung, Wärmeproduktion (66 Prozent!) und den Aufbau und Erhalt von Körperzellen braucht.

Faustformel Grundumsatz Männer

$$GU = 2300 + 58 \cdot G + 21 \cdot H - 28 \cdot A$$

Faustformel Grundumsatz Frauen

$$GU = 2680 + 40 \cdot G + 8 \cdot H - 20 \cdot A$$

GU Grundumsatz in kJ
G Körpermasse in kg
H Körpergröße in cm
A Lebensalter in Jahren

Frauen haben einen geringeren Grundumsatz, weil sie durch ein dickeres Unterhautfettgewebe weniger Wärme verlieren.

Teilt man die 7100 kJ durch die 86400 Sekunden, die ein Tag hat, erhält man eine Grundumsatz-Leistung von 85 Watt.

Im Schlaf leistet der Organismus noch etwa 60 Watt und könnte damit eine Glühlampe zum Leuchten bringen.

Jede weitere Körperaktivität zählt zum **Leistungsumsatz**: Stehen, Sitzen, Gehen, Laufen, Treppensteigen, Radfahren, Lasten heben usw. Bei Spitzenathleten kann der Leistungsumsatz je nach Tätigkeit und Umweltbedingung bis zu 50000 kJ (ca. 12000 kcal) betragen, z. B. beim Durchschwimmen des Ärmelkanals, bei einer Bergetappe der Tour de France oder beim Hawaii-Triathlon.

Der Leistungsumsatz von Männern mit beruflicher Tätigkeit im Sitzen und nur mäßiger körperlicher Anstrengung in der Freizeit beträgt etwa ein Drittel des Grundumsatzes, das sind ca. 2400 kJ.

[1] Einfache Faustformel für männliche Erwachsene: Grundumsatz = 4,2 kJ pro Stunde und kg Körpermasse. Frauen 10 % weniger.

Als **Gesamtumsatz** ergeben sich dann 7100 kJ + 2400 kJ = 9500 kJ.

Nun ist der menschliche Organismus in der günstigen Lage, die chemische Energie aus den Nahrungsmitteln (falls genügend Sauerstoff, Wasser und Enzyme zur Verfügung stehen) *direkt* in mechanische Muskelarbeit umzuwandeln **(Bild 1)**.

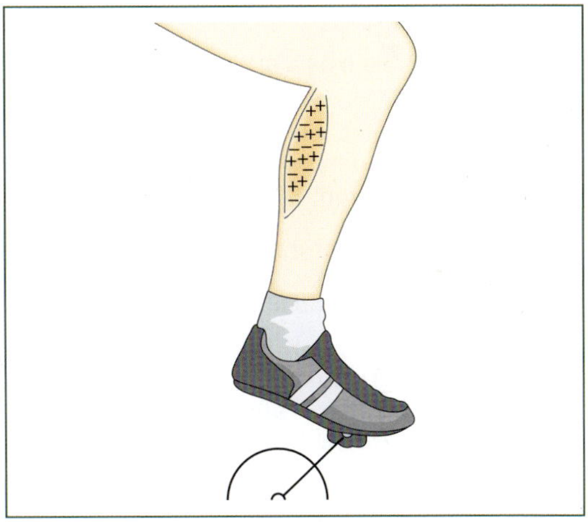

Bild 1: Der Muskel als chemisch-elektrische Maschine

Ein Verbrennungsmotor oder eine andere Wärmekraftmaschine muss einen Umweg beschreiben: Die chemische Energie des Kraftstoffs wird zuerst in thermische Energie (Wärme) und dann erst in mechanische Energie umgewandelt **(Bild 2)**.

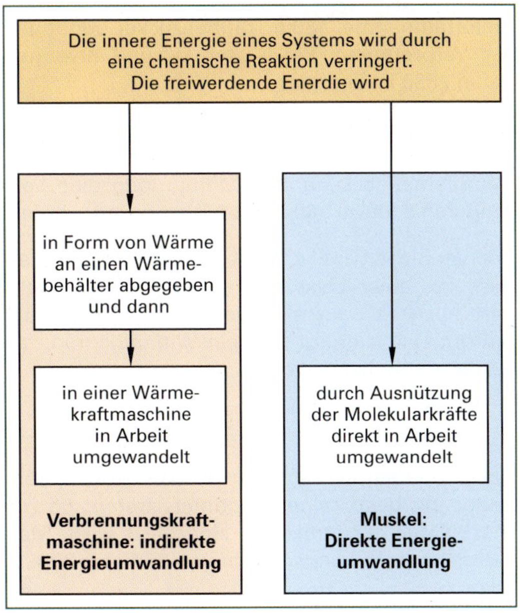

Bild 2: Vergleich Wärmekraftmaschine – Muskel

Auch eine Betrachtung des Wirkungsgrades macht den Unterschied deutlich:

Bei einer Körpertemperatur von T_1 = 310 Kelvin (ϑ_1 = 37°C) und einer Umgebungstemperatur von T_2 = 293 K (ϑ_2 = 20°C) ergäbe sich ein Wirkungsgrad von:

$$\eta = \frac{T_1 - T_2}{T_1}$$

$$\eta = \frac{310\ \text{K} - 293\ \text{K}}{310\ \text{K}} = 0{,}06 = 6\ \%$$

Der Körper arbeitet viel effektiver. Der tatsächliche Wirkungsgrad beträgt etwa 25 %, was einer Körpertemperatur von

$$T_1 = \frac{293\ \text{K}}{1 - \eta} = 391\ \text{K oder}\ \vartheta_1 = 118°\text{C}$$

entsprechen würde. Und das ist unmöglich.

Folgerung: der Muskel ist keine Wärmekraftmaschine. Oder: Den menschlichen Körper kann man nicht mit einer Wärmekraftmaschine vergleichen.

Das Beispiel verdeutlicht, wie fortgeschritten die Evolution ist (eigentlich fehlen den Menschen nur noch angeborene Räder – aber die kann man sich ja kaufen).

11

Für verschiedene Tätigkeiten und Sportarten ist der Leistungsumsatz bekannt. In Tabellen wird der Leistungsumsatz meist in kJ/h oder in Watt W für einen Mann der Masse 70 kg angegeben.

Den Energieumsatz bestimmt man über die Sauerstoffaufnahme. 180 g Traubenzucker benötigen zur Verbrennung 134,4 Liter O_2 und erzeugen dabei 2830 kJ Energie.

1 l Sauerstoff ist mit einer Energieabgabe von 2830 kJ : 134,4 = 21 kJ verbunden. Mit dieser Energiemenge kann eine Minute lang eine Leistung von 21000 J : 60 s = 350 Watt erzielt werden.

Von Versuchen auf Fahrradergometern weiß man, dass bei einer Leistung von 75 Watt ein Mehrverbrauch an Sauerstoff von 1 Liter pro Minute auftritt. Damit ergibt sich ein Wirkungsgrad des Gesamtorganismus von:

$$\eta = \frac{75\ \text{W}}{350\text{W}} \cdot 100\ \% = 21\ \%$$

Beim Radfahren liegt der Wirkungsgrad aber höher als beim reinen Ergometertreten, da die Muskulatur ökonomischer eingesetzt wird. Man rechnet mit Wirkungsgraden von 25 % bis 30 %.

Tabelle 1: Leistungsumsatz verschiedener Tätigkeiten (ohne Grundumsatz). Umrechnung kJ/h in W:1 kJ/h : 3,6 = W

Tätigkeit	KJ/h	W
Liegen	300	84
Sitzen	380	106
Stehen	450	126
Gehen 3 km/h	730	204
Gehen 4,5 km/h	840	235
Gehen 6 km/h	1090	305
Gehen 8 km/h	2400	672
Laufen 9 km/h	2780	778
Laufen 12 km/h	2970	832
Laufen 15 km/h	3280	918
Radfahren 10 km/h	760	213
Radfahren 20 km/h	1120	310
Schwimmen 50 m/min	2700	756
Radfahren 50 km/h	8000	2240

Tabelle 2: Verwertbare chemische Energie einiger Lebens- und Genussmittel

Lebensmittel	Energiegehalt kJ/kg
Zucker	17000
Pommes frites	5000
Fett	36000
Coca Cola	1500
Äpfel	2000
Vollkornbrot	8000
Vollmilchschokolade	22500
Bier	1800
Eis	3600
Alkohol	30000

Beispiel: Ein 178 cm großer Mann will 1 Kilo an Fettgewebe innerhalb von 32 Tagen allein über erhöhten Leistungsumsatz durch Radfahren abnehmen.

Der verwertbaren chemischen Energie von 1 kg Fett entsprechen 36000 kJ. Mit dem Tabellenwert 1120 kJ/h für Radfahren mit 20 km/h **(siehe Seite 414)** kann man die Zeit ausrechnen, die der Radfahrer auf dem Rad zubringen muss:

$$t = \frac{1\ \text{kg} \cdot 36\,000\ \text{kJ/kg}}{1120\ \text{kJ/h}} \approx 32\ \text{h}$$

Nach 32 Tagen mit einer täglichen Trainingszeit von 1 Stunde hat er 1 kg an Gewicht verloren. Dazu ist eine Gesamt-Dauerleistung von

$$P = \frac{36\,000\,000\ \text{J}}{32 \cdot 3600\ \text{s}} = 312\ \text{W erforderlich.}$$

Rechnet man mit einem Muskelwirkungsgrad von 25 Prozent, dann muss er ca. 78 Watt als Dauerleistung (Leistungsoutput) auf die Pedale übertragen. Die restlichen 234 W gehören zum Grundumsatz und werden hauptsächlich als Wärme abgeführt.

Auch mit einer geringeren Nahrungsaufnahme könnte der Radfahrer abnehmen:

36000 kJ : 32 Tage ~ 1125 kJ müsste er pro Tag einsparen. Statt mit einem Gesamtumsatz von 9500 kJ **(siehe Seite 413)** müsste er mit 8375 kJ auskommen.

Holt sich der Körper die fehlende Energiemenge aus der Fettreserve? Leider lässt sich der Körper nicht einfach manipulieren. Bei einer geringeren Nahrungsmittelzufuhr drosselt der Organismus seinen Energieumsatz und arbeitet ökonomischer. Er schränkt die mechanische Muskeltätigkeit ein und produziert weniger Wärme.

Um Fettgewebe abzubauen, soll man sich mit geringer bis mittlerer Intensität bewegen, dafür aber über einen längeren Zeitraum. Ist die Belastung zu hoch, wird nicht der Fettvorrat abgebaut, sondern die Kohlenhydratspeicher geleert.

Der Fettstoffwechsel läuft am besten unter aeroben Bedingungen.

Beispiel: Pedaliert man im idealen Pulsbereich von 70 %[1] der maximalen Herzfrequenz, beginnt der Körper nach 20 Minuten mit dem Abbau von Fettreserven. Nach 30 Minuten liegt der Anteil bei 50 % und nach 60 Minuten holt sich der Körper die Energie fast ausschließlich von den Fettreserven.

Hinzu kommt noch ein Nebeneffekt. Durch die sportliche Betätigung steigt der Grundumsatz an. Und das nicht nur für die Dauer der Belastung, sondern über den ganzen Tag.

[1] Die maximale Herzfrequenz beträgt für Männer HF_{max} = 220 minus Lebensalter, für Frauen HF_{max} = 226 – Lebensalter

Vergleich: Energieumsatz beim Rad- und Autofahren

Der Energieumsatz eines Mittelklassewagens, der einen Benzinverbrauch von 7 Liter pro 100 km Fahrtstrecke bei einer mittleren Fahrgeschwindigkeit von 100 km/h hat, soll mit dem eines Radfahrers verglichen werden.

Der Leistungsumsatz des Radfahrers, der mit 20 km/h fährt, beträgt 1120 kJ/h (oder 0,31 kW, **siehe Tabelle 1, Seite 414**).

Durch das Verbrennen von 1 Liter Benzin werden ca. 38000 kJ chemischer Energie in Wärme umgewandelt.

Der Pkw benötigt für 100 km eine Energiemenge von

$$W = 7\ \text{l} \cdot 38\,000\ \text{kJ/l} = 266\,000\ \text{kJ}$$

Mit dieser Energiemenge könnte der 20 km/h schnelle Radfahrer über eine Zeitdauer von

$$t = \frac{266\,000\ \text{kJ}}{1120\ \text{kJ/h}} = 237{,}5\ \text{h}$$

fahren und dabei 4750 km zurücklegen.

Der Radfahrer hat bei einer Fahrzeit von 1 h und einer Fahrtstrecke von 20 km einen Energiebedarf von

$$W = \frac{1120\ \text{kJ}}{38\,000\ \text{kJ/l}} = 0{,}03\ \text{l Benzin}$$

und für eine Fahrtstrecke von 100 km = 0,15 l Benzin. Verglichen mit dem Pkw beträgt die Energieeinsparung etwa das 47-fache.

In **Bild 1** ist der Energieumsatz einiger Lebewesen und Verkehrsmittel gegenübergestellt.

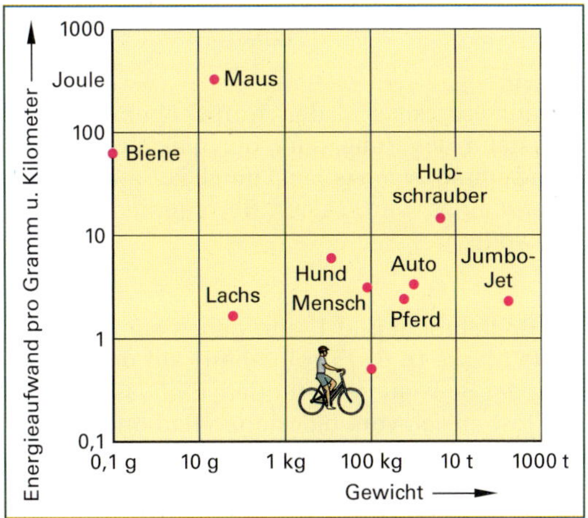

Bild 1: Energieumsatz bei der Fortbewegung

12 Fahrmechanik

Die Fahrmechanik befasst sich mit den Bewegungen von Fahrzeugen unter dem Einfluss von inneren und äußeren Kräften und Momenten. Zu den inneren Kräften gehören beim Radfahren die Muskelkräfte des Radfahrers, die für den Antrieb und das Bremsen sorgen. Äußere Kräfte sind die Gewichtskräfte, die Auflagekräfte, Reibungskräfte zwischen Rad und Fahrbahn, Fahrwiderstände, Beschleunigungskräfte, Seitenführungskräfte und andere.

Die **Statik** untersucht Bedingungen, unter denen die Kräfte und Momente auf den ruhenden Körper im Gleichgewicht stehen und deshalb keine Beschleunigungen verursachen. Ein Beispiel ist die unter Zugspannung stehende Speiche in einem ruhenden Rad. Die **Dynamik** befasst sich mit den von den Kräften und Momenten verursachten Bewegungen.

12.1 Masse, Trägheit und Gewicht

Die Begriffe „Masse" und „Gewicht" dürfen nicht gleichgesetzt werden. Unter einer **Masse** versteht man eine bestimmte Stoffmenge, z. B. eine 7-kg-Eisenkugel, die aus sehr vielen Eisenteilchen (Fe-Atome) besteht. Die Einheit der Masse ist kg. Massen haben verschiedene Eigenschaften. Eine der Eigenschaften ist ihre Trägheit, eine andere ihr Gewicht.

12

Ein Körper setzt der Änderung seines Bewegungszustandes – gleich, ob er sich in Ruhe oder in Bewegung befindet – einen Widerstand entgegen. Dieses Beharrungsvermögen bezeichnet man als „Massenträgheit" oder kurz **„Trägheit"**.

info

Trägheitsgesetz: Jeder Körper beharrt im Zustand der Ruhe oder der gleichförmigen Bewegung, wenn er nicht durch äußere Kräfte gezwungen wird, seinen Bewegungszustand zu ändern.

Der Radfahrer in **Bild 1** fährt gegen ein Hindernis. Seine Masse (z. B. 75 kg) beharrt auf der Fortsetzung der Bewegung. Unter dem Einfluss der Trägheit löst er sich vom blockierten Rad und fliegt in Fahrtrichtung mit dem Betrag seiner bisherigen Geschwindigkeit. Nur der geringe Reibungskraftanteil an Sattel und Pedal und die Haltekraft am Lenker verringern die Wirkung der Trägheitskraft.

Massenträgheitskräfte stabilisieren die Geradeausfahrt. Je größer die Masse und die Geschwindigkeit eines Systems ist, um so geringeren Einfluss nehmen äußere Kräfte auf dessen Bahn. In **Bild 2a** fährt der Radfahrer mit der konstanten Geschwindigkeit von 30 km/h. Eine seitliche Windböe von 10 km/h ergibt eine Resultierende, die nur eine kleine Richtungsänderung bewirkt.

Beim Radfahrer, der mit kleinerer Geschwindigkeit von z. B. 10 km/h in **Bild 2b** fährt, verursacht die gleiche Windböe eine erheblich größere Richtungsänderung. Das gleiche Prinzip lässt sich auch auf die Masse übertragen.

Bild 1: Trägheitskraft durch Änderung der gleichförmigen Bewegung. S = Körperschwerpunkt

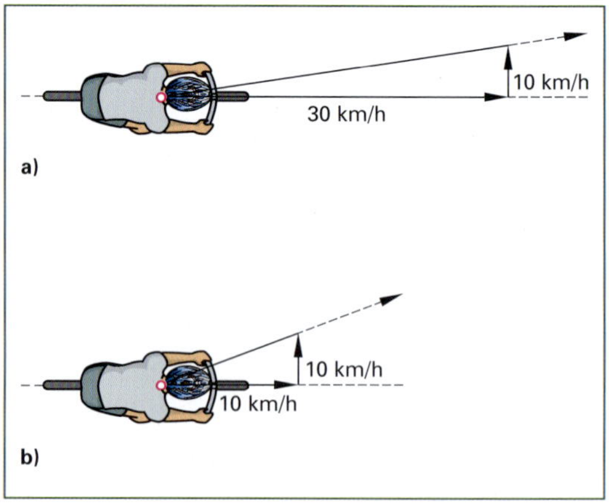

Bild 2: Mit zunehmender Geschwindigkeit wird der Einfluss von Kräften, die quer zur Fahrtrichtung wirken, immer geringer

Auch wenn der Radfahrer seine Richtung ändert – er also eine Kurve einleitet – wirkt die Trägheitskraft. Sein System (unter „System" versteht man die Masse von Fahrer, Fahrrad und Gepäck) strebt weiter in Geradeausrichtung.

Er muss eine „äußere Kraft" (eine Gegenkraft zur Trägheitskraft: die Zentralkraft) aufbringen, um die Kurve einzuleiten.

Die äußere Kraft wird durch die Haftreibung der Laufräder aufgebracht. Es sind die Seitenführungskräfte F_{Sv} und F_{Sh} **(Bild 1)**.

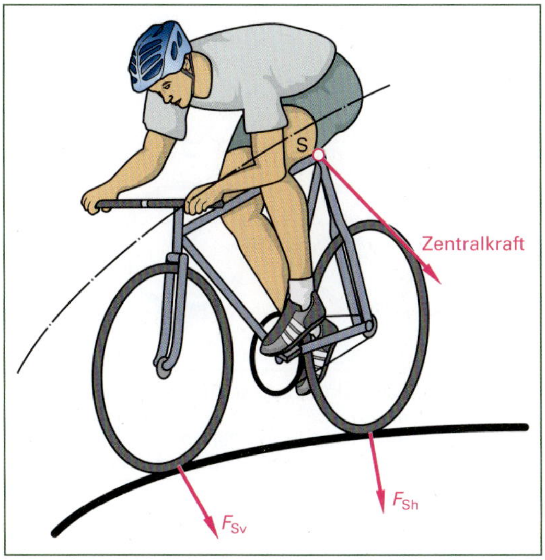

Bild 1: Zentralkraft bei Änderung der Fahrtrichtung

Der Radfahrer in **Bild 2a** gleicht mit seiner Antriebskraft F die gesamten Fahrwiderstände F_{ges}[1] aus – fährt also mit gleichbleibender Geschwindigkeit. Er befindet sich im „kräftefreien" Zustand.

Erhöht er seine Antriebskraft auf F', so wird das Gleichgewicht der Kräfte gestört. Das System wird beschleunigt **(Bild 2b)**.

Die Beschleunigung hält so lange an, bis die Geschwindigkeit einen Wert erreicht, bei dem die Fahrwiderstände F_{ges} gleich der neuen Antriebskraft $F + F'$ sind. Dann fährt der Radfahrer wieder mit konstanter Geschwindigkeit.

Das Grundgesetz der Mechanik lautet:

Kraft = Masse · Beschleunigung[2] $F = m \cdot a$

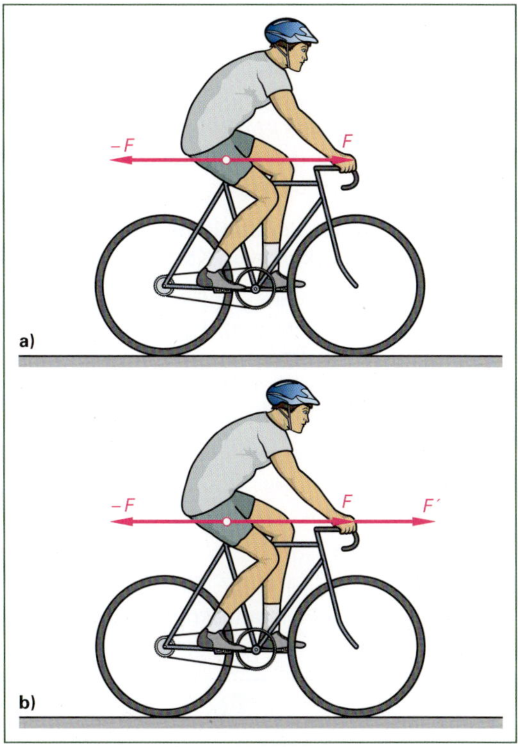

Bild 2: Radfahrer a) im kräftefreien Zustand
b) im beschleunigten Zustand

Daraus folgt:

1. Ein System mit einer größeren Masse muss eine größere Kraft (Antriebskraft, Bremskraft) aufbringen, um es zu beschleunigen oder abzubremsen.

2. Je stärker das System beschleunigt (oder abgebremst) werden soll, desto größer muss die Antriebskraft (oder Bremskraft) sein.

Die Einheit der Kraft F ist Newton [N]. Es ist das Produkt aus der Masse m [kg] und der Beschleunigung a [m/s²]:

$1 \text{ N} = 1 \text{ kg} \cdot 1 \text{ m/s}^2$

Ein Massestück wird zunächst in der Hand gehalten und dann losgelassen. Es fällt zu Boden.

Nach dem Trägheitsgesetz (**siehe Seite 416**) muss eine Kraft gewirkt haben. Es ist die Erdanziehungskraft oder Schwerkraft, die das Massestück zu Boden gezogen hat.

Sie beträgt in diesem Fall:

$F = 1 \text{ kg} \cdot 9{,}81 \text{ m/s}^2 = 9{,}81 \text{ N} \approx 10 \text{ N}$

Diese Kraft wird auch als **Gewichtskraft** oder Gewicht bezeichnet und mit F_G abgekürzt. Sie greift am Körperschwerpunkt an.

[1] Der Gesamtwiderstand F_{ges} setzt sich zusammen aus dem Fahrwiderstand F_F und den Fahrradwiderständen F_{Rad} (siehe Bild 1, Seite 511).

[2] $F = m \cdot a$ ist das Grundgesetz der Mechanik für translatorische Bewegungen (in erster Linie geradlinige Bewegungen). Das Grundgesetz für Rotationsbewegungen lautet: Drehmoment = Massenträgheitsmoment · Winkelbeschleunigung: $M = I \cdot \alpha$

12.2 Kraft und Gegenkraft

Das Wechselwirkungsprinzip lautet:

Übt ein Körper auf einen zweiten eine Kraft aus, so übt auch der zweite Körper auf den ersten eine Kraft aus. Diese ist der ursprünglichen Kraft entgegengesetzt und gleich groß.

Man unterscheidet die **statische** und die **dynamische** Wechselwirkung von Kräften.

In **Bild 1** übt das System aus Fahrer und Rad auf den Boden die Gewichtskraft F_G aus. Die Erde als zweiter Körper übt die Gegenwirkung aus: Es ist die Bodenwiderstandskraft F_N, die sich nach dem Hebelgesetz mit F_{NV} und F_{NH} auf das Vorder- und Hinterrad verteilt:

$F_G = F_N \qquad F_N = F_{NV} + F_{NH}$

System und Boden sind im statischen Gleichgewicht.

Man kann die Gewichtskraft F_G als Aktionskraft und die Bodenwiderstandskraft (Normalkraft) auch als Reaktionskraft bezeichnen.

Bild 1: Kraft und Gegenkraft beim Radfahrer

Auch die Antriebskraft am Hinterrad benötigt eine Gegenkraft, damit sich des System vorwärts bewegt.

Die Antriebskraft des Hinterrades wirkt der Fahrtrichtung entgegen.

Der Radsportler, der auf der Rolle trainiert, kann diesen Sachverhalt bestätigen:

Die Antriebskraft vom Hinterrad auf die Rolle lässt die Rolle rückwärts drehen – der Radfahrer kommt keinen cm voran. Es fehlt die Gegenkraft.

Auf der Straße wird die elastische Fahrbahn etwas gestaucht und bei der darauf folgenden Ausdehnung übt sie die Gegenkraft aus, die den Radfahrer nach vorn treibt. Es ist der sogenannte Rollwiderstand (F_{RH} in **Bild 2**), der von der Fahrbahn aus als Gegenkraft zur Antriebskraft F das System in Bewegung setzt.

Die gegen die Fahrtrichtung wirkende Antriebskraft F am Hinterrad ist die Aktionskraft. Erst die Reaktionskraft treibt das System in Fahrtrichtung an.

Auch in diesem Fall herrscht statisches Gleichgewicht, denn es tritt keine Beschleunigung auf. Die statische Kraftwirkung deformiert die beteiligten Körper Reifen und Fahrbahn.

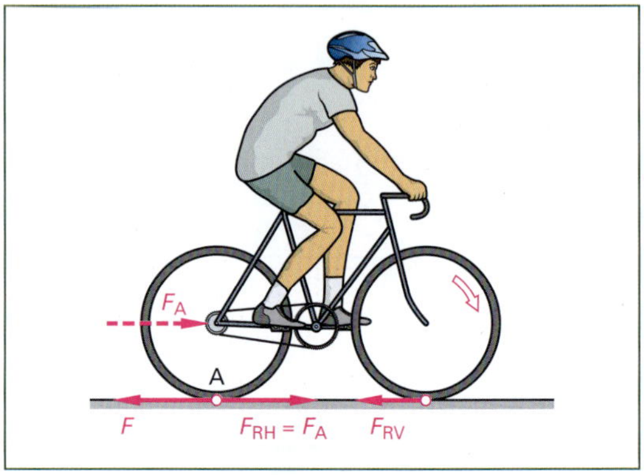

Bild 2: Antriebs- und Reibungskräfte am Hinterrad und Vorderrad.
F = Antriebskraft am Reifen[1]
F_{RV} = Rollreibungskraft am Vorderrad

Auch für die dynamische Kraftwirkung gilt das Gesetz von Wirkung und Gegenwirkung. Aber hier sind die Kräfte nicht im Gleichgewicht.

Eine Antriebskraft beschleunigt oder eine Bremskraft verzögert den Körper. Der Radfahrer in **Bild 2b, Seite 417** beschleunigt mit der Überschusskraft F' das System: $F' = m \cdot a$.

12.3 Reibungskräfte

Reibungskräfte sind auf der einen Seite unerwünscht, weil sie die Bewegung hemmen, z. B. der Rollwiderstand am Vorderrad und am nicht angetriebenen Hinterrad, die Reibung in den Lagern, den Schaltzügen und in der Kette. Andererseits sind die Reibungskräfte für die Übertragung der Antriebskraft auf das Hinterrad, beim Kurvenfahren und beim Bremsen unentbehrlich.

Für einen Reifen bedeutet das einen Widerspruch: Einmal sollen sie einen möglichst geringen Abrollwiderstand aufweisen, um eine hohe Geschwindigkeit bei geringem Energieaufwand zu erzielen.

[1] Die Reaktionskraft F_A zur Antriebskraft F kann in die hinteren Ausfallenden verschoben werden. Dort wird die Antriebskraft in den Rahmen eingeleitet (siehe auch Bild 1, Seite 145).

Auf der anderen Seite sind bei kurzen Sprints, bei abruptem Abbremsen und bei schneller Kurvenfahrt große Haftreibungswerte wichtig. Die Reifenhersteller haben inzwischen gute Kompromisse gefunden.

Beim nicht angetriebenen Vorderrad wirken die Reibungskräfte **gegen** die Fahrtrichtung **(Bild 2, Seite 418)**.

Die „trockene" oder „Coulombsche" Reibung ist unabhängig von der Größe der Berührungsfläche, der Temperatur und der Geschwindigkeit, mit der sich die Körper gegeneinander bewegen.

Man unterscheidet drei Arten der trockenen Reibung:

Haftreibung, Gleitreibung und Rollreibung.

Eine Sonderform ist die Seilreibung.

12.3.1 Haftreibung

Ein Körper setzt sich in Bewegung, wenn die Antriebskraft F_A größer ist als die Haftreibungskraft F_{RH}.

Mit der Überschusskraft $F_Ü = F_A - F_{RH}$ wird die Trägheit überwunden und der Körper beschleunigt.

Der Betrag der Haftreibungskraft hängt von zwei Größen ab:

- Die Kraftkomponente, die senkrecht auf die Unterlage wirkt.[1] In **Bild 1a** ist die Normalkraft F_N gleich der Gewichtskraft F_G, in **Bild 1b** ist die Normalkraft die Komponente $F_G \cdot \cos \alpha$. Je größer die Normalkraft, desto größer die Haftreibungskraft.
- Von der Art und der Oberflächenbeschaffenheit der beteiligten Materialien. Diese Abhängigkeit wird durch die Haftreibungszahl μ_H ausgedrückt:
  Je größer der Zahlenwert, desto stärker die Haftreibung.
  Zusammengefasst lautet das Reibungsgesetz für die Haftreibung:

$$F_{RH} = F_N \cdot \mu_H$$

Beim Abrollen eines Rades ist die Geschwindigkeit im Berührungspunkt zwischen Rad und Boden (Auflagepunkt A in **Bild 2, Seite 418**) Null. In einem kurzen Moment gibt es keine Bewegung zwischen Rad und Boden. Hier setzt dann die Haftreibung ein, die am Hinterrad für den Antrieb, und an beiden Rädern für das Abbremsen und die Seitenführung sorgt. Bei luftgefüllten Reifen ist es der sog. „Schlupf" (siehe Rechenbeispiel **Seite 513**), der die Antriebs- und Bremskräfte überträgt.

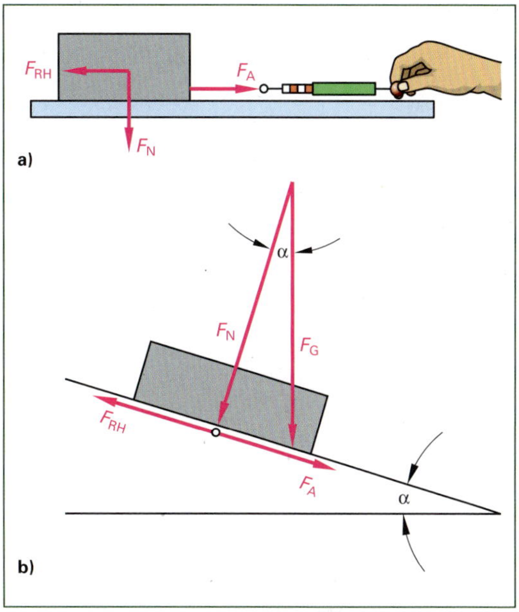

Bild 1: Haftreibungskraft und Antriebskraft
F_N = Normalkraft, F_{RH} = Haftreibungskraft
F_A = Antriebskraft = Hangabtriebskraft

12.3.2 Gleitreibung

Haftreibung tritt solange auf, wie die beiden berührenden Körper noch im Ruhezustand zueinander sind. Wenn sich ein Körper erst einmal in Bewegung gesetzt hat, ist nur noch die kleinere Gleitreibung zu überwinden.

Das Reibungsgesetz für die trockene Gleitreibung lautet:

$$F_{RG} = F_N \cdot \mu_G$$

Die Haftreibungszahl μ_H ist größer als die Gleitreibungszahl μ_G, weil ein ruhender Körper mit seiner rauen Oberfläche weiter in die Vertiefungen der Unterlage eindringt als ein bewegter Körper.

Die Reibungszahlen μ_H und μ_G werden in Versuchen ermittelt und können in Tabellen nachgeschlagen werden.

Bei der Reibung zwischen Reifen und Fahrbahn oder zwischen Bremsbelag und Felge gelten nicht mehr die Gesetze der trockenen Reibung, sondern die der „Gummireibung".

Die Reibungswerte sind von der Gummimischung abhängig.

[1] Senkrecht auf die Unterlage wirkende Kräfte nennt man „Normalkräfte"

12

Für die Gummireibung gilt:

- Mit zunehmendem Reifendruck verringern sich die Reibungswerte.
- Mit steigender Geschwindigkeit steigen erst die Reibungswerte an, fallen dann wieder ab.
- Mit steigender Temperatur sinken die Reibungswerte.
- Mit größerer Auflagefläche (= größerer Reifenquerschnitt) sinkt die Flächenpressung und damit steigt die Haftreibungszahl.

Diese Effekte beeinflussen sich untereinander. Reibungswerte für Reifen und Bremsen und ihre Abhängigkeit auf den Rollwiderstand können nur in der Praxis bestimmt werden.

Faustformel: 10 % größere Haftreibung führt zu 10 % mehr Rollwiderstand.

12.3.3 Rollreibung

Die Rollreibung hemmt die Bewegung eines rollendes Rades, weil sich das Rad und die Unterlage geringfügig verformen. Es bildet sich beim Abrollen in Laufrichtung ein kleiner Wall[1], den das Rad überwinden muss.

Die Kraftkomponente F_R ist die zur Überwindung notwendige Roll(reibungs)kraft. Aus dem Gleichgewicht zwischen dem Moment $F_R \cdot a$ und dem bremsenden Moment $F_N \cdot e$ erhält man

$$F_R \cdot a = F_N \cdot e \quad \text{bzw.} \quad F_R = F_N \cdot \frac{e}{r}$$

mit $a \approx r$ bei geringer Eindringtiefe. Bei Stahlrädern und kleinen Rollen (z. B. Wälzlager) bezeichnet man den Quotienten $\frac{e}{r}$ als Rollreibungszahl μ_R.

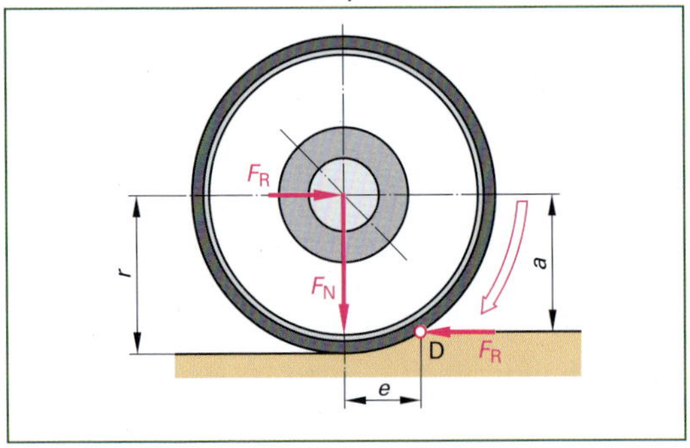

Bild 1: Entstehung der Rollreibungskraft

Die Rollreibungskraft ist umso geringer, je größer der Raddurchmesser und je kleiner die Radlast (hier die Normalkraft) ist.

Weil $\mu_R \ll \mu_G$ ist, bevorzugt man in der Technik so weit wie möglich die rollende Bewegung und vermeidet die Gleitbewegung.

Auf der anderen Seite ist das Vorhandensein einer Haftreibung Voraussetzung für das Rollen.

12.4 Schlupf

Überträgt ein luftgefüllter Reifen Antriebskräfte, so entsteht zwischen Fahrbahn und Reifen eine Relativbewegung. Die Umfangsgeschwindigkeit des Rades ist größer als die Fahrgeschwindigkeit.

Das Verhältnis der beiden Geschwindigkeiten wird als „Schlupf" bezeichnet:

$$\lambda_a = \frac{\text{Umfangsgeschw.} - \text{Fahrgeschwindigkeit}}{\text{Umfangsgeschwindigkeit}}$$

Meist wird der Schlupf in % angegeben:

$\lambda_a = \frac{v_u - v}{v_u} \cdot 100\ \%$ für den Antriebsschlupf

Beim Bremsen ist es umgekehrt: Die Umfangsgeschwindigkeit des Rades ist kleiner als die Fahrgeschwindigkeit:

$\lambda_b = \frac{v - v_u}{v} \cdot 100\ \%$ für den Bremsschlupf

Je höher die zu übertragende Antriebs- oder Bremskraft ist, um so größer wird der Schlupf. Die übertragbare Antriebs- oder Bremskraft erreicht ihren Höchstwert zwischen 10 % und 30 % Schlupf – abhängig von der Fahrbahnbeschaffenheit **(Bild 2)**.[2]

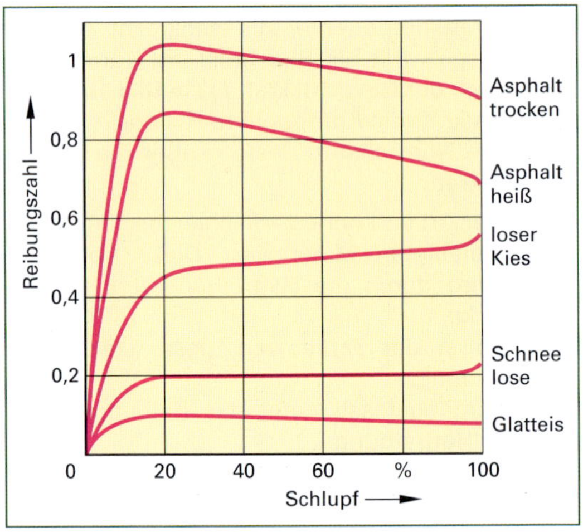

Bild 2: Haftreibungszahlen, Straßenzustand und Schlupf

Dreht das Rad durch oder blockiert es, können nur geringe Antriebs- oder Bremskräfte übertragen werden. Dann ist der Schlupf beim Antrieb wie beim Bremsen 100 % und das Rad gleitet.

[1] Nicht zu verwechseln mit dem (Reifen-)Wulst, der zum Abrollwiderstand führt.

[2] Quelle: J. Reimpell: Fahrwerktechnik, Grundlagen, Vogel-Verlag.

12.5 Gleichgewicht

12.5.1 Labiles Gleichgewicht

Ein Fahrrad berührt die Fahrbahn in den beiden Aufstandspunkten der Laufräder. Eine geringe Neigung der senkrecht zur Fahrbahn stehenden Rahmenebene führt zum Umkippen. Die am Schwerpunkt S angreifende Gewichtskraft F_G bewirkt über den Hebelarm *a* ein Drehmoment *M* (Schweremoment), sobald der Schwerpunkt sich nicht mehr über der Verbindungslinie der beiden Aufstandspunkte befindet **(Bild 1)**.

Bild 1: Rad kippt um die Aufstandslinie

Durch extremes Einschlagen des Lenkers lässt sich die Unterstützungsfläche für den Schwerpunkt vergrößern. So ist es möglich, dass geschickte Radfahrer auf einem stehenden Rad das Gleichgewicht halten, ohne abzusteigen. Für eine stabile Geradeausfahrt dagegen sorgen die Gesetze der Fahrdynamik.

12.5.2 Dynamisches Gleichgewicht

Droht das System bei der Geradeausfahrt in eine Richtung umzukippen, muss man in die gleiche Richtung lenken und eine kleine Kurve einleiten. Die einsetzende Zentrifugalkraft richtet das System zur anderen Seite wieder auf. Dabei lässt sich ein Überkippen kaum vermeiden und der Lenker muss wieder in die andere Richtung gelenkt werden. Eine Geradeausfahrt ist fortwährend mit einem meist unbewussten Pendeln um die Gleichgewichtslage verbunden, das besonders deutlich bei langsamer Fahrt wird.

Beim freihändigen Fahren neigt man den Körper zur Seite und erzeugt so ein zur Kipprichtung entgegengesetzt wirkendes Schweremoment **(Bild 2)**. Der Nachlauf und Kreiselkräfte unterstützen das Wiederaufrichten, indem diese bei einer Radneigung einen Lenkerausschlag auslösen.

Bild 2: Momentenausgleich beim Freihändigfahren

Bei der Geradeausfahrt sind die Auflagekräfte des Systems im Gleichgewicht mit den Bodenreaktionskräften und der Rollwiderstand wirkt bei nicht angetriebenen Rädern *entgegen* der Fahrtrichtung. Anders beim angetriebenen Hinterrad: Hier ist es die Haftreibung als Reaktionskraft, die das System in Fahrtrichtung antreibt.

12.6 Kurvenfahrt

Bei der Kurvenfahrt treten weitere Kräfte auf, die eine Richtungsänderung erzwingen und die verhindern, dass der Radfahrer nicht den Bodenkontakt verliert und wegrutscht.

Voraussetzung dafür, dass ein Fahrzeug seine Richtung ändert, ist eine zum Mittelpunkt der Kurve gerichtete Kraft. Man bezeichnet diese Kraft als „Zentralkraft" oder „Zentripetalkraft", die das Fahrzeug in die Kurve drückt oder zieht. Diese Kraft wird beim Radfahren von den Reifen und der Fahrbahn als Folge der Schräglage des Systems geliefert.

Bei einem **Kinderdreirad** überträgt sich die Lenkkraft auf die Auflagefläche des eingeschlagenen Vorderrades **(Bild 3)**. Die Fahrbahn drückt das System über das Vorderrad und die Hinterräder in die gewünschte Richtung. Das Kippmoment wird (bis zu einer bestimmten Grenzgeschwindigkeit) durch den seitlichen Abstand der Hinterräder unwirksam gemacht. Eine Zentralkraft aus der Schräglage ist nicht erforderlich.

Die Zentralkraft kann nicht größer werden als die Haftreibungskraft – sonst rutscht das System weg.

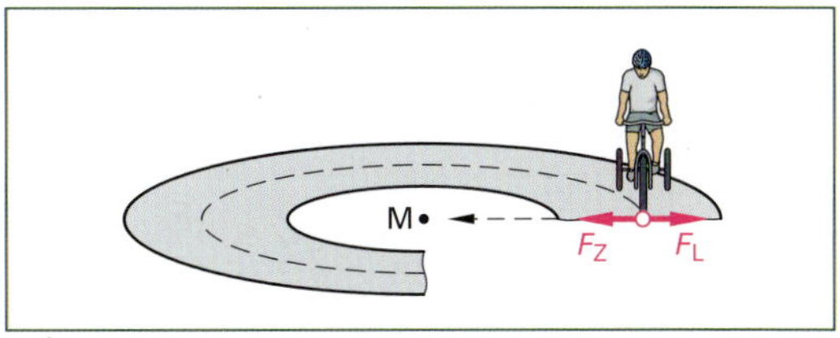

Bild 3: Zentralkraft F_Z und Lenkkraft F_L bei der Kurvenfahrt eines Dreirades

12

Beim **Zweirad** reicht es nicht aus, einfach nur in die gewünschte Richtung, z. B. eine Linkskurve, zu lenken. Schlägt man einfach nur nach links ein, führt die vom Radfahrer aus betrachtet wirkende Fliehkraft (Zentrifugalkraft) zu einem Umkippen nach rechts. Laufradspuren auf Sand oder Schnee zeigen, dass man zunächst leicht in die entgegengesetzte Richtung nach rechts lenken muss.

Begründung: Der Radfahrer braucht eine Gegenkraft zur (späteren) Fliehkraft, die er durch Neigen des Körpers und Rades schafft: Er legt sich in die Kurve. Diese Neigung erzielt er, indem er kurze Zeit nach rechts lenkt. Die (Hilfs)Fliehkraft greift am Schwerpunkt an und kippt das Rad nach links (Kippkraft F_Z in **Bild 1**).

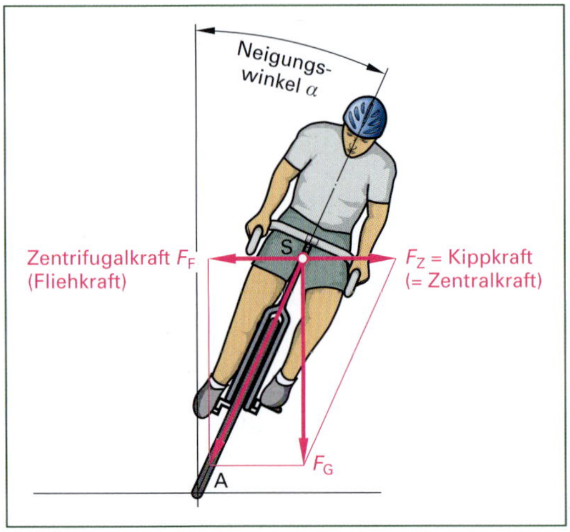

Bild 1: Fliehkraft und Gegenkraft (Kippkraft) in der Linkskurve

Sofort lenkt der Radfahrer ebenfalls nach links und durchfährt die gewünschte Kurve. Dabei nimmt er einen gewissen Winkel (Neigungswinkel α) zur Senkrechten ein, wobei sich die von Fliehkraft und Gewichtskraft erzeugten Drehmomente im Gleichgewicht befinden.

Die Kippkraft erzeugt um den Auflagepunkt das Kippmoment $M_k = F_G \cdot a$, während die Fliehkraft das Aufrichtmoment $M_a = F_F \cdot h$ liefert **(Bild 2)**:

Bei stabiler und schneller Kurvenfahrt sind beide Momente im Gleichgewicht: $M_k = M_a$

Aus dieser Bedingung kann der Neigungswinkel bestimmt werden, um den sich ein Zweiradfahrer in die „Kurve legen“ muss:

$$F_G \cdot a = F_F \cdot h \quad \longrightarrow \quad \tan \alpha = \frac{a}{h} = \frac{F_F}{F_G}$$

Bei der Kurvenfahrt muss am Auflagepunkt Kräftegleichgewicht herrschen, damit das System nicht wegrutscht.

Die am Boden wirkende horizontale Gegenkraft zur Kippkraft ist die Seitenführungskraft.

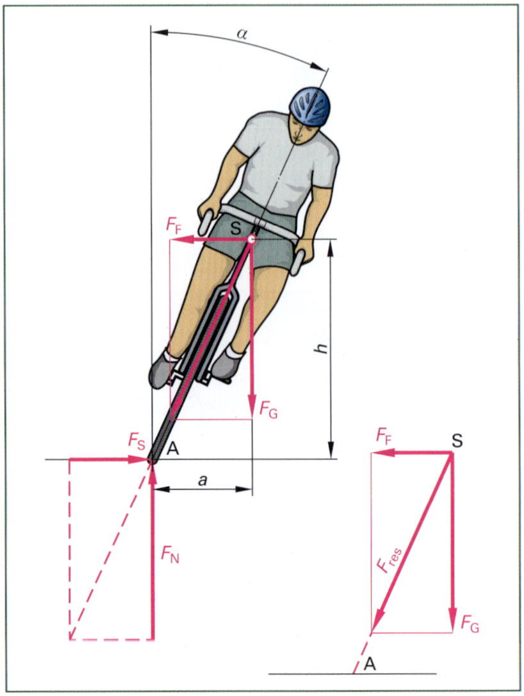

Bild 2: Kipp- und Aufrichtmoment in der Kurvenfahrt

Ihre Obergrenze ist die Haftreibung, die sich nach der Beziehung

$F_S = \mu_H \cdot F_N$ berechnen lässt.

Mit einem Handversuch lässt sich der Grenzkippwinkel bestimmen, bei dem ein Fahrrad wegrutscht.

Handversuch

Man nimmt ein Fahrrad mit vorschriftsmäßigem Reifendruck und fixiert mit kleinen Gummizügen das Vorderrad am Unterrohr. Damit wird verhindert, dass das Vorderrad beim Absenken zur Kippseite einschlägt.

Am Gabelkopf befestigt man eine ca. 5 m lange Schnur, die mit dem anderen Ende in gleicher Höhe an der hinteren Gabelstrebe festgemacht wird.

Ein Schüler fasst die Schnur in der Mitte an und lässt das Fahrrad langsam von sich wegkippen. Das Pedal auf der Kippseite ist hochgestellt.

Ein zweiter Schüler achtet darauf, dass die Schnur immer eine horizontale Lage einnimmt und gibt Korrekturhinweise.

Ein dritter Schüler misst mit einem großen Winkelmesser den Kippwinkel, bei dem das Rad wegrutscht.

Aus der Beziehung $F_S = \mu_H \cdot F_G$ und $F_S = F_G \cdot \tan \alpha$ kann die Haftreibungszahl bestimmt werden: $\mu_H = \tan \alpha$.

Das Fahrrad kommt bei einem bestimmten Neigungswinkel ins Rutschen — unabhängig von der Masse bzw. vom Gewicht. Das gilt auch für das System Rad, Fahrer und Gepäck. Ein schwergewichtiger Radfahrer kommt in einer Kurve bei dem gleichen Neigungswinkel ins Rutschen wie ein Leichtgewicht.

Vor engen Kurven und auf schmierigen, schotterigen oder glatten Fahrbahnen ist ein Abbremsen angebracht, weil sonst die notwendige Reibungskraft nicht mehr ausreicht.

Der zum Durchfahren einer Kurve notwendige Neigungswinkel ist abhängig von
- Fahrgeschwindigkeit
- Kurvenradius
- Schwerpunkthöhe
- Reifenbreite (geringfügig)

Der einzunehmende Neigungswinkel wächst mit
- größerer Fahrgeschwindigkeit,
- kleinerem Kurvenradius,
- geringerer Schwerpunkthöhe und
- breiteren Reifen

12.7 Kreiselkräfte

Ein schnell rotierendes Rad, dessen Achse nicht durch zwei feste Lager gehalten wird, ist ein Kreisel. Ein Kreisel verfügt über eine hohe Achsstabilität, das heißt, über eine starke Tendenz, die Lage seiner Drehebenen im Raum beizubehalten **(Bild 1)**.

Die Laufräder eines Fahrrades kann man als Kreisel auffassen, da sie um freie Achsen rotieren und ausweichen können.

Bild 2 zeigt die freien Achsen eines Vorderrades: Die Gabel lässt Drehbewegungen um die Hochachse z (bzw. um die Lenkachse C) zu. Die Drehachse y ermöglicht das Drehen in Fahrtrichtung; quer dazu erlaubt die Längsachse x ein Kippen nach rechts und links.

Beim Radfahren sind vier Kreiselreaktionen möglich:

1. Das System kippt nach rechts.
   Folgereaktion: Lenkereinschlag nach rechts.
2. Das System kippt nach links.
   Folgereaktion: Lenkereinschlag nach links.
3. Lenkereinschlag nach rechts:
   Folgereaktion: Kippen nach links.
4. Lenkereinschlag nach links:
   Folgereaktion: Kippen nach rechts.

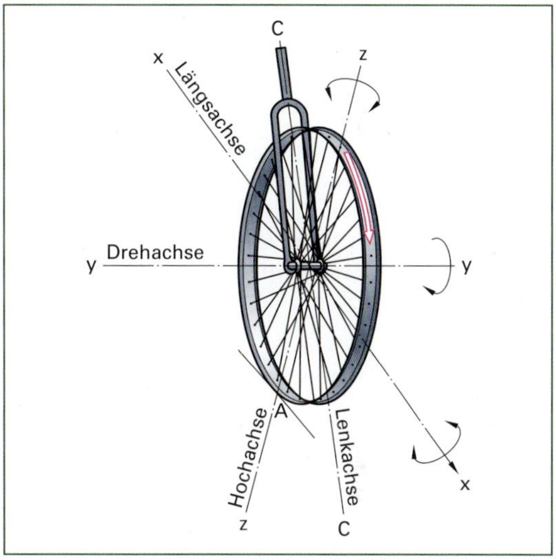

Bild 2: Die freien Achsen am Vorderrad

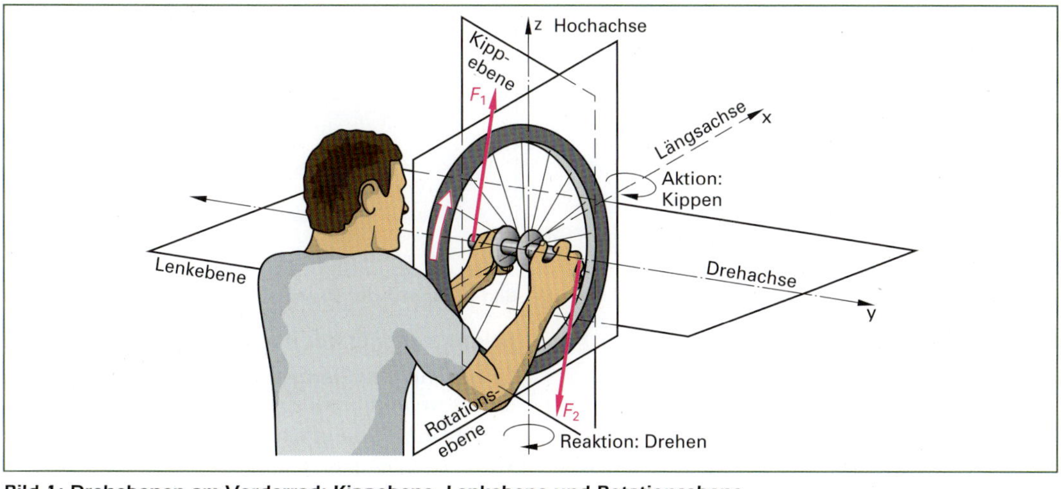

Bild 1: Drehebenen am Vorderrad: Kippebene, Lenkebene und Rotationsebene

Handversuche zur Kreiselreaktion

Am ausgebauten Vorderrad verlängert man die Achsen durch aufgesteckte kurze Rohrstücke. Man hält das Rad an den Rohrstücken fest und versetzt es in rasche Drehbewegung in Fahrtrichtung.

Das schnell rotierende Rad lässt sich in jede Achsrichtung verschieben – wenn man die Drehachse y nicht kippt oder um die Hochachse z dreht.

Versuch 1

Man kippt die Drehachse y mit einem Ruck nach rechts unten. Die Achse folgt nicht dem Drehsinn des Kräftepaares F_1F_2 **(Bild 1)**, sondern weicht senkrecht zur Kippebene aus. Das Rad reagiert mit einer Rechtsdrehung um die Hochachse z.

Erklärung

Das Rad rotiert um die Drehachse y. Punkt P läuft mit der Umfangsgeschwindigkeit v_u in Fahrtrichtung nach vorn.

Das Kräftepaar F_1F_2 kippt das linke Ende der Achse nach oben und das rechte Ende nach unten. Der Punkt P will dieser Kippbewegung folgen und erhält eine Zusatzgeschwindigkeit v_z horizontal nach rechts (der Geschwindigkeitspfeil v_z in Bild 1 ist übertrieben groß gezeichnet).

Aus der Umfangs- und Zusatzgeschwindigkeit resultiert die Komponente *v*, die nach rechts vorn zeigt.

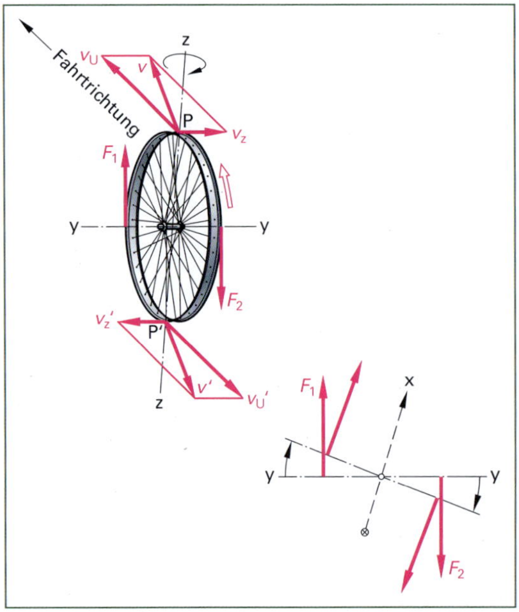

Bild 1: Kippen der Drehachse y – y um die Längsachse x – x nach rechts unten

Der gegenüberliegende Punkt P′ am anderen Ende des Rades bewegt sich mit dem gleichen Geschwindigkeitsbetrag *v′* entsprechend nach hinten links.

Die Rotationsebene des Rades folgt dieser neuen Richtung und das Rad dreht sich um die Hochachse z nach rechts.

Die Ausweichreaktion des Kreisels auf das plötzliche Neigen seiner Achse heißt Präzession.

Versuch 2

Man kippt die Achse des drehenden Vorderrades mit einem Ruck nach links unten (das entspricht beim Radfahren ein Kippen nach links). Das Rad reagiert mit einer Drehung um die Hochachse nach links.

Versuch 3

Das Kräftepaar F_1F_2 bewegt die Drehachse y ruckartig nach rechts um die Hochachse z (das entspricht beim Radfahren dem bewussten Einschlagen des Lenkers nach rechts). Das Rad weicht im rechten Winkel zur Schwenkebene (hier ist es die Rotationsebene) aus und kippt zur linken Seite **(Bild 2)**. Dreht man die Radachse ruckartig nach links, kippt das Rad nach rechts.

Das Rad ist bestrebt, seine Drehachse in gleichsinnige Übereinstimmung mit der Achse der aufgezwungenen Drehbewegung zu bringen.

Bild 2: Kippen der Drehachse um die Hochachse z

Folgerungen für das Radfahren

Es gibt für den Radfahrer drei Möglichkeiten, zu einer Kurvenfahrt anzusetzen:

- Erst kippen, dann lenken.
- Erst lenken, dann kippen.
- Kippen und lenken gleichzeitig.

12

Kippt der Radfahrer während schneller Fahrt sein System zur Seite, *ohne den Lenker zu bewegen*, setzen zwei Reaktionen ein:

1. Die stabilisierende Wirkung des Nachlaufs lässt den Lenker zur Kippseite einschlagen.
2. Die Kreiselreaktion (Präzession) des Vorderrades bewirkt ebenfalls ein Einschlagen des Lenkers in die Kipprichtung.

Beide Reaktionen überlagern sich und ermöglichen das Einleiten einer Kurve ohne Lenkerbetätigung. Voraussetzung dafür, dass sich zu Beginn der Kurvenfahrt das System kippen lässt, ist das Vorhandensein einer Gegenkraft, an der man sich abstützen kann. Da diese Gegenkraft fehlt, ist der Radfahrer gezwungen, erst eine kleine Kurve in Gegenrichtung zu lenken, damit die einsetzende Fliehkraft die gewünschte Kippbewegung einleitet. Dabei unterstützt die Kreiselwirkung die einsetzende Kippbewegung.

Mit dem Einnehmen der gewünschten Fahrtrichtung führt der Radfahrer den Lenker nach, und in der Kurve sorgt die Fliehkraft für das Gleichgewicht der Kräfte.

Führt der Radfahrer *zuerst eine Lenkbewegung in Kurvenrichtung* aus, bewirkt die Kreiselreaktion ein Kippen des Systems gegen die Kurvenrichtung.

Zusammen mit der einsetzenden Fliehkraft droht er umzukippen, wenn er sich nicht in die Gegenrichtung neigt (das ist möglich, weil in diesem Fall eine Gegenkraft vorhanden ist). Besser ist aber, auch hier durch einen bewussten Lenkeinschlag in Gegenrichtung die Kurve einzuleiten.

Auch eine Geradeausfahrt ist von ständigen Lenk- und Kippbewegungen überlagert. Statt einer geraden Linie fährt man kleine, aneinander gereihte Kurven, sogenannte „Schlangenlinien". Mit zunehmender Geschwindigkeit erhöht sich die stabilisierende Wirkung der Kreiselkräfte (wozu auch das Hinterrad gehört) und die Schlangenlinien glätten sich.

Der Beitrag der rotierenden Laufräder als Kreisel zur Stabilisierung der Fahrt liegt darin, die Lenkausschläge zu unterstützen bzw. beim Freihändigfahren auszulösen und die damit viel stärkeren Fliehkräfte einzuleiten.

Je größer und je schwerer die Laufräder sind, desto größer sind die Kreiselmomente. Bei einem normalen Gebrauchsrad (Laufraddurchmesser 60 cm, Masse 1,5 kg) sind die Kreiselwirkungen etwa fünfmal so groß wie bei einem Kinderrad (30 cm, 0,5 kg). Konstruiert werden die Laufräder aber eher unter dem Gesichtspunkt des Energiesparens und sind daher so leicht wie möglich.

Abrollfläche

Bei sehr hohem Tempo sind aufgrund der stabilisierenden Kreiselwirkung kaum noch Lenkerausschläge erforderlich. Der Radfahrer lenkt dann nahezu ausschließlich durch Gewichtsverlagerung. Dabei spielt die Abrollfläche des Reifens eine gewisse Rolle: Bei Geradeausfahrt entspricht die Form der Abrollfläche einem Zylindermantel **(Bild 1a)**.

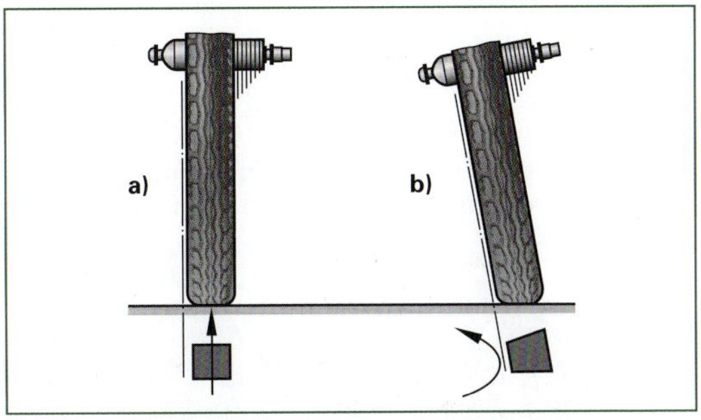

Bild 1: Abrollfläche a) Zylindermantel bei Geradeausfahrt b) Kegelmantel in der Kurve

In der Kurve rollt der Reifen wie ein Kegel ab, der um sein spitzes Ende kreist **(b)**. Die Abrollrichtung beschreibt eine Kurve, die umso enger wird, je größer die Schräglage ist. Man spricht von einer „Feinsteuerung" allein durch Schräglage.

12.8 Lenksystem

Beim Fahrrad ist die Lenkachse nicht senkrecht angeordnet, sondern um den Lenkkopfwinkel δ nach hinten geneigt **(Bild 2)**. Dadurch liegt der Berührungspunkt des Vorderrades (Reifenauflagepunkt A) mit der Fahrbahn hinter dem Durchstoßpunkt O der verlängerten Lenkachse. Der Abstand AO wird als **„Nachlauf"** bezeichnet.

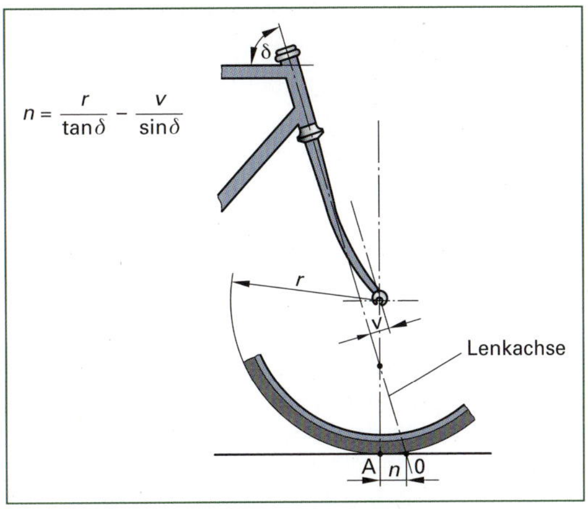

Bild 2: Lenkkopfwinkel δ, Reifenradius *r*, Nachlauf *n*, Rücksprung *v*, Reifenauflagepunkt A und Durchstoßpunkt O der Lenkachse

Der Nachlauf stabilisiert sowohl die Geradeausfahrt als auch die Kurvenfahrt. Schon ein leichtes Kippen des Systems in Richtung Kurvenmittelpunkt lässt das Vorderrad in die gewünschte Kurvenrichtung drehen. Eine Betätigung des Lenkers ist dazu nicht erforderlich. Zwei Handversuche **(Bild 1 und Bild 2)** bestätigen den Sachverhalt.

Wenn man ein stehendes Rad seitlich neigt, schlägt der Lenker in Kipprichtung um **(Bild 1)**. Ein Teil des Fahrradgewichtes lastet auf dem Lenkkopf und wird über Gabel und Rad auf die Unterlage übertragen.

Dieser Anteil an Gewichtskraft tendiert dazu, die Lenkung soweit einzuschlagen, dass der Lenkkopf seine tiefstmögliche Position einnimmt.

Bild 1: Kippbewegung nach links: Lenkerausschlag nach links

Mit einem kleinen Brett und zwei Bleistiften kann man demonstrieren, wie ein drehbar gelagertes Rad (hier ist es ein Brett) in Kipprichtung umschlägt, wenn man es seitlich neigt **(Bild 2)**.

Man nimmt ein kleines Brett (oder ein schmales Buch), kennzeichnet den Schwerpunkt S und zeichnet eine Linie durch S parallel zu einer Brettkante. Man stellt das Brett auf die Kante, kippt es um etwa 30° und stützt es mit einem Bleistift im Schwerpunkt ab. Mit einem zweiten Bleistift stützt man das Brett auf der Rückseite – dieser verhindert das Wegrutschen und dient gleichzeitig als Drehachse für das Brett.

Nun wandert man langsam mit dem ersten Stift entlang der horizontalen Linie zur Brettaußenseite. Bei einem bestimmten Punkt n dreht sich das Brett nach innen – in Kipprichtung.

Ähnlich reagiert das System Rad und Fahrer, wenn es zur Seite geneigt wird: Das Vorderrad dreht sich in Kipprichtung und leitet eine Kurve ein. Durch diesen Effekt ist es möglich, auch bei geringer Geschwindigkeit freihändig zu fahren.

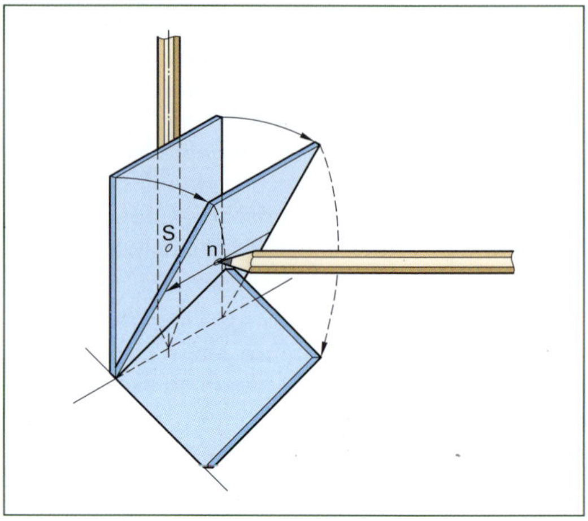

Bild 2: Analogieversuch zum Kippen und Drehen eines Rades

Warum dreht sich das Vorderrad nicht immer weiter in Kurvenrichtung? Antwort: Ein Teil des Rollwiderstandes erzeugt eine Längskraft (F_L in **Bild 3**), die über den Hebelarm a ein rückstellendes Moment erzeugt und das Rad wieder in Fahrtrichtung dreht.

Beim ausgelenkten Vorderrad wandert der Radauflagepunkt A in eine seitlich versetzte Position, denn das Rad dreht sich um die Lenkachse und nicht um den Auflagepunkt. Das rückstellende Moment berechnet sich bei einem gegebenen Lenkwinkel α und einem Nachlauf n zu

$$M = F_L \cdot a = F_L \cdot n \cdot \sin \alpha$$

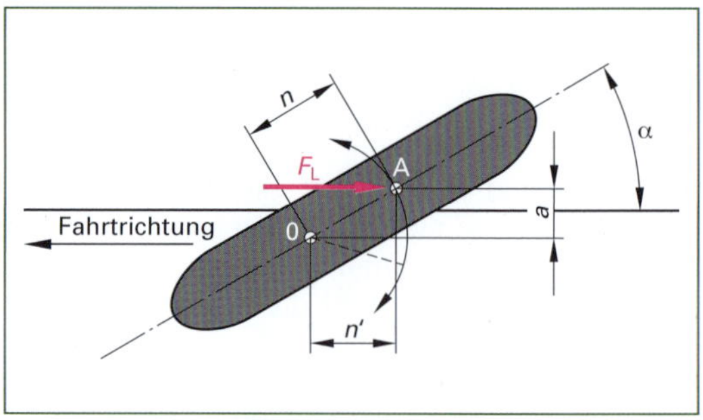

Bild 3: Stabilisierende Wirkung des Nachlaufs

Ein Fahrrad mit großem Nachlauf erzeugt auch ein größeres Rückstellmoment, das bei höheren Geschwindigkeiten für ein stabiles Fahren sorgt. Bei kleineren Geschwindigkeiten sind die größeren Rückstellmomente eher hinderlich. Dem kann man durch die Gabelvorbiegung (Rücksprung, **Bild 2, Seite 425**) entgegenwirken.

Steuerkopfwinkel und Rücksprung bestimmen den Nachlauf: Ein flacher Steuerkopfwinkel vergrößert den Nachlauf, der Rücksprung verkürzt ihn wieder.

Ein flacher Steuerkopfwinkel wirkt sich eher ungünstig auf die Fahreigenschaften aus. In der Geradeausstellung befindet sich das Laufrad auf seinem höchst möglichen Punkt. Bei jedem Lenkeinschlag taucht es desto mehr ab, je flacher der Steuerkopfwinkel ist. Zwar wird das Einlenken in die Kurve erleichtert, dagegen erhöhen sich die Lenkkräfte beim Auslenken – besonders beim langsamen Fahren. Fahrräder mit flachem Steuerkopfwinkel sind für Trial und Bergauffahrten eher ungeeignet.

Auf der anderen Seite neigt das Fahrrad bei einem steilen Steuerkopfwinkel ($\sigma > 75°$) zum Übersteuern.

info

Übersteuern bedeutet, dass man *weniger* einlenken muss, als der Kurvenradius es eigentlich erfordern würde.

Untersteuern bedeutet, dass man *stärker* einlenken muss, als es dem Kurvenradius entspricht. Ein Fahrrad, das untersteuert, versucht einen größeren Kurvenradius zu fahren – so, als ob es geradeaus schiebt.

Reifennachlauf

Der rollende Gummireifen hat unabhängig von dem konstruktionsbedingten Nachlauf, der sich aus dem Lenkkopfwinkel und dem Rücksprung ergibt, einen eigenen Reifennachlauf.

Tritt beim rollenden Reifen eine Seitenkraft auf, verformt sich die Reifenaufstandsfläche. Ein kleines Stück unverformte Reifenlauffläche, das noch keinen Bodenkontakt hat, läuft in den Bereich hinein, der Bodenkontakt hat. Dabei verformt sich dieses Stück erst langsam und dann immer stärker.

Dabei verlagert sich der Schwerpunkt der Seitenkraft hinter die Mitte des Radaufstandspunkts. Dieser Versatz bildet den Reifennachlauf, der als Hebelarm zusammen mit der Reifenseitenkraft ein Rückstellmoment des Reifens bildet

Radstand

Das Fahrrad berührt mit den beiden Laufrädern den Boden in zwei Punkten. Der Abstand dieser Punkte wird als Radstand bezeichnet. In einer Kurve neigt sich das System in Kurvenrichtung und der Schwerpunkt wandert in dieselbe Richtung **(Bild 1)**.

Je größer der Radstand,

- desto größer ist der Weg (*a* in Bild 1), den der Schwerpunkt bei der Gewichtsverlagerung zurücklegt.
- je mehr Zeit wird benötigt, um die für die Kurvenfahrt nötige Neigung einzunehmen.

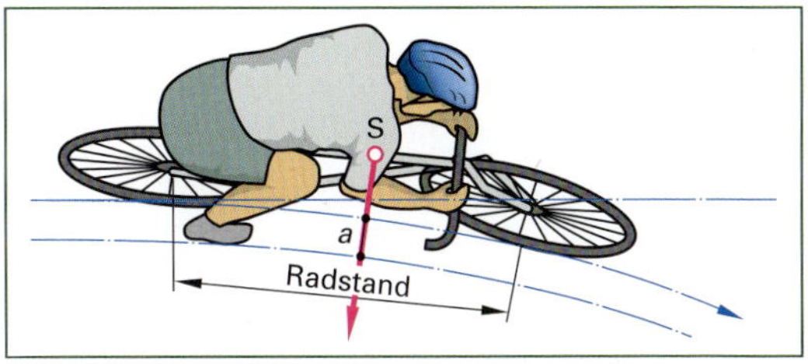

Bild 1: Radstand und Schwerpunktweg in der Kurve

Ein Fahrrad mit großem Radstand ist weniger wendig, weist aber einen stabilen Geradeauslauf auf. Rennräder mit ihren kurzen Radständen zwischen 940 bis 1000 mm reagieren schneller auf Lenkbewegungen - dabei stellt sich aber ein nervöser Geradeauslauf ein.

Sitzposition

Verteilt der Fahrer mehr Last auf das Hinterrad, werden geringere Lenkkräfte erforderlich – allerdings führt das zu Übersteuern und flatterigem Fahrverhalten.

Beugt man sich vor und belastet das Vorderrad, sind größere Lenkkräfte nötig. Man untersteuert und erzeugt ein schwankendes Fahrverhalten wegen zu späten und geringen Korrekturen. Als Erfahrungswert für ein angenehmes Fahrverhalten gilt es, 55 % bis 60 % des Gesamtgewichtes von Fahrrad, Fahrer und Gepäck auf das Hinterrad zu verlagern.

Unsymmetrische Gewichtsverteilung

Auf die rechte Fahrradseite wirkt ständig eine zusätzliche Gewichtskraft, hervorgerufen durch die Kettenblätter mit Umwerfer, Kette, Ritzelpaket und Schaltwerk. Dies entspricht einem ständigen Kippmoment, welches durch einen permanenten Lenkeinschlag oder einer Gewichtsverlagerung ausgeglichen werden muss.

Ein Fahrrad mit einem Gewicht von ca. 11 kg und einer Schwerpunkthöhe von 70 cm erfordert einen ständigen Lenkwinkel von etwa 0,2°. Bei einer Geschwindigkeit von 20 km/h entspricht das einem Kurvenradius von 280 m.

12

12.9 Bremsen

Beim Bremsen verringert sich die Umfangsgeschwindigkeit der Laufräder. Sie rollen langsamer auf der Fahrbahn ab und damit verlangsamt sich gleichzeitig die Vorwärtsbewegung des Systems.

Die Verringerung der Rad-Umfangsgeschwindigkeit sollte mit der Verringerung der Fahrgeschwindigkeit übereinstimmen. Wenn der Radfahrer zu hart bremst, kann die Fahrgeschwindigkeit aufgrund der Trägheit des Systems nicht folgen; das Rad blockiert und das System gleitet dann über die Fahrbahn.

12.9.1 Grundlagen Bremsen

Haftreibung liegt vor, wenn sich beim Bremsen die Räder gleichmäßig weiterdrehen. In diesem Fall sind die Bremskräfte mit den Haftreibungskräften gekoppelt. Das System rutscht, wenn sich die Bremskräfte von den Haftreibungskräften entkoppeln. Dann wirkt nur noch die geringere Gleitreibung.

Durch Reibung zwischen Reifen und Fahrbahn kann nur eine bestimmte Bremskraft übertragen werden. Die mögliche Bremskraft zwischen den beiden Rädern und der Fahrbahn kann nicht größer sein als die Gewichtskraft, die sich auf beide Radaufstandsflächen verteilt, multipliziert mit dem Reibbeiwert **(Bild 1)**:

$$F_B = F_{Bv} + F_{Bh} = \mu_H (F_{Gv} + F_{Gh})$$

mit h für hinten, v für vorn

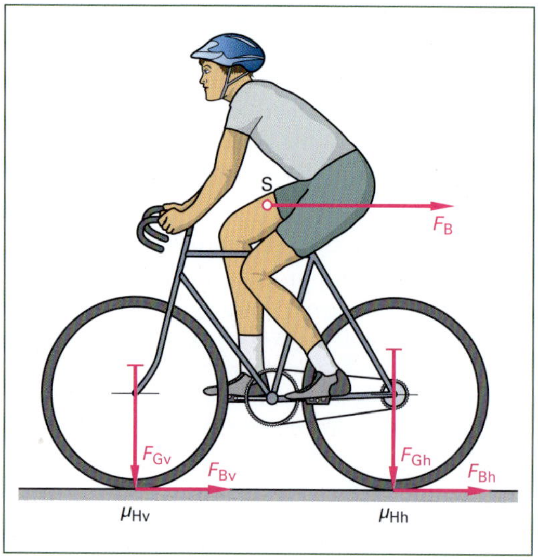

Bild 1: Bremskraft F_B in Abhängigkeit von den Teilgewichtskräften F_{Gv} und F_{Gh}

Nur wenn der Reibbeiwert (Haftreibungswert, Kraftschlussbeiwert) seinen Maximalwert annimmt, kann mit einer maximalen Bremskraft gerechnet werden:

$$F_{B\,max} = (F_{Gv} + F_{Gh})\, \mu_{H\,max}$$

Maßgebend für die Bremswirkung sind die Bremsmomente in den Radbremsen und an den Rädern. Die Bremswirkung ist am größten, wenn das Bremsmoment in der Bremse nur wenig kleiner ist als das Bremsmoment an den Rädern, d. h., wenn sich die Räder beim Bremsen gerade noch drehen **(Bild 2)**. Dann herrscht in der Bremse Gleitreibung und in der Auflagefläche an den Rädern Haftreibung.

Reibbeiwerte, Haftreibungszahlen

Straßenfahrräder mit 10% Schlupf		
Fahrbahn	**trocken**	**nass**
Beton	0,6 ... 0,9	0,4 ... 0,7
Asphalt	0,6 ... 0,8	0,3 ... 0,7
Erdweg	0,4 ... 0,5	um 0,3

Geländefahrräder mit 20% Schlupf	
Fahrbahn	**trocken/nass**
Betonstraße	bis 1
Guter Feldweg	0,7
Trockener, lehmiger Ton	0,6 ... 0,7
Trockener Ackerboden	0,4 ... 0,5
Grasnabe, Stoppeln	0,35 ... 0,45
Feuchter, sandiger Lehm	0,25 ... 0,35
Nasser Sand	0,15 ... 0,25

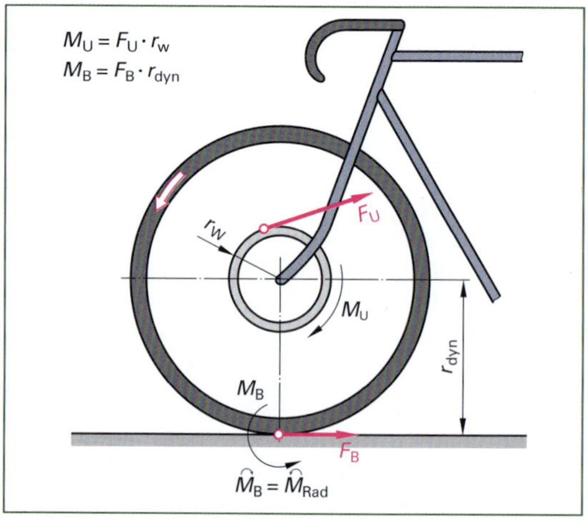

Bild 2: Bremsmoment in der Scheibenbremse und in der Auflagefläche

Wenn die Räder beim Bremsen blockieren, ist das Bremsmoment in den Bremsen größer als an den Rädern: $M_u > M_B$. Dann herrscht in der Bremse Haftreibung und an den Rädern Gleitreibung. Damit verlängert sich der Bremsweg.

Beim Bremsen greift im Schwerpunkt des Systems die Trägheitskraft F als Gegenkraft zur Bremskraft F_B an **(Bild 1)**.

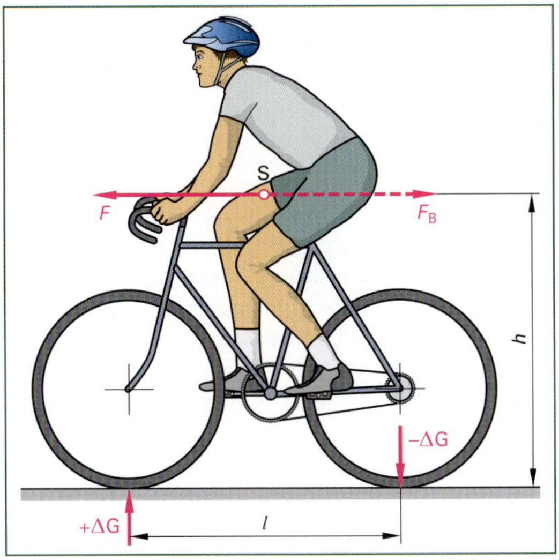

Bild 1: Dynamische Änderung der Radlast beim Bremsen

Über den Hebelarm „Schwerpunkthöhe" h erzeugt die Trägheitskraft ein Drehmoment, das zu unterschiedlichen Radbelastungen führt. Ein Teil des Systemgewichts verlagert sich vom Hinterrad auf das Vorderrad. Das Vorderrad wird um den Betrag $+\Delta G$ belastet und das Hinterrad um den gleichen Betrag $-\Delta G$ entlastet.

Bremskraft F_B (= Trägheitskraft F), Radstand l und Schwerpunkthöhe h bestimmen die Radlaständerung ΔG.

Bremskraft · Schwerpunkthöhe =
Radlaständerung · Radstand

$$F_B \cdot h = \Delta G \cdot l$$

Es spielt keine Rolle, ob man nur das Vorderrad, nur das Hinterrad oder beide Bremsen betätigt: Das Hinterrad wird um den gleichen Betrag entlastet wie das Vorderrad belastet wird. Es ist (ohne Steuerungs- und Regelungseinrichtungen) nicht möglich, am Hinterrad die gleiche Bremsverzögerung wie am Vorderrad aufzubringen.

Faustregel: Betätigt man beide Bremsen gleichmäßig, überträgt bei Geradeausfahrt in der Ebene das Vorderrad 80 % der Bremskraft.

Beim Beschleunigen kehren sich die Verhältnisse um: Das Hinterrad wird stärker, das Vorderrad um den gleichen Betrag geringer belastet.

Die Bremskraft kann nicht beliebig gesteigert werden. Ihr größter Wert wird durch den Reibwert zwischen Rad und Untergrund begrenzt. Die Abbremsung ist dann am größten, wenn sich die Räder gerade noch drehen.

12.9.2 Überschlagsgefahr

Die Lage des Schwerpunktes begrenzt die maximal mögliche Verzögerung. Ursache ist, dass das Moment aus Bremskraft · Schwerpunkthöhe um den Auflagerpunkt des Vorderrades ab einer bestimmten Bremskraft zum Überschlagen führen kann.

Hinzu kommt, dass beim Bremsen (das trifft für beide Bremsen zu!) das Hinterrad entlastet, das Vorderrad entsprechend stärker belastet wird und damit die übertragbare Bremskraft am Vorderrad noch weiter steigt. Die maximal beherrschbare Verzögerung liegt dann vor, wenn das Hinterrad ganz entlastet ist, zu rutschen anfängt und abhebt.

Fahrer und Fahrrad kippen aber erst über das Vorderrad, wenn das Hinterrad soweit angehoben wird, dass der Schwerpunkt S senkrecht über der Vorderradachse liegt **(Bild 2)**.

Die kritische Bremsverzögerung für das Überschlagen hängt *nicht* von der Systemmasse, sondern nur ab von

- der horizontalen Entfernung des Schwerpunktes von der Vorderradachse und
- der Höhe des Schwerpunktes über der Fahrbahn (Rechenbeispiel S. 521).

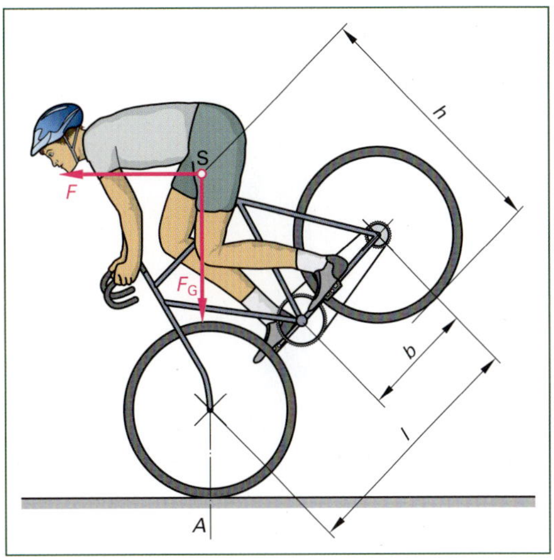

Bild 2: Überschlag, wenn $F \cdot h > F_G\ (l - b)$

12.9.3 Bremsen in der Kurve

Wenn sich der Radfahrer in die Kurve legt, muss eine entsprechend große Seitenführungskraft zwischen Reifen und Fahrbahn die Fliehkraft ausgleichen **(Bild 2, Seite 422 und Bild 2, Seite 533)**.

Betätigt er in der Kurve die Bremsen, müssen die Reifen zusätzlich Bremskräfte übertragen. Überschreitet die resultierende Kraft aus Seitenführungskraft und Bremskraft den reibungsbedingten Höchstwert, ist ein Sturz unvermeidlich.

Je mehr der Radfahrer in der Kurve die Seitenführungskraft in Anspruch nimmt (höhere Geschwindigkeit, engerer Kurvenradius), desto weniger Kraft zum Bremsen steht zur Verfügung **(Bild 1)**.

Bild 1: Kräfte bei der Kurvenbremsung

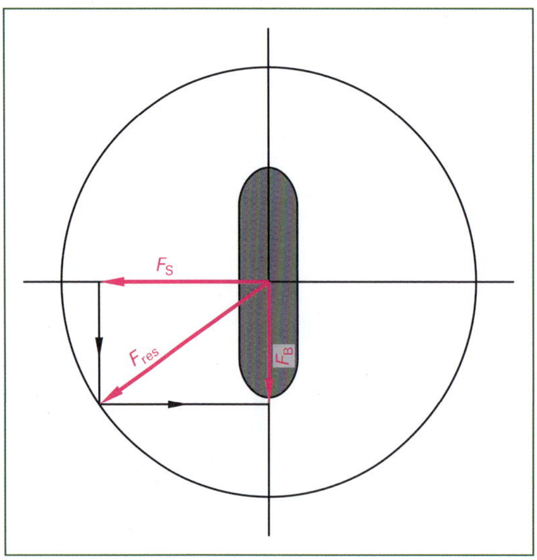

Bild 2: Kammscher Kreis

Der „Kammsche Kreis" in **Bild 2** zeigt den Zusammenhang zwischen Bremskraft F_B und der Seitenführungskraft F_S.

Die Summe aller Kräfte in der Reifenaufstandfläche darf nicht größer sein als die maximale Haftreibungskraft. Auf der anderen Seite bleibt bei der Übertragung großer Bremskräfte nur ein geringer Betrag für die Seitenführungskraft übrig.

Beim Bremsen in der Kurve muss vorrangig das blockierende Vorderrad vermieden werden, da dieses den größten Teil der Seitenführungskraft aufnimmt. Ein blockierendes Hinterrad beeinträchtigt kaum die Fahrstabilität und ist leicht zu beherrschen.

Zu beachten ist, dass bei eingeschlagenem Vorderrad die Bremskraft F_B ein Rückstellmoment liefert, das das Vorderrad in Geradeausrichtung „zieht" **(Bild 3)**. Dabei richtet sich das System aus der Schräglage wieder auf. Der Radfahrer stellt sich mit einer gezielten Gegenlenkbewegung darauf ein und korrigiert seine Schräglage.

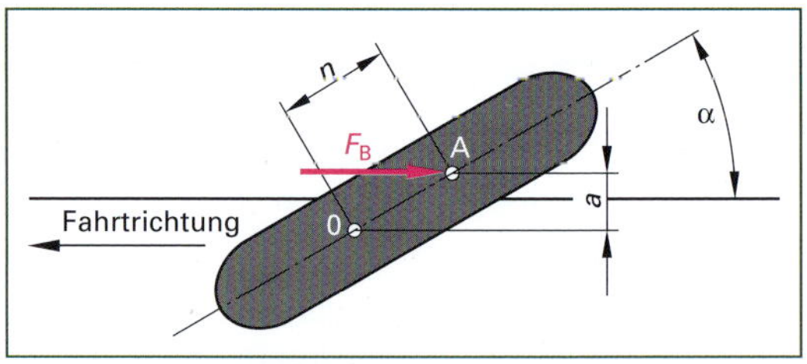

Bild 3: Rückstellmoment beim Bremsen in der Kurve

Tipps fürs Kurvenfahren

- In Kurven möglichst nicht schlagartig bremsen. Bei unvermeidlichen Bremsungen den Bremsdruck sanft steigern und den Lenkimpuls durch bewusstes Festhalten des Lenkers oder sogar durch Gegenlenken (entgegen der Kurvenrichtung) abfangen.
- In Schräglage nur gefühlvoll die Hinterradbremse benutzen. Achtung: Durch die dynamische Radlastverlagerung beim Bremsen kommt das Hinterrad schnell ins Rutschen!
- Richtet sich das Rad beim Bremsen auf, kann vorsichtig die Vorderradbremse eingesetzt werden. Achtung: Man fährt dann geradeaus aus der Kurve heraus. Auf Gegenverkehr achten!
- Bei schneller Fahrweise genügend Schräglagenreserve bewahren, um bei sich zuziehenden Kurven ohne Bremsung den Kurvenbogen mit etwas mehr Schräglage fahren zu können.
- Auf einem unbelebten Platz Bremsen üben.

12

13 Oberflächenschutz

Die Behandlung der Oberfläche soll nicht nur vor Korrosion schützen, sondern dem Fahrrad ein dekoratives Aussehen verschaffen. Grundsätzlich kommen für die Oberflächenbehandlung im Fahrradbau fünf Verfahren zur Anwendung:

- Nasslackierung
- Pulverlackierung/Pulverbeschichtung
- Elektrotauchlackierung
- Eloxieren
- Verchromen

13.1 Lacke

Lacke sind aus Bindemittel, Lösemittel, Pigmenten, Füllstoffen und Additiven aufgebaut. Das Bindemittel, meist ein Kunstharz, ist der Hauptbestandteil.

Bei den sog. **Nasslacken** sind die Lackbestandteile im Lösemittel aufgelöst. Das Lösemittel macht den Lack zum Verarbeiten dünnflüssiger. Es verdunstet bei der Verarbeitung und Trocknung und zurück bleibt auf der Oberfläche der Lackfilm.

Aus Umweltschutzgründen werden ozonfreundliche Lösemittel oder wasserlösliche Lacke verwendet.

Pigmente sind unlösliche Farbteilchen, die der Beschichtung die gewünschte Farbe geben.

Füllstoffe und Additive verbessern die Verarbeitbarkeit und die Schutzwirkung des Lackes.

Die verschiedenen Lackarten zur Beschichtung von Fahrradrahmen sind:

- Nitrolacke
- Kunstharzlacke
- Wasserlacke (Hydrolacke)
- Effektlacke (Metallic-Lacke)
- Pulverlacke
- High-Solid-Lacke
- Einbrennlacke

Nitrolacke werden nur noch selten zur Rahmenlackierung eingesetzt. Sie sind unbeständig gegenüber organischen Lösungsmitteln.

Kunstharzlacke. Die Bindemittel sind Duroplaste (z. B. Alkydharze, Melaminharze), die unter Lufteinwirkung aushärten. Thermoplastische Kunstharzlacke (z. B. Acrylharze) härten durch Trocknung der Lösemittel aus.

Bei den Acrylharzen unterscheidet man Ein- und Zweikomponentenlacke.

Bei **Wasserlacken** ist der Hauptbestandteil des Lösemittels Wasser. Bei Klarlacken besteht der Anteil organischer Lösemittel ca. 10 %. Nach dem Auftrag verdunstet das Lösungsmittel in Trocknungsanlagen.

Pulverlacke sind Epoxid-, Polyester- oder Acrylatharze in Korngrößen von 30 µm bis 50 µm, mit denen Bauteile aus elektrisch leitfähigen Werkstoffen beschichtet werden.

High-Solid-Lacke enthalten einen hohen Festkörperanteil und (aus Umweltschutzgründen) einen geringen Anteil an Lösemittel. Sie werden vorwiegend im Reparaturbereich eingesetzt, da sie schnell trocknen, einen hohen Deckungsgrad aufweisen und dick auftragen.

Fahrradrahmen werden auch mit **Einbrennlacken** beschichtet. Das sind Lacke, die nur durch Wärme bei ca. 130 °C aushärten.

13.2 Beschichtungsverfahren

Das Lackieren ist das preiswerteste und am häufigsten angewandte Verfahren. Dabei werden als **Nasslackierung (Spritzlackierung)** oder als **Pulverbeschichtung** eine oder mehrere Lackschichten nacheinander aufgetragen.

13.2.1 Nasslackierung

Das Auftragen der Lacke erfolgt durch Spritzen **(Bild 1, Seite 432)** oder Tauchen. Das Nasslackieren im Spritzverfahren ist meist mit höheren Umweltbelastungen und einem höheren Materialverbrauch verbunden, da ein Teil des Lackes fehlverspritzt wird – das sog. „Overspray".

Man unterscheidet

- nach der Temperatur des Werkstückes das Kalt- und Heißspritzen.
- nach der Zerstäubungsmethode das Druckluftspritzen, Airlessspritzen und das Airmixverfahren.

Nasslackierungen sind die Regel bei preiswerter Fahrrad-Massenware.

Eine Ausnahme bilden Carbonrahmen, bei denen die Nasslackierung als einziges Auftragsverfahren in Frage kommt. Alle anderen Verfahren erfordern eine thermische Behandlung, die die Harze des Verbundwerkstoffes angreifen würde.

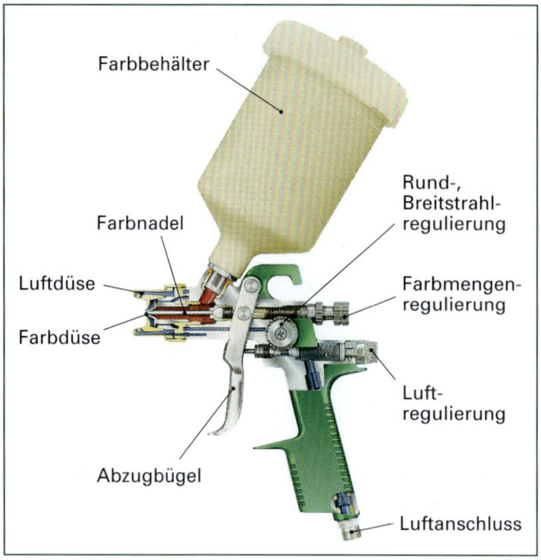

Bild 1: Farbspritzpistole

13.2.2 Pulverlackierung

Nach dem Strahlen, Entfetten und Grundieren des Bauteils (z. B. ein Rahmen) erfolgt die Beschichtung mit dem Pulverlack. Dabei wird zwischen dem elektrisch geerdeten Rahmen und der Sprühpistole (**Bild 2, 3** und **1, Seite 433**) ein elektrisches Feld erzeugt. Das Pulver wird in der Pistole durch Reibung (Tribo-Aufladung) oder durch eine Elektrode (Korona-Aufladung) elektrostatisch aufgeladen.

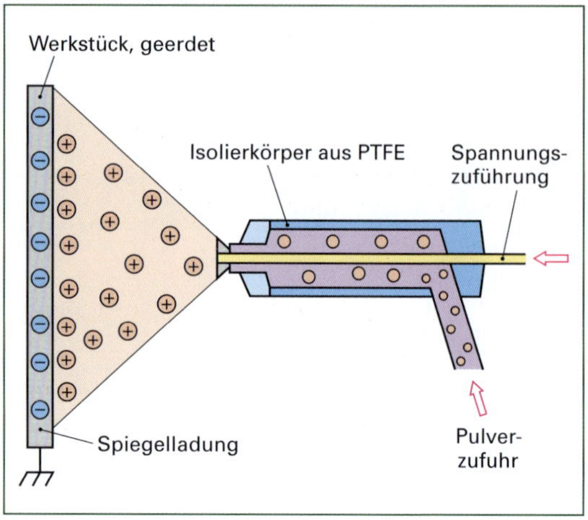

Bild 2: Sprühpistole zur Pulverlackierung

Die aufgeladenen Lackpartikel folgen den Feldlinien, die sich zwischen dem Rahmen und der Sprühpistole aufbauen und schlagen sich auf der Rahmenoberfläche nieder.

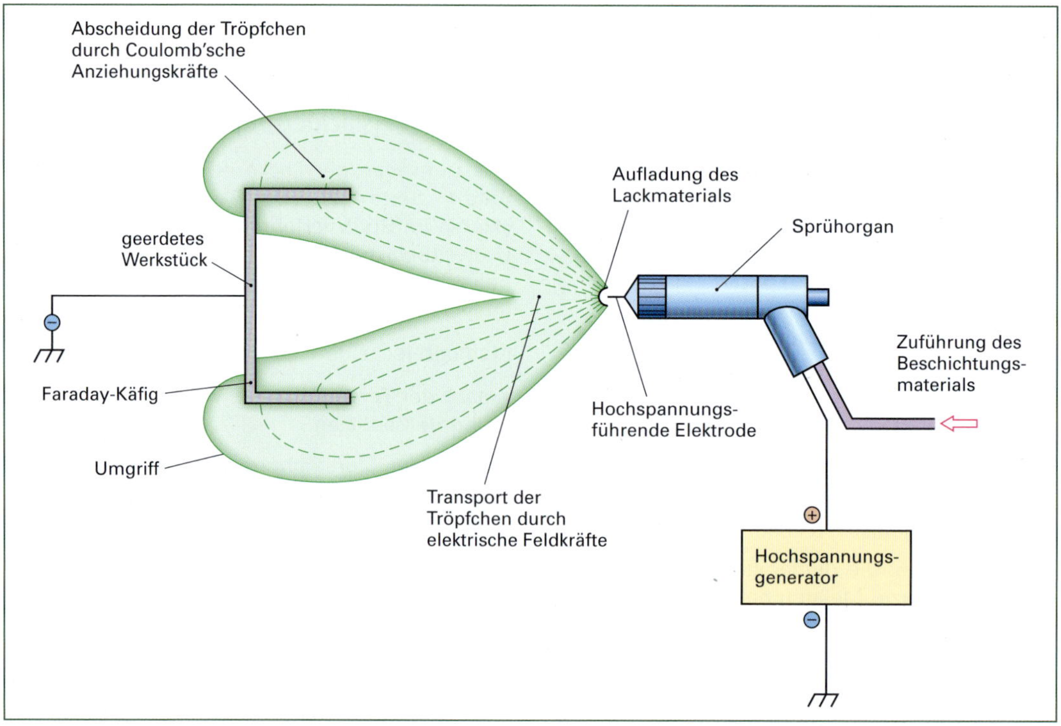

Bild 3: Elektrostatisches Pulverbeschichten

Bild 1: Pulver-Grundierung. Manuelle Nachbeschichtung von Kanten und Problemstellen

Im nächsten Arbeitsgang wird der beschichtete Rahmen in einem Einbrennofen etwa 20 Minuten einer Temperatur von 140 °C bis 200 °C ausgesetzt. Das Pulver schmilzt und die Makromoleküle vernetzen sich.

Nach der Abkühlung bildet sich die dichte, schlag- und kratzfeste Lackschicht.

Der Vorteil der Pulverlackierung liegt darin, dass kein Lösungsmittel benötigt wird und in manchen Fällen auf eine Grundierung verzichtet werden kann. Außerdem entstehen keine Sprühverluste, da man die nichthaftenden Pulverlacke (das „Overspray“) dem Produktionsprozess wieder zuführen kann.

13.2.3 Kombinationen von Lackierungen

Bei pulverbeschichteten Rahmen sind zwar viele Farbtöne möglich, aber nur wenige wirtschaftlich.

Auch bei der Acryl-Pulverbeschichtung sind nur wenige Farbtöne lieferbar.

Um Fahrräder trotzdem in den gewünschten Farbtönen zu produzieren, ist der typische Aufbau eine Kombination aus Nass- und Pulverlackierung, bei denen nur die äußerste Klarlackschicht durch ein Pulverbeschichtungsverfahren aufgebracht wird.

Bei der umgekehrten Kombination wird das zähe, schlagfeste Pulver als Farbe, die kratzfeste und UV-beständige Nasslackierung als Klarlack aufgebracht.

Ablauf einer Rahmenlackierung:

- Kammeranlage:
  Oberfläche Strahlen. Verunreinigungen werden entfernt. Meist Kugelstrahlen mit Stahl- oder Glaskugeln. Positiver Nebeneffekt: Durch die hohe Aufprallenergie wird die Oberfläche von dünnwandigen Rahmenrohren verdichtet. Die Rohre erfahren eine leichte Festigkeitssteigerung.
- Reinigungsanlage:
  Abbürsten und mit ionisierter Luft abblasen.
- Kabine Grundierung:
  80 µm Pulverschicht mit einem Haftprimer. Ersatz für das frühere umweltbelastende Phosphatieren.
- Kabine Decklack:
  20 µm Nasslackbeschichtung. Trocknen bei 150 °C **(Bild 2)**
- Qualitätskontrolle
- Dekoration:
  Fahrrad-Lable (Dekore) aufkleben und einbrennen
- Kabine Klarlack:
  30 µm bis 40 µm Acryl-Klarlack, 20 Minuten bei 155 °C trocknen.

Bild 2: Lackierkabine

13.2.4 Elektrotauchlackierung

Das Elektrotauchlackieren beruht auf dem physikalisch-chemischen Prinzip, dass sich Materialien mit unterschiedlicher elektrischer Ladung gegenseitig anziehen.

13

An das Werkstück wird eine Gleichspannung angelegt und in ein Lackbad mit gegensätzlich geladenen Lackpartikeln getaucht. Die Lackpartikel werden von dem Werkstück angezogen, auf ihm abgeschieden und bilden dort einen gleichmäßigen Film über die äußeren und inneren Oberflächen. Bei einer bestimmten Schichtdicke wirkt der Film isolierend und unterbindet eine weitere Beschichtung.

Ablauf einer Elektrotauchlackierung:

- Vorbehandlung (Reinigung, Phosphatierung)
- Elektrotauchbad
- Nachspülung und Rückgewinnung der nicht abgeschiedenen Farbpartikel
- Aushärtung im Einbrennofen

Je nach Polarität unterscheidet man zwischen der anodischen und der kathodischen Elektrotauchbeschichtung.

Beim kathodischen Tauchlackieren (KTL) wird das zu beschichtende Werkstück negativ geladen, wobei es die positiv geladenen Lackteilchen anzieht **(Bild 1)**. Aufgrund der guten Korrosions- und Wetterbeständigkeit wird im Fahrradbereich häufig Acryllack zur Beschichtung eingesetzt.

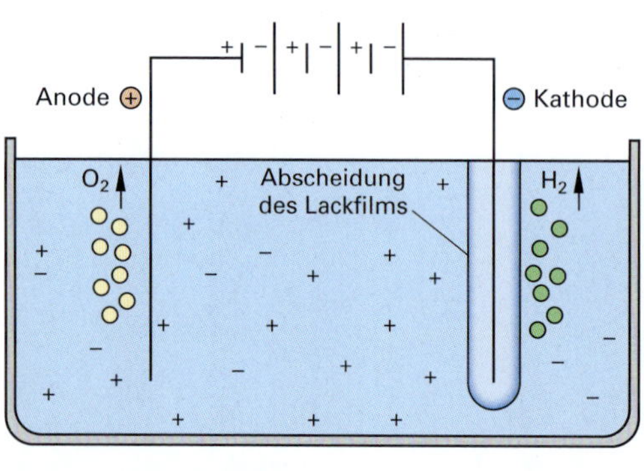

Bild 1: Kathodisches Tauchlackieren

13.3 Eloxieren

Das Eloxieren (Eloxal-Verfahren = **El**ektrolytische **Ox**idation von **Al**uminium, auch als anodische Oxidation bezeichnet) ist eine spezielle Oberflächenbehandlung für Rahmen und Fahrradkomponenten aus Aluminium[1].

[1] Rahmen aus Aluminium werden vorwiegend lackiert, weil die Kunden mehrfarbig lackierte Oberflächen weiterhin wünschen.

Beim Eloxieren wird in der oberste Metallzone des Bauteils eine bis zu 25 µm dicke Oxid- bzw. Hydroxidschicht gebildet.

Es wird im Gegensatz zum Galvanisieren keine zusätzliche Schicht aufgetragen, sodass auch kein Mehrgewicht anfällt (Pulverbeschichtungen machen einen Rahmen bis zu 300 Gramm schwerer).

Vorgang:
Die Bauteile werden in eine wässrige Lösung aus verdünnter Schwefel- oder Oxalsäure (dem „Elektrolyten") gehängt und als Anode mit Plus an eine Gleichspannungsquelle angeschlossen **(Bild 2)**.

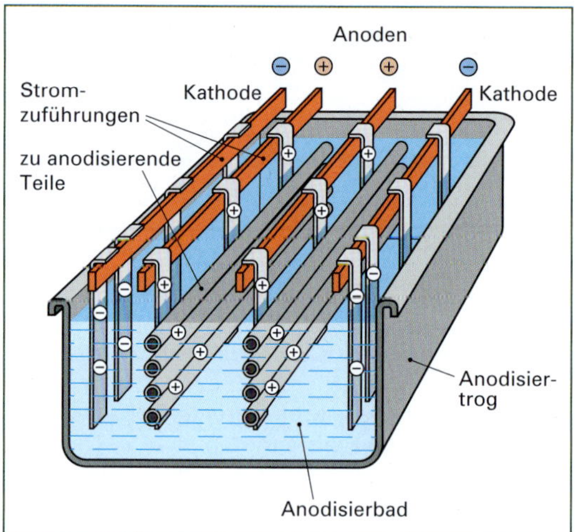

Bild 2: Anodische Oxidation

Leiterbahnen, die in das Anodisierbad hängen, bilden als Kathode den Minuspol. Unter der Wirkung der angelegten Spannung entsteht am Bauteil atomarer Sauerstoff, der mit dem Aluminium reagiert und die Aluminiumoxid-Schutzschicht bildet:

$$2\,Al + 3\,H_2O \rightarrow Al_2O_3 + 3\,H_2$$

Durch Zusätze zum Elektrolyten lassen sich die Eigenschaften der Oxidschicht beeinflussen; so entstehen durch entsprechende Metallsalze unterschiedliche Farben.

Möglich ist auch das Färben mit organischen Farbstoffen. Hierzu wird das eloxierte Bauteil in eine heiße Farbstofflösung getaucht und anschließend gespült.

14 Schmierung, Reinigung und Pflege

Haftungsausschluss: Grundsätzlich sind die Anweisungen der Rad- und Bauteilehersteller zu beachten. Nur diese geben verbindlich Auskunft über Montage, Wartungsintervalle, geeignete Reinigungs-, Pflege- und Schmiermittel, sowie Einsatz- und Nutzungsbeschränkungen. Eine Haftung für etwaige Schäden durch unsachgemäße Pflege und Wartung, die sich aus der Nichtbeachtung der Anweisungen der Bauteile- und Pflegeprodukthersteller ergeben, ist ausgeschlossen.

Zu beachten ist, dass fast alle Reinigungs- und Schmiermittel die Umwelt belasten – daher sind diese gezielt und sparsam einzusetzen.

Die meisten Entfetter sind leicht entzündlich. Die Sicherheits- und Gebrauchshinweise sind zwingend zu beachten.

14.1 Schmierung

Die Schmierung lässt eine bewegte Last über eine Reibung und Verschleiß reduzierende Schicht gleiten. Durch die Trennung von Grund- und Gegenkörperkontakt mit hoher äußerer Reibung soll die niedrige innere Reibung eines Schmierstoffes (Viskosität) ausgenutzt werden. Dabei lagern sich Moleküle des Schmierstoffs an den äußeren Grenzschichten von Grund- und Gegenkörper an.

Ähnlich einer Schraube oder Lagerschale sind Schmierstoffe gleichwertige Konstruktionselemente von technischen Systemen.

Je nach Tribosystem unterscheidet man:

- Einmalige Lebensdauerschmierung
- Verlustschmierung mit kontinuierlicher Nachschmierung
- Nachschmierung in Intervallen

14.1.1 Aufgaben und Arten von Schmierstoffen

Aufgaben. Schmierstoffe sollen trennen, abdichten und schützen **(Bild 1)**.

- Trennen: Die Berührung von aneinander reibenden Oberflächen verhindern.
- Abdichten: Das Eindringen von Feuchtigkeit und Schmutz in Lagerspalten oder Kontaktflächen verhindern.
- Schützen: Metalle vor Korrosion und Rost schützen.

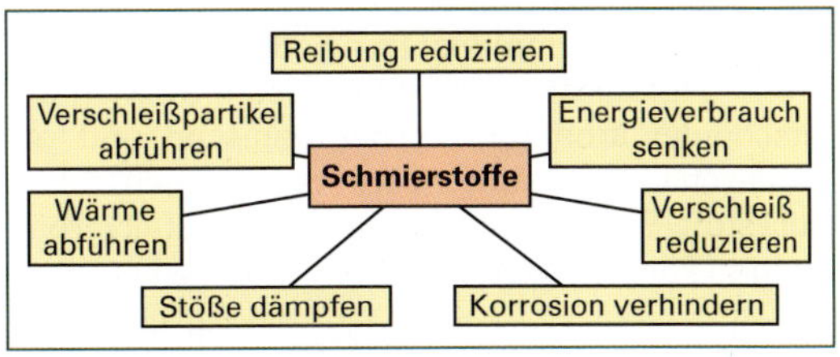

Bild 1: Aufgaben von Schmierstoffen

Schmierstoffarten. Zu den gebräuchlichsten Schmierstoffen zählen die flüssigen Schmieröle und die strukturviskosen Schmierfette und Pasten. Feste Schmierstoffe sind Schmierwachse, Gleitlacke und eine Vielzahl unterschiedlicher Beschichtungen.

Schmieröle, Fette und Pasten bestehen aus einem sogenannten Grund- oder Basisöl und zahlreichen Zusätzen, die die Eigenschaften der Endprodukte in großem Umfang beeinflussen.

Grundöle. Mit Ausnahme der synthetisch hergestellten Chlor-Fluor-Kohlenstofföle bestehen alle Grundöle aus Kohlenwasserstoffketten.

Die Kettenlängen und -verzweigungen der Moleküle und die Mengenverteilung von Kohlenstoff- und Wasserstoffatomen bestimmen den Aggregatzustand gasförmig, flüssig oder fest und die Viskosität eines Öls **(Bild 2)**.

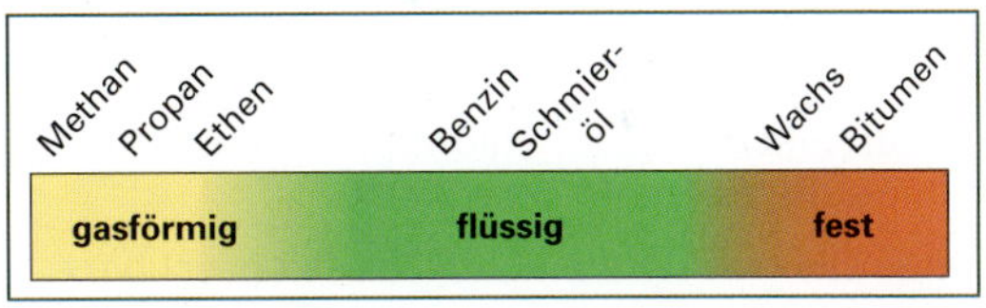

Bild 2: Aggregatzustände einiger Kohlenwasserstoffe

Grundöle können aus den organischen Kohlenstoffquellen Kohle, Erdgas, Erdöl oder aus nachwachsenden Rohstoffen wie Soja, Raps oder Palme gewonnen werden.

Man spricht von einem mineralischen Grundöl, wenn das Erdöl stufenweise destilliert und raffiniert wird, bis die gewünschte Molekülkettenlänge und -form gleichmäßig vorliegt. Beim Propangas oder Benzin sind diese kürzer, bei Schmierölen oder Paraffinwachs länger.

Als **synthetische Grundöle** oder Syntheseöle bezeichnet man Öle, die vorwiegend aus Kohlenstoff- und Wasserstoffatomen künstlich aufgebaut werden. Wie bei den Kunststoffen und vielen anderen Substanzen, dient in erster Linie das Gas Ethen (veraltet: Ethylen) als Kohlenstoffquelle.

14

Wegen des unterschiedlichen Aufbaus der mineralischen- und synthetischen Grundöle variieren die Eigenschaften der späteren Schmierstoffe.

Die Qualität der mineralischen Grundöle wird durch die Zusammensetzung des Rohöls und seiner geologischen Herkunft bestimmt. Man unterscheidet aromatische, naphtenische und paraffinische **Mineralöle**. Verunreinigungen durch Stickstoff, Schwefel und organische Metallverbindungen können nicht ausgeschlossen werden.

Zu einem günstigen Preis lassen sich leistungsfähige Schmierstoffe für die verschiedensten Tribosysteme herstellen. Um die Leistungsfähigkeit zu steigern und die gewünschten Eigenschaften zu erreichen, werden diese Öle mit größeren Mengen von Zusatzstoffen (Additiven) gemischt. Diese können die biologische Abbaubarkeit verschlechtern und auch die Giftigkeit (Toxizität) für Mensch und Umwelt erhöhen.

Syntheseöle bestehen dagegen aus maßgeschneiderten einheitlichen Molekülen und können so optimal auf das Anwendungsgebiet abgestimmt werden. Ihre biologische Abbaubarkeit ist oftmals besser als die der meisten Mineralöle. Die hohe Leistungsfähigkeit hilft, mit geringeren Mengen oder ohne toxische Additive auszukommen.

Zur Familie der synthetischen Grundöle gehören:

- Polyalphaolefine (PAO)
- Esteröle
- Polyetheröle
- Siliziumhaltige Silikonöle (SI)
- Wasserbeständige oder wasseranziehende Polyglykole (PG)
- Wasserstofffreie Chlor-Fluor-Kohlenstofföle, meist Perfluorpolyether (PFPE)

14

Diese Öle sind untereinander selten mischbar.

In Deutschland werden in Tribosystemen der Industrie und im Transportwesen etwa 1 Million Tonnen Schmierstoffe pro Jahr verbraucht. Aufgrund des hohen Preises und der großen Mengen liegt der Anteil der synthetischen Schmierstoffe lediglich bei etwa 10 % bis 15 %.

In der Fahrradtechnik dagegen bietet sich der Einsatz durch die geringen Mengen und die höhere Leistungsfähigkeit an. Schmierstoffe auf pflanzlicher Basis zeigen derzeit keine für die Fahrradtechnik befriedigenden Eigenschaften. Die Oxidations- und Wasserbeständigkeit ist geringer.

Additivierung. Schmieröle, Schmierfette und Pasten werden mit einer Vielzahl von Zusätzen ergänzt, die die Oxidationsbeständigkeit, die Viskosität, die Haftung an Oberflächen, Schaumbildung und viele andere Eigenschaften beeinflussen **(Bild 1)**.

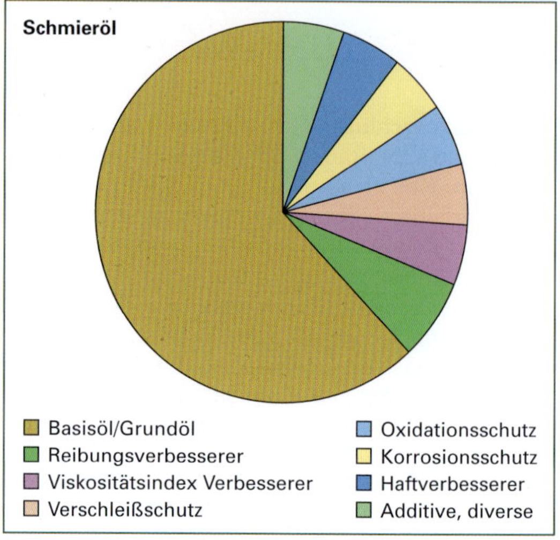

Bild 1: Zusammensetzung von Schmierölen

Schmierfette **(Bild 2)** und Pasten **(Bild 1, Seite 437)** werden mit verschiedenen Verdickern auf die gewünschte Konsistenzklasse eingestellt. Der Hersteller kann dabei zwischen der Grundölviskosität und der Verdickermenge wählen. Aufgrund ihrer guten Eigenschaften zählen die Lithium- und Lithiumkomplexseifen zu den beliebtesten Verdickern, gefolgt von Calzium-, Barium-, Aluminiumseife, Polyharnstoff und Polytetrafluorethen (PTFE, Teflon®).

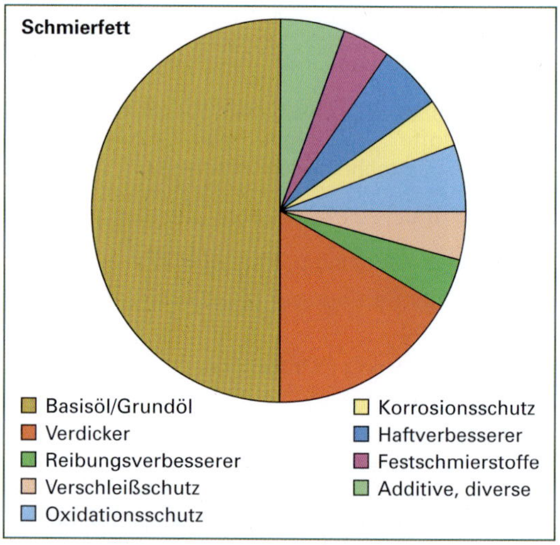

Bild 2: Zusammensetzung von Schmierfetten

PTFE kann als Festschmierstoffzusatz und auch als Verdicker eingesetzt werden. Entgegen einer weit verbreiteten Meinung reagieren nicht die Verdickerseifen mit Kunststoffen oder Elastomeren, sondern die unterschiedlichen Grundöle. Syntheseöle sind insgesamt kunststoffverträglicher als Mineralöle.

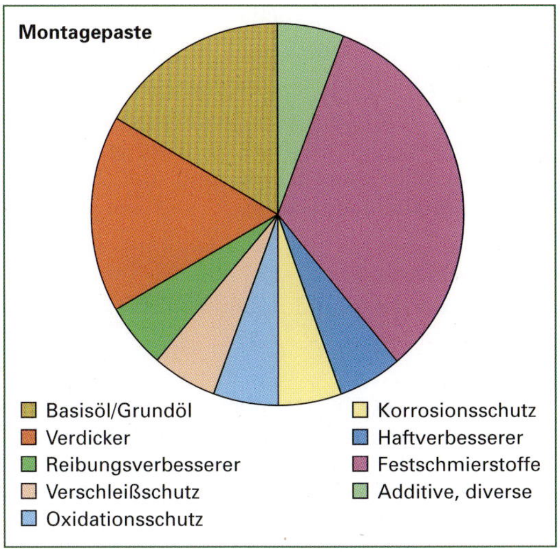

Bild 1: Zusammensetzung von Montagepasten

Die Verdicker haben eine schwammartige Struktur, die das Schmieröl speichern und ein Abfließen von der Schmierstelle verhindern. Bei der Überrollung in einem Wälzlager wird die Struktur einer Scher- und Druckbelastung ausgesetzt und stellt dabei einen schmierenden Ölfilm und ein Ölreservoir bereit. Wie gut sich der Schmierfilm ausbildet, ist abhängig vom Bauteil, den Betriebsbedingungen und der Grundölviskosität. Ein sehr kleiner Anteil des Verdickers wird bei der Überrollung und Scherung beschädigt.

Hochleistungsschmierstoffe enthalten nur selten eine einzige schmierende Komponente. Die Beimischung von Festschmierstoffen hat sich vor allem bei Mischreibung mit hoher Pressung bewährt. Diese Stoffe lagern sich der äußeren Grenzschicht an und können aus metallischen oder metallfreien Substanzen bestehen. Zu den bekanntesten gehören MoS_2, Graphit, PTFE und die weißen Festschmierstoffe, bestehend aus Kalziumhydroxiden und Zinkphosphaten. Auch keramische Nanopartikel wie Bornitrid sind als Additive in Fahrradschmierstoffen zu finden.

Feste Gleitlacke und Beschichtungen. Wenn ölhaltige Schmierstoffe technisch nicht eingesetzt werden dürfen, können Gleitlacke und Gleitbeschichtungen diese Aufgaben übernehmen.

In der Regel werden Festschmierstoffe wie Polytetrafluorethen (PTFE, Teflon®), Graphit und zunehmend Carbon Nano-Tubes (CNT) dem Gleitlack beigemischt. Diese Stoffe verfügen über tribologisch bedeutsame Eigenschaften und können auch Dichtungskunststoffen beigemischt werden. Sie verbessern die Funktion und Verschleißfestigkeit dynamischer Dichtungen **(Bild 2)**.

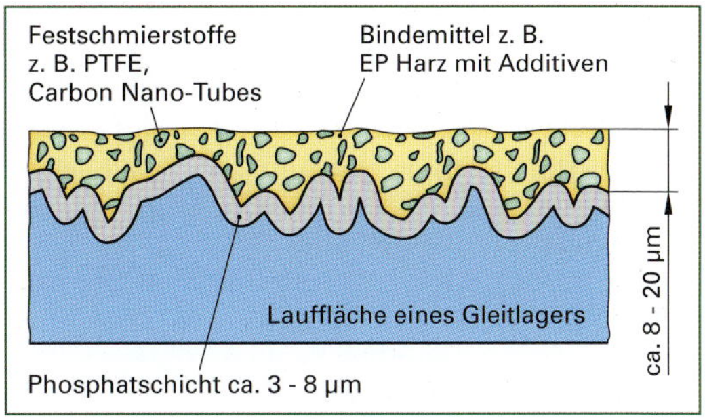

Bild 2: Gleitlack mit Festschmierstoffen

14.1.2 Schmierstoffe in der Fahrradinstandhaltung

Die nachfolgenden Beschreibungen beziehen sich auf handelsübliche Schmierstoffe des Fahrradzubehörmarktes und der Maschineninstandhaltung.

Öle (Bild 3). Dünnflüssige Kriechöle zeichnen sich durch eine niedrige Viskosität aus und einer gegenüber Wasser stark reduzierten Oberflächenspannung. Dadurch besitzen sie ein hervorragendes Fließverhalten, dringen in kleinste Zwischenräume und in Rostschichten und verdrängen Wasser.

Bild 3: Öle

Tabelle 1: Eigenschaften der Schmierstoffe

Viskosität	Konsistenz	Schmierfilmstärke	Druckbeständigkeit	Kriechfähigkeit	Wasserbeständigkeit (Hydrolyse)
niedrig	dünnflüssig	•	•	• • •	•
hoch	zähflüssig	• • •	• • •	•	• • •

Durch die schnell wahrnehmbare Schmierwirkung werden die Nachteile von Kriechöl meist außer Acht gelassen. Aufgrund der niedrigen Viskosität ist der Schmierfilm dünn, wenig wasserbeständig und nicht für hohe Drücke und lange Schmierintervalle geeignet. In der Instandhaltung eignen sich solche Öle daher gut als Helfer für kurzfristige Funktionsverbesserungen, als Rostlöser, Korrosionsschutz und zur Pflege von Elektrokontakten.

Für die Schmierung der hochbelasteten Fahrradkette sind Kriechöle ungeeignet.

Die meisten Kriechöle bestehen aus additivierten Mineralölen und weisen eine unterschiedliche Kunststoffverträglichkeit auf.

Produktbeispiele:
Brunox Turbo, Caramba Multiöl, WD40, Liqui Moly LM40, OKS 8600 BIOlogic

Die Viskosität von **Feinmechanikölen**, **Feinpflegeölen** und **Universalölen** liegt oberhalb der Kriechöle. Das Fließverhalten gestattet auch diesen Ölen in kleinste Zwischenräume einzudringen. Der Schmierfilm ist gegenüber den Kriechölen etwas dicker und langlebiger.

Diese Öle eignen sich für Montagezwecke, als Korrosionsschutzöle und sind ideal für schlecht zugängliche Mechanik mit niedrigen Lagerdrücken, z. B. Schalthebel, Schaltwerk- und Umwerfergelenke, Schaltseile, Feinmechanik aller Art und Messgerätepflege[1].

Einige dieser Öle bestehen aus Weißöl. Weißöl ist hochgereinigtes, entschwefeltes Mineralöl, das auch für medizinische und kosmetische Zwecke verwendet wird (Paraffinum liquidum).

14

Produktbeispiele:
Finishline 1-Step Universal, OKS 700, Weicon AT-44, Ballistol, Rema TipTop Pflegeöl

Die Viskosität von **Getriebeölen** liegt über den Feinmechanikölen. Sie sind auf die besonderen Betriebsbedingungen von Getrieben abgestimmt:

- Hohes Lastaufnahmevermögen
- Großer Viskositäts-Temperaturbereich
- Korrosionsschutz
- Keine Schaumbildung
- Neutral gegenüber Dichtungselastomeren

Die Rohloff-Speedhub 14-Gang Nabe besitzt ein hermetisch abgeschlossenes Getriebeölbad und wird von einem synthetischen Getriebeöl geschmiert. Durch Mischung mit dem Rohloff-Spülöl verbessert sich das Schaltverhalten bei tiefen Betriebstemperaturen.

Auch die Alfine 11-Gang Nabe (Shimano) und viele ältere Sturmey Archer Mehrgangnaben sind ölgeschmiert. Getriebeölbäder werden für eine kostengünstige Nachschmierung der Shimano Mehrgangnaben verwendet.

Produktbeispiele:
Rohloff Getriebe- und Spülölset, Shimano Nexus Wartungsöl

Die Viskosität von **Kettenölen** liegt über den Getriebeölen, um ein Abschleudern des Öls zu verhindern und um einen möglichst dauerhaften, wasser- und druckbeständigen Schmierfilm im Mischreibungsbereich zu erzielen. Die höhere Viskosität verlangsamt das Eindringen in die Kettengelenke – daher ist eine mehrstündige Eindringzeit für optimale Nachschmierung sinnvoll.

Untersuchungen haben gezeigt, dass nur wenige Kettenöle unter allen Betriebsbedingungen eine langanhaltende Schmierung gewährleisten. Fast alle Kettenöle bieten gute Schmierung bei Trockenheit oder Nässe, selten jedoch unter beiden Betriebsbedingungen.

Kettenöle eignen sich auch zur Schmierung von Freilaufsperrklinken, von Planetenradachsen oder von Schaltseilen, wo geringe Rückstellkräfte gefordert sind.

Im Gegensatz zu Kettenölen bilden **Wachsschmiermittel** für Fahrradketten einen trockenen Schmierfilm nach dem Verflüchtigen des Lösungsmittels. Sie eignen sich für die Kettenschmierung unter trockenen, staubigen Einsatzbedingungen.

Produktbeispiele Kettenöl:
Lubcon Turmofluid 40B, Dynamic Kettenschmierstoff, Finishline Keramik Kettenöl, Motorex Wet Lube

Produktbeispiele Kettenwachs:
Finishline Keramik Wachsschmiermittel, White Lightning Clean Ride

Die strukturviskosen **Schmierfette** sollen besonders in Wälz- und Gleitlagern, Dichtungen und Nabengetrieben eine langanhaltende Schmierung im Mischreibungsbereich sicherstellen und in begrenztem Umfang die Reibstelle vor Verunreinigungen und Korrosion schützen. Ihre Zusammensetzung ist auf größtmögliche Reibungsreduzierung optimiert.

[1] Bekannt sind diese Öle auch als Nähmaschinenöle.

Die NLGI Konsistenzklassen des National Lubricating Grease Institutes und DIN Norm 51 818 beschreiben den Einsatzbereich eines Schmierfettes.

Handelsübliche Universalschmierfette der Konsistenzklasse NLGI 2 eignen sich für die meisten Gleit- und Wälzlager in der Fahrradinstandhaltung.

Nahezu alle im Fahrradhandel befindlichen Schmierfette sind Industrieschmierstoffe, die nicht gezielt für die Anforderungen der Fahrradmechanik entwickelt wurden. Für Kunststoff/Metall und Kunststoff/Kunststoff-Reibflächen gibt es Spezialfette mit synthetischem Grundöl.

info

Sprühfette sind bewährte Helfer in der Werkstattpraxis. Ein langlebiger, gut haftender Fettfilm kann über einen Lösemittelträger sekundenschnell auf schwer zugängliche Stellen aufgebracht werden, zum Beispiel Ständergelenke, Schalthebel- und Bremshebelmechanik und Faltmechanik von Faltfahrrädern.

Produktbeispiele Universalschmierfett:
Galli Kugellagerfett, Finishline Teflonfett, Dynamic Hochleistungsfett, Hanseline Kugel- und Wälzlagerfett, Motorex Bike Grease 2000

Produktbeispiele Sprühfett:
Fuchs Lubritech Lagermeister TS Spray, Teroson Weißes Fett Spray, Presto Sprühfett

Gegenüber den Schmierfetten zeichnen sich **Schmierpasten** und **Montagepasten** durch einen hohen Anteil von 10 % bis 50 % Festschmierstoffen aus, die bei höchsten Pressungen und Temperaturen noch für eine sichere Trennung der Reibpartner sorgen **(Bild 1)**.

Bild 1: Fette und Pasten

Je nach Anwendungsgebiet können Montagepasten technisch angestrebte Reibungszahlen zwischen unterschiedlichen Werkstoffpaarungen herstellen. Diese Eigenschaften macht man sich besonders bei Schrauben und Muttern zunutze.

Beim Anziehen einer Verschraubung gehen bis zu 90 % des Anziehmoments durch Reibung im Gewinde und an den Kopf- bzw. Mutterauflageflächen verloren.

Metallfreie Montagepasten eignen sich für alle Arten von Schraubverbindungen und für die Schmierung und Oberflächentrennung von form- und kraftschlüssigen Verbindungen wie Kurbel/Tretlagerwelle, Sattelstütze/Sitzrohr, Vorbauschaft/Vorbauklemmkeil und zum Einpressen von Lagern und Lagerschalen. Ihre Zusammensetzung schützt vor Tribochemischer Reaktion.

Kupferpaste zählt zu den metallhaltigen Montagepasten und kann je nach Werkstoffpaarung elektrochemische Reaktionen zwischen Grund- und Gegenkörper begünstigen. Hier kann auf metallfreie Pasten ausgewichen werden.

Tabelle 1: NLGI Konsistenzklassen

NLGI Klasse	Konsistenz	Gleitlager	Wälzlager	Getriebe	(Wasserpumpen)
000	fast flüssig			•	
00	halbflüssig			•	
0	besonders weich			•	
1	sehr weich			•	
2	weich	•	•		
3	cremig	•	•		
4	mittelfest		•		•
5	fest				•
6	sehr fest, ähnlich Seife				

NLGI Klassen, die in der Fahrradtechnik gebräuchlich sind

NLGI Klasse, die in der Fahrradtechnik am häufigsten eingesetzt wird

Schmier- und Montagepasten eignen sich nicht für Lagerstellen mit hohen Gleit- oder Wälzgeschwindigkeiten. Für Wälzlager von Rahmenschwingen, die in einem geringen Schwenkbereich hohen Stoßbelastungen ausgesetzt sind, sind Schmierpasten gut geeignet.

Produktbeispiele:
Shimano Anti Seize Montagepaste, Klüber 46 MR 401 Schmierpaste, OKS 250 Paste, Weicon Anti Seize High-Tech, Fuchs Lubritech 800/810

Eine Sonderstellung nimmt die **Carbonmontagepaste** ein, in deren Gelphase mikroskopisch kleine Kunststoffpartikel gelöst sind. Die Partikel sorgen für besonders hohe Reibung zwischen den zu klemmenden Bauteilen aus Carbon/Carbon, Alu/Carbon oder Titan/Carbon. Auf diese Weise können Anziehmomente reduziert und dennoch sichere, kraftschlüssige Klemmungen erzeugt werden **(siehe Bild 1, Seite 181)**. Vor dem Auftragen sollten die Oberflächen entfettet werden.

Produktbeispiele:
Dynamic Carbon Montagepaste, Finishline Karbon Montage-Gel, Tacx T4765

14.1.3 Prüfverfahren für Schmierstoffe

Mehrere DIN-Normen beschreiben Prüfverfahren für Schmierstoffe im Mischreibungsbereich.

Prüfgeräte sind das Stift-auf-Scheibe-Tribometer, der Vierkugelapparat (VKA), das Prüfgerät nach Brugger und die beiden Wälzlagerfett-Prüfmaschinen von FAG und SKF.

Die Prüfergebnisse dienen dem Anwender als Orientierungshilfe, geben jedoch keine Auskunft über die tatsächlichen Leistungen eines Schmierstoffs unter realen Bedingungen.

Da das Beanspruchungskollektiv eines Tribosystems nicht konstant ist, sind Verschleißprüfungen unter realen oder simulierten Betriebsbedingungen erforderlich.

Das Schweizer Fahrradkettenöl-Prüfverfahren PETRUS kann nasse und trockene Betriebsbedingungen mit und ohne feste Verschmutzungen simulieren.

Nicht ohne Grund bieten führende Hersteller von Spezialschmierstoffen mehr als tausend unterschiedliche Produkte an, um praxistaugliche Lösungen für verschiedenste Tribosysteme zu liefern.

14.1.4 Alterung, Neuschmierung und Entfettung

Oxidation, hohe Temperaturen, UV-Strahlung, feste oder flüssige Verschmutzungen und häufige Scher- und Druckbelastung des Schmieröls und des Verdickers verändern die Molekülform und lassen den Schmierstoff altern. Die dadurch hervorgerufene Änderung der Fließeigenschaften bezeichnet man als „rheologischer Verschleiß" (griechisch *rhei* = fließen).

Da ölhaltige moderne Schmierstoffe keine Harze enthalten, spricht man von verschlissenen, anstelle von „verharzten" Schmierstoffen.

Vor der Neubefüllung von Gleit- oder Wälzlagern, Dichtungslaufflächen, Getrieben und Passungen mit frischem Schmierstoff sollten die Bauteile von alten Schmierstoffresten gründlich befreit werden.

Die Oberflächen sind mit einem Entfetter wie Waschbenzin, Isopropylalkohol, Bremsenreiniger oder Bioentfetter zu reinigen, damit der neue Schmierstoff eine Verbindung mit dem Grund- und Gegenkörper eingehen kann.

Auch Korrosionsschutzöle auf neuen Metalloberflächen können die Leistungsfähigkeit stark beeinträchtigen. An Dichtungen und Gewinden lagern sich häufig Verschleißpartikel und Schmutz ab. Sie sollten das neue Fett keinesfalls verschmutzen.

info
Um einer Verschmutzung des Fettes im Werkstattalltag vorzubeugen, sollten anstelle von Pinsel und Spatel benutzerfreundliche Fettpressen verwendet werden.

Schmierstoffe mit mineralischen und synthetischen Grundölen sollten ebenso wenig vermischt werden wie Schmierfette mit Schmierölen.

Bilder 1 und **2, Seite 441** zeigen einige Ursachen für die Reduzierung der Lebensdauer von Wälzlagern.

Die reinigende Wirkung der Entfetter beruht darauf, dass Kohlenwasserstoffmoleküle in der Regel wasserabstoßend (hydrophob) sind, untereinander jedoch in Lösung gehen können. Aus diesem Grund kann mit einem dünnflüssigen Kriechöl oder Benzin eine ölige Fahrradkette gereinigt werden, nicht jedoch mit Seifenreinigern und Wasser.

Alkohole dagegen können sowohl in Öl, als auch in Wasser in Lösung gehen. Diese Eigenschaft kann am Beispiel des Universalöls Ballistol® demonstriert werden, welches aufgrund seines Alkoholanteils mit Wasser abgewaschen werden kann.

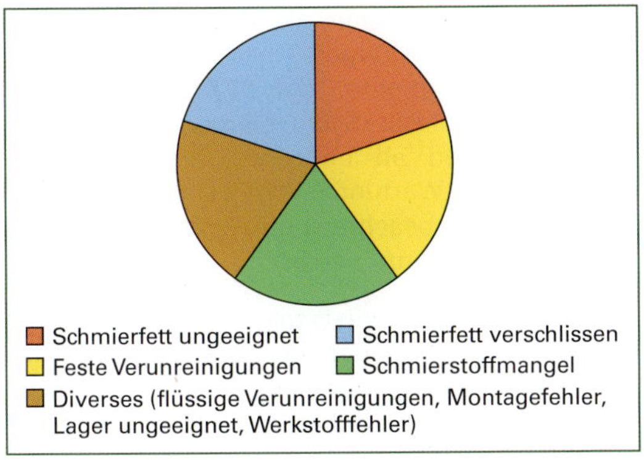

Bild 1: Ursachen für Wälzlagerschäden

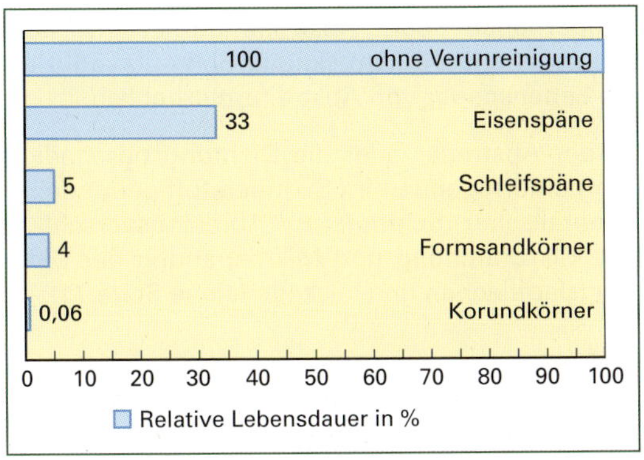

Bild 2: Minderung der Lebensdauer von Wälzlagern durch feste Verunreinigungen, Quelle: Schaeffler Technologies GmbH & Co. KG, Herzogenaurach

Feste, trockene Kettenschmierwachse aus Kohlenwasserstoffmolekülen gehen in einer größeren Entfettermenge als flüssige Schmieröle in Lösung.

info

Entsorgung von gefährlichen Abfällen wie Schmiermittel, Entfetter und ölverschmutzter Putzlappen siehe das Kapitel 14.3.2 *Beseitigung von Abfällen* und Tabellenbuch Fahrradtechnik.

14.1.5 Tribologische Sonderfälle in der Fahrradtechnik

Dichtungen und Abstreifer von Federelementen

Luftfeder-Dämpferelemente besitzen unterschiedliche Tribosysteme. Im Inneren des Luftzylinders trennt eine große fettgeschmierte Kolbendichtung die Positiv- und Negativluftkammer **(Bild 3)**. Für eine störungsfreie Funktion der Kolbendichtung ist ein geeignetes Schmierfett, absolute Sauberkeit und eine optimierte Oberflächenrauheit der Dichtungslaufflächen auf der Luftzylinder-Innenwand notwendig.

Zu raue Oberflächen führen zu vorzeitigem Verschleiß der Dichtung mit Leckage durch Abrasion. Auf zu glatten Oberflächen dagegen streift die Dichtung während der Relativbewegung den Schmierstoff ab. Es kommt zu vorzeitigem Schmierstoffmangel und zu Verschleiß der Dichtung und Leckage.

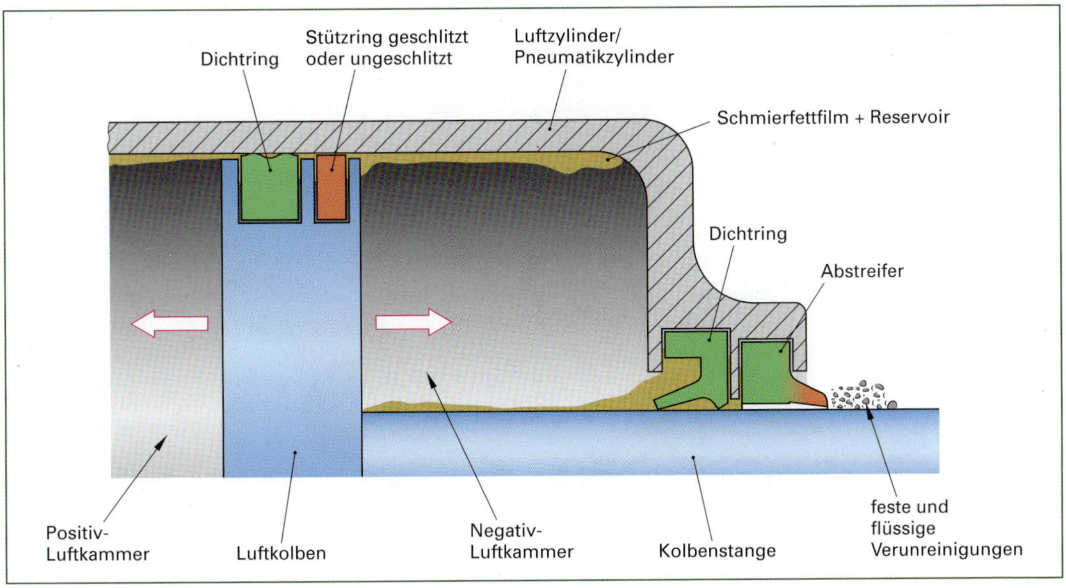

Bild 3: Kolbendichtung im Luftfeder-Dämpferelement

Um die Lebensdauer von Dichtungen zu erhöhen, ermitteln Hersteller von Dichtungen Oberflächenrauheiten (Mittenrauwert R_a), die eine ausreichend große Schmierstoffmenge in die Dichtungslauffläche einlagern.

Bei der Neubefettung ist darauf zu achten, dass die sorgfältig gereinigte Innenwand des Luftzylinders vollständig und dünn mit Fett bedeckt wird. Ferner sollten die Dichtungs- und Stützringnuten, sowie die innere kleine Kolbenstange ebenfalls dünn gefettet werden.

Die Abdichtung der Negativluftkammer des Luftzylinders zur Außenseite der großen Kolbenstange erfolgt über eine fettgeschmierte ein- oder doppellippige Kolbenstangendichtung **(Bild 1)** mit zwei Stützringen. Nach außen schützt ein ungeschmierter Abstreifer vor eindringendem Schmutz und Spritzwasser.

Die Schmierfilmtrennung der Dichtungslauffläche und der ungeschmierten Abstreiferlauffläche wird von der zweiten Dichtlippe der Kolbenstangendichtung realisiert.

Einige Luftfeder-Dämpferelemente haben lediglich ein einzelnes Kombielement, bestehend aus einem Abstreifer und einer einlippigen Luftdichtung.

Geschmierte Dichtungen erreichen ihre höchste Lebensdauer, während hochwertige Abstreifer ihre Aufgabe meist länger auf ungeschmierten glatten und sauberen Oberflächen verrichten.

Federgabeln benötigen als Staub- und Spritzwasserschutz Dichtungen, Abstreifer, Faltenbalge oder Kombielemente. Die Wirksamkeit und Lebensdauer dieser Schutzelemente hängt von vielen Faktoren ab und kann unterschiedlich ausfallen. Die Wartungshinweise des Gabelherstellers sollten beachtet und durch gesammelte Erfahrungen ergänzt werden.

Die Instandhaltungspraxis zeigt, dass nur selten die vom Hersteller angegebenen Wartungsintervalle eingehalten werden. In vielen Fällen fehlen das Interesse und die Bereitschaft des Radbesitzers.

Für das Ansprechverhalten der Stoßdämpfer ist eine regelmäßige Nachschmierung der Führungslager und Luftdichtungen und das konsequente Sauberhalten der Abstreiferlaufflächen ausschlaggebend. Angetrockneter Schmutz reduziert die Lebensdauer von Abstreifern erheblich.

Ist der Abstreifer oder die Dichtung beschädigt, führt eindringender, im Schmierstoff gebundener mineralischer Schmutz zu Abrasionsverschleiß mit Mikrofurchung und Mikrospanung der Dichtungslaufflächen und Leckage **(siehe Seite 71)**.

Info

Bei der Luftbefüllung, Reinigung und Schmierung von Dämpfersystemen ist auf größte Sauberkeit zu achten. Dichtungen und Abstreifer aller Art sind sorgfältig zu behandeln, scharfkantige Werkzeuge sind zu meiden.

14

Bild 1: Luftdämpfer teilzerlegt

Anlässlich von Wartungsarbeiten ist an eine photochemische Alterung aller äußeren Abstreifer und Dichtungen durch UV-Strahlung zu denken, die die Lebensdauer erheblich beeinflusst. Elastomere büßen ihre Elastizität ein und reißen.

Preisgünstige Federgabeln haben häufig verchromte Standrohre, einfache Abstreifer und Gleitlager in den Tauchrohren. Die Verchromung erschwert das Anhaften der Schmierfette, so dass der trennende Schmierfilm bald verbraucht ist.

Dieser Nachteil drückt sich indirekt durch kurze empfohlene Nachschmierintervalle aus. Im Gegensatz zu Standrohren aus Aluminiumlegierungen ist hier eine regelmäßige äußere Pflege der Gleitflächen mit Silikonölspray sinnvoll. Die Schmierung erhöht die Lebensdauer der einfachen Abstreifer und das Öl schützt die verchromten Standrohre vor Rost (Rostnarben beschleunigen den Verschleiß der Abstreifer und Gleitlager).

Der Tribokontakt „Elastomerdichtung/Metall" in Luftfeder-Dämpferelementen gleicht dem eines Pneumatikzylinders und kann neben den empfohlenen Herstellerfetten auch mit synthetischen Pneumatikfetten der NLGI Klasse 1 geschmiert werden.

Gelegentlich wird die Befüllung mit Silikonöl oder einer Mischungen aus Silikonöl und Fett empfohlen.

info

Vorsicht: Das Öl kann das Fett verflüssigen und aufgrund der Schwerkraft von der Schmierstelle abfließen lassen.

Besonders bei unregelmäßigen Nachschmierintervallen kann es an den obenliegenden Dichtungsflächen zu Schmierstoffmangel kommen.

Schmierung von Hybridkugellagern

Für die Schmierung von Kugellagern mit Stahllaufflächen und keramischen Wälzkörpern sind keine speziellen Kugellagerfette erforderlich. Es können handelsübliche Universalschmierfette verwendet werden. Die Füllmenge sollte jedoch klein gehalten werden.

Spanabhebende Fertigungsverfahren

Besonders beim Gewindeschneiden von rostfreien Stählen und Stählen oder Titanlegierungen mit höherer Festigkeit kommt es leicht zu Adhäsion. Ursache sind:

- Hohe Reibung mit rascher Wärmebildung und Werkstoffausdehnung
- Ungeeignete Schneidwerkzeuge
- Unzureichende oder ungeeignete Kühlschmierung

Zu den Erscheinungsformen zählt das Fressen mit Aufreißen der Werkstückoberfläche, Aufbauschneidenbildung und/oder brechende Werkzeuge oder Werkzeugschneiden.

info

In Fahrradwerkstätten mit geringem Verbrauch von Schneidölen haben sich Hochleistungs-Schneidölsprays mit EP-Additiven bewährt. In Einzelfällen können sie den vorsichtigen Einsatz von ungeeigneten Schneidwerkzeugen dennoch ermöglichen und kurzfristige Probleme lösen.

Rücktrittbremse

Bei einer Mehrgangnabe mit Rücktrittbremse kann sich die Bremse in bergigen Gegenden oder bei hoher Zuladung und großer Bremsdauer durch Reibung stark erhitzen.

Bild 1 zeigt einen Rücktritt-Bremsmantel und Schleifspuren im aufgeschnittenen Gegenkörper, der Nabenhülse. Die Fettschmierung der Rücktrittbremse verschleißt umso früher, je häufiger die Bremse heiß wird.

Bild 1: Bremsflächen der Rücktrittbremse

Handelsübliche Schmierfette für Mehrgangnaben sind bis etwa 170 °C hitzebeständig, Wälzlagerfette meist nur bis 120 °C. Für die Schmierung der Stahl/Stahl-Bremsflächen muss man daher den korrekten Schmierstoff des Herstellers verwenden.

Diese Vorgehensweise gilt auch für die Shimano-Rollenbremse. In Ausnahmefällen und bei wiederholter schlechter Dosierbarkeit der Bremse kann die Schmierung der Bremsflächen auch mit einer metallfreien Schmierpaste mit weißen Festschmierstoffen erfolgen. Diese Paste sorgt noch für einen Schmierfilm bei Temperaturen über 300 °C.

Anziehverfahren

Beim Anziehen einer Schraube oder Mutter wird die über den Hebelarm wirkende Kraft (das Drehmoment) des Werkzeuges eine axiale Zugspannung in der Schraube erzeugt.

Gewöhnliche Verschraubungen sollen die Fügeteile so fest gegeneinander pressen, dass sich diese auch unter dynamischer Belastung nicht gegeneinander verschieben. Diese pressende Kraft wird als Vorspannkraft bezeichnet.

In der Fahrradbranche hat sich der Einsatz des Drehmomentschlüssels durchgesetzt, der die vorgegebenen Vorspannkräfte sicher einleitet **(Bild 1)**.

Bild 1: Drehmomentschlüssel (Stahlwille)

Die Genauigkeit der Drehmomentschlüssel ist anwenderabhängig, d. h. die Streuung ist groß. Für Montagearbeiten am Fahrrad sind die gebräuchlichen Drehmomentschlüssel genau genug. Sie sollten nur langsam betätigt werden, da sich das Anziehmoment erst im zweiten Durchlauf vollständig einstellt.

14

Beim Anziehen einer Schraubverbindung kommt es zum Kontakt der Oberflächen von

- Gewindeflanken
- Schraubenkopfunterseite
- Mutternunterseite
- Unterlegscheiben
- Bauteiloberflächen

Da die Kontaktflächen oft eine unterschiedliche Oberflächenbeschaffenheit aufweisen und die Zugspannung in der Schraube durch das Anziehen ansteigt, entsteht an den Kontaktflächen Reibung, die dem Anziehmoment entgegen wirkt.

Die Reibung verteilt sich auf das Gewinde und die Kopfunterseite. Dem Anziehmoment aus Handkraft und Schraubenschlüssel-Hebelarm wirken das Gewinde- und Kopfreibmoment entgegen.

Durch Adhäsion können die Reibflächen und Bauteiloberflächen beschädigt werden.

Beispiele:
Festgefressene Gewinde oder beim Anziehen knarzende Verschraubungen (besonders verchromte oder Nirosta-Schrauben) und knirschende Speichennippel beim Spannen und Zentrieren.

Neben beschädigten Oberflächen führt hohe Reibung dazu, dass zwar der am Drehmomentschlüssel eingestellte Anziehwert erreicht wird, nicht aber die vom Konstrukteur errechnete Vorspannkraft, um ein Bauteil sicher zu klemmen.

Um einheitliche Reibungszahlen bei unterschiedlichen Werkstoffpaarungen zu schaffen, wurden Montagepasten und Gleitlacke mit einem hohen Feststoffanteil entwickelt, die mikroskopisch kleine Oberflächenunebenheiten ausgleichen. Mit ihnen lassen sich korrekte Vorspannkräfte realisieren. Gleichzeitig schützen sie die Oberflächen vor Adhäsionsschäden und Korrosion.

Die Herstellerempfehlungen über Anziehmomente (siehe Tabellenbuch Fahrradtechnik) sollten einen Hinweis über den Schmierfall geölt, gefettet oder trocken enthalten.

Gemäß VDI Richtlinie 2230 wird für die Berechnung einer hochfesten Schraubverbindung eine Gewinde- und Kopfreibungszahl von μ = 0,08 bis 0,16 empfohlen.

Um die Selbsthemmung der Verschraubung gegen Sich-Lösen nicht zu schwächen, soll eine Reibungszahl von μ = 0,04 keinesfalls unterschritten werden. Viele metallfreie Montagepasten sorgen für Reibungswerte um μ = 0,14, Schmierfette für Wälzlager teilweise unter μ = 0,08.

An allen Bauteilen ist nur das Produkt zu verwenden, das der Bauteilhersteller zur Montage vorschreibt. Sicherheitsrelevante Teile sollte man immer mit Montagepaste montieren, wenn der Hersteller keine anderslautenden Angaben macht.

Eine schnelle, sparsame und punktgenaue Dosierung von Montagepaste gestatten kleine Werkstattfettpressen **(Bild 1, Seite 445)**.

Bild 1: Fettpresse

14.2 Pflege und Reinigung von Fahrradbauteilen

Tabelle 1: Auswahlregeln für Reinigungsmittel

Ölhaltiger Schmutz	Nichtöliger Schmutz
Entfetter (Waschbenzin, Isopropylalkohol, Bremsenreiniger, Bioentfetter, Kettenreiniger)	Seifenreiniger/Seifenlauge (Fahrradreiniger, Allzweckseife, Geschirrspülmittel)
Wichtig: Seifenreiniger/Seifenlauge nach der Reinigung stets mit klarem Wasser abspülen!	

Rahmen und Gabel

Reinigung: Fahrrad vollständig mit Wasser anfeuchten und den Schmutz kurze Zeit einweichen lassen. Rahmen, Gabel, Federelemente mit Schwammtuch, weichen Bürsten, Wasser und Seifenreiniger putzen. Gelösten Schmutz und Seifenlauge mit Wasser entfernen. Hartnäckige Verschmutzungen mit Autolackreiniger entfernen. Ölflecken mit Entfetter abwischen.

Pflege: Sprühwachs auftragen und trocknen lassen. Wachsschleier abwischen. Auf allen Glanzlacken ist Hartwachspolitur oder Schutzwachs besonders beständig. Diese Produkte aus dem Autozubehörhandel sind nicht für matte Lackierungen geeignet – hier Sprühwachs nach einem Test anwenden. Es besteht kein Pflege- und Reinigungsunterschied zwischen nasslackierten oder pulverbeschichteten Bauteilen.

Roststellen mit Schleifleinen anschleifen, Auto-Rostumwandler auf größere Roststellen aufbringen und nach der Aushärtung Reparaturlack auftragen.

Neue und ältere Stahlrahmen und Gabeln können über die vorhandenen Bohrungen mit Hohlraumversiegelung aus dem Autozubehörhandel vor Rost geschützt werden. Besonders im Bereich des Tretlagergehäuses und der Ausfallenden sammelt sich Kondenswasser, das nur langsam trocknet.

Federgabeln und Rahmenfederungen

Pflege: Herstelleranweisungen und Wartungsintervalle beachten. Abstreifer und Dichtungen können mit wenigen Tropfen Silikonspray gepflegt werden. Wichtig ist das konsequente Sauberhalten der Dichtungs- und Abstreiferlaufflächen. Knackende Fahrwerke können vorübergehend mit etwas Kriechölspray gepflegt werden. Diese Behandlung ersetzt jedoch nicht die regelmäßig notwendige Neufettung von Gelenken und Lagerstellen.

Carbonrahmen

Pflege: Meist werden Carbonrahmen und Bauteile aus Carbon mit Kunstharzlack überzogen. Sowohl Kohlenstofffasern, Epoxidharz als auch Lack sind chemisch beständig, daher gibt es keinen Pflegeunterschied gegenüber einem Rahmen aus Stahl oder Aluminium.

Bei Lackschäden muss zwischen Kratzern in der Lackierung und Schlagschäden (Impacts) mit Beschädigung des darunter liegenden Laminats unterschieden werden. Hier ist der Einsatz einer Lupe und eine Befragung des Radbesitzers sinnvoll.

Lackschäden mit Schleifpapier der Körnung 600 leicht anschleifen, Kanten glätten. Anschließend Reparaturlack ein- bis zweimal auftragen.

Bei tieferen oder großflächigen Schäden mit Verletzung der Fasern, ist eine Begutachtung durch einen Faserverbund-Reparaturbetrieb dringend zu empfehlen (siehe auch Kapitel 5.5.5).

14

info

Sonderfall: Carbonsattelstütze im Aluminiumrahmen

In der elektrochemischen Spannungsreihe liegt Aluminium mit – 0,16 Volt unter Wasserstoff mit 0 V, während Kohlenstoff mit + 0,75 V im positiven Bereich liegt. Werden Sattelstützen aus Carbon ohne schützende Montagepaste in den Aluminiumrahmen eingesetzt, kommt es längerfristig zur Kontaktkorrosion, wenn als elektrischer Leiter (Elektrolyt) Regen und Putzwasser hinzu kommen. Im ungünstigsten Fall kann man eine solche Sattelstütze nur noch mit großer Kraft lösen – meist gehen dabei die Köpfe der Sattelstütze zu Bruch.

Vorbau und Lenker

Reinigung: Mit Schwammtuch, Wasser und Seifenreiniger.

Pflege: Lackierte und polierte Metalloberflächen mit Sprühwachs konservieren, Wachsschleier nach dem Trocknen abwischen.

info

Wichtig:

- Kontaktbereich von Vorbau- und Gabelschaft jährlich mit einer neuen Schutzschicht aus Montagepaste bei Vorbauten mit Konusklemmung schützen.
- Metallkontaktflächen von Konus, Vorbau-Klemmschraube und Gabelschaft auf Korrosionsschäden prüfen.

Griffe

Reinigung: Mit Schwammtuch, Wasser und Seifenreiniger abwaschen, Handschweiß neutralisieren. Klebrige Gummigriffe mit etwas Talkum bestreichen. Kein Talkum auf Schaumgriffe geben.

Sattelstütze (Sattelrohr)

Reinigung: Reste von Montagepaste oder Fett mit Entfetter abwischen, nichtöligen Schmutz mit Schwammtuch, Wasser und Seifenreiniger entfernen.

Pflege: Vor allem die Verschraubung, die aus Festigkeitsgründen selten aus rostfreiem Material besteht, mit Sprühwachs konservieren. Die Schutzschicht aus Montagepaste der Metallkontaktfläche Sattelstütze/Sitzrohr sollte jährlich erneuert werden. Knackende und knarzende Sattelstützen sind ein Zeichen von mangelnder Schutzschicht (Carbonsattelstützen siehe Rahmen und Gabel auf **Seite 445**).

Sattel

Reinigung: Kunststoff- und Ledersättel mit Schwammtuch, Wasser und Seifenreiniger abwaschen.

Pflege: Wichtig bei der Pflege von Kunststoffsätteln: Vor photochemischer Alterung durch UV-Strahlung und Erhitzung durch Sonneneinstrahlung schützen. Die Kunststoffe verlieren ihre Elastizität, werden hart und reißen vorzeitig. Einfacher Schutz vor Regen und Sonne ist eine Plastiktüte oder ein Sattelüberzug.

info

Wichtig bei der Pflege von Ledersätteln: Lederbalsam von unten auftragen. Stark angegriffene, ausgetrocknete Kernledersättel können mit Lederbalsam auch von oben gepflegt werden.

info

Helle Hosen wegen leichtem Abfärben meiden.

Naben

Reinigung: Nichtöligen Schmutz mit Schwammtuch, Bürste, Wasser und Seifenreiniger entfernen. Ölhaltigen Schmutz, ausgetretenes Lagerfett und „Schwitzöl" mit Entfetter abwischen, besonders bei Scheibenbremsnaben. Hier könnte Öl oder Fett auf die Bremsscheibe schleudern und zum Versagen der Bremse führen.

Pflege: Mit Sprühwachs besonders um die Speichenbohrungen herum konservieren, Gummidichtungen gelegentlich mit 1 bis 2 Tropfen Öl oder Silikonspray pflegen. Kein Öl bei Scheibenbremsnaben verwenden!

Hebelmechanik des Schnellspanners mit etwas Öl oder Sprühfett schmieren. Nur ein leichtgängiger Spannhebel gewährleistet eine sichere Befestigung des Laufrades.

info

Hinweis für Hobbymechaniker und Vielfahrer:

Das Nabenspiel (die Lagerluft) mit entfernter Gummidichtkappe und nicht zu stramm oder zu locker einstellen. Stets Pendelprobe in eingebautem Zustand durchführen. Vielfahrer sollten Kugeln aus nicht rostendem Stahl in höchster Qualität (z. B. Dura Ace oder XTR) und mit bestem Kugellagerfett einsetzen. Der geringfügig höhere Preis lohnt den Aufwand. Das Lager sorgfältig mit Entfetter von Altfett befreien.

Bei konusgelagerten Naben dreht sich die im Nabenkörper fixierte äußere Lagerschale mit ihrer größeren Kugellauffläche um den inneren, am Rahmenausfallende anliegenden Lagerkonus.

Der Lagerkonus besitzt eine verhältnismäßig kleine Kugellauffläche und wird in dem Flächenbereich stark belastet, der zur Fahrbahn weist.

Die grünen Pfeile in **Bild 1, Seite 447** zeigen die Drehrichtung des Nabenkörpers, die gelben Pfeile die Richtung der Kräfte, die beim Radfahren über die Kugeln auf die untere Hälfte (rot) des nicht rotierenden Lagerkonus wirken.

14

Bild 1: Schematische Darstellung einer Nabe mit Konuskugellager

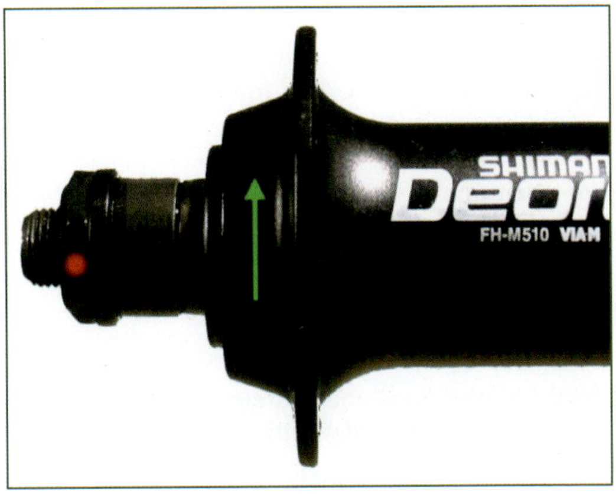

Bild 2: Farbmarkierung an der Konusnabe

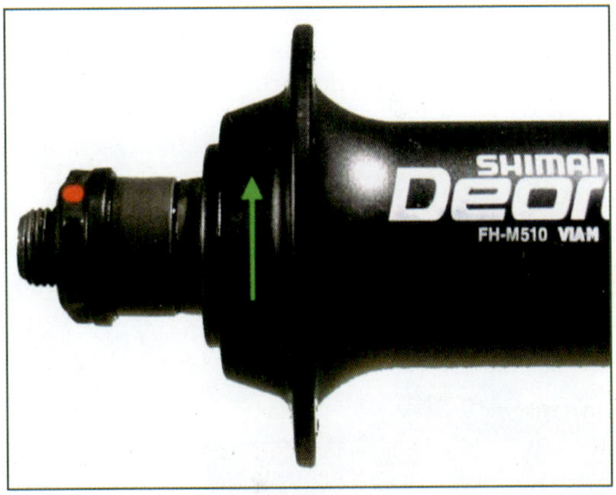

Bild 3: Kontermutter drehen

Auf diese kleine Fläche konzentrieren sich sämtliche Kräfte, die zwischen Radfahrer und Fahrbahn wirken. Dazu gehören nicht nur das Tourengepäck und Fahrergewicht, sondern auch Kräfte vom Kettenzug an steilen Bergen, Anteile des Bremsvorgangs, der Wiegetritt am Berg oder der Sprung über eine Bordsteinkante.

Die äußere Lagerschale, die um den stillstehenden Lagerkonus rotiert, wird mit ihrer größeren Kugellauffläche erheblich gleichmäßiger und geringer belastet.

Bei regelmäßiger Demontage des Laufrades wird die Achse (beziehungsweise der innere Lagerkonus) unwissentlich verdreht, so dass die Oberflächenbereiche gleichmäßiger beansprucht werden und sich die Lebensdauer der Lager erhöht.

Werden besonders pannengeschützte Reifen verwendet und das Laufrad aufgrund von ausbleibenden Reifendefekten nur selten ausgebaut, kommt es nicht zu dieser unwissentlichen Verdrehung des inneren Lagerkonus. Die Lagerlebensdauer nimmt ab.

Durch das Anbringen einer kleinen roten Farbmarkierung an der Kontermutter **(Bild 2)** und ein regelmäßiges Verdrehen der Radachse um 40° bis 90° alle 1000 km bis 2000 km **(Bild 3)** kann vorzeitiger Oberflächenzerrüttung besonders bei preisgünstigen Nabenlagern entgegengewirkt werden. Hierfür muss man das Laufrad nicht ausbauen.

Reifen

Reinigung: Mit Schwammtuch, Wasser und Seifenreiniger reinigen. Eingefahrene Glassplitter und kleine Steine entfernen.

Pflege: Bei regelmäßigem Radgebrauch alle zehn Tage Luftdruck kontrollieren (schmale oder kleine Hochdruckreifen häufiger). Dadurch ist ein höherer Pannenschutz, geringerer Rollwiderstand, längere Lebensdauer und mehr Sicherheit gewährleistet. Optimale Luftdrücke sind auf der Reifenflanke aufgedruckt. Ganzjahres-Alltagsräder besonders im Sommer vor langanhaltender UV-Strahlung schützen.

Speichen

Reinigung: Mit Schwammtuch, Topfschwamm oder Bürste, Wasser und Seifenreiniger säubern. Perfektionisten benutzen zusätzlich Hartwachspolitur oder ein Edelstahlpflegemittel.

info

Jährlich, vor allem vor langen Radtouren mit großer Zuladung, sollte man die Speichenspannung prüfen (lassen).

Speichennippel

Pflege: Sprühwachs von der Felgeninnenseite auftragen. Stark korrodierte Nippel mit je einem Tropfen Kriech- oder Feinpflegeöl pflegen.

Felgen

Reinigung: Chrom- und Alufelgen mit Schwammtuch, Wasser und Seifenreiniger abwaschen.

Der graue Bremsabrieb bei Felgenbremsen **(Bild 1)** ist eine Mischung aus Aluminiumabrieb, Bremsgummi und Wasser. Der nach Regenfahrten antrocknende Aluminiumstaub oxidiert innerhalb kurzer Zeit und erzeugt eine aggressive Schleifpaste, die die Lebensdauer von Felgen und Bremsgummis reduziert.

Bild 1: Bremsabrieb

info

Vor allem im Winter sollte man die Felgen regelmäßig abwaschen. Der Bremsabrieb kann, wenn dieser noch nass ist, mit Wasser weggespült werden.

Empfehlung für Ganzjahres-Vielfahrer: Felgenschonende Bremsklötze auswählen. Der Aluminiumabrieb verringert sich und es fällt weniger „Schleifpaste“ an.

Beim Kauf eines Neurades und hohem Bremsklotz- und Felgenverschleiß Keramikfelgen oder Scheibenbremsen bevorzugen.

Pflege: Chromfelgen, Felgen aus nichtrostendem Stahl und polierte Alufelgen mit Chrom/Metallpolitur pflegen. Bremsfläche *nicht* mit Politur behandeln.

Kette

Reinigung: Ölige, verschmutzte Ketten mit Entfettergetränktem Lappen gründlich abwischen. Die Zwischenräume gegebenenfalls mit einer kleinen Bürste säubern. Putzlappen oder Zeitungspapier zum Auffangen des Schmutzes unterlegen.

Trockene Ketten mit angetrocknetem Schmutz (Schlamm) mit Wasser und Seifenreiniger säubern. Nach dem Trockenwischen dünn einölen. Trockene und leicht angerostete Ketten ölen und mit ölgetränktem Putzlappen abwischen.

Stark verrostete Ketten unbedingt austauschen, denn sie können unter hoher Zugbelastung reißen und stellen eine erhebliche Unfallgefahr dar **(Bild 2)**.

Bild 2: Rostige Kette gerissen

Pflege: Man unterscheidet:

Kettenkonservierung mit Sprühwachs, Kettenöl oder Kriechöl. Schutz gegen Rost und Verschmutzung von außen

Kettenschmierung mit Kettenölen oder Kettenwachs-Schmiermittel. Schmierung reduziert die Reibung und den Verschleiß.

Schmiervorgang: Beim Ölen der Kette einer Kettenschaltung die Kurbel zügig rückwärts drehen. Dabei mit leichtem Fingerdruck aus der Ölflasche einen hauchdünnen „Ölfaden“ auf die Kettenglieder geben **(Bild 1, Seite 449)**. Die Ölfäden sind um so dünner, je zügiger man die Kurbel dreht.

Falls notwendig, überschüssiges Öl abwischen. Die Kette sollte nicht nass aussehen. Merksatz: *Öl zieht den Schmutz an wie ein Magnet.*

Je sorgfältiger man bei der Öldosierung vorgeht (konsequent, regelmäßig und hauchdünn), desto sauberer und gepflegter bleibt der Antrieb **(Bild 2, Seite 449)**.

Bild 1: Fahrradkette ölen

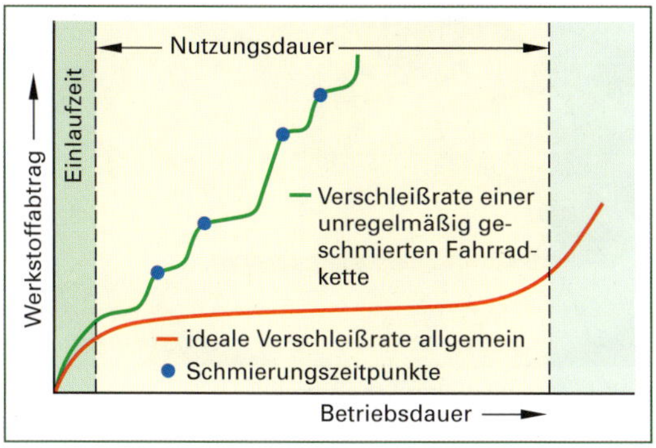

Bild 2: Verschleißrate einer Fahrradkette

Die zu üppig aufgebrachte Ölmenge bestimmt den späteren Verschmutzungsgrad.

Mit dieser **Nachschmierstrategie** kann man die Reinigermenge reduzieren, denn wo kein überschüssiges Öl ist, kann auch wenig Schmutz kleben bleiben. Die Kette muss weniger oft mit Entfetter gesäubert werden.

Das Öl sollte nach dem Auftragen einige Stunden oder über Nacht in die Kettengelenke eindringen können. Jedes Gelenk der Fahrradkette hat viele Reibflächen, die durch das Öl geschmiert werden müssen **(Bild 2, Seite 257)**.

info

Faustregel für Alltagräder: Bei Trockenheit die Kette alle 10 Tage, bei Nässe alle 2 bis 6 Tage ölen.

Faustregel für Reiseräder und Rennräder: Bei Trockenheit die Kette alle 140 km bis 200 km, bei Nässe alle 100 km ölen.

Faustregel für Mountainbikes: Bei Trockenheit die Kette alle 60 bis 100 km ölen. Nach jeder Fahrt bei Nässe und nach der Radreinigung die Kette ölen. Die Kette von Fahrrädern mit Mehrgangnaben kann großzügiger und weniger regelmäßig nachgeschmiert werden: alle 2 bis 6 Wochen je nach Witterung und Fahrleistung.

Die Kette niemals mit Lösungsmitteln reinigen. Diese würden neben dem Schmutz auch noch das vorhandene Schmiermittel aus der Kette waschen.

Fahrräder mit Chainglider-Kettenschutz (Bild 3)

Vor der Chainglider-Montage muss die Kette von außen mit Schmierfett bestrichen werden. Das Ölen erfolgt dann über die kleine Ölbohrung auf der Oberseite des Chainglider am vorderen Kettenblatt.

Die Wasserbohrung auf der Unterseite des Chainglider sollte gelegentlich auf Durchgang geprüft werden, damit eingedrungenes Regen- oder Putzwasser abfließen kann.

Bild 3: Kettenschutz Hebie Chainglider

Passive Kettenpflege: Man sollte alle vorhandenen Gänge nutzen, egal, ob man anfährt, beschleunigt, schnell oder langsam fährt.

Man sollte immer flüssig, locker und mit ähnlicher Trittfrequenz, möglichst mit 80 bis 110 Kurbelumdrehungen/Minute pedalieren.

Zahnkranz und Kassette

Material:
Fettlösendes Reinigungsmittel, saugfähiger Lappen, Einweghandschuhe

Vorgang:
Kassette zerlegen. Ritzel so ablegen, dass die Oberseite oben liegt. Distanzringe zum passenden Ritzel legen.

Kunststoff-Distanzringe mit dem Lappen trocken abreiben. Dabei *keine* Reinigungsmittel oder Öle verwenden, denn diese verspröden durch den Entzug von Weichmachern. Öle lassen einen leichten Schmierfilm zurück, auf dem Straßenstaub haften bleibt.

Ritzel einzeln mit einem fettlösenden Reinigungsmittel besprühen, mit dem Lappen abreiben und trocknen lassen.

Ritzel und Distanzringe in der richtigen Reihenfolge und mit der richtigen Seite nach oben auf den Drehkörper aufstecken. **Tipp**: Vor dem Aufstecken Ritzel und Distanzringe erneut mit einem Lappen abreiben. So verschwinden die letzten grauen Schleier und die Kassette glänzt.

Die Kassette *nicht* gesondert schmieren; es reicht, wenn die Kette die Ritzelzähne versorgt. Die Kassette bleibt trocken und es haftet weniger Schmutz an – die Reinigungsintervalle verlängern sich.

Pedale

Reinigung: Mit Schwammtuch, kleiner Bürste, Wasser und Seifenreiniger. Rostige Pedalachsen mit Chrompolitur oder Stahlwolle reinigen.

Pflege: Stahlpedalachsen und Metallmechanik von Systempedalen mit Sprühwachs konservieren. Dichtungen und Mechanik von Systempedalen mit wenigen Tropfen Öl sparsam schmieren. Fußplatten (Cleats) aus Metall mit Silikonspray einsprühen. Diese Maßnahme verbessert die Funktion, erhöht die Lebensdauer und wirkt schmutzabweisend.

Look- und Shimano SPD-SL-Rennpedale mit knarzenden Pedalplatten sind ein Zeichen von fortgeschrittenem Verschleiß der Schuhplatten. Abhilfe: Platten austauschen, denn Schmieren hilft nicht.

Time System, Campagnolo Profit und Eggbeater Speedplay: Mechanik und Fußplatten gelegentlich mit Silikonspray einsprühen.

Info

Wichtig: Befestigungsschrauben von Schuhplatten regelmäßig auf festen Sitz prüfen. Unfallgefahr.

14

Tretlager

Reinigung: Nichtöligen Schmutz mit Schwammtuch, Wasser und Seifenreiniger abwaschen. Ölhaltigen Schmutz mit Entfetter abwischen. Roststellen können mit Chrompolitur oder Stahlwolle entfernt werden.

Pflege: Sprühwachs. Gelegentlich ein wenig Silikonspray oder Kriechöl an die Lagerdichtungen rechts und links sprühen.

Kurbelgarnitur und Kettenblätter

Reinigung: Nichtöligen Schmutz mit Schwammtuch, Wasser und Seifenreiniger abwaschen. Ölhaltigen Schmutz mit Entfetter abwischen (siehe auch Kette).

Pflege: Sprühwachs

Schaltwerk und Umwerfer

Reinigung: Nichtöligen Schmutz mit Schwammtuch, Bürste, Wasser und Seifenreiniger entfernen. Ölhaltigen Schmutz mit Putzlappen und Entfetter abwischen.

Pflege: Sprühwachs. Schnelle und wirkungsvolle Nachschmierung: Einige Tropfen dünnflüssiges Öl alle 2 bis 3 Monate an alle Gelenkstellen des Schaltwerks und des Umwerfers sprühen. Schützt vor Korrosion, schmiert und verbessert die Funktion **(Bild 1)**.

Bild 1: Gelenkstellen Schaltwerk

Schalthebel und Bremshebel

Reinigung: Mit Schwammtuch, kleiner Bürste, wenig Wasser und Seifenreiniger.

Pflege: Wenn die Gelenke und Mechanik von außen zugänglich sind, kann mit einigen Tropfen Feinmechaniköl und/oder Sprühfett leicht nachgeschmiert werden. Dies betrifft auch ältere Rapidfire-, STI- und Ergopower-Schalthebel, bei denen verschlissene, oxidierte Schmierfette die Beweglichkeit der Sperrklinken einschränken. Dazu sollten die äußeren Gehäuseteile entfernt werden, um den Schmierstoff zielgenau aufzutragen.

Das „Baden" von Schalthebeln mit großen Mengen von Entfetter und Kriechölspray kann nicht empfohlen werden.

Schalt-/Bremszüge und Zugführungen

Reinigung: Mit Schwammtuch, kleiner Bürste, Wasser und Seifenreiniger.

Pflege: Führungen mit etwas Kriechöl, Schlosspflege- oder Silikonspray schmieren.

Bremsen

Reinigung: Mit Schwammtuch, kleiner Bürste, Wasser und Seifenreiniger säubern.

Reinigung von Bremsscheiben: Mit Bremsenreinigerspray einsprühen oder mit Aceton abwischen.

info

Wichtig: Bremsscheiben konsequent vor Schmiermitteln schützen und nicht durch Hautfettkontakt verschmutzen. Der Kontakt mit Seifenlauge ist zulässig. Die Bremsscheiben anschließend mit klarem Wasser von Seifenresten befreien.

Pflege: Wegen der Gefahr des Verschmutzens und Beschädigens der Bremsflächen und Bremsklötze keine Pflegemittel bei Felgen- und Scheibenbremsen einsetzen, sofern nicht vom Hersteller beschrieben.

Pflege von Trommel- und Rollenbremsen: Sprühwachs kann als Korrosionsschutz dünn aufgetragen werden. Shimano Rollenbremsen bei regelmäßiger Nutzung mit wenigen Tropfen Rollenbremsfett von außen nachschmieren, Shimano Wartungsanweisung beachten.

Schrauben, Muttern und Zubehör

Reinigung: Rost an verchromten Schrauben und Muttern mit Chrompolitur entfernen.

Pflege: Lockere Schrauben befestigen. Sofern vom Bauteilhersteller nicht anders angegeben, neue Schrauben und sicherheitsrelevante Schrauben mit Montagepaste auf dem Gewinde und der Schraubenkopfunterseite montieren.

Müssen Verschraubungen gegen Losdrehen gesichert werden und ist die Schmierung mit Montagepaste nicht zulässig, schützt Schraubensicherungskleber vor Korrosion.

Verchromte Verschraubungen mit Sprühwachs konservieren. Nicht alle Schrauben eines Fahrrades sind aus nichtrostenden Werkstoffen. In Vorbauschrauben sammelt sich oft Regenwasser und es bildet sich Flugrost.

Falls oberflächlicher Rost mit Chrompolitur nicht entfernt werden kann, bietet sich Rostumwandler aus dem Autozubehörhandel an. Rostumwandler bildet eine schwarze dekorative Deckschicht, die nach der Aushärtung mit Sprühwachs abgedeckt werden kann.

In der Instandhaltung ist es sinnvoll, alle korrodierten Verschraubungen, die nicht im Rahmen der durchzuführenden Arbeiten neu geschmiert werden müssen, mit 1 bis 2 Tropfen Kriechöl oder Korrosionsschutzöl zu behandeln.

Gepäckträger

Reinigung: Mit Schwammtuch, Wasser und Seifenreiniger.

Pflege: Sprühwachs. Scheuerstellen von Packtaschen an Stahlträgern mit Klebepads schützen. Spiralfedern gelegentlich mit Silikonspray oder Sprühwachs pflegen. Lockere Körbe mit Korbhaltern oder Kabelbindern dauerhaft fixieren.

Schutzbleche

Reinigung: Mit Schwammtuch, Bürsten, Wasser und Seifenreiniger abwaschen.

Pflege: Hartwachspolitur, Metallpolitur oder Kunststoffpflegemittel auftragen.

Ständer

Reinigung: Mit Schwammtuch, Wasser und Seifenreiniger säubern.

Pflege: Sprühwachs. Die Ständergelenke gelegentlich mit etwas Öl oder Fett nachschmieren. Ideal und schnell: Sprühfett

Lichtanlage, Kabel

Pflege: Lose Lichtkabel am Rad mit Kabelbindern fixieren. Kontaktstellen mit Kriechöl, Kontaktspray oder Fett konservieren.

Schlösser

Reinigung: Mit feuchtem Tuch abwischen.

Pflege: Mit Schlosspflegespray, Silikonspray oder 2 bis 4 Tropfen Kriech- oder Feinpflegeöl vor Korrosion, klemmender, schwergängiger Mechanik schützen. Schützt auch im Winter vor dem Einfrieren der Schließung.

info

Bei Alltagsgebrauch das Schloss alle drei Monate nachschmieren. Kein Fett oder Kettenöl verwenden, da Verschmutzungsgefahr. Graphit ist als Schmiermittel ungeeignet.

Kinderanhänger und Bespannung

Reinigung: Rahmen und Bespannung mit Schwammtuch, Bürste, Wasser, Seifenreiniger oder flüssigem Feinwaschmittel säubern. Stoff anfeuchten und mit kreisenden Bewegungen und viel Seife sauber bürsten. Anschließend klarspülen und gründlich trocknen lassen.

Pflege: Bespannung nach der Trocknung ein- bis zweimal auf der Außenseite mit einer geeigneten Textilimprägnierung nachimprägnieren. Lockere Stoffbeschichtung auf der Innenseite vorsichtig mit einer Nagelschere abschneiden, um weiteres Ablösen zu verhindern. Die Bespannung mit einer Fußmatte schützen und regelmäßig Schmutz aus dem Innenraum entfernen.

Metallteile mit Sprühwachs behandeln. Gewinde von Kupplungssystemen mit etwas Fett regelmäßig nachschmieren. Druckknöpfe alle zwei bis vier Monate mit etwas Silikonspray, Sprühwachs oder Schlossspray nachschmieren.

info

Bespannung vor langanhaltender UV-Bestrahlung schützen (fotooxidative Alterung). Imprägnierung alle 6 bis 8 Monate erneuern. Bei Schlechtwetterperioden darauf achten, dass die Bespannung regelmäßig trocknet, um Schimmelbildung zu vermeiden.

Risse und Löcher in der Bespannung:

- Reparaturstoff (vom Hersteller) zuschneiden, Textilkleber für Zelt- und Rucksackreparaturen verwenden.
- Klebestellen mit Waschbenzin, Bremsenreiniger oder Aceton entfetten.
- Flicken großzügig dimensionieren und mit abgerundeten Ecken aufkleben.
- Schnelle Reparaturen: Defekt mit breitem Gewebeband überkleben.
- Stoff undicht: Reparaturlack für Zeltbeschichtungen auftragen.

Fahrradhelme

Reinigung: Helmschale mit Wasser abwaschen. Helmpolster und Gurtbänder mit Wasser und etwas Handseife reinigen. Seifenlauge gründlich ausspülen.

Nutzungsdauer: Die meisten Hersteller empfehlen eine Nutzungsdauer von 3 bis 5 Jahren. Ab dieser Zeit beginnen die Helmkunststoffe durch UV-Strahlung zu altern. Außerdem können die Helme durch den Gebrauch Mikrorisse bekommen, die vom Besitzer nicht erkannt werden.

info

Nach starkem Schwitzen den Helm am Gurtband halten, die Innenseite und die Polster mit warmem Wasser ausspülen und zum Trocknen aufhängen. Die Gurtlängen an Kinderhelmen alle zwei bis vier Monate prüfen und nachstellen.

In der Phase des Körperwachstums wandern die Helme immer weiter in Richtung Nacken. Viele Kinder sind täglich mit Helmen unterwegs, die wegen fehlender Stirnabdeckung kaum Schutz bei Stürzen bieten.

Helme sollen immer die Stirn bedecken. Die Einstellung erfolgt über die Länge der beiden V-förmigen Gurte rechts und links. Die Einstellung beginnt zuerst auf der linken und endet auf der rechten Seite (in Fahrtrichtung).

14.3 Abfallentsorgung

14.3.1 Gesetzliche Grundlagen

Das in Deutschland geltende Kreislaufwirtschafts- und Abfallgesetz (KrW-/AbfG) regelt die Vermeidung, die Verwertung und die Beseitigung von Abfällen. Es hat die Aufgabe, unsere natürlichen Ressourcen zu schonen und eine umweltverträgliche Beseitigung von Abfällen zu fördern. Daneben fordert es von den Landesregierungen, alle Bürger über den aktuellen Stand der Abfallentsorgung zu informieren.

Die Europäische Abfallverzeichnisverordnung (AVV) gibt Auskunft, wie der jeweilige Abfall bezeichnet wird und ob er als *gefährlich* oder *nicht gefährlich* eingestuft ist. Herkunft und Art des Abfalls beschreibt ein sechsstelliger Abfallschlüssel (z. B. 01 04 07)

Gewerbliche Abfallerzeuger (Fahrradgeschäfte), sowie Besitzer, Einsammler, Beförderer und Entsorger unterliegen der Nachweisverordnung (NachwV).

Fallen mehr als 2000 kg *Gefährliche Abfälle* pro Jahr an, so hat der Abfallerzeuger die ordnungsgemäße Entsorgung gegenüber der Abfallbehörde nachzuweisen. Neben der Nachweispflicht besteht Registerpflicht. Hier müssen auch die Entsorgungswege der nicht nachweispflichtigen *Gefährlichen Abfälle* getrennt nach Abfallschlüsseln dokumentiert werden.

Im sogenannten *Register* (früher Nachweisbuch) sind die Entsorgungsnachweise (Übernahmescheine, Abgabebelege, Quittungen) in schriftlicher Form drei Jahre aufzubewahren. Dies gilt auch für Betriebe, in denen weniger als 2000 kg *Gefährliche Abfälle* pro Jahr anfallen (Kleinmengenerzeuger).

14.3.2 Beseitigung von Abfällen in Fahrradgeschäften

Fragen zur Abfallentsorgung, zur Nachweisverordnung und zur Registerpflicht beantworten die Abfallberatungsstellen der Kommunen, der Handwerks- und Handelskammern sowie der privaten Entsorgungsfachfirmen.

Da vor allem die Entsorgung von *Gefährlichen Abfällen* regional unterschiedlich organisiert ist, sollten Fragen im Zweifelsfall an die kommunale Abfallberatung gerichtet werden.

Der Begriff *Sondermüll* ist veraltet und wurde durch den Ausdruck *Gefährliche Abfälle* ersetzt.

Abfallart[1]	Entsorgung	Nachweis-pflicht	
Nicht gefährliche Abfälle		**Ja**	**Nein**
Altpapier, Pappe	Papiertonne, Papiercontainer, ggf. Abholung durch Entsorgungsfachfirmen, Transportverpackungen an Lieferanten zurückgeben.		✘
Verkaufsverpackungen des Dualen Systems aus Kunststoff, Metall und Verbundstoff, Leichtverpackungen	Gelbe Tonne, ggf. Abholung durch Entsorgungsfachfirmen, Transportverpackungen an Lieferanten zurückgeben.		✘
Restmüll	Graue Tonne		✘
Bioabfälle (pflanzliche)	Biotonne		✘
Faserverbundbauteile (z. B. Carbon, GFK)	Graue Tonne, große Carbonbauteile wie defekte Rahmen und Carbonfelgen können zur Verwertung an Spezialsammelstellen geschickt werden. Infos: http://www.cfk-recycling.de		✘
Altmetall	Abgabe an kommunalen Annahmestellen oder Abholung durch Entsorgungsfachfirmen. **Hinweis:** Altmetall wird in Sammelbehältern gelagert, so dass mögliche Schmierstoffreste (z. B. an Ketten und Kugellagern) nicht zu einer Verschmutzung des Grundwassers führen können.		✘
Reifen, Schläuche	Graue Tonne, Sammelsysteme der Reifenhersteller bevorzugen. Stoffliches Recycling über Bohle (Schwalbe), thermische Verwertung über Continental. Abholformulare bei den Herstellern erhältlich.		✘
Glühlampen, Halogenleuchtmittel, Disketten	Graue Tonne		✘
CDs, DVDs	Graue Tonne, Abgabe an kommunalen Annahmestellen. Dieser hochwertige Kunststoff kann leicht stofflich verwertet werden.		✘
Gefährliche Abfälle		**Ja**	**Nein**
Altöl: Ölverschmutzte Putzlappen, Schmieröl, Getriebeöl, Schmierfett, Reinigungsflüssigkeiten, Petroleum, Waschbenzin, Hydrauliköl, Bremsflüssigkeit, Kraftstoffe	**Wichtiger Hinweis:** Die Vermischung unterschiedlicher Ölflüssigkeiten ist gesetzlich verboten! Möglichst in Originalbehälter lagern. Kleinmengen (meist < 30 kg): Abgabe an kommunalen Annahmestellen für Gefährliche Abfälle. Größere Mengen (meist > 30 kg): Abholung durch Entsorgungsfachfirmen.	✘	
Farben, Lacke, Verdünner	Kleinmengen: Abgabe an kommunalen Annahmestellen für Gefährliche Abfälle. Größere Mengen (meist > 30 kg): Abholung durch Entsorgungsfachfirmen.	✘	
Neonleuchtmittel, Energiespar-Leuchtmittel	Abgabe an kommunalen Annahmestellen für Gefährliche Abfälle.		✘
Batterien, Akkus	Abgabe an kommunalen Annahmestellen für Gefährliche Abfälle.		✘
Elektrokleingeräte: Fahrradcomputer, HiFi Geräte, Elektrohandwerkzeuge, Kleincomputer, Telefone, Kaffeemaschinen, Haushaltskleingeräte, elektronisches Spielzeug	Abgabe an kommunalen Annahmestellen für Gefährliche Abfälle.		✘
Elektrogroßgeräte: Ständerbohrmaschinen, Großkopierer, Bildschirme, Drehmaschinen, Kühlschränke, Elektroherde, Spülmaschinen, Computer	Abgabe an kommunalen Annahmestellen für Gefährliche Abfälle oder Abholung durch Entsorgungsfachunternehmen.		✘

[1] Tonnen(deckel)farben sind bundesweit nicht einheitlich.

15 Instandhaltung, Werkzeuge

Unter Instandhaltung versteht man alle Maßnahmen, die ein technisches System (Fahrrad), ein Bauelement eines technischen Systems oder ein Betriebsmittel (wie Montageständer, Ständerbohrmaschine) funktionsfähig erhalten. Auch dient eine Instandsetzung zur Wiederherstellung der Funktionsfähigkeit eines ausgefallenen Systems.

Instandhaltung

- Verbessert die Betriebssicherheit und den funktionsfähigen Zustand
- Erhöht die Lebensdauer von Geräten und Anlagen
- Reduziert Kosten, die durch Verschleiß, Störungen oder Ausfälle entstehen können

Nach DIN 31051 werden fünf Grundmaßnahmen der Instandhaltung unterschieden:

Wartung

Maßnahmen zur Verzögerung des Abbaus des vorhandenen Abnutzungsgrades (Abnutzungsvorrat). Wartungsmaßnahmen werden durchgeführt, ohne dass die Sache (Maschine, Fahrrad, Werkzeug) defekt ist. Ziel ist eine störungsfreie Funktion über eine längere Zeit.

In der Werkstattpraxis zählt zu den Wartungsstrategien die präventive (vorbeugende) Wartung.
Beispiele:

- Einhalten von vorgeschriebenem Ölwechsel
- Austausch von Bremsbelägen, bevor diese die Verschleißgrenze erreichen
- Austausch von nahezu abgefahrenen Reifen
- Kette reinigen und schmieren
- E-Bike-Akku laden und frostsicher einwintern

15

Inspektion

Maßnahmen zur Feststellung und Beurteilung des Istzustandes einer Sache (z. B. eines E-Bike-Akkus). Dazu gehört auch die Ermittlung der Ursachen der Abnutzung. So können Instandhaltungsmaßnahmen für eine künftige Nutzung geplant und gesteuert werden. In der Werkstattpraxis erfolgen Inspektionen durch

- Sehen (Flüssigkeitsstände ...)
- Hören (Getriebegeräusche ....)
- Fühlen (raue Oberflächen, Erwärmungen (Akku!)
- Ablesen (Druckanzeige, Ladezustand ....)

Bei der Durchführung von Inspektionen ist es ratsam, Formulare mit vorgegebenen Prüf- und Arbeitsschritten zu verwenden. Sie helfen Fehler zu vermeiden und erleichtern die Dokumentation, zu der eine Beurteilung des Fahrradzustandes gehören kann (siehe Checkliste im Tabellenbuch Fahrradtechnik).

Der Wert eines Inspektionsformulars als Marketinginstrument wird häufig unterschätzt. Viele Käufer von hochwertigen Produkten legen besonderen Wert auf Professionalität und einen sorgfältigen Umgang mit ihrem Besitz.

Ausgehändigte Kopien mit einer Beurteilung des Istzustandes kennzeichnen gutes Arbeiten und können mit zusätzlichen Informationen versehen werden. Dies könnten zukünftige Wartungstermine, Pflege- oder auch Produktempfehlungen sein.

Instandsetzung

Unter Instandsetzung versteht man Maßnahmen zur Rückführung einer Sache (z. B. eines defekten Reifens) in den funktionsfähigen Zustand. Verbesserungen zählen nicht dazu, z. B. die Montage eines Reifens geringerer Masse. Eine Instandsetzung bezeichnet man umgangsprachlich auch als Reparatur.

Verbesserung

Kombination aller technischen und administrativen Maßnahmen zur Steigerung der Funktionssicherheit einer Sache, ohne die von ihr geforderte Funktion zu ändern.

Je nach Einsatzzweck, Fahrgewohnheiten, Gesamtbeladung und anderen Faktoren zeigt die Werkstattpraxis, dass einzelne serienmäßig an einem Fahrrad montierte Bauteile wie Felgen wesentlich schneller verschleißen als andere Bauteile. Tauscht man ein Produkt gegen ein höherwertiges aus, kann eine längere Funktionsfähigkeit und höhere Funktionssicherheit erreicht werden.

Schwachstellenanalyse

Das Aufdecken einer erhöhten Abnutzung einer Sache, die zu einem Ausfall führen kann.

In der Zweiradwerkstatt finden Verbesserungen und Schwachstellenanalysen meist im Rahmen von Inspektionen statt. Bei spanabhebenden Fertigungsverfahren gehört zu einer Schwachstellenanalyse zum Beispiel die Ermittlung der tatsächlichen Werkzeugstandzeiten.

Hinweis: Parktool: (P), Cyclus: (C)

Lenker-Haltebügel (P)

Zum Fixieren des Lenkers, wenn das Rad auf einem Montageständer befestigt ist.

Kettenmesslehre KMC

Digitale Kettenmesslehre zur exakten Kontrolle des Kettenverschleißes.

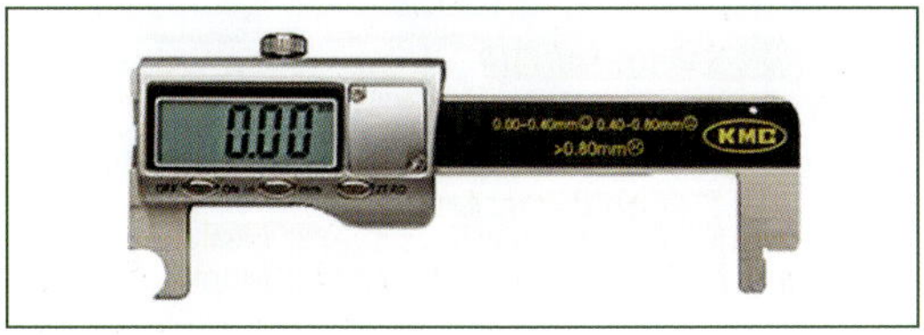

Reifen-Montagewerkzeug (P)

Zentrierboy

Für das schnelle und präzise Nachzentrieren von Laufrädern in eingebautem Zustand eignet sich das Zentrierwerkzeug *Zentriboy* mit einer 0,1 mm genauen Messuhr. Das Messgerät ist besonders hilfreich bei einer Neurad-Endmontage und für MTBs mit Steckachsen. Auch bei Mechanikern von Rennteams findet es weite Verbreitung.

Reifenabnehmer (C)

Für einen sauberen Reifensitz, falls der Reifen auf der Felge verrutscht ist oder sich schwer montieren lässt.

Zentrierständer (P)

Zum präzisen Zentrieren von Seiten- und Höhenschlägen des Laufrades. Das Laufrad wird automatisch mittig fixiert.

Gewindeschneidwerkzeug für Gabelschaftrohr (C)

Zentrierlehre Laufrad (P)

Zur Kontrolle, ob die Felge mittig zentriert ist.

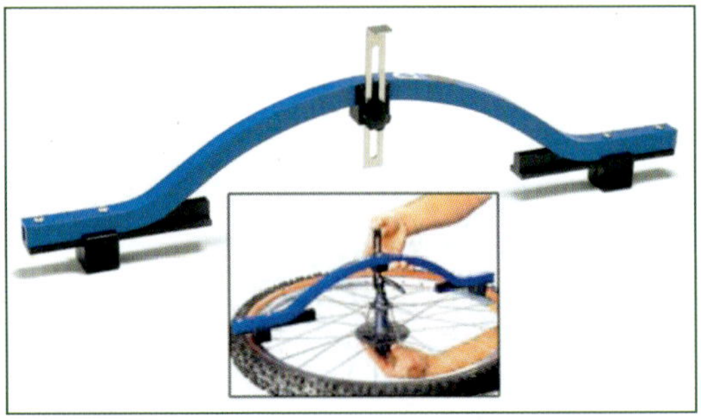

Speichenspannungsmesser (Tensiometer) (P)

Zur Überprüfung der Speichenspannung der einzelnen Speichen.

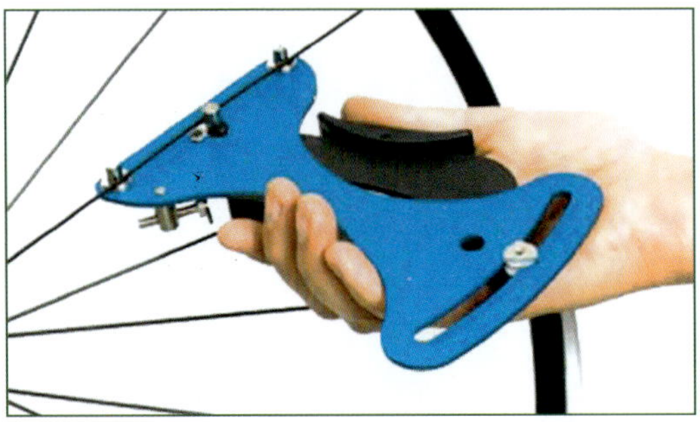

Kettenpeitsche (Ritzelabnehmer) (P)

Kombiwerkzeug: Ritzelabnehmer-Kette und passender Ringschlüssel für die Zahnkranzabzieher.

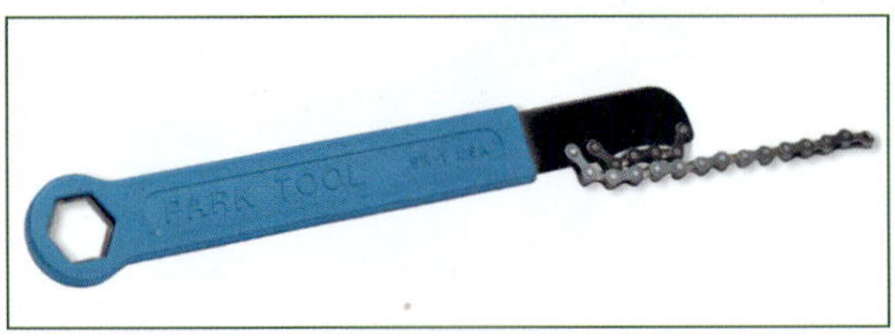

Zahnkranzabzieher-Hebel (P)

Sicheres Abziehen und Montieren von Zahnkränzen. Für die abgebildeten Zahnkranz- und Freilaufabzieher geeignet.

Atom, Regina, Zeus, Schwinn

Shimano seit 1985 Uniglide bis 1985 SIS, Sachs Aris

Ältere Suntour-Zahnkränze mit 2 Kerben

Suntourzahnkränze mit 4 Kerben (seit 1986)

Shimano Hyperglide, SRAM

Fast alle BMX-Modelle mit 4 Kerben

Falcon

4-Nuten-Freilauf von Flip-Flop, BMX-Naben mit 30 x 1 Gewinde

Patronenlager der Gruppe Record, Chorus, Athena, Campa Cassetten

Kassettenabzieher mit Sicherungsstift: Shimano, SRAM, SunRace, SunTour, Chris King und andere

Patronenlagerschlüssel (P)

Zur Montage der Schalen von Innenlagern (Tretlagern).

Stiftschlüssel (Pin Spanner) (P)

Zum Einstellen der linken Lagerschale von BSA-Innenlagern. Andere für die meisten Zahnkranzkörper und linke Fauber-Tretlagerschale.

Kurbelabzieher (P)

Zum Demontieren der meisten Kurbeln: Vierkant, Power Drive, Power Spline. Mit Feingewinde und drehbarer Spitze.

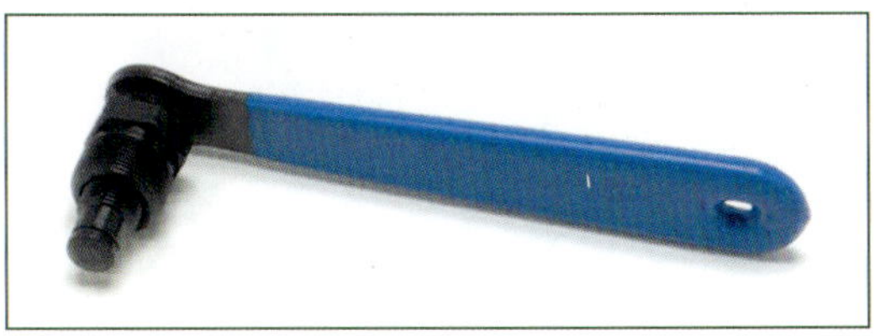

Tretlagermutterschlüssel (P)

Mit 14 mm Steckschlüssel und 8 mm Innensechskant

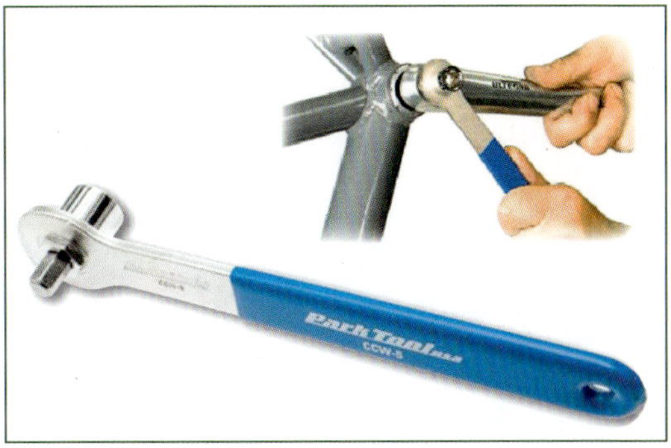

Pedalschlüssel (P)

Zwei 15-mm-Aufnahmen mit 30°- und 45°-Winkelung. Hebelwirkung unabhängig von der Kurbelstellung. Schmaler Schlüsselkopf passt sich allen Pedalachsen an.

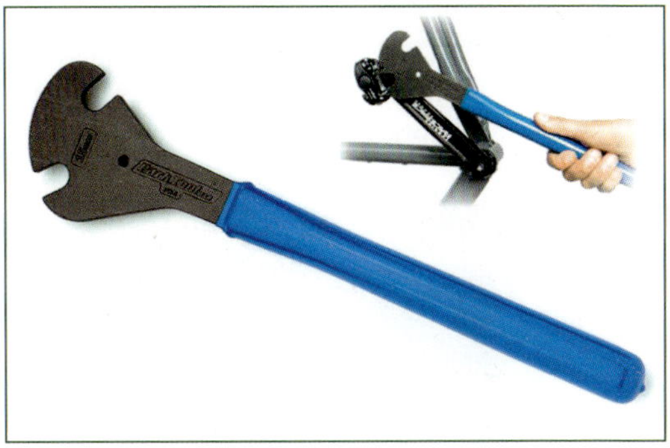

Bremsscheiben-Richtwerkzeug (P)

Zum Justieren verbogener oder beschädigter Bremsscheiben.

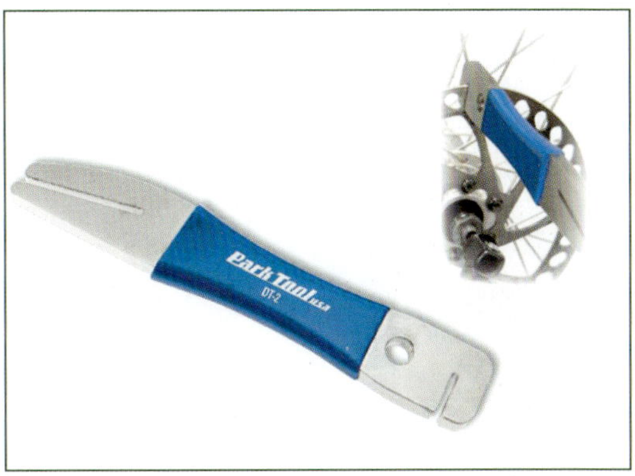

Fräswerkzeug für Scheibenbremsaufnahme (P)

Fräswerkzeug für das Planfräsen von IS2000-Gabel bzw. Hinterbau, damit die Bremsscheibe und die Bremsbeläge parallel stehen.

Fräswerkzeug für Postmount Standard (C)

Dieses Werkzeug gestattet des Planfräsen von Gabeln und Rahmen mit der Bremssattelaufnahme Postmount.

Bremsscheiben-Lehre (P)

Exaktes Messen der Bremsscheibe, während das Laufrad im Zentrierständer eingespannt ist.

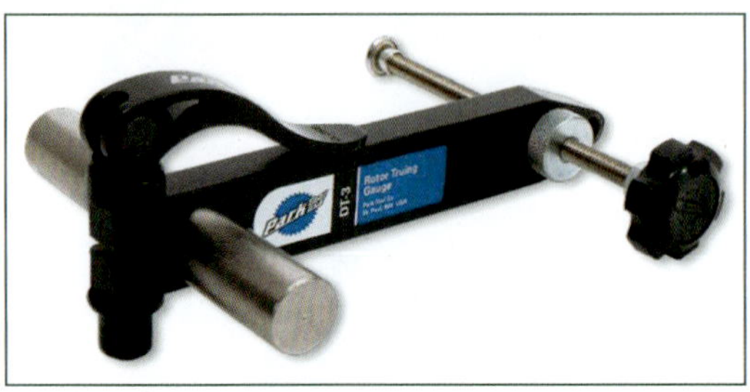

Kettennieter (P)

Zum Öffnen und Vernieten von 10-fach- und anderen Qualitätsketten mit geringen Fertigungstoleranzen und knappen Abmessungen.

Tretlager-Gewindeschneider-Set (P)

Für Schneidarbeiten am Tretlager. Nachdem das Gewinde geschnitten wurde, dienen die Einsätze als Führung zum Planfräsen der Stirnseiten. Schneideisen für unterschiedliche Gewinde im Set enthalten oder als Zubehör.

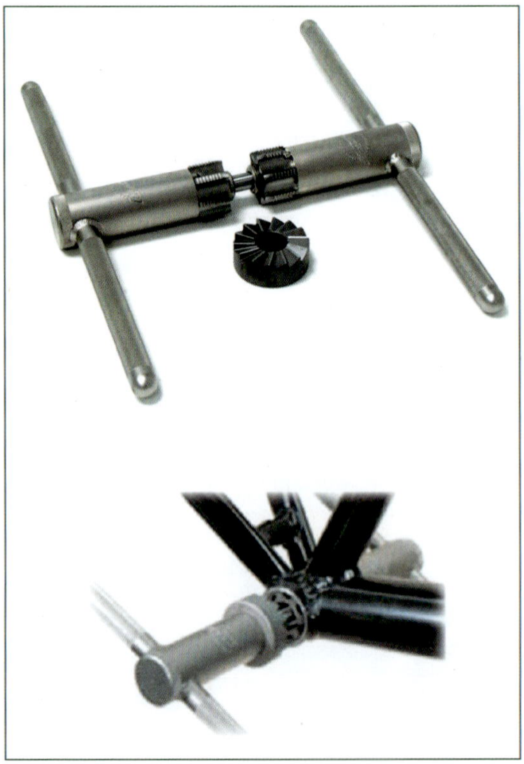

Steuerkopf-Fräserset (P)

Zum Walzen- und Stirnfräsen des Steuerkopfrohres.

Steuersatz-Montagegerät (P)

Das Werkzeug presst Steuersatzschalen exakt ausgerichtet ein. Auch geeignet zum Einpressen von Lagerschalen in gewindelose Tretlagergehäuse.

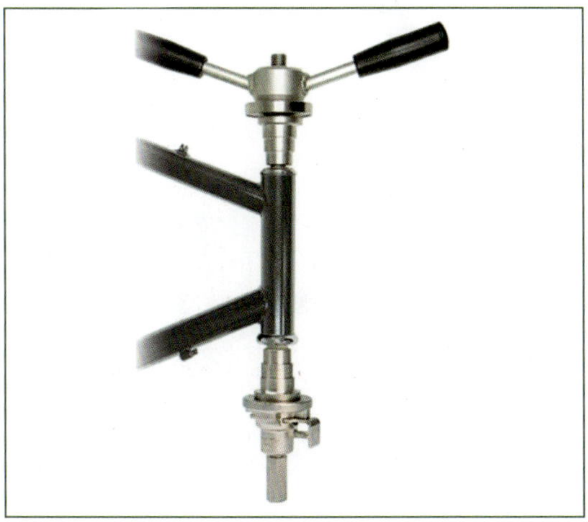

Demontagegerät für Steuersatzschalen (P)

Leichte Demontage der Steuersatzschalen. Das Spreizrohr wird in das Steuerrohr eingeführt und sitzt auf der Schale auf. Leichte Hammerschläge lösen die Schale.

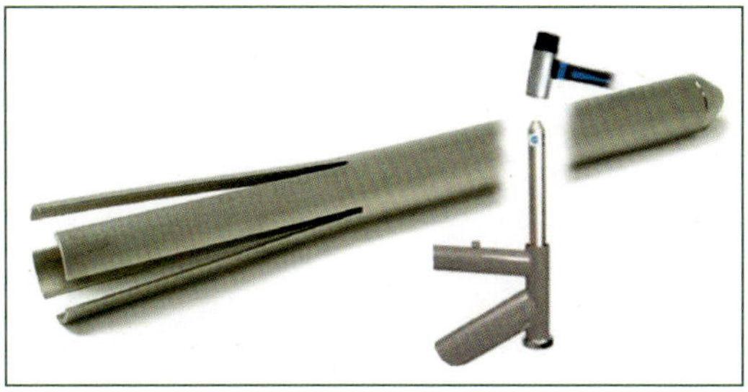

Konus-Abzieher (P)

Werkzeug zur Demontage des Gabelkonus vom Gabelschaft.

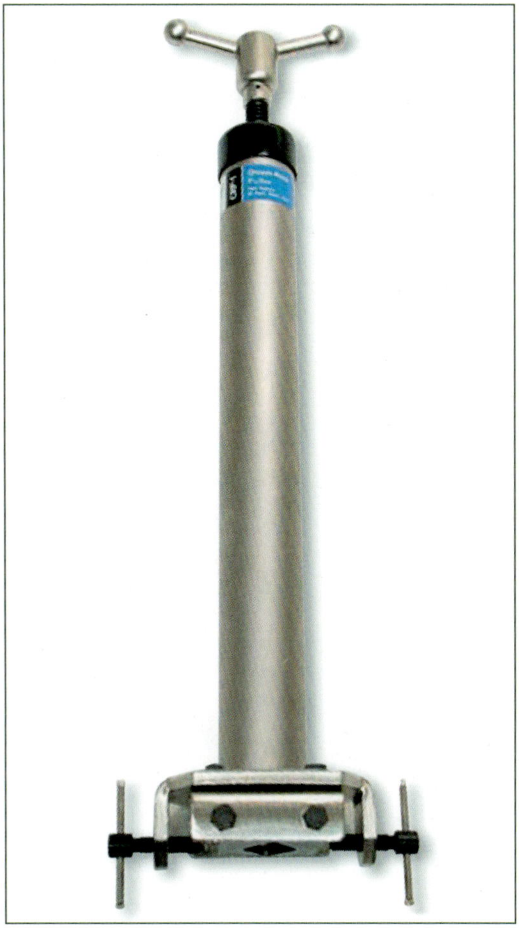

Mess- und Richtwerkzeug Schaltauge (P)

Werkzeug statt des Schaltwerks in das Schaltauge einschrauben. Mit Messschieber in verschiedenen Positionen den Abstand zur (exakt zentrierten) Felge messen. Abweichungen durch leichtes Biegen korrigieren.

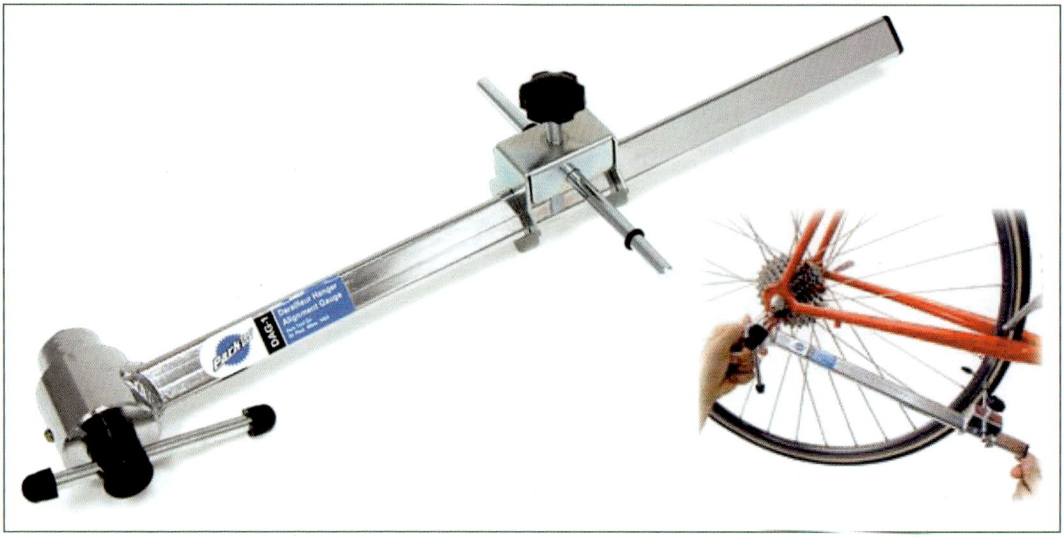

Rahmenkontroll-Lehre (P)

Zur Kontrolle der Rahmenflucht von Steuerrohr, Sitzrohr und Ausfallenden. Wenn die Lehre (auf der einen Seite am Ausfallende eingestellt) auf der anderen Seite exakt passt, fluchtet der Rahmen **(siehe auch Seite 189)**.

Richtwerkzeug 1 zum Herausdrücken von Höhenschlägen (C)

Richtwerkzeug 2 zum Herausdrücken von Höhenschlägen (C)

Adapter für Steckachsen (C)

Einspannhilfe zum Zentrieren von Laufrädern mit Steckachsen. Auch für Cannondale *Lefty* Vorderräder erhältlich.

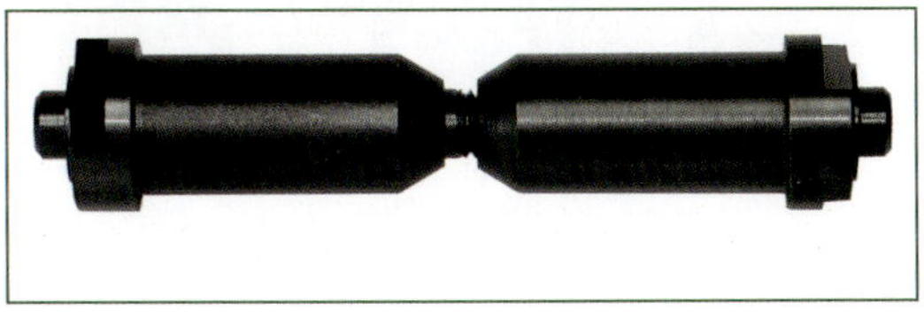

Montageständer (P)

Der Montageständer gehört zur Grundausstattung einer Profi- oder Hobbywerkstatt. Viele Modelle sind höhenverstellbar und weisen eine drehbare Halteklaue auf, sodass man das Fahrrad in jede gewünschte Position drehen kann.

Um Lackierungen, Dekore oder dünnwandige Rohre von Fahrradrahmen nicht zu beschädigen, sollten Fahrräder möglichst immer an der Sattelstütze geklemmt werden. Für ovale Aerosattelstützen gibt es spezielle Einspannadapter, oder man hängt das Fahrrad, Tandem oder Spezialrad mit Haken an Sattel und Lenker auf.

Montagearm mit Halteklaue (P)

Eine Vorrichtung zur Montage auf der Werkbank, an der Wand oder einen Pfosten. Die Klaue ist um 360 Grad drehbar

16 Arbeitssicherheit

16.1 Gesetzliche Grundlagen

Das Arbeitsschutzgesetz (ArbSchG) regelt die grundlegenden Arbeitsschutzpflichten des Arbeitgebers, die Pflichten und Rechte der Beschäftigten sowie die Überwachung des Arbeitsschutzes.

Der Arbeitgeber hat nach diesem Gesetz alle erforderlichen Maßnahmen zu treffen, um die Sicherheit und die Gesundheit der Beschäftigten zu gewährleisten. Voraussetzung dazu ist eine Gefährdungsbeurteilung am Arbeitsplatz. Der Arbeitgeber muss die Mitarbeiter über mögliche Gefährdungen und die notwendigen Schutzmaßnahmen unterweisen.

Die Mitarbeiter sind verpflichtet, die Arbeitsschutzanweisungen des Arbeitgebers zu beachten und ihre Gesundheit nicht zu gefährden.

Nach der Arbeitsstättenverordnung (ArbStättV) sind Arbeitsstätten so einzurichten, zu benutzen und instand zu halten, dass von ihnen keine Sicherheits- und Gesundheitsgefahren für die Beschäftigten ausgehen. Unversehrtheit und Gesundheit sind ein Grundrecht der Beschäftigten.

Die staatlichen Aufsichtsbehörden wie Gewerbeaufsichtsämter und Unfallversicherungsträger (Berufsgenossenschaften) kontrollieren die betriebliche Umsetzung des Arbeitsschutzes.

Wird der gesetzliche Arbeitsschutz nicht erfüllt, so sind die Kontrollorgane verpflichtet, diese mit allen notwendigen Mitteln durchzusetzen. Dies kann bei unmittelbarer Gefahr für das Leben oder die Gesundheit der Mitarbeiter auch zum Stilllegen des Betriebes führen.

Arbeits- und Gesundheitsschutz ist Wertschätzung gegenüber den Mitarbeitern!

16.2 Sicherheitszeichen

Nach der Arbeitsstättenverordnung sind Gefährdungen am Arbeitsplatz durch Sicherheitszeichen zu kennzeichnen. Damit soll die Sicherheit erhöht und Unfälle bzw. Gesundheitsgefährdungen vermieden werden. Sie müssen gut sichtbar in unmittelbarer Nähe zur Gefährdungsstelle angebracht sein.

Die Sicherheitszeichen sind in der Berufsgenossenschaftlichen Vorschrift BGV A8: „Sicherheits- und Gesundheitsschutzkennzeichnung am Arbeitsplatz" und in DIN EN ISO 7010 von 2012 geregelt.

Ein Sicherheitszeichen beschreibt durch Kombination von geometrischer Form, Farbe und grafischem Symbol eine Situation oder schreibt ein Verhalten vor. In der BGV A8 sind vier Sicherheitsfarben festgelegt.

rot → Gefahr oder Brandschutz

gelb → Warnung

blau → Gebot

grün → Rettung, Hilfe

Die nachfolgenden abgebildeten Sicherheitszeichen sind nur exemplarisch. Eine ausführliche Darstellung kann dem Tabellenbuch Fahrradtechnik entnommen werden.

Verbotszeichen (Bild 1) untersagen ein Verhalten, durch das eine Gefahr entstehen kann. Es sind runde Schilder mit weißem Hintergrund, schwarzer Grafik, roter Umrandung und rotem Querbalken.

Bild 1: Beispiele Verbotszeichen

Warnzeichen (Bild 2) warnen vor einem Risiko oder einer Gefahr. Es sind dreieckige Schilder mit gelbem Hintergrund, schwarzer Grafik und schwarzer Umrandung.

Bild 2: Beispiele Warnzeichen

Gebotszeichen (Bild 3) schreiben ein bestimmtes Verhalten vor – meist das Tragen einer Schutzausrüstung. Es sind runde Schilder mit blauem Hintergrund, weißer Grafik und weißer Umrandung.

Bild 3: Beispiele Gebotszeichen

Rettungszeichen (Bild 1) kennzeichnen den Rettungsweg bzw. Notausgang oder eine Erste-Hilfe-Einrichtung. Es sind viereckige Schilder mit grünem Hintergrund, weißer Grafik und weißer Umrandung.

Bild 1: Beispiele Rettungszeichen

Fluchtwege müssen immer frei sein und dürfen nicht durch Gegenstände blockiert werden. Fluchttüren müssen in Fluchtrichtung öffnen und dürfen nicht verschlossen sein.

Brandschutzzeichen (Bild 2) kennzeichnen die Standorte von Feuermelde- und Feuerlöscheinrichtungen. Es sind viereckige Schilder mit rotem Hintergrund, weißer Grafik und weißer Umrandung.

Bild 2: Beispiele Brandschutzzeichen

16.3 Gefahrstoffe

Gefahrstoffe sind Stoffe, die für Menschen, Tiere, Pflanzen und die Umwelt gefährlich sein können. Sie können beim Menschen akute oder chronische gesundheitliche Schäden verursachen.

Der ungeschützte Umgang mit Gefahrstoffen führt häufig zu Berufskrankheiten. Aus diesem Grunde haben die Berufsgenossenschaften den gesetzlichen Auftrag, den Umgang mit Gefahrstoffen in den Betrieben zu überwachen.

Die gesetzliche Grundlage ist die Gefahrstoffverordnung (GefStoffV). Diese Verordnung regelt die Maßnahmen für Beschäftigte bei Tätigkeiten mit Gefahrstoffen.

Gefahrstoffe können als feste, flüssige oder gasförmige Stoffe auftreten und können über die Haut, Schleimhäute, den Mund oder die Atmung in den menschlichen Körper aufgenommen werden **(Bild 3)**.

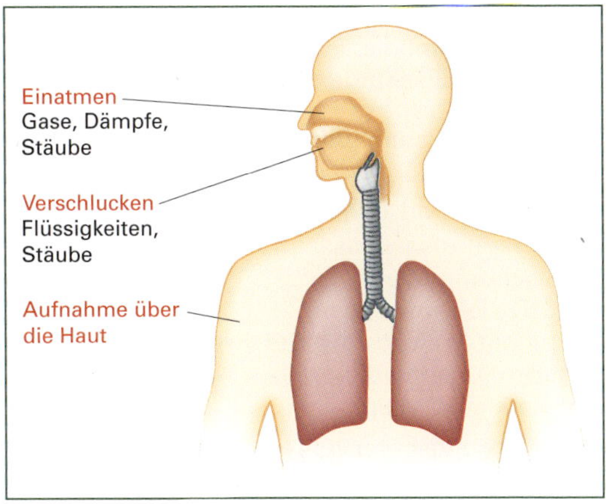

Bild 3: Aufnahme von Gefahrstoffen in den menschlichen Körper

Gefahrstoffsymbole. Gefahrstoffbehälter müssen mit einem Gefahrstoffsymbol gekennzeichnet werden **(Bild 4)** Bisher waren dies viereckige Schilder mit orangefarbenem Hintergrund und schwarzer Grafik. Ab Dezember 2010 (mit Übergangsfristen bis 2015) gelten die neuen Gefahrensymbole nach GHS-Standard. Sie zeigen die Piktogramme auf weißem Hintergrund einer rot umrandeten Raute.

Bild 4: Gegenüberstellung der alten und neuen Gefahrstoff-Symbolen

Das Ziel von GHS („**G**lobally **H**armonised **S**ystem of Classification and Labelling of Chemicals") ist eine weltweit einheitliche Einstufung und Kennzeichnung von Chemikalien.

Die Symbole sind nur exemplarisch, weitere Gefahrstoffsymbole können dem Tabellenbuch Fahrradtechnik entnommen werden.

Betriebsanweisung (Bild 1)

Aus dem Arbeitsschutzgesetz, der Gefahrstoffverordnung und den Unfallverhütungsvorschriften der Berufsgenossenschaften ergibt sich die Verpflichtung, beim Einsatz von Gefahrstoffen eine Betriebsanweisung zu erstellen. Es ist ein Dokument, welches auf Gefahren hinweisen und Schutzmaßnahmen aufzeigen soll. Eine Betriebsanweisung sollte enthalten:

- Anwendungsbereich
- Gefahren für Mensch und Umwelt
- Schutzmaßnahmen und Verhaltensregeln
- Verhalten im Gefahrfall
- Erste Hilfe
- Sachgerechte Entsorgung

Bild 1: Beispiele einer Betriebsanweisung

Arbeitgeber sind verpflichtet, die Beschäftigten mit Hilfe von Betriebsanweisungen über die Gefahren und die Schutzmöglichkeiten zu informieren. Die Betriebsanweisungen sind an geeigneten Stellen im Betrieb gut sichtbar auszuhängen.

Kennzeichnung (Bild 2)

Jeder Behälter, der einen Gefahrstoff enthält, muss aus Sicherheitsgründen gesetzlich gekennzeichnet sein. Diese Kennzeichnung besteht aus:

1. Bezeichnung (Handelsname)
2. Bezeichnung der gefährlichen Inhaltsstoffe
3. Gefahrstoffsymbole
4. Hinweise auf besondere Gefahren (R-Sätze)
5. Sicherheitsratschlägen (S-Sätze)
6. Hersteller mit Adresse und Telefonnummer

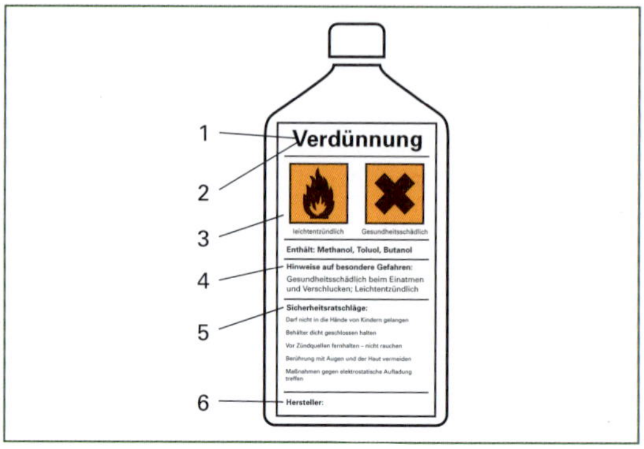

Bild 2: Kennzeichnung von Gefahrstoffen (Beispiel)

Wer im Betrieb einen Gefahrstoff in einen anderen Behälter umfüllt, muss den Behälter vorschriftsmäßig kennzeichnen.

- Gefahrstoffe nie in Lebensmittelgefäße umfüllen!
- Vorsicht bei nicht gekennzeichneten Behältern! Auch ohne Kennzeichnung können Gefahrstoffe im Behälter gelagert sein!
- Bei unbekanntem Inhalt nicht am Behälter riechen!

16.4 Persönliche Schutzausrüstung

Gesetzliche Grundlage ist die Unfallverhütungsvorschrift BGV A1 (Grundsätze der Prävention) und die Verordnung über Sicherheit und Gesundheitsschutz bei der Benutzung persönlicher Schutzausrüstung (PSA-BV)

Persönliche Schutzausrüstung (PSA) muss bei allen Arbeiten und Tätigkeiten verwendet werden, die Verletzungen oder Gesundheitsbeeinträchtigungen hervorrufen können. Danach muss der Arbeitgeber persönliche Schutzausrüstungen bereitstellen und der Beschäftigte die persönliche Schutzausrüstung benutzen. Weiterhin muss der Arbeitgeber die Beschäftigen in der Nutzung der Schutzausrüstung unterweisen.

Zur persönlichen Schutzausrüstung zählen besonders Kopf,- Fuß-, Augen,- Haut-, Atem- und Körperschutz.

Die Schutzausrüstungen werden in drei Kategorien eingeteilt:

- Kategorie I: einfache PSA zum Schutz gegen geringe Gefahren. Beispiele: leichte mechanische Tätigkeiten oder schwach wirkende Reinigungsmaterialien
- Kategorie II: PSA zum Schutz gegen mittlere Risiken. Beispiele: Gehörschutz, Fußschutz, Kopfschutz, Handschutz **(Bild 1)**
- Kategorie III: PSA gegen tödliche Gefahr oder irreversible Gesundheitsschäden. Beispiel: Atemschutz

In Betrieben der Zweiradtechnik (Fachrichtung Fahrrad) sind eng anliegende Arbeitskleidung und Arbeitsschuhe der Kategorie I mit rutschfester Sohle vorgeschrieben.

Berufsbedingte Hauterkrankungen gehören zu den häufigsten Erkrankungen in Werkstätten und in der Metallverarbeitung.

Das Arbeitsschutzgesetz verpflichtet jeden Unternehmer, Arbeitsbedingungen zu schaffen und Maßnahmen zu ergreifen, die neben der Verhütung von Arbeitsunfällen und Berufskrankheiten auch die Vermeidung arbeitsbedingter Gesundheitsgefahren zum Ziel haben.

Voraussetzung dafür sind Richtlinien zur Gefährdungsermittlung. Diese werden vom Ausschuss für Gefahrenstoffe (AGS) der Bundesanstalt für Arbeitsschutz und Arbeitsmedizin erarbeitet und vom Bundesministerium für Arbeit und Soziales (BMAS) veröffentlicht.

Für die Zweiradwerkstatt und den Einzelhandel ist die *Technische Regel für Gefahrstoffe Nr. 401 Gefährdung durch Hautkontakt – Ermittlung, Beurteilung, Maßnahmen* (Abk. TRGS 401) bindend.

Ferner bieten die Berufsgenossenschaft Handel und Warendistribution (BGHW) und die Metall-Berufsgenossenschaften als Unfallversicherer-Schutzpläne, Leitfäden und Schulungen zum beruflichen Hautschutz **(Bild 2)**.

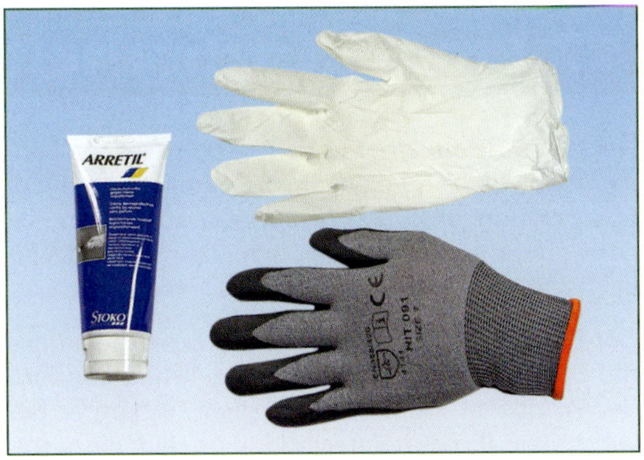

Bild 1: Schutzcreme und Schutzhandschuhe

16.5 Unfallverhütung

Viele Unfälle können durch vorbeugende Maßnahmen verhindert oder zumindest ihre Folgen vermindert werden.

Elektrische Arbeitsgeräte müssen regelmäßig auf ihre Sicherheit hin überprüft werden. Beispiel: Kontrolle der Anschlussleitungen.

Vorgeschriebene Schutzausrüstungen verwenden. Beispiele:

- Schweißerschutzschild, Schutzbrille
- Behälter mit Gefahrstoffen vorschriftsmäßig kennzeichnen und in eigenen Räumen lagern
- Scharfe und spitze Werkzeuge nicht offen in der Arbeitskleidung tragen. Ringe, Uhren und sonstige Schmuckstücke nicht während der Arbeit tragen
- Fluchtwege frei halten
- Brandschutzmittel regelmäßig warten und auf Funktion prüfen

Bei Arbeiten an elektrischen Fahrzeugen (z. B. E-Bikes) und dem Umgang mit Batterien und Spannungssystemen ab 50 Volt sind besondere Schutzmaßnahmen zu beachten.
Stichwort: Kurzschluss an Akkumulatoren

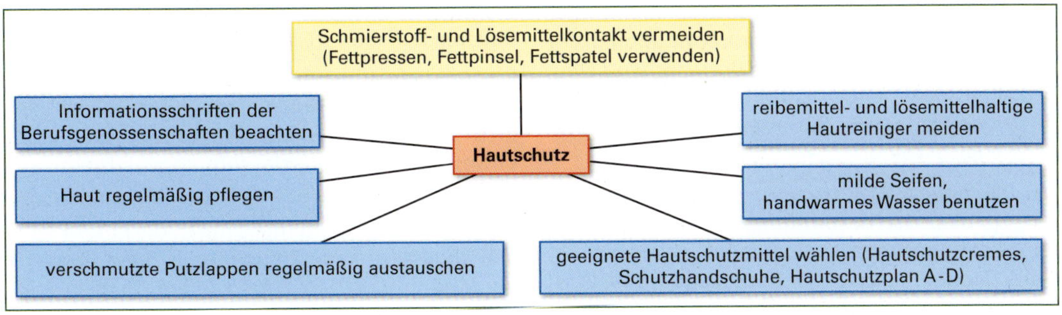

Bild 2: Hautschutzmaßnahmen

17 Produktsicherheit

Nach dem Produkthaftungsgesetz haftet für Fehler, die vom Produkt (Fahrrad) ausgehen, nicht nur der Hersteller und Importeur, sondern auch der Lieferant und Händler, der das Fahrrad verkauft hat.

Der Geschädigte muss nicht mehr beweisen, dass der Produzent schuldhaft gehandelt hat, sondern der Produzent muss sich entlasten, indem er beweist, dass ihn kein Verschulden an dem eingetretenen Schaden trifft.

Der einzig zuverlässige Schutz vor Haftungsansprüchen besteht für den Hersteller und Händler in einer konsequent betriebenen Qualitätssicherung.

17.1 Benutzerinformationen für Gebrauchsgüter

17.1.1 Informationspflicht

Der Benutzer wird durch vielfältige Informationen über sein Produkt in Kenntnis gesetzt:

Werbung, Verkaufsgespräch, Hinweise auf dem Produkt oder seiner Verpackung und die beigefügte Benutzerinformation (siehe Tabellenbuch Fahrradtechnik).

Die Benutzerinformation ist Bestandteil des Produktes. Ist die Information fehlerhaft, so hat das Produkt einen Fehler.

17.1.2 Informationsinhalte

Die Abfassung einer Benutzerinformation wird in der europäischen Maschinenrichtlinie vorgegeben:

Sie muss sich eindeutig auf das betreffende Produkt beziehen und sie muss für den Benutzer klar und verständlich sein.

Das bedeutet, dass pauschale Informationen für eine vielfältige Produktgruppe unzureichend sind, vor allem dann, wenn sie in einer komplizierten Ausdrucksweise oder gar in einer fremden Sprache abgefasst sind.

Der Inhalt einer Benutzerinformation ist ebenfalls vorgegeben. Die bestimmungsgemäße Verwendung des Produktes, seine zulässige Beladung, seine Endmontage vor der Benutzung, seine Wartung und Pflege sowie Warnhinweise zur Abwendung von Gefahren und vieles mehr gehören dazu.

Die übliche Benutzung der Produkte wandelt sich aber mit der Zeit. Neue technische Lösungen und die weite Verbreitung elektrisch angetriebener Zweiräder haben gerade beim Fahrrad in den letzten 15 Jahren zu erheblichen Erweiterungen der Nutzung geführt. Dem müssen auch die Inhalte der Benutzerinformation Rechnung tragen.

Für Fahrräder des allgemeinen Straßenverkehrs gab DIN 79100 den Aufbau einer Benutzerinformation vor. Dieser Text befasste sich unter anderem noch mit der Zuordnung der Bremsgriffe, aber nicht ausreichend mit Federelementen, Bremswirkungen der Scheibenbremsen und Risiken des Leichtbaus. Die „neue" DIN EN 14764 ist Anfang 2006 in Kraft getreten und wurde 2015 von DIN EN ISO 4210 abgelöst.

Der technische Fortschritt findet vor allem in der Weiterentwicklung einzelner Komponenten statt. Es ist deshalb üblich, dass Fahrradanbieter ihrer eigenen Benutzerinformation die einzelnen neuesten Informationen der Zulieferer beifügen. Über das komplexe Produkt Fahrrad in seinen vielfältigen Ausführungsarten kann auf diese Weise besonders gut und aktuell informiert werden.

17.1.3 Informationsfehler

Informationsfehler können zu Haftungsansprüchen der Kunden führen. Zumindest grobe Fehler sind deshalb unbedingt zu vermeiden.

Die Abgrenzung zwischen bestimmungsgemäßem Gebrauch und Fehlgebrauch ist schwierig und es stellt sich oft erst später heraus, dass die Produktinformation mangelhaft war. Dann entscheiden häufig die Gerichte.

Häufigster Informationsfehler ist die mangelhafte Warnung vor Fehlgebrauch. Bestimmte Fahrweisen und Beladungen, nachträgliche Veränderungen, Vorschädigungen, die nicht beseitigt wurden, ungenügende Wartung und Pflege und anderes können zu Gefährdungen führen.

Die Anbieter unterlassen es häufig bewusst, die Benutzung ihrer Produkte einzuschränken, weil dies verkaufshemmend wirkt und der Wettbewerb ähnliche Unterlassungen praktiziert.

Naheliegender Fehlgebrauch ist zudem nicht auszuschließen, sondern muss durch die Produktqualität abgedeckt sein. Zu warnen ist aber dringend vor Missbrauch.

[1] DIN EN ISO 4210-2, Absatz 5 „Benutzerinformation"

17.2 Gewährleistung

17.2.1 Sachmangel

Berechtigte Beanstandungen, die bereits bei der Übergabe des Produktes oder der Dienstleistung an den Endverbraucher vorhanden waren, sind vom Verkäufer kostenlos zu beseitigen. Darüber hinaus kann der Kunde entstandene Nachteile in Rechnung stellen.

Die gesetzliche Gewährleistungspflicht wurde ab 1. Januar 2002 von ein auf zwei Jahre verlängert. Gebrauchsgüter und Dienstleistungen – also auch Reparaturen – unterliegen dieser Regelung.

Für gebrauchte Produkte und für Reparaturen ist eine Beschränkung der Gewährleistungspflicht auf ein Jahr zulässig, wenn sie ausdrücklich vereinbart wurde.

Ein Sachmangel ist dann vorhanden, wenn das Produkt nicht die Eigenschaften hat, die berechtigter Weise von ihm erwartet werden konnten. Diese Erwartung stützt sich auf viele Punkte: das Versprechen des Verkäufers durch Werbung und Verkaufsgespräch, den Markennamen des Produktes, den Preis, den üblichen Gebrauch dieser Produktgruppe, den allgemeinen Stand der Technik und vieles mehr.

17.2.2 Beweislastumkehr

Als Beweislastumkehr bezeichnet man die Regelung, die davon ausgeht, dass ein Mangel, der in den ersten sechs Monaten nach dem Kauf des Produktes auftritt, bereits bei der Übergabe vorhanden war. Der Verkäufer müsste das Gegenteil beweisen (dies gilt nicht bei Reparaturen).

Erst nach sechs Monaten muss der Kunde selbst nachweisen, dass ihm beim Kauf ein mangelhaftes Produkt übergeben wurde. Der Kaufbeleg ist hierfür erforderlich.

Hieraus entstehen Risiken für den Händler. Er muss sich deshalb durch geeignete Maßnahmen schützen.

Mit dem Lieferanten muss der Händler Regelungen treffen, wie im Reklamationsfall zu verfahren ist. Der Händler hat ein Rückgriffsrecht auf den Lieferanten, wenn er den Mangel nicht zu verantworten hat. Auch hier dürfen alle entstandenen Aufwendungen in Rechnung gestellt werden.

Der Kunde erhält eine detaillierte Rechnung und unterzeichnet eine Übernahmeerklärung. Er soll dem Händler bestätigen, dass er das Produkt geprüft hat, dass keine Schäden erkennbar waren und eine ausführliche Benutzerinformation übergeben wurde.

Der Händler sollte sich ein Dokumentationsarchiv mit Rechnungskopien, Übernahmeerklärungen und Checklisten anlegen.

17.3 Haftung

17.3.1 Haftungsansprüche

Haftung ist der Oberbegriff für die rechtliche Verantwortlichkeit einer Person dafür, dass sie einer anderen Person oder die Allgemeinheit durch ihre Handlungen oder durch einen Verstoß gegen rechtliche Pflichten gefährdet oder geschädigt hat.

> *Beispiel:*
> Haftung liegt (offenbar) vor, wenn das Versagen eines Produktes zu einem Unfall führte. Der Geschädigte hat Anspruch auf Ersatz seiner Schäden. Wenn die Voraussetzungen erfüllt sind, tritt die „Rechtsfolge" ein. Der Geschädigte wendet sich an den Händler und an den Hersteller. Eine rechtliche Auseinandersetzung wird eingeleitet.

Unsere Rechtsordnung ist in drei Bereiche gegliedert; das Zivilrecht, das Strafrecht und das öffentliche Recht. In allen drei Bereichen taucht der Begriff „Haftung" auf.

- Bei **zivilrechtlicher Haftung** muss der Täter dem Opfer Schadenersatz leisten.
- Bei **strafrechtlicher Haftung** muss sich der Täter vor der Strafjustiz verantworten.
- Bei **öffentlich rechtlicher Haftung** muss sich der Täter gegenüber einer Behörde verantworten.

Die zivilrechtliche Haftung untergliedert sich in die **vertragliche Haftung** (Ansprüche wegen Vertragsverletzung) und die **gesetzliche Haftung** (Ansprüche wegen deliktischen Handelns).

Die gesetzliche Haftung umfasst die **Produkthaftung** (wegen Herstellung und Vermarktung eines fehlerhaften Produktes) und die **sonstige gesetzliche Haftung** (z. B. bei Verkehrsunfällen).

Die Regulierung von Schäden ist in der Fahrradbranche Alltagsarbeit. Fahrräder sind filigrane Leichtfahrzeuge, die über sehr lange Zeit und unter verschiedenen Umständen benutzt und auch fehlbenutzt werden. Viele Schäden sind auf Fehlbenutzung zurückzuführen, doch Missbrauch oder mangelhafte Wartung sind nicht immer nachweisbar.

Nachdem die Rechte der Verbraucher in den letzten Jahren wesentlich erweitert wurden, gleichzeitig die Fahrradbenutzung riskanter wurde, müssen die

[1] In Deutschland, Österreich und der Schweiz sind unterschiedliche Bestimmungen (Sachmangel, Haftung, Garantie usw.) zu beachten.

Anbieter aus Gründen der Gewährleistung und Produkthaftung höhere Risiken tragen. Gutachter und Gerichte klären strittige Sachverhalte.

Sach- und Körperschäden können hohe Kosten verursachen, einen Markennamen schädigen oder Wettbewerbsnachteile bewirken. **Bild 1** zeigt eine Gliederung der Schadensursachen, der Regelungen und der Folgen.

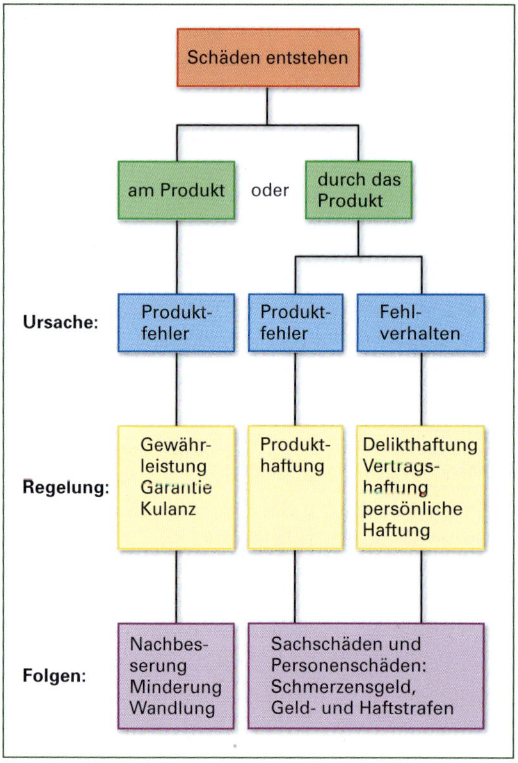

Bild 1: Sach- und Körperschäden

Ein Produkt hat einen Fehler, wenn es nicht die Sicherheit bietet, die unter Berücksichtigung aller Umstände (Darbietung, üblicher Gebrauch, Stand der Sicherheitstechnik) zum Zeitpunkt, zu dem es in den Verkehr gebracht wurde, berechtigter Weise erwartet werden konnte.

17.3.2 Zivilrechtliche Produzentenhaftung

Sach- und Körperschäden durch fehlerhafte Fahrräder unterliegen der zivilrechtlichen Produzentenhaftung. Diese ist grundlegend im Bürgerlichen Gesetzbuch (§ 823, Abs. 1, BGB) und im Produkthaftungsgesetz (§ 1 ProdHaftG) geregelt.

Seit 01. Mai 2004 wurden die bestehenden Gesetze zum neuen „Geräte- und Produktsicherheitsgesetz" (GPSG) zusammengefasst und schafft dadurch einheitliche Regeln für die „Sicherheit Technischer Produkte" (z. B. das Produkthaftungsgesetz). Die Kernaussage des Gesetzes zur Sicherheit von Gebrauchsgütern lautet:

„Produkte dürfen nur dann in den Verkehr gebracht werden, wenn sie so beschaffen sind, dass bei bestimmungsgemäßem Gebrauch einschließlich des naheliegenden Fehlgebrauchs Sicherheit und Gesundheit von Benutzern oder Dritten nicht gefährdet sind."

Für den Geschädigten ist aber der Schadensersatzanspruch nach BGB weiterhin vorteilhaft, denn

- nach BGB gibt es keine Selbstbeteiligung des Geschädigten für Sachschäden.
- die Haftung nach BGB gilt auch für Sachen, die überwiegend gewerblich genutzt werden.
- die Schadensersatzansprüche nach BGB erlöschen erst nach 30 Jahren (nach ProdHaftG nach 10 Jahren).

Der Gesetzestext §823 (1) lautet:

„Wer vorsätzlich oder fahrlässig das Leben, den Körper, die Gesundheit, die Freiheit, das Eigentum oder ein sonstiges Recht eines anderen widerrechtlich verletzt, ist dem anderen zum Ersatz des daraus entstehenden Schadens verpflichtet."

Der Bundesgerichtshof hat die Anwendungsvoraussetzungen des § 823 auf die Schadensverursachung durch ein fehlerhaftes Produkt uminterpretiert und dem Hersteller die Beweislast für alle schadensverursachenden Vorgänge auferlegt.

17.4 Garantie und Kulanz

Es ist Tradition in der Fahrradbranche, dass einige Anbieter über die gesetzlichen Regelungen hinaus Garantie für die Qualität ihrer Produkte geben.

Für Fahrräder waren Zeiträume für Gewährleistungen von 5, 10 und 25 Jahre üblich – eine hilfreiche Zusage für den Verkauf neuer Produkte, aber ein unübersehbares Risiko für spätere Zeiten. Die Kundschaft wurde geradezu aufgefordert, diese kostenlose Leistung in Anspruch zu nehmen, wenn man nur alle Garantiebedingungen erfüllen konnte. Natürlich musste der Kaufbeleg vorhanden sein und eine passende Erklärung für den Schaden abgegeben werden.

Garantieleistungen an Fahrrädern wurden deshalb eingeschränkt. Sie bezogen sich teilweise nur noch auf den Rahmen und wurden bestenfalls für wenige Jahre zugesagt. Reklamationsabteilungen prüften außerdem, ob die Leistung tatsächlich erbracht werden musste. Die Verlängerung der Gewährleistungspflicht auf zwei Jahre tat ein Übriges.

Aktuell sind Garantiezusagen im Fahrradhandel selten geworden. Üblich ist die freiwillige Bearbeitung der Schäden nach den zwei Jahren Gewährleistung auf dem Wege der Kulanz, wenn die Umstände es erfordern. Besonders Markenartikel werden kulant betreut.

Kulanz wird freiwillig geleistet, der Rechtsweg ist ausgeschlossen. Kulanz ist aber eine wichtige Werbemaßnahme, auf die ein Anbieter nicht verzichten kann.

info

Die Garantie ist ein freiwillig gegebenes Zusatz- oder Sonderversprechen, das über die Gewährleistung hinausgehen muss. Die Garantie ist unabhängig von der Gewährleistung und hat neben ihr Bestand.

17.5 Normen

Normen sind freiwillige Übereinkünfte von interessierten Fachleuten. Sie dienen der Vereinheitlichung bzw. der Festlegung möglichst eindeutiger und sinnvoll abgestimmter Ordnungen.

Genormt werden z. B. Maße, Begriffe, Qualitäten, Eigenschaften, Dienstleistungen und Arbeitsabläufe.

Es gibt Hausnormen und öffentlich anerkannte Normen. Hausnormen werden von Firmen und Organisationen frei gestaltet, um Besonderheiten interner Abläufe und Arbeitsergebnisse zu sichern. Sie basieren meist auf öffentlichen Normen, stellen aber abweichende Anforderungen. Die Erarbeitung öffentlicher Normen wird von nationalen oder internationalen Organisationen geleitet. Für Deutschland ist es DIN, für Europa CEN, weltweit ISO und ASTM.

17.5.1 Das DIN

Das Deutsche Institut für Normung e. V. ist ein technisch-wissenschaftlicher Verein mit Sitz in Berlin.

Das DIN verfolgt ausschließlich und unmittelbar gemeinnützige Zwecke, indem es durch Gemeinschaftsarbeit der interessierten Kreise Normen und andere Arbeitsergebnisse erstellt, sie veröffentlicht und ihre Anwendung fördert.

Am 22.12.1917 wurde das Deutsche Institut für Normung (DIN) gegründet. Anlass war die Notzeit des 1. Weltkrieges. Die arbeitsteilige Herstellung von Kriegsgütern zwang zu exakten Festlegungen. Normen dienen heute der Rationalisierung, der Qualitätssicherung und der Verständigung in Wirtschaft, Technik, Wissenschaft, Verwaltung und Öffentlichkeit.

Das DIN vertritt die deutsche Normung im In- und Ausland. In den letzten Jahren führte die Harmonisierung der Normen und Rechtsvorschriften in der Europäischen Gemeinschaft dazu, dass die nationale Normung einer bestimmten Sache eingestellt werden musste, wenn auf europäischer Ebene bei CEN eine Normung in diesem Bereich begonnen wurde. Das DIN beteiligt sich an den Normungsarbeiten und vertritt die deutschen Standpunkte im Rahmen der europäischen Normung. Das Ergebnis der europäischen Normung wird dann national übernommen. Bestehende nationale Normen, die den gleichen Themen- oder Produktbereich behandeln, müssen zurückgenommen werden. Dies ist erforderlich, um Handelshemmnisse abzubauen.

17.5.2 Normungsarbeit

Jeder kann das Einleiten von Normungsarbeiten beantragen. In Deutschland überprüft das DIN diese Anträge und stimmt sie mit den Arbeitsprogrammen der einzelnen Arbeitsausschüsse ab, in denen dann alle interessierten Kreise angemessen vertreten sein sollen und in denen die Arbeitsergebnisse möglichst einvernehmlich verabschiedet werden müssen.

Auch die Normungsarbeit ist genormt. DIN 820 ist in Deutschland seit mehr als 30 Jahren die Arbeitsgrundlage. In Teil 1 wurde festgelegt:

„Normung ist die planmäßige, durch die interessierten Kreise gemeinschaftlich durchgeführte Vereinheitlichung von materiellen und immateriellen Gegenständen zum Nutzen der Allgemeinheit. Sie darf nicht zu einem wirtschaftlichen Sondervorteil Einzelner führen".

17.5.3 Sicherheitsnormen Fahrrad

Neben den Maßnormen (z. B. für Schrauben-, Ketten-, Gewinde- und Rohrabmessungen) sind für die Fahrradindustrie vor allem die Sicherheitsnormen (z. B. für Lenker, Reifen, Felgen...) von Bedeutung. Sie dienen dem Schutz von Leben und Gesundheit sowie von Sachwerten.

Sicherheitsnormen bestehen aus drei Hauptteilen:

- Begriffe
- Anforderungen
- Prüfungen

Begriffe werden klar definiert, damit alle das Gleiche meinen. Beispiel: DIN EN 15532

Anforderungen werden gestellt, die als Mindestbedingungen von allen Produkten dieser Warengruppe (z. B. Fahrräder des allgemeinen Straßenverkehrs) erfüllt werden müssen. Dazu gehören statische, dynamische und Stoßbelastungen tragender Bauteile, Drehmomente, die von Klemmverbindungen zu ertragen sind, Bremswerte und Dauerfestigkeiten, Außenkonturen, Kennzeichnungen, Verkabelungen und Benutzerinformationen.

Prüfungen werden vorgeschlagen, die allerdings auch durch gleichwertige Testverfahren ersetzt werden können.

In der Einleitung wird der Anwendungsbereich der Norm klar beschrieben und es werden Verweise auf andere Normen zum gleichen Gegenstand (z. B. Fahrradketten, -bereifung, -felgen, -klingeln) gegeben.

Im Anhang findet man Hinweise zum besseren Verständnis der Norm.

Die Sicherheitsnormen gelten für eine bestimmte Warengruppe. Das bedeutet, dass die gestellten Anforderungen nur Mindestbedingungen für jedes Produkt dieser Warengruppe sind. Einfachste Nutzung, geringste Beladung und kurze Lebensdauer, aber Einschluss des naheliegenden Fehlgebrauchs, sind die Voraussetzungen.

Diese Mindestbedingungen können deshalb nicht für jedes Produkt dieser Warengruppe ausreichen. „Hält nach DIN" kann eine falsche Bewertung sein, wenn dem Kunden eine anspruchsvollere Nutzung des Produktes angeboten wird.

Zu beachten ist außerdem der Anwendungsbereich der Norm. DIN 79100 galt für Fahrräder, die der Straßenverkehrs-Zulassungs-Ordnung unterlagen und somit im öffentlichen Straßenverkehr benutzt werden durften. Sportgeräte wie MTB und Rennrad wurden nicht behandelt.

Ein weiteres Problem ist der technische Fortschritt. In der Fahrradtechnik gab es in den letzten 15 Jahren außergewöhnliche Entwicklungen, denen die Normungsarbeit nicht schnell genug folgen konnte.

Die Anbieter müssen deshalb das sicherheitstechnische Niveau ihrer Produkte zeitgemäß absichern. Das Geräte- und Produktsicherheitsgesetz bezieht sich aus diesem Grunde nicht nur auf die geltenden Sicherheitsnormen, sondern stellt sinngemäß fest, dass der Kunde das Recht hat, die Qualität geliefert zu bekommen, die er unter angemessener Berücksichtigung aller Umstände zum Zeitpunkt des Kaufes in berechtigter Weise erwarten kann.

Auf der Basis geltender Normen, aber mit angemessenen Anforderungen und weiterentwickelten Prüfverfahren, sind deshalb die aktuellen Tests durchzuführen.

2015 sind neue Sicherheitsnormen für Fahrräder in Kraft getreten und in der Reihe DIN EN ISO 4210 „Sicherheitstechnische Anforderungen an Fahrräder" veröffentlicht. Die Normenstruktur wurde mit Bezug auf die Bauteile geändert, sodass es nicht für jeden Fahrradtyp eine separate Norm gibt.

Im Teil 1 der neuen Norm sind Fachbegriffe aktualisiert, die einen einheitlichen Sprachgebrauch zum Ziel haben. Beispiele:

- Aerodynamischer Aufsatz
- Verbundwerkstoff
- Größter Gang, kleinster Gang
- Laufrad
- Jugendfahrrad

Teil 2 enthält allgemeine Anforderungen an City- und Trekkingfahrräder, Jugendfahrräder, Geländefahrräder (Mountainbikes) und Rennräder. Die Teile 3 bis 9 beschreiben spezielle Prüfverfahren für Bremsen (4), Lenkung (5), Rahmen und Gabel (6), Laufräder und Felgen (7), Pedale und Antriebssystem (8) und Sättel und Sattelstützen (9). Für Kinderfahrräder gilt weiterhin die DIN EN 14765.

In den europäischen Normen werden keine Anforderungen an lichttechnische Einrichtungen, Reflektoren und Warnvorrichtungen festgelegt, da in den europäischen Ländern unterschiedliche nationale Vorschriften gelten.

17.6 Gesetzliche Vorschriften Fahrrad[1]

17.6.1 Die StVZO

Die Straßenverkehrs-Zulassungs-Ordnung regelt den Zugang von Personen und Fahrzeugen zum allgemeinen Straßenverkehr. Die StVZO ist Teil des Straßenverkehrsgesetzes, zu dem auch die StVO, die Straßenverkehrsordnung, gehört.

Die StVZO wird permanent fortgeschrieben. Sie enthält alle Bau- und Betriebsvorschriften für den Straßenverkehr. Das Fahrerlaubnisrecht (welche Personen dürfen welche Fahrzeuge fahren) und die Bauvorschriften (wie müssen Straßenverkehrsfahrzeuge beschaffen sein und überwacht werden) müssen fortlaufend der neuesten Entwicklung angepasst werden.

Die StVZO enthält allgemeine Zielvorstellungen, denen alle Verkehrsteilnehmer und alle Fahrzeuge genügen müssen. Darüber hinaus gibt es spezielle Anforderungen, z. B. für Fahrräder und ihre Benutzer.

[1] In Deutschland, Österreich und der Schweiz sind unterschiedliche gesetzliche Vorschriften rund um das Fahrrad zu beachten.

17.6.2 Bauvorschriften Fahrrad

Im Gegensatz zu den Kraftfahrzeugen werden Fahrräder vom Hersteller, Importeur oder Händler eigenverantwortlich in den Verkehr gebracht. Ein „Fahrrad-TÜV" ist gesetzlich nicht vorgesehen. Fahrräder sind zulassungs- und betriebserlaubnisfreie Straßenverkehrsmittel. Es wird aber genau vorgeschrieben, wie Fahrräder sicherheitstechnisch ausgestattet sein müssen, damit sie am Straßenverkehr teilnehmen dürfen.

Wesentliche Merkmale sind:

- Zwei voneinander unabhängig wirkende Bremsen
- Eine helltönende Glocke
- Aktive und passive Beleuchtung
- Leichtgängige Lenkung
- Hersteller-Kennzeichnung

Nur die lichttechnischen Einrichtungen unterliegen genauen Bauvorschriften, die in den Technischen Anforderungen (den TAs) beschrieben sind.

Beispiel: Es wird vom Scheinwerfer eine Mindestbeleuchtungsstärke in 10 m Entfernung von 10 Lux bei 6 V Anlagen und 20 Lux bei 12 V Anlagen gefordert.

Die Bauteile der elektrischen Einrichtung müssen einer im § 22 a der StVZO enthaltenen Typprüfung genügen. Anschließend muss das Kraftfahrtbundesamt (KBA) eine Genehmigung erteilen.

Das Prüfzeichen (Wellenlinie) des Lichttechnischen Instituts der Uni Karlsruhe (LTIK) und die KBA- Genehmigungsnummer werden am Bauteil angebracht.

Eine Nachrüstpflicht für Fahrräder und Beleuchtungseinrichtungen, die sich bereits im Handel oder beim Endverbraucher befinden, ist nicht vorgesehen.

Die jahrelange Arbeit an einer eigenen Fahrradverordnung führte nicht zu einer Änderung der StVZO. Die Interessenvertreter der Industrie setzen sich durch und der Bundesrat lehnte im Jahr 2005 diese Verordnung ab.

17.6.3 Typprüfung Fahrrad[1]

Immer wieder wird diskutiert, ob Fahrräder betriebserlaubnispflichtig werden sollen. Eine Typprüfung und eine Genehmigung durch das Kraftfahrtbundesamt (KBA) wären dazu erforderlich.

Dem ist entgegenzuhalten, dass von Fahrrädern nur geringe Gefahren für andere Verkehrsteilnehmer ausgehen und dass der Zustand bei der Prüfung sich während der Benutzung ohne sorgfältige Wartung und Pflege schnell verändern kann. Ein Mehraufwand an Bürokratie und wenig Sicherheitsgewinn würden der Fahrradnutzung entgegenstehen.

Das zuständige Ministerium stellte deshalb wiederholt fest: Es ist ausreichend, wenn Fahrräder vom Hersteller oder seinem Vertreter eigenverantwortlich in den Verkehr gebracht werden. Für Produktfehler haftet der Hersteller.

17.7 Sicherheitstechnische Untersuchungen

Fahrräder werden für mannigfache Verwendungen gebaut. Sie bestehen aus zahlreichen Einzelteilen, die von vielen Zulieferern hergestellt und dann in der Massenproduktion zu vormontierten Fahrrädern zusammengefügt werden.

Dabei entstehen Gebrauchsgüter in unterschiedlichsten Qualitätsstufen, die erst durch die sorgfältige Endmontage im Handel fahrbereit sind.

17.7.1 Betriebslasten

Die Art der Verwendung bestimmt die Höhe und die Zusammensetzung der Betriebslasten. Unterscheidungen nach dem bestimmungsgemäßen Gebrauch und der Qualitätsstufe müssen vorgenommen werden, will man überprüfen, ob ein Fahrrad ausreichend sicher ist.

Die Qualitätsstufe gibt an, wie lange diese Belastungen ertragen werden.

Die Betriebslasten eines Fahrrades sind:

- Antriebskräfte bis hin zum Wiegetritt
- Lenkerkräfte
- Fahrbahnstöße bis hin zum Sprung oder Frontalaufprall
- Bremskräfte bis hin zur Vollbremsung

Überlagerungen treten zwischen Fahrbahnstößen und Bremsbelastungen auf.

Die Anteile der einzelnen Beanspruchungen und ihre Höhe unterscheiden sich stark zwischen den einzelnen Gebrauchsnutzenklassen. Besonderen Einfluss hat der individuelle Fahrstil des Radfahrers.

Die Betriebslasten der Fahrräder zeigen einige Besonderheiten, denn Fahrräder unterscheiden sich von allen anderen Fahrzeugen zum Personentransport vor allem dadurch, dass ihr Eigengewicht nur ca. 10 % des zulässigen Gesamtgewichtes beträgt.

Gleichzeitig beträgt die Antriebsleistung aus Muskelkraft nur 50 bis 150 Watt beim Fahren auf dem Cityrad, bzw. 400 Watt bis maximal 600 Watt bei trainierten Wettkampffahrern.

[1] In Deutschland, Österreich und der Schweiz sind unterschiedliche Bestimmungen (Betriebserlaubnis, technische Überwachung, Produktfehler usw.) zu beachten.

Unterstützt durch Rückenwind oder Hangabtriebskräfte können Spitzengeschwindigkeiten von 70 bis 80 km/h selbst von Normalradfahrern erreicht werden, von Sportlern noch mehr.

Die Betriebslasten unterscheiden sich je nach Fahrradtyp: Ein MTB wird z. B. härter angetrieben als ein Cityrad. Diese Unterscheidung ist wesentlich, wenn man Prüfverfahren festlegt.

Beispiel: Es ist unsinnig, Fahrräder ausschließlich durch Wiegetrittbelastungen zu prüfen. Fahrbahnstöße und die daraus resultierenden Massenbeschleunigungskräfte verschiedenster Art, teilweise überlagert durch Bremskräfte, sind für die richtige Dimensionierung der Komponenten wesentlich bedeutsamer. Bremskräfte dürfen nicht vernachlässigt werden.

Um die Höhe der voraussichtlichen Betriebslasten und ihre spezielle Zusammensetzung am einzelnen Produkt richtig vorherzusehen und entsprechende Prüflastkollektive festzulegen, muss man die unterschiedlichen Fahrradtypen vor einer Überprüfung klassifizieren.

Gebrauchsnutzen

Kinderräder, Cityräder, Trekkingräder, MTBs, Rennräder und Sonderformen wie z. B. Liege-, Sessel-, Lasten- oder Dreiräder sind für eine charakteristische Art der Verwendung optimiert. Daraus ergibt sich eine typische Verteilung der Betriebslasten.

Zulässiges Gesamtgewicht und Lastverteilung

Der Hersteller macht hierzu direkte Angaben in der Benutzerinformation und viele indirekte Angaben.

Beispiel: Gepäckträgertraglast, Belastung durch den vorderen Lowrider und Körbe.

Qualitätsstufe

Die Qualitätsstufe ist ein Maß für die Lebensdauer der Produkte. Im Test müssen die Produkte der oberen Qualitätsstufen länger halten.

Betriebslasten

Bereits 1997 diskutierte eine Arbeitsgruppe des Normenausschuss „Fahrräder" im DIN eine Untergliederung der Betriebslasten nach dem Gebrauchsnutzen.

Die Häufigkeitsverteilung ist als Kurve dargestellt **(Bild 1)**.

Man liest die Darstellung so:

Kinderräder haben ein zulässiges Gesamtgewicht zwischen 40 kg und 70 kg, werden durchschnittlich mit einer Geschwindigkeit von 10 km/h gefahren; überwiegend auf glatten, ebenen Wegen.

Entsprechend sind die Prüflasten für Tests zu wählen.

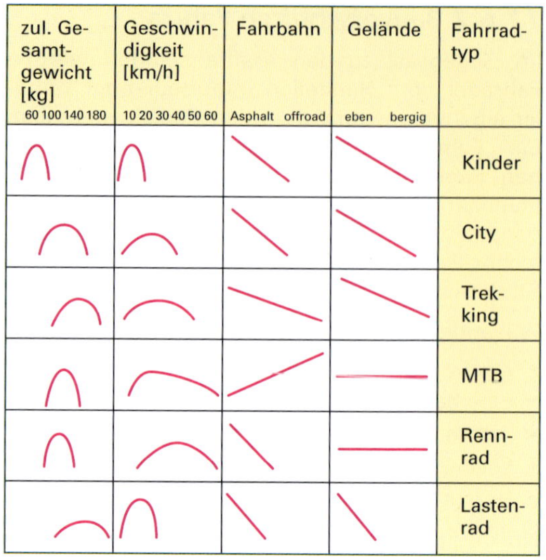

Bild 1: Verteilung der Betriebslasten

17.7.2 Betriebslastenermittlungen

Die traditionelle Art sichere Fahrräder zu bauen, beruht auf der jahrzehntelangen Erfahrung der Hersteller beim Bau einfacher Fahrräder in konservativer Technik. Erst Anfang der Siebziger Jahre hat man die deutsche Fahrradsicherheitsnorm DIN 79 100 geschaffen und darin die Erfahrungswerte berücksichtigt.

Durch Erprobung (leider meist durch die Kundschaft) bekam man die Sicherheit, diese Festlegungen als ausreichend zu betrachten oder geringfügig zu verbessern.

Sportgeräte, vor allem das Rennrad, waren zu keiner Zeit durch diese Norm erfasst. Spezialisten bauten Hochleistungsprodukte auf der Basis ihrer eigenen Erfahrungen. Sportler waren die Tester.

Seit den Achtziger Jahren hat die Fahrradtechnik aber neue Nutzungen erschlossen. Das Geländesportrad, das MTB, führte zu einer stürmischen Entwicklung neuer Komponenten, die später in Abwandlungen auch für alle anderen Fahrräder übernommen wurden. Dadurch kam es zu einer Überforderung der bis dahin bewährten Komponenten.

Beispiel:
- Aggressivere Bremsen belasteten Vorderradgabel und Rahmen wesentlich stärker.
- Federungen erhöhen den Fahrkomfort und verbessern die Bodenhaftung. Der Fahrer kann ruppiger über kleine Hindernisse fahren. Die Belastungen des Fahrrades steigen erheblich durch erhöhte Massenbeschleunigungskräfte. Es kommt zu Brüchen, die bis dahin ohne Federungen nicht auftraten.

- Leichtbau reduziert das Gewicht. Damit der Rahmen ausreichend steif bleibt, werden die Rohrdurchmesser vergrößert. Seitensteife Rahmen können besser die Tretarbeit in Vortrieb umsetzen, längssteife Rahmen-Gabel-Einheiten können aber die Frontalstöße nicht mehr ausreichend abfedern.

  Beispiel: Bei halbem Federweg verdoppeln sich die Zugkräfte im Oberrohr und die Druckkräfte im Unterrohr des Rahmens. Die Rahmen können reißen oder eindellen.

Die Lösung heißt: Kenntnis der Betriebslasten, Berechnung und Erprobung betriebsfester Konstruktionen und permanente Serienüberwachung in der Fertigung vermeiden Fehlkonstruktionen. Häufig sind es kleine Verbesserungen, die das Fahrrad sicherer machen.

Zwei Wege bieten sich an:

- Man lässt viele Fahrer über lange Zeit das Material testen.
- Man erfasst mit intelligenten Prüfprogrammen nur die schädigungsrelevanten Betriebslasten. Die Fahrräder und ihre Komponenten werden dann durch Maschinen im Labor belastet.

17.7.3 Messfahrten und Labormessungen

Durch Messfahrten werden die auftretenden Betriebslasten ermittelt. Mehrere Personen fahren wechselnd eine typische Teststrecke mehrfach ab.

Die dabei verursachten Bauteilbelastungen werden aufgezeichnet und ausgewertet. Der schädigungsrelevante Teil kann durch Rechenverfahren in Prüflastkollektive umgesetzt oder zum Test direkt über Hydropulser aufgebracht werden. Errechnete Prüfprogramme erfordern entsprechende Testeinrichtungen. Rollenprüfstände und pneumatisch betriebene Wechselbiegeeinrichtungen sind in der Fahrradindustrie für dynamische Tests üblich.

Die vielfältige Umsetzung der ermittelten Betriebslasten in Prüflastkollektive erfordert eine durchdachte Anordnung der Messpunkte.

Messpunkte am Beispiel MTB:

- Vorbau auf Torsion und Biegung
- Tretkurbel auf Antriebsmoment
- Sattelstütze auf Biegung
- Unter- und Oberstreben auf Zug und Druck
- Vorderrad auf vertikale und horizontale Aufstandskraft
- Geschwindigkeit am Vorderrad

Die Datenerfassungsanlage (**Bild 1, Seite 474**), Messverstärker, Sensoren, Kabel, Batterien und das Gehäuse erhöhen die Fahrradmasse um ca. 3 kg.

Die **Bilder 1 bis 6** auf **Seite 475** zeigen einzelne Prüfstände der Firma velotech.de , Schweinfurt.

17.7.4 Prüfgrundlagen

Damit die sicherheitstechnischen Prüfungen am Fahrrad in vertretbar kurzer Zeit durchgeführt werden können, werden die Messwerte aufbereitet.

Zunächst entfallen alle Pausenzeiten und aus den Messwerten werden nur die schädigungsrelevanten Betriebslasten erfasst. In der Regel werden dabei Belastungen, die weniger als 15 % der Maximalwerte erreichen, vernachlässigt. Durch Umrechnung bildet man aus diesen reduzierten Messwerten Prüflastkollektive, die als ein- oder mehrstufige Blockprogramme gefahren werden.

Zusätzlich werden die Prüflasten gegenüber den Messwerten in bestimmtem Maße angehoben und dadurch die Prüfzeit deutlich verkürzt. Damit ist es möglich, die zehn Jahre dauernde dynamische Beanspruchung eines Fahrrades in 20 bis 40 Stunden auf dem Prüfstand nachzufahren.

17.7.5 Testverfahren, Testeinrichtungen

Die beste Erprobung eines Gebrauchsgutes ist seine Benutzung. Leider dauert das sehr lange und gefährdet die Benutzer unsicherer Produkte.

Außerdem kann der Hersteller die gewonnenen Erkenntnisse nur verwerten, wenn er seine Fahrräder über lange Zeit nicht wesentlich ändert. Diese Zeiten sind vorbei.

Strenge Haftungsregelungen, häufiger Modellwechsel, neue Materialien, grundsätzlich geändertes Design und weltweiter Zukauf wichtiger Bauteile zwingen den Hersteller zu anderen Testmethoden. Er muss Baugruppen oder fertig montierte Fahrräder in kürzester Zeit bewerten oder entsprechend zuverlässig bewertete Produkte einkaufen können.

Hierfür hat die Industrie zahlreiche Testmethoden entwickelt und entsprechende Testeinrichtungen geschaffen.

Die Mindestanforderungen und einfache Testmethoden wurden genormt.

Auf der Basis geltender Normen und Gesetze müssen die Anforderungen formuliert werden, denen ein bestimmtes Produkt genügen muss.

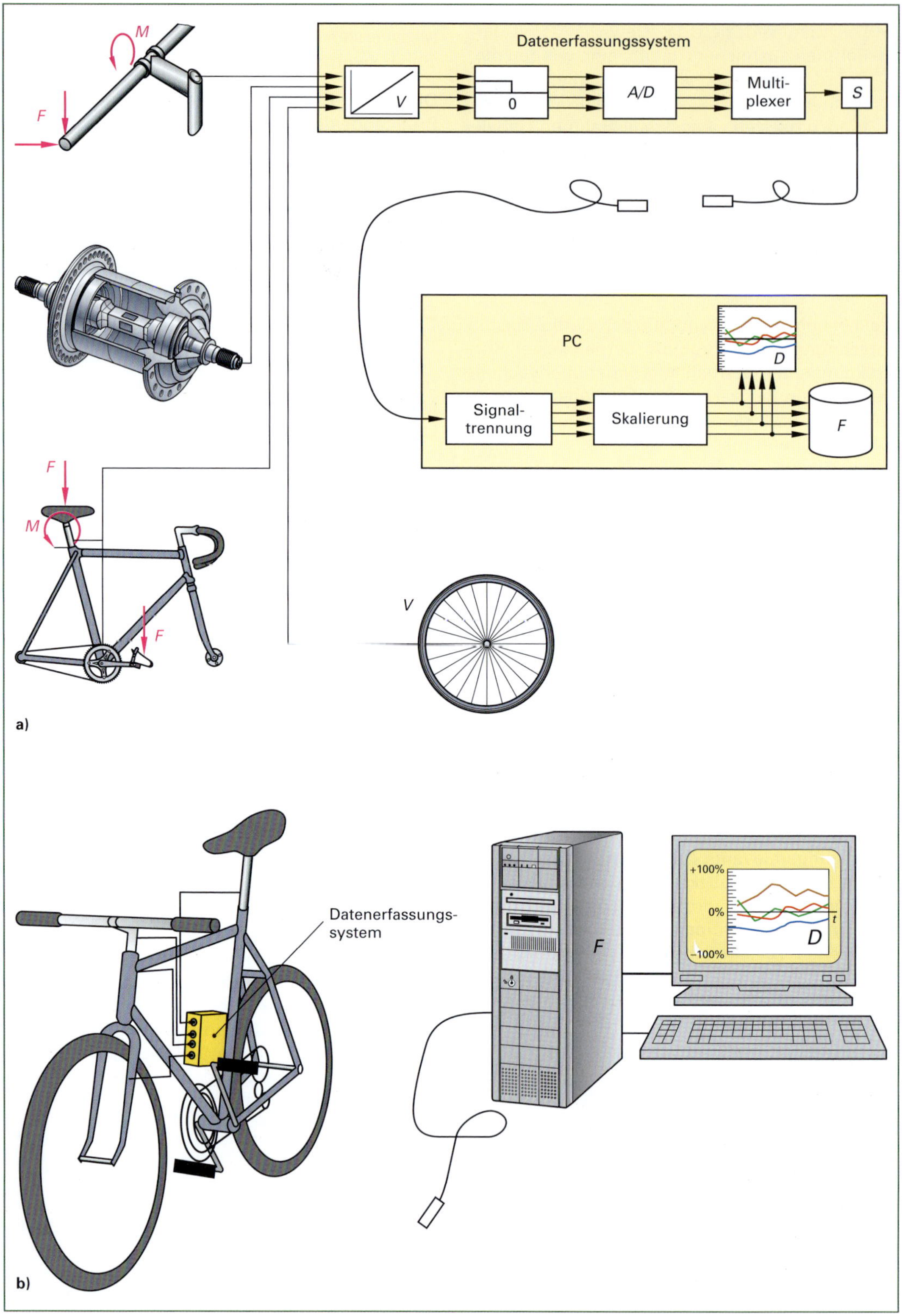

Bild 1: Datenerfassungsanlage a) Schematische Darstellung der Messkette b) Messaufbau

Bild 1: Frontalschlag

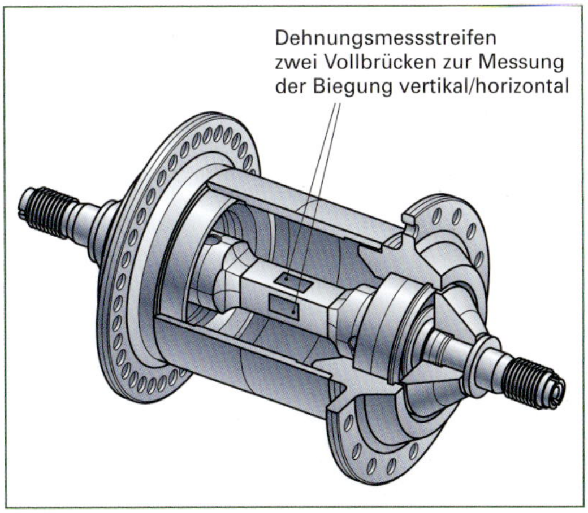

Bild 4: Messung der horizontalen und vertikalen Achsbiegung

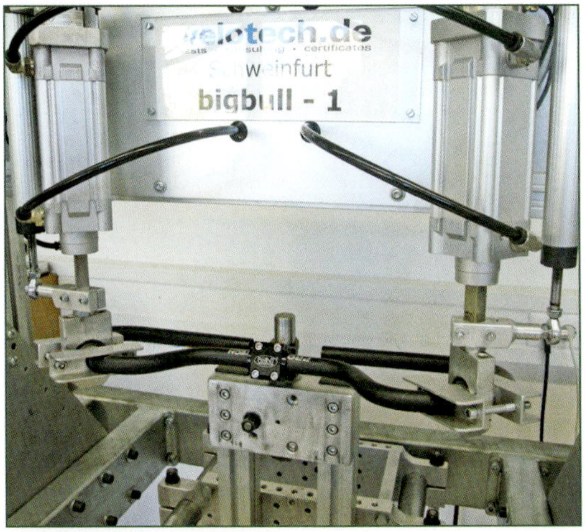

Bild 2: Lenkerprüfstand

Bild 5: Messung der Radaufstandskräfte

Bild 3: Simulation Wiegetritt

Bild 6: Bremsenprüfstand

Besonders im Bereich der mittleren und höheren Qualitäten müssen die zu stellenden Anforderungen deutlich über den Normen liegen.

Moderne Testverfahren belasten die zu prüfenden Teile (Prüflinge) in durchmischten Zyklen. Ein Prüfzyklus wird so zusammengesetzt, dass er den besonderen Gebrauchsnutzen des Prüflings abdeckt. Die Zahl der erreichten Zykluswiederholungen ist ein Maß für die Qualität.

Beispiele: Eine Lenker-Vorbau-Einheit soll dynamisch geprüft werden. Der Vorbau wird eingespannt und der Lenker an den Griffenden belastet **(Bild 2 und 3, Seite 475)**. Wechselseitige Belastungen simulieren den Wiegetritt und verlaufen in Richtung der Steuerkopfachse (andernfalls würde man Lenkbewegungen ausführen). Gleichseitige Belastungen verlaufen in einem Winkel von 25° zur Steuerkopfachse und simulieren die Bergabfahrt.

Diese wechselnden Belastungen werden kurzfristig erhöht und durch einzelne Sprungbelastungen ergänzt.

Das Prüfprogramm hat folgenden Aufbau je Zyklus:

- Wiegetritt normal
- Wiegetritt hart
- Downhill normal
- Downhill hart
- Sprung

Ein Prüfzyklus dauert ca. 1 Minute. 1000 Prüfzyklen müssen mindestens ohne Schaden durchfahren werden.

Vorgang: Das Fahrrad wird auf den Prüfstand montiert, während des Prüflaufes gewartet und vom Fahrtwind gekühlt **(Bild 1)**.

Bild 1: Prüfzyklus auf dem Rollenprüfstand

Folgende Lasten werden angebracht (Beispiel Trekkingrad):

- Lenker je 10 kg
- Pedale je 20 kg
- Sattel 55 kg
- Gepäckträger 25 kg

Die Bereifung wird mit Nenndruck aufgepumpt. Das beladene Fahrrad wird freischwingend über den beiden Prüfrollen gehalten.

Die Prüfrollen sind mit Stoßleisten bestückt. Die Bremsen sind an eine Betätigungseinrichtung angeschlossen.

Schritt	Stoßleisten Anzahl/Höhe (mm)	Weg (km)	Geschwindigkeit (km/h)
1	4 / 14	0,2	12
2	4 / 12	0,2	11
3	4 / 9	0,2	12
4	1 / 27	0,1	5
5	1 / 25	0,1	6
6	1 / 20	0,2	10
7	1 / 18	0,1	6

Ähnliche Prüfstände für dynamische Erprobungen existieren für Lenker **(Bild 2, Seite 475)**, Vorderradgabeln, Stoßdämpfer mit Hinterbau, Sattelstütze, Tretantrieb, Rahmen-Gabel-Einheit, Pedale etc.

Am Bremsenprüfstand **(Bild 6, Seite 475)** werden die Verzögerungskennlinien am trockenen oder nassen Vorder- und Hinterrad ermittelt.

Zusätzlich kann die Warmstandfestigkeit und die mechanische Standfestigkeit der Bremsen bestimmt werden.

Weitere Einrichtungen dienen der Ermittlung von Federkennlinien und Steifigkeitswerten:

- Federgabel
- Gefederter Hinterbau
- Tretlagersteifigkeit des Rahmens
- Längssteifigkeit der Rahmen-Gabel-Einheit
- Verdrehsteifigkeit des Rahmens
- Bremssteifigkeit der Rahmen-Gabel-Einheit

17.8 Schadensbegutachtung

17.8.1 Sach- und Körperschäden

Radfahrer können Schäden an ihren Sachen (dem Fahrrad, der Kleidung, der Ladung) oder an ihrem Körper erleiden. Sie können diese Schäden aber auch anderen zufügen. Hierfür kann es viele Ursachen geben. Meist handelt es sich um eine Kette unglücklicher Umstände. Menschliches Fehlverhalten ist zwar die häufigste Ursache, doch kann auch dieses Fehlverhalten gepaart sein mit technischen Mängeln, die für die Höhe des Schadens bestimmend waren.

Sachschäden am Fahrrad oder der Ausrüstung des Radfahrers können erhebliche Kosten verursachen. Körperschäden sind aber meist schwerwiegender, besonders wenn gesundheitliche Folgeschäden auftreten.

Es lohnt sich in jedem Fall für alle Beteiligten (also auch für den Händler und den Hersteller), Schäden gründlich zu analysieren und notfalls vorbeugende Maßnahmen in der Serienfertigung zu ergreifen.

17.8.2 Produkt- und Instruktionsfehler

Produktfehler können als fehlerhafte Konstruktion die gesamte Serie oder als Fertigungsfehler einen Teil der Serie bzw. ein Einzelstück betreffen.

Materialfehler gehören zur Gruppe der Konstruktionsfehler, wenn das Material nicht in vorgegebener Weise verarbeitet wurde.

Das Produkt hat auch dann einen Fehler, wenn seine Nutzung eingeschränkt, nicht in der erforderlichen Weise beschaffen war und vor Risiken nicht deutlich gewarnt wurde. Diese Instruktionsfehler können zur Gefährdung von Personen oder Sachen führen.

Ein Fehler liegt immer dann vor, wenn das Produkt nicht die Sicherheit bietet, die unter angemessener Berücksichtigung aller Umstände berechtigter Weise erwartet werden konnten.

17.8.3 Gerichts- und Privatgutachten

Schadensregulierungen können teuer sein und durch Rufschädigung zusätzlichen Ärger und Verluste verursachen. Deshalb werden Schadensfälle häufig strittig verhandelt. Hilfreich ist hier ein neutrales Gutachten. Sachverständige für Fahrradschäden und -bewertung werden von den Industrie- und Handelskammern und den Handwerkskammern geprüft, vereidigt und öffentlich bestellt. Sie können mit der Begutachtung beauftragt werden.

Wer selbst einen Gutachter sucht und beauftragt, erhält ein Privatgutachten. In vielen Fällen wird das den Sachverhalt klären und die Parteien im Rechtsstreit zu einer gütlichen Einigung kommen lassen.

Wird eine gerichtliche Auseinandersetzung angestrebt, muss der Gutachter durch das Gericht beauftragt werden. Die Parteien können aber Einspruch gegen die Berufung eines bestimmten Gutachters einlegen.

Das neutrale Gutachten geht dem Gericht zu (mindestens drei Exemplare) und wird den Parteien überstellt.

Ein Gutachten soll sich knapp und sachlich auf die Fragen des Gerichtes beziehen und darf nur diese Fragen beantworten. Weitergehende Begutachtungen können aus Sicht der Parteien oder des Gerichtes erforderlich sein. Sie müssen erneut vom Gericht in Auftrag gegeben werden. Zeigt sich ein Gutachter befangen, so kann das Gericht sein Gutachten verwerfen und einen anderen Sachverständigen beauftragen.

17.9 Risiken

Radfahren kann zu vielfältigen Unfällen führen, denn Zweiradfahrer befinden sich in einem labilen Gleichgewicht, das leicht gestört werden kann.

Unfallursachen sind vor allem:

- Fehlverhalten des Radfahrers
- Fehlverhalten anderer Verkehrsteilnehmer
- Mangelhafte Wartung
- Produktfehler

Die bestmögliche sicherheitstechnische Auslegung eines Fahrrades umfasst deshalb die Sicherung aller Funktionen des Fahrrades und die Reduzierung der Risiken aus menschlichem Fehlverhalten. Die richtige ergonomische Anpassung des Fahrrades **(siehe Kapitel 11)** an den Radfahrer und seine persönliche Art der Fahrradbenutzung sind ebenso wichtig wie die gute Funktion der Beleuchtungsanlage (gesehen werden!) und der Bremsen (ausweichen und anhalten können!).

Von allen anderen Verkehrsteilnehmern sind vor allem schnelle Kraftfahrzeuge das größte Problem. Von 100 im Straßenverkehr Deutschlands getöteten Radfahrern starben in den letzten Jahren mehr als 60 durch Pkw-Kollisionen. Schwerlastverkehr und Krafträder waren bei weiteren 15 % der tödlichen Unfälle beteiligt. Radfahrer und Fußgänger untereinander haben viele leichte, aber selten tödliche Unfälle. Die Alleinunfälle getöteter Radfahrer, d. h. dass kein anderer Beteiligter ermittelt wurde, betrugen weniger als 15 % – einige davon durch Bauteileversagen.

Es fällt auf, dass laut Statistik zwei Drittel aller im Straßenverkehr getöteten Radfahrer die Hauptschuld am Unfall zugesprochen wird (man nennt sie dann Erstbeteiligte), aber unter den schwerverletzten Radfahrern – die sich noch wehren können – nur ein Drittel die Hauptschuld trägt.

Der Fahrrad-Anbieter muss für die sichere Funktion und ausreichende Stabilität seiner Produkte sorgen. Hieraus ergibt sich, dass tragende Bauteile besonders sorgfältig geprüft werden müssen, speziell wenn sie sprödbrüchig sind (*Beispiel*: einige Leichtmetall-Legierungen) oder ihre Stabilität nur durch die Formgebung erzielt wird (*Beispiel*: extrem dünne Rahmenrohre).

Zu den besonders kritischen Bauteilen gehören Vorderradgabel, Lenker, Vorbau, Vorderrad, Vorderradbremse, Vorderradschutzblech und Sattelstütze. Aber auch das Versagen anderer Bauteile kann schwerwiegende Folgen haben.

Die Sicherheit eines Produktes muss der Benutzung angemessen sein. Überdimensionierungen sind am Leichtfahrzeug Fahrrad aber zu vermeiden, denn schwere Fahrräder akzeptiert der Markt nicht. Andererseits sind Unterdimensionierungen gefährlich.

Wie groß die Risiken eines Bauteileversagens sind, kann durch Tests festgestellt werden. Wie groß das Risiko schwerer Körperschäden ist, kann aus der Funktion des kritischen Bauteiles abgeleitet werden.

Man analysiert:

- Wie groß ist die Eintrittswahrscheinlichkeit des Schadens?
- Welche Chancen hat der Fahrer, die Gefahr rechtzeitig zu erkennen und ihre Folgen abzuwehren?
- Wie groß ist die Verletzungsgefahr bei Eintritt des Schadens?
- Wie lange dauert die Gefährdung an?

Hieraus leitet sich die Notwendigkeit einzelner technischer Sicherheitsmaßnahmen ab.

17.10 Produktsicherheit Elektrofahrrad

Seit 1977 gibt es in Deutschland das GS-Zeichen, das für „Geprüfte Sicherheit" steht. Es ist ein staatlich überwachtes Sicherheitszeichen zur Information der Endverbraucher. Es bestätigt dem Kunden, dass der Gebrauchsgegenstand den sicherheitstechnischen Anforderungen des europäischen Geräte- und Produktsicherheitsgesetzes (GSPS) genügt.

Seit 2010 gibt es das GS-Zeichen für Pedelecs.

Gegenüber Fahrrädern haben Pedelecs zusätzliche Betriebslasten zu ertragen:

- Höhere Durchschnittsgeschwindigkeiten
- Härtere und zahlreichere Bremsbelastungen **(Bild 1)**
- Zusätzliche Motor-Antriebsdrehmomente

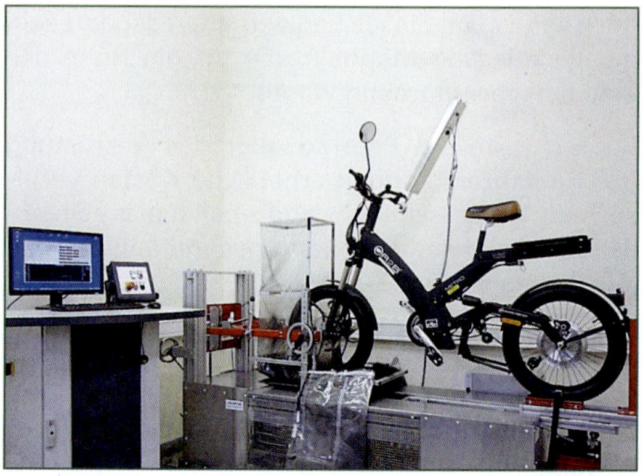

Bild 1: Bremsenprüfstand für Pedelecs (Velotech.de)

Das Antriebsdrehmoment aus der Pedalkraft des Fahrers wird bei voller Ausnutzung der elektrischen Motorunterstützung verdoppelt!

- Härteres Bergauffahren
- Höhere Beladungen und häufigere Anhängelasten

Die Mindestanforderungen sind:

- DIN EN ISO 4210 Teil 1 bis 9
- Maschinenrichtlinie 2006/42/EG
- Fahrradeigenschaften und Betriebsfestigkeiten nach DIN plus 2006
- Leistungsmessung nach EN 15194
- Sichere elektronische Ausstattung
- Elektromagnetische Verträglichkeit
- Ausstattung nach StVZO
- Steuerung nach EN 13849 Level C
- ZEK-Beschluss zu PAK (Schadstoffe)
- Dynamische Prüfung auf dem Rollenprüfstand

In der allgemeinen Entwicklung von Pedelecs und E-Bikes (zusammengefasster Begriff: LEV = Leicht-Elektro-Fahrzeuge) fehlt (noch) ein verbindlicher Standard für die elektrischen Komponenten wie Motor, Batterie, Steckverbindungen, Steuergerät, Display und Ladegerät. Fast jede Firma verwendet ihr eigenes System.

18 Antriebssysteme mit Verbrennungsmotoren

Die Verbrennungsmotoren in Fahrrädern mit Hilfsmotor, Mofas, Mopeds, Mokicks und Rollern sind ausschließlich Otto-Viertakt- oder Otto-Zweitaktmotoren.

18.1 Otto-Viertaktmotor

Der Otto-Viertaktmotor (Ottomotor) ist eine Wärmekraftmaschine, die im Benzin enthaltene chemische Energie in Bewegungs- und Wärmeenergie umwandelt. Dabei werden nur ca. 25 % der chemischen Energie zur Fortbewegung genutzt. Der Rest geht als ungenutzte Energie (Wärme) verloren.

Der Ottomotor wurde nach seinem Erfinder Nikolaus August Otto (1876) benannt und ist ein mit Benzin betriebener Hubkolbenmotor. Bei Hubkolbenmotoren wird die Auf- und Abbewegung des Kolbens durch einen Kurbeltrieb in eine Drehbewegung der Kurbelwelle umgewandelt (**Bild 1**).

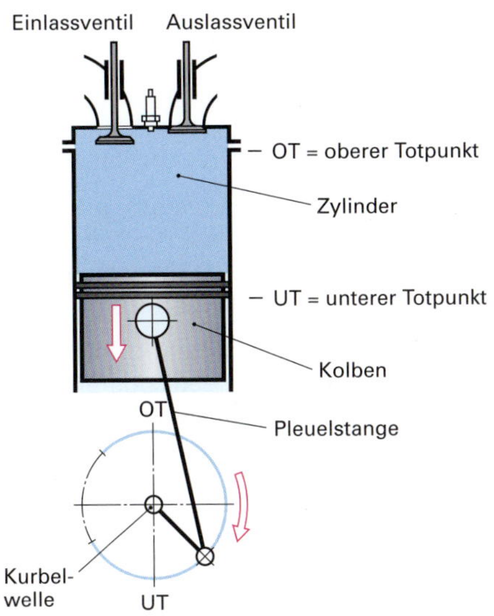

Bild 1: Prinzipbild Hubkolbenmotor

Der Ottomotor ist ein Fremdzünder, bei dem ein Kraftstoff-Luft-Gemisch in einem Zylinder durch den Zündfunken einer Zündkerze entzündet und verbrannt wird. Die bei der schlagartigen Verbrennung frei werdenden Gase dehnen sich aus und erzeugen einen hohen Druck, der einen Kolben nach unten bewegt.

18.1.1 Arbeitsschritte des Otto-Viertaktmotors

Der Viertaktmotor benötigt vier Takte für ein Arbeitsspiel. Ein Takt (ein Hub) ist die Bewegung des Kolbens zwischen den Totpunkten. Während eines Taktes dreht sich die Kurbelwelle eine halbe Umdrehung.

1. Takt: Ansaugen

Das Einlassventil ist geöffnet. Der Kolben bewegt sich nach unten. Das Kraftstoff-Luft-Gemisch wird in den Zylinder gesaugt (**Bild 2**).

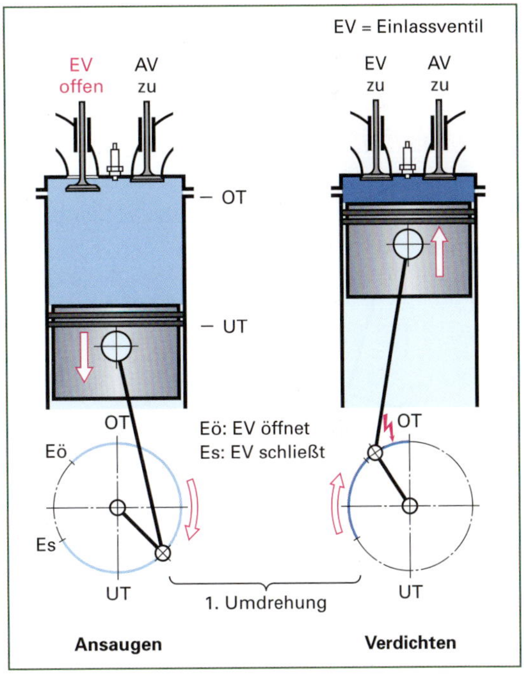

Bild 2: Ansaugen und Verdichten

2. Takt: Verdichten

Der Kolben bewegt sich nach oben. Beide Ventile sind geschlossen. Das Kraftstoff-Luft-Gemisch wird verdichtet (komprimiert). Druck und Temperatur im Verbrennungsraum steigen an.

Kurz bevor der Kolben seinen oberen Totpunkt (Punkt, an dem der Kolben seine Bewegungsrichtung ändert) erreicht hat, springt an der Zündkerze ein Funke über, der das Gemisch schlagartig verbrennen lässt.

3. Takt: Arbeiten

Die bei der Verbrennung frei werdenden Gase dehnen sich aus und erzeugen einen hohen Druck, der den Kolben nach unten bewegt. Der Kolben gibt seine Kraft über die Pleuelstange an die Kurbelwelle weiter, die sich dadurch dreht (**Bild 1**).

4. Takt: Ausstoßen

Wenn der Kolben den unteren Totpunkt erreicht hat, öffnet sich das Auslassventil. Der Kolben bewegt sich nach oben. Die Abgase werden herausgeschoben und das Auslassventil schließt sich. Das Einlassventil öffnet sich und ein neues Arbeitsspiel beginnt.

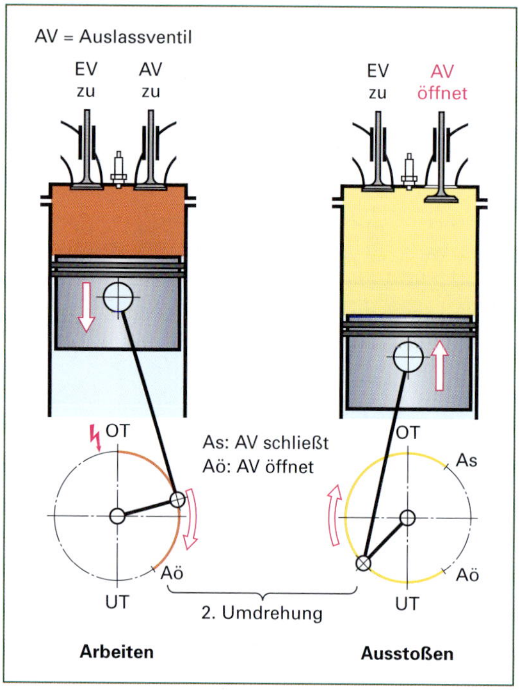

Bild 1: Arbeiten und Ausstoßen

Bei einem Viertaktmotor steuern Ventile den Gaswechsel (Frischgase rein, Abgase raus). Bei den vier Takten eines Arbeitsspieles dreht sich die Kurbelwelle zweimal.

18

18.1.2 Aufbau des Otto-Viertaktmotors

Die wichtigsten Bauteile eines Otto-Viertaktmotors (**Bild 2**) sind:

- Die **Zylinderkopfhaube** (Ventildeckel) schließt den Motor nach oben hin ab.
- Der **Zylinderkopf** nimmt die Zündkerze und die Ventile für die Motorsteuerung auf. Die Unterseite bildet den Brennraum.
- Der **Zylinder** führt den Kolben bei der Auf- und Abbewegung.
- Das **Kurbelgehäuse** nimmt die Kurbelwelle auf.
- Die **Ölwanne** schließt den Motor nach unten hin ab und nimmt den Ölvorrat der Motorschmierung auf.

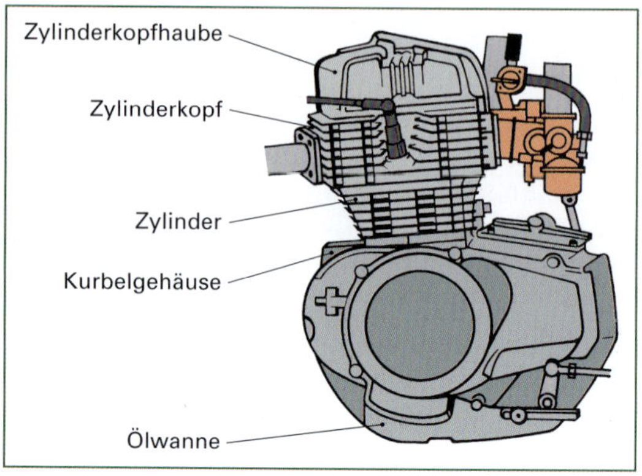

Bild 2: Aufbau des Otto-Viertaktmotors

Zylinder

Zylinder werden aus Grauguss oder einer Aluminiumlegierung gegossen. Zylinder aus Leichtmetall sind zwar teuer, sind aber leichter und haben eine bessere Wärmeableitung – allerdings muss die Lauffläche besonders beschichtet sein oder es muss eine Laufbuchse verwendet werden, die den Zylinder ausreichend verschleißfest macht.

Den Durchmesser des Zylinders bezeichnet man als Bohrung *D*, den Weg des Kolbens zwischen dem oberen und unteren Totpunkt als Hub *s* (**Bild 3**).

Das Zylindervolumen bezeichnet man als Hubraum V_h. Den Raum über dem oberen Totpunkt nennt man den Verdichtungsraum V_c.

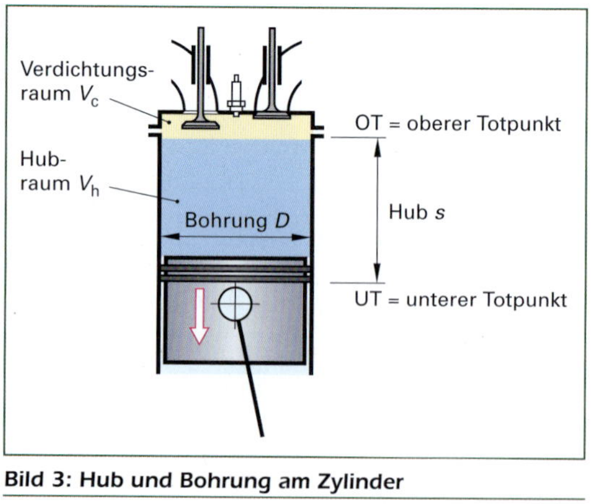

Bild 3: Hub und Bohrung am Zylinder

Die Höhe der Verdichtung wird durch das Verdichtungsverhältnis ε angegeben:

$$\varepsilon = \frac{V_h + V_c}{V_c}$$

Das Verdichtungsverhältnis beträgt beim Otto-Viertaktmotor 7 : 1 bis über 12 : 1.

Kolben

Kolben werden meist aus Leichtmetalllegierungen (AlSi) hergestellt. Sie werden im Gesenk geschmiedet oder in Kokillen gegossen. Der Kolbendurchmesser ist geringfügig kleiner als die Zylinderbohrung, damit der Kolben mit Spiel laufen kann.

Durch Kolbenringe wird der Verdichtungsraum gegen das Kurbelgehäuse abgedichtet. Ottomotoren haben meist zwei bis drei Verdichtungsringe und einen Ölabstreifring. Der Ölabstreifring hat die Aufgabe, den feinen Ölfilm an den Zylinderlaufflächen abzustreifen, damit kein Öl in den Verbrennungsraum gelangt und mit verbrannt wird.

Der Kolben (**Bild 1**) besteht aus dem Kolbenschaft (Kolbenhemd), der Kolbenringzone und dem Kolbenboden. In den Bolzenaugen wird der Kolbenbolzen gelagert. Der Kolbenbolzen dient zur gelenkigen Verbindung des Kolbens mit der Pleuelstange. Zur Gewichtsersparnis ist der Kolbenbolzen hohl gebohrt.

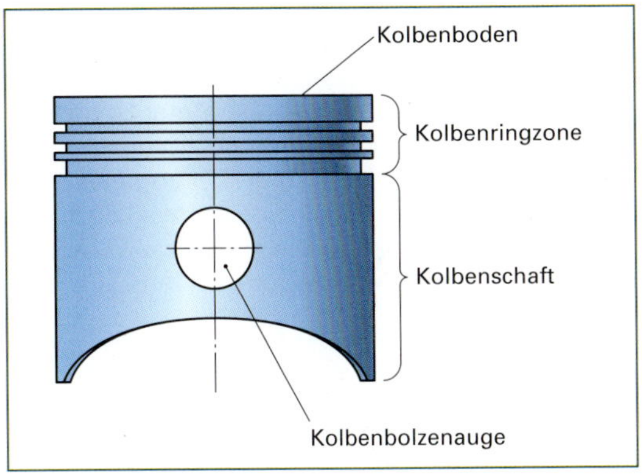

Bild 1: Kolbenaufbau

Pleuelstange (Pleuel)

Die Pleuelstange wird aus Vergütungsstahl im Gesenk geschmiedet und dann spanend weiterverarbeitet (**Bild 2**). Sie trägt zur Aufnahme des Kolbenbolzens im Pleuelauge eine Bronzebuchse.

Am unteren Ende der Pleuelstange, dem Pleuelfuß, erfolgt die Lagerung am Kurbelzapfen der Kurbelwelle durch Gleitlager.

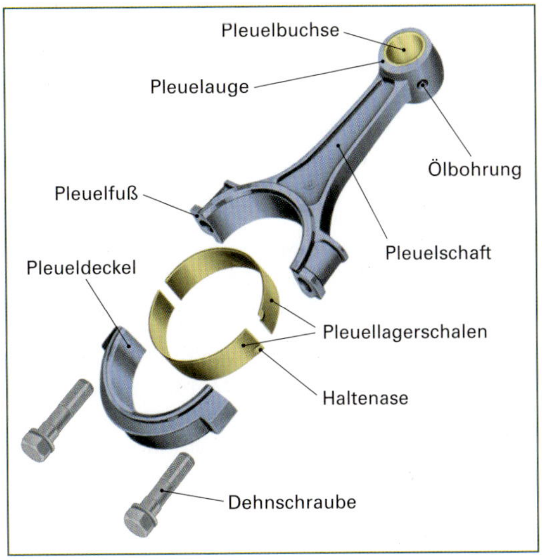

Bild 2: Pleuelstange

Kurbelwelle

Die Kurbelwelle (**Bild 3**) wandelt die geradlinige Kolbenbewegung in eine Drehbewegung um. Durch ihre Kröpfung erzeugt sie aus der Pleuelstangenkraft ein Drehmoment, das auf die Kupplung übertragen wird. Die Kurbelwelle treibt die Ventilsteuerung, die Ölpumpe, die Wasserpumpe und weitere Nebenaggregate an.

Kurbelwellen werden aus Vergütungsstahl im Gesenk geschmiedet oder aus Gusseisen gegossen. Sie sind mittels der Hauptlager im Kurbelgehäuse gelagert.

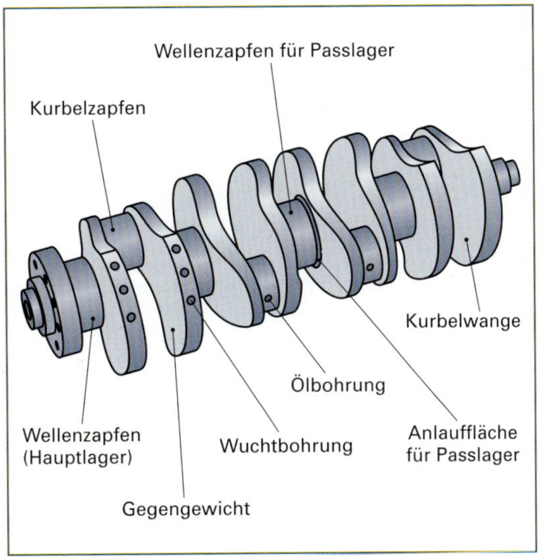

Bild 3: Kurbelwelle eines Vierzylindermotors

18

18.2 Otto-Zweitaktmotor

Der Otto-Zweitaktmotor ist ein Verbrennungsmotor, der im Gegensatz zum Viertaktmotor nur zwei Takte und eine Kurbelwellenumdrehung benötigt, um ein Arbeitsspiel zu durchlaufen.

18.2.1 Aufbau des Otto-Zweitaktmotors

Der Aufbau eines Zweitaktmotors entspricht im Prinzip dem Otto-Viertaktmotor mit folgenden Unterschieden **(Bild 1)**:

- Die Zylinderkopfhaube entfällt.
- Der Zylinderkopf, der den Motor nach oben hin gasdicht abschließt, enthält keine Motorsteuerung, d. h. keine Ventile. Er nimmt lediglich die Zündkerze auf und bildet den Brennraum.
- In der Zylinderwand befinden sich Steuerschlitze für den Gaswechsel.
- Das Kurbelgehäuse (Kurbelkammer) muss gasdicht sein. Es kann keinen Ölvorrat für die Motorschmierung aufnehmen, da es für den Gaswechsel mitgenutzt wird.
- Aufgrund der Mischungsschmierung erfolgt die Lagerung der Kurbelwelle und der Pleuelstange mit Wälzlagern; deshalb ist die Kurbelwelle aus Einzelteilen aufgebaut.
- Der Kolben kann Fenster für die Steuerung der Zylinderkanäle besitzen.
- Aufgrund der Mischungsschmierung haben Zweitaktmotoren keine Ölabstreifringe.
- Die Kolbenringe müssen gegen Verdrehung gesichert werden, damit die Stoßstellen nicht an einem Schlitz im Zylinder hängen bleiben.

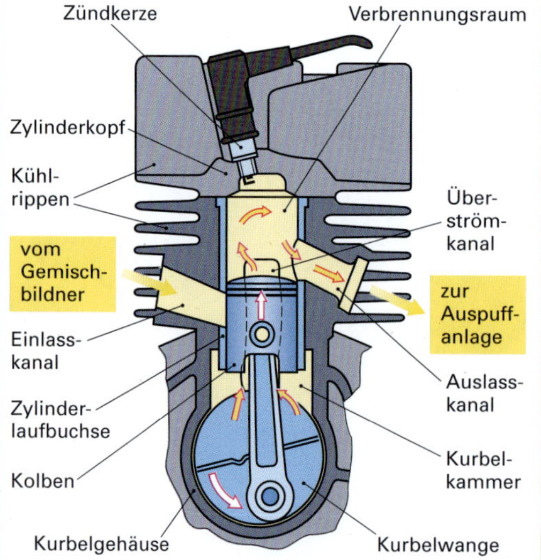

Bild 1: Aufbau eines Otto-Zweitaktmotors

18.2.2 Arbeitsschritte des Otto-Zweitaktmotors

Der Zweitaktmotor benötigt zwei Takte für ein Arbeitsspiel. Um beim Zweitaktmotor das Arbeitsspiel auf zwei Kolbenhübe zu begrenzen, müssen die Gaswechselvorgänge über dem Kolben (im Zylinder) und unter dem Kolben (in der Kurbelkammer) stattfinden.

Der Gaswechsel erfolgt nicht durch Ventile, sondern durch Kanäle im Zylinder und Schlitze in der Zylinderwand, die der Kolben öffnet und schließt.

Man unterscheidet:

- Einlasskanal: Er verbindet das Ansaugrohr mit der Kurbelkammer.
- Überströmkanal: Er verbindet die Kurbelkammer mit dem Verbrennungsraum.
- Auslasskanal: Er verbindet den Verbrennungsraum mit der Auspuffanlage.

1. Takt: Arbeiten, Vorverdichten, Überströmen und Ausströmen

Der Kolben steht im oberen Totpunkt und die Zündkerze entzündet das Gemisch im Verbrennungsraum **(Bild 2)**. Durch den hohen Gasdruck bewegt sich der Kolben nach unten. Sobald der Kolben den Einlasskanal geschlossen hat, wird das angesaugte Frischgas in der Kurbelkammer durch die Abwärtsbewegung des Kolbens vorverdichtet.

Nachdem der Kolben den Auslasskanal geöffnet hat und die Abgase ausströmen, wird der Überströmkanal freigegeben. Das unter Überdruck (Vorverdichtungsdruck) stehende Frischgas strömt aus der Kurbelkammer (Vorverdichtungsraum unter dem Kolben) durch die Überströmkanäle in den Zylinder und spült das verbrannte Abgas durch die Auslassöffnung in den Auspufftrakt hinaus.

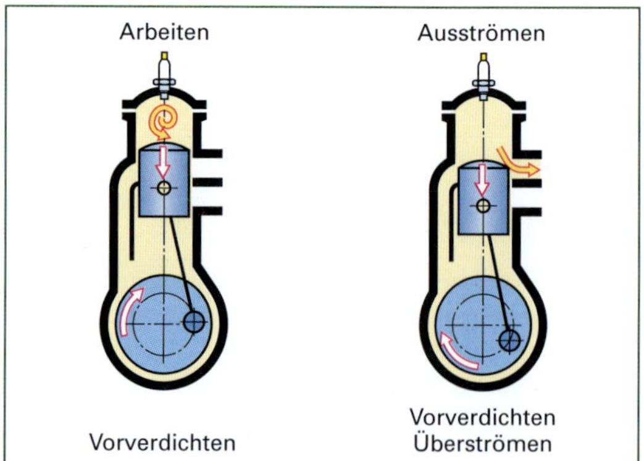

Bild 2: Erster Takt Zweitaktmotor

2. Takt: Verdichten, Voransaugen, Ansaugen

Der Kolben steht im unteren Totpunkt und bewegt sich in Richtung zum oberen Totpunkt (**Bild 1**). Während der Aufwärtsbewegung des Kolbens wird zunächst der Überströmkanal und wenig später die Auslassöffnung verschlossen. Danach wird das Kraftstoffluftgemisch im Zylinder verdichtet und kurz vor dem oberen Totpunkt entzündet.

Der aufwärts gehende Kolben erzeugt in der Kurbelkammer einen Unterdruck. Solange der Einlasskanal noch nicht geöffnet ist, spricht man vom Voransaugen. Gibt der Kolben den Einlasskanal frei, wird neues Frischgas in die Kurbelkammer angesaugt.

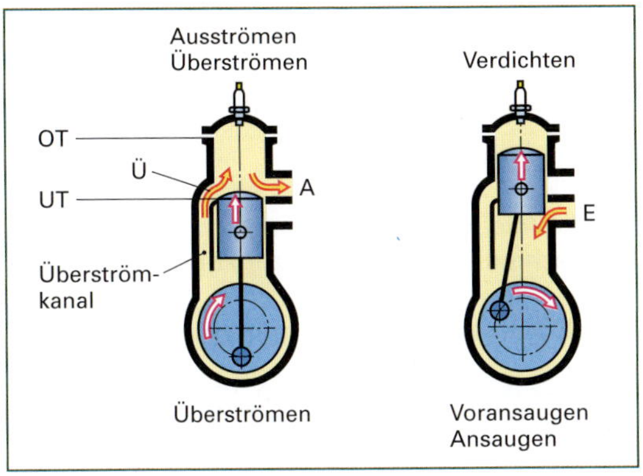

Bild 1: Zweiter Takt Zweitaktmotor

18.3 Motorsteuerung

Die Zeitpunkte und die Dauer der Ventilöffnung bestimmen den Gaswechsel und sind entscheidend für die Leistungsentfaltung eines Viertakt-Ottomotors.

Die Motorsteuerung besteht aus den Ventilen, Ventilfedern, der Nockenwelle und aus den Übertragungsbauteilen Kipphebel oder Tassenstößel **(Bild 2)**.

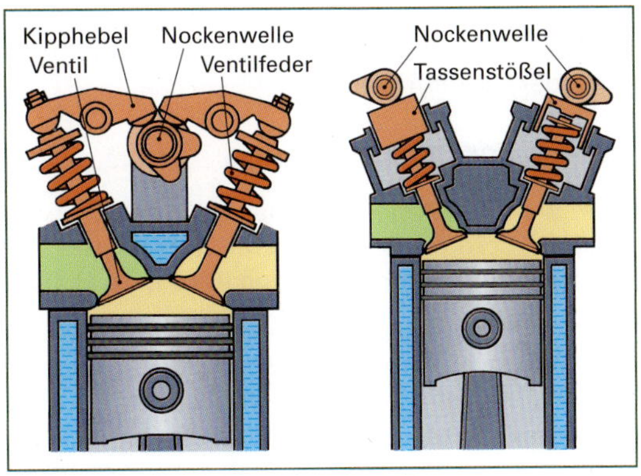

Bild 2: Motorsteuerung Viertaktmotor

Die Nockenwelle wird von der Kurbelwelle im Verhältnis 2:1 (Kurbelwellendrehzahl : Nockenwellendrehzahl) durch Steuerketten angetrieben.

Die Nockenwelle öffnet die Ventile im richtigen Zeitpunkt und die Ventilfedern schließen die Ventile wieder.

Da sich die Ventile im Betrieb ausdehnen, muss zwischen den Übertragungsteilen ein Spiel (Ventilspiel) vorhanden sein.

> **info**
> Der Begriff *Steuerung* bezieht sich nur auf das Steuern der Gase. Die Richtungsänderung des Fahrzeuges wird als *Lenkung* bezeichnet.

Mit Hilfe eines Steuerdiagramms **(Bild 3)** kann man die Öffnungs- und Schließwinkel der Einlassventile (EV) und Auslassventile (AV) grafisch darstellen.

Die Ventile öffnen und schließen nicht genau in den Totpunkten, da man so den Füllungsgrad verbessern kann. Das EV öffnet bereits vor dem oberen Totpunkt (OT), damit es ganz geöffnet ist, wenn der Kolben nach unten geht. Es schließt erst nach dem unteren Totpunkt (UT), da durch die Gasträgheit auch noch Frischgas nachströmt, wenn der Kolben wieder nach OT geht.

Das AV öffnet bereits vor UT, damit sich die Abgase entspannen können, bevor der Kolben nach oben geht. Es schließt erst nach dem oberen Totpunkt, damit die Abgase weiter ausströmen können.

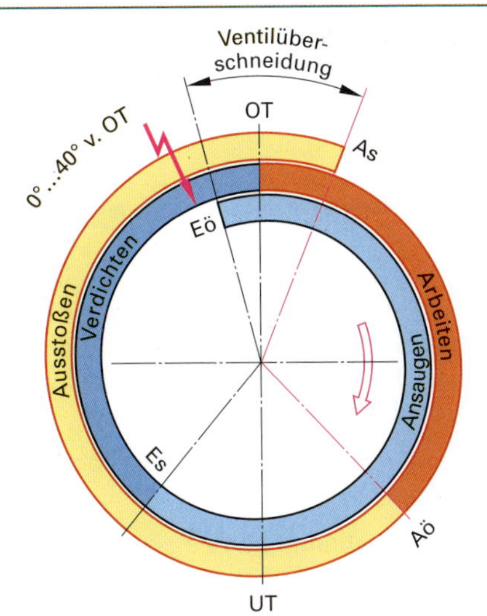

Eö: EV öffnet 15° vor OT
Es: EV schließt 40° nach UT
Aö: AV öffnet 44° vor UT
As: AV schließt 22° nach OT

Bild 3: Steuerdiagramm eines Otto-Viertaktmotors

Ventilüberschneidung nennt man den kurzen Bereich, wo das Einlassventil und das Auslassventil gleichzeitig geöffnet sind.

Dadurch wird die Zylinderfüllung verbessert, da das Frischgas das Abgas herausschiebt und das Abgas das Frischgas hereinzieht.

Der Zündzeitpunkt liegt ebenfalls nicht genau im oberen Totpunkt, sondern variiert vor OT, damit das Kraftstoff-Luft-Gemisch immer komplett entflammt ist, wenn der Kolben nach unten geht.

Da der Gaswechsel bei Zweitaktmotoren (**Bild 1**) über den Kolben und den Kanälen im Zylinder erfolgt, liegt ein symmetrisches Steuerdiagramm vor:

Die Einlass-, Auslass- und Überströmkanäle werden genau um so viele Grad vor OT bzw. UT geöffnet, wie sie danach geschlossen werden.

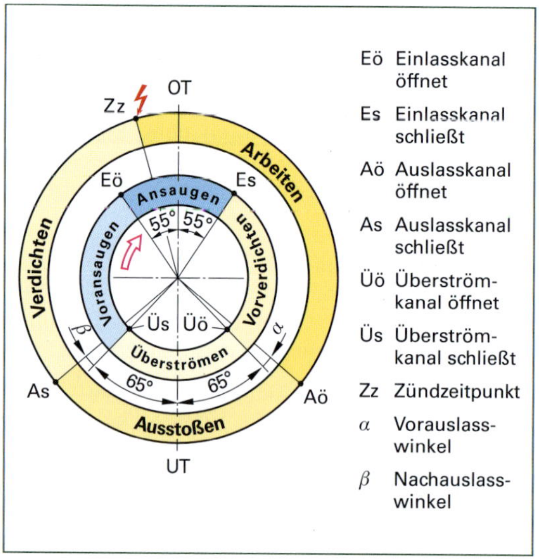

Bild 1: Steuerdiagramm eines Otto-Zweitaktmotors

Der abwärts gehende Kolben öffnet zuerst den Auslasskanal und dann den Überströmkanal. Durch diesen günstigen „Vorauslass" können sich die Abgase bereits entspannen und das Überströmen wird nicht behindert.

Das symmetrische Steuerdiagramm bedingt auch einen Nachteil:

Der nach OT gehende Kolben schließt zuerst den Überströmkanal und dann erst den Auslasskanal.

Durch diesen schädlichen „Nachauslass" können Frischgase durch den Auslasskanal entweichen.

Ein höherer Kraftstoffverbrauch und mehr schädliche Abgase sind die Folge.

18.4 Motorschmierung

Zwischen allen beweglichen Motorteilen findet an den Gleitflächen Reibung statt. Die Reibung und damit der Verschleiß der Motorteile kann durch eine geeignete Schmierung verringert werden. Der Schmierölfilm zwischen den Bauteilen verhindert die Berührung gegeneinander bewegter Oberflächen. Die Motorschmierung hat außer der Verringerung der Reibung weitere Aufgaben.

Die Motorschmierung soll:

- Kühlen (Wärme abführen)
- Reinigen (Schmutz und Verschleißteilchen abführen)
- Vor Korrosion schützen
- Stöße und Geräusche dämpfen
- Fein abdichten (z. B. zwischen Kolbenringen und Zylinderwand)

Für die Ausführung der Schmiersysteme kommen unterschiedliche Verfahren zum Einsatz.

18.4.1 Mischungsschmierung

Unter Mischungsschmierung versteht man die Versorgung der bewegten Motorteile mit einem Kraftstoff-Öl-Gemisch. Sie liefert die Schmierölmenge belastungsabhängig, d. h., je mehr Gas gegeben wird, desto mehr Öl gelangt an die Schmierstellen.

Das Schmieröl wird dem Kraftstoff in einem Mischungsverhältnis 1:25, 1:50 oder 1:100 (1 *l* Öl auf 100 *l* Benzin) beim Tanken beigemischt. Ein Ölwechsel ist nicht erforderlich.

Die Mischungsschmierung ist bei Zweitaktmotoren sinnvoll, da hier der Gaswechsel im Kurbelgehäuse erfolgt. Zudem sind Zweitaktmotoren mit nur drei beweglichen Motorteilen (Kolben, Pleuel und Kurbelwelle) einfach im Aufbau. Die Zuführung des Öls über den Kraftstoff erfolgt auch bei Motoren, die oft ihre Lage ändern, wie Motorsägen oder Rasenmäher.

18.4.2 Frischölschmierung

Eine weitere Möglichkeit der Schmierung von Zweitaktmotoren ist die Getrenntschmierung in Form einer Frischölschmierung **(Bild 1, Seite 485)**.

Kraftstoff und Öl sind in getrennten Behältern gelagert. Durch eine Dosierpumpe wird das Öl entweder dem Kraftstoff beigemischt oder über den Ansaugkanal dem Kraftstoff-Luft-Gemisch zugeführt. Zusätzlich können auch die Lagerstellen direkt mit Öl versorgt werden.

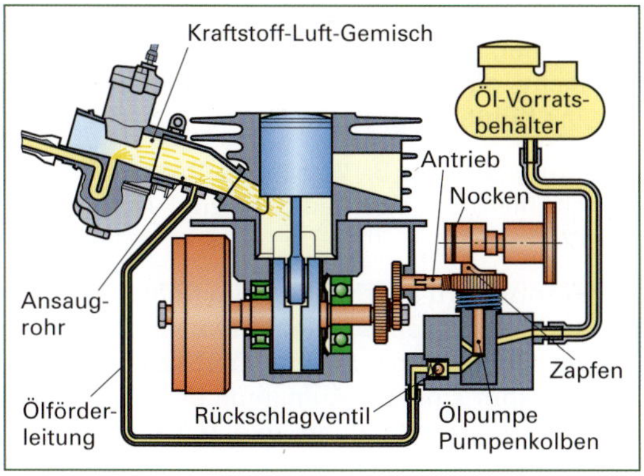

Bild 1: Frischölschmierung

Die Frischölschmierung ist für Viertaktmotoren mit der aufwändigen Ventilsteuerung und den vielen Schmierstellen ungeeignet.

18.4.3 Druckumlaufschmierung

Ein Viertaktmotor wird häufig mit einer Druckumlaufschmierung (auch Nasssumpfschmierung genannt, **(Bild 2)** betrieben. Dabei befindet sich das Motoröl unterhalb der Kurbelwelle in einer Ölwanne. Eine Ölpumpe saugt das Öl an und pumpt es über einen Filter durch Kanäle und Leitungen zu den Schmierstellen. Das abtropfende Öl wird wieder in der Ölwanne gesammelt und erneut zu den Schmierstellen befördert.

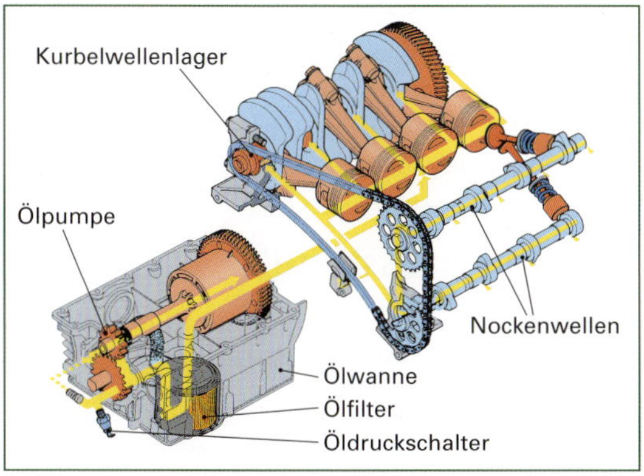

Bild 2: Druckumlaufschmierung

18.4.4 Trockensumpfschmierung

Ein weiteres Schmiersystem für Viertaktmotoren ist die Trockensumpfschmierung. Hier wird das Motoröl in einem separaten Behälter gelagert und durch eine zweite Ölpumpe über einen Filter zu den Schmierstellen gedrückt. Das Öl tropft in die Ölwanne ab und wird von dort durch die Saugpumpe zum Ölbehälter zurückbefördert.

Der Vorteil der aufwändigeren Trockensumpfschmierung liegt in der

- niedrigeren Bauweise der Ölwanne und somit einer geringeren Motorhöhe.
- lageunabhängigen Funktion der Schmierung. Auch bei großer Schräglage ist das Ansaugen von Öl gewährleistet.
- besseren Kühlung des Öls, da der Ölvorratsbehälter von der Motorwärme entfernt liegt.

18.5 Motorkühlung

Ein herkömmlicher Ottomotor wandelt 75 % seiner zugeführten chemischen Energie in Wärme um. Diese Wärme muss wegen der geringen Temperaturbeständigkeit der Bauteile und des Motoröls (Überhitzung) möglichst schnell an die Umgebungsluft abgegeben werden. Allerdings sollte die Betriebstemperatur des Motors von ca. 80 °C erreicht werden, damit Gemischbildung und Schmierung optimal ablaufen.

18.5.1 Luftkühlung

Die Luftkühlung ist eine direkte Kühlung, d. h., der Motor gibt die Wärme unmittelbar an die Umgebungsluft ab. Zur Vergrößerung der Kühloberfläche und damit zur besseren Wärmeabfuhr haben Zylinder und Zylinderkopf Kühlrippen. Wegen der besseren Wärmeleitfähigkeit werden Zylinder und Zylinderkopf aus Leichtmetall hergestellt. Entsprechend der Luftzufuhr unterscheidet man Fahrtwindkühlung und Gebläseluftkühlung.

Fahrtwindkühlung

Sie ist die einfachste Art der Kühlung. Zylinder und Zylinderkopf sind direkt dem Fahrtwind ausgesetzt (**Bild 3**).

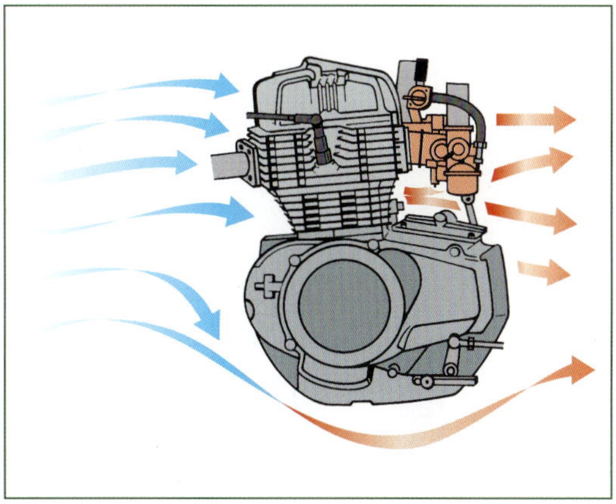

Bild 3: Fahrtwindkühlung

Die Kühlwirkung ist von der Fahrzeuggeschwindigkeit abhängig. Bei niedriger Geschwindigkeit ist die Kühlwirkung schlechter.

Gebläseluftkühlung

Motoren, die nicht direkt im Fahrtwind liegen, lassen sich durch eine Gebläseluftkühlung kühlen. Der Gebläseluftstrom verhindert eine Überhitzung des Motors auch bei stehendem Fahrzeug und bei niedriger Geschwindigkeit. Das Gebläse wird bei kleinen Motoren meist von der Kurbelwelle direkt angetrieben. Der vom Gebläse erzeugte Luftstrom wird durch Luftleitbleche zu den Zylindern geführt. Die durchgesetzte Luftmenge hängt dabei von der Motordrehzahl ab.

Vorteile der Luftkühlung

- Einfache Bauweise
- Kleiner Raumbedarf
- Geringes Gewicht
- Unempfindlich und nahezu wartungsfrei
- Kein Frostschutz erforderlich
- Rasche Erwärmung und Abkühlung

Nachteile der Luftkühlung

- Ungleichmäßige Kühlwirkung
- Größeres Laufspiel erforderlich
- Laute Motorgeräusche
- Leistungsverlust bei Gebläseluftkühlung

18.5.2 Flüssigkeitskühlung

Kann der Motor nicht ausreichend mit Fahrtwind versorgt werden oder eignet sich eine Gebläseluftkühlung nicht, kann der Motor durch eine Flüssigkeitskühlung gekühlt werden (**Bild 1**).

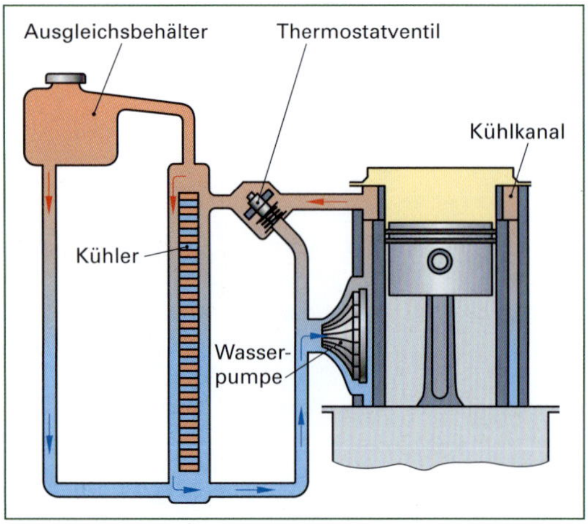

Bild 1: Flüssigkeitskühlung

Diese Art der Kühlung wird als indirekte Kühlung bezeichnet, da der Motor die überschüssige Wärme nicht direkt an die Umgebungsluft, sondern an eine Kühlflüssigkeit abgibt.

Das Kühlmittel (z. B. Wasser) selbst dient nicht zum Kühlen, sondern lediglich zum Abtransport der Wärme.

Die Wärme wird anschließend im Kühler, der sich an einer günstigen Stelle im Fahrtwind befindet, an die Umgebungsluft abgeführt. Zylinder und Zylinderkopf sind zur Aufnahme des Kühlmittels doppelwandig ausgeführt und mit Kühlkanälen durchzogen.

Die bei wassergekühlten Motoren eingesetzte Pumpenumlaufkühlung erfolgt mit einer vom Motor angetriebenen Wasserpumpe. Damit der Motor möglichst rasch seine Betriebstemperatur erreicht und diese konstant bleibt, wird die Kühlwassertemperatur von einem Thermostatventil geregelt.

Angebracht zwischen Motor und Kühler, teilt es das Kühlsystem in einen kleinen und großen Kreislauf:

Bei kaltem Motor sperrt das Thermostatventil den Durchlauf zum Kühler, sodass die Kühlflüssigkeit nur durch den Motor zirkulieren kann (kleiner Kühlkreislauf). Sobald die Betriebstemperatur erreicht ist, öffnet sich das Ventil und gibt den Weg zum Kühler frei (großer Kühlkreislauf).

Vorteile der Flüssigkeitskühlung

- Die Wasserkühlung führt die Motorwärme wesentlich gleichmäßiger ab als die Luftkühlung.
- Durch den Wassermantel liegt eine geringere Geräuschentwicklung vor.

18.6 Betriebsstoffe

Betriebsstoffe sind Stoffe, die zum Betrieb eines Verbrennungsmotors notwendig sind.

18.6.1 Kraftstoffe

Kraftstoffe bestehen aus verschiedenen Kohlenwasserstoffverbindungen und werden durch Destillation von Erdöl gewonnen. Hierbei werden die verschiedenen Bestandteile des Erdöls nach ihrem Siedepunkt getrennt.

Eine wichtige Eigenschaft von Benzin ist die Klopffestigkeit, d. h. die Selbstzündungsunwilligkeit.

Bei einer normalen Verbrennung wird das Kraftstoff-Luftgemisch durch den Zündfunken entzündet und brennt in einer Flammenfront ab.

Bei einer klopfenden Verbrennung kommt es irgendwo im Verbrennungsraum zu unkontrollierten „Selbstzündungen", die sich als klopfendes Geräusch bemerkbar machen. Die Selbstzündungen erfolgen meist kurz vor der eigentlichen Zündung, wenn sich der Kolben noch in der Aufwärtsbewegung befindet. Dieser explosionsähnliche Vorgang läuft sehr heftig ab: Der stark ansteigende Verbrennungsdruck nimmt hohe Werte an und es kann zu Motorschäden kommen.

Klopfen wird durch viele Faktoren beeinflusst: durch Kompression, Temperatur, Ölkohleablagerungen und durch einen Kraftstoff mit nicht ausreichender Klopffestigkeit. Mehrere Jahrzente dienten giftige Bleiverbindungen als sog. „Klopfbremsen".

Als Maß für die Klopffestigkeit dient die Oktanzahl. In Europa ist die „Research-Oktanzahl" (ROZ) üblich.

Danach unterscheidet man folgende Kraftstoffe:

- Normalbenzin 91,0 ROZ
- Superbenzin 95,0 ROZ
- Super-Plus 98,0 ROZ

Je höher die Oktanzahl desto klopffester ist der Kraftstoff.

info

Wichtig: Benzindämpfe sind unsichtbar, schwerer als Luft und hoch explosiv.

18.6.2 Schmierstoffe

Schmieröle werden durch Destillation aus Rohöl (Erdöl) gewonnen, werden dann nachbehandelt und mit Additiven (Zusätzen) versehen, um bestimmte Eigenschaften zu verbessern.

Neben den Mineralölen gibt es noch teilsynthetische und vollsynthetische Öle. Diese Öle haben einen anderen Molekülaufbau als Mineralöle, da sie im Labor zusammengesetzt werden.

Eine wichtige Eigenschaft der Schmierstoffe ist die Viskosität, d.h. das Maß für die Zähflüssigkeit. Bei einer niedrigen Viskosität ist das Öl dünnflüssig, bei einer hohen Viskosität dickflüssig. Mit steigender Temperatur nimmt die Viskosität ab – das Öl wird dünnflüssiger.

Die amerikanische **S**ociety of **A**utomotive **E**ngineers (Vereinigung der Automobil-Ingenieure) hat **SAE**-Viskositätsklassen festgelegt, um die Auswahl von Motorölen für verschiedene Temperaturbereiche zu erleichtern **(Bild 1)**.

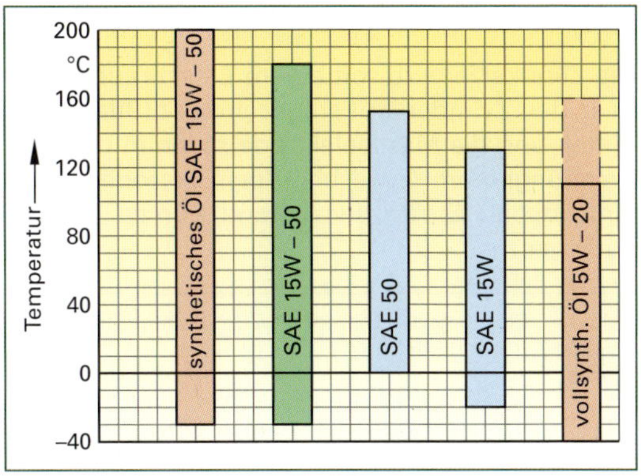

Bild 1: Temperaturbereiche von Motorölen

Die SAE definiert sechs Winter- und fünf Sommerklassen.

Die Winterklasse, gekennzeichnet durch den Buchstaben W, gibt Auskunft über die Viskosität bei tiefen Temperaturen.

Je niedriger die Winterklasse, desto besser sind die Fließeigenschaften des Öls beim Kaltstart und desto günstiger ist der Kraftstoffverbrauch (geringere innere Reibung durch weniger zähflüssiges Öl).

HD-Öle enthalten spezielle Wirkstoffe (Dispersantadditive). Diese Additive umhüllen die Schmutzteilchen, halten sie in der Schwebe und verhindern eine Schlammbildung. Sie sind heute in allen Motorölen enthalten.

Die SAE-Sommerklasse (Ziffer nach dem W) kennzeichnet die Viskosität bei hohen Temperaturen.

Je höher die SAE-Klasse, desto dickflüssiger ist das Öl bei hohen Temperaturen – der Schmierfilm reißt nicht so schnell ab.

Die Viskosität ist nur *eine* Eigenschaft des Öls, macht jedoch keine Aussage über die Qualität.

Die heute eingesetzten Motoröle sind in der Regel Mehrbereichsöle, die einen großen Temperaturbereich abdecken (z. B. das Motoröl 15 W 40).

Das American Petroleum Institut (API) hat Qualitätsklassen für Motoröle eingeführt.

Danach werden die Öle für Ottomotoren in den S-Klassen und für Dieselmotoren in den C-Klassen klassifiziert.

18.7 Zündung

Ottomotoren sind Fremdzünder, d. h., sie benötigen im richtigen Zeitpunkt (dem Zündzeitpunkt) den Zündfunken einer Zündkerze, um das Kraftstoff-Luftgemisch zu entzünden.

18.7.1 Zündkerze

Die Zündkerze wird mit einem Einschraubgewinde in den Zylinderkopf eingeschraubt (**Bild 1**). Die Mittel- und die Masseelektrode ragen in den Verbrennungsraum. Zwischen den Elektroden muss ein Luftspalt (Elektrodenabstand) von ca. 0,7 mm vorliegen.

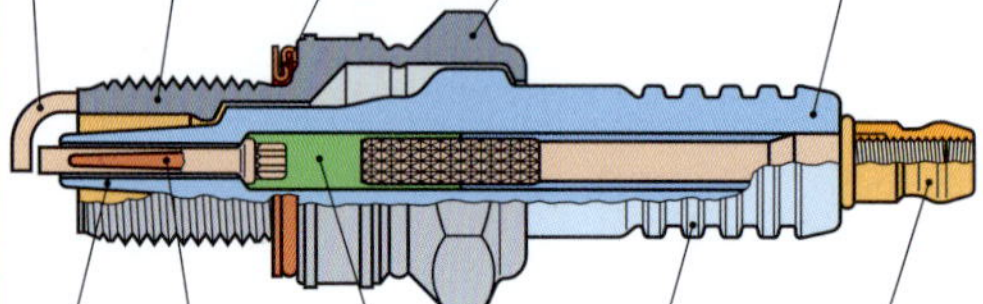

Bild 1: Aufbau einer Zündkerze

Zündkerzen gibt es in vielen verschiedenen Ausführungen. Sie unterscheiden sich in ihren äußeren Abmessungen, im Einschraubgewinde und durch den so genannten Wärmewert. Dieser ist ein Maß für die Wärmebelastbarkeit der Zündkerze und muss auf die Bedingungen des Motors abgestimmt sein.

Durch eine auf dem Gehäuse der Zündkerze angegebene Buchstaben/Zahlen-Kombination (Codierung) lassen sich die Zündkerzen unterscheiden.

Das Aussehen der Elektroden und des Isolatorfußes gibt Hinweise auf das Betriebsverhalten der Zündkerze sowie auf die Gemischzusammensetzung und den Verbrennungsvorgang des Motors.

18.7.2 Erzeugung des Zündfunkens

Damit an den Elektroden ein Funkenüberschlag stattfinden kann, ist eine hohe Spannung von über 20 000 V erforderlich.

Da die Fahrzeugbatterie in der Regel eine Nennspannung von 12 V hat und die Hochspannung nicht liefern kann, benötigt man eine Zündanlage.

Im Wesentlichen besteht die Zündanlage aus folgenden Bauteilen:

- Zündspule (Transformator)
- Zündzeitpunktgeber
- Zündbox (Blackbox, Steuergerät)

Die Erzeugung einer Hochspannung erfolgt bei Zündanlagen durch elektromagnetische Induktion.

18

Zündspule

Zündspulen bestehen aus zwei Spulen, einer Primärspule aus dickem isolierten Draht mit wenigen Windungen und einer Sekundärspule aus dünnem isolierten Draht mit vielen Windungen. Beide Spulen sitzen auf einem Eisenkern.

Ändert sich der Stromfluss durch die Primärwicklung schlagartig, wird das Magnetfeld, das der Primärstrom erzeugt, ebenfalls sehr schnell geändert. Diese Magnetfeldänderung wirkt auf die Sekundärwicklung und erzeugt hier durch die elektromagnetische Induktion eine Hochspannung.

Zur Erzeugung des Zündfunkens muss der Stromkreis in der Primärspule unterbrochen werden, um in der Sekundärspule eine Hochspannung zu induzieren.

Zündzeitpunktgeber

Bei mechanisch gesteuerten Unterbrecherzündanlagen wird der Strom in der Primärspule durch einen mechanischen Schalter (Unterbrecher) ein- und ausgeschaltet. Da ein mechanischer Schalter zu ungenau ist, Verschleiß aufzeigt und nicht wartungsfrei ist, werden heute vorwiegend elektronisch gesteuerte Zündsysteme verwendet.

Hier erfolgt die Auslösung der Zündung (d. h. der Funkenüberschlag an der Zündkerze) durch eine induktive Zündgeberspule, die einen Stromimpuls zur Zündbox sendet.

Zündbox

Die Zündbox hat die Aufgabe, das Signal des Zündimpulsgebers zu erfassen und zu verarbeiten, um dann über einen Transistor den Primärstrom ein- bzw. auszuschalten.

Man unterscheidet zwei Arten:

- Hochspannungs-Kondensatorzündanlage
- Transistorzündanlage

Hochspannungs-Kondensatorzündanlage

Das Polrad mit den Permanentmagneten (Dauermagneten) ist drehfest mit der Kurbelwelle verbunden. Die Spulen sind auf einer Grundplatte mit dem Kurbelgehäuse verschraubt. Dabei unterscheidet man Generatorspulen, Kondensatorladespulen und Impulsgeberspulen (**Bild 1, Seite 489**).

Durch Drehung des Polrades erzeugt (induziert) das Magnetfeld der Dauermagneten in der Kondensatorladespule eine Wechselspannung von ca. 300 V. Diese Wechselspannung wird durch eine Diode gleichgerichtet und lädt einen Speicherkondensator auf.

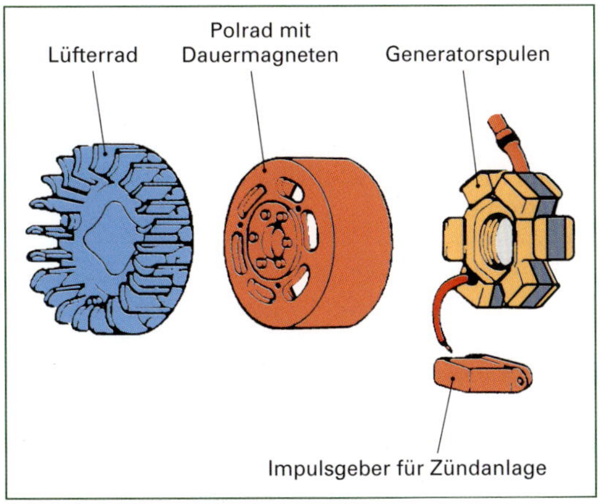

Bild 1: Magnetzünder-Generator

Im Zündzeitpunkt wird über die Impulsgeberspule ein Impulsstrom erzeugt, der einen Leistungsschalter (Thyristor) aktiviert **(Bild 2)**.

Dadurch kann sich der Kondensator über die Primärwicklung der Zündspule entladen. Durch den schnell fließenden Strom in der Primärwicklung wird ein schlagartig änderndes Magnetfeld erzeugt, welches auf die Sekundärwicklung wirkt und eine Hochspannung erzeugt.

Diese Hochspannung führt dann zum Funkenüberschlag an der Zündkerze.

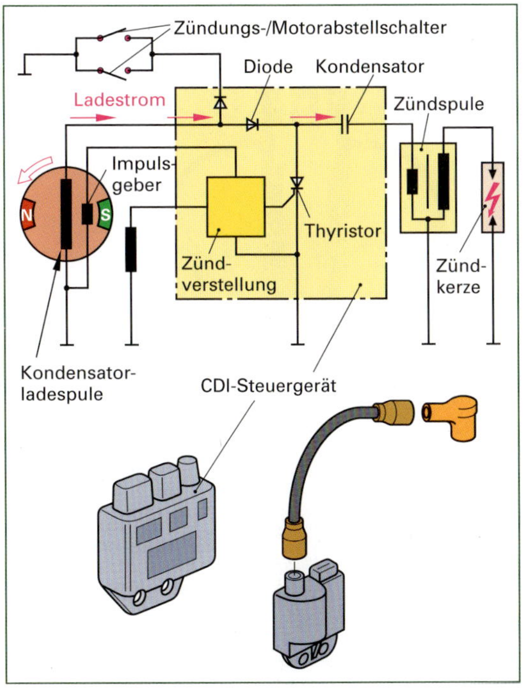

Bild 2: Hochspannungs-Kondensatorzündung

Transistorzündanlage

Bei größeren Zweirädern werden anstelle von Schwungmagnet-Zündanlagen Batteriezündanlagen verwendet. Das Funktionsprinzip ist ähnlich, allerdings wird hier der Primärstrom von der Fahrzeugbatterie geliefert und nicht von einem Polradgenerator. Ein elektronischer Schalter (Transistor) im Steuergerät (Zündbox) schaltet den Primärstrom ein- bzw. aus. Erhält die Zündbox im Zündzeitpunkt vom Impulsgeber ein Stromsignal, so sperrt der Transistor und der Primärstrom wird schlagartig unterbrochen. Das schnell zusammenbrechende Magnetfeld der Primärspule erzeugt in der Sekundärspule eine Hochspannung **(Bild 3)**.

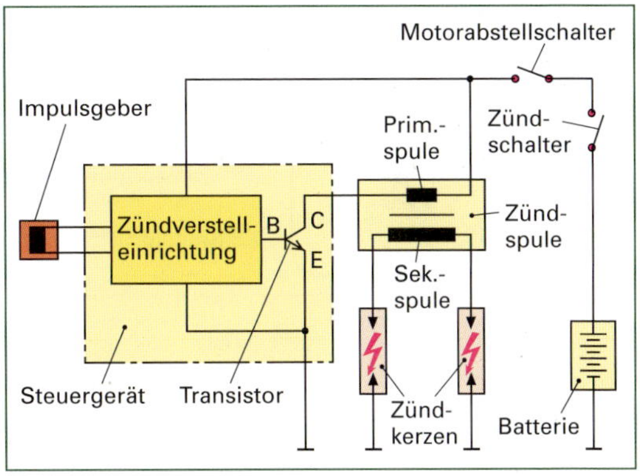

Bild 3: Transistorzündanlage

18.8 Gemischaufbereitung

Ottomotoren benötigen zur Verbrennung ein Kraftstoff-Luft-Gemisch. Da nur beim richtigen Mischungsverhältnis von 1 kg Kraftstoff mit 14,8 kg Luft eine optimale Verbrennung stattfindet, muss eine Gemischaufbereitung erfolgen. Damit sich der flüssige Kraftstoff mit der gasförmigen Luft vermischt, muss der Kraftstoff fein zerstäubt werden. Mit Hilfe eines Vergasers oder einer Benzineinspritzung wird für alle Betriebszustände des Motors (Leerlauf, Teillast, Volllast) die benötigte Gemischmenge bereitgestellt.

18.8.1 Vergaser

Die Bezeichnung Vergaser ist nicht korrekt, da der Kraftstoff nicht vergast, sondern nur fein zerstäubt wird.

Aufbau des Vergasers

Die mit Kraftstoff anzureichernde Luft wird durch einen Lufttrichter (Venturirohr) vom Motor angesaugt. An einer Engstelle erhöht sich die Strömungsgeschwindigkeit der Luft.

Durch die hohe Gasgeschwindigkeit entsteht an der Engstelle ein Unterdruck. Bringt man hier eine Bohrung mit einem Zuflussröhrchen für den Kraftstoff an, so wird der Kraftstoff durch den Unterdruck angesaugt. Damit der Kraftstoff fein genug zerstäubt werden kann, wird mit Hilfe von „Vorluft" der Kraftstoff im Ansaugröhrchen verschäumt (**Bild 1**).

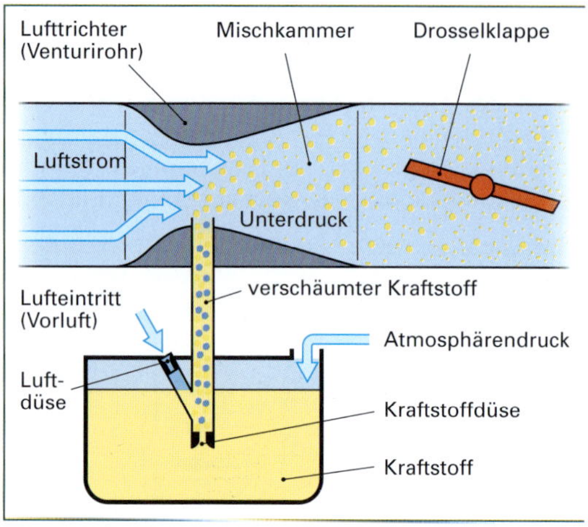

Bild 1: Prinzipbild Vergaser

Die Regulierung der gesamten angesaugten Gemischmenge erfolgt über die Drosselklappe, die je nach Fahrerwunsch, d. h. Gasgriffstellung, den Vergaserquerschnitt vergrößert oder verkleinert und damit die Menge des Kraftstoff-Luft-Gemischs verändert. Auf das Mischungsverhältnis hat die Drosselklappe keinen Einfluss. Über die Düsen können die maximal möglichen Mengen von Luft bzw. Kraftstoff beeinflusst werden.

Im Zweiradbereich findet man zwei Arten von Vergasern, die je nach Richtung des Luftstromes als Flachstrom- oder Schrägstromvergaser ausgeführt werden:

- Schiebervergaser
- Gleichdruckvergaser

Schiebervergaser

Kleinere Zweiradmotoren arbeiten mit Schiebervergasern **(Bild 2)**. Hier wird die Gemischmenge nicht über eine Drosselklappe, sondern über einen beweglichen Schieber im Lufttrichter bestimmt.

Eine Feder drückt den Gasschieber nach unten, der Lufttrichter ist stark verengt, die Gemischmenge ist gering. Dreht der Fahrer am Gasgriff, wird über den Gaszug der Schieber nach oben gezogen, der Querschnitt wird größer, die angesaugte Gemischmenge wird größer. Über die Düsennadel und Nadeldüse wird die Kraftstoffmenge reguliert. Bei geschlossenem Schieber ist die Gemischmenge gering.

Da aber der Querschnitt des Lufttrichters klein ist, wird durch die große Strömungsgeschwindigkeit und dem damit verbundenen großen Unterdruck viel Kraftstoff angesaugt. Die am Schieber befestigte Düsennadel verkleinert den Austrittsquerschnitt für den Kraftstoff analog zur Abnahme des Luftstromes.

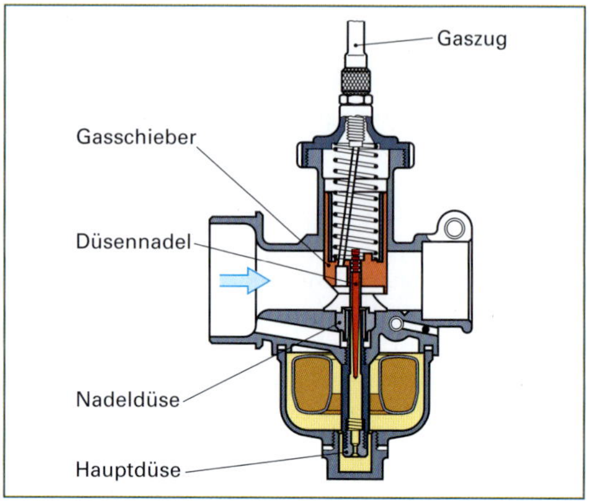

Bild 2: Schiebervergaser

Gleichdruckvergaser

Neben der Drosselklappe, die mit dem Gasgriff mechanisch verbunden ist und zur Regulierung der Gemischmenge dient, ist im Lufttrichter zusätzlich ein Gasschieber (Kolben) angebracht. Der Gasschieber wird hier jedoch nicht über den Gaszug, sondern über eine Membrane verschoben (**Bild 3**).

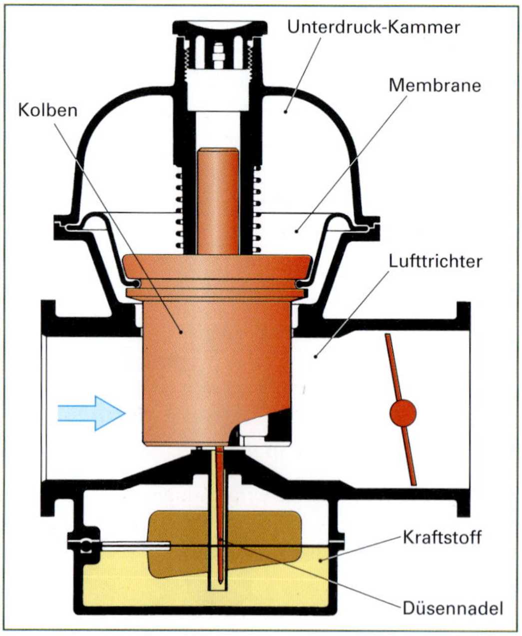

Bild 3: Gleichdruckvergaser

Die Oberseite der Membrane wird über eine Bohrung mit dem Unterdruck des Lufttrichters beaufschlagt. Unterhalb der Membran herrscht Umgebungsdruck. Wird die Drosselklappe geöffnet, steigt mit dem Luftstrom die Strömungsgeschwindigkeit und der Unterdruck im Lufttrichter.

Dadurch wird der Gasschieber nach oben verschoben und der Querschnitt im Lufttrichter größer. Als Folge daraus sinkt der Unterdruck wieder.

Der Unterdruck im Lufttrichter ist nahezu in jedem Betriebszustand konstant und unabhängig vom Luftdurchsatz. Dies führt zu einem besseren Übergangsverhalten beim Beschleunigen.

18.8.2 Einspritzanlage

Einspritzanlagen kommen bei kleineren Zweiradmotoren nur selten zum Einsatz. Durch immer strengere Abgasvorschriften werden Einspritzanlagen im Zweiradbereich aber an Bedeutung gewinnen. Mit einer elektronisch geregelten Benzineinspritzung kann der Kraftstoffverbrauch, das Abgasverhalten (Katalysator) und die Motorleistung erheblich verbessert werden.

Eine Einspritzanlage besteht aus:

- Kraftstoffpumpe und -versorgung
- Sensoren
- Steuergerät
- Einspritzdüsen

Über die Kraftstoffpumpe und den Druckregler muss der Kraftstoff unter einen bestimmten Druck gehalten werden.

Sensoren erfassen:

- Lufttemperatur
- Luftmenge
- Motortemperatur
- Drosselklappenstellung
- Motordrehzahl

Das Steuergerät errechnet aus den Sensorsignalen die benötigte Kraftstoffmenge und bestimmt die Einspritzdauer.

Das Steuergerät steuert im Ansaugtakt die Einspritzventile an, die dann die benötigte Kraftstoffmenge in den Ansaugkanal einspritzen.

Durch das Einspritzen wird der Kraftstoff fein zerstäubt und kann sich mit der angesaugten Luft gut vermischen.

18.9 Abgasanlage

Die Abgasanlage hat folgende Aufgaben:

- Die bei der Verbrennung frei werdenden Abgase an einer geeigneten Stelle am Fahrzeug ins Freie leiten
- Die Geräuschentwicklung reduzieren
- Schadstoffe im Abgas mit Hilfe eines Katalysators minimieren
- Die Leistungscharakteristik des Motors optimieren

Beim Öffnen des Auslassventils oder des Auslasskanals haben die Abgase noch einen Überdruck von 3 bis 5 bar. Die Abgase würden ohne Schalldämpfer mit großer Geschwindigkeit auf die Umgebungsluft prallen und sehr laute Geräusche erzeugen. Da der Gesetzgeber die Fahrgeräusche von Kraftfahrzeugen auf maximal 80 dB (A) festgelegt hat, benötigen die Abgasanlagen einen Schalldämpfer.

Der Schall kann mit Reflexion **(Bild 1)** oder Absorption **(Bild 2)** gedämpft werden. Bei der Reflexion werden die Schallwellen durch Hindernisse umgelenkt und zurückgeworfen. Bei der Absorption werden die Schallwellen durch einen Schallschluckstoff geleitet und die Schallenergie durch Reibung in Wärme umgewandelt.

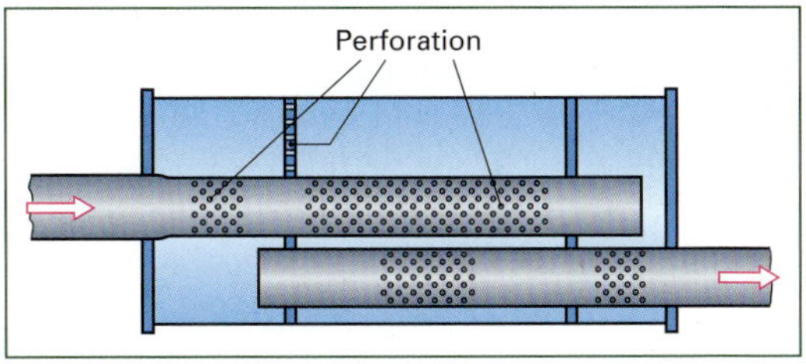

Bild 1: Reflexionsschalldämpfer

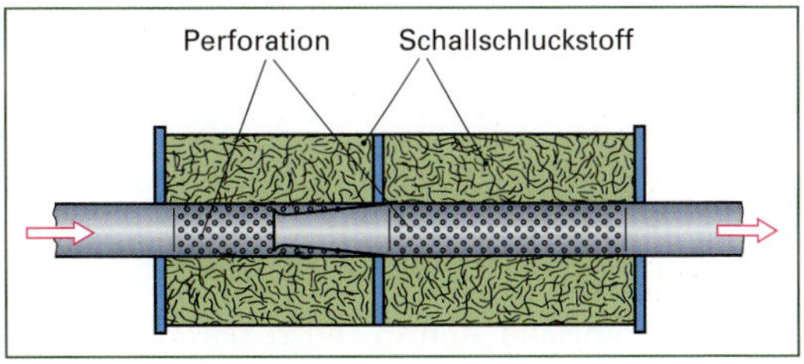

Bild 2: Absorptionsschalldämpfer

Die Auspuffanlage bei Zweitaktmotoren hat aufgrund des offenen Gaswechsels eine wichtige Funktion bei der Leistungsentfaltung des Motors. Über die Gasdynamik, d. h. durch Über- und Unterdruckwellen, wird der Gaswechsel mit gesteuert und damit die Füllung des Motors optimiert.

19 Wirtschaftskunde

Das Wirtschaften ist so alt wie die Menschheit selbst, egal ob getauscht oder bezahlt wird. Jeder selbstständig handelnde Mensch hat zu planen und zu entscheiden, zum Beispiel, wie man sein monatliches Einkommen verwendet. Kein Unternehmen kann sich auf Dauer erfolgreich am Markt behaupten, wenn es nicht wirtschaftlich arbeitet. Die Arbeit wird von den Mitarbeitern erledigt. Es ist leicht vorstellbar, dass nur wirtschaftlich orientiertes Handeln jedes Einzelnen in der Summe den gewünschten Erfolg für den Betrieb bringt.

19.1 Grundlagen der Wirtschaftskunde

Jeder Mensch braucht Güter, um zu existieren. Die Wirtschaft produziert die unterschiedlichsten Güter und stellt sie dem Verbraucher bereit.

19.1.1 Bedürfnisse

Ein Bedürfnis beschreibt einen Mangelzustand, verbunden mit dem Bestreben, diesen Mangel zu beseitigen. Jeder Mensch hat Bedürfnisse, zum Beispiel das Bedürfnis zu essen und zu trinken, zu schlafen, das Bedürfnis nach sozialer Sicherheit und nach Selbstverwirklichung. Diese Bedürfnisse wachsen ständig und sind praktisch unbegrenzt. Ist ein niederrangiges Bedürfnis erfüllt, treten höherrangige Bedürfnisse in den Vordergrund.

19.1.2 Wirtschaften

Nur wenige Güter stehen kostenlos und in ausreichendem Maße zur Bedürfnisbefriedigung zur Verfügung. Die Knappheit der Güter zwingt die Menschen zum Wirtschaften.

Wirtschaften resultiert aus dem Spannungsverhältnis zwischen den wachsenden Bedürfnissen und der Begrenztheit der Mittel. Es bedeutet das Entscheiden über die Bereitstellung der knappen Güter zum Zwecke der Bedürfnisbefriedigung.

Das Ökonomische Prinzip, auch als Wirtschaftlichkeitsprinzip bezeichnet, ist die Grundlage jedes Wirtschaftens. Es leitet sich ab aus dem Rationalprinzip, welches besagt, dass der Mensch ein Ziel immer mit dem geringst möglichen Einsatz erreichen will.

Das ökonomische Prinzip stellt das Verhältnis des Aufwandes zum Ertrag folgendermaßen dar **(Bild 1)**:

❶ **Minimumprinzip:**

Mit einem minimalen Aufwand (Einsatz) soll ein vorgegebener Ertrag erzielt werden.

❷ **Maximumprinzip:**

Mit einem vorgegebenen Aufwand soll ein maximaler Ertrag erzielt werden.

Bild 1: Ökonomisches Prinzip

Die **Produktivität** ist eine wichtige betriebliche Kennzahl. Sie bestimmt das Verhältnis zwischen der Menge an Aufwand und der Menge an Ertrag. Sie gibt Antwort auf die Frage, mit welchen Mengen an Einsatzfaktoren (z. B. Arbeit, Material, Maschinen) der Betrieb eine bestimmte Menge an Ausbringung erzeugt.

$$\text{Produktivität} = \frac{\text{Ausbringungsmenge}}{\text{Einsatzmenge}}$$

So ist zum Beispiel die Arbeitsproduktivität das Verhältnis der Ausbringungsmenge zur dazu eingesetzten Menge an Arbeit.

Man stelle sich vor, es soll eine Kleinserie an Fahrradrahmen hergestellt werden. Je weniger Arbeitszeit anfällt und je geringer der Materialverschnitt, desto höher ist die Arbeitsproduktivität.

Im Gegensatz zur Produktivität ist die **Wirtschaftlichkeit** der wertmäßige Maßstab für die Beachtung des ökonomischen Prinzips.

Ein Betrieb arbeitet wirtschaftlich, wenn die am Markt erzielten Verkaufspreise (Erlöse) die Kosten der Leistungserstellung übersteigen.

$$\text{Wirtschaftlichkeit} = \frac{\text{Erlöse}}{\text{Kosten}}$$

Bei einem Ergebnis von mehr als 1 arbeitet der Betrieb wirtschaftlich.

Die **Rentabilität** ist eine Kennziffer, mit der der finanzielle Erfolg eines Unternehmens gemessen wird.

Die **Liquidität** ist die Fähigkeit eines Betriebes, jederzeit seine Zahlungsverpflichtungen erfüllen zu können. Sie ist abhängig vom Bestand an Geld, von Geldeingängen und von Geldabflüssen.

Illiquidität liegt vor, wenn Zahlungsunfähigkeit vorliegt und ist grundsätzlich ein Konkursgrund.

19.2 Der Betrieb

Betriebe sind arbeitsteilige, leistungserbringende Wirtschaftseinheiten mit dem Ziel der Fremdbedarfsdeckung. Sie produzieren Sach- und Dienstleistungen und bieten diese auf den Märkten an. Die Begriffe Betrieb, Unternehmen und Unternehmung werden oft gleichgesetzt.

19.2.1 Merkmale der Unternehmung

Ein privatwirtschaftliches Unternehmen arbeitet immer nach dem erwerbswirtschaftlichen Prinzip, bei der die Erzielung von Gewinnen im Vordergrund steht. Ein öffentlicher Betrieb (z. B. Abwasserbetrieb, Müllabfuhr) arbeitet nach dem Prinzip der Kostendeckung.

19.2.2 Rechtsformen

Vor der Gründung eines Unternehmens ist die Frage zu beantworten, mit welcher Rechtsform es im Inneren zu organisieren ist und wie es sich nach außen darstellen soll.

Die juristische Grundlage der Rechtsformen ist im Gesellschafterrecht (Handelsgesetzbuch, GmbH-Gesetz, Aktiengesetz, Bürgerliches Gesetzbuch, Genossenschaftsgesetz) festgelegt.

Grundsätzlich wird unterschieden zwischen der Einzelunternehmung und der Gesellschaftsunternehmung.

Bei der Einzelunternehmung wird das Eigenkapital von einer einzelnen Person (meist der Unternehmer) aufgebracht. Größere Betriebe sind meist Gesellschaftsunternehmungen, bei denen zwei oder mehr Personen das Eigenkapital aufbringen.

Je nachdem, ob die Gesellschafter den Gläubigern gegenüber persönlich haften oder nur mit dem Gesellschaftsvermögen, unterscheidet man **Personengesellschaften** und **Kapitalgesellschaften.**

Personengesellschaften sind

- Einzelunternehmen
- Offene Handelsgesellschaften
- Kommanditgesellschaften
- Gesellschaft des bürgerlichen Rechts

Ein **Einzelunternehmen** ist ein Betrieb, dessen Eigenkapital von einer Person aufgebracht wird und die das Unternehmen verantwortlich leitet.

Dieser Person steht der gesamte Gewinn zu; sie haftet aber auch mit ihrem gesamten Vermögen für mögliche Verbindlichkeiten.

Eine Offene **Handelsgesellschaft** (OHG) ist eine vertragliche Vereinigung von zwei oder mehr Personen zum Betrieb eines Handelsgewerbes unter einem gemeinschaftlichen Firmennamen. Alle Gesellschafter haften unbeschränkt mit dem Geschäfts- und ihrem Privatvermögen. Eine OHG muss in das Handelsregister eingetragen werden und im Firmenname den Zusatz OHG enthalten.

Eine **Kommanditgesellschaft** (KG) ist eine vertragliche Vereinigung von zwei oder mehr Personen zum Betrieb eines Handelsgewerbes, wobei mindestens ein Gesellschafter unbeschränkt und mindestens ein Gesellschafter beschränkt haftet.

Den Vollhafter nennt man **Komplementär**, den Teilhafter **Kommanditist**.

Zur Geschäftsführung und Vertretung der Kommanditgesellschaft sind nur die Vollhafter, nicht hingegen die Kommanditisten befugt. Die Kommanditisten haben das Recht auf Gewinnanteile, auf Information, auf Widerspruch und auf Kündigung. Sie haften nur bis zur Höhe ihrer Einlage in das Gesellschaftervermögen.

Eine Kommanditgesellschaft muss im Handelsregister eingetragen werden und den Namenszusatz KG führen.

Eine **Gesellschaft bürgerlichen Rechts** (GbR) wird auch als BGB-Gesellschaft (BGB = Bürgerliches Gesetzbuch) bezeichnet. Sie kann als Grundform der Personengesellschaften angesehen werden. Es handelt sich um eine einfache Zusammenfassung von Personen, die einen gemeinsamen Zweck verfolgen.

Die GbR ist auch die Rechtsform von Kleinbetrieben, die keinen kaufmännisch eingerichteten Geschäftsbetrieb haben. Alle Gesellschafter haften mit ihrem vollen Privatvermögen.

Kapitalgesellschaften sind

- Gesellschaft mit beschränkter Haftung
- Aktiengesellschaft

Eine **Gesellschaft mit beschränkter Haftung** (GmbH) ist eine Handelsgesellschaft mit eigener Rechtspersönlichkeit. Diese Gesellschaftsform ist bei kleinen und mittleren Unternehmen sehr beliebt, weil die persönliche Haftung beschränkt ist.

Die Gesellschafter sind mit ihren Stammeinlagen am Stammkapital beteiligt.

Für Verbindlichkeiten der Gesellschaft haftet den Gläubigern nur das Gesellschaftsvermögen; die Haftung eines Gesellschafters beschränkt sich jeweils auf seine Einlage.

Eine GmbH wird von einem angestellten Geschäftsführer geleitet, der als juristische Person gilt und von der Gesellschafterversammlung überwacht wird.

Eine GmbH kann auch als „Ein-Mann-Gesellschaft" betrieben werden. Der Unternehmer riskiert lediglich seine Stammeinlage.

Es muss ein notariell beurkundeter Gesellschaftervertrag abgeschlossen und die GmbH ins Handelsregister eingetragen werden.

Eine **Aktiengesellschaft** (AG) ist eine Handelsgesellschaft mit eigener Rechtspersönlichkeit (= juristische Person). Die Gesellschafter (Aktionäre) sind mit ihren Einlagen auf das in Aktien zerlegte Grundkapital beteiligt (Aktien sind Urkunden über die Beteiligung an der AG). Die Aktionäre haften nicht für die gesamten Verbindlichkeiten der Gesellschaft – sie riskieren lediglich ihren Kapitaleinsatz.

Die Leitung einer AG übernimmt der Vorstand, der vom Aufsichtsrat gewählt wird. Der Aufsichtsrat wiederum besteht aus Mitgliedern der Hauptversammlung, dem beschlussfassenden Organ einer AG. Fast alle deutschen Großunternehmen sind Aktiengesellschaften.

Neben den genannten Gesellschaften gibt es noch zahlreiche weitere, wie beispielsweise Vereine, Partnerschaften, Genossenschaften, Stille Gesellschaften oder Versicherungsvereine auf Gegenseitigkeit. In der Praxis begegnet man auch häufig Mischformen zwischen Personen- und Kapitalgesellschaften. Hier sind zu nennen die Kommanditgesellschaft auf Aktien (KGaA) oder die GmbH & Co KG.

19.2.3 Organisation eines Betriebes

Die Organisation eines Betriebes ist von maßgeblicher Bedeutung für die fach- und fristgerechte Erfüllung seiner Aufgaben. Organisieren heißt Personen und Sachen sinnvoll einander zuordnen, sodass ein reibungsloses Zusammenwirken sichergestellt ist. Durch die Organisationsform werden Führungsbefugnisse festgelegt und Zuständigkeiten eindeutig geregelt.

In einem Organisationsbereich wird geregelt ...

WER	etwas bearbeitet,
WANN	etwas bearbeitet wird,
WO	etwas bearbeitet wird,
WOMIT	etwas bearbeitet wird,
WAS	bearbeitet wird,
WIE	etwas bearbeitet wird.

Es wird unterschieden nach der Aufbauorganisation und der Ablauforganisation eines Betriebes.

Die **Aufbauorganisation** untersucht den Aufbau des Betriebes, die Betriebsgliederung in Organisationseinheiten **(Bild 1)** und die Aufgabenzuordnung und Funktionsverteilung auf diese Einheiten, wie etwa die Größe der Reparaturabteilung und wie viel Mitarbeiter dort zu arbeiten haben.

Die **Ablauforganisation** befasst sich mit der optimalen Gestaltung und Verknüpfung der Arbeitsabläufe.

So orientiert sich die Aufgabenverteilung im Fahrradgeschäft sehr stark an saisonalen Anforderungen. Während der Zeit der Bevorratung mit neuer Ware kurz vor dem Saisonstart werden gewöhnlich mehr Mitarbeiter für die Einlagerung und Komplettierung von Ware benötigt als sonst.

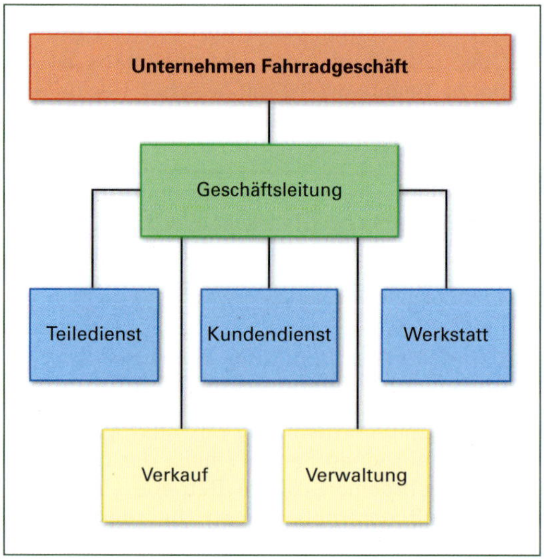

Bild 1: Betriebsgliederung eines Fahrradgeschäftes

19.2.4 Lagerhaltung

Unter einem Lager versteht man einen Ort, an dem Ware auf Vorrat aufbewahrt wird. Die Notwendigkeit der Lagerhaltung ergibt sich aus den Differenzen zwischen Wareneinkauf und Warenverkauf. Die **Aufgaben** der Lagerhaltung sind:

- Überbrücken von Lieferschwierigkeiten beim Wareneinkauf
- Ausnutzen von Vorteilen des Großeinkaufs (Mengenrabatt)
- Bereithalten eines ausreichend breiten und tiefen Sortiments für Kundenware
- Sichern einer gleichmäßigen Beschäftigung der Mitarbeiter trotz Schwankungen beim Verkauf der Ware

Man unterscheidet verschiedene **Lagerarten**:

- Handlager. Das kleinste Lager in einer Schublade des Werkzeugkastens oder der Werkbank.
- Versandlager. Hier lagert die Ware, die unmittelbar versandt wird.
- Verkaufslager. Die Ware wird im Verkaufsraum gelagert und unmittelbar an die Kunden verkauft (Palettenverkauf, Erfindung der Lebensmitteldiscounter).
- Reservelager. Findet man meist in der Nähe der Verkaufräume. Hauptaufgabe ist die schnelle Ergänzung der Bestände im Verkaufslager.
- Zwischenlager. Kann als Pufferlager dienen, um z. B. Kundenfahrzeuge während der Reparatur zwischenzulagern.
- Ersatzteillager. Lager für Ersatzteile für die Werkstatt.
- Zentrallager. Als Verteillager für Waren an ein Filialnetz.
- Außenlager, Lager, welches sich nicht in unmittelbarer Nähe zur Werkstatt befindet.

Weiterhin ist zwischen Eigen- und Fremdlagerung zu unterscheiden.

Eigenlagerung

Räume, Einrichtung und Personal gehören zur eigenen Firma. Die Vorteile sind:

- Schneller Zugriff auf benötigte Waren
- Einfache Kontrolle des Warenbestandes
- Hoher Grad an Flexibilität

Fremdlagerung

Die Waren werden von einem gewerbsmäßigen Lagerhalter aufbewahrt. Die Vorteile sind:

- Keine internen Lagerkosten
- Mehr Platz auf dem Betriebsgelände
- Sinnvoll, wenn das Fremdlager zentral liegt (Nähe zur Autobahn, Flughafen, Bahnhof)

Lagerkosten sind:

- Raumkosten (Miete)
- Nebenkosten (Heizung, Strom, Wasser)
- Lagereinrichtung (Regale)
- Lagerverwaltung (Löhne, Büromaterial)
- Lagerrisiko (Wertverlust, Versicherung, Diebstahl, Transportschäden)

Bei der **Lagerorganisation** ist zu beachten:

- Geräumigkeit
- Übersichtlichkeit und schnell greifbar
- Kurze Wege
- Notwendige Brandschutzmaßnahmen

Der Aufbau des Lagers sollte dem Materialfluss entsprechen.

Annahme → Eingangskontrolle → Transport zur Lagerstelle → Einlagerung → Überwachung → Warenpflege → Warenausgabe

Wichtig sind Maßnahmen zur **Kontrolle** des Lagers durch Buchen der Warenbewegungen. Hier bietet sich ein computergestütztes Warenwirtschaftssystem an. Regelmäßige und kurze Inventurintervalle sind zu bevorzugen.

Optimaler Lagerbestand

Der permanente Zielkonflikt bei der Lagerhaltung heißt: „So wenig wie möglich, so viel wie nötig!“

Gebundenes Kapital in Form eines hohen Lagerbestandes ist totes Kapital. Ein optimaler Lagerbestand verursacht geringe Lagerkosten.

Zu niedrige Lagerbestände durch unvollständiges Sortiment oder lange Lieferzeiten führen zu Kundenverlusten.

Zu hohe Lagerbestände führen zu hohen Lagerkosten und der Gefahr von „alter Ware“.

Im Einkauf liegt der Gewinn.

Maßnahmen gegen hohe Lagerbestände können Sonderverkäufe mit hohe Rabatten sein, die aber die Ausnahme bleiben sollten, da sonst der Gewinn dauerhaft erniedrigt wird.

Man unterscheidet folgende **Lagerbestände**:

Der **Mindestbestand** (auch *Sicherheitsbestand* oder veraltet *eiserne(r) Bestand/Reserve*) ist der Lagerbestand, der nie unterschritten werden darf, um die Produktion auch in Notfällen aufrecht erhalten zu können.

Bei Erreichen des **Meldebestandes** durch Entnahmen aus dem Lagerbestand muss eine Bestellung ausgelöst werden. Der Meldebestand bestimmt somit den Bestellzeitpunkt. Der Meldebestand ist abhängig von der Lieferzeit und dem Tagesbedarf.

Meldebestand = Tagesbedarf × Beschaffungszeit + Mindestbestand

Der **Höchstbestand** ist dann erreicht, wenn die Ware eingetroffen ist. Die Höhe ist von der optimalen Bestellmenge **(Bild 1)** abhängig.

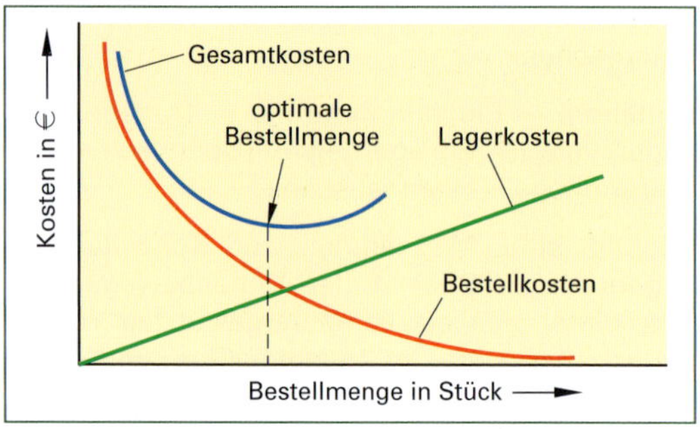

Bild 1: Optimale Bestellmenge

Die **Lagerkennziffern** geben Auskunft zur Wirtschaftlichkeit des Lagers. Durch den Vergleich der jährlichen Lagerkennziffern lassen sich Schwachstellen in der Lagerhaltung feststellen.

$$\text{ø Lagerbestand} = \frac{\text{Jahresanfangsbestand} + 12 \text{ Monatsendbestände}}{13}$$

$$\text{Lagerumschlagshäufigkeit} = \frac{\text{Lagerabgänge}}{\text{ø Lagerbestand}}$$

$$\text{ø Lagerdauer} = \frac{360 \text{ Tage}}{\text{Lagerumschlagshäufigkeit}}$$

Wert der Lagerumschlagshäufigkeit: Geringe Werte bedeuten lange Verweildauer im Lager, d. h. es entstehen hohe Kosten.

Wert der durchschnittlichen Lagerdauer: Je kleiner dieser Betrag, desto geringer fallen die Lagerkosten aus.

19.2.5 Kalkulation

In jedem Unternehmen entstehen Kosten, gleich, ob im Betrieb gearbeitet wird oder nicht. Energiekosten und Miete fallen immer an. Diese Kosten bezeichnet man als **fixe Kosten** (feste Kosten).

Daneben gibt es **variable Kosten**, die nur durch Geschäftstätigkeit, wie etwa eine Reparatur oder eine andere Servicetätigkeit, entstehen. Beide Kostenarten fließen in die Preiskalkulation ein, müssen jedoch unterschiedlich bewertet werden. Fixkosten werden anteilig, variable Kosten vollständig in den Preis einbezogen.

Wie teuer ein Produkt oder eine Dienstleistung verkauft werden kann, wird wesentlich durch Angebot und Nachfrage bestimmt. Kauft der Betrieb größere Mengen an Ware beim Lieferanten ein, bekommt er Nachlässe beim Einkaufspreis.

Ist ein Überangebot einer bestimmten Ware am Markt oder entspricht sie nicht den Vorstellungen der Kunden, kann der kalkulierte Verkaufpreis nicht erzielt werden.

Die Art wie kalkuliert wird, ist demnach von mehreren Faktoren abhängig. Grundsätzlich gibt es drei Kalkulationsarten:

Vorwärtskalkulation (Beispiel):

Listeneinkaufspreis	262,15 €
Kundenrabatt	3,00 %
Bezugskosten	7,35 €
Gewinnzuschlagsatz	25,00 %
Mengenrabatt	3,00 %
Handlungskostenzuschlagsatz	13,25 %
Lieferskonto	2,00 %
Umsatzsteuer	19,00 %
Kundenskonto	2,00 %

Listeneinkaufspreis		262,15 €
– Rabatt des Lieferanten	3,00 %	7,86 €
= Zieleinkaufspreis		**254,29 €**
– Lieferskonto	2,00 %	5,09 €
= Bareinkaufspreis		**249,20 €**
+ Bezugskosten		7,35 €
= Einstandspreis		**256,55 €**
+ Handlungskosten	13,25 %	33,99 €
= Selbstkostenpreis		**290,54 €**
+ Gewinn	25,00 %	72,64 €
= Barverkaufspreis		**363,18 €**
+ Kundenskonto	2,00 %	7,26 €
= Zielverkaufspreis		**370,44 €**
+ Kundenrabatt	3,00 %	11,11 €
= Listenverkaufspreis (netto)		**381,55 €**
+ Umsatzsteuer	19,00 %	72,50 €
= Bruttoverkaufspreis	**454,05 €**	

Rückwärtskalkulation (Beispiel):

Bruttoverkaufspreis	370,00 €
Bezugskosten	7,35 €
Kundenrabatt	3,00 %
Lieferskonto	2,00 %
Kundenskonto	2,00 %
Lieferrabatt	3,00 %
Gewinnzuschlag	25,00 %
Umsatzsteuer	19,00 %
Handlungskosten	13,25 %

Listeneinkaufspreis		217,59 €
+ Rabatt des Lieferanten	3,00 %	6,53 €
= Zieleinkaufspreis		**211,06 €**
+ Lieferskonto	2,00 %	4,22 €
= Bareinkaufspreis		**206,84 €**
– Bezugskosten		7,35 €
= Einstandspreis		**214,19 €**
– Handlungskosten	13,25 %	28,38 €
= Selbstkostenpreis		**242,57 €**
– Gewinn	25,00 %	60,64 €
= Barverkaufspreis		**303,21 €**
– Kundenskonto	2,00 %	6,19 €
= Zielverkaufspreis		**309,40 €**
– Kundenrabatt	3,00 %	9,57 €
= Listenverkaufspreis		**318,97 €**
– Umsatzsteuer	19,00 %	60,60 €
= Bruttoverkaufspreis	**379,57 €**	

Differenzkalkulation (Beispiel):

Listeneinkaufspreis	262,15 €
Handlungskosten	13,25 %
Bruttoverkaufspreis	370,00 €
Bezugskosten	7,35 €
Kundenrabatt	3,00 %
Lieferskonto	2,00 %
Kundenskonto	2,00 %
Lieferrabatt	3,00 %
Gewinnzuschlag	25,00 %
Umsatzsteuer	19,00 %

Listeneinkaufspreis		262,15 €
– Rabatt des Lieferanten	3,00 %	7,86€
= Zieleinkaufspreis		**254,29 €**
– Lieferskonto	2,00 %	5,09 €
= Bareinkaufspreis		**249,20 €**
+ Bezugskosten		7,35€
= Einstandspreis		**256,55 €**
+ Handlungskosten		33,99 €
= Selbstkostenpreis	**290,54 €**	
Gewinn	4,36 %	12,67 €
= Barverkaufspreis		**303,21 €**
– Kundenskonto	2,00 %	6,19 €
= Zielverkaufspreis		**309,40 €**
– Kundenrabatt	3,00 %	9,57 €
= Listenverkaufspreis		**318,97 €**
– Umsatzsteuer	19,00 %	60,60 €
= Bruttoverkaufspreis	**379,57 €**	

Da sich das Kaufverhalten immer schneller ändert, kalkuliert man bei größeren Einkäufen von Ware (z. B. von Fahrrädern zum Saisonstart) im Voraus, zu welchem Preis diese zu verkaufen sind. Nach Abschluss der Verkaufssaison wird noch einmal nachkalkuliert, ob der gewünschte Ertrag erzielt worden ist.

19.3 Markt

Der Markt ist der Ort, wo sich Angebot und Nachfrage treffen. Man unterscheidet den Beschaffungsmarkt und den Absatzmarkt.

19.3.1 Markt und Wettbewerb

Jedes Unternehmen muss den für sich maßgeblichen Markt bestimmen. Anbieter sind alle produzierenden Betriebe und Handelsbetriebe.

Nachfrager sind die Konsumenten (Kunden), aber auch produzierende Betriebe und Handelsbetriebe selbst sowie öffentliche Institutionen.

Die Vorstellung von Marketing bestand nicht immer. Sie ergab sich erst aus der volkswirtschaftlichen Entwicklung vom Verkäufermarkt zum Käufermarkt.

info

Verkäufermarkt:
Die Nachfrage nach Gütern und Dienstleistungen ist größer als das Angebot an Gütern und Dienstleistungen

Käufermärkte:
Die Nachfrage ist geringer als das Angebot.

Auf dem Verkäufermarkt war ein Bemühen um den Kunden nicht nötig. Erst mit der Zunahme der Angebotsmenge wurde es notwendig, aktiv an den Markt heranzugehen. Marketinginstrumente wie Werbung, Präsentation und Verkaufstraining kamen verstärkt zum Einsatz. Es erfolgte eine immer mehr zunehmende Marktsättigung und Konkurrenz.

Marketing ist die zielbewusste, planmäßige und organisatorische Einflussnahme des Unternehmens auf den Absatzmarkt.

Heute müssen die Anbieter den Markt aktiv gestalten. Die Anbieter müssen sich und ihre Produkte bekannt machen und müssen den Kontakt zu ihren Kunden suchen und pflegen.

Bei der Erschließung und Pflege von Absatzmärkten gilt es, durch Marktbeobachtung, Markterkundung und Marktforschung und durch die Pflege des Kundenvertrauens Dauerbeziehungen auf- und auszubauen.

Die Erschließung von Märkten seitens der Anbieter erfolgt gleichzeitig in dreifacher Hinsicht:

- Räumlich: Wo können Produkte konkurrenzfähig angeyten werden?
- Sächlich: Welche Produkte werden nachgefragt?
- Zeitlich: Wann ist der beste Zeitpunkt?

Der Markt wird maßgeblich bestimmt von der Anzahl der Wettbewerber, die um die Aufträge konkurrieren. Ist nur ein marktbeherrschender Anbieter am Markt tätig, spricht man von einem Monopol. Einen Markt mit vielen und in etwa gleich starken Teilnehmern bezeichnet man als Polypol. Das Oligopol steht zwischen den Marktformen des Monopols und des Polypols. Gekennzeichnet ist es vor allem durch die Anzahl und Größe der Anbieter und Nachfrager. Beispiel: Der Strommarkt in Deutschland besteht aus vier Großkonzernen, die sich auf 80 % des Erzeugermarktes verteilen.

19.3.2 Marketinginstrumente

Die vier Instrumente des Marketing sind

- Preispolitik
- Produktpolitik
- Distributionspolitik
- Kommunikationspolitik

Die **Preispolitik** hat die Aufgabe, die Preise als Gegenleistung für die angebotenen Produkte so festzusetzen, dass ihr Absatz dauerhaft gewährleistet ist und ein ausreichender Gewinn erzielt wird.

Die **Produktpolitik** umfasst alle Entscheidungen und Maßnahmen, welche die Entwicklung und Gestaltung von Produkten, die Zusammensetzung des Produktprogramms sowie die Zusatzleistungen wie Kundendienst und Gewährleistung betreffen. Eine Mitwirkung durch den Händler ist dabei unerlässlich.

Die **Distributionspolitik** umfassen Maßnahmen, die den Absatz der Produkte organisatorisch sicherstellen und die Lagerhaltung.

Die **Kommunikationspolitik** umfasst die Felder Öffentlichkeitsarbeit, Werbung und Verkaufsgespräche.

19.4 Der Verkauf

Die Betriebe müssen sich darauf einstellen, dass am Markt nicht der Anbieter, sondern der Käufer die stärkere Stellung hat.

19.4.1 Der Kunde

Kundenorientierung bedeutet, dass die Mitarbeiter ihr Denken und Handeln auf den Kunden und seine Wünsche ausrichten. Aus den Rückmeldungen (feedback) der Kunden können diejenigen Informationen **(Bild 1)** gewonnen werden, die den Verkauf zum Erfolg führen.

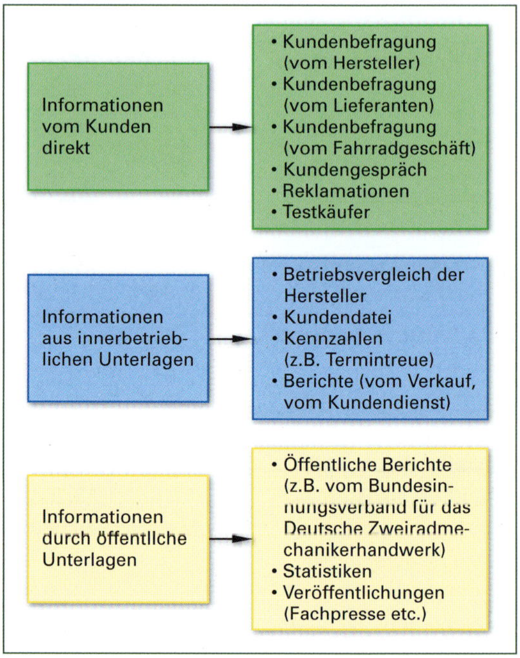

Bild 1: Beschaffung von Informationen

Kundenzufriedenheit entsteht, wenn die Qualität der Ware und der Arbeit den Erwartungen der Kunden entspricht. Wie sich die Kundenzufriedenheit auswirkt, ist in **Bild 2** dargestellt.

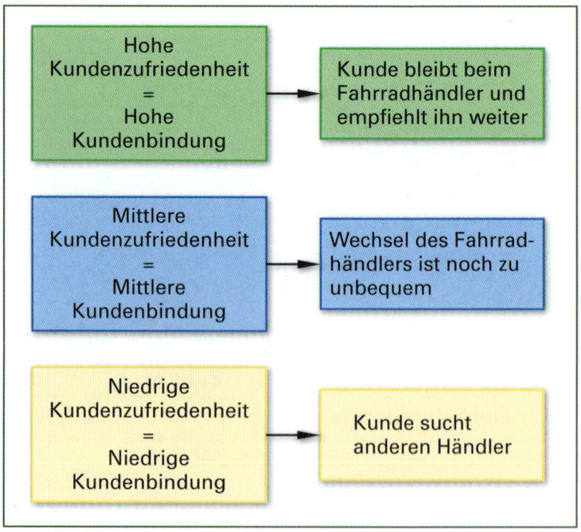

Bild 2: Auswirkungen von Kundenzufriedenheit

19.4.2 Verkaufsgespräche

Verkaufsgespräche leben nicht nur vom gesprochenen Wort. Untersuchungen belegen, dass neben den Worten die Körpersprache ein wichtiger Faktor ist.

Die zwischenmenschliche Kommunikation besteht aus der sprachlichen (verbalen) und der nichtsprachlichen (nonverbalen) Kommunikation. Unter der nonverbalen Kommunikation versteht man die Sprache, die der Körper eines Menschen „spricht".

Dazu gehören

- Stimme, wie hohe oder tiefe Stimmlage, Modulation
- Mimik, wie Lächeln oder Stirn runzeln
- Gestik, wie Nicken, Kopfschütteln oder Armbewegungen
- Ausdrucksbewegungen des Körpers, wie eine aufrechte oder geduckte Körperhaltung

Die Mimik des Verkäufers wird als erstes vom Kunden wahrgenommen und ist deshalb von besonderer Bedeutung für das Verkaufsgespräch.

Signale der Mimik	Bedeutung
Stirn runzeln	Entrüstung
Augenbrauen heben	Überheblichkeit, Ungläubigkeit
Blickkontakt vermeiden	Unsicherheit
Kunde mit geradem Blick ansehen	Interesse, Sicherheit, Vertrauen
Lächeln	Schaffen einer freundlichen Atmosphäre und positiver Stimmung, Sympathie, Vertrauen

Signale der Gestik	Bedeutung
Weite Armbewegung	Sicherheit
Enge Armbewegung	Unsicherheit
Hand in der Hosentasche	Überheblichkeit, kann aber auch Entspannung bedeuten
Finger kurz an den Mund legen	Verlegenheit, Unsicherheit
Mit dem Stift spielen	Nervosität, Verkrampfung
Fingerkuppen aneinander pressen	Präzision

Die Körperhaltung drückt die Einstellung des Sprechenden gegenüber dem Gesprächspartner aus.

Signale der Körperhaltung	Bedeutung
Oberkörper nach vorn gebeugt	Interesse
Oberkörper nach hinten gebeugt	Desintresse, Ablehnung
Im Stehen mit den Füßen wippen	Sicherheit, kann aber auch Arroganz sein
Füße verschränken	Unsicherheit
Jacket öffnen	Entspannung, Sicherheit
Brille hochschieben	Zeit gewinnen
Brille hastig abnehmen	Nervosität oder Einwand
Arme verschränken	Ablehnung, aber auch Ausdruck des Wohlfühlens

Teils unterstützt die nonverbale die verbale Kommunikation, teils steht sie in unbewusstem Gegensatz dazu. Die Körpersprache kann das Gesagte verstärken, abschwächen oder unglaubwürdig machen. Ein Kunde kann die Körpersprache des Verkäufers (und umgekehrt) falsch interpretieren und es kommt zu Missverständnissen.

Die Wahrnehmung und die Deutung der Körpersprache können durch Training verbessert werden.

Der erste Kontakt mit einem Kunden findet meistens bei einem **Beratungsgespräch** statt. Hierbei spielt der erste Eindruck, den die Gesprächspartner voneinander haben, eine entscheidende Rolle. Ein Beratungsgespräch läuft in vier Phasen **(Bild 1)** ab:

1. Kontaktphase
- Begrüßung
- positives Auftreten gegenüber dem Kunden, erster Eindruck
- Wahrnehmung der Signale des Gesprächspartners
- Small Talk

2. Informationsphase
- Feststellen der Bedürfnisse und Wünsche des Kunden
- gezielte Fragen stellen
- aufmerksam zuhören

3. Verhandlungsphase
- Vorteile und Nutzen dem Kunden aufzeigen
- gezielt argumentieren
- Einwände des Kunden beachten

4. Abschlussphase
- positives Zusammenfassen („ein gutes Gefühl" mitgeben)
- weiteres Vorgehen abstimmen
- aktive Verabschiedung

Bild 1: Ablauf eines Beratungsgespräches

19.4.3 Werkstattorganisation

Der Fahrradfachhandel steht unter einem hohen Wettbewerbsdruck. Discounthändler, viele Handelsketten und Baumärkte verkaufen Fahrräder und Zubehör zu Preisen, mit denen der Fachhandel nicht mithalten kann. Eingangskontrollen, Service, Beratung und Reparaturen können aber nur ausgebildete Fachkräfte und gute Fachwerkstätten leisten.

Problem Produkthaftung:
Wird ein von einem Discounter geliefertes Fahrrad in einer Fachwerkstatt zur Reparatur abgegeben, sollte man wissen, dass die Produkthaftung auf die Fachwerkstatt übergeht – und wenn auch nur geringfügige Arbeiten anfallen.

Auf der anderen Seite will der Händler einen Neukunden gewinnen – und das geht meist nur, wenn er die Reparatur auch ausführt und den Kunden kompetent berät.

Die Auftragsabwicklung einer Reparatur läuft in acht Stufen ab:

- Reparaturannahme
- Datenerfassung
- Kostenvoranschlag (wenn gefordert)
- Auftragserstellung und -bestätigung
- Terminabsprache für die Abholung
- Durchführung der Reparatur
- Rechnungserstellung
- Übergabe

Die Organisation erfolgt entweder mit oder ohne EDV-Einsatz. Immer mehr, vor allem größere Geschäfte, arbeiten mit so genannten Waren-Wirtschaftsprogrammen Bei einem handschriftlichen (nicht EDV-gestützten) Betriebsablauf haben sich zur Auftragserfassung und Weiterführung vierfache durchschreibende Blattsätze bewährt. Im Folgenden werden beide Anwendungen gegenüber gestellt.

Reparaturannahme:
Das zu reparierende Fahrrad wird begutachtet und eventuelle Beschädigungen schriftlich dokumentiert. Es wird auffällig gekennzeichnet und räumlich getrennt von bereits reparierten Rädern abgestellt.

Datenerfassung:
Der Reparaturumfang wird vereinbart und die notwendigen Daten werden erfasst:

- Kundenname
- Anschrift und Telefonnummer
- Daten des Fahrrades

(Marke, Farbe, Typ, Ausstattung, evtl. Rahmennummer)

Kostenvoranschlag:
Falls der Kunde es wünscht, wird auf dem ersten Blatt des Blattsatzes eine möglichst genaue Auflistung der Tätigkeiten und des benötigten Materials vorgenommen. Bei PC-Anwendungen kann der erstellte Kostenvoranschlag zum Auftrag umgewandelt werden. Der spätere Rechnungsbetrag darf maximal 15 % mehr betragen. Es sollte auch ein bestimmter Betrag vereinbart werden, der eventuelle Mehrkosten abdecken kann. Bei einer Überschreitung muss der Kunde informiert werden.

Für die Erstellung eines Kostenvoranschlages ist die **Arbeitswerteliste-Fahrrad** der Zweiradberufs- und Industrieverbände (BIV, VDZ, VSF) zu verwenden, die in keinem Warenwirtschaftsprogramm fehlen darf (siehe Tabellenbuch Fahrradtechnik). Die Arbeitswerte liefern realistische Reparaturkosten, Arbeitsrichtzeiten und dokumentieren gegenüber den Kunden die erbrachte Leistung.

Auftragsbestätigung:
Auf dem ersten Blatt unter der Rubrik „Auftragserteilung" unterschreibt der Kunde und stellt so die Rechtsgültigkeit auf Vertragsbasis her. Blatt vier bekommt der Kunde ausgehändigt. Blatt eins und zwei werden in einem Ordner abgeheftet, Blatt drei kommt ans Fahrrad. Im Falle der PC-Erstellung bekommt der Kunde einen Ausdruck, ein zweiter vom Kunden unterschriebener verbleibt in der Werkstatt.

Terminabsprache:
Der vereinbarte Abholtermin sollte auf jeden Fall eingehalten werden. Bei Verzögerungen ist sofort der Kunde zu informieren.

Durchführung der Reparatur:
Auf Blatt drei werden alle tatsächlich geleisteten Arbeiten und das benötigte Material dokumentiert. Es ist sinnvoll, die Dokumentation nach jedem Arbeitsschritt vorzunehmen, denn Arbeitsunterbrechungen sind meist die Regel.

Im PC-System kann der Auftrag parallel zur Auftragsdurchführung bearbeitet werden. Nach Abschluss aller Arbeiten wird daraus die Rechnung erstellt.

Rechnungserstellung:
Nach den Angaben auf Blatt drei wird auf Blatt eins und zwei eine detaillierte Rechnung erstellt. Blatt zwei erhält der Kunde bei der Abholung, Blatt eins bleibt im Geschäft.

Das PC-Programm erstellt die Rechnung aus dem Auftrag heraus. Ein Ausdruck erhält der Kunde, einer kommt in die Ablage.

Jede Rechnung unterliegt einer Vorschrift, die alle notwendigen Angaben beschreibt.

Übergabe:
Der Mitarbeiter erläutert dem Kunden die durchgeführten Arbeiten und die Rechnung. Er ermöglicht ggf. eine Probefahrt. Der Kunde bezahlt und erhält sein repariertes Fahrrad.

19.4.4 Die Ware

Vom Gesetzgeber sind eine Reihe von Gesetzen und Verordnungen erlassen, die den Verbraucher vor Übervorteilung schützen sollen.

Dazu gehören
- Wettbewerbsrecht
- Produkthaftung
- Allgemeine Geschäftsbedingungen
- Warenkennzeichnung
- Haustürgeschäfte
- Abzahlungsgeschäfte

Wettbewerbsrechtliche Regelungen sollen sicherstellen, dass die Anbieter fair mit dem Kunden und Konkurrenten umgehen. Die Spielregeln für den Wettbewerb stellen einen Schutz für die Verbraucher dar.

Unlauter handelt, wer gegen die guten Sitten verstößt oder unerlaubte Mittel einsetzt.

Verbotene Handlungen nach dem Gesetz gegen den unlauteren Wettbewerb sind
- Irreführende Angaben
- Irreführende Werbung
- Bestechung
- Verwertung fremder Vorlagen
- Verleumdung
- Durchführung unangemeldeter Räumungsverkäufe
- Progressive Kundenwerbung (Schneeballsystem)

Die **Allgemeinen Geschäftsbedingungen** (AGB) müssen Bestandteil des Vertrages sein, sonst sind sie rechtlich unwirksam. Der Verkäufer muss den Kunden auf die AGB's hinweisen und muss dem Kunden die Möglichkeit geben, sie zur Kenntnis zu nehmen. Grundsätzlich gilt, dass bei Verwendung der AGB's der Kunde nicht unangemessen benachteiligt werden darf, zum Beispiel durch das Kleingedruckte.

Das **Produkthaftungsgesetz** regelt die Haftung für fehlerhafte Produkte und daraus entstehende Folgeschäden durch den Hersteller dieses Produktes. Hersteller haben für ihre Produkte eine Beobachtungspflicht. Werden bei Produkten, die schon auf dem Markt sind, Mängel festgestellt, so muss der Hersteller eine Rückrufaktion starten.

Die **Warenkennzeichnung** kann gesetzlich vorgeschrieben oder freiwillig sein. Zur gesetzlichen Kennzeichnung gehören alle Angaben, die zwingend an der Ware oder am Regal angebracht sein müssen. Sie sollen den Kunden vor Fehlentscheidungen bewahren.

Für den Kunden ist vor allem der Preis ein entscheidendes Kaufkriterium. Dieser muss gemäß Preisangabenverordnung möglichst einfach vergleichbar sein und immer als Endpreis ausgewiesen werden. Freiwillige Warenkennzeichnung können z. B. Waren-, Prüf-, Umwelt- oder Gütezeichen sein.

Ein Ratenkaufvertrag muss grundsätzlich schriftlich abgeschlossen werden.

Der Vertrag muss enthalten
- Barzahlungspreis
- Teilzahlungspreis
- Betrag
- Zahl und Fälligkeit der Raten
- Effektiver Jahreszins

Der Käufer hat ein zweiwöchiges Widerrufsrecht. Der Verkäufer hat die Pflicht zur Belehrung über das Widerrufsrecht.

Die Präsentation der Waren kann auf drei verschiedene Arten erfolgen:
- Nach den Warengruppen
- Nach der Verwendung
- Nach Themen

Nach **Warengruppen** sortiert ist der klassische Handel, z. B. der Supermarkt.

Verwendungsorientiert sind zum Beispiel Waren nach bestimmten Einsatzgebieten, wie etwa Mountainbikes, Citybikes oder Rennräder.

An einem **Thema** kann man sich unter anderem durch Jahreszeiten oder saisonale Höhepunkte, wie die Urlaubszeit oder die Weihnachtszeit orientieren.

Der Kunde sollte auf jeden Fall erkennen, worum es geht und sich durch eine verkaufsaktive Raumgestaltung angesprochen und zusätzlich motiviert fühlen. Idealerweise wird ein Hauptthema dargestellt.

Werden Waren zusammen ausgestellt, die in der Praxis nicht miteinander in Einklang zu bringen sind, entstehen Präsentationsfehler.

Moderne Präsentationsformen bedienen sich dem Internet, bei denen auf eigenen Internetseiten das Geschäft und die Ware offeriert werden. Manchmal sind diese ergänzt durch Online-Shops, die teilweise mit Animationen und/oder Ton unterlegt sind.

Die Ware unterscheidet sich durch sogenannte **Produktmerkmale:**

- Herstellerspezifisch (typische Form oder Handhabung)
- Äußere Merkmale (Wettertauglichkeit, Schmutzresistenz)
- Besonderheiten (spezielles Material, Materialgüte)
- Erteilung eines Gütesiegels

Vor allem bei höherwertigen Waren wird auf diese Produktmerkmale bei der Kaufentscheidung Wert gelegt.

19.4.5 Kaufvertrag

Der Erstellung einer Leistung geht immer ein Angebot voraus. Bei einer kleinen Reparatur erfolgt das Angebot meist in mündlicher Form.

Jedes Kaufgeschäft, egal ob Wareneinkauf oder Warenverkauf, unterliegt rechtlichen Vorschriften, die im Bürgerlichen Gesetzbuch (BGB) und im Handelsgesetzbuch (HGB) verankert sind.

Ein Kaufvertrag **(Bild 1)** ist ein zweiseitiges Rechtsgeschäft und kommt durch zwei übereinstimmende Willenserklärungen zustande, die als Antrag und Annahme bezeichnet werden.

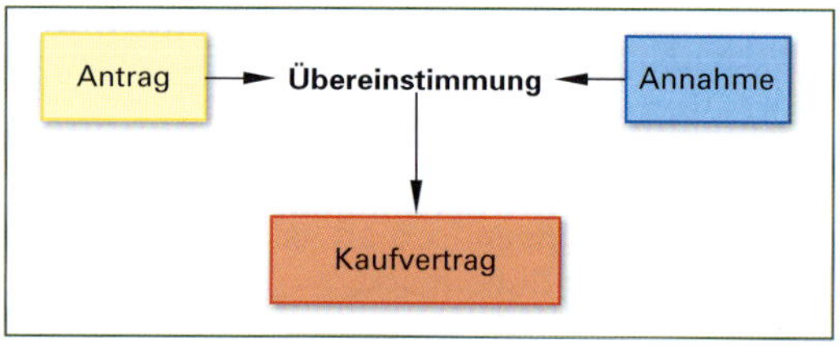

Bild 1: Schema Kaufvertrag

Durch den Verkaufsabschluss übernehmen Käufer und Verkäufer Pflichten:

Pflichten des Verkäufers = Rechte des Käufers	Pflichten des Käufers = Rechte des Verkäufers
Rechtzeitige und mangelfreie Lieferung	Annahme der Ware
Übertragung des Eigentums an der Ware	Eigentumsannahme
Annahme des Kaufpreises	Zahlung des Kaufpreises

Es gibt kein generelles Umtauschrecht bei mangelfreien Sachen. Als Serviceleistung kann aber ein problemloser Umtausch zur Kundenbindung führen.

Es gibt grundsätzliche keine Formvorschriften für einen Kaufvertrag. Jedoch sollte man darauf achten, dass bei wichtigen Kaufverträgen alle bedeutsamen Inhalte schriftliche festgehalten werden.

Dazu gehören:

- Art und Menge der Ware
- Qualität der Ware
- Lieferbedingungen
- Preis
- Erfüllungsort/Gerichtsstand
- Zahlungsbedingungen einschließlich eventueller Preisnachlässe

Bei der Erfüllung von Kaufverträgen kommt es häufiger vor, dass einer der Vertragspartner seinen Verpflichtungen nicht oder nicht in vollem Umfang nachkommt. Hier liegt eine sogenannte Leistungsstörung vor.

Eine Leistungsstörung kann die Nichteinhaltung eines Termins, einer Frist (Leistungsverzug) oder ein **Mangel** an der Ware sein. Ein Mangel an der Ware kann in ihrer Art, Beschaffenheit, Montage und Menge vorliegen. Der Käufer hat die Ware zu prüfen und dem Verkäufer eventuelle Mängel mitzuteilen (Mängelrüge = Reklamation).

Der Verkäufer ist verpflichtet, den Mangel zu beheben. Das geschieht als erste Stufe in Form der **Nacherfüllung**[1].

Dabei handelt es sich um eine Nachbesserung der mangelhaften Ware oder um deren Neulieferung. Abgesehen von teuren Produkten verzichten die meisten Händler auf Versuche zur Nachbesserung und bieten gleich eine Wandlung oder Minderung an.

In einer zweiten Stufe kann der Vertrag rückgängig gemacht werden. Der Rücktritt setzt ein Misslingen der Nachbesserung voraus.

Erst dann kann der Käufer vom Kaufvertrag zurücktreten. Der Händler bekommt die mangelhafte Ware und der Kunde erhält sein Geld zurück.

Möchte der Kunde die fehlerhafte Ware behalten und nicht vom Kauf zurücktreten, kann er darauf dringen, dass er einen Teil des Kaufpreises im Verhältnis zur Beschädigung der Ware zurückerstattet bekommt.

Hat der Verkäufer eine Pflichtverletzung begangen, kann der Kunde eventuell Schadenersatz verlangen. Beispiel: Der Verkäufer hat die Ware bei der Anlieferung durch den Hersteller nicht geprüft.

[1] § 439 BGB (Nacherfüllung): Der Verkäufer hat die zum Zwecke der Nacherfüllung erforderlichen Aufwendungen, insbesondere Transport-, Wege-, Arbeits- und Materialkosten zu tragen.

Gesetzlich geregelt sind die **Gewährleistungsrechte**, die der Käufer einer mangelhaften Sache gegenüber dem Verkäufer geltend machen kann. Dazu gehören die Nacherfüllung, der Rücktritt bzw. die Wandlung (oder die Minderung) und der Schadensersatz.

Während der ersten sechs Monate liegt die Beweislast für die ursprüngliche Mangelfreiheit des Produktes beim Verkäufer, während der anschließenden eineinhalb Jahre beim Kunden.

Werden Reparaturen mangelhaft ausgeführt, kann der Kunde Nachbesserung einfordern. Er darf sogar nach den Bestimmungen des Werkvertragsrechts nach erfolgloser Reparatur eine erneute Nachbesserung an eine andere Werkstatt vergeben und sich diese Kosten erstatten lassen. Möglich ist auch, bei mangelhafter Reparatur den geforderten Werklohn zu mindern.

19.4.6 Zahlungsverkehr

Der Zahlungsverkehr kann in bar, als Kauf auf Rechnung, durch Bezahlung mittels Scheck oder bargeldlos erfolgen.

Beim **Kauf auf Rechnung** wird dem Kunden die Möglichkeit eingeräumt, die Ware sofort zu erhalten und erst später nach Ablauf einer bestimmten Frist zu bezahlen.

Die **Bezahlung mittels Scheck** hat als Zahlungsmittel weitgehend an Bedeutung verloren. Für den Barscheck und den Verrechnungsscheck übernimmt die ausstellende Bank keine Bezahlgarantie.

Beim **bargeldlosen Zahlungsverkehr** kann sich der Kunde schnell und spontan zum Kauf entschließen. Für den Händler und Verkäufer ergibt sich daraus die Möglichkeit gesteigerter Umsätze. Von Nachteil für den Händler sind die Zusatzkosten und die Gefahr der Zahlungsunfähigkeit des Schuldners.

Bargeldlose Zahlungsmöglichkeiten erfolgen mit Geldkarten, Kundenkarten, Kreditkarten oder ec-Karten.

Geldkarten[1] werden von Kreditinstituten ausgegeben und können entweder wieder aufgeladen werden oder per Einzahlung bei der Bank ausgegeben. Für Zahlungen per Geldkarte **(Bild 1)** besteht Zahlungsgarantie.

Kundenkarten werden von großen Firmen meist an Stammkunden ausgegeben und sollen den Kunden dauerhaft binden. Zahlungen werden einmal monatlich in Rechnung gestellt.

Bild 1: Geldkarte

Kreditkarten sind Ausweiskarten, die ihren Inhaber berechtigen, Rechnungen bargeldlos durch Unterschrift zu begleichen **(Bild 2)**. Sie werden weltweit anerkannt. Der garantierte Verfügungsrahmen ist vom Kreditkarteninstitut vorgegeben (z. B. Blue-, Gold-, Platin oder Black-Card)

Die Umsätze werden erst nach der mit dem Kreditkarteninstitut vereinbarten Frist (meist einmal monatlich) abgebucht. Für Kreditkarten besteht seitens der Bank Zahlungsgarantie.

Bild 2: Kreditkarten

Mit **Debitkarten** kann man an Geldautomaten Bargeld abheben und ermöglichen bargeldlose Bezahlvorgänge. Karten des Debitsystems *Electronic-cash* **(Bild 1, Seite 504)** sind in Deutschland weit verbreitet; die Debitsysteme *V-Pay* (VISA) und *Maestro* (MasterCard) in anderen europäischen Ländern. Im Gegensatz zur Kreditkarte wird der Betrag vom Girokonto des Zahlenden sofort oder innerhalb weniger Tage abgebucht.

[1] Seit 2014 immer seltener im Bebrauch

19

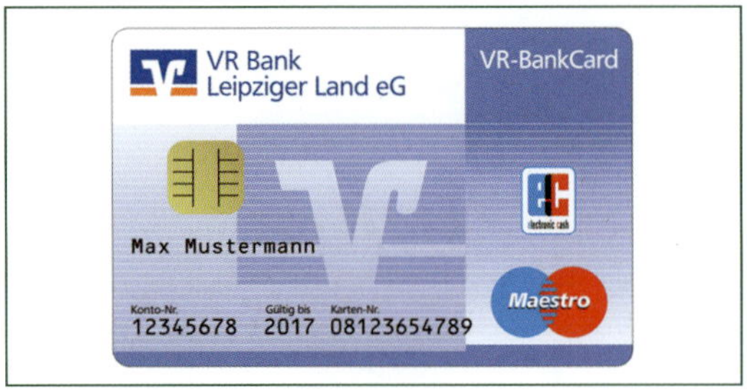

Bild 1: Logo electronic cash

An Bezahlterminals für Debitkarten erfolgt die Bezahlung durch eine PIN-Eingabe. Dies ist die schnellste und sicherste Bezahlmethode. Das elektronische Lastschriftverfahren ELV kann online oder offline ausgeführt werden. Beim ELV-Online wird vom Bezahlterminal ein automatischer Abgleich mit einer Kartensperrdatenbank durchgeführt. Anschließend willigt der Zahlende die Abbuchung mit seiner Unterschrift ein. Bei dem ELV-Offline findet keine Prüfung statt.

Der maximal mögliche tägliche Verfügungsrahmen ist je nach Bank und Kunde beschränkt – er liegt bei 2000,00 € täglich.

19.4.7 Warenpräsentation

Fahrradfachgeschäfte müssen oft auf begrenztem Raum ihre Werkstatt und Verkaufsfläche unterbringen. Aufgrund des umfangreichen Sortimentes an Fahrrädern und Zubehör ist Platzmangel keine Seltenheit. Um die Übersicht zu behalten und dem Kunden Zugang und Orientierung zu ermöglichen, muss auch die Raumhöhe in die Raumplanung einbezogen werden.

Diese Grundsätze der Präsentation sind zu befolgen:

- Die Ware (Fahrräder, Komponenten, Zubehör, Kleidung) muss im Vordergrund stehen.

  Präsentationssysteme wie Schaukästen, Ständer, Gestelle, Regale aber auch Dekorationsmittel treten in den Hintergrund.

- Produktgruppen gehören zusammen. Artikel der Sportbekleidung sind getrennt von den Fahrrädern, diese getrennt von den Komponenten und weiterem Zubehör wie Werkzeuge und Pflegemittel zu platzieren.

  Der Kunde will das Sortiment überschauen und sich ohne Verkäuferhilfe im Verkaufsraum orientieren können.

- Ein schneller Zugriff muss möglich sein. Wünscht der Kunde zum Vergleich ein anderes Fahrradmodell, muss dieses ohne mühsames und zeitraubendes Auspacken und ohne Beschädigung präsentiert werden können **(Bild 2)**.

Bild 2: Flip-Präsenter mit Rollen (Fa. Birkhold)

- Um technische Details besser erklären zu können, müssen sich die Objekte in Augenhöhe befinden. Im Idealfall ist das neue Fahrrad so aufgebockt, dass der Kunde, ohne sich bücken zu müssen, die Kettenschaltung oder die Bremsen in Augenschein nehmen und bedienen kann **(Bild 3)**.

Bild 3: Sky-Fix für Stufenpräsentation (Fa. Birkhold)

- In regelmäßigen Abständen sollte der Verkaufsraum neu dekoriert werden und aktuelle Anlässe (z. B. Tour de France oder örtliche Veranstaltungen) berücksichtigen. Ein flexibles Präsentationssystem ist dafür Voraussetzung.

20 Fachrechnen und physikalisch-technologische Grundlagen

20.1 Längen

Umrechnung von Längeneinheiten

Der Felgendurchmesser am Reifensitz (= Felgenmaulbreite) beträgt $d = 22''$.

Rechnen Sie um in mm, cm und m.

$1'' = 25{,}4$ mm

$d = 25{,}4\ \text{mm}/'' \cdot 22'' = 558{,}8\ \text{mm} \approx 559\ \text{mm}$

$d = 55{,}9\ \text{cm} = 0{,}559\ \text{m}$

Eine Rollenkette **(Bild 1)** für Normalräder hat die Bezeichnung 1/2 × 1/8 ISO 081.
Wie groß sind

a) die Teilung *p* und

b) die Rollenbreite (innere Breite) b_1?

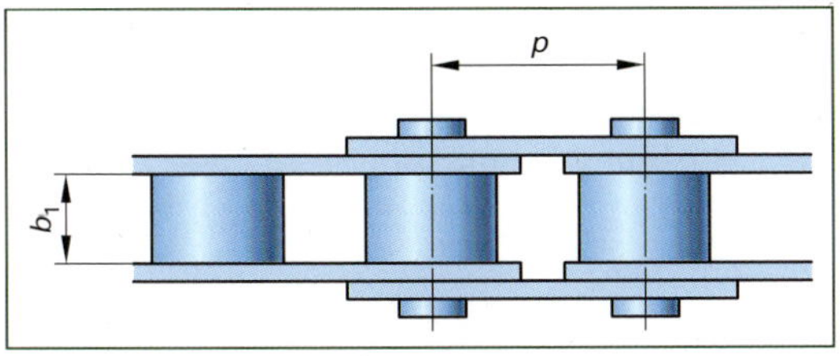

Bild 1: Nennmaße einer Rollenkette

a) $= p = 1/2'' \cdot 25{,}4\ \text{mm}/'' = 12{,}7\ \text{mm}$

b) $= b_1 = 1/8'' \cdot 25{,}4\ \text{mm}/'' = 3{,}2\ \text{mm}$

Kreisberechnung

Eine Felge trägt die Bezeichnung (nach ETRTO): 27–622 mit dem Felgendurchmesser $d = 622$ mm.

Bestimmen Sie den Felgenumfang *U*.

$U = d \cdot \pi = 622\ \text{mm} \cdot 3{,}14 = 1953\ \text{mm}$

20.2 Drehzahl

Umrechnung von Drehzahlen

Das Antriebsrad eines Fahrraddynamos dreht sich in 1 Sekunde 30 mal.

Wie groß ist seine Drehzahl n pro Minute?

$$n = 30\,\frac{1}{\text{s}} \cdot 60\,\frac{\text{s}}{\text{min}} = 1800\,\frac{1}{\text{min}} = 1800\ \text{min}^{-1}$$

Zahl der Umdrehungen

Der Reifendurchmesser eines 28″-Rades (40–635) beträgt 715 mm.

Wie oft dreht sich das Rad bei einer Fahrstrecke von 2 km?

$$k = \frac{\text{zurückgelegte Strecke}}{\text{Radumfang}} = \frac{2000\ \text{m}}{0{,}715\ \text{m} \cdot 3{,}14} \approx 891$$

Drehzahl, Drehfrequenz

Ein Radrennfahrer (Reifen 27″, $d = 670$ mm) fährt mit einer Geschwindigkeit von 36 km/h.

Bestimmen Sie[1]

a) die Drehzahl der Räder in Umdrehungen pro Minute (min^{-1}) und

b) in Umdrehungen pro Sekunde (s^{-1}).

$$\text{Drehzahl} = \frac{\text{Geschwindigkeit}}{\text{Radumfang}}$$

$$n = \frac{v}{U} = \frac{v}{d \cdot \pi}$$

a) $$n = \frac{36\ \text{km/h}}{2{,}104\ \text{m}} = \frac{36\,000\ \text{m}/60\ \text{min}}{2{,}104\ \text{m}} \approx 285\ \text{min}^{-1}$$

b) $$n = \frac{36\,000\ \text{m}}{3600\ \text{s} \cdot 2{,}104\ \text{m}} \approx 4{,}8\ \text{s}^{-1}$$

In der Elektrotechnik bezeichnet man die Drehzahl *n* als Frequenz *f*. Die Frequenz des Rades beträgt $f = 4{,}8\ \text{s}^{-1} = 4{,}8$ Hz

20.3 Geschwindigkeit

Umfangsgeschwindigkeit

Bestimmen Sie die Umfangsgeschwindigkeit

a) eines Punktes auf dem Umfang eines 28″-Rades 40–635 und

b) am Umfang des Nabenflansches (Durchmesser 80 mm).

Die Drehzahl des Rades beträgt 200 min^{-1}.

[1] *k* steht für die Anzahl der Umdrehungen, *n* für die Anzahl der Umdrehungen pro Minute (Drehzahl)

Reifendurchmesser $d = 635 + 2 \cdot 40 = 715$ mm
$d = 0{,}715$ m

$v = d \cdot \pi \cdot n$

a) $v_1 = 0{,}715 \text{ m} \cdot 3{,}14 \cdot 200 \text{ min}^{-1} = 449 \text{ m/min}$
$v_1 = 7{,}5 \text{ m/s}$

b) $v_2 = 0{,}08 \text{ m} \cdot 3{,}14 \cdot 200 \text{ min}^{-1} = 50 \text{ m/min}$
$v_2 = 0{,}83 \text{ m/s}$

Ein Rennradfahrer pedaliert mit einer Trittfrequenz von 90 (d. h. 90 Kurbelumdrehungen pro Minute, $n = 90 \text{ min}^{-1}$). Der Tretkurbelradius beträgt 170 mm, das Kettenblatt mit 46 Zähnen hat einen Teilkreisdurchmesser von 186 mm.

Bestimmen Sie die Geschwindigkeit der Fahrradkette in
a) m/s und
b) km/h.

Die Drehzahlen von Tretkurbel und Kettenblatt sind gleich: $n = 90 \text{ min}^{-1}$.

Die Umfangsgeschwindigkeit am Teilkreisdurchmesser des Kettenblattes ist gleich der Kettengeschwindigkeit:

$v = d \cdot \pi \cdot n = 0{,}186 \text{ m} \cdot 3{,}14 \cdot 90 \text{ min}^{-1} = 52{,}6 \text{ m/min}$

a) 0,88 m/s
b) $v = 3{,}2$ km/h

Ein Radfahrer fährt auf seinem 28"-Fahrrad (Reifenmaße 40–635) mit einer Geschwindigkeit von 30 km/h. Sein Seitenläufer-Dynamo ist angelegt. Der Abrollradius am Reifen soll 34,5 cm betragen.

Mit welcher Drehzahl (n in U/min bzw. min^{-1}) dreht sich das ø 20 mm-Dynamorädchen bzw. der Magnetläufer (Antriebsschlupf wird nicht berücksichtigt)?

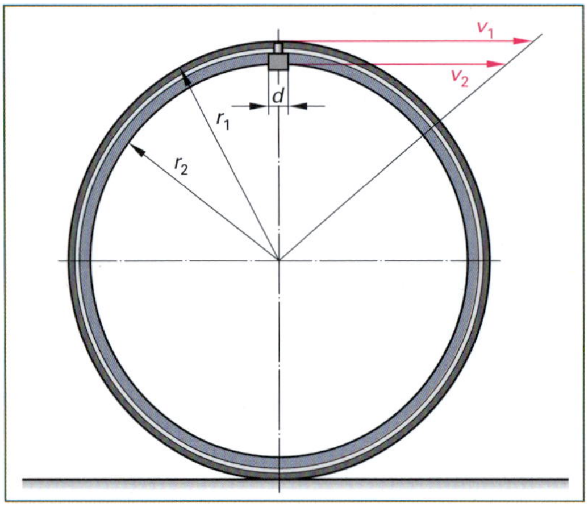

Bild 1: Umfangsgeschwindigkeit am drehenden Rad

Umfangsgeschwindigkeit am Dynamoumfang nach **Bild 1**:

$$\frac{v_1}{v_2} = \frac{r_1}{r_2}$$

$$v_2 = v_1 \cdot \frac{r_2}{r_1} = 8{,}33 \text{ m/s} \cdot \frac{34{,}5 \text{ cm}}{35{,}75 \text{ cm}} \approx 8 \text{ m/s}$$

Die Umfangsgeschwindigkeiten von Rad und Dynamorädchen sind gleich: 8 m/s

$v = d \cdot \pi \cdot n$

$$n = \frac{v}{d \cdot \pi} = \frac{8 \text{ m/s}}{0{,}02 \text{ m} \cdot 3{,}14} = 127 \text{ s}^{-1} = 7620 \text{ min}^{-1}$$

Mittlere Geschwindigkeit

Ein Radfahrer benötigt für eine Strecke von $s = 17$ km eine Zeit von $t = 40$ Minuten.

Wie groß ist seine mittlere Geschwindigkeit?

$$v = \frac{s}{t} = \frac{17 \text{ km}}{40 \text{ min}} = \frac{17 \text{ km}}{40 \text{ min} \cdot \frac{1 \text{ h}}{60 \text{ min}}} = 25{,}5 \text{ km/h}$$

Weg-Zeitdiagramm

Ein Radfahrer fährt in $t_1 = 1{,}5$ Stunden eine Strecke $s_1 = 20$ Kilometer, macht anschließend eine Pause von $t = 0{,}5$ Stunden und fährt dann in $t_2 = 2$ Stunden eine Strecke von $s_2 = 35$ km.

Erstellen Sie ein Weg-Zeit-Diagramm (s-t-Diagramm **Bild 2**).

Bestimmen Sie die Durchschnittsgeschwindigkeit v_m.

$$v_m = \frac{\text{Gesamtweg}}{\text{Gesamtzeit}} = \frac{20 \text{ km} + 35 \text{ km}}{1{,}5 \text{ h} + 0{,}5 \text{ h} + 2 \text{ h}} = \frac{55 \text{ km}}{4 \text{ h}}$$

$v_m = 13{,}75$ km/h

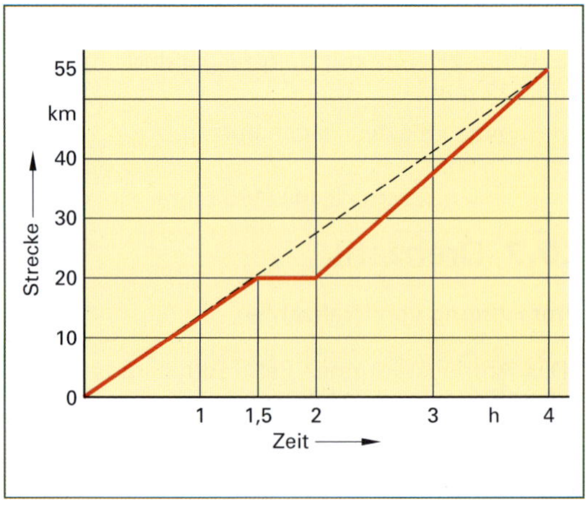

Bild 2: Weg-Zeit-Diagramm

Winkelgeschwindigkeit

Wie groß ist die Winkelgeschwindigkeit der 27″-Laufräder eines mit 36 km/h fahrenden Rennradfahrers?

Die Winkelgeschwindigkeit ist an allen Punkten des Rades gleich groß. Jeder Punkt eines gleichförmig drehenden Rades überstreicht in der gleichen Zeit den gleichen Winkel.

$$\omega = \frac{v}{r} = \frac{10\ \text{m/s}}{0{,}335\ \text{m}} \approx 30\ \text{s}^{-1}$$

20.4 Beschleunigung und Verzögerung

Ein mit 10 km/h fahrender Radfahrer erhöht seine Geschwindigkeit innerhalb von 2 Sekunden auf 30 km/h. Wie groß ist seine Beschleunigung?

$$\text{Beschleunigung} = \frac{\text{Geschwindigkeitsunterschied}}{\text{Zeitunterschied}}$$

$$a = \frac{v_2 - v_1}{t_2 - t_1} = \frac{30\ \text{km/h} - 10\ \text{km/h}}{2\ \text{s}} = \frac{20\ \text{km/h}}{2\ \text{s}}$$

$$a = \frac{5{,}6\ \text{m/s}}{2\ \text{s}} = 2{,}8\ \text{m/s}^2$$

Wie groß muss für einen Radfahrer die Bremsverzögerung sein, damit seine Geschwindigkeit von 36 km/h in 1 Sekunde auf 5 km/h verringert wird?

$v_1 = 10$ m/s, $v_2 = 1{,}4$ m/s

$$a = \frac{v_1 - v_2}{t} = \frac{10\ \text{m/s} - 1{,}4\ \text{m/s}}{1\ \text{s}} = 8{,}6\ \text{m/s}^2\ \text{(fast 1 g)}$$

20.5 Anhalteweg und Bremsweg

Berechnen Sie den Anhalteweg eines Radfahrers (Bremsverzögerung $a = 3{,}4\ \text{m/s}^2$). Vor dem Bremsen beträgt die Geschwindigkeit $v = 20$ km/h. Seine Reaktionszeit beträgt $t_R = 0{,}5$ s.

Der Anhalteweg setzt sich aus dem Reaktionsweg und dem Bremsweg zusammen:
$s_A = s_R + s_B$

Die Formel für den Reaktionsweg lautet:
$s_R = v \cdot t_R$
und für den Bremsweg: $s_B = \dfrac{v^2}{2 \cdot a}$

Geschwindigkeiten sind in der Einheit m/s einzusetzen.

Es gilt:
1 m/s = 3,6 km/h bzw. 1 km/h = 0,28 m/s
20 km/h = 5,6 m/s

$$s_A = v \cdot t_R + \frac{v^2}{2 \cdot a} = 5{,}6\ \text{m/s} \cdot 0{,}5\ \text{s} + \frac{(5{,}6\ \text{m/s})^2}{2 \cdot 3{,}4\ \text{m/s}^2}$$

$$s_A = 2{,}8\ \text{m} + 4{,}6\ \text{m} = 7{,}4\ \text{m}$$

Anhaltezeit

Berechnen Sie die Anhaltezeit des Radfahrers aus der letzten Aufgabe.

Die Anhaltezeit setzt sich zusammen aus der Reaktionszeit und der Bremszeit:
$t_A = t_R + t_B$

Die Formel für die Bremszeit lautet: $t_B = \dfrac{2 \cdot s_B}{v}$

$$t_A = 0{,}5\ \text{s} + \frac{2 \cdot 4{,}6\ \text{m}}{5{,}6\ \text{m/s}} = 2{,}1\ \text{s}$$

20.6 Masse und Dichte

Alle Körper haben eine bestimmte Masse und eine bestimmte Dichte. Unter „Masse" versteht man die Stoffmenge, z. B. besteht ein Fahrradrahmen aus n Eisenteilchen und nimmt die Masse von 4 kg ein.

Die Einheit der Masse ist kg. 1 l Wasser (von 4 °C) hat die Masse von 1 kg.

Die Dichte macht eine Aussage darüber, wie dicht die Teilchen (Atome, Moleküle u. a.) „gepackt" sind und wie schwer sie sind.

So hat z. B. das Element Eisen (chem. Zeichen Fe) die Dichte $\varrho = 7{,}85$ g pro cm³.

Die Dichte hat die Einheit g/cm³ oder kg/dm³ oder t/m³.

Masse = Dichte · Volumen $\quad m = \varrho \cdot V$

Bestimmen Sie die Masse von einem $l = 1$ m langen Aluminiumrohr mit dem Außendurchmesser $D = 40$ mm und einer Wanddicke $t = 3$ mm.

Die Dichte von Aluminium beträgt $\varrho = 2{,}7$ g/cm³.

$$m = \varrho \cdot V = \varrho \cdot (D^2 - d^2) \cdot \frac{\pi}{4} \cdot l$$

$$m = 2{,}7\ \text{g/cm}^3 \cdot (4^2\ \text{cm}^2 - 3{,}4^2\ \text{cm}^2) \cdot \frac{\pi}{4} \cdot 100\ \text{cm}$$

$$m = 941\ \text{g}$$

Ein Tretlagergehäuse **(Bild 1)** wiegt 80 g. In einem Überlaufversuch **(Bild 2)** wird ein Volumen von 10,2 cm^3 gemessen.

Wie groß ist die Dichte der Muffe?

Aus welchem Werkstoff besteht sie?

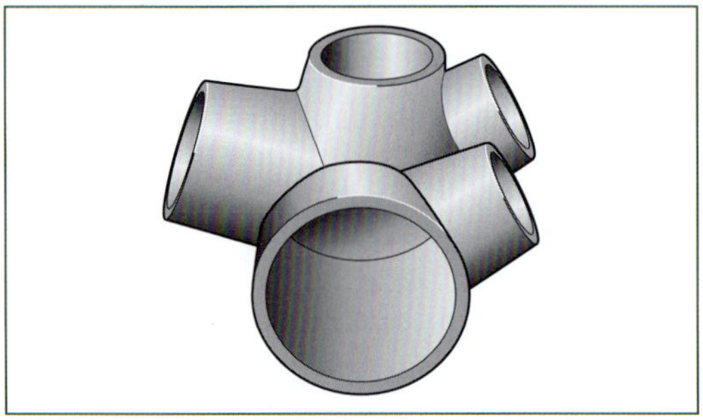

Bild 1: Tretlagergehäuse

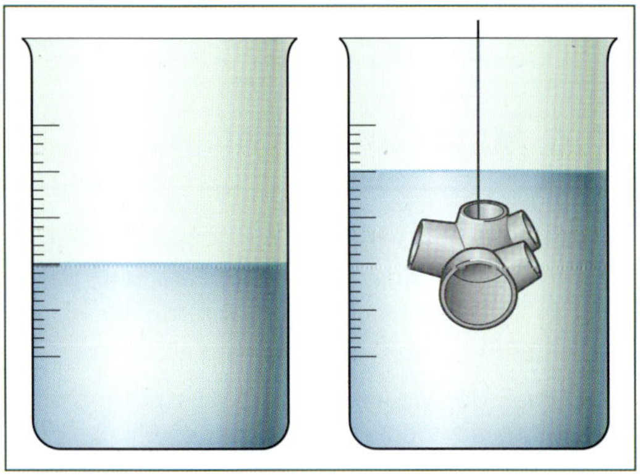

Bild 2: Überlaufversuch

$$\varrho = \frac{m}{V} = \frac{80\ \text{g}}{10{,}2\ \text{cm}^3} = 7{,}85\ \text{g/cm}^3$$

Der Werkstoff ist Stahl, z. B. USt 1404

20.7 Trägheit und Trägheitsmoment

Eine Eigenschaft der Masse ist ihre Trägheit (andere Eigenschaften sind u. a. Dichte, Gewicht und Härte). Massen setzen einer Bewegungsänderung einen Widerstand entgegen (siehe Kapitel 12 „Fahrmechanik"). Handelt es sich um eine geradlinige Bewegung, bemisst sich die Trägheit in kg.

Bei kreis- oder bogenförmigen Bewegungen kommt noch der Abstand zum Drehzentrum hinzu und die Verteilung der Masse im Körper. Man spricht vom „Trägheitsmoment" bzw. „Massenträgheitsmoment". Z. B. hat ein Drahtspeichenrad ein größeres Trägheitsmoment als ein Vollrad gleicher Masse. Trägheitsmomente haben die Einheit kgm^2 und das Kurzzeichen I.

Für ein sich um die Achse drehendes Vollrad gilt die Formel $I = {}^1/_2 \cdot m \cdot r^2$ und für ein Drahtspeichenrad in erster Näherung die Formel $I = m \cdot r^2$. Beim Rollen ist das Trägheitsmoment größer:

$I_{\text{Vollrad}} = 1{,}5\ mr^2$ und $I_{\text{Speichenrad}} \approx 2mr^2$

Wie groß ist das Trägheitsmoment eines 27"-Drahtspeichen-Vorderrades der Masse 1,2 kg (der Radius beträgt 0,335 m):

a) beim Drehen, b) beim Rollen?

a) $I = m \cdot r^2 = 1{,}2\ \text{kg} \cdot (0{,}335\ \text{m})^2 = 0{,}135\ \text{kgm}^2$

b) $I = 2 \cdot m \cdot r^2 = 0{,}27\ \text{kgm}^2$

20.8 Flächenmoment und Widerstandsmoment

Das Trägheitsmoment mit der Einheit kgm^2 ist nicht zu verwechseln mit dem Flächenmoment und dem Widerstandsmoment. Bei einer Beanspruchung auf Biegung muss u. a. das Flächenmoment mit der Einheit cm^4 (oder das Widerstandsmoment mit der Einheit cm^3) bekannt sein, um die Abmessungen eines Profiles zu bestimmen.

Kennt man bei einer Biegebeanspruchung den Randfaserabstand, dient das (axiale) Widerstandsmoment zur Berechnung der Biegespannung.

Gegeben ist ein Rohr mit dem Außendurchmesser 25 mm und einer Wanddicke von 2 mm (Rohr 25 × 2).

Entnehmen Sie einem Tabellenbuch die Werte für das Flächenmoment I und für das Widerstandsmoment W.

$I = 0{,}96\ \text{cm}^4$ $\qquad W = 0{,}77\ \text{cm}^3$

20.9 Kraft

Gewichtskraft

Die Masse eines Radfahrers beträgt 75 kg, sein Fahrrad hat die Masse 13 kg.

Bestimmen Sie das Gewicht des Systems Fahrer und Rad.

Gewicht = Gewichtskraft = Masse × Erdbeschleunigung

$F_G = m \cdot g$

Kräfte haben die Einheit N.

$1\ \text{N} = 1\ \text{kgm/s}^2$

$F_G = (75\ \text{kg} + 13\ \text{kg}) \cdot 9{,}81\ \text{m/s}^2 \approx 863\ \text{N}$

Druck

Als Druck bezeichnet man den Spannungszustand flüssiger und gasförmiger Körper. Druck wird als Kraft definiert, die senkrecht und gleichmäßig auf eine Fläche einwirkt. Die Druckeinheit in der Technik ist bar:

$p = 1 \text{ bar} = 10 \text{ N/cm}^2$

Die SI-Einheit des Druckes ist Pascal [Pa].

$1 \text{ Pa} = 1 \text{ N/m}^2$.

Der Arbeitskolben eines Bremszylinders hat einen Durchmesser von 12 mm, die Kolbenkraft beträgt 300 N.

Wie groß ist der Flüssigkeitsdruck?

$$p = \frac{F}{A} = \frac{300 \text{ N}}{(1{,}22 \text{ cm})^2 \cdot \pi/4} = 265 \text{ N/cm}^2 = 26{,}5 \text{ bar}$$

Ein Breitreifen ist mit 3,5 bar aufgepumpt. Die Reifenaufstandsfläche wurde mit 15 cm² gemessen (Abdrückversuch mit Tinte, siehe **Bild 1**).

Mit welcher Kraft drückt der Reifen auf die Fahrbahn (die Gegenkraft wird vom Untergrund ausgeübt).

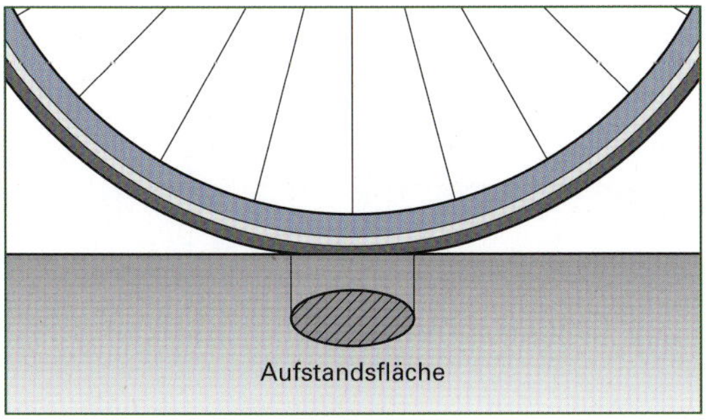

Bild 1: Reifenaufstandsfläche

$$F = p \cdot A = 35 \text{ N/cm}^2 \cdot 15 \text{ cm}^2 = 525 \text{ N}$$

Einige Hersteller geben den Reifendruck in psi an (psi = lbf/in²).

Es gilt folgende Umrechnung:
1 bar = 14,5 psi bzw. 1 psi ≈ 0,07 bar

In der technischen Mechanik versteht man unter Druck eine Beanspruchungsart. Das Sitzrohr eines Fahrradrahmens erfährt durch eine Druckkraft eine Druckspannung:

$$\sigma_d = \frac{F}{S}$$

mit F als Druckkraft (in der Regel eine Komponente der Gewichtskraft), S als Querschnittsfläche (hier ein Rohrquerschnitt) und σ_d als auftretende Druckspannung. Diese darf höchstens so groß sein wie die zulässige Druckspannung (siehe auch 20.21 „Festigkeit").

Eine Sattelstütze ø 27,2 × 2,5 wird beim Überfahren eines Hindernisses mit einer Druckkraft von 2000 N belastet.

Wie groß ist die Druckspannung in der Sattelstütze?

$$S = d_m \cdot \pi \cdot t = (27{,}2 - 2{,}5) \text{ mm} \cdot 3{,}14 \cdot 2{,}5 \text{ mm}$$

$$S = 194 \text{ mm}^2$$

$$\sigma_d = \frac{F}{S} = \frac{2000 \text{ N}}{194 \text{ mm}^2} = 10{,}3 \text{ N/mm}^2$$

Normalkraft, Hangabtriebskraft

Auf einer mit 30° geneigten schiefen Ebene liegt ein 5 kg schwerer Klotz.

a) Wie groß ist die Gewichtskraft?

b) Welche Kraft wirkt senkrecht auf die Unterlage?

c) Wie groß ist die Hangabtriebskraft? Skizze **(Bild 2)**.

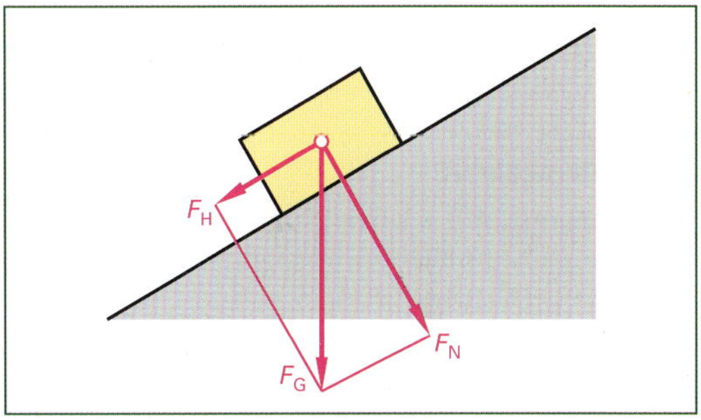

Bild 2: Hangabtriebskraft

Gewichtskräfte F_G wirken in Richtung des Erdmittelpunktes. Unter einer Normalkraft F_N versteht man den Kraftanteil, der senkrecht auf die Unterlage wirkt. Die Hangabtriebskraft F_H wirkt parallel zur Unterlage nach unten.

a) $F_G = m \cdot g \approx 5 \text{ kg} \cdot 10 \text{ m/s}^2 \approx 50 \text{ N}$

b) $F_N = F_G \cdot \cos \alpha = 50 \text{ N} \cdot 0{,}866 = 43{,}3 \text{ N}$

c) $F_H = F_G \cdot \sin \alpha = 50 \text{ N} \cdot 0{,}5 = 25 \text{ N}$

Beschleunigungskraft

Ein „88-kg-System" aus Fahrer und Rad erhöht innerhalb von 3 s die Geschwindigkeit von 5 km/h auf 25 km/h.

Bestimmen Sie die notwendige (Beschleunigungs) Kraft.

Kraft = Masse × Beschleunigung

Als Buchstabengleichung: $F = m \cdot a$

Die Masse hat die Einheit kg, die Beschleunigung m/s^2. Geschwindigkeiten müssen in m/s eingesetzt werden.

$$a = \frac{v_2 - v_1}{t_2 - t_1} = \frac{6{,}9\ \text{m/s} - 1{,}4\ \text{m/s}}{3\ \text{s} - 0\ \text{s}} = \frac{5{,}5\ \text{m/s}}{3\ \text{s}} = 1{,}8\ \text{m/s}^2$$

$$F = m \cdot a = 88\ \text{kg} \cdot 1{,}8\ \text{m/s}^2 = 158\ \text{N}$$

Verzögerungskraft, Bremskraft

Das 88-kg-System aus der letzten Aufgabe bremst aus einer Geschwindigkeit von 36 km/h innerhalb von 4 Sekunden bis zum Stillstand ab.

Welche Verzögerungskraft müssen die Bremsen aufbringen?

$$a = \frac{v_2 - v_1}{t_2 - t_1} = \frac{10\ \text{m/s} - 0\ \text{m/s}}{4\ \text{s} - 0\ \text{s}} = \frac{10\ \text{m/s}}{4\ \text{s}} = 2{,}5\ \text{m/s}^2$$

$$F = m \cdot a$$

$$F = 88\ \text{kg} \cdot 2{,}5\ \text{m/s}^2 = 220\ \text{N}$$

Gleitreibungskraft

Gleitreibungskraft ist der Widerstand, den ein in Bewegung befindlicher Körper seiner weiteren Bewegung entgegensetzt.

Versuchsanordnung **Bild 1**: Um die Gleitreibungszahl eines Reifens auf Asphaltboden zu ermitteln, schneidet man von dem Reifen ein Probestück ab. Man beschwert das Reifenstück mit einem Gewichtsstück und wiegt beide. Mit einem Kraftmesser zieht man den beschwerten Reifen über den waagerechten Asphaltboden und liest während der gleichmäßigen Bewegung die Zugkraft (Reibungskraft) ab.

Bestimmen Sie mit folgenden Werten die Gleitreibungszahl μ_G eines Reifens auf Asphalt:

$F_R = 20$ N,

F_G (= F_N) = 33 N

$$\mu_G = \frac{F_R}{F_N} = \frac{20\ \text{N}}{33\ \text{N}} = 0{,}61$$

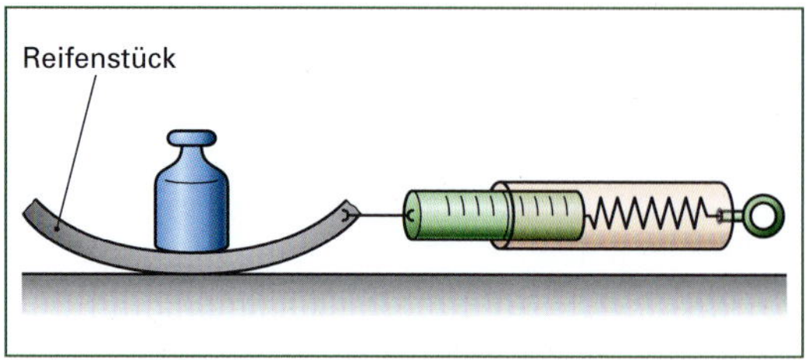

Bild 1: Bestimmung der Gleitreibungszahl

Haftreibungskraft

Die Haftreibungskraft ist der Widerstand, den ein in Ruhe befindlicher Körper seiner Bewegung (bzw. seiner Verschiebung) entgegensetzt.

Versuchsanordnung **(Bild 2)**: Sie legen das Reifenteil mit Gewichtsstück (aus Bild 1) auf einen Tisch mit rauer Oberfläche. Sie kippen langsam den Tisch, bis das Reifenstück zu rutschen anfängt. Ein Helfer misst den Kippwinkel α. Der Tangenswert des Winkels ist gleich der Haftreibungszahl.

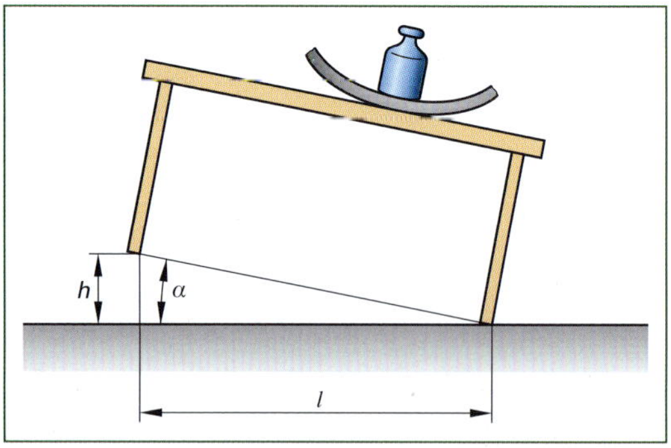

Bild 2: Bestimmung der Haftreibungszahl

Eine 50 kg schwere Kiste ($F_G \approx 500$ N) soll auf ebener Unterlage verschoben werden.

Die Haftreibungszahl beträgt $\mu_H = 0{,}8$.

Welche Kraft ist zum Anschieben erforderlich?

$$F_R = F_N \cdot \mu_H = 500\ \text{N} \cdot 0{,}8 = 400\ \text{N}$$

Rollreibungskraft

Die Rollreibungskraft ist der Widerstand, den ein rollender Körper seiner Bewegung entgegensetzt.

Sie ist wesentlich kleiner als die Gleitreibungskraft:

$F_R \ll F_G$ und $\mu_R \ll \mu_G$

Gesamtwiderstand

Beim Radfahren sind unterschiedliche Widerstände zu überwinden **(Bild 1)**. Der Gesamtwiderstand ist die Summe aus dem Fahrradwiderstand und den Fahrwiderständen:

$F_{ges} = F_F + F_{Rad}$

Abrollwiderstand

Der Abrollwiderstand eines rollenden Rades entsteht durch das ständige „Kippen" um die Kippkante D **(Bild 2)**. Die Normalkraft F_N ist die Gegenkraft zur Vorderradlast F_{GV}.

Versuchsanordnung **(Bild 1, Seite 512)** zur Bestimmung der Abrollwiderstandszahl c_R:

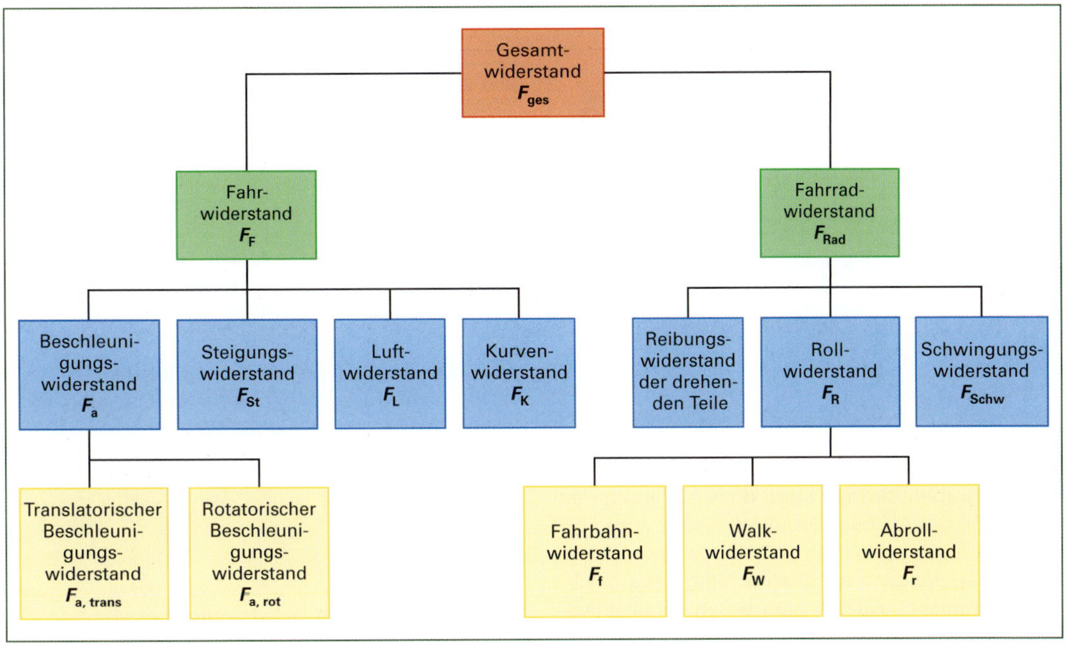

Bild 1: Die Widerstände in der Übersicht

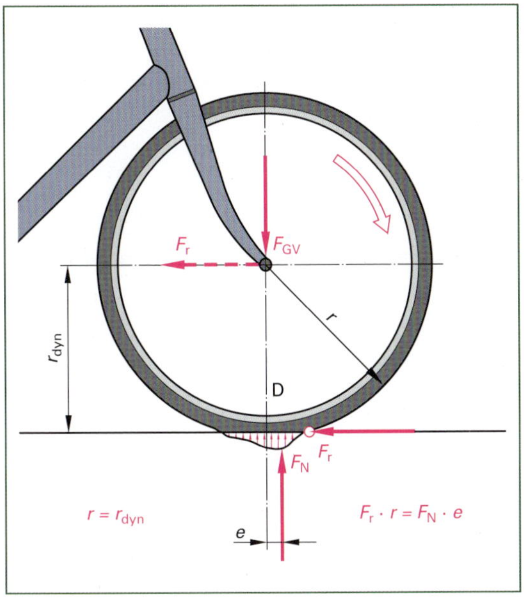

Bild 2: Abrollwiderstand am rollenden Vorderrad

Man nimmt zwei Kugeln aus gleichem Material (z. B. Glas, Stahl oder Gummi) mit unterschiedlichen Durchmessern, z. B. die Kugel 1 mit d_1 = 16 mm und die Kugel 2 mit d_2 = 24 mm.

Beide Kugeln lässt man aus gleicher Höhe h (z. B. 20 mm) von einer schiefen Ebene herunterrollen und auf glattem Boden ausrollen.

Die Ausrollstrecke s wird gemessen,

z. B. von Kugel 1: s_1 = 1,6 m,

Kugel 2: s_2 = 2,1 m

(Mittelwerte aus 10 Messungen).

Der „Hebelarm der rollenden Reibung" berechnet sich zu

$$e = \frac{d \cdot h}{l}$$

$$e_1 = \frac{16\text{ mm} \cdot 20\text{ mm}}{1600\text{ mm}} = 0{,}2\text{ mm}$$

$$e_2 = \frac{24\text{ mm} \cdot 20\text{ mm}}{2100\text{ mm}} = 0{,}23\text{ mm}$$

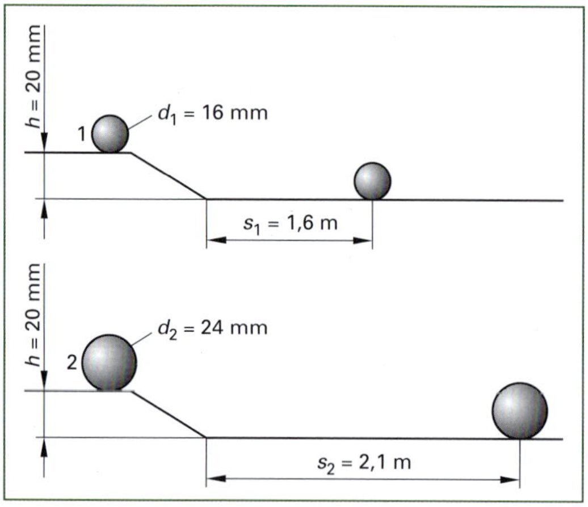

Bild 1: Bestimmung der Abrollwiderstandszahl c_R

Der Quotient e/r bezeichnet die Abrollwiderstandszahl c_R.

$$c_{R1} = \frac{0{,}2\text{ mm}}{8\text{ mm}} = 0{,}025$$

$$c_{R2} = \frac{0{,}23\text{ mm}}{12\text{ mm}} \approx 0{,}019$$

Diese Rechnung kann man auch auf rollende Räder übertragen. Daraus folgt, dass mit steigender Radgröße der Abrollwiderstand kleiner wird.

Bei einem Versuch zur Bestimmung des Abrollwiderstandes wurden gemessen: Radradius $r = 335$ mm, Vorderradlast $F_V = F_N = 300$ N, Hebelarm $e = 5$ mm (**Bild 2, Seite 511**).

Bestimmen Sie

a) den Abrollwiderstand F_r und

b) die Abrollwiderstandszahl c_R.

a) $F_r = F_N \cdot \frac{e}{r} = 300\text{ N} \cdot \frac{5\text{ mm}}{335\text{ mm}} = 4{,}5\text{ N}$

b) $c_R = \frac{e}{r} = \frac{5\text{ mm}}{335\text{ mm}} = 0{,}015$

Luftwiderstand

Der Luftwiderstand wird hervorgerufen durch den Druckunterschied zwischen der Stirnfläche und der Rückseite des Radfahrers **(Bild 2)**.

Der Luftwiderstand ist abhängig von der Luftdichte ϱ, der wirksamen Stirnfläche A, der Fahrgeschwindigkeit v und der Körperform, der durch den Luftwiderstandsbeiwert c_w berücksichtigt wird. Der c_w-Wert wird durch Versuche im Windkanal ermittelt. Für einen aufrecht fahrenden Radfahrer auf einem Straßenrad nimmt man einen c_w-Wert von 1,1 an. Bei Gegenwind ist zu der Fahrgeschwindigkeit die Windgeschwindigkeit zu addieren, bei Rückenwind ist sie zu subtrahieren.

20

Bild 2: Luftwiderstand beim Radfahren

Die Formel zur Berechnung des Luftwiderstandes lautet:

$$F_L = \frac{1}{2} \cdot \varrho \cdot A \cdot c_w \cdot v^2$$

Die Luftdichte ϱ wird mit dem mittleren Wert von 1,3 kg/m³ eingesetzt, die Geschwindigkeiten in m/s umgerechnet.

Ein Rennradfahrer mit einer Stirnfläche von 0,38 m² und einem c_w-Wert von 0,88 fährt mit einer Geschwindigkeit von 36 km/h.

Bestimmen Sie den Luftwiderstand bei Windstille.

$$F_L = \frac{1}{2} \cdot \varrho \cdot A \cdot c_w \cdot v^2$$

$$F_L = \frac{1}{2} \cdot 1{,}3\text{ kg/m}^3 \cdot 0{,}38\text{ m}^2 \cdot 0{,}88 \cdot (10\text{ m/s})^2$$

$$F_L = 21{,}7\text{ N}$$

Bestimmen Sie den Luftwiderstand eines aufrecht fahrenden Tourenradfahrers ($A = 0{,}6$ m², $c_w = 1{,}1$), der bei einer Geschwindigkeit von 20 km/h einen Gegenwind von 15 km/h überwindet.

$$F_L = \frac{1}{2} \cdot \varrho \cdot A \cdot c_w \cdot v^2$$

$$F_L = \frac{1}{2} \cdot 1{,}3\text{ kg/m}^3 \cdot 0{,}6\text{ m}^2 \cdot 1{,}1 \cdot (5{,}6\text{ m/s} + 4{,}2\text{ m/s})^2$$

$$F_L = 41{,}2\text{ N}$$

Steigungswiderstand

Beim Befahren einer Steigung muss der Radfahrer mit seiner Antriebskraft F_A den Steigungswiderstand F_{St} überwinden **(Bild 1, Seite 513)**. Der Steigungswiderstand F_{St} hängt von dem Gewicht des Systems F_G (Rad + Fahrer) und dem Steigungswinkel α ab. Statt des Steigungswinkels kann man auch die Steigung p in % angegeben:

$$F_{St} = m \cdot g \cdot \sin\alpha = F_G \cdot \sin\alpha \approx F_G \cdot \frac{p}{100\,\%}$$

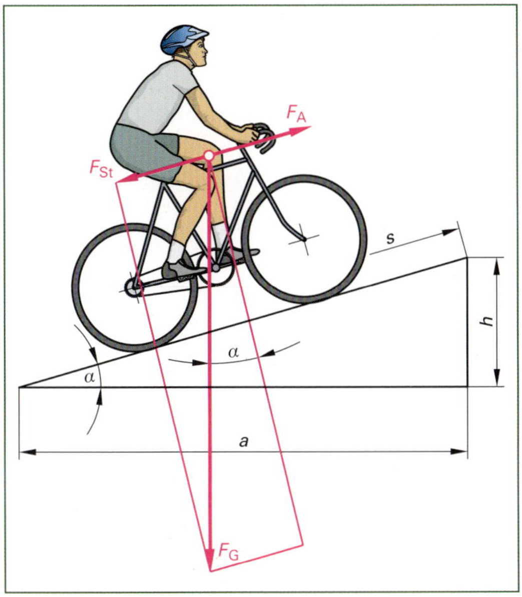

Bild 1: Steigungswiderstand

Ein Radfahrer der Masse 70 kg fährt mit seinem beladenen Rad (Masse von Rad und Gepäck = 15 kg, g = 10 m/s²) eine 10 %-Steigung hoch.

Wie groß ist der Steigungswiderstand?

F_{St} = (70 kg + 15 kg) · 10 m/s² · 0,1 = 85 N

Die Steigungshöhe h aus Bild 1 soll 14 m, die Grundlinie a = 100 m betragen.

Bestimmen Sie

a) die Steigungslänge s,

b) den Steigungswinkel α und

c) die Steigung in %.

a) $s^2 = a^2 + h^2$

$s = \sqrt{(100\text{ m})^2 + (14\text{ m})^2} = 101\text{ m}$

b) $\sin\alpha = \frac{h}{s} = \frac{14\text{ m}}{101\text{ m}} = 0{,}1386 \qquad \alpha \approx 8°$

c) $p = \frac{h}{a} = \frac{14\text{ m}}{100\text{ m}} = 0{,}14 = 14\ \%$

20.10 Antriebsschlupf und Bremsschlupf

Überträgt ein luftgefüllter Reifen Antriebskräfte, so entsteht zwischen Fahrbahn und Reifen eine Relativbewegung. Die Umfangsgeschwindigkeit des Rades ist größer als die Fahrgeschwindigkeit.

Das Verhältnis der beiden Geschwindigkeiten wird als „Schlupf" bezeichnet und in % angegeben:

$$\lambda_a = \frac{v_u - v}{v_u} \cdot 100\ \%$$

Bei einem Radfahrer, der mit v = 8 m/s fährt, wird am Hinterrad eine Umfangsgeschwindigkeit von v_u = 8,5 m/s gemessen.

Wie groß ist der Antriebsschlupf?

$$\lambda_a = \frac{v_u - v}{v_u} \cdot 100\ \% = \frac{8{,}5\text{ m/s} - 8\text{ m/s}}{8{,}5\text{ m/s}} \cdot 100\ \% \approx 6\ \%$$

Beim Bremsen ist es umgekehrt: Die Umfangsgeschwindigkeit des Rades ist kleiner als die Fahrgeschwindigkeit:

$$\lambda_b = \frac{v - v_u}{v} \cdot 100\ \%$$

Ein Sachverständiger hat nach einem Unfall einen Bremsschlupf von 20 % ermittelt und aus Angaben des Fahrradcomputers eine momentane Umfangsgeschwindigkeit von 7 m/s berechnet.

Wie groß war die Fahrgeschwindigkeit?

Beim Bremsen ist es umgekehrt: Die Umfangs-geschwindigkeit des Rades ist kleiner als die Fahrgeschwindigkeit:

$$\lambda_b = \frac{v - v_u}{v} = 0{,}2 \qquad \frac{v_u}{v} = 1 - 0{,}2$$

$$v = \frac{v_u}{0{,}8} = \frac{7\text{ m/s}}{0{,}8} = 8{,}75\text{ m/s} = 31{,}5\text{ km/h}$$

20.11 Mechanische Arbeit

Die mechanische Arbeit ist das Produkt aus der aufgebrachten Kraft und dem in Kraftrichtung zurückgelegten Weg. Die Einheit der mechanischen Arbeit ist Nm: $W = F \cdot s$ [Nm]

Ein Radfahrer beschleunigt sein 85 kg schweres System mit 2 m/s² über eine Strecke von 20 m.

a) Wie groß ist seine aufgebrachte Beschleunigungskraft?

b) Welche (Beschleunigungs-)Arbeit hat er verrichtet?

a) $F = m \cdot a$ = 85 kg · 2 m/s² = 170 N

b) $W = F \cdot s$ = 170 N · 20 m = 3400 Nm

Berechnen Sie die Hubarbeit eines 90 kg schweren „Systems", das von Meereshöhe auf einen 400 m hohen Berg gefahren ist.

$W = m \cdot g \cdot h = 90\text{ kg} \cdot 10\text{ m/s}^2 \cdot 400\text{ m} = 360\,000\text{ Nm}$

Die Fahrradgabel **(Bild 1)** wird einem Stoßtest nach DIN plus unterzogen. Dabei fällt ein Prüfklotz (Masse 40 kg) aus 180 mm Höhe auf das frei liegende Ausfallende.

Welche „Stoßarbeit" verrichtet der Prüfklotz?

$W = F \cdot s = 40\text{ kg} \cdot 10\text{ m/s}^2 \cdot 0{,}18\text{ m} = 72\text{ Nm}$

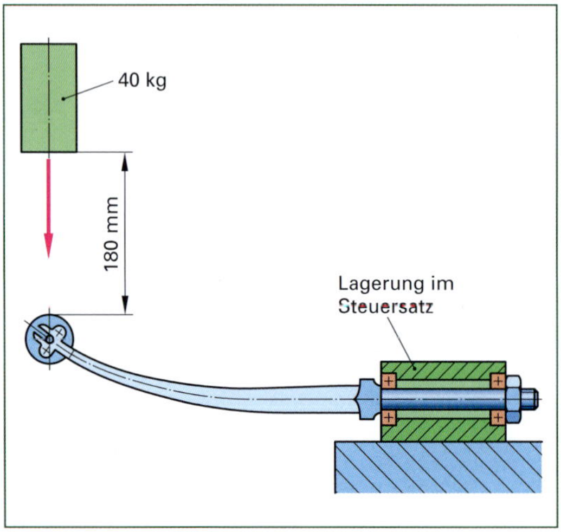

Bild 1: Stoßarbeit an einer Fahrradgabel

20.12 Energie

Energie ist „gespeicherte" Arbeit. Die Einheit der Energie wird meist in Joule (J) oder (kJ) angegeben:

1 Nm = 1J 1000 J = 1 kJ

In der Elektrizitätslehre wird die Energieeinheit auch in Wattsekunden (Ws) oder Kilowattstunden (kWh) angegeben: 1 J = 1 Nm = 1 Ws.

Die Energie, die die Fahrradgabel beim Stoßtest (Bild 1) aufgenommen hat, beträgt 72 J.

Es gibt unterschiedliche Formen von Energien:

Beschleunigungsenergie (Bewegungsenergie oder kinetische Energie), Lageenergie (Hubenergie oder potentielle Energie), Wärme (Wärmeenergie), elektrische Energie u. a. Energien können in andere Energieformen umgewandelt werden, z. B. die chemische Energie der Nahrung im Muskel.

Ein 85-kg-System hat eine kinetische Energie von 8500 Nm = 8500 J = 8,5 kJ „gespeichert". Der Radfahrer könnte mit dieser gespeicherten Energiemenge einen kleinen Hügel hoch rollen.

Bestimmen Sie (unter Vernachlässigung von Luft- und Reibungswiderständen) die Höhe des Hügels.

Energieumwandlung:

Bewegungsenergie in Lageenergie

$W_{kin} = W_{pot}$

$8500\text{ Nm} = m \cdot g \cdot h$

$h = \dfrac{8500\text{ Nm}}{85\text{ kg} \cdot 10\text{ m/s}^2} = 10\text{ m}$

Bild 2: Welche Geschwindigkeit erreicht ein 75 kg schweres System, das sich von einem 10 m hohen Hügel herunterrollen lässt (ohne Antrieb, Fahrwiderstände vernachlässigt)?

Bild 2: Energieumwandlung: Lageenergie in Bewegungsenergie

$W_{kin} = \dfrac{1}{2} \cdot m \cdot v^2$ $\qquad W_{pot} = W_{kin}$

$m \cdot g \cdot h = \dfrac{1}{2} \cdot m \cdot v^2$

$v = \sqrt{2 \cdot g \cdot h} = \sqrt{2 \cdot 10\text{ m/s}^2 \cdot 10\text{ m}} \approx 14\text{ m/s}$

20.13 Leistung

Die mechanische Leistung ist die verrichtete Arbeit pro Zeitdauer. Die Einheit der Leistung ist Watt [W] oder Kilowatt [kW].

1 W = 1 Nm/s

$P = \dfrac{W}{t}\,[\text{W}]$

Ein Fahrradmechaniker hebt in 1 Sekunde ein 14 kg schweres Fahrrad 1,2 m hoch auf einen Montageständer.

Wie groß ist seine Leistung?

Die verrichtete Arbeit beträgt

$W = F_G \cdot s = m \cdot g \cdot s$

$W = 14 \text{ kg} \cdot 10 \text{ m/s}^2 \cdot 1{,}2 \text{ m} = 168 \text{ Nm}$

$P = \frac{W}{t} = \frac{168 \text{ Nm}}{1 \text{ s}} = 168 \text{ W} = 0{,}168 \text{ kW}$

Setzt man in die Gleichung für die Arbeit *W* das Produkt aus Kraft *F* und Weg *s* ein (Kraftrichtung und Wegrichtung müssen übereinstimmen) und schreibt für

$\frac{\text{Weg}}{\text{Zeit}} = \text{Geschwindigkeit}$

lautet die Leistungsformel: $P = F \cdot v$

Die Kraft wird in Newton [N] angegeben, die Geschwindigkeit in m/s.

Steigungsleistung

Ein Radfahrer fährt mit einer Geschwindigkeit von 9 km/h und überwindet einen Steigungswiderstand von 85 N **(siehe Seite 513)**.

Wie groß ist seine Leistung?

9 km/h = 2,5 m/s

$P_{St} = F_{St} \cdot v = 85 \text{ N} \cdot 2{,}5 \text{ m/s} = 212{,}5 \text{ Nm/s}$

$P_{St} = 212{,}5 \text{ W} \approx 0{,}213 \text{ kW}$

In dieser Aufgabe wurde die Dauerleistung oder Normalleistung berechnet.

Beschleunigungsleistung

Der Radfahrer von Seite 509/510 beschleunigt sein „System“ innerhalb von 3 Sekunden von $v_1 = 5$ km/h (= 1,4 m/s) auf $v_2 = 25$ km/h (= 7 m/s). Die dazu erforderliche Beschleunigungskraft beträgt $F = 158$ N.

Bestimmen Sie

a) die Anfangsleistung,

b) die Leistung am Ende der Beschleunigung und

c) die mittlere Leistung.

a) Am Anfang beträgt die Beschleunigungsleistung:

$P = 0 \text{ W}$

b) Am Ende der Beschleunigung beträgt die Leistung:

$P = F \cdot v = 158 \text{ N} \cdot 7 \text{ m/s} = 1106 \text{ Nm/s}$

$P = 1106 \text{ W} = 1{,}106 \text{ kW}$

c) Die mittlere Leistung wird über die mittlere Geschwindigkeit bestimmt. Sie beträgt

$v_m = \frac{v_1 + v_2}{2} = \frac{1{,}4 \text{ m/s} + 7 \text{ m/s}}{2} = 4{,}2 \text{ m/s}$

$P = F \cdot v_m = 158 \text{ N} \cdot 4{,}2 \text{ m/s} = 664 \text{ W} = 0{,}664 \text{ kW}$

Rollwiderstandsleistung

Der Rollwiderstand eines „Systems“ (Rad + Fahrer + Gepäck) wurde in einem Ausrollversuch mit 5 N bestimmt.

Berechnen Sie die Rollwiderstandleistung des mit 30 km/h fahrenden Systems.

$P_R = F_R \cdot v = 5 \text{ N} \cdot 8{,}3 \text{ m/s} = 41{,}5 \text{ Nm/s}$

$P_R = 41{,}5 \text{ W}$

Luftwiderstandsleistung

Der Luftwiderstand wächst quadratisch mit der tatsächlichen Windgeschwindigkeit: Verdoppelt sich die Geschwindigkeit, vervierfacht sich der Luftwiderstand:

$F_L \sim v^2$

Da die Leistung das Produkt aus Kraft (hier ist es der Luftwiderstand F_L) und der Geschwindigkeit ist, verachtfacht sich die zur Überwindung des Luftwiderstandes erforderliche Leistung:

$P_L \sim v^3$

Bestimmen Sie die erforderliche Leistung eines Radrennfahrers, der bei einer Geschwindigkeit von 36 km/h (kein atmosphärischer Gegenwind!) einen Luftwiderstand von 21,7 N **(siehe Seite 503)** überwindet.

$P_L = F_L \cdot v = 21{,}7 \cdot 10 \text{ m/s} = 217 \text{ Nm/s} = 217 \text{ W}$

Leistung Elektrofahrrad siehe Seite 547.

Gesamtwiderstandsleistung

Radfahrer benötigen eine bestimmte Leistung, um die Fahrwiderstände zu überwinden.

Meist kommen noch Widerstände aus Gegenwind und Steigungen hinzu.

Der Fahrradwiderstand **(siehe Seite 511)** setzt sich aus dem Reibungswiderstand der drehenden Teile, dem Rollwiderstand und dem Schwingungswiderstand zusammen.

Verfügt der Radfahrer noch über Leistungsreserven, kann er mit dieser „Überschussleistung“ sein System beschleunigen.

Bestimmen Sie die Leistung zur Überwindung des Gesamtwiderstandes eines mit 18 km/h fahrenden 80 kg schweren Systems. Rollwiderstand 5 N, Reibungswiderstand der drehenden Teile 1 N, Schwingungswiderstand 2 N, Steigung 3 %, c_w-Wert 1,1, Stirnfläche 0,6 m².

Lineare Widerstände F:

Fahrradwiderstände und Steigungswiderstand

$$F_{St} = F_G \cdot \frac{p}{100} = 800\ \text{N} \cdot \frac{3}{100} = 24\ \text{N}$$

$$F = 5\ \text{N} + 1\ \text{N} + 2\ \text{N} + 24\ \text{N} = 32\ \text{N}$$

$$P = 32\ \text{N} \cdot 5\ \text{m/s} = 160\ \text{W}$$

Nicht lineare Widerstände: Luftwiderstand

$$F_L = \frac{1}{2} \cdot \varrho \cdot c_w \cdot A \cdot v^2$$

$$F_L = 0{,}5 \cdot 1{,}3 \cdot 1{,}1 \cdot 0{,}6 \cdot 25 = 10{,}7\ \text{N}$$

$$P_L = 10{,}7\ \text{N} \cdot 5\ \text{m/s} = 53{,}5\ \text{W}$$

Gesamtleistung $P_{ges} = 160\ \text{W} + 53{,}5\ \text{W}$

$$P_{ges} = 213{,}5\ \text{W}$$

Der Radfahrer aus der letzten Aufgabe ist in der Lage, eine Tretleistung von 300 W über längere Zeit zu erbringen.

Welche Beschleunigung kann er seinem System erteilen?

Überschussleistung:

300 W – 213,5 W = 86,5 W

$$P = F \cdot v = m \cdot a \cdot v$$

$$a = \frac{P}{m \cdot v} = \frac{86{,}5\ \text{W}}{80\ \text{kg} \cdot 5\ \text{m/s}} = 0{,}22\ \text{m/s}^2$$ [1]

20.14 Wirkungsgrad

Der menschliche Motor als Antriebsmaschine für das Fahrrad führt dem System (also auch sich selbst) eine bestimmte Energiemenge zu. Nur ein Teil davon kann am Pedal Arbeit verrichten.

Die physiologischen Verluste durch Erwärmung des Körpers, Transpiration, Kreislauf und Stoffwechsel betragen etwa 75 % der zugeführten Energie.

Für die Nutzarbeit bleiben noch etwa 25 % zur Überwindung der äußeren Widerstände.

Physiologischer Wirkungsgrad:

$$\eta = \frac{\text{Nutzarbeit } W_{ab}}{\text{zugeführte Arbeit } W_{zu}}$$

[1] Nur über einen kurzen Zeitraum. a verringert sich bei wachsender Geschwindigkeit.

Da die Energiezufuhr und die Energieabgabe in der gleichen Zeit ablaufen, ist der Wirkungsgrad auch das Verhältnis von abgegebener Leistung zu zugeführter Leistung:

$$\eta = \frac{P_{ab}}{P_{zu}}$$

Die abgegebene Leistung ist stets kleiner als die zugeführte. Der Wirkungsgrad ist deshalb immer kleiner als 1 bzw. kleiner als 100 %.

Bestimmen Sie die zugeführte physiologische Leistung des Radfahrers aus der vorletzten Aufgabe.

$$P_{zu} = \frac{P_{ab}}{\eta} = \frac{163\ \text{W}}{0{,}25} = 653\ \text{W}$$

Beim Radfahren treten (wie bei jedem anderen Fahrzeug) bei der Energieumwandlung Leistungsverluste auf.

Zu den mechanischen Verlusten zählen Kraftverluste durch falsche Sitzposition, Fahrfehler, fehlender „Runder Tritt", Lager- und Kettenreibung u.a.m.

$$\eta_{mech} = \frac{\text{abgegebene Arbeit}}{\text{zugeführte Arbeit}}$$

$$\eta_{mech} = \frac{\text{abgegebene mech. Leistung}}{\text{zugeführte mech. Leistung}}$$

Ein Radfahrer misst seine Leistung mit 260 W. Er fährt mit 30 km/h und überwindet einen Fahrwiderstand von 25 N.
Wie groß ist
a) der mechanische Wirkungsgrad
b) der Gesamtwirkungsgrad bei einem physiologischen Wirkungsgrad von 0,25?

$$P_{mech,\,zu} = F \cdot v = 25\ \text{N} \cdot 8{,}33\ \text{m/s} \approx 208\ \text{W}$$

a) $\eta_{mech} = \frac{P_{mech,\,ab}}{P_{mech,\,zu}} = \frac{208\ \text{W}}{260\ \text{W}} = 0{,}8 = 80\ \%$

b) $\eta_{ges} = \eta_{phys} \cdot \eta_{mech} = 0{,}25 \cdot 0{,}8 = 0{,}2 = 20\ \%$

Ein Durchschnittsradler erbringt eine Leistung von 100 W. Er schaltet seinen 6 V/3 W-Seitendynamo ein, der einen Wirkungsgrad von 25 % aufweist.

Wie viel % von seiner Gesamtleistung sind für die Lichterzeugung erforderlich?

$$\eta = \frac{P_{ab}}{P_{zu}} \qquad P_{zu} = \frac{P_{ab}}{\eta} = \frac{3\ \text{W}}{0{,}25} = 12\ \text{W}$$

100 W → 100 %
10 W → 10 %
12 W → 12 %

20.15 Drehmoment

Das Kraftgesetz für die fortschreitende Bewegung lautet: Kraft ist Masse mal Beschleunigung; als Formel: $F = m \cdot a$ (siehe Seite 510). Ist ein Körper durch einen festen Achspunkt an einer fortschreitenden Bewegung gehindert, kann die Kraft keine Bewegung verursachen **(Bild 1a)**. Geht die Wirkungslinie der Kraft aber nicht durch den Achspunkt, erzeugt die Kraft eine Drehbewegung **(Bild 1b)**.

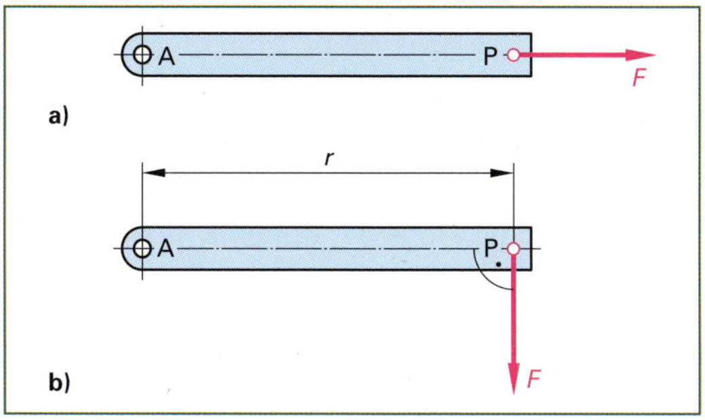

Bild 1: Erläuterung „Drehmoment". A Achspunkt P Kraftangriffspunkt

Die Drehwirkung wächst mit steigender Kraft und längerem Abstand (genannt „Hebelarm") zum Achspunkt. Das Produkt aus Kraft und Hebelarm nennt man Drehmoment: $M = F \cdot r$. Die Einheit ist Nm.

Achtung: Auch die Einheit der Arbeit ist Nm. Das Drehmoment allein kann aber keine Arbeit verrichten, denn die Kraft und der Weg weisen nicht in dieselbe Richtung. Die wirksame Kraft steht senkrecht auf dem Kraftarm.

Welches Drehmoment wirkt auf die Tretlagerwelle, wenn das Pedal an der 170 mm langen Tretkurbel mit einer senkrechten Tretkraft von 200 N belastet wird **(Bild 2)**?

$M = F \cdot r = 200 \text{ N} \cdot 0{,}17 \text{ m}$ $\quad M = 34 \text{ Nm}$

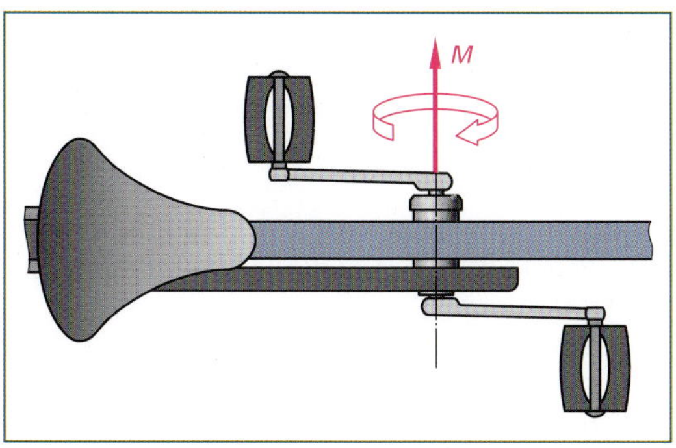

Bild 2: Drehmoment in der Tretlagerwelle

Wirksamer Hebelarm

Der wirksame Hebelarm ist der senkrechte Abstand zwischen der Wirkungslinie der Kraft und dem Drehmittelpunkt des Körpers.

Eine Pedalkraft von $F_p = 200$ N wirkt auf ein Pedal (Kurbellänge $r = 170$ mm, **Bild 3**), das in der Stellung 60° nach OT (OT = Oberer Totpunkt) steht.

a) Wie groß ist der wirksame Hebelarm a?

b) Wie groß ist das Drehmoment M in der Tretlagerwelle?

c) Welche Kraft F_r wirkt in Richtung Tretlager?

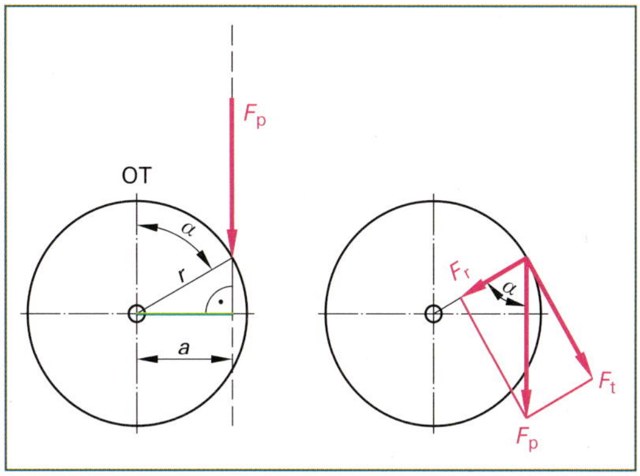

Bild 3: Wirksamer Hebelarm

a) $a = r \cdot \sin \alpha = 170 \cdot 0{,}866 \approx 147$ mm

b) $M = F_p \cdot a = 200 \text{ N} \cdot 0{,}147 \text{ m} = 29{,}4 \text{ Nm}$

c) $F_r = F_p \cdot \cos \alpha = 200 \text{ N} \cdot 0{,}5 = 100 \text{ N}$

20.16 Hebel und Bremsen

Hebel sind starre Körper, die drehbar gelagert sind und an denen Kräfte eine Drehwirkung verursachen. Man unterscheidet einseitige Hebel, zweiseitige Hebel und Winkelhebel.

Jedes Drehmoment hat einen bestimmten Drehsinn; in **Bild 1, Seite 518** ist $F_1 \cdot r_1$ ein rechtsdrehendes und $F_2 \cdot r_2$ ein linksdrehendes Drehmoment.

Ein Hebel ist im Gleichgewicht, wenn die Summe aller linksdrehenden Drehmomente gleich der Summe aller rechtsdrehenden Drehmomente ist:

$\overset{\frown}{M} = \overset{\frown}{M}$ oder $\quad F_1 \cdot r_1 = F_2 \cdot r_2$

Das Übersetzungsverhältnis ist definiert:

$$i = \frac{F_1}{F_2} = \frac{r_2}{r_1}$$

$i < 1 \rightarrow$ Kraftverstärkung

$i > 1 \rightarrow$ Kraftverminderung

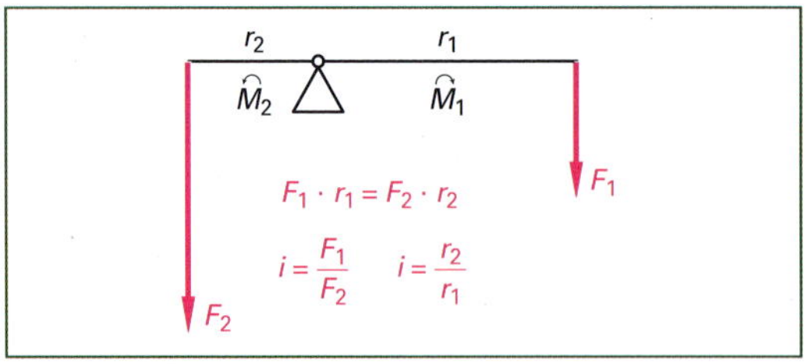

Bild 1: Hebelgesetz

Einseitiger Hebel

Die Handkraft an einem 200 mm langen Maulschlüssel **(Bild 2)** beträgt 90 N.

Berechnen Sie das auf die Schraube wirkende Anzugsdrehmoment.

$M = F \cdot r = 90\ \text{N} \cdot 0{,}2\ \text{m} = 18\ \text{Nm}$

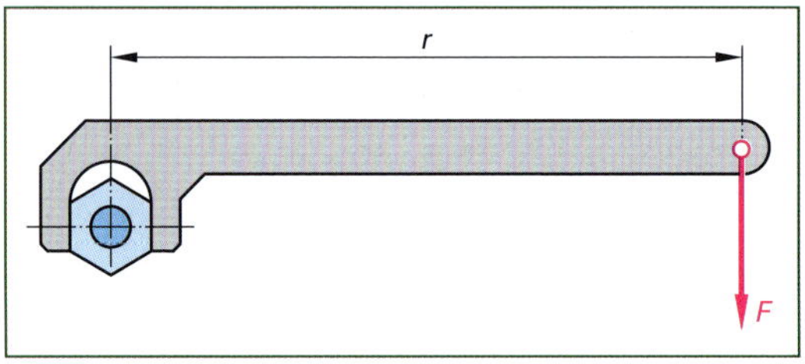

Bild 2: Einseitiger Hebel

Zweiseitiger Hebel

Auf die Griffe einer Kneifzange **(Bild 3)** wirkt eine Handkraft von 300 N. Die wirksamen Hebel sind 180 mm und 40 mm.

Berechnen Sie die Schneidkraft und das Übersetzungsverhältnis.

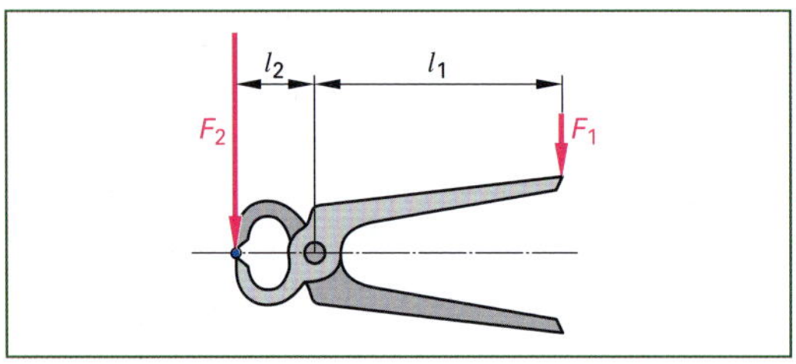

Bild 3: Kneifzange

$\overset{\frown}{M} = \overset{\frown}{M}$ oder $F_1 \cdot l_1 = F_2 \cdot l_2$

$$F_2 = \frac{F_1 \cdot l_1}{l_2} = \frac{300\ \text{N} \cdot 180\ \text{mm}}{40\ \text{mm}} = 1350\ \text{N}$$

$$i = \frac{40\ \text{mm}}{180\ \text{mm}} = 0{,}22 \qquad i < 1 \rightarrow \text{Kraftverstärkung}$$

Gewichtsverteilung

Die Lage des Systemschwerpunktes auf der Schwerpunktlängsachse bestimmt die Gewichtsverteilung des Radfahrers **(Bild 4)**.

Bestimmen Sie nach **Bild 4** die Teilgewichtskraft am Hinterrad und Vorderrad des 800 N schweren Systems.

Der Radstand beträgt 100 cm, der Schwerpunktabstand zum Hinterrad 44 cm.

Man wählt den Auflagepunkt A des Vorderrades als Drehpunkt des „Systemhebels". Das rechtsdrehende Drehmoment

$M_1 = F_G \cdot (l - a)$

steht im (statischen) Gleichgewicht mit dem linksdrehenden Drehmoment

$M_2 = F_{NH} \cdot l$

Die Schwerpunkthöhe hat keinen Einfluss auf die Gewichtsverteilung.

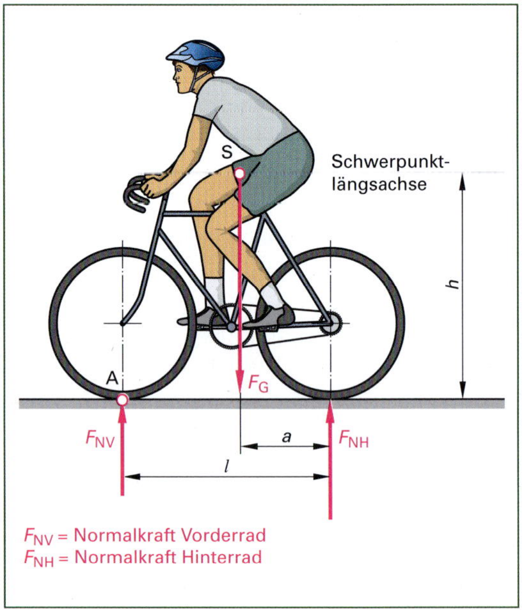

Bild 4: Gewichtsverteilung

$M_1 = M_2 \qquad F_G \cdot (l - a) = F_{NH} \cdot l$

$$F_{NH} = \frac{F_G \cdot (l - a)}{l} = \frac{800\ \text{N} \cdot (100\ \text{cm} - 44\ \text{cm})}{100\ \text{cm}}$$

$F_{NH} = 448\ \text{N}$

Die Gegenkraft zu F_{NH} ist die Teilgewichtskraft am Hinterrad:

$F_H = 448\ \text{N}$

Am Vorderrad wirkt die Teilgewichtskraft

$F_V = F_G - F_H = 800\ \text{N} - 448\ \text{N} = 352\ \text{N}$

Projektaufgabe Schwerpunktmethode

Die Schwerpunktmethode **(Bild 1)** ist ein weiteres Verfahren zur Bestimmung der Horizontalposition (Sattelstellung **siehe Seite 401**).

Die Sattelstellung richtet sich nach der bevorzugten Sitzposition, wobei der Systemschwerpunkt S lotrecht über der Tretlagermitte liegen sollte (andere sportartbedingte Sattelstellungen sind individuell möglich). Zur Bestimmung der horizontalen Schwerpunktlage benötigt man eine Personenwaage und ein Längenmessgerät (Gliedermaßstab).

Gegeben:

Radstand $l = 110$ cm

Vorderbaulänge $a = 65$ cm

Systemgewicht Rad + Fahrer $F_G = 900$ N

Gesucht: Schwerpunktlage x

Ziel: Wenn das Maß x gleich der Vorderbaulänge ist, liegt der Schwerpunkt über der Tretlagermitte. Andernfalls ist der Sattel zu verschieben und die Messung zu wiederholen.

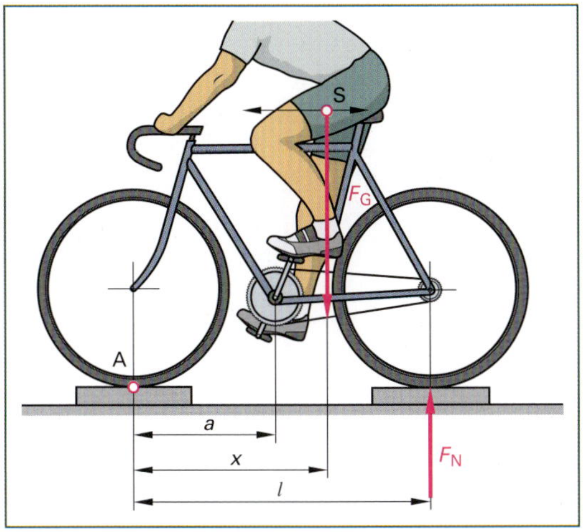

Bild 1: Schwerpunktmethode zur Ermittelung der Horizontalposition

Bestimmung der Radlast F_N am Hinterrad durch Wiegen:

Angenommenes Beispiel: $F_N = 600$ N

Gleichgewicht der Momente um Auflagerpunkt A:

$F_G \cdot x = F_N \cdot l$

$$x = \frac{F_N \cdot l}{F_G} = \frac{600\ \text{N} \cdot 110\ \text{cm}}{900\ \text{N}} \approx 73\ \text{cm}$$

Der Schwerpunkt liegt 73 cm – 65 cm = 8 cm hinter dem Tretlager. Der Sattel muss um 8 cm nach vorn verschoben werden.

Winkelhebel 1

Gegeben ist ein Winkelhebel mit den Hebellängen $a = 200$ mm, b = 100 mm **(Bild 2)**. Der kürzere Hebelarm nimmt einen Winkel von 135° zum längeren Hebelarm ein. Welche Kraft F_2 steht im Gleichgewicht zur Kraft $F_1 = 30$ N?

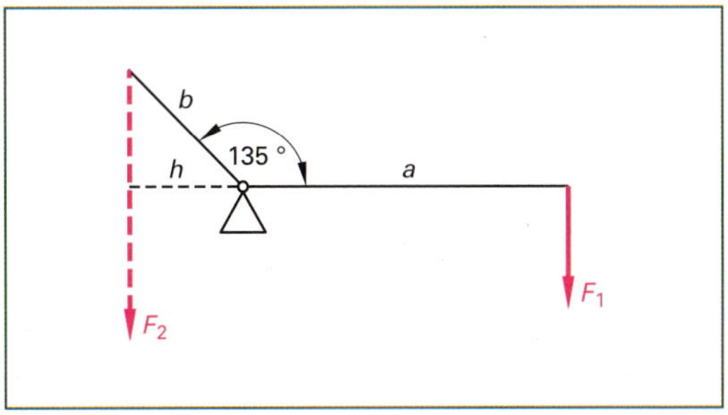

Bild 2: Winkelhebel

Der senkrechte Abstand zum Angriffspunkt der Kraft (der wirksame Hebelarm) F_2 beträgt $h = b \cdot \sin 45° = 100\ \text{mm} \cdot 0{,}7071 = 70{,}7$ mm.

$$F_1 \cdot a = F_2 \cdot h \qquad F_2 = \frac{F_1 \cdot a}{h} = \frac{30\ \text{N} \cdot 200\ \text{mm}}{70{,}7\ \text{mm}} \approx 85\ \text{N}$$

Winkelhebel 2

Bestimmen Sie die Bremsnormalkraft F_N (andere gebräuchliche Bezeichnungen sind Spannkraft, Klemmkraft, Andruckkraft) und die Gesamtspannkraft F an den Bremsschuhen der Cantileverbremse **(Bild 3)**.

Die Zugkraft am Bremsseil beträgt $F_{Bo} = 400$ N, der Spreizwinkel $\beta = 100°$ und die wirksamen Hebelarme am Kipphebel a = 60 mm und b = 40 mm.

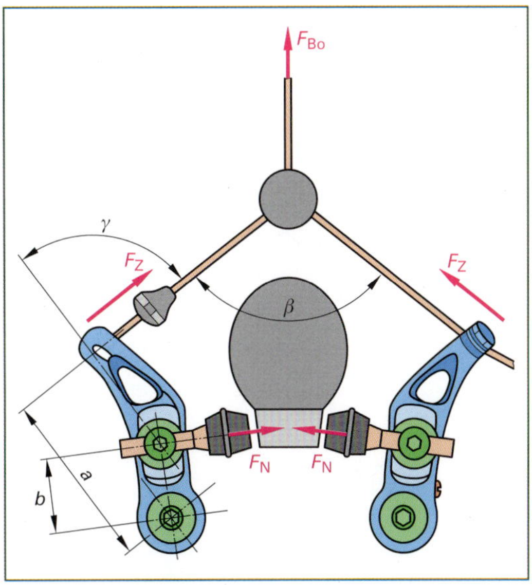

Bild 3: Winkelhebel an der Cantileverbremse

Die Zugkraft an der Klemmung beträgt

$$F_Z = \frac{\frac{F_{Bo}}{2}}{\frac{\cos\beta}{2}}, \quad \text{da} \cos\frac{\beta}{2} = \frac{\frac{F_{Bo}}{2}}{F_Z}$$

$$F_Z = \frac{200\ \text{N}}{\cos 50°} = \frac{200\ \text{N}}{0{,}6428} = 311\ \text{N}$$

Gleichgewicht der Drehmomente am Winkelhebel:

$F_Z \cdot a = F_N \cdot b$

$$F_N = \frac{F_Z \cdot a}{b} = \frac{311\ \text{N} \cdot 60\ \text{mm}}{40\ \text{mm}} \approx 467\ \text{N}$$

Bei optimaler Einstellung ist der Winkel $\gamma = 90°$.

Die Gesamtspannkraft beträgt $F = 2 \cdot F_N = 934$ N

Winkelhebel 3

Bild 1 zeigt zwei Cantileverbremsen mit unterschiedlichen Spreizwinkeln $\beta_1 < \beta_2$ und gleicher Bremsseil-Zugkraft F_{Bo}.

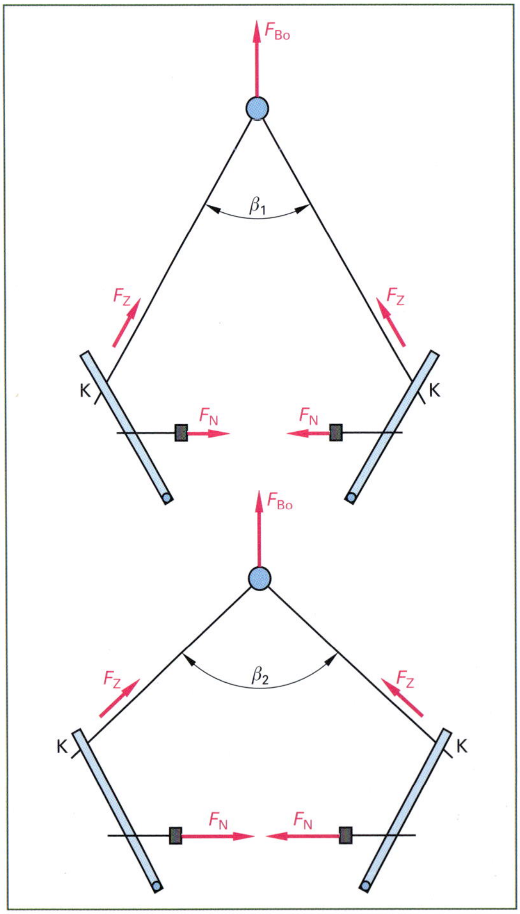

Bild 1: Spreizwinkel β und Kräfte an zwei Cantileverbremsen

a) Bestimmen Sie zeichnerisch die Zugkraft F_Z an der Klemmung K (Lösung a) in **Bild 2**.

b) Welche Aussage über das Verhältnis von Seilzugkraft zu Klemmkraft lässt sich machen?

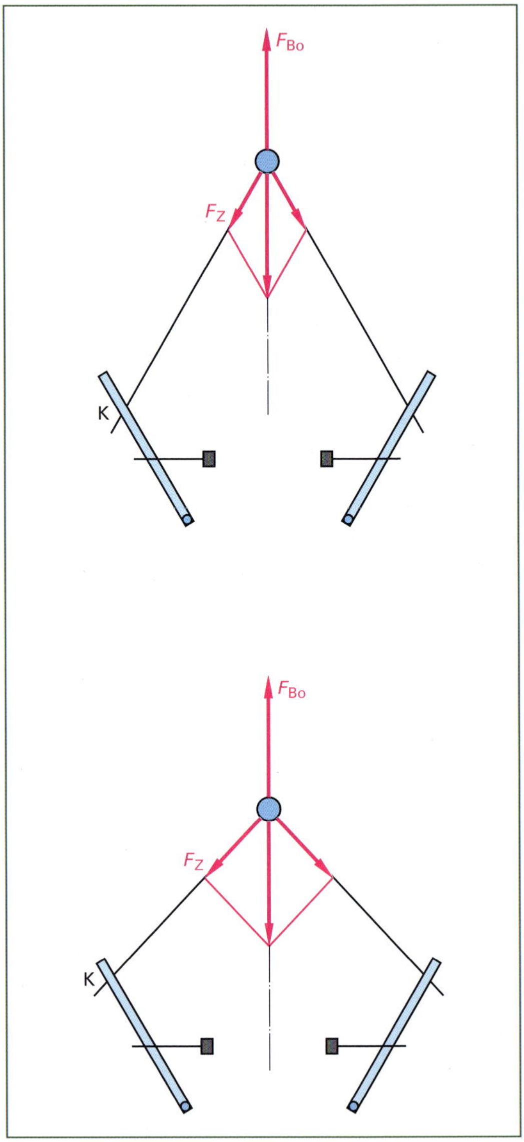

Bild 2: Lösung zu a)

Lösung b): Mit wachsendem Spreizwinkel vergrößert sich bei gleicher Bremsseil-Zugkraft die Klemmkraft.

Cantileverbremsen haben ein degressives Bremsverhalten: Je spitzer das Seildreieck bei der Bremsbetätigung wird, umso geringer wird die Bremswirkung (Kniehebeleffekt).

Radlasten und Kippsicherheit beim Bremsen

Ein Radfahrer (Systemmasse m = 90 kg, Gewicht $F_G \approx$ 900 N) bremst mit a = 4 m/s² ab. Die weiteren Daten sind: Radstand l = 1,1 m, Schwerpunktabstand Hinterrad b = 0,45 m, Schwerpunkthöhe h = 1,2 m **(Bild 1)**.

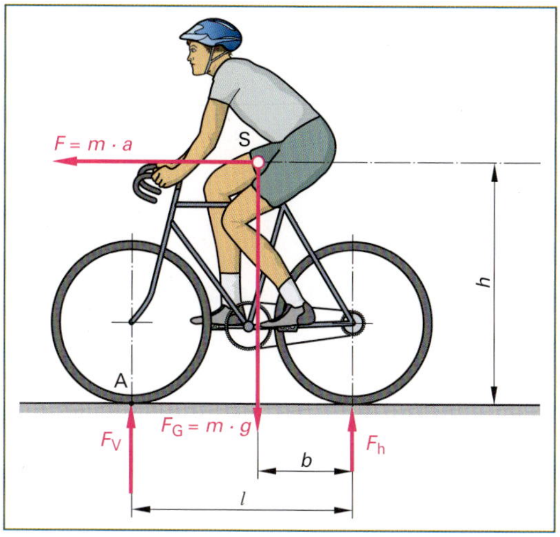

Bild 1: Radlasten beim Bremsen

Bestimmen Sie die Radlasten F_v und F_h.

Drehmomente um den hinteren Auflagepunkt:

$$F_v \cdot 1{,}1\ \text{m} - 900\ \text{N} \cdot 0{,}45\ \text{m} - 90\ \text{kg} \cdot 4\ \text{m/s}^2 \cdot 1{,}2\ \text{m} = 0$$

$$F_v = \frac{900\ \text{N} \cdot 0{,}45\ \text{m}}{1{,}1\ \text{m}} + \frac{90\ \text{kg} \cdot 4\ \text{m/s}^2 \cdot 1{,}2\ \text{m}}{1{,}1\ \text{m}} = 760\ \text{N}$$

$$F_h = F_G - F_v = 900\ \text{N} - 760\ \text{N} = 140\ \text{N}$$

Die Größe der Bremsverzögerung findet ihre Grenze in der Gefahr des Überschlagens. Bei welcher Bremsverzögerung a droht das System in Bild 1 zu überschlagen?

$$F \cdot h = F_G \cdot (l - b)$$

$$m \cdot a \cdot h = m \cdot g \cdot (l - b)$$

$$a = \frac{g \cdot (l - b)}{h} = \frac{9{,}81 \cdot (110 - 45)}{120} \approx 5{,}3\ \text{m/s}^2$$

Die maximale Bremsverzögerung ist unabhängig von der Masse des Systems: Ein leichtgewichtiger Fahrer ist ebenso gefährdet wie ein schwergewichtiger.

In **Bild 2** ist die Verzögerungskraft (Massenkraft = Bremskraft) F_B, die Gewichtskraft F_G und die resultierende Kraft F_{Res} aus beiden Kräften im Schwerpunkt eingezeichnet. Die Verlängerung der Resultierenden schneidet die Fahrbahn hinter dem Vorderrad. Besteht die Gefahr eines Überschlags?

Bild 2: Überschlagsgefahr?

Nein. Erst wenn die Richtung der resultierenden Kraft aus Massenkraft und Gewichtskraft **vor** dem Auflagepunkt des Vorderrades die Fahrbahn trifft, besteht die Gefahr des Überschlagens.

Bremsen bei Bergabfahrt

Ein Radfahrer (Systemmasse m = 90 kg) fährt auf regennasser Fahrbahn (Reibbeiwert μ_H = 0,35) eine Abfahrt mit einer Steigung von 10 % herunter.

Er bremst mit einer Bremsverzögerung von a = 2 m/s². Kann die geforderte Bremskraft F_B übertragen werden?

Anmerkung: Die Hangabtriebskraft F_{St} muss ebenfalls abgebremst werden[1].

$$F_B = m \cdot a + F_{St} = 90\ \text{kg} \cdot 2\ \text{m/s}^2 + 900\ \text{N} \cdot 0{,}1 = 270\ \text{N}$$

Die senkrecht zur Fahrbahn gerichtete Komponente der Radlast beträgt ≈ 895 N. Um die geforderte Bremskraft übertragen zu können, werden die Laufräder mit einem Reibbeiwert von

$$\mu_{erf} = \frac{270\ \text{N}}{895\ \text{N}} = 0{,}3$$

in Anspruch genommen. Das System kann noch abgebremst werden.

Maximale Bremsverzögerung

Welche maximale Bremsverzögerung kann ein Radfahrer erreichen, wenn der Reibbeiwert (die Haftreibungszahl) auf einer Pflasterstraße 0,45 beträgt?

$$a_{max} = g \cdot \mu_H$$

$$a_{max} = 9{,}81\ \text{m/s}^2 \cdot 0{,}45 = 4{,}4\ \text{m/s}^2$$

[1] Achtung: Die maximale Bremsverzögerung wird mit zunehmendem Gefälle immer geringer.

Zusammengesetzte Hebel

Bestimmen Sie die Bremsnormalkraft F_N einer Seitenzugbremse (**Bild 1**). Die Bremshandkraft beträgt F_H = 180 N.

Die Abmesungen:
a = 92 mm, b = 25 mm, c = 65 mm, d = 79 mm.

Wie groß sind die Einzelübersetzungen

a) i_1

b) i_2

c) die Gesamtübersetzung i

d) die Gesamtspannkraft F am Rad?

a) 1. Übersetzungsstufe

$$F_H \cdot a = F_{Bo} \cdot b$$

$$\frac{F_H}{F_{Bo}} = \frac{b}{a}$$

$$F_{Bo} = \frac{F_H \cdot a}{b} = \frac{180\ \text{N} \cdot 92\ \text{mm}}{25\ \text{mm}} = 662{,}4\ \text{N}$$

$$i_1 = \frac{F_H}{F_{Bo}} = \frac{180\ \text{N}}{662{,}4\ \text{N}} = 0{,}27$$

$i_1 < 1$, also Kraftverstärkung

b) 2. Übersetzungsstufe

$$F_{Bo} \cdot c = F_N \cdot d$$

$$\frac{F_{Bo}}{F_N} = \frac{d}{c}$$

$$F_N = \frac{F_{Bo} \cdot c}{d} = \frac{662{,}4\ \text{N} \cdot 65\ \text{mm}}{79\ \text{mm}} = 545\ \text{N}$$

$$i_2 = \frac{F_{Bo}}{F_N} = \frac{662{,}4\ \text{N}}{545\ \text{N}} = 1{,}22 \text{ oder } i_2 = \frac{d}{c}$$

$i_2 > 1$, also Kraftverringerung

c) Gesamtübersetzung

$$i_{ges} = i_1 \cdot i_2 = 0{,}27 \cdot 1{,}22 = 0{,}33 \approx 1 : 3$$

Kraftverstärkung: $i < 1$

d) Die Gesamtspannkraft F ist doppelt so groß wie die Bremsnormalkraft F_N:

$$F = 2 \cdot F_N$$

$$F = 2 \cdot 545\ \text{N} = 1090\ \text{N}$$

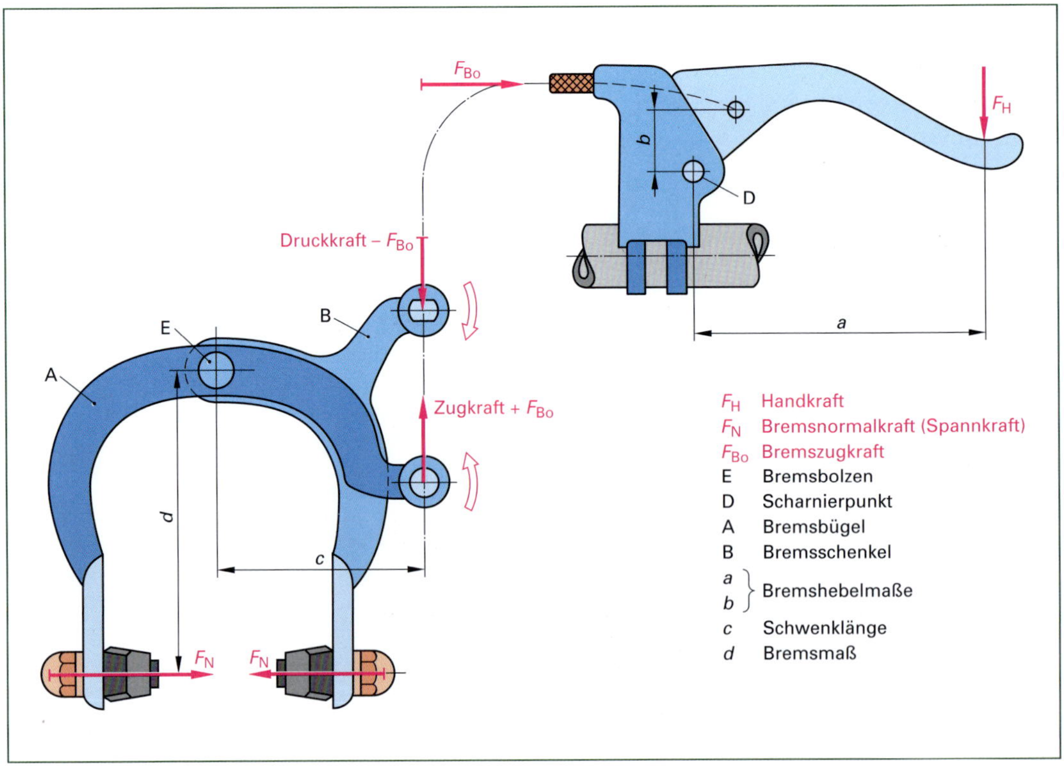

Bild 1: Hebelarmübersetzung bei einer Seitenzugbremse

Umfangs-Bremskraft

Durch die Bremsnormalkräfte (Spannkräfte) links und rechts der Felge werden die Bremsgummis gegen die Felge gedrückt **(Bild 1)**.

Es entstehen an den beiden Reibflächen **(Bild 2)** die Teil-Umfangsbremskräfte F_{U1} und F_{U2} und die gesamte Umfangskraft F_U:

$F_{U1} = F_N \cdot \mu_G \qquad F_{U2} = F_N \cdot \mu_G$

$F_U = 2 \cdot F_N \cdot \mu_G$

mit μ_G als der Gleitreibungszahl zwischen Bremsgummi und Felge.

Wie groß ist die gesamte Umfangskraft an der Cantileverbremse von Seite 520?

Die Gleitreibungszahl beträgt 0,9.

$F_U = 2 \cdot 467\ \text{N} \cdot 0{,}9 = 841\ \text{N}$

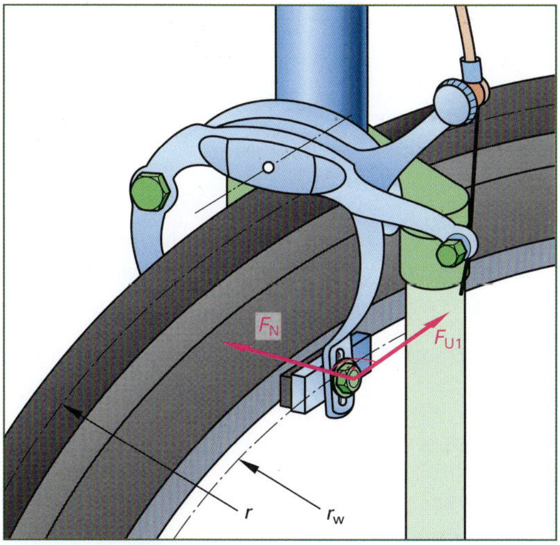

Bild 1: Umfangs-Bremskraft und Spannkraft an einer Felgenbremse

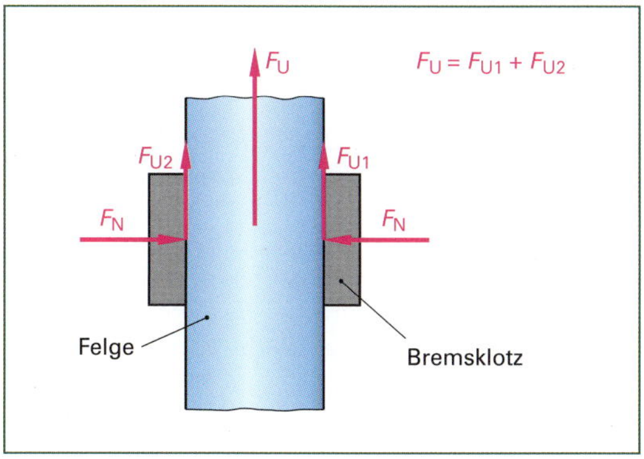

Bild 2: Gesamte Umfangskraft F_U (Ansicht von oben)

Bremsmoment

Über die Umfangs-Bremskraft F_U und dem Hebelarm r_w als wirksamer Radius an der Felge oder an der Scheibe **(Bild 3)** entsteht am Rad ein Bremsmoment M_B.

Es berechnet sich zu: $M_B = F_U \cdot r_w = 2\ F_N \cdot \mu_G \cdot r_w$

Das Bremsmoment wird beim Bremsen auf die Fahrbahn übertragen.

Es ist abhängig von der Bremskraft F_B zwischen Rad und Fahrbahn und dem dynamischen Radhalbmesser r_{dyn}.

Bei Fahrrädern mit Felgenbremsen kann $r_{dyn} = r$ gesetzt werden.

$M_B = F_B \cdot r$

Durch Gleichsetzen beider Momenten folgt:

$$F_B \cdot r = F_U \cdot r_w \rightarrow F_B = F_U \cdot \frac{r_w}{r}$$

Für gleiche Umfangs-Bremskraft gilt: Je größer der wirksame Radius an der Bremse, desto größer ist auch die Bremskraft an der Reifenauflagefläche.

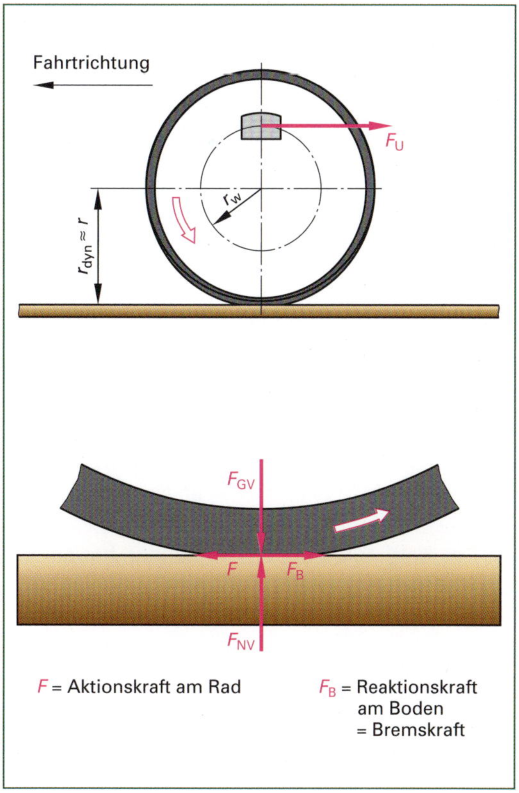

Bild 3: Bremskräfte am rollenden Rad

Projektaufgabe Rücktrittbremse

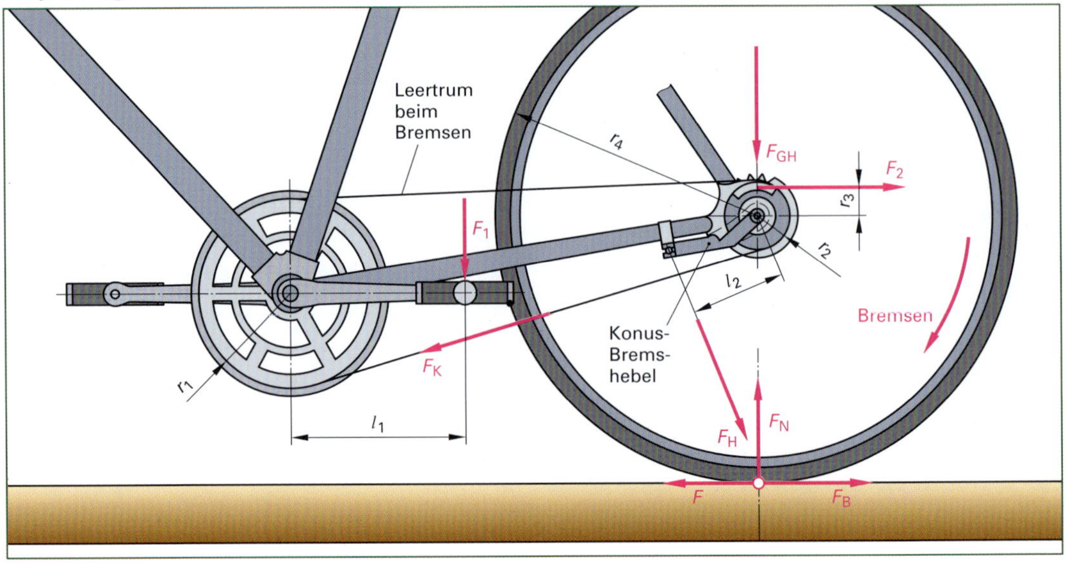

Bild 1: Projekt Rücktrittbremse

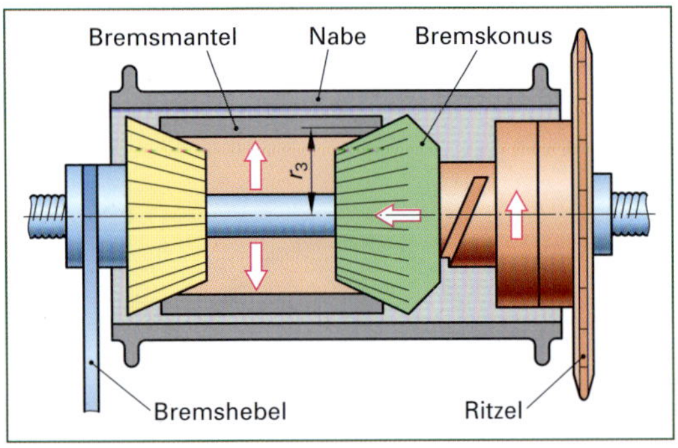

Bild 2: Schema Rücktrittbremse

1. Ein Radfahrer betätigt die Rücktrittbremse mit einer Pedalkraft von $F_1 = 350$ N **(Bild 1)**. Die Länge derTretkurbel beträgt $l_1 = 170$ mm. Wie groß ist das Drehmoment M_1 in der Tretlagerwelle?

$M_1 = F_1 \cdot l_1 = 350 \text{ N} \cdot 0{,}17 \text{ m} \approx 60 \text{ Nm}$

2. Das Kettenblatt mit $z_1 = 46$ Zähnen hat einen Teilkreisradius von $r_1 = 93$ mm. Bestimmen Sie die Zugkraft F_K in der Kette.

$$F_K = \frac{M_1}{r_1} = \frac{60 \text{ Nm}}{0{,}093 \text{ m}} = 645 \text{ N}$$

3. Die Zähnezahl des Ritzels auf der Hinterradnabe beträgt $z_2 = 19$ mit einem Teilkreisradius von $r_2 = 39$ mm.

Wie groß ist das Drehmoment M_2 in der Rücktrittnabe?

$M_2 = F_K \cdot r_2 = 645 \text{ N} \cdot 0{,}039 \text{ m} = 25 \text{ Nm}$

Über die Zähnezahlen kann das Moment in der Rücktrittnabe auch so ausgerechnet werden:

$$M_2 = M_1 \cdot \frac{z_2}{z_1} = 60 \text{ Nm} \cdot \frac{19}{46} \approx 25 \text{ Nm}$$

Das Fahrradgetriebe ist ein Drehmomentwandler.

4. Der wirksame Radius des Bremskonus beträgt $r_3 = 30$ mm.
Wie groß ist die Reibkraft F_2 innerhalb der Bremse?
Die Reibungszahl zwischen dem Bremskonus und dem Bremsmantel soll 1 betragen (100 % Kraftübertragung, siehe **Bild 2**). Bei kleineren Reibungszahlen wird auch die Reibkraft kleiner.

$$F_2 = \frac{M_2}{r_3} = \frac{25 \text{ Nm}}{0{,}03 \text{ m}} = 833 \text{ N}$$

Das Bremsmoment muss sich am Rahmen abstützen, damit es auf die Straße übertragen werden kann.

5. Wie groß ist die Abstützkraft F_H an der Hinterradgabel, wenn der Festkonus-Bremshebel eine wirksame Länge von $l = 80$ mm aufweist?

$$F_H = \frac{M_2}{l_2} = \frac{25 \text{ Nm}}{0{,}08 \text{ m}} \approx 313 \text{ N}$$

6. Wie groß ist die Bremskraft F_B am Radumfang des 47-622-Hinterrades (r_4 = 360 mm)?

$$F_B = \frac{M_2}{r_4} = \frac{25\ \text{Nm}}{0{,}36\ \text{m}} \approx 70\ \text{N}$$

Die Richtung der Bremskraft am Reifen weist gegen die Fahrtrichtung. Die Aktionskraft F am Boden hat den gleichen Betrag wie die Bremskraft am Reifen. Die Richtung der Aktionskraft F ist die Fahrtrichtung **(siehe Bild 3, Seite 523)**.

7. Die Gewichtskraft am Hinterrad F_{GH} beträgt die Hälfte des Systemgewichtes F_G von 800 N = 400 N. Die Gegenkraft am Boden hat den gleichen Betrag und die entgegengesetzte Richtung. Der Reibbeiwert zwischen Reifen und Fahrbahn soll μ = 0,5 betragen.

   Welche maximal übertragbare Bremskraft $F_{B\,max}$ ist möglich?

$$F_{B\,max} = F_N \cdot \mu = 400\ \text{N} \cdot 0{,}5 = 200\ \text{N}$$

Der Radfahrer nutzt ca. $\frac{1}{3}$ der möglichen Bremskraft aus.

8. Die Systemmasse von Rad und Radfahrer beträgt m = 80 kg.

   Welche Bremsverzögerung a erfährt das System, wenn mit der Bremskraft F_B = 70 N abgebremst wird?

$$a = \frac{F_B}{m} = \frac{70\ \text{N}}{80\ \text{kg}} \approx 0{,}9\ \text{m/s}^2$$

9. Wie groß ist die reine Bremszeit t_B und der Bremsweg s_B, wenn der Radfahrer sein System aus einer Geschwindigkeit von 18 km/h zum Stillstand bringen will?

$$t_B = \frac{\Delta v}{a} = \frac{5\ \text{m/s}}{0{,}9\ \text{m/s}^2} = 5{,}6\ \text{s}$$

$$s_B = \frac{v \cdot t_B}{2} = \frac{5\ \text{m/s} \cdot 5{,}6\ \text{s}}{2} = 14\ \text{m}$$

Bei der Scheibenbremse **(Bild 3, Seite 523)** wird auf dem Prüfstand eine Umfangsbremskraft von 1000 N gemessen.

Der wirksame Radius beträgt 90 mm, der Radradius 350 mm.

Wie groß ist die Bremskraft zwischen Rad und Fahrbahn?

$$F_B = 1000\ \text{N} \cdot \frac{90\ \text{mm}}{350\ \text{mm}} \approx 257\ \text{N}$$

Anmerkung:

Da Felgenbremsen am Rand der Laufradfelge angreifen, tritt durch die Bremskraft kein Drehmoment zwischen Felge und Nabe auf. Die Speichen werden durch das Bremsen nicht belastet (von der dynamischen Radlastverlagerung einmal abgesehen). Anders liegen die Verhältnisse bei Naben-, Trommel und Scheibenbremsen.

Bremsarbeit, Bremsleistung

Das System Fahrrad + Zuladung + Fahrer (Systemmasse 130 kg) soll von einer Geschwindigkeit von v = 18 km/h (= 5 m/s) mit einer Bremsverzögerung von a = 5 m/s² bis zum Stillstand abgebremst werden.

Mittlere Geschwindigkeit

$$v_m = \frac{1}{2}(5\ \text{m/s} - 0) = 2{,}5\ \text{m/s}$$

Zuerst bestimmt man die Zeitdauer t:

$$a = \frac{v}{t} \quad \rightarrow \quad t = \frac{v}{a} = \frac{5\ \text{m/s}}{5\ \text{m/s}^2} = 1\ \text{s}$$

Die kinetische Energie des Systems wird in Wärme umgewandelt:

$$W = \frac{1}{2} \cdot m \cdot v^2 = 1/2 \cdot 130\ \text{kg} \cdot (5\ \text{m/s})^2$$

$$W = 1625\ \text{kgm}^2/\text{s}^2 = 1625\ \text{Nm} = 1625\ \text{J}$$

Der (reine) Bremsweg berechnet sich zu

$$s = v_m \cdot t = 2{,}5\ \text{m/s} \cdot 1\ \text{s} = 2{,}5\ \text{m}$$

Die **Bremskraft** beträgt

$$F_B = m \cdot a = 130\ \text{kg} \cdot 5\ \text{m/s}^2 = 650\ \text{N}$$

Die **Bremsarbeit** ist das Produkt aus Bremskraft und zurückgelegtem Weg (Bremsweg):

$$W = F_B \cdot s = 650\ \text{N} \cdot 2{,}5\ \text{m} = 1625\ \text{Nm}$$

(ist betragsmäßig gleich der kinetischen Energie)

Die **Bremsleistung** ergibt sich aus der Bremsarbeit pro Zeit:

$$P = \frac{W}{t} = \frac{1625\ \text{Nm}}{1\ \text{s}} = 1625\ \text{Watt} = 1{,}625\ \text{kW}$$

Das ist die mittlere Leistung bezogen auf den gesamten Bremsweg. Am Anfang beträgt die Leistung 2 × 1625 W, am Ende 0 W.

Bremswärme und Temperaturanstieg

Die Abbremsung soll allein mit der Vorderrad-Felgenbremse erfolgen. Die Felge besteht aus Aluminium, ihre Masse beträgt 0,40 kg. Vereinfacht wird angenommen, dass die gesamte anfallende Wärmemenge die Felge erwärmt. Wie groß ist der Temperaturanstieg der Felge?

Die spezifische Wärmekapazität von Aluminium beträgt c = 0,94 kJ/kgK (siehe Tabellenbuch Fahrradtechnik).

$$\Delta T = \frac{W}{m \cdot c} = \frac{1{,}625\ \text{kJ}}{0{,}4\ \text{kg} \cdot 0{,}94\ \text{kJ/kgK}} = 4{,}3\ \text{K} = 4{,}3\ °\text{C}$$

Eine größere Energiemenge muss bei einer längeren Bergabfahrt abgebaut werden. Beispiel: Systemmasse 130 kg, 500 Höhenmeter:

$$W = m \cdot g \cdot h = 130\ \text{kg} \cdot 10\ \text{m/s}^2 \cdot 500\ \text{m} = 650\ \text{kJ}$$

Dieser Betrag verteilt sich auf die Fahrwiderstände und auf die Bremsarbeit, die zum größten Teil an der Felge in Wärme umgewandelt wird. Die Felge kann sich bei ständig betätigter Bremse um bis zu 100 °C aufheizen. Daher braucht jede Bremse eine wirkungsvolle Kühlung.

Projektaufgabe Gabelbelastung

Gesucht: Kräfte und Momente an der Gabel bei einer Bremsung mit dem Vorderrad

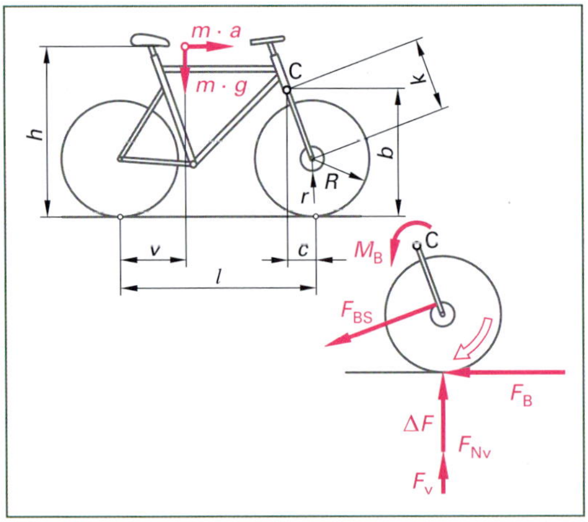

Bedingungen: Systemmasse $m = 100$ kg, Bremsverzögerung $a = 5\ \text{m/s}^2$, Radstand $l = 1{,}1$ m, $h = 1$ m, Systemschwerpunkthöhe $h = 1$ m, Schwerpunktabstand zur Hinterradachse $v = 0{,}4$ m, senkrechter Abstand zum unteren Lenkkopflager $b = 0{,}75$ m, horizontaler Abstand $c = 0{,}17$ m

Gabellänge $k = 0{,}43$ m (aus $\sqrt{0{,}42^2 + 0{,}17^2}$)

Kraftschlussbeiwert (Bremsbeiwert) $\mu = 0{,}9$, Laufrad 28″, $R = 0{,}35$ m, Bremsscheiben-Durchmesser $d = 0{,}2$ m, $r = 0{,}1$ m

Bremskraft $F_B = m \cdot a = 100\ \text{kg} \cdot 5\ \text{m/s}^2 = 500\ \text{N}$

Systemgewichtskraft
$F_G = m \cdot g = 100\ \text{kg} \cdot 10\ \text{m/s}^2 = 1000\ \text{N}$

Statische Hinterradlast

$$F_H = \frac{F_G \cdot (1 - v)}{l} = \frac{1000\ \text{N}\ (1{,}1\ \text{m} - 0{,}4\ \text{m})}{1{,}1\ \text{m}} = 636\ \text{N}$$

Statische Vorderradlast

$$F_V = F_G - F_H = 1000\ \text{N} - 636\ \text{N} = 364\ \text{N}$$

Dynamische Radlastverlagerung

$$\Delta F = \frac{F_B \cdot h}{l} = \frac{500\ \text{N} \cdot 1\ \text{m}}{1{,}1\ \text{m}} = 455\ \text{N}$$

Dynamische Normalkraft auf das Vorderrad

$$F_{Nv} = F_V + \Delta F = 364\ \text{N} + 455\ \text{N} = 819\ \text{N}$$

Überprüfung, ob Bremskraft übertragen werden kann: $F_{Nv} \cdot \mu \geq F_B$

819 N · 0,9 > 500 N, Bremskraft kann übertragen werden.

Biegemoment am unteren Lenkkopflager (C)

Gleichgewicht der Momente um Punkt C

$$-M_b + F_B \cdot b - F_{Nv} \cdot c = 0$$

$$M_b = F_B \cdot b - F_{Nv} \cdot c$$

$$= 500\ \text{N} \cdot 0{,}75\ \text{m} - 819\ \text{N} \cdot 0{,}17 = 236\ \text{Nm}$$

Erforderliche Bremskraft F_{BS} an der Bremsscheibe

$$F_B \cdot R = F_{BS} \cdot r \qquad F_{BS} = \frac{500\ \text{N} \cdot 0{,}35\ \text{m}}{0{,}1\ \text{m}} = 1750\ \text{N}$$

Biegemoment an der Bremsabstützung Gabel

Annahme für die Hebelarmlänge: Gabeleinspannung im Steuerkopfrohr

$$M = F_{BS} \cdot (k - r) = 1750\ \text{N} \cdot (0{,}43\ \text{m} - 0{,}1\ \text{m}) = 543\ \text{Nm}$$

Längskraft F_L an der Vorderradeinspannung

Energiebetrachtung: Die Geschwindigkeit des Radfahrers beträgt 18 km/h (= 5 m/s). Bevor er bremst, beträgt seine kinetische Energie

$W = \frac{m \cdot v^2}{2} = 1250$ Nm und der Bremsweg bei der Bremsverzögerung von 5 m/s²

$$s = \frac{v^2}{2a} = 2{,}5\ \text{m}$$

Während des Bremsvorganges beträgt die mittlere Kraft auf die Vorderradeinspannung

$$F_L = \frac{W}{s} = \frac{1250\ \text{Nm}}{2{,}5\ \text{m}} = 500\ \text{N}$$

[1] Hinweis: 0,4 aus $b - R = 0{,}75 - 0{,}35$

20.17 Kreiselmoment und Kreiselkraft

Das Kreiselmoment um die Hochachse z für ein sich drehendes Rad berechnet sich zu

$M = I \cdot \omega_1 \cdot \omega_2$

Dabei ist I das Massenträgheitsmoment (kurz: Trägheitsmoment, ω_1 die Winkelgeschwindigkeit (hier des Rades) und ω_2 die Winkelgeschwindigkeit um die Rollachse x.

Der Radfahrer in **Bild 1** fährt mit seinem 28"-Rennrad eine Geschwindigkeit von 36 km/h und schlägt den Lenker plötzlich mit einer Winkelgeschwindigkeit von $\omega_2 = 5$ 1/s ein. Das Trägheitsmoment des Vorderrades soll $I = 0{,}135\ \text{kgm}^2$ betragen (siehe Seite 499).

a) Wie groß ist das Kreiselmoment?
b) Wie groß ist die Kreiselkraft, die auf die Radmitte wirkt?

Bild 1: Kreiselmoment *M* und Kreiselkraft *F* beim Lenkereinschlag

a) $M = I \cdot \omega_1 \cdot \omega_2$

$M = 0{,}135\ \text{kgm}^2 \cdot 30\ 1/\text{s} \cdot 5\ 1/\text{s}$

$M = 20{,}3\ \text{kgm/s}^2 \cdot \text{m} = 20{,}3\ \text{Nm}$

b) $F = \frac{M}{r} = \frac{20{,}3\ \text{Nm}}{0{,}356\ \text{m}} \approx 57\ \text{N}$

20.18 Getriebe

Drehmomentwandler Kurbelgetriebe

Das Drehmoment M_p aus der Pedalkraft F_p **(Bild 2)** und dem Tretkurbelarm r_p überträgt sich im Tretlager auf das Kettenblatt. Am Umfang (genauer: am Teilkreisumfang) des Kettenblattes wirkt die Kettenkraft F_K über den Hebelarm r_k – das ist der Teilkreisradius des Kettenblattes.

Die Kettenkraft überträgt sich als Umfangskraft F_R auf das Ritzel, wo über den Hebelarm r_r ein Drehmoment M_R auf die Hinterradnabe übertragen wird. Das Ritzel ist beim Treten formschlüssig mit dem Hinterrad verbunden. Das Ritzeldrehmoment erzeugt über den Hebelarm „Hinterradradius" r die Antriebskraft F (siehe auch **Fußnote S. 418**).

Das Tretlager-Drehmoment M_P wird (je nach Größe der Hebelarme von Kettenblatt und Ritzel) in ein kleineres oder größeres Ritzel-Drehmoment M_R umgewandelt.

Die Pedalkraft soll 160 N betragen. Die Getriebemaße des Fahrrades sind: Kurbelarmradius 17 cm, Kettenblatt-Teilkreis-Durchmesser 20,2 cm (r_K = 10,1 cm), Ritzel-Teilkreisradius 3 cm, Hinterradradius 36 cm.

Zu bestimmen sind:

a) Drehmoment im Tretlager
b) Kettenkraft und Umfangskraft am Ritzel
c) Drehmoment in der Hinterradnabe
d) Antriebskraft am Radumfang
e) Übersetzung der Drehmomente Hinterrad/Pedal
f) Kraftübersetzung der ersten Getriebestufe
g) Kraftübersetzung der zweiten Getriebestufe
h) Gesamte Kraftübersetzung

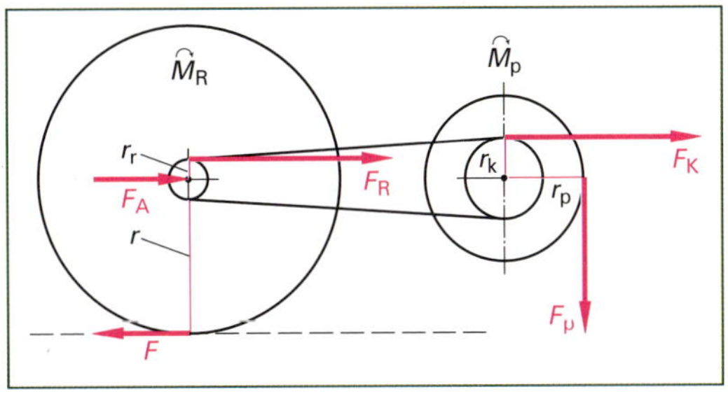

Bild 2: Das Getriebe Kettenblatt/Kette/Ritzel ist ein Drehmomentwandler

a) $M_P = F_P \cdot r_P = 160\ \text{N} \cdot 0{,}17\ \text{m} = 27{,}2\ \text{Nm}$

b) $F_K = \frac{M_P}{r_K} = \frac{27{,}2\ \text{Nm}}{0{,}101\ \text{m}} = 269\ \text{N}$

Die Kettenkraft F_K ist gleich der Ritzel-Umfangskraft F_R.

c) $M_R = F_R \cdot r_r = 269\ \text{N} \cdot 0{,}03\ \text{m} \approx 8{,}1\ \text{Nm}$

d) $F = \frac{M_R}{r} = \frac{8{,}1\ \text{Nm}}{0{,}36\ \text{m}} = 22{,}5\ \text{N} = F_A$

e) $i(M) = \frac{M_R}{M_P} = \frac{8{,}1\ \text{Nm}}{27{,}2\ \text{Nm}} \approx 0{,}3$

f) $i_1 = \frac{F_P}{F_K} = \frac{160\ \text{N}}{269\ \text{N}} = 0{,}59$

g) $i_2 = \frac{F_R}{F} = \frac{272\ \text{N}}{22{,}5\ \text{N}} \approx 12$

h) $i_{ges} = i_1 \cdot i_2 = 0{,}59 \cdot 12 \approx 7$

oder $i_{ges} = \frac{F_P}{F} = \frac{160\ \text{N}}{22{,}5\ \text{N}} \approx 7$

siehe „info" auf Seite 529

Drehzahl Übersetzung

a) Wie oft dreht sich das kleine Rad mit dem Radius 2,8 cm, wenn das große Rad mit dem Radius 10,4 cm 5 Umdrehungen macht **(Bild 1)**?
b) Wie groß ist das Übersetzungsverhältnis?

Weg des großen Rades: $s_1 = 2 \cdot r_1 \cdot \pi \cdot k_1$ [1]
Weg des kleinen Rades: $s_2 = 2 \cdot r_2 \cdot \pi \cdot k_2$

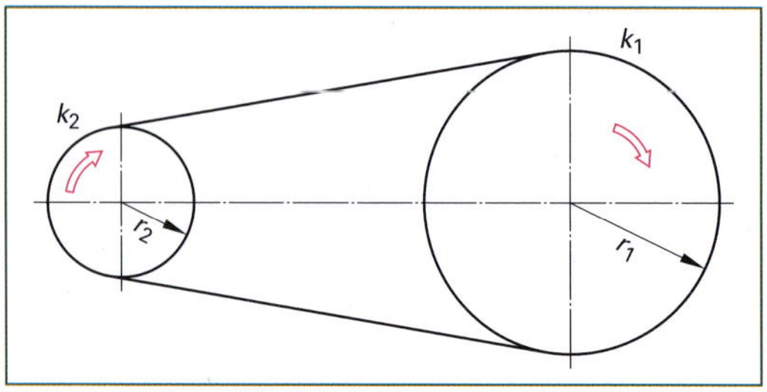

Bild 1: Zahl der Umdrehungen *k*

a) Wenn kein Schlupf auftritt, sind beide Wege gleich:

$s_1 = s_2 \quad \rightarrow \quad 2 \cdot r_1 \cdot \pi \cdot k_1 = 2 \cdot r_2 \cdot \pi \cdot k_2$

$\frac{k_1}{k_2} = \frac{r_2}{r_1}$

$k_2 = \frac{k_1 \cdot r_1}{r_2} = \frac{5 \cdot 10{,}4\text{ cm}}{2{,}8\text{ cm}} = 18{,}6$ Umdrehungen

b) $i = \frac{k_1}{k_2} = \frac{5}{18{,}6} = 0{,}27$ [2)]

Zahnrad und Modul

Der Teilkreisumfang des Zahnrades **(Bild 2)** lässt sich auf zwei Arten bestimmen:

1. U = Teilkreis-Radius $r \cdot 2 \cdot \pi$
2. U = Zähnezahl $z \cdot$ Teilung p

Die Teilung wird auf dem Teilkreisumfang als Bogenlänge von Zahnmitte zu Zahnmitte angegeben. Sie ist im Teilkreisumfang so oft enthalten, wie das Rad Zähne hat.

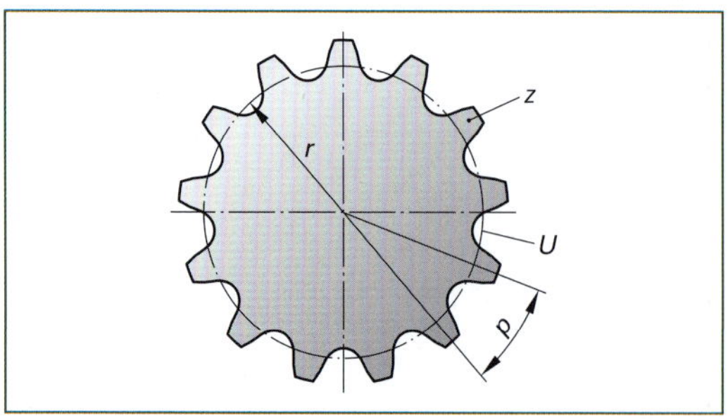

Bild 2: Kennmaße am Zahnrad und in der Fahrrad-Rollenkette

$d \cdot \pi = z \cdot p \quad \rightarrow \quad d = \frac{z \cdot p}{\pi} \quad \rightarrow \quad d = m \cdot z$

mit m als „Modul" in mm

Der Modul (lat. modulus = Maß) gibt an, wie oft die Zähnezahl im Teilkreisdurchmesser enthalten ist. Zahnräder und Ketten müssen in der Teilung und im Modul übereinstimmen, wenn sie zusammen „arbeiten":

In der Fahrradtechnik ist statt „Modul m" auch der Begriff „Zähnezahlfaktor" n_t mit $n_t = \frac{z}{\pi}$ üblich.

Bestimmen Sie für ein Kettenblatt mit 46 Zähnen und einer Kette mit 12,7 mm Teilung
a) denTeilkreisdurchmesser,
b) den Modul und
c) den Zähnezahlfaktor.

a) $d = \frac{z \cdot p}{\pi} = \frac{46 \cdot 12{,}7\text{ mm}}{3{,}14} = 186{,}1$ mm

b) $m = \frac{d}{z} = \frac{186{,}1\text{ mm}}{46} = 4$ mm

c) $n_t = \frac{z}{\pi} = \frac{46}{3{,}14} = 14{,}65$

Trittfrequenz und Übersetzung

Ein Rennradfahrer tritt mit einer Frequenz von 90 Umdrehungen pro Minute (= 90 min^{-1}). Das Kettenblatt hat 46 Zähne, das Ritzel 14 Zähne **(Bild 3)**.
Bestimmen Sie
a) die Drehzahl des Ritzels (bzw. des Hinterrades)
b) das Übersetzungsverhältnis der Drehzahlen pro Minute.

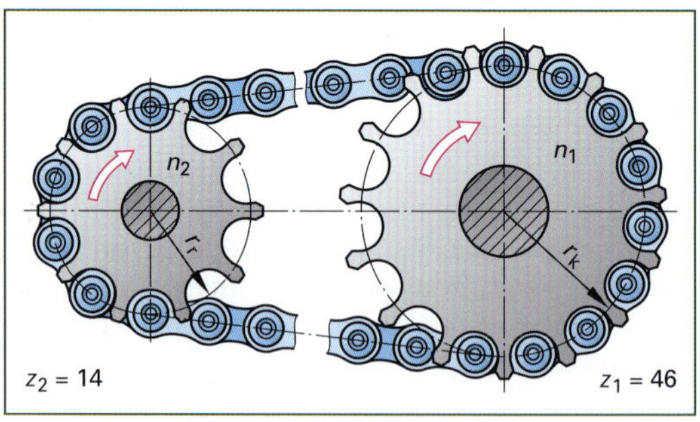

Bild 3: Übersetzung am Kettentrieb

Der Weg, den ein Zahn auf dem Kettenblatt in einer Minute zurücklegt, ist gleich dem Weg eines Zahnes auf dem Ritzel:

$z_1 \cdot p \cdot n_1 = z_2 \cdot p \cdot n_2$

[1] k steht für die Anzahl der Umdrehungen.
[2] siehe Info auf Seite 529

Die Antriebsgleichung für den einfachen Kettentrieb lautet:

$n_1 \cdot z_1 = n_2 \cdot z_2 \rightarrow \frac{n_1}{n_2} = \frac{z_2}{z_1} = i$

mit Index $_1$: treibend und Index $_2$: getrieben

a) $n_2 = \frac{n_1 \cdot z_1}{z_2} = \frac{90 \text{ min}^{-1} \cdot 46}{14} \approx 296 \text{ min}^{-1}$

b) $i = \frac{n_1}{n_2} = \frac{90 \text{ min}^{-1}}{296 \text{ min}^{-1}} = 0{,}3$ bzw. 1 : 3,3

Man kann auch das Verhältnis der Zähnezahlen ausrechnen und erhält das gleiche Drehzahlverhältnis:

$i = \frac{z_2}{z_1} = \frac{14}{46} \approx 0{,}3$

Bei Übersetzungen ins Langsame ist $i > 1$,

ins Schnelle $i < 1$.

Bei direkter Übersetzung ist $i = 1$.

info

Aus Gründen der Tradition wird in der Fahrradliteratur – **anders als im Maschinenbau und in der Kfz-Technik** – die Übersetzung als Verhältnis der Antriebszähnezahl zur Abtriebszähnezahl („Reine Übersetzung“) angegeben:

$i = \frac{z_1}{z_2}$

Beispielsweise beträgt die Übersetzung des Kettentriebes in Bild 3, Seite 528:

$i = \frac{z_1}{z_2} = \frac{46}{14} \approx 3{,}3$[1]

Fahrradtechnik	Maschinenbau
$i = \frac{z_1}{z_2}$	$i = \frac{z_2}{z_1}$
$i = \frac{n_2}{n_1}$	$i = \frac{n_1}{n_2}$
$i = \frac{M_1}{M_2}$	$i = \frac{M_2}{M_1}$
Ins Schnelle: $i > 1$	Ins Schnelle: $i < 1$
Ins Langsame: $i < 1$	Ins Langsame: $i > 1$

Entfaltung

Die Entfaltung E ist der bei einer Kurbelumdrehung zurückgelegte Weg des Fahrrades. Andere Begriffe dafür sind „Entwicklung“ und „Entfernung“.

Man bestimmt die zurückgelegten Wege bei einer Kurbelumdrehung:

1. Weg des Pedals:
   $s_1 = 2 \cdot r_1 \cdot \pi \cdot n_1 = 2 \cdot r_1 \cdot \pi \cdot 1$
2. Weg eines Zahnes am Kettenblatt:
   $s_k = 2 \cdot r_k \cdot \pi \cdot n_1 = 2 \cdot r_k \cdot \pi \cdot 1$
3. Weg eines Zahnes am Ritzel:
   $s_r = 2 \cdot r_1 \cdot \pi \cdot n_2$

Die Wege von 2 und 3 sind gleich

$n_1 \cdot r_k = r_r \cdot n_2 \rightarrow n_2 = n_1 \cdot \frac{r_k}{r_r} = n_1 \cdot \frac{z_1}{z_2}$

(siehe Bild 3, Seite 528)

4. Weg des Hinterrades bei einer Kurbelumdrehung:
   $s_2 = 2 \cdot r_2 \cdot \pi \cdot \frac{n_2}{n_1} = E = U \cdot \frac{n_2}{n_1}$
   $E = U \cdot \frac{z_1}{z_2}$ [2, 3, 4]

Ein Radfahrer fährt auf einem 28"-Rad mit einer Übersetzung 52/14.
Wie groß ist die Entfaltung?

Radumfang = $d \cdot \pi$ = 0,715 m · 3,14 = 2,245 m

$E = U \cdot \frac{z_1}{z_2} = 2{,}245 \text{ m} \cdot \frac{52}{14} = 8{,}33 \text{ m}$

Entfaltung =
Radumfang × „Reine Übersetzung“

Entfaltungen sollten einen Bereich von 2 m bis ca. 8 m abdecken. Entfaltungen von mehr als 8 m finden vor allem im Rennsport Einsatzmöglichkeiten, erfordern aber vom Reiseradler zu viel Kraft.

Entfaltungen von weniger als 2 m entsprechen schon leichten Untersetzungen.

Mit einer Trittfrequenz von 60 min^{-1} und einer Entfaltung von 2 m erreicht man eine Geschwindigkeit von ca. 7 km/h, die bei einem beladenen Rad nur schwer auszubalancieren ist.

Entfaltungsschritt

Der Entfaltungsschritt ΔE ist die Differenz der Entfaltungen zweier benachbarter Gänge.

Mit k als Index für den jeweiligen Gang gilt:

$\Delta E = E_k - E_{k-1}$

Wie groß ist bei einem 27"-Zoll-Fahrrad der Entfaltungsschritt beim Herunterschalten von dem Gang 42/22 auf den Gang 42/25?

---

[1] Nach der „Fahrraddefinition“ ist bei einer Übersetzung ins Schnelle (beim Fahrrad der allgemeine Fall) $i > 1$. Der Auszubildende aus der Fahrradbranche sollte beide Definitionen der Übersetzung kennen.

[2] Auch in dieser Formel wird die „Fahrradversion“ der Übersetzung i benutzt: $i = z_1/z_2 \rightarrow E = U \cdot i$

[3] Vorraussetzung: schlupffreies Abrollen

[4] Definition größter Gang: Übersetzungsverhältnis, mittels dessen bei einer Umdrehung der Tretkurbel die größte Entfaltung (Entfernung) zurückgelegt wird (Quelle DIN EN ISO 4210).

$$\Delta E = E_k - E_{k-1} = 2{,}1\ \text{m} \cdot \left|\frac{42}{22} - \frac{42}{25}\right|$$

$$\Delta E = 2{,}1\ \text{m} \cdot (1{,}91 - 1{,}68) = 4{,}011\ \text{m} - 3{,}528\ \text{m}$$

$$\Delta E = 0{,}483\ \text{m}$$

Die Entfaltungsschritte sollten bei einer gut ausgelegten Gangschaltung zwischen 0,3 m und 0,4 m liegen.

Stufensprung, Gangsprung

Unter dem Stufensprung versteht man das Verhältnis zweier benachbarter Gänge:

$$q = \frac{i_k}{i_{k-1}} = \frac{E_k}{E_{k-1}}$$

Noch einmal: In der Fahrradtechnik wird das Übersetzungsverhältnis i (anders als im Maschinenbau) als Verhältnis der Zähnezahl des Kettenblattes zu der Zähnezahl des Ritzels angegeben.

Sind kleinste und größte Entfaltung festgelegt, sollten die Zähnezahlen so gewählt werden, dass sich möglichst gleichmäßige Gangsprünge des hinteren Ritzelpaketes ergeben.

Berechnen Sie den Stufensprung zwischen dem 3. Gang mit der Übersetzung 42/22 und dem benachbarten 2. (kleineren) Gang mit der Übersetzung 42/25.

$$i_3 = \frac{42}{22} = 1{,}91$$

$$i_2 = \frac{42}{25} = 1{,}68$$

$$q = \frac{i_3}{i_2} = \frac{1{,}91}{1{,}68} = 1{,}14$$

oder einfacher: $q = \frac{25}{22} = 1{,}14$

Ableitung (z_k = Zähnezahl Kettenblatt)

$$i_3 = \frac{z_k}{z_3} \qquad i_2 = \frac{z_k}{z_2}$$

$$q = \frac{i_3}{i_2} \qquad q = \frac{\frac{z_k}{z_3}}{\frac{z_k}{z_2}} \qquad q = \frac{z_2}{z_3}$$

Gangsprünge zwischen den gleichen zwei Ritzeln sind unabhängig von der Zähnezahl der Kettenblätter.

20

Übersetzungsbereich, Spreizung

Teilt man die größte durch die kleinste Übersetzung, erhält man den Übersetzungsbereich:

$$Ü = \frac{i_{max}}{i_{min}}$$

Ein Rennrad ist mit dem Doppelkettenblatt 52/42 und dem Sechsfachzahnkranz 13/14/16/19/22/25 ausgerüstet.
Wie groß ist der Übersetzungsbereich?

$$i_{max} = \frac{52}{13} = 4 \qquad i_{min} = \frac{42}{25} = 1{,}68$$

$$Ü = \frac{4}{1{,}68} = 2{,}38 \text{ oder } 238\ \%$$

Mit der Kombination 52/13 wird ein 2,38-mal größerer Weg zurückgelegt als mit 42/25.

Kapazität

Die Kapazität einer Schaltung ist die Differenz der größten und der kleinsten Zähnezahl vom Umwerfer bzw. vom Ritzelpaket.

Wie groß sind die Kapazitäten der Kettenschaltung aus der letzten Aufgabe?

Kapazität des Umwerfers

K_1 = 52 Zähne – 42 Zähne = 10 Zähne

Kapazität des Ritzelpaketes

K_2 = 25 Zähne – 13 Zähne = 12 Zähne

Gesamtkapazität

(Andere Begriffe aus der Literatur sind Schaltkapazität, Schaltumfang, Übersetzungsspektrum)

$K = K_1 + K_2$ = 10 Zähne + 12 Zähne = 22 Zähne

Entfaltung, Trittfrequenz und Geschwindigkeit

Entfaltung E, Trittfrequenz n und Geschwindigkeit v stehen in dem Zusammenhang

$v = E \cdot n$ mit der Einheit [m/min] bzw.
$v = E \cdot n \cdot 0{,}06$ mit der Einheit [km/h]

Ein Mountainbiker (26"-Räder, Außendurchmesser siehe Tabellenbuch) fährt mit der Übersetzung 42/26 und tritt mit 60 Umdrehungen pro Minute.
Wie groß ist seine Geschwindigkeit?

$$E = U \cdot \frac{z_1}{z_2} = 2{,}05 \cdot \frac{42}{26} = 3{,}31\ \text{m}$$

$$v = E \cdot n \cdot 0{,}06 = 3{,}31 \cdot 60 \cdot 0{,}06 \approx 12\ \text{km/h}$$

Überschneidung

Man spricht von einer Überschneidung, wenn unterschiedliche Gänge zur gleichen (oder fast gleichen) Entfaltung führen.

In der Tabelle sind für ein 27"-Rad (Radumfang 2,1 m) mit einem 52/42 Kettenblatt die möglichen Entfaltungen aufgeführt.

Tabelle: Entfaltungen bei einem 27"-Rad

Ritzelzähne Zahl z_2 E [m]	Kettenblatt z_1 = 42 Zähne E [m]	Kettenblatt z_1 = 52 Zähne
11	8,02	9,95
12	7,35	9,10
13	6,78	8,40
14	6,30	7,80
15	5,88	7,28
16	5,51	6,83
17	5,20	6,42
18	4,90	6,07
19	4,64	5,75
20	4,41	5,46
21	4,20	5,20
22	4,01	4,96
23	3,83	4,75
24	3,68	4,55
25	3,53	4,37
26	3,39	4,20
27	3,27	4,04
28	3,15	3,90
29	3,04	3,77
30	2,94	3,64

Stellen Sie die Ritzel-Zähnezahl z_2 als Funktion der Entfaltung dar und tragen Sie die Werte für die beiden Kettenblätter ein. Kennzeichnen Sie die Gänge, die sich in der Entfaltung um bis zu 5 mm überschneiden.

Folgende Gänge überschneiden sich um bis zu 5 mm in der Entfaltung (siehe **Bild 1**):

52/30 mit 42/24, 52/27 mit 42/22, 52/26 mit 42/21, 52/25 mit 42/20, 52/21 mit 42/17, 52/20 mit 42/16, 52/16 mit 42/13.

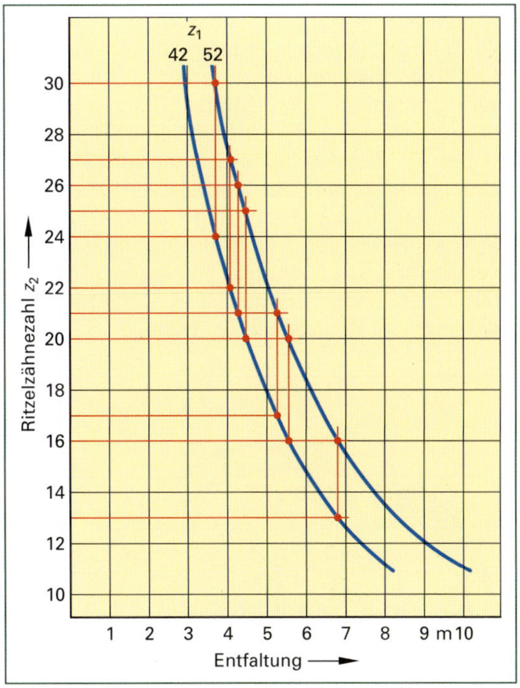

Bild 1: Lösung Überschneidungen

Drehleistung, Drehmoment

Analog zur Leistungsformel $P = F \cdot v$ für geradlinige Bewegungen lautet die Leistungsformel für die Drehbewegung:

Drehleistung = Drehmoment mal Winkelgeschw.

$$P = M \cdot \omega \quad \text{mit } \omega = \frac{2 \cdot \pi \cdot n}{60} = \frac{\pi \cdot n}{30}$$

Die Einheit der Drehleistung ist [Nm/s] bzw. [W]. Die Winkelgeschwindigkeit ω wird in 1/s bzw. s^{-1} angegeben. Üblich in der Fahrradtechnik ist die Angabe der Drehzahl n in U/min bzw. 1/min oder min^{-1}.

$$P = \frac{M \cdot 2 \cdot \pi \cdot n}{60} \approx 0{,}1 \cdot M \cdot n$$

Abgegebene Leistung = Drehmoment × Drehzahl

Ein Radfahrer (Pedalkraft 160 N,[1] Kurbelhebelarm 0,17 m) tritt mit einer Drehzahl von 60 min^{-1}.

Wie groß ist seine Drehleistung?

$$P \approx 0{,}1 \cdot M \cdot n \approx 0{,}1 \cdot 160\ \text{N} \cdot 0{,}17\ \text{m} \cdot 60\ \text{s}^{-1}$$

$$P \approx 163\ \text{W}$$

[1] Vorausgesetzt ist hier eine gleichförmige Pedalkraft über volle Umdrehungen

Planetengetriebe

Alle Fahrrad-Nabenschaltungen bauen auf dem Prinzip des Planetengetriebes auf (s. Kap. 6.6.1). Drei Planetenräder (Pr in **Bild 1**, nur ein Rad gezeichnet) drehen sich im Inneren eines Hohlrades (H) um ein feststehendes Sonnenrad (S). Beim Schnellgang erfolgt der Antrieb vom Ritzel auf den Planetenträger (Pt). In Bild 1 ist der Planetenträger als Hebel dargestellt; tatsächlich ist es ein zweigeteilter Scheibenring, in dessen Mitte die drei Planetenräder gelagert sind. Der Abtrieb erfolgt über das Hohlrad auf die Nabe.

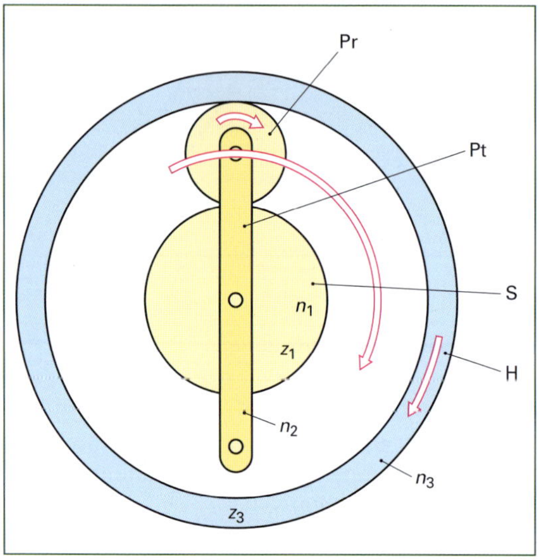

Bild 1: Schnellgang. Prinzip Planetengetriebe

Beim Schnellgang ist die Antriebsdrehzahl n_2 kleiner als die Abtriebsdrehzahl n_3 oder $n_2 < n_3$.

Bestimmen Sie die Abtriebsdrehzahl n_3 des Hohlrades und das Übersetzungsverhältnis i einer Dreigang-Mehrgangschaltung.

Hinweis zur Lösung:

Man setzt (in Gedanken) das Planetenrad fest und lässt das Sonnenrad weg. Dann dreht sich bei einer Umdrehung des Planetenträgers das Hohlrad ebenfalls um eine Umdrehung. Da sich aber das Planetenrad drehen kann und sich auf dem feststehenden Sonnenrad abstützt, treibt es das Hohlrad zusätzlich an: Bei einer Umdrehung des Planetenrades um das Sonnenrad dreht es sich um die Zähnezahl z_1 weiter. Und um diesen zusätzlichen Betrag dreht sich auch das Hohlrad.

Gegeben sind:

Zähnezahl z_1 des Sonnenrades = 17, Zähnezahl des Hohlrades z_3 = 47, Antriebsdrehzahl des Planetenträgers $n_2 = 180\ \text{min}^{-1}$.

Die Übersetzung ins Schnelle beträgt

$$i = \frac{z_3}{z_3 + z_1} = \frac{47}{47 + 17} = 0{,}73$$

Damit kann die Abtriebsdrehzahl berechnet werden:

$$i = \frac{n_2}{n_3} \qquad n_3 = \frac{n_2}{i} = \frac{180\ \text{min}^{-1}}{0{,}73} \approx 247\ \text{min}^{-1}$$

Antrieb	Festes Bauteil	Abtrieb	Übersetzung Drehzahl	Übersetzung Zähnezahl	Übersetzung
Sonnenrad z_1	Hohlrad z_3 $n_3 = 0$	Planetenträger	$i = \frac{n_1}{n_2}$	$i = \frac{z_1 + z_3}{z_1}$	Große Übersetzung ins Langsame
Hohlrad z_3	Sonnenrad z_1 $n_1 = 0$	Planetenträger	$i = \frac{n_3}{n_2}$	$i = \frac{z_3 + z_1}{z_3}$	Kleinere Übersetzung ins Langsame
Sonnenrad	Sonnenrad mit Hohlrad gekoppelt	Planetenträger	$i = 1$	$i = 1$	Direkter Gang
Planetenträger	Sonnenrad z_1 $n_1 = 0$	Hohlrad z_3	$i = \frac{n_2}{n_3}$	$i = \frac{z_3}{z_3 + z_1}$	Kleine Übersetzung ins Schnelle
Planetenträger	Hohlrad z_3 $n_3 = 0$	Sonnenrad z_1	$i = \frac{n_2}{n_1}$	$i = \frac{z_1}{z_1 + z_3}$	Große Übersetzung ins Schnelle
Sonnenrad z_1	Planetenträger $n_2 = 0$	Hohlrad z_3	$i = \frac{n_1}{n_3}$	$i = \frac{z_3}{z_1}$	Rückwärts ins Langsame
Hohlrad z_3	Planetenträger $n_2 = 0$	Sonnenrad z_1	$i = \frac{n_3}{n_1}$	$i = \frac{z_1}{z_3}$	Rückwärts ins Schnelle

20.19 Kurvenfahrt

Fliehkraft (Zentrifugalkraft)

Fährt der Radfahrer eine Kurve, tritt eine nach außen wirkende Fliehkraft F_F auf.

Damit der Radfahrer nicht aus der Kurve getragen wird, neigt er sich nach innen und schafft so mit einem Teil seiner Gewichtskraft eine Gegenkraft zur Fliehkraft, der Zentralkraft F_Z **(Bild 1)**.

Die Formel für die Fliehkraft lautet:

$$F_F = \frac{m \cdot v^2}{r}$$

m Masse des Systems
v Geschwindigkeit
r Kurvenradius

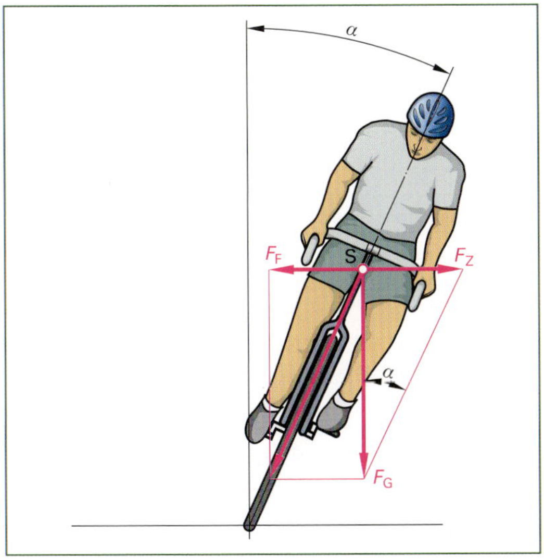

Bild 1: Fliehkraft F_F bei der Kurvenfahrt

Ein Radfahrer mit der Systemmasse 80 kg fährt mit einer Geschwindigkeit von 18 km/h durch eine Kurve mit dem Radius von 10 m.
Wie groß ist die Fliehkraft?

$$F_F = \frac{80 \text{ kg} \cdot (5 \text{ m/s})^2}{10 \text{ m}} = 200 \text{ N}$$

Welchen Neigungswinkel muss der Radfahrer einnehmen, damit er nicht aus der Kurve getragen wird?

$$\tan \alpha = \frac{F_F}{F_G} = \frac{200 \text{ N}}{800 \text{ N}} = 0{,}25 = 14°$$

Damit der Radfahrer nicht wegrutscht, muss die Seitenführungskraft zwischen Reifen und Fahrbahn größer oder gleich dem Betrag der Fliehkraft sein **(Bild 2)**: Gleichgewicht der Drehmomente um den Auflagepunkt A des Vorderrades gewählt.

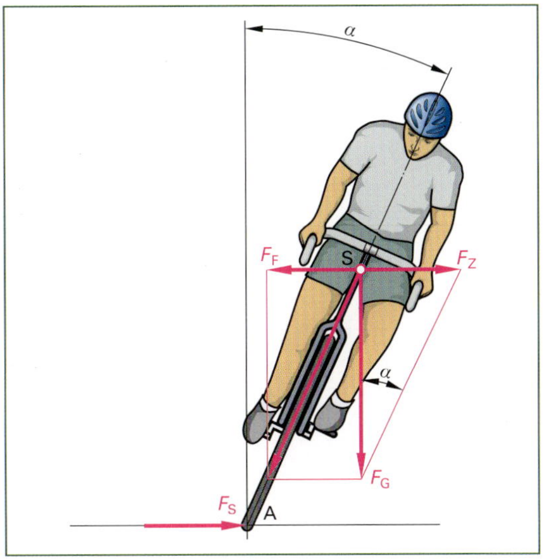

Bild 2: Fliehkraft und Seitenführungskraft

$$F_F = F_S$$

$$\frac{m \cdot v^2}{r} = m \cdot g \cdot \mu_H \quad \rightarrow \quad v = \sqrt{g \cdot r \cdot \mu_H}$$

Bei gegebenem Gewicht des Systems Rad + Fahrer + Zuladung kann die Seitenführungskraft einen durch die Haftreibungszahl bestimmten Maximalwert nicht überschreiten. Durch diesen Maximalwert ist die Geschwindigkeit beim Durchfahren einer Kurve beschränkt.

Mit welcher maximalen Geschwindigkeit kann der Radfahrer aus der letzten Aufgabe die Kurve sicher durchfahren, wenn die Haftreibungszahl 0,5 (Pflaster) beträgt?

$$v = \sqrt{9{,}81 \text{ m/s}^2 \cdot 10 \text{ m} \cdot 0{,}5} = 7 \text{ m/s} \approx 25 \text{ km/h}$$

Das Ergebnis zeigt, dass die Maximalgeschwindigkeit für eine gegebene Kurve für alle Systeme unabhängig von der Masse nur von der Haftreibungszahl, d. h. vom jeweiligen Straßenzustand und vom Kurvenradius abhängt.

Ein Radfahrer fährt mit einer Geschwindigkeit von 20 km/h durch eine Kurve mit dem Radius von 10 m. Wie groß ist die Haftreibungszahl, wenn er bei dieser Geschwindigkeit ins Rutschen kommt?

$$\frac{m \cdot v^2}{r} = m \cdot g \cdot \mu_H$$

$$\mu_H = \frac{v^2}{g \cdot r} \approx \frac{(5{,}6 \text{ m/s})^2}{9{,}81 \text{ m/s}^2 \cdot 10 \text{ m}} \approx 0{,}3$$

Bodenfreiheit

Bei welchem Neigungswinkel α **(Bild 1)** berührt das untenstehende Pedal den Boden? Gegeben sind:

Tretlagerhöhe h = 28 cm, Pedallänge p = 12 cm, Pedaldicke d = 3 cm, Kurbellänge l = 17 cm, Tretlagerbreite t = 16 cm. Werden die Bedingungen der EN ISO 4210-2 erfüllt?

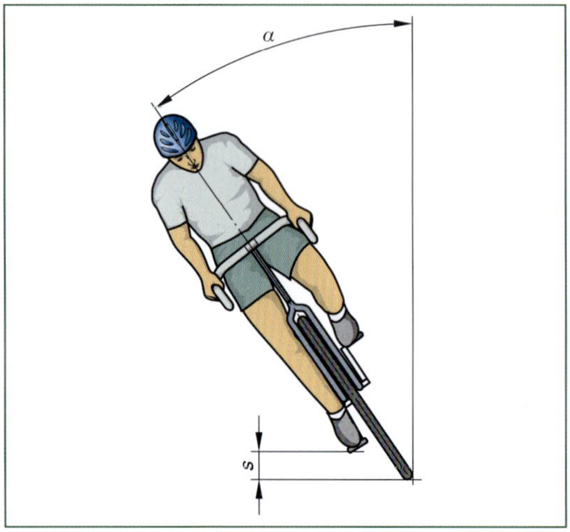

Bild 1: Bodenfreiheit in Schräglage

Zu beachten (Auszug aus DIN EN ISO 4210-2): Es muss möglich sein, ein unbelastetes Fahrrad in einem Winkel von 25° aus der Senkrechten seitlich zu neigen, ohne dass irgendein Teil den Boden berührt[1]. Dabei muss das Pedal an den niedrigsten Punkt gebracht werden und die Trittfläche parallel zum Boden stehen.

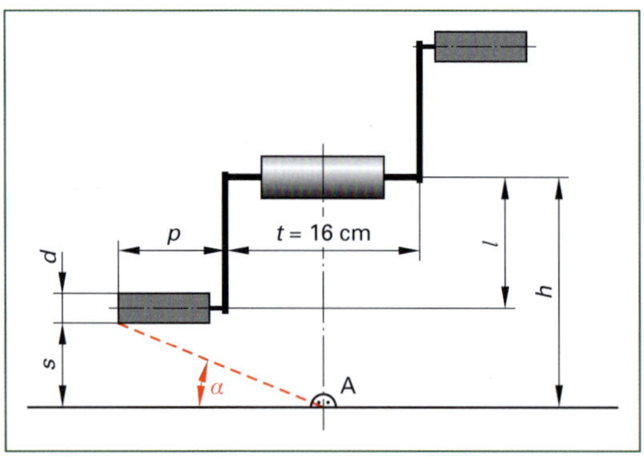

Bild 2: Lösung Bodenfreiheit

$$s = h - l - \frac{d}{2} = 28\text{ cm} - 17\text{ cm} - 1{,}5\text{ cm} = 9{,}5\text{ cm}$$

$$\tan\alpha = \frac{s}{p + \frac{t}{2}} = \frac{9{,}5}{12 + 8} = 0{,}48 \qquad \alpha = 25{,}4°$$

Die Bedingungen der DIN EN 4210-2 werden knapp erfüllt.

20.20 Federung

Das Messprotokoll einer Schraubenfeder ergab folgende Werte:

Unter einer Druckkraft von F_1 = 200 N verkürzte sich die Feder um s_1 = 10 mm, bei F_2 = 800 N um s_2 = 40 mm.

a) Bestimmen Sie die Federkonstante.

b) Zeichnen Sie die Kennlinie (Lösung **Bild 3**).

a) $c = \frac{F}{s} = \frac{800\text{ N}}{40\text{ mm}} = 20\text{ N/mm}$

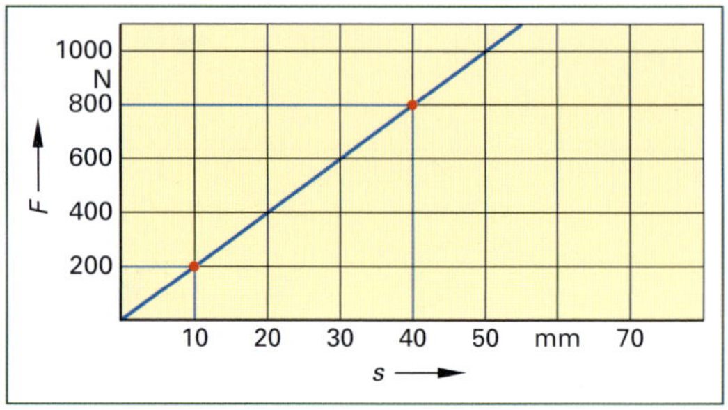

Bild 3: Kennlinie einer Schraubenfeder

Der Gesamtfederweg einer Federgabel beträgt 45 mm.

a) Auf welchen Betrag muss der Radfahrer den Negativ-Federweg (engl. *sag*) einstellen, wenn er für einen Downhill-Einsatz eine 30 % weiche Feder braucht?

b) Bestimmen Sie in der Federkennlinie der letzten Aufgabe den Arbeitspunkt (Lösung **Bild 4**).

c) Wie groß ist hier die Federkraft?

a) 100 % → 45 mm
1 % → 0,45 mm
30 % → 30 · 0,45 mm = 13,5 mm

b)

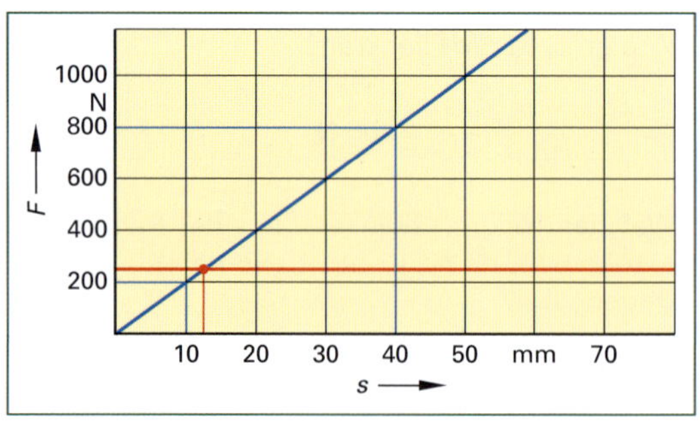

Bild 4: Arbeitspunkt einer vorgespannten Feder[1]

c) $F = c \cdot s = 20\text{ N/mm} \cdot 13{,}5\text{ mm} = 270\text{ N}$

[1] Jugendfahrräder und Rennräder 23°

Der Gesamt-Federweg einer Federgabel beträgt 80 mm, die Federrate ist mit 200 N/mm angegeben.

a) Welche Kraft wirkt auf die gefederte Masse bei voller Auslenkung der Feder?

b) Welche Beschleunigung erfährt das 80 kg schwere gefederte System?

a) $F = c \cdot s = 200 \text{ N/mm} \cdot 80 \text{ mm} = 1600 \text{ N}$

b) $a = \frac{F}{m} = \frac{1600 \text{ N}}{80 \text{ kg}} = \frac{1600 \text{ kgm/s}^2}{80 \text{ kg}} = 20 \text{ m/s}^2 \approx 2 \text{ g}$

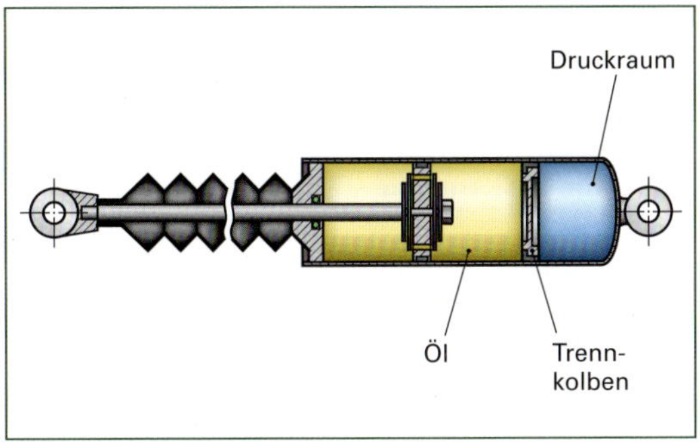

Bild 1: Luft/Öl-Dämpfer

Beim Füllen des Druckraumes (**Bild 1**) eines Feder-Dämpfer-Elementes Öl/Luft steigt der Druck auf p_2 = 25 bar. Die Raummaße des Druckraumes sind d = 50 mm, l = 80 mm[1].

a) Wieviel Luft befindet sich bei Atmosphärendruck im Druckraum?

b) Wie groß ist die Druckkraft auf den Trennkolben?

Kolbenfläche $A = 5 \text{ cm} \cdot 5 \text{ cm} \cdot 0{,}785 \approx 20 \text{ cm}^2$

Rauminhalt $V_1 = 20 \text{ cm}^2 \cdot 8 \text{ cm} = 160 \text{ cm}^3 = 0{,}16 \text{ l}$

a) $p_1 \cdot V_1 = p_2 \cdot V_2$

$$V_2 = \frac{p_1 \cdot V_1}{p_2} = \frac{25 \text{ bar} \cdot 0{,}160 \text{ l}}{1 \text{ bar}} = 4 \text{ l}$$

b) $p = \frac{F}{A}$

$F = p \cdot A = 250 \text{ N/cm}^2 \cdot 20 \text{ cm}^2 = 5000 \text{ N}$

Übungsaufgabe Federung

Die Fahreigenschaften und der Komfort eines Fahrrads können durch eine Federung verbessert werden. Notwendige Voraussetzungen für die Funktion einer Federung sind geringe ungefederte Massen und genügend nachgiebige (weiche) Federn. Unter diesen Umständen kann die Federung optimal arbeiten.

Der Einfederweg kann zu einem Sicherheitsrisiko werden, wenn sich das Tretlager zu stark absenkt (h_T in **Bild 2, Seite 536**). Üblicherweise wird dieser Problematik durch einen Endanschlag in der Federgabel begegnet.

Gegeben ist die Weg-Kraft-Kennlinie einer Federgabel **(Bild 2)**. Die Horizontalachse (x-Achse) entspricht dem Einfederweg. Eine Auslenkung = 0 mm bedeutet unbelastet, eine Auslenkung > 0 mm belastet. Auf der Vertikalachse (y-Achse) ist die dazugehörige Kraft aufgezeichnet.

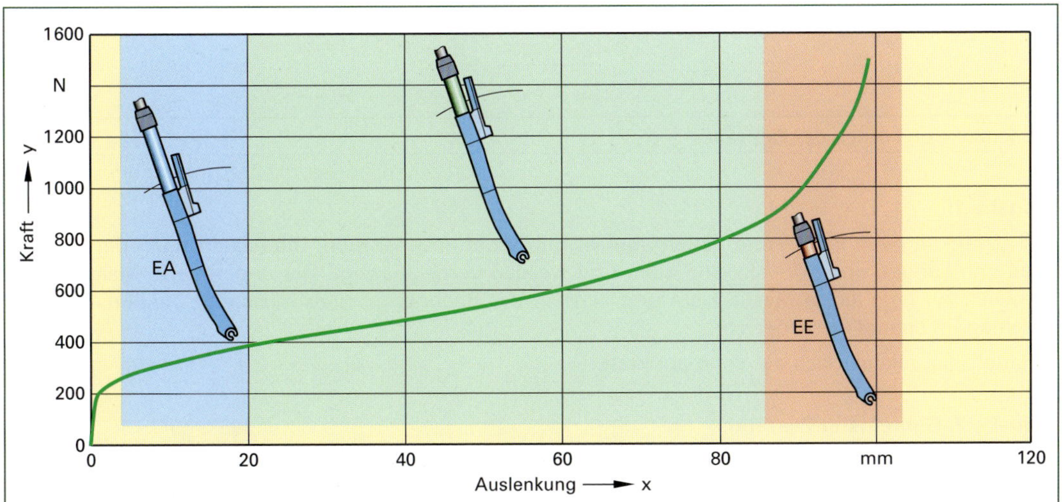

Bild 2: Weg-Kraft-Kennlinie einer Federgabel

[1] Vorraussetzung: Temperatur = konstant

Der Endanschlag EA begrenzt den Ausfederweg, der Endanschlag EE den Einfederweg.

Die Kennlinie der Federgabel gliedert sich in drei Bereiche. Im linken und rechten Teil lassen die Endanschläge die Kennlinie steil ausfallen.

Im mittleren Teil befindet sich der Arbeitsbereich mit einem vorteilhaft flachen Kurvenverlauf.

Auch die Reifen senken sich mit zunehmender Radlast ab. Die Weg-Kraft-Kennlinien **(Bild 1)** zeigen diesen Zusammenhang. Bei Reifendrücken von 2 bar und 4 bar sind die Aufstandskräfte über die Absenkung der Radachse aufgezeichnet.

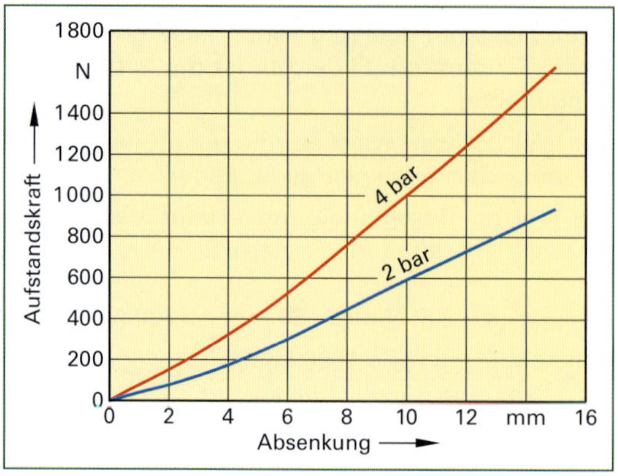

Bild 1: Weg-Kraft-Kennlinie eines Reifens 50–559

Aufgabe:

Untersuchen Sie die Situation eines vorn gefederten Fahrrades **(Bild 2)** im unbeladenen, gebremsten und rollenden Zustand.

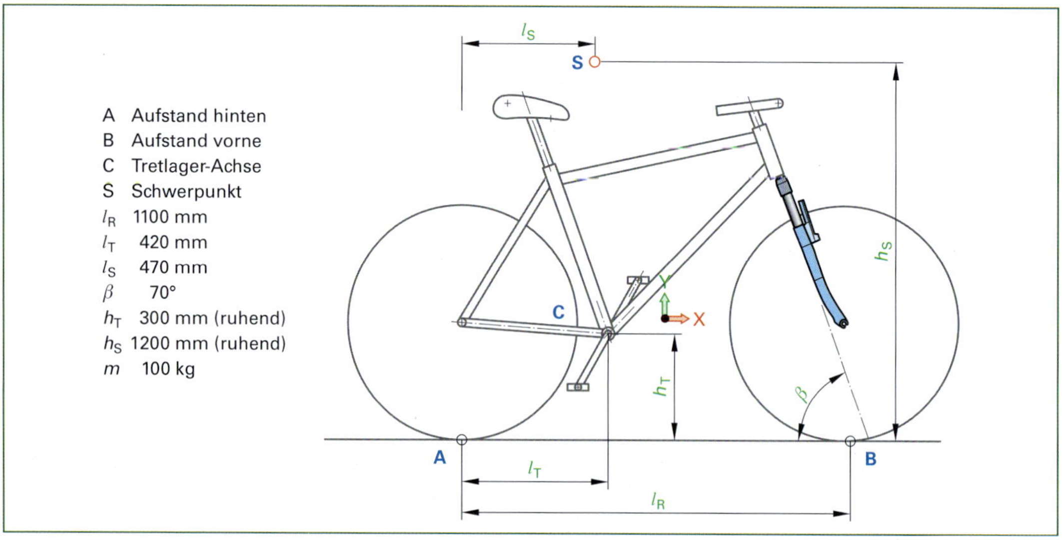

Bild 2: Maße und Daten des Fahrrades

Aufgabe 1:

Die Absenkung von Reifen und Federgabel ist mit 0 mm anzunehmen. Die Änderungen der Horizontalen von Längen und Winkeln sind klein und werden vernachlässigt. Die ungefederte Masse ist im Vergleich zur gefederten Masse klein und kann in der Rechnung unberücksichtigt bleiben. Der Endanschlag EA spannt die Feder vor.

Ermitteln Sie zeichnerisch die Vorspannkraft.

Aufgabe 2: Gebremster Zustand

Das Fahrrad ist beladen und rollt auf ebener Fahrbahn. Der gemeinsame Schwerpunkt aus Fahrer, Fahrrad und Zuladung hat sich im Schwerpunkt S eingestellt. Es wird allein über das Vorderrad mit einer Verzögerung von $a = 5\ m/s^2$ gebremst. Federgabel und Reifen geben entsprechend nach. Die Absenkungen der Räder und die Auslenkung der Federgabel sind den Diagrammen **Bild 2, Seite 535** und **Bild 1** zu entnehmen.

a) Ermitteln Sie die Aufstandskräfte und die Lastverteilung vorn und hinten.

b) Ermitteln Sie die Absenkung der Reifen bei 4 bar Reifendruck und berechnen Sie die dazu gehörige Federrate.

c) Ermitteln Sie die Auslenkung (Verschiebung in Richtung der Federgabelführung) und die Absenkung (Verschiebung oberhalb des Radaufstandspunktes senkrecht zur Fahrbahn) der Federgabel. Welche Federrate ergibt sich für die Federgabel und welchen Wert hat die effektive Federrate?

d) Um welchen Betrag senkt sich das Tretlager ab?

Aufgabe 3: Rollend

Das Fahrrad ist beladen und rollt unbeschleunigt auf ebener Fahrbahn.

a) Ermitteln Sie die Aufstandskräfte und die Lastverteilung vorn und hinten.

b) Ermitteln Sie die Absenkung der Reifen und berechnen Sie die dazu gehörigen Federraten für 2 bar und 4 bar Reifendruck.

c) Ermitteln Sie die Auslenkung und die Absenkung der Federgabel.

d) Welche Federrate ergibt sich für die Federgabel und welchen Wert hat die effektive Federrate (bezogen auf die Absenkung)?.

Aufgabe 4: Ohne Anschläge

Das Fahrrad ist beladen und rollt unbeschleunigt auf ebener Fahrbahn.

a) Überprüfen Sie, welche Absenkung sich für den Zustand „beladen und über das Vorderrad gebremst“ einstellt, wenn kein Endanschlag vorhanden ist.

b) Welche Gesamtauslenkung ergibt sich?

Lösung zur Aufgabe 1

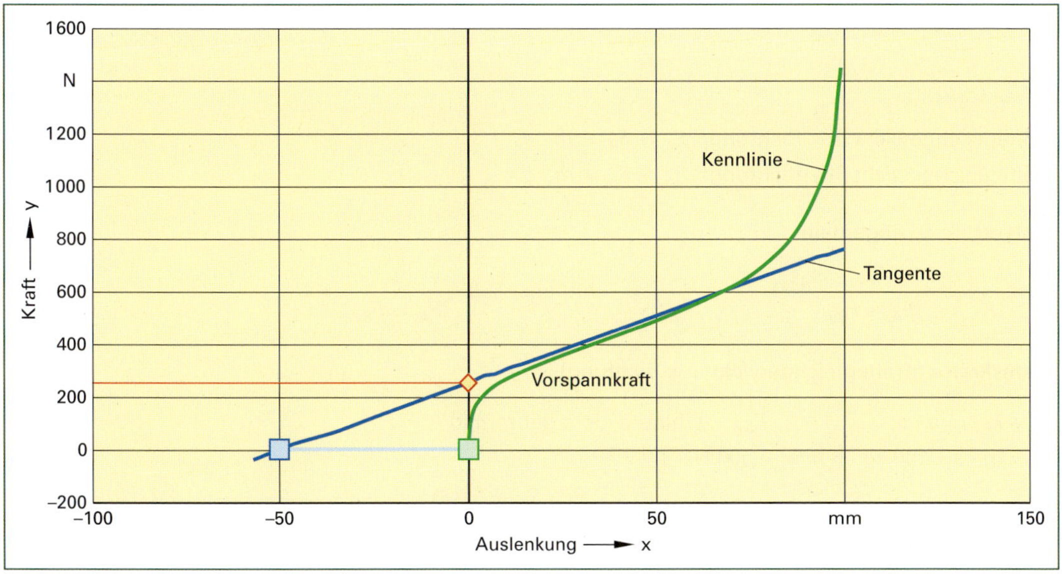

Der Ausfederweg wird durch den Endanschlag begrenzt. Es verbleibt im unbelasteten Zustand eine Vorspannkraft von 250 N (abgelesen bei x = 0 mm).

Im beladenen Zustand sinkt die Federgabel ab, sodass sie bei Fahrbahnunebenheiten ein- wie auch ausfedern kann. Die Lasten aus Fahrergewicht und Zuladung können unterschiedlich sein; deshalb ist eine Verstelleinrichtung an der Federgabel nötig. Verbreitet ist eine von außen zugängliche Stellschraube, mit der man die Feder vor Fahrtantritt passend vorspannen kann.

Lösung zur Aufgabe 2a

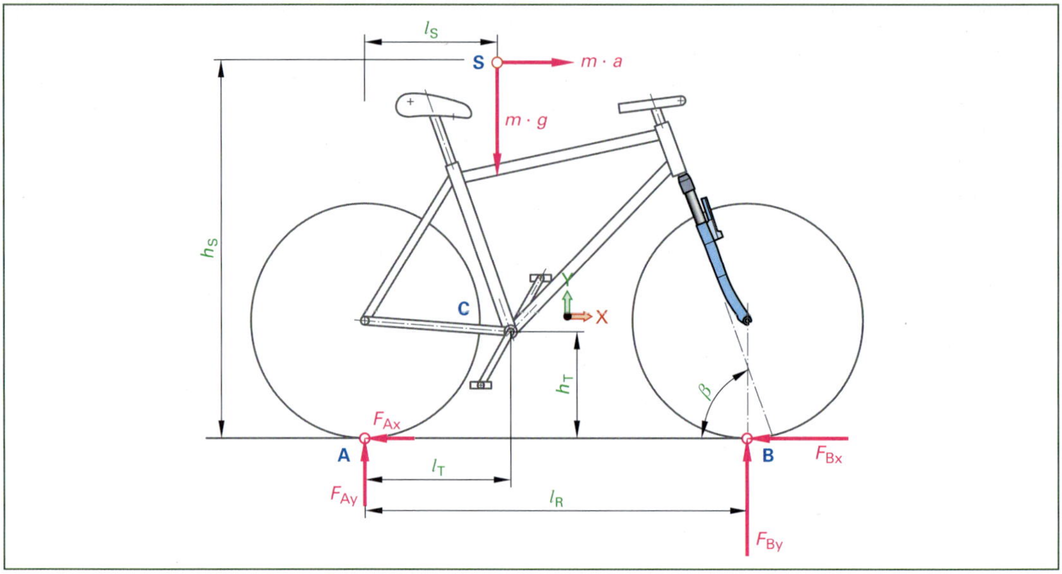

Die Aufstandskräfte bewirken beim Bremsen horizontale und vertikale Kraftanteile.

Sie errechnen sich aus der Momentenbilanz um den Aufstandspunkt A und den Kräftegleichgewichten jeweils in x- und y-Richtung.

Allgemein

Momentengleichgewicht um A: $m \cdot g \cdot l_S + m \cdot a \cdot h_S = F_{By} \cdot l_R$

Aufstandskräfte

Kräftegleichgewicht in x-Richtung: $F_{Ax} + F_{Bx} = m \cdot a$

Kräftegleichgewicht in y-Richtung: $F_{Ay} + F_{By} = m \cdot g$

Lastverteilung allgemein

vorn: $\%v = \frac{F_{By}}{F_{Ay} + F_{By}} \cdot 100$ hinten: $\%h = \frac{F_{Ay}}{F_{Ay} + F_{By}} \cdot 100$

Bremskräfte (Kräftegleichgewicht in x-Richtung)

$F_{Ax} + F_{Bx} = m \cdot a$ $F_{Ax} = 0$ (hinten nicht gebremst)

$F_{Bx} = m \cdot a = 100\ \text{kg} \cdot 5\ \text{m/s}^2 = 500\ \text{N}$

Aufstandskräfte (Kräftegleichgewicht in y-Richtung)

$$F_{By} = \frac{m \cdot g \cdot l_S + m \cdot a \cdot h_S}{l_R} = \frac{100 \cdot 9{,}81 \cdot 470 + 100 \cdot 5 \cdot 1200}{1100} = 965\ \text{N}$$

$F_{Ay} = m \cdot g - F_{By} = 100 \cdot 9{,}81 - 965 = 16\ \text{N}$

20

Lastverteilung

vorn: $\%v = \frac{965}{965 + 16} \cdot 100 = 98\ \%$ hinten: $\%h = 100 - 98 = 2\ \%$

Lösung zur Aufgabe 2b

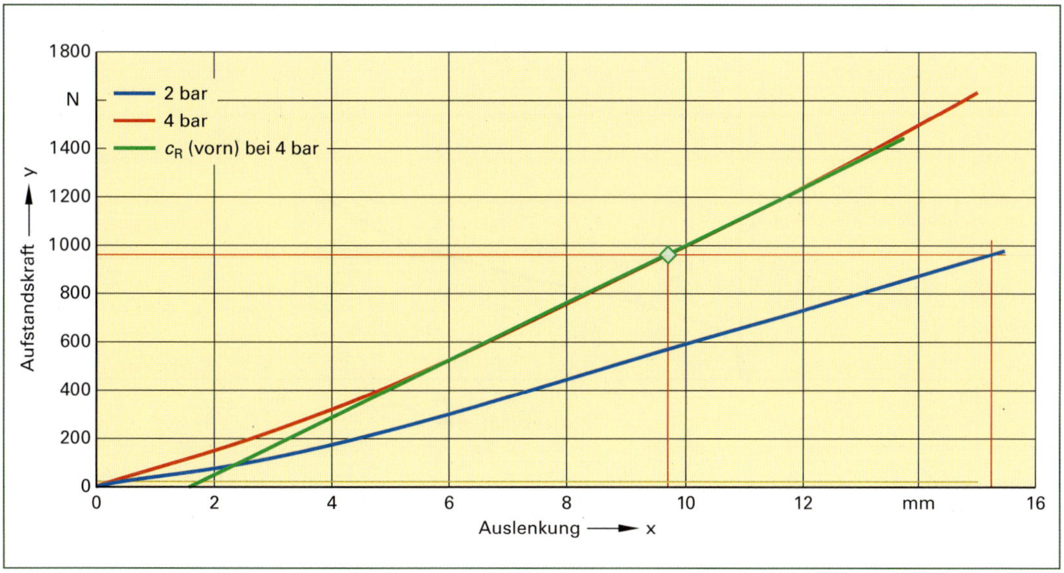

Lösungsweg:

- Tangenten an den Kurvenzug im jeweiligen Arbeitspunkt einzeichnen (in Lösungsbild 2b ist exemplarisch eine Tangente für den Arbeitspunkt „vorn bei 4 bar Reifendruck" eingezeichnet).
- Steigung der Tangente nach folgender Beziehung bestimmen:

$$c_R = \frac{\Delta F}{\Delta l}$$

Absenkung Reifen (abgelesen und gerundet)

Reifendruck	Absenkung *h* vorn	Absenkung *h* hinten
2 bar	15,4 mm	0 mm
4 bar	9,7 mm ← Obiger Punkt: Vorderrad	0 mm

Durch das Bremsen nehmen die Kräfte am Vorderrad stark zu.

Entsprechend flacht der Reifen ab und lässt die Radachse absinken.

Das Hinterrad ist mit einer sehr kleinen Kraft beaufschlagt.

Die Abflachung ist hier klein und unterscheidet sich im Diagramm nicht deutlich von Null.

Reifen-Steifigkeiten (= Federrate c_R im Arbeitspunkt, vorn bei 4 bar)

$$c_R = \frac{\Delta F}{\Delta l} = \frac{965\ \text{N} - 0\ \text{N}}{9{,}7\ \text{mm} - 1{,}7\ \text{mm}} = 121\ \text{N/mm}$$ (abgelesen in Lösungsbild 2b)

Lösung zur Aufgabe 2c: Auslenkung und Absenkung der Federgabel

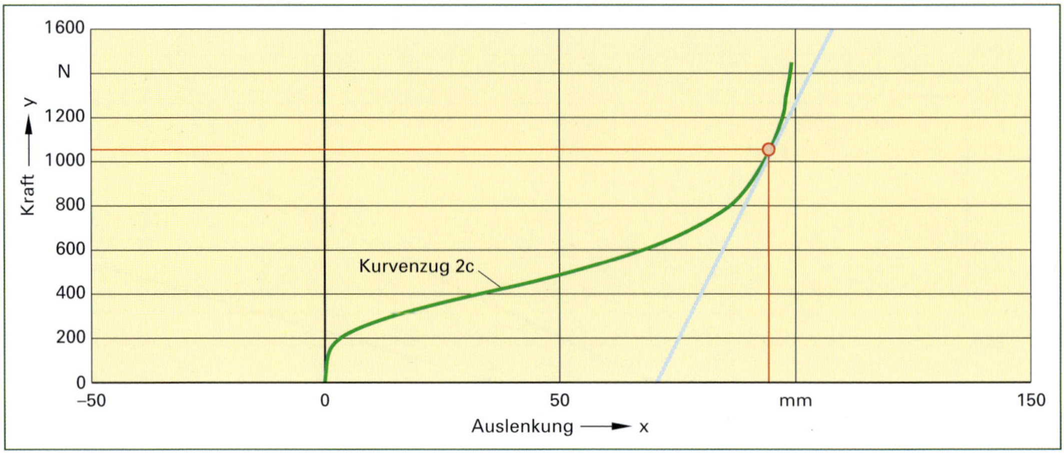

Lösungsweg:

- Federgabelkraft F_F setzt sich anteilig aus der Radaufstandskraft F_{By} und der Bremskraft F_{Bx} zusammen.
- Arbeitspunkt in Diagramm 2c eintragen.
- Auslenkung b_F ablesen.
- Absenkung h_F errechnen.
- Absenkung h_T über Strahlensatz ermitteln.
- Federrate c_F: Tangente an den Kurvenzug (2c) zeichnen und Steigung ermitteln.
- Effektive Federrate entsprechend der geometrischen Beziehungen bezüglich Kraft und Weg bestimmen.

Federgabelkraft aus Aufstandskraft und Bremskraft (allgemeine Formel, Einfederrichtung ohne Berücksichtigung der ungefederten Masse):

$F_F = F_{By} \cdot \sin\beta + F_{Bx} \cdot \cos\beta$

Kraft in Einfederrichtung:

$F_F = 965\ \text{N} \cdot \sin 70° + 550\ \text{N} \cdot \cos 70° = 1077\ \text{N}$

Weg in Einfederrichtung (Auslenkung aus Diagramm 2c ablesen): $b_F = 95\ \text{mm}$

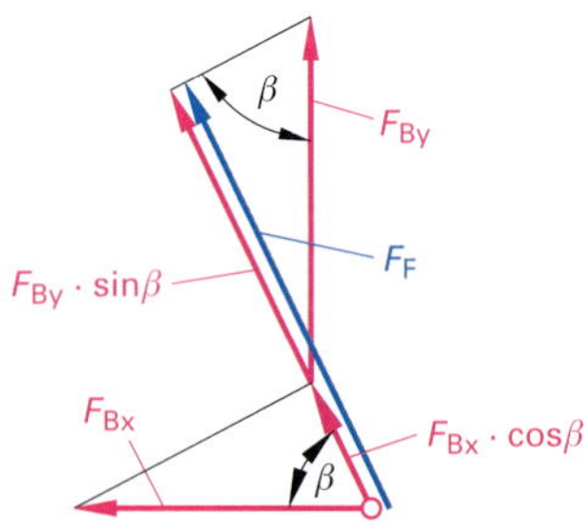

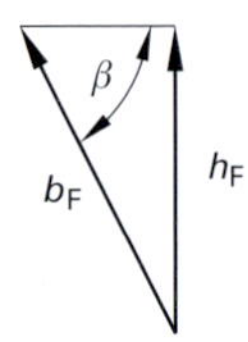

Absenkung errechnen (Weg senkrecht zur Fahrbahn): $h_F = b_F \cdot \sin\beta = 95\ \text{mm} \cdot \sin 70° = 89\ \text{mm}$

Steigung der Federgabel-Kennlinie (in einem Arbeitspunkt, in Einfederrichtung): $c_F = \dfrac{\Delta F_F}{\Delta b_F}$

Federrate senkrecht zur Fahrbahn (Beziehung c_{eff} zu c_F ohne Herleitung): $c_{eff} = \dfrac{c_F}{(\sin\beta)^2}$

Steigung der Federgabel-Kennlinie im Arbeitspunkt: $c_F = \dfrac{\Delta F_F}{\Delta b_F} = \dfrac{1077\ \text{N} - 0\ \text{N}}{95\ \text{mm} - 70\ \text{mm}} = 42\ \text{N/mm}$

Effektive Federrate:[1] $c_{eff} = \dfrac{c_F}{(\sin\beta)^2} = \dfrac{42\ \text{N/mm}}{(\sin 70°)^2} = \dfrac{42}{0{,}94^2} = 47\ \text{N/mm}$

Der skizzierte Bremsvorgang stellt eine Vollbremsung dar. Die am Vorderrad angreifenden Kräfte sind daher besonders hoch. Die Federgabel federt bis in den Bereich des Endanschlags ein. Der Kurvenverlauf ist steil. Die Federrate ist für die Federungsfunktion zu groß. Für den kurzen Zeitabschnitt Vollbremsung wird dies in Kauf genommen.

[1] Die Kraft und der Weg zwischen dem Einfederweg und der Absenkung senkrecht zur Fahrbahn stehen in einer geometrischen Abhängigkeit.

Lösung zu Aufgabe 2d

Absenkung Δh_T des Tretlagers bei einem Reifendruck von 4 bar
v = vorn; h = hinten; F = Federgabel; R = Reifen

Absenkung oberhalb des Vorderrads: $h_v = h_F + h_R = 89 + 9{,}7 \approx 99$ mm

Absenkung an der Hinterradachse: $h_v = h_R \cong 0$ mm

Absenkung am Tretlager (Höhenänderung nach Strahlensatz): $\Delta h_T = (h_v - h_h) \cdot \frac{l_T}{l_R} + h_h$

Tretlagerhöhe: $h_{T1} = h_{T0} - \Delta h_T = (h_v - h_h) \cdot \frac{l_T}{l_R} + h_h = (99 - 0) \cdot \frac{420}{1100} + 0 = 37$ mm

Neue Tretlagerhöhe: 300 mm – 37 mm = 263 mm

Der Endanschlag verhindert ein zu tiefes Einfedern (Abtauchen). Auch bei der Vollbremsung bleibt so ein Mindestabstand zwischen dem Kurbelantrieb und dem Boden garantiert.

Lösung zu Aufgabe 3a

Aufstandskraft vorn: $F_{By} = l_S \cdot m \cdot \frac{g}{l_R} = 470\ \text{mm} \cdot \frac{981\ \text{N}}{1100\ \text{mm}} = 420\ \text{N}$

Aufstandskraft hinten: $F_{Ay} = \text{m} \cdot g - F_{By} = 981\ \text{N} - 420\ \text{N} = 561\ \text{N}$

Lastverteilung vorn: $\%v = \frac{420}{561 + 420} \cdot 100 = 43\ \%$

Lastverteilung hinten: $\%h = \frac{561}{561 + 420} \cdot 100 = 57\ \%$

Lösung zur Aufgabe 3b: Tangente im Arbeitspunkt

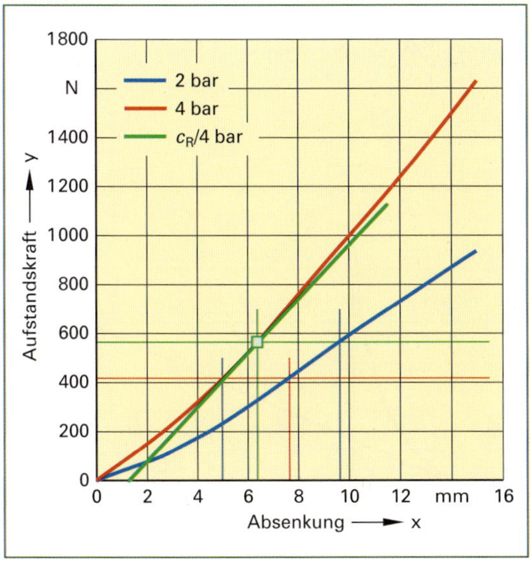

Lösung zur Aufgabe 3c:

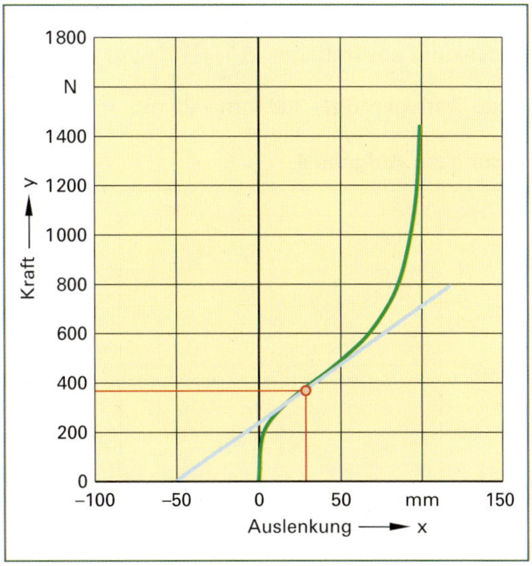

Absenkung Reifen h_R (gerundet)

Druck	h_R vorn	h_R hinten
2 bar	~ 8 mm	~ 10 mm
4 bar	~ 5 mm	~ 6 mm ← Obiger markierter Punkt: Hinterrad bei 4 bar

Federraten c_R (Reifen-Steifigkeit)

Druck	vorn	hinten
2 bar	69 N/mm	73 N/mm
4 bar	100 N/mm	110 N/mm

$F_F = F_{By} \cdot \sin\beta = 420 \text{ mm} \cdot \sin 70° = 395 \text{ N}$

Auslenkung ablesen: $b_F = 29$ mm

Absenkung berechnen: $h_F = b_F \cdot \sin\beta = 29 \text{ mm} \cdot \sin 70° = 27 \text{ mm}$

Steigung der Federgabel-Kennlinie im Arbeitspunkt: $c_F = \frac{\Delta_F}{\Delta_l} = \frac{395 \text{ N} - 0 \text{ N}}{29 \text{ mm} - (-50 \text{ mm})} = 5 \text{ N/mm}$

Effektive Federrate:

$c_{eff} = \frac{c_F}{(\sin\beta)^2} = \frac{5 \text{ N/mm}}{(\sin 70°)^2} = \frac{5 \text{ N/mm}}{(0{,}94)^2} = 5{,}7 \text{ N/mm}$

Der skizzierte Arbeitspunkt stellt die Normalsituation dar.

Die am Vorderrad angreifenden Kräfte sind nach oben gerichtet.

Die Federkennlinie verläuft in diesem Bereich flach, die Federrate ist entsprechend klein.

Für die Funktion der Federung ergeben sich gute Bedingungen.

Lösung zu Aufgabe 3d

Absenkung der Vorderradachse (Reifen 2 bar): $h_{Rv} = 8$ mm **(Bild 1, Seite 536)**

Absenkung oberhalb des Vorderrads (Federgabel und Reifen (Sag)): $h_v = h_F + h_{Rv} = 27 + 8 = 35$ mm

Absenkung an der Hinterradachse (Reifen): $h_h = h_{Rh} = 10$ mm **(Bild 1, Seite 536)**

Absenkung am Tretlager: $\Delta h_T = (h_v - h_h) \cdot \frac{l_T}{l_R} + h_h = (35 - 10) \cdot \frac{420}{1100} + 10 = 20$ mm

Neue Tretlagerhöhe: 300 mm – 20 mm = 280 mm

Lösung zur Aufgabe 4

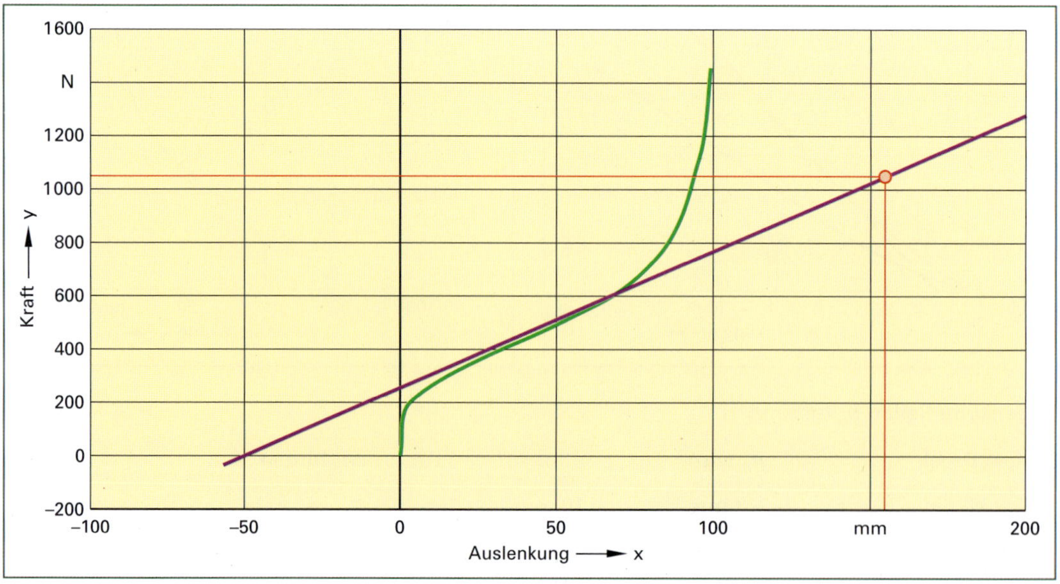

Gerade nach rechts verlängern und Auslenkung bei Schnitt mit F_F = 1077 N ablesen: b_F = 155 mm

Absenkung berechnen: $h_F = b_F \cdot \sin \beta = 155\ \text{mm} \cdot \sin 70° = 146\ \text{mm}$

Absenkung oberhalb des Vorderrads (4 bar Reifendruck): $h_v = h_F + h_{Rv} = 146\ \text{mm} + 10\ \text{mm} = 156\ \text{mm}$

Absenkung an der Hinterradachse: $h_h = h_{Rh} \cong 0\ \text{mm}$

Absenkung am Tretlager: $\Delta h_T = (h_v - h_v) \cdot \frac{l_T}{l_R} + h_h = (156 - 0) \cdot \frac{420}{1100} + 0 = 59\ \text{mm}$

Neue Tretlagerhöhe: 300 mm – 59 mm = 241 mm

Ohne Endanschlag ergäbe sich eine sehr große Absenkung.

Bei der Vollbremsung wäre der notwendige Mindestabstand zwischen dem Kurbelantrieb und dem Boden nicht gesichert.

Gesamt-Auslenkung (abgelesen):

LINKS → – 50 mm
RECHTS → 155 mm

Δb_F = RECHTS – LINKS = 155 mm – (–50) = 205 mm ohne Endanschläge

Zum Vergleich: Δb_F mit Endanschlägen → 100 mm

20.21 Festigkeit

Wirkt eine äußere Kraft auf ein Bauteil, so entsteht im Inneren des Bauteils auf die Querschnittsfläche eine Spannung:

$$\sigma = \frac{F}{A}$$

Kraft F [N]

Fläche A [mm²]

Spannung σ [N/mm²]

Darf ein Bauteil auf keinen Fall zerstört werden, so ist die Bruchgrenze R_m maßgeblich **(Bild 1)**.

$$\sigma_{zul} = \frac{R_m}{\nu}$$

σ_{zul} = zulässige Spannung in N/mm²

R_m = zulässige Spannung in N/mm²

Die Bruchgrenze ist ein typischer Werkstoffkennwert. Beispielsweise hat der Vergütungsstahl 25CrMo4 eine maximale Bruchgrenze von 950 N/mm².

ν → Sicherheitszahl

Darf sich ein Bauteil auf keinen Fall verformen, so ist die Streckgrenze R_e maßgeblich.

$$\sigma_{zul} = \frac{R_e}{\nu}$$

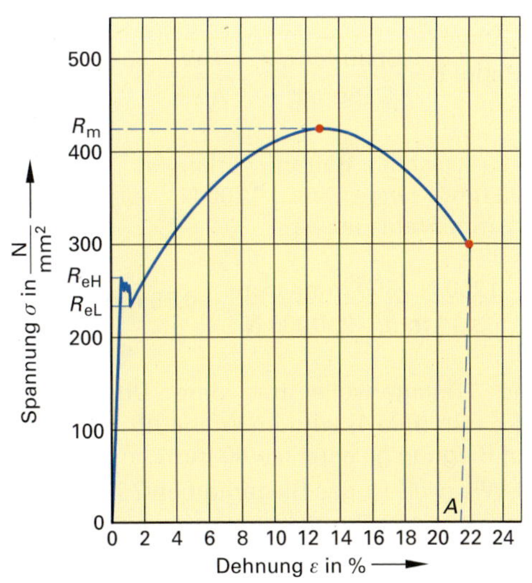

Bild 1: Spannungs-Dehnungs-Diagramm für Baustahl (vereinfacht)

Die Streckgrenze von 25CrMo4 beträgt für zylindrische Bauteile < 16 mm = 700 N/mm².

Welche Zugkraft bis zum Bruch kann eine ø 2 mm Speiche aus St 52 (S 355 JR) aushalten?

R_m (aus Tabellenbuch Fahrradtechnik) von 490 N/mm² bis 630 N/mm²,
gewählt $R_m = 600$ N/mm² $= \sigma$

$F = \sigma \cdot A = 600\ \text{N/mm}^2 \cdot 2^2\ \text{mm}^2 \cdot 0{,}785 = 1884\ \text{N}$

Eine ø 2 mm Speiche aus 25CrMo4 ($R_e = 700$ N/mm²) soll eine Sicherheit gegen Verformung von 2,5 aufweisen.

a) Wie groß ist die zulässige Spannung?

b) Wie groß darf die Zugkraft werden?

a) $\sigma_{zul} = \frac{R_e}{\nu} = \frac{700\ \text{N/mm}^2}{2{,}5} = 280\ \text{N/mm}^2$

b) $F = \sigma_{zul} \cdot A = 280\ \text{N/mm}^2 \cdot 2^2 \cdot 0{,}785 = 880\ \text{N}$

Eine vorgespannte Speiche verlängert sich um einen bestimmten Betrag Δl. Unter Dehnung versteht man die Verlängerung eines Stabes zur Ursprungslänge.

$$\varepsilon = \frac{\Delta l}{l_0}$$

$$\text{E-Modul } E = \frac{\text{Spannung } \sigma}{\text{Dehnung } \varepsilon} = \frac{F \cdot l_0}{A \cdot \Delta l}$$

Um welchen Betrag verlängert sich eine 300 mm lange mit 1200 N vorgespannte ø 2 mm Stahlspeiche?

$$\Delta l = \frac{1200\ \text{N} \cdot 300\ \text{mm} \cdot \text{mm}^2}{3{,}14\ \text{mm}^2 \cdot 210000\ \text{N}} = 0{,}55\ \text{mm}$$

Die Tretlagerwelle mit dem Durchmesser 16,5 mm **(Bild 1)** wird im Wiegetritt mit 1000 N auf Biegung belastet ($l = 40$ mm).

a) Wie groß ist das Biegemoment?

b) Wie groß ist das axiale Widerstandsmoment?

c) Wie groß ist die Biegespannung?

d) Die zulässige Biegespannung soll 180 N/mm² betragen. Wie groß ist die Sicherheit gegen Verformung?

a) $M_{b(max)} = F \cdot l = 1000\ \text{N} \cdot 0{,}04\ \text{m} = 40\ \text{Nm}$

b) $W = \frac{\pi \cdot d^3}{32} = \frac{3{,}14 \cdot 16{,}5^3\ \text{mm}^3}{32} = 441\ \text{mm}^3$

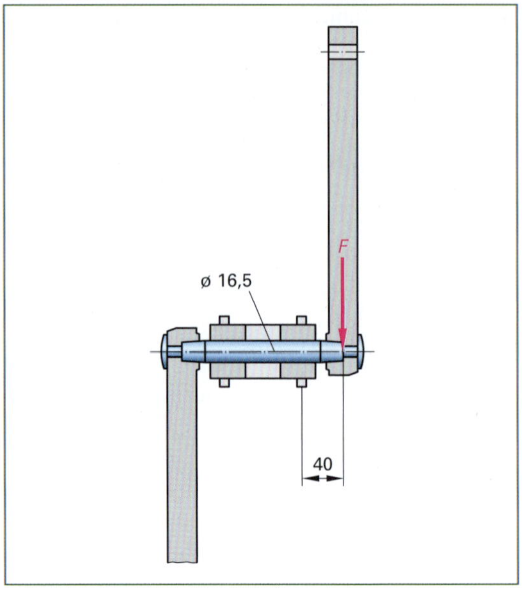

Bild 1: Biegebeanspruchung einer Tretlagerwelle

c) $\sigma_b = \frac{M_b}{W} = \frac{40\ \text{Nm}}{441\ \text{mm}^3} = \frac{40000\ \text{Nmm}}{441\ \text{mm}^3} \approx 90\ \text{N/mm}^2$

d) $\nu = \frac{\sigma_{zul}}{\sigma_b} = \frac{180\ \text{N/mm}^2}{90\ \text{N/mm}^2} = 2$

Auf die 17 cm lange Tretkurbel wirken 500 N Pedalkraft (**Bild 2**). Wie groß ist

a) das in der Tretlagerwelle ($d = 16{,}5$ mm) wirkende Torsionsmoment,

b) das polare Widerstandsmoment und

c) die Torsionsspannung?

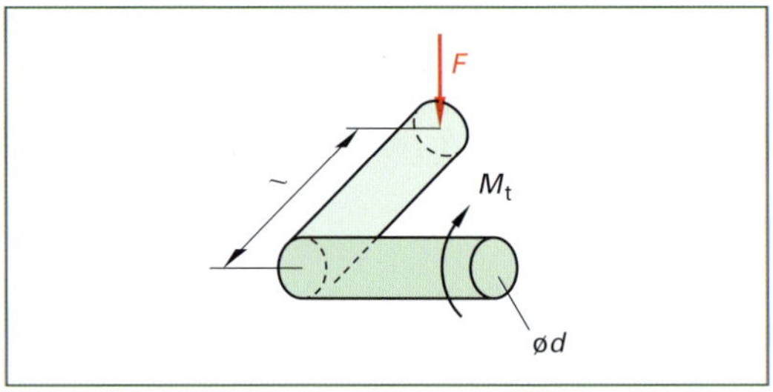

Bild 2: Torsionsbeanspruchung einer Tretlagerwelle

a) $M_t = F \cdot l = 500\ \text{N} \cdot 0{,}17\ \text{m} = 85\ \text{Nm}$

b) $W_p \approx \frac{d^3}{5} = \frac{(16{,}5\ \text{mm})^3}{5} \approx 900\ \text{mm}^3$

c) $\tau_t = \frac{M_t}{W_p} = \frac{85000\ \text{Nmm}}{900\ \text{mm}^3} \approx 94\ \text{N/mm}^2$

20.22 Elektrotechnik

Ein 28"-Rad mit dem Radius $R = 35{,}5$ cm treibt ein Walzen-Dynamorädchen an, das einen Reibradradius von $r = 1$ cm hat. Die Fahrgeschwindigkeit beträgt $v = 36$ km/h = 10 m/s.

Mit welcher Frequenz

a) f_{Rad} dreht sich das Rad und

b) f_{Dyn} das Dynamorädchen?

a) $f_{Rad} = \frac{v}{2 \cdot \pi \cdot R} = \frac{10 \text{ m/s}}{2 \cdot 3{,}14 \cdot 0{,}355 \text{ m}} \approx 4{,}5 \text{ s}^{-1}$

b) $f_{Dyn} = \frac{R}{r} \cdot f_{Rad} = \frac{0{,}355 \text{ m}}{0{,}01 \text{ m}} \cdot 4{,}5 \text{ s}^{-1} \approx 160 \text{ s}^{-1}$

Bild 1 zeigt das vereinfachte Schema eines Dynamos.

Bei einer Umdrehung der Dynamoachse findet an der Spule, an der die Spannung erzeugt wird, vier mal ein Nordpol-Südpol-Wechsel statt.

Wie groß ist die Wechselspannungs-Frequenz f_U des Dynamos aus der letzten Aufgabe?

$f_U = 4 \cdot f_{Dyn} = 4 \cdot 160 \text{ s}^{-1} = 640 \text{ s}^{-1}$

Der Fahrraddynamo erzeugt Wechselstrom.

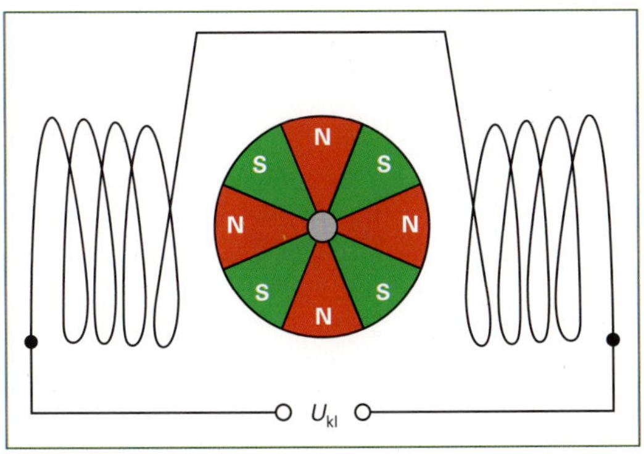

Bild 1: Schema eines Dynamos

Für die elektrische Leistung gilt bei ohmschen Widerständen (Wirkwiderständen) die gleiche Formel wie für Gleichstrom:

Leistung = Spannung · Stromstärke

$P = U \cdot I$

Wie groß ist die (mittlere) Stromstärke I, wenn bei einem 3 W-Dynamo eine Spannung von 6 V gemessen wird?

$I = \frac{P}{U} = \frac{3 \text{ W}}{6 \text{ V}} = 0{,}5 \text{ A}$

Die Leistung P an einem bei der Spannung U vom Strom der Stärke I durchflossenen Widerstand R kann auf drei Arten bestimmt werden:

$P = U \cdot I \qquad P = R \cdot I^2 \qquad P = \frac{U^2}{R}$

Die Schlussleuchte einer Glühlampe trägt die Bezeichnung 6 V/0,6 W.

Wie groß ist der ohmsche Widerstand?[1]

$P = \frac{U^2}{R} \qquad R = \frac{U^2}{P} = \frac{(6 \text{ V})^2}{0{,}6 \text{ W}} = 60\ \Omega$

Der ohmsche Widerstand einer Lichtanlage beträgt 15 Ω. Wie groß ist die Stromstärke bei einer Nennspannung von 6 V?

$I = \frac{U}{R} = \frac{6 \text{ V}}{15\ \Omega} = 0{,}4 \text{ A}$

Jede Spannungsquelle hat einen Innenwiderstand R_i. Im unbelasteten Zustand kann man mit einem hochohmigen Spannungsmesser an den beiden Polen die Urspannung U_0 (Quellenspannung, früher: elektromotorische Kraft) bestimmen.

Wird die Spannungsquelle mit einem Verbraucher R_a belastet, sinkt die Spannung auf die kleinere Klemmenspannung U_k ab **(Bild 2)**.

Der Spannungsabfall an einer Spannungsquelle ist umso größer, je größer der Innenwiderstand R_i und die Belastung der Spannungsquelle durch den Strom I sind.

$U_0 - U_k = R_i \cdot I$

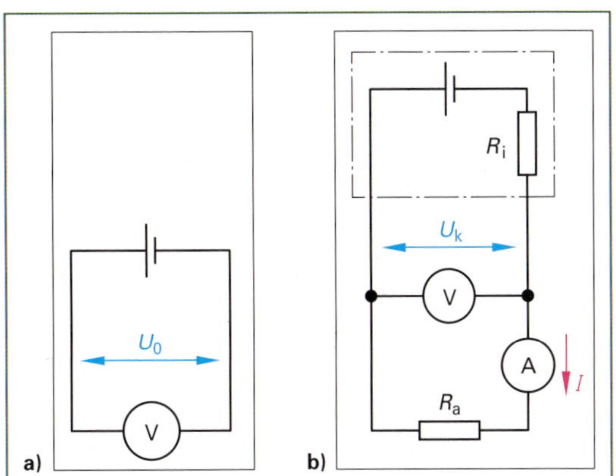

Bild 2: Unbelastete (a) und belastete (b) Spannungsquelle

1 Die Bezeichnung 6 V/0,6 W bezieht sich auf den normalen Betriebspunkt des Glühfadens: Glühfaden-Temperatur ca. 2000 °C

Verbindet man die Klemmen einer Spannungsquelle, entsteht ein Kurzschluss mit einem hohen Strom (Kurzschlussstrom I_k), der die Spannungsquelle zerstören kann.

$$I_k = \frac{U_0}{R_i}$$

Ein Spannungsmesser ($R = 4\ k\Omega$) zeigt die Spannung einer Batterie mit 4,8 V an. Wird ein Lämpchen angeschlossen, so fließt ein Strom von 0,25 A und die Spannung geht auf 4,6 V zurück.

Wie groß ist der Innenwiderstand der Batterie?

$$R_i = \frac{U_0 - U_k}{I} = \frac{4{,}8\ V - 4{,}6\ V}{0{,}25\ A} = 0{,}8\ \Omega$$

Einer Spannungsquelle (Gleichstrom- oder Wechselstromquelle) kann man am meisten Energie entnehmen, wenn man den Außenwiderstand gleich dem Innenwiderstand wählt.

Zur Bestimmung des ohmschen Spulenwiderstandes R eines Fahrraddynamos **(Bild 1)** müssen die Stromstärke I und der Spannungsabfall U gemessen werden.

Bestimmen Sie mit den Messwerten (aus Bild 1) $I = 0{,}041\ A$, $U = 0{,}25\ V$ den Spulenwiderstand R.

$$R = \frac{U}{I} = \frac{0{,}25\ V}{0{,}041\ A} = 6{,}1\ \Omega$$

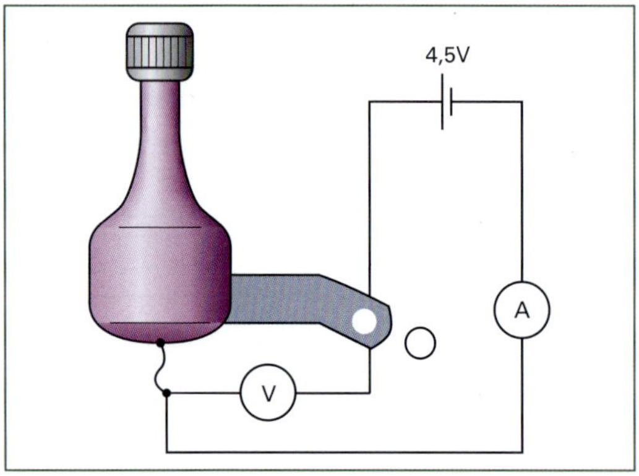

Bild 1: Bestimmung des Spulenwiderstandes

Bestimmen Sie die Kupferdrahtlänge (ø 0,3 mm) der Dynamospule.
Der spezifische Widerstand (Tabellenbuch) beträgt:

$$\varrho = 0{,}0179\ \frac{\Omega \cdot mm^2}{m}$$

$$R = \frac{\varrho \cdot l}{A}$$

$$l = \frac{R \cdot A}{\varrho} = \frac{6{,}1\ \Omega \cdot 0{,}07\ mm^2 \cdot m}{0{,}0179\ \Omega \cdot mm^2} \approx 24\ m$$

Die Berechnungsformel für der Innenwiderstand R_i von Wechselstromgeneratoren (Fahrraddynamo) ist:

$$R_i = \sqrt{R^2 + (2 \cdot \pi \cdot L \cdot f)^2}$$

mit R als Gleichstromwiderstand des Innenwiderstandes, L als Dynamokonstante und f als Dynamofrequenz.

Bei einem herkömmlichen Fahrraddynamo beträgt R etwa 7 Ω und $L = 0{,}01\ \Omega$. Der Innenwiderstand steigt mit wachsender Drehzahl (Frequenz f) bzw. Fahrgeschwindigkeit stark an.

Der (relativ) große Innenwiderstand der Fahrradlichtmaschine bewirkt, dass die Ausgangsspannung bei gleicher Drehzahl (bzw. Fahrgeschwindigkeit) stark von der Größe des Lastwiderstandes abhängt **(Bild 2)**.

Bei Ausfall der Scheinwerfer-Lampe leuchtet nur kurz das Rücklicht.
Bestimmen Sie aus dem Diagramm Bild 2
a) die Spannung
b) die Stromstärke am Rücklicht, wenn bei einer Geschwindigkeit von 25 km/h die Scheinwerferlampe ausfällt.

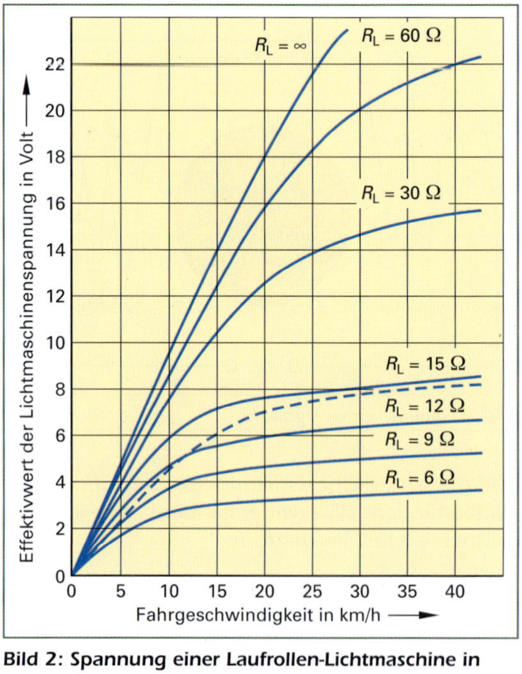

Bild 2: Spannung einer Laufrollen-Lichtmaschine in Abhängigkeit von der Fahrgeschwindigkeit bei verschiedenen (konstanten) Lastwiderständen.

a) An der Rücklichtlampe 6 V/0,6 W mit dem ohmschen Widerstand von 60 Ω liegt bei einer Geschwindigkeit von 25 km/h eine Spannung von 18 V an.

b) $I = \frac{U}{R} = \frac{18\ \text{V}}{60\ \Omega} = 0{,}3\ \text{A}$

Die Glühlampe, die nur für 0,1 A ausgelegt ist, brennt durch.

Die verfügbare „Strommenge" (oder das Speichervermögen) eines Akkus wird als „Kapazität" bezeichnet. Die Maßeinheit der Kapazität ist die Amperestunde (Ah). 1 Ah = 1000 mAh

Ein Akkupack für eine Fahrradlichtanlage besteht aus vier in Reihe geschalteten NiMH-Zellen, die eine Gesamtkapazität von 2100 mAh aufweisen.
Bestimmen Sie die maximale Betriebsdauer einer typischen 6 V/3 W-Lichtanlage.

Kapazität = Stromstärke · Zeitdauer

$K = I \cdot t, \qquad P = U \cdot I \qquad I = \frac{P}{U} = \frac{3\ \text{W}}{6\ \text{V}} = 0{,}5\ \text{A}$

$t = \frac{K}{I} = \frac{2{,}1\ \text{Ah}}{0{,}5\ \text{A}} = 4{,}2\ \text{h}$

Welchen Widerstand weist eine 3-W-Fahrradbeleuchtung auf, wenn ein Strom von 0,5 A fließt **(Bild 1)**?

$R = \frac{P}{I^2} = \frac{3\ \text{W}}{(0{,}5)^2} = 12\ \Omega$

Eine Fahrradlampe hat die Bezeichnung 6 V/2,4 W. Wie groß ist der Stromfluss bei 6 V?

$I = \frac{P}{U} = \frac{2{,}4\ \text{W}}{6\ \text{V}} = 0{,}4\ \text{A}$

Das Rücklichtkabel aus Kupfer ist 1,6 m lang und hat einen Querschnitt von 0,5 mm². Wie groß ist der Widerstand des Kabels?

$$R = \frac{\varsigma \cdot l}{A} = \frac{0{,}0178\ \frac{\Omega\ \text{mm}^2}{\text{m}} \cdot 1{,}6\ \text{m}}{0{,}5\ \text{mm}^2} = 0{,}057\ \Omega$$

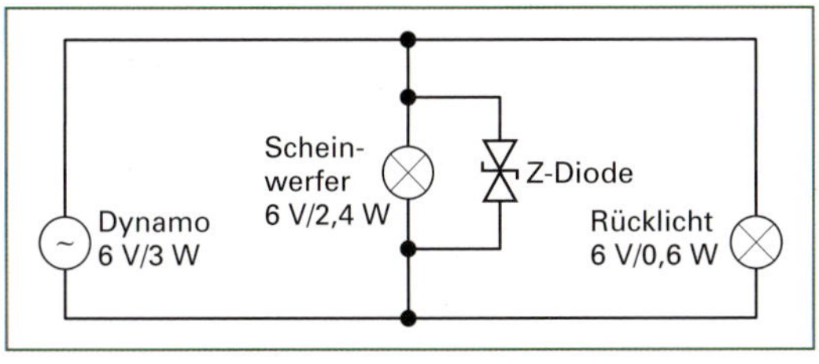

Bild 1: Fahrradbeleuchtung

20.23 Projekt Elektrofahrrad

Als Beispiel dient ein 36-V-Tretlagermotor (Gleichstrom-Nebenschlussmotor). Gegeben sind die Spannungs-Drehzahl- und Strom-Drehzahl-Kennlinien **(Bild 2)**.

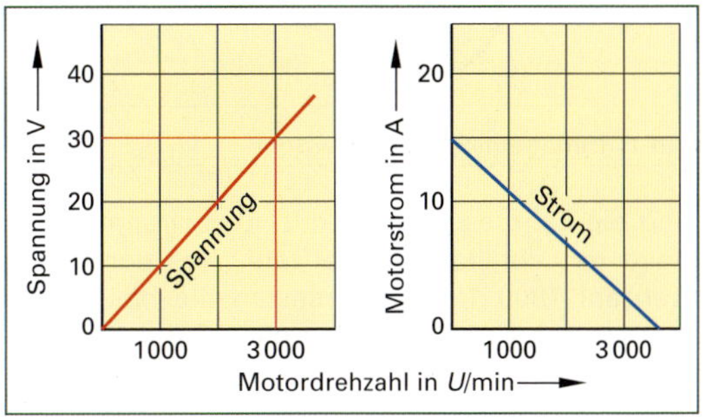

Bild 2: Kennlinien des Beispielmotors

Bei blockierter Motorwelle fließt ein Maximalstrom von 14 A. Bei einer mittleren Drehzahl von 1800 1/min liegt die Strombelastung bei ca. 7,5 A. Die aufgenommene Leistung, die der Batterieleistung entspricht, beträgt

$P_{zu} = U \cdot I \qquad P_{zu} = 36\ \text{V} \cdot 7{,}5\ \text{A} = 270\ \text{W}$

Bei einem Wirkungsgrad von $\eta = 0{,}5$ (= 50 %) beträgt die abgegebene Leistung (Nutzleistung)

$\eta = \frac{P_{ab}}{P_{zu}} \qquad P_{ab} = P_{zu} \cdot \eta = 270\ \text{W} \cdot 0{,}5 = 135\ \text{W}$

Die übrigen 135 W werden in ohmschen Widerständen „verheizt".

Das Drehmoment an der Motorwelle berechnet sich nach der Formel (hier nicht weiter abgeleitet, siehe Tabellenbuch Fahrradtechnik):

$P_{ab} = \frac{M \cdot n}{9{,}55}$

$$M = \frac{P_{ab} \cdot 9{,}55}{n} = \frac{135\ \text{W} \cdot 9{,}55}{1800\ \frac{1}{\text{min}}} = 0{,}72\ \text{Nm}$$

Das Motordrehmoment soll über das interne Getriebe **(Bild 1, Seite 548)** und das Nabengetriebe des Hinterrades um den Faktor $i = 20$ übersetzt werden. Die Hinterradnabe gibt so ein Drehmoment von 14,4 Nm weiter. Über einen Hebelarm von 0,35 m (28"-Rad) ergibt sich eine Schubkraft am Hinterrad von

$F = \frac{M}{r} = \frac{14{,}4\ \text{Nm}}{0{,}35\ \text{m}} = 41\ \text{N}$

Bild 1: Tretlagermotor und Getriebe

Und die Fahrgeschwindigkeit? Das Drehmoment steigt mit abfallender Drehzahl. Aus der Motordrehzahl 1800 1/min übersetzen die beiden Getriebestufen eine Hinterraddrehzahl von 1800 : 20 = 90 1/min. Die Fahrgeschwindigkeit hängt vom Durchmesser des angetriebenen Hinterrades ab:

$v = d \cdot \pi \cdot n = 0{,}7\ \text{m} \cdot \pi \cdot 90\ 1/\text{min} \approx 200\ \text{m/min} \approx 12\ \text{km/h}$

Info

Bei Übersetzungen ins Langsame ist die Antriebsdrehzahl größer als die Abtriebsdrehzahl:

$i = \frac{n_{an}}{n_{ab}} \quad i > 1$

Das Drehmoment am Abtrieb steigt mit abfallender Drehzahl.

Bei Übersetzungen ins Schnelle ist die Antriebsdrehzahl kleiner als die Abtriebsdrehzahl:

$i = \frac{n_{an}}{n_{ab}} \quad i < 1$

Das Drehmoment am Abtrieb nimmt mit steigender Drehzahl ab.

Die Nennleistung eines „schnellen Pedelec" darf 500 W nicht überschreiten. Welche Geschwindigkeit in der Ebene kann das Fahrzeug allein zur Überwindung des Luftwiderstandes maximal erreichen, wenn alle anderen Widerstände (Reibung, Steigung usw.) vernachlässigt werden?

Daten: $\rho = 1{,}3\ \text{kg/m}^3 \quad c_w = 0{,}5 \quad A = 1{,}2\ \text{m}^2$

$P = F \cdot v = (0{,}5 \cdot \rho \cdot c_w \cdot A \cdot v^2) \cdot v = k \cdot v^3$

$v = \sqrt[3]{\frac{P}{k}} = \sqrt[3]{\frac{500}{0{,}5 \cdot 1{,}3 \cdot 0{,}5 \cdot 1{,}2}} \approx 11\ \text{m/s} \approx 40\ \text{km/h}$

Der Antriebsmotor eines Pedelec 45 mit 500 W Nennleistung hat bei einer Fahrgeschwindigkeit von 10 km/h einen elektrischen Wirkungsgrad von 75 %.

Welche Steigung kann ein System (Fahrer + Fahrrad = 100 kg) bewältigen, wenn die Fahrgeschwindigkeit 10 km/h (≈ 2,8 m/s) betragen soll und nicht mitgetreten wird (Luft- und Fahrwiderstände vernachlässigt)?

$P_{el} = 500\ \text{W} \cdot 0{,}75 = 375\ \text{W} = P_{St}$

$P_{St} = F_{St} \cdot v = m \cdot g \cdot \sin\alpha$

$\sin\alpha = \frac{P_{el}}{m \cdot g \cdot v} \approx \frac{375\ \text{Nm/s}}{1000\ \text{N} \cdot 2{,}8\ \text{m/s}} \approx 0{,}1339$

$\alpha \approx 8°$

Betriebskosten Pedelec 25

(Vereinfachtes Berechnungsbeispiel)

Annahmen

36 V/10 Ah LiMn-Akku
Akkukapazität 36 V · 10 Ah = 360 Wh

Lebensdauer des Akkus: 500 Ladezyklen < 80 %, d. h. 20 % verbleiben als Restkapazität im Akku: Verfügbare Kapazität = 288 Wh

Stromkosten Normaltarif Stand 2013: 0,25 €/kWh
Kosten eines Akkus: 600 €

Faustregel:

Ohne Mittreten werden für 1 km Fahrtstrecke im mittelschweren Gelände für ein 100 kg-System 10 Wh Energie benötigt. Wird im Unterstützungsgrad 100 % mitgetreten, reduziert sich der „Energieverbrauch" des Akkus auf 7 Wh pro km[1].

Eine Akkuladung ermöglicht eine Reichweite von 288 Wh : 7 Wh/km ≈ 40 km.

Mögliche Gesamtfahrstrecke:
40 km · 500 Ladezyklen = 20 000 km

Unter Berücksichtigung von 20 % elektrischer Verluste durch das Ladegerät:
Pro Ladung wird eine Energiemenge von:
288 Wh · 1,2 = 346 Wh benötigt.

Benötigte Gesamtenergiemenge über 20 000 km:
346 Wh · 500 Ladezyklen = 173 000 Wh = 173 kWh

Gesamte Stromkosten:
173 kWh · 0,25 €/kWh ≈ 43 €

Reine Stromkosten pro km:
4 300 ct : 20 000 km = 0,22 ct/km

Akku-Kosten pro km:
60 000 ct : 20 000 km = 3 ct/km

Gesamtkosten pro km:
0,22 ct/km + 3 ct/km = 3,22 ct/km
Gesamtkosten pro 100 km = 3,22 €

[1] Beim Pedelec 45 (S-Pedelec) rechnet man im Unterstützungsgrad 100 % mit 10 bis 14 Wh/km – je nach Fahrweise und Gelände

Vergleich Pedelec mit Hinterrad- und Mittelantrieb[1]

Das Drehmoment am Hinterrad eines Pedelecs mit Mittelmotor ist zu vergleichen mit einem Pedelec, das von einem getriebelosen Hinterrad-Nabenmotor angetrieben wird. Gegeben sind:

Drehmoment M_2 Nabenmotor 7 Nm
Fahrgeschwindigkeit v = 18 km/h = 5 m/s
Hinterrad wd = 0,7 m
Zähnezahl Ritzel $z_2 = 32$
Zähnezahl Antrieb $z_1 = 9$

Zu bestimmen sind:

1. Übersetzung i
2. Drehzahl am Hinterrad n_2
3. Drehzahl am Antriebsritzel n_1
4. Drehmoment am Mittelmotor M_1
5. Leistung P

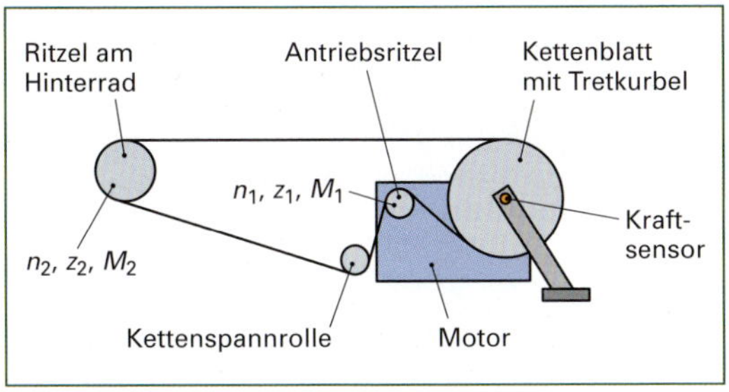

1. Übersetzung *i*

$$i = \frac{z_2}{z_1} = \frac{32}{9} \approx 3{,}6$$

2. Drehzahl n_2 Hinterrad

$$n_2 = \frac{60 \cdot v}{d \cdot \pi} = \frac{60 \cdot 5 \text{ m/s}}{0{,}72 \text{ m} \cdot 3{,}14} \approx 133 \text{ min}^{-1}$$

3. Drehzahl n_1 Antriebsritzel

$$i = \frac{n_1}{n_2} \quad n_1 = i \cdot n_2 = 3{,}6 \cdot 133 \approx 479 \text{ min}^{-1} \approx 8 \text{ s}^{-1}$$

4. Drehmoment M_1 Motor Mittelantrieb

$$i = \frac{M_2}{M_1} \quad M_1 = \frac{M_2}{i} = \frac{7 \text{ Nm}}{3{,}6} \approx 1{,}9 \text{ Nm}$$

Ein vergleichbarer Mittelantriebsmotor kann ein kleineres Drehmoment liefern, muss aber entsprechend höher drehen.

5. Leistung *P*

Die Leistung ist in beiden Fällen gleich:

$$P = 2 \cdot \pi \cdot n \cdot M$$

$$P = 2 \cdot 3{,}14 \cdot 8 \text{ s}^{-1} \cdot 1{,}9 \text{ Nm} \approx 96 \text{ Nm/s} \approx 96 \text{ W}$$

oder Berechnung aus Schub (Kraft) und Geschwindigkeit:

$$P = F \cdot v = \frac{M_2}{r} \cdot v = \frac{7 \text{ Nm}}{0{,}35 \text{ m}} \cdot 5 \text{ m/s} = 100 \text{ W}$$

Berechnung der Reichweite

Gegeben: Akku 36 V; Kapazität K = 11 Ah;
Motornennleistung 250 W;
Drehmoment-Nennwert 15 Nm.

Fahrwiderstand in der Ebene mit Roll- und Luftwiderstand F = 45 N, Radradius r = 0,36 m, Drehmoment am Hinterrad M_2 = 45 N · 0,36 m ≈ 16 Nm

Gesucht: Reichweite bei v = 20 km/h (≈ 5,6 m/s) und 50 % Eigenleistung.

Der Antrieb muss am Hinterrad ein Drehmoment von M_2 = 0,5 · 16 Nm = 8 Nm aufbringen.

Akku-Strom im Nennbetrieb (ohne Eigenleistung):

$$P = U \cdot I \rightarrow I = \frac{P}{U} = \frac{250 \text{ W}}{36 \text{ V}} \approx 7 \text{ A}$$

Mit $\frac{M}{I}$ = konst

für einen Nebenschlussmotor fließt beim Betrieb mit 50 % Eigenleistung ein Akku-Strom von

$$\frac{M}{I} = \frac{M_{5,6}}{I_{5,6}} \rightarrow I_{5,6} = M_{5,6} \frac{I}{M} = 8 \text{ Nm} \frac{7 \text{ A}}{16 \text{ Nm}} = 3{,}5 \text{ A}$$

Mit $K = I \cdot t$ erhält man $t = \frac{K}{I} = \frac{11 \text{ Ah}}{3{,}5 \text{ A}} = 3{,}14 \text{ h}$

Zurückgelegte Entfernung:

$s = v \cdot t$ = 20 km/h · 3,14 h ≈ 63 km

Faustformel: Reichweite Elektrofahrrad[2]

Die Reichweite von Elektrofahrrädern hängt von vielen Faktoren ab (Straßenverhältnisse, Gelände, Wind usw.), vor allem aber vom Unterstützungsgrad des Elektromotors. Mit folgender *Faustformel* kann man die Reichweite verschiedener Pedelecs vergleichen.

$$R = \eta \cdot \frac{\text{Energiegehalt [Wh]}}{10 \text{ Wh/km}} \cdot (1 + \frac{1}{U})$$

R = Reichweite in km
U = Unterstützungsgrad des Elektromotors
η = Elektrischer Gesamtwirkungsgrad

Beispiel: Akku 36 V; 10 Ah;
Energiegehalt = 360 Wh;
Unterstützungsgrad 0,5; η = 0,7.

$$R = 0{,}7 \cdot \frac{360 \text{ Wh}}{10 \text{ Wh/km}} \cdot (1 + \frac{1}{0{,}5}) = 75{,}6 \text{ km}$$

Unterstützungsgrad 1,5

$$R = 0{,}7 \cdot \frac{360 \text{ Wh}}{10 \text{ Wh/km}} \cdot (1 + \frac{1}{1{,}5}) = 42{,}0 \text{ km}$$

[1] Achtung: Maschinenbauerformel $i = \frac{z_2}{z_1}$, $i = \frac{n_1}{n_2}$, $i = \frac{M_2}{M_1}$

[2] Faustformel nach E. Müller „Fachwissen E-Bike"

Bundesfachschule
Zweirad
Frankfurt am Main
Willkommen bei
den Zweiradprofis.
Fotos: www.photocase.de: das fototeam; grany
Das bieten wir Ihnen:
• Meistervorbereitung Zweirad jeweils für die Fachrichtungen Fahrrad und Motorrad
• Lehrgang im Fahrradrahmenbau zwei Mal pro Jahr und integriert in die Meistervorbereitung
• Enge Verknüpfung von Theorie und Praxis
• Hochqualifiziertes Dozententeam aus der Fahrrad- und Motorrad Branche
• Moderne, optimal ausgestattete Werkstätten
NEU:
geprüfter Servicetechniker
Fachrichtung Fahrrad
Bundesfachschule Zweirad, Schönstraße 21, 60327 Frankfurt am Main,
Service-Center 069 97172-818, weiterbildung@hwk-rhein-main.de
Mehr Infos unter: www.rhein-main-campus.de
DAS HANDWERK
DIE WIRTSCHAFTSMACHT. VON NEBENAN.
Folgen Sie uns auch unter:
rhein main campus rmc®
der Handwerkskammer Frankfurt-Rhein-Main

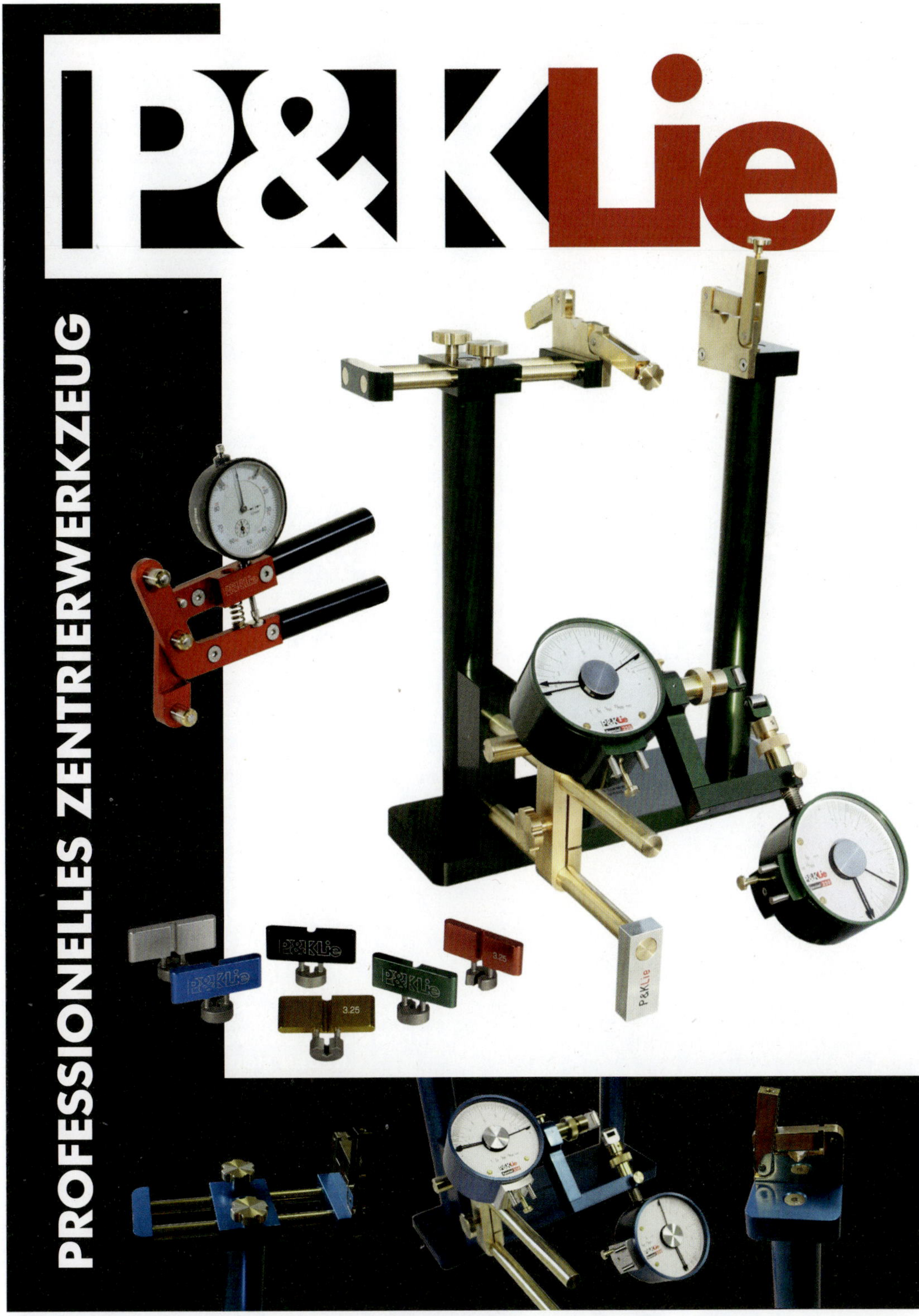
P&K Lie
PROFESSIONELLES ZENTRIERWERKZEUG

SRAM
X01
EAGLE
ENTWICKELT IN DEN USA,
KONSTRUIERT IN DEUTSCHLAND,
PRODUZIERT FÜR DIE WELT:
DIE NEUESTE GENERATION DER
1x-TECHNOLOGIE KOMMT VON
DEN MENSCHEN, DIE SIE
ERFUNDEN HABEN. EINE
SCHALTUNG MIT EINMALIGER
PERFORMANCE UND VOLLKOMMEN
NEUEN MÖGLICHKEITEN.
LEISTUNGSFÄHIG, HART IM
NEHMEN, LAUTLOS. MIT EINER
GESAMTÜBERSETZUNG, DIE
BISHER KEINE 1x-SCHALTUNG
GEBOTEN HAT. EINFACH NICHT ZU
STOPPEN. DAS IST EAGLE™.
DAS IST SRAM.
SRAM.COM
Photos: Adrian Marcoux © 2016 SRAM LLC
SRAM
X01

SCHWALBE
Unplattbar®
für alle.
AUCH FÜR E-BIKES!
ORIGINAL
TOUR
MTB
5 mm
Nur MARATHON PLUS Reifen machen Ihr Fahrrad unplattbar®
Der 5 mm starke Pannenschutz schützt sogar vor Heftzwecken.
www.schwalbe.com/unplattbar
Völlig ausschließen kann man eine Reifenpanne nie. Gegen die typischen Pannenteufel wie Scherben und Granulat sind Sie mit dem Fahrradreifen Marathon Plus jedoch allerbestens geschützt.

Rohloff®
SPEEDHUB 500/14
No slogans
14 facts !
Rohloff AG - Mönchswiese 11 - D-34233 Fuldatal
Tel. +49 (0)561-510 80 0 - Fax +49 (0)561-510 80 15
www.rohloff.de - service@rohloff.de

| NAME LUMOTEC IQ-X
| GEHÄUSE ALUMINIUM
| ENERGIE DYNAMO
| LEISTUNG 100 LUX
Die schönsten
100 Lux aller Zeiten
| LED-IQ-Technologie | Großflächen-Lichtfeld
| Nahfeld-Ausleuchtung | Tagfahrlicht
| Sensor-Automatik | Standlicht
| Deutsches Prüfzeichen | Schwarz o. Silber
www.bumm.de
Busch+Müller
Meinerzhagen
Tel. +49(0)2354-915-6
Made in Germany
busch+müller

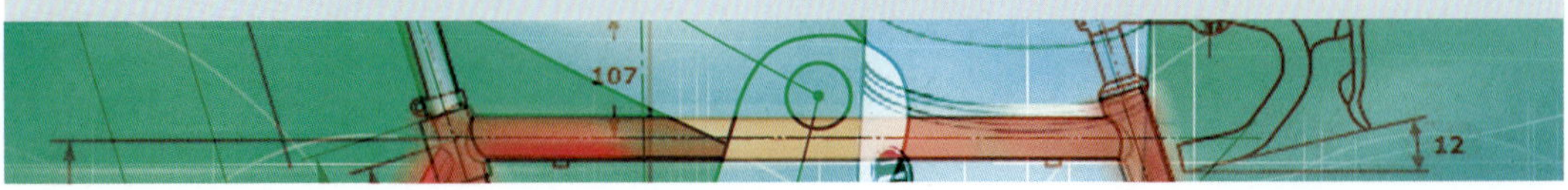
107
12

Sachwortverzeichnis

M

N

O

P

Q

R

S

T

U

V

W

Z